图解叉车构造与拆装维修

TUJIE CHACHE GOUZAO YU CHAIZHUANG WEIXIU

张育益　李国锋　主编

化学工业出版社
·北京·

本书以目前国内保有量最大、使用频度较高的CPCD30型叉车为主线，系统介绍了叉车动力系统、传动系统、制动系统、转向系统、行走系统、液压系统、工作装置、电气设备及控制系统的构造、工作原理、使用与管理，运用图解的形式，突出“使用”，重在“维修”和“拆装图解”，着重讲述了各个系统的分解、检验、维修、装配和调整的方法步骤、技术要求，列举了常见故障诊断与排除方法等。

本书资料翔实，图文并茂，是物流机械管理者、叉车操作人员、修理技术人员学习的必备书，也可供有关研发人员参考。

图书在版编目（CIP）数据

图解叉车构造与拆装维修/张育益，李国锋主编．—北京：化学工业出版社，2011.7

ISBN 978-7-122-11237-8

Ⅰ.图… Ⅱ.①张…②李… Ⅲ.①叉车-构造②叉车-车辆检修 Ⅳ.TH424

中国版本图书馆CIP数据核字（2011）第085065号

责任编辑：张兴辉　　文字编辑：陈　喆

责任校对：战河红　　装帧设计：王晓宇

出版发行：化学工业出版社（北京市东城区青年湖南街13号　邮政编码100011）

印　　装：天津盛通数码科技有限公司

787mm×1092mm　1/16　印张29　字数721千字　2011年8月北京第1版第1次印刷

购书咨询：010-64518888　　售后服务：010-64518899

网　　址：http://www.cip.com.cn

凡购买本书，如有缺损质量问题，本社销售中心负责调换。

定　　价：98.00元

《图解叉车构造与拆装维修》编写人员

主　　编　张育益　李国锋

副 主 编　于战果　孙开元　段秀兵　王桂强

参编人员　吴铁庄　刘文开　王开勇

　　　　　李春卉　张文斌　匡小平

　　　　　苏欣平　蔺振江　郭爱东

　　　　　张晴峰　杨　震　张　扬

　　　　　张艳玲　李　莉

主　审　刘士通

前言

FOREWORD

随着科学技术的进步、市场经济的发展，物流设备在社会经济发展中的地位和作用越来越重要，叉车的普及程度越来越高，目前已被广泛地应用于港口、码头、货场、车站、物流中心、工矿企业以及军队等各个领域，对于提高工作效率、减轻劳动强度、减少货物破损等，发挥着越来越重要的作用。为了适应现代物流快速发展的需要，满足物流机械管理者、广大叉车操作人员、修理技术人员学习的需要，我们组织具有丰富的教学和实践经验的教授、高级工程师和技术人员，在广泛收集和整合资料的基础上，系统梳理了几十年的教学心得和实践维修经验积累，精心编写了本书。

本书以目前国内保有量最大、使用频度较高的CPCD30型叉车为主线，系统介绍了叉车动力系统、传动系统、制动系统、转向系统、行走系统、液压系统、工作装置、电气设备及控制系统的构造、工作原理、使用与管理，突出“使用”、重在“维修”和“拆装图解”，着重讲述了各个系统的分解、检验、维修、装配和调整的方法步骤、技术要求，列举了常见故障诊断与排除方法等，旨在帮助从事叉车使用、维修的工程技术人员提高技术和管理水平，延长叉车使用寿命。

在编写过程中，我们参考了大量相关的维修资料和已出版的书籍，同时也得到单位领导、同事的大力支持和帮助，在此一并表示最诚挚的谢意！

由于编者水平有限，加上编写时间仓促，书中不足之处在所难免，恳请广大读者批评指正。

编者

目 录

CONTENTS

6 第6章 电气设备及控制系统构造与维修 PAGE 278

7 第7章 叉车使用与管理 PAGE 367

第1章 概述

1.1 叉车功用与分类及技术参数

1.1.1 叉车的功用

叉车又称万能装卸机、自动装载机、自动升降车等，是无轨流动的起重运输机械，是实现成件货物和散状物料机械化装卸、堆垛和短途运输的高效率工业叉车，兼有起重和搬运的性能，常用在作业现场的短距离搬运、装卸物资及拆码垛作业，若配以不同的作业属具，应用范围将更加广泛，适用于车站、码头、机场、仓库、超市、工地、货场、工矿企业、物流中心、野外环境以及军队系统，并可进入舰船船舱、火车车厢、汽车车厢和集装箱内进行装卸搬运作业，也可在未经平整的地面上完成各种物资的装卸搬运，是各行各业、各个领域必备的装卸机械。

叉车的使用促进了托盘运输和集装箱搬运的快速发展，带来了“搬运革命”。叉车具有如下特点。

① 减轻了工作人员的劳动强度，节约了劳动力。据测算，一台叉车可以完成8～15个装卸工人的劳动量。

② 缩短了物资装卸、搬运、堆码的作业时间，提高了作业效率，加速了物资、车船的周转。

③ 提高了仓库容积的利用率，促进了仓库朝多层货架和高层仓库的方向发展。仓库容积利用系数可提高40%左右。

④ 减少了货物破损，提高了作业的安全性和可靠性。

1.1.2 叉车的分类

叉车类型

叉车的种类繁多，分类的方法各异，常见叉车的类型见表1-1。

表1-1 常见叉车类型及主要用途

分类	名称	定　义	主要用途	示意图
根据结构形式的不同分为	平衡重式叉车	具有载货的货叉，货物相对于前轮呈悬臂状态，依靠叉车的自重来平衡的轮式机械	用于成件物资的装卸、堆拆垛和物资的短距离搬运	

续表

分类	名称	定　义	主要用途	示意图
根据结构形式的不同分为	插腿式叉车	车体前两条外伸的车轮支腿作业时跨在货物两侧，货叉位于支腿之间。使货物重心总是处于叉车支承面内的堆垛用起升叉车	用于在较小空间内进行装卸、堆拆垛和物资的短距离搬运	
	前移式叉车	前移时使货叉上承载的货物相对于前轮呈悬臂状态的堆垛用起升叉车	用于在较小(狭窄)空间内进行装卸、堆拆垛和物资的短距离搬运	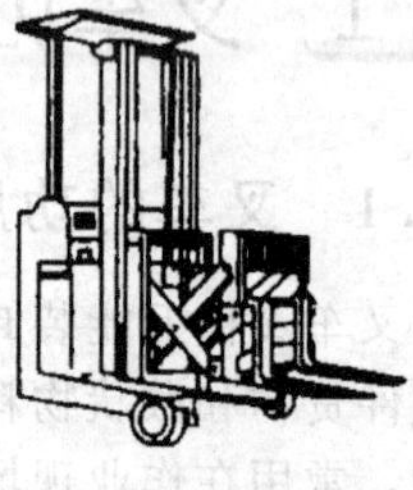
	侧面式叉车	货叉或门架相对于运行方向能横向伸出和缩回，进行侧面堆垛或拆垛作业的叉车	可用于长件物资，在较小空间内进行装卸、堆拆垛和物资的短距离搬运	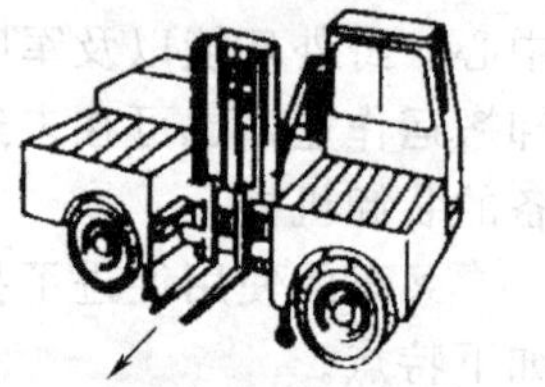
	越野叉车	在未经预整的地面上作业的专用叉车	适用于野外不良路况下大件物资的装卸、码垛、短途运输等工作，也可根据不同工况采用货叉叉装或其他属具吊装	
	伸缩臂叉车	货叉在伸缩臂上，依靠长臂起升的叉车	伸缩臂式叉车的工作装置采用多级的伸缩臂杆。通过改变臂杆的仰角和长度来调整货叉的高度和平伸距离，同时在臂杆变幅时仍保持货叉水平。伸缩臂置于车体右侧或中部，驾驶室置于车体左侧，驱动桥在前，转向桥在后	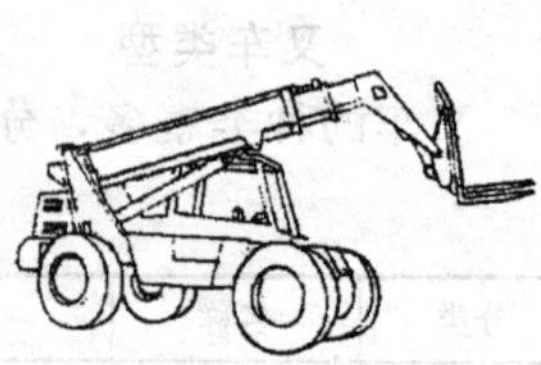
	集装箱叉车	由普通叉车变型，适应集装箱装卸作业特点的专用叉车	主要用于集装箱装卸、堆码及短距离运输等作业，是集装箱码头和货场常用的装卸设备之一	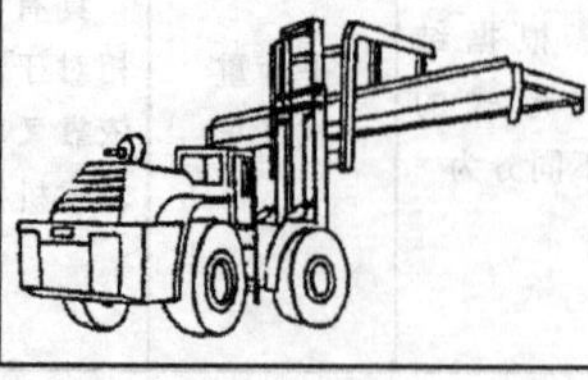

续表

分类	名称	定 义	主要用途	示意图
	内燃叉车	以内燃机驱动的叉车	内燃叉车的发动机一般采用汽油、柴油或液态石油气为燃料。小吨位内燃叉车多数采用汽油机驱动，或采用液化石油气作为燃料，而较大吨位内燃叉车多采用柴油机。适合在车间、仓库和集装箱内使用	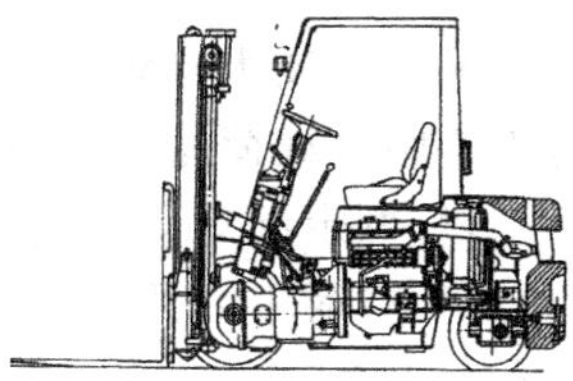
根据其耗能方式的不同分为	蓄电池叉车	以蓄电池-电动机驱动的叉车	蓄电池叉车结构较简单、操作方便、动作灵活、维修较容易，但它需要充电设备及充电人员。它的行驶速度较低，对路面的要求较高。适于在具有平整、坚实地面的仓库内和站台上进行作业	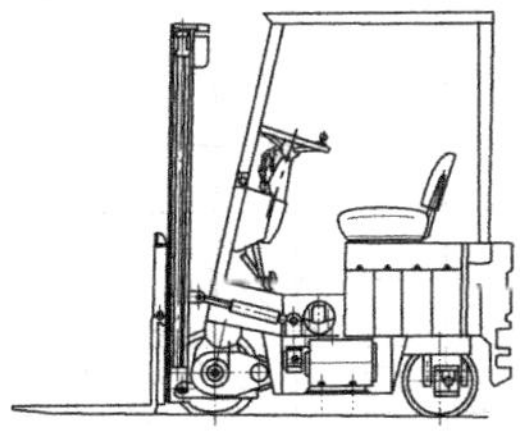
	手动叉车	以人力驱动的叉车	将其承载的货叉或平台插入托盘下方，然后起升货叉或平台，使货叉或平台离地后随车搬运	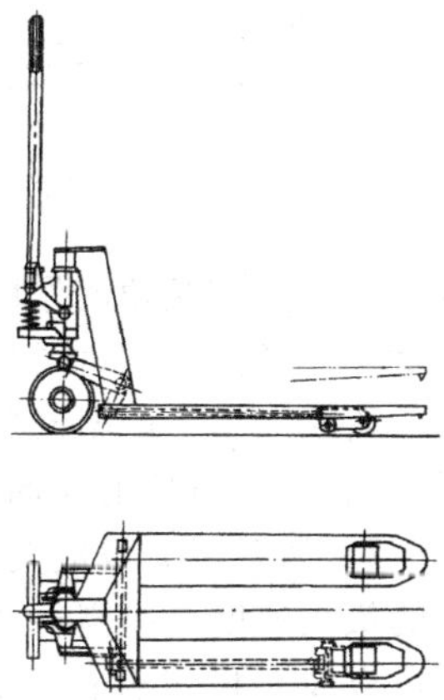

叉车编号规则

依据叉车动力源、结构特点和传动形式的不同，常见叉车型号的编制含义如下：

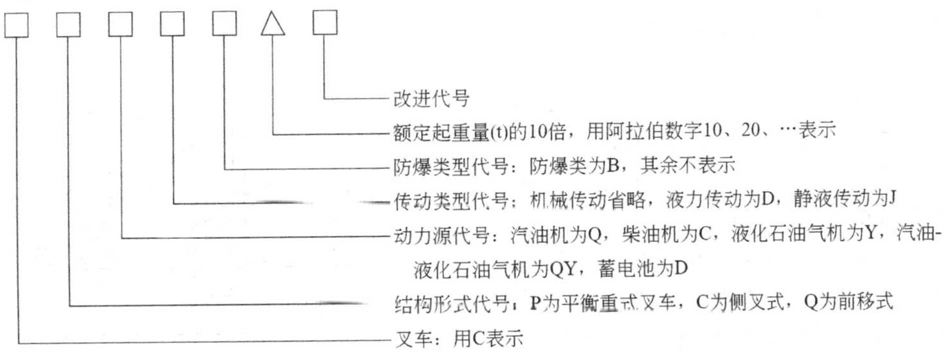

标记示例如下：

CPQ10——额定起升质量为 1t，以汽油机为动力、机械传动的平衡重式叉车。

CPCD30A——额定起升质量为 3t，以柴油机为动力、液力传动、第一次改型的平衡重式叉车。

CCCD30——额定起升质量为 3t，以柴油机为动力、液力传动的侧叉式叉车。

CPD15——额定起升质量为1.5t，以蓄电池为动力、机械传动的平衡重式叉车。

1.1.3 叉车技术参数

叉车的技术参数用来表明叉车的结构特征和工作性能。其主要技术参数有：起重量、载荷中心距、载荷曲线、最大转弯半径、最小离地间隙、轴距、轮距等。

1）额定起重量　允许安全起升或搬运货物的最大质量，以t（或kg）表示。

2）载荷中心距　额定起重量货物的重心至货叉垂直段前表面的水平距离，以mm表示。

3）载荷曲线　表示承载重量随载荷中心距和起升高度的不同而变化的曲线。以1t叉车为例，载荷特性曲线如图1-1所示。

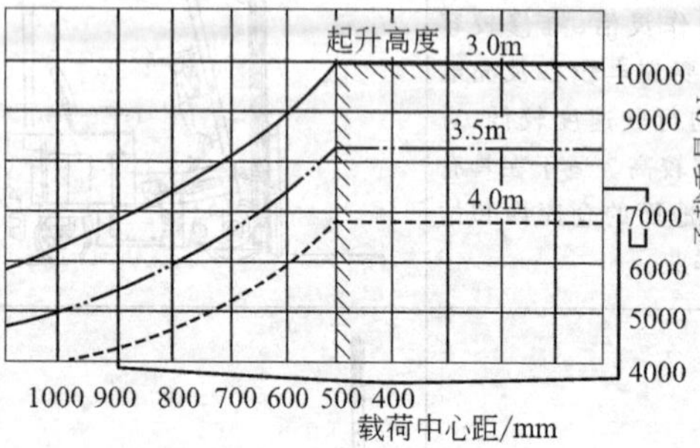

图1-1　叉车载荷特性曲线示意图

4）额定起重量时的最大起升高度　在额定起重量下，货叉升至最高位置，门架垂直，由地面至货叉上平面的垂直距离，以mm表示。

5）满载、无载最大起升速度　在额定起重量或无载状态下，货叉或属具起升的最大速度（mm/s或m/min）。

6）门架前倾角、门架后倾角　在无载状态下，门架相对于垂直位置向前或向后的最大倾角。门架前倾角的作用是便于叉取和卸放货物。后倾角的作用是使叉车行驶时，货物不会从货叉上掉落，同时增加叉车的纵向稳定性。为了补偿充气轮胎的变形对门架倾角的影响，充气轮胎叉车的门架倾角比实心轮胎叉车的门架倾角大。我国叉车标准规定前倾角为6°（充气轮胎）和3°（实心轮胎），后倾角相应为12°和10°，如图1-2所示。

7）满载、无载最大运行速度　在额定起重量或无载状态下，叉车在平整坚硬路面上行驶的最大速度。提高行驶速度可以提高作业效率，但由于叉车运距短，需要频繁起步、停车，以及对稳定性的要求，一般内燃叉车最高车速为20km/h，蓄电池叉车最高车速为12km/h。

8）最小转弯半径　在无载状态下，叉车向前或向后低速行驶，转向轮处于最大转角时，车体外侧到转弯中心的最小距离。叉车的转弯半径越小，转弯时所需场地面积越小，机动性越好。

9）最小离地间隙　叉车在额定起重量或无载状态下，除车轮制动器外，最低点距地面的垂直距离。它表示叉车无碰撞地越过地面凸起障碍物的能力。

10）自由起升高度　在无载、门架垂直、门架高度不变的条件下起升，货叉上表面至地面的最大垂直距离。一般约为300mm。

11）最大爬坡度　叉车在无载或额定起重量状态下，按规定速度稳定行驶时，所能爬越的最大坡度。

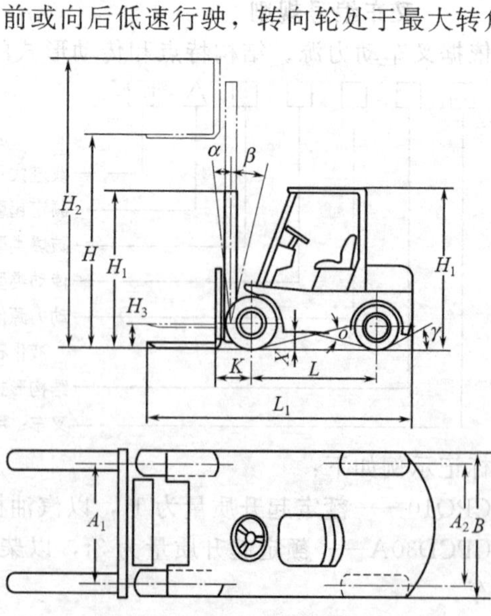

图1-2　叉车技术参数示意图

12）叉车外形尺寸　叉车的外形尺寸

用叉车的长度、宽度、高度表示。长度是指叉尖至车体末端的水平距离。宽度是指叉车横向左右最外侧之间的距离。高度是指叉车门架垂直、货叉落地时，叉车最高点到地面之间的垂直距离，如图 1-2 所示。

13）轴距 前后车桥中心线间的水平距离。

14）轮距 同一车桥左右两个（或两组）车轮中心面之间的距离。

15）自重 叉车在无载状态下的质量。

1.1.4 叉车的组成

内燃叉车一般由动力装置、底盘和工作装置三大部分组成。图 1-3 所示为内燃叉车结构组成，图 1-4 所示为蓄电池叉车结构组成。

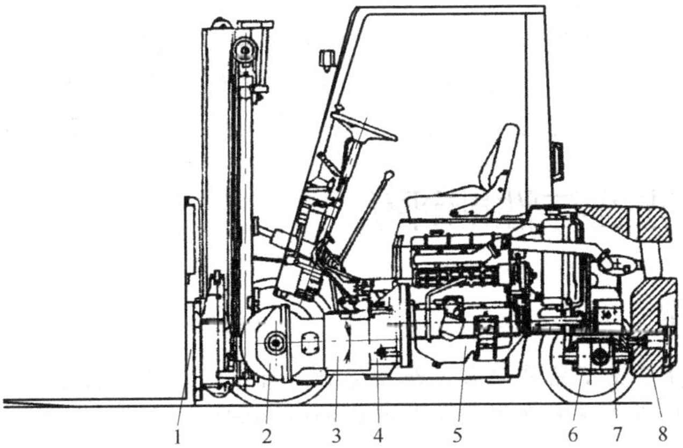

图 1-3 内燃叉车的结构组成

1—工作装置；2—驱动桥；3—变速器；4—离合器；5—发动机；6—转向桥；7—工作油泵；8—平衡重

动力装置

内燃叉车所采用的动力装置包括动力系统和电气系统两部分。动力系统有汽油机、柴油机和液态石油气机之分。

普通型内燃叉车以上三种发动机均有，越野叉车其动力一般为柴油机，蓄电池叉车其动力源为蓄电池与电动机。

底盘

叉车底盘包括传动系统、行走系统、转向系统和制动系统四大部分。

1）传动系统 叉车的传动系统有机械式、液力机械式和静压式等多种，小型叉车机械式较多，大、中型叉车多为液力机械式，越野叉车多采用静压式。

2）行走系统 叉车的行走系统包括车架、悬架及驾驶舱、护顶架等部分，它使叉车各总成、部件连接成一个整体；支承全部重量，吸收振动，缓和冲击，并传递各种力和力矩。车架有整体式与折腰式之分。普通型叉车多为整体式，而越野叉车多为折腰式。

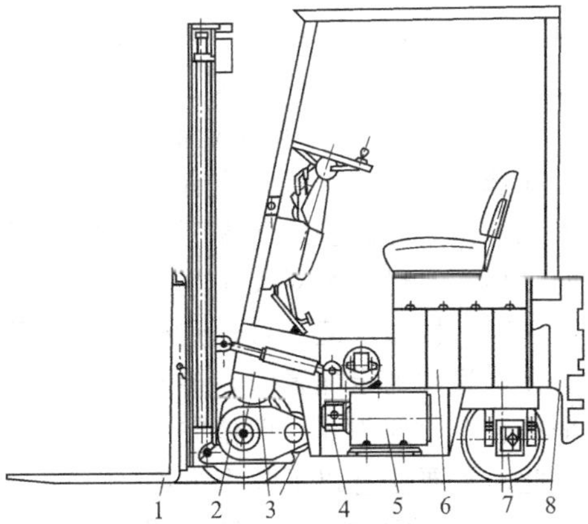

图 1-4 蓄电池叉车的结构组成

1—工作装置；2—驱动桥；3—驱动电动机；4—油泵；5—油泵电动机；6—蓄电池组；7—转向桥；8—平衡重

3）转向系统 叉车的转向系统有机械式、

液压助力式和全液压式等多种，随着科学技术的发展，目前叉车大都采用液压助力式和全液压式。

4）制动系统　制动系统有机械式、液压式、真空助力式和气压式多种，中小型叉车多采用液压式，较大型叉车多采用真空液压助力式，越野叉车采用气压式。

工作装置

叉车工作装置包括门架系统、液压系统和属具系统三部分。

1）门架系统　叉车门架系统是区别于其他工程机械的主要特征性机构，一般由内外门架、货叉架、货叉、起重链条、升降油缸、倾斜油缸等组成。用来承受全部货物重量，并完成货物的叉取、搬运、升降、拆码垛等作业。

2）液压系统　叉车液压系统通常由油泵、油缸、换向阀、分流阀、油液和油箱等组成。通过油液把动力传给门架系统，实现对货物装卸的目的。

3）属具系统　随着技术进步和人们对工作效率的追求，叉车专用附属装置的使用越来越普遍，种类越来越多，概括起来，大致有横向移动属具、旋转属具、垂直（前后）运动属具、专用货物的专用属具等。它大大拓展了叉车的使用范围，极大地提高了物资的装卸搬运效率。

1.2 叉车选型与性能评价

1.2.1 叉车选型

市场上可供选择的叉车品牌众多，车型复杂，加上产品本身技术强并且非常专业，因此车型的选择、供应商的选择等是很多企业经常面临的问题。

车型选择

每种叉车都有其典型的运用工况，了解这些是选型的前提，要结合其具体的工况，选择最适合企业需要的车型和配置。

车型和配置的选择一般要考虑以下几个方面。

1）作业功能　叉车的基本作业功能分为水平搬运、堆垛/取货、装货/卸货、拣选。根据企业所要实现的作业功能，可以从不同的车型中初步确定。另外，特殊的作业功能会影响到叉车的具体配置，需要叉车安装属具来完成特殊功能。

2）作业要求　叉车的作业要求包括托盘或货物规格、提升高度、作业通道宽度、爬坡度等一般要求，同时还需要考虑作业效率（不同的车型其效率不同）、作业习惯（如习惯坐驾还是站驾）等方面的要求。

3）作业环境　如果企业需要搬运的货物或仓库环境对噪声或尾气排放等环保方面有要求，在选择车型和配置时应有所考虑。如果是在冷库中或是在有防爆要求的环境中，叉车的配置也应该是冷库型或防爆型的。仔细考察叉车作业时需要经过的地点，设想可能的问题，例如，出入库时门高对叉车是否有影响；进出电梯时，电梯高度和承载对叉车的影响；在楼上作业时，楼面承载是否达到相应要求等。

在选型和确定配置时，要向叉车供应商详细描述工况，并实地勘察，以确保选购的叉车完全符合企业的需要。即使完成以上步骤的分析，仍然可能有几种车型同时都能满足上述要求。此时需要注意以下几个方面。

① 不同的车型，工作效率不同，那么需要的叉车数量、司机数量也不同，会导致一系列成本发生变化，因此，必须慎重选择。例如：在搬运装卸作业中，当搬运距离小于 50m 时，一般应选用堆垛用起升叉车，如各类叉车；当搬运距离在 50～300m 时，一般应选用堆垛用起升叉车和非堆垛用低起升叉车搭配，如各类叉车和托盘搬运车、平台搬运车的搭配作

业；当搬运距离超过 300m 时，则应选用牵引拖车或固定平台搬运车来进行运输段的作业。

② 如果叉车在仓库内作业，不同车型所需的通道宽度不同，提升能力也有差异，由此会带来仓库布局的变化。例如：考虑到提高仓储面积有效利用率即减少作业通道宽度的因素，以三向堆垛式、前移式与平衡重式三种叉车进行比较（如图 1-5 所示），所需的作业通道宽度，前两种车型仅分别是平衡重式叉车的 50%和 70%。在长物件的堆垛作业中，采用侧面式叉车或可侧向行驶的全向型前移式叉车与平衡重式叉车进行比较，如图 1-6 所示，其所需作业通道宽度远小于平衡重式叉车。

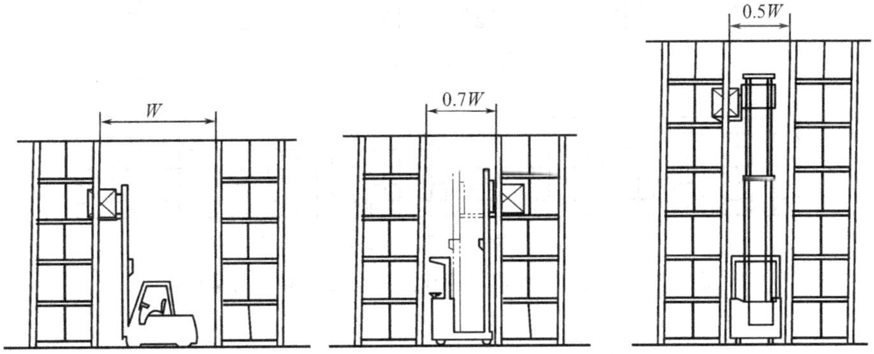

(a) 平衡重式叉车　(b) 前移式叉车　(c) 三向堆垛式叉车

图 1-5　不同车型的一般物件堆垛作业通道宽度比较

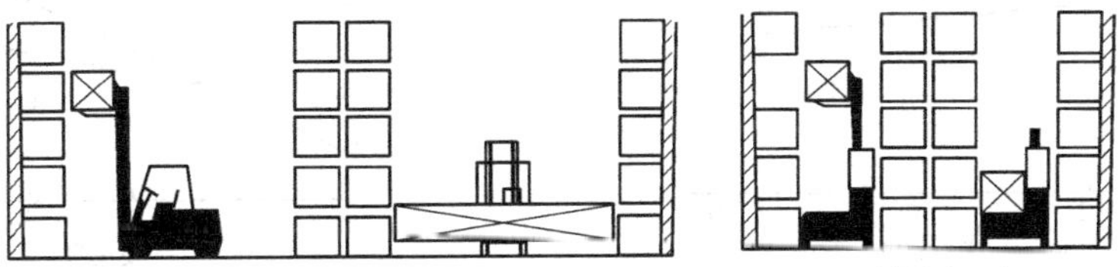

(a) 平衡重式叉车　(b) 侧面式叉车

图 1-6　不同车型的长物件堆垛作业通道宽度比较

考虑到提高仓储空间有效利用率，仍以三向堆垛式、前移式与平衡重式三种叉车相比较，如图 1-7 所示。前两种车型仓储空间利用率分别是平衡重式叉车的 1.75 倍和 1.15 倍。

以室内作业为主的场合一般应优先选用蓄电池叉车。兼顾室内和室外作业时，可以选用液化石油气或带有废气净化装置的内燃叉车。柴油叉车排放废气中的气味和黑烟易被人们觉察，而汽油叉车排放废气中无色无味的一氧化碳更危害人体健康。内燃叉车和蓄电池叉车噪声影响的比较如图 1-8 所示。

蓄电池叉车在环境保护和劳动卫生方面显然优于内燃叉车。虽然其购置费用较高，但流动费用较低，经济寿命较长，总的经济性良好。同内燃叉车比较，一般不到两年，蓄电池叉车的年使用费用就低于内燃叉车，如图 1-9 所示。采用不同动力和能源的叉车在某些性能和用途方面的比较见表 1-2。

③ 不同车型的市场保有量不同，其售后保障能力也不同，例如：低位驾驶三向堆垛叉车和高位驾驶三向堆垛叉车同属窄通道叉车系列，都可以在很窄的通道内（1.5～2.0m）完成堆垛、取货。但是前者驾驶室不能提升，因而操作视野较差，工作效率较低。由于后者能完全覆盖前者的功能，而且性能更出众，因此在欧洲后者的市场销量比前者超出 4～5 倍，在中国则达到 6 倍以上。因此大部分供应商都侧重发展高位驾驶三向堆垛叉车，而低位驾驶三向堆垛叉车只是用在小吨位、提升高度低（一般在 6m 以内）的工况下。在市场销量很少时，其售后服务的工程师数量、工程师经验、配件库存水平等服务能力就会相对较弱。

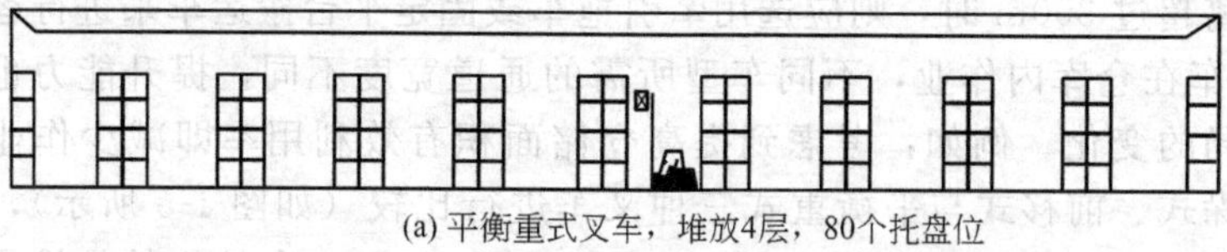

(a) 平衡重式叉车，堆放4层，80个托盘位

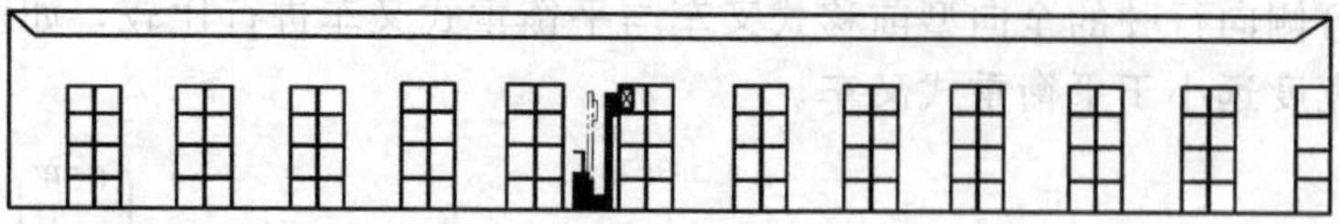

(b) 前移式叉车，堆放4层，92个托盘位

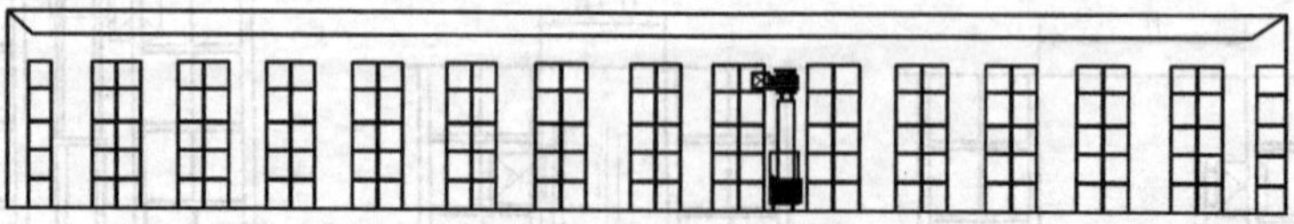

(c) 三向堆垛式叉车，堆放4(5)层，112(140)个托盘位

图 1-7 不同车型库内堆垛作业的仓储空间利用率比较

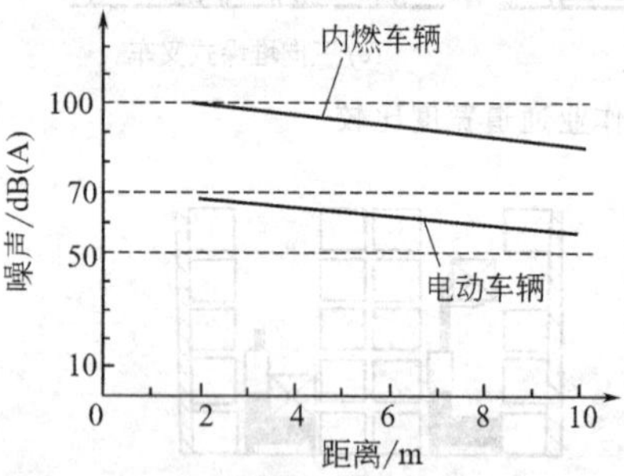

图 1-8 内燃叉车和蓄电池叉车噪声影响的比较

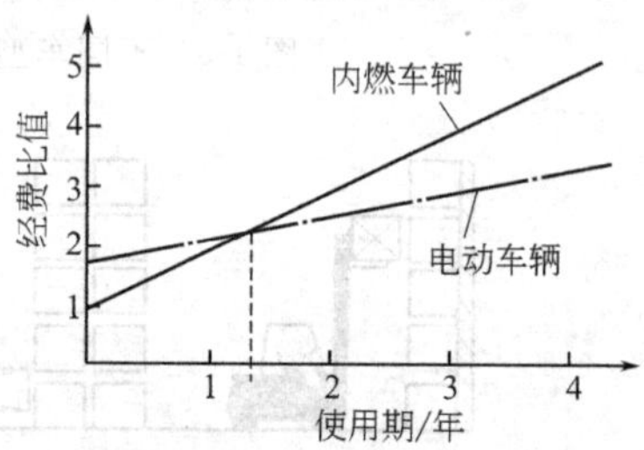

图 1-9 内燃叉车和蓄电池叉车经济性的比较

表 1-2 不同动力的叉车性能和用途比较

项目		蓄电池叉车	内燃叉车	
			汽油车	柴油车
性能	机动性	○	○	○
	废气排放	○	×	△
	噪声振动	○	△	×
	操作的难易度	△	△	△
	燃料的补给	×	○	○
	购置费用	○	△	○
	维修费用		×	△
用途	长距离搬运	×	○	○
	连续作业	△	○	○
	难以通风的场所	○	△	△
	低噪声的场所	○	△	×
	拒异味的场所	○	×	×
	狭窄的场所	○	×	×
	易燃的场所	○	×	×
	低温(冷库)场所	○	×	×

注：○—好（适用）；△—一般；×—差（不适用）。

要对以上几个方面的影响进行综合评估，以选择最合理的方案。

品牌选择

目前国内市场的叉车品牌，从国产、合资到进口有一百多家。

国产品牌：合力、杭州、大连、巨鲸、湖南叉车、台励福、靖江、柳工、佳力、靖江宝骊、天津中外建叉车、洛阳一拖、上力重工、玉柴叉车、合肥搬易通、湖南衡力等。

合资（进口）品牌：林德（德国）、海斯特（美国）、丰田（日本）、永恒力（德国）、BT（瑞典）、小松（日本）、TCM（日本）、力至优（日本）、尼桑（日本）、现代（韩国）、斗山大宇（韩国）、皇冠（美国）、OM（意大利）、OPK（日本）、日产（日本）、三菱（日本）等。

先初步确定几个品牌作为考虑的范围，然后再综合评估。在初选阶段，一般把以下几个方面作为初选的标准。

① 品牌的产品质量和信誉。

② 该品牌的售后保障能力如何，在企业所在地或附近有无服务网点。

③ 企业已用品牌的产品质量和服务。

④ 选择的品牌需要与企业的定位相一致。

一般用户考虑经济性时往往过于重视一次性的购置费用。实际上，高品质、高购置费用的叉车经济寿命长，流动费用低，且作业效率高，其经济性实际上往往好于低品质、低价格的所谓“经济型”叉车。

但高品质的叉车在具体使用中如果作业强度不高，存在多余功能和过剩性能，则其实际经济性将不如选用低品质叉车。

大量使用叉车的用户，应结合其典型的实际作业工况制定一个选型用的“强化考核试验循环”规范。将初步筛选出的车型样车按此规范进行强化考核，一般作400次强化循环试验，即相当于2000h左右的实际作业时间的强度。试验得出符合用户实际作业工况的各种有价值的数据，如叉车可靠度、作业效率、能源消耗等，使叉车的选型更加准确可靠。

初选完成后，对各品牌进行综合评估，包括品牌、产品质量、价格、服务能力等。

很多企业在选择品牌时，存在着一定的误区：如果均为进口品牌的叉车，质量都是差不多的，价格也应该是接近的。实际上这是一个常识性的错误，就像汽车一样，进口品牌的汽车很多，不同品牌之间的价格差距也非常大，当然性能也有差别。此外，叉车是一种工业设备，最大限度地保证设备的正常运转是企业的目标之一，停工就意味着损失。因此选择一个售后服务有保障的品牌是至关重要的。

1.2.2 叉车性能评价

在综合评估时，很多企业由于对叉车专业知识及技术不了解，常常对产品质量无法作出合理的判断。一般来说，高质量的叉车其优越的性能往往体现在高效率、低成本、高可靠性、人机工效设计好以及服务便利等很多方面。

高效率

高效率并不只意味着高速度（行驶、提升、下降速度），它还意味着操作者完成一个工作循环所需的时间短，并且能在整个工作时间始终保持这个效率。许多因素都可以促使效率提高。

① 速度的高低，如行驶速度、提升和下降速度等。

② 人机工程设计的应用，应减少操作动作的次数，最大限度地减少疲劳。

③ 操作的精确性。

④ 良好的视野。

低成本

企业购买和使用叉车时，每年所需花费的总成本包括：

① 采购成本。采购成本将被平摊到叉车寿命中。因此高价叉车将因其寿命更长而使采购成本降低。

② 维护成本。实际的维修费用不仅与维修配件的成本有关，而且与故障率或故障时间有关。因此，一台高品质的叉车，由于其较低的故障率，它的维护成本也更低。

③ 能耗成本。能耗成本将随不同动力系统的叉车而不同，如电能、柴油、液化石油气或汽油。

④ 人工成本。人工成本随驾驶员的数量和他们每月总工资的变化而不同，驾驶员的数量将会因采用高效率的叉车而减少。

高安全性

叉车的安全性设计，应能够全面保证驾驶员、货物以及叉车本身的安全。高品质的叉车往往在安全设计方面考虑到每个细节、每个可能性。

人机工程

人机工程学是一门广泛应用于产品设计，特别是改善操作环境的科学，目的是通过降低驾驶员疲劳度和增加操作的舒适性等手段，最大限度提高生产效率。在叉车设计上，人机工程学体现在以下几个方面。

① 降低驾驶员操作时的疲劳度。独特的设计能减少驾驶员的操作动作，使操作更省力。

② 舒适性。人性化的设计能够使驾驶员保持良好的心情，减少操作失误。

③ 良好的视野。为叉车作业过程提供良好的视野，不仅能提高效率，同时确保驾驶员安全。

维护方便

要考虑叉车是否方便维护，所有的零部件应更换方便，故障的确诊和排除要快。高品质叉车的控制系统都已经模块化，可直接与手提电脑连接，利用诊断程序来快速地查找故障或修改参数设置（如行驶速度）。

企业在购买叉车前，除了了解叉车的价格和吨位外，还应结合企业的具体工况和发展规划，综合考虑叉车厂家的实力、信誉、服务保证等多方面因素之后作出采购决定。

第2章 动力装置构造与维修

发动机是将自然界某些能量直接转换为机械能并拖动某些机械进行工作的机器。将热能转化为机械能的发动机，称为热力发动机。能量的释放与转化过程是在汽缸内部进行的热力发动机，称为内燃机。

内燃叉车发动机主要采用柴油机和汽油机。汽油机在燃料系统上加上些附加装置即可使用液化石油气。内燃叉车对动力装置的要求如下。

① 功率大，尺寸小，特别是高度和长度与叉车总体布置的矛盾更为突出。为使冷却通风好，还要求风扇与曲轴有比较大的中心距。

② 为了供给工作装置及动力转向装置以动力，要求除飞轮端以外有第二个动力输出端，并且具有输出2/3以上发动机全功率的能力。

③ 叉车运行速度不高，为便于传动装置设计，减小整车的噪声和振动，希望采用转速低、转矩大的发动机，通常叉车发动机的转速在2200～2800r/min。

④ 发动机的额定功率按1h制标定。

⑤ 由于叉车起步和换挡频繁，主离合器易磨损，要求加大发动机飞轮直径以加大离合器摩擦片直径，延长离合器的寿命。

⑥ 叉车车速不高，且向前和向后行驶机会均衡，冷却水箱的通风主要靠风扇产生，要求加大风扇直径或叶片角度及增加叶片数，以使水箱有足够的通风量。

⑦ 额定起重量3t以下的叉车，通常把发动机机体、离合器或变矩器、变速器、驱动桥外壳刚性地连为一体，且承受叉车牵引力和制动力引起的弯矩，要求发动机机体、飞轮壳、离合器壳本身和它们之间的连接有足够的强度和刚度。

⑧ 对汽油机要求装有限速器或调速器，以防止空车行驶超速和动力装置对工作液压泵的损害。

叉车用发动机品种很多。如目前市场销量较大的CPCD30型叉车，选用的国产柴油机就有浙柴490B、490BPG、新柴490、大柴498、江铃493等20种左右，进口柴油机有五十铃C240、久保田2403、洋马4TNE92等10种左右。CPQ30型汽油叉车选用的汽油机主要有万丰491、日产K21等。

2.1 内燃机的总体构造

2.1.1 内燃机的组成

作为一种进行能量转换的复杂机械，柴油机由多种机构和部件组成。对于目前种类繁多的柴油机，虽然其具体结构不尽相同，但结构大同小异，主要由以下几部分组成。

1）曲柄连杆机构　主要由机体组、活塞连杆组、曲轴飞轮组等组成。通过曲柄连杆机构，柴油机把活塞的往复直线运动转变为曲轴的旋转运动，以完成柴油机的工作循环。

2）配气机构　主要由气门组和气门传动机构组成。其主要功能是按一定的顺序完成进、排气门的开启和关闭，保证柴油机及时地吸入新鲜空气和排出燃烧后的废气。

3）燃油供给系　主要包括喷油泵、输油泵、调速器、喷油器和燃油滤清器等。它的功能是定时、定量、定压地向燃烧室喷入柴油，保证燃料及时、迅速、完全燃烧。

4）润滑系　主要由油底壳、机油泵、机油滤清器、润滑油管及各种阀件组成。其主要功能是向各摩擦表面输送润滑油，以减少柴油机零件的磨损和降低零件间的摩擦阻力，同时也起到了冷却、清洗、密封和防锈的作用。

5）冷却系　主要由散热器、风扇、水泵、汽缸体和汽缸盖中的冷却水套、节温器等组成。其作用是将零件所吸收的热量及时地传导出去，保证柴油机在正常温度下可靠地工作。

2.1.2　内燃机产品名称和型号编制规则

内燃机产品名称应符合 GB/T 1883.1 的规定，均按所采用的燃料命名，例如柴油机、汽油机等；内燃机型号由阿拉伯数字、汉语拼音或国际通用的英文缩略字母组成。主要由以下四部分组成。

① 第一部分由制造商代号或系列符号组成。本部分代号由制造商根据需要选择 1～3 位字母表示。

② 第二部分由汽缸数、汽缸布置形式符号（表 2-1）、冲程形式符号和缸径符号（亦可用发动机排量或功率表示，其单位由制造商自定）组成。

表 2-1　汽缸布置形式符号（部分）

符号	含义	符号	含义
无符号	多缸直列及单缸	H	H形
V	V形	X	X形
P	卧式		

③ 第三部分为结构特征和用途特征符号，分别按表 2-2 和表 2-3 中的规定。燃料符号参见表 2-4。

表 2-2　结构特征符号（部分）

符号	含义	符号	含义
无符号	冷却液冷却	DZ	可倒转
F	风冷	Z	增压
N	凝气冷却	ZL	增压中冷
S	十字头式		

表 2-3　用途特征符号（部分）

符号	含义	符号	含义
无符号	通用型及固定动力(由制造商自定)	Q	汽车
T	拖拉机	J	铁路机车
N	摩托车	L	林业机械
G	工程机械		

表 2-4 内燃机常用燃料符号（部分）

符号	含义	备注
无符号	柴油	
P	汽油	
T	天然气(煤层气)	管道天然气
CNG	压缩天然气	
LNG	液化天然气	
LPG	液化石油气	
S SCZ	柴油/天然气双燃料 柴油/沼气双燃料	其他双燃料用两种燃料字母表示

④ 第四部分为区分符号。同系列产品需要区分时，允许制造商选用适当符号表示。

柴油机型号编制示例如下：

R175A——单缸、四行程、缸径 75mm、冷却液冷却（R 为系列代号、A 为区分符号）。

485G——四缸直列、四行程、缸径 85mm、冷却液冷却、工程机械用。

YZ6102Q——六缸直列、四行程、缸径 102mm、冷却液冷却、车用（YZ 为扬州柴油机厂代号）。

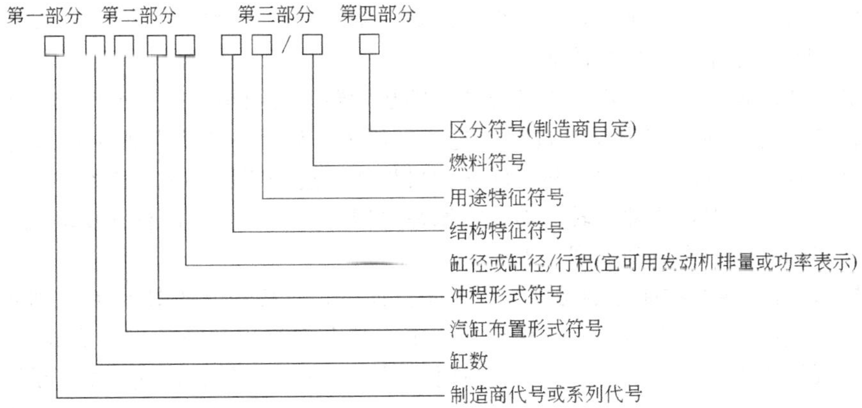

2.1.3 四行程柴油机工作原理

柴油机的基本术语

柴油机工作的基本术语如图 2-1 所示。

① 上止点：活塞距曲轴中心最远时，汽缸壁与活塞顶平面所对应的位置。

② 下止点：活塞距曲轴中心最近时，汽缸壁与活塞顶平面所对应的位置。

③ 活塞行程（S）：活塞上、下止点间的距离。

④ 曲轴半径（r）：从曲轴主轴颈中心线到连杆轴颈中心线的垂直距离。

⑤ 汽缸工作容积（V_h）：活塞从上止点到下止点所扫过的汽缸容积。

⑥ 排量（V_{st}）：柴油机所有汽缸的工作容积总和，称为柴油机的工作容积，俗称排量，单位为升（L）。

⑦ 燃烧室容积（V_c）：活塞在上止点时，活塞顶上面的空间叫燃烧室，其容积称为燃烧室容积。

⑧ 汽缸总容积（V_a）：活塞在下止点时，活塞顶上面整个空间的容积。它等于汽缸工作容积 V_h 与燃烧室容积 V_c 的总和。

⑨ 压缩比（ε）：汽缸总容积与燃烧室容积的比值称为压缩比。

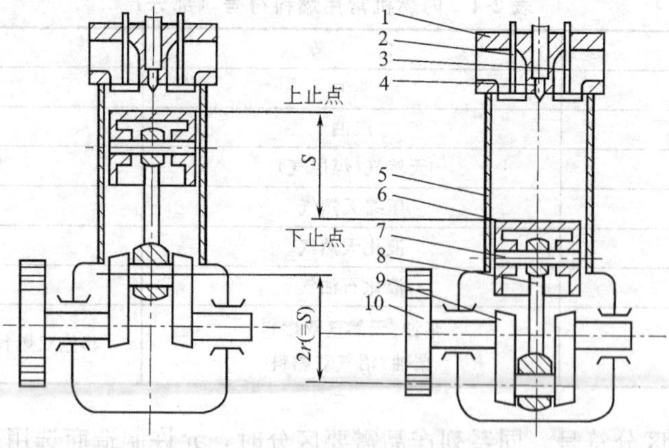

图 2-1 单缸柴油机的工作简图

1—汽缸盖；2—进气门；3—排气门；4—喷油器；5—汽缸；6—活塞；7—活塞销；8—连杆；9—曲轴；10—飞轮

压缩比是柴油机的一个重要参数，它对柴油机的工作性能有很大影响，它表明汽缸内空气被活塞压缩的程度。压缩比越大，在压缩终了时空气的压力和温度就越高，燃烧速度也越快，因而柴油机的功率也就越大，经济性就越好。柴油机的压缩比一般为16～22或更高。

四行程柴油机的工作原理

发动机的功能是将燃料在汽缸内燃烧产生的热能转换为机械能，从而输出动力。上述能量转换过程是通过不断地依次反复进行“进气—压缩—做功—排气”四个连续过程来实现的。发动机汽缸内进行的每一次将热能转换为机械能的过程叫做一个工作循环。

在一个工作循环内，曲轴旋转两周，活塞往复四个行程，称为四行程发动机。

四行程柴油机的工作原理如图 2-2 所示。

1）进气行程 活塞在曲轴的带动下由上止点向下止点移动，如图 2-2(a) 所示。此时进气门开启，排气门关闭。在活塞向下移动过程中，其上方容积逐渐增大，形成一定真空度，于是新鲜空气被吸入汽缸。活塞到达下止点时，进气门关闭，停止进气。由于受到空气滤清器等进气系统的阻力影响，汽缸内压力低于大气压力，为80～95kPa；由于汽缸壁、活塞等高温机件及上一循环残留高温废气的加热，气体温度为300～340K。

2）压缩行程 活塞在曲轴的带动下，由下止点向上止点运动，如图 2-2(b) 所示。进气行程完成后，进气门和排气门均关闭，在活塞由下止点向上止点的运动过程中，汽缸内容积逐渐减小，空气被压缩至燃烧室内，其温度和压力均升高。由于柴油机采用压燃的点火方式，为使柴油在喷入汽缸后能迅速着火燃烧，柴油机的压缩比都较大，压缩行程结束时，气体压力为3～5MPa，温度为750～950K。为使柴油能及时燃烧，在压缩行程结束前10°～35°曲轴转角，喷油器将高压柴油喷入汽缸。从喷油开始至上止点的曲轴转角称为喷油提前角。

3）做功行程 活塞由上止点向下止点运动，如图 2-2(c) 所示。此时，进气门和排气门仍关闭，混合气在高温、高压下自行点火燃烧，并产生大量热能，使汽缸中的温度、压力急剧升高，气体迅速膨胀，高温高压气体推动活塞由上止点向下止点运动，并经连杆带动曲轴旋转做功，从而实现了将燃料的化学能转变为热能，并最终转化为机械能。活塞到达下止点，做功行程结束。

做功行程中汽缸内的温度最高可达1800～2200K，气体瞬时压力可达6～9MPa，随着做功行程的进行，汽缸内的温度和压力逐渐下降，至排气门开启时，汽缸内气体的温度降至

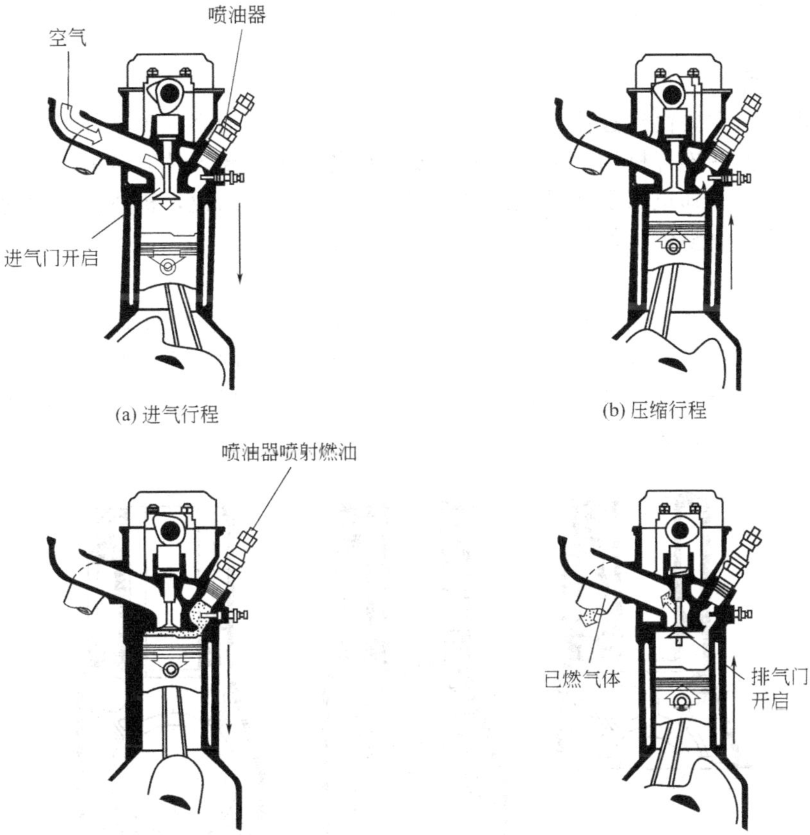

(a) 进气行程　(b) 压缩行程　(c) 膨胀行程(做功行程)　(d) 排气行程

图 2-2　四行程柴油机工作原理示意图

1000～1200K，压力为 0.5MPa。

4）排气行程　活塞由下止点向上止点运动，如图 2-2(d) 所示。在排气行程中，进气门关闭，排气门开启。由于燃烧后的废气仍高于外界的大气压，在气体压差和活塞上行的排挤下，废气被迅速排出汽缸。为了减少排气阻力和残余的废气量，一般排气门在活塞到达下止点前 30°～80°曲轴转角时开启，至上止点 10°～35°曲轴转角时关闭。排气终了时汽缸内的废气压力略高于大气压，为 105～125kPa，温度为 700～900K。

在排气行程结束后，曲轴依靠飞轮的惯性继续旋转，使上述四个行程周而复始地进行。由以上四行程柴油机的工作循环可知：四个行程中只有做功行程产生动力，是主要行程，其余三个行程均要消耗能量，是辅助行程，但同时又是不可缺少的；每个循环曲轴旋转两周(720°)，每一个行程曲轴旋转半周（180°），进气行程时进气门开启，排气行程时排气门开启，其余两个行程中进、排气门均关闭；柴油机启动时，需要外力使曲轴旋转，以完成进气、压缩行程，当做功行程完成后，曲轴和飞轮利用储存的能量，使柴油机的工作循环继续下去。

2.2 曲柄连杆机构构造与维修

2.2.1 曲柄连杆机构的功用及组成

曲柄连杆机构的功用是把燃气作用在活塞顶上的力转变为曲轴的转矩，以向工作机械输出机械能。曲柄连杆机构的主要零件可以分为机体组、活塞连杆组和曲轴飞轮组。

机体组

发动机机体组主要由汽缸体、汽缸盖、汽缸盖衬垫以及油底壳等零件组成。机体组是发动机的支架，是曲柄连杆机构、配气机构和发动机各系统主要零件的装配基体，各运动件的润滑和受热部件的冷却也都要通过机体组来实现。因此，可以说，机体组把发动机的各种机构和系统组成为一个整体，保持了它们之间必要的相互关系。

(1) 汽缸体

水冷发动机的汽缸体通常与上曲轴箱铸成一体，称为汽缸体-曲轴箱，也可简称为汽缸体。汽缸体上半部有一个或若干个为活塞在其中运动导向的圆柱形空腔，称为汽缸；下半部为支承曲轴的曲轴箱，其内腔为曲轴运动的空间。具体结构形式有一般式汽缸体、龙门式汽缸体和隧道式汽缸体，如图 2-3 所示。

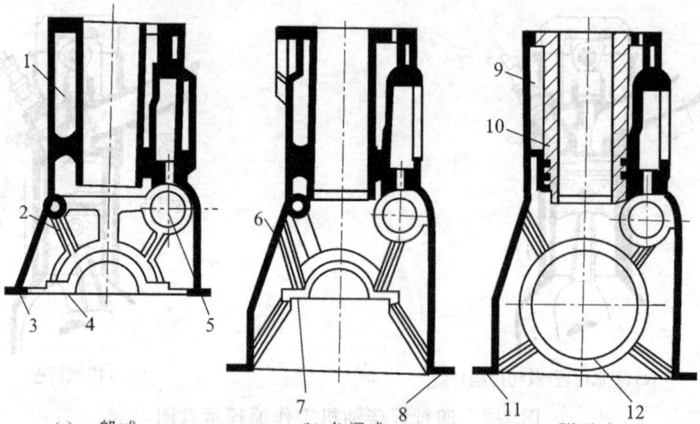

图 2-3 汽缸体的结构形式

1,9—水套；2,6—加强筋；3,8,11—油底壳安装平面；4,7—主轴承座孔加工平面；5—凸轮轴座孔；10—湿式缸套；12—主轴承座孔

汽缸直接镗在汽缸体上叫做整体式汽缸，整体式汽缸强度和刚度较好，能承受较大的载荷。如果用耐磨的优质材料制成汽缸套，然后再装到用价格较低的一般材料制造的汽缸体内，这样不但降低了制造成本，而且汽缸套可以从汽缸体中取出，因而便于修理和更换，并可大大延长汽缸体的使用寿命。汽缸套有干式和湿式两种。

干缸套如图 2-4(b)、(c) 所示，不直接与冷却液接触，壁厚一般为 1～3mm。干缸套的外圆表面和汽缸套座孔内表面均需精加工，以保证必要的形位精度，便于拆装。干缸套的优点是汽缸体刚度大，汽缸中心距小；缺点是传热性较差、温度分布不均匀、容易发生局部变形，同时加工面多、加工要求高、拆装要求也高。

湿缸套如图 2-4(d)～(h) 所示，与冷却液直接接触。壁厚一般为 5～9mm。缸套的外表面有两个保证径向定位的凸出圆环带 B 和 A，如图 2-4(d) 所示，分别称为上支承定位带和下支承密封带。缸套的轴向定位是利用上端的凸缘 C，如图 2-4(d) 所示。为了密封气体和冷却液，有的缸套凸缘 C 下面还装有纯铜垫片。

缸套的上支承定位带直径略大，与缸套座孔配合较紧密。下支承密封带与座孔配合较松，通常装有 1～3 道橡胶密封圈来密封冷却液。常见的密封结构形式有两种，一种形式是将密封环槽开在缸套上，将具有一定弹性的橡胶密封圈 8 装入环槽内，如图 2-4(d) 所示；

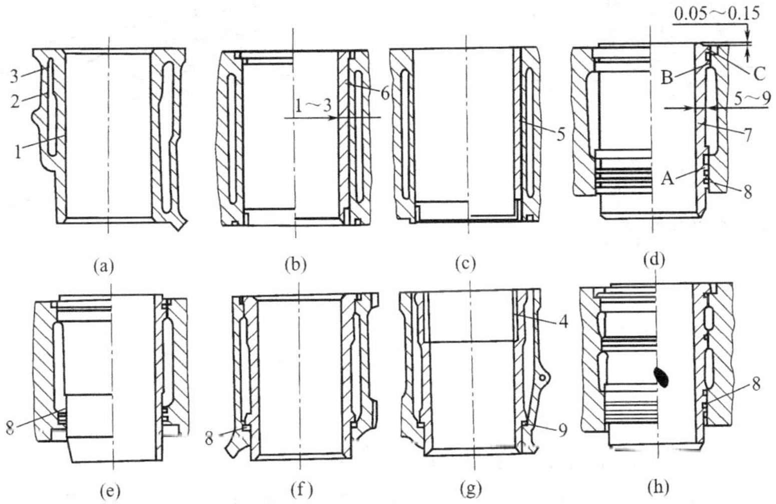

图 2-4　汽缸套

1—汽缸壁；2—冷却水套壁；3—冷却水套；4—上置半截缸套；5—干缸套；6—可卸式干缸套；7—可卸式湿缸套；8—橡胶密封圈；9—铜密封圈

另一种是安置密封圈的环槽开在汽缸体上，如图 2-4(e) 所示，这种结构对缸体的削弱很小，但汽缸内的工艺较差，因此不如第一种结构应用广泛。

缸套装入座孔后，通常缸套顶面略高于汽缸体上平面 0.05～0.15mm。这样，当紧固汽缸盖螺栓时，可将汽缸盖衬垫压得更紧，以保证汽缸的密封性，防止冷却液和汽缸内的高压气体窜漏。

湿缸套的优点是在汽缸体上没有密闭的水套，因而铸造方便。容易拆装更换，冷却效果也较好；其缺点是汽缸体刚度差，易漏水、漏气。

(2) 汽缸盖与汽缸盖衬垫

1) 汽缸盖　汽缸盖安装在汽缸体的上面，从上部密封汽缸并构成燃烧室。它经常与高温高压燃气相接触，因此承受很大的热负荷和机械负荷。如图 2-5 所示为发动机的汽缸盖。

汽缸盖一般采用灰铸铁、合金铸铁或铝合金铸成。它是燃烧室的组成部分，燃烧室的形状对发动机的工作影响很大。由于汽油机和柴油机的燃烧方式不同，因此燃烧室的组成及部位差别也较大。

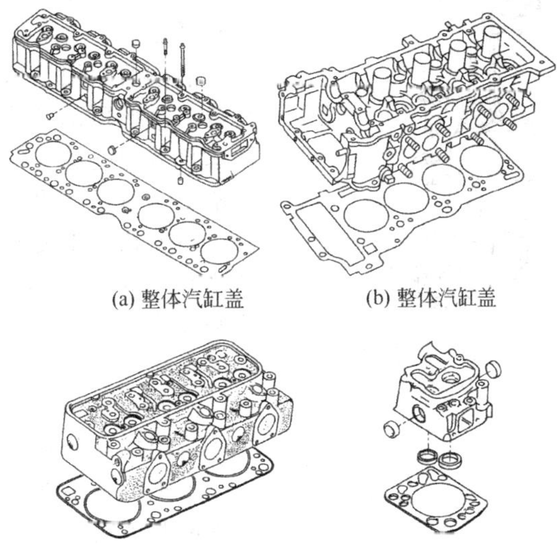

(a) 整体汽缸盖　(b) 整体汽缸盖　(c) 块状汽缸盖　(d) 单体汽缸盖

图 2-5　几种形式的汽缸盖

2) 汽缸盖衬垫　汽缸盖衬垫安装在汽缸盖和汽缸体之间，其作用是保证汽缸盖与汽缸体接触面的密封，防止漏气、漏水和漏油。汽缸盖衬垫的材料要有一定的弹性，能补偿接合面的不平度，以确保密封，同时要有好的耐热性和耐压性，在高温高压下不烧损、不变形。目前发动机采用中心用编织的钢丝网或有孔钢片为骨架，两面用石棉及橡胶黏结剂压成的汽缸盖衬垫，如图 2-6 所示。

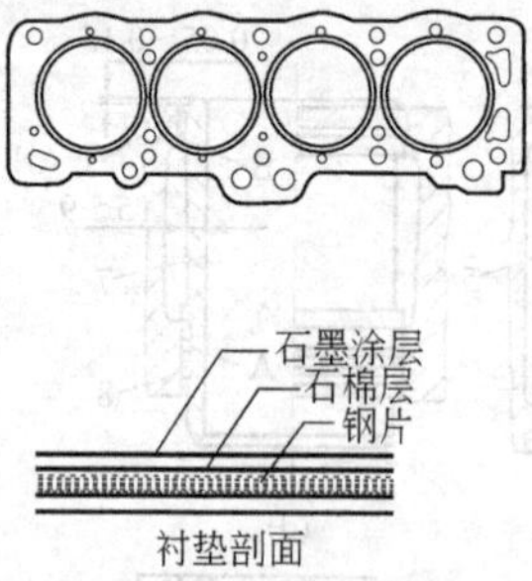

图 2-6 汽缸盖衬垫

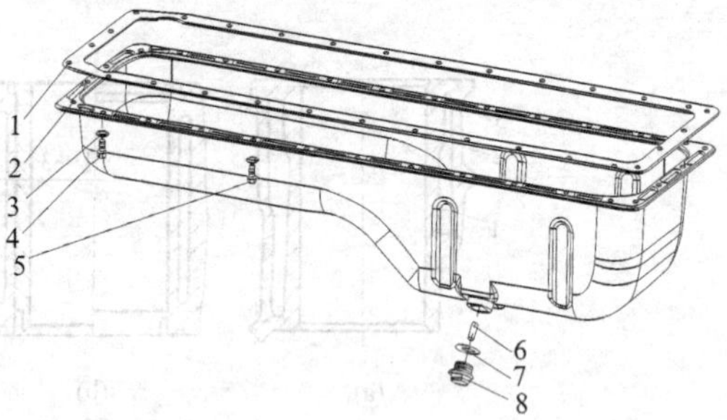

图 2-7 油底壳

1—密封垫；2—油底壳放油螺塞；3—垫圈；4,5—螺栓；6—放油螺塞磁铁；7—组合密封垫圈；8—螺塞

3）油底壳　汽缸体下部用来安装曲轴的部分称为曲轴箱。曲轴箱分上曲轴箱和下曲轴箱，上曲轴箱与汽缸体铸成一体，下曲轴箱用来储存润滑油，并封闭上曲轴箱，故又称为油底壳，如图 2-7 所示。油底壳受力很小，一般采用薄钢板冲压而成，其形状取决于发动机的总体布置和机油的容量。油底壳内装有稳油挡板，以防止机械颠簸时油面波动过大。油底壳底部还装有放油螺塞，通常放油螺塞上装有永久磁铁，以吸附润滑油中的金属屑，减少发动机的磨损。在上下曲轴箱接合面之间装有衬垫，防止润滑油泄漏。

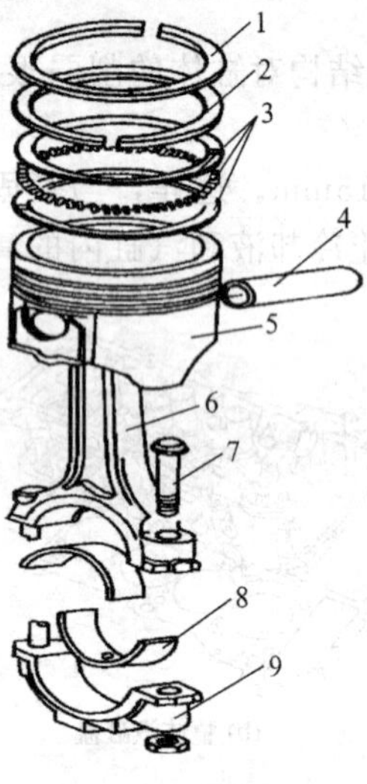

图 2-8 活塞连杆组

1—第一道气环；2—第二道气环；3—组合油环；4—活塞销；5—活塞；6—连杆；7—连杆螺栓；8—连杆轴瓦；9—连杆盖

活塞连杆组

活塞连杆组由活塞、活塞环、活塞销、连杆、连杆轴瓦等组成，如图 2-8 所示。

(1) 活塞

活塞的功用是承受气体压力，并通过活塞销和连杆驱使曲轴旋转。活塞顶部还是燃烧室的组成部分。在发动机运转过程中，活塞直接与高温气体接触，受热严重，而散热条件又很差，所以活塞工作时温度很高，顶部高达 600～700K，且温度分布很不均匀；活塞顶部承受的气体压力很大，特别是在做功行程，柴油机高达 6～9MPa，这就使得活塞产生冲击，并承受侧压力的作用；活塞在汽缸内以很高的速度（8～12m/s）往复运动，且速度在不断地变化，这就产生了很大的惯性力，使活塞受到很大的附加载荷。活塞在这种恶劣的条件下工作，会产生变形并加速磨损，还会产生附加载荷和热应力，同时受到燃气的化学腐蚀作用。

根据活塞各部分所起作用的不同，活塞可分为活塞顶部、活塞头部和活塞裙部三部分，如图 2-9 所示。

1）活塞顶部　活塞顶部是燃烧室的组成部分，主要用于承受气体压力，其形状、大小都与燃烧室的形式有关，都是为了满足可燃混合气形成和燃烧的要求。活塞顶部形状可分为四种，即平顶、凸顶、凹顶和凹坑，如图 2-10 所示。

2）活塞头部　活塞头部指第一道活塞环槽与活塞销孔之间的部分。头部一般有数道环槽，用以安装起密封作用的活塞环，因此又将头部称为防漏部。柴油机压缩比高，一般有四道环槽，上部三道安装气环，最下一道安装油环。

3）活塞裙部　活塞裙部指从油环槽下端面起至活塞最下端的部分，它包括装活塞销的销座孔。活塞裙部对活塞在汽缸内的往复运动起导向作用，并承受侧压力。裙部的长短取决

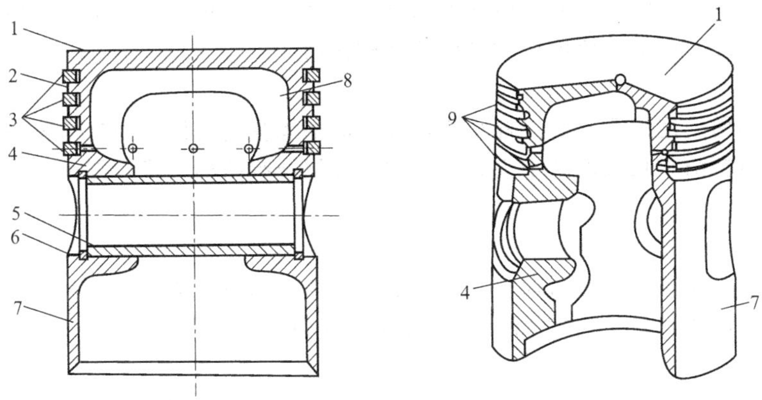

(a) 全剖　　(b) 部分剖

图 2-9　活塞结构剖视图

1—活塞顶；2—活塞头；3—活塞环；4—活塞销座；5—活塞销；6—活塞销卡环；7—活塞裙；8—加强肋；9—环槽

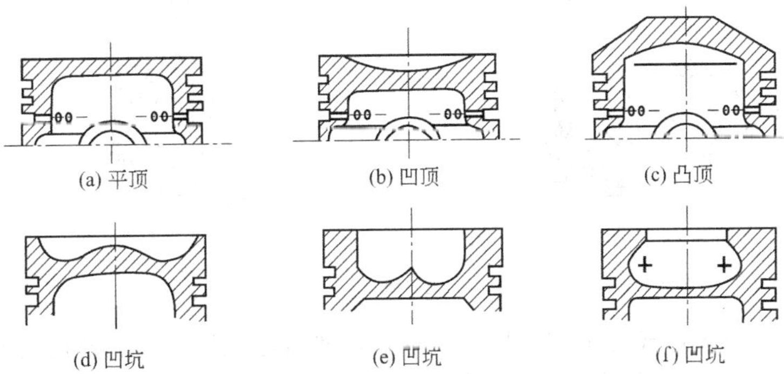

图 2-10　活塞顶部形状

于侧压力的大小和活塞直径。

(2) 活塞环

活塞环是具有弹性的开口环，有气环和油环之分，如图 2-11 所示。

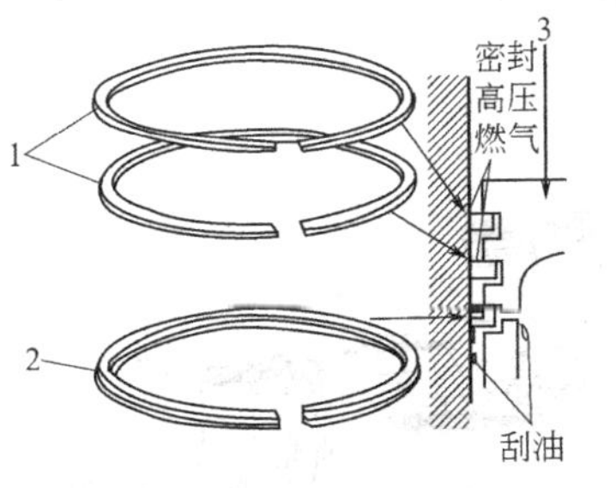

图 2-11　活塞环

1—气环；2—油环；3—活塞

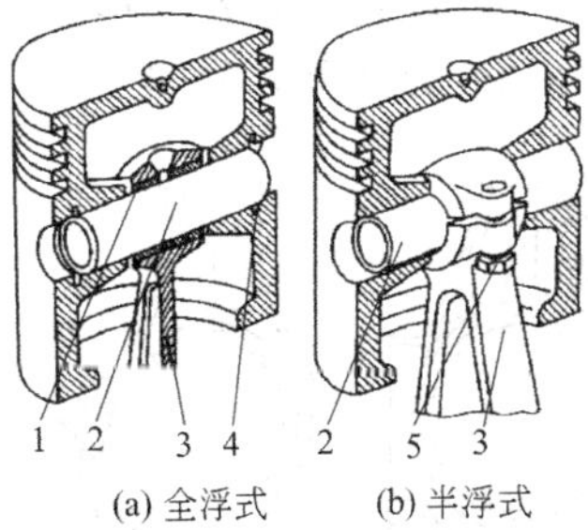

图 2-12　活塞销的连接方式

1—连杆衬套；2—活塞销；3—连杆；4—活塞销挡圈；5—紧固螺栓

气环的作用是保证汽缸与活塞间的密封性，防止漏气，并且把活塞顶部吸收的大部分热量传给汽缸壁，由冷却水带走。

油环起布油和刮油的作用。油环下行时刮除汽缸壁上多余的机油，上行时在汽缸壁上涂一层均匀的油膜，这样既可以防止机油窜入汽缸燃烧掉，又可以减小活塞、活塞环与汽缸壁间的摩擦阻力。此外，油环还能起到封气的辅助作用。

(3) 活塞销

活塞销的作用是连接活塞和连杆小头，并把活塞承受的气体压力传给连杆。

活塞销与活塞销座孔及连杆小头衬套孔的连接配合有两种方式，即全浮式和半浮式，如图 2-12 所示。

(4) 连杆

连杆的作用是连接活塞与曲轴，并把活塞承受的气体压力传给曲轴，使活塞的往复运动变成曲轴的旋转运动。如图 2-13 所示，连杆小头通过活塞销与活塞相连，连杆大头与曲轴的连杆轴颈相连。

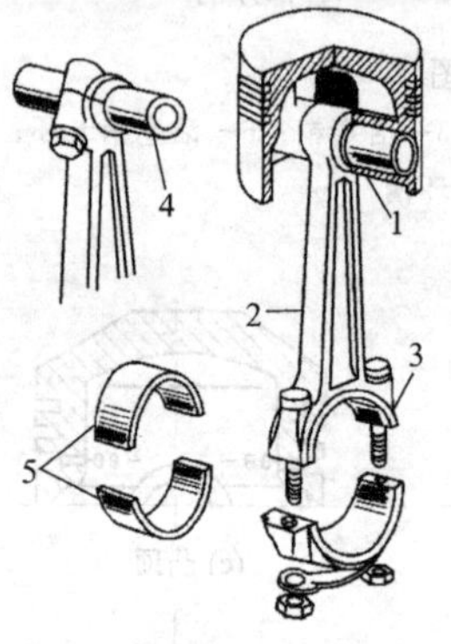

图 2-13 连杆

1—连杆小头；2—杆身；3—连杆大头；4—活塞销；5—连杆轴瓦

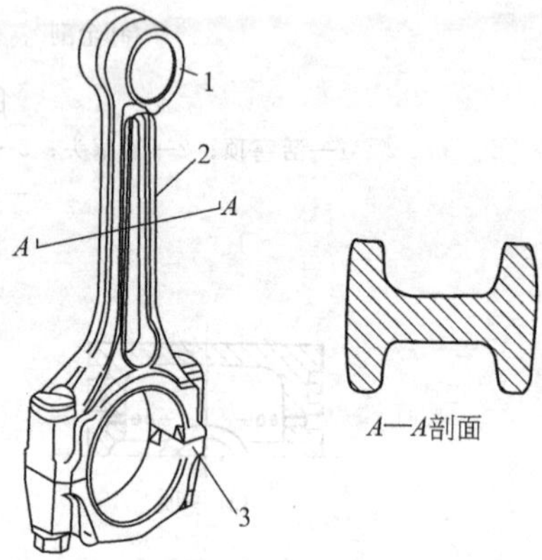

图 2-14 连杆结构

1—连杆小头；2—杆身；3—连杆大头

连杆一般采用中碳钢或合金钢经模锻或辊锻，然后经机加工和热处理而成。连杆结构如图 2-14 所示。连杆分为三个部分，即连杆小头、连杆杆身和连杆大头（包括连杆盖）。连杆小头与活塞销相连。对全浮式活塞销，由于工作时小头孔与活塞销之间有相对运动，所以常常在连杆小头孔中压入减摩的青铜衬套。半浮式活塞销与连杆小头是紧配合，所以小头孔内不需要衬套，也不需要润滑。

连杆杆身通常做成“I”字形断面，抗弯强度好，重量轻，大圆弧过渡，且上小下大。

连杆大头与曲轴连杆轴颈的连接方式有整体式和分开式两种。一般都采用分开式，分开式又分为平分和斜分两种，如图 2-15 所示。

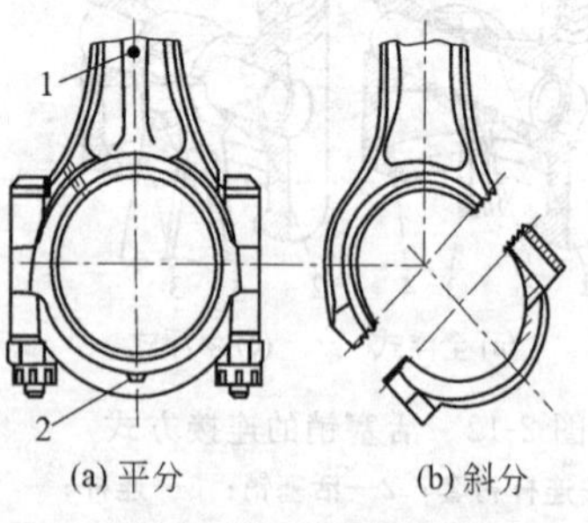

图 2-15 分开式连杆大头

1—连杆装配标记；2—连杆盖装配标记

图 2-16 连杆轴瓦

1—钢背；2—油槽；3—定位凸键；4—减摩合金层

连杆大头分开可取下的部分叫连杆盖。连杆与连杆盖配对加工，加工后，在它们同一侧打上配对记号，安装时不得互相调换或变更方向。

为了减小摩擦阻力和曲轴连杆轴颈的磨损，连杆大头孔内装有瓦片式滑动轴承，简称连杆轴瓦，轴瓦由上、下两个半片组成，如图 2-16 所示。目前多采用薄壁钢背轴瓦，在其内表面浇铸有耐磨合金层，背面有很高的光洁度。

曲轴飞轮组

曲轴飞轮组主要由曲轴、飞轮和一些附件组成，如图 2-17 所示。

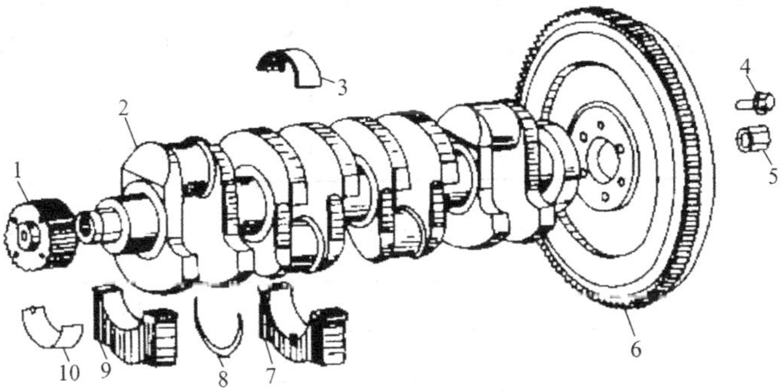

图 2-17 曲轴飞轮组

1—正时齿轮；2—曲轴；3—上主轴瓦；4—飞轮紧固螺栓；5—滚针轴套；6—飞轮总成；7，9—主轴承盖；8—止推片；10—下主轴瓦

（1）曲轴

曲轴是发动机最重要的机件之一，它与连杆配合将作用在活塞上的气体压力变为旋转的动力传给底盘的传动机构，同时驱动配气机构和其他辅助装置，如风扇、水泵、发电机等。

曲轴一般由主轴颈、连杆轴颈、曲柄、平衡块、前端和后端等组成，如图 2-18 所示。

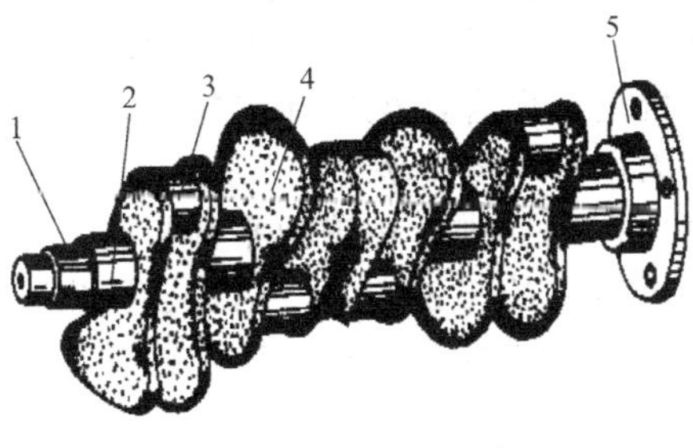

图 2-18 曲轴的组成

1—前端；2—主轴颈；3—连杆轴颈；4—曲柄；5—后端

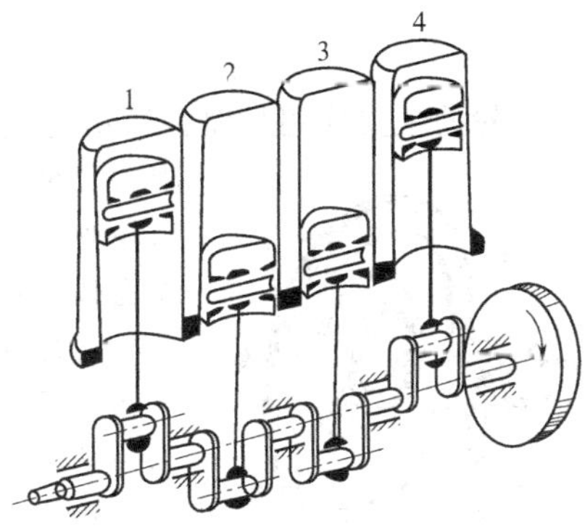

图 2-19 直列四缸发动机的曲拐布置

主轴颈是曲轴的支承部分，通过主轴承支承在曲轴箱的主轴承座中。主轴承的数目不仅与发动机汽缸数目有关，还取决于曲轴的支承方式。曲轴的支承方式一般有两种，即全支承曲轴和非全支承曲轴。

曲轴的形状和曲拐相对位置（即曲拐的布置）取决于汽缸数、汽缸排列形式和发动机的点火顺序。安排多缸发动机的点火顺序应注意使连续做功的两缸相距尽可能远，以减轻主轴承的载荷，同时避免可能发生的进气重叠现象。做功间隔应力求均匀，也就是说，发动机在完成一个工作循环的曲轴转角内，每个汽缸都应点火做功一次，而且各缸点火的间隔时间以曲轴转角表示，称为点火间隔角。四行程发动机完成一个工作循环曲轴转两圈，其转角为 720°，在 720°的曲轴转角内发动机的每个汽缸应该点火做功一次，且点火间隔角是均匀的，因此四行程发动机的点火间隔角为 720°/i（i 为汽缸数目），即曲轴每转 720°/i，就应有一缸做功，以保证发动机运转平稳。

四缸四行程发动机的点火间隔角为 720°/4=180°，曲轴每转半圈（180°）做功一次，四个缸的做功行程是交替进行的，并在 720°内完成。对于每一个汽缸来说，其工作过程和单缸机的工作过程完全相同，只不过是要求它按照一定的顺序工作，这一顺序即为发动机的工作顺序，也称为发动机的点火顺序。四缸发动机四个曲拐布置在同一平面内，如图 2-19 所示，1、4 缸在上，2、3 缸在下，互相错开 180°，其点火顺序的排列只有两种可能，即 1→3→4→2 或 1→2→4→3，两种工作顺序的发动机工作循环见表 2-5 和表 2-6。

表 2-5　直列四缸发动机点火顺序为 1→3→4→2 的工作循环

曲轴转角	第 1 缸	第 2 缸	第 3 缸	第 4 缸
0～180°	做功	排气	压缩	进气
180°～360°	排气	进气	做功	压缩
360°～540°	进气	压缩	排气	做功
540°～720°	压缩	做功	进气	排气

表 2-6　直列四缸发动机点火顺序为 1→2→4→3 的工作循环

曲轴转角	第 1 缸	第 2 缸	第 3 缸	第 4 缸
0～180°	做功	压缩	排气	进气
180°～360°	排气	做功	进气	压缩
360°～540°	进气	排气	压缩	做功
540°～720°	压缩	进气	做功	排气

（2）飞轮

飞轮的主要作用是储存做功行程的能量，用于克服进气、压缩和排气行程的阻力和其他阻力，使曲轴能均匀地旋转。飞轮外缘的齿圈与启动电机的驱动齿轮啮合，供启动发动机用；离合器也装在飞轮上，利用飞轮后端面作为驱动件的摩擦面，对外传递动力。

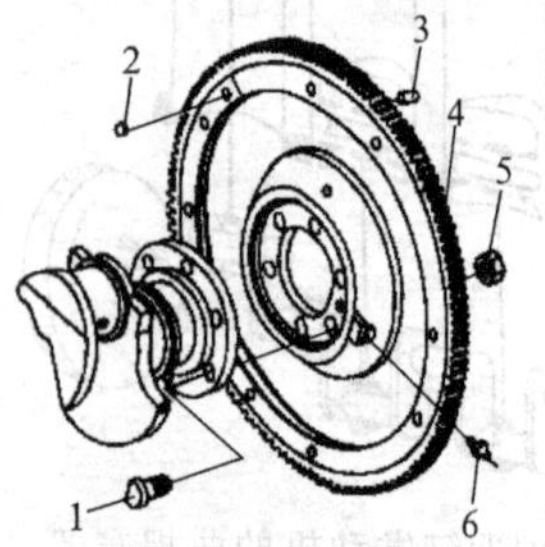

图 2-20　飞轮

1—螺栓；2—上止点记号；3—定位销；4—齿圈；5—螺母；6—润滑脂油嘴

飞轮是高速旋转件，因此要进行精确地平衡校准，达到静平衡和动平衡。飞轮是一个很重的铸铁圆盘，用螺栓固定在曲轴后端的接盘上，具有很大的转动惯量。飞轮轮缘上镶有齿圈，齿圈与飞轮紧配合，有一定的过盈量，齿圈加热后热套在飞轮上。其结构如图 2-20 所示。

在飞轮轮缘上作有记号（刻线或销孔）供找压缩上止点用（四缸发动机为 1 缸或 4 缸压缩上止点，六缸发动机为 1 缸或 6 缸压缩上止点）。当飞轮上的记号与外壳上的记号对正时，正好是压缩上止点。

2.2.2　曲柄连杆机构的检测与维修

曲柄连杆机构检测与维修的主要作业内容是检测零部件的技术状况，对磨损后的零件进行必要的修复或更换，最后按技术要求标准进行组装和调试，恢复其良好的技术状况。

汽缸技术状况的检测

汽缸密封性是表征汽缸组技术状况的重要参数。诊断参数主要有汽缸压缩压力、曲轴箱漏气量、汽缸漏气量或汽缸漏气率、进气管真空度等。检测汽缸的压缩压力，可说明汽缸密封性，通常应用汽缸压力表检测。我们以汽缸压缩压力的检测为例说明。

1）汽缸压缩压力的检测方法　测量时，应使发动机运转至正常温度（水温 80～90℃）后熄火进行，将压力表接在喷油器安装孔上，以 500r/min 转速测定柴油机的汽缸压缩压力值。为了使测得的汽缸压缩压力值准确，各缸测量次数不少于 2 次，取平均值，依次测量各缸。主要机型发动机正常的汽缸压缩压力标准见表 2-7。

表 2-7　发动机汽缸压缩压力

发动机型号	NB485B	490BPG	495
汽缸压缩比	18	18	18.5
汽缸压缩压力/MPa	6.1	6.596	6.349
适用机型	CPC(D)10、20	CPC(D)30	CPCD50

2）结果分析　测得的汽缸压缩压力值如超过原厂规定的标准值，说明燃烧室内积炭过多、汽缸衬垫过薄或汽缸盖与汽缸体结合平面修理磨削过甚。测得的汽缸压缩压力低于原厂规定的标准值过多，说明汽缸密封性差，可向汽缸内加注 20～30mL 润滑油，再测汽缸压缩压力，分析出汽缸密封性差的原因。

① 测得汽缸内加注润滑油后的汽缸压缩压力比原测得压力值高，说明汽缸、活塞、活塞环磨损过大，造成汽缸密封性差。

② 测得汽缸内加注润滑油后的汽缸压缩压力与原测的压力值基本相同，但是压力值低于原厂规定的汽缸压缩压力值较多，说明气门与气门座圈不密封或汽缸衬垫不密封。

③ 测得相邻汽缸内加注润滑油前、后的汽缸压缩压力比原厂规定的标准压力值低，并且相邻两缸的压力值接近，说明相邻两缸之间的汽缸垫穿透而相互窜气。

汽缸盖与汽缸体的检测与维修

(1) 汽缸体（盖）的检测与维修

1）汽缸体的检测　汽缸体水套裂纹检测用水压法：将缸体水套的出口加以封闭，用水压机以 343～441kPa 的压力向水套内压水，保持 5min，检视外表各部，如有渗水，即表明该处有裂纹。

① 汽缸体上、下平面度偏差检测　将汽缸体放置在平板上，用长度大于汽缸体长度的刀口尺或光轴，搁置在缸体平面上，对出现漏光处用厚薄规进行检测。要求缸体平面在每 50mm×50mm 范围内的平面度偏差不大于 0.05mm，在整个长度平面上，汽缸体长度小于 600mm 的铸铁和铝合金缸体极限偏差为 0.15mm，汽缸体长度大于 600mm 的铸铁缸体极限偏差为 0.25mm，铝合金缸体极限偏差为 0.35mm，超过极限时，应进行修磨。

② 曲轴轴承孔同轴度检测　用与承孔尺寸相同的综合量规检测曲轴轴承孔、凸轮轴轴承孔的同轴度误差。若同轴度误差在标准规定范围之内，量棒可通过承孔，否则量棒不能通过。通常，长棒用于检测整个汽缸体上的全部曲轴；短棒用于检测相邻两承孔的同轴度误差。

③ 汽缸体的后端面对曲轴轴承孔轴线的垂直度误差的检测　用定位套和芯轴（芯轴必须由轴向定位），将千分表固定在芯轴上，使表架导杆与芯轴轴线垂直，在转动芯轴的同时，使千分表沿导杆移动，测出最大的端面全跳动量即为所测误差。

④ 曲轴轴承轴线与凸轮轴轴承轴线的平行度误差检测　在曲轴轴承孔和凸轮轴轴承孔中装上定心套，将测量芯棒插入套中，用千分尺测量芯棒两端两轴线间距离差应不大

于0.10mm。

2）缸体上平面的修理 缸体上平面的平面度超过极限时应予修理，修理的方法是铣削或磨削。为保证铣削、磨削后汽缸轴线与曲轴轴线的相互垂直，必须选择定位基准。一般以缸体主轴的前后两个承孔与轴承盖的接合面为基准。为不使缸体上平面铣削后，由于汽缸行程的减小而影响压缩比，通常铣削量应控制在0.24～0.25mm以内。

(2) 汽缸盖的修理

汽缸盖常见的损伤有翘曲、烧蚀、裂纹等。

1）汽缸盖平面度的检测和校正 汽缸盖平面的变形是由于铸造过程中回火处理不妥，安装时紧固螺栓转矩不均匀或在修理过程中拆下时（特别是热车）放置不妥所造成的。

① 测量方法 将刀口直尺搁在缸盖平面上，用厚薄规在有缝隙处进行测试，在50mm×50mm范围内，侧置气门式发动机汽缸盖下平面的平面度误差应不大于0.05mm。

② 校正方法 将汽缸盖变形的突面向上，放置在平板上，两端下面垫以0.5～0.7mm厚的垫片，然后用压力机或螺杆向凸面处逐渐加压，同时用喷灯向变形处加热到300～400℃，当缸盖平面与平板贴合后，保持到冷却，取下复测。如有局部变形，再用刮削方法给予修正。

2）燃烧室容积的测量和调整 汽缸盖平面经磨削后，会使燃烧室容积变小，局部腐蚀后也会影响燃烧室容积的变化，当燃烧室容积超过原厂规定时，就会影响怠速运转的稳定性。因此，必须进行测量和调整。

① 测量方法 汽缸盖燃烧室容积的测量，应彻底清除燃烧室的油污、积炭和结胶之后进行，并使汽缸盖处于水平位置。一般用水或混合液（80％的煤油与20％的机油）做测量用液体。测量时，将确定体积的物体注入，通过压力表反映容积的大小。

② 校正方法 容积偏小：可在燃烧室底部铣去一层金属，或用电蚀法将表面蚀去一层。容积偏大：可在燃烧室的侧壁加焊一层金属。

3）拆装汽缸盖螺栓时的注意事项 使用正确的操作工艺程序拆装汽缸盖螺栓，是防止汽缸盖变形、冲坏汽缸垫的有效措施。拆装汽缸盖螺栓时，应按原厂规定的顺序进行。若无原厂规定时，拆卸螺栓应从两端向中间分几次拧松；装合时，应从中间向两端顺序进行拧紧，最好分三次拧紧。第一次随手依次拧紧；第二次按规定转矩的三分之二转矩拧紧。拆卸汽缸盖，应待发动机冷却后进行。汽缸盖螺栓的拧紧力矩，有原厂标准的按原厂标准拧紧，无原厂标准时可参照表2-8进行。

表2-8 部分螺栓的拧紧力矩

螺栓材料		螺栓直径/mm							
钢号	硬度	6	8	10	12	14	16	18	20
		拧紧力矩/N·m							
35～45	225～285HB	6～8	18～23	32～42	55～70	90～101	140～170	220～230	280～320
40Cr	33～39HRC	10～12	22～26	46～54	75～95	140～170	160～220	230～280	340～390

(3) 汽缸的修理工艺

1）汽缸的测量 汽缸测量的目的：主要是通过测量汽缸的磨损程度，根据汽缸的磨损量确定发动机的技术状态。汽缸磨损超出使用极限，则应更换缸套或对汽缸进行镗磨修理。

汽缸的磨损情况，通常用内径量表（也叫量缸表）进行测量，方法如图2-21所示。

① 将百分表装入表杆上端孔内，当表针稍有摆动，即可用锁紧螺母将百分表固紧，一

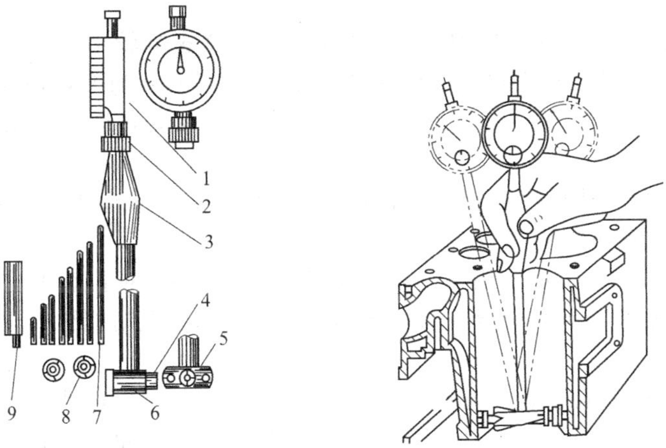

图 2-21 量缸表组成及使用方法

1—百分表；2—锁母螺杆；3—表杆；4—接杆座；5—活动测杆；6—支承架；7—接杆；8—固定螺母；9—加长杆

般表面与活动测杆在同一方向。

② 根据所测汽缸直径，选择长度合适的接杆，旋上固定螺母，将接杆装入量缸表杆下端的接杆座内。

③ 将量缸表的测杆插入汽缸上部，调整接杆长度，当表针转动 1～1.5 圈时为合适，而后拧紧接杆上的固定螺母。

④ 根据汽缸的磨损规律，在活塞环行程内找出汽缸磨损最大处，转动表盘使“0”位对正指针。

测量时，应前后摆动量缸表，使测杆垂直于汽缸轴线，测量才能准确（前后摆动量缸表，表针均指示到某一最小值时，即表示测杆已垂直于汽缸轴线）。

⑤ 将量缸表上移至缸肩处或在汽缸内找一最小直径处，此时表针所指的位置与表上“0”位之差，即为汽缸的磨损量。

⑥ 取出量缸表，用外径千分尺测量量缸表在汽缸内最大直径处的测杆长度，即为汽缸磨损后的最大直径。

2）汽缸孔磨损的使用极限　汽缸孔磨损超出使用极限，则应更换缸套或对汽缸进行镗磨修理。表 2-9 为几种发动机活塞与汽缸的配合间隙。

表 2-9 活塞与汽缸的配合间隙 mm

发动机型号	NB485B	490BPG	495
活塞与汽缸的配合标准间隙	0.090～0.155	0.110～0.165	0.110～0.1750

3）汽缸的修理

① 湿缸套的换配　取出旧缸套：拆除旧缸套时，可轻轻敲击缸套底部，用手或工具取出。汽缸体内的金属锈、污垢应清除干净。汽缸套与汽缸体的接合处及密封圈接触的汽缸体孔壁必须光滑，防止因凹凸不平而漏水。

换配新缸套：汽缸体上下承孔的圆柱度公差为 0.015mm，承孔与汽缸套的配合间隙为 0.05～0.15mm。在安装前，应先将未装密封圈的汽缸套放入承孔内，把汽缸套压紧时汽缸套端面应高出汽缸体上平面 0.03～0.24mm，各缸高出差不应大于 0.03mm，过高可锉修汽缸套上平面，过低可在汽缸套突缘下垫紫铜丝调整。汽缸套压入时，应装上新的涂有白漆的橡胶密封圈，以防漏水。

注意事项：汽缸套因压入时用力不大，汽缸套内径受影响较小，因而通常不进行光磨加工；若汽缸套压入后，汽缸的圆度或圆柱度误差增大时，应拉出缸套，检查和修整承孔的锈蚀部位。汽缸套压入后，密封圈不得变形，应密封良好，必要时，进行水压试验，以不渗漏为合适。

② 干缸套的镶配　选择汽缸套：汽缸套外表面粗糙度应不超过 0.80μm；圆柱度公差不应超过 0.02mm；缸套下端外缘应有 3×15°或 10×45°的倒角。

取出旧缸套：旧缸套可用专用工具拉出或用镗缸机镗掉。旧缸套取出后，应检查缸套承孔是否符合要求。缸套与承孔配合应有适当的过盈量，一般发动机缸套与承孔的配合过盈量为 0.05～0.08mm。

新汽缸套的压入：清洁汽缸和汽缸套后在缸套的外壁上涂以机油，插入汽缸并用直角尺找正，用压床或专用工具压入。为防止变形，应隔缸压入。将每个缸孔内表面涂以乐泰 620 胶；将汽缸套（外径减少 0.05～0.07mm）压入汽缸孔；然后用专用工具轻轻敲打缸套，使缸套与汽缸孔的下止口充分接触。

修整平面：汽缸套压入承孔后，其端面应与汽缸体上平面平齐，如高出缸体平面可用锉刀修平。

(4) 活塞连杆组的检测与维修

1) 活塞的选配　活塞的修理尺寸与汽缸的修理尺寸相适应，分标准尺寸和加大尺寸。

发动机修理时，应根据汽缸的磨损情况，选配活塞、确定汽缸的修理尺寸，更换活塞时应注意以下几点。

① 同一台发动机上，应选用同一厂牌、同级、同组活塞，以便使材料、性能、质量及尺寸一致。

② 同组活塞直径差应不超过 0.025mm，其质量差一般不大于 8g。否则，重新选配。

③ 活塞头部与裙部直径差、裙部圆度、圆柱度公差应符合技术要求。

2) 活塞环的选配　活塞环应有与活塞、汽缸相对应的修理尺寸。发动机大修时，应选用与汽缸、活塞相同修理尺寸的活塞环。目前有的配件生产商，已将活塞、活塞环及活塞销，经选配按不同的规格成套供应，这样既方便了修理，又可提高修理质量。

为了保证活塞环与活塞环槽、汽缸的良好配合，在活塞环的选配中，应做好以下检查。

① 端隙　活塞环留有端隙，是为防止活塞受热膨胀后卡死在汽缸内。端隙值见表 2-10。

表 2-10　主要机型活塞环装配间隙

mm

发动机型号			NB485B	490BPG	495
端隙	第一道气环		0.20～0.40	0.35～0.45	0.30～0.50
	其余气环		0.20～0.40	0.35～0.45	0.30～0.50
	油环		0.20～0.40	0.25～0.40	0.30～0.50
侧隙	第一道气环	标准间隙	0.05～0.082	0.117～0.157	0.117～0.157
		极限间隙	0.20	0.25	0.25
	其余气环	标准间隙	0.030～0.062	0.062～0.092	0.062～0.092
		极限间隙	0.18	0.15	0.15
	油环标准间隙		0.030～0.062	0.030～0.062	0.030～0.062

检查活塞环端隙时，将活塞环平正地放入汽缸内，用活塞顶部将其推平，然后用厚薄规测量开口处间隙，如图 2-22 所示。端隙过大时，应重新选配活塞环；端隙过小时，应对环口的一端加以锉修，如图 2-23 所示。锉修时应注意环口平整；锉修后外口应去掉毛刺，以防锋利的环口拉伤汽缸。

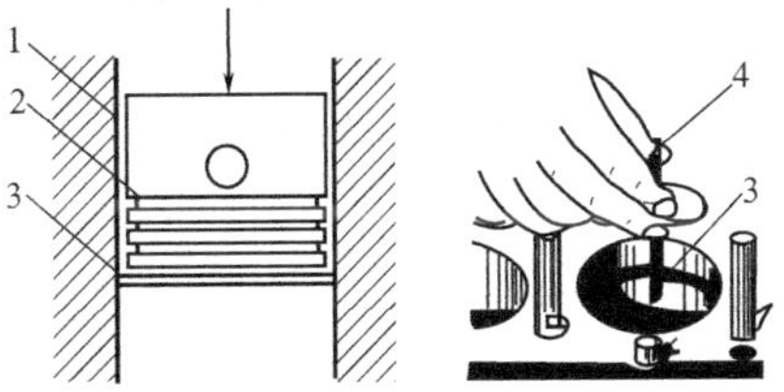

图 2-22 测量活塞环端隙

1—汽缸；2—活塞；3—活塞环；4—厚薄规

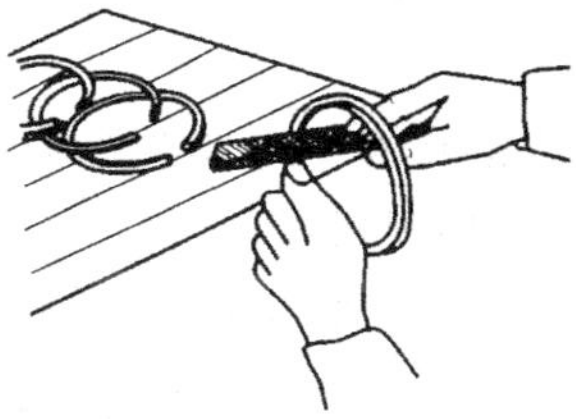

图 2-23 锉修活塞环

② 侧隙 一般第一道环为 0.05～0.09mm，其余各道环为 0.03～0.07mm。侧隙过大，将影响活塞环的密封作用；过小，活塞环受热膨胀后可能卡死在环槽内。

检查活塞环侧隙时，将活塞环放入环槽内，用厚薄规按图 2-24 所示的方法测量。

③ 背隙 背隙即活塞环安装在活塞上放入汽缸后，活塞环内圆面与环槽底之间的间隙。因此间隙难以直接测量，通常背隙以槽深与环厚之差来表示。一般应低于槽岸 0～0.75mm，过低会漏气、窜油，应重新选配。

图 2-24 检查活塞环侧隙

检查活塞环侧隙、背隙的经验方法是：将活塞环装入活塞环槽内，并能转动自如，无松旷感觉，环低于槽岸为合适。常用机型活塞环的装配间隙见表 2-10。

3）活塞销的选择 发动机大修时，与活塞一起更换新的活塞销。一般情况下，活塞销座孔上、活塞销端面、连杆小头上都有相应的颜色标记，不同的颜色表示不同的配合公差带，选配时按照颜色配对选配活塞、活塞销。活塞销的质量要求是：表面粗糙度 $Ra \leqslant 0.20\mu m$；无锈蚀斑点；圆柱度公差不大于 0.00125mm；应选配同厂、同级、同组活塞销，以便使质量、尺寸一致。

4）连杆衬套的修配

① 连杆衬套的选择 连杆衬套外径与连杆小头孔的配合，应有一定的过盈量，以保证衬套在工作时不走外圆。连杆衬套与连杆小头及活塞销的配合，应符合表 2-11 的规定。

表 2-11 连杆衬套与连杆小头及活塞销的配合 mm

机 型	衬套与连杆小端孔	衬套与活塞销	
	原厂规定	原厂规定	使用限度
NB485B	－0.050～－0.009	—	—
490BPG	－0.050～－0.009	—	—
495	－0.068～－0.018	0.025～0.048	0.10

活塞销与连杆衬套的配合要求是：在常温下应有一定的配合间隙，见表 2-11；接触面应达到 75%以上。

② 衬套的修配 活塞销与衬套的正确配合，是通过对衬套的试配、修刮加工来实现的。

试配：在试配中，当用手掌能将销子推入衬套的 1/3～2/5 时，将销子压入或用手锤垫铜冲打入衬套内，并夹在虎钳上，往复扳动连杆，研磨后将活塞销冲出，查看接触印痕情况进行修刮。

修刮：根据接触印痕和松紧度进行修刮。其要领是刀与衬套的修刮面成30°～40°角，以免修刮面积过大，使未接触的部位也被刮掉。修刮时应按由里向外、刮重留轻、刮大留小的原则进行，开始时两端边缘应少刮或不刮，防止刮成喇叭口，待松紧度和接触面接近合适时，再稍修刮两端。当修刮至能用手掌的力量将销子推入衬套时，松紧度为合适，接触面应达到75%以上。

5）连杆的检修　连杆在使用中，杆身会发生弯曲和扭曲、衬套与轴承磨损、螺栓孔磨损、大头接合面损伤等。

① 弯曲检测　连杆弯曲检测如图2-25所示。

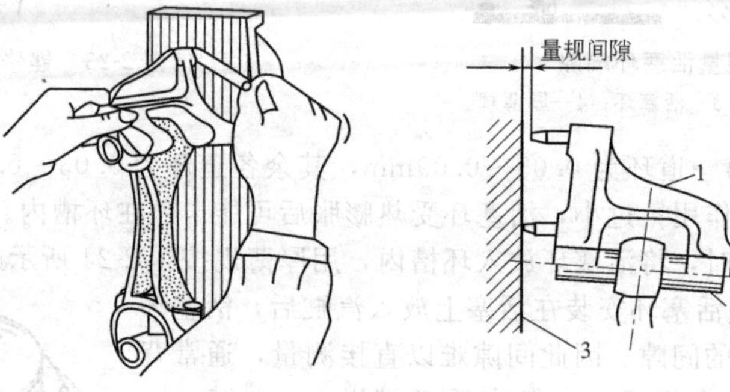

图2-25　连杆弯曲检测

1—量规；2—活塞销；3—检测器平面

将连杆安装在支承轴上，并用标准力矩拧紧，同时装上修配好的活塞销。

将连杆轴承孔套装在检验器的横轴上，转动轴端螺母，使横轴上的定心块向外张，将连杆固定在检验器上。

将检验器小角铁的V形面靠在活塞销顶面上，拧紧小角铁固定螺钉。观察小角铁三个爪头与平面的接触情况，即可查出连杆的弯曲方向和程度。也可将两根与连杆轴颈和活塞销直径相同的轴分别装在连杆的大小头孔中，将连杆直立，大头朝下，支于两块相等的V形铁中，V形铁放在平板上。用支架将百分表支于连杆顶部，支架放置在平板上，用百分表测量销轴两端相距100mm的两点高度差，即为弯曲度。如弯曲度超过0.05mm，应校正。

② 扭曲检查　连杆扭曲的检测如图2-26所示。

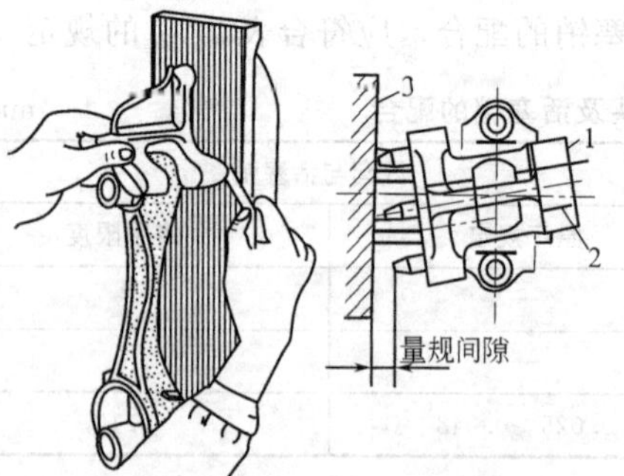

图2-26　检查连杆的扭曲量

1—量规；2—活塞销；3—检测器平面

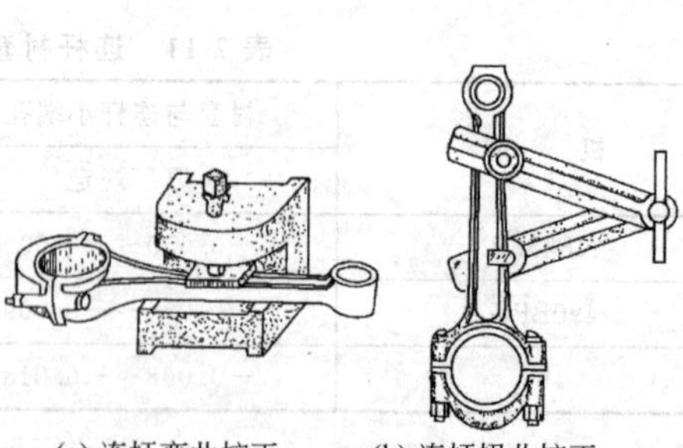

(a) 连杆弯曲校正　(b) 连杆扭曲校正

图2-27　连杆校正

在弯曲检查的基础上，将小角铁下移，使其侧面接触，观察小角铁与活塞销两端的接触情况，即可测出扭曲方向和扭曲量。也可将与连杆轴颈和活塞销直径相等的两根轴分别装于大、小孔中，将连杆横放在支于平板上的V形铁上，用支于支架上的百分表测其销轴两端相距100mm的两点间的高度差，即为扭曲度。扭曲度大于0.01mm时应校正。

③ 连杆弯曲的校正　连杆弯曲的校正如图2-27(a)所示。将连杆放入校正器内，弯曲的凸面向上，在连杆受压处垫上垫铁，用扳手转动校正器上螺钉压紧连杆小端，使其向上弯曲、保持一定时间后松开螺钉，取出连杆。为防止发生弹性失效，可用喷灯对连杆稍许加温。连杆校正后要重新检验。

④ 校正连杆扭曲　连杆扭曲校正如图2-27(b)所示。转动校正器手柄，使连杆向校正方向扭曲，保压一段时间后松压，用喷灯对连杆稍许加温。校正后重新检查，不符合要求再校。

(5) 曲轴-飞轮组的检测与维修

1) 曲轴的检测与维修　曲轴常见的损伤有裂纹、轴颈磨损和轴弯曲。

① 曲轴裂纹的检查　将曲轴清洗干净支在支架上，用榔头敲击各曲柄臂，如发出清脆的“铛、铛”声，表示无裂纹，如发出嘶哑的沉闷声，则表示有裂纹。一般裂纹处在轴颈和曲柄的连接处及润滑油眼周围。为进一步查明裂纹所在，可用显微镜仔细观察，或将曲轴在煤油中浸泡后、擦干曲轴表面，在轴颈上均匀涂抹一层白粉。然后，用手锤轻击曲柄臂。如曲轴有裂纹，则在裂纹处会渗出油汁将白粉染成黄褐色。轴颈上沿油孔四周有长度不超过5mm的裂纹或有未伸向圆弧和油孔处的纵向裂纹，轴颈长等于或小于40mm，裂纹长不超过10mm时；轴颈长大于40mm，裂纹长不超过15mm时，允许修理。

② 曲轴弯曲的检查　将曲轴两端支在平板上的V形架上。用百分表进行测量，如图2-28所示。将百分表的测头触及曲轴中部的主轴颈，用手慢慢转动曲轴一周，观察百分表指针变化，百分表的跳动量（圆跳动）大于0.15mm时，应进行校正。

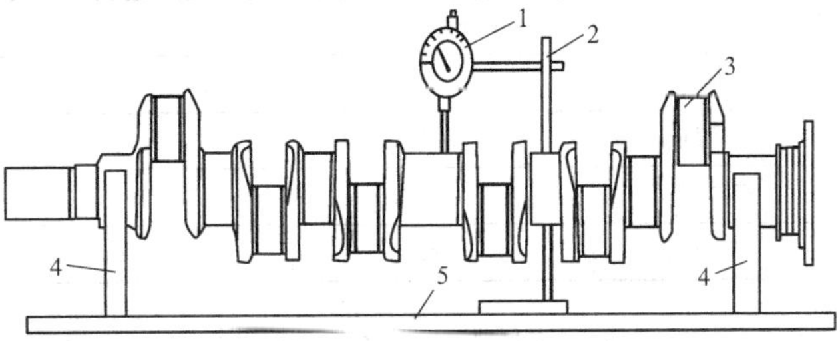

图2-28　曲轴弯曲变形检验

1—百分表；2—表架；3—曲轴；4—V形架；5—检验平台

③ 曲轴轴颈磨损的修复　曲轴轴颈磨损修复一般在曲轴磨床上进行，轴颈的修理尺寸为每级缩小0.25mm，最大缩小尺寸为3mm。

2) 曲轴轴承的修配　曲轴轴承在使用中的损坏，主要是磨损、疲劳剥落和烧熔。在发动机大修时，必须更换新轴承。

① 轴承座孔的检查　在修配轴承前，应首先检查轴承座孔是否符合要求，轴承座孔的圆度、圆柱度误差应不大于0.015mm。方法是：擦净轴承座，装上轴承盖，按规定力矩拧紧固定螺栓，用量缸表检查座孔的圆度、圆柱度，超过规定时，可在轴承盖两端堆焊加工或加垫调整，不允许锉修轴承盖。

② 轴承的选配　轴承的选配方法如下。

a. 根据轴颈选轴承　根据曲轴轴颈光磨后的修理尺寸，选用同一级修理尺寸的轴承。方法是：轴颈标准尺寸－轴颈现有尺寸＝选配轴承缩小尺寸。

b. 轴承长度合规定　新选配的轴承装入座孔后，两端均应高出座孔平面0.05mm，如

图 2-29(a) 所示，以保证轴承与座孔紧密贴合。检查轴承长度的经验作法是：将轴承在座孔内装好，扣合轴承盖，在轴承盖与座接合的平面一边，插入厚度为 0.05mm 的铜皮，把另一边的螺栓按规定扭力拧紧，当把夹有铜皮的一边螺栓拧紧到 14.7N · m 时，铜皮抽不出说明轴承长度合适；若铜皮能抽出，说明轴承过长，应在无突榫的一端将轴承适当锉低。

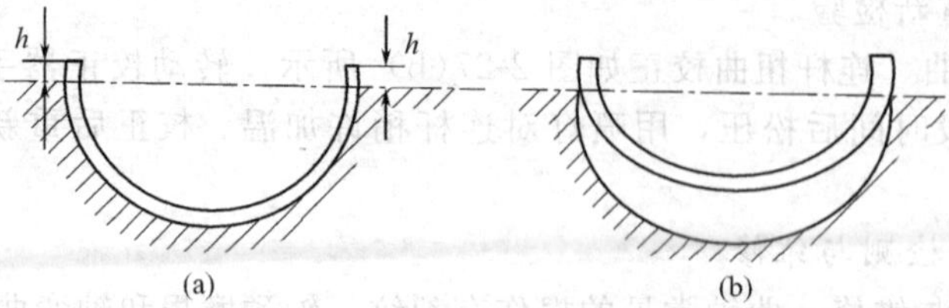

图 2-29 轴承装入座孔的要求

c. 背面光滑突榫好 轴承背面必须光滑，定位突榫应完好无损，如过低，可用尖冲冲出理想的突榫，若突榫损坏，应重新选配轴承。

d. 弹性合适无哑声 在自由状态下，把新轴承放入轴承座孔后，轴承的弯度要小于座孔的弯度，如图 2-29(b) 所示，以利于轴承装入座孔后轴承能借自身的弹力与座贴合紧，有利散热。敲击轴承查听，如有沙哑声，说明合金与底板贴合不牢，应重新选配。

除上述要求外，轴承合金表面不应有裂纹和漏出底板的砂眼存在。

3）轴承的修配方法 经光磨后曲轴轴颈与轴承的配合，其径向间隙应符合表 2-12 的规定，轴承表面的光洁度应达到一定的要求。

表 2-12 曲轴轴颈与轴承配合的径向间隙 mm

发动机型号		NB485B	490BPG	495
曲轴轴承与轴径的配合	标准间隙	0.060～0.118	0.070～0.149	0.060～0.131
	极限值	0.25	0.25	0.25
连杆轴承与轴径的配合	标准间隙	0.050～0.108	0.060～0.127	0.060～0.127
	极限值	0.25	0.25	0.25

曲轴轴承的修配方法有很多种，每种方法又有不同的形式，这里主要介绍选配法。

① 选配法 按修理尺寸光磨曲轴轴颈后，选用同级经过精加工的轴承，按要求装复后检查松紧度，若偏紧，可对个别部位稍加修刮，若配合过紧，则应检查轴承座孔、轴承的尺寸是否符合要求，否则应另选轴承，或用其他方法加工。

② 连杆轴承松紧度及质量检验 接触印痕应星点满布、轻重一致，接触面在75%以上。松紧度多采用经验方法检查，在轴承表面涂一层机油，套在轴颈上按规定拧紧力矩拧紧连杆螺栓螺母，拧紧力矩见表 2-13，用手甩动连杆，连杆能绕曲轴转动 1～1.5 圈为合适；沿曲轴轴向扳动连杆，没有间隙感觉为松紧度合适。并检查连杆大端与曲轴臂之间的轴向间隙，一般为 0.17～0.35mm，超过 0.50mm 时，应在连杆大端侧面堆焊铜或焊一层轴承合金，并进行修配。

表 2-13 曲轴轴承螺栓（母）拧紧力矩 N · m

发动机型号	NB485B	490BPG	495
主轴承	120～140	137～157	137.2～156.8
连杆轴承	88～93	98～118	98.1～117.6

③ 曲轴主轴承松紧度及质量检验　松紧度检查是将轴承涂上机油，将曲轴装好。轴承盖螺栓按规定力矩拧紧。用双手腕力，能将曲轴扳动成圈转动为合适，接触面应在75%以上，星点满布，均匀一致。

4）曲轴轴承配合间隙的检查　曲轴轴承间隙是指曲轴的径向和轴向间隙。这两种间隙都是为了适应发动机在工作中机件受热膨胀时的需要而设定的。

① 曲轴径向间隙的检查　轴承与曲轴轴径之间的间隙称为曲轴的径向间隙。检查的方法如下。

a. 将轴承盖螺栓按规定顺序及拧紧力矩拧紧后，用适当的力矩（四道轴承用30～40N·m，七道轴承用60～70N·m）转动曲轴，以试其松紧度。或用双手转动曲轴臂使曲轴旋转，试其松紧度。这种方法简单易行，但要有一定的技术经验。

b. 用内径千分尺和外径千分尺分别测量轴颈的直径和轴承的内径，测得这两个尺寸的差，就是它们之间的间隙。一般径向间隙为0.025～0.050mm。

c. 在轴颈和轴承之间，放一比轴承标准间隙约大2倍的软铅片，按规定力矩拧紧轴承盖，然后卸下盖取出铅片，用千分尺测其厚度，这个厚度就是曲轴轴承的径向间隙。

② 曲轴轴向间隙的检查　曲轴轴向间隙是指止推轴承止推端面与轴颈定位肩之间的间隙。间隙过小，会使机件因热膨胀而卡住；间隙过大，曲轴前后窜动，则会使活塞连杆组机件产生不正常磨损。止推轴承表面逐渐磨损，使间隙改变，形成轴向位移。因此，在主轴承修配完后，应对曲轴轴向间隙进行检查和调整。其检查方法有如下两种。

a. 用百分表检查　把百分表的测杆触头抵在曲轴的前端或其他与曲轴轴线垂直的平面上，前后撬动曲轴，表针的摆差即为曲轴的轴向间隙，如图2-30所示。

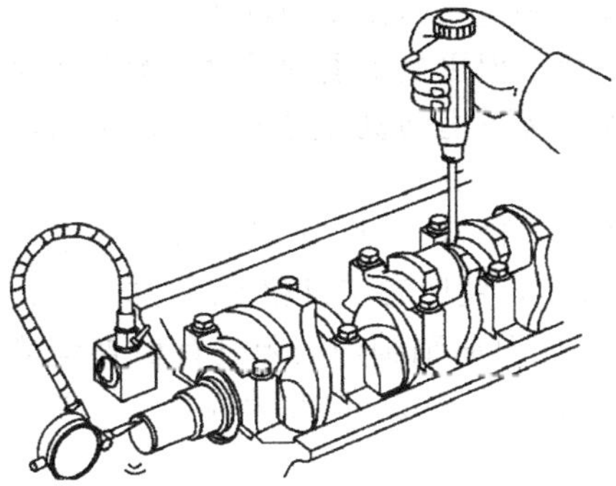

图2-30　检查曲轴轴向间隙（Ⅰ）

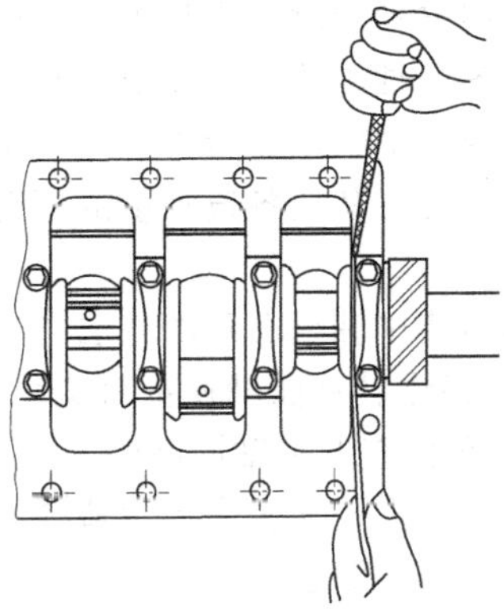

图2-31　检查曲轴轴向间隙（Ⅱ）

b. 用塞尺检查　如图2-31所示，用撬棒将曲轴撬向后端，用塞尺在第一道曲轴臂与止推轴承之间进行测量。轴向间隙过大或过小时，应通过换用不同厚度的止推轴承的方法进行调整。常见车型曲轴轴向间隙应符合表2 14的规定。

表2-14　曲轴轴向间隙　　mm

发动机型号	NB485B	490BPG	495
曲轴轴向标准间隙	0.085～0.275	0.095～0.232	0.095～0.232

5）曲轴轴承在使用中的检查与调整　为了防止轴承早期损坏，通常在发动机工作一段时间或运行一定里程后（一般在进行二级维护时），应检查主轴承和连杆轴承的磨合情况。

① 就车检查曲轴主轴承与轴颈的配合间隙　拆下全部火花塞和油底壳，用手摇柄摇转

曲轴，以感觉曲轴转动时的阻力。

拆下被检查的轴承盖（垫片勿丢失或装错），擦去轴承和轴颈表面的油污，然后将厚度为标准间隙厚度的铜皮剪成 25mm×13mm 的铜片（铜片四角要剪成圆角，并用油石磨去毛刺，以防刮伤轴承），纵向放于轴承表面一侧，如图 2-32 所示。并在表面涂少许机油，放好两端垫片，装回轴承盖，按规定力矩拧紧轴承盖螺栓。

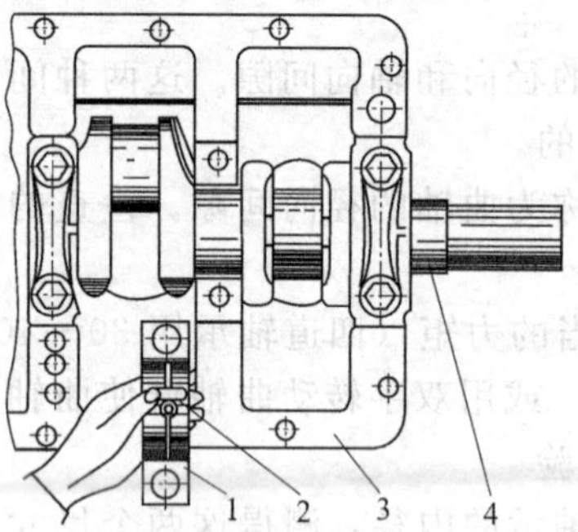

图 2-32 曲轴主轴承配合间隙的检查

1—主轴承盖；2—铜皮；3—汽缸体；4—曲轴

摇转曲轴感觉阻力变化，若阻力明显增加，为轴承间隙合适；阻力增加不明显，为间隙稍大；阻力毫无增加，为间隙过大。

② 就车检查连杆轴承与轴颈的配合间隙 摇转曲轴，使被检连杆轴承转至下止点位置，两手抱住连杆大端上下用力推拉连杆，正常时不应有间隙感觉，若有明显的间隙感觉，表明连杆轴承间隙过大，应予以调整。

③ 轴承与轴颈配合间隙的调整 在维护作业中，轴承与轴颈配合间隙的调整，均采用抽减垫片的方法。间隙稍大的轴承，可调换垫片（去厚用薄）予以调整；间隙过大的轴承，应酌情抽减垫片，抽减垫片时，两边应相等，以保持两端垫片数相等。轴承调整后的最小间隙应不低于规定间隙的上限标准。

若抽去原来全部垫片间隙仍大，则应换用新轴承，在材料缺乏或短期使用时，可在无油孔轴承（下片轴承）的背面垫以薄铜皮。

全面调整轴承时，应从中间一道开始，例如，七道轴承时按 4、3、5、2、6、1、7 的顺序进行。各道轴承的松紧度应调整一致，以免松紧度差别过大而使发动机产生异响。

若发现个别轴承疲劳损坏或严重烧蚀，应就车更换。但更换个别轴承时，配合间隙应适当放大些，要与其他各道轴承的配合接近一致，以免破坏各运动机件之间的协调关系，而引起异响。

就车拆装主轴承上片的方法：在主轴颈的油孔中插一销钉（销钉头的厚度要小于轴承片的厚度），慢慢转动曲轴使销钉头将主轴承上片慢慢推出，装回时应以相反的方向推入。

④ 就车检查曲轴轴向间隙 在叉车二级维护中，应对曲轴轴向间隙进行检查调整。其检查方法是：拆下油底壳，用撬棒将曲轴撬向后端，用塞尺在第一道曲轴臂与止推轴承之间测量。若轴向间隙过大，应更换止推轴承。

(6) 飞轮及飞轮壳的检修

1) 飞轮的检验与维修

① 飞轮齿圈的检修 齿圈牙齿如果是单面磨损，可将齿圈翻面使用；个别牙齿损坏可继续使用；齿圈两面均磨损超过齿长的 25%、牙齿连续损坏四个以上时，应更换新齿圈。更换齿圈时，对齿圈加热到 350～400℃时，齿圈便会自行脱落，装复也只需对齿圈加热即可。齿圈与飞轮的配合应有 0.25～0.97mm 的过盈。

② 飞轮工作面的检修 飞轮与离合器接触的工作面，如有严重烧蚀、龟裂或磨损、沟槽深度超过 0.50mm 时，应光磨，否则，会引起离合器发抖、打滑和加速摩擦片的磨损。光磨后飞轮工作面的总厚度，不得小于标准厚度 1.20mm。工作面允许有 1～2 道环形沟痕存在。

2) 飞轮壳的检验与维修 飞轮壳不得有裂纹；安装变速器和启动机的螺钉孔，丝扣损坏不得超过 2 扣；飞轮壳与缸体配合的定位销钉，如有松动、变形，应更换。

飞轮壳与汽缸体接合后，飞轮壳安装变速器的平面应与曲轴轴心线垂直。端面圆跳动应不超过 0.20mm；超过时，可在飞轮壳与汽缸体接合面处加垫调整。

飞轮壳安装变速器第一轴轴承盖的孔，其中心线应与曲轴轴心线重合，用百分表在其内孔测量时，径向圆跳动不得超过 0.40mm，超过时，可镗大内孔后镶套修复。飞轮的技术标准见表 2-15。

表 2-15　飞轮的技术标准

机　型	飞轮螺栓拧紧力矩/N·m	齿圈过盈量(原厂规定)/mm
NB485B	110～130	0.269～0.431
490BPG	98.1～117.6	0.250～0.479
495		

2.3 配气机构的构造与维修

2.3.1 配气机构的功用及组成

配气机构的功用

配气机构的功用是适时地开启和关闭各个汽缸的进气门及排气门，使可燃混合气或新鲜空气及时进入燃烧室，并将燃烧后的废气及时排出汽缸。

影响发动机充气效率的因素很多，如进气系统自身对气流的阻力造成进气终了时缸内压力下降，上一循环未排净的残余废气及燃烧室、活塞顶、气门等高温零件对进入汽缸的新气加热，使进气终了时气体温度升高，导致实际充入汽缸的可燃混合气总是小于在大气状态下充满汽缸工作容积的新鲜气体的质量，即充气效率总是小于 1。对于配气机构而言，提高充气效率主要应减小进、排气阻力，合理设置配气正时，使吸气和排气尽可能充分。

配气机构的组成

四行程发动机采用气门式配气机构，气门式配气机构形式较多，内燃叉车发动机气门的布置形式为顶置气门式。

顶置式气门配气机构的进、排气门均布置在汽缸盖上，如图 2-33 所示。它主要由气门 12、气门导管 11、气门弹簧 10、弹簧座 9、锁片 8、摇臂轴 4、摇臂 7、推杆 3、挺柱 2 和凸轮轴 1 组成。

1）工作过程　当汽缸的工作循环需要气门打开进行换气时，曲轴通过正时齿轮驱动凸轮轴旋转，使凸轮轴上的凸轮通过挺柱、推杆、调整螺钉推动摇臂摆转，摇臂的另一端便向下推动气门杆，使气门开启，同时使气门弹簧进一步压缩。随着凸轮转动，气门升程逐渐加大，当凸轮升至桃尖时气门全开，凸轮继续转动，此时凸轮的凸起部分的顶点转过挺柱，对挺柱的推力逐渐减小，气门在其弹簧张力的作用下，开度逐渐减小，直至完全关闭，即完成一次进气或排气过程。压缩和做功行程中，气门在弹簧张力作用下严密关闭，使汽缸密闭。

由于四行程发动机每完成一个工作循环，曲轴转两圈，而各缸只进、排气一次，也即凸轮轴只需转一圈，所以曲轴与凸轮轴的传动比为 2：1。

顶置气门布置方式的特点是：气门行程大，虽结构较为复杂，但它的燃烧室紧凑，有利于燃烧及散热，有利于提高压缩比，改善发动机的动力性。

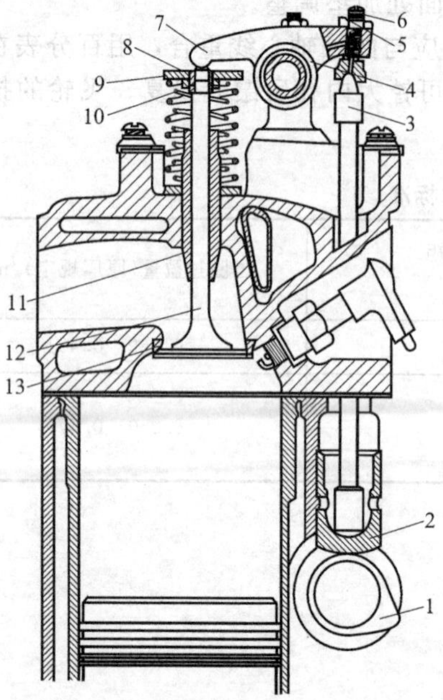

图 2-33 顶置气门下置凸轮轴式配气机构

1—凸轮轴；2—挺柱；3—推杆；4—摇臂轴；5—锁紧螺母；6—调整螺钉；7—摇臂；8—气门锁片；9—气门弹簧座；10—气门弹簧；11—气门导管；12—气门；13—气门座

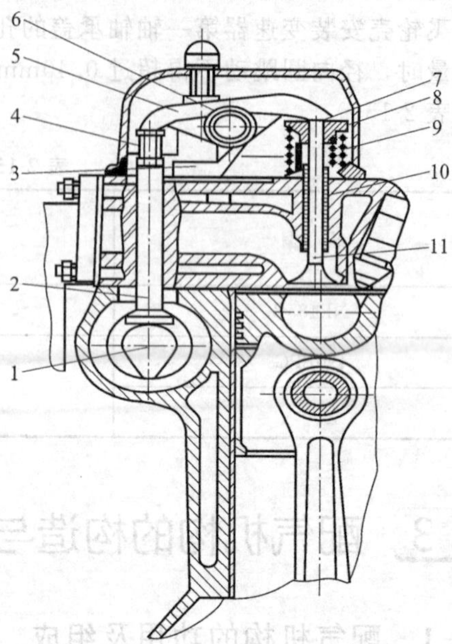

图 2-34 中置凸轮轴式配气机构

1—凸轮轴；2—挺柱；3—支架；4—调整螺钉；5—摇臂；6—摇臂轴；7—锁片；8—气门弹簧座；9—气门弹簧；10—气门导管；11—气门

2）凸轮轴布置形式 凸轮轴的布置型形可分为下置、中置和上置三种。气门顶置式配气机构的凸轮轴可以上置、中置或下置，侧置式气门配气机构的凸轮轴只能下置。

下置凸轮轴式配气机构：将凸轮轴布置在曲轴箱内的称为下置凸轮轴式，如图 2-33 所示。这种配气机构应用最为广泛，其特点是，气门与凸轮轴相距较远，因此气门是通过挺柱、推杆、摇臂传递运动和力，因传动环节多、路线长，在高速运动时，整个系统会产生弹性变形，影响气门运动规律和开启、关闭的准确性，所以它不适应于高速车用发动机。但因曲轴与凸轮轴距离较近，可以简化两者之间的传动装置，有利于整机的布置。

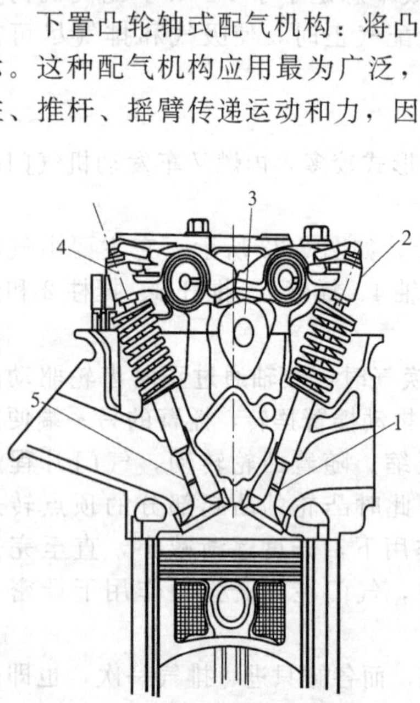

图 2-35 上置凸轮轴式配气机构

1—排气门；2—排气摇臂；3—凸轮；4—进气摇臂；5—进气门

中置凸轮轴式配气机构：当发动机转速较高时，为了减小气门传动机构的往复运动质量，可将凸轮轴位置移到汽缸体的上部，由凸轮轴经过挺柱直接驱动摇臂，而省去推杆，这种结构称为中置凸轮轴式配气机构，如图 2-34 所示。

上置凸轮轴式配气机构：上置凸轮轴式配气机构的凸轮轴布置在汽缸盖上，如图 2-35 所示。该图所示的是顶置气门上置单凸轮轴式发动机，一个凸轮轴驱动进、排气摇臂，进气摇臂驱动进气门开闭，排气摇臂驱动排气门开闭。

对于上置凸轮轴式配气机构，通常气门的驱动有两种形式，一种是凸轮轴直接驱动气门，另一种是通过摇臂驱动气门。

3）配气定时　配气定时就是控制进、排气门的实际开闭时刻，通常用相对于上、下止点曲拐位置转角的环形图来表示。这种图形称为配气定时图（如图 2-36 所示）。

现代发动机的曲轴转速都很高，活塞每一个行程历时都很短，例如，490BPG 柴油发动机在最大功率时的转速为 5600r/min，一个行程历时仅为 60/(5600×2)=0.0054s。这样短时间的进气或排气过程，往往会使发动机充气不足或排气不净，从而使发动机的功率下降。因此，现代发动机都采用延长进、排气时间的方法，即气门的开启和关闭时刻并不正好是曲拐处在上止点和下止点的时刻，而是分别提前和延迟一定的曲轴转角，以改善进、排气状况，从而提高发动机的动力性。

如图 2-36 所示，在排气行程接近终了，活塞到达上止点之前，即曲轴转到曲拐离上止点的位置还差一个角度 α 时，进气门便开始开启，直到活塞过了下止点重又上行，即曲轴转到曲拐超过下止点位置以后一个角度时，进气门才关闭。这样，整个进气行程持续时间相当于曲轴转角 $180^\circ+\alpha+\beta$。α 角一般为 $10^\circ\sim30^\circ$，β 角一般为 $40^\circ\sim80^\circ$。

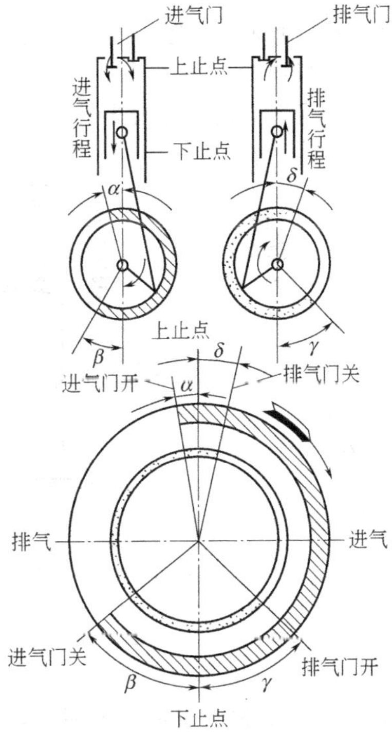

图 2-36　配气定时图

进气门提前开启的目的是保证进气行程开始时进气门已开大，新鲜气体能顺利地充入汽缸。当活塞到达下止点时，汽缸内压力仍低于大气压力，在压缩行程开始阶段，活塞上移速度较慢的情况下，仍可以利用气流惯性和压力差继续进气，因此进气门晚关一点是有利于充气的。

同样，做功行程接近终了，活塞到达下止点前，排气门便开始开启，提前开启的角度 γ 一般为 $40^\circ\sim80^\circ$。经过整个排气行程，在活塞越过上止点后，排气门才关闭，排气门关闭的延迟角 δ 一般为 $10^\circ\sim30^\circ$。整个排气过程的持续时间相当于曲轴转角 $180^\circ+\gamma+\delta$。

排气提前开启的原因是：当做功行程的活塞接近下止点时，汽缸内的气体虽有 0.3～0.4MPa 的压力，但就活塞做功而言，作用不大，这时若稍开排气门，大部分废气在此压力作用下可迅速自缸内排出；当活塞到达下止点时，汽缸内压力已大大下降（约为 0.115MPa），这时排气门的开度进一步增加，从而减少了活塞上行时的排气阻力，高温废气迅速排出，还可防止发动机过热。当活塞到达上止点时，燃烧室内的废气压力仍高于大气压力，加上排气时气流有一定的惯性，所以排气门迟一点关，可以使废气排放得较干净。

由图 2-36 可见，由于进气门在上止点前即开启，而排气门在上止点后才关闭，这就出现了一段时间内排气门和进气门同时开启的现象。这种现象称为气门重叠，重叠时期的曲轴转角称为气门重叠角。由于新鲜气流和废气流的流动惯性都比较大，在短时间内是不会改变流向的，因此只要气门重叠角选择适当，就不会有废气倒流入进气管和新鲜气体随同废气排出的可能性，这对换气是有利的。但应注意，如果气门重叠角过大，当汽油机小负荷运转、进气管内压力很低时，就可能出现废气倒流，使进气量减少。

4）气门间隙　发动机工作时，配气机构的各个零件，如气门、挺柱、推杆等都因受热膨胀而伸长，如果气门及其传动件之间不留间隙，则在热态时，就会因受热膨胀而顶开气门，破坏气门与气门座之间的密封，造成发动机在压缩和做功行程中漏气，而使功率下降。为了消除这种现象，通常配气机构在常温装配时，必须留有一定的间隙，这一间隙就称为气门间隙。为了能对气门间隙进行调整，在摇臂（或挺杆等）上装有调整螺钉及其锁紧螺母。

5）配气机构的主要零件与组件 配气机构中，其主要零件都可以分为气门组和气门驱动组两大部分。

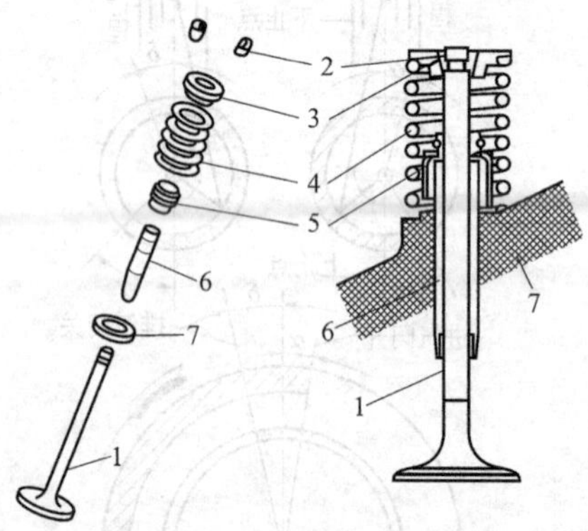

图 2-37 气门组
1—气门；2—气门锁块；3—气门弹簧上座圈；4—气门弹簧；5—气门油封；6—气门导管；7—气门弹簧下座圈

① 气门组 包括气门、气门座、气门导管、气门弹簧、气门弹簧座及锁片等，如图 2-37 所示，其主要功用是维持气门的关闭。

a. 气门 是燃烧室的组成部分，又是气体进、出燃烧室通道的开关，要承受很大的力冲击、温度冲击和高速气流冲击。

气门由头部和杆部两部分组成。气门的工作条件非常恶劣，气门头部的工作温度很高，气门头部要承受气体压力、气门弹簧力及传动组零件惯性力的作用，冷却和润滑条件差，并且接触汽缸内燃烧生成物中的腐蚀介质。

因此，要求气门必须具有足够的强度、刚度、耐热、耐蚀和耐磨能力。由于进、排气门的工作条件不同，进气门的材料采用合金钢（如铬钢或镍铬钢等），排气门由于热负荷大，一般采用耐热合金钢（硅铬钢、硅铬钼钢等）。

气门头顶部的形状有平顶、凸顶和凹顶等，如图 2-38 所示。

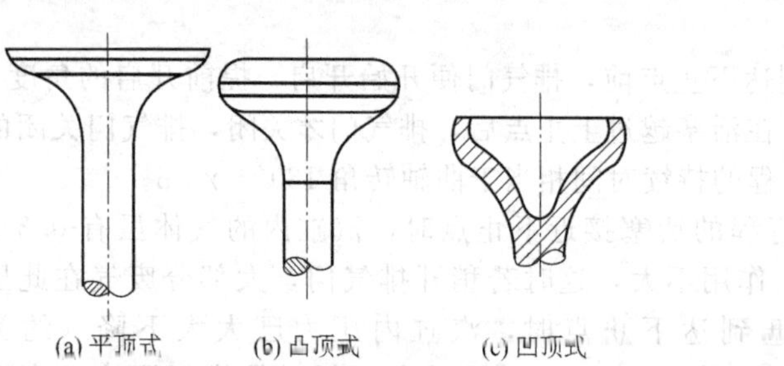
(a) 平顶式 (b) 凸顶式 (c) 凹顶式
图 2-38 气门头部结构形式

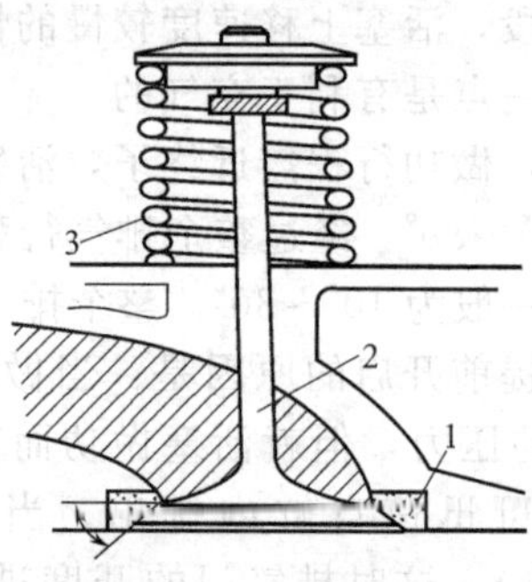

图 2-39 气门锥角
1—气门座；2—气门；3—气门弹簧

气门头部与气门座接触的工作面，是与杆部同心的锥面。通常将这一锥面与气门顶平面的夹角称为气门锥角，如图 2-39 所示。常见的气门锥角为 30°和 45°。为了减小进气阻力，提高汽缸的充气效率，进气门的头部直径做得比排气门的大。

气门杆一端与气门头部相连，另一端，即气门杆尾部，与气门弹簧座相连接。气门杆尾部结构与气门和弹簧座的连接方式有关。常见的有锁块式固定，如图 2-37 所示。锁块式固定是气门杆尾部切有凹槽，在凹槽上装有两个半锥形锁块 2，在气门弹簧 4 的弹力作用下，气门弹簧上座圈 3 内锥面压住两个半锥形锁块，使其紧箍在气门杆尾部。由于在气门杆尾端车有凹槽，使凹槽处的强度被削弱。

b. 气门座 汽缸盖的进、排气道与气门锥面相接合的部位称为气门座。气门座的作用是靠其内锥面与气门锥面的紧密贴合密封汽缸。气门座可在汽缸盖上直接镗出，但相当多的车用发动机汽缸盖采用铝合金材料，这种材料不耐磨，同时气门座在高温下工作，磨损严重。为提高汽缸盖的使用寿命和便于修理更换，一般用较好的材料（耐热合金钢、合金铸铁等）单独制作一个气门座圈，然后镶嵌到汽缸盖上，如图 2-40 所示。

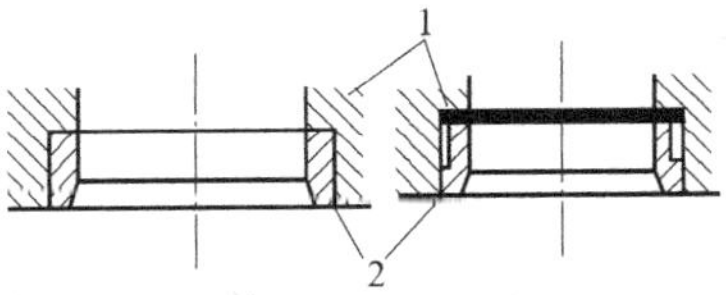

图 2-40　气门座圈

1—汽缸盖；2—气门座圈

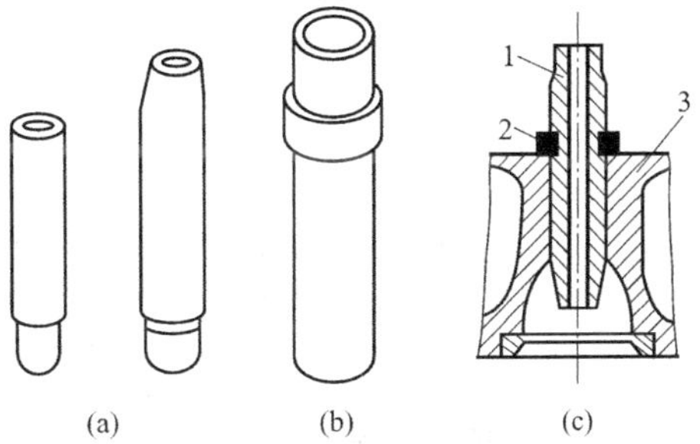

图 2-41　气门导管

1—气门导管；2—卡环；3—汽缸盖

气门座圈是一个圆环，它以较大的过盈量压在汽缸盖的气门座窝上。气门座圈与汽缸盖的过盈量要合适，如果过盈量不足，则在工作时座圈易脱落而损坏发动机。为了防止气门座圈松脱，有的在气门座圈外圆上车有环槽，以备压入后缸盖材料塑性变形嵌入环槽中。

c. 气门导管　作用是给气门的运动导向，保证气门直线运动，使气门与气门座贴合良好。

气门导管的外形如图 2-41 所示。它为圆柱形管，其外表面有较高的加工精度、较低的粗糙度，与缸盖（体）的配合有一定的过盈量，以保证良好地传热和防止松脱。

为防止过多的机油进入导管，导管上端面内孔处不应倒角，外侧面带有一定锥度，以防止积油，如图 2-41(c) 所示。

为了防止气门导管在使用过程中脱落，有的发动机对气门导管用卡环定位，如图 2-41(b) 所示，这样导管的配合过盈量可小些。

d. 气门弹簧　其作用在于保证气门回位。在气门关闭时，保证气门及时关闭和紧密贴合，同时也防止气门在发动机振动时因跳动而破坏密封；在气门开启时，保证气门不因运动时产生的惯性力而脱离凸轮。为此，气门弹簧应具有足够的刚度和安装预紧力。

气门弹簧多为圆柱形螺旋弹簧，如图 2-39 所示。材料为高碳锰钢、铬钒钢等冷拔钢丝，加工后要经过热处理。其一端支承在汽缸盖或汽缸体上，而另一端则压靠在气门杆端的弹簧座上。弹簧座用锁片固定在气门杆的末端。

② 气门驱动组　是指从正时齿轮开始至推动气门动作的所有零件，包括凸轮轴、气门挺杆、推杆和摇臂等。其功用是定时驱动气门开闭，并保证气门有足够的开度和适当的气门间隙。

a. 凸轮轴　是气门驱动组中最主要的零件，其作用是驱动和控制各缸气门的开启和关闭，使其符合发动机的工作顺序、配气相位及气门开度的变化规律等要求。

凸轮轴主要由凸轮和凸轮轴颈等组成。多缸发动机的凸轮轴，按汽缸工作顺序，配置了一系列的凸轮。根据发动机的总体布置，在一根凸轮轴上，可以单独配置进气凸轮或排气凸轮，也可以同时配置进气凸轮和排气凸轮，如图 2-42 所示。

• 凸轮是凸轮轴的主要工作部分，它在工作时承受气门间歇性开启的冲击载荷。由于

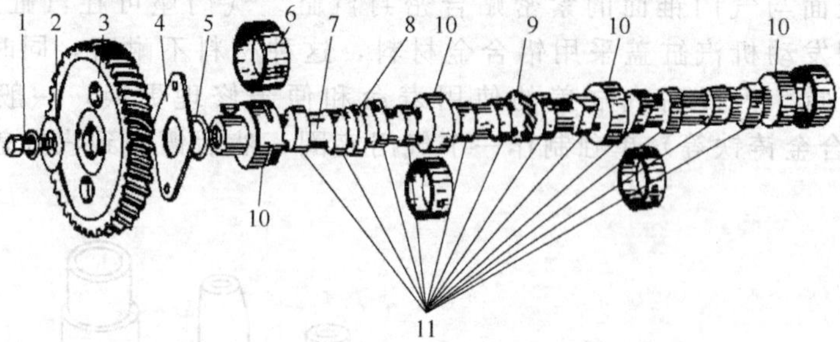

图 2-42　凸轮轴结构

1—螺栓；2—正时齿轮垫圈；3—正时齿轮；4—止推凸缘；5—止推座；6—凸轮轴衬套；7—凸轮轴；8—驱动汽油泵的偏心轮；9—驱动分电器等的螺旋齿轮；10—凸轮轴轴颈；11—进、排气凸轮

它与挺杆或摇臂的接触近于线接触，接触面积小，接触压力很大，磨损较快，因而要求凸轮表面应有良好的耐磨性，同时两者之间材料及其热处理的组合也非常重要，否则很容易在这对摩擦副的工作表面上发生刮伤和剥落等损伤。为了保证气门开闭规律的正确性，凸轮还应有足够的刚度。凸轮轴的材料一般用优质钢模锻而成，并经表面高频淬火（中碳钢）或渗碳淬火（低碳钢）处理。

为了承受斜齿轮产生的轴向力，防止凸轮轴在工作中产生轴向窜动，凸轮轴需要轴向定位。止推片安装在正时齿轮与凸轮第一轴颈之间，且留有一定的间隙，从而限制了凸轮轴的轴向移动量。调整止推片的厚度，可控制其轴向间隙大小。

• 凸轮轴　是由曲轴通过传动装置来驱动的，所用传动装置有齿轮式、链条式和齿形皮带式。

齿轮传动：下置凸轮轴式汽油机通常用一对正时齿轮传动，如图 2-43 所示。为了使齿轮啮合平顺，减小噪声和磨损，正时齿轮多用斜齿并用不同材料制成。为了保证装配时的配气正时，齿轮上都有正时记号，装配时必须使记号对齐。

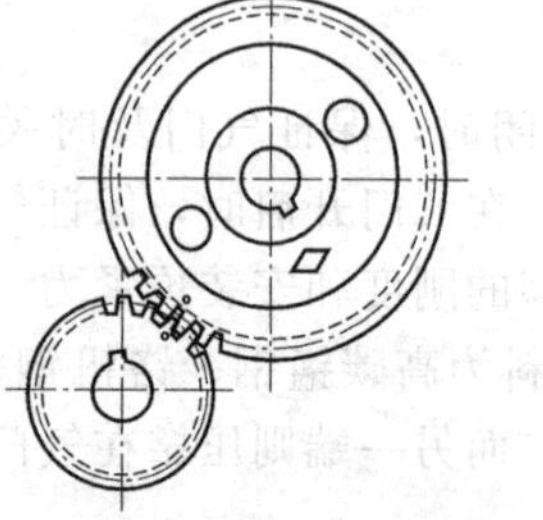

图 2-43　齿轮传动及正时记号

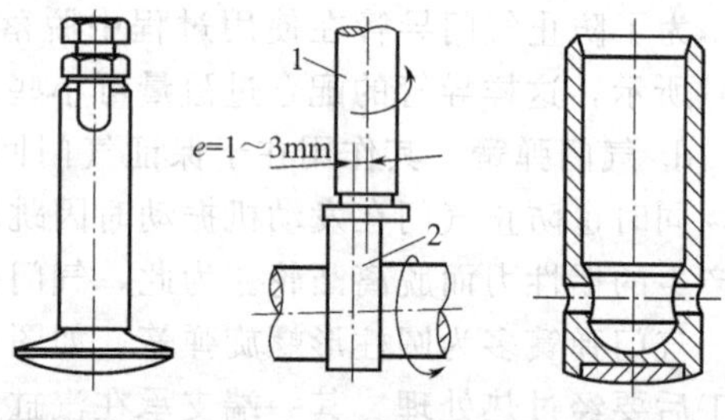

(a) 菌形挺杆　(b) 平面挺杆　(c) 筒形挺杆

图 2-44　气门挺杆形式

1—挺杆；2—凸轮

链条传动和齿形皮带传动：链条传动噪声小，一般用于中置或顶置凸轮轴式发动机上。曲轴通过链条驱动凸轮轴，在链条侧面有张紧机构和链条导板，利用张紧机构可以调整链条的张力。

b. 气门挺杆　是凸轮的从动件，它的作用是将凸轮的推力传给推杆或气门。

常见的普通挺杆有菌形挺杆、平面挺杆和筒形挺杆，如图 2-44 所示。挺杆常用碳钢、合金钢、合金铸铁和冷激铸铁等制成，它与凸轮轴的材料必须有合理的组合配对。

平面挺杆由于结构简单、重量轻，所以被广泛用于车用发动机上。

由于配气机构中存在间隙，在高速运行时会产生很大的振动和噪声，这对某些要求行驶平稳和低噪声的车用发动机来说是很不适宜的。为解决这一问题，有的发动机上采用了液压挺杆。它消除了配气机构中的间隙，减小了各零件的冲击载荷和噪声，同时凸轮轮廓可设计得比较陡一些，使气门开启和关闭更快，以减小进、排气阻力，改善发动机的换气，提高发动机的性能，特别是高速性能。

c. 推杆 作用是将从凸轮轴经过挺杆传来的推力传给摇臂。常用的推杆是一根细长空心杆，其上、下两端压入或用电阻焊焊接并经淬火和精加工的凹、凸球头，如图 2-45 所示。上端的球窝与摇臂上的球头相接，下端的球头与挺杆的球窝相配。

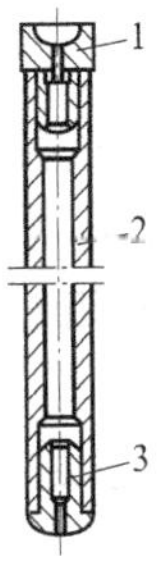

图 2-45 推杆

1—上凹球头；2—空心杆；3—下凸球头

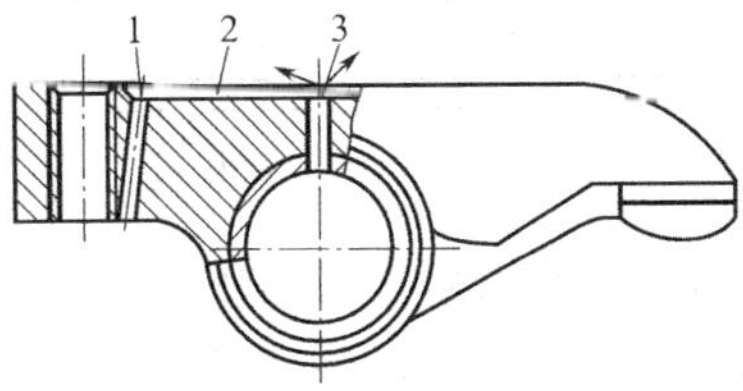

图 2-46 摇臂

1,3—油道；2—油槽

d. 摇臂 作用是将推杆或凸轮传来的力改变方向，作用到气门杆端以推开气门，如图 2-46 所示。气门摇臂一般制成不等长的，两边臂长的比值（称摇臂比）为 1.2～1.8，其中长臂一端用来推动气门。

摇臂的短臂上带有调整螺钉（没有使用液压挺杆时），在调整螺钉上带有锁紧螺母，以调整配气机构的气门间隙。

摇臂与气门杆尾端接触部分由于接触应力高，且相对滑移，因此磨损严重，为此在该部分常堆焊耐磨合金或作成圆弧面状。摇臂内还钻有润滑油道和油孔。

摇臂一般用 45 中碳钢模锻或球墨铸铁精密铸造而成。为了提高其耐磨性，摇臂的轴孔内镶有青铜衬套或装有滚针轴承与摇臂轴配合转动，有些高速发动机摇臂采用轻质合金，铸铝圆弧面上堆焊一层耐磨合金。

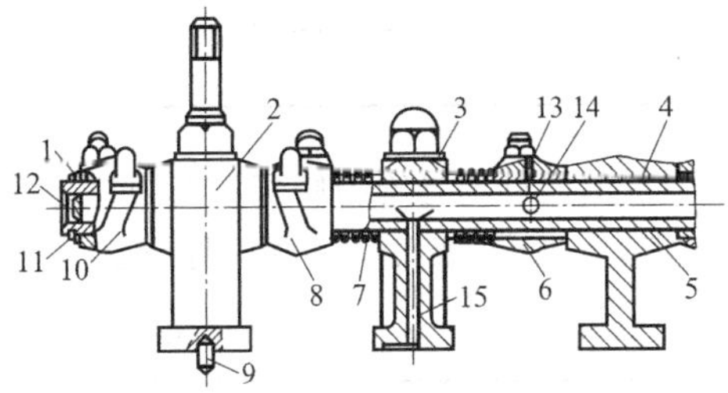

图 2-47 摇臂组

1—垫圈；2～4—摇臂轴支座；5—摇臂轴；6,8,10—摇臂；7—弹簧；9—定位销；11—锁簧；12—堵头；13～15—油孔

摇臂组结构如图 2-47 所示。摇臂通过摇臂轴支承在摇臂轴支座上，摇臂轴支座安装在汽缸盖上，摇臂轴为空心管状结构。摇臂与推杆端、摇臂与摇臂轴间的润滑可采用来自挺杆座、挺杆、推杆、摇臂内油道或汽缸体、汽缸盖、摇臂内孔的压力机油润滑。为了防止摇臂的窜动，在摇臂轴上每两个摇臂之间都装有弹簧。

2.3.2 气门组零件的检验与修理

发动机工作时，气门组零件常见的损伤有：气门和气门座工作面起槽、变宽；烧蚀后出现斑点和凹陷；气门杆磨损和弯曲；气门杆与气门导管配合松旷；气门弹簧自由长度缩短、弹力减退和变形、甚至折断等。

1）气门的检验 气门的工作面磨损起槽、变宽或烧蚀出现斑点、凹陷时，应进行光磨。

气门杆的磨损（磨损最大部位一般在杆部与导管上下端接触的部位），用千分尺在磨损最大部位和杆未磨损处对比测量，磨损量超过 0.05mm 时，或用手摸有明显阶梯形感觉，应更换气门。

气门头部锥面对杆部圆柱面斜向圆跳动误差应不大于 0.03mm；气门杆的直线度误差应不大于 0.02mm，检查方法如图 2-48 所示。超过规定时，可用冷压的方法校正，气门杆的直线度可在平板上滚动，用厚薄规测量缝隙检查。

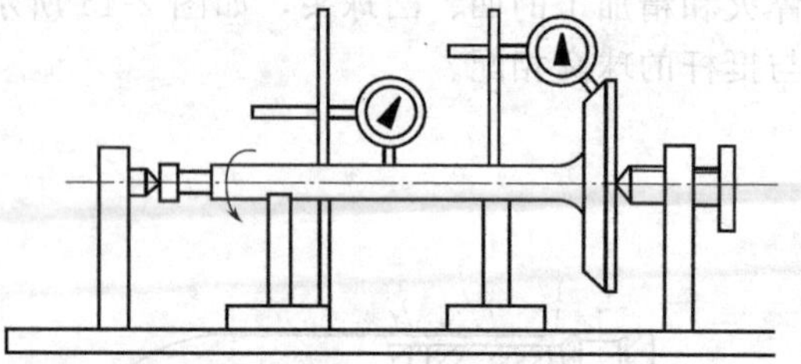

图 2-48 气门的检验

气门杆下端面，如磨损有凹陷应磨平。

气门杆端面不平，可用磨端面架的 V 形槽和平行砂轮的端面进行修磨，累计磨削量应不大于 1.50mm。

气门工作时容易变形和烧毁，因此，气门头部边缘厚度应不小于 1.20mm，否则应对气门头部边缘加以修磨，修磨后气门头直径不得小于表 2-16 的规定。

表 2-16 常见机型气门主要规格 mm

机型		头部直径 标准	杆部直径	总长	工作面锥度
NB485B	进气门	39±0.1	$8^{-0.025}_{-0.041}$	117.5±0.15	45°±15′
	排气门	31±0.1	$8^{-0.040}_{-0.062}$	117.5±0.15	45°±15′
490BPG	进气门	41±0.15	$8^{-0.025}_{-0.047}$	125±0.1	45°±1°
	排气门	35	$8^{-0.040}_{-0.062}$	125±0.1	45°±1°
495	进气门	42±0.15	—	125±0.1	45°±1°
	排气门	36±0.15	—	125±0.1	45°±1°

2）气门杆与导管的修配 气门杆与导管的配合间隙应符合表 2-17 的要求，若配合间隙超过规定时，应更换气门、气门导管。

表 2-17 气门杆与导管的配合间隙 mm

机型	进气门		排气门	
	标准	使用限度	标准	使用限度
NB485B	0.025～0.055	0.15	0.075～0.117	0.20
490BPG	0.025～0.069	0.15	0.040～0.084	0.15
495	0.025～0.069	0.15	0.040～0.084	0.15

3）气门座的维修

①气门座圈的镶换 气门座经多次铰磨后，工作面将逐渐下降，当下降到一定深度后，会影响充气系数和降低气门弹簧的弹力。因此，当气门座工作面的上边缘低于缸盖下平面 1.50mm 或原镶的座圈有裂纹、松动时，均应重镶气门座圈。

气门座圈的尺寸可按表 2-18 的要求选择，座圈内外壁的粗糙度不超过 1.6μm，座圈与座圈孔的配合应符合规定，气门座圈的镶入，可用冷缩座圈或热胀座圈孔的方法。一般将座圈放入液氮中（−196℃）泡 15～20s 而后取出，迅速放入座圈孔即可。也可将座圈孔加热至 100℃左右，垫以软金属，迅速将座圈冲入。

表 2-18 气门座圈的尺寸及与座圈孔配合的要求 mm

机型		NB485B	490BPG	495
进气门座圈	内径	34±0.1	$35^{+0.1}_{0}$	36
	外径	$41^{+0.090}_{+0.065}$	$42^{+0.090}_{+0.065}$	$43^{+0.090}_{+0.065}$
	高	$6.7^{0}_{-0.05}$	$7.35^{+0.1}_{0}$	6.8±0.1
排气门座圈	内径	26±0.1	$29^{+0.1}_{0}$	30
	外径	$33^{+0.090}_{+0.065}$	$36^{+0.090}_{+0.065}$	$37^{+0.090}_{+0.063}$
	高	$6.7^{0}_{-0.05}$	$7.35^{+0.1}_{0}$	6.8±0.1
座圈与座圈孔的配合过盈量		−0.04～−0.09	−0.04～−0.09	−0.04～−0.09

② 气门的试配 新气门或光磨过的气门应进行试配，要求接触部位在中部或中下部，宽度为 1.5～2.0mm，如图 2-49 所示，如接触面偏上或偏下，应用铰刀进行修正，若接触面距气门斜面上沿或下沿有 1mm 以上时，允许使用。否则，应更换气门或座圈。

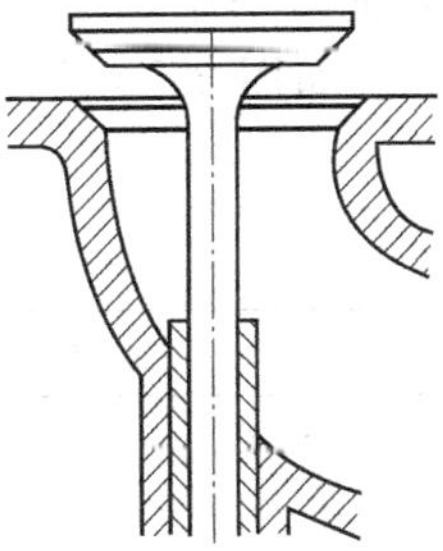

图 2-49 气门与气门座的正确接触位置

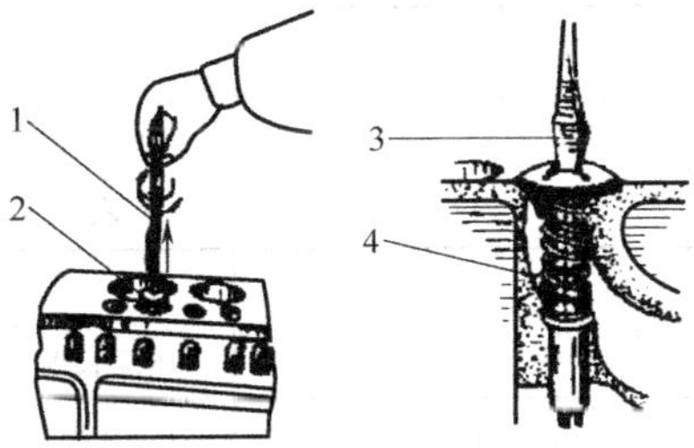

图 2-50 研磨气门

1—木柄；2—橡皮碗；3—起子；4—弹簧

③ 气门的研磨 为了提高气门与气门座的密封性，光磨后的气门与铰削过的气门座需进行研磨。修理时，若发现气门与气门座有较轻的烧蚀或斑点，也可采取研磨的方法消除。研磨气门可用机动或手工的方法进行。

④ 清洗气门、气门座及气门导管 在气门工作面上涂一薄层粗气门研磨砂，气门杆上涂些机油，将气门杆插入导管内，捻转木柄或起子，使气门在气门座上研磨，如图 2-50 所示。研磨时应经常改变气门与座的相对位置，使工作面上各点都能相互研磨。研磨时，不要过分用力，严禁上下拍打气门，以免气门工作面出现凹痕。同时应经常检查其接触情况，当气门与气门座工作面研磨出一条较整齐而无斑痕、麻点的接触环带时，可将粗研磨砂洗去，换用细研磨砂研磨，研磨到气门工作面上出现一条整齐的 1.5～2.0mm 宽的灰色无光的环带时，洗去细砂，涂上机油再研磨几分钟即可。

气门与气门座密封性的检验方法有以下几种：一是用如图 2-51 所示的检验仪，将仪器的空气室罩在气门座上用手压紧，挤压橡皮球，使空气室内具有 70kPa 的压力，如在半分钟内压力不下降，即为合格。二是用铅笔在气门工作面上每相距 8mm 左右画一条线，装入气门导管内轻压使气门转动 1/4 圈，若将铅笔所画线条全部切断为合乎要求，如图 2-52 所示。三是将气门与气门座擦干净，用气门轻拍数下，气门与座上出现明亮而完整的光环为好。当密封不合要求时，应采取适当措施解决。

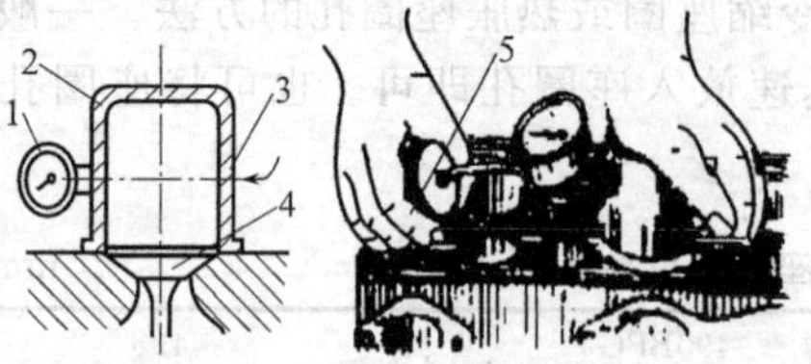

图 2-51 气门密封性检验
1—气压表；2—空气室；3—进气孔；
4—气门；5—橡皮球

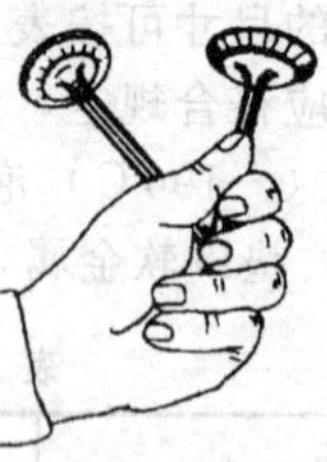

图 2-52 画线法检查气门密封性

4）气门弹簧的检验 气门弹簧的自由长度和弹力，可用气门弹簧检测仪进行检验，其结果应符合表 2-19 的规定。也可用新旧对比的方法检验，即取一只标准张力的弹簧与被检弹簧一起放在平板上，看其自由长度是否一样，然后在两弹簧间垫一块铁板一起夹在虎钳上，压缩后若两者长度一致或相差不多，即为弹力合格。经检查弹力和自由长度不符合规定时，应更换。气门弹簧的变形，在自由状态下弹簧轴线对支承面的垂直度，其误差不得超过 2°；各道弹簧的外径，应在同一平面上，其误差不得超过 1mm，否则应更换，检查方法如图 2-53 所示。弹簧如有裂纹，应更换。

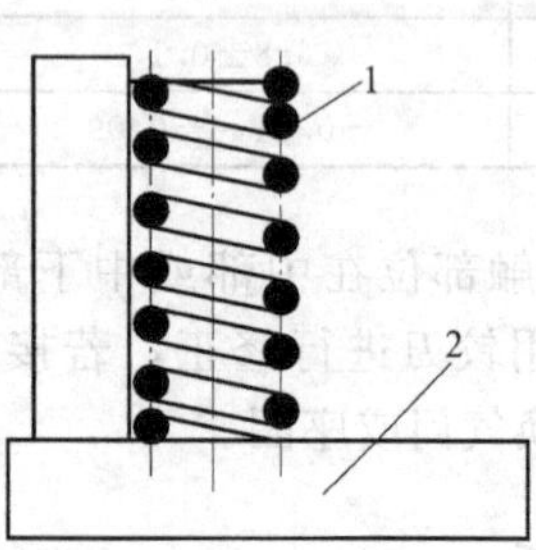

图 2-53 气门弹簧的检验
1—被检气门弹簧；2—角规

表 2-19 气门弹簧的技术要求

机　型	自由长度/mm	气门开启时		气门关闭时	
		压缩长度/mm	相应压力/N	压缩长度/mm	相应压力/N
NB485B	内:44±0.8	内:27.9	内:133±7	内:36.7	内:56±5
	外:46±0.9	外:30.4	外:275±15	外:39.2	外:111±9
490BPG	内:46.7±1	内:26.8	内:155±8	内:36.8	内:77±4
	外:51.4±1	外:32.8	外:405±20	外:42.8	外:187±9
495	内:46.7±1	内:26.8	内:155±8	内:36.8	内:77±4
	外:51.4±1	外:32.8	外:405±20	外:42.8	外:187±9

2.3.3 气门传动组零件的检验与维修

气门挺杆的检验与维修

气门挺杆直径的磨损，一般不得超过 0.05mm，气门挺杆与导孔的配合应符合表 2-20 的规定。如超过使用限度时，应换新，也可通过电镀或刷镀加粗挺杆直径、铰大导孔的方法进行修复。

表 2-20 气门挺杆与导孔配合

mm

机　型	标　准	使用限度
NB485B	0.016～0.052	0.25
490BPG	0.016～0.052	0.25
495	0.016～0.052	0.25

气门挺杆应光滑，球面对杆部轴心线的斜向圆跳动公差应不大于 0.05mm。挺杆球面的磨损情况，可用样板检查。样板圆弧与球面应处处贴合为良好。出现缝隙大于一定值时，应更换或修磨挺杆球面。

1）气门摇臂、摇臂轴及推杆的维修 摇臂轴的磨损应不超过 0.025mm，否则应电镀修复或更换。用测径向圆跳动法检查摇臂轴的直线度，全长误差应不大于 0.10mm，摇臂衬套与摇臂轴的配合间隙应符合表 2-21 的规定，超过时，可更换摇臂衬套修复，气门摇臂衬套外径与承孔配合过盈一般为 0.092～0.19mm。装配衬套时，衬套油孔应与摇臂上的油孔对正，以保证机油流动畅通。

表 2-21 气门摇臂衬套与摇臂轴配合间隙 mm

机 型	标 准	使用限度
NB485B	0.016～0.052	0.20
490BPG	0.020～0.062	0.20
495	0.020～0.062	0.20

摇臂轴弹簧折断、变形应更换；装复摇臂轴支座时，有油槽的支座应与缸盖上油孔对正，不许混装，否则将破坏润滑；气门摇臂脚应与气门杆端头对正，其误差应不大于 0.50mm；摇臂脚与气门杆接触处如磨损、有轻微凹陷不平时，可放在油石上修磨；若磨损过大、有明显凹坑时，应堆焊修复或更换。

气门推杆不得弯曲，推杆上端与调整螺钉接触的球座及推杆下端球头应光滑，如有裂损、变形和磨损起槽时，应予修复或更换。

2）凸轮轴与轴承的维修

① 凸轮轴的检验与维修 首先检查凸轮轴的弯曲，以两端轴颈为支点，如图 2-54 所示，径向跳动不得大于 0.03mm，超过 0.10mm 时，可用冷压校正法校正。其次检查凸轮的升程，不低于表 2-22 规定的 95%时，允许不修磨凸轮，但应检查凸轮基圆对凸轮轴轴线的径向圆跳动公差：大修标准为 0.03mm，大修允许不大于 0.05mm。当凸轮表面有击伤、麻点、毛糙时应修磨。凸轮顶端磨损超过 1.00mm 时，应对凸轮顶端堆焊后予以修磨，以恢复原有的尺寸和形状，或者更换。凸轮轴上的机油泵驱动齿轮，如有毛糙或齿面磨损超过 0.50mm 时，应予修复。齿轮个别牙齿损坏，在不影响使用的情况下，允许磨掉锐角后继续使用。驱动输油泵的偏心轮表面粗糙度不得超过 0.80μm。偏心轮磨损超过 2.00mm 时，应予堆焊修复或更换凸轮轴。凸轮轴各轴颈的圆柱度公差：大修标准为 0.005mm，大修允许不大于 0.015mm，使用限度为 0.025mm。凸轮轴装正时，齿轮的轴颈径向圆跳动公差和轴向止推端面的端面圆跳动误差均不大于 0.035mm。

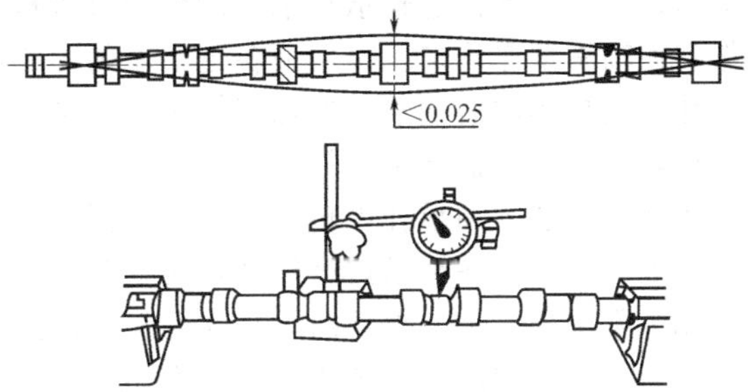

图 2-54 检查凸轮轴弯曲变形

② 凸轮轴轴承的修配 凸轮轴轴承与轴颈配合间隙大于 0.15mm 或发动机大修时，都应更换新轴承，以恢复轴颈与轴承的正常配合。根据凸轮轴轴颈的尺寸，选择同级修理尺寸的轴承。凸轮轴轴承与承孔的配合应有一定的过盈量。过盈量过大，轴承装入承孔困难且易损坏，过小，则定位不牢靠。凸轮轴轴承与承孔及轴颈的配合要求见表 2-23。

表 2-22 凸轮尺寸 mm

机 型	凸轮最大直径	凸轮升程	基圆直径
			公称尺寸
NB485B	进:39.09	6.25	32.8±0.04
	排:39.09	6.25	
490BPG	进:41.5508	6.5508	$35^{+0.04}_{0}$
	排:41.5972	6.5972	
495	进:41.5508	6.5508	$35^{+0.04}_{0}$
	排:41.5972	6.5972	

表 2-23 凸轮轴轴承与承孔及轴颈的配合 mm

机型	轴承与承孔配合			轴承与轴颈配合间隙			
	轴承外径	承孔内径	过盈量	轴颈直径	轴承内径	配合间隙	使用限度
NB485B	$52^{+0.071}_{+0.041}$	$52^{+0.03}_{0}$	−0.011～−0.071	$46^{-0.050}_{-0.075}$	$46^{+0.025}_{0}$	0.050～0.100	0.18
490BPG	$56^{+0.060}_{+0.041}$	$56^{+0.030}_{0}$	−0.060～−0.011	$50^{-0.050}_{-0.089}$	$50^{+0.025}_{0}$	0.050～0.114	0.18
495	$56^{+0.106}_{+0.087}$	$56^{+0.030}_{0}$	−0.106～−0.057	$50^{-0.050}_{-0.089}$	$50^{+0.025}_{0}$	0.050～0.114	0.18

根据轴颈尺寸刮削轴承的方法：把轴承套在相应的轴颈上，转动轴承数圈后取下，根据接触情况修刮轴承合金，修刮后再把轴承套在轴颈上转动，取下轴承后根据接触情况再次修刮，如此反复进行。当刮削至轴承与轴颈间插入的厚薄规厚度＝轴承与承孔的配合过盈量＋轴承与轴颈的配合间隙，拉动厚薄规时稍有阻力为合适。这样，当把轴承压入承孔后，由于轴承内径的缩小量接近轴承与承孔配合的过盈量，即可得到所需的配合间隙。刮削时，要尽量作到使轴承壁厚均匀，以保证各道轴承的同心度。

冲下汽缸体的后端盖，拆除旧轴承。新轴承压入时应注意对正油孔，各道凸轮轴轴承不得装错，以免影响摇臂机构的润滑。

将凸轮轴装入轴承孔内转动数圈，根据松紧度和接触面的情况进行适当的修刮。检验配合松紧度的方法：在轴承内涂机油，转动凸轮轴数圈后，用手指拨动正时齿轮时，应转动灵活，无卡阻现象，上下扳动凸轮轴无明显的间隙感觉。

3）正时齿轮的检验与修复 正时齿轮与曲轴正时齿轮的啮合间隙应符合表 2-24 的规定。超过使用限度时，或同一对齿轮啮合间隙沿齿轮圆周相隔 120°三点测量，间隙差超过 0.10mm 时，应更换齿轮。啮合间隙可用厚薄规插入两齿间或用百分表抵在齿轮上的方法进行测量。

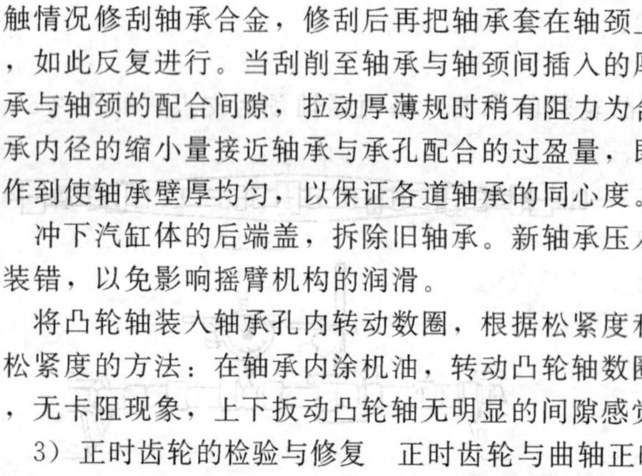

(a) 凸轮轴轴向定位及轴向间隙 (b) 测量凸轮轴轴向间隙

图 2-55 凸轮轴轴向间隙的测量

1—凸轮轴正时齿轮；2—止推凸缘；3—隔圈；4—凸轮轴第一道轴颈

凸轮轴正时齿轮不得有裂损，齿形及内孔应完整。齿毂松动时，应更换。

凸轮轴上装正时齿轮的键槽损坏，允许另开新槽，但要在正时齿轮上重新标出正时记号，以防影响配气相位。

4）凸轮轴轴向间隙的检查与调整 凸轮轴轴向间隙应符合表 2-24 的规定，检查方法如图 2-55 所示，用厚薄规测量，也可直接测量止推突缘与隔圈的厚度差。当止推突缘磨损使轴向间隙超过规定时，应更换标准厚度的止推突缘，不得任意减薄隔圈的厚度。否则，将改变凸轮的轴向位置，影响配气相位的准确性。

表 2-24　正时齿轮啮合间隙及凸轮轴轴向间隙 mm

发动机型号		NB485B	490BPG	495
凸轮轴轴向标准间隙		0.08～0.25	0.08～0.25	0.08～0.25
正时齿轮啮合间隙	标准间隙	0.041～0.177	0.13～0.17	0.13～0.17
	极限间隙	0.30	0.30	0.30

气门脚间隙的调整

气门脚的间隙会因配气机构零件的磨损而发生变化，间隙过大，会使气门的升程减小，引起充气不足，排气不畅，而且会带来不正常的敲击声；间隙过小，会使气门关闭不严，造成漏气，易烧蚀气门与气门座的工作面。因此，要按规定调整好气门脚间隙，以保证发动机正常工作。气门脚间隙见表 2-25。

表 2-25　常见发动机气门脚间隙 mm

发动机型号	NB485B	490BPG	495
进气门	0.28	0.35	0.35
排气门	0.33	0.45	0.45

注：调整该型发动机气门脚间隙应在冷车时进行。

气门脚间隙的检查和调整，要在气门完全关闭、气门挺杆落至最低位置时进行。为了达到上述要求，通常是在汽缸压缩终了时，调整该缸的进、排气门。检查调整方法有两种。

1）逐缸调整法

① 摇转曲轴，使飞轮上的上止点记号与飞轮壳检查孔上的刻线对正，或曲轴带轮上的标记与指针对正，此时是 1 缸或 6 缸（4 缸）压缩终了的位置，可以调整 1 缸或 6 缸（4 缸）进、排气门的间隙。

② 调整时应先松开锁紧螺母，旋松调整螺钉，在气门杆与摇臂脚之间插入规定厚度的厚薄规，如图 2-56 所示，用起子拧进调整螺钉，使摇臂脚轻轻压住厚薄规，拉动厚薄规有轻微阻力，固定调整螺钉的位置。拧紧锁紧螺母，再用厚薄规复查一次。

③ 当 1 缸或 6 缸（4 缸）的两只气门脚间隙调好后，摇转曲轴 120°（四缸摇转 180°），按点火顺序调整下一缸进、排气门脚间隙，依次类推，逐缸调整完毕。

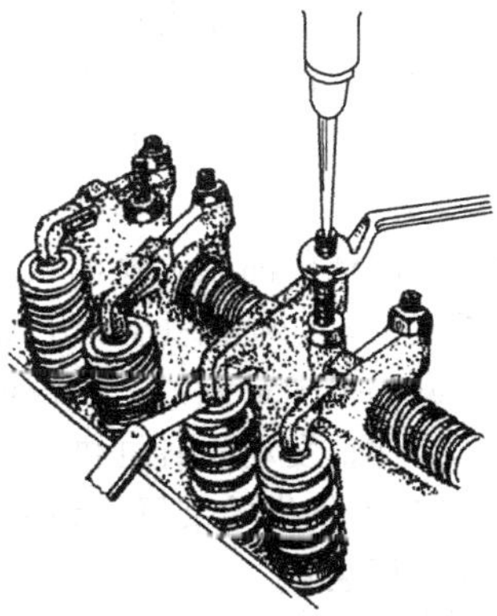

图 2-56　气门脚间隙的调整

2）两次调整法　多缸发动机摇转曲轴两圈，可以调整完所有的气门脚间隙，这是由发动机的工作循环、点火顺序、连杆轴颈的配角和气门实际开闭角度确定的，在 1 缸或 6 缸（4 缸）处于压缩终了上止点时，除调整本缸的气门脚间隙外，其他缸有的气门脚间隙也可调整。

常用的 6 缸（4 缸）发动机，点火顺序多是 1、5、3、6、2、4（1、2、4、3），进、排气门都采取早开迟闭，工作循环又都相同，因此可推出可调气门，列成表 2-26。它是根据发动机的汽缸序号、气门序号和气门排列位置，发动机的工作循环和点火顺序，列表分析各缸的工作状态，确定可调与不可调的气门。

表 2-26 常见发动机两次调整法调整气门顺序

发动机型号		NB485B	490BPG	495
汽缸工作顺序		1—3—4—2	1—3—4—2	1—3—4—2
气门排列顺序		进排进排 进排进排	排进排进 排进排进	排进排进 排进排进
可调气门	1 缸在压缩上止点	1,2,4,5	1,2,3,6	1,2,3,6
	4 缸在压缩上止点	3,6,7,8	4,5,7,8	4,5,7,8

2.4 柴油机燃料供给系的构造与维修

柴油机混合气形成的主要装置是燃料喷射系统，它是柴油机的心脏，对柴油机的经济性、排放性、噪声、功率以及可靠性的影响很大。

2.4.1 柴油机供给系的功用及组成

供给系的功用

柴油机燃料供给系的功用是完成燃料的储存、滤清和输送工作，并按柴油机不同工况的要求，定时、定量、定压并以一定的喷油质量喷入燃烧室，使其与空气迅速而良好地混合和燃烧，最后使废气排入大气。

供给系的组成

柴油机燃料供给系由燃料供给装置、空气供给装置、混合气形成装置及废气排出装置四部分组成。

1）燃料供给装置　燃料供给装置通常由喷油泵、喷油器、高压油管及一些附属装置组成，如图 2-57 所示。

燃料供给系统可分为低压与高压两个油路。低压是指从燃油箱到喷油泵入口的这段油路中的油压，因它是由输油泵建立的，而输油泵的出油压力一般为 0.15～0.3MPa，故这段油路称为低压油路。高压油路是指从喷油泵到喷油器的这段油路，该油路中的油压是由喷油泵建立的，一般在 10MPa 以上。

在低压油路中，输油泵 6 从燃油箱内将柴油吸出，经燃油滤清器 13 滤去杂质后进入喷油泵 4 的低压油腔，喷油泵柱塞将燃油压力提高，经高压油管 3 至喷油器 2，当燃油压力达到指定值时，喷油孔开启，燃油成雾状喷入燃烧室，形成混合气。喷油器内从针阀偶件间隙中泄漏的极少量燃油，经回油管 1 与从喷油泵低压腔溢油阀溢出的过量燃油，一起返回燃油箱。为保证发动机各缸供油的一致性，各缸高压油管 3 的直径和长度应相等。

2）空气供给装置　该装置由空气滤清器、进气管、汽缸盖等组成。增压柴油机还装有进气增压装置。

3）混合气的形成装置　该装置由燃烧室组成。

4）废气排出装置　该装置由汽缸盖内的排气道、排气管及排气消声器组成。

柴油机燃料供给系主要零部件构造

(1) 喷油器

喷油器是柴油机燃油供给系统的重要部件之一，其主要作用是使燃油在一定的压力下，

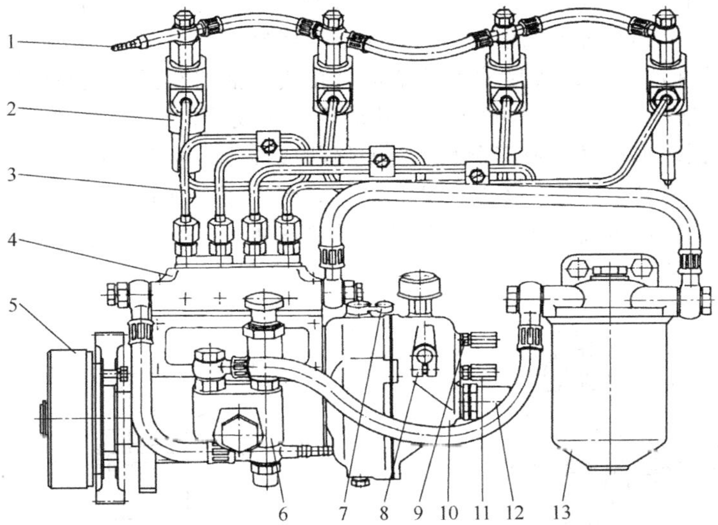

图 2-57 柴油机燃料供给系统的组成

1—回油管；2—喷油器；3—高压油管；4—喷油泵；5—喷油提前器；6—输油泵；7—停车手柄；8—调速手柄；9—高速限位螺钉；10—调速器；11—怠速限位螺钉；12—最大油量限位螺钉；13—柴油滤清器

以雾状的形式喷入燃烧室，并合理分布，以便与空气混合形成最有利于燃烧的可燃混合气。根据混合气形成与燃烧的要求，喷油器应具有一定的喷射压力和射程、合适的喷雾锥角和雾化质量；喷停要迅速，不发生燃油滴漏，以免恶化燃烧过程；最好的喷油特性是在每一循环的供油过程中，开始喷油少，中期喷油多，后期喷油少，以便工作柔和，改善后期燃烧条件。

闭式喷油器在高压油管与喷孔之间设有一个针阀断油元件，在弹簧预紧力与液体压力的作用下，针阀保持关闭位置，而只有在一定的燃油压力作用下才被打开开始喷油。闭式喷油器按其喷油嘴的结构形式，又可分为孔式和轴针式。

1）孔式喷油器　孔式喷油器如图 2-58 所示。它主要用于直喷式燃烧室的柴油机中，一般喷油孔的数目为 1～8 个，喷孔直径为 0.2～0.8mm，喷孔数目与方向取决于各种燃烧室对喷雾质量的要求以及喷嘴在燃烧室内的布置。

孔式喷油器主要由针阀 15、针阀体 16、顶杆 11、调压弹簧 10、调压螺钉 5 及喷油器体 12 等零件组成。喷油器中最重要的组件是喷嘴，喷嘴中最精密的是针阀偶件，它由针阀 15 和针阀体 16 组成，配合间隙为 0.002～0.004mm，需选配后研磨，不能互换。装在喷油器体上部的调压弹簧 10 通过顶杆 11 使针阀紧压在针阀体的密封面上，将喷孔关闭。

喷油泵压缩后的燃油从油管接头进入，经过滤芯 8 及喷油器体内的油道，送入喷油嘴的盛油槽内。油压作用于针阀的斜面上，当油压超过针阀开启压力（例如 18.5MPa），即克服调压弹簧的预紧力时针阀升起，燃油即开始从喷油孔喷出。针阀的升程受喷油器体下端面的限制，一般最大的针阀升程为 0.2～0.4mm。针阀升程的大小，决定了喷油量的多少。

当喷油泵停止供油时，由于油压迅速下降，针阀在调压弹簧作用下及时回位，将喷孔关闭。调压螺钉 5 是用来调整喷油器开启压力大小的。喷油器工作中会有少量柴油从针阀与针阀体配合表面之间的间隙漏出。这部分柴油对针阀起润滑作用，并沿顶杆周围的空隙上升，通过回油管螺栓1上的孔进入回油管，流回柴油滤清器。

2）轴针式喷油器　轴针式喷油器的结构与孔式喷油器相近，只是喷嘴头部结构不同，如图2-59所示。轴针的头部伸出喷孔外，其形状可作成柱体或锥体。喷孔直径为1～3mm，与轴针形成一个圆环形狭缝。喷雾形状呈空心筒状或锥状，喷雾锥角为4°～6°。由于轴针在孔内上、下移动，有自洁作用，不易积炭、堵塞，提高了工作可靠性。喷孔的加工也容易，但要求轴针与孔的同心度高，不然会出现偏心的喷雾体。它适用于对喷雾要求不高的涡流室式燃烧室和预燃室式燃烧室。

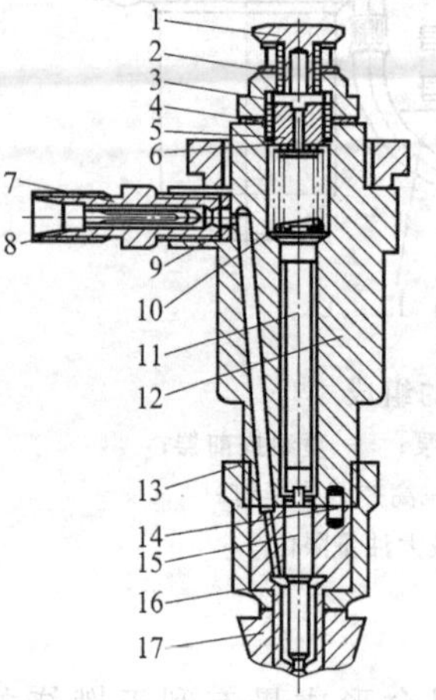

图2-58　孔式喷油器结构

1—回油管螺栓；2—回油管衬垫；3—调压螺钉护帽；4—调压螺钉垫圈；5—调压螺钉；6—调压弹簧垫圈；7—进油管接头；8—滤芯；9—进油管接头衬垫；10—调压弹簧；11—顶杆；12—喷油器体；13—紧固套；14—定位销；15—针阀；16—针阀体；17—喷油器锥体喷嘴

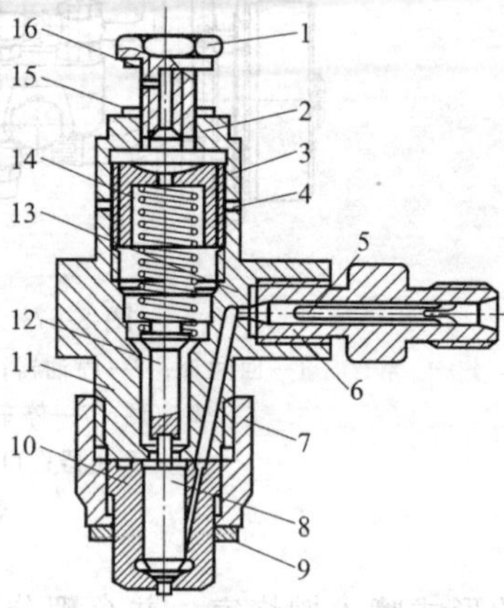

图2-59　轴针式喷油器结构

1—回油管接头螺栓；2—调压螺钉护帽；3—调压螺钉；4—垫圈；5—滤芯；6—进油管接头；7—紧固螺套；8—针阀；9,13,15,16—垫圈；10—针阀体；11—喷油器体；12—顶杆

（2）喷油泵

喷油泵是柴油机燃料供给系的关键部件，它的工作好坏直接影响柴油机的动力性、经济性和排放性能。它的作用是根据柴油机工况的变化，调节燃料量，并提高燃料压力，按规定的时间与规律将燃料供给喷油器。它与喷油器等其他元件共同决定喷射过程。

为了完成定压、定时、定量的任务，喷油泵应满足如下要求：一是按柴油机工作顺序供油，而且各缸供油量均匀。各缸喷油量的不均匀度不大于3%～4%。二是各缸供油提前角要相同，相差不得大于0.5°～1°曲轴转角。三是各缸供油延续时间要相等。四是油压的建立和供油的停止都必须迅速，以防止滴漏现象的发生。

喷油泵的结构形式很多。叉车用柴油机的喷油泵按作用原理不同大体可分为三类：柱塞式喷油泵、喷油泵-喷油器和转子分配式喷油泵。柱塞式喷油泵发展和应用的历史较长，因性能良好、使用可靠，为目前大多数柴油机所采用。

1）柱塞式喷油泵的工作原理　在多缸柴油机上，每一个汽缸需要一套泵油机构进行供油。这套泵油机构称为分泵，将各分泵组装在同一壳体中，共用一根凸轮轴驱动，并对其供油量进行统一调节，即喷油泵总成，如图2-60所示。

柱塞式喷油泵的泵油机构主要由柱塞偶件和挺柱体等组成。柱塞由凸轮轴驱动，通过挺柱体，按喷油次序，依次在各自的柱塞套内作往复运动。喷油泵的工作原理如图2-61所示。

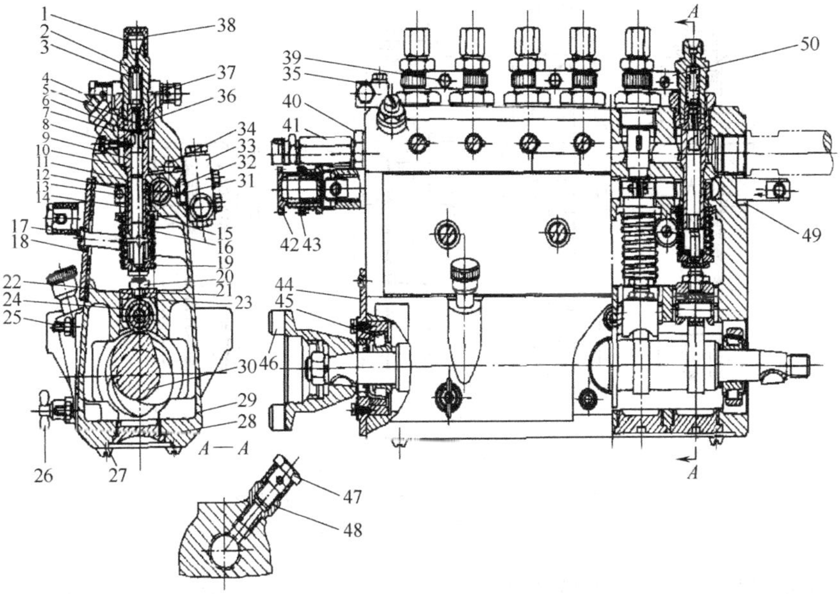

图 2-60 喷油泵总成结构

1—高压油管接头；2—减容器；3—出油阀弹簧；4—放气螺钉；5—出油阀；6—出油阀座；7—油道；8—定位螺钉；9—柱塞套；10—柱塞；11—柱塞套油封环；12—齿圈；13—锁紧螺钉；14—油量控制衬套；15—柱塞弹簧上座；16—弹簧；17—通气螺钉；18—检视盖；19—弹簧下座；20—螺母；21—油尺；22—挺柱调节螺钉；23—挺柱体；24—滚轮；25—紧固螺钉；26—放油阀；27—定位螺钉；28，49—螺塞；29—泵体；30—凸轮轴；31—调节齿条；32—齿条定位螺钉；33—稳压器；34—油道；35—缝隙滤芯；36—出油阀座垫圈；37—高压油管接头座；38—保护套；39—夹板；40—进油接头；41—管接头；42—调节器，43—调节螺套；44—轴盖板；45—滚动轴承；46—联轴器；47—回油管接头螺钉；48—回油管接头；50—夹板

柱塞1圆柱表面上铣有直线形（或螺旋形）的斜槽2，斜槽内腔和柱塞上面的泵腔用柱塞中心油道3相连通，柱塞套筒上的进油孔4和回油孔7与泵体上的低压油腔相通。当柱塞下移到图2-61(a) 所示的位置时，燃油经低压油腔经进油孔4被压入，充满柱塞上面的空间。图2-61(b) 表示柱塞向上运动时，起初一部分燃料被挤回低压油腔，这个过程一直延续到柱塞顶面遮住油孔的上边缘为止。如柱塞继续上升，柱塞上部的燃料压力就增加，于是便推开柱塞套上面的出油阀向高压油管供油。柱塞上升到图2-61(c) 所示位置时，斜槽的边缘与回油孔的下边缘接通，柱塞上面的燃料便通过中心油道、斜槽和回油孔回到低压油腔，供油即停止。

柱塞上、下运动的行程 h 如图2-61(d) 所示，虽是由驱动凸轮的最大直径决定，但喷油泵的实际喷油行程只有在柱塞上行完全封闭两个油孔之后才开始，而上行到柱塞斜槽和回油孔接通便立即停止，即在柱塞行程 h_g 内是泵油过程，h_g 称为柱塞有效行程。显然，喷油泵每次泵出的油量取决于有效行程的长短。因此要改变供油量，只需改变柱塞的有效行程。通常采用改变柱塞斜槽和柱塞套回油孔7的相对角位置的方法来实现。

根据柱塞斜槽布置形式的不同，调节供油量的方式可采用三种方法，如图2-62所示。图2-62(a) 所示是供油终点改变，而供油始点几乎保持不变的柱塞。柱塞顶面是一平面，斜槽开在下部，这样随着柴油机负荷的增大，供油量加大，供油终点就推迟。由于这种方法可

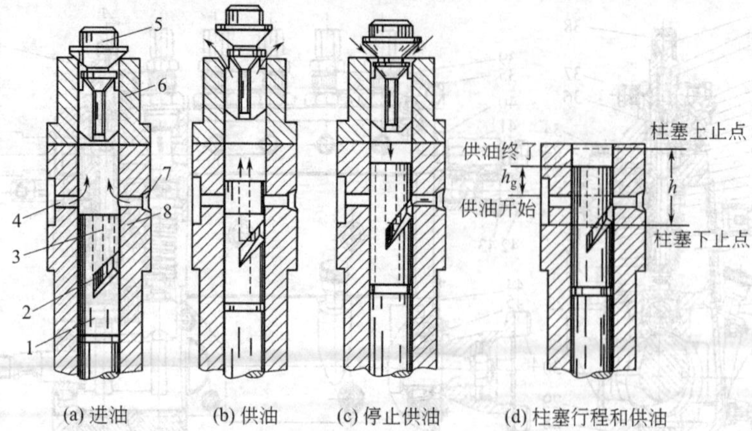

图 2-61 柱塞式喷油泵工作原理

1—柱塞；2—斜槽；3—中心油道；4—进油孔；5—出油阀；6—出油阀座；7—回油孔；8—柱塞套

使喷油定时接近最佳，在工程机械柴油机上得到了广泛应用。图 2-62(b) 所示是改变供油始点而终点几乎不变的柱塞。在部分负荷情况下，由于喷射过程推迟，可在汽缸内压力、温度都比较高时开始。与几乎不变供油始点的方法相比，这种方式缩短了发火延迟期，柴油机工作的粗暴程度有所降低。图 2-62(c) 表示供油始点与终点都变化的柱塞，循环供油量的减少是通过供油推迟和提早停止供油得到的。这种调节方式对于负荷与转速经常变化的柴油机比较有利。但这种柱塞设有上下两个螺旋斜槽，加工比较复杂。现柱塞泵一般将柱塞上部的圆柱表面铣有与轴线成45°夹角的直线斜槽，斜槽底部与柱塞顶面有孔道相通。

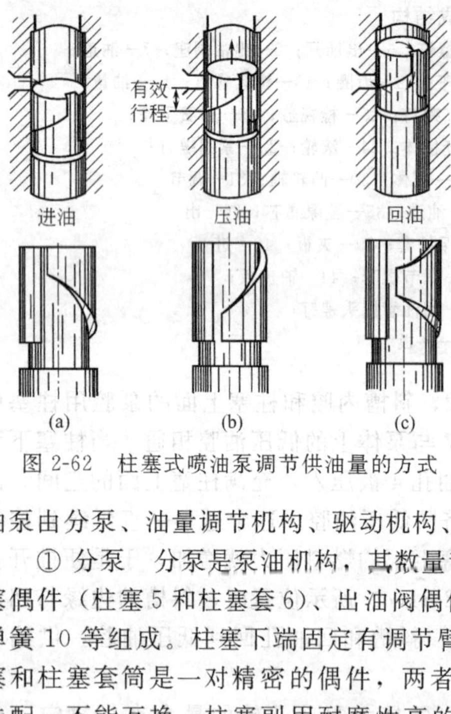

图 2-62 柱塞式喷油泵调节供油量的方式

2）柱塞式喷油泵的组成和构造 柱塞式喷油泵由分泵、油量调节机构、驱动机构、泵体四大部分组成。

① 分泵 分泵是泵油机构，其数量和柴油机汽缸数一致。如图 2-63 所示，它主要由柱塞偶件（柱塞 5 和柱塞套 6）、出油阀偶件（出油阀 9 和出油阀座 8）、柱塞弹簧 4 和出油阀弹簧 10 等组成。柱塞下端固定有调节臂 17，用以调节柱塞与柱塞套筒的相对角位置，柱塞和柱塞套筒是一对精密的偶件，两者以 0.001～0.003mm 的间隙高精度配合，经研磨选配，不能互换。柱塞副用耐磨性高的优质合金钢（轴承钢）制成，并经热处理和时效处理。

出油阀也是喷油泵内的精密偶件，主要由出油阀和出油阀座构成，如图 2-64 所示。它对控制喷油时刻、喷油规律、速度特性等都起着关键的作用。出油阀偶件采用优质合金钢制造，其导孔、上下端面及座孔经过精密的加工和选配研磨，配对以后不能互换。

② 油量调节机构 柴油机要发出不同功率，必须调节喷油泵的供油量。喷油泵油量调节机构就是转动柱塞，用以改变循环供油量的机构。其主要结构形式有齿杆齿圈式和拨叉拉杆式。下面以拨叉拉杆式为例叙述其结构和工作过程。

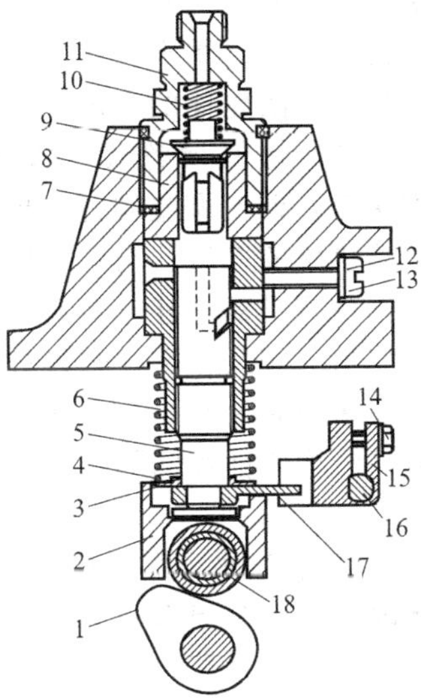

图 2-63 分泵结构

1—凸轮；2—挺杆；3—弹簧下座；4—柱塞弹簧；5—柱塞；6—柱塞套；7—铜质密封垫圈；8—出油阀座；9—出油阀；10—出油阀弹簧；11—出油阀压紧座；12—定位螺钉；13—密封垫圈；14—螺钉；15—调节叉；16—供油拉杆；17—调节臂；18—滚轮

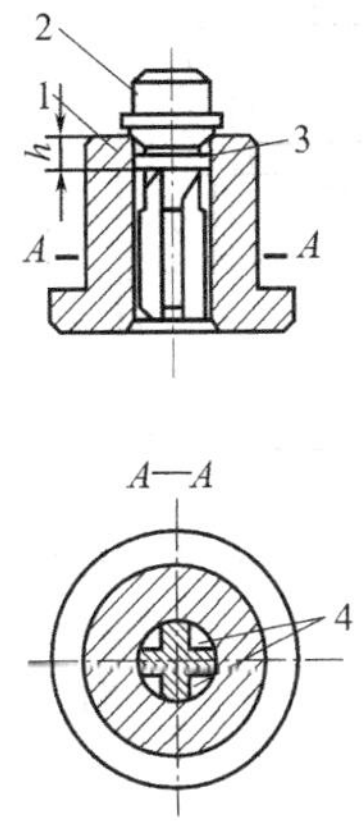

图 2-64 出油阀的结构

1—出油阀座；2—出油阀；3—减压带；4—切槽；h—阀的减压高度

拨叉拉杆式油量调节机构主要由调节臂、调节叉、供油拉杆等组成，如图 2-65 所示。调节臂 1 的端头插在调节叉的凹槽内，调节叉用螺钉固定在油门（供油）拉杆上，油门拉杆两端支承在壳体的衬套中，并用定位导向槽防止转动。油门拉杆的轴向位置由驾驶员或调速器控制，它轴向移动时拨叉带动调节臂相对于柱塞套筒转动，从而调节了供油量。

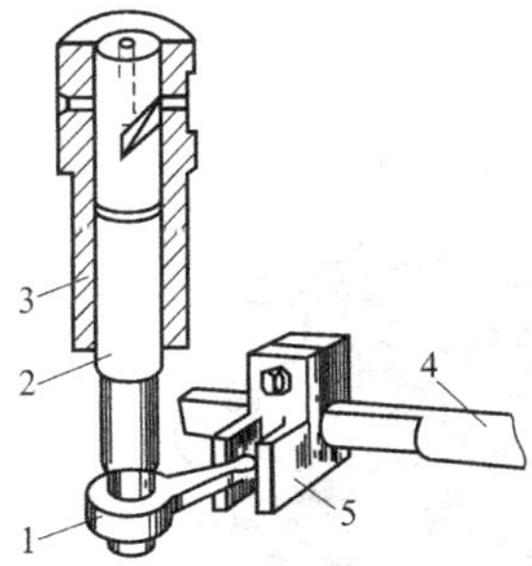

图 2-65 油量调节机构

1—调节臂；2—柱塞；3—柱塞套；4—油门拉杆；5—调节叉

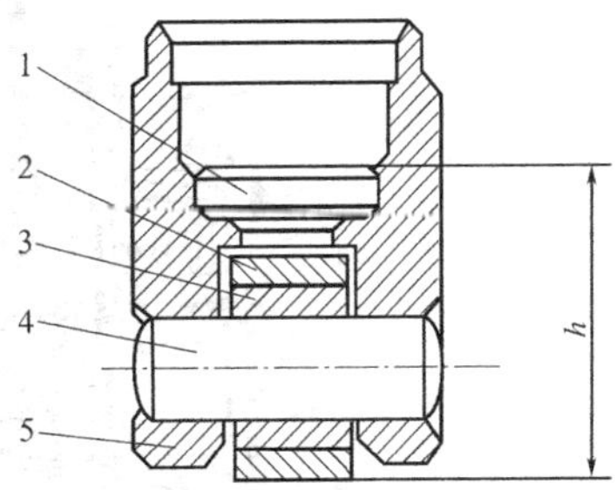

图 2-66 调整垫块式滚轮体

1—调整垫块；2—滚轮；3—滚轮衬套；4—滚轮轴；5—滚轮架

③ 驱动机构 喷油泵的驱动机构由喷油泵的凸轮轴和滚轮体等传动件组成。它的作用是推动柱塞往复运动，完成进油、压油、回油过程，并保证供油正时。

a. 凸轮轴 凸轮轴是传递动力并使柱塞按一定规律供油的主要零件，凸轮轴上的凸轮数目与缸数相同，排列顺序与柴油机的工作顺序相同。

四行程柴油机喷油泵的凸轮轴转速和配气机构的凸轮轴转速一样，都等于曲轴转速的 1/2。也就是曲轴转两周、凸轮轴转一周，各分泵都供油一次。喷油泵凸轮轴的旋转方向与曲轴相同。喷油泵驱动齿轮由于负荷较大，都采用钢质齿轮。

b. 滚轮体传动件　滚轮体的功用是将凸轮的旋转运动变为自身的直线往复运动，推动柱塞上行供油。此外，滚轮体还可以用来调整各分泵的供油提前角和供油的间隔角度。为此，滚轮体的高度多为可调式。它有两种形式，即垫块调整式和螺钉调整式，如图 2-66 和图 2-67 所示。进行调整的方法是，改变调整螺钉伸出的高度或改变柱塞尾部与挺柱之间调整垫块的厚度。当调整螺钉拧出或增加调整垫厚度使 h 增加时，柱塞升高，柱塞套筒上的油孔提前关闭，从而加大了供油提前角。相反，挺柱螺钉拧进或减小调整垫厚度时，挺柱下降，柱塞套筒油孔延后关闭，从而减小了供油提前角。喷油泵各缸供油均匀性和间隔角的调整需在喷油泵试验台进行。

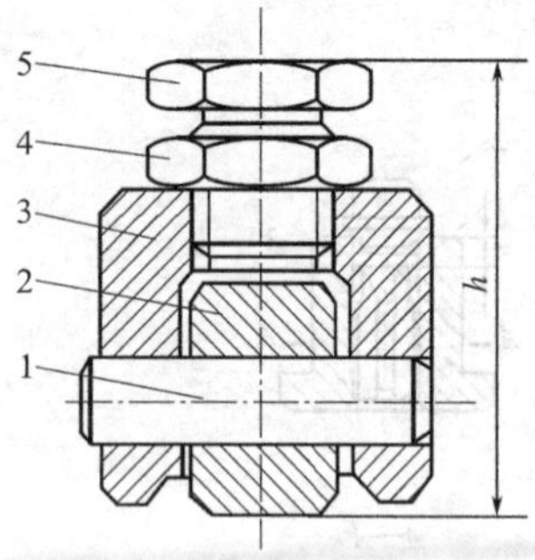

图 2-67　调整螺钉式滚轮体

1—滚轮轴；2—滚轮；3—滚轮架；4—锁紧螺母；5—调整螺钉

④ 泵体　泵体是喷油泵的基础件，供油机构、油量调节机构及驱动机构都装在泵体内。泵体分组合式和整体式两种，多用铝合金铸成。

组合式泵体分上体和下体两部分，用螺栓连接在一起。上体安装分泵，下体安装驱动件和油量调节件。

整体式泵体可使刚度加大，在较高的喷油压力下工作而不致变形。然而分泵和驱动件等零件的拆装较麻烦。

3）国产系列柱塞式喷油泵　国产系列柱塞式喷油泵主要有：A、B、P、Z 和Ⅰ、Ⅱ、Ⅲ号等系列。喷油泵的系列化就是根据不同柴油机单缸功率对供油量的不同要求，以不同的柱塞行程、泵缸间中心距为基础，再分别配以直径尺寸不同的柱塞，组成若干种在一个工作循环内供油量不等的喷油泵，以满足不同功率柴油机的要求。喷油泵的系列化有利于柴油机的生产制造和维修。

下面以国产Ⅱ号泵为例简单叙述其结构特点。Ⅱ号泵的结构如图 2-68 所示。

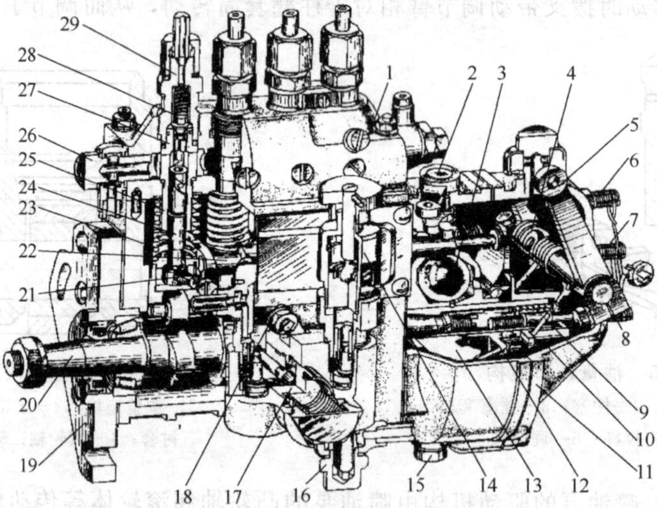

图 2-68　国产Ⅱ号喷油泵

1—放气螺钉；2—停车手柄；3—钢球；4—调速弹簧；5—调速手柄；6—高速限位螺钉；7—怠速限位螺钉；8—油量调整螺钉；9—校正弹簧；10—滑套；11—壳体；12—从动盘；13—驱动盘；14—手油泵；15—放油螺塞；16—进油螺钉；17—输油泵；18—输油泵偏心轮；19—固定接盘；20—凸轮轴；21—调节臂；22—油门拉杆；23—柱塞弹簧；24—柱塞；25—柱塞套筒；26—进油螺钉；27—出油阀座；28—出油阀；29—高压油管接头

Ⅱ号喷油泵的结构特点如下。

① 泵体为组合式，由上下两部分泵体组成，拆装方便（上体进油道两端装有放气螺钉，进油管的一端装有溢油阀）。

② 分泵的柱塞偶件和出油阀偶件直接装入上体的座孔中，用压紧螺母以一定力矩拧紧定位。为防止压紧螺母松动，用夹板将相邻的螺母锁紧。为了防止柱塞套筒转动，用定位螺钉径向定位。柱塞上部圆柱表面铣有螺旋槽。

③ 油量调节机构采用拨叉式。

④ 传动机构为调整垫块式滚轮传动装置，改变调整块的厚度，可调整和恢复磨损后的供油提前角大小。

(3) 调速器

柴油机调速器的作用是，当负荷改变时，自动地改变供油量的多少，维持稳定运转。调速器按其调节作用范围的不同，可分为两速式调速器、全速式调速器和全程两级两用调速器。

1）两速式调速器　车用柴油机多用两速式调速器。它能使柴油机具有平稳的怠速，防止游车或熄火，又能限制柴油机不超过某一最大转速，避免出现超速（飞车）。至于中间转速，则利用人工调节供油量。

2）全速式调速器　它不但能保持柴油机最低稳定转速和限制最大转速，并能根据负荷的大小保持和调节任一选定的转速。多用在工况多变和突变的柴油机上，如矿用车、越野叉车、自卸车等。

3）全程两级两用调速器　这种调速器既有全程的功能，又有两级的作用，适用于工程叉车。如起重机械等。

(4) 全程调速器工作原理

为了使柴油机在负荷变化时其转速在较小范围内变化，叉车采用全程调速器。调速器的工作原理如图2-69所示。

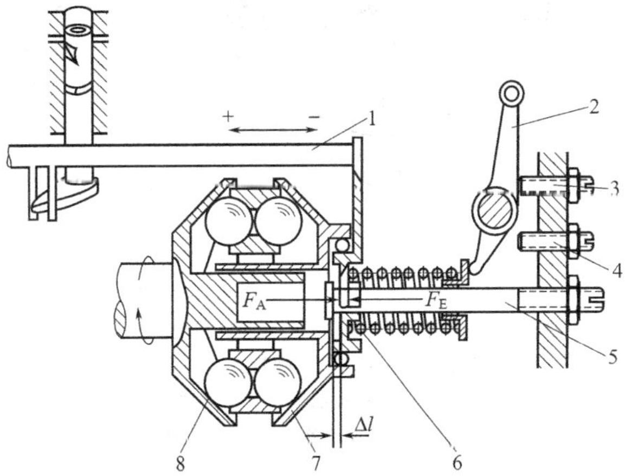

图2-69　调速器原理

1—供油拉杆；2—操纵摇臂；3—高速限制螺钉；4—怠速限制螺钉；5—调节螺柱；6—弹簧前座；7—推力斜盘；8—驱动斜盘

当喷油泵凸轮轴带动驱动斜盘8转动时，飞球座由于离心力向外对推力斜盘7的斜面作用一个力，其轴向分力F_A要使推力盘带动供油拉杆1向右以减少供油量，但是在和供油拉杆相连的油门拉板上作用有调压弹簧的推力F_E。如果司机将操纵摇臂2放在某一位置，当凸轮轴达到一定转速，使F_A大于F_E，调速器开始工作，则在油门拉板和调节螺柱5端部产生间隙Δl，Δl的数值取决于F_E和由飞球座离心力产生的F_A大小。例如：当柴油机载荷突然减小，则其曲轴转速上升，由曲轴带动的凸轮轴转速也上升，F_A大于F_E，推力斜盘带动供油拉杆向右，使喷油泵柱塞旋转，减少供油。由于供油量减少，柴油机发生的力矩减小限制了转速继续升高，直到F_A和F_E再次平衡为止。此时，柴油机的转速比载荷减小前稍高，间隙Δl也稍微增大。相反，如载荷突然增大，则柴油机转速下降，F_A减小，由于F_A小于F_E，故供油拉杆向左，使喷油泵柱塞旋转增加供油量，直到柴油机发出的转矩增大与载荷力矩相适应时转速停止降低，供油不再增加，F_A 与 F_E 在新的条件下重新平衡。柴油机的转速比载荷增大前稍低，间隙 Δl 也稍微减小。

由此可见，当操纵摇臂在某一固定位置，则当柴油机转速达到一定数值，调速器开始起作用，在调速器起作用的转速范围内，供油量随柴油机载荷的变化而自动调节，载荷减少则减少供油量，载荷增加则增加供油量，使柴油机能稳定在某一较小的转速范围内工作。

当操纵摇臂顺时针转到和高速限制螺钉 3 相碰，弹簧的压缩量最大，调速器开始工作的转速最高，调节此螺钉可调节最高转速。

当操纵摇臂逆时针转到下端和怠速限制螺钉 4 相碰，弹簧的压缩量最小，调速器开始工作的转速最低，调节此螺钉可调节怠速转速。

喷油泵的最大供油量受调节螺柱 5 前端凸轮肩的限制，调节此螺柱前后的位置可改变最大供油量。高速限制螺钉和调节螺柱在出厂前都经过调整后加以铅封，使用中不允许轻易变动。

图 2-70 所示为Ⅱ号喷油泵采用的全速调速器剖面图。

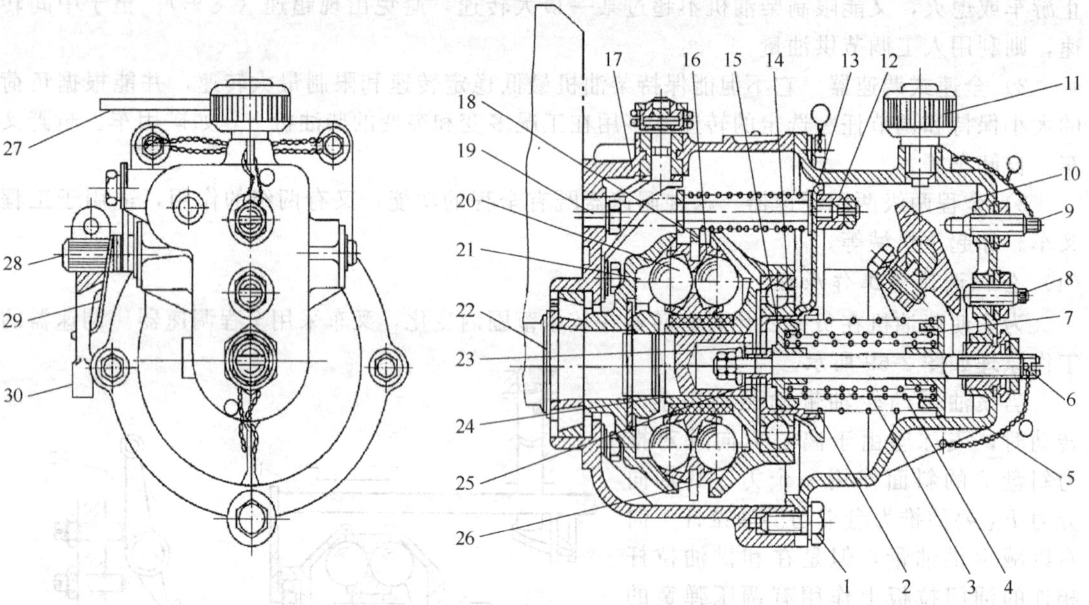

图 2-70 Ⅱ号喷油泵用全速调速器

1—放油螺钉；2—启动弹簧；3—高速调速弹簧；4—低速调速弹簧；5—调速器后壳；6—调节螺柱；7—弹簧后座；8—低速限止螺钉；9—高速限止螺钉；10—调速叉；11—加油口螺塞；12—拉杆螺母；13—拉板；14—启动弹簧前座；15—调速弹簧前座；16—飞球座；17—调速器前壳；18—飞球保持架；19—油量调节拉杆；20—飞球；21—驱动锥盘；22—喷油泵凸轮轴；23—垫圈；24—校正弹簧；25—校正弹簧座；26—推力锥盘；27—停机手柄；28—操纵轴；29—扭力弹簧；30—操纵摇臂

调速器在喷油泵的后面，在喷油泵凸轮轴后部装有驱动斜盘。推力盘松套在凸轮轴的端部，能左右移动。驱动斜盘与推力盘之间装有飞球座部件，它由一个开有六个径向直切口的圆盘和六个能在切口中滑动的飞球座组成。六个飞球座左端的六个飞球嵌入驱动斜盘上的六个凹槽，调节螺柱的后端，用螺纹固定在壳体上，它上面装有调节弹簧及油门拉板。

(5) 柴油机供给系的辅助装置

1) 柴油滤清器　燃料的清洁度及其雾化性质对喷油系统的工作可靠性与寿命有很大的

影响。燃料中含有的杂质主要是灰尘粒子、金属表面的锈蚀物和贴在零件表面上的其他杂质。若储存较久，氧化胶质也会增多。柴油滤清器的作用就是滤去柴油中的杂质、水分和石蜡，以减少各精密偶件的磨损，保证喷雾质量。

滤清器多用过滤式，滤芯的材料有绸布、毛毡、金属丝及纸质等。由于纸质滤芯是用树脂浸泡制成，具有滤清效果好、成本低等特点，因而得到广泛的应用。

柴油滤清器有粗、细之分。粗滤器一般安装在输油泵之前，细滤器安装在输油泵之后，或两者都装在输油泵之前。粗滤器用来清除柴油中较大的杂质，细滤器用来最后清除柴油中的微小杂质，保证柴油在进入喷油泵之前获得彻底可靠的滤清。

滤清器一般有单级式和双联式两种。如图 2-71 所示，双联式滤清器是由两个结构基本相同的滤清器串连而成，两个滤清器盖合制成一体，第一级粗滤是低质滤芯，第二级细滤是航空毛毡及纺绸滤芯。

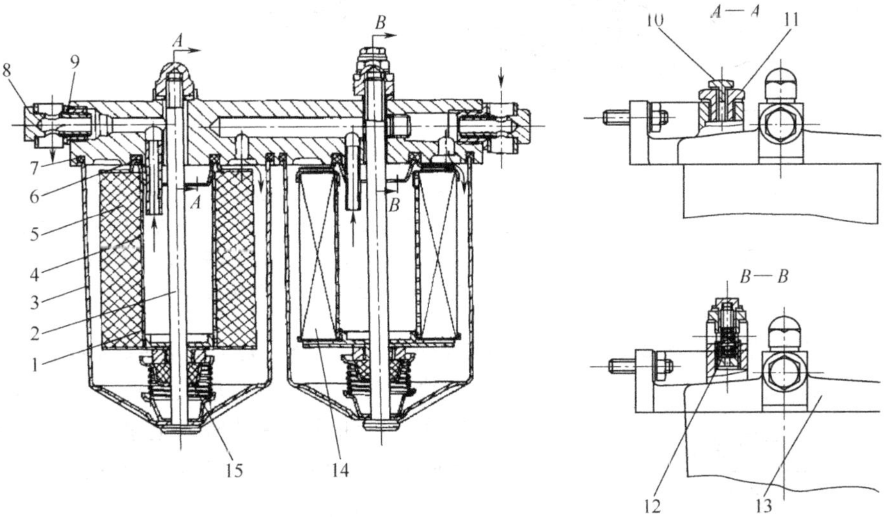

图 2-71 双联式柴油滤清器

1—绸滤布；2—紧固螺杆；3—外壳；4—滤筒；5—毛毡；6—密封圈；7—橡胶密封圈；8—油管接头；9—衬垫；10—放气螺钉；11—螺塞；12—限压阀；13—盖；14—纸滤芯；15—滤芯垫

柴油滤清器的特点如下。

① 滤清器盖上有放气螺钉。拧开螺钉，抽动手动输油泵，可以排除滤清器和低压油路内的空气。

② 有的滤清器盖上装有限压阀，当低压油路的油压达到 0.15MPa 时即开启，使柴油流回油箱，以保持滤芯的过滤能力和保证喷油泵正常工作。

③ 滤清器外壳底部多设有放污螺塞，以便定期排除杂质和水分。

2）输油泵　输油泵的主要作用是克服管路与滤清器的阻力，保证燃料在低压油路内循环，并在一定压力下提供足够数量的燃料给喷油泵。输油泵的供油能力应为发动机全负荷最大喷油量的 3～4 倍。

输油泵有活塞式、膜片式、齿轮式和叶片式等几种。活塞式输油泵由于工作可靠，目前在车用柴油机上被普遍使用，其结构如图 2-72 所示。它由手泵、滚轮传动输油机构、单向阀、壳体及进、出油管接头等组成。它安装在喷油泵的一侧，由喷油泵凸轮轴上的偏心轮驱动。

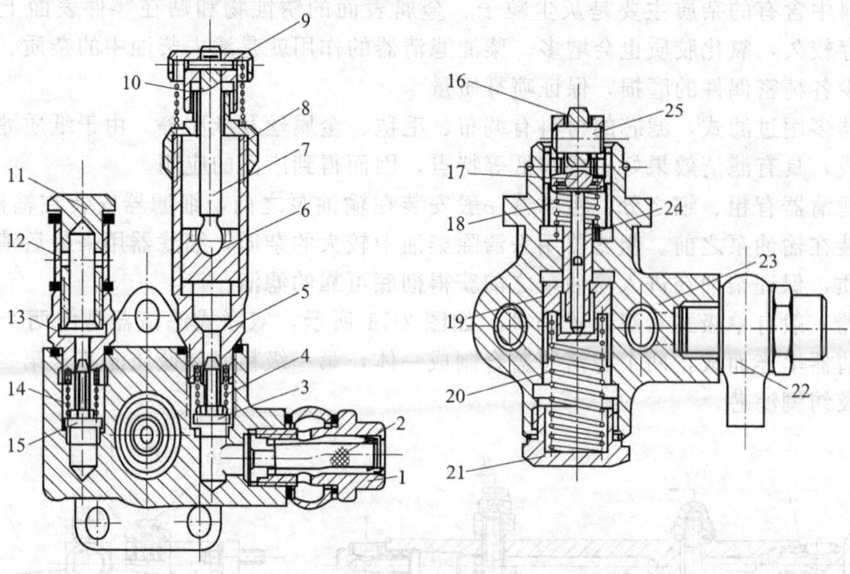

图 2-72 活塞式输油泵

1—进油管接头；2—滤网；3—进油阀；4—弹簧；5—手泵体；6—手泵活塞；7—手泵杆；8—手泵盖；9—手泵销；10—手泵柄；11—出油管接头；12—套；13—油管接头；14—弹簧；15—出油口；16—滚轮；17—滚轮架；18—滚轮弹簧；19—活塞；20—活塞弹簧；21—螺塞；22—进油管接头；23—泵体；24—推杆；25—滚轮销

输油泵的工作原理如图 2-73 所示。当凸轮的凸起部分下转时，活塞因回位弹簧的作用向下运动，其上泵腔容积增大，产生真空度，使进油阀 6 打开，燃油从进油孔吸入上泵腔。与此同时，活塞下泵腔容积减小，油压增高，出油阀关闭，燃油受压进入通道而输出。

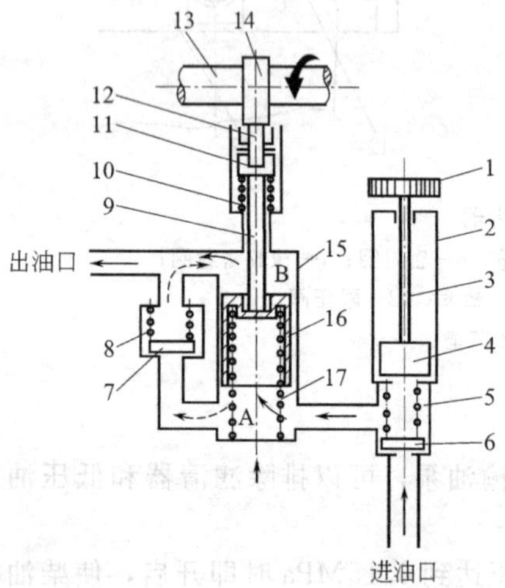

图 2-73 活塞式输油泵工作原理

1—手压泵拉钮；2—手压泵体；3—手压泵杆；4—手压泵活塞；5—进油单向阀弹簧；6—进油单向阀；7—出油单向阀；8—出油单向阀弹簧；9—推杆；10—推杆弹簧；11—挺柱；12—滚轮；13—喷油泵凸轮轴；14—偏心轮；15—输油泵体；16—输油泵活塞；17—活塞弹簧

当凸轮的凸起部分向上，将活塞推动向上运动时，上泵腔的油压升高，关闭了进油阀、顶开了出油阀。同时下泵腔中产生了真空度，于是柴油自上泵腔通过单向阀即出油阀经通道流入下泵腔。如此周而复始，使燃油不断地被吸进、输出。在输油泵的供油量大于喷油泵的需要时，油路中的压力上升，此压力作用在活塞的后背面，如压力大于活塞弹簧压力，输油泵便不工作。因此这种泵能在低压油路中维持一定的压力。

在输油泵上装有手动油泵，可以用它作上下运动来泵油，使柴油机启动时喷油泵充满油并可清除燃油系统内的空气。当不使用时，将手柄拧紧，以防空气进入。

进、排气系统

发动机进、排气系统的性能对发动机的动力性、经济性、排放性能也有直接影响。柴油机和汽油机是由于使用燃料的性质不同而区分的，两者的排气系统基本相同，只是供油方式不同，进而造成进气系统的结构形式不同。发动机进、排气系统的作用是供给发动机新鲜空气，并将发动机燃烧后的废气排至大气。

发动机的进气系统主要由空气滤清器和进气歧管组成，如图 2-74 所示。发动机的排气系统主要由排气歧管、排气管和排气消声器等组成，如图 2-75 所示。

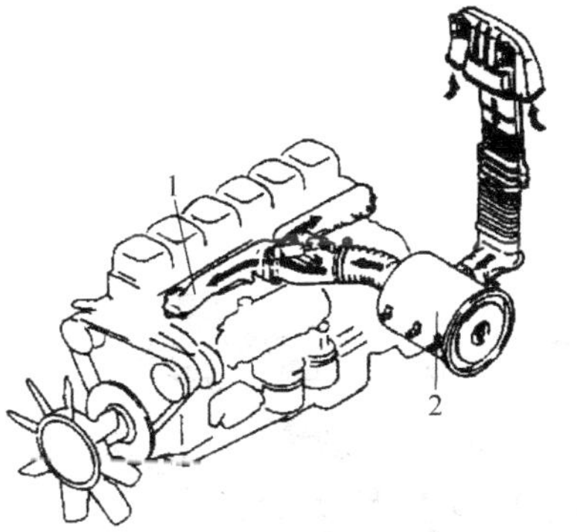

图 2-74 发动机进气系统
1—进气歧管；2—空气滤清器

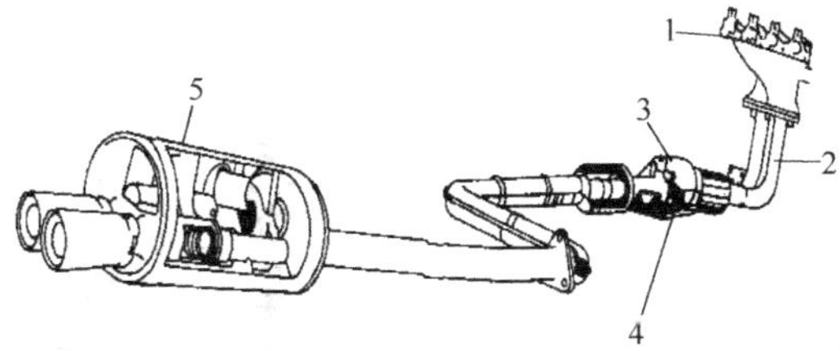

图 2-75 发动机排气系统
1—排气歧管；2—排气管；3—催化器；
4—排气温度传感器；5—消声器

(1) 进、排气歧管道

1) 进气歧管　柴油机进气歧管的作用则是将空气分别送到发动机的各个汽缸内。

柴油机进气歧管的设计原则是只需考虑进入各缸的空气量要尽可能多。因为大多数柴油机为低速发动机，所以对高速气流的要求较低，进气管可以加大。由于柴油机是缸内喷射，不用考虑进气歧管内的雾化和混合均匀的问题。

2) 排气歧管　排气歧管的作用是汇集发动机各缸的废气，使之安全地排入大气中。发动机排气歧管一般用铸铁铸成，接合面处装有石棉衬垫，以耐高温，防止漏气。设计排气管的原则是降低排气背压，排气阻力越小越好。四缸发动机排气出口一般为双出口，每两个汽缸共用一个出口。这样做可利用排气的惯性降低排气背压，提高发动机的功率。

(2) 消声器

排气消声器的作用是减少排气噪声和消除废气中的火焰及火星，使废气安全地排入大气。

发动机的废气在排气歧管中流动时，因排气门的开闭与活塞往复运动的影响，使气流呈脉动形式。当排气门刚打开时，气体压力为 0.4MPa，具有一定的能量，且废气的温度超过 1000℃。如果让废气直接排入大气，废气高速喷入大气时将发出脉动噪声和强烈的喷气噪声，同时高温气体排入大气也会对环境造成危害。为消除上述问题，叉车上必须装用消声器。其基本原理是消耗废气流的能量，并平衡气流的压力波。

加装排气消声器，不可避免地会增加气流的阻力，使发动机功率下降。排气消声器的阻力应小于 40kPa。

典型排气消声器的构造如图 2-76 所示。消声器外壳用薄钢板焊制，为延长寿命，多采用

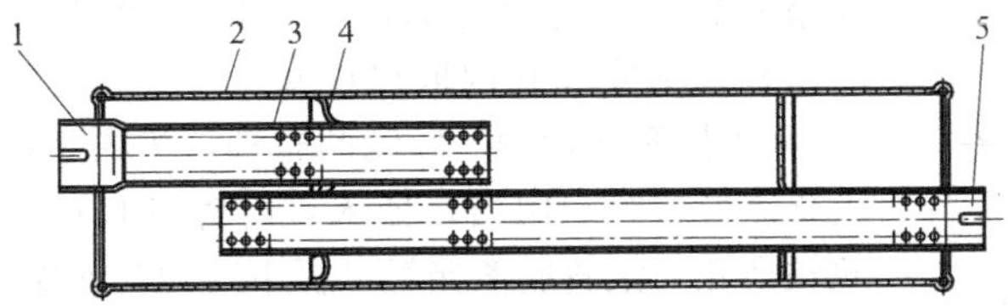

图 2-76 典型排气消声器构造
1—排气入口；2—外壳；3—多孔管；4—隔板；5—排气出口

渗铝处理。消声器两端各有一入口和出口，中间有隔板，将其分割成几个尺寸不同的消声室。各消声室间由带许多小孔的管连接。废气进入多孔管和消声室后，在这里膨胀冷却，受到反射后，又多次与消声器内壁碰撞消耗能量，结果压力下降，振动减轻，最后从多孔管排到大气。

2.4.2 柴油机燃料供给系的检修

喷油泵的维修（以直列式喷油泵的维修为例）

1）喷油泵的分解　喷油泵的分解如图 2-77 所示。

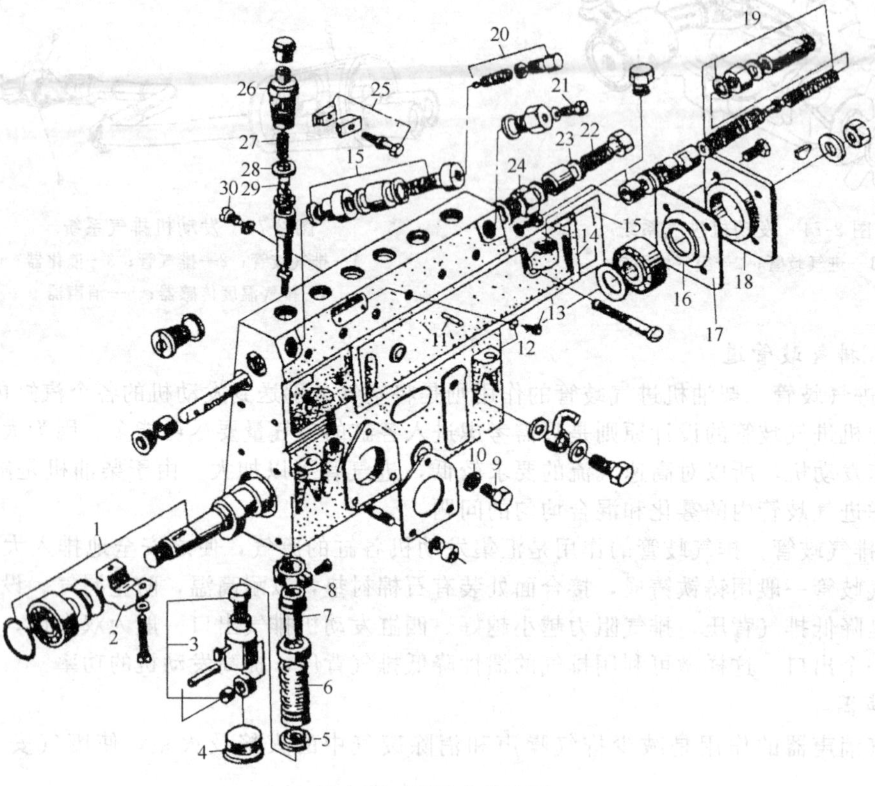

图 2-77　直列式喷油泵

1—凸轮轴部件；2—托瓦；3—挺柱体部件；4—碗形塞；5—弹簧下座；6—柱塞弹簧；7—控制套筒；8—调节齿圈；9—放油螺塞；10,12,23—垫圈；11—柱塞套定位销；13—挡油螺钉；14—检查窗盖；15—检查窗盖密封垫；16—骨架油封；17,28—密封垫；18—轴承座；19—油量限制器部件；20—出油接头部件；21—放气螺钉；22—进油接头；24—接头座；25—夹板部件；26—出油阀紧座；27—出油阀弹簧；29—出油阀偶件；30—齿杆

① 拆卸出油阀偶件　先拆下出油阀紧座，用吊出油阀工具将出油阀偶件从泵体内取出，如图 2-78 所示。

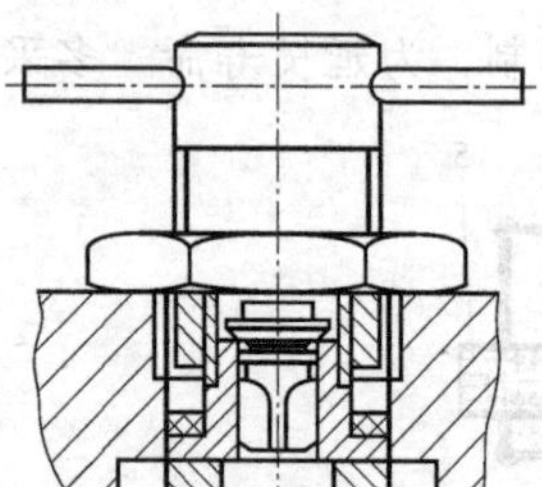

图 2-78　取出出油阀偶件

② 拆卸柱塞偶件　拆下出油阀紧座和出油阀偶件后，将喷油泵平放，用钩形硬铜丝钩住柱塞套进油孔，拉出柱塞套，同时从柱塞套安装孔内取出柱塞。

③ 拆卸凸轮轴　转动凸轮轴，按顺序将各缸挺柱体部件顶至上止点位置时，用插片插入正时螺钉和正时螺母之间卡住，使凸轮轴凸轮与滚轮脱离接触，拆下喷油泵前端轴承座，取出凸轮轴。

④ 拆卸挺柱体部件　拆下泵体底部各缸碗形塞，用挺柱顶持器逐个顶推挺柱体，取下插片。然后用尖嘴钳从碗形塞孔中取出

挺柱体部件及弹簧下座、柱塞弹簧等零件。而油量控制套筒和调节齿圈可以从泵体窗口中取出。

2）喷油泵零件的检验　柱塞弹簧和出油阀弹簧如发现断裂、锈蚀、扭曲变形和裂纹等情况，应及时更换。

① 柱塞偶件配合工作面如有发暗或严重磨损痕迹，则应更换。柱塞和柱塞套的磨损部位如图 2-79 所示。在无专用试验设备的情况下，可按图 2-80 所示的方法检查柱塞偶件的径部密封性（即径向部位配合间隙）：可将在清洁柴油中清洗后的柱塞偶件的柱塞拉出三分之一，如能借自重缓慢滑下属正常。若柱塞急剧下滑，则可判断柱塞偶件配合表面已严重磨损，应予以更换。

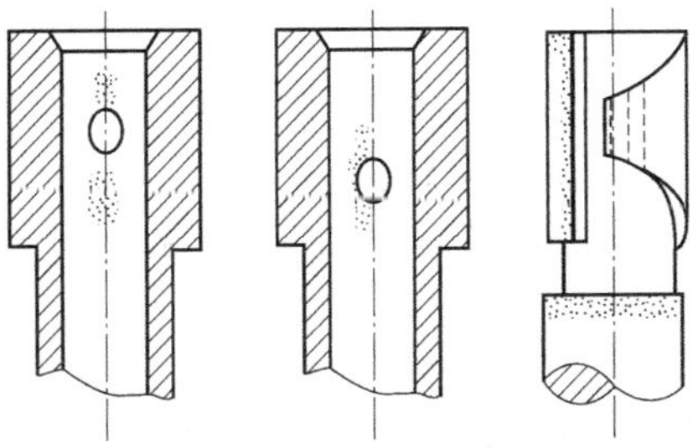

(a) 进油孔附近的磨损　(b) 回油孔附近的磨损　(c) 柱塞的磨损部位

图 2-79　柱塞偶件的磨损部位

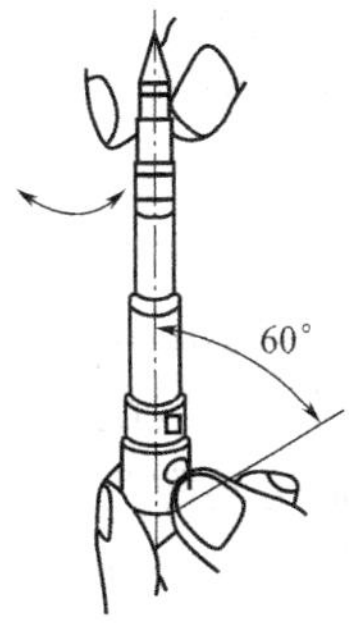

图 2-80　柱塞偶件密封性检查

② 出油阀偶件配合工作表面的磨损情况及部位如图 2-81 所示，1、2 两处磨损较大。如磨损严重，应予以更换。在无专用试验设备的情况下，可按图 2-82 所示方法检查出油阀偶件径部密封性（即径向部位配合间隙）：用手指堵住出油阀大端孔口，反复拉动出油阀，在出油阀向外拉动的过程中，封堵的手指上如无吸力或吸力极微弱，则可判断出油阀偶件径部配合工作表面已严重磨损，应予更换。

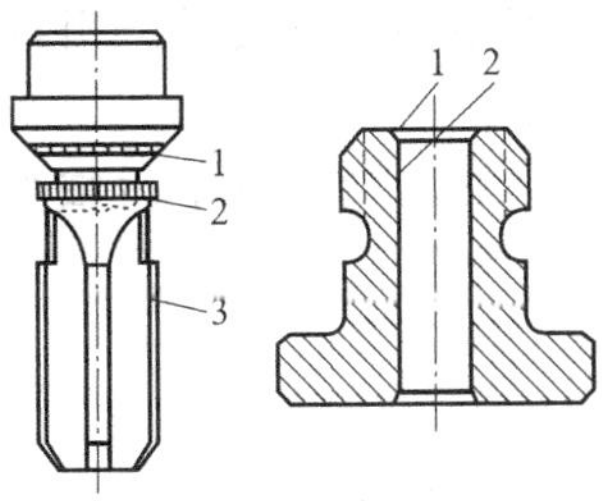

(a) 密封锥面　(b) 出油阀座磨损情况

图 2-81　出油阀偶件的磨损

1—密封锥面；2—突缘环带；3—配合表面

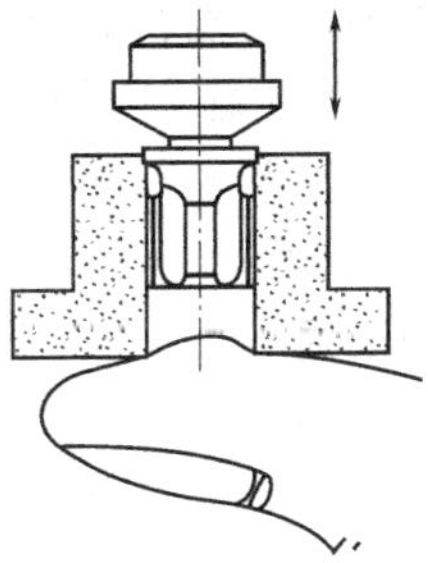

图 2-82　出油阀偶件密封性检查

③ 各主要零件配合间隙磨损变形极限值见表 2-27。

表 2-27　喷油泵主要零件使用极限值

项　　目	极限值/mm	备　　注
挺柱体与泵体导程孔配合间隙	0.20	更换挺柱体
柱塞法兰与油量控制套筒槽配合间隙	0.12	更换油量控制套筒或柱塞偶件
齿杆与齿圈的配合间隙	0.15	更换齿圈
凸轮磨损值	0.20	更换凸轮轴
凸轮轴中心线直线度误差	0.15	更换凸轮轴
柱塞弹簧中心线对两端面的垂直度误差	1.50	更换
出油阀弹簧中心线对两端面的垂直误差	1.00	更换

拆检更换零件应注意：各生产厂家配套的喷油泵结构参数不相同，参见表 2-28，所换零件必须是原喷油泵厂的配件。

表 2-28　喷油泵技术参数

机　型	NB485B	490BPG
型号	4QF180T	4Q130T(4IW247A)
预升程/mm	3	3
各缸供油间隔角/(°)	90	90

3）喷油泵的装复

① 柱塞偶件装配时，柱塞法兰凸块上刻有记号的一边应朝泵体窗口安装，切不可装反。柱塞的拉出和插入应小心准确，不可碰坏。如碰毛，应用油石修整。

② 在拧紧出油阀紧座过程中，应回松出油阀紧座几次，最后按规定力矩拧紧，同时检查柱塞在柱塞套内的滑动和转动是否灵活。

③ 挺柱体部件的装配尺寸为 32.5mm。

④ 凸轮轴轴向间隙为 0.05～0.10mm，可用凸轮轴轴向调整垫片进行调整。

⑤ 拆卸过的密封垫片都应更换，不得重新使用。装复时密封表面应涂密封胶。

调速器的检修

(1) 调速器的分解

Ⅱ号喷油泵装用的球盘式离心全速调速器如图 2-70 所示，其分解步骤如下。

① 拆下调速器盖固定螺栓，取下调速器后壳 5，将盖与壳之间的垫片保存好。

② 拆下调节拉杆 19 后端拉板 13 的固定和调节螺母，并记录拧松的圈数，以便正确装配。取出推力锥盘 26 和飞球组合件。

③ 松开调节拉杆限位螺钉，取出油量调节拉杆 19。

④ 在凸轮轴的一端暂时装上一个联轴器，将其卡住，不使凸轮轴转动。用特制的长套筒扳手，拆下驱动锥盘 21 的固定螺母，取出碟形垫圈和锥盘。

⑤ 如果凸轮轴及轴承无故障，一般不必拆下，如果有问题，则应拆下后轴承卡环，冲出凸轮轴，取下轴承。

⑥ 分解调速盖。

⑦ 拧下调节螺栓 6，取出调速弹簧和弹簧座。

拆下调速叉 10 的紧固螺钉，取出调速叉 10，拆下调速叉轴的卡环，取出调速叉轴。

(2) 调速器的检修

① 仔细检查调速器飞块的铰接处，例如调速器飞块轴及轴套、滚轮轴及轴孔等的磨损，若严重磨损，则应更换。若滚轮的工作表面磨损过大，也应更换。

② 检查所有杆件的铰接处磨损情况，例如磨损、飞边以及凹坑、斑点等。在大修时，所有有磨损的零件都应更换或检修。若杆件变形，应矫正或更换。

③ 检查其端面和轴孔的磨损情形。如果磨损严重到影响调速器工作的灵敏性和调整性，应更换。

④ 在调速器大修时，通常要更换调速器弹簧，并且在装复前应在弹簧试验器上对弹簧进行测试，合格后才能装复使用。

⑤ 在调速器大修时，所有的轴承与衬套都应换用新件。

(3) 调速器的装配与调试

在所有的零部件都已修理合格或更换之后，应根据制造厂的使用说明书重新装配和调整好调速器。并启动运转柴油发动机，检查空车高转速和怠速慢速是否正确。

1）装配

① 用专用工具装复花盘组件。拧紧固定螺母以后，用百分表测量花盘传动轴套外圆的径向圆跳动量，不得大于 0.03mm。如果超过标准，将引起调速器工作不稳定，应查明原因，拆下清洁以后重装。

② 装入飞球组合件和推力锥盘。要求推力锥盘在轴套上进行滑动时，没有卡滞现象。

③ 将拉板套到油量调节拉杆上，旋动调节螺母，使油量调节拉杆处在正确的位置。将推力锥盘向前推到底时，拉板与调整螺母之间不得出现间隙，同时还要保证柱塞的调节臂与拉杆上的调节叉的配合，两者不能脱开。调整合适后，用固定螺母锁紧。

④ 按与分解调速器盖内的零件相反的顺序安装调速器盖内的零件。

装复调速器后盖，检查操纵轴和凸轮轴转动时有无卡滞现象和异常响声。

2）调试　Ⅱ号喷油泵全速式机械调速器的调试步骤如下。

① 在调试前，应松开怠速副弹簧、校正弹簧和转矩弹簧，使弹簧不起作用。再确定供油齿杆零点位置，完成供油正时的精调和额定转速供油量的粗调。然后松开止动螺栓，将其节流阀操纵臂往停油方向扳到底，旋进止动螺栓，使供油齿杆比原位置推进 0.5～1.0mm，最后紧固止动螺栓。

② 高速控制的调整。将节流阀操纵臂固定在全负荷位置，使喷油泵转速逐渐上升，当达到比额定转速大 10r/min 左右时，供油齿杆应开始向减油方向移动。若不符合上述情况，应调整最大转速止动螺栓（高速止动螺栓与怠速止动螺栓分别处于操纵臂两边，并且高速止动螺栓与怠速止动螺栓位置相对），但此螺栓的调整会影响额定转速供油量，因此调整后需要对供油量进行复查。

③ 校正装置的调整。校正装置安装在调速拉力杆的下部（此装置根据需要安装），它的调试方法与两速式机械调速器类似。

④ 怠速的调整。在停机的同时，扳动节流阀操纵臂，使供油齿杆位于 10～11mm 的位置。开机后，通过调整调速器背面中部的怠速副弹簧，可使低速控制起作用的转速和终止作用的转速符合预定怠速控制转速范围的要求。

两速式机械调速器的调试：两速式机械调速器主要对怠速和超速进行控制，因此调试重点应该放在高速控制、怠速控制的作用起点及作用终止点上，调试步骤如下。

① 在调试调速器前，应确定供油齿杆零点位置，完成供油正时精调和各种供油量的粗调。

② 高速控制的调整。将节流阀操纵臂固定在全负荷位置，使泵转速逐渐上升，当达到比额定转速大 10r/min 时，供油齿杆应开始向减油方向移动，若不符合要求，应当调整最高转速调节螺钉。继续提高转速，当达到比额定转速大 100～120r/min 时，供油齿杆应能向减油方向移动至零点位置而使供油完全停止。如不能停油，表明调速弹簧已变软。继续增速至比额定转速大 150r/min，仍不能停油时，应更换调速弹簧。

③ 怠速控制的调速。把节流阀操纵臂置于怠速位置，使喷油泵在低于怠速的转速下转动。然后逐渐加速，并观察供油齿杆的位置变化，当向减油方向移动时，此时的转速就是调速器低速控制起作用的转速。此转速应不高于柴油机怠速所规定的转速。继续加速，供油齿杆还会向减少供油方向移动。当这种移动停止时，即为调速器低速作用终止的转速，此时供油应当停止，此时超出的转速值不大于 200r/min 为正常。若不符，可调整怠速弹簧总成的旋进位置（在调节怠速弹簧时，与供油齿杆相对的稳速弹簧应完全放松，使其不起作用）。如经反复调整后仍不能达到要求，可适当调整齿杆行程调整螺栓（但调整过此螺栓后，全负荷供油量会发生变化，需作适当处理）。

④ 稳速弹簧的调整。稳速弹簧能在柴油机急剧减速时，迅速地把供油齿杆推回到怠速

位置。当调速器怠速控制调整好后，在怠速下，旋进稳速弹簧螺钉，使供油齿杆位置增加0.5mm，然后加以紧固即可。

⑤ 止动螺栓的调整。调整好稳速弹簧后，记下怠速时供油齿杆的位置，然后停机。将油门操纵臂向停油方向扳动，当供油齿杆退至比怠速时的位置短1mm时，不再继续扳动操纵臂，并旋进止动螺栓，在同油门操纵臂接触处，将止动螺栓予以紧固，这是为了防止油门操纵臂往停油方向扳动时对调速器内部连杆系统产生过分的冲击。

⑥ 校正装置的调试。若有特殊的需要（为提高柴油发动机中、低速转矩），可以在调速器内加装校正弹簧总成（这是在高、低速控制已调好后才进行的项目）。调试时，将油门操纵臂扳向最大供油位置，使喷油泵转速控制在额定转速的60%～70%处，旋进校正弹簧总成，使供油齿杆略向加油方向移动即可。旋进程度以需要增加多少供油量而定，而校正装置起作用的范围，可通过调整校正弹簧的预压量来改变。

喷油器的检修

(1) 喷油器的维护

1) 喷油器的拆装

① 拆卸　由发动机上拆下喷油器之前，应清洁喷油器周围，最好用压缩空气吹净喷油器座四周，拆卸时，用一扳手固定喷油器本体，再用一个扳手松开固定螺母。严禁只用一个扳手拆卸，否则喷油器定位球会在缸盖孔中转动，损坏缸盖；喷油器拆下后，应采用内孔刷子清洁喷油器孔。

② 安装　安装喷油器时，必须使用新铜垫圈，并且只能装用一个。安装时要将喷油器的定位与缸盖孔中相应的凹槽对准，使用24mm长套筒扳手拧紧紧固螺母，防止损坏螺纹和回油口密封面。喷油器紧固螺母的拧紧力矩为60N·m。

2) 喷油器的解体　喷油器分解时，首先应注意工作场地及所用的设备、工具、油盆、清洗油液等的清洁，同时，操作时应细心，以免碰坏零件的精密表面。分解喷油器时，将喷油器夹于台虎钳上，如图2-83所示，并在台虎钳的钳口两边衬铜皮或铝片，以免损伤喷油器件。其操作步骤如下。

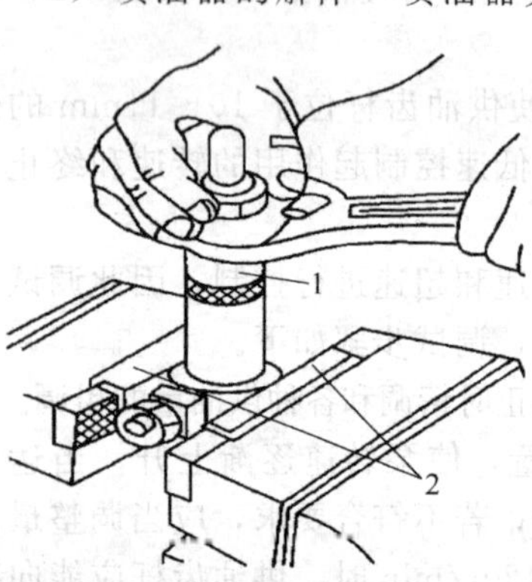

图 2-83　喷油器的拆卸
1—喷油器帽；2—铜或铝垫片

① 首先将喷油器放在油盆中，把外表面刷洗干净，操作时注意保护针阀偶件头部，并应用软毛刷刷洗。轴针式喷油器的轴针伸出在针阀体外面，要特别注意不要碰坏。

② 将喷油器夹在有铜钳口的台虎钳上，旋下针阀偶件锁紧帽，拆下针阀偶件。应注意不碰伤喷油器体下端的研磨平面，所以在拆下针阀偶件后，应旋上针阀偶件锁紧帽，保护该平面。

③ 分解针阀偶件。针阀如果被卡住在针阀体内时不可硬拔，应浸在干净的煤油中，经过相当长时间再拔（有时需浸24～48h）。拔时将针阀上面的柄部用台虎钳轻轻夹住，用木块护住针阀体平面轻轻敲击。应注意不得用台虎钳夹住针阀体，以免针阀体变形。针阀与针阀体是精密偶件，拆下后仍应成对配合存放，不得搞错，并注意保护精密加工的表面。

④ 将喷油器体夹在台虎钳上，拆下喷油器体上的调压螺针和螺母、调压弹簧和弹簧座以及杆等其他零件，并在清洁柴油中仔细清洗，除去污物。

3) 喷油器的清洗　分解后的针阀偶件应放在清洁的柴油中进行清洗和清除积炭。如图2-84(a)、(b) 所示，用软毛刷或细铜丝刷清除针阀体和针阀外部积炭，如图2-84(c) 所示，用直径比喷孔小的探针清理针阀体喷孔积炭，如图2-84(d) 所示，清理喷孔背部的积炭，如图 2-84(e) 所示，用黄铜制的弯头刮刀（刀头形状与压力室形状相似），伸入压力室内转动而刮除针阀体内压力室中的积炭，如图 2-84(f) 所示，用铜针清理针阀体油路，最后如图 2-84(g) 所示，将针阀偶件放在专用工具内用柴油清洗。

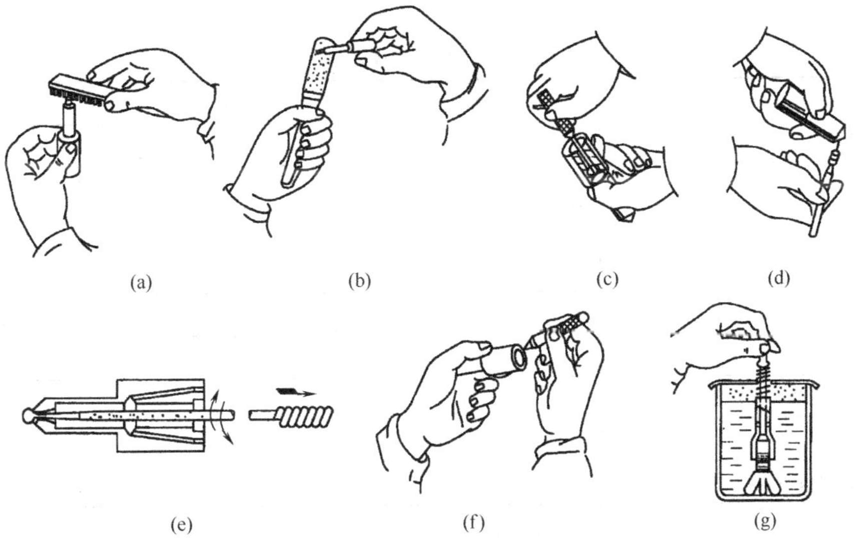

图 2-84 清洗针阀偶件并清除积炭

4）喷油器的装配　将所有零部件仔细清洗干净、检验合格后方可进行装配。

① 将喷油器体夹在装有纯铜钳口的台虎钳上，装入顶杆、弹簧座、调压弹簧，放入调压弹簧支承螺母，再旋入调压螺母。

② 倒转夹住喷油器体外壳，并洗净配合平面，将清洗干净的针阀与针阀体装合放在喷油器体的平面上，必须使针阀柄部准确地装入顶杆孔中，装上针阀偶件护帽并旋紧，装上油管接头和螺母等其他零件。但应注意换用起密封作用的新纯铜垫圈。

(2) 喷油器的检验与调整

装配好的喷油器应放在喷油器试验器上调整，如图 2-85 所示。首先向喷油器试验器的油箱内加注用滤清纸滤过的柴油，并放净空气。同时检验并保证试验器有良好的密封性，如将油压增至 25MPa 后，在 3min 内油压下降应不大于 0.89MPa，则表示试验器密封性良好。喷油器检验前应用柴油仔细清洗，并检查油针与喷油嘴的灵活性，拧动油针应均匀而无咬卡现象。

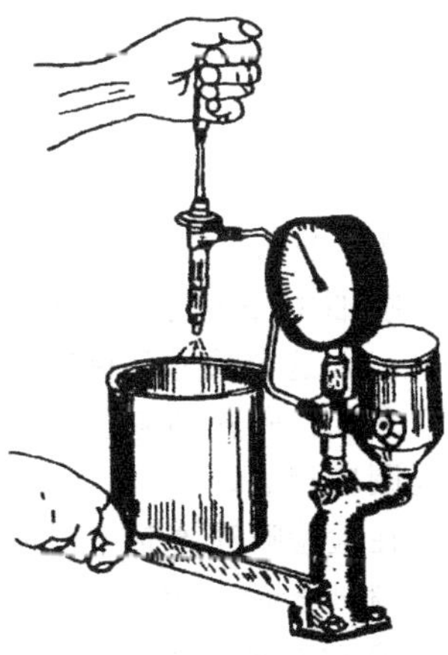

图 2-85 喷油器试验器

1）喷油压力的检验和调整　将喷油器接装在试验器高压油管上。用手柄压油，当开始喷油时，压力表所指的数值即为喷油压力数值，其值应与原厂规定数值相符，见表 2-29。若压力过高或过低，可拧松喷油器上端固定螺母，然后拧动调整螺钉进行调整，以改变调压弹簧对顶杆的压力，达到正常的喷油压力。如压力过低，可拧入调整螺钉；若压力过高，则拧出调整螺钉。调好后，应拧紧固定螺母。各缸喷油器喷油压力应调整一致，各缸相差不应超过 245kPa。

2）喷油器油针与喷油嘴的密封性试验　喷油压力调整正常后，应检查喷油嘴的密封性。用手泵泵到压力表指示 16.0MPa，然后，以每分钟约 10 次的速度匀称地揿动手泵直到压力达到 17.2MPa 时开始喷油。这段时间内，喷孔允许有微量的潮湿，但不允许有滴油现象。

否则表明锥面密封性差，应重新清理喷油嘴或研磨密封锥面。油针和喷油嘴锥形接合部分密封性检查，一般以低于标准喷油压力 2.0MPa 的油压保持 20s，喷油嘴端部不得有滴漏和湿润现象。油针与喷油嘴圆柱接合部的密封性用于保证喷油压力，用油压降落速度来确定。

表 2-29 喷油器技术参数

机型	NB485B	490BPG	495
型号	PF68S4	PF68S4	PF68S3 及 P525
喷油器偶件	Z88	Z88	CN-DLLA154S432
喷孔直径/mm	0.28	0.28	0.30
开启压力/MPa	20.0～21.0	20.0～21.0	20.0～21.0
开启压力差/MPa	1.0	1.0	1.0
安装角度	23°+30′	22°+30′	22°+30′
头部突出缸盖底平面距离/mm	2.5～3.0	2.5～3.0	2.5～3.0
工作速度/(r/min)	800～1600	900～1600	1100～1600
喷油器提前角:曲轴转角/(°)	14±1	14±1	—

3）喷油器喷雾质量的检验 喷油器在标准压力范围内，以每分钟 60～70 次的速度压动试验器手柄，喷射出来的柴油必须是均匀的雾状物。如图 2-86 所示，没有眼睛可见的油流或油滴，发出清脆的响声为正常。停止喷油后立刻检查喷油嘴上应无成滴油珠。

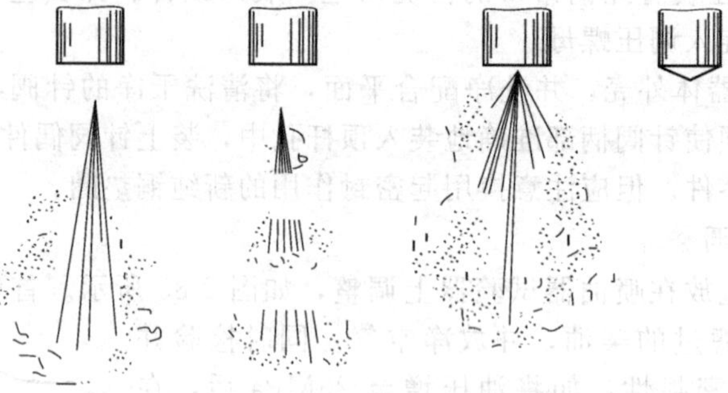

(a) 正常 (b) 不正常 (c) 过早 (d) 过迟

图 2-86 喷油质量的检验

单孔轴针式喷射的角度一般为 45°±3°，喷射角度的偏差不大于 3°。检查方法是将纸屏放在喷油嘴下面相距 200mm 处，经过一次喷射后，在纸屏上的圆形油渍的直径应为 165mm，这个尺寸与标准的喷射角度（45°）相符合。

多孔针阀式则应注意各个喷孔喷油的均匀情况，油渍应和喷孔数相符，各个油渍的形状和范围应相似。

在检验喷油器时，应注意防止高压油束伤及眼睛和手臂，同时还要注意防火。

(3) 喷油器的检修

① 经过清洗的零部件，应进行仔细的检查，对于精密加工的表面，可利用放大镜加以检查，并视情进行修理。

② 经过清洗后的针阀偶件可以进行简单的滑动性试验，以检查偶件是否能应用。检查的方法是将沾有清洁柴油的针阀放入针阀体内，然后将针阀倾斜 45°，将针阀拉出全长的 1/3，放手后针阀应靠其自身的重量，缓慢而又顺利地全部滑下，不能有任何阻碍、卡住等

现象。

对于喷油嘴偶件，如发现有严重缺陷时，应调换新品，对于缺陷不严重的，可用研磨方法进行修复。一般针阀、针阀体和喷油器体之间遇有下列情况，则可以进行研磨修正。

a. 针阀与针阀体配合不够光滑，滑动试验不符合要求时，可在针阀上抹清洁的凡士林或柴油，将针阀柄部夹在有纯铜钳口的台虎钳上，套上针阀体，用手进行左右转动研磨。研磨时不要拍击，时间不要太长，以免过度磨损。研磨几分钟后应将偶件清洗，并作滑动性试验，直至符合要求。

b. 针阀与针阀体锥形密封面有轻微损伤（用放大镜观察针阀的锥形密封面可发现），可用手工研磨密封锥面，如图 2-87 所示。研磨时，在密封锥面上涂些氧化铬膏。注意不要涂到喷针和导向部分，以免造成部分磨损过大，甚至报废。

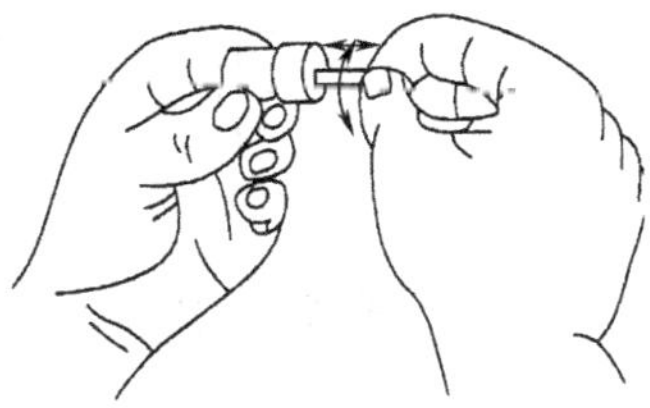

图 2-87 手工研磨密封锥面

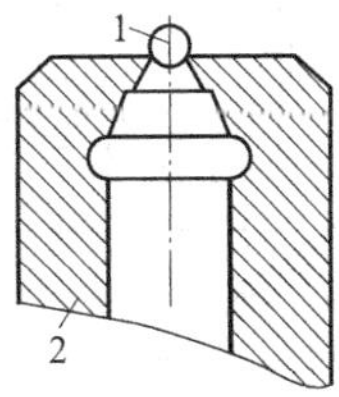

图 2-88 缩孔

1—滚珠；2—针阀体

c. 调试油嘴时，如果雾化尚好，断油也干脆，但慢压油时有漏油现象，这表明喷孔部分有磨损，需要进行缩孔。缩孔的目的是缩小因磨损而扩大了的喷孔，提高喷油质量及射程，减少废气侵入。缩孔后还要进行研磨，恢复缩孔后被损坏了的喷油部分的配合间隙，加强封闭严密性。缩孔的方法如图 2-88 所示，在针阀体中央放一个滚珠（喷孔直径为 1mm，放直径 3mm 的滚珠；喷孔直径为 1.50mm，用直径 4mm 的滚珠；喷孔直径为 2mm，用直径 6mm 的滚珠），用小锤轻轻地将滚珠敲击一下，进行缩孔。要特别注意，因为喷孔是可以多次缩孔修复的，所以第一、第二次敲击时，用力应轻勿重。如缩孔后不能恢复指标，或用力较大损坏了喷孔部分的配合间隙和封闭部分的严密性，则必须再进行研磨。

d. 对检验不合格或不可修复的零件，应换用新件。

输油泵的检修

1） 输油泵的分解、检验与装复

① 将输油泵夹于垫有铜皮的虎钳上；拆下油泵、进出油管接头，并取出进出油阀和弹簧；拧下螺塞，取出弹簧、活塞及推杆。

② 泵体应无裂纹；活塞、推杆等配合表面不应有腐蚀和划痕；阀门与座应密封良好，否则应进行研磨；弹簧应弹性良好、无锈蚀。

③ 膜片式输油泵，若有摇臂或凸轮损坏、磨损，膜片损坏，应更换。

④ 装复时，所有零件应清洗干净，更换密封圈，按与分解时相反的顺序装复。

2） 输油泵试验 修复后的输油泵必须进行试验，以检查判断其工作性能及修复质量。检查可在喷油泵试验台上进行，也可以直接在柴油发动机上进行。试验步骤如下。

① 运转磨合试验 修复后的输油泵，应进行磨合试验 10min 左右，检查其溢油孔滴油现象，1min 不得超过 3 滴。磨合过程中，输油泵应无过热现象。

② 密封性能试验 拧紧油泵手柄，堵住输油泵出油口，然后将输油泵浸入煤油中，并从进油口输入 0.2MPa 的压缩空气，如图 2-89 所示。输油泵进出油管接头、油泵与泵体接合处及活塞室螺塞处，应无气泡冒出。用量筒收集测量自滚轮架与泵体之间漏出的空气量，应不大于 30mL/min。否则，应查明原因修复。

③ 手动泵吸油性能试验　用内径 8mm 的软管连接输油泵及油面比输油泵低 1m 的柴油箱进行吸油，如图 2-90 所示。以 60～80 次/min 的速度推拉油泵手柄，若在 30 次内从出油口泵出柴油，且无空气吸入，表明油泵吸油性能良好。以 60r/min 的转速驱动输油泵，1min 内从出油口开始出油，说明输油泵输油能力较强；2min 内仍不出油，则应查明原因，并予以修理排除。

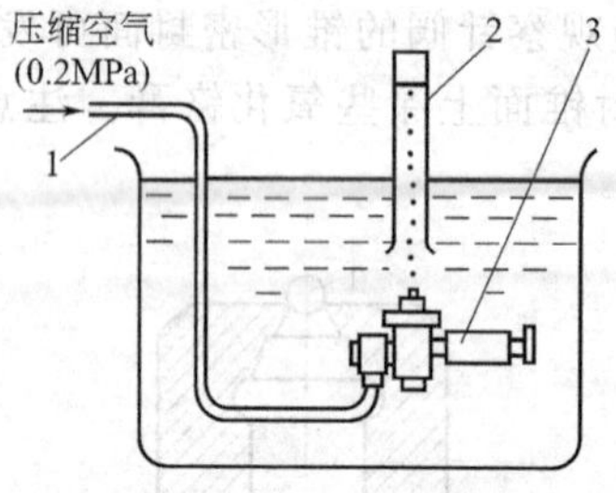

图 2-89　输油泵密封性试验
1—输油管；2—量筒；3—输油泵

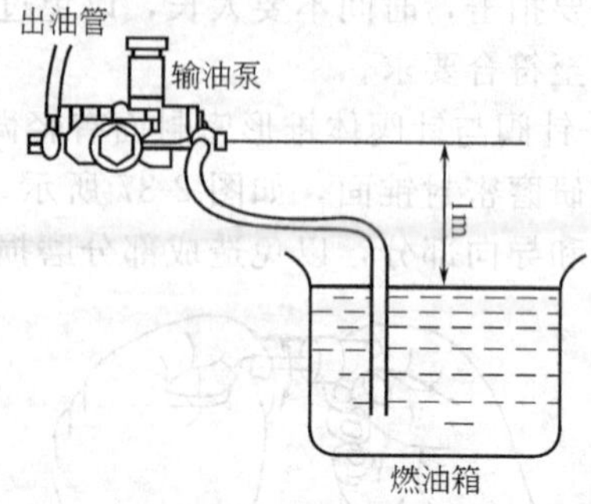

图 2-90　手动泵性能实验

④ 输油量检验　将输油泵安装到试验台上，在输油泵出油口处装一调节阀，将压力调至 156kPa，再将试验台转速调至 1000r/min，在 15s 内输入量杯中的油量不少于 300mL 为正常，若少于 200mL，则应查明原因，进行修理。

⑤ 输油压力性能试验　管路的连接与图 2-90 相同，不同的只是在出油口端安装一个压力表，然后在油泵转速 n＝700r/min 和 n＝1200r/min 时，输油泵输出油路完全关闭，最大油压不低于 0.35MPa。在油泵转速 n＝600r/min 时，输油泵输出油路不关闭，最大输油压力应为 0.25MPa。若低于 0.15MPa，应查找原因。

2.4.3　柴油机燃料系常见故障诊断与排除

柴油机故障的现象

柴油机在使用过程中，由于零件的自然磨损和变形、使用维护不当、装配和修理质量不良等原因，使柴油机性能下降，出现不正常的现象，甚至不能继续工作，这种现象称为故障。当柴油机发生故障时，往往通过一个或几个现象表现出来。一般这些现象都具有可观、可听、可嗅、可触摸、可测量的特点。总结起来有以下几方面。

① 工作不正常　如不易启动、转速不稳、不能带负荷、自动停车等。

② 声音不正常　如发出不正常的敲击声、放炮声、吹嘘声等。

③ 温度不正常　如排气管过热、机油过热、冷却水过热、轴承过热等。

④ 外观不正常　如排气管冒白烟、黑烟、蓝烟、漏油、漏水、漏气等。

⑤ 消耗不正常　如柴油、冷却水、机油等消耗量增加，油面及水面升高或降低。

⑥ 气味不正常　如排气带很浓的柴油和机油的气味，以及不正常的臭味和焦味等。

柴油机故障的发生大部分是由于使用时不遵守操作规程，不注意保养工作，装配和调整不正确以及一些零件的磨损而引起的。因此，正确的使用和及时的保养是防止和减少故障的有效办法。但有时发生了故障，也应当仔细分析故障发生的原因，及时加以排除。

柴油机燃料供给系故障的判断方法

故障的原因是多种多样的，它们的外部表现也是错综复杂的，某一故障的原因会产生多种故障现象。例如供油时间过晚，可以表现为排黑烟、动力不足、过热、启动困难等。同样，一种现象也可能由多种原因引起，例如排黑烟，可能是供油量过大、喷油雾化不良、喷油过晚、汽缸压力低或空气不足等造成的。要迅速、准确地诊断故障，就必须从故障现象入手，根据故障现象出现的时机、特征以及伴随的其他故障现象，结合结构和工作原理进行分析、归纳，采用一定的判断方法，由简到繁、由易到难、由表到里地找出故障原因所在。

1）油路密封性的检查方法　柴油机燃料供给系油路，按内部工作压力的不同分为：高压油路和低压油路。

① 拧松喷油泵的放气螺钉，用手泵泵油，油中混有气泡，如果持续泵油气泡能够排尽，说明是低压油路——输油泵出油口到喷油泵之间进气，低压油路的进气部位在柴油机工作中会漏油，因为这段油路的油压高于大气压。

② 拧松喷油泵的放气螺钉，当用手泵泵油无油排出或油中气泡始终排不尽时，说明吸油路——油箱到输油泵之间进气了，吸油路进气将导致不能启动或工作中自行熄火，可采取如下方法检查：拆下输油泵进油口接头，另接一根油管，插入油箱中泵油，如果油路中气泡能排尽，说明是吸油路漏气，具体漏气部位可采用油箱加压或用胶布包裹可疑部位的方法检查。

③ 某一缸高压油路中出油阀和喷油器同时不密封，汽缸内的气体沿着喷油器、高压油管和出油阀进入喷油泵的低压油路，从而造成柴油机缓慢熄火。某缸喷油器和出油阀同时不密封，汽缸内压缩行程中气体压力将超过油路中的油压，但是，这种进气的过程较为缓慢，一般要在启动后工作较长的时间才能导致发动机熄火。在排除油路中的空气后，又能顺利启动并工作一段时间，但随着工作时间的增长，空气又会逐渐进入低压油路，发动机又会缓慢熄火。遇到这样的故障，应急的办法是调换出油阀的安装位置，将不密封的喷油器与不密封的出油阀分开。

2）油路堵塞部位的检查方法　燃料供给系油路常因滤清器的滤芯、滤网或油管堵塞而造成不来油。检查油路堵塞部位的方法如下。

松开喷油泵上的放气螺钉，拉动手泵手柄，柴油应随着手泵的拉压而有规律地向外喷出，否则，说明油路不畅通。

根据拉压手泵手柄时阻力的大小可以判断堵塞部位，如果拉动手泵手柄时阻力较大，通常是吸油油路堵塞。常见故障有油箱吸油管堵塞或油箱开关未打开等，吸油油路具体堵塞部位的查找可采用从不同部位向油箱内吹气的方法查找，如在输油泵进油管向油箱吹气，听不到冒泡声，而在粗滤器进油管向油箱吹气能听到冒泡声，说明堵塞发生在粗滤器。

如果压动手泵手柄阻力较大，松开燃油细滤器进油口接头后用手泵泵油时，来油顺畅，则说明堵塞发生在燃油细滤器滤芯等。逐段检查，逐段排除，就可查找出堵塞部位。

3）输油泵工作情况的检查方法　即使手泵工作正常，如果输油泵工作不良，仍会造成发动机工作不供油或供油不足。输油泵的工作情况按下面的方法检查。

松开喷油泵的放气螺钉，用启动机带动发动机旋转，输油泵工作正常时，放气螺钉处应有柴油喷出，如果不喷油或喷油不畅，说明输油泵工作不正常。

注意在检查输油泵时，必须将手泵手柄旋紧，否则可能影响输油泵的工作。

4）就车检查喷油器是否密封的方法　拆下高压油管喷油泵一端的接头螺母，将高压油管插入盛有柴油的容器中，然后利用启动机带动发动机旋转，观察插在油中的高压油管内是否有气泡排出，若有气泡排出，说明该缸的喷油器不密封，造成不密封的原因可能是锥面不密封或针阀卡死在开启位置。

5）就车检查喷油压力和喷雾质量的方法　在缺乏喷油器试验器的条件下，可在车上利用 T 形接头，将车上的喷油器与标准喷油器进行对比，检查喷油压力和喷雾质量，其方法如下。

拆下要检查的喷油器和该缸的高压油管，将喷油器装到 T 形高压油管的一端，另一端装上事先调好的标准喷油器，然后将T形高压油管的一端装在喷油泵上。拧松其余各缸的高压油管，将加速踏板踩到底，用启动机带动发动机旋转，观察喷油器的喷油情况，如果两个喷油器不同时喷油，应该调整被检查喷油器的喷油压力，使两个喷油器同时喷油，如果被检查喷油器喷油质量不好，应进行检修。

6）检查发动机单缸工作情况的方法　发动机各缸的工作情况，可运用单缸工作检查方法进行判别。

① 感温法　冷车启动后的最初阶段，手摸发动机各排气歧管，根据各缸排气歧管温度上升快慢的差别，可大致判断各缸汽缸内燃烧进行的好坏，若某缸排气歧管的温度较其余各缸低，可能是该缸的喷油量过小或不喷油，也许是喷雾不良造成燃烧不良或根本没有燃烧。

② 听音法　用听诊器、木棍、铁棒等物作传音工具，在喷油器体上听发动机运转时的声音，若听到的敲击声较大，则可能是供油量太大或喷油时间过早；若听到的只是连续不清脆的响声，则可能是没有发火燃烧。

③ 观色法　通过观察发动机排出废气的颜色来判断发动机燃烧过程进行的完善程度。在光线充足、背景明亮的环境下，柴油机排出的烟色通常为浅灰色，负荷较大时正常烟色为深灰色。发动机排黑烟，说明燃料燃烧不完全，发动机过冷、环境温度过低可能造成发动机在启动时和启动初期排白烟。如果柴油中含水，也会造成发动机排白烟。鉴别白烟是油雾还是水雾可将手心挡在排气口附近，根据凝结在手上的液体判别。发动机排蓝烟，说明机油进入汽缸被燃烧，当发动机断续排烟，往往是个别缸燃烧不良引起的。

④ 断油法　逐缸切断供油，观察发动机转速、烟色和运转声音的变化情况，以此判断断油汽缸的工作是否正常。

将发动机转速控制在怠速稍高（600～700r/min）的地方，切断某缸供油后，如果发动机转速明显下降，同时运转声音变得不均，说明该缸工作正常；相反，则说明该缸基本不工作。

切断供油前，发动机有排黑烟、敲缸等故障，切断供油后，故障现象消失或大为减轻，说明该缸就是故障缸，相反，则故障不在该缸。

⑤ 比较法　分析故障时，若对某一机件有怀疑，可以用技术状态正常的备件去替换，根据替换后工作情况的变化，来判明原件的技术状态是否正常。一般对喷油器的故障可以采用这种检查方法，这时可以换上一个备用喷油器，以判断原用喷油器是否产生了故障。

⑥ 试探法　在分析故障原因时，往往由于经验缺乏，不能肯定故障的原因，而要进行某些试探性的调整和拆卸，以观察故障现象的变化，来寻找或反证故障产生的部位。如怀疑活塞组在汽缸内磨损严重，可向缸内灌点机油，若汽缸压缩性变好了，说明所怀疑的故障原因正确。试探时必须遵守“少拆卸”的原则，并在确有把握恢复原有状态的情况下才能进行拆卸。

⑦ 变速法　在升降柴油机转速的瞬时，注意观察故障现象的变化情况，从中选择出适宜的转速，使故障的现象表现得更为突出。一般情况下多采用低转速运转，因为这时柴油机转得慢，故障现象持续时间长，便于人们观察和检查。如检查配气机构，由于气门间隙过大引起敲击声时，就采用这种方法。

在实际工作中，应根据具体情况灵活运用。在检查故障时，适当选用其中几种方法综合应用，就能省时省力、很快诊断出故障所在。

柴油机燃料系常见故障排除

柴油机燃料系常见的故障主要有启动困难、动力不足、工作粗暴、飞车等。

(1) 启动困难

发动机不能启动，其现象主要有：启动时排气管不排烟；排白烟；排灰白烟或大量黑烟。

1) 启动时排气管不排烟　启动时不排烟故障有低压油路和高压油路两种故障，为了区分故障出自哪一部分，可松开喷油泵放气螺钉，用手泵油观看出油情况，不流油并有气泡冒出，说明低压油路有故障，流油正常，故障在高压油路。

① 低压油路故障

a. 现象　松开喷油泵放气螺钉，提拉手油泵，放气螺钉处无油流出并有气泡。

b. 原因　油箱无油或存油不足；油箱盖通气阀失灵；油箱与输油泵间油管破裂、碰瘪或堵塞；滤清器堵塞；输油泵损坏或咬住，止回阀黏滞，密封不严，弹簧折断；油路中有空气。

c. 诊断与排除　低压油路故障检查、诊断与排除流程如图 2-91 所示。

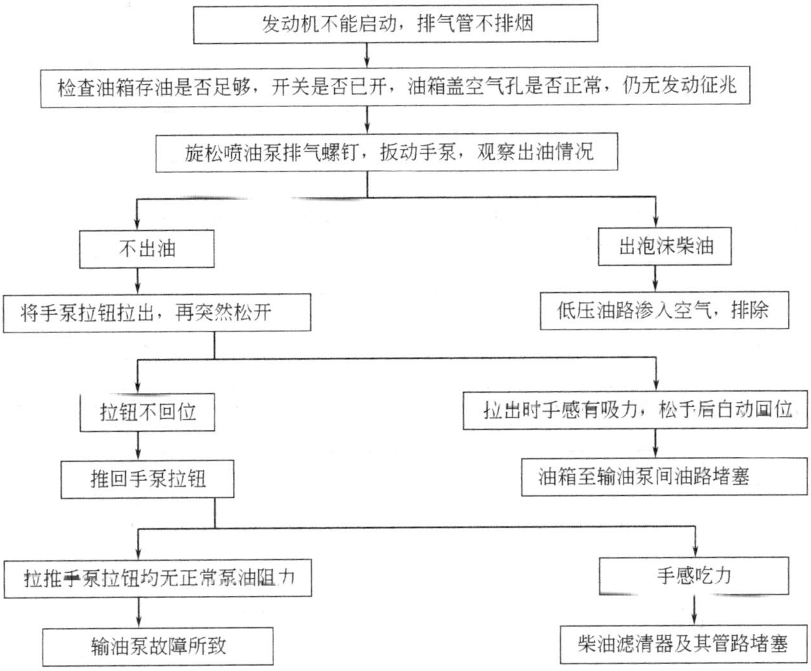

图 2-91　低压油路故障检查流程

② 高压油路故障诊断

a. 现象　松开喷油泵放气螺钉，拉动手油泵，放气螺钉处出油虽正常，但各缸喷油器无油喷出。

b. 原因　喷油泵部分有：柱塞与套筒间隙过大或黏滞；挺杆与柱塞脚间隙过大；出油阀黏滞或密封不良或弹簧折断；溢油阀密封不良或弹簧折断；油量调节叉或扇形齿轮固定螺钉松动或脱落；供油齿条卡滞；联轴器主、从动盘连接键损坏。

c. 诊断与排除　高压油路故障检查、诊断与排除流程如图 2-92 所示。

2) 启动时排气管冒白烟或灰白烟

① 现象　发动机不易启动，启动时排气管冒白烟或灰白烟。

② 原因　柴油中有水；汽缸垫冲坏或缸盖螺栓不紧；缸体、缸盖破裂；供油时间过晚；发动机温度过低。

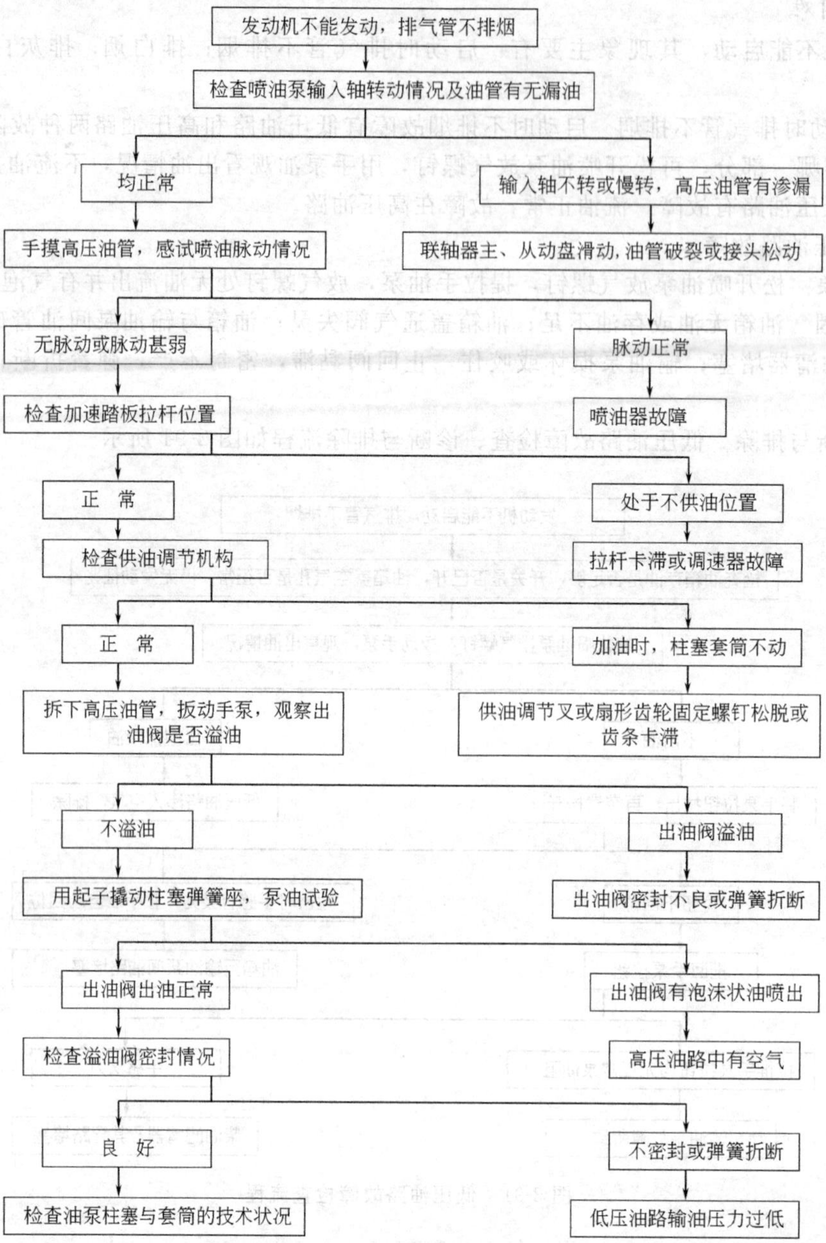

图 2-92 高压油路故障检查流程

③ 诊断与排除 启动时排气管冒白烟或灰白烟故障检查、诊断与排除流程如图 2-93 所示。

3）启动时排气管排出大量黑烟

① 现象 发动机不易发动，排气管排出大量黑烟。

② 原因 喷油泵柱塞、挺杆或凸轮磨损过甚；喷油泵驱动联轴器上的固定螺栓松动或喷油正时调整过早，有柱塞挺杆调整螺钉的喷油泵，调整螺钉松动；喷油器针阀黏滞不能关闭或针阀与阀座间泄漏；喷油泵压力弹簧调整螺钉松动；调速器调整不当；空气滤清器及进油通道堵塞；汽缸压力过低；个别缸不工作或工作不良；排气制动阀未全开；柴油质量差。

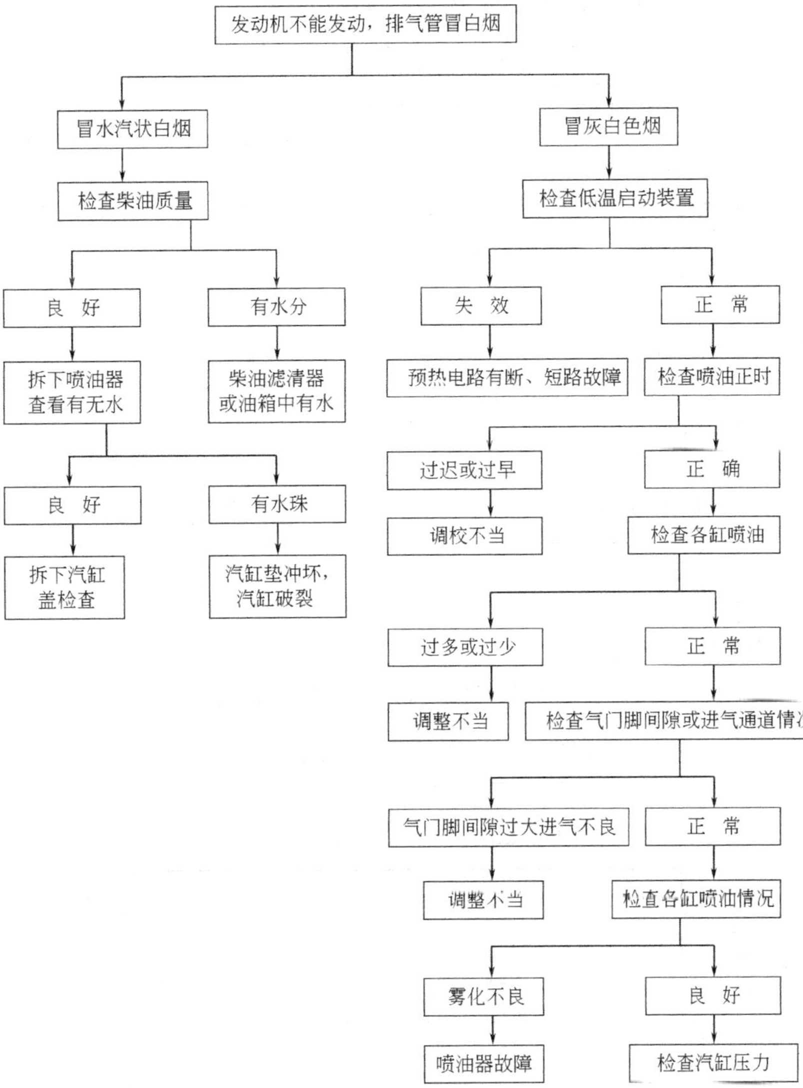

图 2-93 启动时排气管冒白烟或灰白烟故障检查流程

③ 诊断与排除 启动时排气管排出大量黑烟故障检查、诊断与排除流程如图 2-94 所示。

(2) 动力不足

1) 发动机能发动但动力不足，达不到相应的额定功率 主要有：柴油机运转均匀，但转速提不高，排烟少。

① 现象 发动机乏力，但运转均匀，排烟少，急加速时，转速提不高，有少量黑烟排出。

② 原因 加速踏板推杆有效行程过小；喷油泵油量调节齿杆达不到最大供油位置；扇形小齿轮固定螺钉松动；出油阀密封不良；凸轮磨损过量；喷油器滴漏，喷油量减少。输油泵供油不足或油管、柴油滤清器、空气滤清器、排气管消声器堵塞；柴油粘度过大或油路中有空气。

③ 诊断与排除 发动机动力不足，且运转均匀，但无高速且排烟过少故障检查、诊断与排除流程如图 2-95 所示。

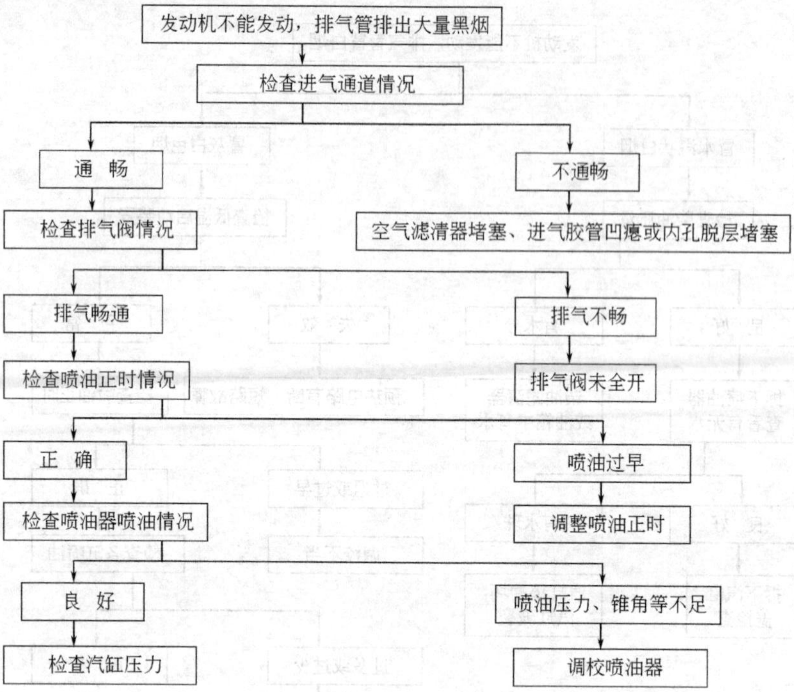

图 2-94 启动时排气管排出大量黑烟故障检查流程

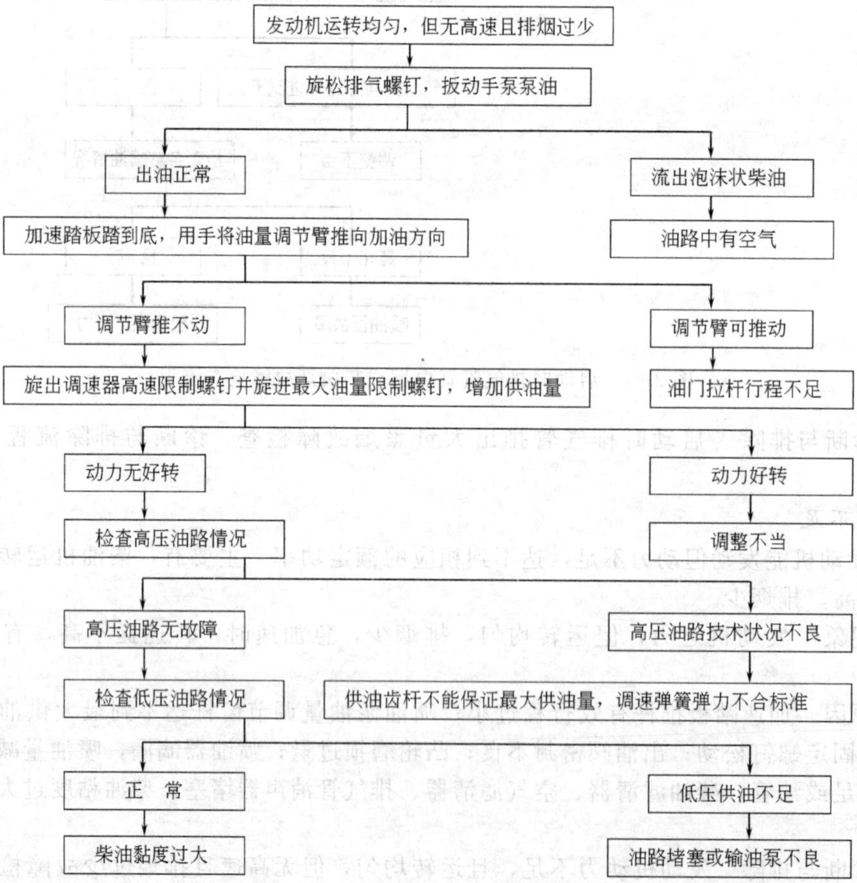

图 2-95 发动机动力不足，且运转均匀，但无高速且排烟过少故障检查流程

2）柴油机运转不均匀，排气管排白烟

① 现象　发动机乏力，运转不均匀且大量排出灰白色的烟雾或水汽状白烟或发动机刚启动时排白烟，温度升高后变成黑烟。

② 原因　喷油时间过迟；汽缸垫冲穿；汽缸破裂；汽缸压缩压力过低；柴油中有水。

③ 诊断与排除　柴油机运转不均匀，排气管排白烟故障检查、诊断与排除流程如图2-96所示。

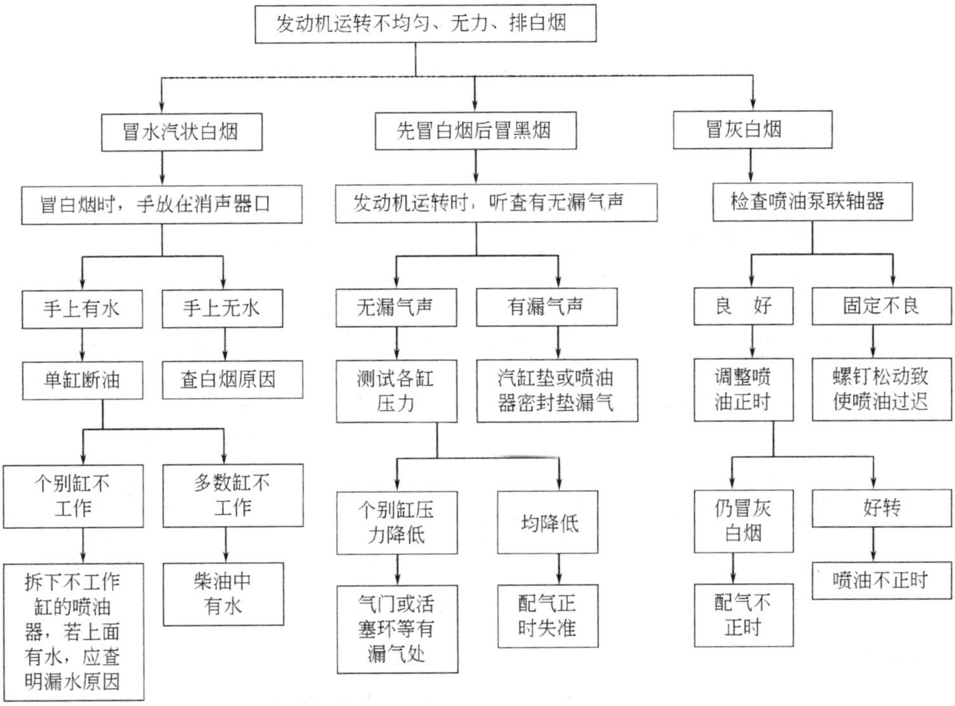

图2-96　柴油机运转不均匀，排气管排白烟故障检查流程

3）柴油机运转不均匀，排气管排黑烟

① 现象　发动机乏力，运转不均匀，排出黑烟，加速时出现敲击声。

② 原因　喷油泵出油阀磨损，个别柱塞粘住或弹簧折断；个别柱塞扇形小齿轮固定螺钉松动；少数凸轮或挺杆滚轮磨损过量；挺杆调整螺钉调整不当或松动。喷油器针阀粘住不能关闭或关闭不密封；压力调整弹簧折断或弹力过低；喷油器密封垫积炭，汽缸压力过低。

③ 诊断与排除　用逐缸停止供油法试验，当某缸停止供油时，若发动机转速明显降低，黑烟减少，敲击声变弱或消失，说明该缸供油量过多；若发动机转速变化较小、黑烟消失，说明该缸喷油器喷雾质量差；若柴油机运转无变化，说明故障不在该缸。对故障可疑缸逐个检查其故障原因，若均正常，再拆检喷油器。对于喷油泵柱塞挺杆，具有调整螺钉的应检查各缸喷油正时是否一致；若上述各项均正常，应对有故障的汽缸测量压缩压力，以诊断是否因气门、汽缸活塞、活塞环等磨损漏气。敲击声也由于它们的磨损使间隙增大而引起。

4）游车

① 现象　发动机乏力，运转忽快忽慢，有一定规律，转速提不高。

② 原因　调速器外壳的孔及喷油泵盖板孔松旷；飞块销孔、座架磨损松旷；飞块过重或收张距离不一致；调速器内润滑油太脏、太少；调速弹簧变形或断裂；喷油泵供油量调节

齿杆卡滞；供油量调节与扇形齿轮间隙过大，或柱塞调节臂与油量调节拨叉配合间隙过大；喷油泵凸轮轴的间隙过大；柱塞套安装不良，使调节齿杆或拨叉不能自由移动，以及柱塞调节臂或扇形小齿轮变形或松动，妨碍调节齿杆移动；供油量调节齿杆（或拨叉）的拉杆销子松旷；个别喷油针阀烧蚀。

③ 诊断与排除 游车故障检查、诊断与排除流程如图 2-97 所示。

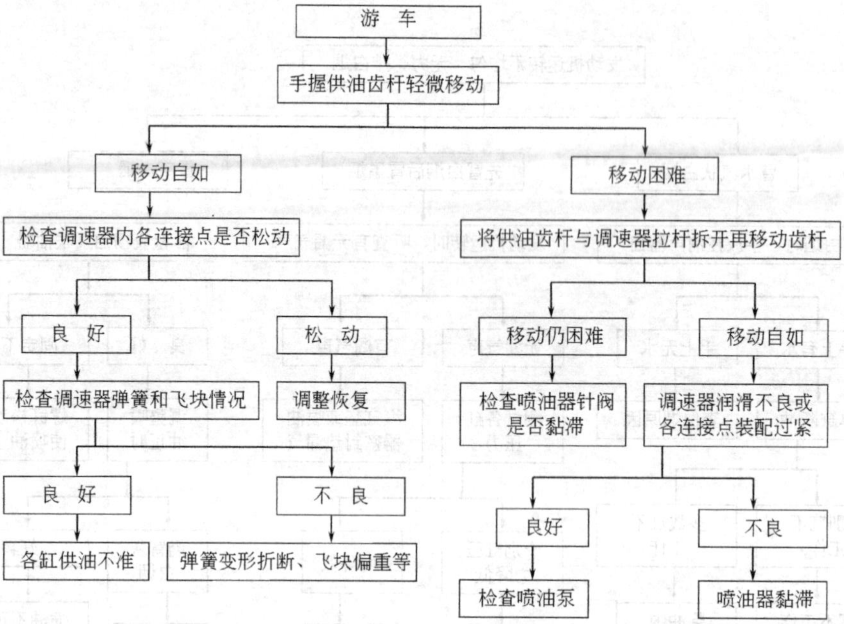

图 2-97 游车故障检查流程

(3) 工作粗暴

1）现象 发动机工作中有振抖现象，转速越高，振抖越剧烈，并发出清脆有节奏的金属敲击声，急加速声响更大，排气管排黑烟；敲击声没有节奏，但也排烟；汽缸内发出低沉不清晰的敲击声。

2）原因 发动机支架螺栓松动或支架断裂；发动机支承位置不当；发动机支架软垫老化、破损脱落。喷油时间过早或过迟；喷油雾化不良或喷油器滴油；各缸供油不一致，工作不均匀；发动机温度过低，燃烧不充分，工作不均匀。

3）诊断与排除 发动机工作粗暴故障检查、诊断与排除流程如图 2-98 所示。

(4) 超速（飞车）

飞车是指柴油机的转速失去控制，突然超过允许的最高转速，并伴有巨大声响的现象。飞车是很危险的，如不能及时采取有效措施制止，柴油机最终会遭到破坏。

1）现象 发动机转速失去控制突然升高，急转不止，并伴有极大的异响。

2）原因

① 喷油泵、调速器的故障 油量调节齿杆和调速器拉杆脱开；加速踏板拉杆或供油调节齿杆卡滞；柱塞弹簧折断或柱塞卡在高速位置；柱塞的油量调整齿圈固定螺钉松动；凸轮轴轴向间隙过大。调速器高速调节螺钉或最大供油量调整不当；调速器内润滑油过多，黏度太大或太脏；冬季润滑油冻结，飞块无法甩开；调速器杠杆、销子脱落或飞块销轴断裂、飞块甩脱；调整飞块质量不等或飞块压力轴承损坏；调速器弹簧折断或弹力下降。

②燃烧室进入额外燃料，无法熄火停车 主要有：汽缸窜油；惯性油浴式空气滤清器

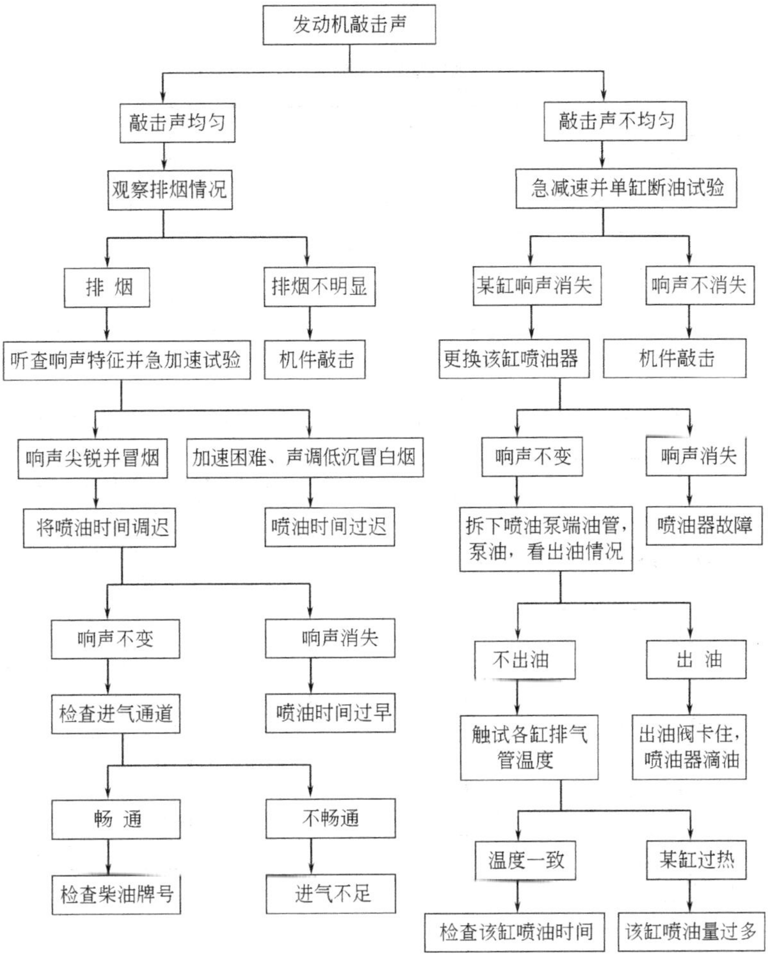

图 2-98 发动机工作粗暴故障检查流程

存油过多被吸入燃烧室；带增压器的柴油发动机，由于增压器油封损坏，机油进入燃烧室。低温启动装置磁阀漏油，使多余的柴油进入燃烧室燃烧。

3）诊断与排除

① 紧急措施 迅速收回加速踏板或将加速踏板拉杆拉回停车位置；供油拉杆或调油齿杆外露的喷油泵，可迅速将拉杆拉回停油位置；用衣物堵住空气滤清器或进气通道，切断空气来源，有减压装置的，迅速将减压手柄拉到减压位置，及时推入高速挡，踩下制动到底，缓抬离合，强制发动机熄火，迅速松开各缸高压油管，以停止供油。

② 发动机熄火后确诊飞车原因 当出现超速现象时，若迅速抬起踏板不回位，则多为加速踏板拉杆或拉臂等处卡住；若反复抬起加速踏板时，转速能有所降低或熄火，说明调速器有故障，分别检查润滑油的数量、黏度和杂质；供油量调节齿杆和调速器是否可靠，弹簧是否变形或折断，拉杆销子是否脱落，飞块轴有无断裂使飞块脱出球座或圆盘支架是否装配不当或表面有沟槽等缺陷；高速调整螺钉或最大油量调整螺钉是否调整适当，如果迅速抬起加速踏板，发动机转速仍继续升高，则可能是喷油泵柱塞或泵杆被卡住，必要时应考虑燃油或润滑油进入汽缸内。总之，飞车故障不排除绝对不能再次启动。

发动机超速故障检查流程如图 2-99 所示。

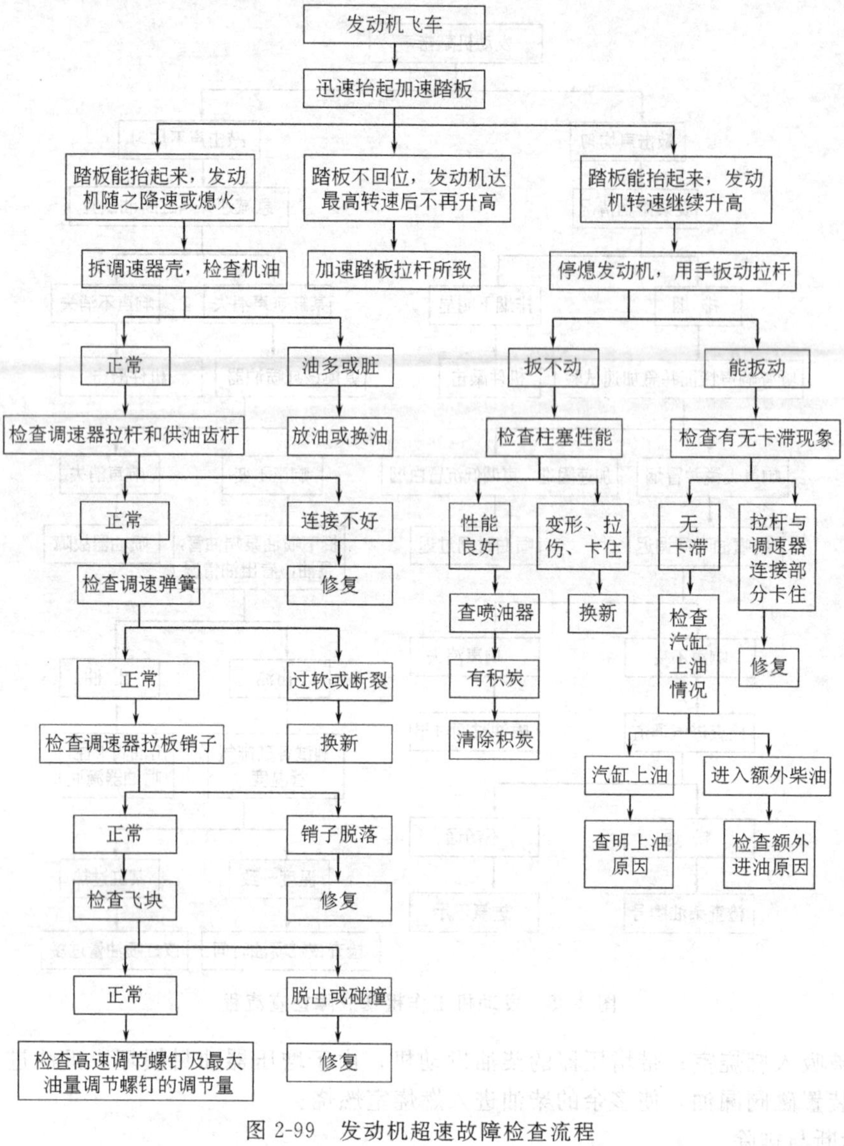

图 2-99 发动机超速故障检查流程

2.5 发动机润滑系的构造与维修

发动机工作时，各运动零件均以一定的力作用在另一个零件上，并且发生高速的相对运动，如曲轴主轴颈与主轴承，凸轮轴与凸轮轴轴承，活塞环与汽缸壁，正时齿轮副等。有了相对运动，零件表面必然要产生摩擦，而摩擦对发动机工作是很有害的，主要表现为：摩擦产生摩擦力和摩擦力矩，使发动机克服摩擦消耗功率，导致有效功率减小；摩擦加速零件工作表面的磨损，并产生大量的热，可能导致零件工作表面烧损，降低零件的使用寿命而使零件很快报废。因此，要保证发动机正常工作，就必须对相对运动零件表面进行润滑。润滑的作用是在摩擦表面上覆盖一层润滑油，使相互运动的零件表面之间形成一层薄的润滑油膜，实现液体摩擦，从而减小摩擦阻力，减小功率损失，减轻零件磨损，延长发动机的使用寿命。将润滑油送到运动零件表面而实现润滑的系统称为发动机的润滑系统。

2.5.1 润滑系的功用及组成

润滑系的功用

润滑系的功用就是向各运动零件表面输送定量的清洁润滑油。具体作用如下。

1）润滑作用　润滑运动零件表面，减小摩擦阻力和磨损，减小发动机的功率消耗。

2）清洗作用　机油在润滑系内不断循环，清洗摩擦表面，带走磨屑和其他异物。

3）冷却作用　机油在润滑系内循环还可带走摩擦产生的热量，起冷却作用。

4）密封作用　在运动零件之间形成油膜（如活塞与汽缸）可以提高它们的密封性，有利于防止漏气或漏油。

5）防锈蚀作用　在零件表面形成油膜，对零件表面起保护作用，防止腐蚀生锈。

6）液压作用　润滑油还可用作液压油，如在液压挺柱内起液压作用。

7）缓冲作用　在运动零件表面形成油膜，可以吸收冲击并减小振动，起减震缓冲作用。

润滑方式

由于发动机各运动零件的工作条件不同，对润滑强度的要求也就不同，因而要相应地采取不同的润滑方式。

1）压力润滑　利用机油泵，将具有一定压力的润滑油源源不断地送往摩擦表面。例如曲轴主轴承、连杆轴承及凸轮轴轴承等处承受的载荷及相对运动速度较大，需要以一定压力将机油输送到摩擦面的间隙中，方能形成油膜以保证润滑。这种润滑方式称为压力润滑。

2）飞溅润滑　利用发动机工作时运动零件飞溅起来的油滴或油雾来润滑摩擦表面的润滑方式称为飞溅润滑。这种润滑方式可使裸露在外面承受载荷较轻的汽缸壁，相对滑动速度较小的活塞销，以及配气机构的凸轮表面、挺柱等得到润滑。

3）定期润滑　发动机辅助系统中有些零件只需定期加注润滑脂（黄油）进行润滑，例如水泵及发电机轴承处的润滑。近年来在一些发动机上采用含有耐磨润滑材料（如尼龙、二硫化钼等）的轴承来代替加注润滑脂的轴承。

发动机机油的选用要兼顾油品的黏度和质量两个方面，机油的好坏直接影响发动机的使用寿命。机油使用一段时间后，由于受高温引起化学变化，稀释、黏度变小不易形成油膜，含酸量增加从而腐蚀机件，另外机油在使用中混入金属磨屑、砂粒、灰尘等杂质导致机油变质。如果将变了质的机油送入运动零件表面，不但起不到润滑作用，反而还会加速这些零件的磨损，造成发动机不能正常工作。因此，要定期更换机油。

润滑脂俗称黄油，常温下介于液体和固体之间，呈半流动性。它与液体润滑油相比，具有耐压性能和不易流失的特点。常用的润滑脂有钙基润滑脂、钠基润滑脂、钙钠基润滑脂、通用锂基润滑脂和石墨钙基润滑脂。钙基润滑脂抗水性强，但不耐高温，适用于风扇、水泵滚动轴承等处的润滑，冬季选用牌号低的，夏季选用牌号高的，使用温度一般不高于60℃。钠基润滑脂耐热不耐水，遇水乳化变质，适用于发电机轴承等处的润滑，使用温度不超过120℃。钙钠基润滑脂抗水性比钠基润滑脂好，耐热性比钙基润滑脂好，一般可作为前两种润滑脂的代用品，使用温度不超过100℃。通用锂基润滑脂具有良好的抗水性、机械安定性、防锈和氧化安定性，其润滑和抗腐蚀能力都比前三者好，使用温度在−20～120℃，适用于高速、高负荷、高温和易腐蚀部位的润滑，可以用来代替上述各种润滑脂。石墨钙基润滑脂具有良好的抗水性和抗碾压性，适用于重负荷、低转速零件的粗糙表面。

润滑系的组成及润滑油路

为了保证压力润滑所必需的油压和润滑油的循环，润滑系中必须有能建立足够压力的机油泵，有能储存一定数量机油的油底壳，有能完成油路循环的油道和油管，以及能控制油压的限压阀等。

为了保证输送到各运动零件表面的润滑油的清洁，在润滑系中还设有机油滤清器。在有些叉车上还设有机油散热器。此外，润滑系中还有机油压力表或机油压力指示灯，以及机油温度表等。

可见，润滑系一般由机油泵、油底壳、机油滤清器、机油散热器以及各种阀、传感器、机油压力表、温度表等组成。下面以国产内燃机械所用的发动机润滑系为例加以说明。

如图 2-100 和图 2-101 所示为发动机润滑系统组成和润滑油路示意图。该润滑系中曲轴的主轴颈、连杆轴颈、凸轮轴轴颈、插臂轴等均采用压力润滑，其余部分采用飞溅润滑。

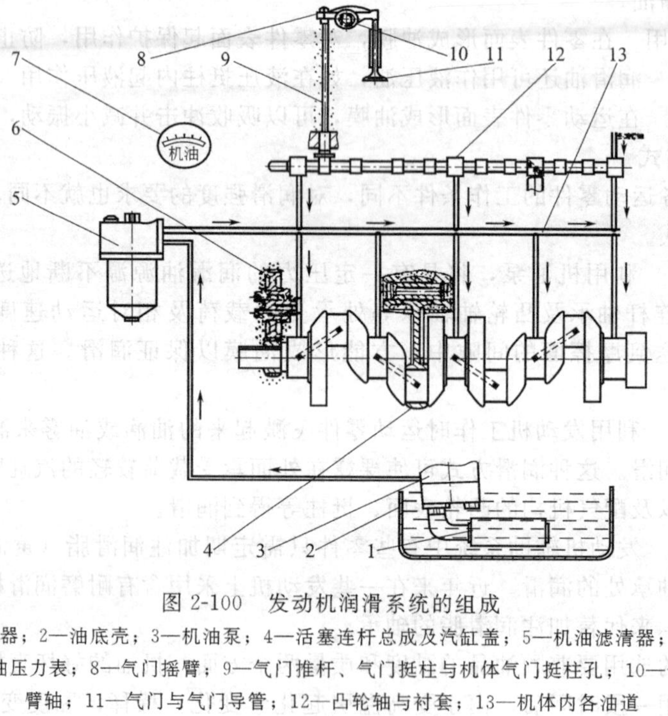

图 2-100　发动机润滑系统的组成

1—机油集滤器；2—油底壳；3—机油泵；4—活塞连杆总成及汽缸盖；5—机油滤清器；6—齿轮系；7—机油压力表；8—气门摇臂；9—气门推杆、气门挺柱与机体气门挺柱孔；10—气门摇臂轴；11—气门与气门导管；12—凸轮轴与衬套；13—机体内各油道

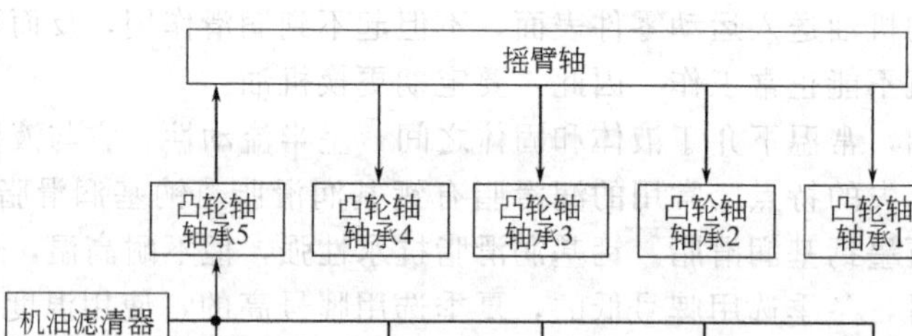

图 2-101　发动机润滑油路示意图

当发动机工作时，机油泵 3 经机油集滤器 1 从油底壳中吸取机油，这样可以防止大的机械杂质进到机油泵内。机油泵使机油产生一定的压力而输出。从机油泵输出的机油进入机油滤清器 5，滤去机油中的机械杂质后流入汽缸体主油道。缸体主油道的机油分两路，一路通过五条并联的横向油道分别流向曲轴各主轴颈，再通过曲轴中的斜油道流向连杆轴颈，润滑主轴颈和连杆轴颈；另一路通过汽缸体和汽缸盖上的纵向油道去润滑顶置式凸轮轴 12 和摇臂轴 10。在主油道中还装有压力传感器，并通过导线与驾驶室中的机油压力表连接，以显示工作状态时润滑系中的机油压力。在机油泵中设置有限压阀，限制了机油泵的最高压力，当机油泵泵油压力高于一定值时，限压阀打开，机油通过限压阀流回机油泵的进油口，从而保护了机油泵不因泵油压力过高而损坏。

润滑系的主要部件构造

润滑系的主要部件有机油泵、机油滤清器、各种阀、机油散热器以及检视设备。

（1）机油泵

机油泵的功用是提高机油压力，保证机油在润滑系统内不断循环。目前发动机润滑系中广泛采用的是外啮合齿轮式机油泵和内啮合转子式机油泵两种。

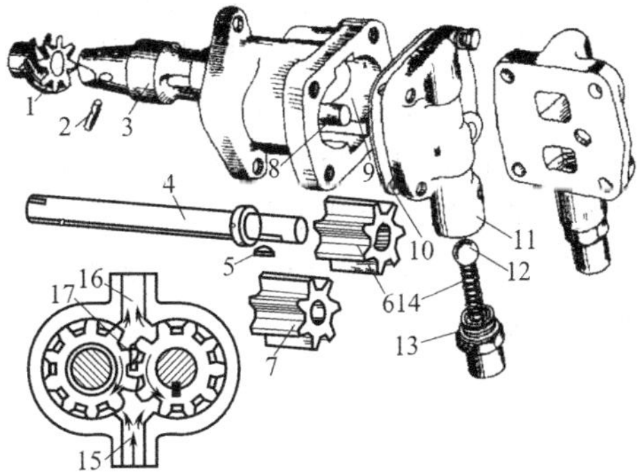

图 2-102 齿轮式机油泵

1—油泵驱动齿轮；2—销；3—泵体；4—主动轴；5—键；6—主动齿轮；7—从动齿轮；8—从动轴；9—泵腔；10—密封垫；11—泵壳；12—限压阀；13—螺塞；14—限压阀弹簧；15—进油腔；16—出油腔；17—卸压槽

1）齿轮式机油泵 齿轮式机油泵的构造与工作原理如图 2-102 所示。它由主动轴、主动齿轮、从动轴、从动齿轮、壳体等组成，两个齿数相同的齿轮相互啮合，装在壳体内，齿轮与壳体的径向和端面间隙很小。主动轴与主动齿轮键连接，从动齿轮空套在从动轴上。工作时，主动齿轮带动从动齿轮反向旋转。两齿轮旋转时，允满在齿轮齿槽间的机油沿油泵壳壁由进油腔带到出油腔。在进油腔一侧由于齿轮脱开啮合以及机油被不断带走而产生真空，使油底壳内的机油在大气压力作用下经集滤器进入进油腔；而在出油腔一侧由于齿轮进入啮合和机油被不断带入而产生挤压作用，机油以一定压力被泵出。

齿轮式机油泵结构简单、加工方便、工作可靠、使用寿命长，因此应用广泛。

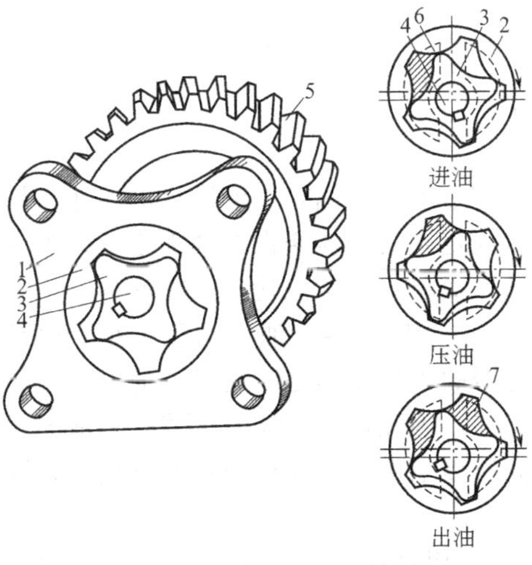

图 2-103 转子式机油泵

1—泵壳；2—外转子；3—内转子；4—油泵轴；5—油泵驱动齿轮；6—进油腔；7—出油腔

2）转子式机油泵 转子式机油泵的基本结构与工作原理如图 2-103 所示，它由壳体、内转子、外转子和泵盖等组成。内转子用键或销子固定在转子轴上，由曲轴齿轮直接或间接驱动。内转子与外转子中心的偏心距为 e，内转子带动外转子一起沿同一方向转动。内转子有 4 个凸齿，外转子有 5 个凹齿，这样内、外转子同向不同步地旋转。转子齿形齿廓设计得使转子转到任何角度时，内、外转子每个齿的齿形廓线上总能互相成点接触，这样内、外转子间形成 4 个工作腔，随着转子的转动，这 4 个工作腔的容积是不断变化的。在进油道的一侧空腔，由于转子脱开啮合，容积逐渐增大，产生真空，机油被吸入；转子继续旋转，机油被带到出油道的一侧，这时，转子正好进入啮合，使这一空腔容积减小，油压升高，机油从齿间挤出并经出油道压送出去。这样，随着转子的不断旋转，机油就不断地被吸入和压出。

转子式机油泵结构紧凑、重量轻、外形尺寸小、泵油量大、供油均匀度好、成本低，在中、小型发动机上应用广泛。

(2) 机油滤清器

发动机工作时，金属磨屑和大气中的尘埃以及燃料燃烧不完全所产生的炭粒会渗入机油中，机油本身也会因受热氧化而产生胶状沉淀物。如果把这样的脏机油直接送到运动零件表面，机油中的机械杂质就会成为磨料，加速零件的磨损，并且引起油道堵塞及活塞环、气门等零件胶结。因此必须在润滑系中设有机油滤清器，使循环流动的机油在送往运动零件表面之前得到净化处理，保证摩擦表面的良好润滑，延长其使用寿命。

一般润滑系中装有几个不同滤清能力的滤清器，即集滤器、粗滤器和细滤器，分别串联和并联在主油道中。与主油道串联的滤清器称为全流式滤清器，一般为粗滤器；与主油道并联的滤清器称为分流式滤清器，一般为细滤器，过油量为10%～30%。

1）集滤器　集滤器内装有金属丝网，安装于机油泵进油管上，其作用是防止较大的机械杂质进入机油泵。常见有浮式集滤器和固定式集滤器两种，如图2-104所示。

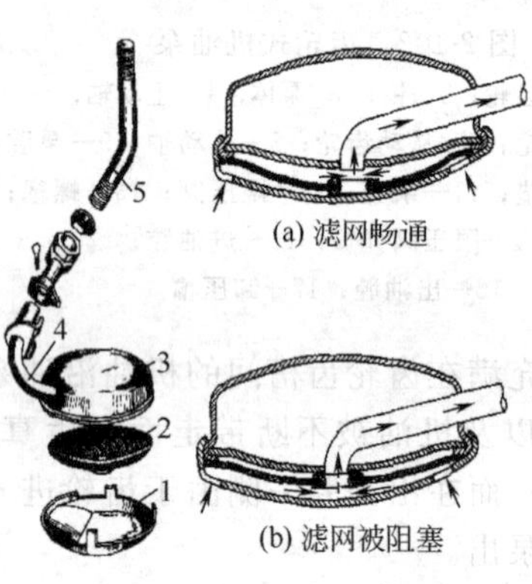

图 2-104　浮式集滤器

1—罩；2—油网；3—浮子；4—吸油管；5—固定管

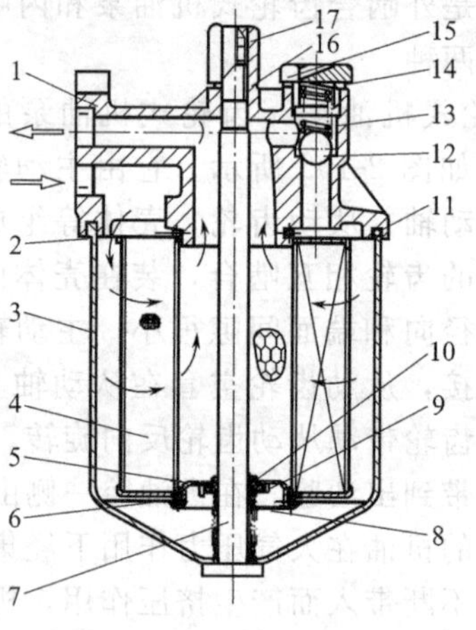

图 2-105　纸质滤芯式粗滤器

1—上盖；2,6,10,11,14,16—密封圈；3—外壳；4—纸质滤芯；5—托板；7—拉杆；8—压紧弹簧；9—压紧弹簧垫圈；12—旁通阀；13—旁通阀弹簧；15—阀座；17—螺母

浮式集滤器飘浮于机油表面吸油，能吸入油面上较清洁的机油，但油面上的泡沫易被吸入，使机油压力降低，润滑欠可靠，目前应用不多。固定式集滤器淹没在油面之下，吸入的机油清洁度较差，但可防止泡沫吸入，润滑可靠，结构简单，逐步取代浮式集滤器。

2）粗滤器　粗滤器用于滤去机油中粒度较大的杂质。粗滤器机油流动阻力小，通常串联在机油泵与主油道之间，属于全流式滤清器。粗滤器的工作原理是利用机油通过细小的孔眼或缝隙时，将大于孔眼或缝隙的杂质留在滤芯的外部，因此，粗滤器属过滤式滤清器。根据滤芯的不同，有各种不同的结构形式。传统的粗滤器多采用金属片缝隙式和绕线式，现多采用纸质式和锯末式。

① 纸质滤芯式粗滤器　结构如图2-105所示。它是用微孔滤纸制成的，为了增大过滤面积，微孔滤纸一般都折叠成扇形或波纹形，如图2-106所示。微孔滤纸经过酚醛树脂处理，具有较高的强度、抗腐蚀能力和抗水湿性能，并且质量小、体积小、结构简单、滤清效

果好、过滤阻力小、成本低和保养方便，因此得到了广泛的应用。

② 锯末滤芯式粗滤器 结构如图2-107所示，其滤芯6为酚醛树脂黏结的锯末滤芯，它阻力小、滤清效果好、使用寿命长。

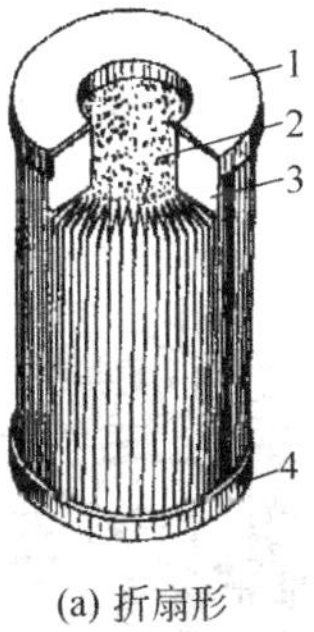

图2-106 纸质滤芯的构造

1—上端盖；2—芯筒；3—纸质滤芯；4—下端盖

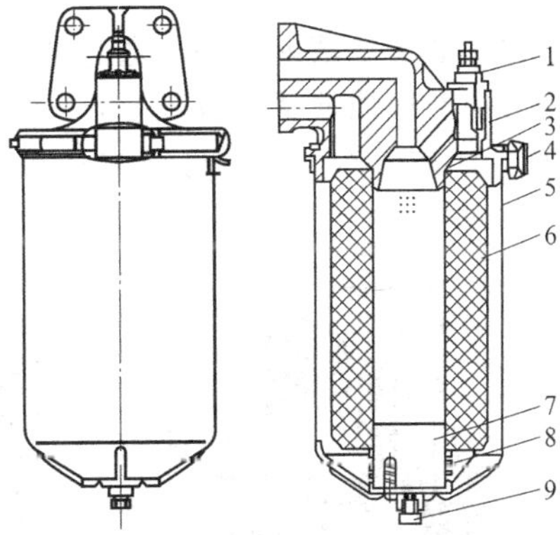

图2-107 锯末滤芯式粗滤器

1—滤芯更换指示器；2—外壳座；3—密封圈；4—卡箍总成；5—外壳；6—锯末滤芯；7—滤芯底座；8—弹簧；9—放油螺栓

③ 细滤器 机油细滤器用以清除细小的杂质。这种滤清器对机油的流动阻力较大，故多做成分流式，与主油道并联，只有少量的机油通过它滤清后又回到油底壳。细滤器有过滤式和离心式两种。过滤式机油细滤器存在着滤清能力与通过能力的矛盾，为此多数发动机采用离心式细滤器。离心式细滤器是利用离心力的作用原理，将机油中的机械杂质分离出来。

离心式细滤器的构造和工作原理如图2-108所示。来自主油道的机油进入细滤器后，由底座和转子中心孔道进入转子总成内腔，然后从两个喷嘴喷出，转子在反作用力推动下旋转。机油压力越高，转子体转速越快，当油压达到约0.3MPa时，转

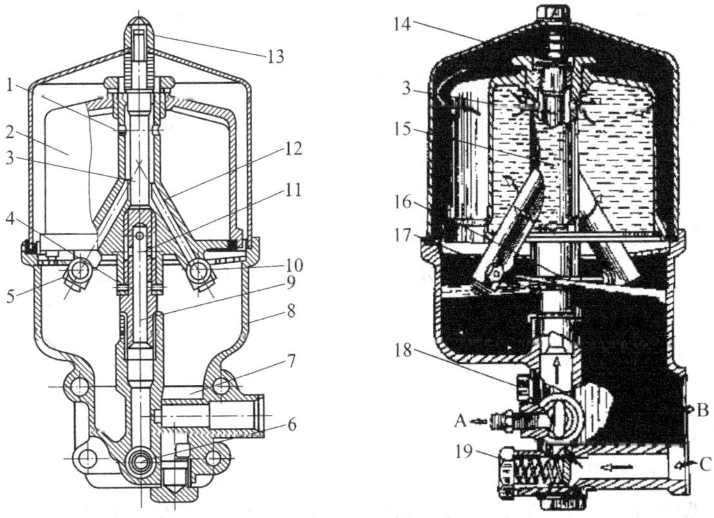

图2-108 离心式细滤器

1—进油孔（由转子内腔进入转子体）；2—转子盖；3—转子轴；4—止推轴承；5—喷嘴；6—滤清器进油孔；7—滤清器出油孔；8—壳体；9—带中心孔转子轴；10—通喷嘴油道；11—中心孔；12—转子体；13—压紧螺套；14—止推轴承；15—转子总成；16—转子止推轴承；17—挡油盘；18—底座；19—限压阀；A—通散热器；B—通主油道；C—通油底壳

子转速达 5000r/min 以上。机油中的污物被离心力甩向转子壁并沉积在转子壁上，达到滤清机油的目的。干净的机油喷出后流回发动机的油底壳。当主油道压力低于 0.098MPa 时，进油限压阀关闭，此时机油不经过细滤器，全部进入主油道，以保证发动机的润滑。

离心式细滤器滤清能力强，通过能力好，且不受沉淀物影响，不需更换滤芯，只需定期清洗即可。但对胶质滤清效果较差，一般只做分流式细滤器。

④ 复合式滤清器　它是将细滤芯和粗滤芯串联，装在同一壳体内，其结构和工作原理如图 2-109 所示。

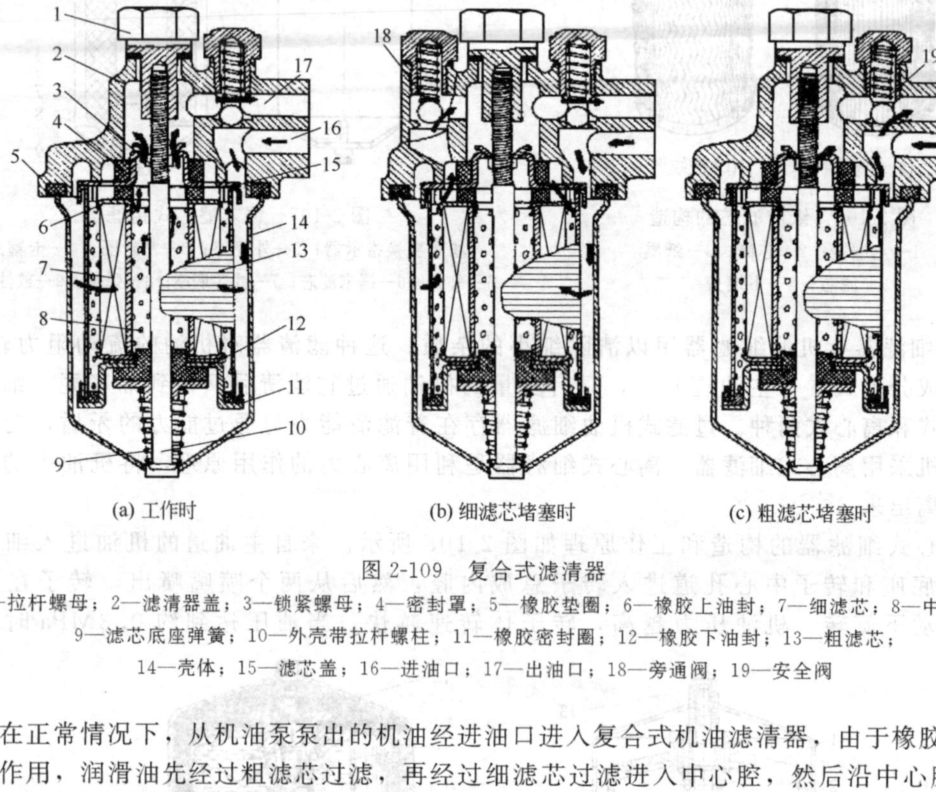

(a) 工作时　　(b) 细滤芯堵塞时　　(c) 粗滤芯堵塞时

图 2-109　复合式滤清器

1—拉杆螺母；2—滤清器盖；3—锁紧螺母；4—密封罩；5—橡胶垫圈；6—橡胶上油封；7—细滤芯；8—中心腔；9—滤芯底座弹簧；10—外壳带拉杆螺柱；11—橡胶密封圈；12—橡胶下油封；13—粗滤芯；14—壳体；15—滤芯盖；16—进油口；17—出油口；18—旁通阀；19—安全阀

在正常情况下，从机油泵泵出的机油经进油口进入复合式机油滤清器，由于橡胶元件的密封作用，润滑油先经过粗滤芯过滤，再经过细滤芯过滤进入中心腔，然后沿中心腔上流，经过出油口，流向主油道，如图 2-109(a) 所示。

若细滤芯堵塞，当滤芯前后压力差超过 0.09～0.1MPa 时，旁通阀开启，经过粗滤的润滑油通过滤芯盖腔孔进入主油道，如图 2-109(b) 所示；若粗滤芯堵塞，进油口和出油口压力差超过 0.196～0.245MPa 时，安全阀开启，润滑油则不经滤芯直接进入主油道，如图 2-109(c) 所示。

这种复合式滤清器结构紧凑、工作可靠，纸质滤芯可定期更换、成本低，因此被广泛地应用。

(3) 限压阀与旁通阀

在润滑系中一般设有几个限压阀和旁通阀，以确保润滑系正常工作。

1) 限压阀　限压阀用以限制润滑系中机油的最高压力。机油泵泵送机油的压力必须适当，压力过低，不易将机油压入摩擦表面而造成润滑不良；压力过高，将使喷到活塞与汽缸壁间的机油过多，渗入燃烧室而引起积炭严重和浪费机油，严重时还会使油管和机油压力表传感器等机件损坏。发动机工作时，机油泵的泵油压力是随发动机转速增加而增高的，并且当润滑系中油路堵塞、轴承间隙过小或使用的机油黏度过大时，也将使供油压力增高。因此，在润滑系机油泵和主油道中设有限压阀，限制机油最高压力，以确保安全。限压阀常见有柱塞式和钢球式，其结构如图 2-110 所示。

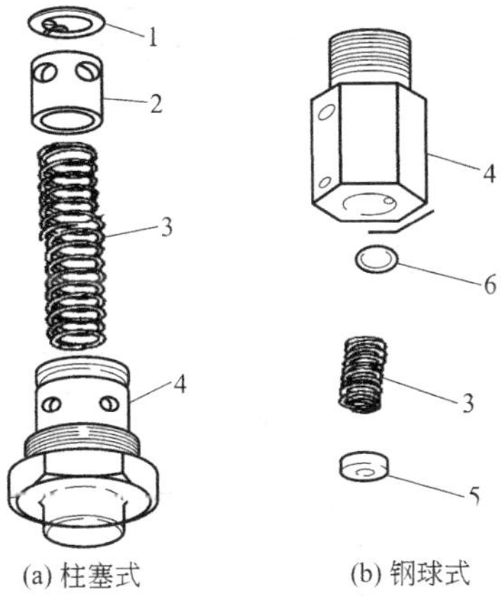

图 2-110 限压阀

1—锁环；2—柱塞阀；3—弹簧；4—阀套；5—弹簧座；6—球阀

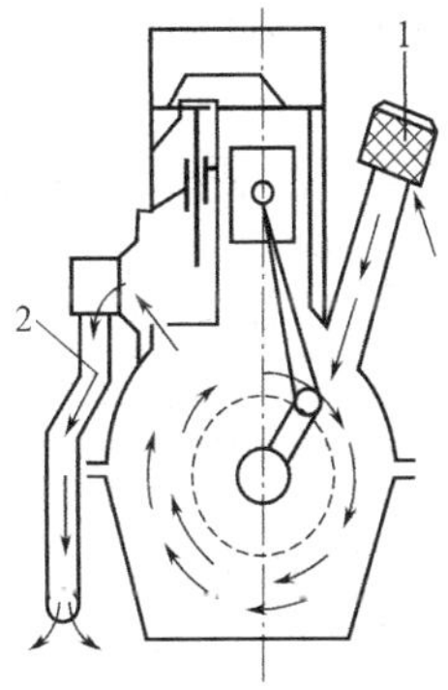

图 2-111 曲轴箱自然通风装置

1—空气滤清器；2—出气管

当机油泵和主油道上机油压力超过预定的压力时，克服限压阀弹簧作用力，顶开柱塞阀或球阀，一部分机油从侧面通道流入油底壳内，使油道内的油压下降至设定的正常值后，阀门关闭。

2）旁通阀　旁通阀用以保证润滑系内油路畅通。当机油滤清器、机油散热器堵塞时，机油通过并联在这些部件上的旁通阀直接进入润滑系的主油道，防止主油道断油。旁通阀与限压阀的结构基本相同，只是其安装位置、控制压力、溢流方向不同，通常旁通阀弹簧刚度要比限压阀弹簧刚度小得多。

(4) 油尺、机油压力表

油尺用来检查油底壳内油量和油面的高低。它是一只金属杆，下端制成扁平状，并有刻线。叉车行驶过程中机油会有所消耗，为使发动机正常运转，务必定期检查机油油面高度。检查机油油面时，必须将车停在水平路面上，关闭发动机后等待几分钟，待机油全部流回油底壳后拔出油尺，用干净布擦去油迹，重新将其插入，再次拔出即可准确测得油面高度。机油油面必须处于油尺上下刻线之间。

机油压力表用以指示发动机工作时润滑系中机油压力的大小。一般都采用电热式机油压力表，它由油压表和传感器组成，中间用导线连接。传感器装在粗滤器或主油道上，它把感受到的机油压力传给油压表。油压表装在驾驶室内仪表板上，显示机油压力的大小值。

(5) 曲轴箱通风装置

发动机工作时，一部分可燃混合气和废气会经活塞环泄漏到曲轴箱内，其中的汽油蒸气凝结后，将使润滑油变稀；同时，废气的高温和废气中的酸性物质及水蒸气将侵蚀零件，并使润滑油性能变坏；另外，由于混合气和废气进入曲轴箱，使曲轴箱内的压力增大，温度升高，易使机油从油封、衬垫等处向外渗漏。为此，一般叉车发动机都有曲轴箱通风装置，以便及时将进入曲轴箱内的混合气和废气抽出，使新鲜气体进入曲轴箱，形成不断的对流。曲轴箱通风方式一般有两种，一种是自然通风，另一种是强制通风。

1）自然通风　从曲轴箱抽出的气体直接导入大气中的通风方式称为自然通风。柴油机多采用这种通风方式。如图 2-111 所示，在与曲轴箱连通的气门室盖或润滑油加注口接出一根下垂的出气管，管口处切成斜口，切口的方向与行驶的方向相反。利用行驶和冷却风扇的气流，在出气口处形成一定真空度，将气体从曲轴箱抽出。

2）强制通风　从曲轴箱抽出的气体导入发动机的进气管，吸入汽缸再燃烧，这种通风方式称为强制通风。汽油机一般都采用这种曲轴箱强制通风方式。这种方式可以将窜入曲轴箱内的混合气回收使用，有利于提高发动机的经济性，同时也可降低对环境的污染。如图2-112所示为曲轴箱强制通风装置。

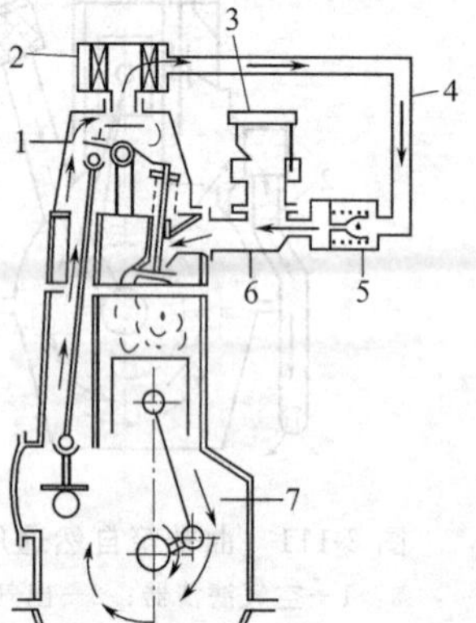

图 2-112　曲轴箱强制通风装置

1—汽缸盖后罩盖；2—空气滤清器；3—化油器；4—通风管路；5—单向阀；6—进气歧管；7—曲轴箱

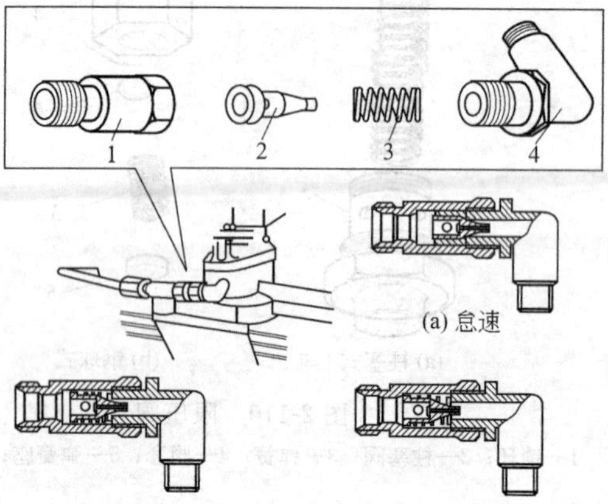

图 2-113　曲轴箱通风单向阀

1—阀体；2—阀芯；3—弹簧；4—阀座

曲轴箱强制通风装置广泛采用PCV阀（单向阀）方式。漏入曲轴箱内的新鲜混合气和废气在进气管真空度作用下，经挺杆室、推杆孔进入汽缸盖后罩盖内，再经小空气滤清器、管路、单向阀进入歧管，与化油器提供的新鲜混合气混合后，进入燃烧室参加再燃烧。新鲜空气经汽缸盖前罩盖上的小空气滤清器进入曲轴箱。为了降低曲轴箱通风抽出的机油消耗，除了在汽缸盖后罩盖内装有挡油板外，在后罩盖上部还装有起油气分离作用的小滤清器，在管路中串联曲轴箱通风单向阀。曲轴箱通风单向阀如图2-113所示。

怠速时，发动机进气歧管内真空度最大，单向阀被吸压在阀座上，曲轴箱内的废气经单向阀上的小孔进入进气歧管，既保证了通风效果，又保证了怠速稳定，如图2-113(a) 所示。

中等负荷时，发动机进气歧管内真空度下降，阀在弹簧的张力作用下离开阀座，使通风量适当增大，保证了曲轴箱内的气体抽出和空气的更新，如图2-113(b) 所示。

大负荷时，阀门完全打开，通风量最大，保证了曲轴箱内新旧气体的大量对流，如图2-113(c) 所示。

2.5.2　润滑系的检测与维修

润滑系技术状况的好坏，主要根据机油压力和润滑油的品质来判断。机油压力过低或过高都说明润滑系有故障。润滑油变质，使润滑油的性质改变，失去了正常的润滑作用，造成零件早期磨损。所以，润滑系工作好坏，直接影响发动机零件的磨损，影响发动机的使用寿命。为了保证发动机正常工作，对发动机进行定期维护、定期更换润滑油，对润滑系的各部磨损零件进行必要的检修，这样才会使润滑系的油压正常，工作可靠。

机油油量和油质的检测

①油平面高度的检查。将机械停放在平坦的地方，在发动机启动前进行。若中途检查时，须等发动机熄火10～15min后再进行。检查时，将机油标尺抽出擦净后再插入，再次抽出标尺，察看机油标尺的油迹。要求油面必须在上线和下线之间，最低不能低于下线标

记，加注润滑油时，应使油面接近上线。

② 机油质量的好坏，一般用眼观察可大致分辨机油的污染情况。若机油比较清澈，表示污染不严重；若机油显示雾状，油色混浊或浮化，表示被水严重污染；若机油呈灰色，闻之有燃油气味，则表示被燃油稀释；若用手指捻搓机油，有细粒感，则表示含杂质较多。其次用油滴斑点也可以检验。爆裂试验也是检测机油油质的方法之一，其方法是：把薄金属片或金属箔加热到110℃以上，然后滴上一滴机油，视其是否产生爆裂现象，若有爆裂现象，则说明油中有水。此法可验出0.1%的水分。

③ 机油的更换，要求发动机在热车状态下，将曲轴箱、机油粗细滤清器内的机油全部放尽。然后清洗曲轴箱和油道。用相当标准容量60%～80%的洗油从加机油口加注于曲轴箱，然后使发动机怠速运转2～3min，待清洗完毕后放尽清洗油，清洗机油粗、细滤清器，更换纸质滤芯，清洗曲轴箱通风装置，最后加入规定牌号和规定数量的新机油。

机油泵的检修

(1) 齿轮式机油泵的检修

1) 齿轮式机油泵的分解

① 拆下机油集滤器及油管。

② 拆下泵盖固定螺钉，取下泵盖。

③ 取下套在从动轴上的从动齿轮。

④ 用锉刀锉去联轴器套上的铆钉头，将铆钉冲出，取下联轴器套。

⑤ 轻敲主动轴外端，从泵腔侧取出主动轴、主动齿轮和钢丝挡圈，再从主动轴上取下主动齿轮。

⑥ 拧下泵盖上的限压阀螺塞，取出限压阀柱塞和弹簧。

⑦ 用汽油将上述零件清洗干净。

分解后的机油泵如图2-114所示。

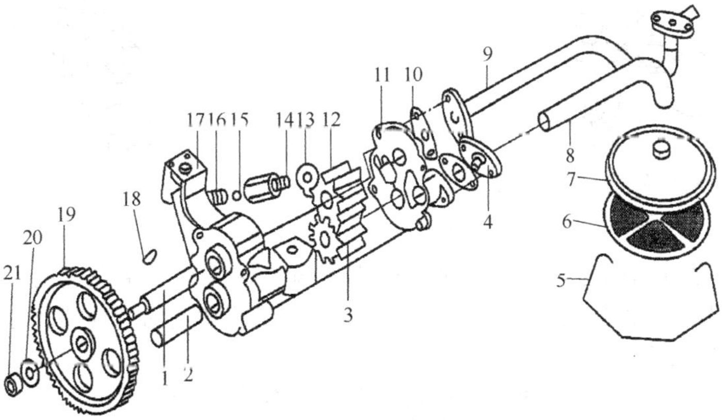

图2-114 齿轮式机油泵

1—主动轴；2—从动轴；3—从动齿轮；4—吸油管法兰；5—卡簧；6—滤网；7—集滤器外壳；8—吸油管；9—机油泵出油三通管；10—密封垫；11—泵盖；12—主动齿轮；13—锁片；14—限压阀体；15—钢球；16—弹簧；17—泵体；18—半圆键；19—传动齿轮；20—锁片；21—螺母

2) 机油泵零件的检修

① 泵体及泵盖的检修

a. 直观检验泵体及泵盖，若发现裂纹，应换用新件。

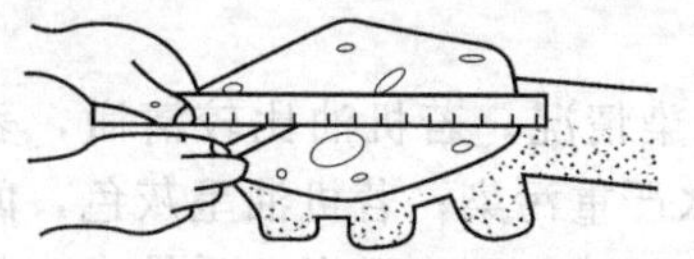

图 2-115 测量泵盖平面度

b. 用直尺和厚薄规检查泵体及泵盖接合面的平面度，如图 2-115 所示。若超过 0.10mm，应进行磨削、研磨修复或更换。

c. 检查机油泵主动轴与孔的配合间隙（见表 2-30）。间隙超过规定或晃动泵轴有明显松旷感觉时，应更换或镶套修复。

表 2-30 机油泵主动轴与泵壳承孔的配合间隙

mm

机型	NB485B	490BPG	495
原厂规定	0.016～0.061	0.032～0.070	0.032～0.070
使用限度	0.15	0.15	0.15

d. 泵盖上装有限压阀时，应检查限压阀弹簧弹力是否过软，球阀是否有失圆、锈蚀，封闭是否严密等，视情况换用新件。

② 泵轴的检修 用百分表检查机油泵轴的弯曲变形，其直线度在全长上超过 0.03mm，应进行校正，从动轴如有单面磨损时，可将磨损面调转 180°，再压入孔内继续使用。

③ 主、从动齿轮的检修 机油泵主、从动齿轮若有破损，轮齿工作面剥落、磨成台阶状或轮齿磨损量超过 0.25mm 时，均应换用新齿轮；齿轮工作面如有轻微点蚀或毛刺，可用油石磨光后继续使用。

3）机油泵的装配 机油泵各零件维修以后，清洗干净，按与拆卸相反的顺序进行装配，装配时应注意以下几点。

① 检查主、从动齿轮与泵盖之间的端面间隙，如图 2-116 所示。所测值加上机油泵盖垫片厚度即为齿轮与泵盖间端面间隙，间隙应为 0.06～0.10mm。如超过规定值范围，可通过增加或减少泵盖下垫片的方法进行调整。

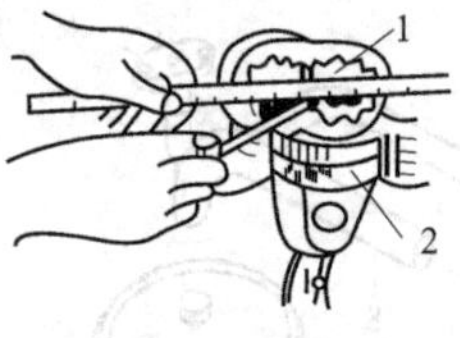

图 2-116 测量齿轮端面与泵盖的间隙
1—齿轮端面；2—泵体

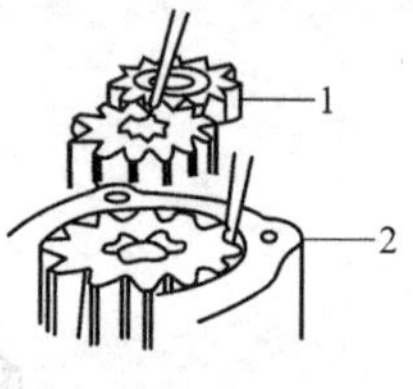

图 2-117 主、从动齿轮啮合间隙及齿顶间隙
1—测量齿轮啮合间隙；2—测量齿轮齿顶间隙

② 检查主动轴轴向间隙，将主动轴齿轮靠紧齿轮室底部，用合适的厚薄规在联轴器调整垫片处测量，其轴向间隙为 0.03～0.08mm。装配时注意此间隙应略小于齿轮端面与泵盖的间隙，以免造成刮伤。

③ 检查齿轮与泵体之间的间隙，即齿顶间隙，如图 2-117 所示。用厚薄规插在齿顶与壳体之间进行测量。

④ 检查主、从动齿轮啮合间隙，应符合表 2-31 的规定，检查方法如图 2-117 所示，即用厚薄规在齿轮圆周上互成 120°分三等分点测量，啮合间隙一般为 0.05～0.25mm，如间隙过大，应成对更换齿轮。测量时，各测量点齿轮啮合间隙相差不得大于 0.10mm。

表 2-31 机油泵齿轮与泵壳内壁间隙

mm

机型	NB485B	490BPG	495
原厂规定	0.040～0.082	0.03～0.09	0.03～0.09

4）机油泵的试验　机油泵装复后，经试验合格方可装车使用。试验方法一般有以下两种。

① 经验试验法　用手转动主动轴，应转动灵活，无卡滞现象；将机油泵注满干净的机油，堵住出油口，用手转动主动轴，应有明显的压力感，并有机油压出。

② 试验台试验　应符合表2-32所列技术要求。若不符合要求，应重新调整限压阀。调整方法是增减限压阀螺塞下面的调整垫片，减小垫片厚度，机油泵的泵油压力升高，相反，泵油压力下降。也可以在限压阀弹簧座处增减垫片进行调整。调整无效时，应检修限压阀或重新检查齿轮与泵盖等有关间隙。

机油泵装回后，发动机温度正常时，机油压力应符合表2-32的规定。

表2-32　机油泵性能试验技术要求

机　型	机油泵名称	转子型号	试验条件		泵油量/(L/min)	发动机怠速时压力/kPa
			转速/(r/min)	输油压力/kPa		
NB485B	四叶转子式	JZX1420	2456	450	23	≥49
490BPG	四叶转子式	JBZ5040	1500	440～460	29	—
495	四叶转子式	JBZ5440	1500	440～460	36	—

（2）转子式机油泵的检修

1）转子式机油泵的分解（如图2-118所示）

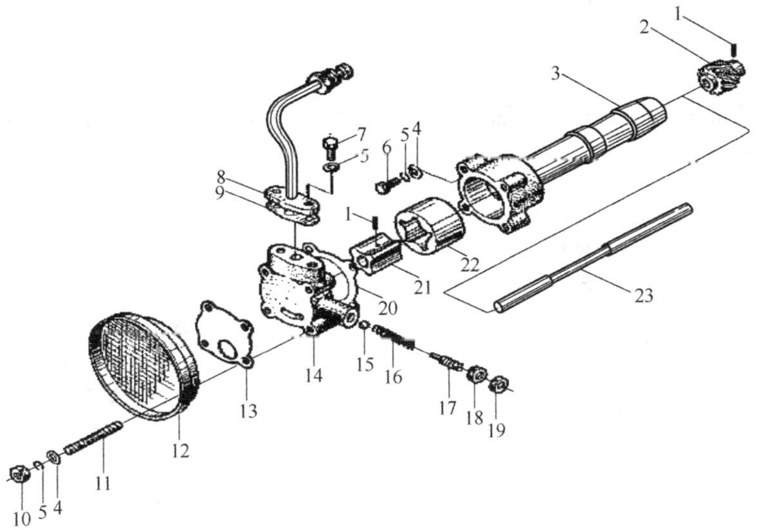

图2-118　转子式机油泵分解示意图

1—圆柱销；2—机油泵传动齿轮；3—泵体；4,9,20—垫片；5—弹簧垫片；6,7—螺栓；8—机油管路总成；10,18,19—螺母；11—双头螺栓；12—集滤器；13—集滤器垫片；14—泵盖；15—钢球；16—限压阀弹簧；17—调压螺钉；21—内转子；22—外转子；23—轴

① 拆下泵盖螺栓，取下泵盖。

② 取下机油泵外转子。

③ 取下机油泵内转子及泵轴。

④ 拆下开口销，取下限压阀弹簧座、限压阀弹簧及限压阀。

2）转子式机油泵检验与修复

① 用厚薄规检查内、外转子齿顶端面间隙，如图2-119(a)所示。标准值为0.04～

0.12mm，如超过 0.18mm，应换用新件。

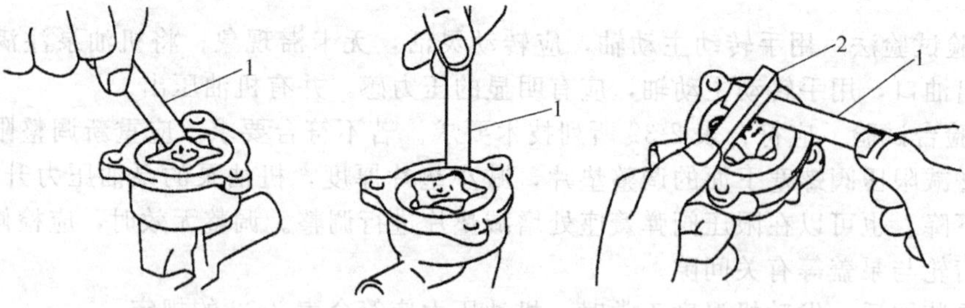

(a) 检查内外转子间隙 (b) 检查外转子与泵体间隙 (c) 检查转子轴向间隙

图 2-119 检查转子式机油泵

1—厚薄规；2—钢板尺

② 用厚薄规检查外转子与泵体之间的间隙，如图 2-119(b) 所示。标准值为 0.10～0.16mm，超过 0.20mm，应换用新件。

③ 用直尺和厚薄规检查内转子轴向间隙，如图 2-119(c) 所示。标准值为 0.03～0.09mm，超过 0.15mm，应更换。

④ 检查限压阀是否有刮伤，限压阀柱塞在阀孔内有无磨损，间隙是否增大而松旷，如有，应换用新件。弹簧弹力下降，应更换。

3）转子式机油泵的装配与试验

① 安装内外转子时，应把有标记的一面对着机油泵的壳体（朝向上方），如图 2-120 所示。

② 机油泵的检验如图 2-121 所示。机油泵装复后，将机油泵浸入清洁的机油盆内，按顺时针方向转动泵轴，直到机油从油孔中流出为止。再用拇指堵住出油孔，继续转动泵轴，若泵轴转动阻力增大为正常。

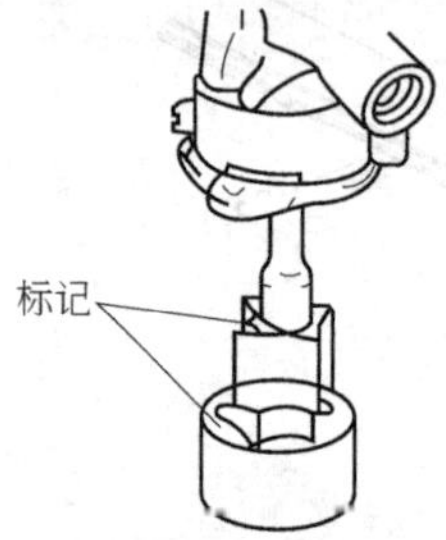

图 2-120 安装转子标记

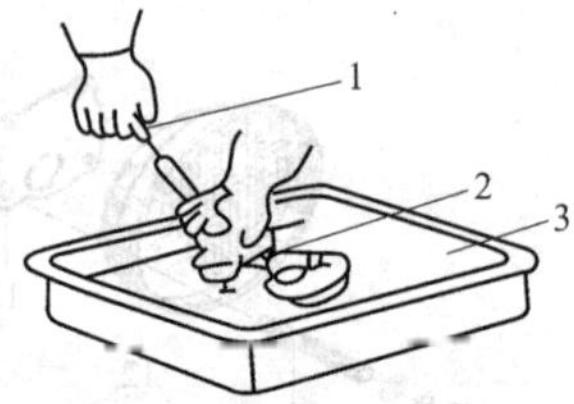

图 2-121 机油泵的检验

1—转动油泵轴；2—油泵；3—油盘

机油滤清器的检修

(1) 机油粗滤器的检修

分解后的锯末滤芯粗滤器如图 2-122 所示。

检修时应注意以下几点。

1）判断滤芯是否需要更换 冷启动时指示灯短时间亮是正常现象，只有在发动机正常工作的热状态下，指示灯持续发亮才说明滤芯已堵塞、需要更换，发动机大修时必须更换滤芯。

2）指示器起作用的条件 指示器只有在滤芯、橡胶密封圈和压紧弹簧均完好的情况下才起作用。若漏油、滤芯压力差达不到 147～196kPa 时，指示灯是不会亮的。

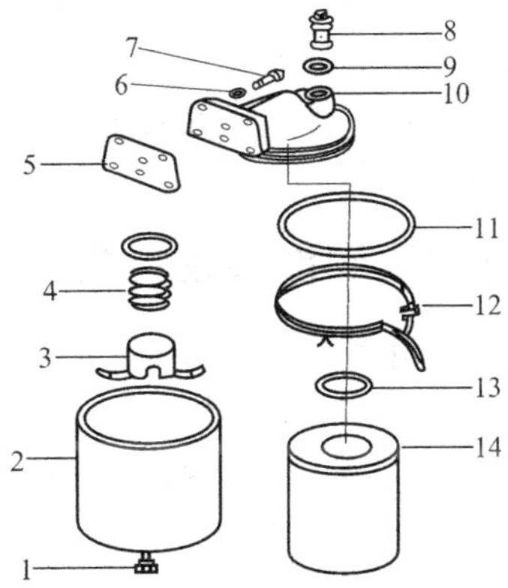

图 2-122 发动机粗滤器

1—放油螺塞；2—外壳；3—滤芯底座；4—滤芯压紧弹簧；5—衬垫；6—弹簧垫圈；7—螺栓；8—滤芯更换指示器；9—垫片；10—外壳座；11—外壳密封圈；12—卡箍总成；13—滤芯密封圈；14—滤芯

3）检查指示器　机械在使用过程中，若滤芯已更换，指示器的指示灯一直不亮，应检查指示器。

（2）机油细滤器的检修

1）机油细滤器的分解（以 FL100 型为例）

① 拧下盖形螺母，取下滤清器罩、压紧弹簧和止推垫片。

② 将转子喷嘴转到挡油缺口时，取下转子总成（注意转子体下面的推力轴承座圈不可丢失）。

③ 拆下转子罩上的紧固螺母，取下转子罩，并倒出机油。

④ 拆下转子轴及轴承，解体底座。

⑤ 清洗转子罩，用竹片或木板刮去转子罩内壁的油污，清洗干净后晾干。

⑥ 用压缩空气吹通喷嘴和油道，不能用金属丝穿通，以免刮伤喷孔。

2）机油细滤器零件的检修

① 喷嘴孔直径磨损超过 $\phi 2.2$mm，应更换喷嘴。

② 用百分表检查转子轴与转子体的配合间隙，若超过 0.15mm 时，可用镀铬法修复或换用新件。

③ 检查细滤器进油阀磨损，不严重时，可用细研磨砂研磨阀座，磨后换用新钢球；磨损严重时，可在铣床上先铣座口，然后研磨阀座，再换加大的钢球。

④ 弹簧弹力下降，换用新弹簧。

⑤ 密封圈损坏，变形或老化应更换。

3）机油细滤器的装配　对细滤器各部零件进行检修清洗后进行装配。装配时注意以下几点。

① 装转子总成时，注意对准转子罩与转子座之间的装配标记，以免破坏转子总成的平衡。

② 注意装好密封胶垫，如发生漏油，转子将不能转动。

③ 转子上部锁紧螺母不能拧得过紧，超过 29～49N·m，将破坏转子的正常工作。

④ 转子总成上端与压紧弹簧之间有一个止推片，装配时注意光面对着转子，不得漏装或反装，否则，转子将不能转动。

4）机油细滤器的试验　为了检验机油细滤器的性能指标，修理装配之后，应在专门试验台上进行试验。当将运动黏度为 17～24cSt 的机油、柴油混合油加热至（75±5）℃，进油压力为 294kPa 时，转子的转速应在 5000r/min 以上。在发动机上试验，转子正常工作时，发动机熄火后 2～3min 内，转子由于惯性可继续旋转，这时可以在发动机罩旁听到轻微的“嗡嗡”声。如听不到，可用长柄起子触在细滤器壳上进一步查听，若有旋转声为正常，否则应拆检。

曲轴箱通风装置的检修

为了保持曲轴箱通风装置经常处于良好的状态，对曲轴箱通风装置必须进行定期维护检查，使它保持畅通完好。

1）滤网的维修　将其在清洁的汽油中清洗后，用压缩空气吹干。滤网装入总成前，需在干净的机油中浸渍，以增强对灰尘的吸附和过滤作用。

2）管路的维修　通风管路如有连接松动、堵塞或破裂漏气等，应及时修理或更换。

3）单向阀的维修　拆下单向阀，检查是否灵活和密封。如有发卡、锈死或弹簧失去弹性时，应及时更换。

良好的通风装置能使发动机在正常工作时，曲轴箱内有一定的真空度（78kPa），否则，应重新检修。

2.5.3　润滑系常见故障诊断与排除

润滑系常见故障有：机油变质；机油消耗异常；机油压力过高；机油压力过低。

机油变质

1）现象　机油取样检查颜色变黑，用手指捻搓，失去黏性并有杂质感；含有水分的机油呈乳浊状并有泡沫。

2）原因　机油使用时间过长；活塞环漏油；曲轴箱通风不良；机油中混杂有废气中的燃油；发动机缸体裂纹、冷却水渗漏入油底壳；机油泵磨损，供油能力下降；机油滤清器过脏，堵塞或密封不好，使润滑油路短路；润滑油路堵塞。

3）诊断与排除　用机油尺取数滴机油滴于中性滤纸上，检查其扩散后的油迹，若中心黑色杂质较黑，粒子较粗，说明机油含杂质较多，已变质；若用手指捻搓取样的机油，失去黏性感，说明机油内混有燃油，应检查曲轴箱通风是否良好，活塞的漏气量是否过大。若机油中含有水分，进而检查缸壁有无裂纹、渗漏处；必要时检查滤清器是否失效以及油道是否堵塞。

机油消耗异常

1）现象　机油消耗率超过0.1～0.5L/4h，排气管排蓝烟，机油加注口脉动冒烟。

2）原因　活塞与缸壁间隙过大；活塞环弹力降低、抱死或对口，活塞环磨损过量，使端隙、侧隙、背隙过大；扭曲活塞环装错；进气门导管磨损过量；曲轴箱通风不良；发动机曲轴后端漏油；发动机正时齿轮室盖处漏油；油底壳或气门室盖（罩）漏油。

3）诊断与排除　先查看发动机各部外面有无漏油处；然后高速运转发动机，查看排气管是否冒蓝烟，有时可以看到从机油加注口冒出脉动的蓝烟，说明是机油进入汽缸燃烧室所致，应对活塞连杆组进行检查分析。若仅是排气管冒蓝烟，而机油加注口并无脉动的蓝烟，说明气门室的机油沿磨损过量的气门导管被吸入燃烧室。

机油压力过高

1）现象　接通点火开关，机油压力表即指示196kPa，启动后增至490kPa以上；发动机在运转中，机油压力表指示数突然增高；有时机油压力表指示数增高后，又突然下降过低。

2）原因　机油黏度过大；限压阀调整不当；新装配的发动机曲轴轴承或连杆轴承间隙过小；汽缸体主油道堵塞；机油滤清器滤芯堵塞且旁通阀开启困难；机油压力表失准或传感器失效；机油压力增高，油路中某处破裂，大量泄油，又使压力骤然下降。

3）诊断与排除　发动机油压过高，应立即熄火停车检查。首先检查机油黏度是否过大，然后用新机油压力表和传感器与旧的作对比试验，检查机油压力表和传感器是否失效。若以上检查良好，则应拆检限压弹簧是否调得过硬，再检查曲轴轴承和连杆轴承间隙是否过小，机油滤清器滤芯是否堵塞，旁通阀弹簧是否过硬，缸体主油道是否堵塞。

机油压力过高故障检查流程如图2-123所示。

机油压力过低

1）现象　发动机启动后，机油压力很快降低；发动机运转过程中，机油压力始终过低；油底壳机油被稀释，油面增高，机油黏度变小，并有水珠。

2）原因　机油量不足；机油黏度过小；限压阀弹簧过软或调整不当；机油滤清器旁通

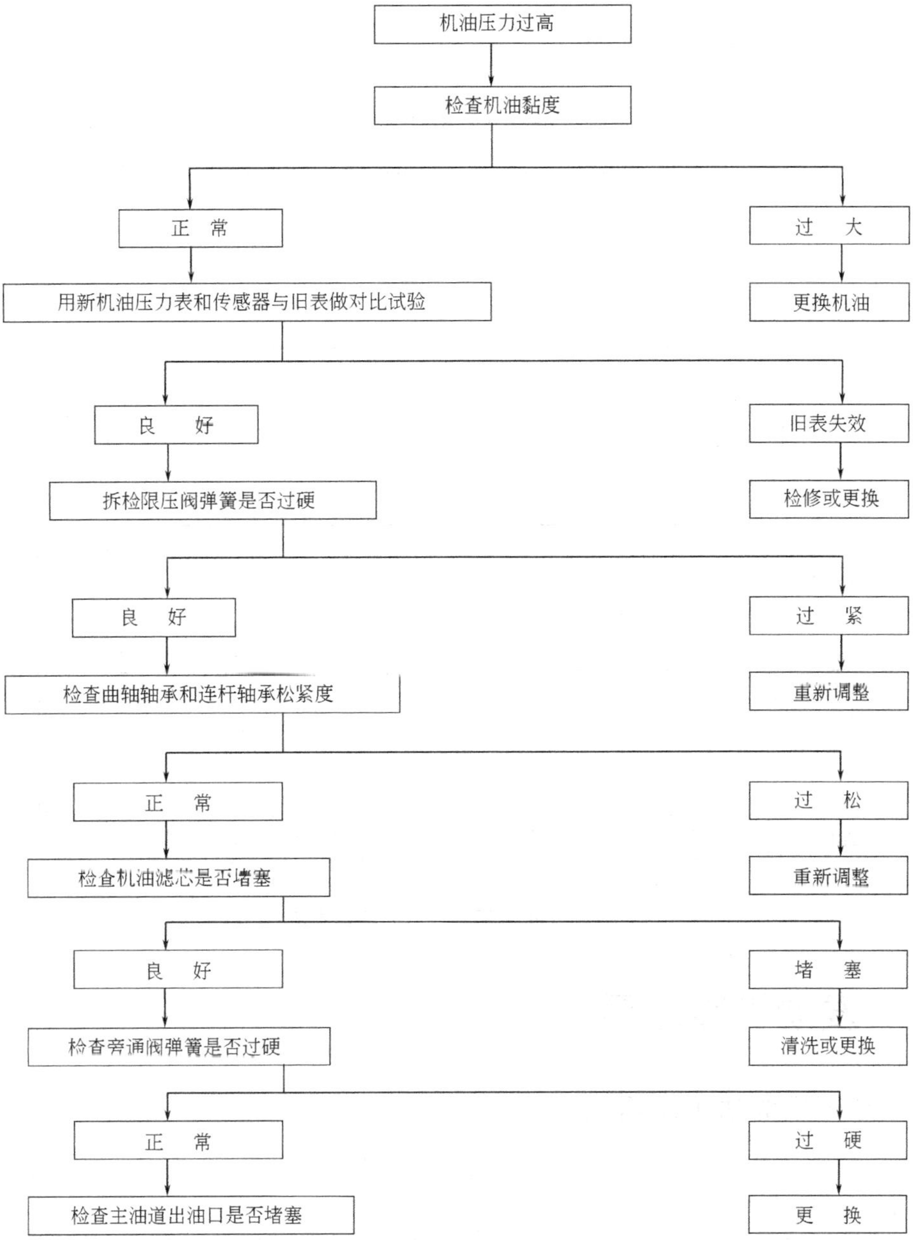

图 2-123 机油压力过高故障检查流程

阀弹簧折断或过软；润滑系各密封面和阀门及管路接头密封不严或润滑油道破裂而漏油；机油泵工作失常；机油滤清器堵塞；曲轴主轴承、连杆轴承或凸轮轴轴承间隙过大；机油表或传感器失效；汽缸垫损坏或衬套有裂缝，冷却水漏入油底壳中。

3）诊断与排除 检查油量是否不足，黏度变小，是否有泄漏。拆下传感器短时运转，观看出油是否有力，若无力，应检查滤芯、旁通阀、限压阀、进油管、集滤器、机油泵等工作是否正常。若出油有力，更换新传感器，检查表和传感器是否失效，必要时检查曲轴轴承和连杆轴承间隙是否过大。在作业中发现压力过低，可直接卸下主油道螺塞或传感器，观察喷油是否有力，若有力，可暂时使用，待作业完成后查明原因。无力，应立即检查。

机油压力过低故障检查流程如图 2-124 所示。

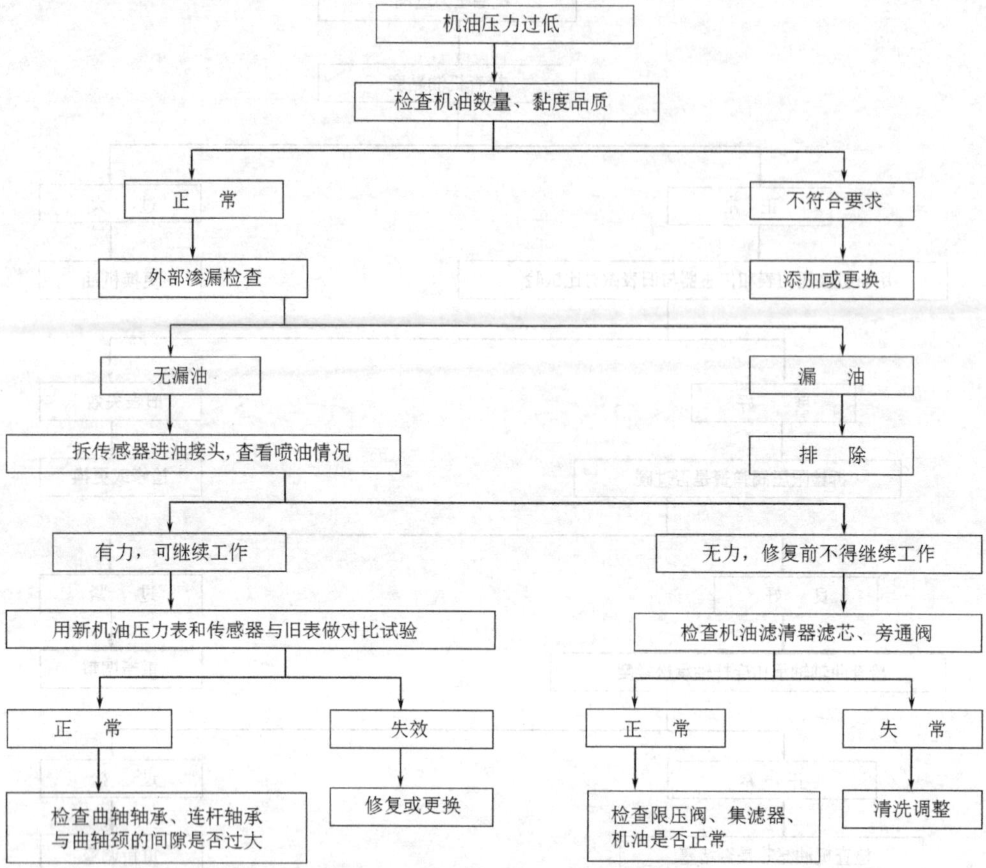

图 2-124　机油压力过低故障检查流程

2.6 发动机冷却系

2.6.1 冷却系的功用及组成

冷却系的主要功用是把受热零件吸收的部分热量及时散发出去，保证发动机在最适宜的温度状态下工作。

冷却系按照冷却介质的不同可以分为风冷和水冷。把发动机中高温零件的热量直接散入大气而进行冷却的装置称为风冷系；而把这些热量先传给冷却水，然后再散入大气而进行冷却的装置称为水冷系。由于水冷系冷却均匀、效果好，而且发动机运转噪声小，因此目前发动机上广泛采用的是水冷系。水冷系中，汽缸盖冷却水套中的冷却水温度一般应在 80～90℃。

水冷系的组成及水路

水冷系是以水作为冷却介质，把发动机受热零件吸收的热量散发到大气中去。目前发动机上采用的水冷系大都是强制循环式水冷系，利用水泵强制水在冷却系中进行循环流动。它由散热器、水泵、风扇、冷却水套和温度调节装置等组成，如图 2-125 所示。

散热器一般置于叉车前端横梁上，风扇放在散热器后面，这样可以利用叉车行驶时的迎风气流对散热器进行冷却。与风扇同轴的水泵，将散热器内的冷却水加压后通过汽缸体进水孔压送到汽缸体水套和汽缸盖水套内，冷却水在吸收了机体的大量热量后经汽缸盖出水孔流回散热器。由于有风扇的强力抽吸，空气流由前向后高速通过散热器，因此，受热后的冷却水在流过散热器芯的过程中，热量不断地散发到大气中去。冷却后的水流到散热器的底部，又被水泵抽出，再次压送到发动机的水套中。如此不断循环，把热量不断地送到大气中去，使发动机不断地得到冷却。

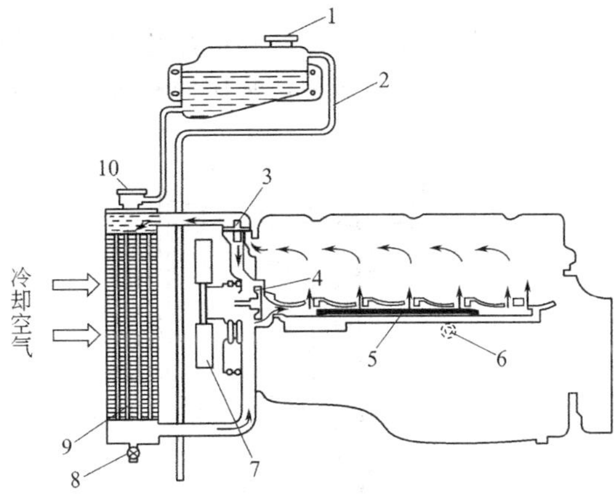

图 2-125　水冷系的组成与水路

1—储水箱；2—通气管；3—节温器；4—水泵；5—油冷却器；6,8—放水螺塞；7—风扇；9—散热器；10—散热器盖

为了使发动机在不同的负荷和转速条件下保持适宜的温度，冷却系中还设有冷却温度调节装置，如百叶窗、节温器、风扇离合器等。此外，为了使驾驶员随时掌握冷却系的工作情况，还设有水温表或水温警告灯等指示装置。有的叉车上的暖风装置是利用冷却水带出的热量来达到取暖的目的。为了提高燃油雾化程度，还可以利用冷却水的热量对进入进气歧管内的混合气进行预热。

通常，冷却水在冷却系内的循环流动路线有两条，一条为小循环，另一条为大循环，如图 2-126 所示。大循环是水温高时，水经过散热器而进行的循环流动；而小循环就是水温低时，水不经过散热器而进行的循环流动，从而使水温很快升高。冷却水是进行大循环还是小循环，由节温器来控制。

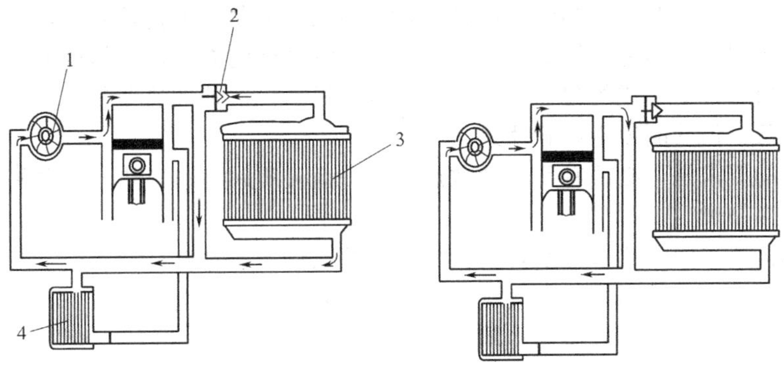

(a) 大循环　　(b) 小循环

图 2-126　冷却水的大循环和小循环

1—水泵；2—节温器；3—散热器；4—暖风加热器

水冷系的主要部件

(1) 散热器

散热器的功用是增大散热面积，加速水的冷却。冷却水经过散热器后，其温度可降低10～15℃。为了将散热器传出的热量尽快带走，在散热器后面装有风扇与散热器配合工作。

散热器又称为水箱，由上水室、散热器芯和下水室等组成，其结构如图 2-127 所示。

散热器上水室顶部有加水口，冷却水由此注入整个冷却系并用散热器盖盖住。在上水室和下水室分别装有进水管和出水管，进水管和出水管分别用橡胶软管与汽缸盖的出水管和水泵的进水管相连。在散热器下面一般装有减震垫，防止散热器受振动损坏。在散热器下水室的出水管上还有放水开关，必要时可将散热器内的冷却水放掉。

散热器芯由许多冷却管和散热片组成，设置散热片是为了增加散热器芯的散热面积。散热器芯的构造形式有多种，常用的有管片式和管带式两种，如图 2-128 所示。

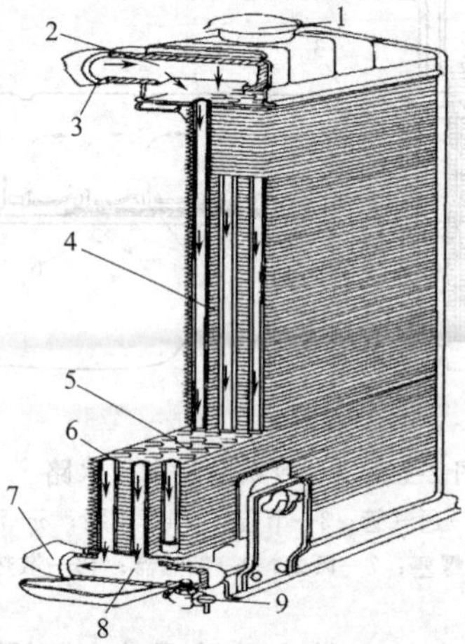

图 2-127 散热器结构

1—散热器盖；2—上水室；3—散热器进水管；4—散热器芯；5—冷却管；6—散热片；7—散热器出水管；8—下水室；9—放水开关

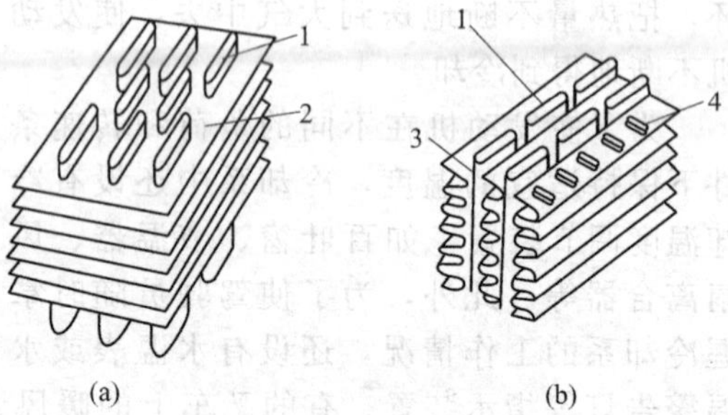

图 2-128 散热器芯结构

1—冷却管；2—散热片；3—散热带；4—缝孔

管片式散热器芯冷却管的断面大多为扁圆形，它连通上、下水室，是冷却水的通道。与圆形断面的冷却管相比，扁形管不但散热面积大，而且万一管内的冷却水结冰膨胀，扁形管可以借其横断面变形而避免破裂。采用散热片不但可以增加散热面积，还可增大散热器的刚度和强度。这种散热器芯刚度和强度都较好，耐高压，但制造工艺较复杂，成本高。

管带式散热器芯采用冷却管和散热带沿纵向间隔排列的方式，散热带上的小孔 4 是为了破坏空气流在散热带上形成的附面层，使散热能力提高。这种散热器芯散热能力强，制造工艺简单，成本低，但其刚度不如管片式。

对散热器的要求是，必须有足够的散热面积，而且所用材料导热性能要好，因此，散热器一般用铜或铝制成。

目前发动机多采用闭式水冷系，这种冷却系的散热器盖具有自动阀门。发动机热态工作正常时，阀门关闭，将冷却系与大气隔开，一方面防止水蒸气逸出，另一方面使冷却系内的压力稍高于大气压力，从而可增高冷却水的沸点。

(2) 风扇

风扇的功用是提高通过散热器芯的空气流速，增加散热效果，加速水的冷却。风扇通常安排在散热器后面，并与水泵同轴。当风扇旋转时，对空气产生吸力，使之沿轴向流动。空气流由前向后通过散热器芯，使流经散热器芯的冷却水加速冷却。

车用发动机的风扇有两种形式，即轴流式和离心式，如图 2-129 所示。轴流式风扇所产生的风的流向与风扇轴平行，离心式风扇所产生的风的流向为径向。轴流式风扇效率高、风量大、结构简单、布置方便，因而在车用发动机上得到了广泛的应用。

图 2-129(a) 所示的轴流式风扇由叶片、托板铆接而成，叶片则由薄钢板冲压成形，横断面多为圆弧形。这种风扇也叫做螺旋桨式轴流风扇。为了降低风扇噪声，使叶片具有良好的空气动力性能，已开始大量使用具有翼形断面叶片的整体铝合金铸造或用尼龙、聚丙烯等合成树脂注塑的轴流式风扇，如图 2-129(b) 所示。这种风扇由 2～8 片叶片组成，常见为

4、5、6片。为减小叶片旋转时的气流噪声，叶片常做成不等距的或叶片数为奇数。图2-129(c)所示为离心式风扇。

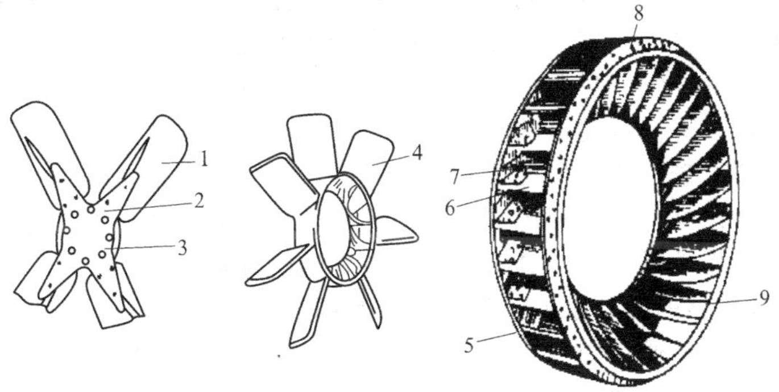

图 2-129 风扇

1—叶片；2—铆钉；3—托板；4—翼形叶片；5—风扇导圈；6—叶片；7—连接板；8—加强圈；9—风扇盘

(3) 水泵

水泵的功用是对冷却水加压，加速冷却水的循环流动，保证冷却可靠。车用发动机上多采用离心式水泵。离心式水泵具有结构简单、尺寸小、排水量大、维修方便等优点，其构造和工作原理如图2-130所示。

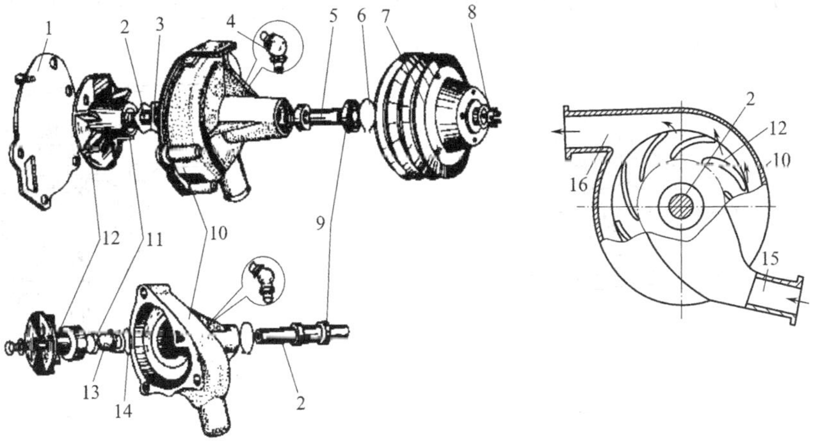

图 2-130 离心式水泵

1—水泵盖；2—水泵轴；3—夹布胶木垫圈；4—油嘴；5—轴承隔管；6、14—锁环；7—带轮；8—螺母；9—轴承；10—泵壳；11—水封弹簧；12—叶轮；13—水封皮碗；15—进水管；16—出水管

离心式水泵主要由泵体、叶轮和水泵轴组成，叶轮的叶片一般是径向或向后弯曲的，其数目一般为6～9片。当叶轮旋转时，水泵中的水被叶轮带动一起旋转，在离心力作用下，水被甩向叶轮边缘，然后经外壳上与叶轮成切线方向的出水管压送到发动机水套内。与此同时，叶轮中心处的压力降低，散热器中的水便经进水管被吸进叶轮中心部分。如此连续的作用，使冷却水在水路中不断地循环。如果水泵因故停止工作时，冷却水仍然能从叶轮叶片之间流过，进行热流循环，不至于很快产生过热。

(4) 冷却强度调节装置

冷却强度调节装置是根据发动机不同工况和不同使用条件，改变冷却系的散热能力，即改变冷却强度，从而保证发动机经常在最有利的温度状态下工作。改变冷却强度通常有两种调节方式，一种是改变通过散热器的空气流量；另一种是改变冷却液的循环流量和循环范围。

1）改变通过散热器的空气流量　通常利用百叶窗和各种自动风扇离合器来实现改变通过散热器的空气流量。百叶窗可以调节空气流量并防止冬季冻坏水箱，多用人工调节，也有采用自动调节装置的。自动风扇离合器是根据发动机的温度自动控制风扇的转速，调节扇风量以改变通过散热器的空气流量。它不仅能减少发动机的功率损失，节省燃油，而且还能提高发动机的使用寿命，降低发动机的噪声。

自动风扇离合器有硅油式、机械式和电磁式。目前应用最多是硅油式风扇离合器。硅油式风扇离合器是一种以硅油为转矩传递介质，利用散热器后面气流温度控制的液力传动离合器，它结构简单、工作效果好，并具有明显节省燃油的优点。

2）改变通过散热器的冷却水的流量　通常利用节温器来控制通过散热器冷却水的流量。节温器装在冷却水循环的通路中（一般装在汽缸盖的出水口），根据发动机负荷大小和水温的高低自动改变水的循环流动路线，以达到调节冷却系冷却强度的目的。节温器有蜡式和膨胀筒式两种，目前多数发动机采用蜡式节温器。

① 蜡式节温器　如图 2-131 所示，它是一种单阀式蜡式节温器。在橡胶管和感应体之间的空间里装有石蜡，为提高导热性，石蜡中常掺有铜粉或铝粉。常温时，石蜡呈固态，阀门压在阀座上。这时阀门关闭了通往散热器的水路，来自发动机缸盖出水口的冷却水，经水泵又流回汽缸体水套中，进行小循环。当发动机水温升高时，石蜡逐渐变成液态，体积随之增大，迫使橡胶管收缩，从而对反推杆上端头产生向上的推力。由于反推杆上端固定，故反推杆对橡胶管、感应体产生向下反推力，阀门开启。

当发动机水温达到 80℃以上时，阀门全开，来自汽缸盖出水口的冷却水流向散热器，而进行大循环。节温器工作过程如图 2-132 所示。

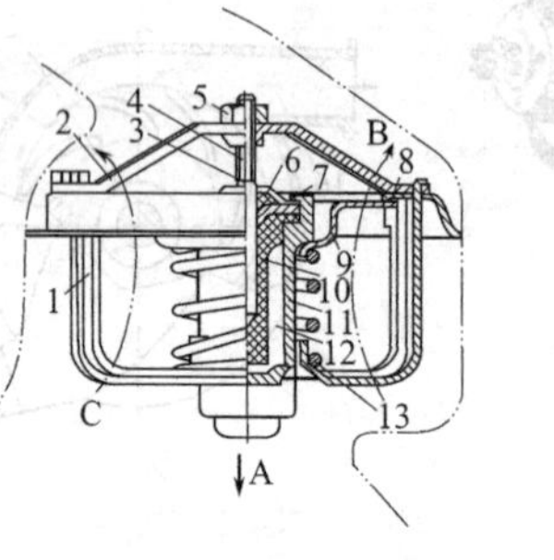

图 2-131　蜡式节温器

1—下支架；2—上支架；3—感应体壁；4—反推杆；5—螺母；6—密封圈；7—隔圈；8—阀座；9—阀门；10—橡胶管；11—感应体；12—石蜡；13—弹簧；A—阀门开启方向；B—水的流向；C—通水泵

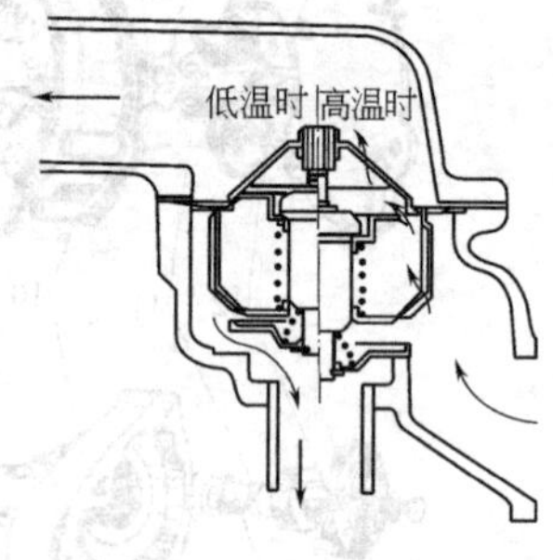

图 2-132　节温器工作过程

② 膨胀筒式节温器　膨胀筒式节温器的膨胀筒是具有弹性的、折叠式的、用黄铜制成的密闭圆筒，内装有易于挥发的乙醚，如图 2-133 所示。它是双阀门式，主阀门和侧阀门随膨胀筒上端一起上下移动。膨胀筒内液体的蒸气压力随着周围温度的变化而变化，故圆筒高度也随温度而变化。

当发动机在正常热状态下工作时，即水温高于 80℃时，冷却水应全部流经散热器，形成大循环。此时节温器的主阀门完全开启，而侧阀门将旁通孔完全关闭，如图 2-133(b) 所示。当冷却水温低于 70℃时，膨胀筒内的蒸气压力很小，使圆筒收缩到最小高度，主阀门压在阀座上，即主阀门关闭，同时侧阀门打开，如图 2-133(a) 所示。此时切断了由发动机水套通向散热器的水路，水套内的水只能由旁通孔流出经旁通管进入水泵，又被水泵压入发动机水套，冷却水并不流经散热器，只在水套与水泵之间进行小循环，从而防止发动机过冷，并使发动机迅速而均匀地热起来。当发动机的冷却水温度在70～80℃范围内时，主阀门和侧阀门处于半开闭状态，此时一部分水进行大循环，而另一部分水进行小循环。

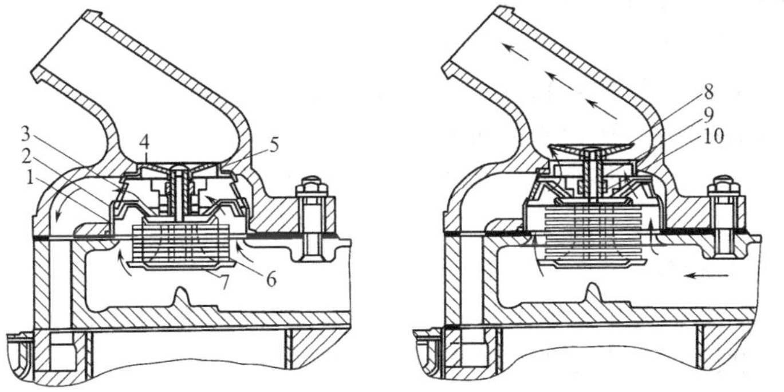

(a)　　(b)

图2-133　膨胀筒式节温器

1—外壳；2—侧阀门；3—旁通孔；4—通气孔；5—阀座；6—膨胀筒；7—支架；8—主阀门；9—导向支架；10—杆

节温器是冷却系中用来调节冷却温度的重要机件，它的工作是否正常，对发动机工作温度影响很大，间接地影响了发动机的动力性能和耗油量。因此，节温器不可随便拆除。

2.6.2　冷却系的检测与维修

试验表明，当发动机其他工况相同，冷却水温度降低到30℃时，汽缸磨损量要比温度为80℃时大4～5倍；当冷却水温度从90℃降到40℃时，耗油量增加30%，功率降低10%。因此，对发动机冷却系必须认真检修。

水泵的检修

(1) 水泵的分解

490BPG型发动机水泵分解示意图如图2-134所示。

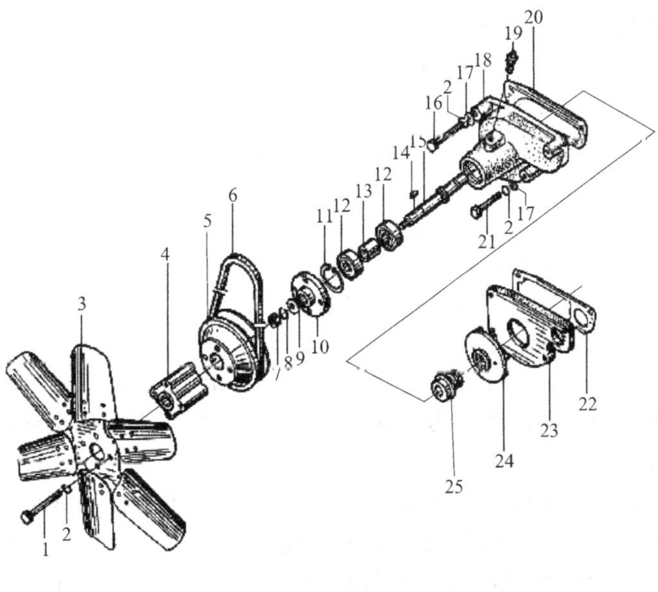

图2-134　490BPG型发动机水泵分解示意图

1,16,21—螺栓；2,8,9,17—垫圈；3—风扇；4—垫块；5—带轮；6—风扇带；7—螺母；10—风扇带轮毂；11—挡圈；12—轴承；13—轴承隔圈；14—键；15—泵轴；18—泵体；19—油嘴；20,22—衬垫；23—隔板；24—叶轮；25—水封

① 松开水泵固定螺栓，取下泵盖及衬垫。

② 松开水泵叶轮固定螺栓，取出水泵叶轮。

③ 取出水封密封垫圈及水封总成。

④ 拆下风扇总成固定螺栓，取下风扇带轮。

⑤ 拆下水泵轴前端开口销，松开固定螺母，取出带轮轮毂。

⑥ 退出开槽锥端螺钉，压出水泵轴及轴承总成。

⑦ 用专用拉器或冲头，将轴承从泵轴上压出或冲出。

⑧ 清洗分解后的全部零件。

(2) 水泵主要零件的检修

水泵常见的损伤有：水泵壳体渗漏、破裂变形；水泵叶轮破裂，水封损坏，水泵轴与轴承磨损；轴承座孔磨损。常见机型水泵技术参数见表 2-33。

表 2-33 常见发动机水泵技术参数 mm

机型	NB485B	490BPG	495
形式	离心式	离心式	离心式
流量/(L/min)	70(2600r/min)	130(3000r/min)	150(3000r/min)
叶轮与壳体调整间隙	—	4.00	—
叶轮与后盖间隙	0.20～1.40	0.20～0.40	0.20～0.40
叶轮孔与水泵轴配合间隙	−0.015～−0.044	−0.051～−0.015	−0.0055～0.0235

1) 水泵壳的检修

① 水泵壳体砂眼可采用铸铁焊条电焊或用环氧树脂胶粘接。

② 水泵壳体平面发生翘曲变形：其接合面翘曲变形超过 0.15mm，应车平或磨平。但车削总厚度不应大于 0.50mm。在装配时，根据车削厚度加厚水泵盖衬垫。

③ 水泵壳轴承孔磨损：轴承孔由于经常压入、压出轴承，使座孔发生磨损，轴承座孔发生磨损可采用镶套法修复，然后镗出座孔。

2) 水泵轴的检修

① 水泵轴磨损：检查水泵轴与轴承内径的配合间隙，应不大于 0.03mm，如超过规定，应换用新件。

② 水泵轴弯曲超过 0.50mm，应冷压校直。

3) 水泵叶轮的检修 水泵叶轮破裂，应换用新件。

4) 水封的检查 水封座圈外径磨损，水封老化、变形，磨损起槽，表面剥落或破裂导致漏水时，均应更换水封总成。

5) 检查水泵叶轮与泵盖端面间隙 为 1.0～1.8mm，否则，用垫片调整。

6) 检查水泵叶轮与泵壳间隙 为 0.8～2.2mm，否则，应更换叶轮。

(3) 风扇离合器的检修

壳体及前盖有裂纹、变形，应换用新件。主动板和从动板如挠曲变形，应校正。主动轴轴颈磨损，应换用新件。球阀磨损，轴承损坏，均应换用新件。检查双金属片感温器，在 65℃左右，应受热变形，当温度降至 45℃时，就不发生变形，否则，应换用新感温器。

(4) 水泵装复后的试验

水泵装复后应进行性能试验，试验方法一般有两种。

1）经验法试验

① 用手转动带轮，泵轴转动应自如，叶轮与泵壳应无碰擦感觉。

② 用手转动带轮，测试径向间隙，应无松旷感觉，前后拉动带轮，测试轴向间隙，允许稍有旷动为宜。

③ 堵住水泵进水孔，将水灌入水泵腔中，转动水泵轴，泄水孔无漏水现象。

2）试验台上试验水泵性能　当转速在2000r/min时，流量不低于200L/min，扬程不低于5m。

散热器的检修

散热器因经常受到振动及碰伤而破漏，铜皮受到腐蚀而损坏，内部沉积水垢，外表脏污，均影响散热性能。

(1) 散热器的清洗

先用压缩空气和清水清洗外部，然后放在洗涤池内，用氢氧化钠或铬酸水溶液煮洗，如果内部积垢严重，应拆去上、下水室，用通条进行通插，清除水管内积垢，然后再用压缩空气或清水冲洗干净内部。

(2) 散热器渗漏的检验

散热器渗漏的检验可用气压表、橡皮管和橡皮气囊进行检验，其工艺如下。

① 将散热器注满水，盖上散热器盖，封闭进、出水口。

② 将试验器水管接至放水开关上，旋开放水阀。

③ 捏动橡皮气囊加压，当泄水管放出空气时，压力表上读数为27～37kPa，如图2-135所示。

④ 关闭放水开关，将橡皮管接在泄气管上，加至50kPa水压，检查散热器有无渗漏现象。

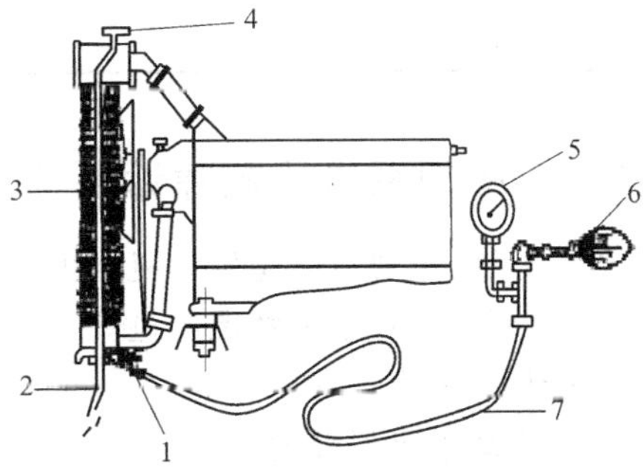

图2-135　散热器盖蒸汽阀的检验

1—放水阀；2—泄气管；3—散热器；4—散热器盖；5—压力表；6—橡皮气囊；7—水管

(3) 散热器的修复

1）上、下水室的修复

① 当上、下水室腐蚀不严重时，一般可用镀锡法修复。其方法是用盐酸清除水垢，擦干净，再用毛刷在内外表面涂以氯化锌溶液，用锡铅料1号焊接，焊接工具为电烙铁。

② 当上、下水室有孔洞或裂纹时，可用补板法修复。其方法是用0.8mm厚的铜片，比裂纹长度加大10～20mm的补板，盖在焊缝上，涂以氯化锌溶剂，然后在补板四周用锡焊焊牢。

2）散热器冷却管的修复　散热器冷却管的修复，可根据损坏情况分别采用不同的方法修复。

① 接管法　当散热器外层少数冷却管有部分损坏，且长度不大时，采用接管法修复，其方法如下。

a. 剪去损坏的冷却管，并将断口修整平齐。

b. 再取一段旧管，其长度为镶接部分加长10mm，然后将端口扩大，套装在损坏管的断口处。

c. 将通条插入冷却管，用尖嘴钳修理平整端口，在接口处涂以氯化锌溶液。

d. 用气焊加热，用锡焊焊牢。

② 换管法　当冷却管损坏长度较大时，可采用换管法修复，需将损坏的冷却管抽出，然后再装入新冷却管并焊合。采用换管法需具备电阻加热器和乙炔加热器等。

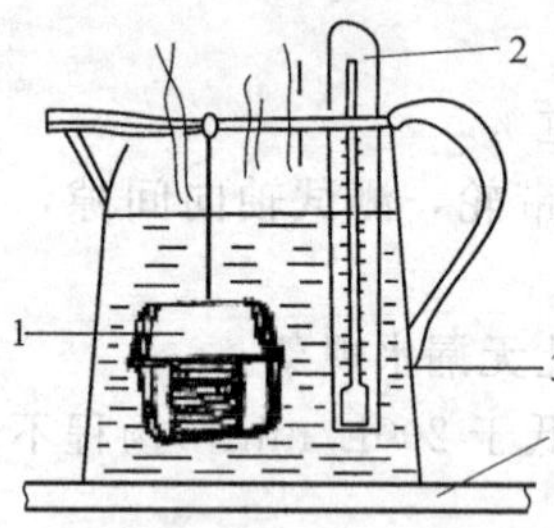

图 2-136 检查节温器

1—节温器；2—温度计；3—水；4—电热炉

(4) 散热器盖的检查

将散热器盖检验器装在散热器盖上，并对散热器盖加压，检查密封性能及排气阀的开口压力。

节温器的检查

① 节温器外表应清洁，与座孔的配合应紧密，密封可靠。

② 发动机冷启动后冷却水的温度上升很快，达到初开温度之后，水温上升显著减慢，则节温器工作正常。如果水温继续上升很快，甚至“开锅”，表明节温器已经失效，应予更换。

③ 拆下检查时，将节温器放在盛水的容器中，用温度计测量水温，如图 2-136 所示。逐渐将水加热，当水温达到初开温度时，节温器阀门应开始张开；当水温达到全开温度时，节温器阀门应完全张开，其最大升程应不小于标准限度（参见表 2-34），否则，应更换节温器。

表 2-34 主要机型发动机节温器参数

机型	NB485B	490BPG	495
阀门初开/℃	70	70	70
阀门全开/℃	85	85	85
升程/mm	6.25	6.6	6.6

2.6.3 冷却系常见故障诊断与排除

冷却系的主要故障是发动机温度过高，过高主要分：冷却水足但温度过高、冷却水不足而温度过高、工作中突然温度过高三种情况。

(1) 发动机温度过高

1) 冷却水足但温度过高

① 现象 发动机冷却水符合标准，且无漏水，但作业中动力不足，水温度超过 90℃甚至沸腾（俗称开锅）。

② 原因 风扇带过松或打滑；节温器大循环或分水管工作不良；散热器出水管被吸瘪或管壁脱层堵塞；散热器散热片倾倒过多或水管堵塞；风扇叶变形，角度不当；缸体水套水垢沉积过多，以及其他原因，如点火时间过迟、混合气过浓或过稀等。

③ 诊断与排除 先检查风扇叶片是否变形，带是否过松、打滑。若良好，再检查水循环系统是否正常，胶管是否吸瘪，管壁是否脱层，节温器是否失效，散热器是否堵塞，叶片是否倾倒过多，缸体水垢是否积垢太多，分水管是否损坏或堵塞。若通过检查仍过热，则应考虑技术使用方面的原因。

2) 冷却水不足而温度过高

① 现象 发动机冷却系容纳不了规定的冷却水量；在作业中冷却水消耗异常。

② 原因 散热器积垢过多，部分堵塞、漏水或进排气阀失效；水泵漏水；冬季冷却水未放净结冰，汽缸道孔与汽缸沟通；气门室壁破裂漏水，冷却系其他部位漏水。

③ 诊断与排除 首先，检查冷却水容量是否足够，散热器是否良好，冷却系各部是否漏水，如上述检查符合要求，应检查散热器和缸体水套内水垢沉积堵塞情况。冬季要注意检查散热器是否结冰，查看水泵是否漏水。若冷却系外部不漏水，而冷却水消耗仍然较快，要考虑冷却系内部有无漏水，即拔出机油尺发现有水，则为汽缸内壁或进气通道内壁破裂漏水或汽缸垫水道处冲坏与汽缸沟通。同时还应检查散热器的排气阀是否失效。

3）发动机突然过热

① 现象　水温表指针很快指示到100℃的位置；发动机功率明显下降；冷车发动时，水温迅速升高并沸腾，在补充冷却水后转为正常。

② 原因　风扇带断裂或发电机固定支点松动、移位；节温器主阀门脱落；水泵轴与叶轮松脱，冷却系严重漏水；汽缸垫冲坏，水泵与汽缸沟通，高压气流进入水道。

③ 诊断与排除　在作业中发动机突然过热，应注意电流表动态，若提高发动机转速，电流表显示不充电或充电指示灯亮，说明风扇带断裂造成水泵不工作。若手触试散热器、发动机，发现发动机温度高，散热器温度低，说明水泵轴与叶片松脱。若冷车发动时温度迅速升高、冷却水沸腾，多为节温器主阀门脱落。必要时检查汽缸垫是否损坏。

（2）发动机温度过低

① 现象　温度表指示值低于发动机正常工作温度，发动机工作乏力，消声器时有放炮声；燃油消耗增加。

② 原因　严寒地区未使用保温设施；节温器失效；发动机润滑油过多。

③ 诊断与排除　检查发动机润滑油量，若过多，应放出，保留适量润滑油，然后检查节温器是否失效，若失效应更换。

第3章 底盘构造与维修

底盘用来支承车身，传递发动机发出的动力，保证叉车正常行驶。它由传动系统、行走系统、转向系统和制动系统等部分组成。

3.1 传动系统的构造与维修

3.1.1 传动系统的功用及组成

传动系统的功用

动力装置和驱动轮之间的传动部件总称为传动系统。它是将动力装置输出的功率传给驱动轮，使动力装置功率输出特性尽可能满足机械行驶机构的使用要求。

叉车对传动系统的要求：一是保证机械具有高的动力性和经济性；二是工作可靠，操作方便；三是重量轻，体积小；四是传动效率高；五是噪声小。

传动系统的类型

叉车传动系统一般分为机械传动、液力机械传动和静压传动三种。

1）机械传动　机械传动系统一般由离合器、变速器、万向传动装置、主减速器、差速器和半轴等组成。发动机发出的动力经离合器、变速器、万向传动装置传到驱动桥。在驱动桥处，动力又经主减速器、差速器和半轴等传给驱动车轮，如图 3-1 所示。

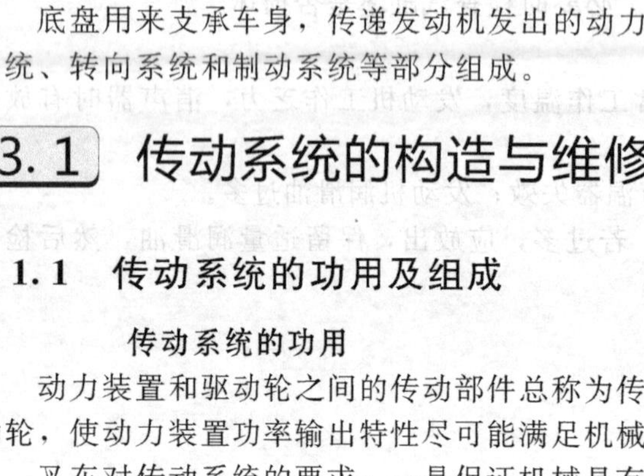

图 3-1　机械传动系统

1—内燃机；2—变速器；3—离合器；4—主减速器；5—差速器；6—半轴齿轮；7—半轴；8—车轮

机械式传动的优点是：传动效率高，结构简单，工作可靠。

2）液力传动　液力传动也叫动液传动，是利用液体介质在主动元件和从动元件之间循环流动过程中动能的变化来传递动力。能实现无级变速，所以应用广泛。但是液力变矩器的输出转矩与输入转矩比值还不能满足叉车各种行驶工况的要求，一般在后面还要串联一个有级机械变速器，这样的传动称为液力机械传动，如图 3-2 所示。液力机械传动能根据道路阻力变化情况，自动地在若干个车速范围内分别实现无级变速。

动液传动的主要优点是：发动机曲轴与驱动轮之间因为不是刚性连接，在外载荷突然增大时，可以保护发动机不致过载或熄火；可在不中断动力的情况下，实现平稳地自动换挡。这对作业时需要常常起步、停车、频繁换挡的叉车而言，大大简化了操作，提高了作业效率，减轻了驾驶员（操作人员）的劳动强度。缺点是：传动效率较机械式低，成本较高。

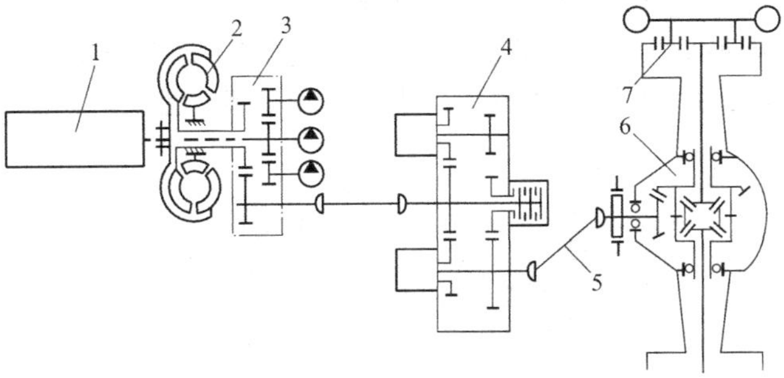

图 3-2 液力机械传动系统

1—内燃机；2—液力变矩器；3—分动器；4—变速器；5—万向传动装置；6—驱动桥；7—轮边减速器

3）液压传动 液压传动也叫静压传动，是通过液体传动介质静压力的变化来传递能量。主要由发动机驱动的油泵、液压马达和控制装置等组成。发动机输出的机械能通过油泵转化成液压能，然后再由液压马达，将液压能转化成机械能。油泵的供油量可在液压控制装置的控制下实现在一定范围内的无级连续变化，液压马达的转速也将在一定范围内连续变化，如图 3-3 所示。

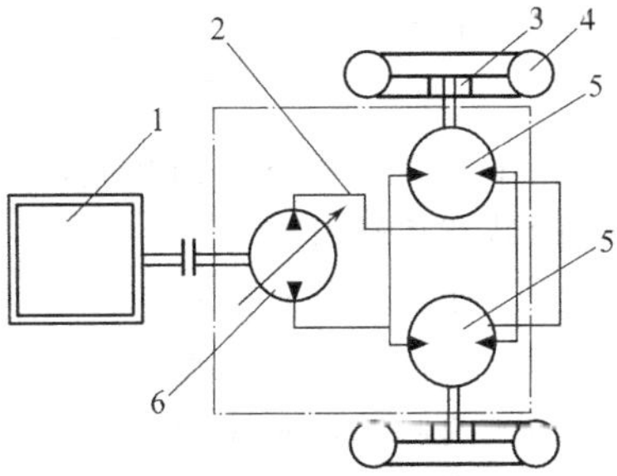

图 3-3 液压传动系统

1—内燃机；2—油管路；3—减速器；4—车轮；5—变量马达；6—变量泵

传动系统的组成

（1）离合器

1）离合器功用 离合器用来切断和传递发动机传给传动系的动力。主要功用如下。

① 平稳起步 在叉车起步前，首先应在切断发动机负荷的情况下启动发动机，通过柔和地接合离合器，逐渐加大对传动系的作用力矩，当驱动轮产生的牵引力足以克服起步阻力时，叉车开始运动并逐步加速。

② 配合换挡 叉车在行驶过程中，为了适应不断变化的行驶（作业）条件，传动系统经常要换用不同挡位、不同方向工作。在换挡时，先踩下离合器踏板，切断发动机与变速器之间的动力联系，变速器内相互啮合的齿轮间或其他啮合副间不再传递动力，使得原挡位啮合副容易退出传动。待变速器挂入新挡位后，再结合离合器，使变速器与发动机之间建立新的动力联系。

③ 防止传动系过载 在车速急剧改变时，传动系内各传动件将产生很大的惯性力矩，其受到的负荷可能大大超出发动机正常工作时的最大转矩，将使传动系超载。由于离合器所能传递的转矩有限，当出现过大转矩时，其主动部分与从动部分之间将相互打滑，从而避免了传动系不致因过载而损坏。

2）离合器种类 目前，与手动变速器相配合的离合器大多数为干式摩擦离合器。干式摩擦离合器按其从动盘的数目可分为单盘式、双盘式等。按压紧弹簧的结构分为周布弹簧离合器和膜片弹簧离合器等。

3）离合器构造 离合器将零部件按照功用分四个部分，分别是作为动力输出源的主动部分、待输入动力的从动部分、将主从动部分接合的压紧机构和实现主从动部分分离的操纵机构。

① 主动部分 主动部分包括飞轮、离合器盖、压盘等机件。这部分机件与发动机曲轴连在一起，并始终与曲轴一起转动。离合器盖与飞轮用螺栓连接，压盘与离合器盖之间靠3～4 个传动片传递转矩。传动片用弹簧钢片制成，沿压盘周边均匀分布，沿切线方向安装，

其两端分别被铆钉铆在离合器盖和压盘上。离合器分离时，传动片发生弯曲变形。

② 从动部分　从动部分即离合器摩擦片总成，它将主动部分通过摩擦传来的动力传给变速器的输入轴。由从动盘本体、摩擦片和从动盘毂三部分组成，如图 3-4 所示。

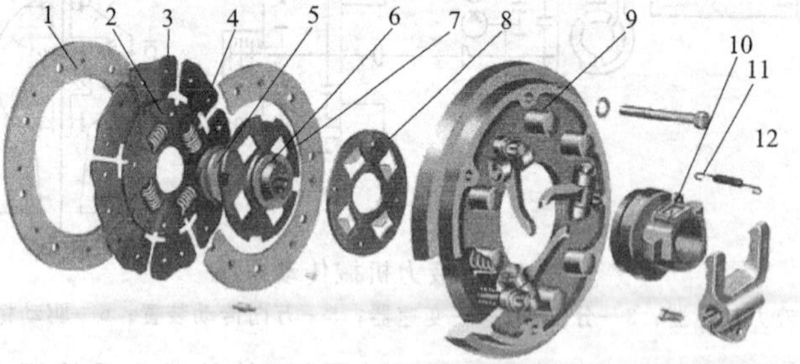

图 3-4　单片干式离合器结构

1—摩擦片；2—钢片；3—弹簧片；4—减震弹簧；5—摩擦垫圈；6—调整垫圈；7—从动盘毂；8—减震盘；9—离合器压盘总成；10—分离轴承及座；11—复位弹簧；12—分离叉

为了避免转动方向的共振，缓和传动系受到的冲击载荷，大多数叉车都在离合器的从动盘上附装有扭转减震器。

为了使叉车能够平稳起步，离合器必须接合柔和，这需要从动盘在轴向具有一定的弹性。为此，往往在从动盘本体圆周部分径向和周向切槽，分割形成的扇形部分沿周向翘曲呈波浪形，两侧的两片摩擦片分别与其对应的凸起部分相铆接，这样从动盘被压缩时，压紧力随翘曲的扇形部分被压平而逐渐增大，达到了接合柔和的目的。

离合器接合时，发动机发出的转矩经飞轮和压盘传给从动盘两侧的摩擦片，带动从动盘本体和减震器盘转动。从动盘本体和减震器盘又通过四（或六）个减震器弹簧把转矩传给从动盘毂。因为有减震弹簧的作用，所以传动系受到的冲击可以在此得到缓和。传动系中的扭转振动会使从动盘毂相对于从动盘本体和减震器盘来回转动，靠加在它们之间的阻尼片来摩擦消耗掉扭转振动的能量，将扭转振动衰减下来。

③ 压紧机构　压紧机构主要为螺旋弹簧或膜片弹簧，是和主动部分一起旋转的。它以离合器盖为依托，将压盘压向飞轮，从而将处于飞轮和压盘间的从动盘压紧。在弹簧与压盘的压紧面上，装有绝热垫。

④ 操纵机构　离合器操纵机构是驾驶员（操作人员）借以使离合器分离，而后又使之柔和接合的一套机构。它起始于离合器踏板，终止于离合器壳内的分离轴承，由位于离合器壳内的分离机构和位于离合器壳外的离合器踏板及传动机构、助力机构等组成。离合器壳内的分离机构包括分离杠杆（周布弹簧离合器）、分离钩（膜片弹簧离合器）、分离轴承、分离套筒、分离叉、回位弹簧等零件。

在分离离合器时，由分离叉拨动分离套筒沿离合器轴线移动，使分离套筒压向分离杠杆内端或膜片弹簧小端。由于分离套筒是不转动的，而分离杠杆内端和膜片弹簧小端却是随离合器的主动部分转动的，所以在分离套筒上设有推力式或径向推力式分离轴承。分离杠杆绕离合器盖上的支点转动，带动压盘后移，使离合器分离。

4）离合器的工作原理　当离合器处于接合状态时，在压紧弹簧的作用下，从动盘被压盘和飞轮压紧。当主动部分旋转时，摩擦力使从动盘旋转，从而将转矩传动至变速器的输入轴。

当驾驶员（操作人员）踩下离合器踏板时，通过操纵机构使分离轴承向飞轮方向移动，并压向分离杠杆内端，使分离杠杆绕支承轴转动，其外端拉动压盘远离飞轮方向移动，压盘施加在从动盘上的压力消除，离合器处于分离状态，如图 3-5 所示。

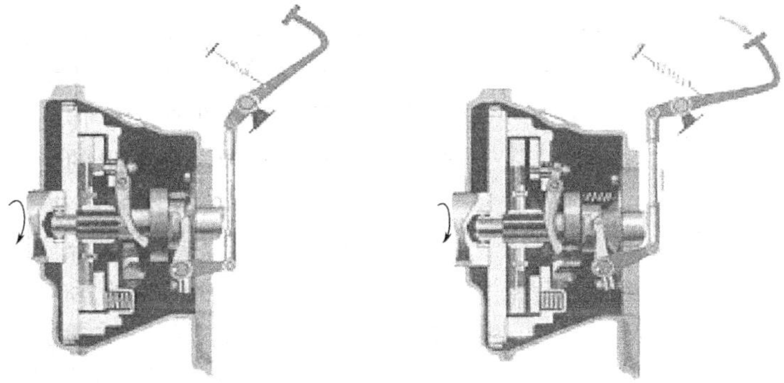

(a) 接合状态　　(b) 分离状态

图 3-5　单片干式离合器的结构与工作原理

摩擦式离合器能传递的最大转矩取决于摩擦面间的正压力、摩擦系数及摩擦面的尺寸和数量。一定结构的摩擦式离合器所能传递的最大转矩也是一定的，当传动系所传递的转矩超过此值时，离合器的主动部分和从动部分之间相互滑动，从而防止了传动系的过载。

由于离合器接合过程中存在着滑摩现象，从动盘、压盘和飞轮长期使用磨损后，压盘会向前（飞轮方向）移动，分离杠杆内端相应地要向后移动。如果安装时分离杠杆内端与分离轴承间不留间隙，则磨损后分离杠杆内端将由于压在分离轴承上而不能自由地后移，使外端牵制压盘不能前移，从而不能压紧从动盘，这将造成离合器打滑，不能保证传递发动机的最大转矩，摩擦副和分离轴承也会很快磨损或烧坏。因此离合器在接合状态下，分离杠杆内端与分离轴承间留有一个自由间隙，这个间隙反映到离合器踏板上去，使踏板产生了一个自由行程，称为踏板的自由行程。为了保证自由间隙，踏板自由行程都是可以调整的。

5）离合器主要技术参数　见表 3-1。

表 3-1　常见离合器主要技术参数

叉车		1～1.8t	2～3.5t
形式		单片干式	
摩擦片/mm	外径	275	275
	内径	175	175
	压紧时厚度	7.8	8.9±0.3
表面面积/cm^2		352	354
质量/kg		10	12.5
操作方式		脚踏板式	

6）离合器操纵机构　离合器操纵机构是驾驶员（操作人员）借以使离合器分离，或使之柔和接合的一套机构。它起始于离合器踏板，终止于离合器壳（飞轮壳）内的分离轴承。

按照分离离合器所需的操纵能源不同，离合器操纵机构可分成人力式和气压式两类。前者是以驾驶员（操作人员）的肌体作为唯一的操纵动力，后者则是以发动机驱动的空气压缩机作为主要操纵动力，而以人力作为辅助和后备的操纵动力。

人力式操纵机构按所用传动装置的形式不同，可分为机械式和液压式两种。

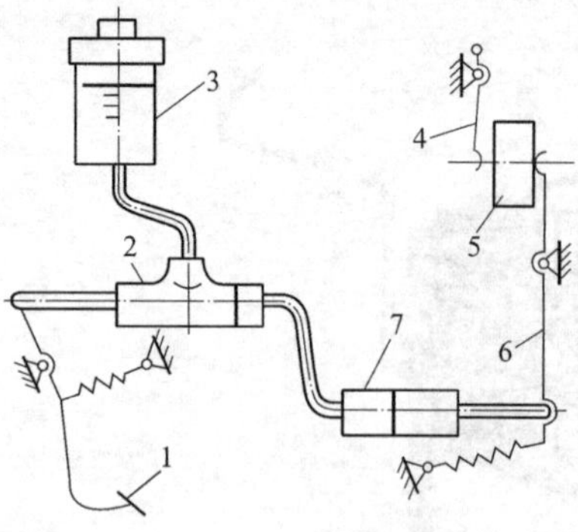

图 3-6 离合器液压式操纵机构示意图

1—踏板；2—离合总泵；3—储液室；4—分离杠杆；5—分离轴承；6—分离叉；7—离合分泵

机械式操纵机构中，广泛应用杆系传动装置，由于其结构简单，制造容易，工作可靠，一般小吨位内燃叉车采用，但该装置质量大，杆件之间铰接点多，因而摩擦损失较大，传动效率低，其工作会受到发动机震动及车架变形的影响。

① 液压式操纵机构的组成 液压式操纵机构主要由踏板、离合总泵、离合分泵、管路系统和回位弹簧等组成，如图 3-6 所示。该操纵机构具有摩擦阻力小、传动效率高、质量小、布置方便、接合柔和、其工作不受车架变形以及发动机振动的影响、便于远距离操纵等优点，因此，在中小吨位内燃叉车上得到广泛应用。

a. 离合总泵 结构如图 3-7 所示，主要由活塞、弹簧、阀杆和推杆等组成，安装在离合器踏板上，踏板的运动通过推杆传递给活塞，将踏板作用力转变成液压力。

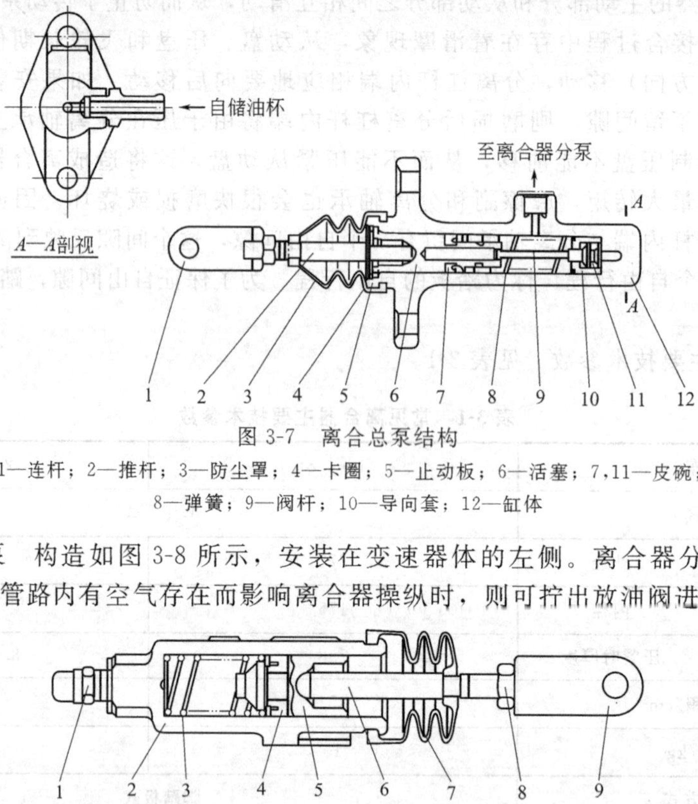

图 3-7 离合总泵结构

1—连杆；2—推杆；3—防尘罩；4—卡圈；5—止动板；6—活塞；7,11—皮碗；8—弹簧；9—阀杆；10—导向套；12—缸体

b. 离合分泵 构造如图 3-8 所示，安装在变速器体的左侧。离合器分泵内装有活塞、弹簧、推杆。当管路内有空气存在而影响离合器操纵时，则可拧出放油阀进行放气。

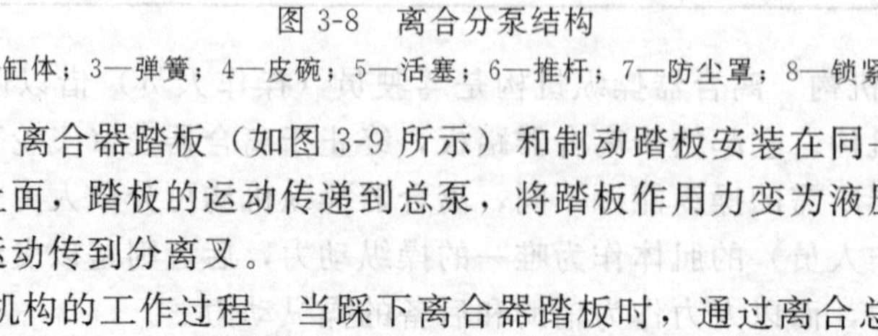

图 3-8 离合分泵结构

1—放油阀；2—缸体；3—弹簧；4—皮碗；5—活塞；6—推杆；7—防尘罩；8—锁紧螺母；9—连杆

c. 离合器踏板 离合器踏板（如图 3-9 所示）和制动踏板安装在同一支架上，其支架又安装在变速器体的上面，踏板的运动传递到总泵，将踏板作用力变为液压力，液压力推动离合器分泵的推杆将运动传到分离叉。

② 液压式操纵机构的工作过程 当踩下离合器踏板时，通过离合总泵连杆推动推杆使离合总泵活塞向右移动，活塞复位弹簧被压缩，活塞右端腔室容积减小，油液受压，压力升

离，进油阀门两侧压差增大，阀门右移，关闭进油口，随着活塞继续右移，腔室内油液压入离合分泵，分泵活塞在油压作用下右移，推动推杆右移，使分离叉转动，从而带动分离杠杆、分离套筒等使离合器分离。

当迅速放松离合器踏板时，离合总泵活塞在复位弹簧的作用下向左移动，腔室容积增大，离合分泵内的油液流回离合总泵腔室，由于离合风泵内油压降低，活塞与推杆在回位弹簧的作用下左移，使离合器接合。

当活塞左移时，带动阀杆左移，使阀门打开，将储油杯与离合总泵腔室接通，补充或调节油压，以保证正常的油压和系统工作的可靠性。

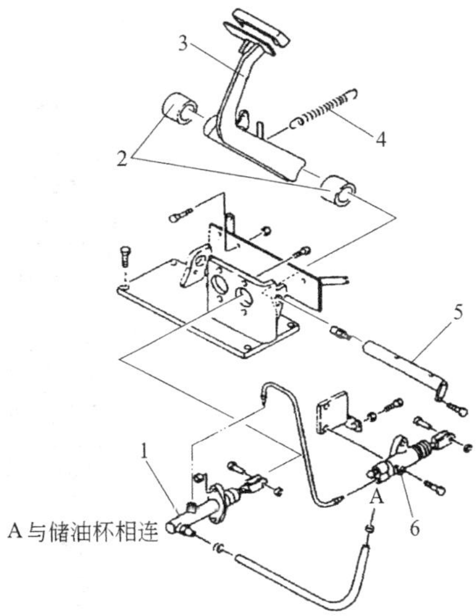

图 3-9 离合器踏板机构
1—离合器总泵；2—衬套；3—踏板；4—弹簧；5—轴；6—离合器分泵

(2) 机械变速箱

机械变速箱是内燃叉车传动系统的主要部件之一。在叉车使用中，变速箱与发动机配合工作，以保证叉车有良好的动力性能和经济性能。

内燃叉车变速箱根据速比变化，一般分为有级变速和无级变速两大类。有级变速箱是指变速箱有若干个挡位，每一个挡位有一个固定的传动比，通过齿轮传动，称为机械变速箱；无级变速箱是指变速箱可在一定范围内根据阻力的变化，自动、无级地改变传动比和转矩。

1) 功用

① 用以改变传动系统的转速和转矩，使叉车获得所需的行驶速度和牵引力。

② 在保持发动机顺转的情况下，实现叉车行驶换向。

③ 当叉车暂时停车时，可利用变速箱空挡位置使发动机和传动系统脱离，以便发动机能不熄火做怠速运转。

2) 组成 内燃叉车常用的机械变速箱主要由箱体、主动轴（输入轴）、中间轴、惰轮轴（换挡用）及输出轴组成，如图 3-10 所示，每根轴上都有一种或几种不同齿数的齿轮，这些齿轮通过装在中间轴上的两组啮合套式同步器，利用换挡手柄来进行换挡，由输出轴通过低速齿轮和差速器及半轴，将动力传递到驱动轮上，以达到改变叉车速度的目的。

机械变速箱的主要技术参数见表 3-2。

表 3-2 机械变速箱的主要技术参数

型号	JDS18(1～1.8t)	JDS25(2～2.5t)	JDS30(3～3.5t)
换挡形式	手动换挡,直齿传动,滑动式同步器		
挡位	前进、后退各 2 个		
前进 1 挡/2 挡	3.253/1.407		
后退 1 挡/2 挡	3.204/1.386		

① 主动轴和滑轮螺杆组件 主动轴在离合器一端插入飞轮的轴承中，另一端花键装着输入齿轮，与箱体上的轴承连接，中间部分通过球轴承和弹性挡圈由轴承架支承，轴承架借助于滑动螺杆装在箱体的支承面上。当需要更换离合器摩擦片总成时，主动轴和轴承架能一起通过转动滑动螺杆的 T 形螺纹，沿轴向移动一段距离，让出更换摩擦片的空间，从而使

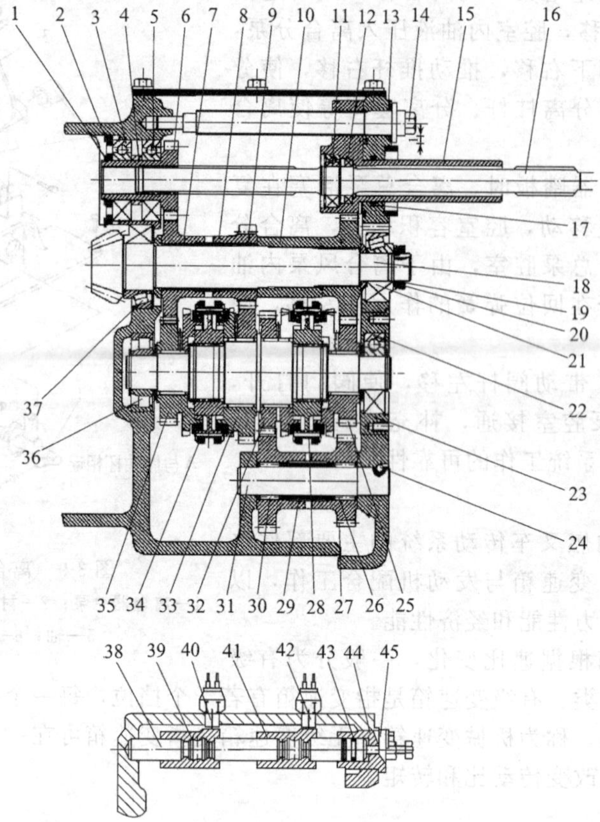

图 3-10 3t 叉车变速箱结构示意图

1,2—弹簧卡环；3,5,11,22,36—球轴承；4,10,29—隔圈；6—主动齿轮；7,9,26,30—滚针轴承；8—组合齿轮；12—油封；13,17,43,44—O形密封圈；14—滑动螺栓；15,23—轴承保持架；16—主动轴；18—主动齿轮；19—锁紧螺母；20—调整螺母；21,37—圆锥滚子轴承；24—钢球；25—前进齿轮；27—反转齿轮；28—离合轮毂；31—轴；32—倒退齿轮；33—低速齿轮；34—离合毂；35—高速齿轮；38—换挡杆；39,41—拨叉；40—零位开关；42—倒车灯开关；45—轴环

更换摩擦片更容易、方便。

② 中间轴组件　高速齿轮、低速齿轮、前进齿轮和换挡齿轮都通过滚针轴承装在中间轴上，它们分别与双联齿轮、输入齿轮保持常啮合状态，通过中间轴上的两个同步器实现速度和方向的变换。

③ 惰轮轴组件　支承在箱体上的惰轮，一端用钢球定位，以免轴向移动。惰轮在惰轮轴上自由转动，达到改变方向的目的。

④ 输出轴组件　输出轴一端的螺旋伞齿轮将动力传给减速器，另一端花键装着输出齿轮，并在其螺旋伞齿轮一侧用滚针轴承支承着双联齿轮。轴的两头装有圆锥滚子轴承，并用垫片来调整螺旋伞齿轮的啮合情况。双联齿轮的大齿轮与输入齿轮和高速齿轮常啮合。而小齿轮与低速齿轮常啮合，输出齿轮与前进和后退挡位齿轮常啮合，实现不同挡位和方向的动力输出。

⑤ 操纵杆与换挡拨叉组件　两个手动操纵杆分别推动拨叉和啮合套，实现换挡和换向。拨叉支承在换挡杆上，用弹簧将钢珠锁定在换挡杆槽内，以防止脱挡和自动掉挡。

⑥ 锁环式惯性同步器　同步器由啮合套、同步锥、同步环、嵌块、弹簧、拨叉等组成（如图 3-11 所示），经由同步锥表面和同步环内表面之间产生摩擦力矩而传递动力。

同步锥由常啮合齿轮 11 和 13 组成，各带有一轴向锥面（同步锥）和渐开线花键，通过这一锥面和花键分别与同步环 2 和啮合套 5 接合，实现力的传递。

同步环有内锥孔，通过内锥孔磨损面与同步锥相配合。同步环自三个沿圆周均布的凹槽，此三槽与啮合套花键及同步环花键的位置相应对中，以便通过啮合套花键 6 轴向移动压向同步环，以实现摩擦锥面的接触。

三个嵌块的中间凸出部分装入啮合套 5 的花键槽内，其两端部分分别嵌入同步环相应的三个凹横槽内，并通过 2 只弹簧 8 将嵌块压向花键 6 槽的顶部，而向外的弹簧力保证同步环的花键齿经常处于对中位置。

啮合套外表面的凹槽与拨叉连接，内表面花键与同步环 2 上的花键相组合。同步器的工作原理见表 3-3。

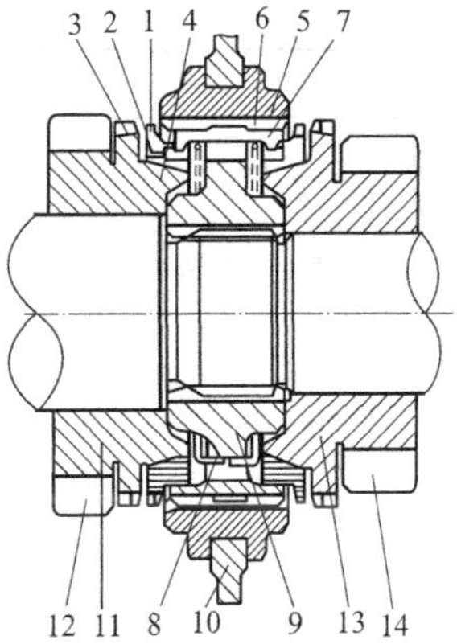

图 3-11 锁环式惯性同步器

1—同步花键齿；2—同步环；3—齿轮 11 的花键齿；4—同步锥；5—啮合套；6—啮合套 5 的花键；7—嵌块；8—弹簧；9—离合器从动盘毂；10—拨叉；11、13—常啮合齿轮；12—齿轮 11 的齿；14—齿轮 13 的齿

表 3-3 同步器的工作原理

序号	工作过程	工作原理示意图
1	当开始换挡时，作用在操作杆上的力经拨叉传到啮合套 5 上，啮合套和嵌块 7 在轴向力的作用下沿轴向向齿轮 11 移动距离 X_1 和 X_2，此时嵌块 7 的中间凸部仍处于啮合套的内槽里	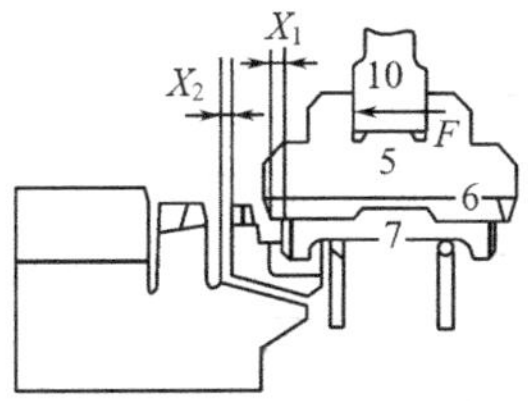
2	当间隙 X_1 和 X_2 消除后，作用力通过嵌块和同步环 2 加到同步锥表面，此力克服弹簧力的作用，并使嵌块倾斜一角度，形成图示斜角接触，啮合套在此力的作用下移动 Z 距离，一般情况下 Z 为 0.2～0.3mm	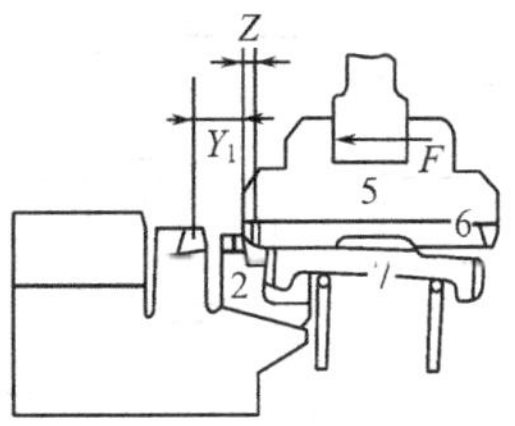
3	由于在摩擦锥面上产生的摩擦力矩使同步环同向转了一个角度，保证同步环外花键的倾角与啮合套内花键齿倾角相接触面锁上，以防止啮合套继续左移，发生碰撞并产生噪声	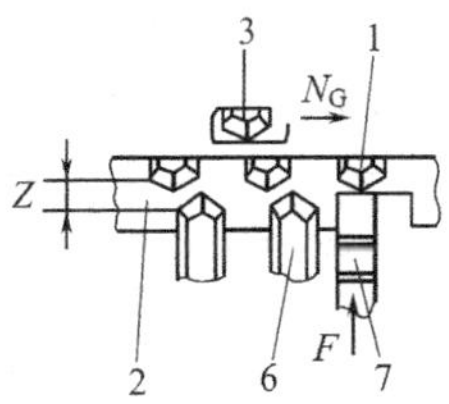
4	随着同步环外花键倾角相贴合，在同步锥面的摩擦力矩 T_c 逐渐增加，而常啮合齿轮 11 原有的惯性力矩 T_i 逐渐减小，啮合过程已开始同步	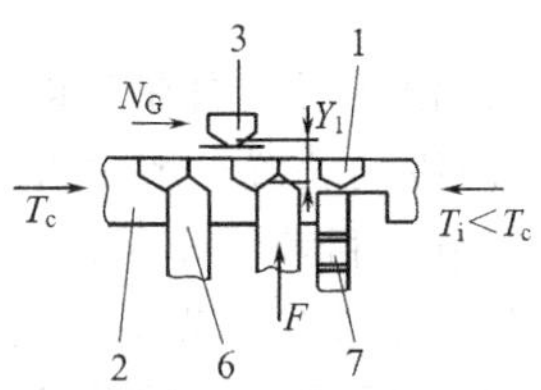

续表

序号	工作过程	工作原理示意图
5	当摩擦力矩 t 达到最大值并等于输入端齿轮惯性力矩，即常啮合齿轮 11 和啮合套 5 的相对速度差为 0 时，惯性力矩消失（$T_i=0$），摩擦力矩克服了惯性力矩，此时，常啮合齿轮与主动轴的速度相同，完成同步。由于轴向力的继续作用，同步环在圆周方向转了一个角度，使啮合套位于之间，同时，同步环在外力作用下变成活的状态，使得啮合套能顺利地通过同步环	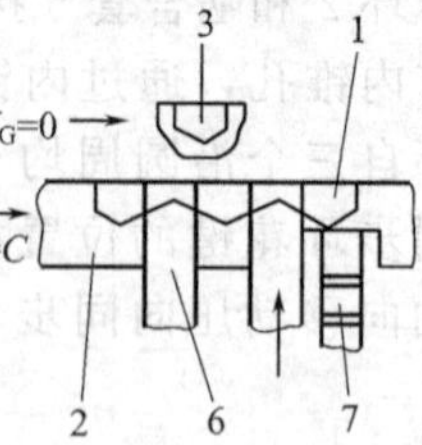
6	啮合套穿过同步环后，移动了 Y_1 距离，使得啮合套内花键齿倾角与常啮合齿轮的外花键倾角开始接角，而此时处于同步状态，在操纵力的继续作用下，使常啮合齿轮沿圆周方向相对于啮合套转了一个角度，从而使啮合套顺利通过常啮合齿轮外花键齿，至此同步过程全部结束。动力通过常啮合齿轮的花键和啮合套传到中间轴上，实现了换挡操纵	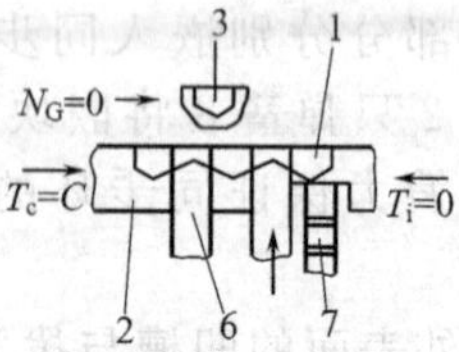 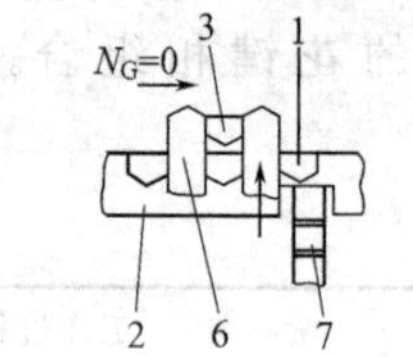

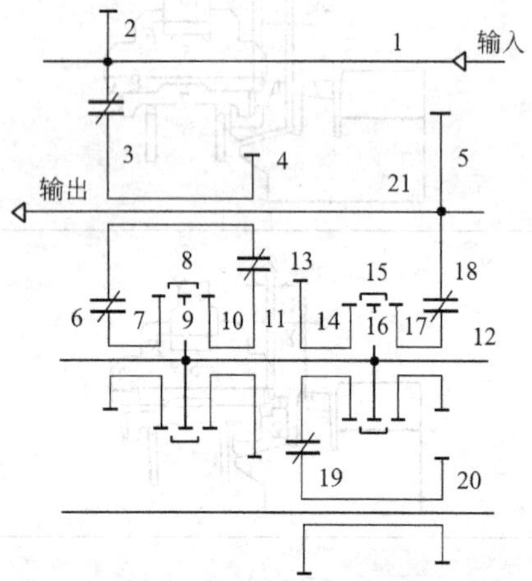

图 3-12 动力传递路线

1—主动轴；2—输入齿轮；3,4—双联齿轮；5—输出齿轮；6—高速齿轮；7,10,14,17—同步锥；8,15—啮合套；9,16—同步器齿座；11—低速齿轮；12—主轴；13,19,20—倒挡齿轮；18—前进挡齿轮；21—输出轴

⑦ 动力传递路线　变速箱动力传递路线如图 3-12 所示。

空挡动力流向：发动机动力→主动轴 1→输入齿轮 2→双联齿轮 3 或 4（高速齿轮 6 或低速齿轮 11），由于挡位同步器处于空挡位置。动力不能输出。

挡位动力流向：当挡位同步器和方向同步器工作时，中间轴上获得了动力传递，并传到输出轴上，此时动力流向为：发动机动力→主动轴 1→输入齿轮 2→双联齿轮 3 或 4→同步器齿座 9→中间轴 12→同步器齿座 16→输出齿轮 5→输出轴 21→减速器→差速器→半轴→驱动轮。

(3) *万向传动装置*

万向传动装置主要用于所连接的两部件（如变速器与驱动桥）间相对位置不断改变，而且要求传动轴的长度也要相应改变，才能保证正常传动的场合，以连接变速器与驱动桥。在小型叉车上，由于车身较短，变速器输出轴可以直接和驱动桥的输入轴相连接，而在起重量较大的叉车也采用万向传动装置。

叉车万向传动装置一般由万向节和传动轴组成。

1）万向节　目前叉车传动装置中多采用普通十字轴刚性万向节，如图 3-13 所示。

① 结构　普通万向节主要由主动叉、从动叉、十字轴和滚针轴承等组成。主动叉和从动叉分别装在所需要转动的两轴的端部，中间用十字轴相连。

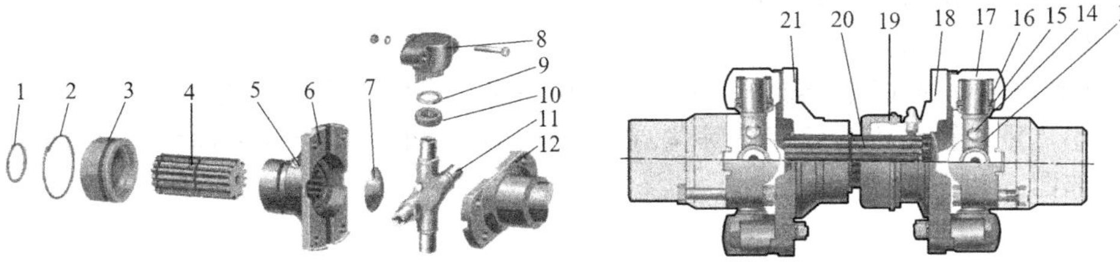

图 3-13 万向传动装置

1,9—挡圈；2—弹簧圈；3,19—花键油封；4,20—传动轴；5,14—油脂嘴；6,18,21—万向节叉；7—端盖；8,17—轴承座；10,15—密封圈；11,13—十字轴；12—联轴器；16—滚针

为减少传动叉与十字轴颈之间的摩擦损失，轴颈和轴承壳之间以滚针轴承支承；轴承壳用螺钉和盖板固定在各传动叉上，并用锁片将螺钉锁紧，以防止轴承在离心力作用下，从传动叉孔内脱出。

为了润滑轴承，十字轴做成空心，以储存润滑油，并有油道通向轴颈。为避免润滑油流出及尘土进入轴承，在十字轴的轴颈上套装有毛毡油封。在十字轴的中部还装有带弹簧的安全阀，如果十字轴内腔的润滑油压力大于允许值，安全阀即可被顶开，润滑油便可外溢，使油封不致因油压过高而损坏。

这样的万向节，可以保证在两轴间夹角变化时，可靠地传动，并有较高的传动效率。

② 工作情况　万向节的从动叉是通过十字轴与主动叉连接的。从动叉对于主动叉既可以在水平方向摆动，又可以在垂直方向摆动。因此，当主动叉旋转时，从动叉既可以随之转动，又可以绕十字轴中心在任意方向摆动。这样，就适应了主、从动叉所联系的两轴夹角变化的需要。

2）传动轴　万向传动装置中，轴的长度也在不断变化，故设有传动轴。

传动轴制成两段，中间用花键轴和花键套相连接。这样，传动轴的总长度可允许有伸缩，以适应其长度变化的需要。花键的长度应保证传动轴在各种工作的情况下，既不脱开，又不顶死。

传动轴的转速较高，故应在传动轴与万向节装配好后，进行动平衡试验与修正，并且在传动轴上刻记号，拆装时要注意按平衡时所刻的记号进行装配，以保持原来的相对位置。

(4) 驱动桥

驱动桥的功用是将万向传动装置传来的发动机转矩传给驱动车轮，并实现降速以增大转矩等，是叉车传动系最后一个部件，各种叉车的驱动桥大致相同，主要由主减速器、差速器、半轴、轮边减速器、驱动桥壳等组成，主要技术参数见表 3-4。

表 3-4　驱动桥主要技术参数

形式	前轮驱动、桥体与车架固定、全浮式				
减速器	差动齿轮	螺旋伞齿轮(轴交角 90°)	差速器	差动齿轮	直齿伞齿轮(行星排列)
	速比	2.5(1～1.8t)/2.1(2～3t)		速比	5.7(1～1.8t)/6.182(2～3t)
	传动形式	斜齿		传动形式	斜齿

1）主减速器和轮边减速器　驱动桥同时具有主减速器和轮边减速器，是由于某些装卸叉车所受的载荷大，要求车轮的驱动力大，车速低，因而减速传动比大，仅用主减速器难以布置。采用轮边减速器以后，中央的主减速器的传动比较小，载荷也相对较小，可使主减速器、差速器、半轴等传动件受力小，尺寸也小，从而使驱动桥尺寸较小，保证驱动桥的离地间隙。

① 主减速器　它在传动系中起降低转速、增大转矩的作用，还具有改变转矩旋转方向

的作用。主减速器是依靠齿数少的齿轮带齿数多的齿轮来实现减速的，采用圆锥齿轮传动则可以改变转矩旋转方向。

1～3t 叉车驱动桥主减速器与变速箱连接在一起，采用单级式主减速器。它具有结构简单、体积小，重量轻和传动效率高等优点。目前国产叉车采用准双曲面齿轮式单级主减速器，结构如图 3-14 所示。

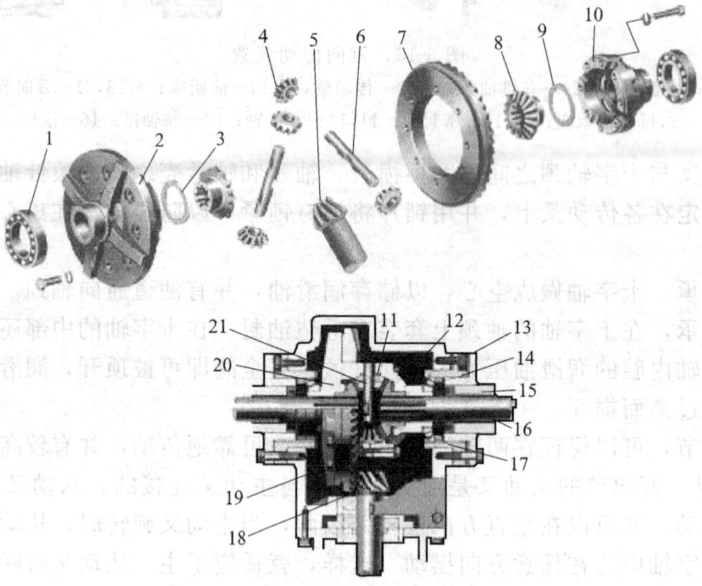

图 3-14　1～3t 主减速器、差速器结构

1—轴承；2,20—差速器左半壳；3,9,12,13—调整垫片；4,11—行星齿轮；5,18—主动锥齿轮；6,21—十字轴；7,19—被动锥齿轮；8,17—半轴齿轮；10,14—差速器右半壳；15—油封；16—半轴

主动齿轮与主动轴制成一体，用两个安装方向相反的圆锥滚子轴承支承。在主减速器工作时，对主动齿轮产生的轴向和径向力分别由这两个轴承承受。当主动轴前端的固定螺母拧紧在轴上时，就把垫圈、叉形凸缘、轴承内圈、预紧调整垫片、隔离套管、轴承内圈和齿轮前后位置调整垫片等轴向固定在主动齿轮的前端面上。轴承的外圈安装在主减速器壳的轴承孔内，并被台阶轴向定位。这样，主动齿轮及主动轴便被定位于桥壳内。因为主动齿轮处于圆锥滚子轴承和支承点的外面，属悬臂式支承方式，所以让两轴承的小端相对，这样能够增大两轴承有效支承点的距离，并使轴承有效支承点距主动齿轮更近，有利于增加主动齿轮的支承刚度。

从动齿轮以螺栓固定在差速器壳上，与差速器壳一起通过两个圆锥滚子轴承支承在主减速器壳内。因为从动齿轮处于两个圆锥滚子轴承之间，属于跨置式支承，所以让两轴承的大端相对，这样能够适当减小两轴承有效支承点的距离，增加从动齿轮的支承刚度。

如图 3-15 所示为 4.5～10t 叉车主减速器的结构。主减速器由两部分组成：一部分是由主动螺旋伞齿轮和被动螺旋伞齿轮组成的主传动器；另一部分是由差速器左半壳、差速器右半壳、行星齿轮、半轴齿轮、十字轴等组成的差速器。主传动器壳体为主传动及差速器的支承体。主动螺旋伞齿轮直接装在主传动器壳体上，被动螺旋伞齿轮安装在差速器右半壳上，与差速器总成一起也安装在主传动器壳体上。动力由变速箱通过传动轴传到主动螺旋伞齿轮上，驱动大螺旋伞齿轮带动差速器总成一起旋转，再通过差速器半轴齿轮将动力传给与半轴齿轮用花键相连接的半轴上，完成主传动的动力传递。同时，改变了动力的传递方向，将主动螺旋伞齿轮的纵向运动传给与之轴线成 90°的大螺旋伞齿轮（横向运动）。

② 轮边减速器　大吨位叉车上采用轮边减速器，其目的是获得更大的传动比和传递较

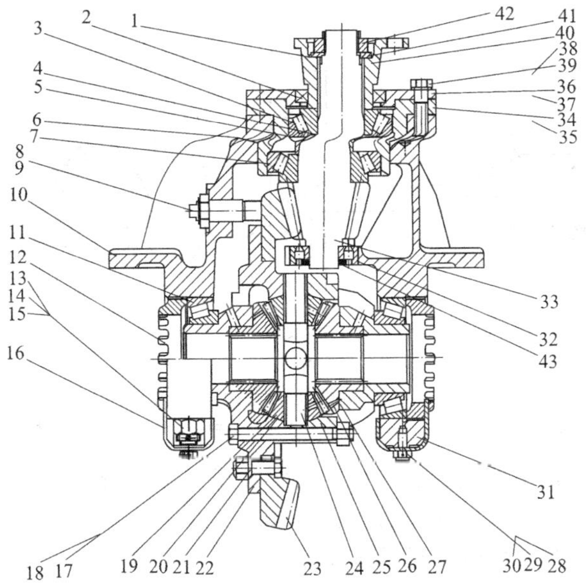

图 3-15 4.5～10t 叉车主减速器与差速器总成

1,6—O 形密封圈；2—油封；3,7,11,32—轴承；4,27,34—调整垫片；5—隔块；8—调整螺栓；9,14,18—螺母；10—主减速器壳体；12—调整螺母；13—盖用双头螺栓；15—开口销；16—锁片；17,21,30,39—螺栓；19—行星齿轮；20—推力垫片；22—差速器左壳体；23—大螺旋伞齿轮；24—十字轴；25—差速器右壳体；26—半轴齿轮；28—钢丝；29,38,41—垫圈；31—轴承盖；33—主动螺旋伞齿轮；35—轴承座；36—衬垫；37—油封座；40—凸缘；42—锁紧螺母；43—轴用弹性挡圈

大的转矩。如将普通型的二级减速（二级均在差速器以前的二级齿轮减速）改为差速以前一级减速，另一级放在差速器后轮边减速，传动比从 7～12 提高到 20 左右，同时也使叉车的离地间隙进一步提高，满足大吨位叉车的要求，因此得到广泛使用。

行星齿轮式轮边减速结构如图 3-16 所示，基本工作原理如图 3-17 所示。该减速器由太

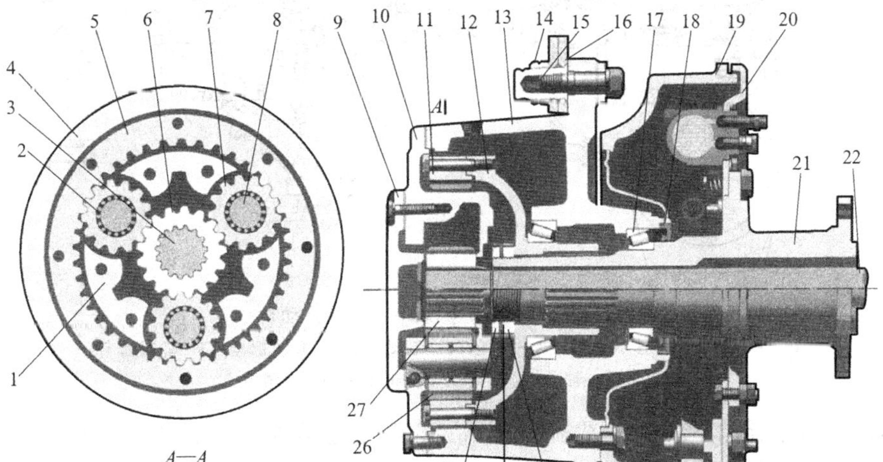

图 3-16 轮边减速器结构

1—支承壳；2—滚针轴承；3—半轴；4,13—轮壳；5—内齿圈；6,27—中心齿轮；7,26—行星齿轮；8—行星齿轮轴；9—侧盖；10—支承壳；11—内齿圈；12—突缘；14—螺母；15—螺栓；16—轮盘；17—轴承；18—油封；19—制动鼓；20—制动器；21—端轴；22—半轴；23—调整螺母；24—止推垫片；25—锁紧螺母

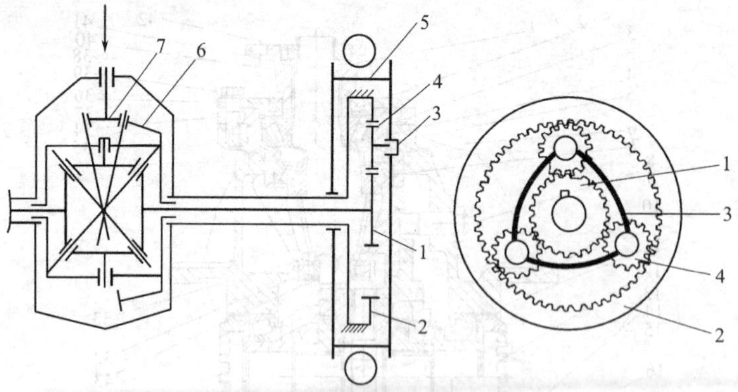

图 3-17 行星齿轮式轮边减速器简图

1—太阳轮；2—齿圈；3—行星轮架；4—行星轮；5—车轮轮毂；6—从动圆锥齿轮；7—主动圆锥齿轮

阳轮、行星轮、齿圈及行星轮架组成。齿圈固定在桥壳上，行星齿轮轴安装在行星轮架上，行星轮架固定在车轮轮毂上。因此，由半轴传来的转矩，经太阳轮传给行星轮并带动行星轮沿固定齿圈旋转，再由行星轮轴通过行星轮架来带动车轮旋转。

不带轮边减速器的驱动桥如图 3-18 所示。变速器输出轴的主减速器主动螺旋伞齿轮与被动螺旋锥齿轮相啮合，而且变速器与驱动桥刚性地连接成为一个整体。

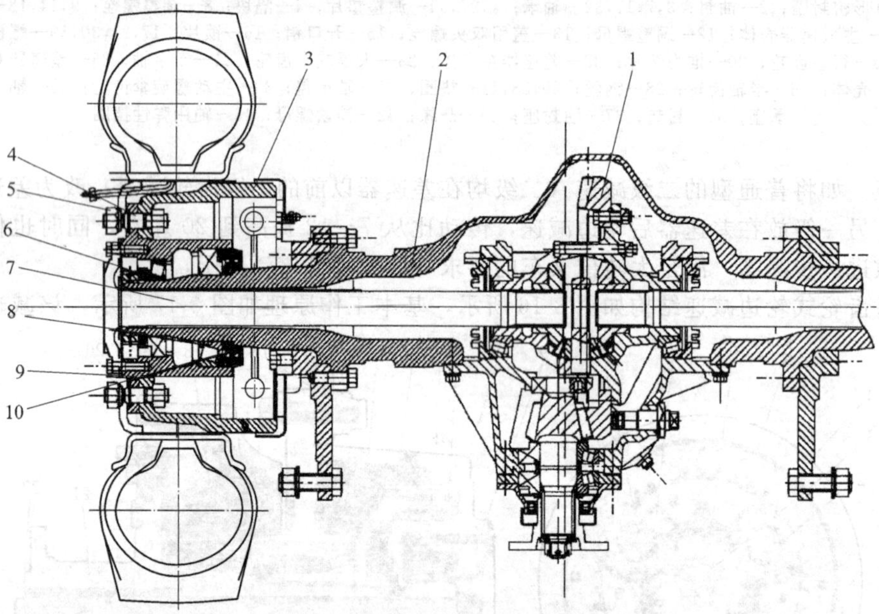

图 3-18 4.5t 叉车鼓式制动器驱动桥

1—主减速器与差速器总成；2—桥壳；3—制动器；4—轮毂螺栓；5—轮毂螺母；6,8—轴承；7—半轴；9—轮毂；10—油封

带有轮边减速器的驱动桥如图 3-19 所示。它与上述结构的差别只在于半轴不是直接与车轮连接，而是与轮边减速器的太阳轮相连，通过行星减速器带动车轮。轮边减速器是一个齿圈式行星机构，大齿圈与桥壳固连，太阳轮输入，行星架输出，带动车轮。

叉车驱动桥主要因行车制动器的结构形式及安装部位不同分为两大类。一类是干式外置鼓式制动器或钳盘式制动器的驱动桥，就是通常所指的普通干式驱动桥，如图 3-20 所示为外置鼓式制动器的驱动桥；另一类是制动器在驱动桥壳体的内部，浸在油里面的驱动桥，通常称为湿式制动驱动桥，如图 3-21 所示为湿式制动驱动桥。

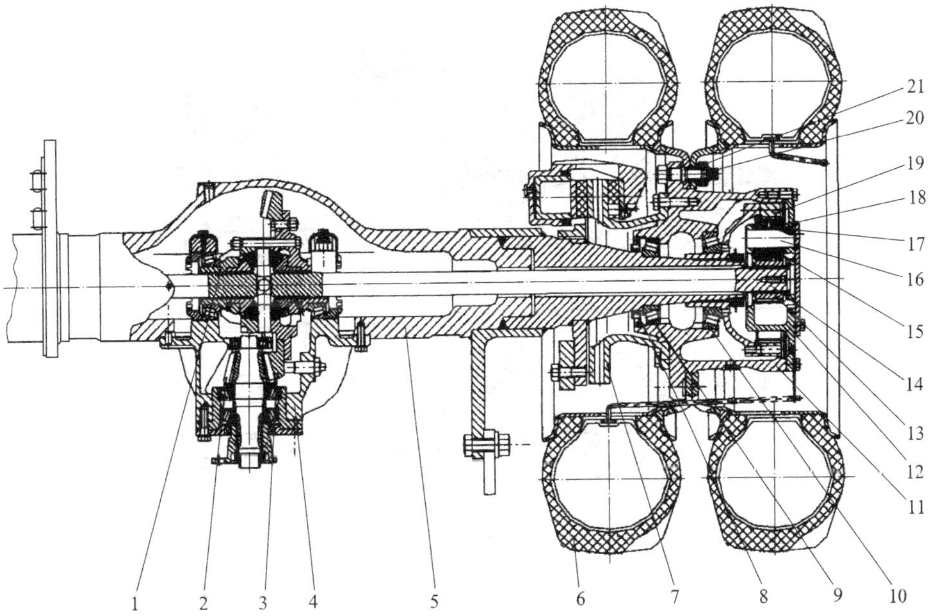

图 3-19 5～10t 叉车盘式制动器驱动桥

1—差速器；2—主动螺旋锥齿轮；3—被动螺旋锥齿轮；4—主减速器壳；5—桥壳；6—轮胎；7—盘式制动器；8—油封；9,10—轴承；11—轮毂；12—行星架；13—太阳轮；14—半轴；15—行星齿轮；16—行星齿轮轴；17—滚针；18—行星齿轮垫；19—齿圈；20—轮毂螺栓；21—轮毂螺母

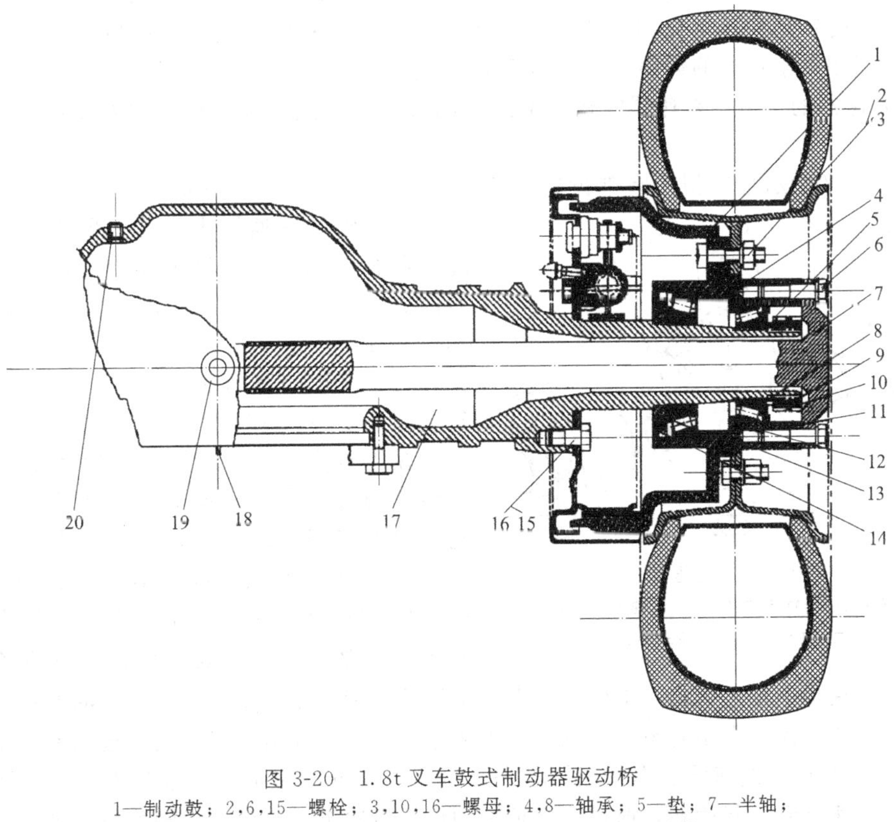

图 3-20 1.8t 叉车鼓式制动器驱动桥

1—制动鼓；2,6,15—螺栓；3,10,16—螺母；4,8—轴承；5—垫；7—半轴；9—垫圈；11—半轴垫；12—轮毂；13—挡环；14—油封；17—桥壳；18—销；19,20—堵塞

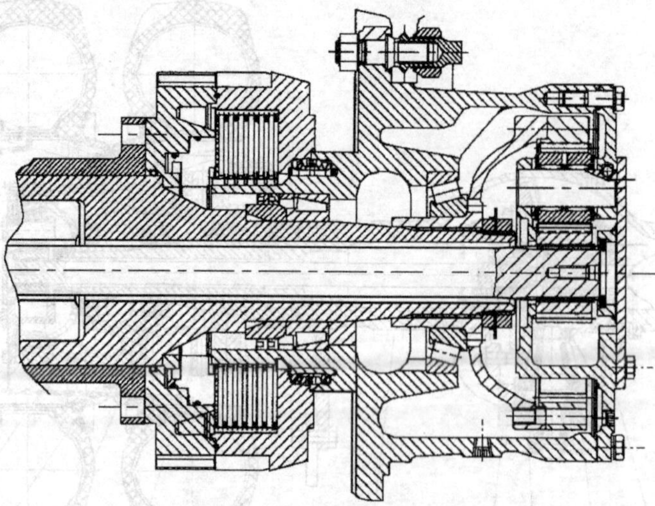

图 3-21 10t 叉车湿式制动驱动桥

2）差速器

① 差速器的作用 叉车在行驶时，经常需要使左右两侧的驱动轮以不同的角速度旋转，例如当叉车曲线行驶时，必须是左右车轮以不同的角速度旋转；当左右车轮因轮胎气压不同或者载荷不等而使左右车轮实际工作半径有所差别时，为使两侧驱动轮不对等地滑动，就有这种需要。

因此，左右驱动轮分别装在左右两根半轴上，中间用差速器相连，差速器的作用就是将原动机传来的转动和转矩分别传给两根半轴，从而使左右驱动轮有可能以不同的角速度旋转，以达到相对于路面的运动接近于纯滚动。

② 差速器的构造 差速器的构造形式有圆锥齿轮差速器和圆柱齿轮差速器，但后者极少使用。

如图 3-22 所示是典型的圆锥齿轮差速器的构造。它由四个行星齿轮、两个半轴齿轮、一个十字轴和差速器半壳等主要零件组成。差速器左右半壳把十字轴夹在中间，然后用螺栓紧固成一整体，动力由主减速器传给差速器壳和十字轴。

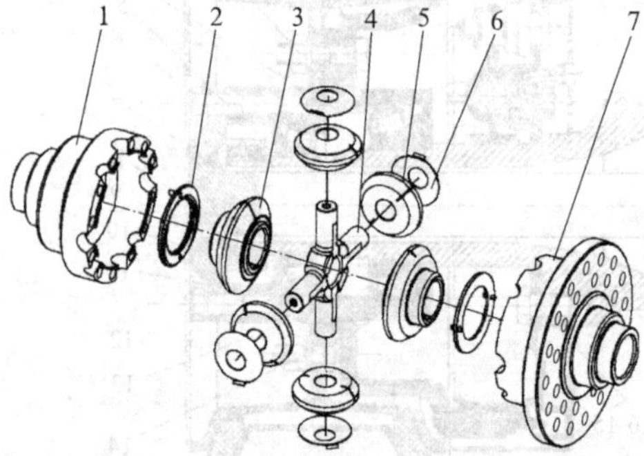

图 3-22 差速器

1—左半壳；2—半轴齿轮垫；3—半轴齿轮；4—十字轴；5—行星齿轮；6—行星齿轮垫；7—右半壳

行星齿轮的背面做成球面，以保证行星齿轮更好地定心，并和两个半轴齿轮正确啮合。

在传递转矩时，沿行星齿轮和半轴齿轮的轴线作用着很大的轴向力，故齿轮传动时，齿轮背面上有摩擦阻力矩，为了减小摩擦，在半轴齿轮与差速器壳之间垫着平面的软铜垫片；而在行星齿轮与差速器壳之间，垫着球面的软铜垫片。为了保证行星齿轮和十字轴之间有良好的润滑，在十字轴上铣出了平面，并在行星齿轮的齿间钻有小孔，供润滑油循环流动。

在差速器壳体上也留有窗孔，以保证主减速器壳中的润滑油能顺利地进出差速器。

③ 差速原理 差速器工作原理如图 3-23 所示。叉车行驶时，主动锥齿轮驱动被动锥齿轮并带动差速器壳一起旋转，通过十字轴带动行星齿轮进一步带动半轴齿轮、半轴及驱动轮旋转。

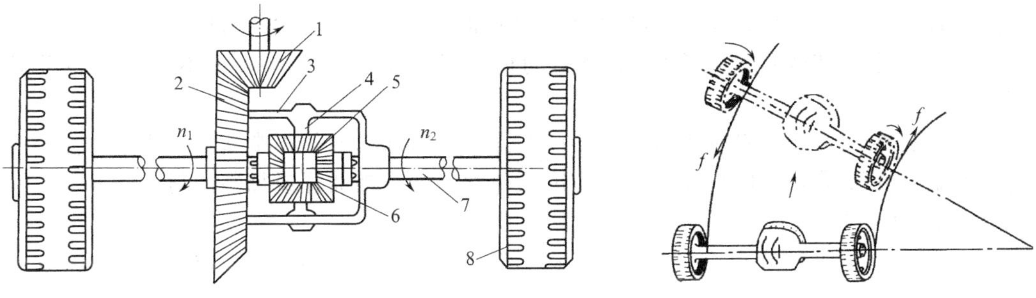

(a)　　(b)

图 3-23　差速器工作原理

1—主动螺旋锥齿轮；2—从动螺旋锥齿轮；3—差速器壳；4—十字轴；5—行星齿轮；6—半轴齿轮；7—半轴；8—车轮

差速工作原理可分两种状态。

叉车在平坦的路面直线行驶时，行星齿轮不绕十字轴旋转（不自转），只随十字轴转动（公转），带动半轴齿轮旋转，半轴齿轮转速与差速器壳转速相同。

当叉车转弯时，由于内侧驱动轮受到抑制，外侧驱动轮受到拖拉，此时行星齿轮不仅随着轴一起旋转（公转），而且还围绕着十字轴自转，其旋转方向与内侧驱动轮半轴齿轮旋转方向相反，而与外侧驱动轮半轴齿轮旋转方向相同。因而内侧驱动轮半轴齿轮要比差速器壳旋转得慢一些，而外侧驱动轮半轴齿轮比差速器壳旋转得快一些，从而保证了两个驱动轮在同一时间内所走过的路程不同，避免轮胎磨损。

3）半轴和桥壳

① 半轴　半轴是在差速器与驱动轮之间传递动力的实心轴，其内端与差速器的半轴齿轮连接，外端与驱动轮的轮毂相连。在有轮边减速器的情况下，其主动小齿轮也装在半轴上。

半轴与驱动轮的轮毂在桥壳上的支承形式决定了半轴的受力状况。叉车基本上采用全浮式半轴支承和半浮式半轴支承两种形式。

全浮式半轴的内端花键插入半轴齿轮的花键孔中，外端与轮边减速器中太阳轮通过花键相连。车轮轮毂是通过两个轴承支承在桥壳的轴头上的，因此，在车轮受到各种路面反力时，除了切向反力引起的反转矩需由半轴承受外，其余各力及由各力形成的弯矩，均由轮毂通过两个轴承直接传递给桥壳，由桥壳承受。在行星轮边减速器中，行星齿轮是均匀布置的，作用在主动小齿轮上的径向力相互平衡，所以半轴只受纯转矩作用。

半浮式半轴的外端通过轴承支承在桥壳上，驱动齿轮的轮毂就安装在半轴的最外端，用键或花键连接，半轴不仅承受转矩，而且要承受路面给叉车的各项反力及反力引起的弯矩。

半浮式半轴支承方式虽可以使车轮结构简单方便，但半轴受力情况不好，只在某些轻型叉车上使用。

② 桥壳　驱动桥壳一般由主减速器壳和半轴套管组成，其内部用来安装主减速器、差速器和半轴等，其外部通过悬架与车架相连，两端安装制动底板并连接车轮，承受悬架和车轮传来的各种作用力和力矩。

驱动轿壳可分为整体式桥壳和分段式桥壳两类。叉车一般采用整体式桥壳。

整体式桥壳因强度和刚度性能好，便于主减速器的安装、调整和维修，因而得到广泛应用。整体式桥壳因制造方法不同，可分为整体铸造式、中段铸造压入钢管式和钢板冲压焊接式等。

分段式桥壳一般分为两段，由螺栓将两段连成一体。分段式桥壳比较易于铸造和加工，但当拆检主减速器时，必须把整个驱动桥从叉车上拆卸下来，很不方便，目前较少采用。

在主减速器壳上设有加油孔和放油孔，以保证其内部齿轮的正常润滑。为了防止桥壳内润滑油外溢，在桥壳上设有通气塞，有的桥壳轴管处焊有挡油环或加装油封。

(5) 液力传动装置

液力传动装置通过液力介质传递能量，液力传动叉车装有变矩器和动力换挡变速器组成的传动装置（1～3t 叉车液力传动装置如图 3-24 所示，3～4.5t 叉车液力传动装置如图 3-25 所示，5～10t 叉车液力传动装置如图 3-26 所示），它的优点是：微动阀可使叉车在发动机低速或高速时都能进行微动操作。液力离合器装有 4 副经过特殊处理的纸质摩擦片和钢板，改进了其摩擦副的耐磨性。装在变矩器中的单向超越离合器，改善了动力传动效率。变矩器油路中有较好的滤清器，提高了变矩器寿命。其缺点是传动效率比机械式低。液力传动装置主要技术参数见表 3-5，1～10t 液力变速箱主要技术参数见表 3-6。

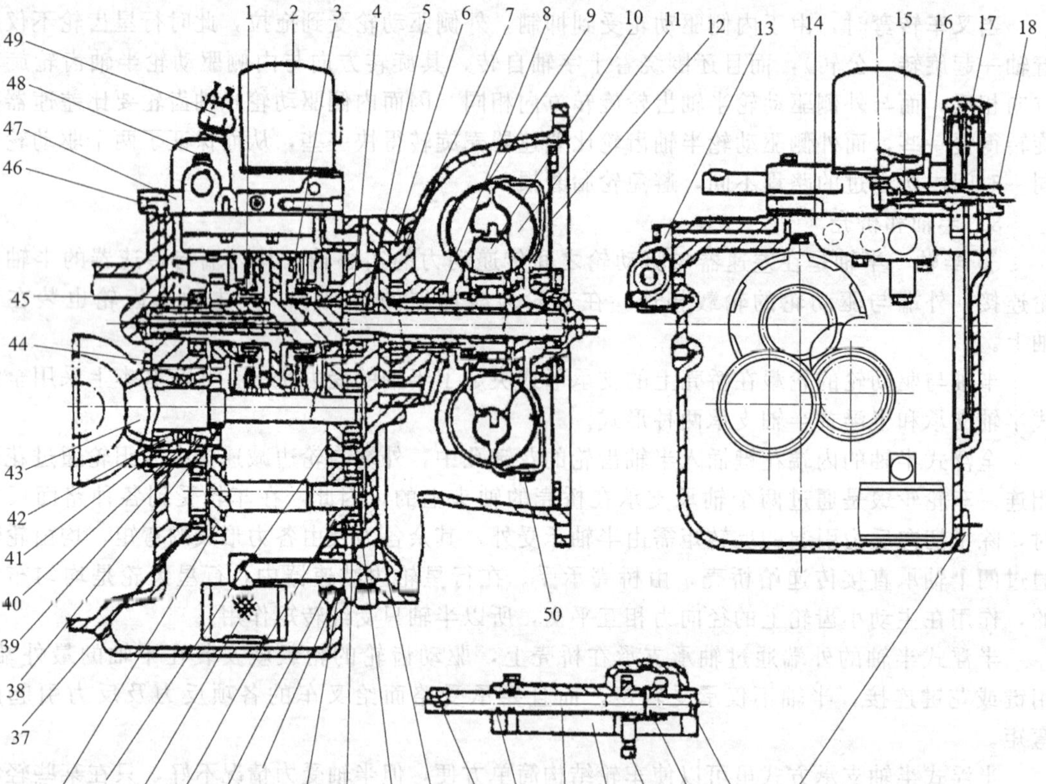

图 3-24 1～3t 叉车液力传动装置

1—前进离合器；2—滤油器Ⅱ；3—后退离合器；4，28，29，37，45—单列向心球轴承；5—密封环；6，25，30，32，40—O 形密封圈；7—供油泵总成；8，41—油封；9—泵轮；10—导轮；11—涡轮；12—弹性板总成；13—微动阀总成；14—控制阀总成；15—活塞；16—弹簧；17—加油口盖；18—安全阀盖；19，46—内六角螺塞；20—塞子；21—弹性圆柱销；22—变速臂；23，47—壳体盖；24—变速臂轴；26—半圆键；27—孔用弹性挡圈；31—挡圈；33—惰轮；34—滤油器Ⅰ；35—输出齿轮；36—惰轮轴；38—轴承螺母；39，42—单列网锥滚子轴承；43—输出轴；44—支承片；48—固定螺栓；49—后退灯开关；50—排油塞

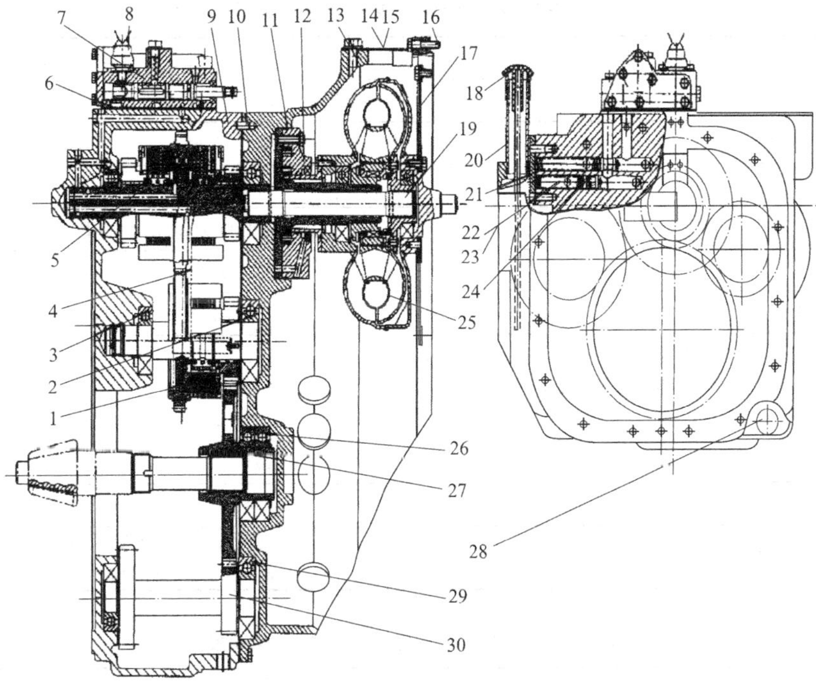

图 3-25 3～4.5t 叉车液力传动装置

1—离合器Ⅱ；2,3—球轴承；4—吸油管总成；5—离合器Ⅰ；6—垫片；7—控制阀总成；8—倒挡开关；9—变速箱箱体；10—定位销；11—变矩器壳体；12—供油泵总成；13,15—螺栓；14—通风盖；16—弹性垫圈；17—弹性板总成；18—加油盖总成；19—涡轮轴；20—加油管；21—调压阀盖板；22—溢流阀弹簧；23—活塞；24—定压阀弹簧；25—变矩器总成；26,29—轴承；27—输出齿轮；28—放油塞；30—双联齿轮

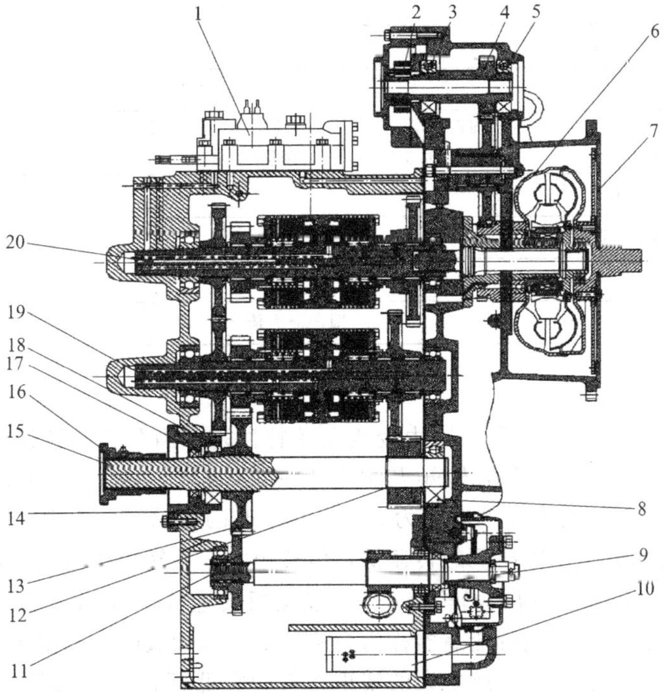

图 3-26 5～10t 叉车液力传动装置

1—操纵阀；2—供油泵；3,5,8,18—球轴承；4—轴；6—变矩器；7—弹性板；9—停车制动器；10—滤清器；11—轴；12—齿轮；13—输出齿轮；14—轴承盖；15—变速箱输出轴；16—输出法兰；17—油封；19—后退挡离合器组件；20—前进挡离合器组件

表 3-5 液力传动装置主要技术参数

变矩器形式		三元件、单级、两相式
转矩比		3
调定压力/MPa		0.5～0.68
供油泵形式		内啮合齿轮式
流量/(L/min)		27(2000r/min,1.5MPa)
种类		动力换挡
液力变速器	速比	1.35(前进)　1.35(后退)
液力离合器	摩擦片外径×内径×厚度/mm 摩擦片摩擦面面积/cm^2 调定压力/MPa	125×81×2.7 71 1.1～1.4
质量/kg		165
油容量/L		7
使用油品要求		发动机润滑油 SAEIOW 国产 6# 液力传动油

表 3-6 1～10t 液力变速箱主要技术参数

吨位		1～3t	4～4.5t	5～10t
变矩器	形式	单级、两相、三元件式		
	转矩比	3.0	3.1	3.1
	调定压力/MPa	0.5～0.68	0.5～0.7	0.5～0.7
供油泵	形式	内啮合齿轮式		
	流量/(L/min)	27(2000r/min,1.5MPa)	32(2000r/min,1.5MPa)	40(2000r/min,1.5MPa)
液力变速箱	形式	动力换挡		
	速比	前进:1.35 后退:1.35	前进Ⅰ:3.232　Ⅱ:2.143 后退:2.727	前进Ⅰ:1.621　Ⅱ:0.526 后退Ⅰ:1.621　Ⅱ:0.526
液力离合器	规格/mm	125×81×2.7	134×90×2.8	134×90×2.8
	调定压力/MPa	1.1～1.4	1.2～1.5	1.2～1.5
其他	容量/L	7	20	20
	油种类	国产液力传动油 6#(相当于 SAE10W)		

1）液力变矩器

① 液力变矩器的特性及作用　液力变矩器的特性是：当泵轮的转速与涡轮的转速以相同的比例降低时，则涡轮产生的转矩与泵轮转速的 2 次方成比例减少。泵轮的转速为 1000r/min 时的涡轮转矩与泵轮的转速为 2000r/min 时的涡轮转矩比为 1∶4。

变矩器涡轮转速虽然比发动机的转速低，但转矩大，其转矩比（K=涡轮转矩 M_T/发动机转矩 M_H）越大，速度比（I=涡轮转速 n_T/发动机转速 n_T）相反就越小。因此，当涡轮转速为 0 时，转矩比最大，此时变矩器称为失速。如叉车爬坡时，外阻力增大，则必须增大叉车的牵引力。此时，涡轮为了产生大的转矩而自动降低其转速，叉车的速度也随之减小，牵引力增大。

装有液力变矩器的叉车，不管外阻力有多大，由于变矩器有失速特性，发动机不会停止，这个优点是机械传动叉车所不具备的。但由于变矩器失速，发动机的动力全部转变成热能而使变矩器油温上升，因此应该避免使用这种工况。变矩器的变矩工况不是把发动机的全部动力都输出，而是有一部分动力转变成热能，使油温升高。因此，要在油路系统中设有油冷却器，使油温不高于120℃。

由此可知：液力变矩器的作用是随着叉车运行外阻力的改变而自动调节涡轮的转速和转矩。

② 液力变矩器的结构 液力变矩器由弹性板、泵轮、涡轮、导轮和单向离合器等组成（如图3-27所示）。弹性板与发动机的飞轮连接，发动机的动力通过弹性板输送给变矩器。泵轮、涡轮和导轮上都排列着许多扭曲的叶片，泵轮与发动机一起转动时，泵轮中的油也边转动边以离心力沿着叶片向外侧从出口快速流向涡轮。这时，油流因叶片角度关系发生变化，发动机的动力被用作改变油流的力量，即机械能转变为液能。

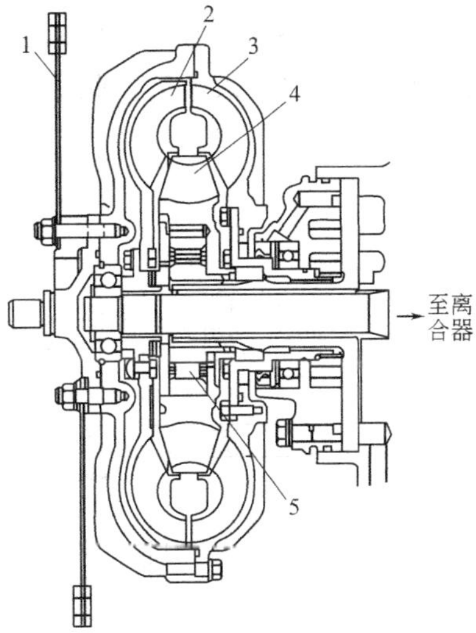

图3-27 液力变矩器

1—弹性板；2—涡轮；3—泵轮；4—导轮；5—单向离合器

涡轮与泵轮形状相似，从泵轮流出的油流进入涡轮，因离心力作用沿着叶片流动，改变了流向，这种反冲力使涡轮转动，液能转变为机械能输出动力。

导轮改变从涡轮流入的油的流向，其反冲力使导轮和泵轮作反方向流动，实现能量转换，液力变矩器正常工作。

循环圆是在轴截面内液体（油）流经泵轮、涡轮、导轮的几何通道。液力变矩器的规格一般都是以循环圆直径来表示的，如YB265变矩器，其循环圆直径是265mm。

③ 液压油路原理 当发动机启动后，液压油供油泵工作，它经滤清器从油箱（变速箱壳底）中吸油，流经调节阀（或定压阀），将压力油分别供液力离合器和变矩器。通过定压阀（即调节阀）的油流进入微动阀和操纵滑阀门；另一方面通过溢流阀将油供给变矩器；从变矩器出来的油经油散热器加以冷却，然后润滑液力离合器，返回油箱。空挡时，从操纵滑阀到离合器的油路是封闭的，此时定压阀打开，使油全部通过溢流阀输给变矩器，当操纵滑阀位于前进挡（Ⅰ/Ⅱ）或倒退挡（Ⅰ/Ⅱ）时，从滑阀到前进离合器或后退离合器的油路连

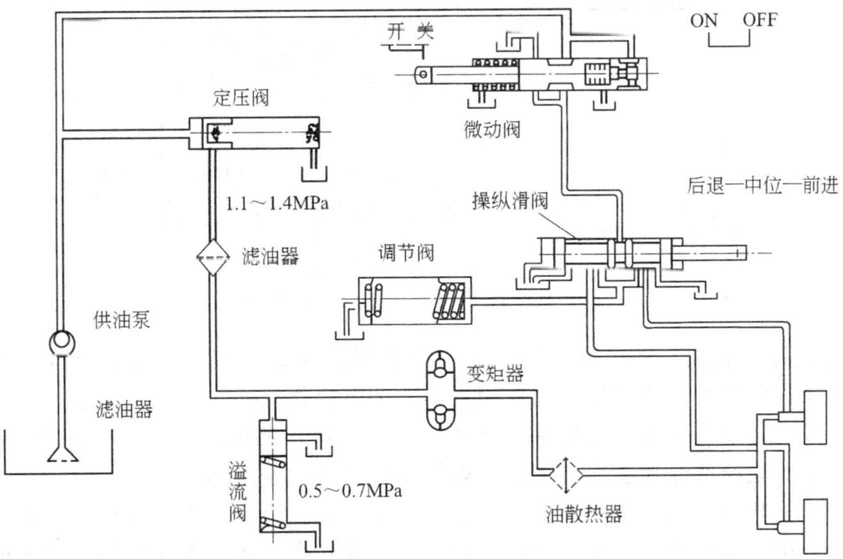

图3-28 1～3.5t叉车液压油路原理

通起来，使各离合器分别动作；当一个离合器作用时，另一个离合器中的隔片和摩擦片处于分离状态，由冷却油润滑并将热量带走，当微动阀工作时，导入离合器的油一部分或大部分通过微动阀直接排入油箱，此时变矩器油路循环与空挡相同。1～10t 液力变速箱液压原理如图 3-28～图 3-30 所示。

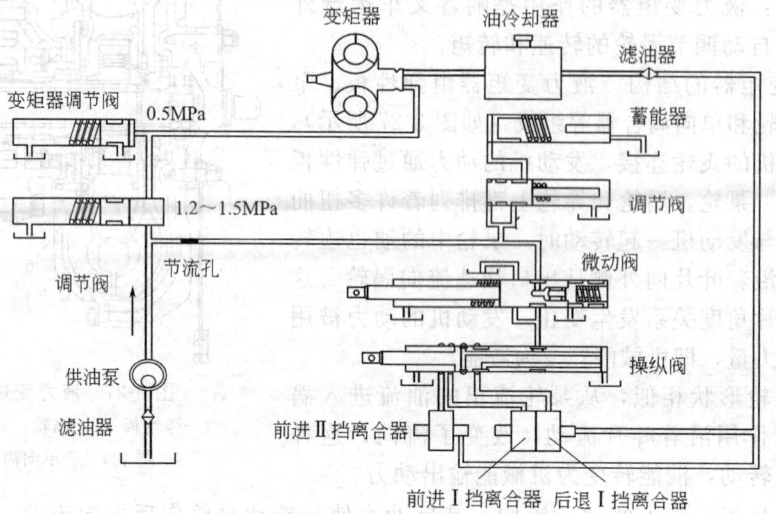

图 3-29　4.5t 叉车液压油路原理

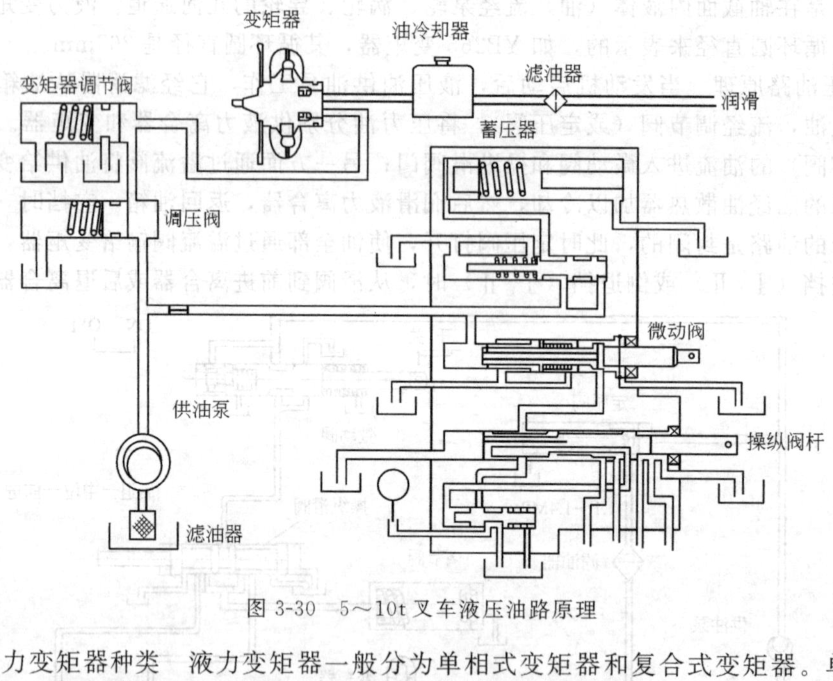

图 3-30　5～10t 叉车液压油路原理

④ 液力变矩器种类　液力变矩器一般分为单相式变矩器和复合式变矩器。单相式变矩器：导轮在来自涡轮油的流向反冲力作用下不能和泵轮作反向转动的变矩器，或者说一个循环圆内不能完成变矩器和偶合器两种工况的变矩器。复合式变矩器：在一个循环圆内能完成变矩器和偶合器工况的变矩器。叉车上一般都使用复合式变矩器。

相是指导轮装有单向离合器的个数。装有一个单向离合器的称为两相，装有两个单向离合器的称为三相。若导轮内没有单向离合器，而是导轮直接固定在导轮轴上的为单相。

单向离合器的作用是使叉车在平道正常运行下，泵轮、涡轮、导轮与发动机运行在同一转速，使变矩器变成偶合器（联轴器），这样使其效率接近于发动机输出的效率。但必须指出的是，单向离合器安装时要注意它的方向，使导轮和泵轮同方向转动，不可装反。

2）液力离合器（如图 3-31 所示） 湿式多片式液力离合器装在液力变速器的输入轴上，通过控制阀将压力油分配给前进或后退离合器，实现前进或后退换挡。变速器中的所有齿轮为常啮合齿轮。每个离合器由相间装配的 4 块隔片和 4 块摩擦片以及 1 个活塞组成，活塞的内外圆都装有密封圈，以确保活塞工作时的密封。空挡时，活塞不动作，隔片和摩擦片处在分离状态。换挡时油压作用于活塞，隔片和摩擦片互相压紧，靠摩擦片形成一个接合器以便把来自变矩器的动力传到主动齿轮（前进挡齿轮 4 或反向齿轮 13）。

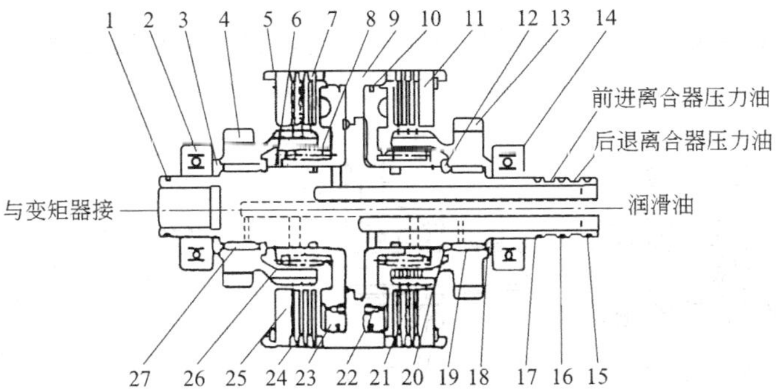

图 3-31 液力离合器

1,15,16,17—密封环（A）；2,14—轴承；3,18—止推轴环；4—前进挡齿轮；5—卡环；6,21—弹性挡圈；7—弹簧座；8—O 形密封圈；9—输入轴总成；10—密封环（B）；11—端板；12,20—油环；13—反向齿轮；19,27—滚针轴承；22—止回球；23—活塞总成；24—隔片；25—摩擦片；26—回程弹簧

变矩器到液力变速器的动力传递路径如下：涡轮→输入轴总成→隔片→摩擦片→前进挡齿轮或反向齿轮→输出轴。

3）控制阀、溢流阀和微动阀

① 控制阀 控制阀装于变速器壳体盖的内侧，控制阀包含着操纵滑阀、定压阀和调节阀三部分（如图 3-32 所示）。

定压阀是控制液力离合器的油压在 1.1～1.7MPa，并通过它把油分送到溢流阀输给变矩器。

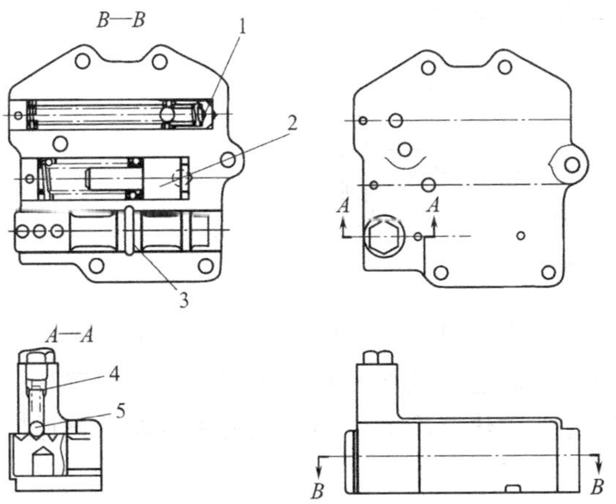

图 3-32 控制阀

1—定位阀；2—调节阀；3—操纵滑阀；4—弹簧；5—钢球

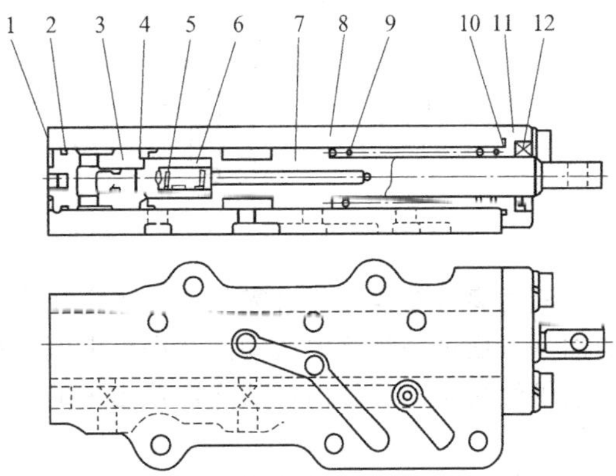

图 3-33 微动阀

1,4—弹性挡圈；2,10—O 形圈；3—微动阀杆；5,9—弹簧；6—阀芯；7—圈轴；8—阀体；11—盖；12—油封

调节阀位于微动阀和操纵滑阀之间，当操纵滑阀全开时，此阀开始工作，以减少液力离合器接合时的冲击。

② 溢流阀　与变速器壳体连在一起的溢流阀使变矩器油压保持在0.5～0.7MPa。

③ 微动阀　微动阀安装在变速器外侧，阀的卷轴连接到微动踏板连杆上，当踏下微动踏板时，该卷轴向右移动，这就短时降低了液力离合器的油压，使叉车得到微动效果（如图3-33所示）。

4）变速器壳体　变速器壳体除了安装输入和输出轴等机构外，本身也起着油箱作用，其底部有滤油器Ⅰ（滤网为150目）过滤吸入供油泵的油，管路滤油器Ⅱ、加油盖装在壳体盖上方。

5）供油泵　供油泵安装在变矩器与输入轴之间，利用泵轮轴带动一对内啮合齿轮组成的齿轮泵，向变矩器、液力变速器供油，如图3-34所示。

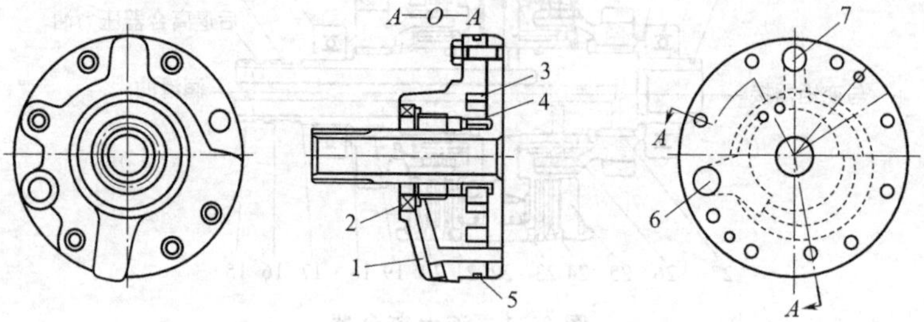

图3-34　供油泵

1—泵体；2—油封；3—被动齿轮；4—主动齿轮；5—O形圈；6—进油口；7—排油口

6）液压油路（液力传动）　液压油路如图3-35所示。当发动机启动后，供油泵经滤油器从油箱（即变速器壳底）中吸出油，流经控制阀，在阀中将压力油分成两部分：一部分供液力离合器用，另外一部分对变矩器供油。

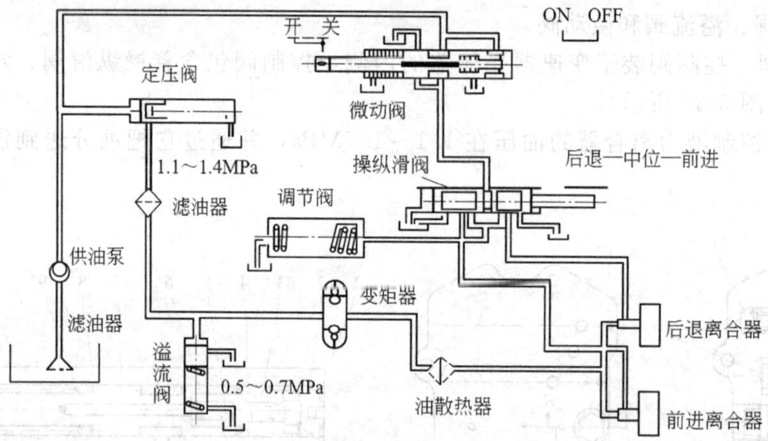

图3-35　液压油路

液力离合器操作所必需的油流进定压阀（此阀压力调到1.1～1.4MPa），由定压阀流出的油一方面进一步流向微动阀和操纵滑阀，另一方面通过溢流阀（压力调到0.5～0.7MPa）将油供给变矩器叶轮内，从变矩器出来的油又通过油散热器冷却，润滑液力离合器后再返回油箱。

空挡时，从操纵滑阀到离合器的油路是封闭的，这时定压阀打开，使油全部通过溢流阀输出给变矩器，当操纵滑阀位于前进或倒退位置时，从滑阀到前进离合器或后退离合器的油路连通起来使各离合器分别动作；当一个离合器作用时，另一个离合器中的隔片和摩擦片处在分离状态，并由冷却油润滑，将热量带走，当微动踏板操作微动阀时，导入离合器的油一部分或大部分通过微动阀杆排到油箱，此时变矩器油路循环与空挡时相同。

3.1.2 传动系统检验与修理

离合器的检修

(1) 离合器的分解（图 3-36、表 3-7）

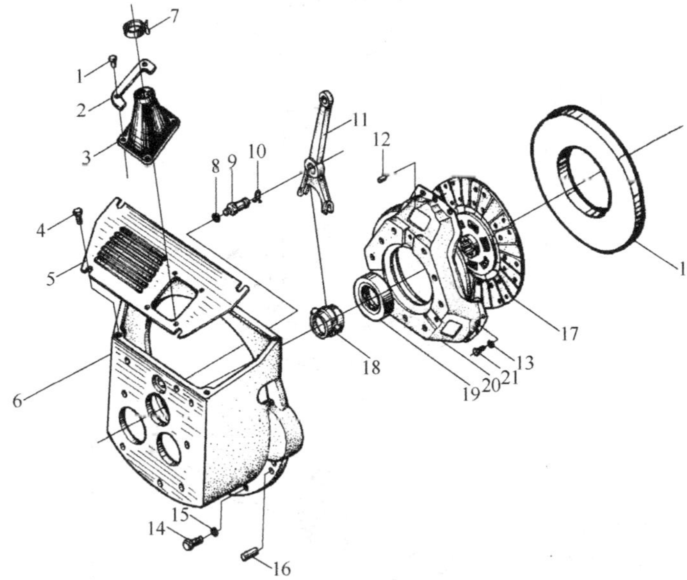

图 3-36 离合器分解示意图

1—扣件；2—压板；3—防尘罩；4—螺钉组件；5—离合器盖；6—离合器壳；7—捆线带；8,13,15—垫圈；9—分离叉球形支柱；10—挡圈；11—分离叉；12—销子；14,21—螺栓；16—飞轮；17—离合器从动盘总成；18—分离轴承套筒；19—分离轴承；20—离合器压盘

表 3-7 离合器的分解

序号	分解顺序及方法	示意图	技术要求
1	在离合器压盘盖和压盘上做配合记号	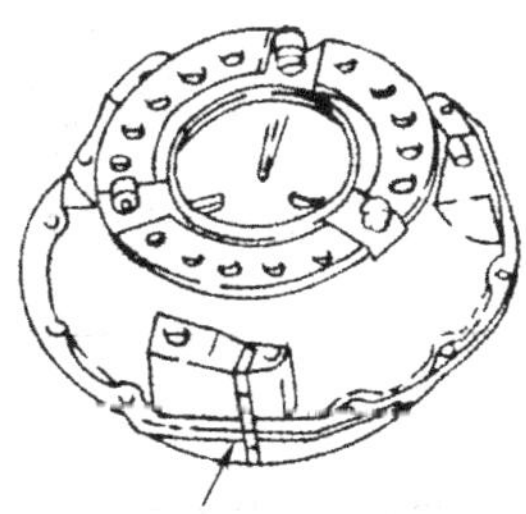	为避免破坏其动平衡，必须补做装配记号后再分解。要做装配记号的零件主要指离合器盖与压盘
2	将离合器压盘总成放在压力机工作台上，利用导向杆给压盘盖施加一定压力；再松开分离杠杆的调整螺母；松开螺母后再渐渐地卸去压力	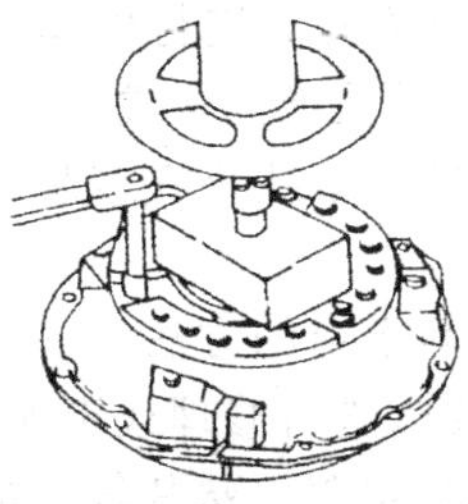	拆卸应使用专用工具，以防伤人

续表

序号	分解顺序及方法	示意图	技术要求
3	卸下离合器压盘盖及压紧弹簧，拆除分离杠杆与压盘连接的圆柱销	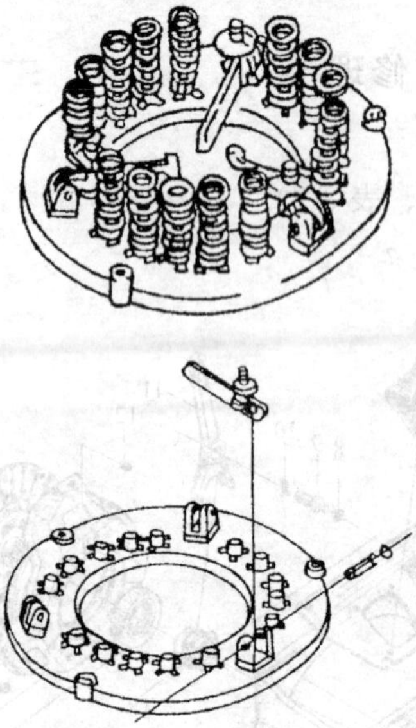	
4	取下卡环，然后拆下分离杠杆与调整螺钉连接的圆柱销	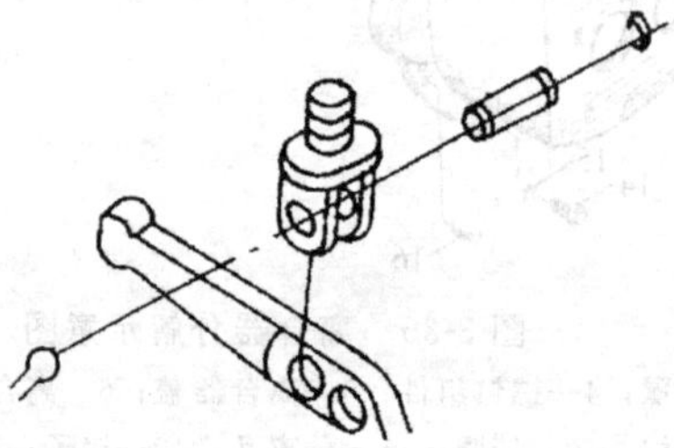	
5	将分离杠杆上圆柱销孔中的复合轴承衬套压出	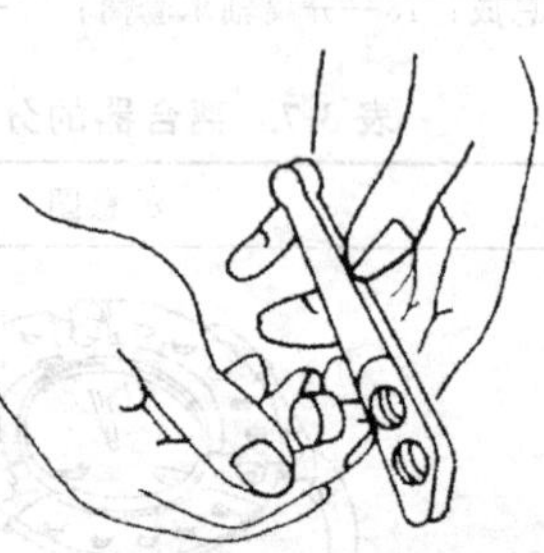	换下的衬套不再继续使用，应更换新品

(2) 离合器的检查

① 检查要求。应使用专门的测量仪器或工具来检查零件，根据指定的维修标准来断定零件是否能继续使用。零件损坏应按要求进行修理或更换。如果在配对零件中有一个被磨损，使间隙超出规定，则按有关要求更换此零件及配对零件。

② 有时从预防保养的观点出发，某些仍在修理或在磨损极限内的零件，在超出极限之前就应更换。

③ 通过检视或红色颜料渗透等指定的方法，仔细检查所有零件的外观。如果零件的外表面有异常现象，有关零件应按要求进行修理或更换。

④ 所有的橡胶件，如O形圈、油封、垫片等，拆下来之后，不准再使用。

(3) 离合器检查内容及方法(表3-8)

表3-8 离合器的检查

序号	检查内容及方法	示意图	技术要求
离合器从动盘的检查			
1	离合器从动盘总成摆差的检查	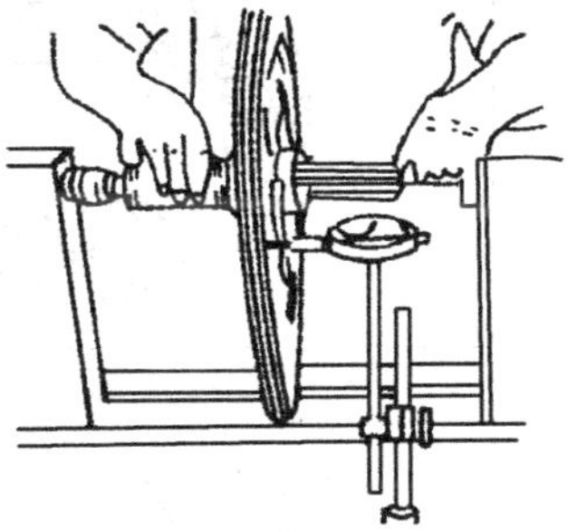	维修标准:0～0.1mm,使用极限:>1.0mm
2	检查减震弹簧和波纹片是否有断裂	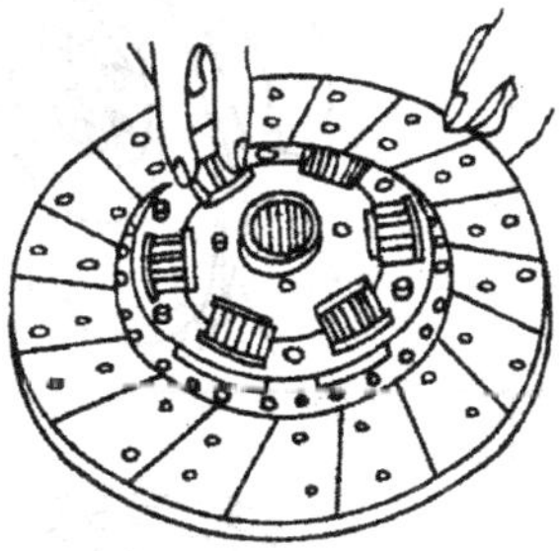	如果有断裂的情况,需更换离合器从动盘摩擦片总成
3	测量从动盘表面至铆钉头部的厚度A	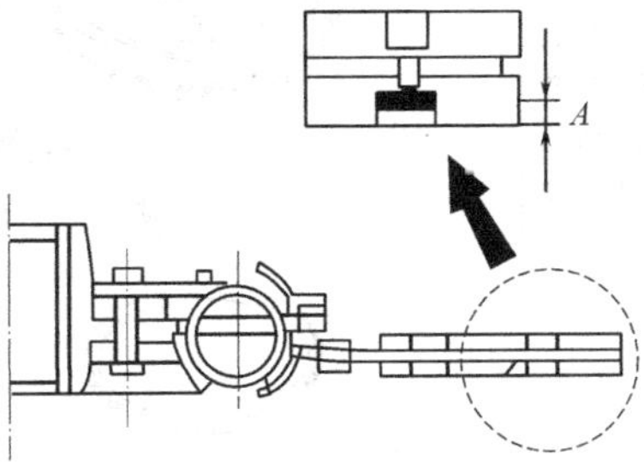	
4	测量从动盘花键毂与花键轴的侧隙	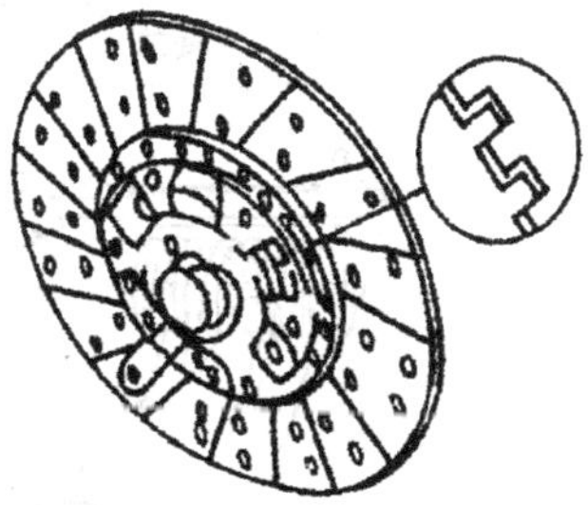	标准尺寸:0.05～0.15mm 使用极限:0.3mm
离合器压盘的检查			
5	离合器压盘平面度的检查	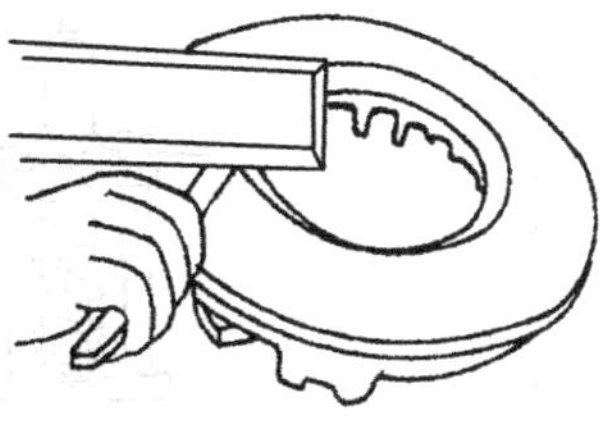	标准尺寸要求不大于0.1mm,使用极限为0.3mm

续表

序号	检查内容及方法	示意图	技术要求
		离合器压盘的检查	
6	压盘厚度的测量	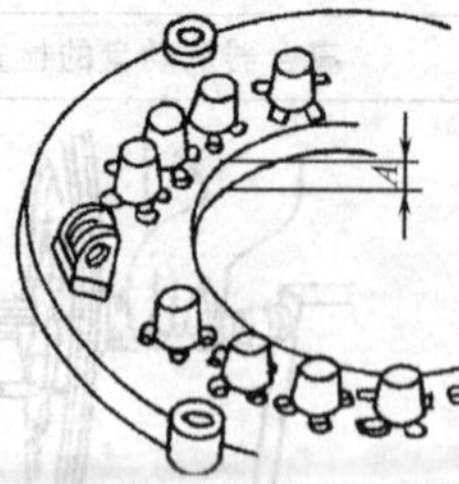	当图中尺寸 A 由于磨损或修理小于规定尺寸 2mm 时，应更换压盘。标准尺寸 $A=25\text{mm}$，使用极限 $A=23\text{mm}$
		飞轮的检查	
7	检查其工作表面的偏摆量	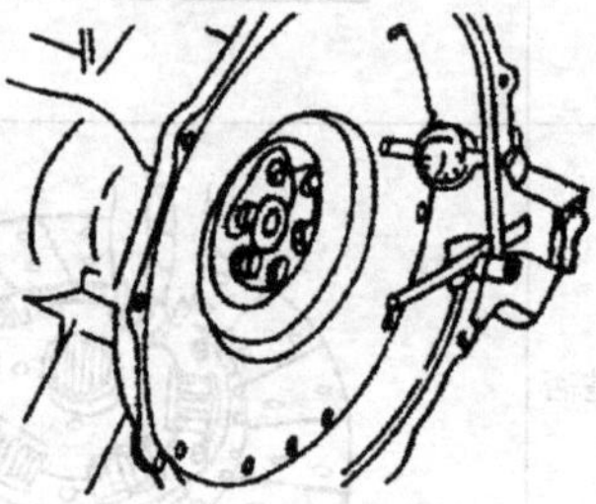	使用极限：0.15mm
8	齿圈损坏，需用黄铜棒抵住齿圈的侧面，用锤敲下。更换的新齿圈需用喷燃器均匀加热到200℃后，装在飞轮上，并保证齿圈冷却后，牢固地与飞轮接合在一起	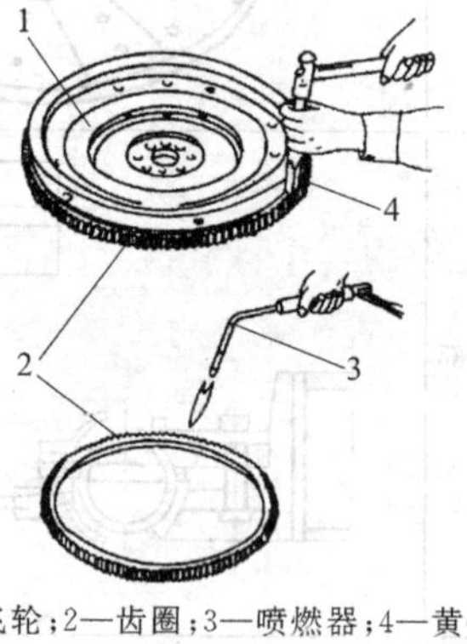 1—飞轮；2—齿圈；3—喷燃器；4—黄铜棒	
		压盘弹簧的检查	
9	测量压盘弹簧的自由长度	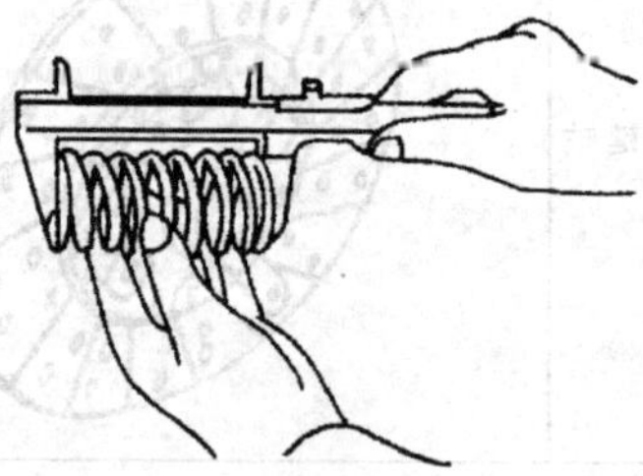	标准尺寸为 74mm，使用极限为 72mm
10	测量压盘弹簧的弹力	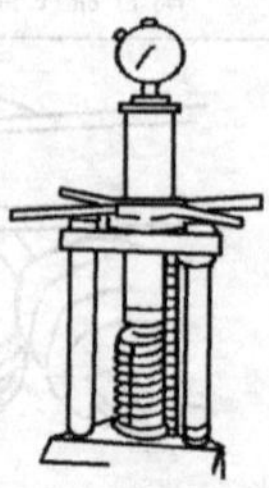	标准弹力为 600N，使用极限为 450N

续表

序号	检查内容及方法	示意图	技术要求
压盘弹簧的检查			
11	测量压盘弹簧的垂直度	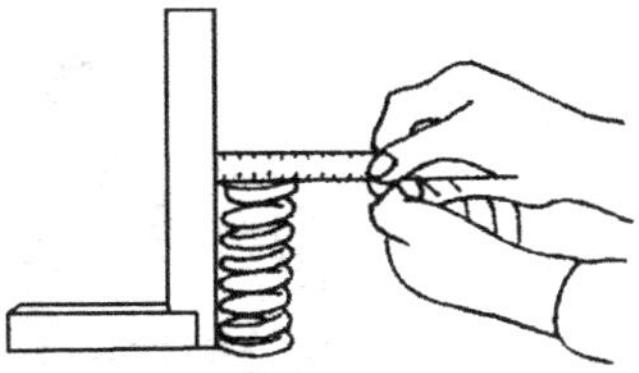	使用极限:4.0mm
离合器操纵机构的检查			
12	离合器分离轴承的检查:沿轴线方向用手压紧内套转动,如有阻值,说明轴承套或滚珠已磨损,分离轴承为封闭式,不能拆卸清洗或充加润滑剂,若损坏时必须更换	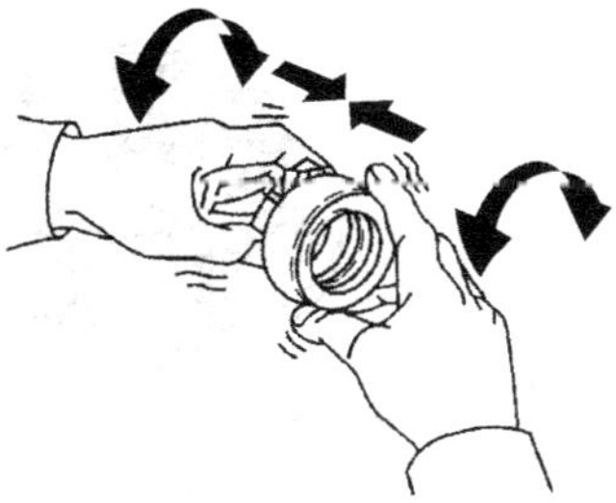	
13	检查离合器踏板衬套的磨损。若衬套与踏板轴间隙过大,应从踏板上冲出衬套,并更换	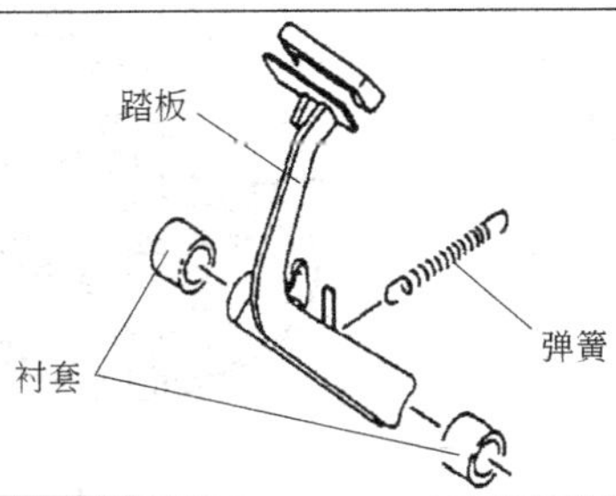	标准尺寸为 0.02~0.14mm,使用极限为 0.2mm
14	离合器分离叉轴衬套的磨损检查。若与离合器分离叉轴的间隙过大时,应更换衬套		标准尺寸为 0.02~0.15mm,使用极限为 0.2mm

(4) 离合器的装配(表 3-9)

表 3-9 离合器的装配

步骤	装配与调整内容及方法	示意图	技术要求
离合器装配			
装配离合器压盘总成	将分离杠杆衬套压入分离杠杆孔,并在衬套内表面上涂润滑脂	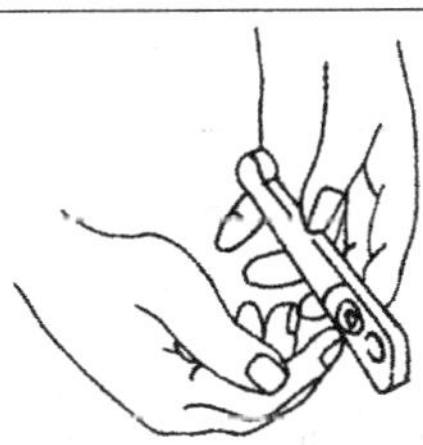	装配前,在轴和衬套之间的表面涂一层润滑脂
	将分离杠杆调整螺钉和圆柱销装到分离杠杆孔,并装上卡环	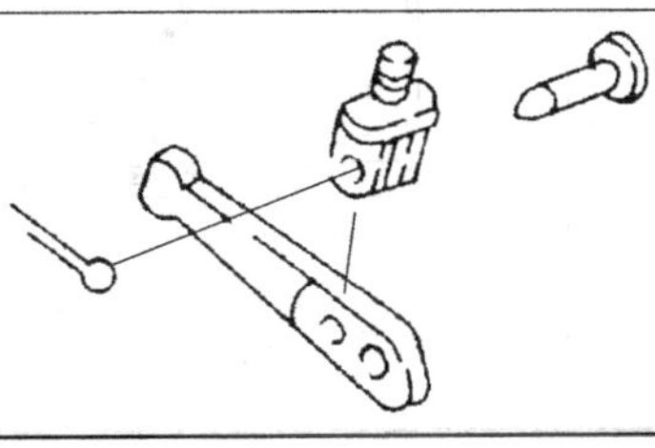	

续表

步骤	装配与调整内容及方法	示意图	技术要求
离合器装配			
装配离合器压盘总成	利用圆柱销将分离杠杆总成装到压盘上	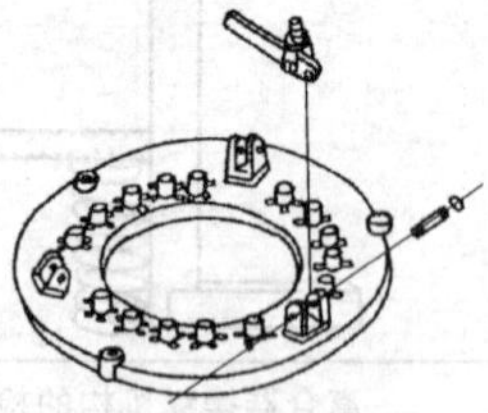	
	将压盘弹簧装到压盘上	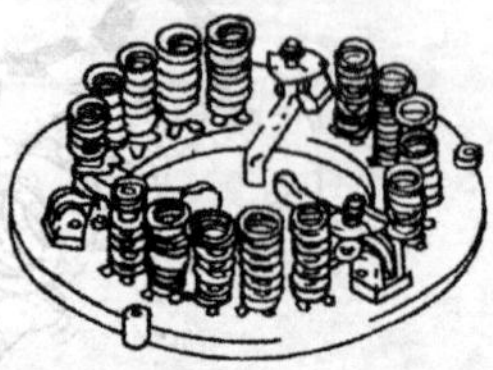	
	将压盘放到压力机上，在分离杠杆调整螺钉上装上分离杠杆弹簧和调整螺钉弹簧片，将离合器盖放在压盘上，利用压力机进行加压	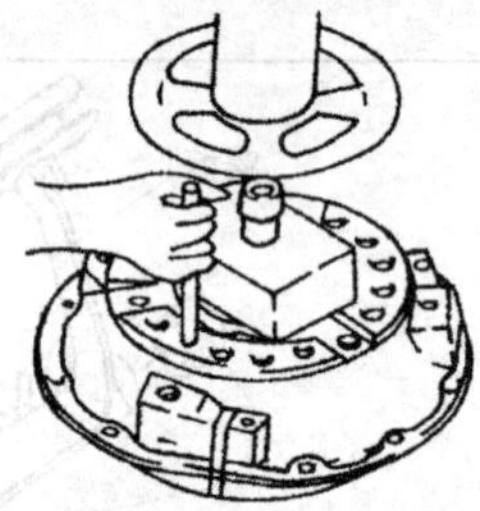	注意：分离杠杆弹簧带分离杠杆垫环挂环的要间隔安装 组装盖和压盘时，应对准标记 用一根圆棒理正压紧弹簧
	利用压力机压下压盘盖，直到调整螺钉螺纹端露出表面，拧上调整螺母	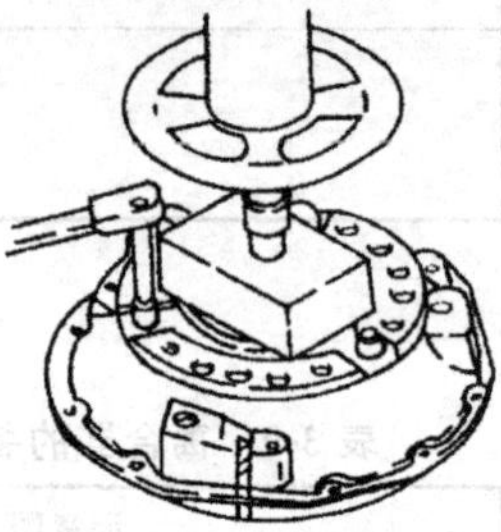	注意： 支承压盘的工作平台不允许和盖接触 在盖和螺纹之间涂上重载轴承润滑脂
	离合器压盘总成装配完成后，需进行动平衡测试，不平衡量应小于 700mg·m		
离合器壳组装	将离合器拨叉轴衬套压入离合器壳的孔中，并在衬套内表面涂抹一层润滑脂；将分离轴承内装满润滑脂。再将拨叉、分离轴承及回位弹簧装到轴上	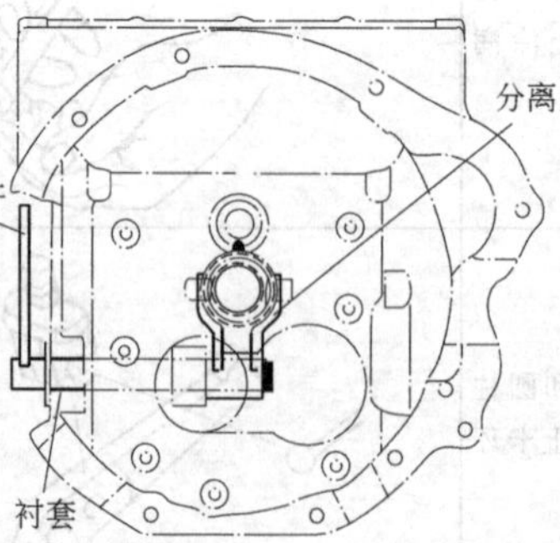	

续表

步骤	装配与调整内容及方法	示意图	技术要求
离合器装配			
离合器总成装配	将离合器盖总成和从动盘装到飞轮上	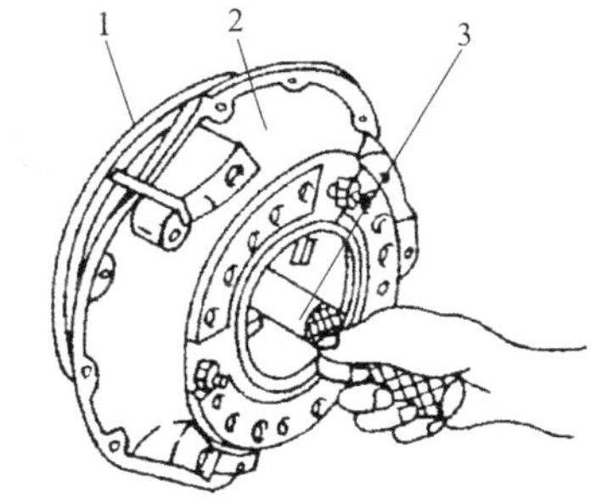 1—从动盘；2—离合器盖总成；3—定心轴	盖的连接螺栓要以交叉顺序拧紧，拧紧力矩：40～60N·m

(5) 离合器调整

1) 离合器自由行程调整　离合器分离杠杆顶端与离合器分离轴承应有一定的间隙，这个间隙反映在离合器踏板上的非工作行程，就是离合器踏板的自由行程，如图 3-37 所示，常用叉车离合器踏板高度（如图 3-38 所示）和自由行程有关数据见表 3-10。离合器此间隙用以防止离合器分离轴承损坏和摩擦片烧坏。

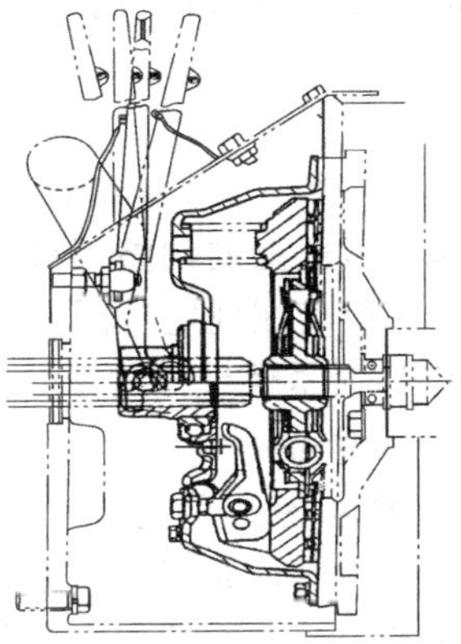

图 3-37　离合器踏板自由行程示意图

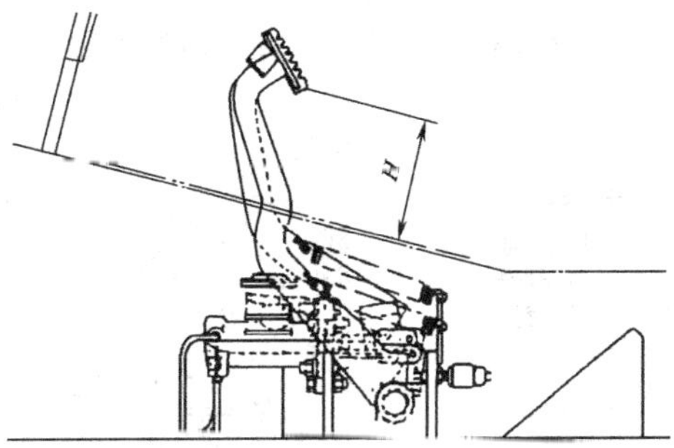

图 3-38　离合器踏板高度示意图

表 3-10　离合器技术数据　mm

机型	杭州叉车		合力叉车	大连叉车
	1～1.8t	2～3.5t	1～3t	3t
踏板高度	105～107	116～120	1t：105～107 2～3t：116～120	120
自由行程	10	10	10	35
分离杠杆或膜片弹簧与分离轴承间隙	2～2.5	3	1～2	3
总泵活塞与推杆间隙	0.5～1.0	0.5～1.0	0.5～1.0	—
分离杠杆高度	51.8±0.7	64.50±0.05	国产 64.5 进口 58.1	—
分离杠杆高度差	小于 0.4	小于 0.4	—	—
摩擦片厚度	8.5	7.8	8.9±0.3	8.5
使用极限	摩擦片至铆钉头大于 0.3		摩擦片至铆钉头大于 0.3	—

检查及调整如下。

① 先将量尺或钢尺一端抵在驾驶室底板上，尺身与踏板靠拢，测量踏板最高位置，然后将踏板向下压至感到有阻力为止，测量踏板位置。两次测出的高度之差则为踏板自由行程，如图 3-39 所示。

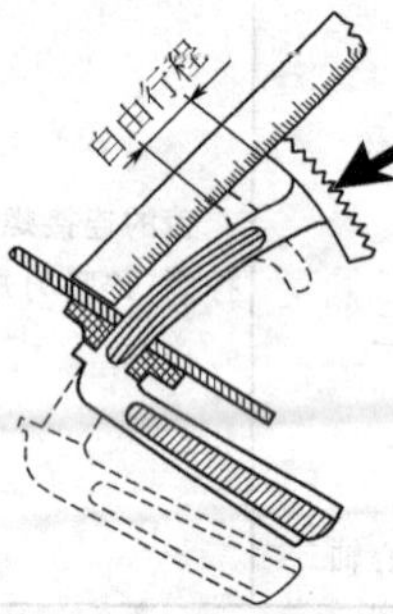

图 3-39　离合器踏板高度自由行程检查

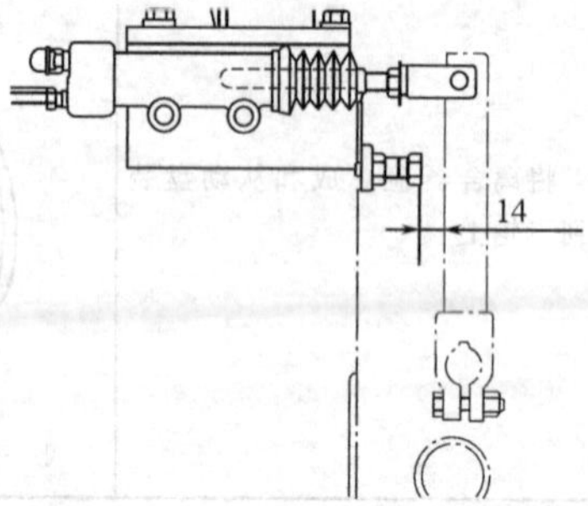

图 3-40　离合器分泵的调整

② 移去底板。

③ 离合器机械操纵机构，通过调节连杆和限位螺钉来调整踏板自由行程。调整后，离合器踏板与制动踏板在确保各自的自由行程后，其高度位置应一致。

④ 离合器液压操纵机构，通过改变总泵推杆的长度，调整总泵推杆与活塞之间的间隙，首先松开止动螺栓锁紧螺母，其次左、右转动止动螺栓调整踏板高度，如图 3-40 所示。

⑤ 拧紧锁紧螺母后装好底板。

2）分离杆高度调整　检查离合器三个分离杆的高度差，是否小于 0.4mm，视情况进行调整。可通过拧动分离杆上的调整螺母，使分离杆的内端距飞轮断面的距离在规定范围之内，如图 3-41 所示，调整后应将锁紧螺母拧紧。

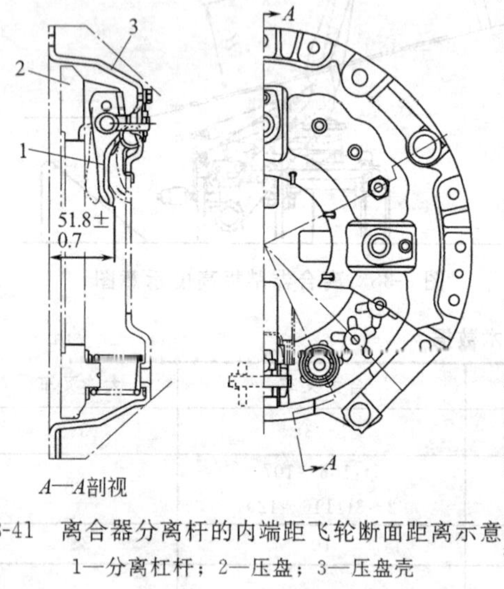

3-41　离合器分离杆的内端距飞轮断面距离示意图

1—分离杠杆；2—压盘；3—压盘壳

（6）就车更换离合器摩擦片总成

就车更换离合器摩擦片的方法（以杭叉 1～3.5t 机械传动式叉车为例）如下。

① 踩下离合踏板，在压盘壳与分离杆之间分别用三只隔套使摩擦片脱开。

② 逆时针转动变速箱上端滑动螺杆，使主动轴缩进变速箱内。

③ 取下压盘壳的六只螺栓，使其与飞轮脱开，随即取出旧摩擦片总成。

④ 装进新摩擦片总成。注意使摩擦片的盘毂花键套伸出较长的一端朝向变速箱一侧。

⑤ 顺时针转动滑动螺杆，逐步将主动轴拉出，使其插入摩擦片盘毂花键孔内。

⑥ 当判断主动轴已确实进入飞轮中间轴承内，锁紧滑动螺杆，拧紧力矩 107～119N·m。

⑦ 将压盘壳装到飞轮上。

⑧ 踩动离合器踏板，取下三只隔套。

⑨ 调整离合器踏板行程。

机械变速箱检修

(1) 机械变速箱分解(图 3-42、图 3-43)

① 打开放油螺塞,将油放干净。

② 拆下变速器箱盖上的螺栓,用铜棒轻轻敲击变速器盖边缘,直到松动,将箱盖 8 和箱盖垫片 9 拿走。

③ 拆下转动杆 28,取出钢球 26、弹簧 27,拿出拨叉 25。

④ 卸出滑动螺栓 21,取出外齿弹簧垫圈 23、O 形圈 22。

⑤ 拆下轴臂 12 上的 2 只螺栓,依次取出 O 形圈 13、19,塞 18 和滑动杆 24。

⑥ 卸下轴环 1,取出 O 形圈 4、轴承架 3、油封 5,用卡钳卸下弹性挡圈 8,取出深沟球轴承 6,拆下弹性挡圈 7,取出主动轴 2、输入齿轮 9、深沟球轴承 11。

⑦ 取出滚针轴承 36、前进挡齿轮 33,卸下弹性挡圈 19,取出同步器总成,卸下倒挡齿轮 34、滚针轴承 35,取出主轴 17、低速齿轮 32、同步器总成、高速齿轮 31、滚针轴承 36、止推垫圈 22、圆柱滚子轴承 18、弹簧挡圈 20、惰轮 39、滚针轴承 40 和衬套 41。

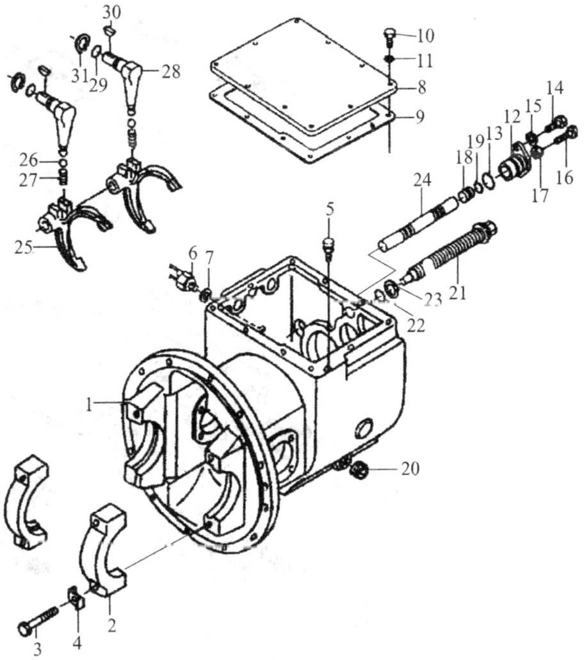

图 3-42 JDS30 型叉车变速箱分解示意图(一)

1—壳体;2—轴承座;3,10,14,16—螺栓;4—锁片;5—塞体;6—盖;7—密封圈,8—箱盖;9—箱盖垫片;11,15,23—垫圈;12—轴臂;13,19,22,29—O 形圈;17—螺母;18,20—塞;21—滑动螺栓;24—滑动杆;25—拨叉;26—钢球;27—弹簧;28—转动杆;30—半圆键;31—弹性挡圈

⑧ 卸下弹性挡圈 24、20,取出隔圈 21,卸下深沟球轴承 25、止推垫圈 22,卸下轴承保持架 23,取出滚针轴承 54、双联齿轮 52、衬套 55、53 和输出齿轮 56。

⑨ 拆下防松螺母 49,取下圆锥滚子轴承 51、弹簧垫圈 48、止推板 47,取出惰轮轴 37 及钢球 38。

(2) 机械变速箱检修

1) 变速器壳和盖的检修 变速器壳与盖的材料一般为灰铸铁铸造而成,它受力复杂,工作条件恶劣,还经常受冲击、振动而产生的动载荷的影响。主要损伤是裂纹、支承座孔的磨损、壳体变形等。

① 变速器壳和盖裂纹的检修 变速器壳和盖不允许有裂纹损伤,对裂纹一般用检视法、敲击法、磁力探伤法检查,如果发现裂纹损伤,视其损伤部位确定修复方法。对未延伸到轴承座孔处及不重要部位的裂纹,可用环氧树脂黏结法修复或用螺钉填补法修复。对重要部位的裂纹(如轴承座孔处),则应采用焊接修复。并先对壳体或盖加温再焊,焊接修复时,要注意焊接工艺方法,防止局部内应力过大、焊后再裂。壳体上所有连接螺纹的损伤不得多于 2 牙,超过规定时,应采用扩孔攻螺纹或焊补后重新钻孔攻螺纹的方法修复。

② 变速器壳体与盖变形的检修 变速器壳体的变形不易明显察觉到,由于受检测仪器设备的限制,在修理中往往被忽视。实际上,由变速器壳体变形所造成的某些部件相互位置关系的破坏,对变速器修理质量的影响很大。检验变速器壳体与盖(或与飞轮壳)

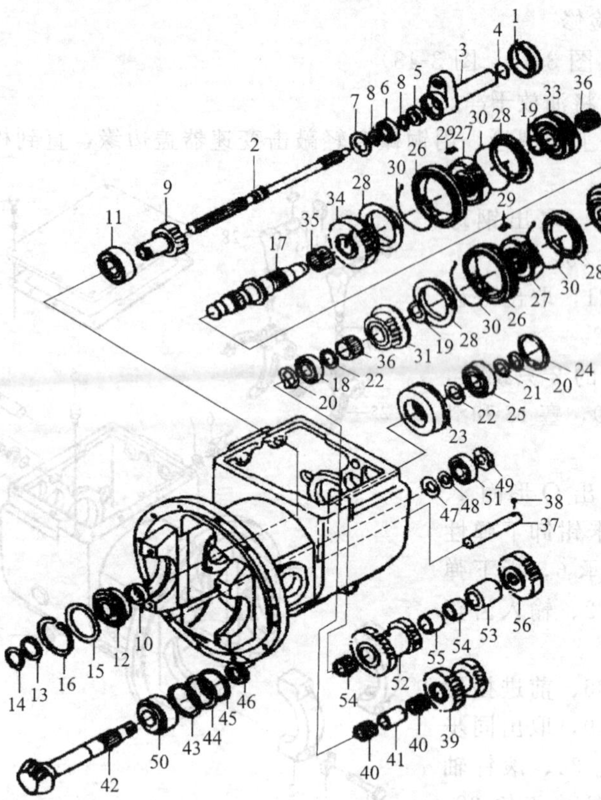

图 3-43 JDS30 型叉车变速箱分解示意图（二）

1—轴环；2—主动轴；3—轴承架；4—O 形圈；5—油封；6,11,12—球轴承；7,8,14,16,19,20,24—弹性挡圈；9—输入齿轮；10,13—隔套；15—轴承垫圈；17—主轴；18—圆柱滚子轴承；21—隔圈；22,46—止推垫圈；23—轴承保持架；25—深沟球轴承；26—啮合套；27—离合器从动盘毂；28—从动环；29—嵌块；30—弹簧；31—高速齿轮；32—低速齿轮；33—前进挡齿轮；34—倒挡齿轮；35,36,40,54—滚针轴承；37—惰轮轴；38—钢球；39—惰轮；41,53,55—衬套；42—输出轴；43,44,45—垫片；47 止推板；48—弹簧垫圈；49—防松螺母；50,51—圆锥滚子轴承；52—双联齿轮；56—输出齿轮

接合平面的翘曲不平时，可用平板或将两者靠合在一起，用厚薄规检查，当间隙超过 0.15mm 时，可用铲、锉、磨等方法予以修整，当用刨床刨削修复平面时，应注意定位基准的选取。

③ 变速器壳体轴承座孔磨损的检修 变速器壳体与各轴承的配合关系，使齿轮轴线偏移和两轴线不平行，齿轮的正常啮合关系遭到破坏，造成齿轮发响、跳挡等一系列不良后果。

轴承座孔与轴承的配合间隙一般为 0～0.04mm，大修允许为 0～0.05mm，使用限度为 0.06mm，当配合间隙超过使用限度时，可采用镶套法修复或换新。

2）齿轮的检修 齿轮常见的损坏形式是严重磨损、疲劳剥落、腐蚀斑点及牙齿断裂等，一般规律是直齿多于斜齿、滑动齿轮与套齿多于常啮齿轮。

齿轮的检验常采用仪器、仪表及磁力探伤机等工具，也可用卡尺、齿规样板及新旧齿轮对比的方法。

① 齿轮轮齿的啮合面上，不允许有明显的缺陷和不规则的磨损，在轮齿的表面上允许有占齿面积不到 25%的小斑点。

② 在齿顶上允许有很小的剥落，但应将锋边修磨光，可用油石修磨后继续使用。

③ 齿轮轮齿表面如有不大于 0.20mm 的痕纹或阶梯形磨损，允许用油石或风动修磨后继续使用。

④ 常啮齿轮的啮合间隙一般为 0.15～0.50mm，各齿轮的啮合印痕应在轮齿啮合面的中部，且不小于啮合面的 60%，齿轮轮齿磨损齿厚减小 0.25mm 以上且啮合间隙超过 0.50mm，及长度的磨损超过全长 30%时，应更换新齿轮。

⑤ 齿轮上的接合齿，或与其相配合的滑动齿轮轮齿的端部磨损量不得超过齿宽的 15%，齿厚减少 0.4mm 以上且啮合间隙超过 0.6mm，长度磨损超过全长的 30%时，应予更换。

⑥ 齿轮上不相邻的个别轮齿折断时允许采用电焊予以修复。

⑦ 齿轮上的花键齿磨损、厚度减少 0.20mm 以上且间隙超过 0.40mm 以上时应予以更换。

⑧ 齿轮上不允许有任何性质的裂缝，否则应予以更换。

3）轴的检修　变速器在工作中，它们承受着变化转矩、弯曲力矩；键齿部分还要承受挤压、冲击和滑摩等负荷。因此，轴常见的主要损伤有：轴颈磨损、键齿磨损、轴的弯曲变形及轴锁部位的疲劳剥落等。

① 轴颈的磨损　轴颈磨损过大，不但会使齿轮轴线偏移，带来齿轮啮合齿隙改变，传动时噪声也大，而且会使轴颈在轴承孔内转动而引起烧蚀，因此，安装滚珠、滚柱和滚锥轴承轴颈的磨损一般不超过 0.03mm，若轴颈磨损超过 0.03mm，或配合间隙超过使用限度，应对轴颈进行涂镀、镀铬或堆焊修复。修复后要求各轴轴颈的径向圆跳动公差不大于 0.05mm，大修允许不大于 0.07mm，使用限度为 0.3mm。

安装滚针轴承轴颈的磨损不得超过 0.03mm，轴颈与滚针轴承的配合为 0.02～0.10mm，大修允许不大于 0.13mm，使用限度为 0.30mm。要求同一组滚针直径差不大于 0.02mm。若轴颈磨损超过 0.03mm，配合间隙超过使用限度，应对轴颈进行涂镀、镀铬或堆焊修复，也可更换加粗的滚针。若滚针断裂时，应予更换。

② 键齿磨损　键齿的磨损在受力一侧较为严重。各滑动齿轮键槽与花键轴键齿的配合一般为 0.04～0.30mm，使用限度不大于 0.50mm。轴上键齿的磨损不得超过 0.20mm。主动轴上键齿宽度的磨损，最大不超过 0.25mm，与离合器从动盘键槽配合间隙最大不超过 0.45mm。当键齿磨损超过限度时，可用堆焊修复。堆焊时最好堆焊未磨损的一侧，可以保证修理质量。

4）变速器同步器的检修

① 检查同步器锥环锥面。其锥面应无明显擦痕，当锥环锥面 0.40mm 深的螺纹油槽已磨损至 0.10mm 时，应更换同步器总成。

② 锁环式惯性同步器啮合套不得过量磨损，不得有明显台阶和锥形，其上的锁止角（如图 3-44 所示）严重磨损，应换用新件。如果锁环内锥面排油槽过量磨损导致影响锥面贴合不紧时，应更换。

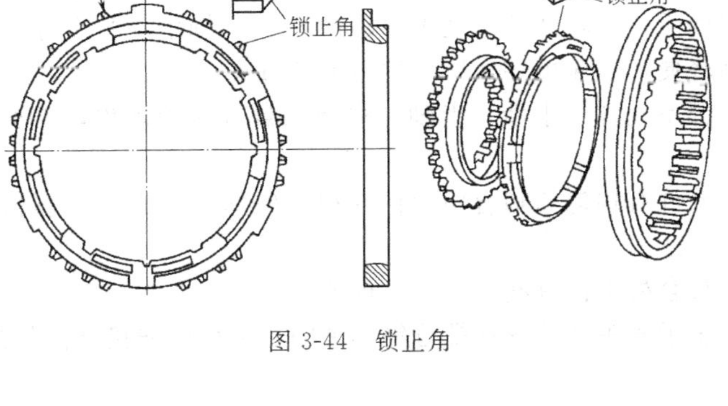

图 3-44　锁止角

③ 锁环式惯性同步器，其同步锥与同步环配合靠紧，用塞尺测量时，其同步环大端面与同步锥接合齿前端面之间的距离一般应为1.20～2.50mm，不得小于0.20mm。否则，应更换同步锥或同步环，或两件同时更换。

④ 对更换同步锥或同步环的同步器，其内锥面与外锥面的接触面积，不得小于80%。

5）操纵机构零件的检修　操纵机构中各零件的损坏形式主要是各运动副之间的磨损，变速杆、叉轴拨叉的磨损及弯曲变形，以及定位弹簧弹力减弱与折断等。

① 拨叉的检修　拨叉主要是弯扭变形及与齿轮环形槽接触部位的磨损。

拨叉的正常配合间隙是0.045～0.117mm，大修允许0.30mm，使用限度为0.35mm，当磨损超过限度时，应堆焊后锉磨修复。

对弯扭变形，可用冷压或榔头敲击校正。

② 拨叉轴的检修　拨叉轴主要是直径定位球凹槽的磨损及弯曲变形。

拨叉轴正常配合间隙为0.045～0.117mm，大修允许0.30mm，使用限度0.35mm，当超过使用限度时，应以涂镀、镀铬、镀铁等进行修复，定位凹槽的磨损量在直径上不得超过0.3mm，否则可堆焊高强度的合金钢，然后用风动砂轮修磨。

③ 定位球、定位弹簧的检修　定位球应与拨叉轴的凹槽相吻合，当磨损严重使直径变小，一般不予以修理，可更换新件。

定位弹簧自由长度变短、弹力减弱（凭经验判断，即把定位弹簧放在变速器相应的孔中，若弹簧能与孔边缘平齐，说明可继续使用，否则应更换新件）或折断时，一般应更换新件。

(3) 变速器的装配和试验

变速器的装配一般分两步进行：先进行组合件的装配，然后再进行变速器的总装。装配调整的好坏，对修理质量的影响很大，仅有零件的修理质量而无正确的装配调整质量，仍无法保证变速器的正常工作，甚至会出现新的故障。

1）装配注意事项

① 对于不熟悉的新结构部分，先详细阅读说明书，了解它的结构特点、技术要求及装配程序等，并严格按照要求去操作，切不可随意更改。

② 所有零件应彻底清洗干净，特别是齿轮轮齿间有润滑油孔必须注意疏通，并用压缩空气吹净。

③ 在装配过程中、不可用铁榔头直接敲打金属零件表面，应垫以软金属，以防损伤零件或金属被击脱落飞出伤人。

④ 在安装壳体上的油堵螺塞和轴承盖时，应涂上密封膏，以防漏油。

2）变速器装复后试验　变速器装复后应进行试验，其目的是使齿轮及各运动副的金属表面得到正确磨合，以便早期发现修理和装配质量，避免装车后的返工，减轻劳动强度，节省劳动时间。

变速器试验后，应符合下列技术要求，否则应查明原因予以排除。

① 试验一段时间后，齿轮油的温度不得超过35℃，轴承温升不得超过40℃。

② 换挡应灵活轻便，迅速可靠，所用的力不应过大。

③ 在任何位置都不允许有干涉、卡轴、跳挡和自行脱挡现象，变速和方向杆应能在空挡位置自由移动。

④ 各挡齿轮，允许有均匀的啮合声，但在稳定转速下不允许有高低变化的敲击声和不正常噪声产生。

⑤ 各密封处、接合处不得有漏油、渗油现象。

⑥ 变速器盖、轴承盖等处的螺栓螺母等应紧固，最后将非接合面外露部分涂上银粉。

液力传动装置的检修

（1）液力传动装置分解

液力传动装置分解如图 3-45～图 3-50 所示。

（2）液力传动装置检修与装配

1）变矩器的维修

① 涡轮轴花键齿磨损、轴颈烧伤轻微，可用油石修磨；磨损、烧伤严重则应更换。油封损坏则应更换。

② 单向离合器运转应正常，顶套卡死、弹簧折断，应清洗或更换新件。

③ 泵轮、涡轮、导轮叶片如有断裂，应更换新件。

④ 检查各轴、齿轮、轴承的磨损情况。各轴键齿应光滑、平直，不应有脱边和毛刺，齿轮如严重磨损、疲劳剥落与牙齿断裂，应更换。

⑤ 挂挡压力阀、进油压力阀及回油压力阀的阀芯磨损严重时，可更换或镀铬修复。压力不符合规定（见表 3-11），应重新调整。

⑥ 变矩器外壳如有裂纹和铸造缺陷，应更换。飞轮壳与齿轮箱接合处外圆、接合面应相互平行和同轴。其平面度与同轴度不应大于规定值（一般为 0.045mm）。

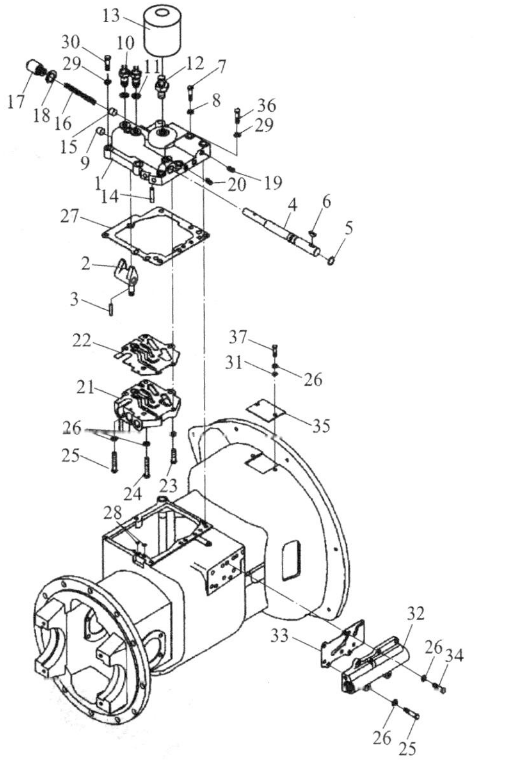

图 3-45 液力传动装置（盖和微动阀）分解示意图

1—壳体盖；2—变速臂；3,14—销；4—变速臂轴；5,28—O 形圈；6—半圆键；7,23,24,25,36,37—螺栓；8,11,18,33—衬垫；9—塞子；10—后退灯开关；12—管接头；13—滤油器；15—活塞；16—弹簧；17—安全阀盖；19,20,30,34—螺塞；21—控制阀总成；22,27—垫片；26,29,31—垫圈；32—微动阀总成；35—变矩器盖

2）变矩器的装配

① 装配前，各部位应用变矩器油清洗，各孔道应保证畅通。

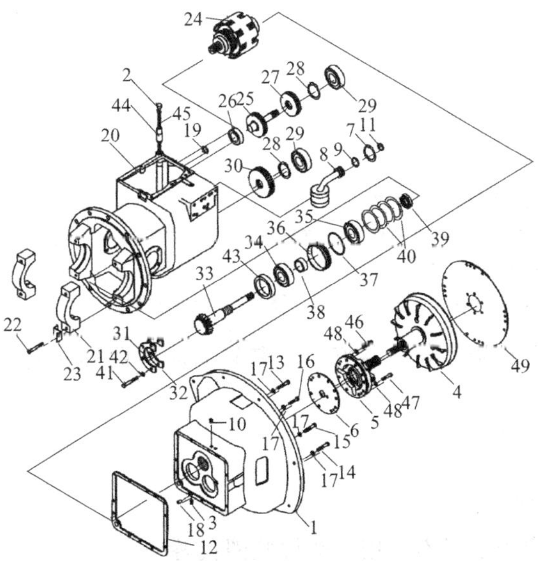

1—变矩器壳体；2—加油口盖；3—螺塞总成；4—变矩器总成；5—供油泵总成；6,12,32—垫片；7,28—挡圈；8—滤油器；9,11,19,37 O 形圈；10—螺塞；13,14,15,16,22,41,46,47—螺栓；17,42—垫圈；18—销；20—壳体；21—轴承座；23—锁片；24—离合器总成；25—惰轮轴；26,29,34,35—轴承；27—惰轮；30—输出齿轮；31—支承片；33—输出轴；36—油封保持架；38—油封；39—螺母；40—垫；43—轴环；44—加油管；45,48—衬垫；49—弹性板

图 3-46 液力传动装置分解示意图

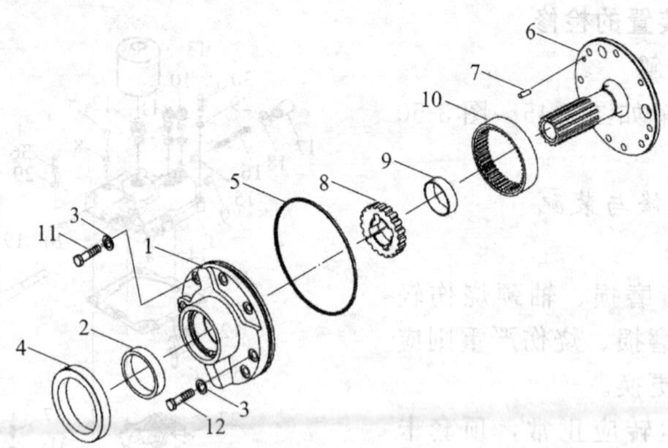

图 3-47 液力式传动装置供油泵分解示意图

1—泵体；2,9—衬套；3—衬垫；4—油封；5—O 形密封圈；6—锭子；7—圆柱销；8—主动齿轮；10—被动齿轮；11,12—螺栓

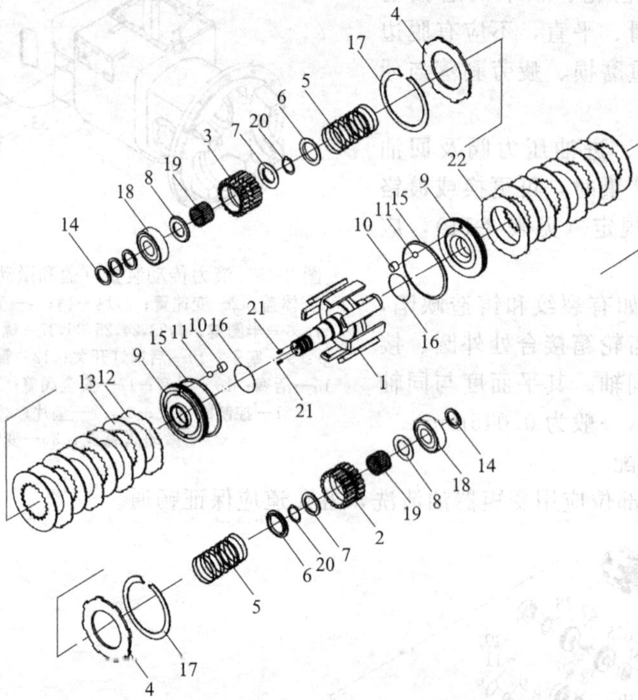

图 3-48 液力离合器分解示意图

1—输入轴总成；2—倒挡齿轮；3—前进挡齿轮；4—端板；5—回程弹簧；6—弹簧座；7—止推环 A；8—止推环 B；9—活塞；10—塞；11—钢球；12—摩擦片；13—隔片；14—密封环 A；15—密封环 B；16—O 形密封圈；17—卡环；18—轴承；19—滚针轴承；20—挡圈；21—螺钉；22—碟形板

② 装配导轮时，第一导轮与第二导轮不应装错。导轮装好后，其转向应与曲轴转向一致。相反转动导轮时，应不能转动。

③ 装配时各机件应涂液压油，不应涂润滑脂。

④ 变矩器装配后，泵轮、涡轮转动应灵活。

⑤ 各压力阀经压力试验后，方能装在变矩器上。

⑥ 变矩器上使用的 O 形密封圈与骨架式橡胶油封不应用一般橡胶圈代替。

⑦ 变矩器用油应符合规定，不应随意取代。

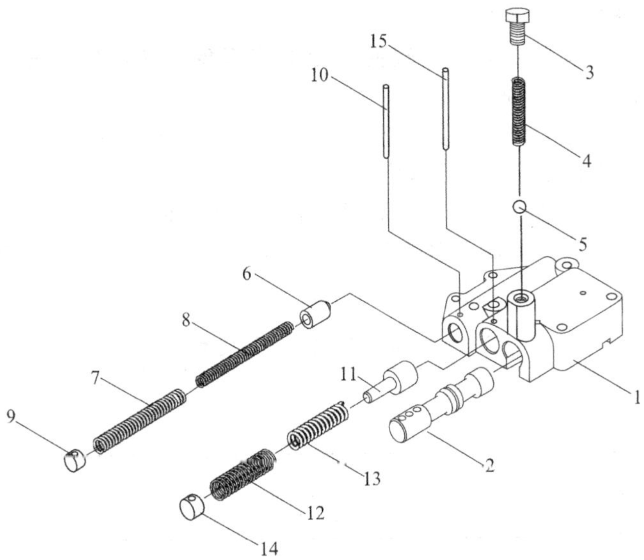

图 3-49 液力式传动装置控制阀分解示意图

1—阀体；2—滑阀；3—油塞；4,7,8,12,13—弹簧；5—钢球；6—活塞；9,14—塞；10,15—销；11—卷轴

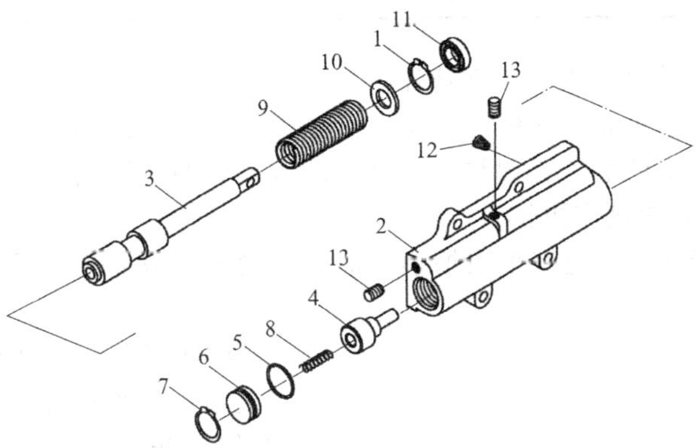

图 3-50 液力式传动装置微动阀分解示意图

1—挡圈；2—阀体；3—卷杆；4—滑阀；5—O形圈；6—油堵；7—挡圈；8—主弹簧；9—微动弹簧；10—垫块；11—油封；12—油塞；13—螺塞

⑧ 液力变矩器有关技术参数见表 3-11。

表 3-11 液力变矩器技术参数

机型		型号	最大变矩系数 K_0	循环圆直径/mm	进油压力/MPa	主油压力/MPa
杭州叉车	CPQ(D)20/30	YQX18	2.88	244	0.5～0.7	1.1～1.4
	CPCD20/30	YQX30	3	265	0.5～0.7	1.1～1.4
	CPCD50	YQX5K4	—	323	—	1.1～1.5
合力叉车	1～3t	单级两相三元件	3.0	—	0.50～0.68	1.1～1.4
	CPCD50	单级两相三元件	3.1	—	0.5～0.7	—
大连叉车	3t	—	3	265	0.5～0.7	1.1～1.4
	CPCD50	YB323	3.63	323	—	—

3）动力换挡变速器的检查保养

① 变速器操纵机构应操纵灵活、轻便，无卡滞现象。各挡位离合器啮合和分离适时。各挡接合后，工作平稳、无异响。

② 启动发动机，转速应正常，其标准一般为1000～1500r/min。移动操纵阀到各挡位测量主压力和变矩器出口压力，应达到规定值。

③ 变速器油位如低于油位下限，应加同样油品到规定值。

④ 变矩器、变速器、操纵阀及各连接油管、接头应无漏油、渗油，否则应排除。

⑤ 动力换挡变速器有关技术参数见表3-12。

表3-12 动力换挡变速器技术参数

机型		挂挡油压/MPa	挡 数	前进Ⅰ/Ⅱ	后退Ⅰ/Ⅱ
杭州叉车	1～1.8t	—	前、后	1.35	1.35
	2～3.5t	—	前、后	1.35	1.35
	CPCD50	—	前2、后2	1.829/0.65	1.829/0.65
合力叉车	1～3t	—	前、后	1.35	1.35
	CPCD50	1.20～1.50	前2、后2	1.621/0.526	1.621/0.526
大连叉车	3t	1.1～1.4	前、后	1.35	1.35
	CPCD50	1.2±0.1	前2、后1	1.965/0.935	1.38

4）拆卸、检查、修理动力换挡变速器

① 各齿轮、轴、轴承等，各机件的检验、修复方法参见变速器。

② 换挡离合器活塞环不应有裂纹、毛刺、凹坑、碰伤等缺陷，径向间隙与自由状态下开口间隙应符合要求，否则应更换。

③ 活塞外圆应光洁，不应有轴向槽痕。活塞环槽两壁应光洁。活塞外径磨损不应小于规定值，否则应修复。

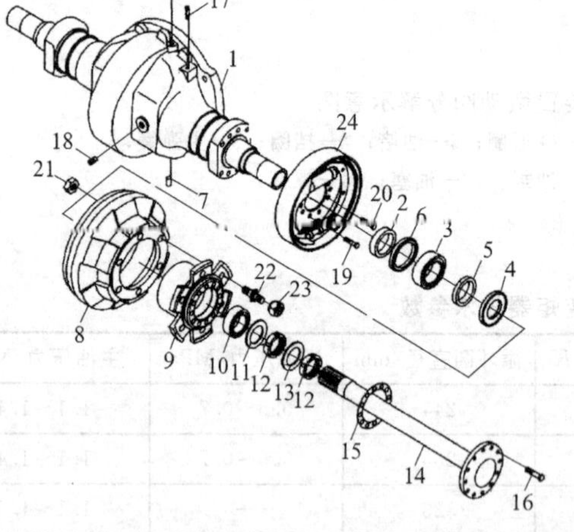

图3-51 叉车（CPCD30型）驱动桥分解示意图

1—桥壳；2—油封挡圈；3—油封；4—挡油圈；5—备用垫；6—轴承；7—销；8—制动鼓；9—轮毂；10—轴承；11—垫；12,21—螺母；13—垫圈；14—半轴；15—半垫；16,19,20,22—螺栓；17—透气塞；18—堵塞；23—锥螺母；24—制动器

④ 换挡离合器内外摩擦片两面应光洁、平整。内摩擦片两面烧结的粉末冶金片，其黏结面积应不小于总面积的85%左右，边缘处不可有剥落和裂纹。摩擦片总厚度磨损不能超过规定值。内外摩擦片无烧损、变形，否则应更换。

⑤ 活塞环、复位弹簧如有变形、弹性减弱或折断，应更换。

⑥ 换挡操纵阀各油路应畅通，否则应疏通。

⑦ 操纵阀杆如磨损严重、损伤或胶合，应修复或更换。

⑧ 换挡操纵阀定位钢球、弹簧和球座应正常，否则应修复或更换。

驱动桥的检修

（1）驱动桥的分解

叉车（CPCD30型）驱动桥的分解示意如图3-51所示。

① 支起车桥，拆下车轮，拧下螺栓 16，取出半轴 14、半垫 15，拆下外端锁紧螺母 12、垫圈 13 和垫 11，拧下内端锁紧螺母 12、取出轴承 10。

② 拆下制动鼓，使其与制动器 24 脱开，拧下锥螺母 23，取出螺栓 22，将轮毂 9 从制动鼓 8 上分离。

③ 拆下挡油圈 4、垫 5、油封 3、轴承 6、油封挡圈 2，卸下连接制动器 24 与桥壳 1 上的螺母 21、螺栓 22，取下制动器总成 24，并卸下桥壳上的销 7、堵塞 18 和透气塞 17 等。

④ 用洗油（煤油或柴油）清洗桥壳及零件，擦净外部油垢。

（2）驱动桥壳检修

叉车的驱动桥壳，安装在叉车车架上。由于驱动桥和车架是刚性连接，叉车在叉取货物或搬运、堆垛作业中，驱动桥部分质量大，而且还有道路不平、叉架载荷不均等情况，这样驱动桥将出现弯曲、断裂，半轴套管轴承孔磨损和半轴套管轴颈磨损等损伤。

1）驱动桥壳弯曲的检验与修理

① 驱动桥壳弯曲的检验　检验前应首先校正半轴及轮毂端平面接触突缘的平整度，消除其端面圆跳动误差，再将标准半轴装在驱动桥壳上，校紧轴承，从壳内测试左右半轴的中心位置（如图 3-52 所示），判断有无弯曲。两轴线之差应不大于 0.75mm，极限值为 1mm。

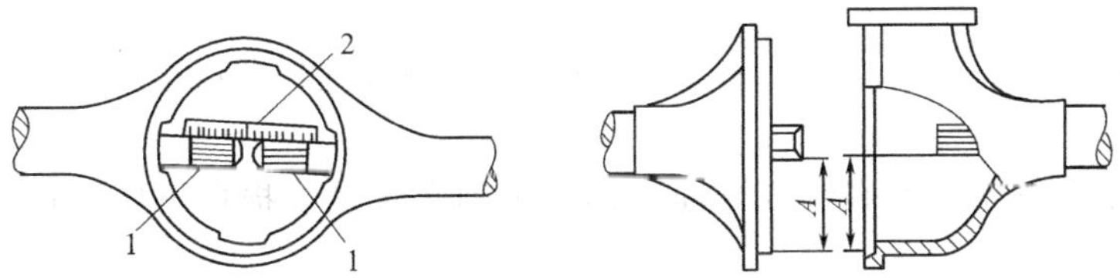

(a) 整体式桥壳　　(b) 组合式桥壳

图 3-52　驱动桥壳的弯曲检验

1—半轴；2—直尺

② 驱动桥壳弯曲超限时应进行校正　校正时，校正变形量应不大于原有弯曲变形量，并将校正压力保持一段时间，使桥壳得到一定的塑性变形。如果变形过大，弯曲变形大于 2mm 时，可预热后校正但加热温度应在 700℃以下，防止温度过高，金属组织发生变化，影响桥壳的强度和刚度。铸制的桥壳最好避免加热校正。

2）驱动桥壳裂纹的修理　驱动桥壳中部裂纹及突缘上裂纹可用焊接法修复，其操作要点如下。

① 沿裂纹开成 90°的 V 形坡口，其深度为厚度的 2/3。

② 在距裂纹两末端 6～10mm 处，各钻直径 5mm 孔。

③ 电焊焊补裂纹，其焊层应高于基本金属，但不超过 1mm。正面焊好后再在反面进行焊补，焊后应将焊缝修平。焊补在工作平面的，其平面度误差应不大于 0.25mm。

④ 裂纹焊补后应在裂纹处焊接加强腹板，其厚度一般为 4～6mm，加强腹板应与驱动桥壳中心对称。

⑤ 如裂纹穿透至驱动桥壳盖或主减速器突缘平面，则在焊补后应另焊加强腹环（厚度为 4～6mm）。驱动桥壳盖平面的加强腹环可复接于外面，主减速器壳则视内部空间的许可，复接于内面。焊接加强腹环时，应先用螺栓将加强腹环紧压于平面上，以免焊接时位置移动和挠曲。

⑥ 焊补加强后的驱动桥壳，要重新进行检验其直线度误差、壳盖面和主减速器突缘平面的平面度误差，并校正、修磨到符合标准。

3）其他部分的检修

① 桥壳两端内外轴承座颈同轴度误差应不大于 0.01mm；轴承座颈与其止推端面的垂

直度误差应不大于0.05mm；轴承座颈应与制动底板突缘平面垂直，垂直度误差应不大于0.1mm。

② 螺孔的螺纹损伤应不多于2扣，超过时可镶螺套修复或焊修。

③ 油封轴颈磨损大于0.15mm时，可镶套修复。

④ 半轴套管装滚动轴承的轴颈磨损大于0.04mm时，可镀铬或堆焊修复。

⑤ 半轴套管有任何性质的裂纹和缺损时，应予以更换。

⑥ 驱动桥壳装半轴套管内外端座孔磨损不得大于0.06mm，否则可将半轴套管轴颈镀铬或扩大至修理尺寸。

⑦ 驱动桥壳折断时，应予更换。

(3) 驱动轮轮毂检修

1）驱动轮轮毂分解　首先支起车桥，按顺序拆下车轮、半轴、锁止装置、调整螺母，然后卸下轴承、轮毂与油封等。将所拆机件清洗干净，然后检查各机件的技术状况。

2）驱动轮轮毂的检修

① 检查轮毂轴承滚柱、滚道应无严重锈蚀或疲劳剥落，否则应更换。轴承内径和轴颈配合间隙应符合规定值，一般为0.015～0.060mm。超过规定的使用限度，应更换轴承或修复轴颈。

② 检查轮毂油封，如有损坏、断裂，应更换。橡胶油封如有损坏、老化或弹簧损坏等，均应更换。

③ 检查半轴套管不应有裂纹或弯曲变形，半轴套管螺纹损坏不应超过3牙，否则应修复或更换。

3）轮毂安装调整

① 轮毂内加注100mL润滑脂（注意：轮毂轴承润滑时，应在轴承滚柱各空间填满润滑脂，而在轮毂腔内表面只涂一层润滑脂，实行“空毂”润滑），然后装在轴上（如图3-53所示）。

② 按与拆卸相反的顺序将内轴承、轮毂、外轴承依次装到轴颈上，并装上调整螺母，边旋紧调整螺母，边转动车轮。使用约98N·m的力矩拧紧调整螺母后再回1/2圈。

③ 将弹簧秤挂在螺栓上测量轮毂始动力矩（一般为49～147N·m），达到规定值时，使车轮转动灵活，轴向推拉无间隙感觉。

④ 装上锁片及锁紧螺母，慢慢锁紧螺母（如图3-54所示）并将锁片扳起锁住止动。

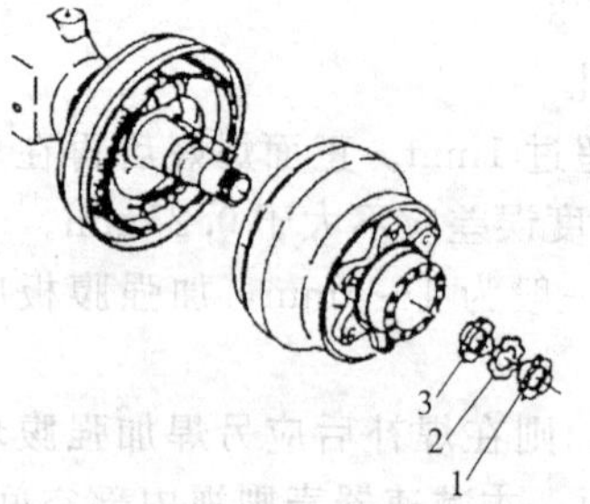

图3-53　加注润滑脂

1—锁紧螺母；2—锁片；3—调整螺母

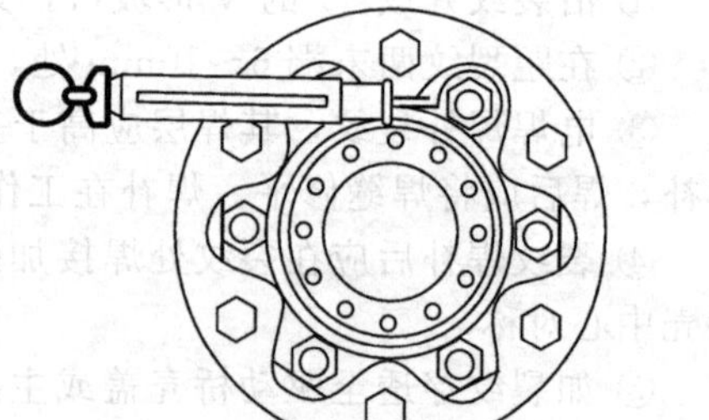

图3-54　测量始动力矩

主减速器的检修

(1) 主减速器分解

中小吨位叉车减速器安装在变速器壳体后，与变速器壳体连接在一起，它由一对螺旋锥齿轮组成，单级减速，主动螺旋锥齿轮安装在变速器输出轴上，从动螺旋伞齿轮通过齿轴与变速器壳体装在一起。

叉车主减速器的分解示意图如图 3-55 所示。

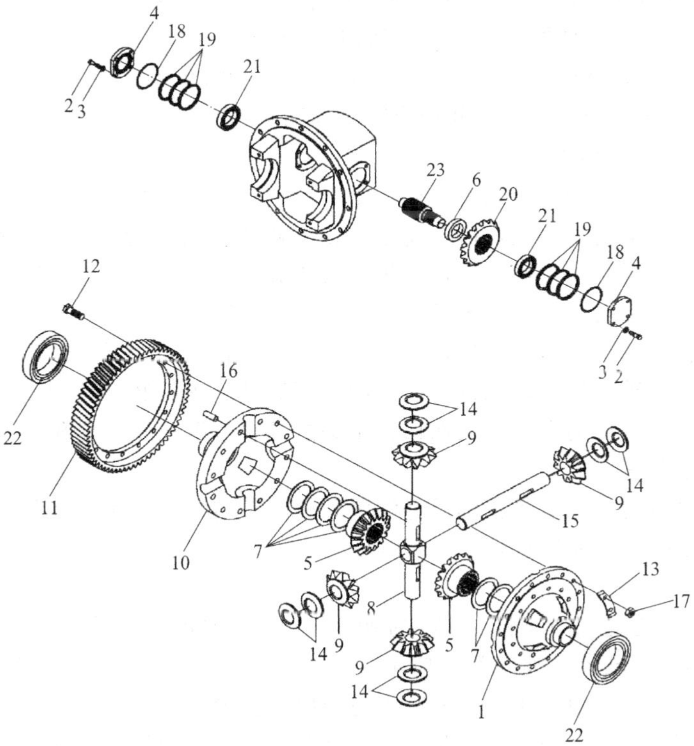

图 3-55　主减速器、差速器分解示意图

1—左差速器壳；2,12—螺栓；3—垫圈；4—轴承盖；5—半轴齿轮；6—衬套；7—垫片；8—齿轮轴Ⅰ；9—行星齿轮；10—右差速器壳；11—齿圈；13—锁片；14—止推垫圈；15—齿轮轴Ⅱ；16—销；17—螺母；18—O 形圈；19—垫圈；20—螺旋伞齿轮；21,22—轴承；23—齿轴

① 打开变速器箱盖，拧下输出轴前端的圆螺母，取下垫圈、圆锥滚子轴承，弹簧垫圈、止推板、输出齿轮、衬套、滚针轴承、衬套、双联齿轮、止推垫圈、垫片、圆锥滚子轴承，取出输入轴。

② 拧下螺栓 2、取下轴承盖 4，拿出 O 形圈 18、垫圈 19、轴承 21、螺旋伞齿轮 20、衬套 6 和齿轴 23。

③ 用洗油（煤油或柴油）清洗零部件，擦净油垢。

(2) 主减速器检修

① 当轮齿端头剥落部分不超过齿高的 1/3 和齿宽的 1/10，损伤轮齿的主动齿轮不多于 2 个且不相邻，从动齿轮不多于 3 个且相邻不多于 2 个时，可在修整磨光后，允许继续使用。

② 安装轴承的轴颈磨损：当轴颈磨损大于 0.04mm 时，可镀铬修复。

③ 轮齿磨损：齿厚磨损大于 0.4mm 时，应予以更换。

④ 不相邻的个别轮齿的裂损，可采用堆焊后修磨法修复。

⑤ 主动锥齿轮轴具有键齿者，其键齿磨损、齿厚磨损大于 0.2mm 时，可采用堆焊法修复。如果具有单键者，其键槽损伤可将键槽加工至修理尺寸，配键修复。或在原键槽 180°处的轴颈上用另外的加工键槽法修复。

⑥ 主动锥齿轮轴螺纹损伤超过 2 牙时，可焊补修复。

⑦ 轴承的滚子和滚道不应有裂纹、伤痕和烧伤变色等缺陷。

⑧ 轴承架不应有缺口、裂纹、铆钉松动和钢球脱出的现象。

⑨ 滚动轴承隔离环端面磨损深度不得超过 0.3mm。

⑩ 将轴承进行空转试验，应转动自如，无噪声、卡滞现象。

⑪ 滚动轴承的轴向间隙和径向间隙应符合标准。

(3) 主减速器的装配与调整

主、从动锥齿轮在传动时必须有正确的啮合位置。如果啮合位置改变了，主、从动锥齿轮工作时，单位面积上受力增大，产生轮齿冲击和噪声，就会使轮齿发生严重磨损。因此，主、从动锥齿轮的位置必须正确，以保证齿轮有正确的啮合位置。在设计时，结构上采取加强刚度的方法；在装配时，对轴承要预先给予一定的压紧力。

主动锥齿轮轴承有了预紧压力后，两轴承都产生了轻微的变形。工作时，主动锥齿轮受到轴向力后将向后移动，使前轴承进一步加载；而后轴承正好卸去预加载荷，所以主动锥齿轮实际并无向后移动或移动很小，从而保证正确的啮合位置不发生变化。同理，从动锥齿轮也要有一定的轴承预紧压力。

检查轴承预紧压力的方法是：轴承经润滑并转动五转以上，用弹簧秤测量转动齿轮所需的摩擦力矩值，必须符合原厂规定。如 CPQ50 叉车为 1～3.5N·m（不装油封时），CPQ30 叉车为 1～2N·m。

① 主、从动锥齿轮轴承轴向间隙的调整　主动锥齿轮轴承的轴向间隙应不大于 0.05mm；从动锥齿轮轴承的轴向间隙应不大于 0.1mm。若大于，就应进行调整。调整主、从动锥齿轮轴承的轴向间隙是用增加或减少适当厚度及数量的垫片来进行的，减少垫片使轴向间隙减小，每侧内至少有一个厚度为 0.05mm 的垫片，以便于下次调整。

② 主、从动锥齿轮啮合侧隙的调整　在调整主、从动锥齿轮的轴向间隙之后，应调整齿轮的啮合侧隙，一般其侧隙应为 0.15～0.40mm，大修允许侧隙为 0.8mm。主、从动齿轮的啮合侧隙如果超过了，应进行调整。调整主、从动齿轮的啮合侧隙，可移动主、从动锥齿轮位置来进行。移动主动锥齿轮，可用调整主动锥齿轮轴承座与减速器壳之间的调整垫片厚度来调整啮合侧隙。移动从动锥齿轮可变换减速器外壳左右侧盖的调整垫片，因为从动锥齿轮的轴向间隙已调好，所以只能互换左右调整垫片，而不能增减调整垫片总厚度。

③ 检查主、从动锥齿轮的啮合情况　可涂色检查啮合情况。先将齿面擦干净，用红丹粉均匀地薄薄地涂在主动齿轮的齿面上，来回转动主动齿轮，使其稍有负荷，观察啮合痕迹的位置。要求是：啮合痕迹应靠近齿的小端，距小端为 2～4mm，啮合痕迹占全齿长度的 2/3，如图 3-56 所示，并在齿高的中部。正转齿面和反转齿面的啮合印迹要求相同。这样装配时的啮合印迹在齿的小端，如图 3-56(a) 所示，齿轮工作时，啮合印迹将扩大到全齿长，如图3-56(b)所示。若印迹调整在齿的大端，齿轮工作时负荷过分集中于齿的大端，将损坏轮齿，啮合印迹不当，可移动齿轮进行调整。对不正确的接触情况，可按表 3-13 进行调整。用口诀记忆是：大端进从，小端出从；顶端进主，根端出主。旧齿轮磨损后，齿侧隙增大，不能用这种方法来减少齿侧隙。

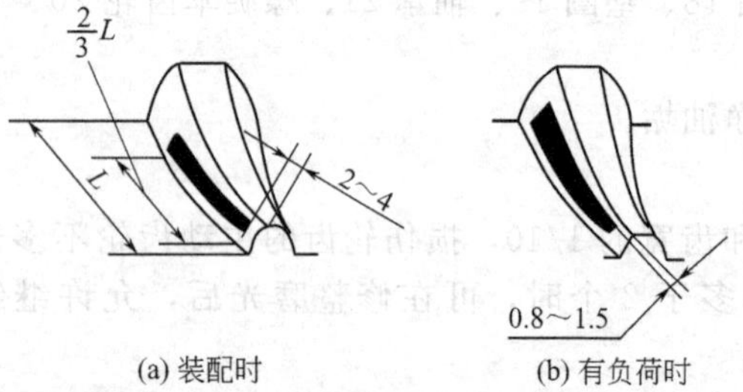

(a) 装配时　(b) 有负荷时

图 3-56　啮合适当时齿轮上的印迹

表 3-13 主、从动锥齿轮啮合印迹调整

印痕接触方式	接触区示意图	调整方法	齿轮移动方向
正确啮合	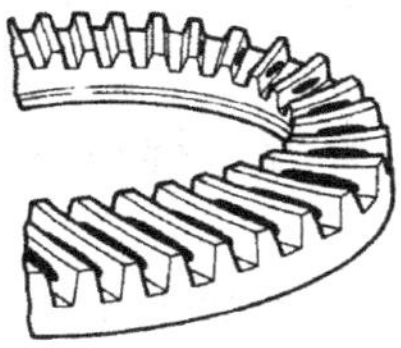	在齿轮齿面上涂以红丹粉，用手按照前进、后退方向转动齿轮，根据接触痕迹的各部位判断接触是否正确	
大端啮合	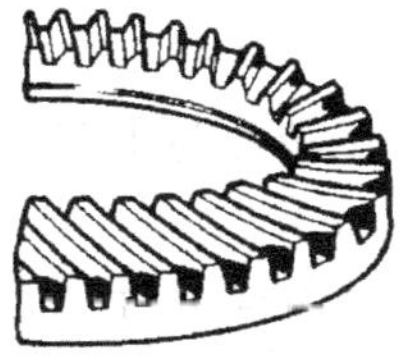	增减调整垫片，把从动齿轮移开主动齿轮，若因此使齿侧隙过小时，把主动齿轮向内移动（非等高齿相反）	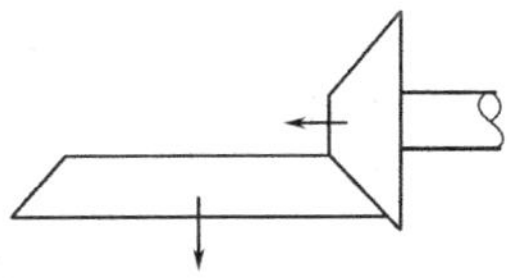
小端啮合	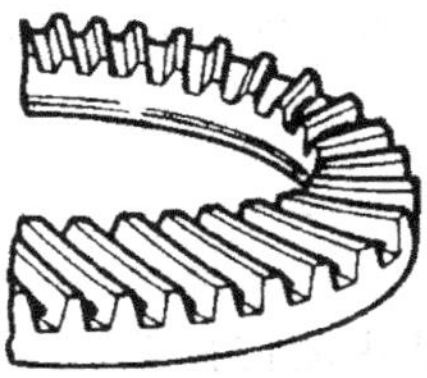	增减调整垫片，把从动齿轮移近主动齿轮，若因此使齿侧隙过大时，把主动齿轮向外移动（非等高齿相反）	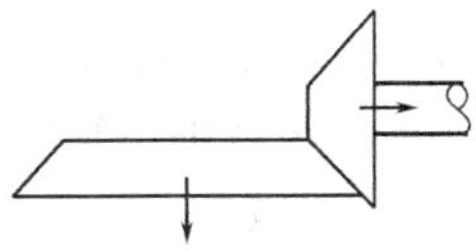
齿顶啮合	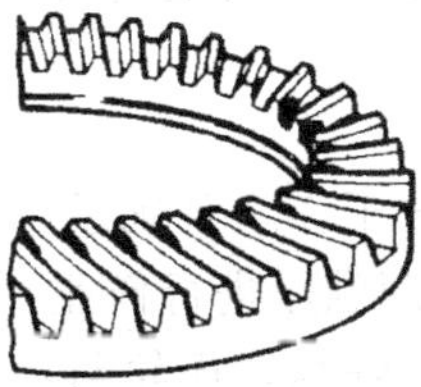	增减调整垫片，把主动齿轮移近从动齿轮，若因此使齿侧隙过小时，把从动齿轮向外移动（两齿形相同）	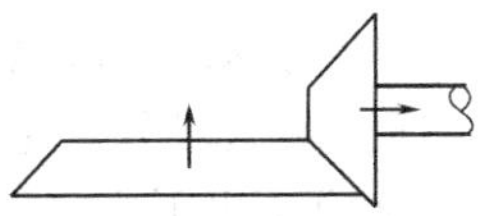
齿根啮合	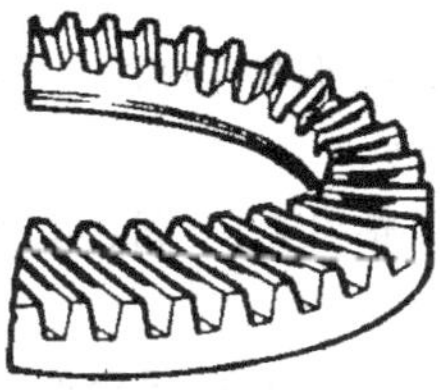	增减调整垫片，把主动齿轮移开从动齿轮，若因此使齿侧隙过大时，把从动齿轮向内移动（两齿形相同）	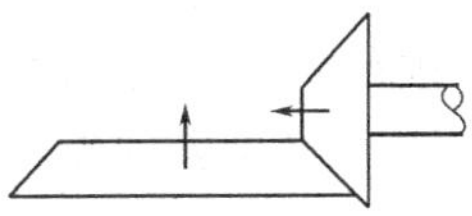

差速器检修

（1）差速器的分解

叉车差速器的分解示意如图 3-55 所示。

① 将变速器壳体上的轴承盖的紧固螺栓的保险锁片撬开，旋出轴承盖上的紧固螺栓，取下锁片，拆下轴承盖，将被动螺旋伞齿轮连同差速器总成从壳中取出。

② 拿下轴承 22，将差速器总成上的被动螺旋伞齿轮连接螺栓锁片 13 撬开，拧下螺母 17，取出被动螺旋伞齿轮连接螺栓 12，拆下被动螺旋伞齿轮。

③ 在差速器壳体上作好记号，取下差速器左右壳连接销 16，分开差速器左右壳，取下垫片 7、半轴齿轮 5、止推垫圈 14、行星齿轮 9、齿轮轴Ⅰ和齿轮轴Ⅱ。

④ 用洗油（煤油或柴油）清洗各零件，彻底清除内部污物，擦净外部油污。

（2）差速器零件的检验与修理

① 差速器壳体不允许有裂纹和断裂。

② 差速器两端轴承的轴颈磨损不得大于0.05mm，大于时，可将轴承内座圈镀铬。

③ 差速器壳十字轴孔的磨损应不大于0.1mm，若大于，应堆焊后再加工至标准尺寸。

④ 差速器十字轴装行星齿轮的轴颈磨损应不大于0.08mm，若大于，可镀铬修复。

⑤ 差速器十字轴有裂纹和断裂时，应予以更换。

⑥ 半轴齿轮轴颈外部磨损大于0.15mm时，可镀铬修复。键齿磨损、键厚度减少0.3mm以上时，应予以更换。

⑦ 齿轮轮齿剥落部分不大于齿宽的1/10和齿高的1/3；齿数不超过2个且不相邻时，可修整磨光后继续使用。

⑧ 行星齿轮轴承孔磨损应不大于0.12mm。

⑨ 差速器壳体与盖的装合时，应按原有记号装配。十字轴孔与十字轴的配合间隙一般为−0.01～0.16mm。

⑩ 行星齿轮与半轴齿轮的配合间隙为0.2～0.3mm，应用增减行星齿轮球形垫圈及半轴齿轮垫圈的厚度来调整。

⑪ 从差速器壳润滑孔检查各锥齿轮应转动灵活，无阻滞现象。半轴齿轮端隙应为0.5～0.8mm，最大不得大于1mm，若大于，应更换止动垫片。

⑫ 差速器轴承轴向间隙的调整：差速器轴承轴向间隙应为0.05～0.1mm，可旋动调整大螺母进行调整。

CPQ30叉车差速器轴承轴向间隙的调整方法是先不装主动锥齿轮，可从主动锥齿轮轴孔中检查，从动锥齿轮应转动灵活，以感觉不到轴向间隙为宜。可通过增减轴承处调整垫片进行轴向间隙调整。

驱动桥的装配与调整

① 主减速器和差速器装配时，所有的零件表面应擦拭干净，各轴承、止推垫圈、轴颈以及齿轮等处均应涂上规定的润滑油，按照原厂规定的装配顺序进行作业。

② 轴承和齿轮的装配应使用专用工具，并安装到位，轴承、齿轮与定位轴颈、凸缘之间不得有间隙感。

③ 主减速器和差速器装配时，只允许使用软金属榔头或铜冲轻敲，不允许使用硬金属榔头硬敲硬打，装配时应与其拆卸时的记号一致，不得装错。

④ 在装配差速器时，选择行星齿轮、半轴齿轮的承推垫片时，同一组的厚度差不得大于0.05mm。

⑤ 差速器行星齿轮与半轴齿轮的弧面应相吻合，与壳体之间的配合间隙一般为0.50～0.80mm，各孔之差应不大于0.20mm（在无侧隙啮合时测量）。

⑥ 圆锥从动齿轮装复后，其背面径向跳动量不得超过0.12mm。

⑦ 主减速器、差速器装复后，各锁止部位应牢固、可靠。

⑧ 驱动桥装配后对主动锥轴承预紧度、差速器轴承预紧度、轮毂轴承预紧度、减速器圆锥主、从动齿轮齿侧间隙调整技术参数见表3-14。

⑨ 在实际调整主、从动锥齿轮啮合印痕和齿侧间隙过程中，如果遇到齿轮啮合印痕和齿侧间隙发生矛盾时，必须优先保证啮合印痕为前提，齿侧间隙可适当放宽，但最大不得超过1.0mm，否则必须成对更换主、从动锥齿轮。

⑩ 在桥壳上放好两面涂有密封胶的纸质垫片，将装配好的减速器、差速器总成装入桥壳内，对正位置，拧紧每个连接螺栓（螺纹部分要涂密封胶），以78～88N·m的拧紧力矩拧紧，并装好后盖。

⑪ 装上两端轮毂总成，装入半轴和螺栓柱的锥套，拧上锁紧螺母。按规定转矩旋紧，然后锁牢，拧紧力矩见表3-15。

表 3-14 驱动桥各部间隙 mm

机型	杭州叉车			合力叉车		大连叉车	
	1～1.8t	2～3.5t	CPCD50	1～3t	CPCD50	3t	CPCD50
半轴齿轮与差速器齿轮啮合间隙	—	—	0.19～0.25/0.50	0.10～0.15	0.15～0.20	—	0.01～0.20/0.30
主从动伞齿轮啮合间隙	0.20～0.35	—	0.20～0.35/0.50	0.15～0.20	0.20～0.30	—	0.25～0.40/0.50
车轮轴承轴向间隙	<0.1	<0.1	—	<0.08	<0.1	—	0.3～0.6
差速器轴承轴向间隙	—	—	0.05～0.10	<0.08	<0.1	—	0.05～0.01
半轴齿轮背面间隙	—	—	0.2～1.0	0.05～0.10	0.05～0.10	—	0.2～1.0
行星齿轮背面间隙	—	—	0.2～1.0	0.05～0.10	0.05～0.10	—	0.2～1.0
被动伞齿轮背面振摆	—	—	0.12	<0.05	<0.10	—	0.15
半轴外径跳动	—	—	0.10	<0.10	<0.15	0.10	0.10
半轴法兰盘跳动量	—	—	—	<0.10	<0.15	—	—
半轴花键游隙	—	—	—	0.20～0.25	0.25～0.30	—	—

表 3-15 驱动桥各部连接螺栓（母）拧紧力矩 N·m

机型	杭州叉车		
	1～1.8t	2～3.5t	CPCD50
制动底板连接螺栓	44～58	76～102	300
制动鼓连接螺栓	189～252	260～347	189～252
轮辋固定螺母	189～252	260～347	500
半轴固定螺栓	44～58	76～102	45
轮毂轴承锁紧螺母	—	—	18
行星轮架固定螺栓	—	—	100
轮边减速器盖固定螺栓	—	—	36
轮壳锁紧螺母	—	—	500
差速器两端轴承预紧力	—	—	26～35
从动螺旋锥齿轮紧固力矩	—	—	120
差速器壳连接螺栓	—	—	100
轴承座螺栓	—	—	170
主减速器壳固定螺栓	—	—	45
调整螺母止退螺栓	—	—	35

续表

机型	合力叉车			大连叉车	
	1～3t	CPCD50	CPD10	3t	CPCD50
制动底板连接螺栓	210～230	280～330	210～230	120～140	185～210
制动鼓连接螺栓	480～560	189～252	480～560	390～450	510～580
轮辋固定螺母	480～560	411	480～560	369～492	470～548
半轴固定螺栓	98～110	45	98～110	75～90	250～300
行星轮架固定螺栓	—	150～180	—	—	350～400
轮边减速器盖固定螺栓	—	50	—	—	73.5～98
轮壳锁紧螺母	—	480～560	—	—	350～400
差速器两端轴承预紧力	—	30～40	—	—	拧紧后退回1/2圈
从动螺旋锥齿轮紧固力矩	—	150～200	—	—	155～175
差速器壳连接螺栓	—	150～170	—	—	73.5～98
轴承座螺栓	—	218～315	—	—	510～580
主减速器壳固定螺栓	—	120～150	—	—	270～300
左右桥壳固定螺栓	—	—	—	—	80～100

半轴的维修

半轴由于长期承受交变力矩的作用，极易产生疲劳损伤。常见的损伤有弯曲、扭曲、断裂、花键的磨损等。

① 半轴应用磁力探伤法或浸油敲击法进行探伤检查，不得有任何性质的裂纹检查。如有裂纹应换用新件。

② 以半轴轴线为基础，半轴中部未加工面的径向跳动应不得大于1.3mm，如图3-57所示；半轴花键外圆柱面的径向跳动不得大于0.25mm；半轴凸缘内侧端面圆对半轴轴心线的跳动误差不得大于0.10mm，大修允许为0.15mm，使用极限不大于0.25mm。径向跳动超限，应进行冷压矫正；端面圆跳动超限，可车削端面进行修正，如图3-58所示。

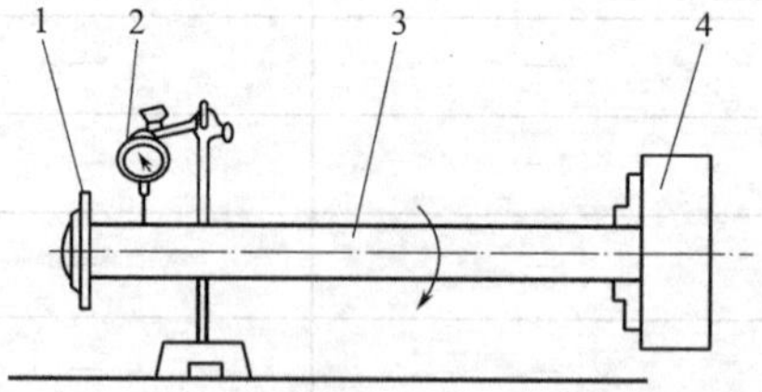

图3-57 半轴变形的检测

1—半轴凸缘；2—百分表；3—半轴；4—三爪卡盘

③ 半轴油封轴颈不得有沟槽，磨损量不得大于0.2mm后，可用镶配油封轴颈的方法恢复其基本尺寸。

④ 半轴花键与半轴齿轮及凸缘的键槽配合侧隙增大量较原厂规定不得大于0.15mm。否则，应换用新件。

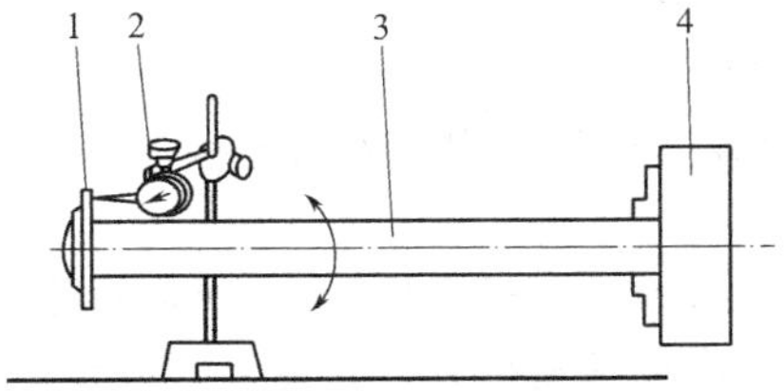

图 3-58 半轴凸缘平面垂直度的检测

1—半轴凸缘；2—百分表；3—半轴；4—三爪卡盘

⑤ 半轴花键扭曲变形在保证装配侧隙条件下不得大于 0.8mm，否则，应换用新件。

⑥ 半轴承弯曲应不大于 0.5mm，若大于，应进行冷压校正。

⑦ 半轴键齿磨损，与半轴齿轮内键槽的配合间隙大于 0.75mm，或半轴键齿扭斜大于 1mm 时，应予以更换。

⑧ 半轴套管轴承轴颈磨损大于允许值时，可镀铬或振动堆焊后加工修复。

⑨ 半轴套管端紧固螺母螺纹损坏 2 牙以上的应予以修复。

轮边减速器维修

① 轮边减速器壳体不得有任何性质的裂纹和损伤。

② 检查轮边减速器行星齿轮、接合套工作面不得有裂纹、断齿和磨损过甚现象，否则必须予以更换。

③ 轮边减速器半轴油封在安装时应将刃口朝向半轴输入端方向（由于两个油封材质不同，应将有标记的油封装到输入端里边）。

④ 装配过程中，连接螺栓载入壳体一端必须涂以乐泰 262 螺纹锁固胶，行星齿轮架组件连接面应涂以乐泰 510 平面密封胶，并将油封部位和轴承内涂以润滑脂。

⑤ 轮边减速器行星齿轮齿侧间隙为 0.15～0.30mm。

驱动桥的试验与验收

（1）驱动桥的试验

① 驱动桥总成装配后，应在专门的试验台上进行无负荷（空转）及有负荷（车轮制动器制动时）正、反运转试验。试验前从桥壳上部的加油孔加入一定量的新的 80W/90 号普通叉车齿轮油，并拧紧加油孔螺塞。试验时，主动圆锥齿轮的转速：两级减速器为 1400～1500r/min；单级减速器为 1000r/min。各项试验的时间均不得少于 10min。

② 试验中各轴承区的温度不得高于 60℃；齿轮啮合时声音应均匀，在有负荷（车轮制动器制动时）正、反运转试验时不允许有敲击声或高低变化的异常响声；油封及各接合部位不允许有渗油、漏油现象；所有运动和非运动部件，不得有相互刮碰现象；试验合格后，应放净润滑油，清洗减速器，否则应重新装配与调整。

（2）驱动桥验收技术条件

① 检查主、被动圆锥齿轮的齿侧间隙和啮合印痕应符合要求，检查合格后，齿轮允许有均匀的啮合噪声，但在稳定转速条件下，不允许有高低变化的敲击声，各接合部位不允许有漏油现象，轴承区温度应符合规定。

② 加注的润滑油种类应符合要求，油面高度应符合车型规定。

③ 修复后的驱动桥应进行防锈处理。

联轴器及万向节检修

3t 以下叉车因传动系的纵向尺寸短，一般都采用刚性连接结构，即从发动机—离合器—变速器—联轴器壳—驱动桥均采用螺栓连接，也就是从发动机至驱动桥是一个刚性整体，在刚性整体的中部，采用齿轮联轴器。5t 以上的叉车因传动系统的纵向尺寸较长，一般都采用万向节，使动力经万向节传至叉车的驱动桥。

(1) 齿轮联轴器的使用与调整

齿轮联轴器是由两个连接盘，通过其内、外齿连接。带有内、外齿的连接盘通过花键或键与变速器和驱动桥连接。

① 齿轮上的花键齿损坏（这种情况很少见），且配合间隙大于 0.4mm 时，应予以更换。

② 齿轮上键槽损坏时，允许将键槽扩大，并更换。或在距原键槽 60°处另插制键槽。

③ 齿轮联轴器在调整时，两轴的同轴度不应大于 0.4mm。

(2) 万向节的检验与修理

1）万向节十字轴的损伤及修理

① 十字轴轴颈表面有刻痕、凹痕以及轴颈磨损大于 0.04mm 时，可镀铬或镀铁修复。也可将四个轴颈磨小至同一尺寸，再配用加大尺寸的滚针，在缩小轴颈后其碳层不足时，应进行渗碳和热处理。磨削后的轴颈圆度和圆柱度误差应不大于 0.01mm；两轴线的垂直度误差应不大于 0.1mm。

② 装配时，轴颈与轴承的配合间隙为 0.02～0.09mm，最大间隙不得大于 0.13mm。

③ 万向节轴承滚针有磨损、破裂、凹槽等应予以更换。

2）万向节滑动叉的检验和修理

① 万向节滑动叉有破裂时，应予以更换。

② 滚针轴承座孔磨损时，可采用堆焊法修复，然后镗孔至配合尺寸。

③ 轴承盖板的螺纹应紧固，止动槽与销环的配合不应有松动现象。

3.1.3 传动系统常见故障诊断与排除

离合器常见故障诊断与排除

离合器常见故障诊断与排除见表 3-16。

表 3-16 离合器常见故障诊断与排除

故障类型	故障现象	产生原因	检验方法	排除方法
分离不彻底	发动机怠速运转，踩下离合器踏板，原地挂挡有齿轮撞击声，且难以挂入，情况严重时，会导致发动机熄火	离合器自由行程过大	①踩下离合器踏板并转入低挡位 ②然后再切换至空挡，并踩下油门踏板 ③暂时停顿一下，再换倒车挡。如果在转入倒车挡时"咔嗒"声很大，则证明离合器不能正确分离	重新调整
		从动盘正反面装错，造成从动盘仍与飞轮有摩擦		重新装配
		从动盘翘曲变形，使从动盘与飞轮或压盘仍有摩擦		校正从动盘
		从动盘花键毂在变速器一轴（输入轴）上移动不灵活，造成从动盘与压盘或飞轮仍有摩擦，使离合器分离不彻底		更换从动盘
起步发抖	起步时，离合器不能平稳接合，而产生抖动	从动盘的钢片或压盘发生翘曲、变形，造成从动盘不能正常与飞轮或压盘接合		更换从动盘或压盘
		飞轮与从动盘的接触面偏摆，造成飞轮与从动盘不正常接触		修复飞轮
		从动盘上缓冲片或减震弹簧折断，造成从动盘不正常工作		更换从动盘
		从动盘上铆钉松动或露出，造成铆钉与飞轮或压盘接触		更换从动盘
		压盘总成与飞轮的固定螺栓松动，造成从动盘与压盘不正常接触		紧固螺栓

续表

故障类型	故障现象	产生原因	检验方法	排除方法
离合器打滑	放松离合器时，叉车不能起步；加速时发动机转速上升，但车速不相应升高；当拉紧驻车制动器，起步试验时，发动机本应熄火，但不熄火	离合器踏板自由行程太小或没有，膜片弹簧力全部或部分作用在操纵机构，而使从动盘不能很好地与飞轮及压盘压紧	①完全拉上手制动器 ②踩下离合踏板，并切换至最高挡位 ③逐步踩下油门踏板，慢慢松开离合踏板 a. 如发动机熄火，则证明离合器工作良好 b. 如发动机不熄火，则证明离合器打滑	调整离合器自由行程
		从动盘上有油污，造成从动盘表面摩擦力减小		去除从动盘油污并排除漏油故障
		从动摩擦片、压盘和飞轮工作面磨损严重，厚度减薄		更换从动盘
异响	离合器分离或接合时发出不正常响声	分离轴承缺少润滑剂干磨或轴承损坏		更换分离轴承
		从动盘花键孔与轴配合松旷		更换从动盘
		从动盘摩擦片铆钉松动或铆钉头露出		更换从动盘
		分离轴承套筒与其导管之间有油污、灰尘或分离轴承回位弹簧与离合器踏板回位弹簧疲劳、折断、脱落，造成分离轴承回位不佳		清洗更换损坏零件

机械变速箱常见故障诊断与排除

机械变速箱常见的故障有齿轮啮合困难、脱挡和噪声等，诊断与排除见表 3-17。

表 3-17 机械变速箱常见故障诊断与排除

故障类型	故障现象	产生原因	排除方法
齿轮啮合困难	离合器踩到底挂挡困难，行驶或作业时换挡不平滑，甚至挂不进挡	离合器分离不彻底	调整离合器
		拨叉定位球松弛	重新紧定
		变速杆的动作不平滑	重新挂挡
		同步器环的锥部磨损	修复或更换同步器环
		同步器环的花键部分损伤	修复或更换同步器环
脱挡	叉车在行驶中，操纵杆突然自动跳回空挡位置	拨叉锁紧机构工作不良	重新调整
		拨叉磨损或变形	修复或更换
		轴承磨损	更换
		齿轮花键异常磨耗或损伤	更换
噪声	叉车停止切断离合器时发出不正常响声	油量不足或油质不良	添加或换油
		齿轮齿的异常磨损或轴承磨耗	修复或更换
		轴花键部分过度磨损	修复或更换
		轴弯度或轴向间隙大	校正、调整

液力传动装置（变速箱）常见故障诊断与排除

液力传动装置（变速箱）常见故障诊断与排除见表 3-18～表 3-22。

表 3-18 动力不足

部件	故障产生原因		检查方法	排除方法
变矩器	油压太低	油位低	检查油位	加油
		吸油侧吸入空气	检查接头和油管	重新拧紧接头并更换密封件
		滤油器堵塞	拆卸并检查	清洗或更换
		供油泵排量不足	拆卸并检查	更换
		主溢流阀弹簧变形	检查弹簧张力	更换
		密封环或O形圈损坏或磨损	拆卸并检查	更换
		飞轮损坏或与其他零件相碰	抽出少量油并检查是否有外来杂物存在	更换
变速箱	用油不当或起泡	吸油侧吸入空气	检查接头和油管	重新拧紧接头或更换
		变矩器油压太低或起泡	测量压力	调整压力
	离合器打滑	油压低	测量压力	调整压力
		密封环损坏	拆卸、检查并测量	更换
	离合器活塞环损坏		拆卸并检查	更换
	摩擦片磨损和钢片变形		拆卸并检查，启动发动机将换挡杆分别放在前进、后退和中位，中位时，叉车运转前进和后退时不工作	更换
	微动连杆和换挡阀杆位置不正确		检查并测量	调整
发动机	发动机功率降低		检查失速时的转速 检查发动机工作时的声音，处在中位检查发动机最高转速	调整或修理发动机

表 3-19 油温升高不正常

部件	故障产生原因	检查方法	排除方法
变矩器	油位低	检查油位	加油
	滤油器堵塞	拆卸并检查	清洗或更换
	飞轮与其他零件相碰	排出滤油器或油池中的油并检查是否有外部杂物	更换
	吸入空气	检查吸气侧的接头和油管	拧紧接头或更换垫片
	油内混进水	排出油并检查	换油
	油流量低	检查管路是否损坏或弯曲	修复或更换
	轴承磨损或卡住	拆卸并检查	修复或更换
变速箱	离合器打滑	换挡杆处空挡位置，检查叉车是否运转	更换离合器的摩擦片
	轴承磨损或卡住	拆卸并检查	更换

表 3-20 变速箱噪声大

部件	故障产生原因	检查方法	排除方法
变矩器	弹性板断裂	在低速下，检查转动声音	更换弹性板
	轴承损坏或磨损	拆卸并检查	更换
	齿轮断裂	拆卸并检查	更换
	花键磨损	拆卸并检查	更换
	供油泵噪声大	拆卸并检查	修复或更换
	螺栓松动	拆卸并检查	拧紧或更换
变速箱	轴承磨损或卡住	拆卸并检查	更换
	齿轮断裂	拆卸并检查	更换
	花键磨损	拆卸并检查	更换
	螺栓松动	拆卸并检查	拧紧或更换

表 3-21 传动效率低

部件	故障产生原因	检查方法	排除方法
变矩器	弹性板断裂	在低速下检查转动声音，并检查前盖是否松动	更换
	油量不足	检查油位	加油
	供油泵的驱动系统失灵	拆卸并检查	更换
	轴断裂	拆卸并检查	更换
	油压太低	检查供油泵进油侧是否形成吸入压力	更换
变速箱	油量不足	检查油位	加油
	密封件损坏	拆卸并检查	更换
	离合器片打滑	检查离合器油压	更换
	轴断裂	拆卸并检查	拧紧或更换
	离合器盖断裂	拆卸并检查	更换
	离合器盖的弹簧挡圈断裂	拆卸并检查	更换
	离合器油箱内有杂物	拆卸并检查	清洗或更换
	轴的花键部分磨损	拆卸并检查	更换

表 3-22 漏油

部件	故障产生原因	检查方法	排除方法
变矩器和变速箱	油封损坏	拆卸并检查油封唇口或者其他滑动的配合部分是否磨损	更换油封
	壳体连接不正确	检查	拧紧或更换垫片
	接头和油管松动	检查	拧紧或更换管子
	排油塞松动	检查	拧紧或更换
	油从通气孔喷出	排出油并检查是否混进水，检查吸油接头中是否吸入空气，检查通气装置的通气孔	换油，拧紧或更换密封件修复
	油量过多	检查油位	排出过多的油

驱动桥常见故障诊断与排除

驱动桥常见故障诊断与排除见表 3-23。

表 3-23 驱动桥常见故障诊断与排除

故障类型	故障现象	产生原因	排除方法
异响	叉车行驶时有连续的噪声	啮合调整不良或齿磨损	重新调整、修复或换新
		轴承调整不良或磨损	重新调整、修复或换新
		轮毂轴承损伤	更换
	叉车行驶时有不规则的噪声	差速器或轮毂的轴承损伤	更换
		差速器齿轮的齿磨损或推力垫圈磨损	首先查看齿轮齿的损伤情况，之后增加推力垫圈进行调整
		桥壳中混人异物	彻底清洗
		主动螺旋齿轮轴或差速器紧固螺栓松动	首先检查差速器紧固螺栓有无松动，拧紧到规定力矩。而后查看主动螺旋齿轮轴的磨损，视情况修复或更换
	叉车转弯时发生噪声	差速器齿轮和差速器壳磨损	视情况修复或更换
		差速器的齿轮齿磨损或十字轴烧伤	视情况修复或更换
过热	叉车工作一段时间后，用手触摸桥壳体，感到烫手	油面高度不足	若整个桥壳温度都过高，应检查油面高度并加足润滑油，如检查发现间隙过小应重新调整啮合间隙
		主动螺旋齿轮轴和被动螺旋齿轮的间隙过小	
		轴承的预紧力过大、轴承损伤	若轴承部位温度过高，应调整轴承的预紧力，或更换轴承

3.2 转向系统的构造与维修

3.2.1 转向系统的功用及组成

转向系统的功用

叉车转向系统的功能是改变叉车的行驶方向或保持叉车直线行驶。转向系统按照转向所用能源，分为机械转向系统（人力转向系统）和动力转向系统两大类。机械转向系统完全依靠驾驶员（操作人员）的体能来操纵转向，克服转向阻力矩。动力转向系统中，用来克服转向阻力矩所消耗的能量由原动机提供，驾驶员（操作人员）仅以很小的受力对系统进行操纵，以控制转向。

由于叉车的作业场地和行驶通道都较狭窄，作业时换向频繁，而且经常需要以最小半径转弯，因此要求转向系统工作可靠，操纵轻便。叉车空载时，转向桥负荷约占车重的 60%，为了减轻驾驶员（操作人员）的劳动强度，起重量 2t 以上的叉车趋于采用动力转向（液压助力转向或全液压转向）。动力转向结构紧凑，操作轻便，动作灵敏，有利于提高叉车的作业效率，油液还可以缓冲地面对转向系统的冲击。目前，叉车主力机型均采用全液压动力转向系统。

常见叉车转向系统技术参数如表 3-24 所示。

转向系统工作原理

叉车转向时，驾驶员（操作人员）在转向盘（转向操纵机构）上施加转向力矩，使转向盘产生旋转位移，并通过转向轴传给转向器。转向器根据转向盘回转的角度大小，将分流阀来的压力油通过管路传递给转向油缸，再通过转向梯形带动转向轮实现转向。

表 3-24 叉车转向系统主要技术参数

车型		1.8t	2t、2.5t	3t、3.5t
形式		后轮动力转向		
转向器类型		摆线式全液压转向器		
		负荷传感转向器		
转向器型号		BZZ-100(锥口密封)		
		XCEL45-100		
转向油缸	形式	双作用活塞式		
	缸径/mm	$\phi70$		
	活塞杆直径/mm	$\phi50$		
	行程/mm	160		
额定压力/MPa		7	9	
转向盘半径/mm		$\phi380$		
轮胎规格		5.00-8-10PR	6.00-9-10PR	6.50-10-10PR
轮胎气压/kPa		1000	860	790

全液压转向装置与液压助力转向装置的不同之处，是以全液压转向器取代机械转向器和纵拉杆等机械元件，且用高压油管将全液压转向器和转向油缸连通。负荷传感全液压转向系统回路装有优先阀，在任何工况下均能保证优先向转向系统分配流量，保证供油充足，转向器中位时只有很少流量通过转向器，以实现系统节能。

转向系统组成

尽管各种叉车的转向系统结构形式多种多样，但都包括转向操纵机构、转向器和转向传动机构三个基本组成部分。

叉车中常用的转向形式有机械转向、全液压转向两种。机械式转向是以驾驶员（操作人员）的人力作为转向动作的能源。机械式转向系统主要由方向盘、转向器和转向传动机构组成。它结构简单、制造方便、工作可靠。但由于转向沉重、操纵费力，不能完全适应叉车作业的要求，目前已很少采用。全液压式转向主要以液压系统实现转向动作。叉车中的全液压转向系统一般使用摆线转阀式液压转向系统，主要由转向阀与摆线齿轮马达组成的液压转向器、转向油缸等组成。它取消了方向盘和转向轮之间的机械连接，只是通过液压油管相连。两根油管将转向器控制的压力油，按转向要求输送到转向油缸相应的油腔，通过转向油缸的运动实现转向轮的偏转，从而实现叉车的转向。它的优点是：操纵轻便灵活、结构紧凑、易于总体安装布置，发动机熄火时仍能保证一定的转向性能。其缺点是：驾驶员（操作人员）无路感，转向后不能自动回正，发动机熄火后转向费力。下面主要介绍全液压式转向系统的基本组成。

（1）转向操纵机构

叉车的转向操纵机构主要由转向盘、传动轴、转向管柱、转向机架等组成，如图 3-59 所示，转向盘通过传动轴与转向器连接，转向机架可以前后倾斜到适当的位置，使转向盘适应驾驶员（操作人员）的舒适度。

（2）转向器

叉车转向器的功用是将转向盘的转动变为转向摇臂的摆动或齿条轴的直线往复运动，并对转向操纵力进行放大的机构。转向器一般固定在车架或车身上，转向操纵力通过转向器后

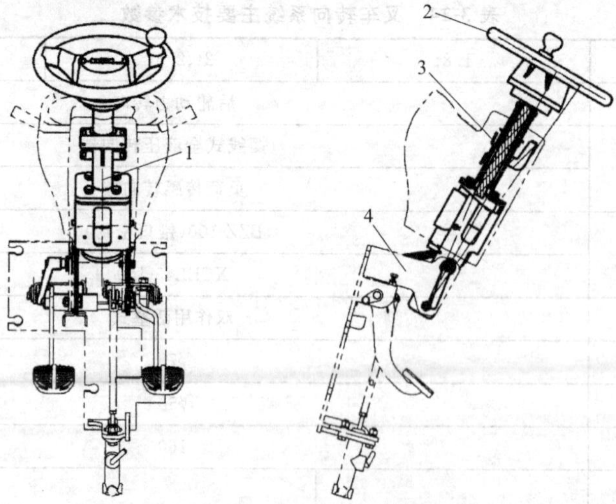

图 3-59 叉车转向操作装置

1—转向管柱；2—转向盘；3—传动轴；4—转向机架

一般还会改变传动方向。目前叉车一般采用全液压式转向器。BZZ 型转向器是国家标准化、系列化产品，常用的有 BZZ1（开芯无反应式）和 BZZ5（负荷传感式）。常用全液压转向器型号、规格见表 3-25。

表 3-25 叉车常用全液压转向器型号、规格

型号	公称排量/(mL/r)	公称流量/(L/min)	额定压力/MPa	最大压力/MPa	最大瞬时背压/MPa	动力转向转矩/N·m	方向盘自由转角	系统工作油温/℃
BZZ1-80	80	6	10	12.5	6.3	5	9°30′(不包括转向柱、连接块间隙)	-20～80
BZZ1-100	100	7.5						
BZZ1-125	125	9.5						
BZZ1-160	160	12						
BZZ1-200	200	15						
BZZ1-250	250	19						
BZZ1-320	315	24						
BZZ1-400	400	30						
BZZ2-80	80	6						
BZZ2-100	100	7.5						
BZZ2-125	125	9.5						
BZZ2-160	160	12						
BZZ2-200	200	15						
BZZ5-80	80	6	16	15.68	1.6	5(人力转向:100)		60
BZZ5-100	100	7.5						
BZZ5-125	125	9.4						
BZZ5-160	160	12						
BZZ5-200	200	15						
BZZ5-250	250	18.8						
BZZ5-315	315	24						
BZZ5-400	400	30						
BZZ5-500	500	37.5						

1）摆线转阀式转向系统　转阀式动力转向系统属于液压随动转向系统，方向盘转动带动转向器动作，即可接通油泵与转向油缸的通道，并按一定比例送油，实现机械的转向动作。停止转动方向盘，油路被切断，叉车按停止前瞬间状态动作。

① 摆线转阀式转向器的构造　摆线转阀式转向器由方向盘、转向轴、控制阀和摆线马达等部分组成，如图 3-60 所示。

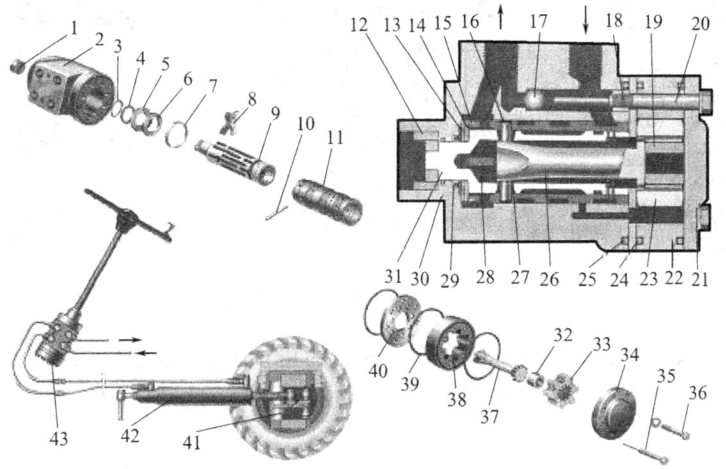

图 3-60　全液压转向系统结构

1，12—连接块；2，30—阀体；3，4，25，29，39—密封圈；5，13—挡圈；6，14—滑环；7，15—挡环；8，28—定位弹簧；9，31—阀芯；10，16—传动销；11，27—阀套；17—钢球；18—螺套；19，32—支承套；20，35—限位螺栓；21，34—端盖；22，38—定子；23，33—转子；24，40—配油盘；26，37—传动杆；36—螺栓；41—转向桥；42—转向油缸；43—全液压转向器

a. 控制转阀　由阀体、阀套和阀芯组成。它实质是一个旋转式方向控制阀，控制油流方向。阀芯通过转向轴与转向盘相连。

b. 计量马达　由转子和定子组成一对内啮合具有摆线齿廓的齿轮。在动力转向时起计量马达的作用，即保证流进转向油缸的流量与转向盘的转角成正比；在人力转向时（即在发动机熄火、液压泵不工作时），它又相当于一个手动液压泵，把转向油缸一腔的油吸出压入到另一腔，迫使转向油缸动作，实现熄火转向。

c. 动力传递件　包括转向轴、拔销、定位弹簧片、连接轴等。它是在动力转向时保证阀套与转子同步运转，在人力转向时起传递转矩的作用，定位弹簧是用来控制转阀保持中位。

此外，在阀体的进、回油口之间设有止回阀，在人力转向时，把转向油缸一腔的油经止回阀吸入到进油口，然后通过内啮合齿轮再压入转向油缸的另一腔；在动力转向时，此阀是关闭的，若关闭不严会造成进油口腔的压力油直接经此止回阀流到回油口腔，使动力转向困难，甚至无动力转向。

② 摆线转阀式液压转向器的工作原理　摆线转阀式液压转向器的工作原理如图 3-61 所示，其作用原理简述如下。

a. 当方向盘不转动时　在回位弹簧的作用下，阀套、阀芯处于中位，转向油泵输出的压力油经阀套和阀芯端部孔进入阀芯内腔，再经阀芯和阀套上端部孔、阀体回油孔回油箱。转向油缸两腔被关闭，同时连接摆线马达的油路也被封闭，因而转向油缸不动作，转向轮保持在直线（或某个转弯半径）的行驶状态。

b. 当方向盘向右转时　方向盘向右转动，带动阀芯右转，使阀芯上的油槽与阀套上的右转向进油孔相通，使来自液压油泵的压力油经阀套、阀芯、阀体对应的孔、槽，流向转子

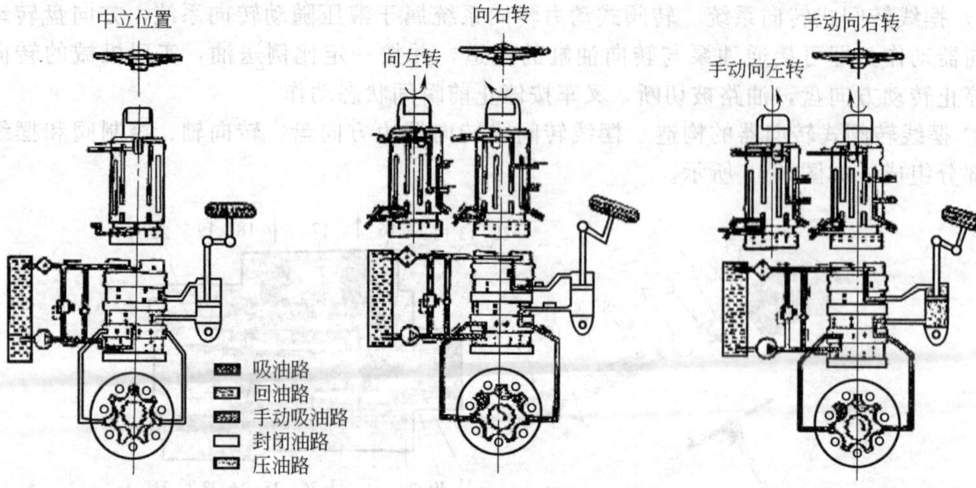

图 3-61 全液压转向器工作原理

马达吸油腔，推动转子右转，并将液压油从转子的压油腔，经阀体、阀芯、阀套对应的孔、槽，压入转向油缸的右腔内，转向油缸活塞运动，带动转向轮偏转。同时，油缸另一腔的油液，经阀体、阀芯、阀套对应的孔、槽回油箱。

当方向盘停在某位置时，由于原有的油压力使转子及阀套继续跟进，再加上回位弹簧的作用，使阀套与阀芯又回到无转角差的位置（中立位置），关闭通向计量马达的油路，转向轮偏转成一定角度而保持不动。油泵来油又按中立位置时的途径回油箱，叉车按已偏转角继续转向。如连续转动方向盘，则转向轮也连续偏转。

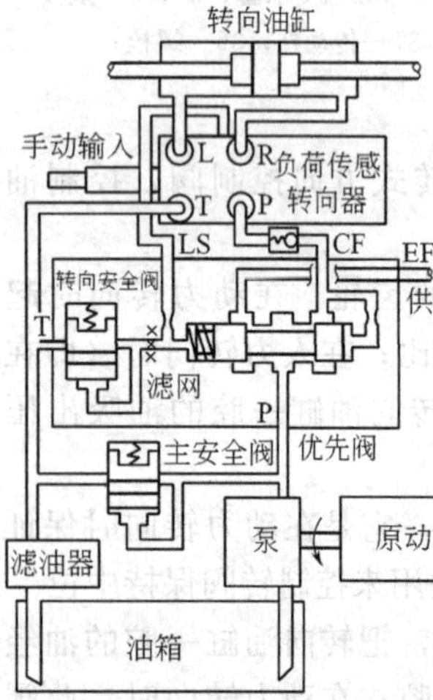

图 3-62 负荷传感转向系统结构

c. 手动转向时（应急手动转向） 当发动机熄火、转向油泵停止供油时，该转向器能够作为手动油泵为转向油缸提供压力油。

转动方向盘，通过转向轴带动阀芯转动，再通过传动杆使摆线泵的转子转动，将油箱内的油液吸入计量泵的吸油腔，经摆线泵加压后，进入转向油缸，活塞杆动作，实现车轮偏转。这时摆线马达相当于一个手动液压泵，此时实际为人力转向。

2）负荷传感转向系统

① 负荷传感转向系统典型油路 负荷传感转向系统的结构组成如图 3-62 所示。主要控制元件是带有负荷传感口 LS 的全液压转向器，通过 LS 口可以将负载压力信号馈送到压力补偿阀即优先阀。其特点如下。

a. 采用流量放大技术，转向操纵力小，转向灵活轻便，不受转向阻力变化的影响。

b. 采用负载传感、压力补偿技术，转向流量及速度不随负载变化，系统刚度提高，适合恶劣工况下工作。同时，叉车转向的快慢与转向盘的转动快慢成正比，叉车的转向调节性能得到进一步改善。

c. 转向盘不转动时，转向油路的卸荷压力低，能耗小。系统具有明显的节能效果，并有效地改善了液压系统的热平衡状况，系统温升小，从而提高了密封件、软管及液压油的使用寿命。

根据系统采用的元件组成，负荷传感器转向系统有下列几种组合结构形式。

a. 由定量油泵供应的负荷传感转向系统 定量油泵供应的负荷传感转向系统以系统中油泵的数量分为单定量泵系统及双定量泵系统，分别如图 3-63、图 3-64 所示。负载压力信号通过 LS 口反馈给优先阀流量控制阀，在转向盘中位或者转向行程终止时，将转向泵的来油经 EF 油路供给其他系统，避免了采用单稳阀结构的全液压转向方式在此状态下的系统温升问题，起到了较好的节能作用。该类型系统组合比较简单，油泵及优先阀等基础元件国产化及技术都比较成熟，20 世纪 80 年代中期，国内对负荷传感全液压转向器的研制有了进一步的发展，掌握了关键的研制技术，为负荷传感转向系统的普及应用提供了充分必要的条件。随着技术的成熟和制造采购成本的下降，定量油泵供应的负荷传感转向系统在国内装载机应用逐渐扩大，中大吨位机型上渐渐取代了普通全液压转向形式。

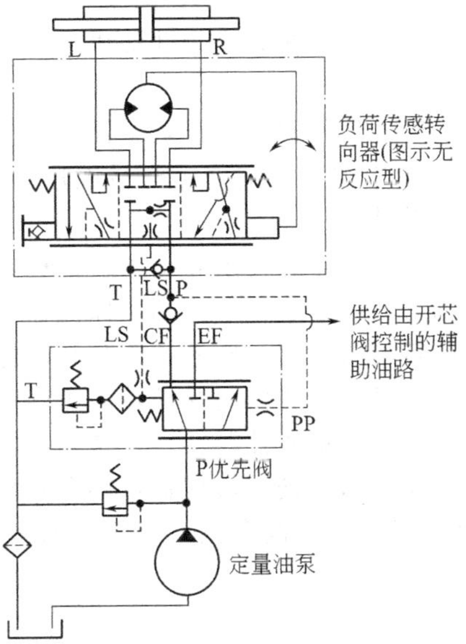

图 3-63 单定量油泵供应的负荷传感转向系统

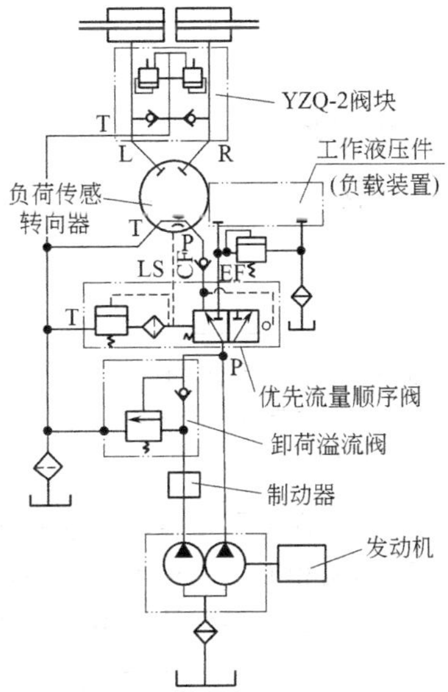

图 3-64 双定量油泵供应的负荷传感转向系统

b. 由压力补偿变量油泵供油的负荷传感转向系统　如图 3-65 所示，当采用压力补偿变量油泵为负荷传感转向系统提供动力时，系统维持一个稳定的负载反馈关系，不受负载影响，通往转向液压缸的流量仅与液控阀的过流截面有关。当转向盘转动加快时，计量马达排出的流量增加，从而迫使液控阀的开度增加，进入转向液压缸的流量增加，叉车转向速度相应加快。

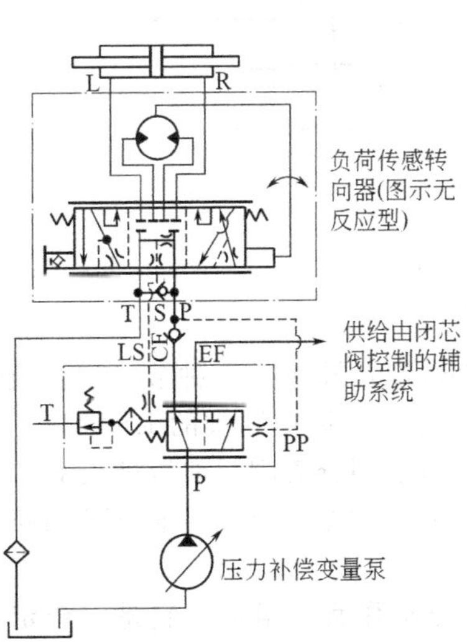

图 3-65 由压力补偿变量油泵供油的负荷传感转向系统

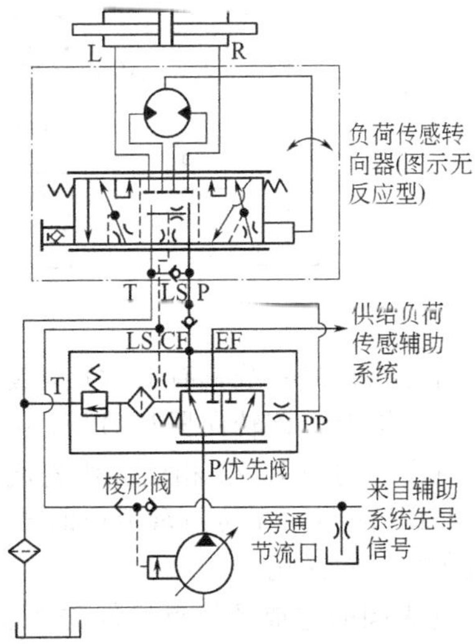

图 3-66 流量压力联合补偿由变量油泵供应的负荷传感转向系统

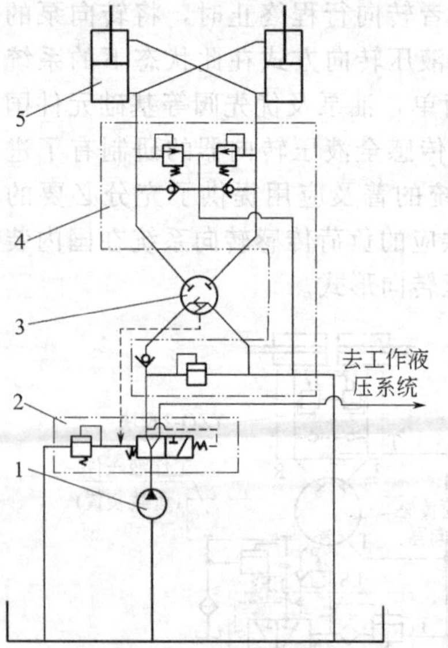

图 3-67 转向系统原理
1—转向泵；2—优先阀；3—转向器；4—阀块；5—转向油缸

c. 流量压力联合补偿由变量油泵供应的负荷传感转向系统 如图 3-66 所示，流量压力联合补偿由变量油泵供应的负荷传感转向系统在功率利用方面得到了充分的体现。

② 负荷传感转向系统结构

a. 基本组成 主要由转向齿轮油泵、优先阀、负荷传感液压转向器、转向机、转向油缸、管路等组成。

b. 工作原理 如图 3-67 所示，转向泵 1 输出的油，经优先阀 2 优先供给转向系统，剩余油液供给工作液压系统。

转向盘不转动时，优先阀的油经转向器 3 直接回油箱，由于转向器处于中位，油缸前腔与后腔压力相等，前后车架不作相对转动。

转向盘转动时，转向器的转子和定子组件构成摆线针轮啮合副，在动力转向时起计量作用，保证输向油缸的油量与转向盘的转角成正比，阀芯、阀套和阀体构成随动转阀，起控制油量方向的作用并随转向盘转速的变化向优先阀发出改变供油量的控制信号；阀套与转子间由联动轴连接，保持同步转动，油液从 P 口（如图 3-68 所示）进入转向器，阀套不动，控制阀与阀套油路相通，油进入计量马达，迫使转子绕定子转动，阀套油口与阀芯油口相通，油液进入转向油缸，推动活塞运动，实现转向。

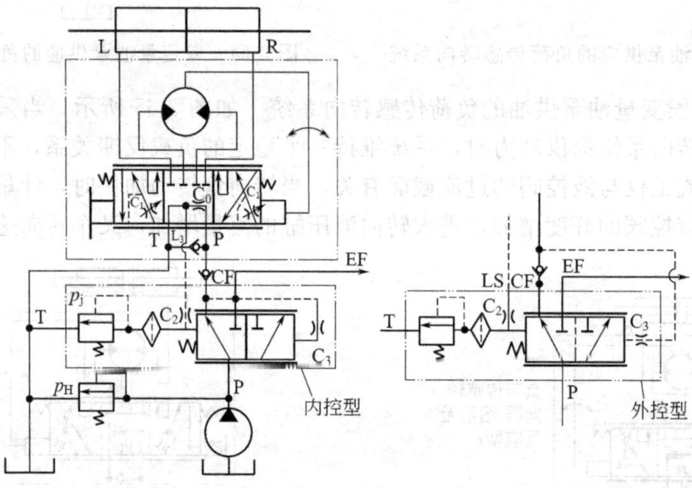

图 3-68 负荷传感转向系统

负荷传感转向系统具有 BZZ1 全液压转向器的全部性能，同时是一种节能型全液压转向系统。在结构上，该转向器与 BZZ1 比较增加了一个接优先流量控制阀的 LS 油口，其他连接及接口尺寸均与 BZZ1 相同。优先流量控制阀是一种节能型分流阀，油液进入 P 口被分流到 CF 和 EF 两路，在转向盘中位时或转向缸行至终点时，油泵来油都流向 EF 回路，以供给其他执行元件使用。

c. 优先阀的组成及特点 优先阀由阀体、阀芯、控制弹簧等组成。它是一个定差减压元件，无论负荷压力和液压泵供油量如何变化，都能维持转向器内变节流口两端的压差基本不变，保证供给转向器的流量始终等于转向盘转速与转向器排量的乘积。

③ 负荷传感转向系统工作原理

a. 转向盘中位时　发动机熄火时，优先阀内的滑阀在控制弹簧力作用下压向右端，CF处于全开状态。当发动机启动时，油泵来的油经优先阀的P口和CF口进入液压转向器的P口，但由于受到P口与T口之间的节流孔作用，使CF回路压力上升，因而优先阀控制回路压力也随之增加。于是，在优先阀两腔之间产生压差 Δp，当 Δp 大于弹簧力 p_c 时，优先阀的滑阀向左移动，EF大部分全开，而CF仅稍微开一点，处于平衡状态。因此，转向盘在中位时，油泵来油主要都流入EF，CF的压力与EF回路压力无关，只由控制弹簧力 p_c 的大小来决定。

b. 转向操作状态　当操作转向盘使转向器的转阀芯与阀套产生角变位时，液压转向器内部通路换向，供给转向器的油经节流孔计量泵L或R进入油缸，在中位时进入液压转向器的流量只有2L/min左右，由中位到角变位的瞬间，Δp 减少优先阀的滑阀在弹簧力作用下向右移动，于是CF开度变大，进入液压转向器的流量比在中位时的流量要多。这时流量大，压力损失变大，控制弹簧力大于液体压力，使滑阀趋向到原位置，当经节流孔的压力油进入计量泵时，计量泵也和转向盘同向转向，减少角变位，这样就增大通流阻力，因而控制了CF的开度。

当油泵进入优先阀的流量，在CF回路按分流比分配的流量 Q_{CF}/Q 和使优先阀移动时的流量 Q_{CF}/Q 相当时，则处于平衡状态，这一平衡力是由通过转向器节流孔产生的压力差而形成的，因此产生这个压力差就必须使转向器的控制转阀芯和阀套之间有一定的角变位关系。以上便是连续转向的情况下转向盘的回转速度联动进行从而控制整个液压转向系统。

c. 行程终点时转向操作状态　转向油缸行程到达终点时，CF回路压力超过优先阀内安全阀的调定压力 p_j，安全阀溢流，通过优先阀内的固定节流孔的节流作用而产生压力差，由压力差推动滑阀向左移，于是EF全开，流入优先阀的油液大部分进入EF回路。

优先阀的内控或外控方式：由于优先阀CF口与转向器P口之间有单向阀，当转向流量小时，则可以认为无压力损失，当转向器流量增大时，其两者之间的管路损失增大（包括单向阀），LS口控制压力减少，此时优先阀不能随转向器转速增加而继续增加CF口的开度，以致出现部分人力转向现象。

(3) 转向传动机构

1）功用　叉车转向传动机构的功用是将转向器输出的力和运动传给车轮（转向节），并使左右车轮按一定关系进行偏转的机构，主要通过横置油缸和转向桥实现转向动作。

2）转向形式　叉车的转向形式一般分为偏转车轮式转向和偏转车架式转向。其中偏转

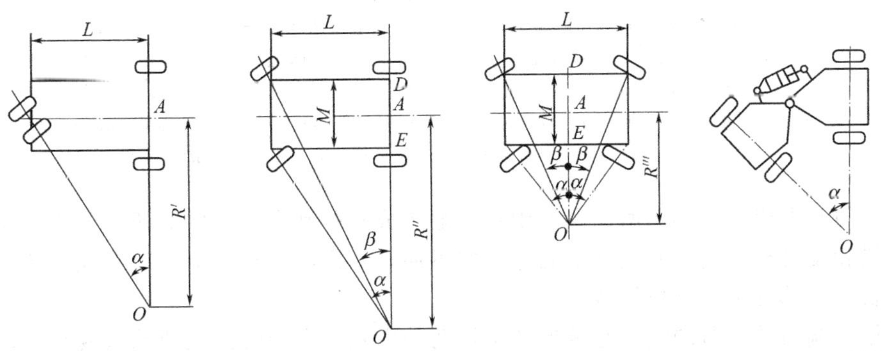

(a) 单轴线转向　(b) 双轴线转向　(c) 四轴线转向　(d) 铰接式转向

图 3-69　叉车转向方式简图

车轮式转向靠转向车轮相对车架偏转一定的角度来实现，偏转车架式转向靠车架前后两部分发生相对偏转，而使叉车转向，如图 3-69 所示。普通叉车上广泛采用偏转车轮式转向，越野叉车采用偏转车架式转向。

3）组成　全液压转向系统传动机构一般由转向桥、转向油缸、上下连杆及连接油管等组成。

① 转向桥　根据叉车的支承方式可分为三支点和四支点两种形式。

叉车的三支点转向桥通过中央垂直轴与车架铰接，转向时转向桥与转向轮一起在水平面内转动，转向桥采用双轮时，还可以绕水平轴在垂直面内摆动。

三支点转向桥转向灵活，转弯半径小，适合在狭窄通道内作业，但重心较高，稳定性较差，一般用在小吨位叉车上。

现代叉车的四支点转向桥都是通过中央水平铰轴与车架连接。转向时，转向轮偏转，转向梁在水平面内与车架无相对运动。在地面高低不平时，转向桥可绕水平铰轴转动，以保证四支点同时着地。如图 3-70 所示，它主要由转向梁、转向节和转向主销等组成。如图 3-71 所示为中吨位叉车转向桥总成（八字式双梯形机构），如图 3-72 所示为大吨位叉车转向桥总成（交叉式双梯形机构），如图 3-73 所示为曲柄滑块横置液压缸式转向桥。

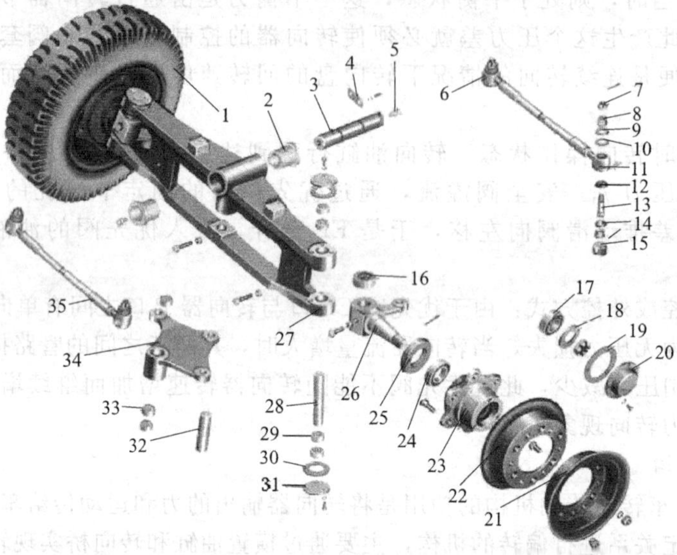

图 3-70　叉车转向桥

1—转向轮；2,17,24—轴承；3—摆动轴；4—锁片；5—压注油杯；6—右接头；7—槽形螺母；8—防尘弹簧；9—防尘盖；10—防尘垫；11—左接头；12—上球座；13—球销；14—下球座；15—螺塞；16—推力轴承；18—锁紧垫圈；19—纸垫；20—侧盖；21—外轮辋；22—内轮辋；23—轮毂；25—油封；26—转向节；27—转向梁；28—转向节销；29,33—滚针轴承；30—纸垫；31—下盖板；32—扇形板轴；34—扇形板；35—横拉杆总成

转向梁通常做成工字形断面，梁的中部一般制成直的和向下弯曲的两种形式。向下弯曲的可以使梁和发动机之间具有足够的间隙，并可使车体重心下移，提高稳定性。转向梁可为铸件，但目前大部分采用钢板焊接。

转向梁两端与转向节的连接有拳形和叉形两种方式。拳形转向梁两端做成拳形，放入转向节的叉中，主销插入拳形中间的孔内。拳形结构的转向梁多由钢材锻造而成。叉形转向梁做成叉形插入转向节中，这样工字形断面的梁的腹板可做得高些。由于梁的腹板净空尺寸较

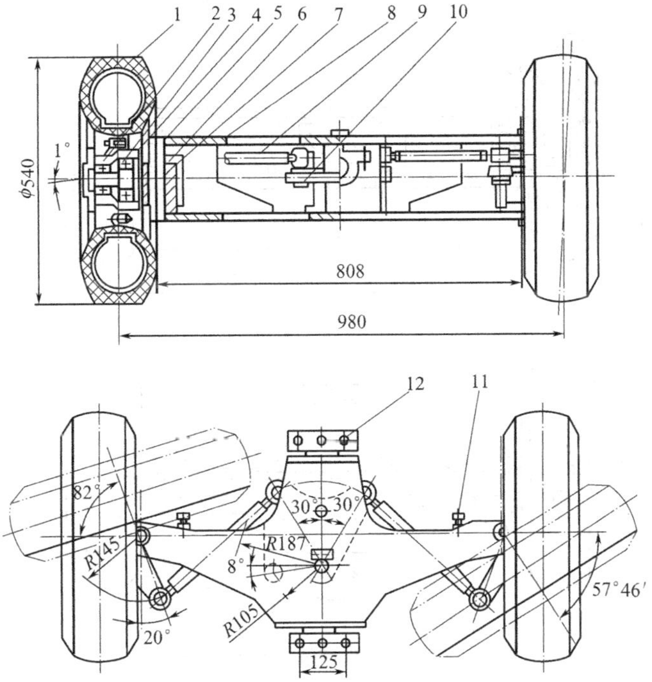

图 3-71 中吨位叉车转向桥总成（八字式双梯形机构）

1—转向轮；2—轮毂；3,4—车轮轴承；5—主销；6—推力轴承；7—转向节；8—桥体；9—横拉杆；10—扇形板；11—限位螺钉；12—水平摆动轴轴承座

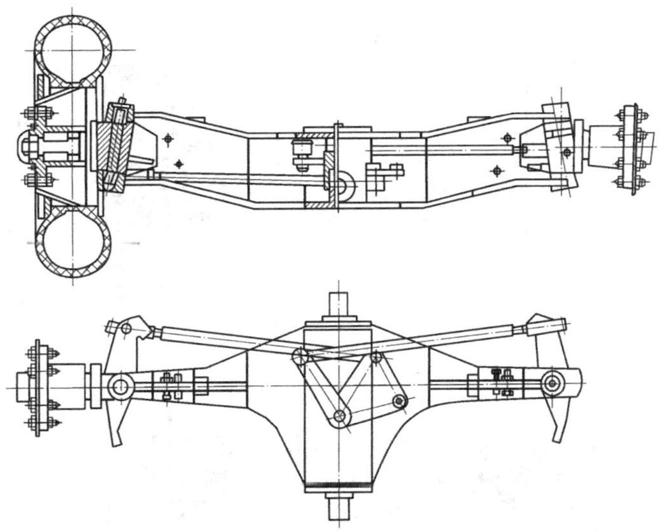

图 3-72 大吨位叉车转向桥总成（交叉式双梯形机构）

大，可将转向梯形机构或转向油缸放在其中。

② 横置油缸 目前保有量最大、使用最广的 CPCD30 型叉车转向桥为横置油缸式转向桥，这种形式的转向桥采用曲柄滑块机构，由油缸活塞杆通过连杆推动转向节转向，使转向轮偏转，从而实现转向。横置油缸式转向桥结构简单，布置方便、紧凑；左右转向时方向盘转角相同；最大转角大，转向角误差小，机构传动角大。缺点是在转向过程中，油缸活塞杆要承受径向力。

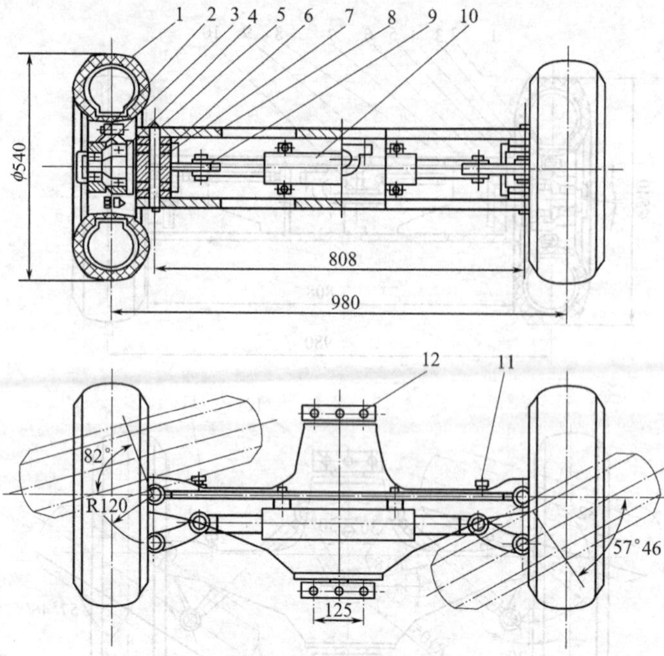

图 3-73 曲柄滑块横置液压缸式转向桥

1—转向轮；2—轮毂；3,4—车轮轴承；5—主销；6—推力轴承；7—转向节；8—桥体；9—连杆；10—转向液压缸；11—限位螺钉；12—水平摆动轴轴承座

横置油缸式转向桥主要由转向桥体、转向油缸、连杆、转向节和转向轮等零件组成，如图 3-74 所示。

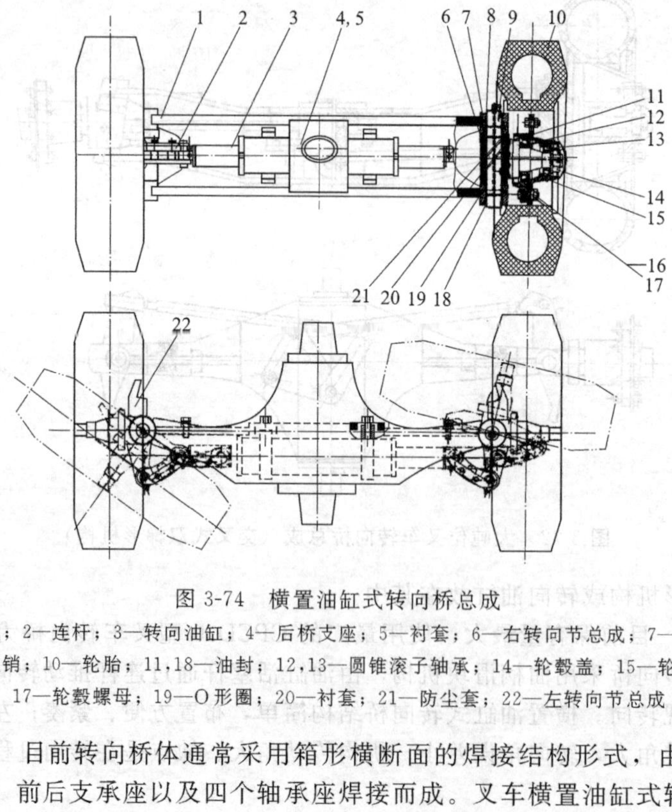

图 3-74 横置油缸式转向桥总成

1—转向桥桥体总成；2—连杆；3—转向油缸；4—后桥支座；5—衬套；6—右转向节总成；7—推力轴承；8—主销衬套；9—转向节主销；10—轮胎；11,18—油封；12,13—圆锥滚子轴承；14—轮毂盖；15—轮毂；16—轮毂螺栓；17—轮毂螺母；19—O 形圈；20—衬套；21—防尘套；22—左转向节总成

a. 转向桥体　目前转向桥体通常采用箱形横断面的焊接结构形式，由上下桥板、左右筋板、中间腹板、前后支承座以及四个轴承座焊接而成。叉车横置油缸式转向桥的零件分解

如图 3-75 所示。叉车的转向桥桥体总成 1 与右、左转向节 6、28 的连接方式均采用叉形结构。转向油缸通过缸筒上的缸座固定在桥体的腹板上。转向限位是通过装在桥体筋板上的限位螺栓 34 来控制转向轮的最大转向角。

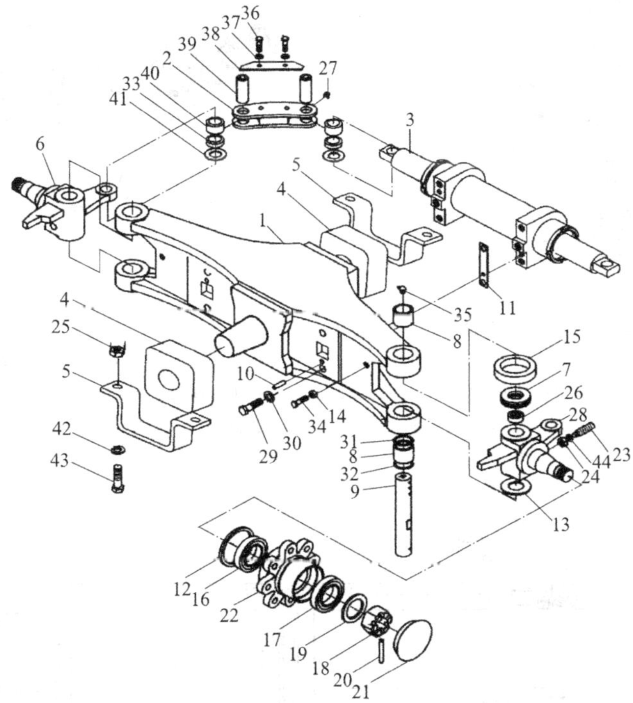

图 3-75　CPCD30 型叉车横置油缸式转向桥总成

1—转向桥桥体总成；2—连杆；3—转向油缸总成；4—减震块；5 支架，6—右转向节总成；7—推力轴承 51208；8—主销衬套；9—转向节主销；10，20—销；11—调整垫；12—V 形密封圈；13—转向节调整垫；14，18—螺母；15—防尘圈；16—轴承 7211E；17—轴承 7207E；19—垫圈；21—轮毂盖；22—轮毂；23—紧固销；24—螺母 M10×1.25；25—螺母 M16；26，33—衬套；27—直通式润滑油嘴；28—左转向节总成；29—螺栓 M14×45；30—垫圈 14mm；31—O 形圈；32—油封；34—螺栓 M12×30；35—弯颈式润滑油嘴；36—螺栓 M18×18；37—垫圈 8mm；38—挡板；39—连杆销；40—ES 形向心关节轴承；41—调整垫；42—垫圈 16mm；43—螺栓 M16×55；44—垫圈 10mm

b. 转向节和转向主销　如图 3-76 所示，转向节位于桥体两端，通过转向节主销 9 将转向节、推力轴承 3、衬套、防尘圈 5 装在转向桥体两端，转向节与转向主销采用紧固销连接，可绕桥体转动，桥体负荷由桥体两端的推力轴承 3 来承受。

c. 转向轮　如图 3-77 所示，转向轮总成由轮毂、转向轮总成、轴承、轮毂盖、U 形密封圈、紧固件等组成，承受车体的重量和地面上的各种力。轮毂用两个圆锥滚子轴承及紧固件等固定在转向节上，车轮通过轮辋与轮毂相连接，轮毂轴承内侧装有油封，使润滑脂保持在轮毂和转向节腔体内，轴承的游隙通过螺母进行调节。

d. 转向油缸　转向油缸（如图 3-78 所示）为贯通双作用活塞式，活塞杆两端通过连杆与转向节相连。活塞密封采用支承环和 O 形圈的组合密封，导向套与活塞杆之间采用 Yx 圈轴向密封，活塞与活塞杆焊成一体。转向油缸通过缸筒上的支架固定在转向桥体上。来自全液压转向器的压力油，通过转向油缸使活塞杆左右移动，从而实现左右转向。

4）车轮定位　为了使叉车保持稳定的直线行驶和转向轻便，并减少行驶中轮胎和转向机件的磨损，转向轮、转向节和转向梁三者之间的安装具有一定的相对位置。这种具有一定相对位置的安装叫做转向轮定位。

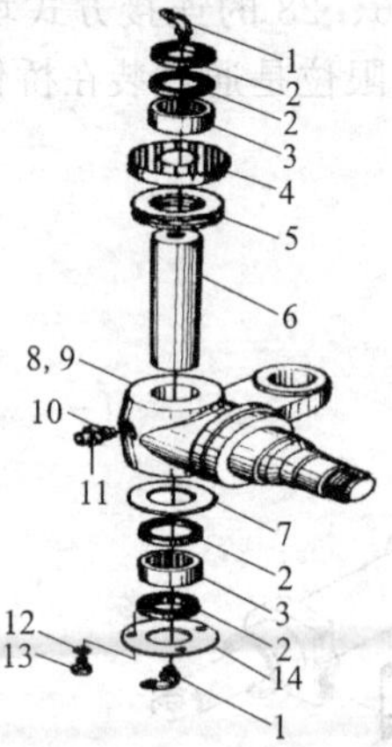

图 3-76 转向节和转向主销

1—油嘴；2—油封；3,4—推力轴承；5—防尘圈；6—主销；7—调整垫片；8—左转向节；9—右转向节；10—螺母；11—紧定螺钉；12—垫圈；13—螺栓；14—盖板

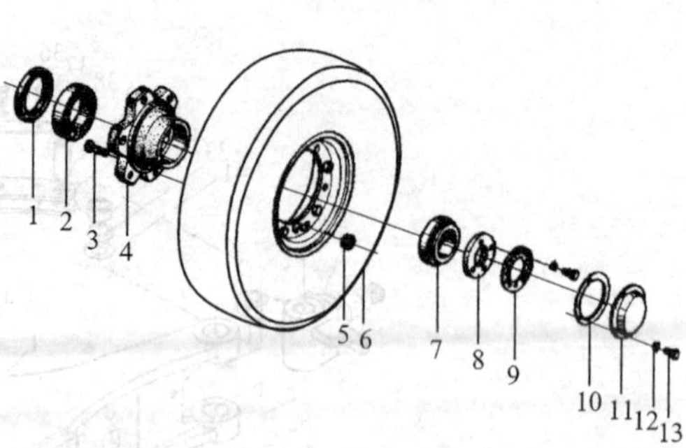

图 3-77 转向轮

1—油封；2,7—轴承；3—连接螺栓；4—转向轮毂；5—球形螺母；6—转向车轮；8—锁紧螺母；9—防松垫圈；10—纸垫；11—端盖；12—垫圈；13—螺栓

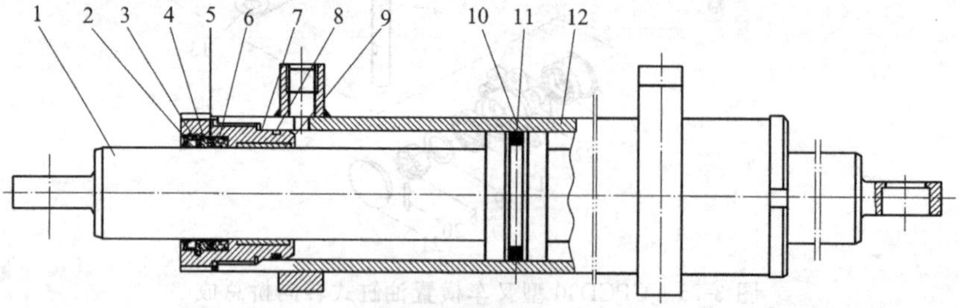

图 3-78 转向油缸

1—活塞体；2—防尘圈；3—挡圈；4—挡环；5—挡片；6—U 形密封圈；7—导向套；8,11—O 形密封圈；9—钢背轴承；10—支承环；12—缸体

叉车转向轮都具有主销内倾和转向轮外倾两种定位角。至于车轮前束和主销后倾，则由于叉车的行驶速度较低和前进与后退几乎相等，所以一般不予采用。

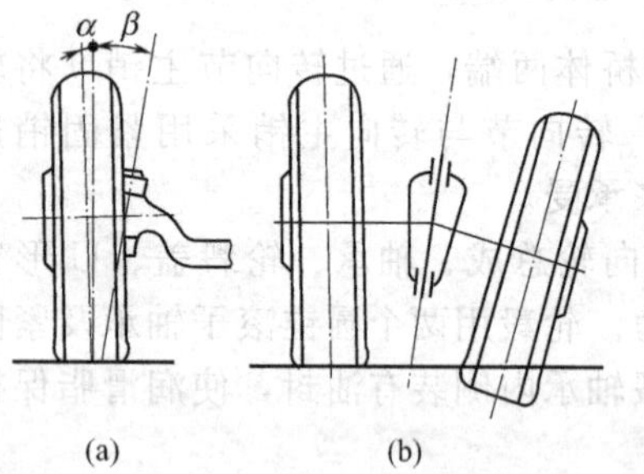

图 3-79 主销内倾示意图

① 主销内倾 主销内倾后，当转向轮受外力作用由直行位置绕主销轴线偏转一个角度时，如图 3-79(b) 所示（为了便于说明，图中车轮偏转了 180°，其实车轮的最大偏转角一般不大于 80°），车轮的着地点将陷入地下。但实际上路面不可能被压低，而是路面要把车轮连同叉车前部向上抬起相应的高度，这样叉车自身的重量将迫使车轮回正。

主销内倾角越大，轮胎着地点至主销轴线的距离越小，路面切向反力引起的转向阻力矩就越小，但路面垂直反力引起的自动回正作用也就越强。所以主销内倾角不宜过大，否则自动回正将起主要作用，使得转向费力。另一方面，由于主销内倾，车轮偏转时与路面倾斜，在滚动的同时会产生滑动，使得轮胎磨损加快，因此主销内倾角也不宜过大。主销内倾角一般在 5°～8°。这样，在转向轮的偏转角较小时，转向轻便起主要作用；而偏转角较大时，虽然转向沉重一些，但是转向后能轻快地迅速回正。

综上所述，主销后倾和内倾都有自动回正的作用，但是主销后倾的回正作用与叉车的行走方向、行走速度有关，而主销内倾的回正作用与叉车的行走方向、行走速度无关。

由于叉车大多采用液压动力转向，为了简化转向梁和转向节的制造工艺，现已普遍采用主销内倾角为0°的结构。

② 转向轮外倾　转向轮外倾是指转向轮上方略微向外倾斜。如图3-79(a) 和图3-80所示，转向轮旋转平面与纵向垂直平面之间的夹角 α 称为转向轮外倾角。转向轮外倾角是在设计制造转向节时使转向节轴线相对于水平线向下倾斜而形成的。

转向轮外倾可以防止车轮内倾，提高转向轮工作的安全性。由于主销衬套和轮毂轴承等处都存在间隙，如果空载时转向轮正好垂直于路面，那么满载时由于上述间隙减小以及转向桥受载变形，就会形成车轮内倾现象。车轮内倾后，不仅使车轮在滚动时产生滑动，而且路面垂直反力的轴向分力使轮毂压向转向节轴外端的小轴承，加重了小轴承和锁紧螺母的载荷，增大了车轮脱出的危险。转向轮外倾不仅可以补偿上述原因引起的内倾，而且使得路面垂直反力 R 的轴向分力 F 指向内侧（如图3-80所示），减轻了外端小轴承和锁紧螺母的载荷，可以防止车轮脱出。

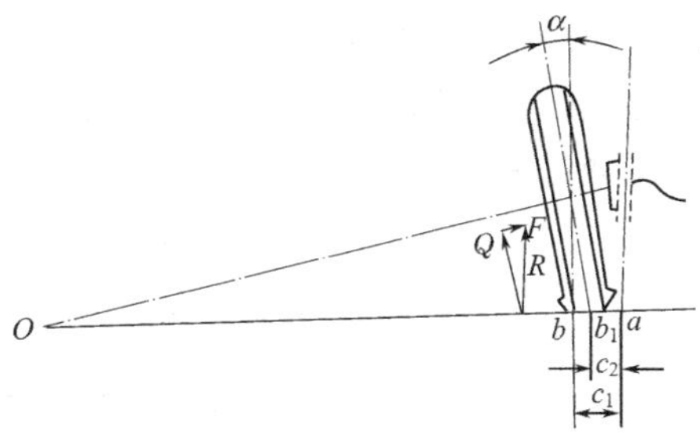

图3-80　转向轮外倾示意图

与主销内倾的效果相似，转向轮外倾也缩短了轮胎着地点到主销轴线的距离，减小了转向阻力矩，使得转向操纵比较轻便。

虽然增大转向轮外倾角对安全和操纵有利，但是过大的外倾角会使轮胎产生偏磨。为了使转向轮在满载时与路面接近垂直，转向轮外倾角一般为1°左右。

3.2.2　转向系统检测与维修

转向轮轴承预紧载荷的调整

① 对轮毂、内外轴承及轮毂盖的内腔加润滑脂，如图3-81所示，同时给油封的唇口涂一些润滑脂。

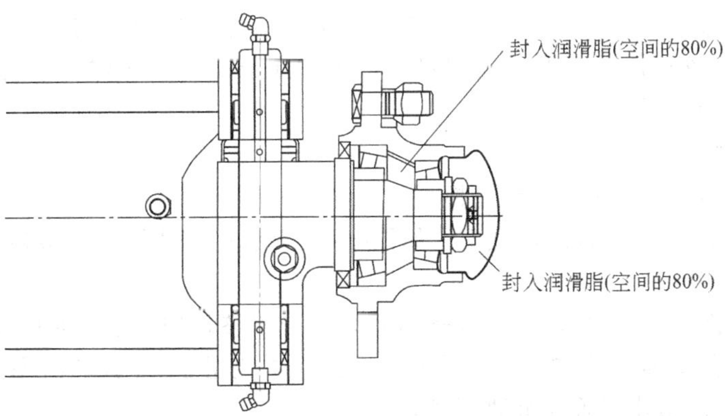

图3-81　添加润滑脂和预紧载荷调整

② 把轴承外圈固定到轮毂上，把轮毂装到转向节轴上。

③ 装平垫圈，并拧紧槽形螺母，其力矩为206～235N·m，松开槽形螺母1/8～1/6圈，然后再拧紧该槽形螺母，其力矩为9.8N·m。

④ 用木榔头轻轻敲打轮毂。将轮毂转动3～4圈，以保证轮毂没有松动。

⑤ 拧紧槽形螺母，使槽子对准转向节上的开口销孔。

⑥ 再用木榔头轻轻敲打轮毂，用手将轮毂转动3～4圈，以确保转动平稳，并测定轮毂的转动力矩，其值为2.94～7.8N·m。

⑦ 当转动力矩高于规定值时，可以退回1/6圈，再测定其转动力矩。

⑧ 当达到规定的转动力矩后，用开口销锁住槽形螺母。

转向桥装在车架上时，应控制支承座与桥体的轴向间隙不大于1mm，调整间隙后，螺栓涂密封胶，1～3t叉车紧固力矩为171.5N·m。间隙过大，桥体窜动；间隙过小，转向桥摆动不灵活。

更换轮胎时，应注意当装上新轮胎后，在轮毂螺栓上涂密封胶，确保轮毂螺母的紧固力矩：1～3t叉车为160N·m。

转向桥和转向节的检修

(1) 转向桥的检验与修理

① 转向节销孔C（如图3-82所示）公差为0.06mm，当大于0.1mm时，可铰孔至修理尺寸，配主销轴。

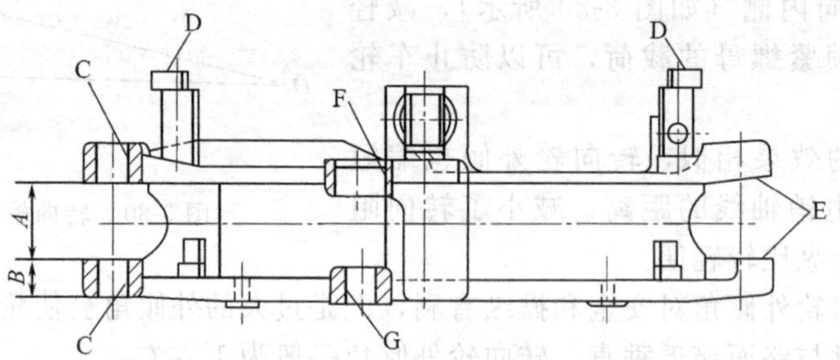

图3-82 转向桥的修理

② 主销孔C与平面E的垂直度误差大于0.3mm时，可修整E面。

③ 装转向板销孔F、G磨损时，不得大于0.15mm，否则可铰至修理尺寸或镶套修复。

④ 由于限动螺钉撞击的结果，D面受到损伤时，可焊补并打磨修复。

⑤ 当转向桥出现两条以上裂缝，深度和长度达到8mm时，应予以更换。

⑥ 转向桥弯曲、扭曲，会破坏后轮的相互位置，将使行驶转向困难。当转向桥弯曲、扭曲时，可用冷压校正修复。如果弯扭过大、用冷压校正有困难时，可将弯扭部分加热至500～600℃，进行热压校正。

(2) 转向节的检验与修理（图3-83）

① 转向节颈部如有裂纹，应予更换。

② 转向节轴承颈D及油封轴颈E（如图3-83所示）的磨损，一般应不大于0.05mm，若大于可用镀铬方法修复。

③ 转向节止推轴承平面B（如图3-83所示），应平整，如不平整时应修平。

④ 转向节销孔C面（如图3-83所示）磨损，并与止推轴承平面B垂直度误差大于0.12mm时，可铰削销孔C面至修理尺寸。

⑤ 转向节螺纹如损伤超过2牙时，可修车螺纹配螺母或堆焊后重新车削螺纹。

(3) 转向桥的装配与调整

转向桥装合后，各零件之间必须有正确的连接和配合间隙。

① 转向节和转向节销轴的间隙应不大于0.1mm。

② 转向节与转向桥间的端隙，一般为0.05～0.1mm，如端隙过大，可加装调整垫圈进行调整。

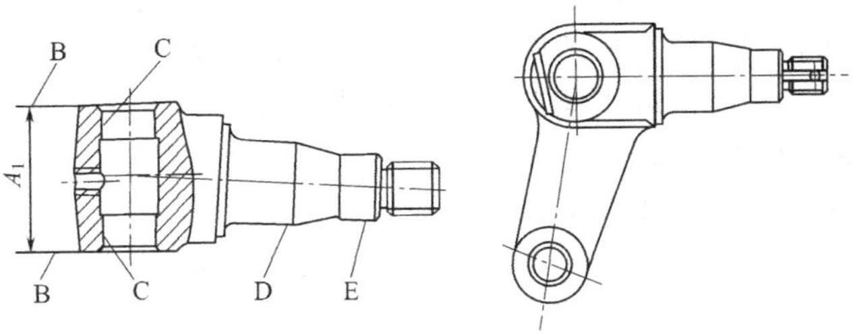

图 3-83 转向节损伤示意图

③ 转向节轴与转向桥间的滚针轴承，其最大间隙应不大于 0.1mm。

④ 转向桥轮毂轴承加注润滑脂装好后，旋紧轮毂轴承调整固定螺母，当转动车轮困难时，应将螺母退回 1/5 圈，装上锁紧垫圈。转动车轮时应灵活，扳动车轮时应没有轴向间隙的感觉为适宜。

⑤ 调整轮毂的平行度，其误差应不大于 1mm，可通过调节转向杆螺杆进行调整，调整后拧紧止动螺母。

⑥ 调整转角。将转向桥顶起，将轮毂转动到左侧终点位置上（转向节至转向桥的间隙大约为 0.5mm），限位块仍未碰到限位螺钉时，先检查油缸是否到位，再调高转向安全阀的压力以减少转弯半径（注意：轮胎与车体、桥体间无干涉）。

转向器的检修

全液压转向器，由于用油液作为传力介质，使机械在转向操作时轻便、灵活，不费力，大大减轻了操作员的劳动强度。当其在使用中，若出现了转向变得吃力、有阻滞感、自动跑偏和不能转向等现象时，应拆解转向器，予以检修。

(1) 转向器的分解

1) 全液压转向器拆解注意事项（以摆线泵转阀式转向器为例说明）

① 液压转向器中，阀芯、阀套从阀体上拆下时，不能强行打击，在取下摆线泵、配油盘及上盖后，从上端向下轻轻顶出部分长度，然后用手握住、边转边拔即可取出。如遇取不出时，可能是单向阀卡住，将其倒置取出钢球后，即可取出。

② 带有单向阀限止杆固定螺栓位置应当记住，以免装复时装错。

③ 在拆解过程中，要注意防止零件配合面发生擦碰或刮伤。

④ 注意各零部件要放在液压油中清洗。

2) 转向器拆解（如图 3-84 所示）

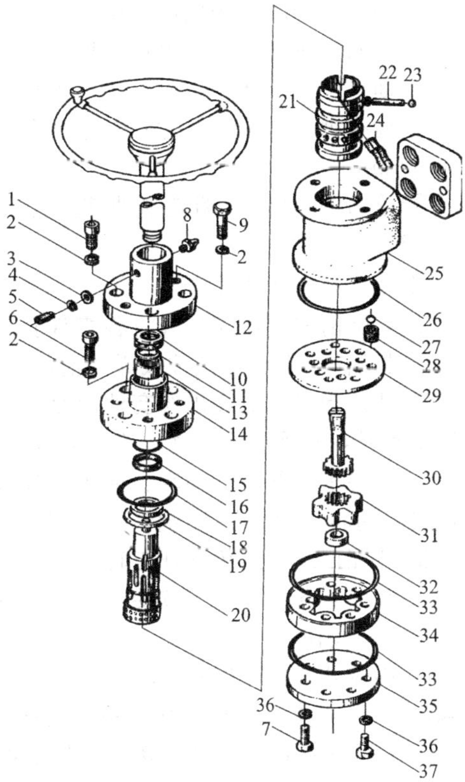

图 3-84 转向器分解示意图

1,5,6—螺钉；2,3,4,36—垫圈；7,9—螺栓；8—油杯；10—轴承；11—挡圈；12 连接法兰盘；13—连接块组成；14—前盖；15,17,26,33—O 形密封圈；16—X 形密封圈；18—挡环；19—滑环；20—阀芯；21—阀套；22—拔销；23,27—钢球；24—弹簧片；25—阀体；28—螺套；29—隔盘；30—联动轴；31—转子；32—限位柱；34—定子组件；35—后盖；37—限位螺栓

① 拆卸下端盖固定螺栓，使摆线马达与控制阀（转阀）分开。

② 分解摆线马达：依次取下传动杆、支承套、转子及定子等部件。

③ 分解控制阀；从阀体内取出阀芯、阀套联体，取下挡环及其他零部件，捅出传动销及片弹簧片，将阀芯从阀套内抽出。

④ 取下各接合部位O形密封圈。

⑤ 将各零件放入干净的液压油中清洗，严禁用汽油、煤油清洗。

(2) 转向器零部件的检修

① 连接凸块与调芯端部榫头、转向轴榫头应配合适当，如有明显间隙感觉时，应将凸块修复或更换。

② 片弹簧变形、弹性减弱、折断均应更换新品。

③ 阀芯、阀套、阀体的配合表面，以及摆线马达的各接合表面，如出现油孔堵塞，应用气泵气压吹通，切不可用铁丝金属物疏通，以免损伤；油槽若有轻微的刮伤，可用细油石修磨毛刺后继续使用；如出现沟槽或严重刮伤时，则应更换新品。

④ 各O形密封圈出现断裂、膨胀或失去弹性时，应更换新品；密封圈装入槽内至少应高出接合面0.5mm，否则应更换。

⑤ 单向阀钢球磨损如出现沟槽、锈蚀，均应更换。

⑥ 油口螺纹损坏2扣以上，应扩孔套扣，并换配相应接头。

⑦ 检查阀芯、阀套、阀体间配合间隙：标准值为0.20～0.40mm，使用限度不超过0.60mm。

⑧ 检查配油盘、端盖翘曲程度：端盖平行度标准值为0.015mm，使用限度不超过0.025mm。

(3) 转向器装配注意事项

① 装配前先用压缩空气将各零件孔、槽内的脏物吹出吹净，禁止用铁丝乱捅，然后用净液压油清洗，禁止用汽油或煤油清洁。

② 装片弹簧不能高出阀套外圆面（无外挡圈时），以免刮伤阀体内壁；若片弹簧折断或弹性不足时，必须更换新件，绝不可以用其他类似物件代替。

③ 按要求将阀芯、阀套、横销、片弹簧组合，待推力轴承（或挡圈、滑环）装入阀体后，再将阀芯、阀套装入阀体。在装配时应注意在各部件上涂少量的液压油。

④ 装配摆线马达传动杆与转子时，必须按要求进行，否则将会造成不能转向。

⑤ 转向器各零件必须按要求装配，不得漏装单向阀钢球（否则也将导致不能转向），单向阀螺杆应装在原位。

⑥ 端盖处紧固螺栓紧定时，不可一次扭紧或挨个扭紧（以防端盖受力不均而变形，引起漏油），应分次、对称、均匀用力扭紧。

⑦ 端盖装配时，要注意接合面处不可有异物存在（以防产生缝隙导致漏油）。

(4) 转向器的装配

① 将阀芯装入阀套，装上传动销、片弹簧及弹簧挡圈。

② 将推力轴承（或挡圈、滑环）装入阀体后，再把阀套与阀芯联体装入阀体。

③ 将摆线泵端盖、定子、配油盘、支承柱、转子装在一起，各连接孔要对齐。

④ 将传动杆装入转子内齿前，先将转子一齿对正定子一槽并完全啮合，使传动杆上端横销槽垂直于所啮合两齿的重合中心线，再装入转子，如图3-85所示。

⑤ 再将传动杆上端横销槽对正横销，将摆线泵与控制阀装在一起。

⑥ 按要求位置装入单向阀。

⑦ 装上端盖，并调整其与定子、配油盘一道与阀体螺孔重合对正，然后按要求装入螺

钉并对称均匀地扭紧（扭紧力矩为 50N·m）。

（5）转向器装配后的试验

转向器装配后应进行技术性能试验，主要检验动力转向与手动转向是否合乎技术要求。

如有试验设备时，应将转向器装配完毕后，通过试验合格后方可再装回叉车上。

若没有试验设备时，一般是将转向器装复在叉车上就车试验。

① 支起转向桥，内燃机低速运转，先缓慢左右转动方向盘几次，以排除液压管路和转向油缸中的空气。

② 操纵方向盘时，应轻便、灵活、用力均匀、转动平稳；且当方向盘不转时，转向轮也应停止偏转，即转向轮处在某一转角位转向状态。

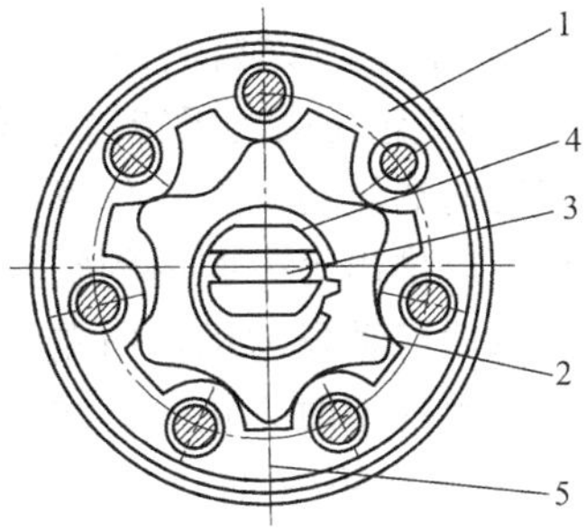

图 3-85 全液压转向器传动杆的安装

1—定子；2—转子；3—横销槽；4—传动杆；5—重合中心线

③ 检查油压管路布置安装是否正确、左右转向是否一致、方向盘的自由转动量是否符合要求（一般在 9°左右）。

④ 当发动机熄火后，手动转向时，阻力大，操作费力。

转向油缸的检修与维护

（1）转向油缸的检修

① 转向油缸拆散后如图 3-86 所示，必须将零件放在松节油或洗油中清洗，烘干后进行检查。

② 缸筒内表面有浅线状的拉伤伤痕或点状伤痕时，可用极细砂布或珩磨头进行珩磨修整。

③ 缸筒内表面有纵向拉伤深痕时，应更换缸筒。

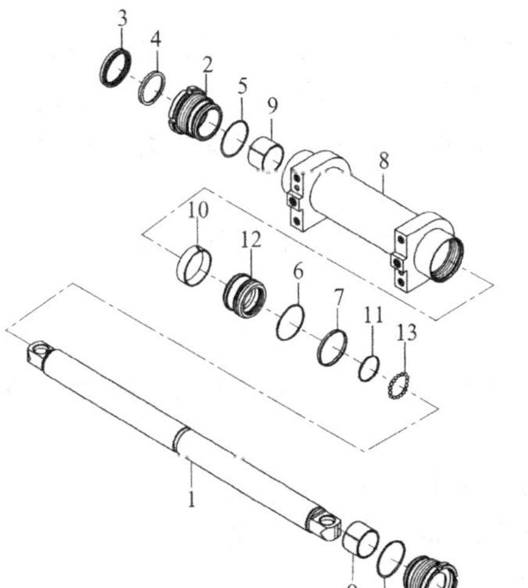

图 3-86 转向油缸分解示意图

1—活塞杆；2—缸盖；3—防尘圈；4—U 形密封圈；5,6,11—O 形圈；7,10—支承环；8—缸筒总成；9—钢背轴承；12—活塞；13—钢球

④ 活塞杆的滑动面镀铬层部分磨损、产生剥落或有纵向伤痕时，应磨掉原镀铬层，重新镀铬。

⑤ 活塞杆导向压盖的内表面，不均匀磨损的深度在 0.5mm 以上或配合间隙大于 0.2mm 时，应更换导向套。

⑥ 密封件如有唇边挤出而断裂，或摩擦面有磨损和伤痕时，应更换密封件。

（2）转向油缸的维护

① 油缸内部密封要良好。

② 油缸不得有变形、裂纹或凹坑。

③ 油缸内活塞推杆不得有划伤、变形或弯曲现象。

④ 活塞推杆与车轮连接部位的销孔不得磨损过大。

⑤ 连接油管螺纹孔处不得有裂纹。

若上述出现某一情况，视情况予以修理、校正或更换。

液压转向系统的装配

① 将铜垫圈退火，并去掉氧化皮。

② 全液压转向器安装时，应保证与转向柱同

轴，并且轴向应有间隙，以免全液压转向器阀芯被顶死。

③ 管路应按转向器接头处的标记安装。

④ 将空气从液压转向系统中排出。首先将转向车轮抬起，迅速向一个方向转动转向轮，直到转向油缸转到极点位置（转向油缸的一腔内没有油时）为止，再从中立位置向另一方向转动，以排出另一腔内的空气。

然后启动发动机，向左右两个方向转动转向盘，并使转向油缸达到全行程，直至油箱内不再出现气泡时为止。应注意：活塞在极限位置停留的时间不应超过2～3s。

⑤ 向油箱内补充油液至标准位置，然后盖上盖子。

⑥ 将转向车轮放下，检查负重的转向轮，需要再一次向左和向右转向，并要求转向盘能回到中立位置，且各接头、油管不允许有漏油现象。

3.2.3 转向系统常见故障诊断与排除

转向沉重

(1) 故障现象

叉车在作业或运行中，操纵方向盘实施转向时，感到转向沉重或转动方向盘时费力。

(2) 故障原因

① 转向油箱油液不足或油液变质、油液黏度不合要求或牌号不相符。

② 油泵供油量不足（即油泵故障）或转向系统中有空气。

③ 阀体内单向阀失效（可能关闭不严或发卡）。

④ 转向油缸内漏太大。

⑤ 阀块中溢流阀压力低于工作压力。

⑥ 管路破裂（接头松动）或堵塞。

⑦ 转向传动机构故障（如轮胎缺气、润滑不良及车架、车桥变形等）。

(3) 故障诊断与排除

全液压转向系统在正常工作时，是非常轻便、灵活的，如果当转向出现操作费力、转动沉重时，主要是由于系统中的油液不能按工作需求供应的结果（即供油不足），或者是转向机构机械部分有问题等原因而导致的。液压系统部分的故障及排除参见有关内容，这里只介绍机械部分的情况。

1）系统供油不足的原因及排除方法　系统供油不足主要是吸油不充分造成的，而导致吸油不充分的各种原因及解决方法如下。

① 油箱油液不足导致油泵吸不上油。应检查油箱液面高度，添加足够的液压油。

② 油液黏度太大、选用液压油牌号不合适或环境温度太低，导致油泵吸油困难。请更换合适的油液，采取措施提高液压油的温度。

③ 滤清器堵塞导致油泵吸不上油或油液循环不畅。应清洗或更换滤芯。

④ 进、出油管内孔堵塞，导致油泵吸油困难或吸不上油。应清洁疏通。

⑤ 回路中有空气导致油泵吸空。应排除回路中的空气。

⑥ 油管接头松动而泄漏油液，导致吸油困难或吸不上油。应紧固油管接头，确保密封良好。

2）油泵故障

① 油泵过度磨损，内部泄漏严重。拆解油泵，检查工作情况，修理或更换油泵。

② 油泵驱动部分故障。驱动带打滑或驱动齿轮（键）磨损。应检查油泵驱动部分，适度调整带张紧度，修理或更换驱动齿轮（键）。

③ 油泵连接部分故障。油泵连接螺栓松动或缺失，应检查油泵连接部分，确保油泵连接牢固可靠。

3）转向油缸故障 油缸出现故障，主要是密封不良，造成内漏；推（拉）杆弯曲变形。

4）人力转向单向阀故障

① 单向阀钢珠与阀座密封不严。

② 单向阀钢珠掉入阀套与阀体环槽之间。

③ 单向阀弹簧损坏。

④ 保养时未装人力转向单向阀。

以上原因都可导致动力转向时单向阀关闭不严，进、出油口连通。应检查并确保单向阀安装正确；检查单向阀钢珠与阀座密封情况，密封不严时可通过研磨修复，或换装新单向阀钢珠，同时还应检查油液是否清洁。

5）转向器安全阀故障

① 转向器安全阀调定压力太低。

② 转向器安全阀弹簧损坏。

③ 转向器安全阀阀座密封不严。

④ 转向器安全阀阀体损坏。

以上原因可导致转向器安全阀失灵，提前开启。检查安全阀调定压力、阀座密封情况，弹簧是否变形或失效，若弹簧弹力不足，可在弹簧与弹簧座之间增加垫片。

6）阀芯与阀套变形，导致两者卡死 原因在于转向器在保养时，装配前未在阀芯上或阀套里表面加注少量液压油；装配后也未检查转动阀芯是否灵活，若有卡滞现象，应进行研磨。紧固时，在拧紧转向器底部螺栓时用力不均匀，也会出现阀芯卡死现象（正常使用中的转向器一般不会出现这种情况）。

7）转向传动机构故障

① 轮胎气压不足。

② 转向节与主销配合过紧或缺油。

③ 转向节止推轴承缺油或损坏。

④ 转向桥、车架变形等造成前轮定位失准。

依据上面情况分析，诊断排除如下。

a. 在实施转向操作时，无论快转、还是慢转，方向盘均感到沉重费力时，首先检查一下转向系统的各管路情况。有无漏油迹象、接头有无松动现象、管路是否出现破裂情形等，若有，视情况修复；然后检查油箱油液是否缺少（液面过低），油液黏度是否过大。若液面过低需加注液压油，如油液黏度过大，则应更换黏度合适且牌号相同的液压油；如果油液液面、黏度正常，则应分解转向器，查看单向阀工作状况；若有脏物卡住钢球，应清洁，若阀体单向阀密封带与单向阀接触不良，则用钢球适当用力冲击密封带，使其密封可靠，否则更换转向器。

b. 如果是慢转方向盘时轻、快转时沉重，则可能是油泵供油量不足引起的。应检查、试验油泵的工作情况。如果油泵供油量小或压力低，则应修复或更换油泵。

c. 若是空负荷转向轻而重负荷转向沉重时，则可能是阀块中溢流阀压力低于工作压力，或溢流阀被脏物卡滞、弹簧失效或密封圈损坏所致。为此先调整溢流阀的工作压力（注意：此阀工作压力一般出厂时已调整好并锁止，使用中一般情况不需调整），在调整无效的前提下，需分解、清洗溢流阀，如弹簧失效、密封圈损坏，应更换。

d. 若在转动方向盘时，油缸作间歇摆动且发出不规则的响声，可能是转向系统中有空气或转向油缸内漏太大的原因造成的，应打开油箱盖，查看油箱油液中是否有泡沫，如油中有泡沫，首先检查吸油管路有无漏油处，再检查各连接处，并查看转向器至油泵油管有无破裂。如各连接处均良好，则应排除系统中的空气，若排完后，油缸仍作间歇摆动，则应检查油缸活塞的密封状况，必要时，应更换其密封装置。

若上述均检查良好，而转向还是操作沉重时，请检查转向系统的传动机构部分情况，看转向节销部位润滑是否良好、轮胎气压是否过低，必要时需要查明了解叉车有无受到撞击等损伤而使车架或车桥变形。应根据检查情况采取相应的解决措施。

转向失灵

(1) 故障现象

叉车在行驶或作业中，要大幅度地转动方向盘时才能控制行驶方向，且方向盘也不能自动回中，有时甚至不能转向或出现时动时不动的现象。

(2) 故障原因

① 油箱中油量不足或油黏度过大。

② 转向器故障如下。

a. 定位弹簧片折断或弹性不足。

b. 传动销、传动杆开口折断或变形。

c. 转子与传动杆的相对位置装错。

d. 安全阀堵塞或密封圈损坏。

e. 摆线马达磨损严重。

③ 阀芯、阀套与阀体间被脏物卡住。

④ 转向泵故障。

⑤ 转向油缸内漏严重。

⑥ 油管破裂或某接头松脱，造成油液严重外漏而不能转向。

(3) 故障诊断与排除

首先应检查转向系统中油管与接头是否松脱、管路有无破裂，检查油箱中的油量与油质是否符合要求，当上述检查均正常，应逐步进行诊断。

① 若转动方向盘时，方向盘不能自动回中或定位，且中间位置压力降增加，可能是转向器内的定位弹簧片弹力不足或折断所致。此时将转向器分解，查看定位弹簧片。如完好，则为弹力不足，如折断，均应更换新品，严禁用其他零件替代。

② 若转动方向盘时，压力摆振现象明显增加，甚至不能转动，可能是转向器内的传动销轴变形或折断、传动杆开口变形或折断造成的。此时应分解转向器，查看传动销和传动杆情况。

如传动销无折断，可将传动销水平放置在木板上，看其是否与木板密合，若有缝隙，则为变形，应校正或更换；再看传动杆开口，如有变形或折断，应校正或更换；否则是转向泵工作不良的缘故。视情况予以修复或更换。

③ 当转向器拆解、重新装配后，在使用中若方向盘出现自转或左右摆动，可能是转子与传动杆相对位置装错，而导致转向完全失灵或无法转向的缘故。此时应分解转向器，将传动杆上带冲点的齿与转子花键孔带冲点的齿对正装复即可。若传动杆齿键部分或转子花键部分没有安装记号，请按下述方法进行装配。

传动杆的花键部分有 12 个齿，转子与传动杆任意安装时会有两种情况出现：一种是传动杆上端横槽方向对准转子的下凹方向；另一种是传动杆上端横槽方向对准转子的凸起方向，正确的安装是第一种情况，如安装错误，则只需任意方向移动一个花键齿即可，同时还要保证转子一齿对正定子一槽并完全啮合，使传动杆上端横槽垂直于所啮合两齿的重合中心线便可。

如不按上述要求装配，就会出现转向失灵，还会导致方向盘自转，引发伤人事故。

④ 若叉车跑偏，或转动方向盘时油缸不动（也可能缓动），可能是安全阀的钢球被脏物卡住或密封圈损坏。应分解转向器，清洗安全阀，更换密封圈。否则检查转向油缸密封情况。

液压转向工作中，发生方向盘自转而不能回中现象

（1）故障现象

方向盘转在中心位置时，压力降增加或方向盘停止转动时，转向器不卸荷，出现方向盘自转而导致机械跑偏现象。

（2）故障原因

① 转向柱与阀芯不同心或转向柱与阀芯在轴向出现卡滞现象。

② 定位弹簧片折断或传动销变形。

③ 传动杆与转子装配不当。

（3）故障诊断与排除

出现此种故障，一般都是对液压转向器拆解或保养后，在装配时没有按要求操作而导致的情形（即阀芯与阀套的相对位置错误，使转向配油关系错乱）。具体在装配时，需进一步诊断。

① 将转向轮支起，使发动机低速运转，同时转动方向盘。若转动阻力较大，此时将发动机熄火，两手握住方向盘进行上下推拉，如没有任何间隙感觉，且拉动也很费力，说明转向柱轴向顶死阀芯，或转向柱与阀芯不同心，应重新安装并适当调整。

② 经重新装复后，方向盘仍不能回到中位，说明转向器内出现的问题可能是定位弹簧片折断、传动销变形或传动杆与转子装配不当。应分解转向器进行检查：如定位弹簧片变形、弹性不足或折断，应更换新件；传动销变形，应校正或更换；否则检查传动杆与转子的装配是否合乎要求。视情况予以解决。

转向器漏油

（1）故障现象

转向器阀体、配油盘、定子及后盖接合面等处有明显的漏油痕迹。

（2）故障原因

① 转向器阀体、配油盘、定子及后盖配合面间有异物。

② 转向器接合螺栓紧固力不均或不足。

③ 连接部位密封圈损坏、老化；限位螺栓处垫圈不平。

（3）故障诊断与排除

① 查看漏油痕迹、寻找漏油部位。如漏油部位是在阀体、配油盘、定子及后盖接合面处，可先用扳手检查接合螺栓的松紧度。若螺栓松动，且扭紧后不再漏油，则故障在此。

② 若螺栓不松动，可将后盖上的所有螺栓松动，然后按交叉的顺序依次扭紧。如不漏油，说明出现漏油故障是由于接合面螺栓紧度不均匀所致。

③ 若螺栓按规定顺序拧紧后仍漏油，说明接合面处有异物或接合面不平，或是密封圈损伤、老化等缘故。此时应拆解转向器清洗检查；若密封圈损伤、老化，应更换（密封圈装入位，必须高出接合面 0.5mm），同时并检查限位螺栓处的垫圈，如不平，应修整或更换垫圈。

无人力转向（也称全液压转向无死点）

（1）故障现象

动力转向时，油缸活塞虽已运动到极限位置，但操作者终点感不明显；或人力转向时，方向盘虽动，但油缸不动作。

(2) 故障原因

① 转向器内的转子与定子径向间隙磨损过大。

② 阀芯、阀套与阀体之间的径向间隙磨损超过限度。

③ 转向器内传动销轴断裂。

④ 转向油缸密封圈损坏。

⑤ 转向系统中连接油管破裂或接头松脱。

⑥ 管路系统中有堵塞情况。

⑦ 双向缓冲阀失灵。

(3) 故障诊断与排除

① 先检查转向系统中的连接管路有无破裂、接头是否松动；如有漏油处，说明管路破裂或接头松动，应更换油管，并拧紧接头。

② 若管路良好，再将转向油缸一油管接头卸下，向左（或向右）转动方向盘，查看油管接头处有无油液流出。如无油液流出，说明系统管路有堵塞处，应予以疏通；否则应分解转向器，按技术要求检测转子与定子、阀芯、阀套与阀体之间的径向间隙磨损是否超过使用限度，如果超过，应更换；再查看传动销轴是否折断，否则应更换；必要时应清洗系统油道。

③ 若上述检查均良好，则故障可能出现在转向油缸。应拆下油缸并分解，检查Y型、O形密封圈是否损坏；活塞头部是否擦伤；导向套筒有无破裂等，并视情况予以修复或更换。

全液压转向系统方向盘自由行程过大

(1) 故障现象

方向盘转动很大转角后，而转向油缸活塞才稍微移动，转向轮才开始偏转。

(2) 故障原因

① 转向系统中有空气。

② 转向油缸与摆板、转向节销及各横拉杆铰接处间隙太大。

③ 转向轴与转向器之间的连接块间隙较大。

④ 传动杆开口部位变形或与传动销磨损严重。

(3) 故障诊断与排除

将转向桥支起，转动方向盘，若超过规定的游动间隙角度时，车轮不偏转，即为自由行程过大。先应排除系统中的空气，并检查或调整各球销铰接处的间隙，使之间隙适当；必要时检查转向轴与连接块情况，若磨损、变形而使间隙增大时，应修理或更换。再拆解转向器，检查传动销与传动杆开口部位工作情况，视情况修复或更换。

行驶跑偏

(1) 故障现象

叉车作业或行驶中，当方向盘转动并停止时，转向器内不卸荷，即转向轮仍能偏转，向一侧跑偏运行，无法按操作人员的意图运行。

(2) 故障原因

① 转向柱与阀芯不同心或转向柱顶死阀芯。

② 定位弹簧片弹性太软或损坏。

③ 传动销轴变形。

④ 油液脏污，使阀套转动受阻。

⑤ 转向油缸的一侧密封件损坏。

⑥ 一侧轮胎的气压不足（或气压相差太大）。

（3）故障诊断与排除

先检查外部，如发现轮胎气压相差太大，应予以充气且一致；若跑偏仍未消除，将转向桥支起，使转向轮离地，在发动机怠速运转下，转动方向盘。若转动阻力大，双手上下推拉方向盘，如无任何间隙感觉时，说明转向柱顶死阀芯，或者是转向柱与阀芯不同心所致。应拆下转向柱，检查并重新装配调整；如经调整后，转向器仍不能卸荷，可能是转向器内定位弹簧片折断或传动销轴变形引起的。此时应分解转向器，进行查看。如果是定位弹簧片弹性不足或折断，更换新件；如果是传动销轴变形，应校正或更换；否则还需分解转向油缸，检测缸内密封件情况。

3.3 制动系统的构造与维修

3.3.1 制动系统的功用及组成

制动系统的功用及分类

叉车的制动系统用于行驶时的降速或停止，以及在平地或坡道上较长时间停车。其分为两部分，一部分是行车制动，另一部分是停车制动。行车制动用于经常性的一般行驶中速度控制及停车，也叫脚制动。停车制动用于停车后的制动，或者在行车制动失效时的应急制动，也叫手制动。

叉车制动系的类型

（1）按制动系统的作用分类

按制动系统的作用，可将其分为行车制动系统、驻车制动系统。用以使行驶中的叉车降低速度甚至停车的制动系称为行车制动系统；用以使已停驶的叉车驻留原地不动的制动系统则称为驻车制动系统。

（2）按制动操纵的能源分类

按制动操纵的能源，制动系统可分为人力制动系统、动力制动系统。以人力作为唯一制动能源进行制动的称为人力制动系统；利用由发动机的动力转化而成的气压或液压形式的势能进行制动的称为动力制动系统。

（3）按制动能量的传输方式分类

按制动能量的传输方式，制动系统可分为机械式、液压式、气压式等。同时采用两种以上传能方式的制动系统称为组合式制动系统。

叉车液压制动系统的基本工作原理

（1）组成

液压制动系统由制动踏板、制动总泵、制动分泵、蹄式制动器以及油管等部分组成，如图 3-87 所示。

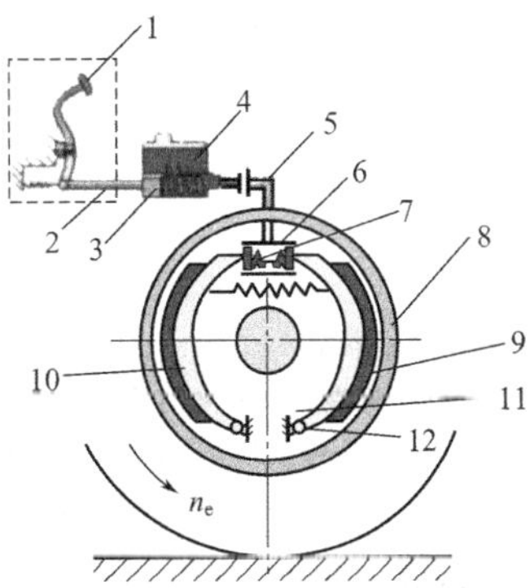

图 3-87 液压制动系统示意图

1—制动踏板；2—制动推杆；3—制动总泵；4—储液室；5—油管；6—制动分泵；7—分泵活塞；8—制动鼓；9—摩擦片；10—制动蹄；11—制动底板；12—支承销

（2）工作原理

当踏下制动踏板时，制动推杆推动总泵活塞，使总泵内部油压增高，制动液便从油管被送到各分泵，分泵内活塞在油压作用下向两侧移动，推开制动蹄，使其压向车轮的制动鼓，并在制动鼓上产生一个与车轮旋转方向相反的摩擦力矩。当这一力矩被制动鼓传到车轮轮缘，并作用到路面时，路面便对车轮产生一个反作用力，即制动力，使叉车减速及停车。当放松踏板时，制动液在蹄片回位弹簧的作用下流回总泵，解除制动。

液压制动系统具有制动柔和、结构简单、使用方便和不消耗发动机功率等优点，但其制动力较小。

制动系统的组成

叉车制动系统由液压式行车制动与停车制动两部分组成。行车制动装置由行车制动操纵机构和行车制动器组成。停车制动装置由停车制动操纵机构和停车制动器构成，停车制动器内置于行车制动器上。

如图 3-88 所示，行车制动系统主要由制动总泵、制动器、制动踏板机构等构成，当踩下制动踏板时，总泵内的制动液在活塞的作用下，以一定压力通过制动油管送到左右制动器分泵，推动分泵的活塞，迫使其向两侧移动，从而推动制动蹄片压紧制动鼓，产生制动作用。当制动踏板松开后，总泵活塞在弹簧的作用下被推回，液体压力降低，这时制动器的制动蹄片被弹簧拉回，分泵的制动液便流回总泵而消除制动作用。

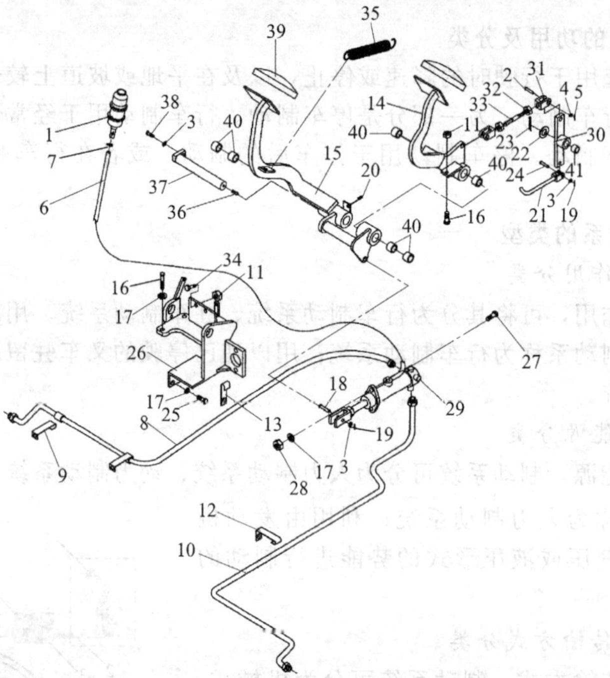

图 3-88 叉车行车制动系统

1—制动液储油罐；2,5,18,19,23,24—销；3,4,17,22—垫圈；6—液力制动胶管；7—卡箍；8—制动油管（右）；9,12,13—管夹；10—制动油管（左）；11,28,32—螺母；14—微动踏板；15—制动踏板；16,25,27,34,38—螺栓；20—橡皮顶轴；21—连接杆；26—支架；29—制动总泵；30—摇臂；31—支耳；33—螺杆；35—拉簧；36—黄油嘴；37—油轴；39—踏板垫；40,41—钢背轴承

(1) 制动总泵

制动总泵（如图 3-89 所示）由阀座、单向阀、回位弹簧，以及皮碗、活塞和辅助皮碗构成。端部用止动垫圈和止动钢丝固定，外部通过橡胶防尘盖进行防护，总泵活塞是借助操作制动踏板通过推杆来动作的。当踏下制动踏板时，推杆前推活塞，泵体中的制动液通过回油口流回到储油罐，直至主皮碗阻住回油孔为止，在主皮碗推过回油口后，总泵前腔中的制动液受到压缩并打开单向阀，从而通过制动管路流向分泵，这样，每个分泵活塞向外伸出，

使制动蹄摩擦片和制动鼓接触，达到减速或刹车的效果，此时，活塞后腔被回油口和进油口来的制动液所补充。当松开制动踏板时，活塞被回位弹簧后压，同时各个制动分泵中的制动液也受制动蹄回位弹簧压缩，使制动液通过单向阀返回到总泵（活塞前腔），活塞回到原位，总泵里的制动液通过回油口流回油箱，单向阀的压力调整到和制动管路及制动分泵中的剩余压力成一定的比例，使得分泵皮碗安放正确以防漏油，以及消除紧急刹车时可能出现的气阻现象。

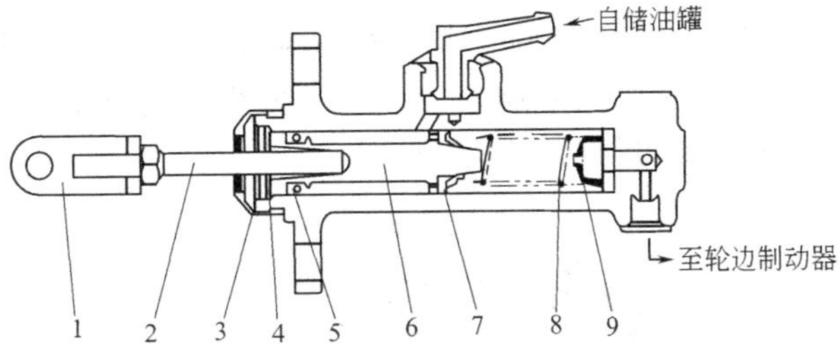

图 3-89 制动总泵

1—连接杆；2—推杆；3—防尘盖；4—弹性垫圈；5—副皮碗；6—活塞；7—主皮碗；8—弹簧；9—单向阀

(2) 制动器

1）蹄式制动器构造 叉车行车制动器为带有间隙自调装置的蹄片式制动器（如图 3-90 所示），主要由制动分泵、制动蹄、弹簧、间隙调整器和底板等部分组成。两个制动器分别装在前桥的两端，制动蹄的一端与支承销相连，另一端与间隙调整器相连，并被弹簧及压簧拉杆压向底板，主制动蹄上装有手制动拉杆。辅助制动蹄上装有自动间隙调整器的调整拉杆。

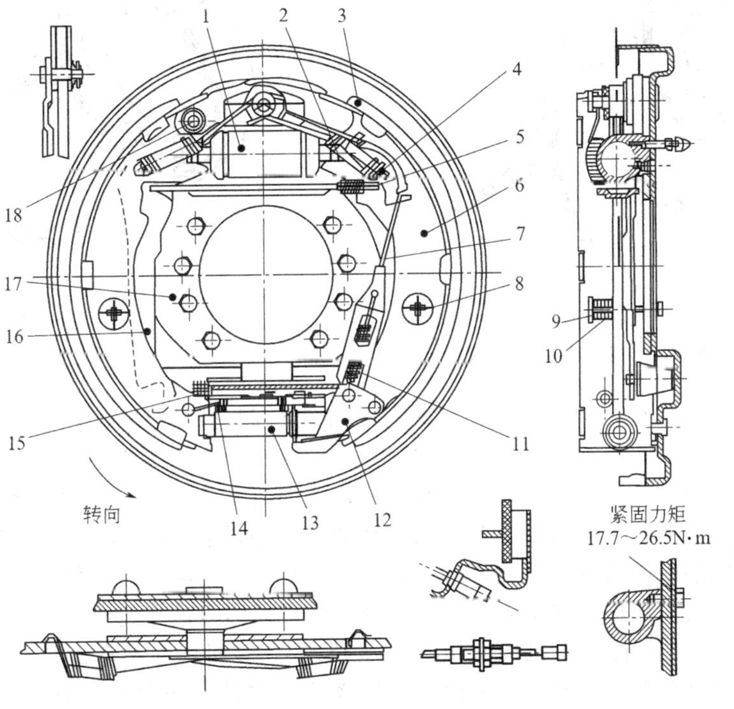

图 3-90 制动器总成（左）

1—制动分泵总成；2—制动蹄回位弹簧；3—摩擦片；4、11—弹簧；5—手制动推杆；6—制动蹄；7—弹簧拉线装置；8—压簧拉杆；9—压簧座；10—压簧；12—棘爪；13—间隙调整器总成；14—回位弹簧；15—制动拉索；16—手制动拉杆；17—底板；18—销钉

2）蹄式制动器工作原理 如图 3-91 所示，前行中的制动动作通过操作制动分泵，主制动蹄和辅助制动蹄分别受到大小相等、方向相反的两个力的作用，使得摩擦片与制动鼓接

触，主制动蹄借助摩擦片与制动鼓间的摩擦力压到调整器上，由此，间隙调整器产生了一个比用来操作分泵更大的力推动辅助制动蹄，迫使辅助制动蹄上端以一个强大的力压向支承销，从而得到较大的制动力。另一方面，倒行中的制动动作是反向进行的（如图 3-92 所示），但制动力与前行时相同。

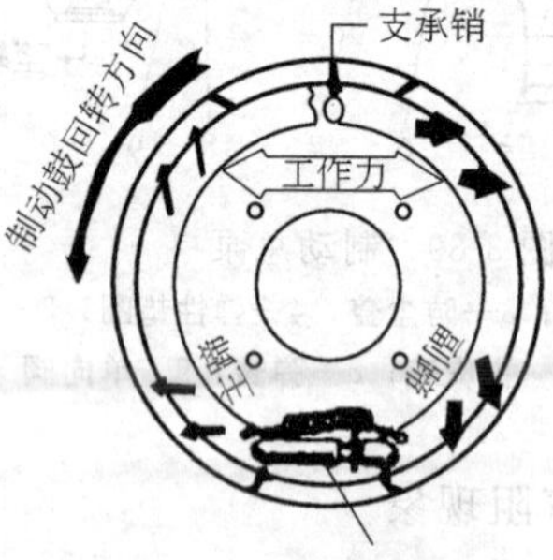

图 3-91 前进动作

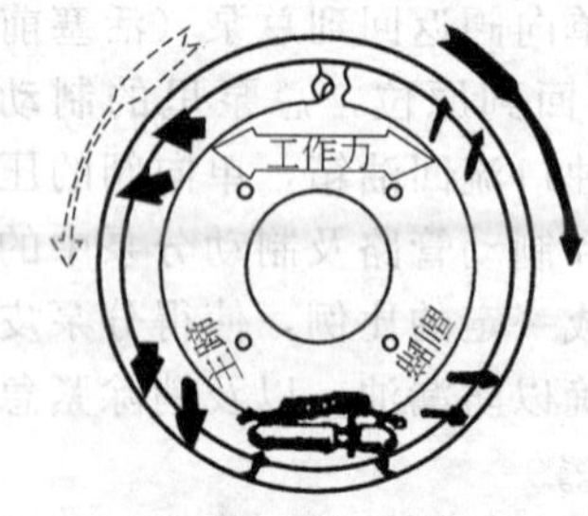

图 3-92 后退动作

3）间隙自调机构 间隙自调机构能使制动器的摩擦片与制动鼓间的间隙自动地保持在一定的范围内。结构如图 3-93 和图 3-94 所示。

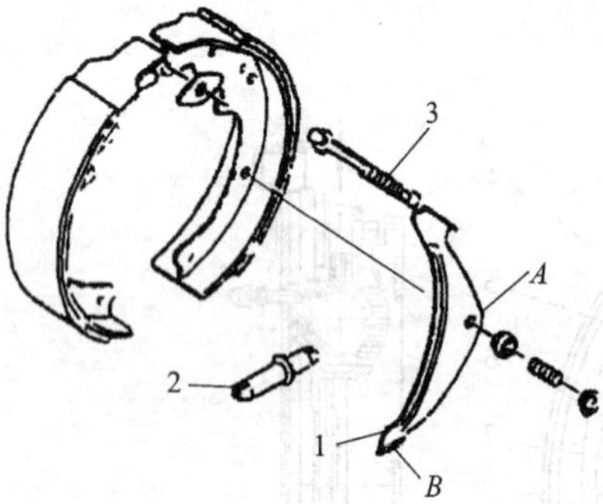

图 3-93 2～2.5t 叉车间隙自调机构
1—手制动拉杆；2—调节器；3—弹簧

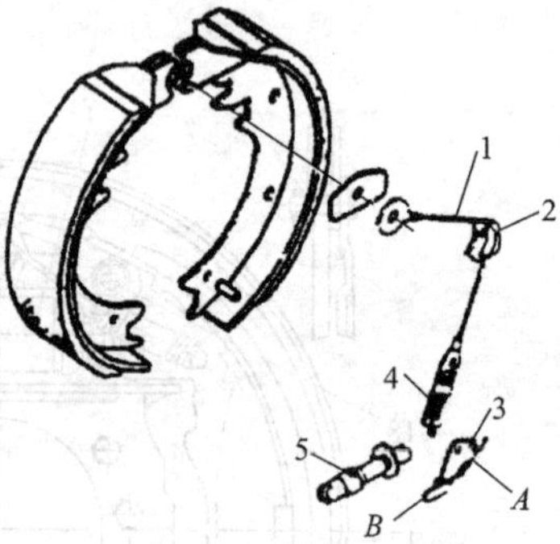

图 3-94 1～1.8t、3～3.5t 叉车间隙自调机构
1—拉索；2—导板；3—棘爪；4—弹簧；5—调节器

间隙自调机构只有在倒车制动时才动作，在前行制动时，该装置完全不起作用。倒行中，当踏下制动踏板，制动蹄张开，由此辅助制动蹄和主制动蹄与制动鼓开始接触。当辅助制动蹄离开支承销时，调整拉杆上部相对受拉，从而使调整杠杆绕销轴转动，致使调整拉杆下部上移。使调整器棘齿左旋，便可达到自动调整间隙的目的，当进一步踏下制动踏板时，施加到调整器两端的压力变得更大，这就增加了螺纹转动的阻力，致使调整拉杆的力不能使调整器的棘齿旋转。根据车型不同，共有两种结构不同的自调机构。

① 2～2.5t 叉车间隙调节机构（如图 3-95 所示） 该机构在叉车倒行时才能动作。辅助制动蹄与制动蹄接触并一起转动。由此，拉杆绕 A 点右转，如图 3-93 所示，B 点即被抬高。制动释放后，拉杆在弹簧力作用下左转，B 点下降。

摩擦片与制动鼓的间隙变大时，B 点棘爪转动的垂直距离增大，间隙大于 0.4mm 时调节器被拨动一个齿，调节杆变长使间隙随之缩小。间隙调节范围：0.4～0.45mm。

② 1～1.8t、3～3.5t 叉车间隙调节机构（如图 3-96 所示） 叉车倒行制动时，辅助制动蹄与制动鼓接触并一起转动。由此，拉杆绕 A 点右转，如图 3-94 所示，B 点棘爪随之拨动调节器齿。

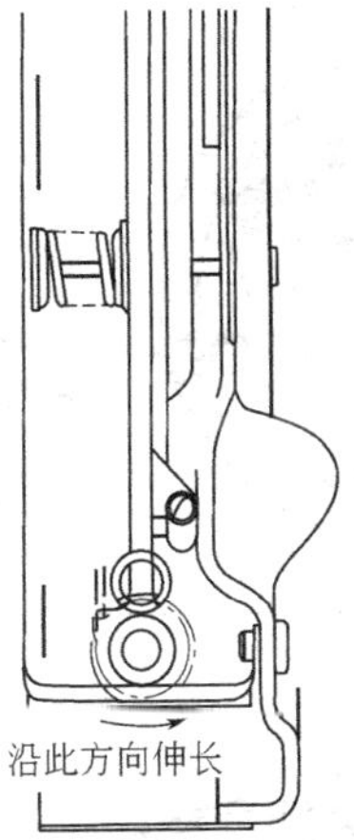

图 3-95 间隙自调机构
(2～2.5t)

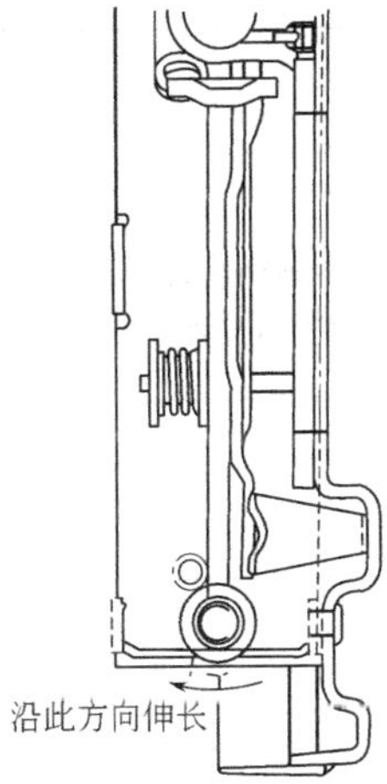

图 3-96 间隙自调机构
(1～1.8t、3～3.5t)

制动释放后制动蹄回到原位，拉杆绕 A 点左转，B 点下降。这样，间隙变大时调节器会被拨过另一个齿。调节范围：0.25～0.4mm。

4）停车制动器及停车制动手柄　叉车停车制动器是机械内胀式，并内置于行车制动器上，它与行车制动器共用制动蹄与制动鼓（如图 3-97 所示）。当拉动停车制动手柄时，闸把通过制动拉索带动手制动拉杆，该拉杆借助起转轴作用的销钉向右推动制动推杆，使制动蹄压向制动鼓，停车制动手柄为凸轮式，可用位于制动手柄端部的调整器调整制动力（如图 3-98 所示）。

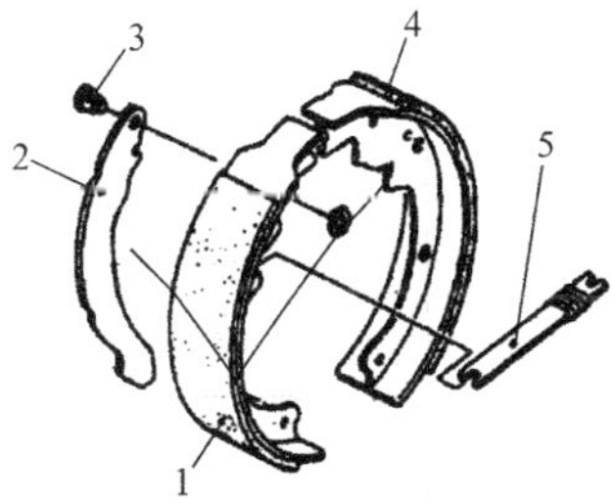

图 3-97 停车制动器
1—主蹄；2—拉杆；3—销；4—副蹄；5—撑杆

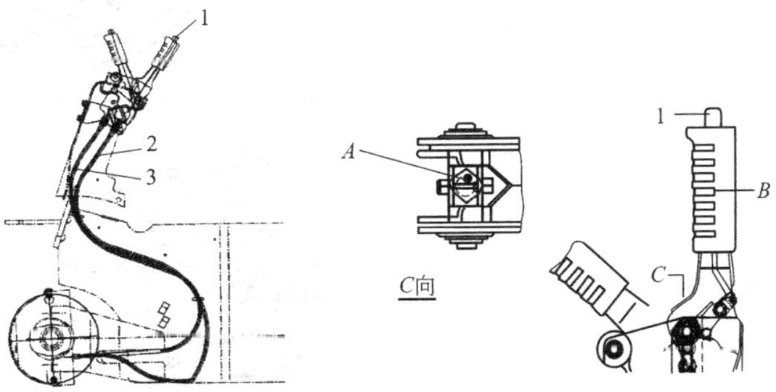

图 3-98 停车制动手柄
1—解除按钮；2—右侧拉索；3—左侧拉索

3.3.2 制动系统的检测与维修

制动器拆装及维护

制动器主要进行制动器的拆卸、检查、重装及调整维护等。

1）制动器拆卸步骤　见表 3-26。

表 3-26　制动器拆卸步骤

序号	拆卸步骤及方法	示意图
1	拆下辅助制动蹄上的固定销、调节杆、调节装置及弹簧	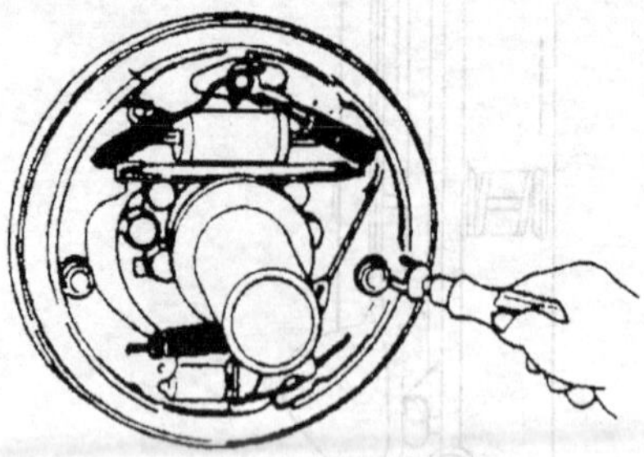
2	拆下两制动蹄片的回位弹簧	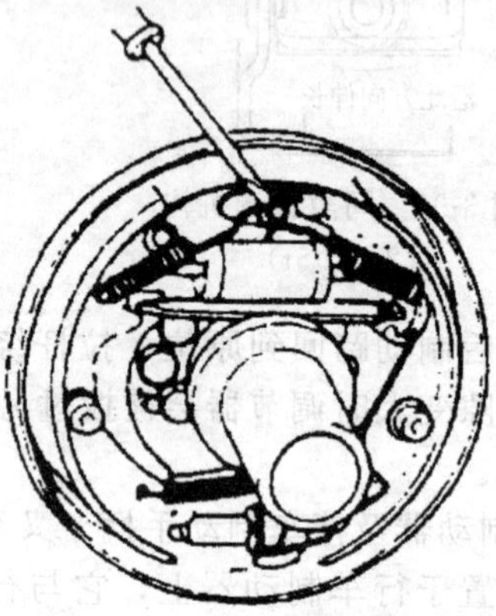
3	拆下主制动蹄和固定销	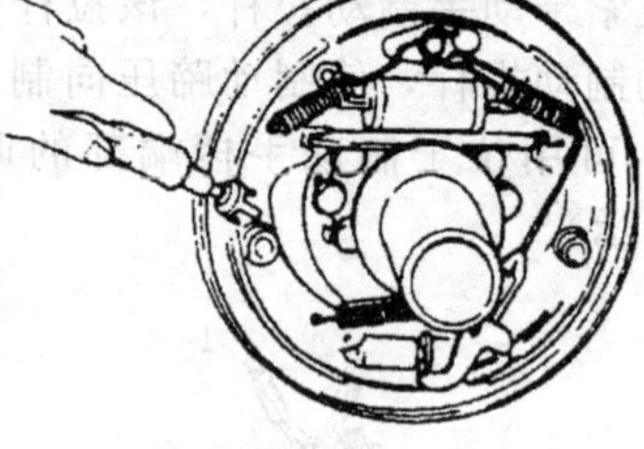
4	拆下主制动蹄和辅助制动蹄，同时拆下调整器及调整器弹簧	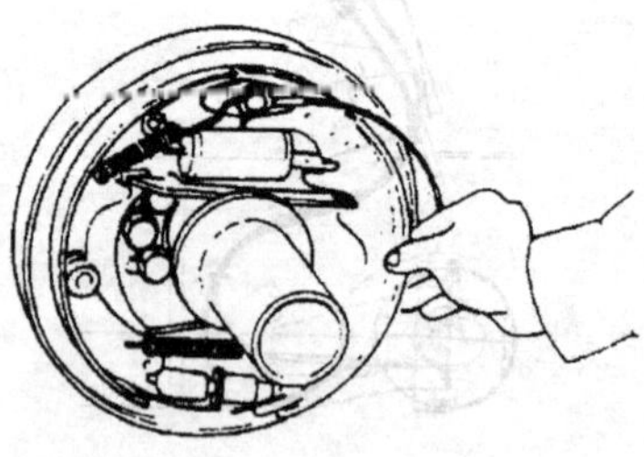
5	拆下制动钢管后，再拆去分泵的安装螺栓，让分泵与底板分离	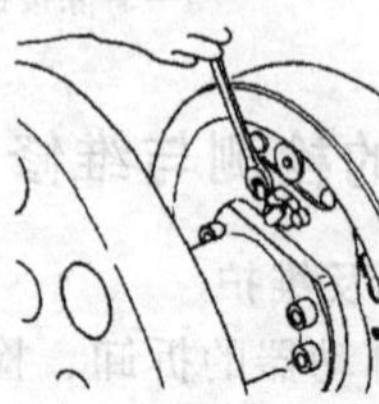

续表

序号	拆卸步骤及方法	示意图
6	拆去制动拉索固定在底板上的E形挡圈，再拆去底板安装螺栓，从桥上拆下底板	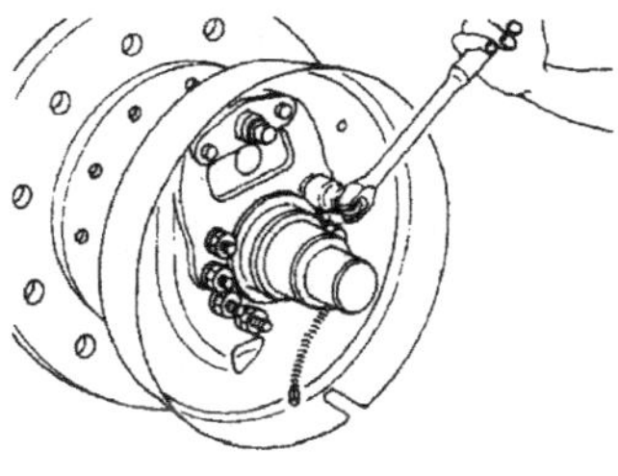
7	分解制动分泵：拆下防尘罩。压一边活塞顶出另一边的活塞，然后用手指压下这边活塞	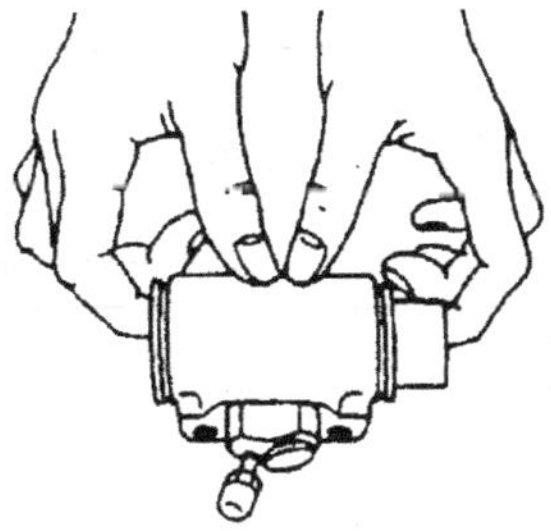

2）制动器零部件检查及技术要求　见表3-27。

表3-27　制动器零部件检查步骤及技术要求

序号	检查步骤	技术要求	示意图	备注
1	检查分泵缸体内表面及活塞圆柱表面是否生锈，然后测量活塞与缸体间的间隙	规定值：0.03～0.10mm，极限值：0.15mm	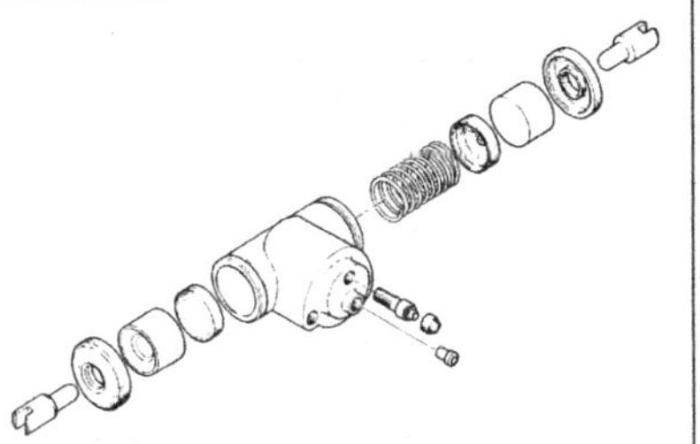	检查所有零部件是否存在磨损或损坏，如不合格，需要修理或更换
2	目视分泵皮碗是否损坏或变形			
3	检查分泵弹簧自由长度	自由长度42mm	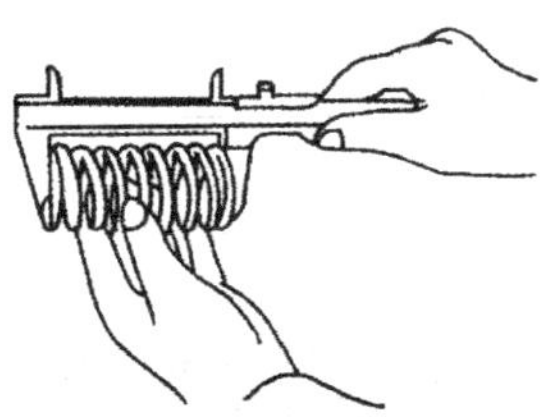	如不合适，更换
4	检查摩擦片的厚度	1～1.8t：标准尺寸4.87mm，极限值2.5mm；2～2.5t：标准尺寸7.2mm，极限值5mm；3～3.5t：标准尺寸8mm，极限值6mm	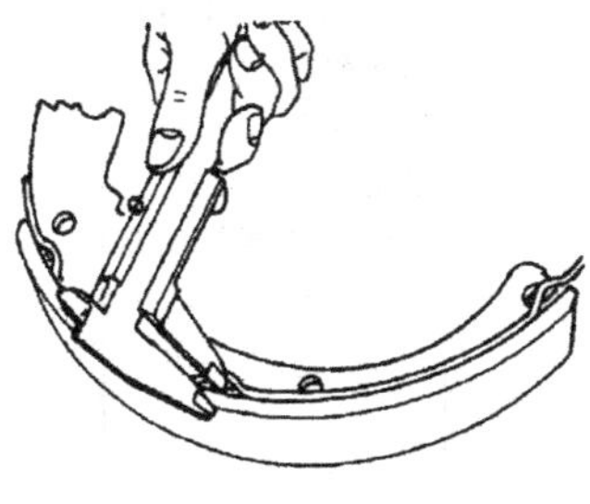	超过磨损极限时，更换

续表

序号	检查步骤	技术要求	示意图	备注
5	检查制动鼓内表面情况	1～1.8t：标准尺寸 245mm，极限值 256mm；2～2.5t：标准尺寸 310mm，极限值 312mm；3～3.5t：标准尺寸 314mm，极限值：316mm	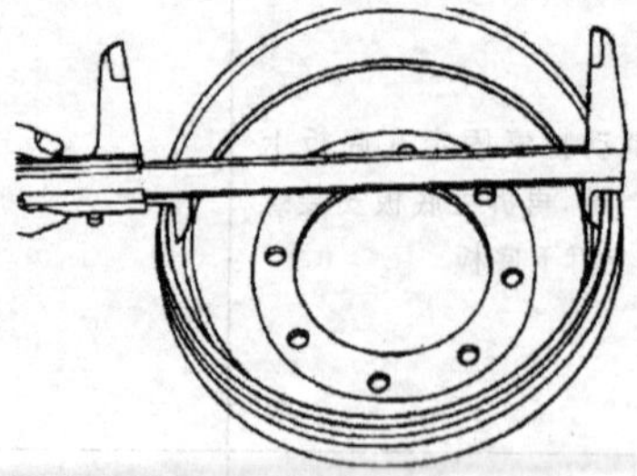	发现损坏或过度磨损，进行修复或更换

3）制动器组装步骤及技术要求　见表 3-28。

表 3-28　制动器组装步骤及技术要求

序号	组装步骤	技术要求	示意图	备注
1	在分泵皮碗及活塞上涂抹上制动液，按顺序组装弹簧，活塞皮碗、活塞及防尘盖		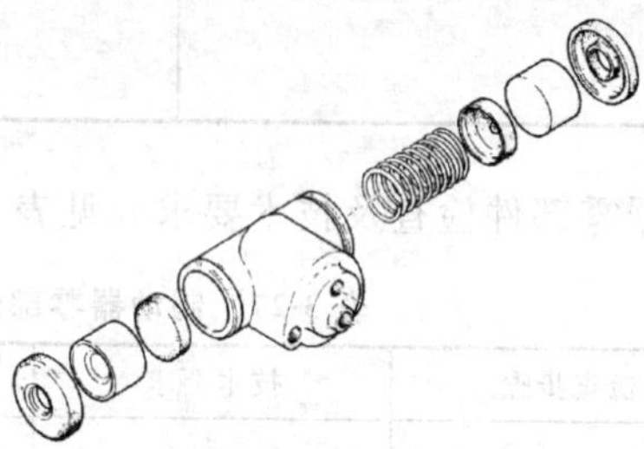	
2	将分泵安装在制动器底板上	拧紧力矩：1～1.8t 为 8～12N·m；2～2.5t 为 14.7～19.6N·m；3～3.5t 为 17.6～26.5N·m		
3	将底板安装到前桥上	拧紧力矩：120～140N·m		
4	各点涂上耐热性润滑脂	①底板与制动蹄的接触面 ②支承销 ③蹄片与压簧座的接触面 ④手制动拉杆支承销 ⑤调节器螺纹及其他转动件	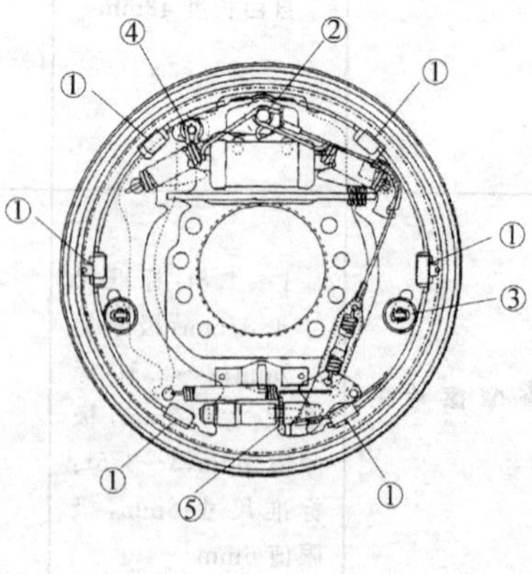	润滑脂不能涂到摩擦片上

续表

序号	组装步骤	技术要求	示意图	备注
5	将制动拉索总成用E形挡圈装到底板上		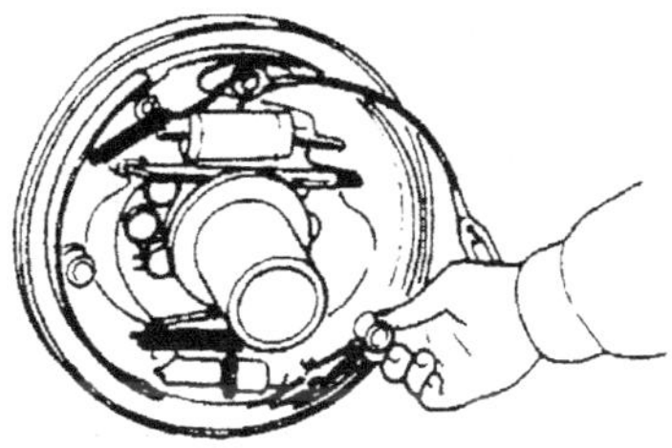	
6	用固定销及弹簧安装制动蹄于底板上		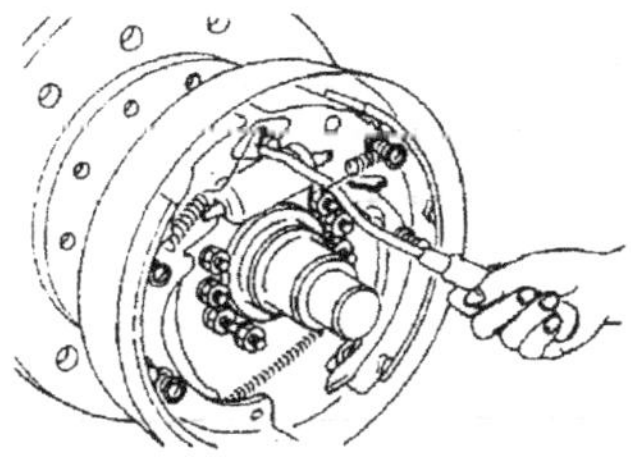	
7	在手制动推杆上装入压缩弹簧，然后将推杆装到制动蹄上		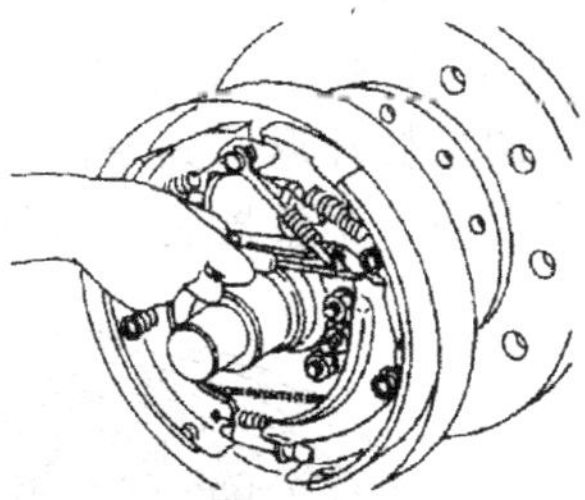	
8	将制动蹄导板装到支承销上。然后装制动蹄回位弹簧。先安装主蹄，再安装副蹄		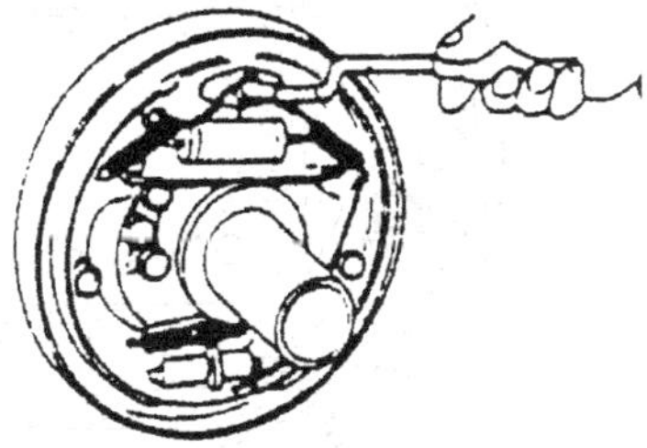	
9	装调整器、调整器弹簧、顶杆、顶杆回位弹簧	调整器螺纹方向及其安装方向 调整器弹簧方向 顶杆回位弹簧方向（在支承销端弹簧钩应固定在顶杆相对一侧） 调整杠杆下端一定要与调整器齿部接触	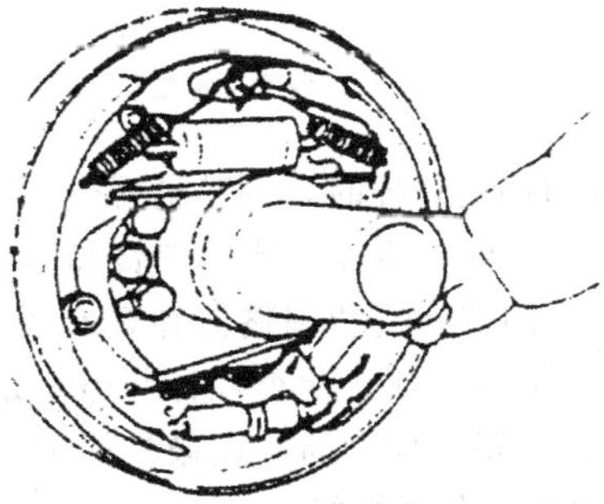	用调整器调整弹簧方向时，不允许调整器齿部与弹簧接触

续表

序号	组装步骤	技术要求	示意图	备注
10	将制动油管接到分泵上		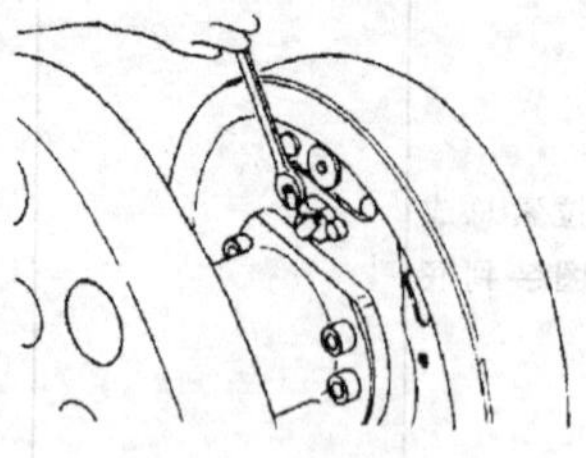	
11	测量制动鼓内径、制动蹄外径,调节调节器	制动鼓内径与制动蹄摩擦片外径之差为 1mm	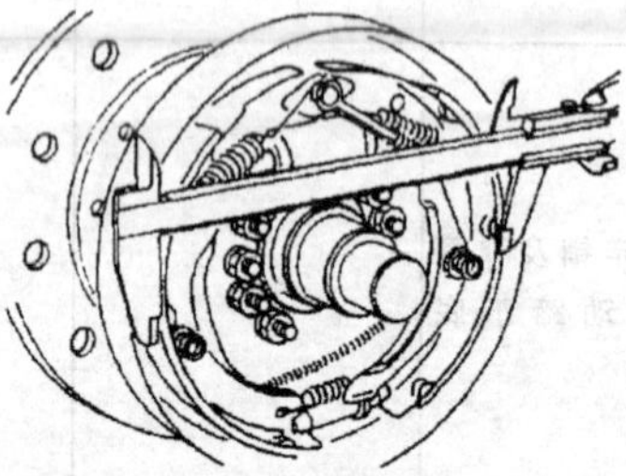	

4）自动间隙调整器的操作试验

① 如图 3-99 所示，先使制动蹄直径接近规定的安装尺寸，用手拉调整杠杆，使调整器转动，当松开手时，调整杠杆返回其原位，而调整器齿轮不转动。注意：松开手时，调整器齿轮与调整杠杆一道返回，调整器装车后仍能正常工作。

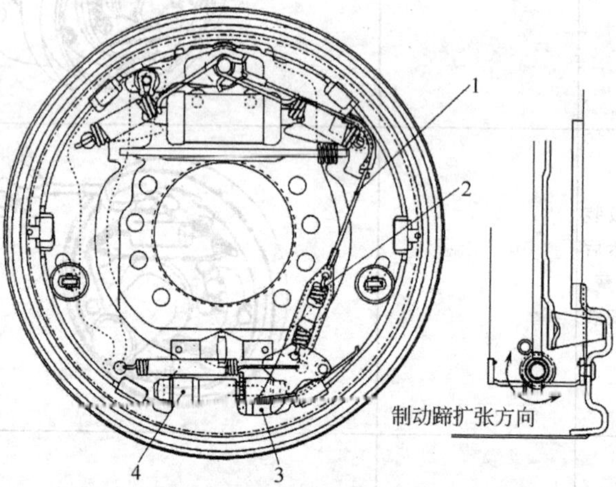

图 3-99　自动间隙调整器的操作试验

1—调节装置拉索；2—弹簧；3—棘爪；4—调节装置

② 若在拉动调整杠杆时，调整器不能做上述动作，必须进行下列检查。

a. 装牢调整杠杆、顶杆、顶杆弹簧和压簧座。

b. 检查顶杆回位弹簧和调整器弹簧有无损坏，再检查调整器齿轮的转动情况及其啮合部位是否过度磨损或损坏。检查杠杆与齿轮是否接触。更换损坏零件。

常用叉车制动蹄摩擦片与制动鼓的间隙见表 3-29。

制动总、分泵检修

1）制动总、分泵的分解　如图 3-100、图 3-101 所示。

表 3-29 制动系统技术数据 mm

机型	杭州叉车			合力叉车		大连叉车	
	1～1.8t	2～3.5t	CPCD50	1～3t	CPCD50	3t	CPCD50
制动踏板自由行程	30～50	10～30	10～20	10～50	45	—	10～20
制动踏板工作行程	—	—	—	50～100	125	60	80～100
制动踏板高度	105～140	118～140	142	100～124	145	—	200
制动踏板踩下高度	>60	>60	>60	15～50	20	120	130～150
微动踏板高度	130～140	130～140	142	100～124	145	120	—
微动踏板自由行程	—	—	18	2～10	10	120	—
手制动器间隙	—	—	0.25	—	—	1～2	0.25
手制动行程	—	—	<18	<300	150～300	—	200
制动鼓与摩擦片间隙	0.25～0.35	0.25～0.35	0.25～0.50	0.25～0.40 2t:0.40～0.45	0.4～0.6	0.40～0.45	0.2～0.6
活塞与总泵推杆端隙	0.5～1.0	0.5～1.0	0.5～1.0	0.5～1.0	<2	—	1～2
总泵油缸与活塞间隙	—	—	极限 0.15	0.03～0.10	0.03～0.13	—	0.17～0.27
分泵油缸与活塞间隙	—	—	—	0.03～0.10	0.03～0.13	—	—
制动液	DOT3	DOT3	DOT3	4604 合成制动液	合成型	合成型	合成型

2）制动总泵、分泵零件的检修

① 总泵、分泵是液压制动的主要部件。其技术状况的好坏，直接影响液压制动的效能。制动总泵和分泵常见的损坏现象是泵筒的磨损和腐蚀，使活塞与泵筒的配合间隙增大。当泵筒内壁磨损大于 0.12mm（制动总泵标准尺寸为 32mm，分泵为 38mm），或活塞与泵筒的配合间隙大于 0.2mm 时，应更换新件或镶套修复。

② 镶套时，应根据套的外径把泵筒适当扩大。套的壁厚：分泵为 3.5mm。套与泵筒的配合过盈为 0.04～0.05mm，表面粗糙度 Ra 小于 0.8μm。压入后，镗削至标准尺寸，选标准活塞。活塞与泵筒的配合间隙为 0.03～0.08mm。

③ 有时活塞与泵筒配合间隙过大，是由于活塞磨损过多造成的，只需更换活塞即可。

④ 在同一台叉车上的两只分泵，内径必须相同，否则将由于产生的制动力不等而使制动跑偏。

⑤ 总、分泵皮碗、皮圈和复合阀门等零件，在修理时一般均应更换。但如技术状况确实很好，无任何软化变形和膨胀现象时，仍可继续使用。

⑥ 液压总、分泵回位弹簧的技术条件应符合表 3-30的要求。

3）液压总泵、分泵的装配

① 总、分泵装配时，应特别注意清洁工作，所有

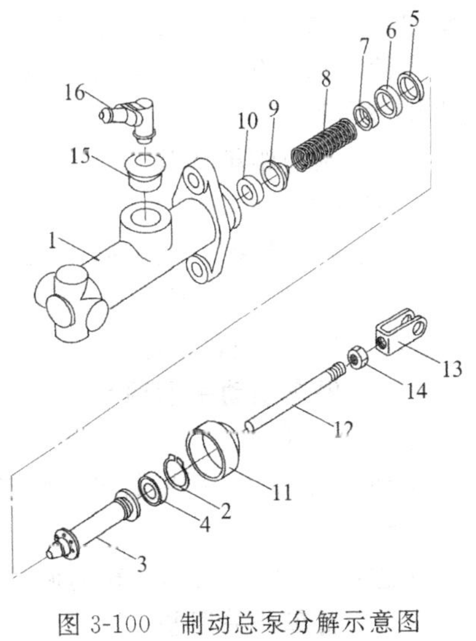

图 3-100 制动总泵分解示意图

1—阀体；2—止动环；3—活塞；4—前皮碗；5—衬套皮碗；6—主皮碗；7—弹簧座；8—弹簧；9—切断阀；10—阀座；11—保护罩；12—推杆；13—支耳；14—螺母；15—胶皮衬套；16—接头

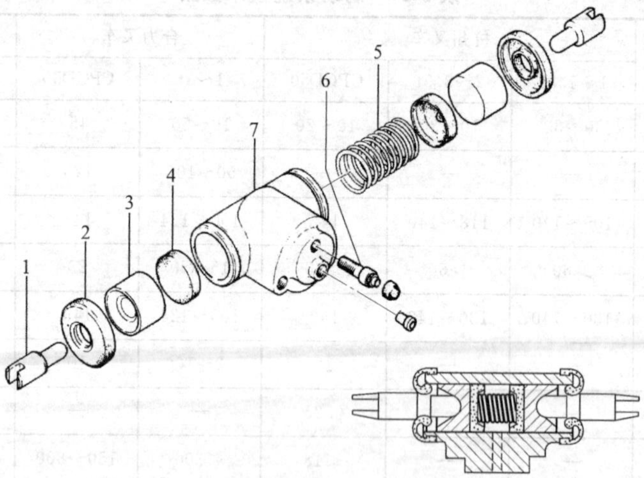

图 3-101 制动分泵分解示意图

1—活塞顶杆；2—护罩；3—活塞；4—皮碗；5—弹簧；6—放气螺钉；7—泵体

的零件在装配前，应用制动液或酒精清洗，切不可用煤油或汽油清洗，以免皮碗、皮圈发胀，使制动不能可靠地工作，并注意避免侵入其他杂物，使活塞和泵筒早期磨损。

表 3-30 液压总、分泵回位弹簧的技术条件

车型	弹簧名称	自由长度/mm	压缩试验	
			载荷/N	负载长度/mm ≥
CPQ3	总泵弹簧	107	54～69	67
	分泵弹簧	42	25～34	17

② 总泵装合后，应检查活塞的运动和回位。推杆、活塞运动和回位应灵活自如，并能回到原位。然后检查回油孔、补偿孔是否畅通，如果被皮碗封闭，应查明原因予以排除，否则将会使制动产生发咬的故障。常见的原因有回位弹簧弹力不足、卡簧过厚、活塞过长和皮碗边缘过大等。

制动踏板调整

① 调短推杆。

② 调节止动螺栓，按图 3-102 调整踏板高度（参见表 3-29）。

③ 将制动踏板踩下调节推杆，直到推杆前端与总泵活塞开始接触为止。

④ 拧紧推杆锁紧螺母。

停车制动手柄调整

停车制动手柄为凸轮式，可用位于制动手柄端部的调整器调整制动力。

制动力的调整：顺时针转动调整器，制动力增大；反时针转动调整器，制动力减少。拉力：196～294N。

注意：2～2.5t 叉车，转动调整器内的螺钉进行调整。

刹车开关调整

① 制动踏板高度调整好后，松开刹车开关锁紧螺母。

② 拔下插头让导线分离。

③ 转动开关，使间隙 A=1mm（如图 3-103 所示）。

④ 制动踏板踏下时刹车灯应亮。

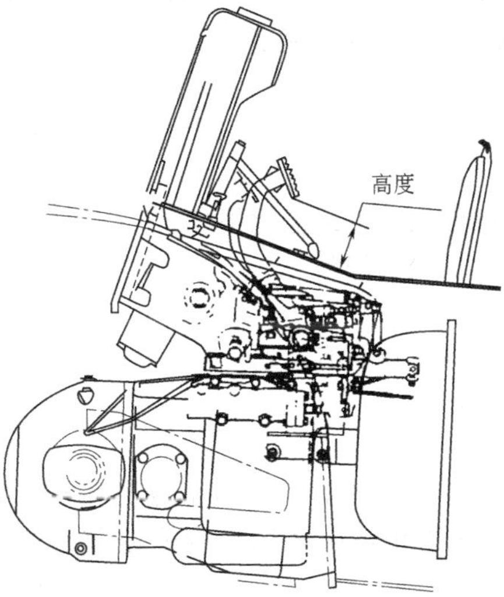

图 3-102　制动踏板高度调整

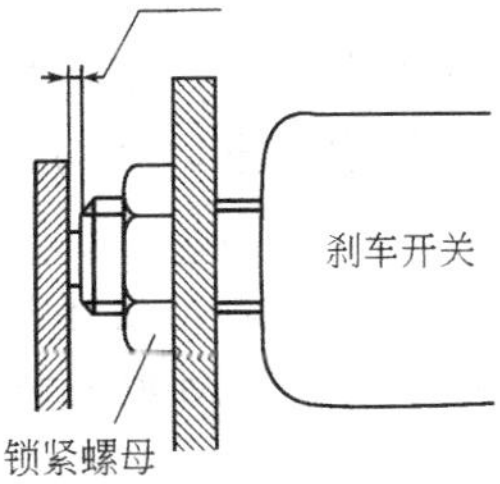

图 3-103　刹车开关调整

3.3.3 制动系统常见故障诊断与排除

内燃叉车随着运行或作业时间不断增长，制动装置各机件由于磨损、疲劳、老化、变形、间隙增大等多种因素，使其技术状况下降变差，导致了一系列故障出现。常见的有制动失灵、制动不良、制动跑偏、制动发咬及制动不平稳等故障情况（以液压制动系统为例说明）。

行车制动系统故障

(1) 制动失灵

1）故障现象　叉车需要制动时，制动器却没有制动作用产生，叉车无法降速或停车。

2）故障原因

① 制动传动机构连接部位脱开。

② 液压制动管路（或接头部位）严重漏油；气压制动管路（或接头部位）严重漏气。

③ 制动总泵内缺油过多，总泵皮碗破裂损坏或踩反。

3）故障诊断与排除

① 当踏下踏板感觉没有制动反应时，应马上松开踏板，再连续踏下几次，若踏板也不升高，同时感到无阻力，此时应检查总泵是否缺油，同时观察地面上是否有油迹。如果总泵储液室内油面过低，则需添加同一型号的制动液并至要求高度；若地面上发现有漏油痕迹，需检查管路及油管接头是否破裂（或断裂）或接头松动（松脱），视情况予以修复或更换，然后重新加注制动液并排除空气。

② 若叉车制动时，踏下制动踏板很轻或阻力很小，需检查制动系统中传动机构连接情况：总泵推杆是否与连杆脱开（如是气压制动连杆，是否与控制阀摇臂销轴脱落），若发现有脱开情况，需重新连接好并锁牢。

③ 若叉车制动时，踩下制动踏板后，虽感到有一定阻力，但踏板位置保持不住，感觉明显下降，检查总泵时，有滴油或喷油现象，说明总泵皮碗破裂，应分解总泵，予以修复或更换。

④ 如上述检查均正常，则可能是总泵皮碗踩反所致，应分解总泵检查，更换。

(2) 制动不良

1）故障现象　叉车在运行或作业中，当需要制动时，往往一脚制动不能减速或停车；

若连续多脚踩踏制动，效果也不是很理想；制动时踩下踏板，从其高度上检测正常，但制动效果不是很强（制动较软），使叉车不能立即停车或减速（制动距离长）。

2）故障原因

① 制动踏板自由行程过大。

② 制动系统中有空气。

③ 总泵出油阀损坏；补偿孔或通气孔堵塞；皮碗磨损过度或老化损坏。

④ 总、分泵活塞与缸壁磨损过甚；油管破裂或接头松动漏油。

⑤ 制动器摩擦片与制动鼓间隙过大。

⑥ 摩擦片上有油污、摩擦片硬化、铆钉外露或摩擦片材料有问题。

⑦ 制动鼓沟槽严重、制动鼓损伤（失圆）或磨损过甚。

3）故障诊断与排除

① 叉车需要制动时，当连续踩踏制动踏板，踏板能逐渐升高，升高后不抬脚继续往下踩，感到有弹力；松开踏板稍停一会儿再踩，如没有变化，说明系统内有空气，应予以排除。

② 当一脚制动不灵，再连踩几脚踏板，踏板位置能逐渐升高且制动效果变好，说明踏板自由行程过大或制动鼓与制动摩擦片间隙过大；应先检查调整踏板自由行程并使其在规定要求内，再检查和调整制动器间隙。

③ 若连续踩下制动踏板，踏板位置能逐渐升高，升高后，但不再踩踏板时，踏板有下降的感觉，说明系统中有漏油之处：可能是总泵内橡胶皮碗破裂或踩反、总泵内的出油阀关闭不严、油管破裂、接头松动，根据检查情况，应予以修复、紧定或更换。

④ 当踩下踏板时，踏板位置很低，再连续踩踏也无反应，一般为总泵通气孔或补偿孔堵塞，应检查并疏通。

⑤ 当踩下踏板时，踏板高度合乎要求，制动踏板也不下降，但制动效果不是太好，则为制动器的问题。可能是摩擦片硬化、铆钉外露、工作面上有油污，也可能是制动鼓失圆或鼓壁磨损过甚等原因，此时需拆解制动器，进行检修，视情况修复或更换。

（3）制动跑偏

1）故障现象　叉车制动时，同轴两侧车轮制动器不能同时起制动作用；甚至出现一边制动轮制动而另一边制动轮仍在转动的现象，使机械在制动时，不能直线运行而向一侧偏斜。

2）故障原因

① 同轴两侧车轮轮毂轴承紧度不一致或轮胎气压不一致（相差过多）。

② 两侧车轮制动器的间隙不一致。

③ 两侧车轮制动蹄片与制动鼓接触面积相差过大。

④ 两侧车轮制动器的制动摩擦片的材料不一样。

⑤ 两侧车轮制动分泵工作情况不一致。

⑥ 某侧车轮制动器管路有空气或分泵皮碗老化。

⑦ 某侧车轮制动鼓失圆或磨损过甚。

⑧ 某侧车轮制动器的制动摩擦片上有油污或摩擦片硬化、铆钉外露。

⑨ 某侧车轮制动器的制动气室膜片老化破裂、推杆弯曲变形。

⑩ 车架、车轴变形或转向系统有故障。

3）故障诊断与排除

① 进行路试。当机械需减速制动时，若运行方向向右跑偏，说明叉车左侧车轮制动器制动迟缓或制动力不足；相反，右侧车轮制动器制动迟缓或制动力不足。再通过紧急制动路试，并观察车轮抱死后在地面上的拖印：若同轴两侧的车轮拖印痕迹不能同时发生，其中拖

印痕迹短的车轮为制动迟缓、拖印痕迹轻的为制动力不足。此时查找机械跑偏原因。如检查发现一侧车轮轮胎气压不足或胎纹磨损过甚，并且也正好是机械跑偏方向一侧，可能是轮胎气压不足或胎纹磨损过多引起的，先给轮胎充气且与另侧轮胎气压一致，然后再试，若制动时跑偏情形大有好转，说明就是轮胎不足和胎纹磨损过多造成的，应更换新胎。

② 若更换新胎后，制动时仍然跑偏。需进一步查明原因。支起驱动桥，启动发动机，挂挡提高车速，然后踩制动，同时观察两侧车轮是否同时发生制动，若有一侧迟缓，先检查其制动间隙并适当调整减小，再试如何，如果此时观察制动动作一致，说明该制动器间隙过大。

若检查时发现一侧车轮制动管路或分泵处有漏油痕迹，先查找漏油原因，如是管路破裂需修复，接头松动应紧固，然后对该制动器进行排气，排气时若有空气排出或排气后制动跑偏现象消失，说明故障就是由于该轮空气阻力造成的。

③ 经上述检查均无问题，说明故障发生在系统制动器内部，需拆卸制动器，进行检修。若是摩擦片有油污，需清洁；老化或铆钉外露，应更换；分泵皮碗磨损或老化，应更换；制动鼓失圆，需修复，其他等零部件的故障，视情况予以修复或更换。

(4) 制动发咬

1) 故障现象　叉车制动后，抬起制动踏板，运行阻力过大，即使加油，车速也不能随之提高，同时也感到起步困难，触摸制动鼓感觉发烫。

2) 故障原因

① 制动蹄回位弹簧过软或折断。

② 制动蹄支承销孔锈蚀或支承销变位。

③ 制动踏板没有自由行程或回位弹簧过软或折断、脱落。

④ 液压总泵皮碗、皮圈发胀或回位弹簧过软、折断。

⑤ 制动液过脏或黏度过大，管路有脏物堵塞。

⑥ 总泵回油孔堵塞（可能是皮碗发胀或油液过脏造成）。

⑦ 制动器的制动蹄片与制动鼓的间隙过小。

3) 故障诊断与排除

① 若不能起步（即起步熄火）或起步后行驶阻力大，当能起步后，叉车行驶一段里程后，用手触摸各制动鼓，若车轮制动鼓均都发烫，说明故障发生在制动总泵（或控制阀）；若只有个别发烫，故障出自车轮制动器。

② 若故障发生在液压总泵（或控制阀），应首先检查踏板自由行程。若行程不合乎要求，需调整；如果行程正常，检查总泵情况：将储液室盖打开，连续踩踏制动踏板（注意放松踏板时动作不要过猛，以免制动液溅出），观察回油情况，如不能回油，说明回油孔堵塞，应清洗疏通；必要时更换油液。如回油缓慢，则是皮碗、皮圈发胀或回位弹簧过软或失效，应拆解总泵予以检修或换新；观察踏板回位情况，如不能迅速回位或回位不到位，说明踏板回位弹簧过软、折断，应换新，转动部位如锈蚀，应润滑。

③ 若故障在个别制动器，应先对该制动器放气，若放气时，制动液急速喷出，且制动蹄回位，说明油管堵塞，分泵不能回油所致，应疏通即可；若制动蹄仍不能回位，检查制动间隙是否过小，必要时重新调整。

④ 经上述检查均无效，应拆下制动鼓，检查制动蹄回位弹簧或制动蹄转动销孔是否锈蚀，视情况更换或修磨润滑。

(5) 制动不平稳

1) 故障现象　叉车在制动时，表现出车轮发生跳动或摆动而叉车出现抖振现象。

2) 故障原因　主要是由于制动器内摩擦力矩不均匀造成的。其产生部位如下。

① 制动鼓失圆，使制动蹄片与鼓间摩擦力矩分布不均。

② 轮毂轴承紧度小、松旷，使车轮摆动。

③ 制动蹄片铆钉或螺栓松动等。

④ 制动蹄片端面无倒角。

3）故障诊断与排除　当叉车制动时，若感觉叉车出现抖动、车轮跳动或摆动现象时，停车后，支起车桥；先检查车轮轴承紧度情况。若左右扳动车轮时，明显有间隙感觉，应拆卸重新调整，使轴承紧度符合要求；车轮若无摆动现象，应拆解制动器，检查制动蹄片的紧固螺钉（或铆钉）是否松动。若有松动情况，视情况紧固或重新铆接；否则检测制动鼓工作表面的磨损情况，如失圆严重或表面沟槽较深，视情况镗削或更换新件。同时不妨查看一下制动蹄片两端是否有倒角（特别是新换的制动摩擦片），另外也不妨检查一下转向系统的自由转动量是否也过大或车桥与车体的连接紧固情况等，此种现象可能由多种因素引起，根据所查原因逐一排除解决。

驻车制动（手制动）装置故障

（1）制动不灵

1）故障现象　当拉紧驻车制动操纵杆（已到极限位置）时，叉车在坡道上仍能滑移或发动机启动后可挂挡起步。

2）故障原因

① 鼓式制动器说明如下。

a. 操纵手柄拉线过长或螺母松脱。

b. 制动摩擦片与制动鼓间隙偏大或摩擦片上有油污、硬化或铆钉外露。

c. 制动鼓磨损过甚或失圆，使摩擦片接触面积过小。

② 盘式制动器说明如下。

a. 联动臂拉杆过长或制动盘不平。

b. 摩擦片或制动盘上有油污，摩擦片硬化或铆钉外露；摩擦片与制动盘间隙过大。

c. 驻车制动装置各连接销轴磨损松旷。

3）故障诊断与排除

① 将叉车停在平坦路面上，首先把驻车制动操纵手柄拉紧，启动发动机，如果能够起步（即发动机不熄火），叉车可以前进或后退移动，说明驻车制动效果不良，需拆检和调整。

② 对于盘式制动器，拉紧操纵手柄后，如果摩擦片与制动盘未贴紧，应先调整联动臂拉杆上的调整螺母：旋入螺母，间隙变小；相反，间隙变大。若见效，说明联动臂调整不当。否则旋入制动支架上端的两个调整螺钉调整，使两蹄片与制动盘保持平行。如果能贴紧而制动效果不良，应检查摩擦片上是否有油污，铆钉有无露出，摩擦片是否烧蚀或破裂等。视情况采取相应措施：清洁、更换、调整等。

③ 若上述检查或调整后，仍未解决问题，则应检查制动盘的工作表面情况，若磨损出现沟槽应光磨，严重时应更换处置。

④ 对于鼓式制动器，当拉紧操纵手柄后，制动蹄片与制动鼓未贴紧，可能是拉线过长或联动机构松动，应予以调整，使手柄行程符合要求。至于制动器间隙或制动摩擦片的工作情况，由于驻车制动器与行车制动器共用，当行车制动效能好时，就勿需考虑制动器有问题。

（2）不能解除制动或解除制动不彻底

1）故障现象　当放松驻车制动操纵手柄后，机械不能起步或起步较为困难；或起步后行驶阻力大，运行一段时间后，用手触摸制动鼓或制动盘感到烫手。

2）故障原因

① 摩擦片与制动盘（或鼓）间隙过小；蹄臂拉杆弹簧过软或折断。

② 驻车制动器摇臂回位弹簧和制动器回位弹簧过软或折断。

③ 制动盘和制动架固定螺钉松动。

3）故障诊断与排除　叉车若起步难或起步后运行一段时间，感觉阻力大或发现制动鼓或制动盘部位发烫，应先检查手制动操纵手柄是否松放到位，如果在松到底的情况下，检查蹄片推杆是否卡住或蹄片拉杆弹簧是否过软或折断；制动盘和制动支架固定螺钉是否松动。如均良好，检查制动盘与摩擦片（或鼓与摩擦片）的间隙是否过小，如合适，调整拉线或联动机构的长度，不合适时应重新调整。

(3) 手制动操纵杆不能定位

1）故障现象　驻车时，拉紧手制动杆不能松手，否则拉杆会自动滑回，叉车无法定位。

2）故障原因

① 拉杆变形或棘爪拉杆弯曲、卡住。

② 弹簧失效或折断。

③ 棘爪与扇齿磨损严重或断齿。

3）故障诊断与排除

① 经反复按下、松开棘爪拉杆按钮试验，查看棘爪拉杆上下活动情况：若上下活动不灵活、有卡滞或阻滞现象，则可能是弹簧折断或失效，拉杆弯曲变形所致。此时应分解操纵杆，更换弹簧或校正拉杆。

② 如上述检查未见异常，应检查扇形齿板上的齿牙和拉杆棘爪，若磨损过甚、有断齿情形，应堆焊修复或换新件。

3.4 行走系统的构造与维修

3.4.1 行走系统的功用及组成

功用

行走系统承受叉车的全部重力和路面作用于前、后车轮上的垂直反力。发动机经传动系统传至驱动轮的驱动力矩，通过轮胎与地面的附着作用，形成作用于驱动轮边缘的牵引力。叉车等速行走时，一部分牵引力用来克服驱动轮的滚动阻力，其余大部分经过驱动桥、后悬架传给车架，其中一部分用以克服叉车受到的空气阻力和上坡阻力，另一部分经过悬架传给转向桥作用于转向轮的中心，使转向轮克服滚动阻力向前滚动，从而使整个叉车向前行走。

同理，叉车制动时的制动力、在弯道或横向坡道上行走时的侧向力以及不平路面对车轮的冲击力，也由行走系统承受和传递。

可见，行走系统的功用是：承受叉车的总重力；把驱动力转化为牵引力；承受并传递路面作用于车轮的各种反力；缓和冲击，减轻振动，保证叉车平顺行走。

组成

叉车行驶系一般由车桥、车架、车轮和悬架组成。

(1) 车桥

1）车桥的功用和分类　车桥两端安装车轮，支于地面；车桥又通过悬架与车架连接，用以支承车架，并在车轮与车架之间传力。

车桥根据安装的前后位置，可分为前桥和后桥；根据安装的车轮类型，可分为驱动桥（桥端安装驱动轮）、转向桥（桥端安装转向轮）、转向驱动桥（桥端车轮既能转向、又能驱动）和支持桥（桥端车轮仅起支承作用）。作为行走系统的组件，驱动桥仅指它的桥壳。转向驱动桥用于越野叉车，支持桥用于无动力的挂车，这里介绍驱动桥壳和转向桥。

2）驱动桥壳 驱动桥壳是一根空心梁，是安装主减速器、差速器、半轴等部件并起保护作用的基础件。驱动桥壳又是行走系统的承载件，要承受驱动轮传来的各种反力和力矩，并通过悬架传给车架。大多数叉车的驱动桥壳还要直接支承工作装置。驱动桥壳受力复杂，要求有足够的强度和刚度，重量要轻，结构上要便于主减速器的拆装和调整。

驱动桥壳的结构形式有整体式和分段式两种。整体式桥壳又有铸造式和冲压焊接式之分。

① 整体式桥壳 整体铸造式桥壳如图 3-104 所示。

其中部是用铸钢或锻铁铸造的环形空心梁，两端的凸缘盘用来固定制动底板。无缝钢管制成的半轴套管压入桥壳，并用螺钉止动，半轴套管外端安装轮毂轴承。主减速器和差速器先安装在主减速器壳内，然后把主减速器壳用螺钉固定在空心梁中部前端面上。中部后端大孔供检查主减速器和差速器用，平时用后盖盖住。后盖上的螺塞用以检查和加注润滑油。

整体式桥壳的强度和刚度大，拆装、检修主传动装置方便。但是桥壳较重，而且整体铸造工艺复杂。

如图 3-105 所示是整体冲压焊接式桥壳。它由钢板冲压成形的上下两个主件 1、四块三角形镶块 2、前后两个加强环 5 和 6、一个后盖 7 以及两根半轴套管 4 焊接而成。冲压式桥壳重量轻，材料利用率高，但需要特殊的压延设备。

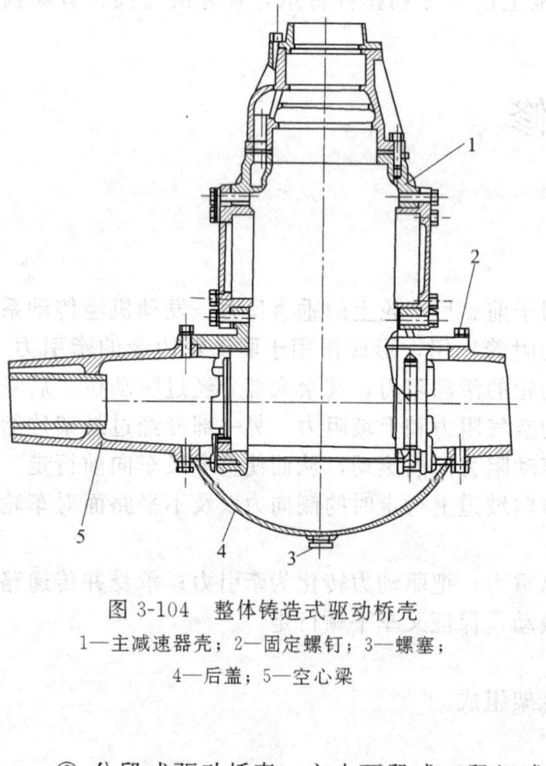

图 3-104 整体铸造式驱动桥壳
1—主减速器壳；2—固定螺钉；3—螺塞；
4—后盖；5—空心梁

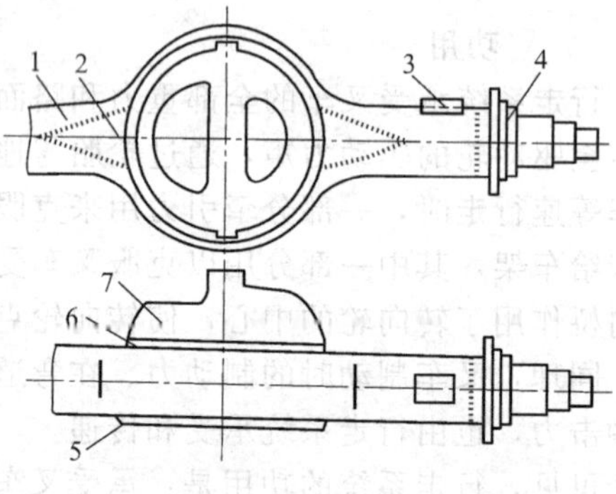

图 3-105 冲压焊接式驱动桥壳
1—壳体主件；2—三角形镶块；3—钢板弹簧座；
4—半轴套管；5—前加强环；
6—后加强环；7—后盖

② 分段式驱动桥壳 它由两段或三段组成。

如图 3-106 所示的分段式桥壳由两段组成。铸造的桥壳 9 和桥壳盖 3 用螺栓 2 连成一体，中间夹有垫片 10 以防漏油。两根钢制的半轴套管 1 和 8 分别压入桥壳盖和桥壳的座孔中，并用铆钉固定。半轴套管外端安装轮毂轴承，轴承用调整螺母 7、止动垫圈 6 和锁紧螺母 5 固定。安装制动底板的凸缘盘和钢板弹簧座都焊在半轴套管上。桥壳的颈部安装主减速

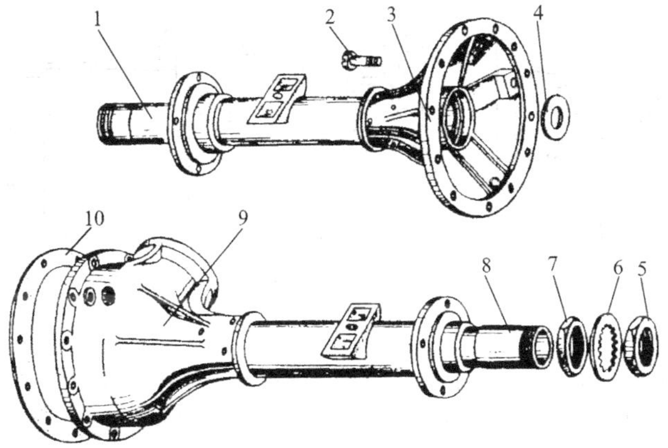

图 3-106 分段式驱动桥壳

1,8—半轴套管；2—螺栓；3—桥壳盖；4—油封；5—锁紧螺母；6—止动垫圈；7—调整螺母；9—桥壳；10—垫片

器的主动锥齿轮。差速器轴承直接安装在桥壳和桥壳盖的轴承座孔内，轴承座的外端装有油封 4。

这种分段式桥壳制造较为容易，但是装配、调整、保养、修理均十分不便。若要拆检主减速器和差速器，必须把整个驱动桥从车上拆下。

(2) 车轮与轮胎

车轮与轮胎是行走系统的重要部件。叉车依靠车轮的滚动才能运行。车轮不仅支承全车重量，而且通过轮胎与路面的附着力产生牵引力、制动力和侧向力，保证叉车正常行走和转向。

叉车采用装有轮胎的弹性车轮。轮胎有充气轮胎、实心轮胎和半实心轮胎之分，轮胎不同，车轮的构造和性能也不同。充气轮胎的弹性和附着性能都很好，能吸收振动和冲击，能在各种路面上行走，应用最广。

1）车轮　车轮介于轮胎和车轴之间，由轮辋、轮毂以及两者之间的连接部分轮辐组成。按照轮辐的结构，车轮可分为辐条式和辐板式。叉车采用辐板式车轮。

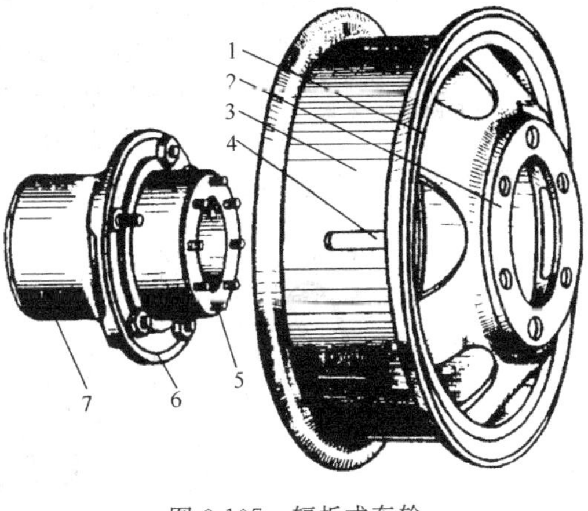

图 3-107 辐板式车轮

1—挡圈；2—辐板；3—轮辋；4—气门嘴伸出口；5—螺栓；6—凸缘；7—轮毂

辐板式车轮又称盘式车轮，其构造如图 3-107 所示，由轮辋 3、辐板（又称轮盘）2、轮毂 7 等组成。

① 轮辋　轮辋是用以安装轮胎的，根据其断面形状可分为深槽轮辋和平底轮辋。

深槽轮辋如图 3-108(a) 所示，是用钢板冲压成形的整体式结构。中部深凹的环槽便于轮胎的拆装，凹槽两侧肩部略向中间倾斜，是安放外胎胎圈的部位。深槽轮辋结构简单、刚度大、重量轻，适用于尺寸小、弹性大的轮胎。尺寸大、质地硬的轮胎很难装入这种整体式的轮辋。

平底轮辋的底面成平环状，适合安装较大、较硬的轮胎。平底轮辋有多种结构形式。

如图 3-108(b) 所示的平底轮辋，一侧是凸缘，另一侧用整体挡圈 1 和开口锁圈 2 使轮

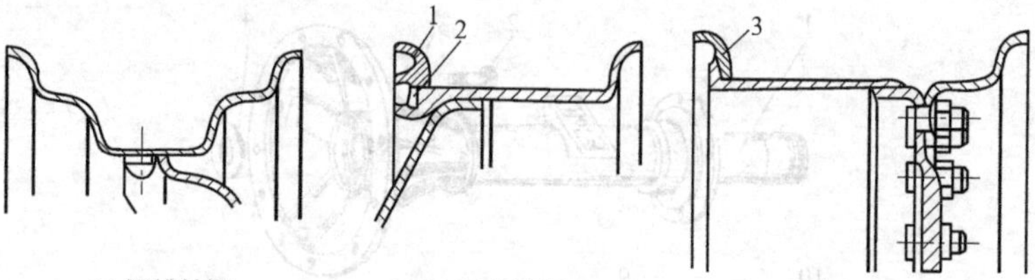

图 3-108 轮辋断面图

1,3—挡圈；2—锁圈

胎定位。这种结构拆装方便、工作可靠，是使用最为普遍的形式。

如图 3-108(c) 所示为对开式平底轮辋。轮辋制成内外两部分，内轮辋与辐板焊接在一起，外轮辋用螺栓与辐板连接。拆装轮胎时需卸下螺母。图示轮辋有一个可拆卸的整体式挡圈。有的无挡圈，内轮辋制有凸缘代替挡圈。

叉车的转向轮，多采用无辐板的对开式平底轮辋。如图 3-109 所示，轮辋的内外两部分用螺栓连接，轮辋用螺栓固定在轮毂上。

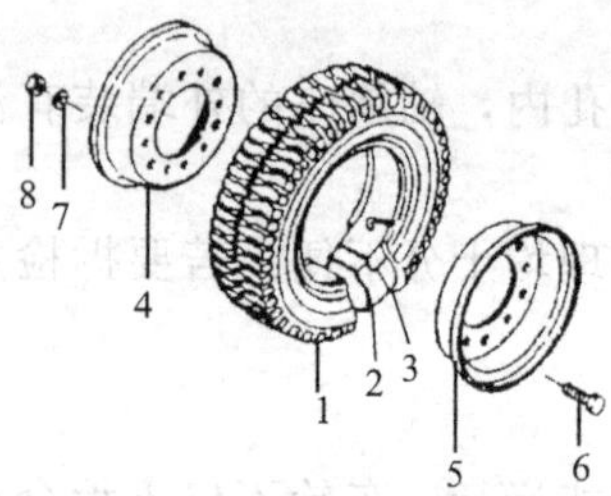

图 3-109 对开式平底轮辋

1—外胎；2—内胎；3—垫带；4,5—轮辋；6—轮辋螺栓；7—垫圈；8—螺母

对开式平底轮辋只适用于单式车轮，而载荷较大的驱动轮通常是双式车轮，即如图 3-110 所示。要在一个轮毂上安装两个车轮，只能使用平底轮辋。

② 辐板 辐板用钢板冲压成深凹的圆盘形，使车轮平面有适当的位置，也给车轮制动器留出了相应的空间。辐板上对称地开有若干个大孔，可以减轻重量，有利于制动鼓散热，又能作为拆装时的把手。辐板外缘与轮辋焊接。辐板的中心孔及其周围六个螺栓孔与轮毂连接。为了保证与轮毂对中，螺栓孔两侧都加工出凹球面。

③ 轮毂 轮毂是车轮的中心，是连接半轴、轮辐和制动鼓的重要零件，一般通过两个圆锥滚子轴承装在半轴套管或转向节轴上。

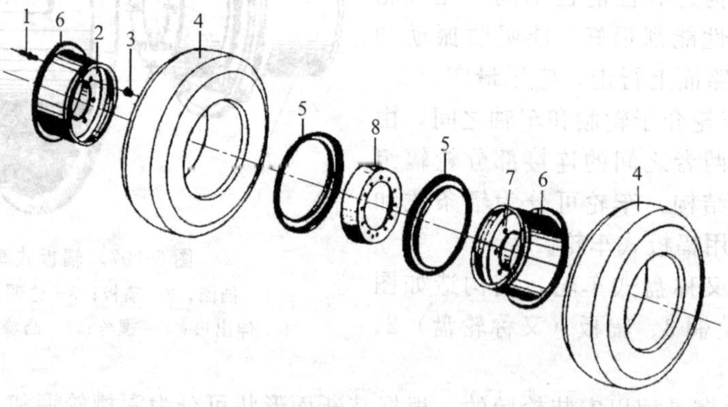

图 3-110 对开式平底轮辋

1—螺栓；2—轮辐；3—螺母；4—轮胎；5—挡圈；6—轮辋；7—轮辋体；8—隔套

④ 轮毂螺栓 又称轮胎螺栓，用以连接轮毂、辐板和制动鼓。

2）轮胎

① 充气轮胎的构造 内燃叉车大多使用有内胎的充气轮胎。如图 3-111 所示为大吨位叉车采用的轮胎，如图 3-112 所示为中小吨位叉车采用的轮胎。它由外胎、内胎和垫带等组成。

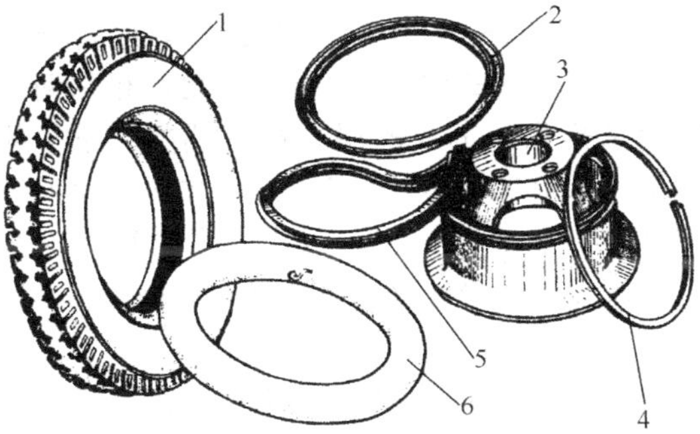

图 3-111 有内胎的充气轮胎（大吨位叉车采用）
1—外胎；2—挡圈；3—轮盘；4—锁圈；5—垫带；6—内胎

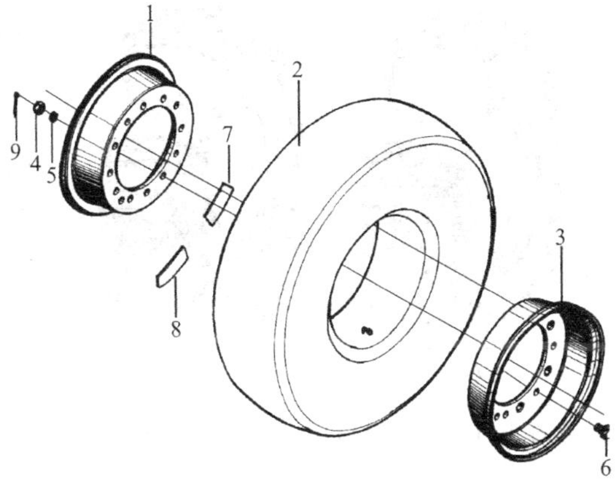

图 3-112 有内胎的充气轮胎（中小吨位叉车应用）
1—内轮辋；2—轮胎；3—外轮辋；4—螺母；5—垫圈；6—螺栓；7，8—标记；9—销子

外胎是轮胎的主体，由胎面、胎体和胎圈组成的结构如图 3-113 所示。胎面是外胎的外表层，用耐油橡胶制成，包括胎冠 a、胎肩 b 和胎侧 c 三部分。

胎冠直接与路面接触，承受冲击与磨损，并保护胎体免受机械损伤。胎冠有较高的强度、弹性和耐磨性。为了增大轮胎的附着力，胎冠制有各种花纹。如图 3-114 所示是几种常见的花纹：普通花纹沟槽细而浅，接地面积大，滚动阻力小，适合在硬路面上行走；越野花纹沟槽宽而深，接地面积小，防滑性能好，适用于松软、不平的路面；混合花纹介于普通花纹和越野花纹之间，既可用于硬基路面，也可用于松土路面，但是胎面磨损不均匀。

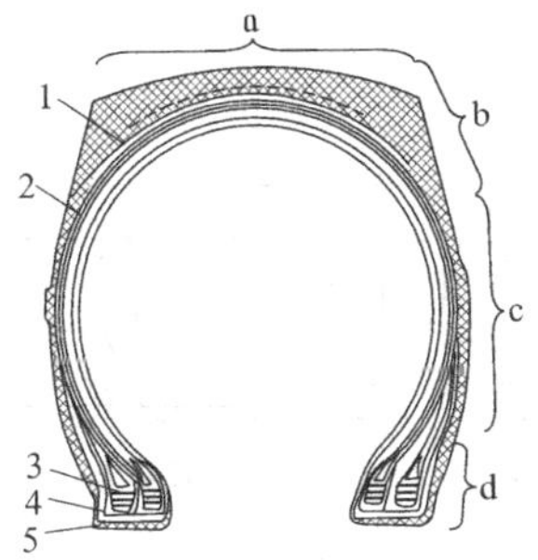

图 3-113 外胎的结构
1—缓冲层；2—帘布层；3—钢丝圈；4—帘布层包边；5—胎圈包布；a—胎冠；b—胎肩；c—胎侧；d—胎圈

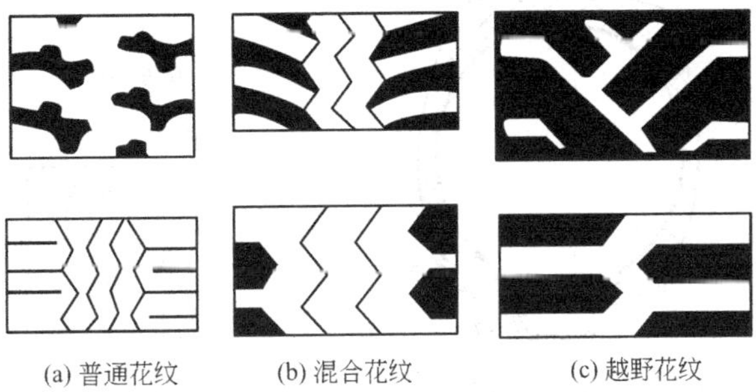

图 3-114 轮胎的花纹

胎肩是胎冠与胎侧之间的过渡部分，也制有各种花纹，以提高该部位的散热性能。

胎侧是贴在胎体帘布层侧壁的薄橡胶层，保护胎侧帘布层免受机械损伤和水分侵蚀。

胎体是外胎的骨架，由帘布层和缓冲层组成，其作用是承受载荷，保持轮胎的尺寸和形状，并承受内胎的张力。

帘布层用数层浸胶帘线制成，帘线的材料有棉线、人造丝、尼龙、钢丝等。棉线是早期使用的材料，强度低、性能差，帘线层数多达十几层，以致轮胎较重，滚动阻力大。人造丝帘线的机械性能和耐久性均高于棉线，但是与橡胶的接合性能较差。现在广泛采用尼龙和钢

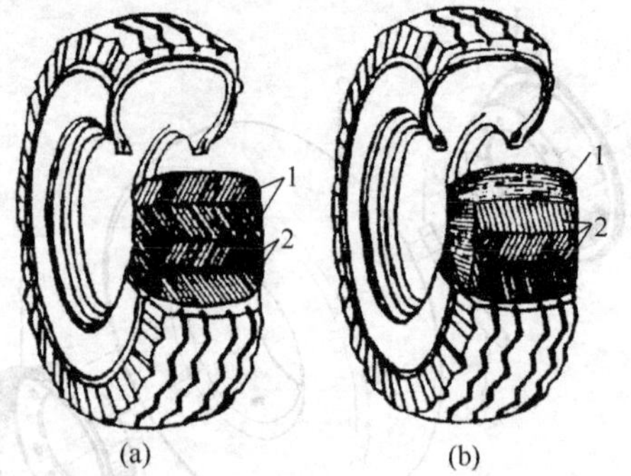

图 3-115　帘布层和缓冲层帘线的排列
1—帘布层；2—缓冲层

丝，帘线层数减少到四层甚至只有两层，既减少了橡胶消耗，又降低了滚动阻力。

帘布层的帘线主要有两种排列方式。

普通轮胎如图 3-115(a) 所示，又称斜交轮胎，其帘线与胎面的中心线约成 35°角，相邻两层的帘线交叉排列，帘线的层数都是偶数。子午线轮胎如图 3-115(b) 所示，帘线排列方向与轮胎子午断面（即横断面）一致，帘线的强度得到充分利用，帘线的层数可比普通轮胎减少 40%～50%，最少的只有一层。

缓冲层位于胎面和帘布层之间，它的宽度较小，仅略宽于胎冠。缓冲层的作用是吸收冲击和振动，加强胎面与帘布层的接合。斜交轮胎的缓冲层一般由两层较稀疏的帘线和弹性较大的橡胶制成，相邻两层的帘线也是交叉排列，角度与帘布层的大致相同。

子午线轮胎帘布层的帘线之间在圆周方向只靠橡胶联系，强度较差。为了承受行走时的切向力，缓冲层采用强度高、伸缩小的帘线垫带是一个环形橡胶带，垫在内胎与轮辋之间，保护内胎不被轮辋或胎圈擦伤。深槽轮辋上的轮胎没有垫带。

② 充气轮胎的类型　充气轮胎按结构可分为有内胎轮胎和无内胎轮胎。普通的充气轮胎均有内胎，其结构前面已经介绍。无内胎的充气轮胎既无内胎、又无垫带，外观与普通充气轮胎很相似，但在外胎内壁、胎圈与轮辋接触处以及轮辋内表面均有气密胶涂层以防漏气，其装配断面如图 3-116 所示。虽然它结构简单、容易散热，但是轮胎和轮辋的制造工艺要求较高。

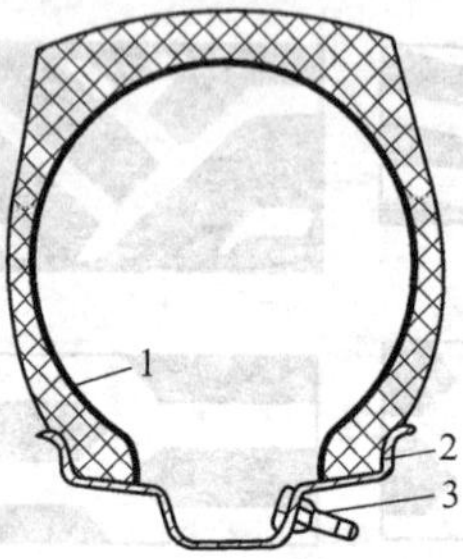

图 3-116　无内胎的充气轮胎
1—气密层；2—胎圈橡胶密封层；3—气门嘴

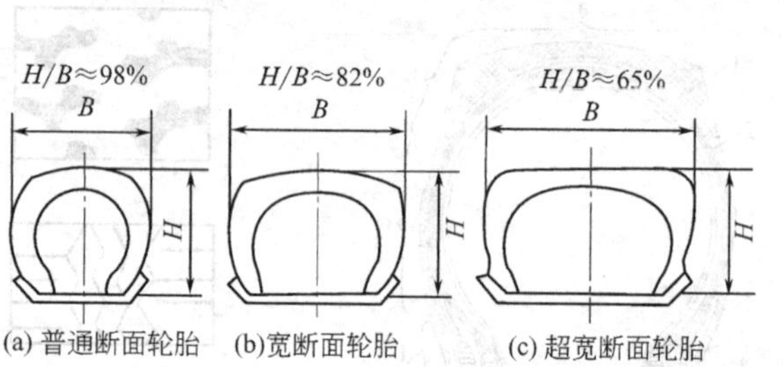

图 3-117　轮胎的断面形状

充气轮胎根据工作气压的大小可分为高压胎（工作气压为 0.5～0.7MPa）、低压胎（工作气压为 0.2～0.5MPa）和超低压胎（工作气压低于 0.2MPa）。高压胎滚动阻力小，负荷能力强；低压胎缓冲性能好，附着力大；超低压胎断面宽度大，在松软路面上有良好的通过能力。由于材料性能的改良，轮胎的负荷能力和工作气压有大幅度提高。叉车的轮胎工作气压一般为 0.6～0.8MPa。

充气轮胎还可按断面高宽比 H/B 分为标准轮胎、宽基轮胎和超宽基轮胎。三种轮胎的断面形状如图 3-117 所示。标准轮胎的断面近似圆形，断面高宽比为 0.95～1.15；宽基轮胎和超宽基轮胎的断面近似椭圆形，断面高宽比为 0.65～0.82。宽基轮胎负荷能力大、接地压力低、轮胎直径小，已在叉车上得到越来越多的应用。

③ 充气轮胎的尺寸和规格　如图 3-118 所示，充气轮胎的尺寸可用外胎直径 D、轮辋直径 d、轮胎断面宽度 B 和轮胎断面高度表示。标准轮胎的断面近似圆形，可认为 $H\approx B$、

$D=d+2H$。

我国和大多数国家一样，斜交轮胎的规格采用英制表示法。

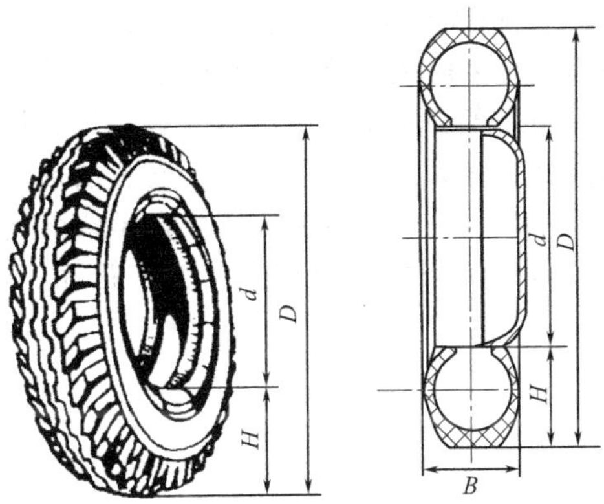

图 3-118 轮胎的尺寸代号

叉车常用轮胎有普通断面轮胎、宽断面轮胎和超宽基轮胎几种，例如常用的是普通断面轮胎，用 B-d、B R d 表示。其中 B 和 d 的单位均为 in，“-”表示斜交结构，“R”表示子午线结构。例如 6.00-9 10PR 表示轮胎名义断面宽度 6in、轮辋名义直径 9in、10 层级、斜交结构的普通轮胎；6.00 R 9 12PR 表示轮胎名义断面宽度 6in、轮辋名义直径 9in、12 层级、子午线结构的低压胎；再如宽断面轮胎用 28×9-15 12PR 表示轮胎名义外直径 28in、轮胎名义断面宽度 9in、轮辋名义直径 15in、12 层级斜交结构的宽断面轮胎。

轮胎两侧除了标有轮胎规格，还标有帘线材料、帘线层数和负荷能力等。

内燃叉车常用充气轮胎技术参数见表 3-31。

表 3-31 叉车用轮胎主要技术参数

叉车吨位	1～1.8t	2～2.5t		3t		3.5t	
	单胎	单胎	双胎	单胎	双胎	单胎	双胎
轮胎	2×6.5-10-10PR	2×7.00-12-12PR	4×7.00-12-12PR	2×28×9-15-12PR	4×28×9-15-12PR	2×28×9-15	4×28×9-15-12PR
轮辋	5.00F-10DT	5.00S-12D	5.00S-12D	7.00WFB-15	7.00WFB-15	7.00-WFB-15	7.00-WFB-15
轮胎气压/kPa	790	860		830		830	

④ 实心轮胎　实心轮胎也称为硬胶胎，是有一定厚度的橡胶环，外表制有交叉的凹纹，以改善轮胎与路面的附着性能。实心轮胎紧箍在轮辋的圆柱面上制成一体。轮辋的圆柱面制有若干环槽，以保证与实心轮胎可靠地接合并传递切向力和侧向力。轮辋连同轮胎一起压套在轮毂上。轮胎损坏或磨损后，将轮辋与轮胎一起压出，整体更换。

实心轮胎结构简单、承载能力大、维护方便、无扎刺危险，但是弹性很小、减震能力差、动力消耗大、橡胶容易剥落而且容易损坏路面，只能用于路面质量良好的场所，车速一般不超过 15km/h。

实心轮胎的规格采用公制标记，即：实心轮胎外径×实心轮胎宽度，以 mm 为单位。例如 400×125 实心轮胎，外径为 400mm，宽度为 125mm。

(3) 车架

车架是整个叉车的基体，其功用是支承和传力。叉车的所有总成和零部件都直接或间接地安装在车架上。叉车静止时，车架承受着大部分设备和货物的静载荷；叉车行走和作业时，车架还要承受动载荷。为了保证车架上各部件正确的相对位置，车架应有足够的强度和刚度。车架的形状应使叉车的重心尽可能降低并能使转向轮获得尽可能大的转向角，以保证叉车的稳定性和机动性。

目前，叉车车架的结构基本上有两种形式，即箱式车架和铰接式车架，普通叉车采用箱式车架，而越野叉车多应用铰接式车架。

1）箱式车架　用钢板焊接成箱形，无明显的纵梁，刚度大。箱体又可作燃料箱及液压油箱。车架前端支承在驱动桥上，后端通过中间铰轴支承在转向桥上。

箱式车架主要由左箱体、右箱体、尾架和横梁等部件焊接组成（如图 3-119 所示）。左箱体靠后端部分的空间，用于安装油泵和油泵电机；右箱体作为液压油箱，储存叉车工作装置工作时需要的液压油；横梁在车架前端和后端各有一个，用于连接左右箱体；尾架用于连接转向桥和支承平衡重；左、右箱体、横梁和尾架等焊接成一体，形成整体式刚性结构车架。

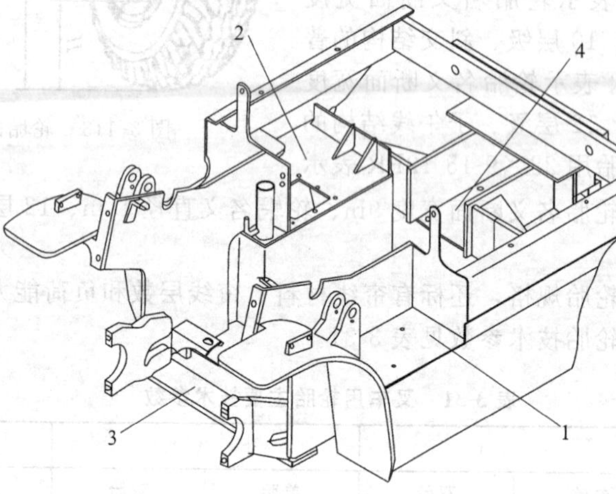

图 3-119　箱式车架
1—左箱体；2—右箱体；3—横梁；4—尾架

2）铰接式车架　铰接式车架结构形式如图 3-120 所示。主要由前车架、操纵台、前挡泥板、上铰接轴、回转支承、蓄电池箱、后挡泥板、后配重、后车架、中间连接架、下铰接轴、摆动架等组成。

前车架与中间连接架通过上、下铰接轴连成一体，并能左右摆动 40°。中间连接架与回转支承及后车架用螺栓连成一体，并能使前车架上下旋转 15°。摆动架通过销轴与前车架连成一体，并能上下摆动 15°。前车架主要承受工作装置和前桥的作用力；后车架主要用于安装发动机、变量泵、变量马达、变速器、油箱、散热器等部件；中间连接架主要用于安装回转支承；摆动架主要用于安装前桥。前、后车架均为板焊框架结构，具有较高的强度和刚性，能适应各种不同的路面和载荷。

(4) 悬架

1）悬架的功用和类型　悬架又称悬挂，是车桥和车架之间的连接装置。它的功用是连接车桥和车架，在两者之间传递因载荷引起的路面垂直反力、因牵引或制动引起的纵向反力、因转向引起的侧向反力以及这些反力造成的力矩。悬架中的弹性元件可以缓和冲击、衰减震动，以保证乘员舒适，避免货物和机件的损伤。

悬架有两种类型：用钢板弹簧或其他弹性元件把车桥和车架连接起来的称为弹性悬架；用螺栓或铰轴把车桥和车架连接起来的称为刚性悬架，叉车普遍采用。

2）刚性悬架　叉车的车速较低，工作场地比较平整，所以不装弹性悬架，而采用结构简单的刚性悬架，这样也有利于降低整车重心和提高作业平稳性。

① 无悬架的刚性连接　它是刚性悬架的一种形式，它实际上没有悬架装置，车桥与车架用螺栓直接连接。这种连接常用于叉车的驱动桥。在驱动桥壳的两端制有连接支承板，用螺栓与车架两侧的凸缘紧固在一起。

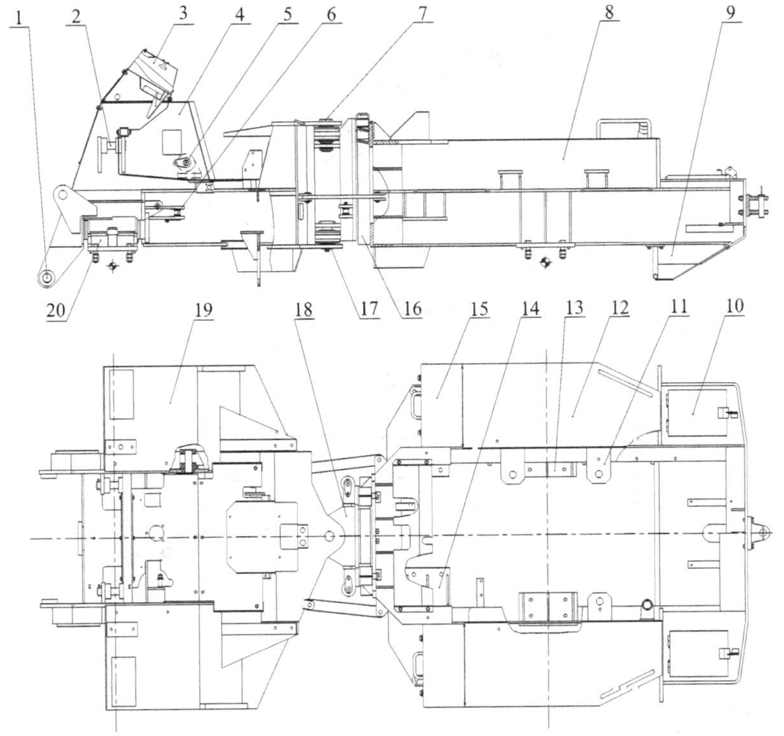

图 3-120 铰接式车架

1—门架销轴；2—调平油缸销轴；3—操纵台；4—前车架；5—倾斜油缸销轴；6—转向油缸销轴；7—上铰接轴；8—后车架；9—配重；10—工具箱；11—发动机支承板；12—后挡泥板；13—后桥支承板；14—变速器支承板；15—蓄电池箱；16—回转支承；17—下铰接轴；18—中间连接架；19—前挡泥板；20—摆动架

② 平衡杠杆式悬架 它又称中央水平铰轴式悬架，常用于叉车的转向桥。如图 3-121 所示，转向桥 1 中部的水平铰轴 2 与固定在车架后部支座上的轴承座铰接，中间没有弹性元件，故属刚性悬架。

平衡杠杆式悬架的工作情况如图 3-121 所示。当一侧转向轮因路面不平而产生垂直位移时，转向桥即绕水平铰轴 2 摆动，所有车轮仍能同时着地。只要此时驱动桥不倾斜，车架仍能保持水平，各车轮的负荷也不变。硬橡胶制成的限位块 4 用于限制摆动的幅度，并防止车桥与车架直接相碰。

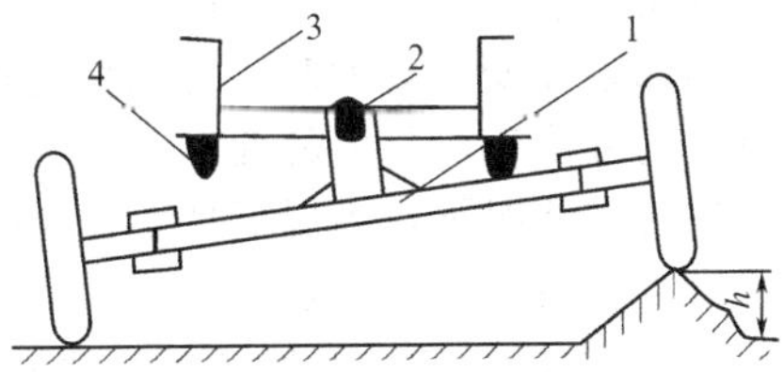

图 3-121 平衡杠杆式悬架简图

1—转向桥；2—水平铰轴；3—车架纵梁；4 限位块

林德（Linde）叉车转向桥采用平衡杠杆式悬架，其结构如图 3-122 所示。转向桥的水平铰轴断面是椭圆形的，插在橡胶块的椭圆形支承孔内。橡胶块用支架和螺栓固定在车架上。转向桥摆动时，水平铰轴扭转橡胶块能减缓冲击。

3.4.2 行走系统检测与维修

车架检修

(1) 车架常见损伤形式

车架在使用过程中，车架会发生各种损坏，最常见的是车架变形和产生裂纹。车架有下

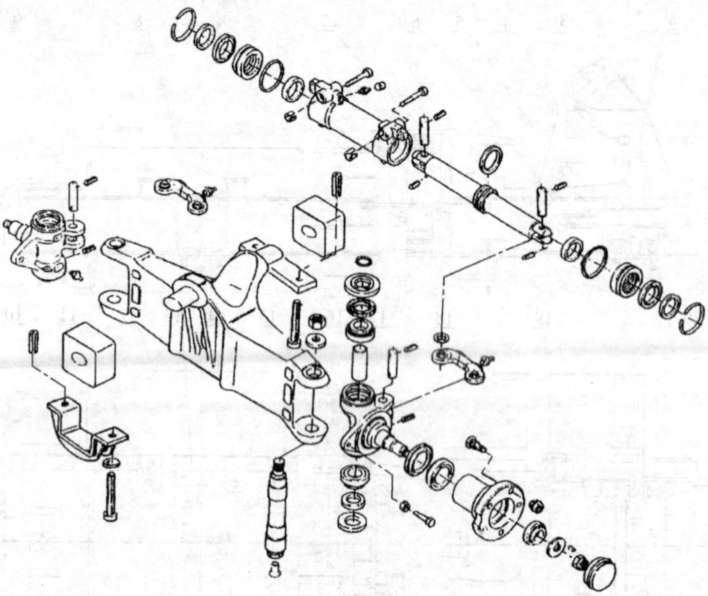

图 3-122 Linde 叉车转向桥分解示意图

列情况时，应予拆旧换新。

① 由于锈蚀，初始截面已损失了 50%以上。

② 出现两条以上长度大、位置危险的严重的疲劳裂纹。

③ 在已经补焊过的地方或其附近再次出现疲劳裂纹。

④ 出现裂纹，或者由于事故产生裂口，在修理后不能达到所要求的承载能力的车架，也要予以更换。

⑤ 在一个节点上，各种缺陷数量较多时，也应换新。

(2) 车架的修理

① 车架体、侧板、边梁上有凹痕或变形　当变形不大于 6mm 时，可用冷校正法校正。但冷校正只能在气温 0℃以上进行。校正时可用弓形卡钳、千斤顶等工具进行校正。

当凹陷和变形较大时，可用快速加热到 700～1100℃（碳钢）或者 900～1150℃（低合金钢）的方法来消除大的变形。

在各种情况下，当温度低于 700℃时，校正工作应即刻停止，对变形的部分用喷嘴在变形量最大处沿外凸面加热。校正以后，构件应在周围气温 0℃以上的状态下冷却。

② 车架裂纹的检验与修理　裂纹多半发生在截面发生剧烈变化的构件、构件的连接点和焊缝过多的节点处。检验时可在可能产生裂纹的地方，清除涂料、灰尘和泥土，露出金属光泽，并用 6～8 倍放大镜检查，还可用浸油锤击法，显示出裂纹的分布。

对检查出的裂纹，可在距可见裂纹始末两端 10～15mm 处，钻直径为 8～25mm 的孔，以控制裂纹的发展。补焊前应沿裂纹磨坡口，对碳素结构钢用 E4315 或 E4316，对低合金结构钢用 E5015-Al 或 E5016-Al 型电焊条补焊。

焊后应检查焊接有无裂缝，如果有了裂纹则应用砂轮将焊口磨掉，并重新焊接。磨掉的长度应超过明显的裂纹尾部 50～100mm。新焊缝应当平直、密实，确实焊透，并与基本金属之间过渡很平顺。

车轮与轮胎修理

(1) 车轮盘（或称轮胎钢圈）的修理

① 装螺栓的承孔如磨损，圆度误差大于 1.5mm 或轮胎螺栓承面不均衡时，可堆焊

修复。

② 螺栓承孔之间或与大孔之间的裂纹，可焊补修复。

③ 轮辐与轮辋连接处如有脱焊或铆钉松动，应重焊或重铆。

④ 轮辋上如有裂纹，可焊补修复。

(2) 轮毂的修理

① 轮毂内外轴承座孔磨损大于 0.05mm 时，应镀铬修复。

② 油封座孔不均匀磨损或有 0.15mm 以上的凹痕，可焊补修复。

③ 与制动毂接触的圆周面应平整，对其轮毂中心线的圆跳动大于 0.1mm 时，应予车削加工修复。

④ 轮毂的制动毂出现裂纹时，可开坡口焊接并车平。

⑤ 固定半轴螺栓孔内螺纹损坏时，可堆焊后，重新钻孔攻螺纹。

⑥ 与半轴突缘接触的端面圆跳动误差应不大于 0.1mm，否则应予修正。

(3) 轮胎的损坏和修理

叉车轮胎有充气轮胎和实心轮胎。轮胎充气压必须按原厂规定标准，不得过高或过低。过高则使轮胎弹性降低，线层容易断裂。气压过低会引起轮胎的剧烈变形，温度增高，造成脱胶或断裂，还可能使外胎在轮辋上移动磨损胎圈，严重时内胎气门嘴会被撕裂。

1) 外胎　外胎有裂口、穿洞、起泡、脱层等损伤时，应根据具体情况修补或翻修。

外胎胎体周围有连续不断的裂纹，胎面胶已磨光并有大洞口、胎体线层有环形破裂及整圈分离等情况时，应予更换。

2) 内胎　发现有小孔眼时，可进行热补或冷补。

① 热补　将内胎损坏处周围锉得粗糙，将火补胶贴在损坏处，并使破洞小孔刚好在补胶的中心，然后将补胎夹对正火补胶装上，拧紧螺杆压紧，再点燃火补胶上的加热剂，待 10～15min，即可黏结严密。

② 生胶补（冷补）　将内胎破口处周围锉得粗糙，涂上生胶水，待胶水表面微干后再涂两次胶水，当胶水风干后，将准备好的生胶（应比破口略大，也要锉粗糙再涂胶水和风干）贴附在破口上，加压并加温 140～145℃，保温 10～20min 使生胶硫化，待冷却后，即可黏结严密。

内胎有折叠、破裂严重且无法修复；老化发黏变质；变形、裂口过甚均应报废换新。

③ 轮胎组装（如图 3-123 所示）　接气杆及盖帽装在轮胎上，并将轮辋组装起来，注

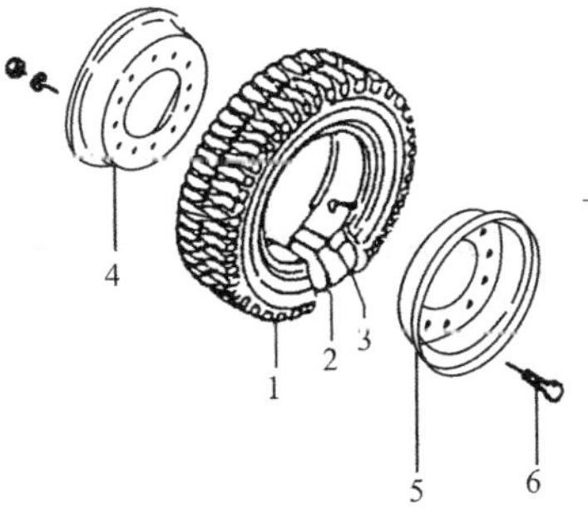

(a) 轮胎分解示意图

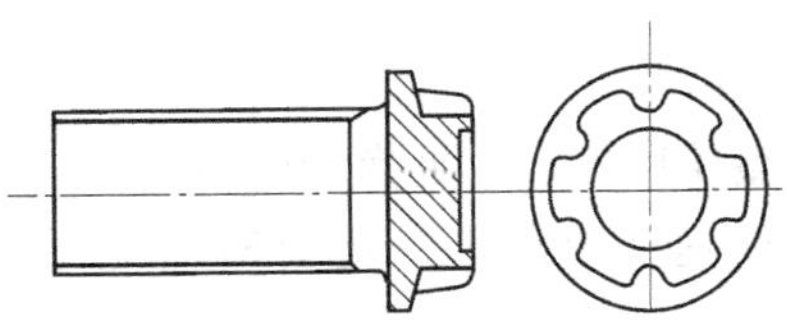

(b) 轮辋螺栓结构

图 3-123　车轮组装

1—轮胎；2—内胎；3—衬带；4—内轮毂；5—外轮毂；6—轮辋螺栓

意：气阀杆在轮辋缺口处并朝外；轮辋螺栓头应朝车外安装。

3.4.3 行走系统常见故障诊断与排除

行走系统的常见故障主要有：叉车跑偏、转向轮摆振和轮胎异常磨损等。

跑偏

(1) 故障现象

叉车行驶时偏向一侧，驾驶员要把住转向盘或转向盘加力于一侧叉车才能正常行驶，否则极易偏离行驶方向。

(2) 故障原因

① 装用了不合乎规格的或磨损的轮胎，两侧轮胎大小不一；两侧轮胎气压不同等，或一侧轮胎磨损过甚。

② 转向轮轮毂轴承调整不当，过紧或过松；两侧转向轮定位不同或发生变化。

③ 车架一侧断裂；车架变形不正。

④ 驱动桥壳弯曲变形或断裂。

⑤ 驱动桥与车架错位。

(3) 故障诊断与排除

① 轮胎换位，使轮胎气压一致。

② 调整转向轮轮毂轴承；恢复正确转向轮定位角；调整叉车前束为正确值。

③ 检查更换前钢板弹簧；更换两侧减震器。

④ 维修车架，校正变形。

⑤ 校正或更换驱动桥壳。

⑥ 检查与调整驱动桥与车架的相对位置。

转向轮摆振

(1) 故障现象

叉车行驶中转向轮左右摆振，转向轮垂直颠簸。严重时影响叉车速度发挥。乘坐不舒服。

(2) 故障原因

① 轮胎气压不一致；轮胎大小不一；磨损。

② 车轮动不平衡。

③ 转向轮轮毂轴承损坏或松动。

④ 转向轮定位不正确。

(3) 故障诊断与排除

① 检查调整轮胎气压；更换新轮胎。

② 叉车行驶速度较高，一定要对车轮总成作动平衡试验，使不平衡量控制在允许值内。

③ 检查并调整叉车转向轮轮毂轴承和松紧度。

④ 检查并调整转向轮定位，一定要正确。

轮胎异常磨损

叉车在使用中轮胎会出现一些异常磨损情况，表 3-32 列出了几种典型的异常磨损，但由于使用情况不同，往往轮胎的磨损表现形式不够典型或几种现象同时发生，这时就应综合检查、分析，及时给予排除。

表 3-32 轮胎不正常的磨损模式和矫正方法

状态	两肩快速磨损	中间快速磨损	单边磨损	羽边形磨损	秃斑
结果	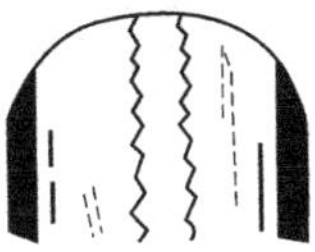	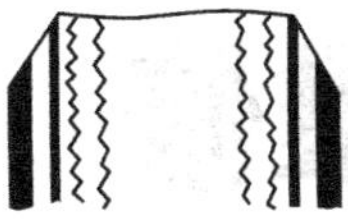	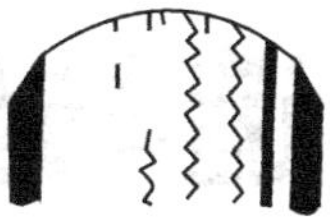	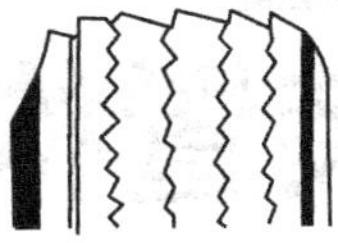	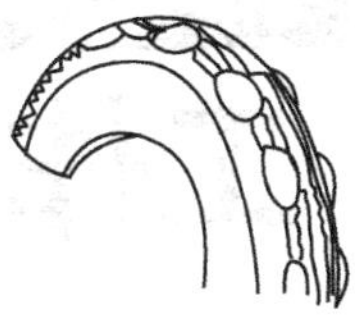
原因	气压不足或换位不够 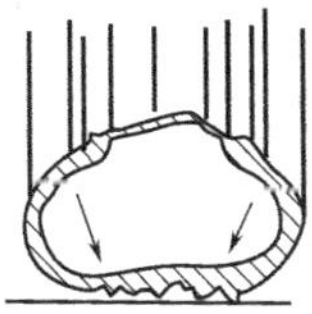	气压太足或换位不够 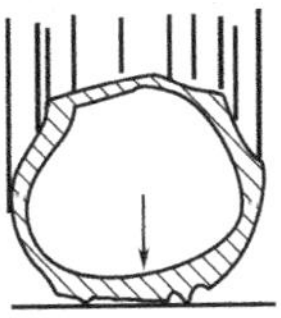	过度外倾 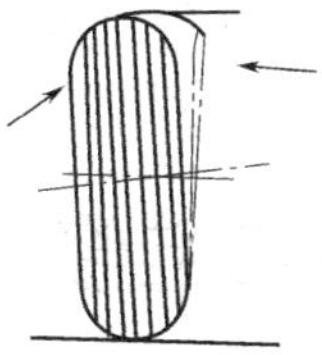	前束不当 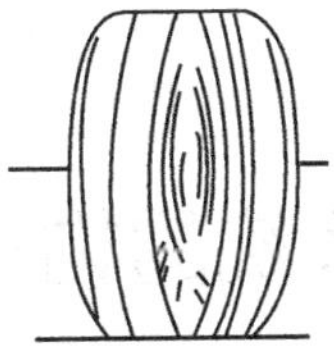	车轮不平衡或轮胎歪斜 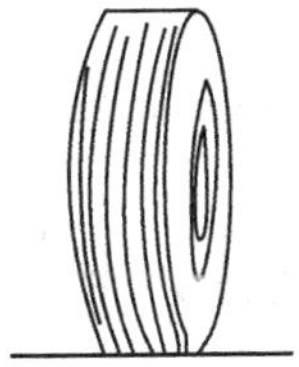
矫正	在冷状态下调整到规定压力		调整外倾	调整前束	调整轮胎静平衡动平衡

第4章 工作装置构造与维修

叉车工作装置用来取、放、升、降货物并在短途运输中承载货物，从而使叉车完成装卸、堆垛、短距离运输等工作，是叉车重要组成部分之一。

4.1 门架系统的构造与维修

4.1.1 门架系统的功用及组成

门架系统功用

叉车的工作装置是指实现对货物进行叉取、升降、码垛等作业的装置。为了解决装卸作业过程所需的大起升高度与运行通过时所要求的低结构高度之间的矛盾，工作装置的构成一般都是由多级门式框架里、外嵌套，通过升降液压缸使内层门架沿其外层门架伸缩移动，因此叉车的工作装置又称为门架升降系统。

门架系统组成

门架升降系统根据要求的起升高度与叉车最低结构高度的限制，可做成二级门架（只有内门架和外门架），或做成三级门架（有内门架、中门架、外门架）。但不管几级门架，其构造的方式是类似的，它有多种结构形式，如图 4-1、图 4-2 所示为门架系统的典型构造。

内、外门架是升降系统的骨架，主要承受弯曲载荷。叉架又称为滑架，用于悬挂货叉或其他取物装置。货叉是直接承载的叉形构件，叉车就是由于具有货叉而得名。在叉架上一般安装两个货叉，其间的距离可以调整。为了使叉车能根据作业对象方便装卸，还专门生产有各种取物承载装置（称作叉车属具）取代货叉，以扩大作业范围。

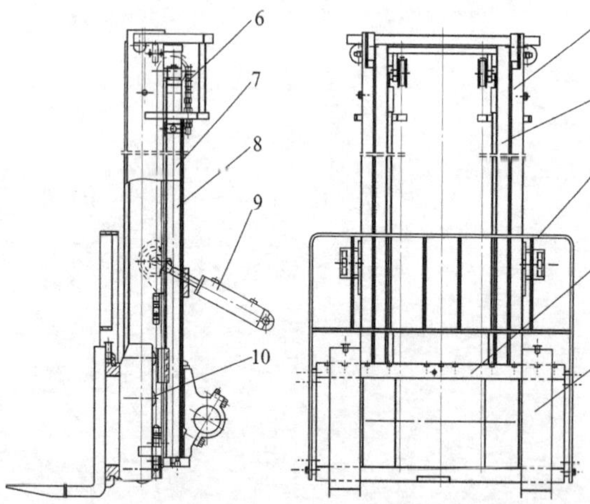

图 4-1 二级宽视野门架

1—外门架；2—内门架；3—挡货架；4—货叉架；5—货叉；6—链条；7—左升降油缸；8—右升降油缸；9—倾斜油缸；10—滚轮

实现门架升降的机构由起升液压缸、链轮、链条等组成，链条的一端与叉架相连，另一端在绕过起升液压缸头部浮动横梁处的链轮后，固定在缸筒上部的法兰或外门架上，如图 4-3 所示。

门架系统工作原理

门架系统不仅能升降而且可以实现前倾和后倾，其运动关系为：起升液压缸的柱塞（活塞）升降，带着浮动横梁和链轮运动，叉架和挂在叉架横梁上的货叉受起升链条的牵引，叉架上的纵、侧向滚轮，以内门架的立柱为“活动导轨”，以 2 倍于液压缸活塞杆的速度作升降运动；而内门架也会受起升液压缸的顶推，以外门架的立柱为“固定导轨”而升降；外门架的下铰座铰接在驱动桥壳或车架上，中部靠两个并列的倾斜液压缸的伸缩，实现整个门架系统的前、后倾动作，从而使叉车装卸货物时货叉前俯便于堆取，运行时货叉后倾以保证安全。起升液压缸有两个，分别布置在内、外门架立柱后侧，下端支承在与外门架相连的支座上，缸筒上部（或中部）被外门架“扶持”，活塞杆上端顶在浮动横梁上，自由提升阶段结束后即与内门架上横梁接触，使内门架上升。

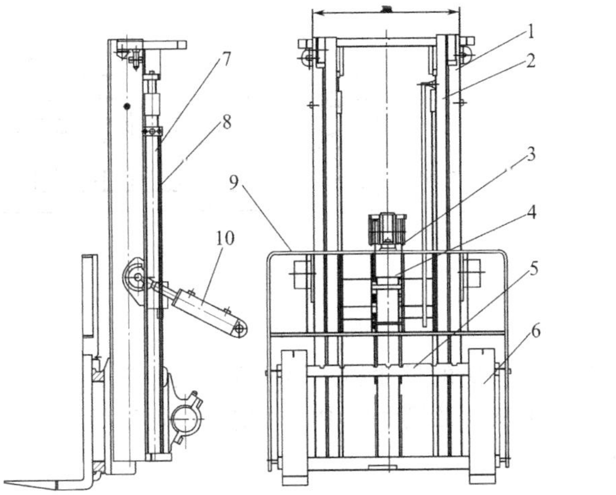

图 4-2　二级全自由提升门架

1—外门架；2—内门架；3—链条；4—自由提升油缸；5—货叉架；6—货叉；7—左升降油缸；8—右升降油缸；9—挡货架；10—倾斜油缸

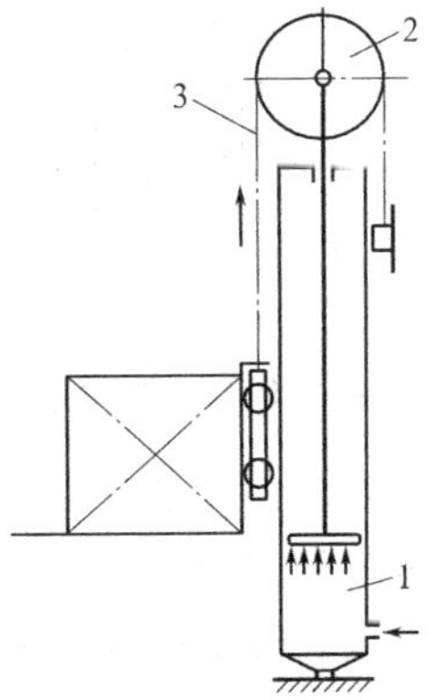

图 4-3　叉车起升机构示意图

1—起升液压缸；2—链轮；3—链条

门架系统构造

(1) 货叉的类型和标准

货叉是叉车最基本和最通用的取物装置。一般叉车都装有两个同样的货叉，装在叉架上。它的外形是一个 L 形杆件，分为水平段和垂直段两部分。通常货叉的水平段和垂直段做成整体的，称为整体式货叉。根据连接的形式不同，分为挂钩型［如图 4-4(a) 所示］和铰接型［如图 4-4(b) 所示］两种。有的货叉的水平段和垂直段分别制成，用销轴连接起来，水平段既可平置，又可以向上折叠起来，与垂直段靠拢，称为折叠式货叉（如图 4-5 所示）。

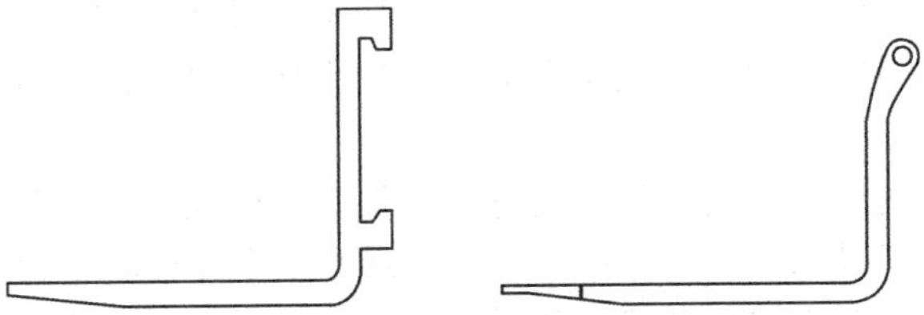

(a) 挂钩型　　(b) 铰接型

图 4-4　整体式货叉

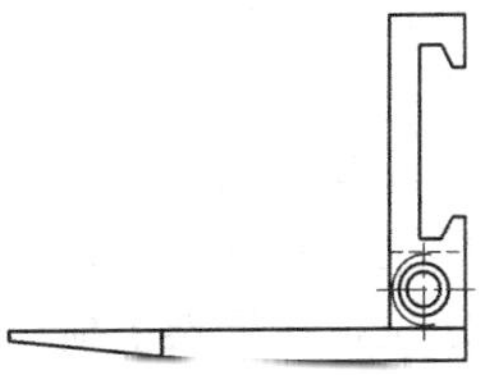

图 4-5　折叠式货叉

为了在叉架上定位货叉，在上部挂钩上设置有定位销，如图 4-6 所示。定位销插入叉架上横梁的凹槽中，以防止货叉任意移动。调节时，往上提起定位销，克服弹簧力，销轴脱离叉架上横梁凹槽，便可移动货叉，改变间距。

货叉是叉车的重要构件，受力大，要求截面小，重量轻。因此需要用低合金钢、中碳钢等材料制造（如 40Cr），还需经适当的热处理（如调质），以增加水平段的表面硬度，提高耐磨性能。

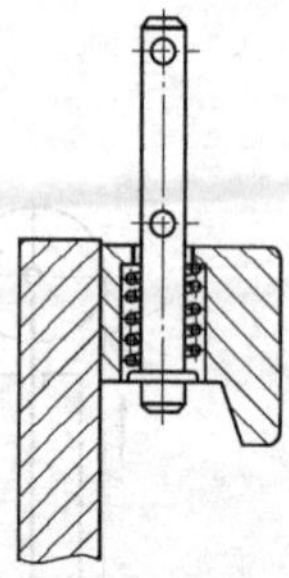

图 4-6　货叉挂钩与定位

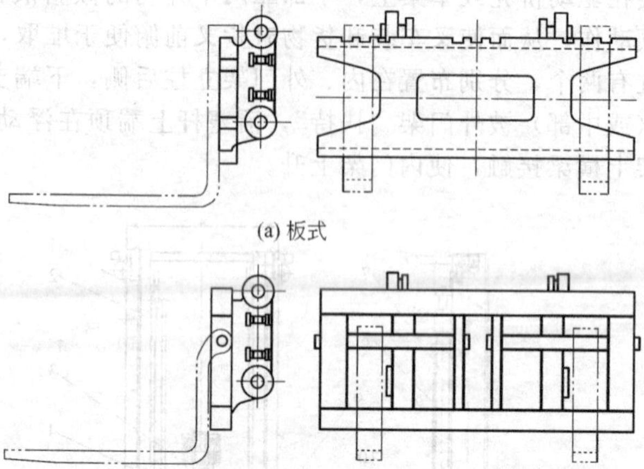

(a) 板式

(b) 滑杆式

图 4-7　叉架形式

货叉应实现标准化生产，尤其是与挂钩有关的尺寸和叉架的安装尺寸等，这样才便于各种取物装置的互换。GB/T 5183—2005《叉车货叉尺寸》中，规定了挂钩型货叉的横截面和货叉水平段长度的推荐尺寸，见表 4-1。

表 4-1　货叉水平段长度系列　mm

750	800	900	950	1000	1050	1150	1200
1350	1500	1600	1650	1800	2000	2400	

(2) 叉架的类型和构造

叉架又名滑架，它的作用是安装货叉或其他工作属具，并带动货物一起升降。一般由两部分构成。其前部是一个焊接框架结构，主要用于安装悬挂货叉及其他属具；后部是两列装有导向滚轮的滚轮架，与前部框架焊接构成一体，由链条牵引，沿门架导轨垂直升降。根据货叉的形式和它在框架上的安装方式，叉架有两种形式，即板式和滑杆式，如图 4-7 所示。

当货叉为挂钩型时，采用板式叉架。板式叉架的框架有多种形式（如图 4-8 所示），一般都由钢板焊接而成，或由整块钢板按所需结构进行切割，挖去多余部分以减轻重量。货叉的上钩挂在框架的上横梁上，货叉的下钩钩住框架的下横梁。由于挂钩和叉架间的安装尺寸已经标准化，各种属具均具有和货叉相同的挂钩。板式叉架能方便地更换属具，因此焊接板式结构应用广泛。

货叉或其他属具可从叉架侧面装上或卸下，当叉架上装有挡货架时，侧面不便装拆，在叉架下横梁中间开一缺口，可以方便装拆货叉（如图 4-9 所示）。为了使货叉或其他属具在叉架上定位，在框架上横梁上对称地做有若干定位孔或定位槽，在货叉上端的挂钩上装有带弹簧的定位销。根据货物的尺寸，货叉可以在叉架上滑动以调整两叉的间距，并定位在合适的位置上。

当货叉为铰接型时，叉架做成滑杆式，在叉架框架内装有两根圆轴，每一根圆轴上套一个货叉，货叉可以在圆轴上移动，以调节两货叉的间距。装拆货叉时，需要将圆轴拆下，不够方便。货叉在轴上的定位，使用定位卡销，或由液压缸推动。

如图 4-9 所示为典型的焊接式叉架结构。货叉对称地装在叉架的上横梁上，横梁上开有定位槽，货叉上的定位销由弹簧压入槽内起定位作用。上横梁和下横梁通过两块竖板与滚轮架焊成一体，滚轮架的两个外侧装着纵向滚轮和侧向滚轮，是叉架沿内门架立柱翼缘运动的导向轮。叉架的上、下横梁两端装有挡货架，因此为装拆货叉，在下横梁3的中部下缘开有缺口。起升链条一般固定在滚轮架和下横梁的连接处。

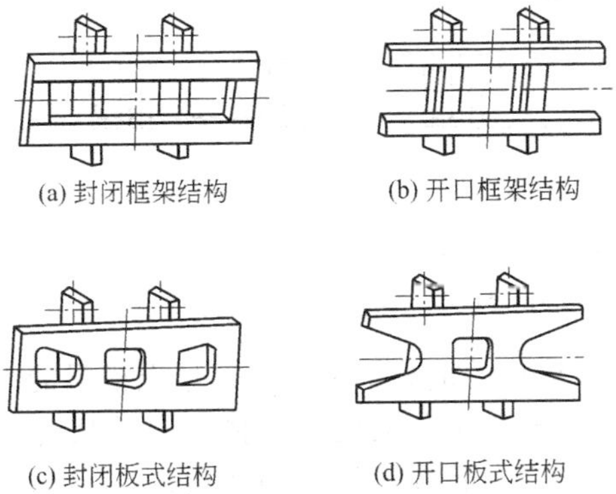

图 4-8 板式叉架的结构

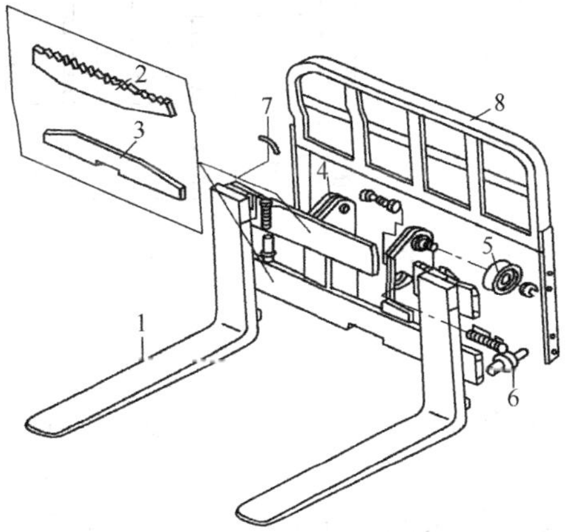

图 4-9 叉架构造示意图

1—货叉；2—上横梁；3—下横梁；4—滚轮架；5—纵向滚轮；6—侧向滚轮；7—定位销；8—挡货架

挡货架是安全部件，货物在货叉上叠放较高，而门架后倾的情况下，可防止货物向后滑落，以免伤害人身安全。

叉架上的滚轮是把货物的重力，以力偶矩的形式传递给内门架。因为滚轮是固定间距，对门架立柱的作用力大，应合理布置。侧向滚轮承受叉架的侧向力，由于货物在货叉上放置的不对中，或在有倾斜的路面运行等都会产生侧向力，为防止叉架对内门架正常的运动被卡住，装设侧向滚轮，而且为增大侧向滚轮间距可使用综合滚轮。

(3) 内外门架构造

内、外门架是各自分别由左、右两根立柱，通过上、中、下不同数量的横梁连接而成的门式框架。立柱既是门架承载的主要构件，又是叉架或内门架作升降运动的导轨。立柱截面有槽形（称C形）、工字形（称I形）和其他异形形状（分别称作L形和J形）。左、右两立柱通过2～3根横梁连接，构成框架结构，然后嵌套在一起，依靠装在内、外门架上的滚轮，使内门架沿外门架立柱滚动。当使用不同形状截面的型钢做门架立柱时，会有多种内外门架立柱的并列组合，如图4-10(a)～(d) 所示。

各种组合形式都有不同的优缺点，CC型的优点是内、外门架的立柱截面相同，材料规格单一，制造方便。缺点是供内门架升降导向的滚轮只能装在内门架立柱的下端腹板上，滚轮间距一定，在外载荷一定的条件下，不论内门架是否起升，滚轮压力总是比较大。

CI型、CJ型、CL型和II型截面的共同特点是，内门架立柱外翼缘均有外伸翼缘插入外门架立柱槽形内，这使得有可能在外门架立柱顶端装设一个内门架的导向滚轮，内门架的外伸翼缘压在此滚轮上运动。内门架的另一个导向滚轮仍装在内门架立柱下端腹板上，此滚轮压在外门架立柱的后翼缘内壁上。这样内门架受起重载荷的力矩作用后，由于内门架上、下支承滚轮间距大，滚轮上的压力就小，门架受力情况改善。但随着内门架上升，滚轮间距逐渐变小，滚轮压力也增大，最大起升高度时，滚轮间距最小，压力最大。如图4-11所示为CL型内、外门架的框形结构。

在图4-11中，外门架立柱是槽形截面，左、右立柱的上、中、下连有三根横梁，使外

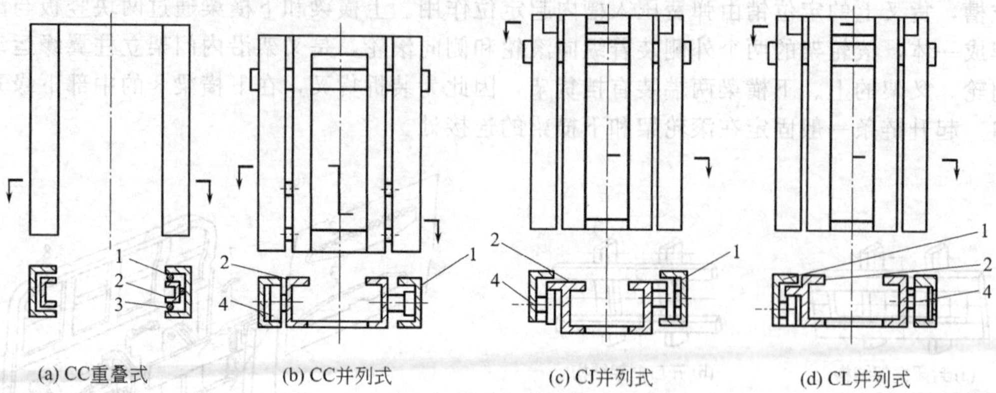

图 4-10 门架立柱的截面形状与组配

1—外门架立柱；2—内门架立柱；3—导向衬板；4—滚轮组

门架成为外形封闭的超静定框架，立柱下端是与前桥铰接的剖分轴瓦。外门架上横梁的立柱端部装有纵向主滚轮和侧向滚轮，中横梁上的板与倾斜液压缸的活塞杆连接，下横梁剖分轴瓦的内侧有起升液压缸的支座。内门架立柱是异形截面（L 形），在门架的顶部和中部各有一根横梁连接左、右立柱。内门架立柱后侧上部有两个导槽，起浮动横梁在运动时的导向作用，当货叉部分自由提升时，起升液压缸柱塞杆带动浮动横梁及链轮沿导槽运动直到顶起门架上横梁。内门架立柱下端每侧装有纵向主滚轮和侧向滚轮，与外门架上部的滚轮构成支承内门架伸缩运动的滚轮组，且滚轮间距不断变化，最大限度地减小滚轮压力。

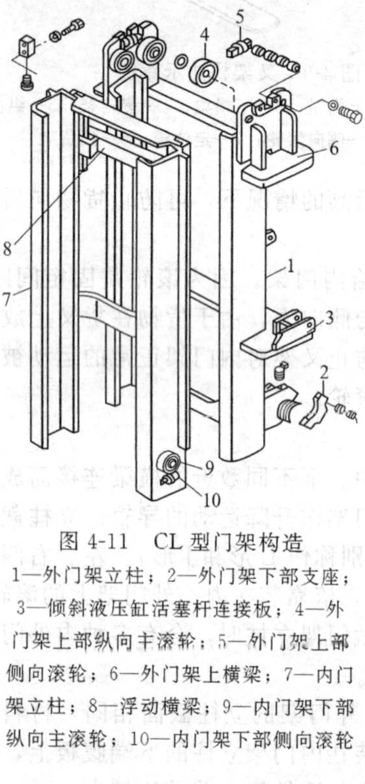

图 4-11 CL 型门架构造

1—外门架立柱；2—外门架下部支座；3—倾斜液压缸活塞杆连接板；4—外门架上部纵向主滚轮；5—外门架上部侧向滚轮；6—外门架上横梁；7—内门架立柱；8—浮动横梁；9—内门架下部纵向主滚轮；10—内门架下部侧向滚轮

滚轮是门架系统中支承导引运动部件，分纵向和侧向两组，一般各有四个滚轮，分别对称地布置在门架左、右立柱上。纵向滚轮以立柱翼缘板为导轨，承受垂直于门架平面内的作用力，是主要的承载传力滚轮。而侧向滚轮以立柱腹板为导轨，承受门架平面内的侧向力，作用力小，直径也小。滚轮构造如图 4-12 所示。如图 4-12（c）所示是综合滚轮，即将侧向滚轮安装在纵向滚轮的中心处，从而使滚轮组的纵向与侧向滚轮的间距重合，可减小构造尺寸并简化安装。现广泛采用外圈加厚的专用滚动轴承和滚针轴承作叉车门架滚轮。

内门架通常具有上横梁和中横梁，有时也有下横梁。内门架横梁的形状既要考虑可靠地连接，又要注意避免叉架的运动，且不要与外门架的横梁发生运动干涉。

外门架通常具有上横梁（如图 4-13 所示）、中横梁和下横梁。外门架横梁的形状要考虑避让叉架和内门架的运动。外门架的下横梁有时需要考虑起升液压缸支座，应避免与驱动桥壳发生干涉。外门架的中横梁往往与倾斜液压缸支座相连。

(4) 滚轮

1）固定间距式 采用类似于叉架与内门架之间纵向滚轮的布置方式，两对纵向滚轮均安装在内门架下部。这时滚轮间距固定，滚轮压力不随起升高度而变化，其优点是能够适应

CC 型立柱截面，缺点是滚轮压力在相同载荷下始终是最大的。

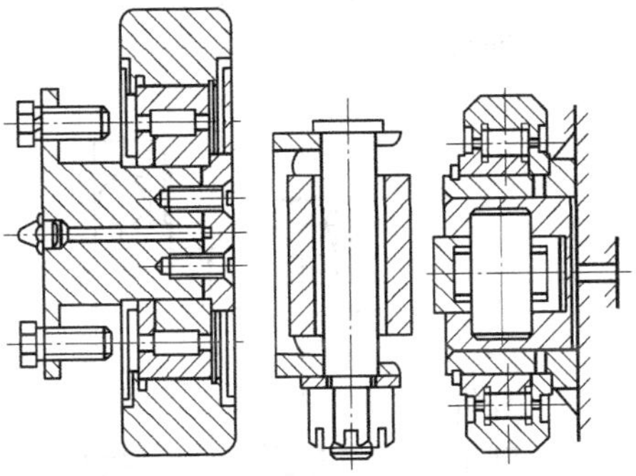

(a) 纵向滚轮 (b)侧向滚轮 (c)综合滚轮

图 4-12 滚轮构造

图 4-13 门架上横梁

2）可变间距式 内、外门架之间的纵向滚轮一组安装在内门架下端，另一组安装在外门架上端。滚轮间距随起升变化，滚轮压力也随之变化。起升较低时滚轮间距大，受力小，起升到最大高度时滚轮间距最小，这时滚轮压力最大，相当于固定间距式的压力。其最小滚轮间距与固定间距式相同。这种布置方式的最大优点是门架的疲劳载荷小，缺点是只能适应 CJ 型、CL 型、CI 型或 II 型立柱截面。

3）三滚轮式 当采用 CC 型立柱截面时，可以在固定间距滚轮布置的基础上，在内门架的中部再安装第三组滚轮。当起升较低时，中部滚轮与下端滚轮起作用，滚轮间距较大，压力较小。当起升较高时，中部滚轮伸出，受力与固定间距式相同。这样也能减小门架的疲劳载荷。中部滚轮的安装位置在叉车的前后方向应设计或调整到最佳位置，以便在起升过程中，优先让最上端的中部滚轮和最下端的滚轮起作用，而当中部滚轮脱出时，下部的上滚轮能够刚好接触到外门架立柱的翼缘，可避免较大冲击。

4）侧向滚轮布置 侧向滚轮对于门架承受偏载等侧向力，保证叉架和内门架顺畅运动是十分必要的。

侧向滚轮一般可布置在纵向滚轮的内侧或同侧；也可以采用综合式滚轮，或通过纵向滚轮略微斜置，或通过门架立柱型钢在腹板与翼缘相交处的突起，而省去侧向滚轮。当门架立柱截面为 CJ 型时，可在其他地方布置侧向滚轮，如图 4-14 所示。当纵向滚轮采用可变间距布置时，侧向滚轮也随之布置在相应的位置，找好受力接触边即可。

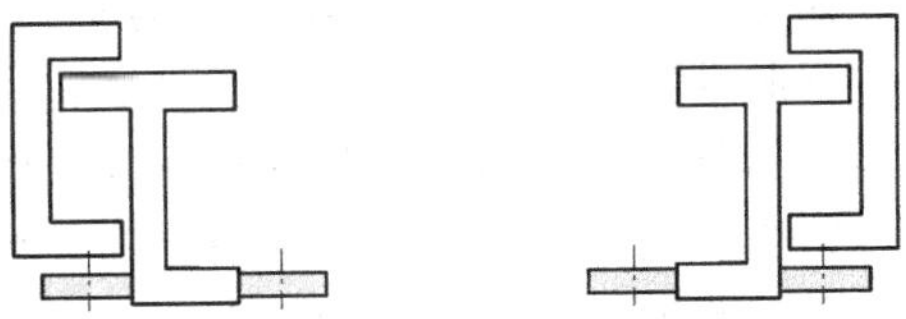

图 4-14 侧向滚轮布置

(5) 起升限位

为了防止起升到最大高度时叉架冲出，通常在内门架上横梁处设置挡块作为起升限位装置，对应叉架上的相应部位。

(6) 自由提升

自由提升或自由起升是指在内门架顶端不伸出外门架顶端时，也就是叉车的最低结构高度不增加的情况下，货叉提升，其水平段上表面距地面的最大高度。自由提升靠门架构造来实现，具有自由提升的门架装置，能改善叉车运行的通过性，还能在低矮的仓库、船舱内进行作业。

1）部分自由提升 通常叉车为了行走，进出低矮的仓库大门，只需要 200～300mm 的自由提升量即可满足要求，称为部分自由提升。

① 内、外门架高低差 这种方法一是实现起来很简单；二是虽然会略微加大叉车的最低结构高度，但增加得不多，如果需要达到 $2d$（如图 4-15 所示）的自由起升高度，外门架只需要比内门架高 d，而叉车的最低结构高度只增加 $d/2$ 即可。

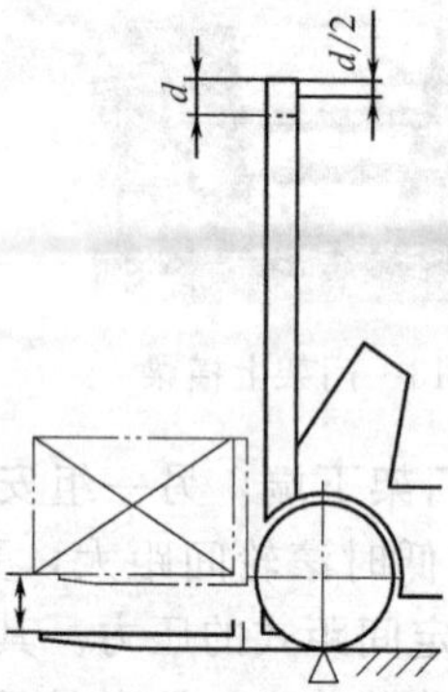

图 4-15 门架高低差实现部分自由提升

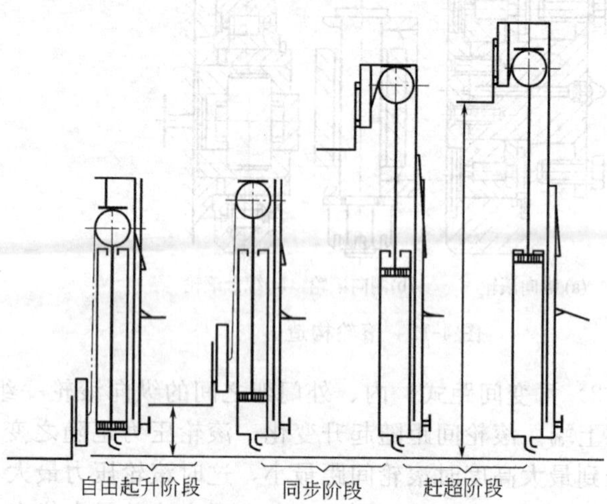

图 4-16 叉车起升阶段示意图

② 浮动横梁 门架立柱的高度会高于叉车最大起升高度的一半，这是由于门架构造的原因，以及内、外门架需要有一段重叠的缘故。起升液压缸的行程是叉车最大起升高度的一半，而液压缸的总高度也会高一些，这是液压缸最小导向长度的要求。门架上安装液压缸的空间往往会比液压缸的实际尺寸高出一些，这一方面是由于门架构造的原因，另一方面液压缸比较精密，最小导向长度可以小一些。充分利用门架上液压缸安装空间的裕量，通过在内门架上增加一根浮动横梁可以实现部分自由提升。

这时液压缸的上端不直接顶在内门架上横梁上，而是顶在浮动横梁上，链轮也安装在其上。

如图 4-16 所示是该升降系统运动过程三个不同阶段的示意图。第一阶段为自由起升，该过程起升液压缸活塞伸出，通过链轮、链条带动叉架、货叉上升，内门架不动；第二阶段为同步运行，即内门架被起升缸活塞（柱塞）推动，以相同的速度起升；第三阶段为赶超运动，即当叉架运行到内门架的最上部，且接触到内门架的上横梁或限位块，但货叉还未达到最大起升高度，内门架滚轮也未到达外门架的上限位置，这时液压缸继续起升，链条带动叉架，叉架通过内门架的限位块使其一同上升。因该阶段内门架的速度等于活塞（柱塞）速度的 2 倍，运动中内门架与活塞顶端之间又逐渐恢复开始起升时相距的高度，当货叉达到最大起升高度，整个阶段结束，起升过程完成。

2）全自由提升 如图 4-16 所示的自由起升阶段，货叉上升的高度一般都比较小（<300mm），称为部分自由起升。当货叉能达到内门架的上限位置高度而内门架仍不伸出时，称为充分自由起升或全自由起升。具有这样起升特性的叉车，能在低净空场所（如船舱、车厢、集装箱等内部）进行堆垛装卸作业，扩大了叉车的使用范围，如图 4-17 所示。实现全自由起升的方法有以下几种。

① 采用特殊液压缸 采用双级液压缸的工作简图如图 4-18(a) 所示。双级伸缩液压缸由柱塞杆、空心活塞及外缸筒组成。柱塞杆固定在外门架下横梁支座上，空心活塞杆上端和内门架固定一起，外缸筒较短，其上端两侧装有起升机构的链轮，链条的一端与叉架连接，

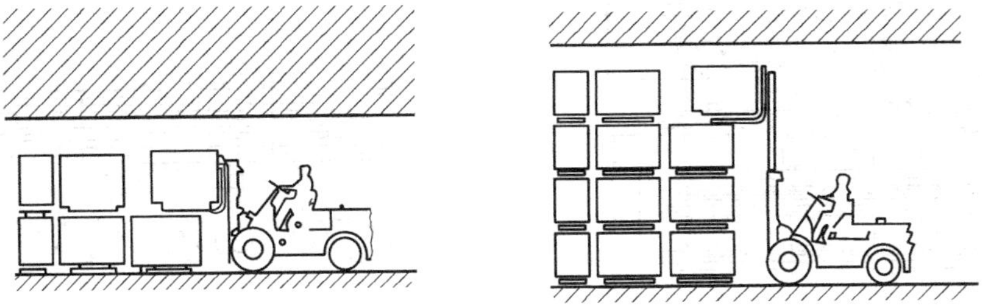

(a) 以充分自由起升方式在低矮空间工作　　(b) 以最大起升高度堆码货物

图 4-17　有充分自由起升叉车的作业情况

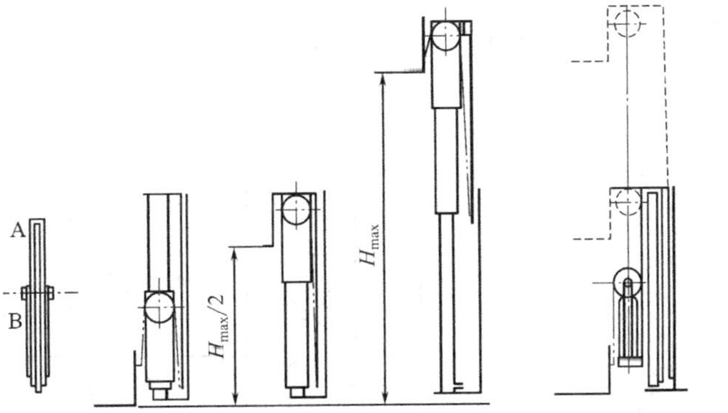

(a) 采用一个双级液压缸　　(b) 采用两组液压缸

图 4-18　二级门架充分自由起升示意图

另一端固定在内门架上。当液压油从柱塞杆下端进入，经柱塞杆的中心孔上部的 A 口进入柱塞液压缸油腔，又从空心活塞中部的 B 口进入外缸筒油腔。由于外缸筒油腔压力作用面积大于柱塞油腔面积，所以外缸筒以速度 u_s，叉架、货叉以 $2u_s$ 向上运动，直到外缸筒到达空心活塞杆的顶端与内门架接触为止。这时叉架上滚轮也达到内门架的上端，充分自由起升的高度可达到 $H_{max}/2$。

当外缸筒上升到最上端受到内门架的限位后，作用在柱塞液压缸油腔的压力便推动空心活塞，并带动外门架、叉架、货叉同速上升，内门架滚轮运行到外门架顶端时，货叉达到最大起升高度。由于双级液压缸的构造比较复杂，现在很少采用。

② 增加一个半高液压缸　使用单级液压缸组成充分自由起升，可以在原二级门架两个液压缸的基础上，添加一个中央短液压缸，短液压缸用来实现自由起升。链条绕过短液压缸柱塞头部的链轮，一端固定在叉架上，另一端与内门架或短液压缸缸筒连接。工作时短液压缸先起升，内门架不动，链条带动叉架、货叉在内门架净空实现充分自由起升。当叉架滚轮到达内架顶端受到限制后，长液压缸开始起升，推动内门架与短液压缸一起同步上升。如图 4-18(b) 所示即为两长一短液压缸方案示意图。

(7) 链条链轮

叉车采用链条作为挠性件。常用的有套筒滚子链（如图 4-19 所示）和片式链（如图 4-20所示）两种。由于片式链的承载能力较强，因此采用片式链比较普遍。链条通常有两根，一端固定在叉架上，另一端固定在外门架横梁或起升液压缸上部。链条不运动的部分可以用杆来代替。链条的一端装有调节螺栓和螺母，用来调整长度，以便均衡载荷。链轮位于内门架上横梁或浮动横梁的两侧。链轮在这里起的不是传动的作用，而是滑轮的作用，所以是不带齿的。

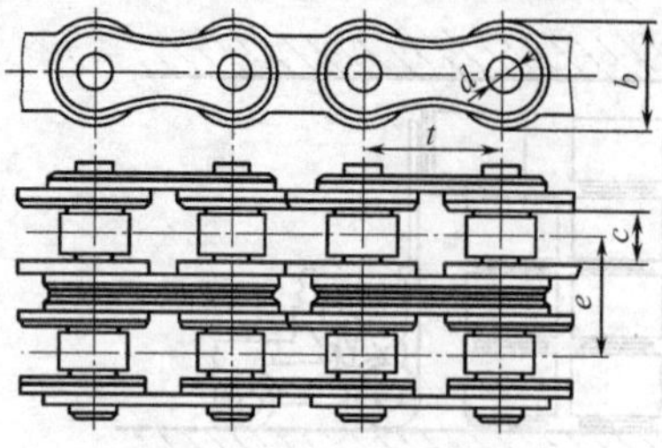

图 4-19 套筒滚子链

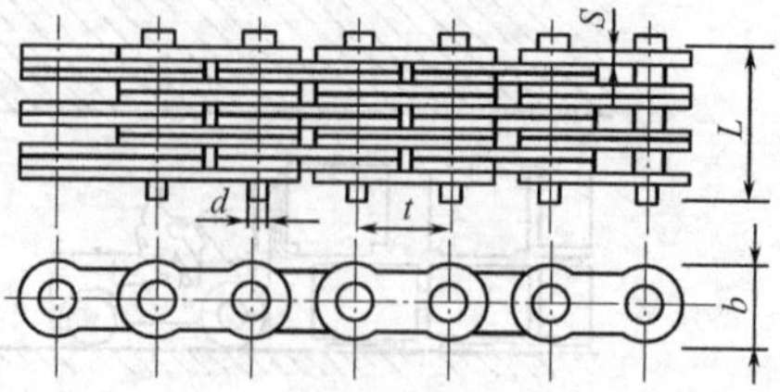

图 4-20 片式链

门架与车架的连接

外门架下端与驱动桥壳铰接处通常采用剖分轴瓦，如图 4-21 所示。驱动桥壳上则开有相应的槽。门架与叉车的连接方式有三种，如图 4-22 所示。以图 4-22(a) 所示的剖分轴瓦式最为常见。

图 4-21 门架下端剖分轴瓦

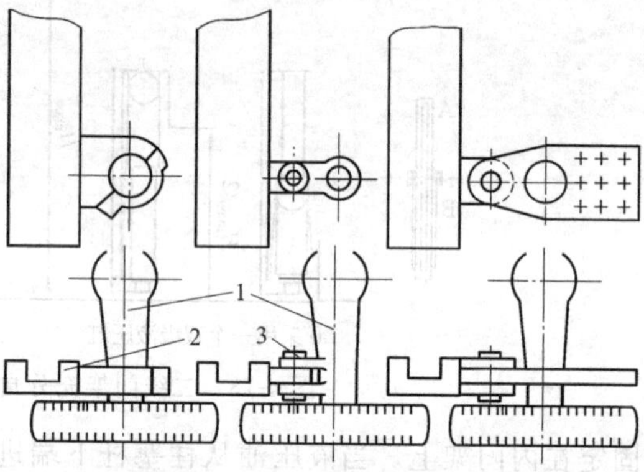

图 4-22 门架与叉车的连接方式

1—驱动桥壳；2—门架；3—铰轴

4.1.2 门架系统检测与维修

门架拆卸与安装

门架拆卸与安装调整方法见表 4-2。

表 4-2 门架拆卸与安装调整方法

序号	门架拆卸与安装调整方法	示意图	备注
1	拉出货叉销轴，将货叉移至货叉架中间的缺口部分 拉出货叉下部，从货叉下滑块处拆下货叉	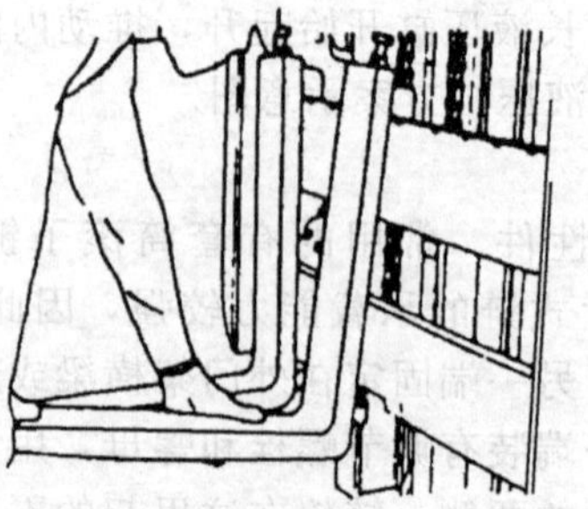	手、脚要离开货叉 不要从货叉顶端拆卸货叉，防止货叉跌落，造成压伤

续表

序号	门架拆卸与安装调整方法	示意图	备注
2	在货叉架总成上绑好钢丝绳，用起重设备将其吊起 拧下链条端部螺母，并从货叉架总成下端拆下链条	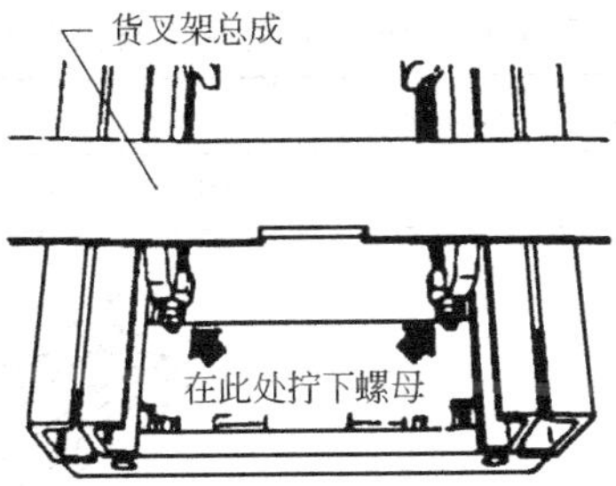	货叉、货叉架、门架均为沉重部件，拆装时要特别小心
3	从内门架上拆下货叉架总成 拆下起升高压软管及低压回油软管	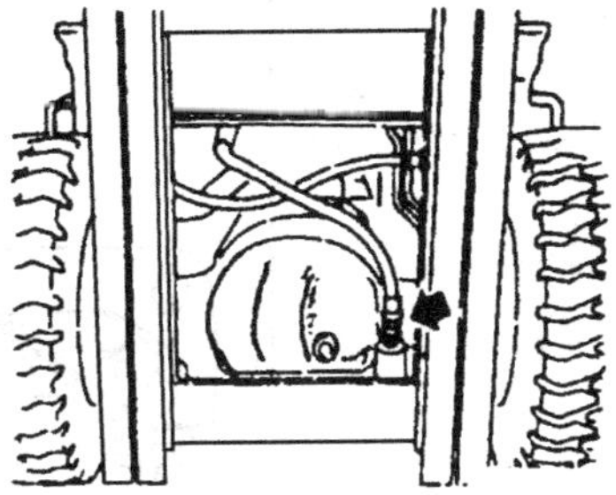	
4	用钢丝绳吊住内、外门架总成	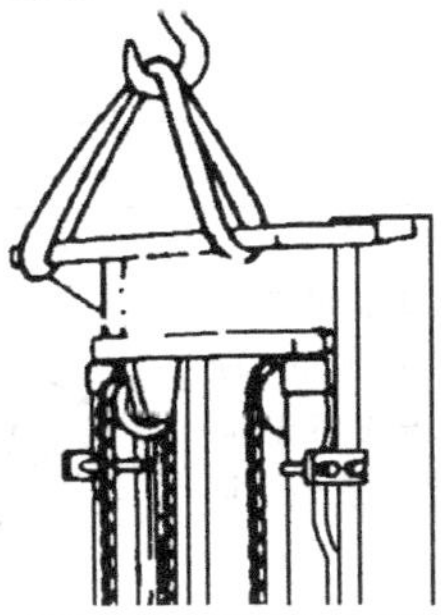	钢丝绳一定要固定牢靠
5	拉出倾斜油缸前端，定位螺栓和轴销	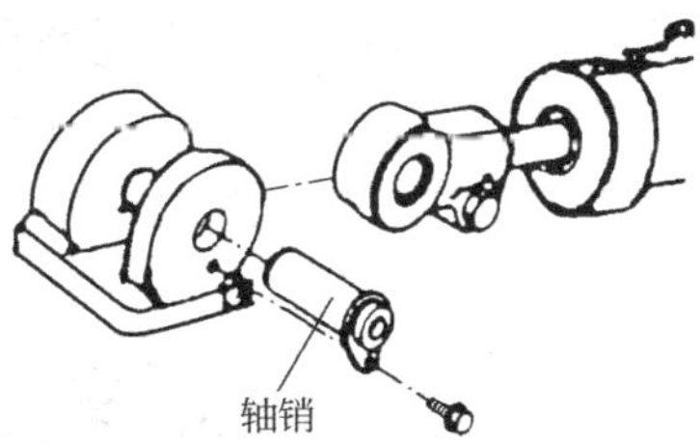	
6	拧下外门架下面轴承盖的螺栓	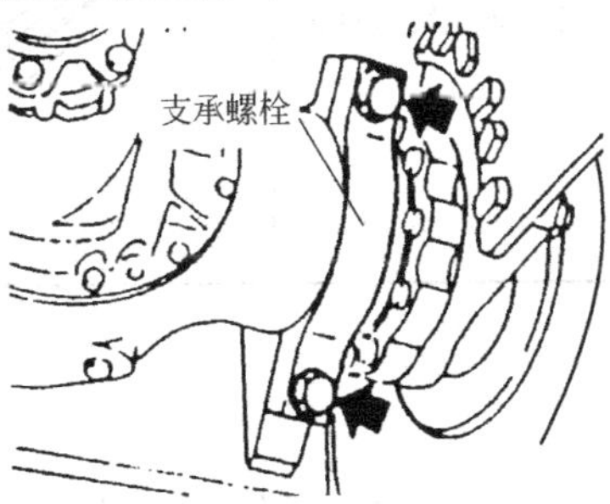	
7	拆出门架总成		
8	安装顺序与拆卸顺序相反		

门架零部件拆卸与安装调整方法

门架零部件拆卸与安装调整方法见表 4-3。

表 4-3　门架零部件拆卸与安装调整方法

序号	门架零部件拆卸与安装调整方法	示意图	备　注
	拆卸升降油缸		
1	①将门架平放在地面上，拧出升降油缸活塞杆上的螺栓及外门架上的 U 形螺栓和紧定螺钉 ②滑动内门架，拆出升降油缸	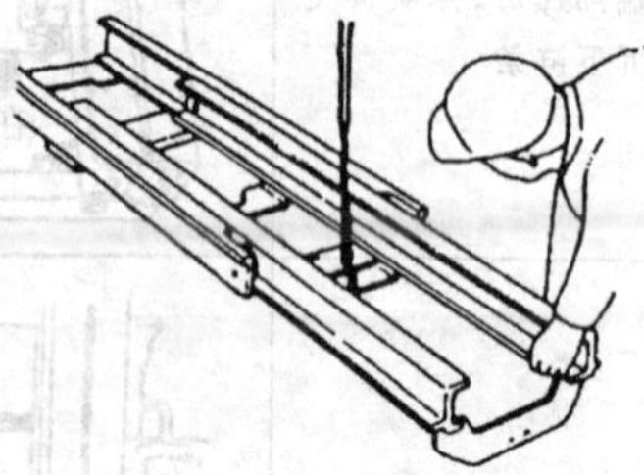 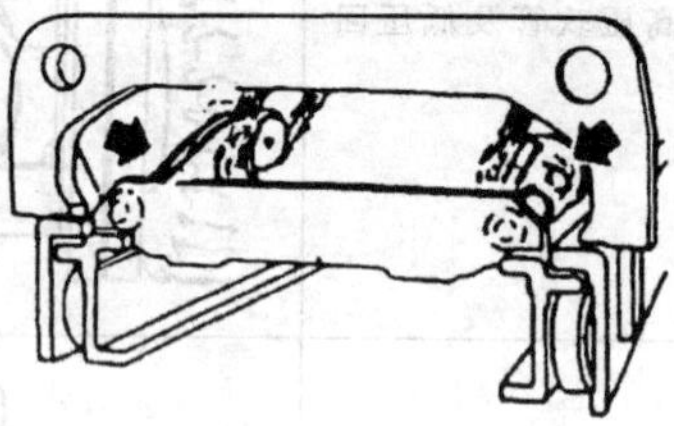	
	拆出滚轮		
2	①将内门架往下伸出。把组合滚轮中侧向小滚轮拿出。自制两块厚度约 10mm 的圆板，直径为 53mm 和 58mm，盖在滚轮座上，然后用轴承拆卸器拆出组合滚轮、主滚轮 ②若一时无拆卸器，需细心撬开（即必须上、下、左、右均匀、对称敲打），否则会打碎滚轮	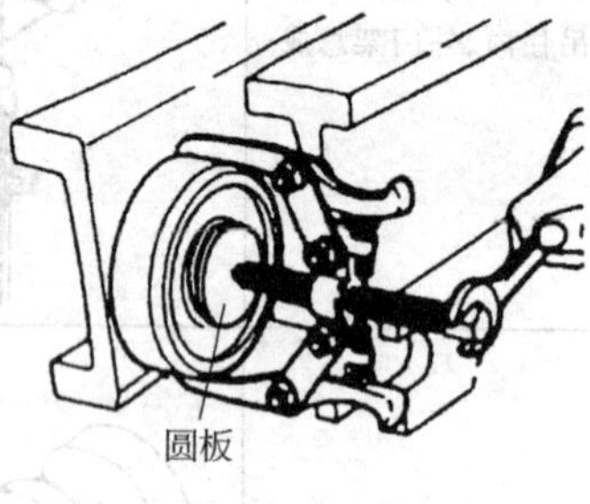	
	拆卸内门架		
3	在内门架的中间绑上钢丝绳并用起重设备将其滑动拉出	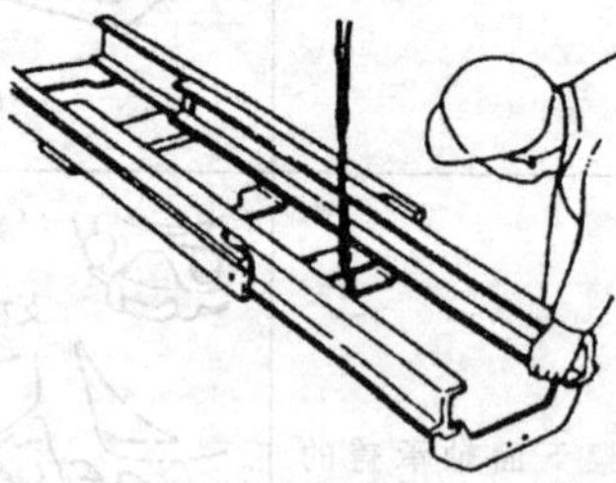	

门架检修

(1) 门架的损伤检测

门架的损伤形式主要是扭曲、弯曲、歪斜变形以及裂纹、断裂等。

① 检查门架对角线　内、外门架对角线相差应不大于 3mm。外门架倾斜缸支耳至门架销轴孔对角线相差应不大于 1mm。

② 检查门架的直线度和垂直度　直线度的检查，可用检线法。门架的平行面变形，其直线度误差，在整个长度上应不大于3mm。垂直度可用90°角尺法检查，90°角尺与门架下沿的最大裂缝应不大于0.5mm。

③ 检查门架各平行面的平行度　如图4-23所示，用直尺测量$C—C$平行面，在整个长度上应不大于3mm。其他各平行表面的平行度误差应不大于1mm。

④ 检查门架的平面度　可将门架置于平板上、测量检查。$D—D$的平面度误差（如图4-23所示）应不大于1mm。

门架经检验如发现弯曲、歪扭变形大于允许限度，应进行校正。在校正时，应将门架部分或全部拆散进行校正。

⑤ 门架裂纹的检查　检查时在可能产生裂纹的地方清除涂料，露出金属光泽后，用6～8倍放大镜检查。还可用浸油锤击法，显示出裂纹的分布。

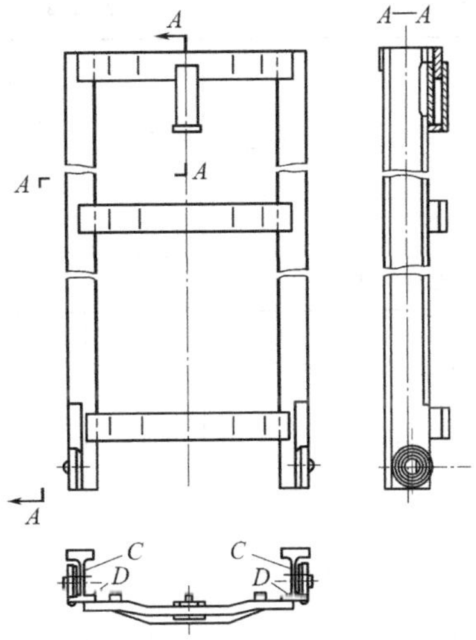

图4-23　门架的平行度和平面度检查示意图

（2）门架损伤的修理

1）门架变形的修理　门架变形可采用校正方法消除。当弯曲和扭曲变形较小时，允许用加静载荷的冷校正法校正。当弯曲、扭曲变形过大，用冷压不易校正时，可加热校正，加热时应尽量减少加热区域，加热温度一般不超过700℃，并缓慢冷却，以免增大脆性。

2）门架裂纹的修理　在检验中如发现有裂纹，应进行修理。

① 修理前应进行门架的校正，保持门架的固有直度。

② 打磨裂缝处，直至露出金属光泽，然后仔细检查，确定裂纹界线（即裂纹末端），在界限延伸10mm处钻ϕ5～8mm的限止孔。

③ 在裂口处用砂轮等修磨出焊道坡口。

④ 进行填焊时，最好用直流反极性电弧焊。电弧应尽可能短，焊条直径为4mm，电流为210～240A。焊接时焊条应倾向运动方向20°～30°。填焊工作自钻透孔开始直至裂纹另一端，并在反面也进行焊补，焊缝高度应不超过基体平面1～2mm。焊接时环境温度应在0℃以上。

叉架检修

① 叉架变形的检验可将叉架平放在平板上，测量两对滚轮轴线，滚轮轴线的平面度误差应不大于1mm。当超过时，可校正修复。或将滚轮轴堆焊后，再加工至标准尺寸。在加工滚轮轴时，必须以滚轮轴找正。

② 当叉架出现裂纹时，必须用砂轮沿裂纹开V形坡口，进行填焊。如裂纹出在原焊缝处，应将裂纹的焊缝铲掉，铲掉的长度应超过明显的裂纹尾部50～100mm，新焊缝应当平直、密实，确实焊透，并且与基本金属之间的过渡很平顺。

滚轮检修

① 滚轮直径磨损如大于1mm时，应予更换。

② 滚轮装合后，应运动顺畅，无阻滞现象，侧向滚轮与门架导向面间的间隙应不小于0.3mm。

链条检修

1）起升链条　叉车链条是采用板式链，板式链有重型板式与轻型板式之分，板式链的规格见表4-4。

表 4-4 板式链规格及参数（GB/T 6074—1995） mm

链号	公称节距 p	板数组合	链板厚度 b_0 max	铰接链节链板孔径 d_1 min	销轴直径 d_2 max	链条通道高度 h_1 min	链板高度 h_3 max	销轴长度 $b_1\sim b_7$ max	极限拉伸载荷 Q min /kN	每米质量 q /(kg/m)
1. 重型板式链										
LH0822 *		2×2						11.05	22.2	0.64
LH0823		2×3						13.16	22.2	0.8
LH0834		3×4						17.49	33.4	1.12
LH0844 *	12.7	4×4	2.08	5.12	5.09	12.32	12.07	19.51	44.5	1.28
LH0846		4×6						23.75	44.5	1.6
LH0866		6×6						27.99	66.7	1.92
LH0888		8×8						36.45	89	2.56
LH1022 *		2×2						12.9	33.4	0.88
LH1023		2×3						15.37	33.4	1.1
LH1034		3×4						20.32	48.9	1.5
LH1044 *	15.875	4×4	2.44	5.98	5.96	15.34	15.09	22.78	66.7	1.8
LH1046		4×6						27.74	66.7	2.2
LH1066		6×6						32.69	100.1	2.65
LH1088		8×8						42.57	133.4	3.5
LH1222 *		2×2						17.37	48.9	1.45
LH1223		2×3						20.73	48.9	1.8
LH1234		3×4						27.43	75.6	2.5
LH1244 *	19.05	4×4	3.3	7.96	7.94	18.34	18.11	30.78	97.9	2.9
LH1246		4×6						37.49	97.9	3.6
LH1266		6×6						44.2	146.8	4.3
LH1288		8×8						57.61	195.7	5.8
LH1622 *		2×2						21.34	84.5	2.2
LH1623		2×3						25.48	84.5	2.7
LH1634		3×4						33.76	129	3.8
LH1644 *	25.4	4×4	4.09	9.56	9.54	24.38	24.13	37.9	169	4.3
LH1646		4×6						46.18	169	5.4
LH1666		6×6						54.46	253.6	6.5
LH1688		8×8						71.02	338.1	8.6
LH2022 *		2×2						25.37	115.6	3.4
LH2023		2×3						30.33	115.6	4.3
LH2034		3×4						40.23	182.4	6
LH2044 *	31.75	4×4	4.9	11.14	11.11	30.48	30.18	45.19	231.3	6.9
LH2046		4×6						55.09	231.3	8.6
LH2066		6×6						65	347	10.3
LH2088		8×8						84.81	462.6	13.8
LH2422 *		2×2						29.62	151.2	4.6
LH2423		2×3						35.43	151.2	5.8
LH2434		3×4						47.07	244.6	8.1
LH2444 *	38.1	4×4	5.77	12.74	12.71	36.55	36.2	52.88	302.5	9.3
LH2446		4×6						64.52	302.5	11.6
LH2466		6×6						76.15	453.7	13.9
LH2488		8×8						99.42	605	18.6
LH2822 *		2×2						33.55	191.3	6.1
LH2823		2×3						40.16	191.3	7.6
LH2834		3×4						53.37	315.8	10.6
LH2844 *	44.45	4×4	6.55	14.31	14.29	42.67	42.24	59.97	382.6	12.2
LH2846		4×6						73.18	382.6	15.2
LH2866		6×6						86.39	578.3	18.2
LH2888		8×8						112.8	765.1	24.3

续表

链 号	公称节距 p	板数组合	链板厚度 b_0 max	铰接链节链板孔径 d_1 min	销轴直径 d_2 max	链条通道高度 h_1 min	链板高度 h_3 max	销轴长度 $b_1 \sim b_7$ max	极限拉伸载荷 Q min /kN	每米质量 q /(kg/m)
LH3222 *		2×2						39.01	289.1	8
LH3223		2×3						46.58	289.1	10
LH3234		3×4						61.72	440.4	14
LH3244 *	50.8	4×4	7.52	17.49	17.46	48.74	48.26	69.29	578.3	16
LH3246		4×6						84.43	578.3	20
LH3266		6×6						99.57	857.4	24
LH3288		8×8						129.84	1156.5	32
LH4022 *		2×2						51.74	433.7	15.8
LH4023		2×3						61.7	433.7	19.8
LH4034		3×4						81.6	649.4	27.7
LH4044 *	63.5	4×6	9.91	23.84	23.81	60.88	60.33	91.57	867.4	31.6
LH4046		4×6						111.48	867.4	39.5
LH4066		6×6						131.39	1301.1	47.4
LH4088		8×8						171.22	1734.8	63.2
2. 轻型板式链										
LL0822		2×2						7.6	17.8	0.4
LL0844	12.7	4×4	1.3	4.46	4.45	11.18	10.92	13	31.1	0.8
LL0866		6×6						18.4	44.5	1.2
LL1022		2×2						9.3	22.2	0.5
LL1044	15.875	4×4	1.65	5.09	5.08	13.98	13.72	16.1	44.5	1
LL1066		6×6						22.9	66.7	1.5
LL1222		2×2						10.7	28.9	0.7
LL1244	19.05	4×4	1.9	5.73	5.72	16.39	16.13	18.5	57.8	1.3
LL1266		6×6						26.3	86.7	2
LL1622		2×2						17.2	58	1.5
LL1644	25.4	4×4	3.2	8.3	8.28	21.34	21.08	30.2	116	3
LL1666		6×6						43.2	174	4.4
LL2022		2×2						20.1	95	2.3
LL2044	31.75	4×4	3.7	10.21	10.19	26.68	26.42	35.1	190	4.4
L12066		6×6						50.1	285	6.6
LL2422		2×2						28.4	170	4.4
LL2422	38.1	4×4	5.2	14.65	14.63	33.73	33.4	49.4	340	8.5
LI2466		6×6						70.4	510	12.5
L12822		2×2						34	200	5.4
LL2844	44.45	4×4	6.45	15.92	15.9	37.46	37.08	60	400	10.5
LL2866		6×6						86	600	15.5
LL3222		2×2						35	260	6.2
LI3244	50.8	4×4	6.45	17.83	17.81	42.72	42.29	61	520	12.1
LL3266		6×6						87	780	18
LIA022		2×2						44.7	360	10.3
IIA044	63.5	4×4	8.25	22.91	22.89	53.49	52.96	77.9	780	20
LLA066		6×6						111.1	1080	29.5
LL4822		2×2						56.1	560	18.5
LL4844	76.2	4×4	10.3	29.26	29.24	64.52	63.88	97.4	1120	35.7
LL4866		6×6						138.9	1168	53

注：1. 不同厂家生产的同一规格的板式链不应混装在一起使用。

2. 有 * 的链条，在节距、极限拉伸载荷相同的情况下，与不同板数组合的链条比较，这些链条的疲劳强度和磨损寿命较低。

3. 标记示例：

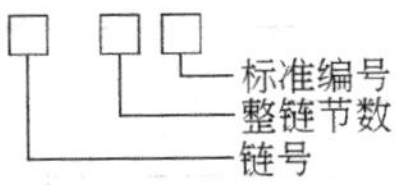

示例 1：节距为 12.7mm，链板组合是 2×3，整链节数 41 节的重型板式链记为 LH 0823-41 GB/T 6074—1995。

示例 2：节距为 25.4mm，链板组合是 4×4，整链节数 49 节的轻型板式链记为 111644-49 GB/T 6074—1995。

链号由两个字母和四位数字组成，两个字母为形式代号，前两位数表示节距代号（为 1.5875 的倍数），后两位数分别表示销轴链节的链板数和铰接链节的链板数。

2）起升链条的检验　应将链条用油清洗，除去泥土和油污。

① 检查链条，如果链条有裂纹时，应予更换。

② 测量链条的伸长率，伸长率应按下式计算

$$\Delta L=\frac{L-np}{np}\times 100\%$$

式中　ΔL——伸长率；

L——测量链条中间部分含有链片的间隔长度；

n——测量的部分所含的链节数，建议 $n=35\sim 50$；

p——链条节距。

在测量链条的伸长率时，链条应加载检验，其检验载荷值等于最小极限拉伸载荷的 1/10。

如果链条的伸长率超过 4%时，则应予以更换。

3）链轮的检验与修理

① 检查滚针轴承与链轮之间的间隙大于 0.12mm 时，衬套、轴承应予更换。

② 链轮工作面磨损有深痕、破裂时应予以更换。

在更换链轮或更换链条后配制链轮时，可按表 4-5 配制。

表 4-5　链轮的尺寸数据　　mm

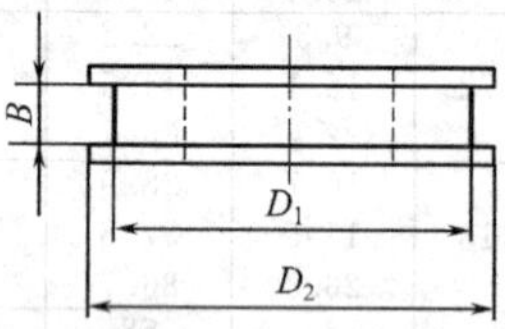

尺寸名称	计算公式	备　注
D_1	$D_{1\min}=5p$	p——链条节距
D_2	$D_{2\min}=D_1+h_1$	h_1——链条通道高度
B	$B_{\min}=1.05b$	b——链条销轴

4）链条端接头　链条端部接头损坏、变形、销轴孔严重变形或损伤时，以及选用不同链号的链条后，应更换端接头。端接头尺寸应按表 4-6 给出的数据制造。

表 4-6　端接头的尺寸数据　　mm

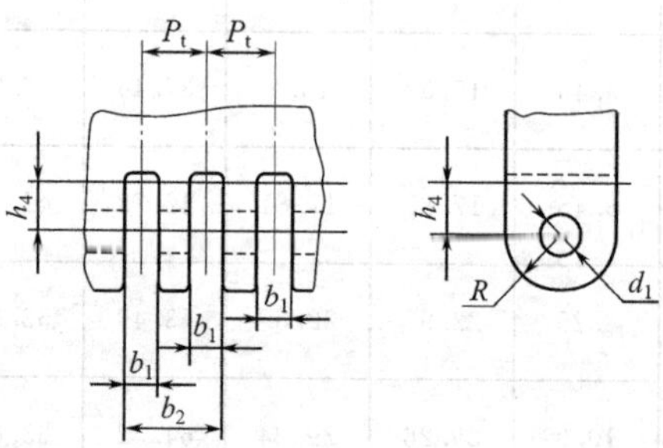

链　号	b_1	b_2	P_t	d_1 min	h_4 min	R max
LH0822	4.42					
LH0823	6.55					
LH0834	4.32	10.67	6.35			
LH0844	4.42	12.90	8.48	5.12	6.35	6.35
LH0846	6.55	17.17	10.62			
LH0866	4.42	12.90	8.48			
LH0888	4.42	12.90	8.48			

续表

链号	b_1	b_2	P_t	d_1 min	h_4 min	R max
LH1022	5.16			5.98	7.92	7.92
LH1023	7.65					
LH1034	5.05	12.49	7.44			
LH1044	5.16	15.07	9.91			
LH1046	7.65	20.05	12.40			
LH1066	5.16	15.07	9.91			
LH1088	5.16	15.07	9.91			
LH1222	6.96			7.96	9.53	9.53
LH1223	10.31					
LH1234	6.83	16.89	10.06			
LH1244	6.96	20.37	13.41			
LH1246	10.31	27.07	16.76			
LH1266	6.96	20.37	13.41			
LH1288	6.96	20.37	13.41			
LH1622	8.59			9.56	12.70	12.70
LH1623	12.73					
LH1634	8.43	20.85	12.42			
LH1644	8.59	25.15	16.56			
LH1646	12.73	33.43	20.70			
LH1666	8.59	25.15	16.56			
LH1688	8.59	25.15	16.56			
LH2022	10.26			11.14	15.88	15.88
LH2023	15.21					
LH2034	10.08	24.94	14.86			
LH2044	10.26	30.07	19.81			
LH2046	15.21	39.98	24.77			
LH2066	10.26	30.07	19.81			
LH2088	10.26	30.07	19.81			
LH2422	12.04			12.74	19.05	19.05
LH2423	17.86					
LH2434	11.84	29.29	17.45			
LH2444	12.04	35.31	23.27			
LH2446	17.86	46.94	29.08			
LH2466	12.04	35.31	23.27			
LH2488	12.04	35.31	23.27			
LH2822	13.66			14.31	22.23	22.23
LH2823	20.27					
LH2834	13.44	33.25	19.81			
LH2844	13.66	40.08	26.42			
LH2846	20.27	53.29	33.02			
LH2866	13.66	40.08	26.42			
LH2888	13.66	40.08	26.42			

5）螺纹接头　检查所有螺纹接头，如果伸长、弯曲变形、螺纹牙齿损坏，应予以更换。

门架组装与调整

门架组装与调整方法见表 4-7。

表 4-7　门架组装与调整方法

<table>
<tr><th>序号</th><th>门架组装与调整方法</th><th>示意图</th><th>备注</th></tr>
<tr><td rowspan="2">1</td><td colspan="3">准备工作要求</td></tr>
<tr><td>内、外门架沉重，组装时要格外小心。装入滚轮，将内门架滑入外门架并牢固装入滚轮</td><td>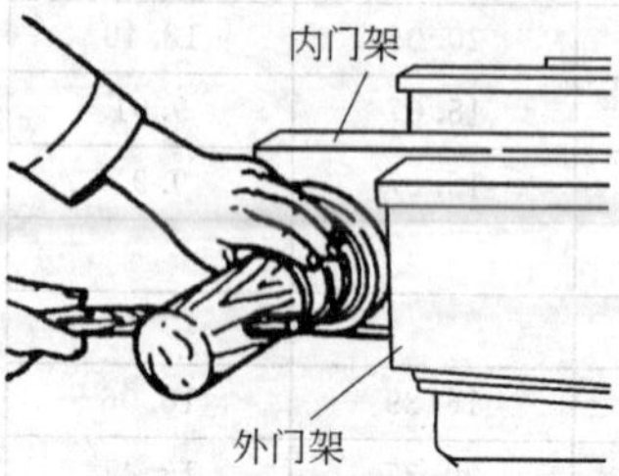
</td><td></td></tr>
<tr><td rowspan="3">2</td><td colspan="3">滚轮与门架槽钢之间间隙的调整</td></tr>
<tr><td>①将内门架与外门架的滚轮距设定为 L，然后进行调整</td><td><table>
<tr><th>最大起升高度/mm ＼ 型号或吨位</th><th>Ⅲ级
3t</th><th>Ⅱ级
2～2.5t</th></tr>
<tr><td>2500～3300</td><td>368</td><td>328</td></tr>
<tr><td>3600</td><td>388</td><td>348</td></tr>
<tr><td>4000</td><td>418</td><td>378</td></tr>
<tr><td>4500</td><td>443</td><td>403</td></tr>
</table>
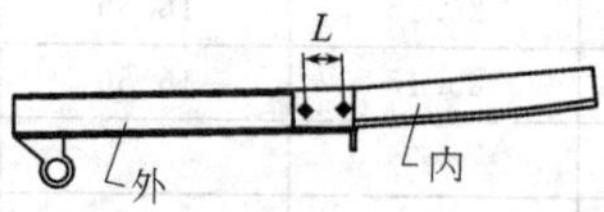
</td><td>L 单位：mm</td></tr>
<tr><td>②用薄垫片将左右边的间隙 A 均匀调整</td><td>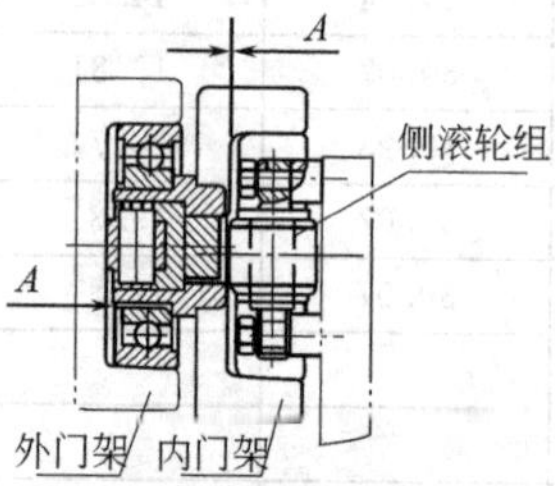

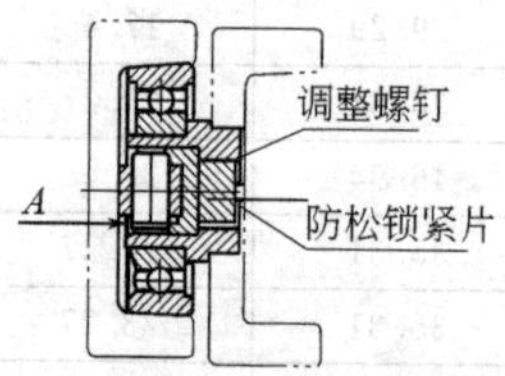

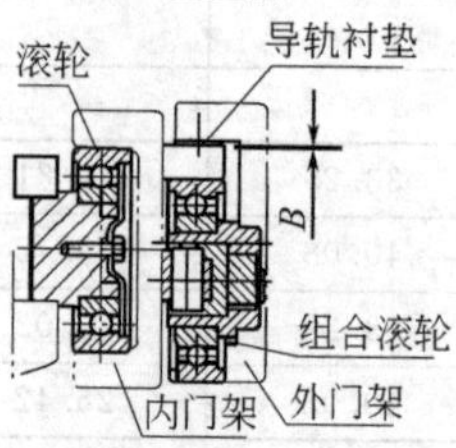
</td><td>3t 以下的叉车，调整至 0.1～0.6mm
2.5～3t 滚轮调整至 0～0.5mm，根据尺寸需要，个别可不放橡胶垫，没有橡胶垫，调整至 0.1～0.6mm，滚轮中有定位销，以保证组合滚轮中的侧滚轮与槽钢导轨垂直</td></tr>
</table>

续表

序号	门架组装与调整方法	示意图	备　注
2	滚轮与门架槽钢之间间隙的调整		
	③滚动的槽钢翼缘间隙0.8～1mm为适合，磨损太大，应更换滚轮		
	④内、外门架接触面、滚轮与槽钢导轨应抹润滑脂（黄油）	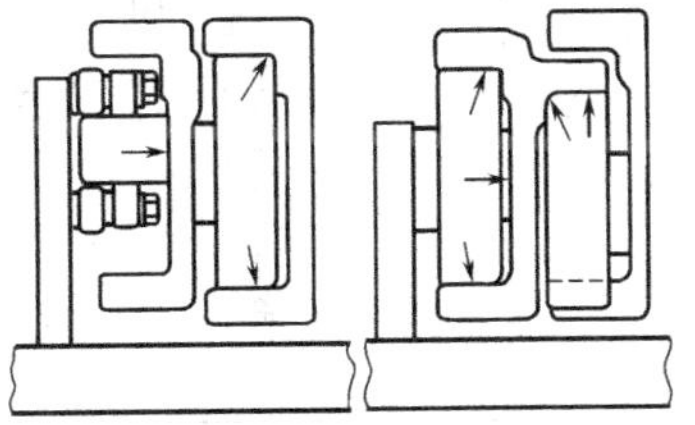	风沙大的地区看具体情况自行决定是否抹，防止砂粒黏入
3	导向板与门架槽钢之间间隙的调整		
	用薄垫片将导向板与内门架立柱之间的间隙 B 调整至0.1～0.8mm，薄垫片根据需要也可不用，垫片厚度0.5mm、1mm	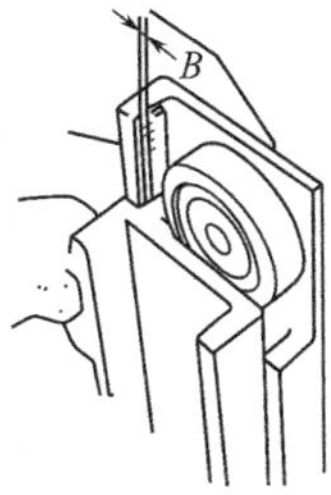	在导向板上涂抹一层润滑脂，将门架和升降油缸安装在叉车上，接上回油软管和高压软管
4	安装左右升降油缸并初调油缸位置		
	①将左、右油缸装入门架，定位销必须装入外门架下横梁定位孔		内门架左、右、上、下应基本对称。若左、右有高低差时，应在油缸支座孔与活塞杆顶端间用垫片垫入调整
	②活塞杆上端套进内门架上的油缸支座		
	③用U形固定螺栓将油缸环抱在外门架横梁左右立板上（或固定板上），用手拧紧螺母并用两螺母锁紧。另一面拧紧螺钉并且加螺母防松	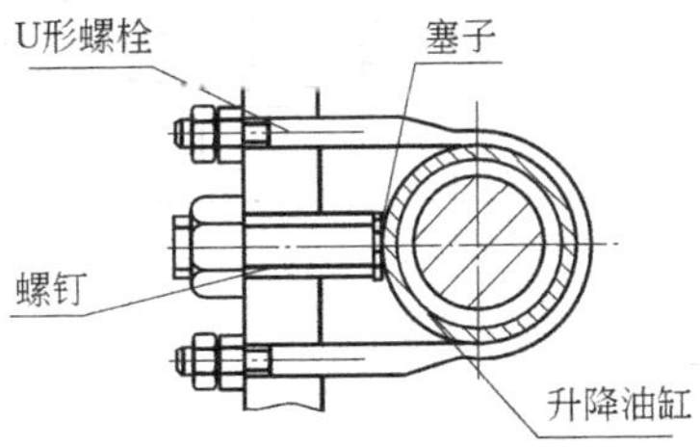	
5	调整起升链条		
	①将货叉装入内门架后，同时装绕链条，端部各拧进两个螺母。门架直立，并完全降下 调整链条下端螺母，使货叉架的下叉架板与地面距离为74～76mm	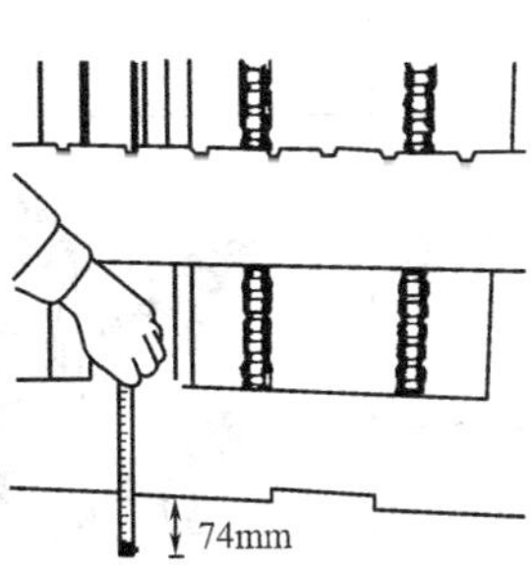	

续表

<table>
<tr><th>序号</th><th>门架组装与调整方法</th><th>示意图</th><th>备　注</th></tr>
<tr><td rowspan="2">5</td><td colspan="3">调整起升链条</td></tr>
<tr><td>②为调整链条的张力，先降下升降油缸，直至货叉接触地面。然后调整链条调节螺母直到用手指按下链条中部时 C 的长度达到规定值</td><td>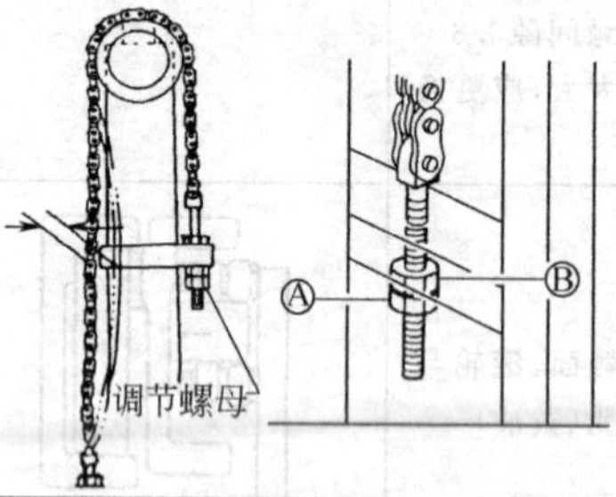
</td><td>C 的长度为 25～30mm
货叉提升离地约 5cm，并用拇指按压链条中部，若发现左右链条长度不一致，松开固定销的锁紧螺母Ⓐ，拧调整螺母Ⓑ</td></tr>
<tr><td rowspan="5">6</td><td colspan="3">货叉架总成滚轮之间间隙调整</td></tr>
<tr><td>①测量内门架两槽钢导轨之间的距离 A，分别在顶部、中部、内门架中横梁（十字架）和底部测量</td><td>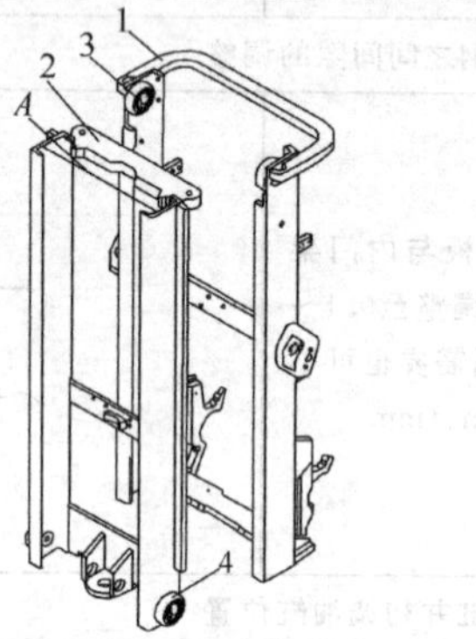

1—外门架；2—内门架；3，4—复合滚轮</td><td></td></tr>
<tr><td>②测量货叉架的侧滚轮、组合滚动中侧向滚轮的左右间距 B、B'、B''</td><td>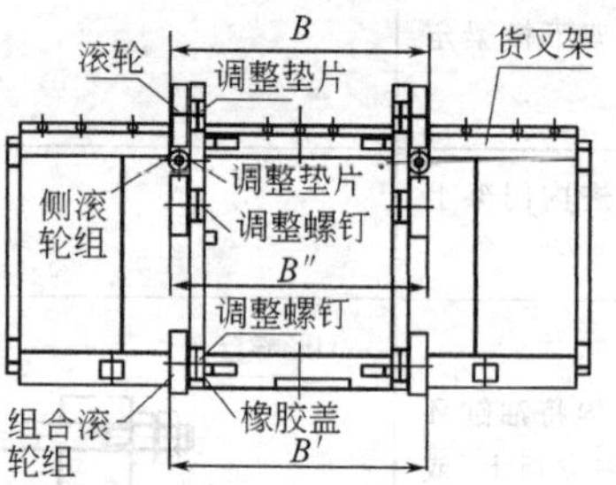
</td><td></td></tr>
<tr><td>③计算 $A-B$、$A-B'$、$A-B''$，每组值就是每挡滚轮与内门架槽钢间的间隙值。均匀地调整左、右每个侧滚轮的垫片</td><td></td><td>$A-B=0.2\sim1\text{mm}$
$A-B'=0.1\sim0.8\text{mm}$
$A-B''=0.1\sim0.8\text{mm}$</td></tr>
<tr><td>④使用调整垫片时，左侧、右侧的垫片数量必须相等
⑤间隙调整完毕后，推拉货叉架总成在内门架上下移动，检查其运行是否正确</td><td>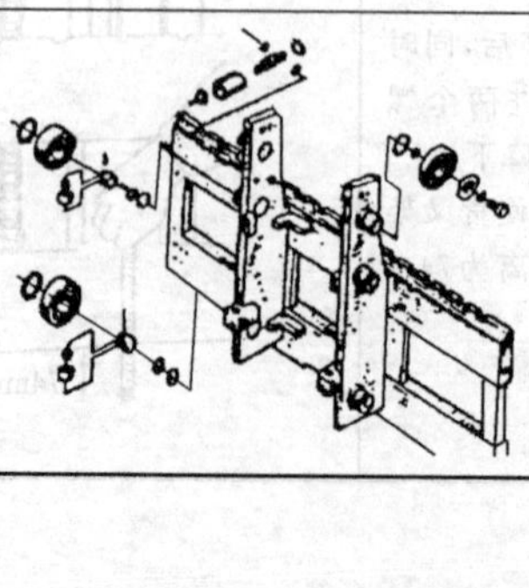</td><td>薄调整垫片：0.5mm，1mm</td></tr>
</table>

升降油缸拆卸及安装

升降油缸拆卸和安装步骤见表4-8。

表4-8 升降油缸拆卸和安装步骤

序号	升降油缸拆卸和安装	示意图	备注
	拆装前准备工作		
	①将发动机熄火，使升降油缸下降到最低状态（活塞降到缸底），使油完全回油箱		
	②拧开左右油缸活塞杆与门架上的油缸支座螺栓	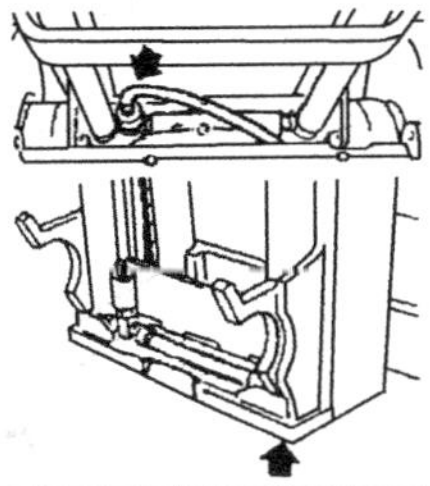	
	③断开升降油缸回油管，拆下下端限速阀进油高压软管、和油缸连接的高压软管	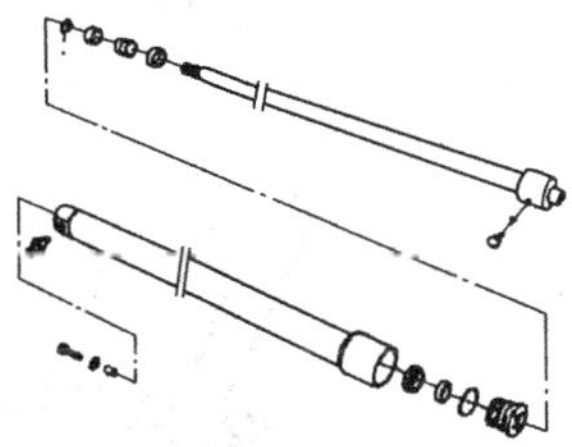	
1	④拆下外门架固定板上的U形螺栓和另一面的紧定螺钉	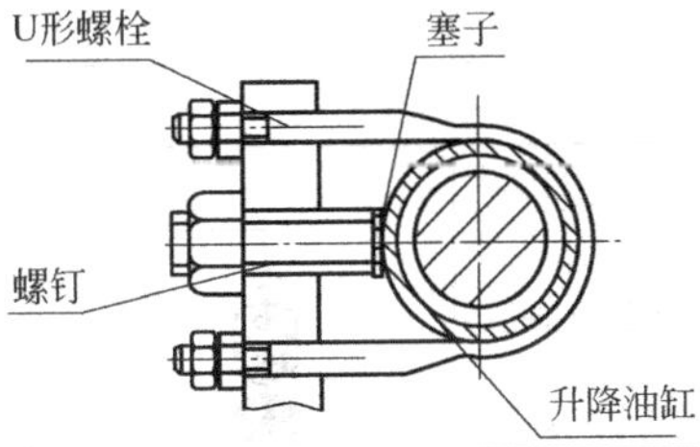	
	⑤拆下门架上的链条	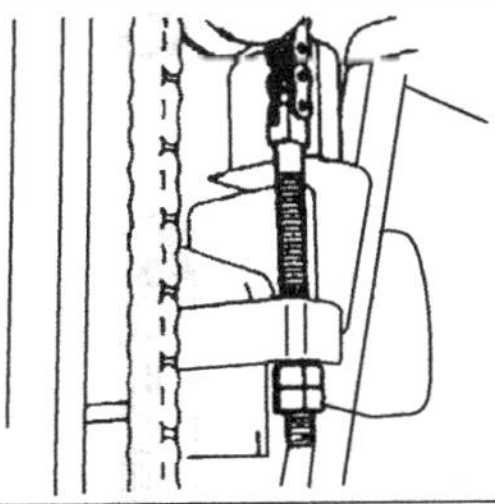	
	⑥用钢丝绳将内门架吊起，拿出左、右升降油缸	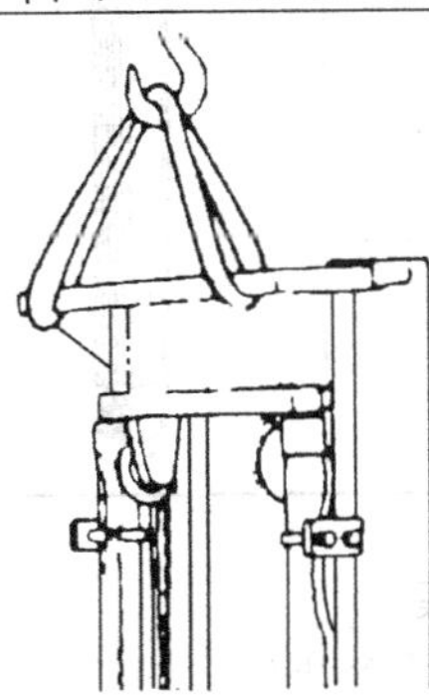	

续表

序号	升降油缸拆卸和安装	示意图	备注
2	解体		
	①卸下防尘圈	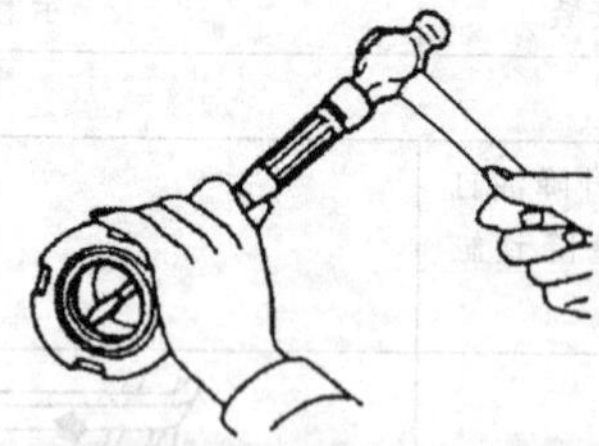	对于左右升降油缸，拆下导向套；对于 2.5t 以下集装箱叉车的左右升降油缸，拆下缸盖 对于 3t 以上集装箱叉车的左右升降油缸和所有自由提升油缸，拆下缸盖和导向套
	②用螺丝刀撬出 Y 型密封圈	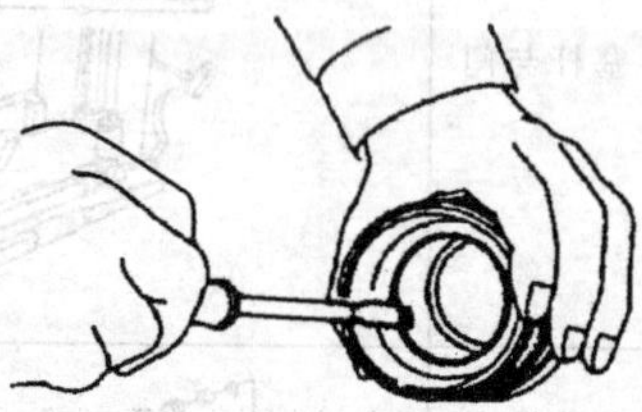	切勿再次使用拆下的防尘圈、O 形、Y 型密封圈，一定要更换新的
	③抽出活塞杆带活塞，在活塞端拆出 Y 型密封圈	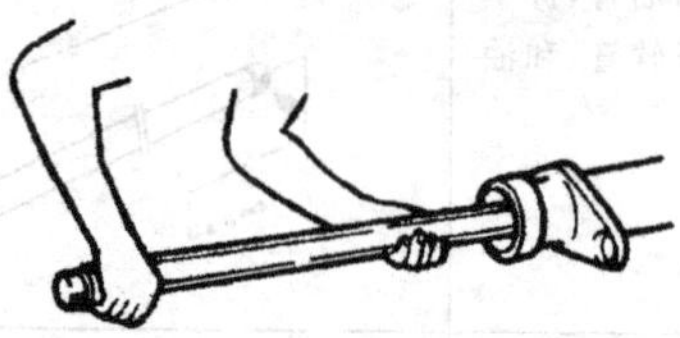	
3	组装和更换易损件		
	①组装之前先用干净的油清洗每个零件 ②用与工作油相同牌号的液压油清洗导向套、活塞 ③切勿使灰尘或脏物落入升降油缸内 ④组装程序与上述解体程序相反 ⑤在活塞上装好 Y 型密封圈 ⑥将活塞杆总成（包括活塞杆、活塞、支承环、Y 型密封圈）装入清洗干净的缸筒 ⑦装入新更换的防尘圈、Y 型密封圈到导向套与缸盖上 ⑧将缸盖穿进活塞杆，拧紧油缸体	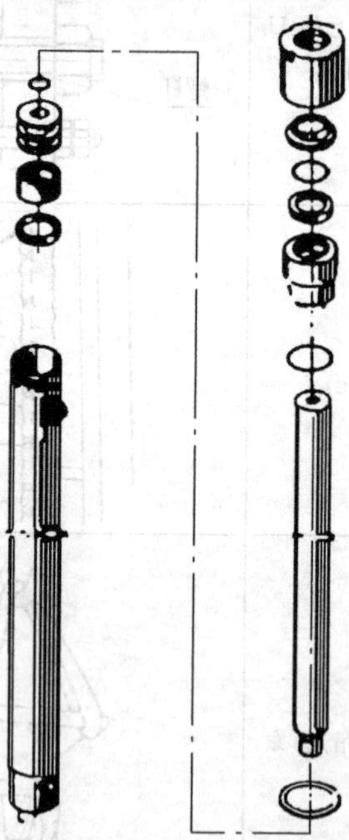	注意：缸筒口应无毛刺，必须光滑干净，小心对中装入，防止 Y 型密封圈刮破 装有密封圈的导向套需涂上与工作油相同牌号的液压油润滑

倾斜油缸拆卸与安装

倾斜油缸拆卸与安装步骤见表 4-9。

表 4-9 倾斜油缸拆卸与安装步骤

序号	倾斜油缸拆卸和安装	示意图	备注
1	拆装前准备工作		
	①完全放下货叉架。从外门架上的左、右支架上拆下螺栓，并拉出销轴 ②在倾斜油缸进口处拆下油管 ③从车架支座上拆下螺栓，拉出轴销，卸下倾斜油缸 ④安装按与拆卸相反的顺序进行	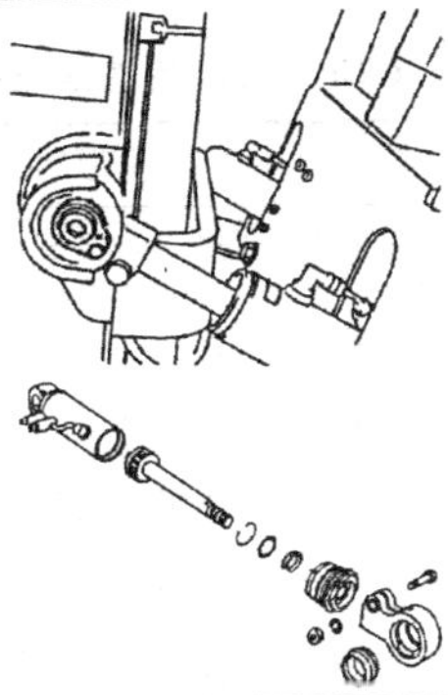	用吊车上的钢丝固定外门架，防止拆油缸后门架倒下 身体尽量远离设备，禁止在带货叉的货叉架下站人
2	解体零件		
	①用老虎钳夹住油缸，在油缸进、出口打开的情况下将活塞杆来回拉动，使余油从油缸中排出 ②拧松耳环螺栓，拧出耳环 ③拆下缸盖锁紧螺栓和尼龙塞 ④拆出缸盖和导向套 ⑤抽出活塞杆总成 ⑥拆出所有见得到的防尘圈、O 形圈和 Y 型密封圈 ⑦卸下缸盖的防尘圈。方法与拆下升降油缸缸盖中的防尘圈一样 ⑧卸下导向套外圈的 O 形密封圈 ⑨卸导向套内孔中的 O 形圈、Y 型密封圈	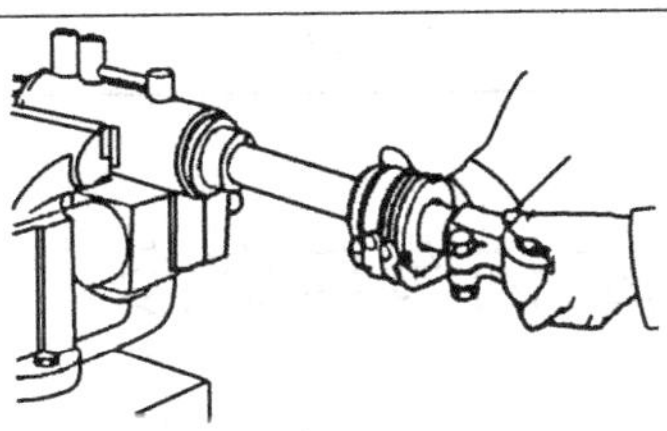 	
3	更换密封圈后组装		
	①将所有零件都应仔细清洗，用油石修整毛刺。注意避免杂质混入油缸 ②在装合时，应将摩擦面、皮碗、刮油环和 O 形密封圈涂以机油，然后装入。在装入时要注意不要损坏皮碗或皮涨圈及密封圈 ③活塞和活塞杆装配后，必须检查其直线度误差和同轴度误差 ④活塞在缸体全长内应运动自如，无阻滞现象 ⑤导向套及端盖装上后，应使活塞杆在全长移动时，无阻滞和轻重不均现象 ⑥倾斜缸组装好后，应在 20MPa 的压力下，进行 3min 密封性能试验，不允许有漏油现象	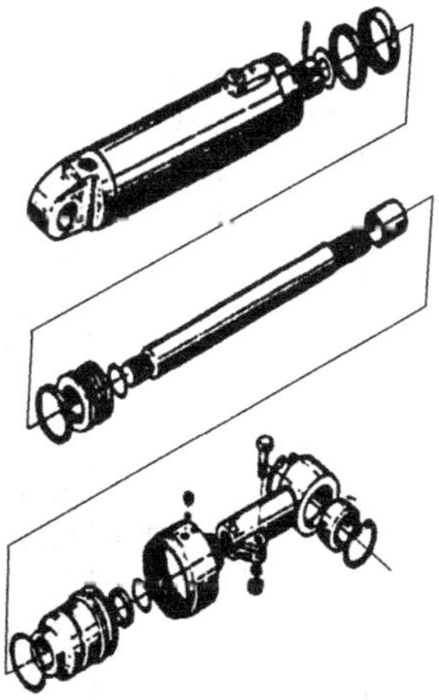	注意事项： ①用干净的液压油润滑每一个零件 ②防止灰尘、油垢落入油缸 ③缸筒口和进出口应防止碰毛 ④将活塞杆推进缸筒内，特别要防止把 Y 型密封圈刮破 ⑤装进导向套前，先在内孔 O 形密封圈与 Y 型密封圈之间涂上同牌号液压油润滑 ⑥装进时注意外圈上的 O 形密封圈不要刮破 ⑦缸盖拧入后，一定装上尼龙塞和紧定螺钉
4	装车后调试		
	①调门架的前后倾角 将叉车停放在平坦地面上，操作多路阀操纵手柄，使叉车门架前、后充分倾斜。根据装配调试数据要求，调整倾斜油缸前端活塞杆与耳环接合螺纹长度直到满足倾角的数据，然后将倾斜油缸颈部耳环锁紧 ②重新调整左右升降油缸安装位置 a. 观察两油缸升降时是否同步，视情况调整活塞杆与内门架支座间的垫片 b. 松开 U 形固定螺栓的两个螺母，然后上下反复升降几次门架，使 U 形螺栓与油缸相对位置合适。然后拧紧 U 形螺栓上的螺母和另一边的紧定螺钉。这样才能提高升降油缸的寿命，减少活塞杆磨损 ③根据规定拧紧力矩拧紧螺栓、螺钉 ④叉架和内门架的运动应顺畅且无阻滞现象。两条起升链条的松紧应一致 ⑤工作装置满载时，前倾和后倾、起升和下降的速度应符合叉车所给定的技术参数		

4.1.3 门架系统常见故障诊断与排除

门架系统的故障现象、可能产生原因及排除方法见表 4-10。

表 4-10 工作装置常见故障与排除方法

故障现象	产生原因	排除方法
门架型钢磨伤，并有不正常的声音	纵向滚轮轴承损坏，侧向小滚轮轴磨伤	更换轴承、轴
门架上、中横梁开裂，内门架和叉架垂直运动时，有侧摆	不正确操作，单侧装载。侧向滚轮与门架的间隙过大	修理或更换门架，调整间隙
货叉下平面弯曲变形	不正确操作或外力所致	用压力校平
叉架不能保持垂直位置	起升链条松紧不一致	调整链条的张力，使之一致
链轮侧移	链轮的垫圈磨损	更换磨损的垫圈
链轮侧向摆动	链轮轴承损坏	更换轴承

4.2 属具系统的构造与维修

叉车属具是在叉车的货叉架上增设或替代货叉进行多种作业的承载装置。叉车除使用货叉作为基本的承载装置外，还可以配用各种形式的可拆换属具进行作业，扩大了叉车的使用范围，提高了叉车的作业效率。

4.2.1 叉车属具的分类

叉车属具的分类如图 4-24 所示，叉车属具种类见表 4-11。

- 叉车属具
  - 无动力
    - 货叉套
    - 串杆
    - 吊钩
    - 起重臂
    - 其他无动力属具
  - 有动力
    - 动力伸缩
      - 倾翻货叉
      - 铰接倾翻货叉
      - 摆动货叉
      - 侧移货叉
      - 间距可调货叉
      - 前移货叉
      - 推出器
      - 夹持器
      - 货物稳定器
      - 铲斗
      - 推拉器
      - 集装箱吊具
      - 其他动力伸缩属具
    - 动力回转
      - 回转货叉
      - 其他动力回转属具
    - 动力伸缩回转
      - 回转夹持器
      - 三向货叉
      - 其他动力伸缩回转属具

图 4-24 叉车属具分类

表 4-11 叉车属具种类

序号	属具名称	用途与特点	示意图
1	货叉套	套在货叉上,用来增加承载长度的构件	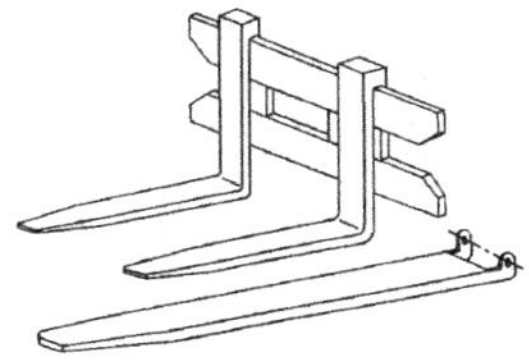
2	串杆	插在货物孔中的棒状属具	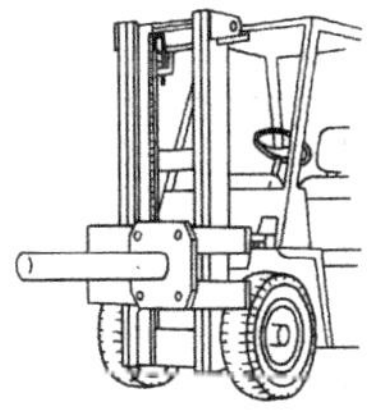
3	吊钩	安装在货叉或串杆上起吊货物的起重钩	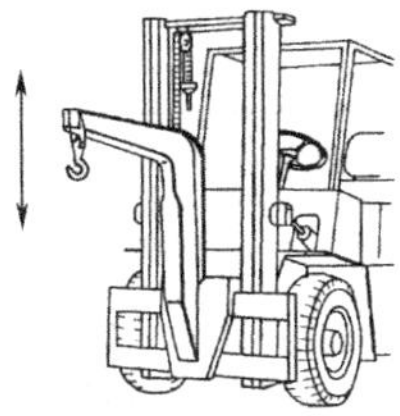
4	起重臂	用于起重作业的臂架和吊钩	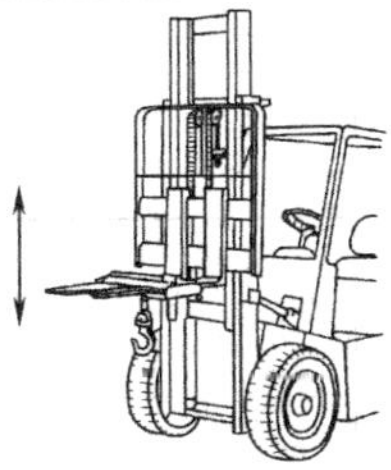
5	倾翻货叉	与挡货架一起倾翻的货叉	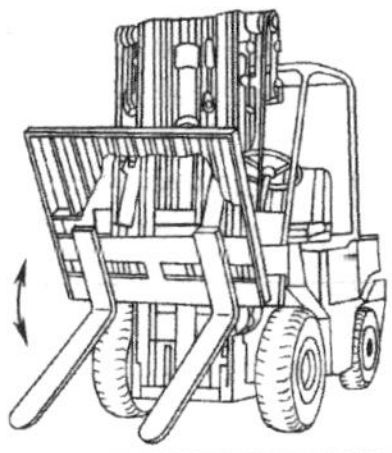
6	铰接倾翻货叉	挡货架不动而单独进行倾翻的货叉	
7	摆动货叉	用于装卸圆筒形货物,绕货叉上部铰点可以左右摆动的货叉	

续表

序号	属具名称	用途与特点	示意图
8	侧移货叉	货叉梁能横向移动的属具	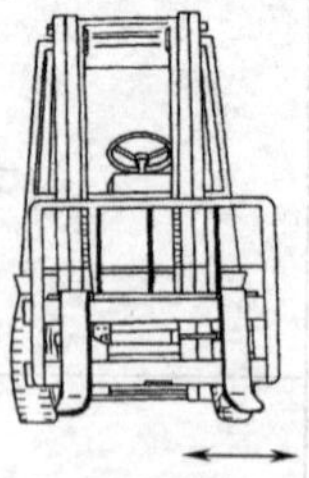
9	间距可调货叉	间距可用液压缸进行调整的货叉	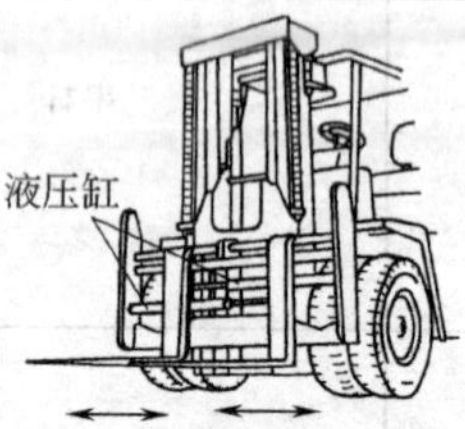
10	前移货叉	货叉能相对于门架前后移动的属具	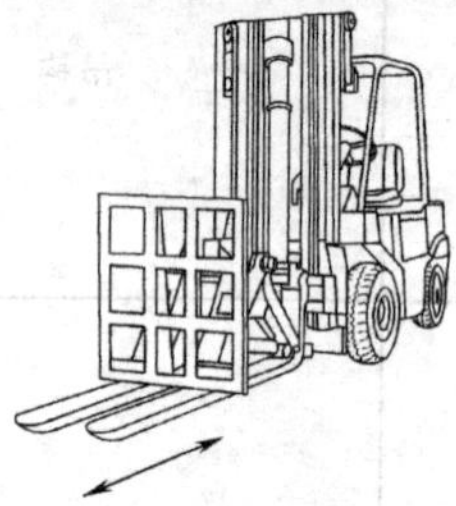
11	推出器	可将货物从货叉上推出的属具	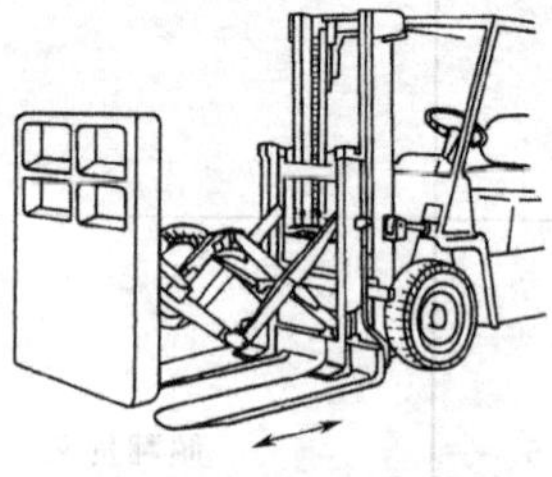
12	夹持器	夹持货物的属具	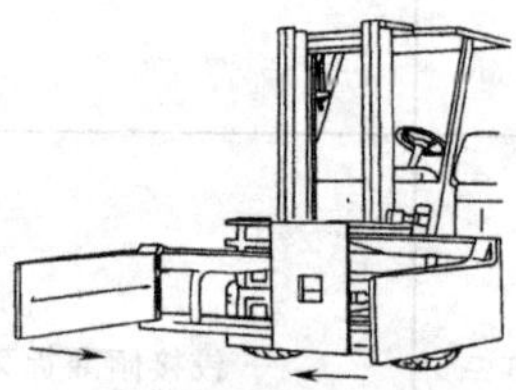
13	货物稳定器	压住货叉上的货物，以防其倒塌滑落的属具	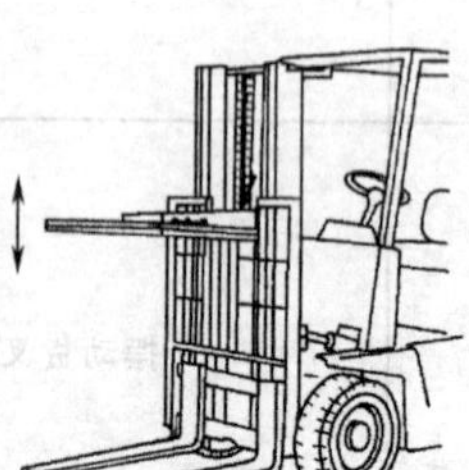

续表

序号	属具名称	用途与特点	示意图
14	铲斗	装卸散状物料用的斗形属具	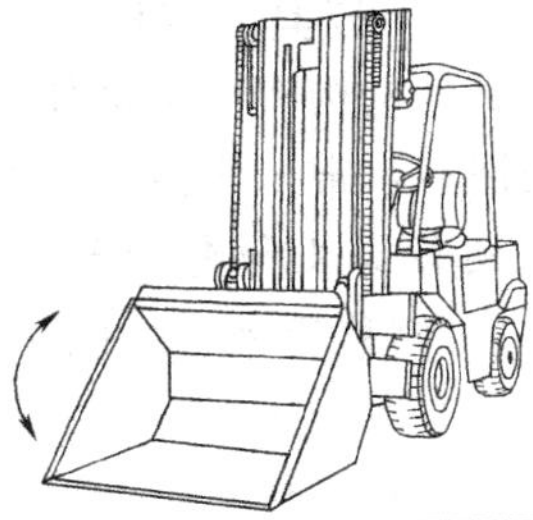
15	推拉器	将货物连同滑板一起进行装卸的属具	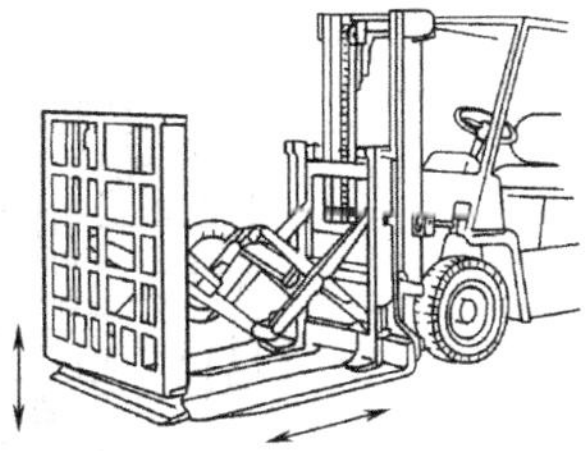
16	集装箱吊具	吊装挂运集装箱用的属具	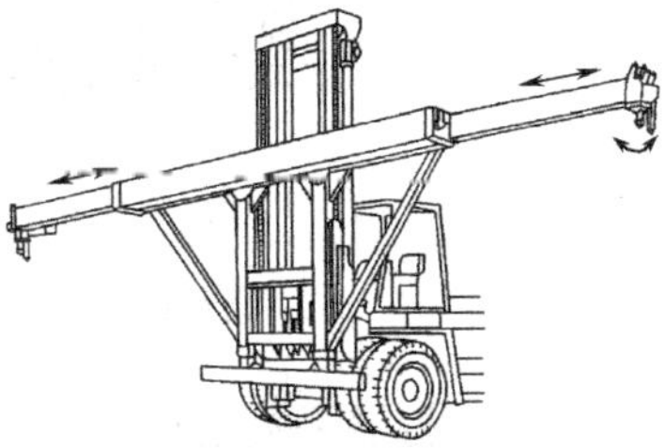
17	回转货叉	货叉梁及货叉可绕水平轴回转的属具	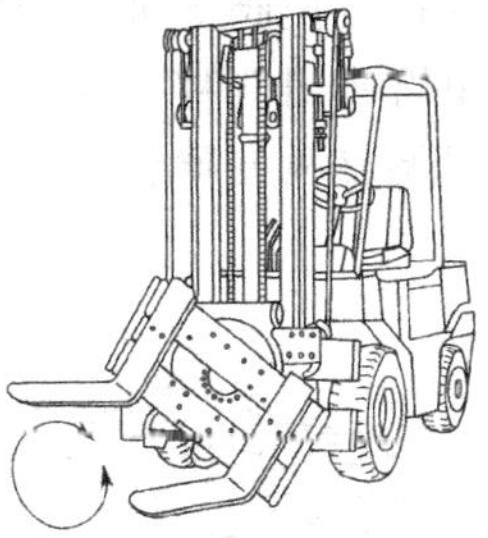
18	回转夹持器	可绕水平轴回转的夹持货物的属具	
19	三向货叉	可以在叉车前方和左右两侧装卸货物的属具	

4.2.2 叉车属具的结构与安装

属具的结构

属具机构有两类动作：一类是伸缩，包括平移、倾斜和摆动，常采用液压缸实现；另一类是回转，常采用液压马达和机械减速器实现。

(1) 侧移货叉和夹持器

1）侧移货叉（如图 4-25 所示） 侧移液压缸 2 的缸座铰接在原货叉架的挂板 4 上，缸杆连接在滑架 1 上。挂有货叉的滑架在液压缸的推拉下，通过上、下滑动支承 3 和 5 可沿原货叉架左右横移。

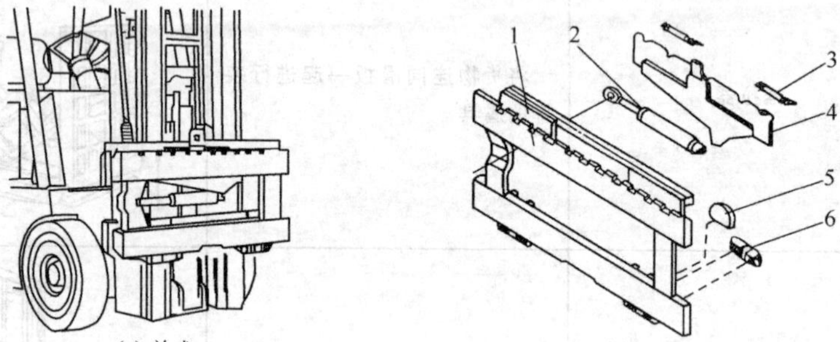

(a) 总成　　(b) 组件

图 4-25 侧移货叉结构

1—滑架；2—液压缸；3—上滑动支承；4—挂板；5—下滑动支承；6—下钩件

2）夹持器平夹结构（如图 4-26 所示） 两侧夹臂各由一个液压缸推动。来自叉车的高压油通过液控阀 6 进入液压缸 4，由液控阀的油路控制夹臂的运动，可以使两臂同步张闭侧移或单臂张闭侧移，并产生夹持力。为了保证两臂等速运动，通常在液压缸上设有可调节流阀，以调整两夹臂各自运动的速度。

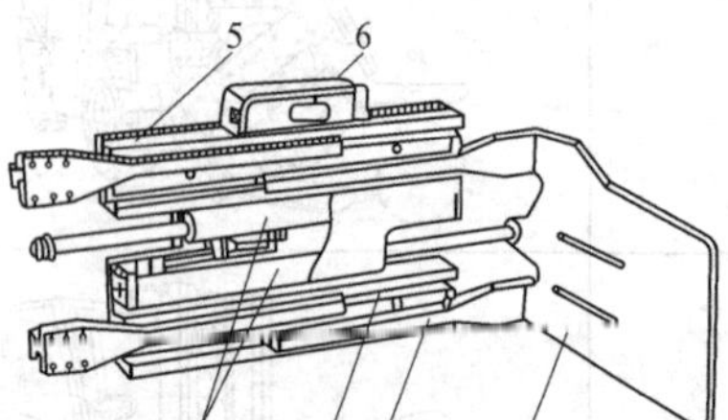

图 4-26 平夹结构

1—夹臂；2—导杆；3—导槽；4—液压缸；5—后挂板；6—液控阀

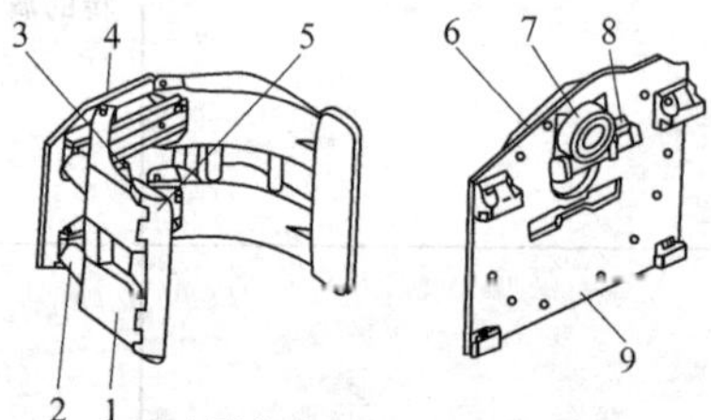

(a) 夹臂总成　　(b) 挂板总成

图 4-27 纸卷回转夹结构

1—夹臂；2—液压缸；3—回转配油阀；4—铰销；5—夹板；6—回转支承；7—减速器；8—液压马达；9—后挂板

夹持器中的纸箱夹和桶夹要具有安装在夹臂上的可摆动的夹板。夹板绕固定于夹臂上的铰销摆动（如图 4-27 所示），使货物受力均匀，夹持稳定。

(2) 回转夹持器

回转夹持器用于装卸需要翻转或倒头的货物，以及用于从容器中倾倒液态或散料货物。纸卷回转夹结构如图 4-27 所示。来自叉车的高压油，一路经回转配油阀流入液压缸，产生夹持力，另一路到液压马达驱动减速器，带动回转支承进行 0°～180°或 0°～360°的正、反向回转作业。

回转机构如图 4-28 所示。高压油经液控阀驱动液压马达，带动蜗杆、蜗轮副，再通过与蜗轮同轴的小齿轮 3 与回转支承上的大齿圈啮合，带动挂板与夹臂回转。

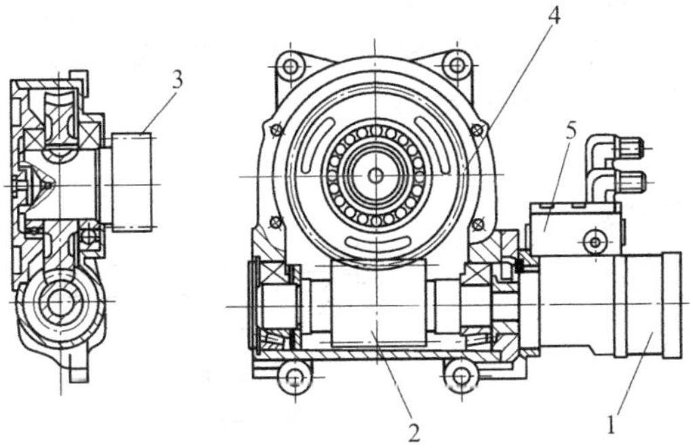

图 4-28 回转机构

1—液压马达；2—蜗杆；3—小齿轮；4—蜗轮；5—液控阀

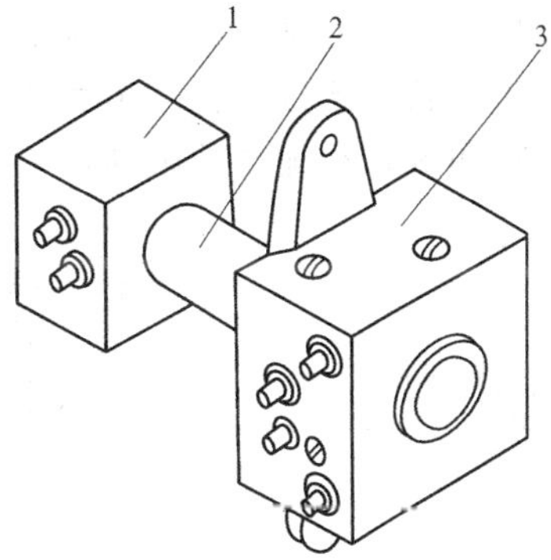

图 4-29 回转配油阀结构

1—固定块；2—轴；3—回转块

回转配油阀结构如图 4-29 所示。高压油经固定块和轴中油道流入回转块，再进入纸卷夹臂液压缸，实现夹臂的张闭运动。纸卷夹进行回转作业时，回转块能够绕轴随夹臂总成一起转动。

(3) 推拉器和推出器

采用滑板而不是用托盘进行单元化装卸搬运作业时，必须使用滑板推拉器（如图 4-30 所示）。滑板装卸作业中，铲钩位于滑板折边下，压板将滑板折边压牢在铲钩上，如同将货叉插入托盘。推出货物时，来自叉车的高压油经液控阀控制，先进入压板液压缸使压板抬起，再进入推拉液压缸使连杆机构前移并推出货物。拉取货物时，高压油则先进入压板液压缸使压板压下，再进入推拉液压缸，使连杆机构后移并拉取货物。推拉器上用于对准货位的侧移机构，类同于侧移货叉。

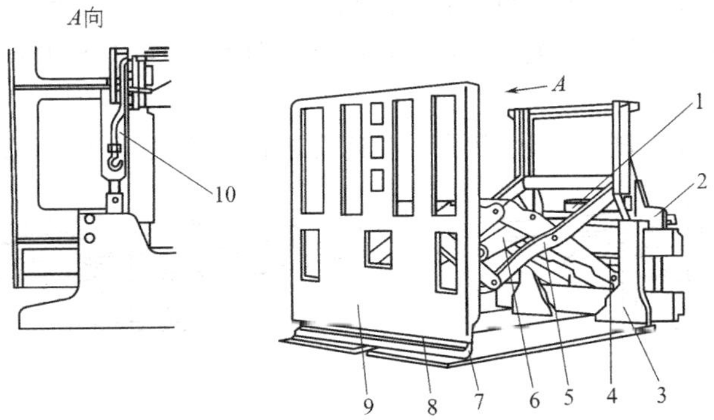

图 4-30 滑板推拉器

1—液控阀；2—后挂板；3—货叉；4—侧移液压缸；5—剪叉连杆机构；6—推拉液压缸；7—铲钩；8—压板；9—推货板；10—压板液压缸

推拉器拆除压板机构可成为一般作业时使用的推出器。

(4) 集装箱吊具

集装箱叉车主要用于集装箱吞吐量不大的综合性码头和在货场上进行集装箱装卸、堆垛及短距离的搬运作业。其配用的集装箱吊具种类甚多，可分为侧面起吊吊具和顶部起吊吊具两大类。集装箱装卸搬运作业参见有关内容。

固定式侧面起吊吊具（如图 4-31 所示）。主吊具如图 4-31(a) 所示，上部两角装有两个与 ISO 标准 1C（20ft）集装箱上部角配件相配合的旋锁，用于搬运此种规格的满载集装箱。从吊具如图 4-31(b) 所示，上部横梁上备有两个与 1C 集装箱相同的上部角配件，可与主吊具的旋锁进行快速连接。在从吊具的上部两角，还装有两个与 ISO 标准 1A 或 1AA（40ft）集装箱上部角配件相配合的旋锁，用于搬运此种规格的空载集装箱。

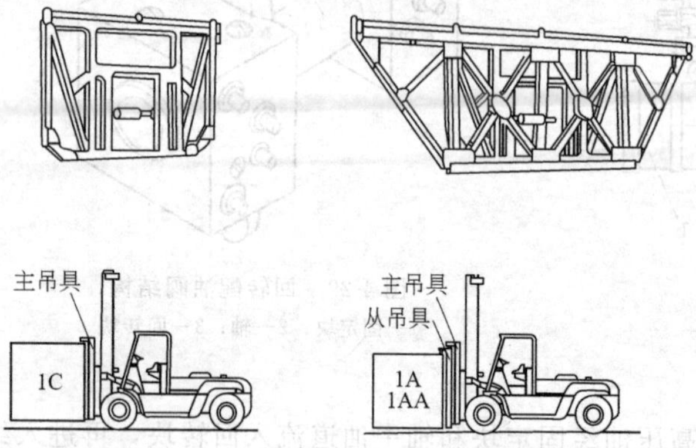

(a) 主吊具　　(b) 主/从组合吊具

图 4-31　固定式侧面起吊吊具

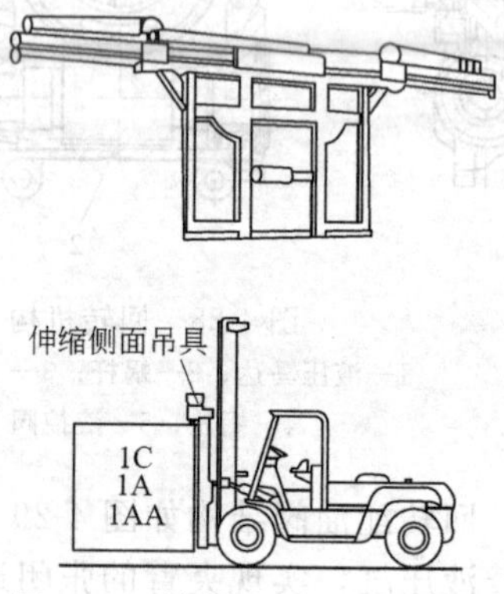

图 4-32　伸缩式侧面起吊吊具

伸缩式侧面起吊吊具如图 4-32 所示。作业时，由液压缸推动吊具吊臂的伸缩，行程开关控制吊臂的伸缩长度，既可起吊 1C 满载集装箱，又可起吊 1A 或 1AA 空载集装箱。当吊臂伸缩到位时，将旋锁插入集装箱上部角配件孔内，再通过旋锁液压缸推动旋锁，由限位开关控制旋锁的转动量，将旋锁准确地旋入集装箱角配件的孔中，保证吊具与集装箱的牢固连接。

固定式顶部起吊吊具如图 4-33 所示。主吊具如图 4-33(a) 所示，框架的四角装有与 1C 集装箱上部角配件相配合的旋锁，用于起吊此规格的满载集装箱。从吊具如图 4-33(b) 所示，框架上备有 4 个与 1C 集装箱相同的上部角配件，可与主吊具的旋锁进行快速连接。在从吊具框架的四角还装有与 1A 或 1AA 集装箱上部角配件相配合的旋锁，用于起吊此种规格的满载集装箱。

伸缩式顶部起吊吊具如图 4-34 所示。将其安装在倒置的货叉上，作业过程与伸缩式侧

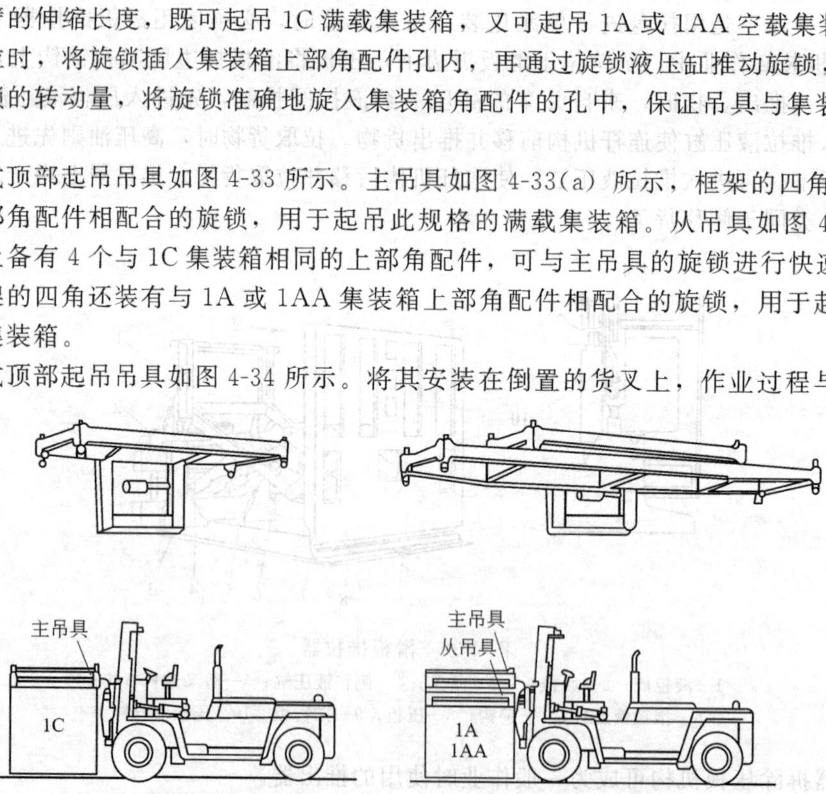

(a) 主吊具　　(b) 主/从组合吊具

图 4-33　固定式顶部起吊吊具

面起吊吊具相似，可以起吊 1C、1A 或 1AA 规格的满载集装箱。

伸缩式吊具与固定式吊具相比较，质量小，使用方便。为了便于吊具与集装箱之间对准，吊具还应具有左右侧移和前后摆动机构。

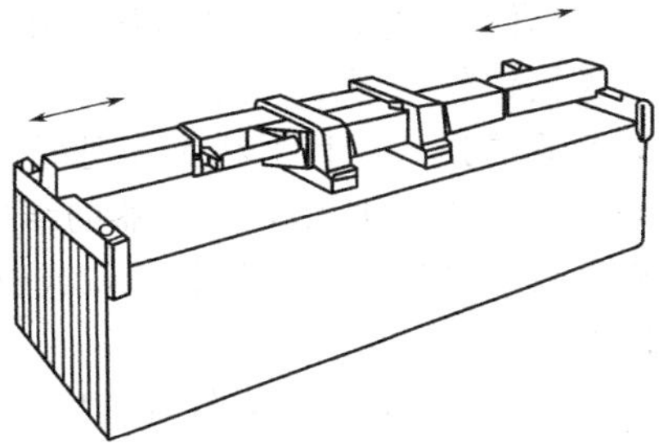

图 4-34 伸缩式顶部起吊吊具

此外，还有一种柔性伸缩式顶部起吊吊具（如图 4-35所示）。吊具用链条悬挂在叉车门架顶部的两个悬臂上，前后布置的两对伸缩液压缸分别通过圆环和左右拉杆交叉连接悬臂与吊具，通过四个液压缸的伸缩使吊具可左右侧移与前后摆动。这种柔性结构在货场不平整等因素所造成的集装箱堆放不平时，仍可使吊具与集装箱的四个顶部角配件较好地接合，还可减少冲击或偏心载荷对吊具与集装箱的不利影响。

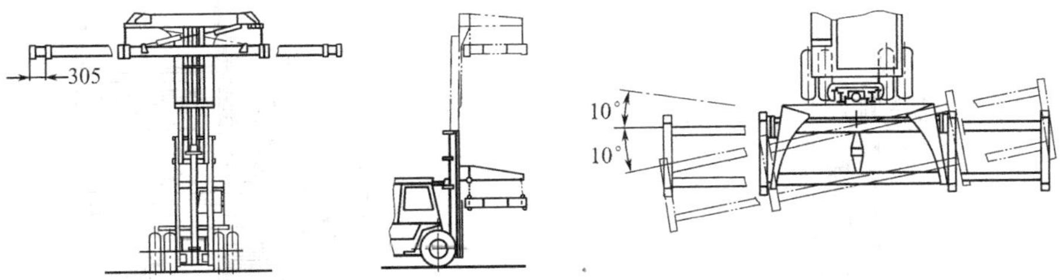

图 4-35 柔性伸缩式顶部起吊吊具

为了保证安全，吊具一般都配有旋锁动作保护装置，即只有当吊具的旋锁箱底面落在集装箱角配件顶面上时旋锁才能动作，且只有当旋锁在全开或全关状态时臂架的伸缩及摆动机构才能动作。

吊具的控制在驾驶室内进行，并设有各种指示装置，以监控吊具的吊臂是否伸缩到位、旋锁是否处于确定位置等。

属具的安装

属具在叉车工作装置上的拆换安装应快捷可靠。与叉车货叉架连接的属具一般采用属具后挂板挂钩结构，其尺寸参数已标准化，以保证货叉和各种属具能够互换。

有动力属具必须供以 12～16MPa 的压力油。在属具液压系统中安装有操纵和调节阀、管路布置所需的滚轮、卷管器、接头等附件。

① 属具操纵阀 在叉车的多路分配阀块上增设属具用操纵阀块，其操纵杆的动作方向需符合表 4-12 的要求。

表 4-12 属具动作与操纵杆方向

功　能	属具动作	操纵杆动作	功　能	属具动作	操纵杆动作
旋　转	顺时针	向后或向上	侧移	右移	向后或向上
	逆时针	向前或向下		左移	向前或向下
夹持	夹紧	向后或向上	推　动	拉	向后或向上
	松开	向前或向下		推	向前或向下

注：详见 GB 5184—1985 和 ISO 2328—1993。

为调整属具作业中夹紧力的大小和动作速度的快慢，在液压回路中设有压力和流量调节阀，可将其分别设置，也可将其集成于操纵分配阀中。

② 滚轮和卷管器　供油管路在门架和货叉架上布置时，需附配有滚轮或卷管器。滚轮结构类同链轮，固定在内门架上以调整管路走向。采用滚轮方式虽简单价廉，但管路布置困难，软管磨损大，且不利前方视野。常采用卷管器方式，可克服滚轮方式的上述不足。其管路布置如图 4-36 所示，卷管器的结构如图 4-37 所示。随着叉车货叉架的起升与下降，卷管器能随时自动地将供油软管卷入或放出轮盘。使用卷管器时所需软管的长度，可按下式估算（如图 4-38 所示）：

当 $H \geqslant 2D$ 时，所需软管长度　　$L=H-D+K$

当 $H<2D$ 时，所需软管长度　　$L=D+K$

式中　H——货叉起升高度，mm；

D——叉车货叉架降至最低时，卷管器中心至管接头连接块轴中心的距离，mm；

K——当货叉起升到最高点时，仍留在卷管器内的软管长度，mm。

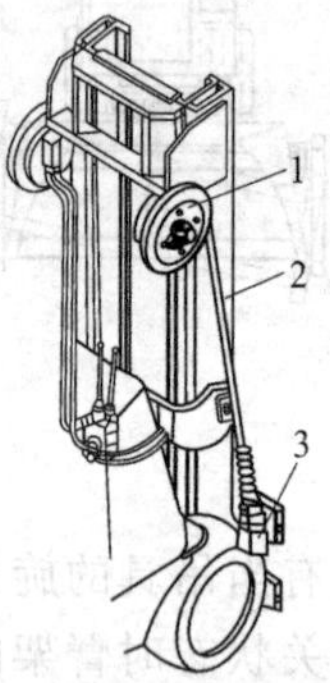

图 4-36　属具管路布置

1—卷管器；2—供油软管；3—管路连接块

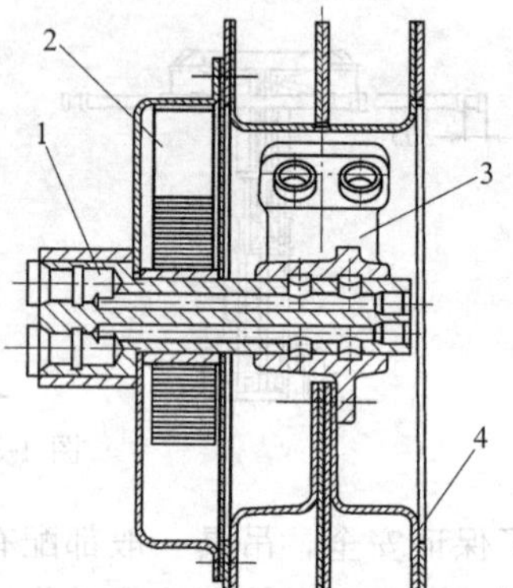

图 4-37　卷管器结构

1—轴；2—卷簧盒；3—轮毂；4—轮盘

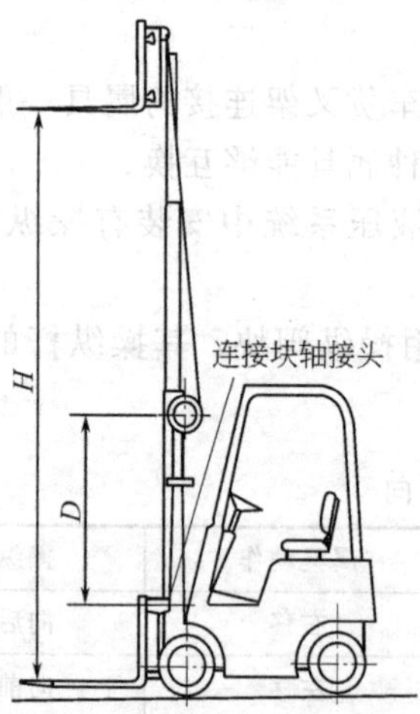

图 4-38　管路连接块的安装

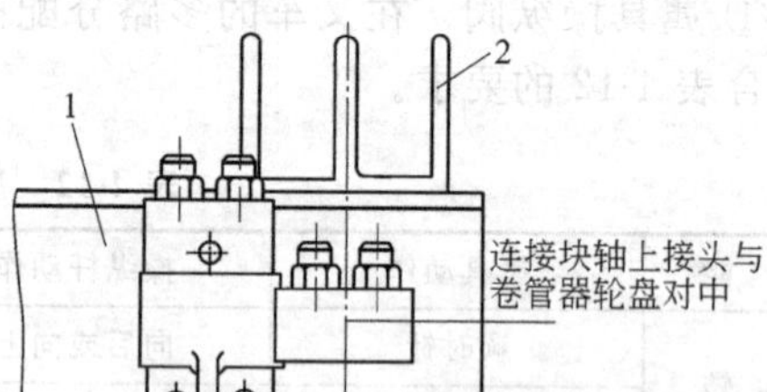

图 4-39　卷管器用软管长度

1—货叉架；2—卷管器轮盘

③ 管路接头　管路的连接一般在货叉架后面，采用快换接头以便于属具的拆换。配合内门架上的卷管器，安装时需使接头与相应的卷管轮盘对中（如图 4-39 所示）。

④ 常用属具参数　见表 4-13～表 4-20。

表 4-13 侧移货叉的主要性能参数

项目	参数				
属具起重量/t	1.8	2.5	2.7	4.5	6.8
属具载荷中心距/mm	610	610	610	610	610
所配叉车起重量/t	1～2	2～3	2～2.5	3～5	5～7.5
侧移量(左、右)/mm	各 100	各 100	各 100	各 100	各 150

表 4-14 平夹的主要性能参数

项目	参数				
属具起重量/t	1.1	1.6	1.8	2.2	3
属具载荷中心距/mm	610	610	610	610	610
所配叉车起重量/t	1～1.75	1.5～2.5	2～2.75	2～3.5	3～4.5
夹臂张闭范围/mm	440～1600	440～1740	560～2350	560～1900	570～2100

表 4-15 纸箱夹的主要性能参数

项目	参数		
属具起重量/t	0.9	1.6	2.7
属具载荷中心距/mm	560	610	610
所配叉车起重量/t	1～1.75	1.5～2.5	2.5～4
夹臂张闭范围/mm	60～1900	560～1900	580～1900

表 4-16 桶夹的主要性能参数

项目	参数	
属具起重量/t	1.1	1.6
属具载荷中心距/mm	610	610
所配叉车起重量/t	1～1.5	1.5～2.5
夹持桶数/个	1、2 或 4	1、2 或 4
夹臂张闭范围/mm	420～1550	450～1700

表 4-17 纸卷回转夹的主要性能参数

项目	参数					
属具起重量/t	1.1	2	2.7	3.5	4	4.5
纸卷直径/mm	330～1140	635～1300	560～1520	610～1520	530～1525	530～1525
所配叉车起重量/t	1～2	2～3.5	3～4.5	4～5.5	5～6	5～7
属具回转速度/(r/min)	7～8	3～4	4～5	3～4	3～4	3～4

表 4-18 回转平夹的主要性能参数

项目	参数		
属具起重量/t	1.6	2.2	3
属具载荷中心距/mm	610	610	610
所配叉车起重量/t	1.5～2.5	2.5～4	3～5
夹臂张闭范围/mm	440～1740	560～1900	575～2100
属具回转速度/(r/min)	4～5	4～5	4～5

表 4-19 推拉器的主要性能参数

项　目	参　数			
属具起重量/t	1	1.6	2	2.7
属具载荷中心距/mm	610	610	610	610
所配叉车起重量/t	1～1.5	1.5～2.5	2～3	2.5～4
推拉行程/mm	1070	1270	1270	1270

表 4-20 串杆的主要性能参数

项　目	参　数					
属具起重量/t	1	1.5	2.5	3.5	4.5	6.5
属具载荷中心距/mm	610	610	610	610	610	610
所配叉车起重量/t	1～1.5	1.5～2	2～3	3～4.5	4～5	5～7.5
串杆长度/mm	800	800	1000	1000	1200	1200
串杆最低高度/mm	300	350	400	400	400	400

第5章 液压系统构造与维修

5.1 液压传动工作原理及组成

5.1.1 传动装置的分类

任何一部完整的机器都由动力部分、传动装置和工作机构组成，能量从动力部分经过传动装置传递到工作机构。根据工作介质的不同，传动装置可分为四大类：机械传动、电力传动、气体传动和液体传动。

(1) 机械传动

机械传动是通过齿轮、皮带、链条、钢丝绳、轴和轴承等机械零件传递能量的。它具有传动准确可靠、制造简单、设计及工艺都比较成熟、受负荷及温度变化的影响小等优点，但与其他传动形式比较，有结构复杂笨重、远距离操纵困难、安装位置自由度小等缺点。

(2) 电力传动

电力传动在有交流电源的场合得到了广泛的应用，但交流电动机若实现无级调速需要有变频调速设备，而直流电动机需要直流电源，其无级调速需要有可控硅调速设备，因而应用范围受到限制。电力传动在大功率及低速大转矩的场合普及使用尚有一段距离。在工程机械的应用上，由于电源限制，结构笨重，无法进行频繁的启动、制动、换向等原因，很少单独采用电力传动。

(3) 气体传动

气体传动是以压缩空气为工作介质的，通过调节供气量，很容易实现无级调速，而且结构简单、操作方便、高压空气流动过程中压力损失少，同时空气从大气中取得，无供应困难，排气及漏气全部回到大气中去，无污染环境的弊病，对环境的适应性强。气体传动的致命弱点是由于空气的可压缩性致使无法获得稳定的运动，因此，一般只用于那些对运动均匀性无关紧要的地方，如气锤、风镐等。此外为了减少空气的泄漏及安全原因，气体传动系统的工作压力一般不超过0.7～0.8MPa，因而气动元件结构尺寸大，不宜用于大功率传动。在工程机械上气动元件多用于操纵系统，如制动器、离合器的操纵等。

(4) 液体传动

以液体为工作介质，传递能量和进行控制的叫液体传动，它包括液力传动、液黏传动和液压传动。

1) 液力传动　它实际上是一组离心泵-涡轮机系统，发动机带动离心泵旋转，离心泵从液槽吸入液体并带动液体旋转，最后将液体以一定的速度排入导管。这样，离心泵便把发动机的机械能变成了液体的动能。从泵排出的高速液体经导管喷到涡轮机的叶片上，使涡轮转动，从而变成涡轮轴的机械能。这种只利用液体动能的传动叫液力传动。现代液力传动装置可以看成是由上述离心泵-涡轮机组演化而来。

液力传动多在工程机械中作为机械传动的一个环节，组成液力机械传动而被广泛应用着，它具有自动无级变速的特点，无论机械遇到怎样大的阻力都不会使发动机熄火，但由于液力机械传动的效率比较低，一般不作为一个独立完整的传动系统被应用。

2）液黏传动　它是以黏性液体为工作介质，依靠主、从动摩擦片间液体的黏性来传递动力并调节转速与力矩的一种传动方式。液黏传动分为两大类，一类是运行中油膜厚度不变的液黏传动，如硅油风扇离合器；另一类是运行中油膜厚度可变的液黏传动，如液黏调速离合器、液黏制动器、液黏测功器、液黏联轴器、液黏调速装置等。

3）液压传动　它是利用密闭工作容积内液体压力能的传动。液压千斤顶就是一个简单的液压传动的实例。液压千斤顶的结构如图 5-1(a) 所示，为明了起见，用符号表示其有关零部件，画出它的液压系统，如图 5-1(b) 所示。

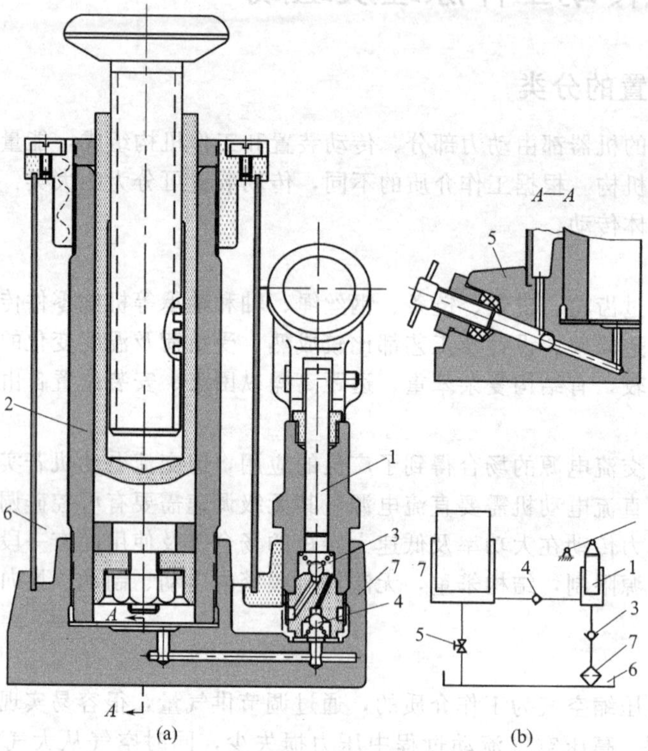

图 5-1　液压千斤顶

1—小油缸；2—大油缸；3,4—单向阀；5—开关；6—油箱；7—滤网

液压千斤顶的小油缸 1、大油缸 2、油箱 6 以及它们之间的连接通道构成一个密闭的容器，里面充满着液压油。在开关 5 关闭的情况下，当提起手柄时，小油缸 1 的柱塞上移使其工作容积增大形成部分真空，油箱 6 里的油便在大气压作用下通过滤网 7 和单向阀 3 进入小油缸；压下手柄时，小油缸的柱塞下移，挤压其下腔的油液，这部分压力油便顶开单向阀 4 进入大油缸 2，推动大柱塞从而顶起重物。再提起手柄时，大油缸内的压力油将力图倒流入小油缸，此时单向阀 4 自动关闭，使油不致倒流，这就保证了重物不致自动落下；压下手柄时，单向阀 3 自动关闭，使液压油不致倒流入油箱，而只能进入大油缸顶起重物。这样，当手柄被反复提起和压下时，小油缸不断交替进行着吸油和排油过程，压力油不断进入大油缸，将重物一点点地顶起。当需放下重物时，打开开关 5，大油缸的柱塞便在重物作用下下移，将大油缸中的油液挤回油箱 6。可见，液压千斤顶工作需有两个条件：一是处于密闭容器内的液体由于大小油缸工作容积的变化而能够流动，二是这些液体具有压力。能流动并具

有一定压力的液体具有压力能。液压千斤顶就是利用油液的压力能将手柄上的力和位移转变为顶起重物的力和位移。

5.1.2 液压传动系统的组成及特点

液压传动系统的组成

由液压千斤顶的工作原理可知，一个能完成能量传递的完整的液压系统由五部分组成：

1）动力元件　即各类液压泵。它是将机械能转换为液体的压力能。液压千斤顶的小油缸1即起液压泵的作用。

2）执行元件　它是将液体的压力能转换为机械能。执行元件包括液压缸和液压马达，液压缸带动负荷做往复运动，液压马达带动负载做旋转运动。图5-1中大油缸2就是液压千斤顶的执行元件。

3）控制元件　即各种阀，例如多路阀、分流阀和安全阀等部件。在液压系统中各种阀用以控制和调节各部分液体的压力、流量和方向，以满足机械的工作要求，完成一定的工作循环。液压千斤顶的单向阀3、4和开关5就是控制液流方向的。开关5还可控制液流的通断。

4）辅助元件　指除了以上三种以外的其他元件，包括油箱、滤油器、油管及管接头、密封件、冷却器、蓄能器、压力表、流量计等。

5）传动介质　指传递能量的液体，包括各类液压油。

为了说明叉车液压系统各组成部件的作用和相互之间的关系，现以一种典型的叉车液压传动系统为例加以叙述。

如图5-2所示为一种典型叉车液压系统原理示意图。图中油泵3将液压油自工作油箱1经过吸油管吸出，并将它压入多路换向阀4，由多路换向阀4并经其中的分流阀而分为两部分：一部分是将高压油分到起升油缸9或倾斜油缸10中去，另一部分以恒定的流量分到转向器5，来控制转向油缸6。当起升、倾斜两滑阀处于中立位置时，压力油直接从通道中返回油箱。当拉动起升滑阀时，高压油经过限速阀7到起升缸，推动活塞杆。当推动起升滑阀时，起升缸活塞的下部与低压相通，依靠自重或货重使活塞杆下降，此时起升缸流出的油经过限速阀7，使下降速度得到控制。当操作倾斜滑阀时，高压油流入倾斜油缸10的前腔或后腔，另一侧则与低压相通，以使门架完成后倾或前倾的动作。

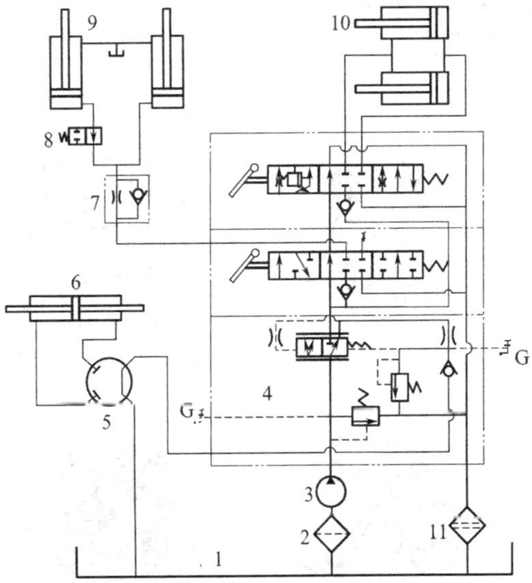

图5-2　典型叉车液压系统原理示意图

1—工作油箱；2—吸油滤油器；3—油泵；4—多路换向阀；5—转向器；6—转向油缸；7—限速阀；8—切断阀；9—起升油缸；10—倾斜油缸；11—回油滤油器

液压传动的特点

(1) 液压传动的主要优点

① 易于大幅度减速，从而可获得较大的力和转矩，并能实现较大范围的无级变速。调速比可达2000∶1。

② 易于实现直线往复运动，以直接驱动工作装置。各液压元件间可用管路连接，故安装位置自由度大，便于机械的总体布置。

③ 较小重量和尺寸的液压件可传递较大的功率。例如，液压泵与同功率的电机相比，外形尺寸为后者的12%～13%，重量为后者

的10%～20%。这样就可以使整个机械的重量大大减轻。

由于液压元件的结构紧凑、重量轻，而且液压油具有一定的吸振能力，所以液压系统的惯性小、启动快、工作平稳，易于实现快速而无冲击的变速与换向，应用于工程机械上，可减少变速时的功率损失。

④ 液压系统易于实现安全保护，同时液压传动比机械传动操作简便、省力，因而可提高效率和作业质量。

⑤ 液压传动的工作介质本身就是润滑油，可使各液压元件自行润滑，因而简化了机械的维护保养，并利于延长元件的使用寿命。

⑥ 液压元件易于实现标准化、系列化、通用化，便于组织专业性大批量生产，从而可提高生产率、提高产品质量、降低成本等，所以被广泛地应用在叉车上。

(2) 液压传动的缺点

① 液压油的泄漏难以避免，外漏会污染环境并造成液压油的浪费；内漏会降低传动效率，并影响传动的平稳性和准确性，因而液压传动不适用于要求定比传动的场合。液压传动也比机械传动的效率低。

② 液压油的黏度随温度变化而变化，从而影响传动机构的工作性能，因此在低温及高温条件下，采用液压传动时宜采取隔绝、冷却、加热等措施，避免液压油温度过高或过低。

③ 零件加工质量要求高，液压元件成本较高。而随着液压元件的大量应用，其成本必然会大幅降低。

5.1.3 液压系统主要元件构造及工作原理

齿轮油泵

(1) 齿轮油泵的组成

叉车使用的齿轮油泵的主要零件是一对互相啮合的外齿轮。

齿轮油泵结构外形如图 5-3 所示，由泵体、一对齿轮、衬板和油封组成，使用压力平衡式轴承和特殊的润滑方法使齿轮侧隙变小。压力平衡式方法经由衬板和泵体之间排油，导致衬板压向齿轮侧面。

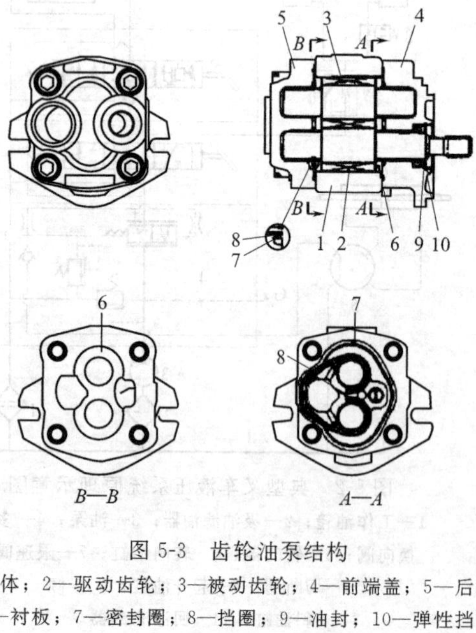

图 5-3 齿轮油泵结构

1—泵体；2—驱动齿轮；3—被动齿轮；4—前端盖；5—后端盖；6—衬板；7—密封圈；8—挡圈；9—油封；10—弹性挡圈

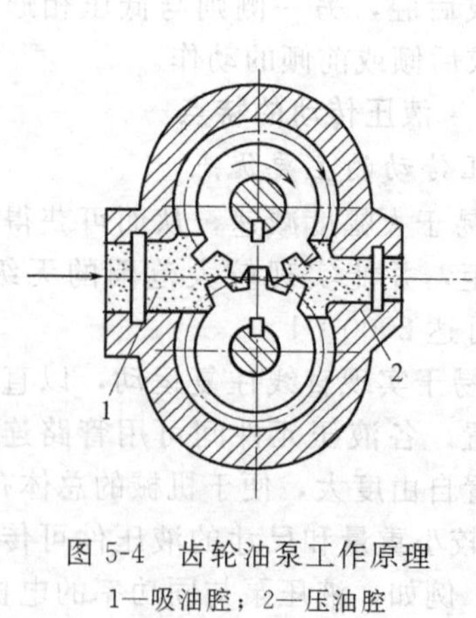

图 5-4 齿轮油泵工作原理

1—吸油腔；2—压油腔

(2) 齿轮油泵的工作原理

齿轮油泵的工作原理如图 5-4 所示。一对啮合着的渐开线齿轮安装于壳体内部，齿轮的两端面密封，齿轮将泵的壳体分隔成两个密封油腔——图中标记数字 1 和 2 的空间。当齿轮泵的齿轮按图示方向转动时，数字 1 所表示的空间（轮齿脱开啮合处）的体积从小变大，形成真空，油箱中的油在大气压力的作用下经泵吸油管进入吸油腔，填充齿间。而数字 2 所表示的空间（齿轮进入啮合处）的体积从大变小，而将油液压入压力油路中去。即 1 是吸油腔，2 是压油腔，它们由两个齿轮的啮合点隔开。

齿轮油泵将发动机的机械能转变为液压能，所以齿轮油泵是叉车液压系统的动力机构。

多路换向阀

换向阀是用来实现液压油路改变方向的阀门，所谓“多路”，是指将控制几种不同动作的换向阀连接在一起的组合。这种组合的阀门就叫多路换向阀。如叉车上将控制起升油缸升降的换向阀与控制门架前后倾斜的倾斜油缸换向阀和控制属具动作的换向阀组合成多路换向阀。在组合的换向阀内部，有些液压元件是共用的，因而可以缩小体积、提高效能、降低造价，使整个液压系统更为简练。

目前，叉车常见的有 ZS_1 系列多路换向阀和 CDA 系列多路换向阀等。

(1) ZS_1 系列多路换向阀

1）特点　多路换向阀有整体式和分片式两种，整体式是将外壳铸成一体，使其结构紧凑、不易泄漏，但铸造加工困难。分片式是将几个单片式的单独阀体用螺栓连接而组成一体，其优点是构造简单、易于加工，而且可以根据工作需要，随意增减阀体的数量（如不带属具的叉车采用 2 组换向阀，带属具的叉车使用 3 组或 4 组换向阀）；缺点是阀体接触面的加工精度要求高。

2）组成　换向阀阀体一般设有 4 个油孔，一个是与油泵连接的高压油的进油口，一个是流回油箱的低压油的回油口，另两个是通往工作油缸的进油口和回油口。阀体内部要加工出使 4 个油口相连通的油道，阀杆的作用是通过阀杆的轴向移动使 4 个油口通路互相关闭和连通，以停止和正反向动作。

阀杆和阀体之间需要有间隙，以便阀杆在阀体内自由滑动，但间隙过大容易造成内泄，致使起升油缸自行下降，门架自行前倾。间隙过小则造成阀杆移动困难。因而阀杆与阀体配合面的精度要求较高。为提高使用寿命，阀杆多用合金钢制作且进行热处理，以提高耐磨能力。

阀杆下端一般装有定位弹簧，使阀杆在不受力时处于使油路关闭的状态。图 5-5 为 CPC (Q) 30 分片式多路换向阀总装图。

3）工作原理　非工作状态下，起升手柄和倾斜手柄都在中间位置时，起升阀杆和倾斜阀杆也在中间位置，如图 5-6 所示。

高压油自进油管接头进入液压分配器，经工作油道、总回油道、回油管接头流回油箱。

在起升货物时，向后拉回起升手柄，起升阀杆上升。阀杆上的油沟沟通工作油道和起升油管接头，如图 5-7 所示。

高压油自进油管接头进入液压分配器，经工作油道、起升油管接头流入起升油缸，顶起活塞及活塞杆，通过起升传动机构使货叉带动货物上升。

松开起升手柄时，起升阀杆借弹簧的张力恢复中间位置，切断工作油道及起升油管接头的通路，因而起升油缸内工作油被封闭在缸内，使货叉及其所载货物能保持在某一高度不动。

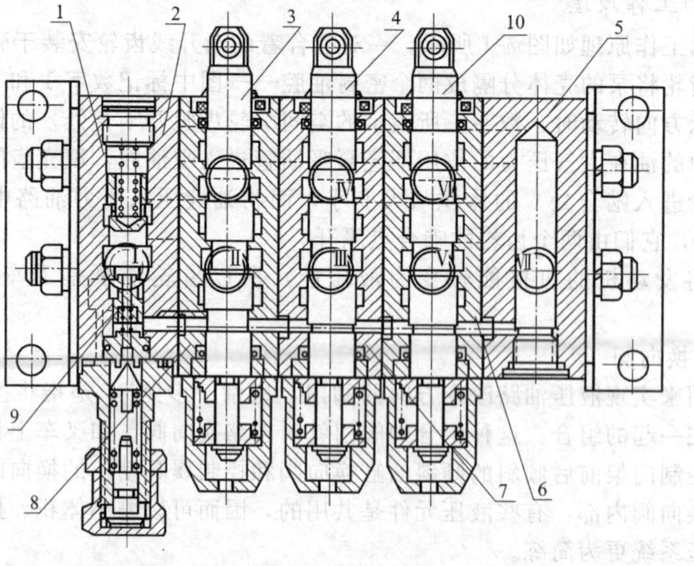

图 5-5 多路换向阀

1—单向阀座；2—进油阀块；3—起升滑阀；4—倾斜滑阀；5—回油阀块；6—属具阀块；
7—倾斜阀块；8—起升阀块；9—安全溢流阀；10—属具滑阀；
Ⅰ—高压进油管接头；Ⅱ—起升油管接头；Ⅲ—倾斜油缸后腔油管接头；Ⅳ—倾斜油缸前腔油管接头；Ⅴ—属具油缸后腔油管接头；Ⅵ—属具油缸前腔油管接头；Ⅶ—回油管接头

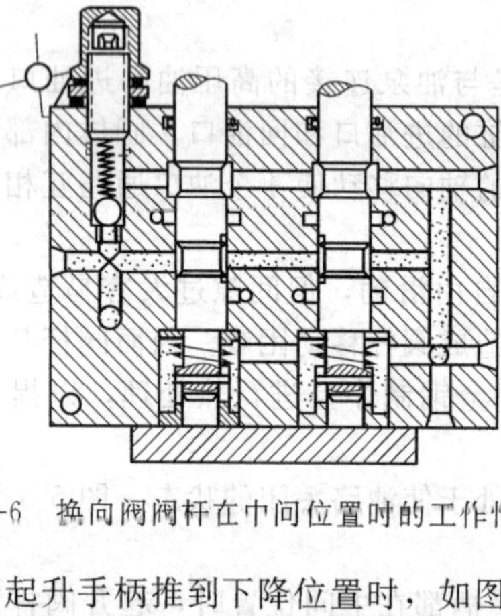

图 5-6 换向阀阀杆在中间位置时的工作情况

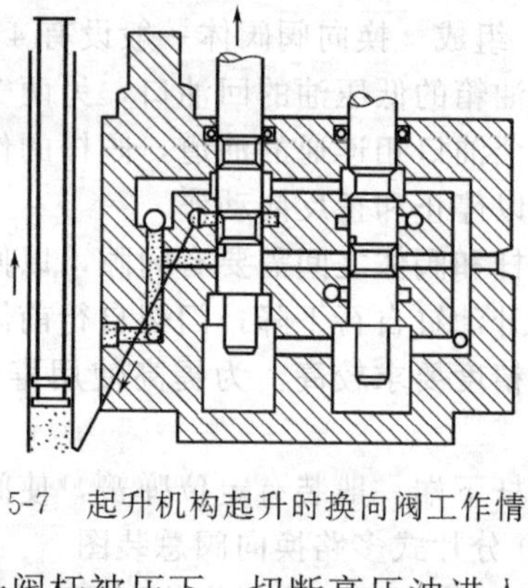

图 5-7 起升机构起升时换向阀工作情况

当起升手柄推到下降位置时，如图 5-8 所示，起升阀杆被压下，切断高压油进入起升油缸的通路，而接通起升活缸通往油箱的回油管路，起升活塞（或柱塞）在门架及货重作用下下降，活塞迫使工作油从起升油缸经起升油管接头、上回油道、总回油道、回油管接头流回油箱。

前倾时将倾斜手柄向前推，倾斜阀杆下降。阀杆上的油沟沟通工作油道和倾斜油缸后腔油管接头，阀杆上的环形油道沟通上回油道和倾斜油缸前腔油管接头，如图 5-9 所示。

高压油自进油管接头进入液压分配器，经工作油道、倾斜油缸后腔油管接头进入倾斜油缸后腔，推动活塞和活塞杆前进，使门架前倾。活塞前进时，迫使活塞前腔的工作油经倾斜油缸前腔油管接头、上回油道、总回油道、回油管接头流回油箱。

当松开倾斜手柄，倾斜阀杆迅速回到中间位置，倾斜油缸前后腔内油液都被封闭，门架可保持前倾位置不动。

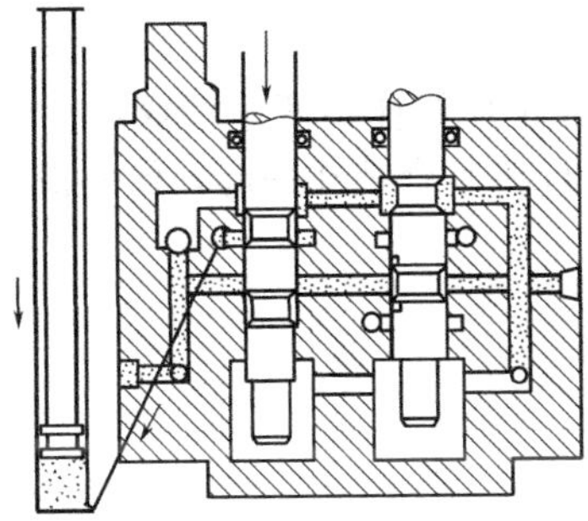

图 5-8 起升机构下降时换向阀工作情况

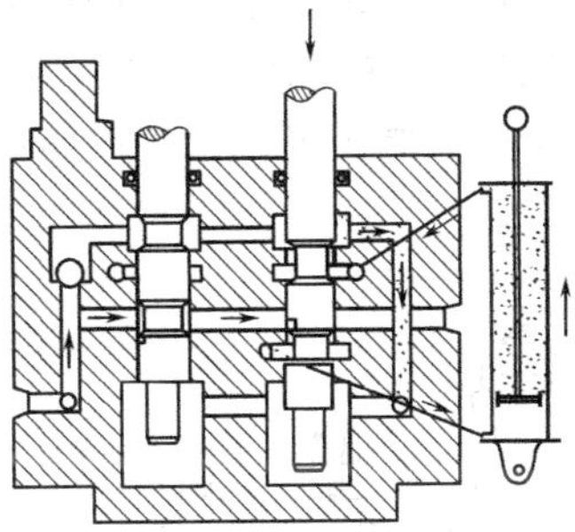

图 5-9 倾斜机构前倾时换向阀工作情况

后倾时，向后拉回倾斜手柄，倾斜阀杆上升，阀杆上的油沟沟通工作油道和倾斜油缸前腔油管接头，阀杆下端沟通下回油道和倾斜油缸后腔油管接头，如图 5-10 所示。

高压油自进油管接头进入液压分配器，经工作油道、倾斜油缸前腔油管接头进入倾斜油缸前腔，推动活塞和活塞杆后退，使门架及货叉后倾斜。活塞后退时，迫使活塞后腔的工作油经倾斜油缸后腔油管接头、下回油道、总回油道、回油管接头流回油箱。

松开倾斜手柄，倾斜阀杆迅速回到中间位置，倾斜油缸前后腔内油液都被封闭，门架及货叉就保持在一定的后倾位置。

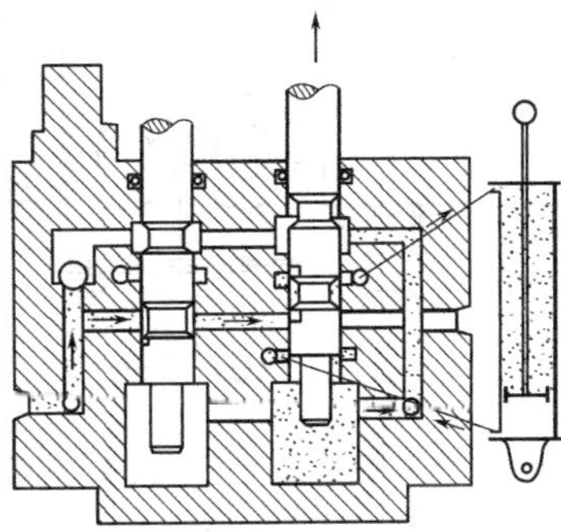

图 5-10 起升机构后倾时换向阀工作情况

(2) CDA 系列多路换向阀

1) 用途 CDA 系列多路换向阀根据国内工程机械的实际需要而改进设计的新产品，主要适用于 1～10t 叉车，轻、中型装载机及其他工程、矿工机械的液压系统中改变油流方向，实现多个执行机构的集中控制，同时亦可实现转向系统工作。

2) 特点

① 具有集约化程度高、性能先进、工作可靠、安装维修方便、结构紧凑、重量轻、体积小等特点。

② 采用分片式结构，同时该型产品具有多种多样的功能，有带或不带单稳阀，带或不带前倾制动阀（即 O_2 型机能），带或不带过载阀，并有多种滑阀机能，如 A、A_1、O_2、O、Q、YP、Y 型等。

③ 带有单稳阀，将换向阀和单稳阀合为一体，这是与目前国内常见的多路阀最明显的区别。此产品在进行工作系统正常工作的同时，能供给转向系统一定的流量，实现转向系统正常工作，因此使转向系统和工作系统共用一油泵，减少结构复杂程度，便于安装与维修等。

④ 适应特殊需求。如叉车货叉倾斜油缸，要求发动机熄火时，不致因误操作手柄而发生货物倾翻的危险和防止前倾超速倾斜油缸吸空，设计有带前倾制动阀的 O_2 型滑阀，大大增加了作业安全度。

⑤ 油路采用并联，减少压力损失；各联换向阀均设有单向阀，以防油液倒流，克服执行机构“点头”现象；进油片设有先导式溢流阀，以控制系统压力；带单稳阀的还有一个直动式溢流阀，能保证转向系统正常工作；各联阀杆均设置了相应的节流槽，具有良好的微动特性；对阀体孔、阀杆的尺寸精度、形位公差、表面粗糙度及两者的配合间隙均有严格的要

求，因此内泄漏少，阀杆复位灵活自如；各联阀片均可装特殊设计的A、B口过载阀及补油阀，并可按用户要求调定所需的压力。

3）组成　叉车常用的CDA型多路阀（图5-11）由四片阀体、两个滑阀、一个安全溢流阀和一个分流阀组成。四片阀体由三个双头螺栓和螺母将其合装在一起，倾斜滑阀装有倾斜自锁阀。

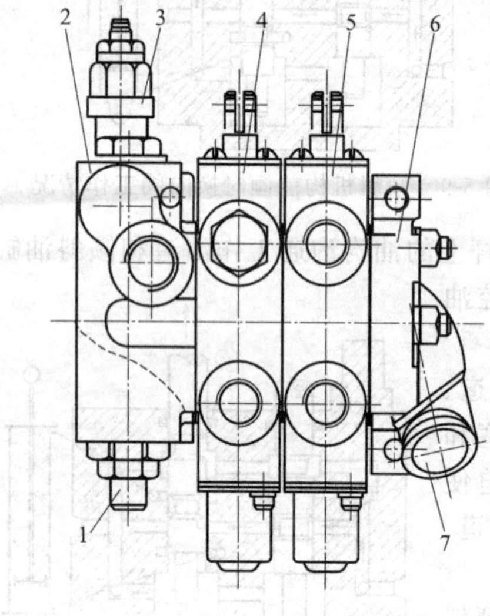

图5-11　两片式多路阀

1—进油阀片；2—主安全阀；3—升降阀片；4—倾斜阀片；5—回油阀片；6—回油箱；7—分流阀接转向器

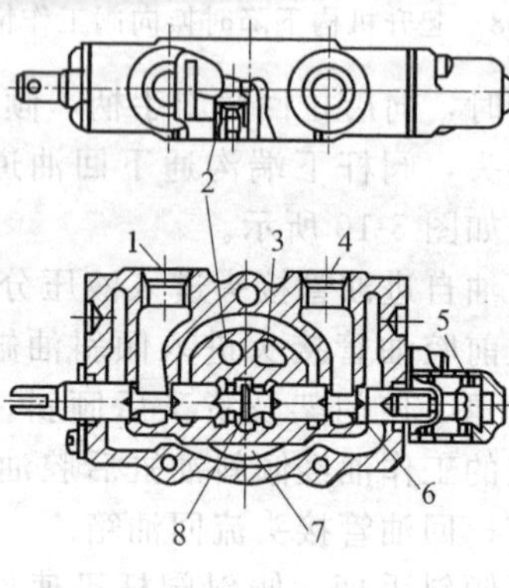

图5-12　中立位置

1—油缸接口B；2—进油单向阀；3—主进油口；4—油缸接口A；5—回位弹簧；6—滑阀；7—低压通道；8—中间通道

4）工作过程

① 滑阀的操作（以倾斜滑阀为例）

a. 中立位置　如图5-12所示，此时从油泵排出的压力油通过中立位置返回油箱。

b. 推动滑阀　如图5-13所示，此时关闭中间通道，从进油口来的油打开单向阀流向油缸接口B，从油缸接口A来的油通过低压通道流向油箱，借助于回位弹簧，可使滑阀回到中立位置。

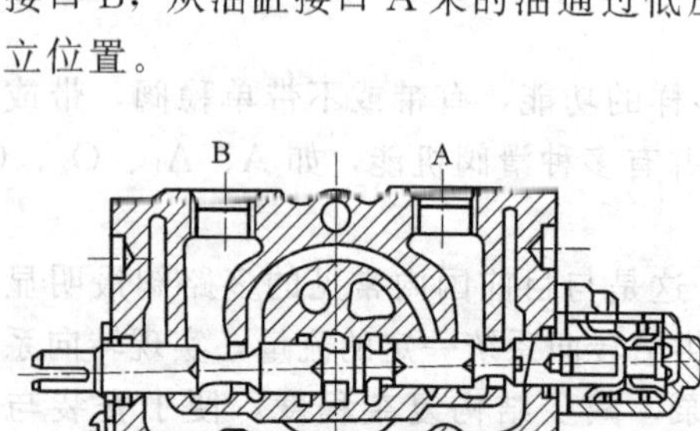

图5-13　推动滑阀

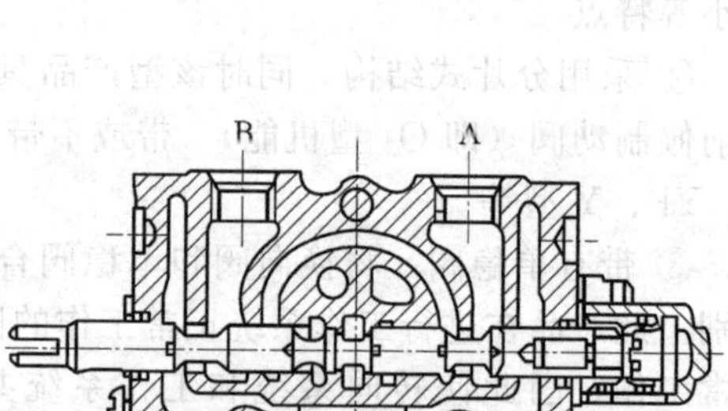

图5-14　拉出滑阀

c. 拉出滑阀　如图5-14所示，此时关闭中立位置，从进油口来的油打开单向阀，并流向油缸接口A，从油缸接口B来的油通过低压通道流向油箱，借助于回位弹簧，可使滑阀回到中立位置。

② 主安全溢流阀和分流安全阀　如图5-15所示，主安全溢流阀和分流安全阀一般设置在多路阀的进油阀片里。主安全溢流阀由主阀A和先导阀B两部分组成，当多路阀进行换

向时，Q 腔与工作机构（如起升缸、倾斜缸）的高压油相通，压力油通过固定节流孔 D、E，作用于先导阀 B，当系统压力大于系统调定压力时，先导阀 B 打开，使 F 腔压力降低，整个主阀 A 向右移动，使压力油直通低压油腔 G，使 Q 腔卸荷以保证系统压力的稳定，调节螺钉 H 可用来调整系统的稳定压力值。

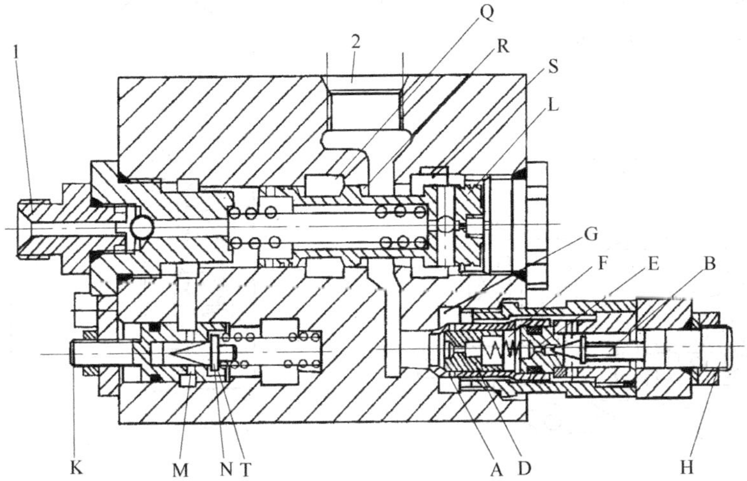

图 5-15 多路阀进油阀片示意图

1—接转向器 PS；2—进油口；A—主安全溢流阀主阀；B—主安全溢流阀先导阀；D、E—固定节流孔；F—主安全溢流阀内的压力油腔；G—低压油腔；H、K—调节螺钉；L—平衡滑阀；M—转向系统压力油腔；N—分流安全阀阀芯；Q、R、S—工作油腔；T—回油腔

分流安全阀结构较简单，为直动式溢流，利用液体压力直接与弹簧力相平衡的原理得到转向系统的稳定压力值。当操作转向盘时，油腔 M 与高压油路相通，当系统压力大于弹簧压力时，阀芯 N 右移，压力油由 T 腔通低压油路，使 M 腔卸荷，以保证转向系统压力的稳定。调节螺钉 K 可用来调整系统的稳定压力值。

L 阀为平衡滑阀，通过流量和压力的不断变化，使滑阀 L 向左、右移动来改变 R、S 两处的开度，保证去工作腔 Q 和出口 PS 去全液压转向器的流量自动平衡，按比例稳定分流。

③ 倾斜自锁阀的动作　倾斜滑阀装有自锁阀，主要用来防止因倾斜缸内部负压（吸空现象）可能引起的振动，并避免因误操作手柄发生货物倾翻的危险。一般传统结构，发动机熄火后也能操作倾斜滑阀使之前倾，但采用这种倾斜自锁阀，在发动机熄火时，即使猛推操纵阀杆也不能使门架前倾。如图 5-16 所示为倾斜自锁阀在中位时的状态。阀体的接口 A、B 分别接到倾斜缸活塞的前、后腔。当拉出滑阀时，高压油进入接口 A，后腔的油由 B 返回油

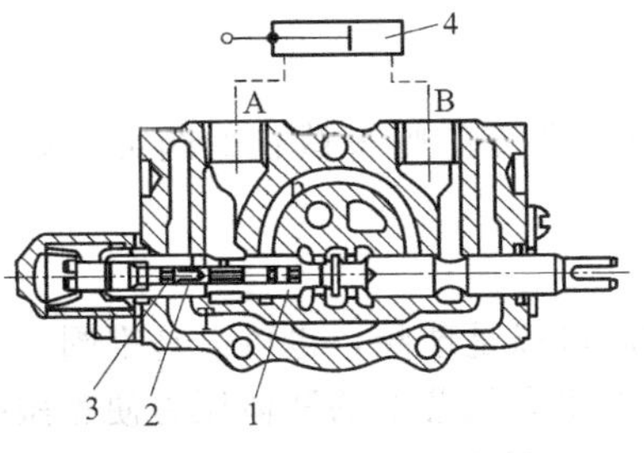

图 5-16 倾斜阀片剖视图（阀芯内置自锁阀）

1—滑阀；2—阀芯；3—弹簧；4—倾斜缸

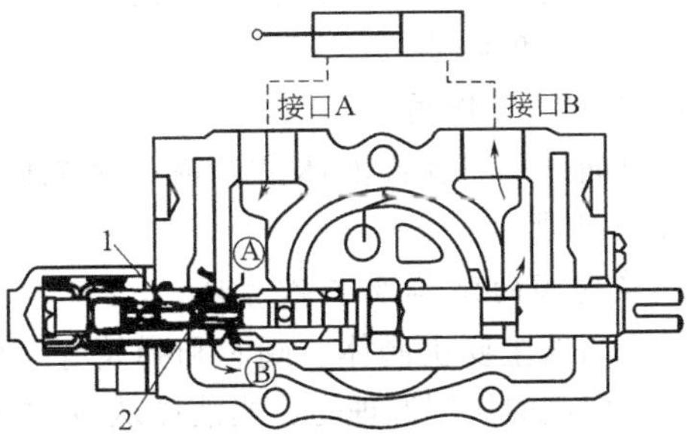

图 5-17 倾斜阀杆推进（泵工作时）

1—阀芯；2—自锁阀

箱，此时门架处于后倾状态。

当推动倾斜滑阀（泵工作状态）时，如图 5-17 所示，高压油进入接口 B，借助于高压油使滑阀中的自锁阀动作，A 口接通低压，油缸回油通过阀芯孔 A、B 从低压通道回到油箱。

当发动机熄火或停转时，推动倾斜滑阀（图 5-18），油缸接口 B 没有油流入，P 部的压力不上升。因此自锁阀不动作，油缸接口 A 的油不能回油箱，这样倾斜缸便被锁定，门架不会前倾，倾斜缸中也不能形成负压。

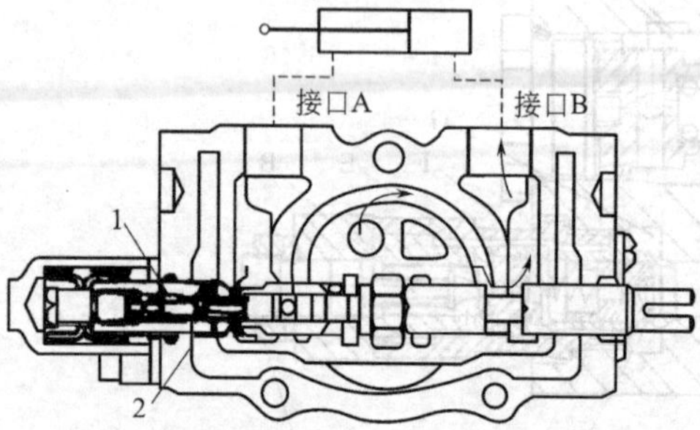

图 5-18　倾斜阀杆推进（泵不工作时）
1—阀芯；2—自锁阀

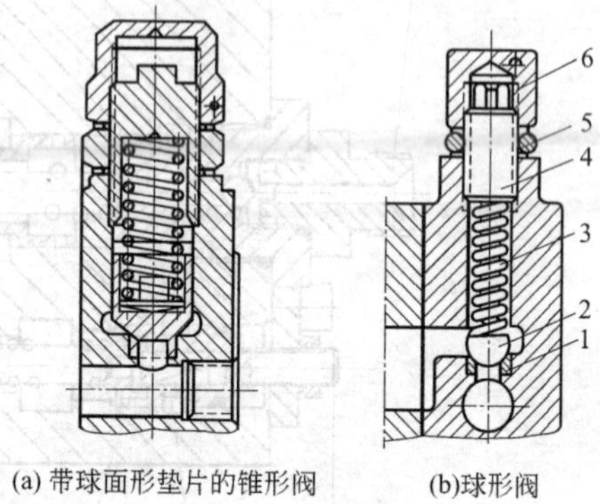

图 5-19　安全阀构造
1—阀座；2—钢球；3—弹簧；4—调节螺钉；5—螺母；6—盖螺母

溢流阀（安全阀）

（1）溢流阀的功用

为了保证液压系统不致因油压过高，而将油泵、油管或其他液压零件损坏，在液压系统中要装有安全阀。叉车超载、起升油缸达到最高位置和倾斜油缸到达极限位置时，将使液压系统油压迅速升高，当超过液压系统的规定油压时，安全阀迅速打开，使部分油液经安全阀流回油箱，降低油压，以保护液压系统的零部件不致损坏。

（2）溢流阀的组成及工作原理

安全阀构造如图 5-19 所示，它由阀（钢球）、阀座、弹簧、调节螺钉等组成。在弹簧 3 的压力下，钢球与阀座密贴，堵住油道中的油液流向溢流孔道，当液压系统中油压升高到一定的压力时，油压在钢球上的力克服了弹簧的压力，使钢球离开阀座；油道中的高压油则通过钢球与阀座之间环状空隙，流入溢流孔道，使液压系统中的压力下降，直至弹簧的压力又将钢球压向阀座，使其将油道关闭，恢复正常工作油压。

弹簧压力的大小由调节螺钉来控制，根据液压系统规定的油压（也叫额定油压），调整调节螺钉达到额定油压值后，应施以铅封，不得随意拆解调节。

单向阀

（1）单向阀的作用

单向阀是只允许液体沿管道一个方向通过，而另一个方向则被截止的阀类，如图 5-20 和图 5-21 所示。

（2）单向阀的结构及工作原理

单向阀主要由阀体、阀芯和弹簧等零件组成。阀芯可以是球阀，也可以是锥阀。

单向阀的作用原理是：当液体从 p_1 方向流入时，作用在阀芯上的液体压力便克服弹簧力将阀芯顶开，于是液体由 p_1 流向 p_2。当液体反向流入时，因为作用在阀芯上的液体压力与弹簧方向一致，因此将阀芯压紧在阀座上，液体被截止不能通过。其图形符号如图5-22所示。

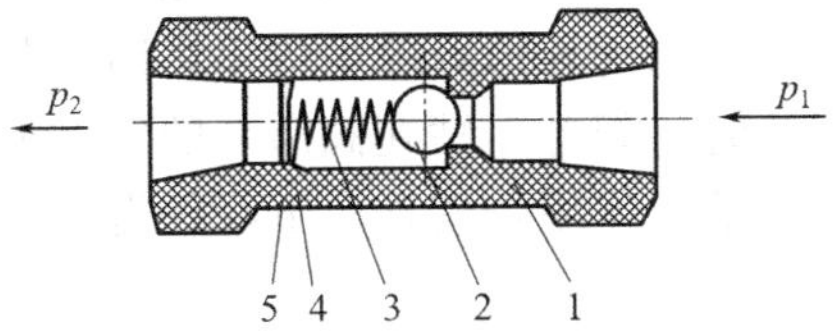

图 5-20 钢球密封式直通单向阀结构

1—阀体；2—钢球；3—弹簧；4,5—挡圈

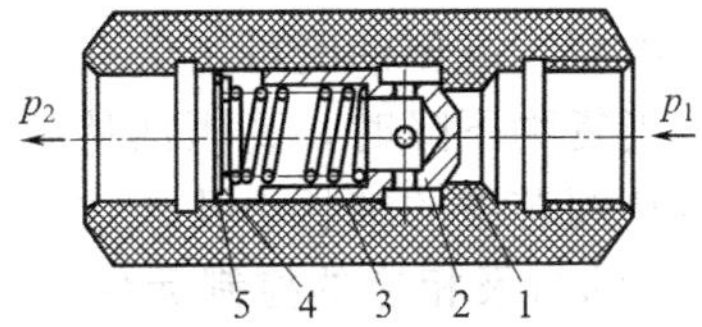

图 5-21 锥阀芯密封式直通单向阀结构

1—阀体；2—锥阀；3—弹簧；4,5—挡圈

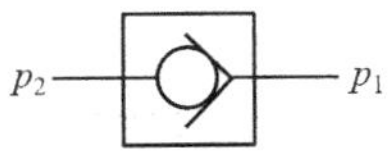

(a) 单独使用时的符号

(b)与其他元件组合使用时的符号

图 5-22 单向阀的液压图形符号

单向节流阀

(1) 单向节流阀的功用

节流阀是一种用改变油液流量的办法来控制工作机构移动速度的阀门。单向节流阀是仅在一个方向上起节流作用，而在反方向不起节流作用的阀门。例如在起升机构中，当货叉载货下降时，为保证作业安全，希望降低其下降速度，而在起升作业时，为提高作业效率，又希望其保持比较高的起升速度，为此在起升油缸的进出油口处安装有单向节流阀。同理，在倾斜油缸的前倾出油口处，也装有单向节流阀，以防止在货物的重压下，前倾速度过快而影响安全。

(2) 单向节流阀的组成及工作原理

单向节流阀由阀芯 1 和阀座 2 等部分组成，如图 5-23 所示。

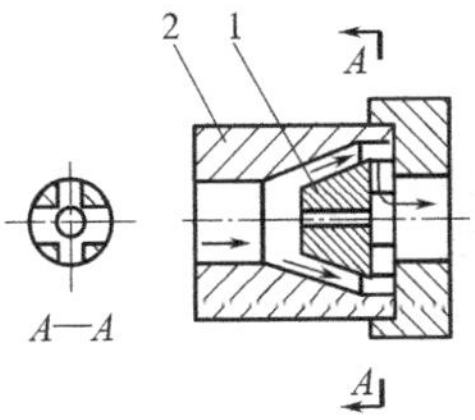

(a) 起升

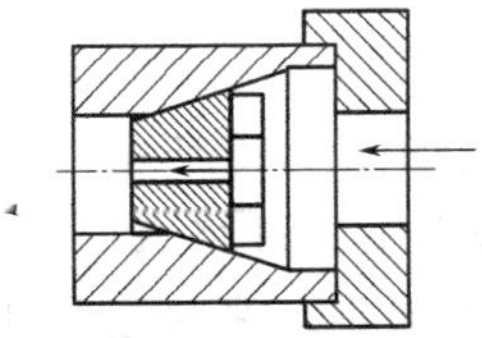

(b) 下降

图 5-23 节流阀

1—阀芯；2—阀座

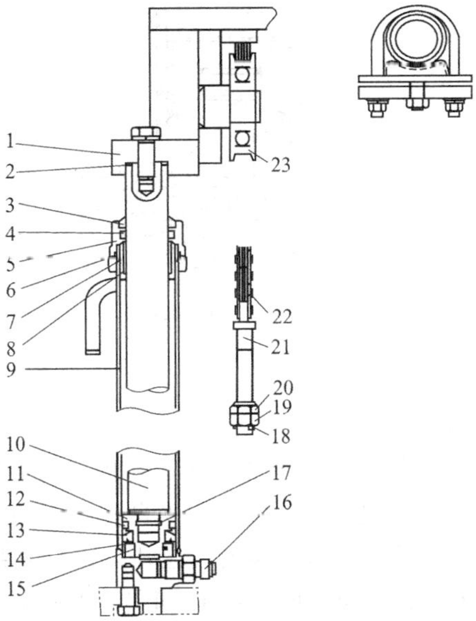

图 5-24 起升油缸

1—上横梁；2—调整垫；3—防尘圈；4—油封；5—导向套；6—O 形密封圈；7—缸头；8—钢背轴承；9—缸体；10—活塞杆；11—活塞；12—活塞油封；13—油封；14—座圈；15—弹性挡圈；16—切断阀；17—弹簧锁圈；18—开口销；19—锁紧螺母；20—调节螺母；21—端接头；22—链条；23—链轮

在阀芯1上开有细长小孔，起升油缸起升时，油液向起升油缸内流动，高压油推动阀芯离开阀座锥面，高压油既可由管孔中流出，又可经阀座周围的环形缝隙中流出，因此节流作用很小。当货物下降时，高压油从起升油缸向油箱回流时，阀芯1贴在阀座2的锥面上，高压油只能从阀芯中的细长小孔通过，流动阻力较大，起节流作用，使柱塞下降较慢。

油缸及相应的控制元件

叉车上所用的油缸一般有起升油缸、倾斜油缸和转向油缸。如加属具，则再加相应的油缸，目的是通过油缸把液体的压力能转换成机械能，输出到工作装置，以实现货叉的起升下降、门架的前后倾和车体的转向等动作。

(1) 起升油缸

大多数叉车的起升油缸（图5-24）采用单作用活塞式液压油缸，由缸体、活塞及活塞杆、缸盖、切断阀、密封件等组成，缸头装有钢背轴承和油封，以支承活塞杆并防止灰尘进入。当多路换向阀的升降滑阀置于上升位置时，液压油从分流阀到换向阀进入油压缸活塞下部，推动活塞杆上升，货物被举起。当多路换向阀的升降滑阀置于下降位置时，在货物、门架、货叉架及活塞本身质量的作用下使活塞杆下降，液压油被压回到油箱。在缸底部装有切断阀，若门架升高，高压管破裂，可起安全保护作用。

(2) 切断阀的工作原理

在起升缸的底部装有切断阀（图5-25），当高压管突然破裂时，以防止货物急剧下降。来自起升油缸的油返回油箱时要经过阀芯外圆周上A孔，如果油通过孔的流速小于阀的设定值，阀芯前后的压差小于弹簧力，这时阀芯不动，滑阀不动作。如果发生高压管破裂或其他原因，通过阀芯孔的流速超过设定值，阀芯前后的压差就会大于弹簧力，使阀芯右移。这样，孔A关闭，因此货叉不会下降。

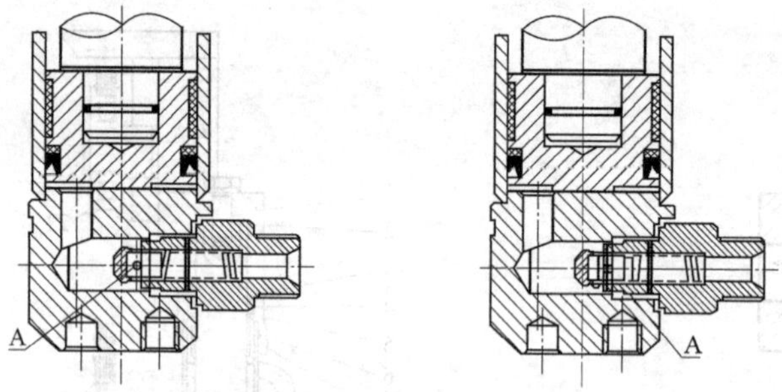

(a) 流量小于设定值时　　(b) 流量大于设定值时

图5-25　切断阀的工作原理

(3) 限速阀

限速阀装在起升油路中，以限制货叉重载时的下降速度，其结构如图5-26所示。当多路阀滑阀处于“起升”位置时，来自多路阀的高压油在不受节流的情况下通过腔A、B，孔C、D、E、F以及腔G，再流入起升缸；当多路阀滑阀处于“下降”位置时，来自起升缸的油通过腔G，油孔F、E、D、C和B、A腔流经整个阀，此时在A腔和B腔之间就产生了压力差，并打开球阀8，当压力差超过弹簧3的弹簧力时，阀芯6向右移动，致使油的流量由于D、C孔的变小而下降，也就减少了通过节流孔的流量。

(4) 倾斜油缸

倾斜油缸（图5-27）为双作用活塞式液压缸，装于门架两侧，其活塞杆端与门架连接，倾斜油缸缸底用销子与车架连接。门架的前倾和后倾是依靠倾斜油缸的动作来完成的。

倾斜油缸主要由活塞、活塞杆、缸体、缸底、导向套及密封件组成。活塞和活塞杆采用

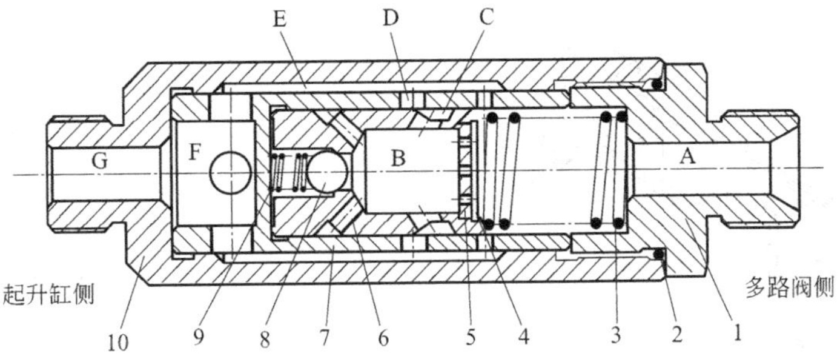

图 5-26 限速阀

1—限速阀接头；2—密封件；3—弹簧；4—卡圈；5—节流片；6—阀芯；7—阀套；8—球阀；9—单向阀弹簧；10—阀体

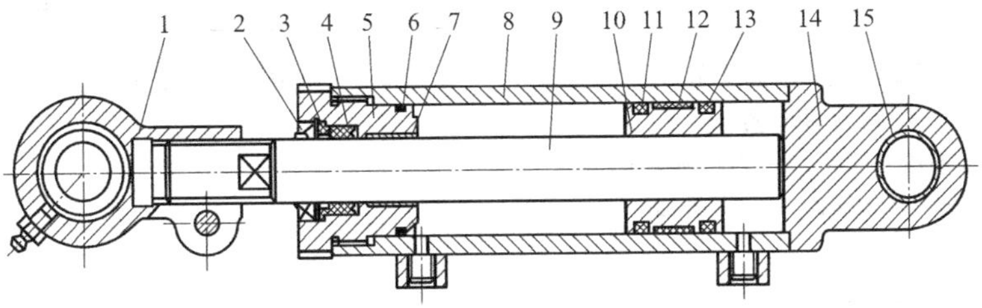

图 5-27 倾斜油缸

1—耳环；2—防尘圈；3—挡环；4,11,13—Yx 型密封圈；5—导向套；6—O 形圈；7—钢背轴承；8—缸筒体；9—活塞杆；10—活塞；12—支承环；14—缸底；15—钢背轴承

焊接结构，活塞外缘装有一个支承环和两个 Yx 型密封圈，在导向套内孔压配有轴套并装有 Yx 型密封圈、挡环及防尘圈，此轴套支承着活塞杆，密封圈、挡环及防尘圈可防止漏油和防尘，同 O 形圈一道旋到缸体上。当活塞移动时，从一口进油而从另一口出油，活塞杆备有调节螺纹，以调节倾角之间的差数。

当倾斜滑阀前推时，高压油从油缸缸底进入，从而推动活塞向前使门架前倾；当滑阀后拉时，高压油从缸体前端进入，推动活塞向后，直至门架后倾到位为止。

5.2 典型液压系统分析

5.2.1 蓄电池叉车液压系统

CPD10 型蓄电池叉车液压系统管路元件布置、流程、工作原理如图 5-28～图 5-30 所示。

高压齿轮泵从油箱吸油，排油口接多路阀。多路阀上有一路油接油箱，其中升降油缸手动换向阀控制升降油缸的起升与下降，倾斜油缸手动换向阀控制倾斜油缸的前倾与后倾。高压齿轮泵的安全和卸荷由多路阀上的先导式溢流阀实现。

(1) 货叉升降回路

1) 货叉起升。

进油路：油箱→高压齿轮泵→单向阀→升降油缸手动换向阀左位→下降限速阀→升降油缸下腔，货叉起升。

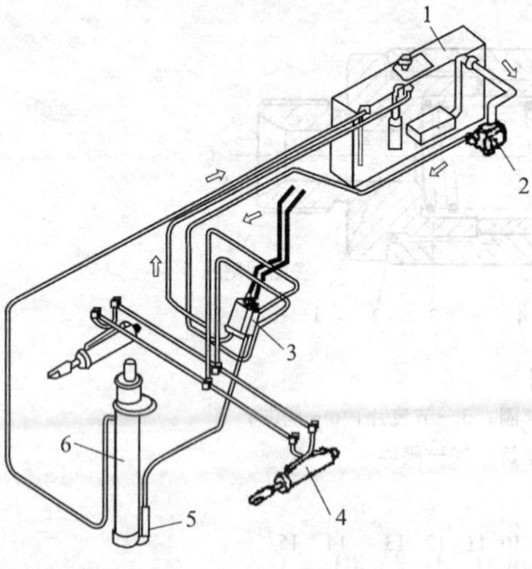

图 5-28 CPD10 型蓄电池叉车液压系统管路元件布置

1—工作油箱；2—高压齿轮泵；3—多路换向阀；4—倾斜油缸；5—下降限速阀；6—起升油缸

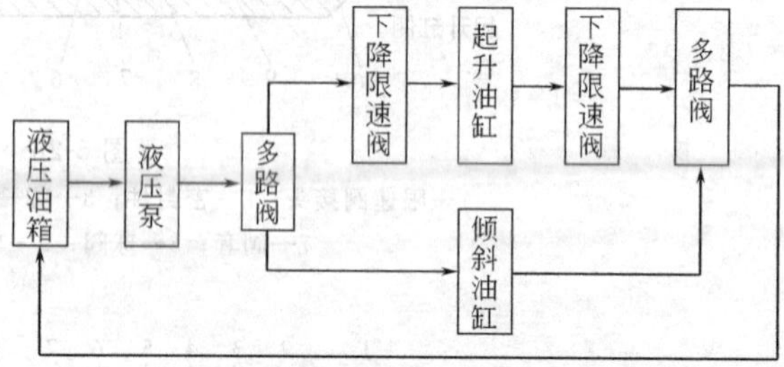

图 5-29 CPD10 型蓄电池叉车液压系统流程

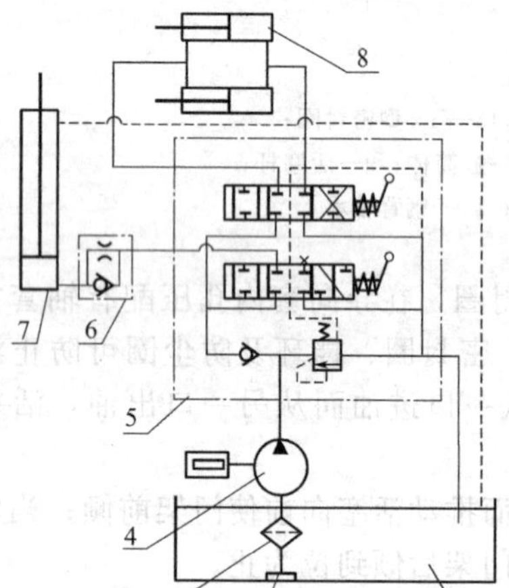

图 5-30 CPD10 型蓄电池叉车液压系统工作原理

1—工作油箱；2—永久磁铁；3—滤油器；4—高压齿轮泵；5—多路换向阀；6—下降限速阀；7—起升油缸；8—倾斜油缸

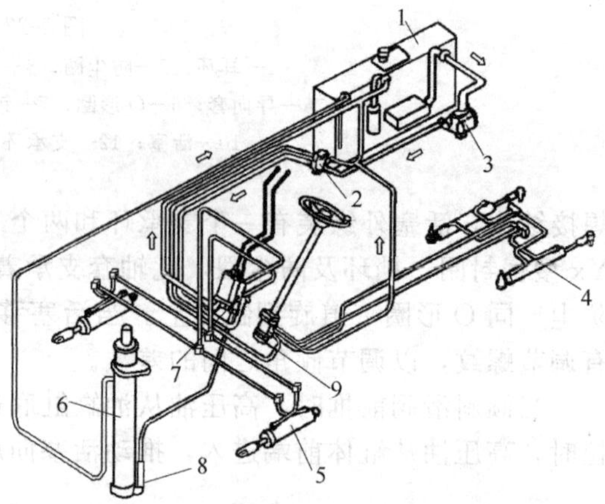

图 5-31 CPC30 型内燃叉车液压系统管路元件布置

1—工作油箱；2—单稳分流阀；3—高压齿轮泵；4—转向油缸；5—倾斜油缸；6—起升油缸；7—多路换向阀；8—下降限速阀；9—转向器

2）货叉下降。

回油路：升降油缸下腔→下降限速阀→升降油缸手动换向阀右位→油箱，货叉下降。

(2) 货叉倾斜回路

1）货叉前倾。

进油路：油箱→高压齿轮泵→单向阀→倾斜油缸手动换向阀右位→倾斜油缸后腔。

回油路：倾斜油缸前腔→升降油缸手动换向阀右位→油箱，货叉前倾。

2）货叉后倾。

进油路：油箱→高压齿轮泵→单向阀→倾斜油缸手动换向阀左位→倾斜油缸前腔。

回油路：倾斜油缸后腔→升降油缸手动换向阀左位→油箱，货叉后倾。

5.2.2 内燃叉车液压系统

（1）CPC30 型内燃叉车液压系统

CPC30 型内燃叉车液压系统管路元件布置、流程、工作原理如图 5-31～图 5-33 所示。

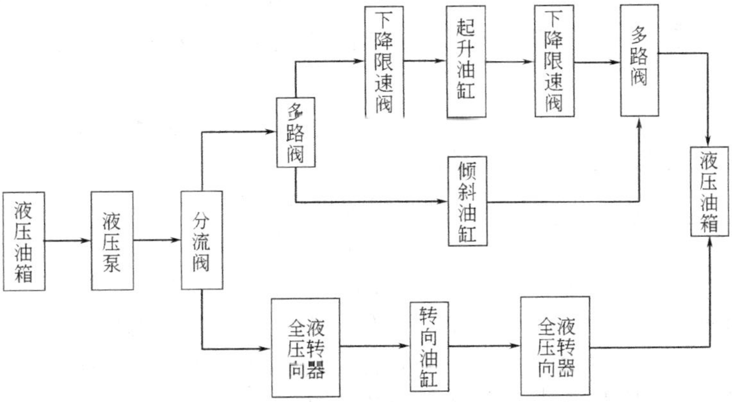

图 5-32 CPC30 型内燃叉车液压系统流程

高压齿轮泵从油箱吸油，排油口接单稳分流阀，单稳分流阀将油液分为两路：一路接多路阀，多路阀上有一路油接油箱，其中升降油缸手动换向阀控制货叉的起升与下降，倾斜油缸手动换向阀控制门架的前倾与后倾，工作装置回路的安全和卸荷由多路阀上的先导式溢流阀实现；另一路接全液压转向器，全液压转向器有一路油接油箱，有两路油分别接转向油缸的前腔、后腔，控制后轮转向，转向工作回路的安全由单稳分流阀上的安全阀实现，卸荷由全液压转向器上的转阀中位实现。

1）货叉升降回路

① 货叉起升。

进油路：油箱→高压齿轮泵→单稳分流阀→单向阀→升降油缸手动换向阀左位→下降限速阀→升降油缸下腔，货叉起升。

② 货叉下降。

回油路：升降油缸下腔→下降限速阀→升降油缸手动换向阀右位→油箱，货叉下降。

2）货叉倾斜回路

① 货叉前倾。

进油路：油箱→高压齿轮泵→单稳分流阀→单向阀→倾斜油缸手动换向阀右位→倾斜油缸后腔。

回油路：倾斜油缸前腔→升降油缸手动换向阀右位→油箱，货叉前倾。

② 货叉后倾。

进油路：油箱→高压齿轮泵→单稳分流阀→单向阀→倾斜油缸手动换向阀左位→倾斜油缸前腔。

回油路：倾斜油缸后腔→升降油缸手动换向阀左位→油箱，货叉后倾。

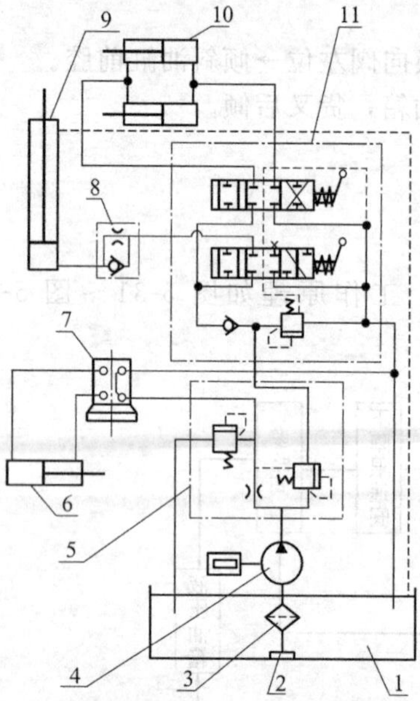

图 5-33 CPC30 型内燃叉车液压系统工作原理

1—工作油箱；2—永久磁铁；3—吸油滤油器；4—高压齿轮泵；5—单稳分流阀；6—转向油缸；7—转向器；8—下降限速阀；9—起升油缸；10—倾斜油缸；11—多路换向阀

3）动力转向回路（位置伺服控制系统）

① 方向盘右转。

进油路：油箱→高压齿轮泵→单稳分流阀→全液压转向器转阀右位→摆线计量马达→转向油缸大腔。

回油路：转向油缸小腔→全液压转向器转阀右位→油箱，叉车右转。

② 方向盘左转。

进油路：油箱→高压齿轮泵→单稳分流阀→全液压转向器转阀左位→摆线计量马达→转向油缸小腔。

回油路：转向油缸大腔→全液压转向器转阀左位→油箱，叉车左转。

4）手动转向回路

① 方向盘右转。

进油路：油箱→全液压转向器单向阀→全液压转向器转阀右位→摆线泵→转向油缸大腔。

回油路：转向油缸小腔→全液压转向器转阀右位→油箱，叉车右转。

② 方向盘左转。

进油路：油箱→全液压转向器单向阀→全液压转向器转阀左位→摆线泵→转向油缸小腔。

回油路：转向油缸大腔→全液压转向器转阀左位→油箱，叉车左转。

（2）CPC20 型内燃叉车液压系统

CPC20 型内燃叉车液压系统工作原理如图 5-34 所示。

高压齿轮泵从油箱吸油，排油口接多路阀，油液经过多路阀上的单稳分流阀分为两路：一路经换向阀流回油箱（卸荷），其中升降油缸手动换向阀控制货叉的起升与下降，倾斜油缸手动换向阀控制门架的前倾与后倾。工作装置回路的安全由先导式溢流阀实现；另一路经单向阀接全液压转向器。全液压转向器有一路油接油箱，有两路油分别接转向油缸的前腔、后腔，控制后轮转向，转向工作回路的安全由直动式溢流阀实现，卸荷由全液压转向器上的转阀中位实现。

（3）CCC30 型侧面内燃叉车液压系统

CCC30 型侧面内燃叉车液压系统工作原理如图 5-35 所示。

该系统为双泵系统，分别为工作装置回路和转向回路供油。高压齿轮泵 1 从油箱吸油，排油口接多路阀。多路阀上有一路油接油箱，其中倾斜油缸手动换向阀控制门架的前倾与后倾，升降油缸手动换向阀控制货叉的起升与下降，进退油缸手动换向阀控制门架的前进与后退，台梁倾斜油缸手动换向阀控制台梁的倾斜角度，支腿油缸手动换向阀控制支腿的伸出与回收。工作装置回路的安全和卸荷由多路阀上的先导式溢流阀实现；高压齿轮泵 1 接全液压转向器。全液压转向器有一路油接油箱，有两路油分别接转向油缸的前腔、后腔，控制车轮转向。转向工作回路的安全由安全阀实现，卸荷由全液压转向器上的转阀中位实现。

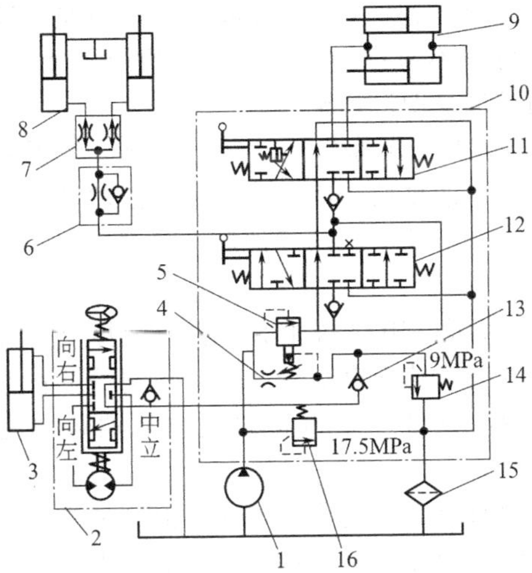

图 5-34 CPC20 型内燃叉车液压系统工作原理

1—高压齿轮泵；2—全液压转向器；3—转向油缸；4—节流口；5—单稳分流阀；6—下降限速阀；7—分流集流阀；8—起升油缸；9—倾斜油缸；10—多路阀；11—倾斜操纵阀；12—起升操纵阀；13—单向阀；14—安全阀；15—滤油器，16—安全阀

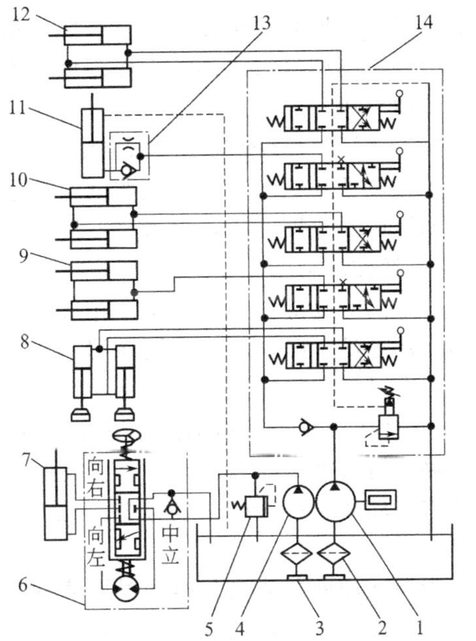

图 5-35 CCC30 型侧面内燃叉车液压系统工作原理

1—高压齿轮泵；2—滤油器；3—永久磁铁；4—高压齿轮泵；5—安全阀；6—全液压转向器；7—转向油缸；8—支腿油缸；9—台梁油缸；10—进退油缸；11—起升油缸；12—倾斜油缸；13—下降限速阀；14—多路阀

(4) 系统特点

CPC30 型内燃叉车液压系统的特点是：利用单稳分流阀实现单泵给两套液压系统提供能源。其中起升机构、倾斜机构采用液压传动系统；转向机构采用液压位置伺服控制系统。

CPC20 型内燃叉车液压系统的特点是：将单稳分流阀装在多路阀上实现单泵控制两套液压系统。工作装置液压系统的卸荷通过换向阀流回油箱实现。

CCC30 型侧面内燃叉车液压系统的特点是：利用双泵分别给两套液压系统提供能源，其中工作装置完成的动作比较多。

5.3 液压系统维护与修理

5.3.1 液压系统维护

液压系统的维护与一般机械系统的维护不同，液压系统的维护比较简单，但对液压系统的性能、效率和寿命都有很大的影响。液压系统的维护应按照以下步骤进行。

1) 清理整个液压系统外表面的尘土，并同时重点检查接头、元件结合面等处有无泄漏情况。管接头松动应重新拧紧，但不能拧得过紧。由于拧得过紧会引起变形，反而使泄漏增加。

2）经常检查油箱中油位，液面应在油标尺上下极限位置之间，油不足应及时注油。液压油的选择一般有两个原则：一是要选用液压油，绝不能选用机械油代替；二是工作环境温度高时选用高牌号液压油，工作环境温度低时选用低牌号液压油或防冻液压油。尽量避免两种液压油混用。

3）要经常检查液压油的污染情况。检查时可将玻璃管插入油箱底部取样，滴在过滤纸上，若呈黄色环状图形，即表明液压油轻度污染，可暂不考虑换油；若呈深黑色点状图形，即表明液压油重度污染，应考虑立即更换新液压油或过滤旧液压油。

4）换油时对油箱要进行清洗。清洗的目的在于除去工作油劣化时的生成物、锈垢及沉积于油箱的异物等。换油时将油箱底部的螺塞打开，将油排放干净。拆下油箱的清洗盖，将油箱底部擦洗干净，注意要用海绵不要用棉布擦洗。取下油箱中的滤油器，将其浸泡在煤油中，若有可能最好能泡一夜。

5）液压系统中残留油液中含有不少脏物，必要时可以用注油冲洗方法清洗掉。冲洗时将足够的清洗油液注入油箱，并稍高于最低油位，以便系统安全运转。然后使清洗油在整个系统内循环 15～20min，使系统内脏的残留油液冲洗回油箱，再将清洗油从油箱中完全排出。

为保证油液的清洁，换油时要清洗滤油器，加油时也必须过滤。加油至油箱最高油位线后，开动液压泵，将油输入系统，再向油箱补充油液，如此反复进行，直至油箱内油液保持在油位线范围内时为止。

5.3.2 液压系统零部件维修

油泵的维修

(1) 齿轮泵主要零件的材料及精度要求

齿轮泵主要零件的材料及精度要求见表 5-1。

表 5-1 齿轮泵主要零件的材料及精度要求

零件名称	材料	热处理	精度要求
泵体	一般采用 HT200	时效处理	中心距公差 0.03～0.04mm 主动与从动轴轴线的平行度公差 0.01mm 轴孔轴线与端面的垂直度公差 0.01～0.015mm 内孔圆柱度与圆度公差 0.01mm 泵体内孔与端面粗糙度 $Ra<0.4\mu m$
	特殊采用铝合金		
齿轮	用 45 钢或铁基粉末冶金	高频淬火 45HRC	精度 7～8 级(高压泵 6、7 级) 齿轮内孔与齿顶圆的同轴度公差不大于 0.01mm 齿顶圆的圆度公差不大于 0.01mm 端面与内孔轴线的垂直度公差不大于 0.01mm 两个端面的平行度不大于 0.005mm 齿面粗糙度 $Ra<0.2\mu m$ 齿顶圆及端面粗糙度 $Ra<0.4\mu m$
	用 20Cr	渗碳淬火 渗碳层 0.8mm 58HRC	
轴承座圈	一般采用 45 钢、40Cr、42MnVB	58HRC	两端面的平行度公差不大于 0.01mm 端面与内孔轴线的垂直度公差 0.01mm 内孔圆度与圆柱度公差 0.01mm 内孔粗糙度 $Ra<0.2\mu m$ 端面与外圆粗糙度 $Ra<0.4\mu m$
轴	一般采用 20Cr、40Cr	渗碳层 0.8mm 62～64HRC 48HRC	同轴度公差 0.005mm 两个轴颈的同轴度公差不大于 0.01mm 粗糙度为 $Ra<0.8\mu m$ 用作轴承内滚道的表面粗糙度 $Ra<0.2\mu m$

(2) 油泵的分解

油泵的分解方法、顺序及注意事项见图5-36、表5-2。

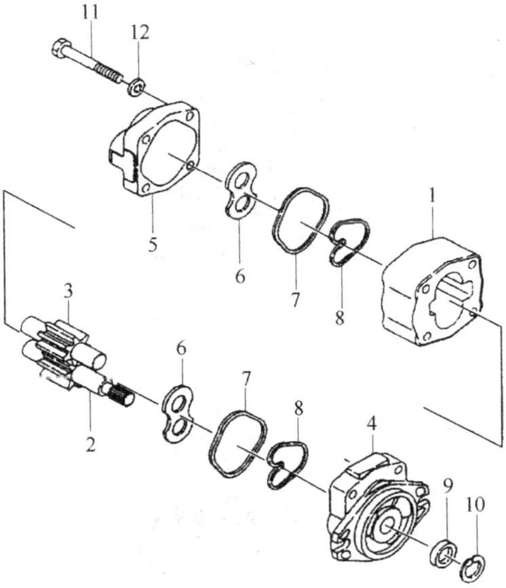

图5-36 油泵分解示意图

1—泵体；2—驱动齿轮；3—被动齿轮；4—前端盖；5—后端盖；6—衬板；7—密封圈；8—挡圈；9—油封；10—弹性挡圈；11—螺栓；12—垫圈

表5-2 油泵分解顺序

序号	分解方法	分解顺序示意图	备注
1	将泵的法兰部夹在钳台上，且固定好。为了组装方便，应该在后端盖、前端盖及泵体的驱动齿轮侧用油性笔做好标记	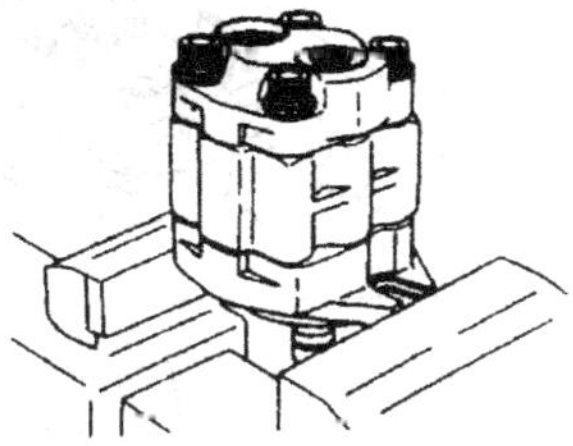	①分解前，要确认油封、泵体与泵盖的接合面以及其他部分是否漏油 ②分解前，应彻底清洗。应把拆下的零件放在干净的纸上或布上，小心不要弄脏或损伤零件 ③为了避免装错，必须按"分解顺序"及泵体和齿轮的相对位置做好标记 ④分解前准备好密封件、密封垫及油封 ⑤分解要准备专用工具，如转矩扳手、弹簧卡钳等
2	拆下4个组装连接螺栓	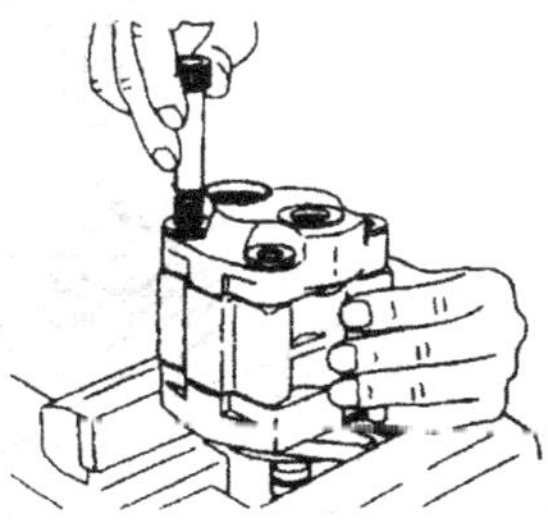	
3	用铜棒或木槌轻敲泵体侧面，拆下后端盖。密封垫残留在泵体侧时，移到后端盖侧	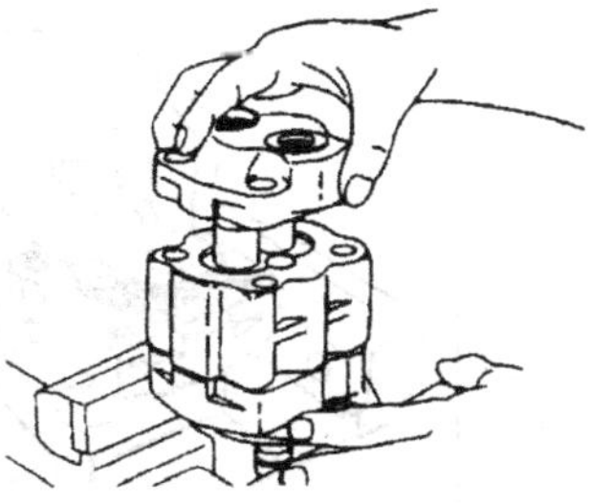	

续表

序号	分解方法	分解顺序示意图	备 注
4	拆下泵体。密封垫残留在泵体侧时，移到后端盖侧	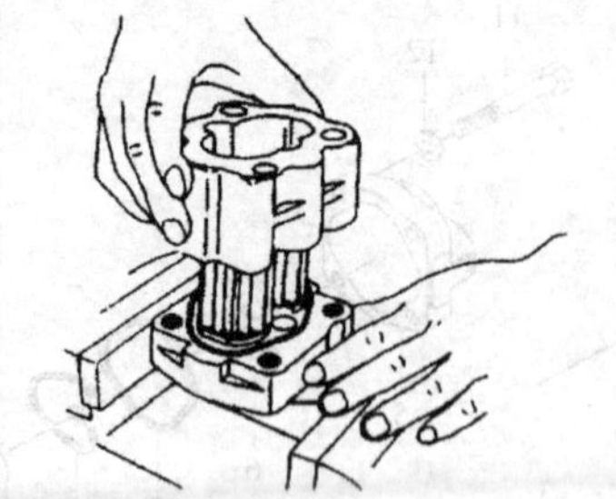	
5	拆下衬板。注意在后端盖衬板的驱动齿轮侧做上标记	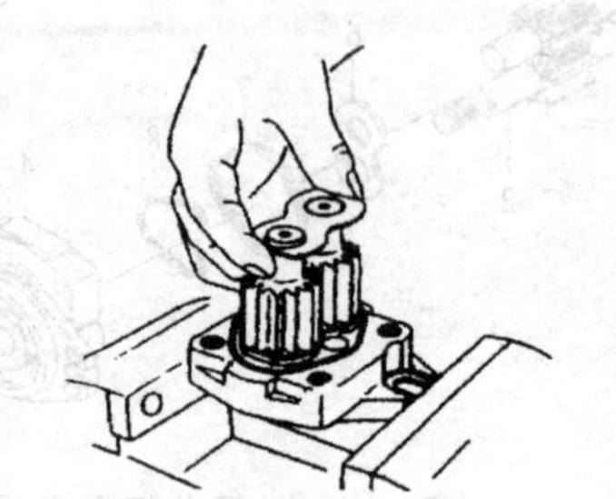	
6	拆下驱动齿轮。注意在驱动齿轮轴端做上标记	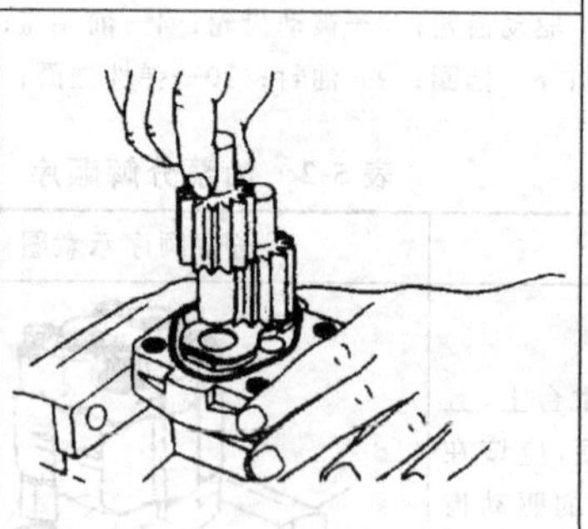	
7	压下前侧衬板，取下驱动齿轮	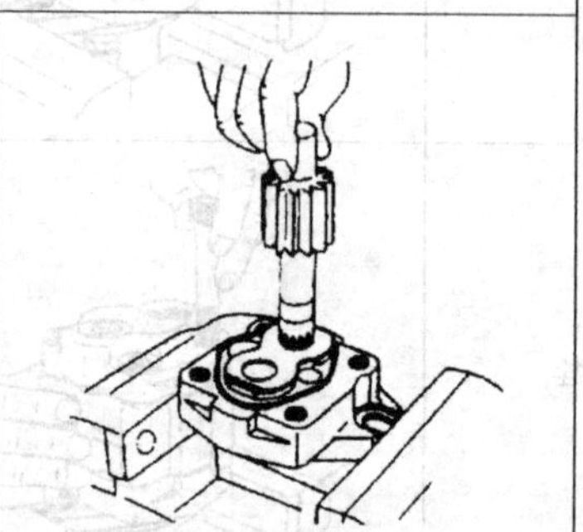	
8	拆下衬板。注意在前侧衬板的驱动齿轮侧做上标记	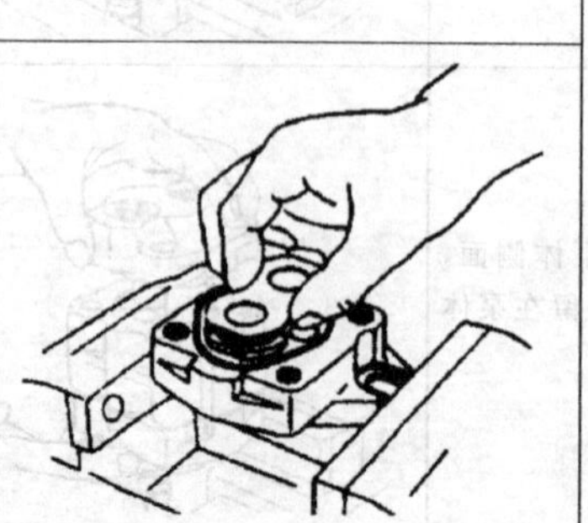	

续表

序号	分解方法	分解顺序示意图	备 注
9	将前端盖反转固定，拆下弹性挡圈	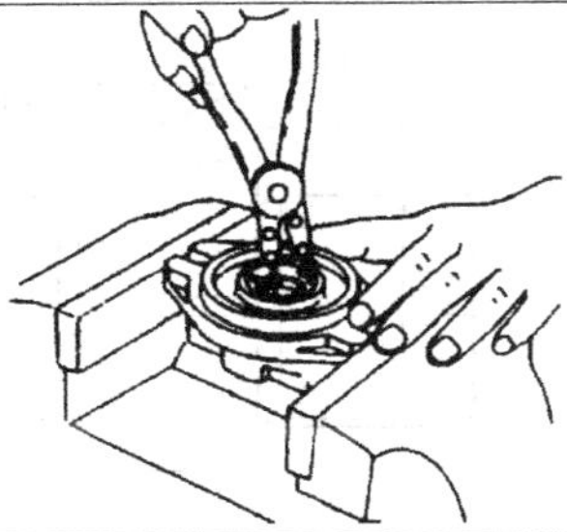	
10	拆下油封	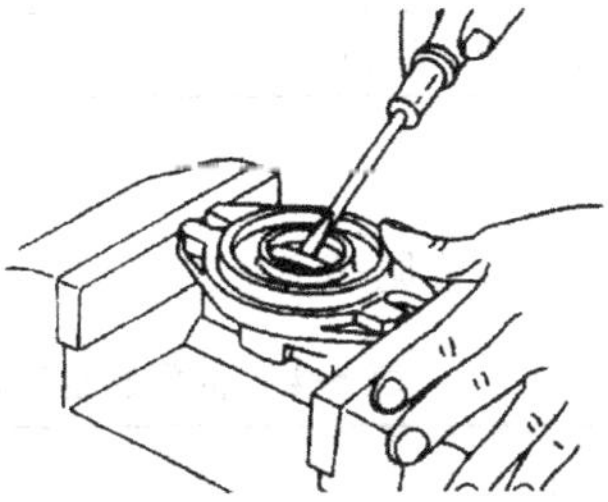	

(3) 油泵的检查

检查分解后的零件，用汽油清洗（除橡胶件外）。检查顺序、方法及技术要求见表5-3。

表5-3 油泵检查顺序

序号	检查的顺序及方法	检查方法示意图	技术要求
1	检查泵体	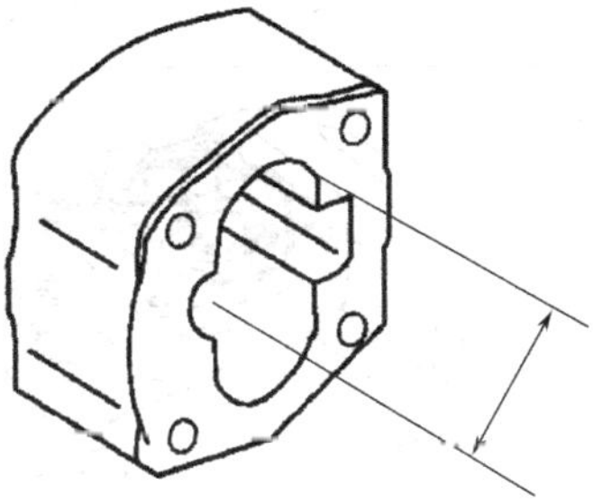	如果泵体内腔与齿轮接触长度大于周长的1/2，则更换
2	检查衬板的接触面	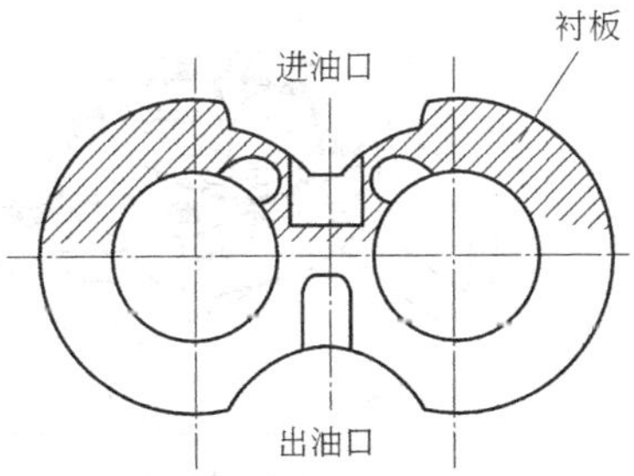	如果表面损坏或衬板厚度小于规定值，应更换衬板。衬板厚度规定值为4.94mm
3	检查前后泵盖		如果内表面衬套变色（褐色）超过150°范围，则应更换

续表

序号	检查的顺序及方法	检查方法示意图	技术要求
4	从前、后检查驱动与被动齿轮	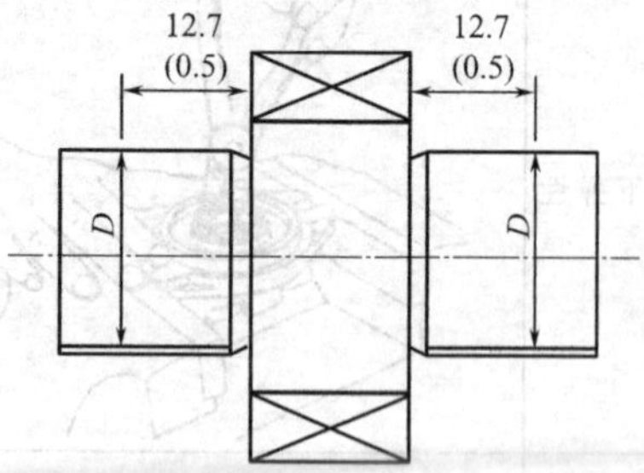	如果过分磨损，应更换一对。如果尺寸 D 小于规定值 20.961mm，应成对更换
5	根据需要，更换密封圈、衬套密封件、挡圈、油封、弹簧挡圈		

(4) 油泵的组装

油泵组装的顺序方法及技术要求见表 5-4。

表 5-4 油泵的组装

序号	组装的顺序及方法	组装示意图	技术要求
1	将前端盖固定在钳台上	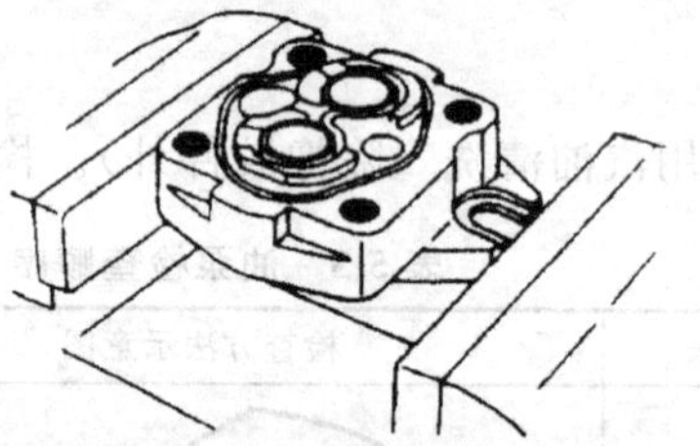	注意泵体方向
2	在泵前端盖上装上一个新的密封圈。注意不要扭曲	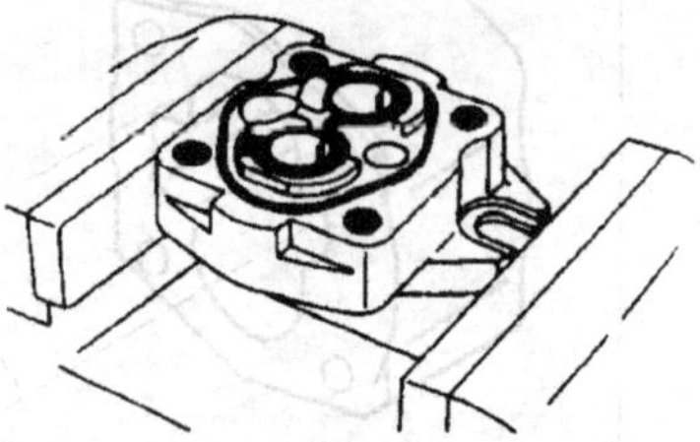	
3	在泵前端盖上装上一个新的挡圈	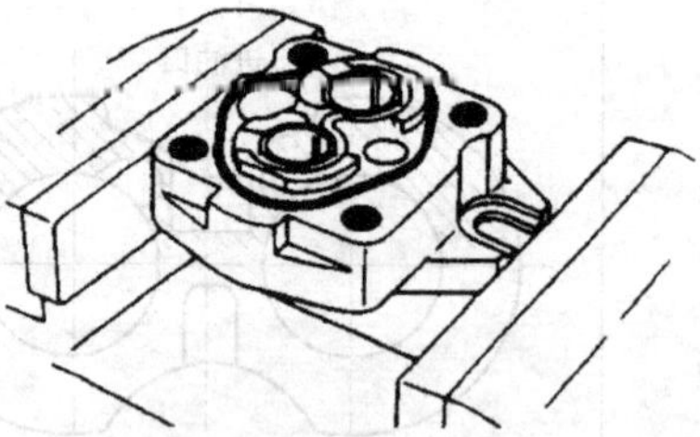	
4	将泵体装入前端盖	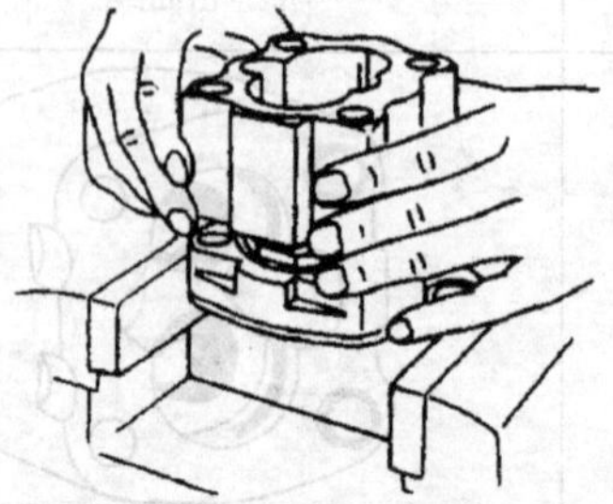	注意泵体方向

续表

序号	组装的顺序及方法	组装示意图	技术要求
5	在前端盖沟槽部装上衬板	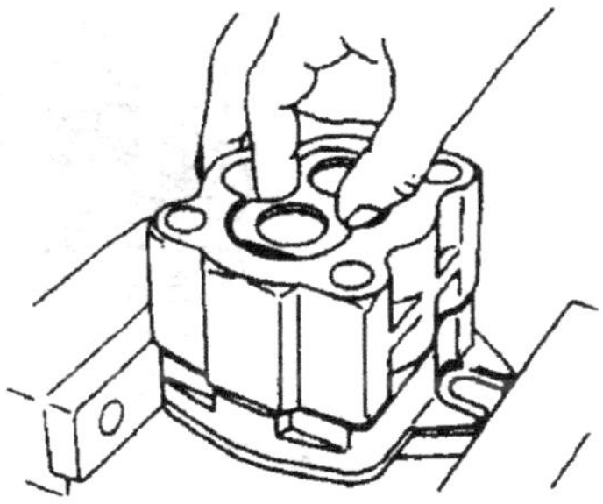	小心不要将吸油口与排油口搞错，并注意衬板方向
6	将驱动齿轮的花键侧向下装入泵体中	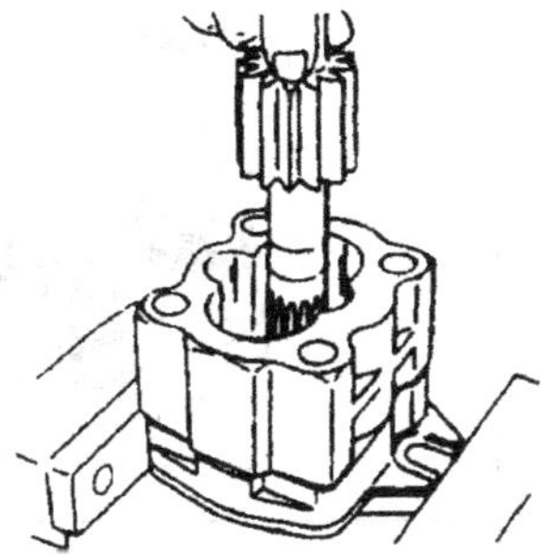	
7	将从动齿轮装入泵体中	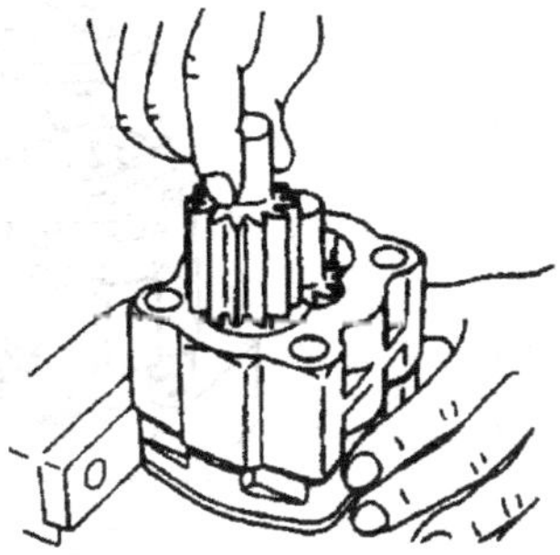	
8	将后衬板装入泵体中，齿轮侧装上衬板，使沟槽对准齿轮点	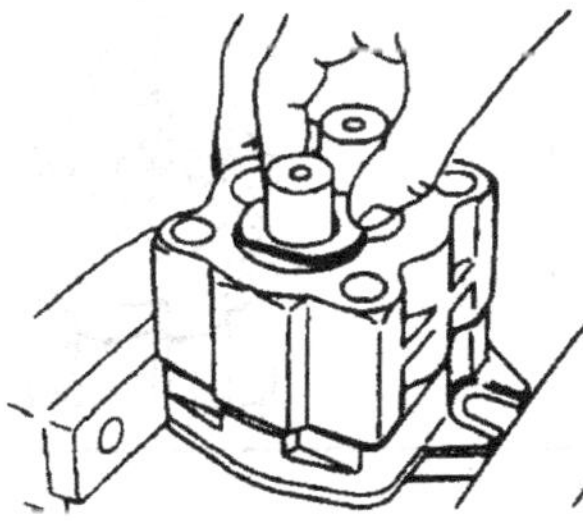	注意不要将吸油口侧与排油口侧搞错
9	在后盖沟槽内装入密封圈、挡圈	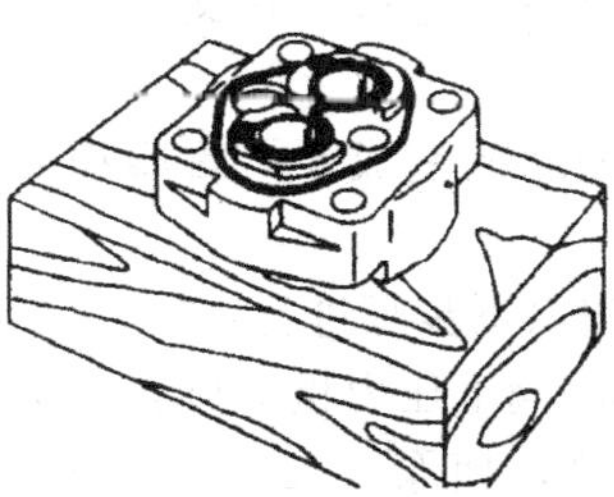	在密封圈处涂上润滑脂

续表

序号	组装的顺序及方法	组装示意图	技术要求
10	将后端盖的密封圈向下装入泵体中		注意吸油口与排油口不要搞错
11	安装、拧紧连接螺栓至规定转矩	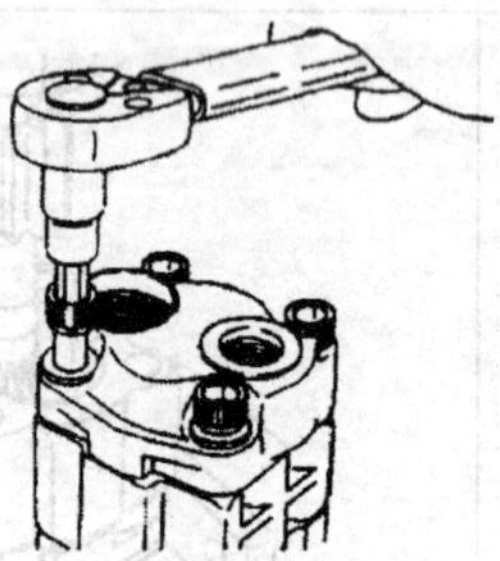	规定转矩 90～100N·m
12	将泵从台钳上取下，在油封外圈及唇口涂上润滑脂，用模具装入前端盖中	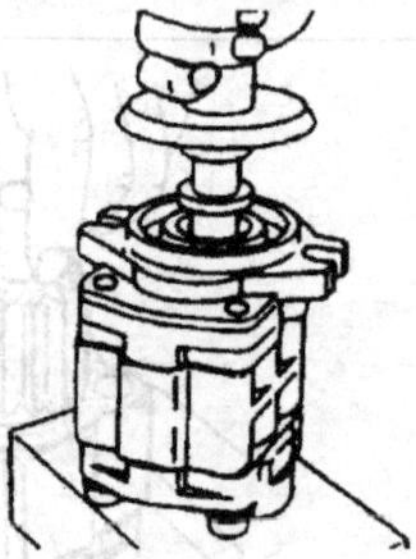	
13	用卡钳装上弹性挡圈，固定油封	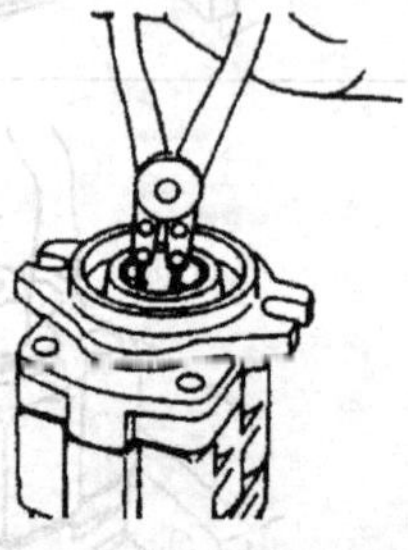	

(5) 油泵的试运转

试运转最好在试验台上进行，也可以在叉车上进行。目的使油泵配合，检查运转是否正常。

如果油泵是因为液压油的缘故造成泵严重磨损或卡住而被分解维修，在叉车上试运转前，应更换液压油和滤清器。

在叉车上进行油泵测试按以下步骤进行：

① 将泵装上叉车，在多路阀上压力检测口装上压力表。

② 松动溢流阀调节螺钉，使泵在 500～1000r/min 运转 10min 左右。确保油压低于 1MPa。

③ 使泵转速增至1500～2000r/min，运转10min左右。

④ 使泵运转速度保持在1500～2000r/min，使压力每次增加2～3MPa，运转5min，直至达到液压系统溢流压力。然后，使各油路工作5min，更换回油滤清器。增加油压时，注意检测油的温度、泵表面的温度以及运转的声音，如果油温或泵表面温度上升过度，降低负载，使油温降低，然后继续试验。

⑤ 试验后，将溢流阀压力调到系统压力，通过测量起升速度来测定泵的流量是否满足系统要求。

油缸的检修

(1) 起升油缸的检修

1）起升油缸材料　缸筒用无缝钢管制作、活塞用45钢、耐磨铸铁、HT150或HT200；柱塞用35钢或45钢无缝钢管制作，导向套由耐磨铸铁或用HT150、HT200灰铸铁制作，活塞杆用35钢、45钢制作。

2）起升油缸的分解　活塞式起升油缸分解步骤如图5-37所示。柱塞式起升油缸分解步骤如图5-38所示。

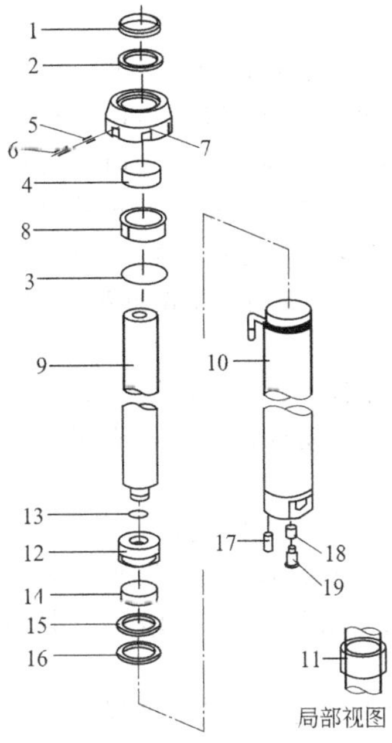

图5-37　起升油缸分解示意图

防尘圈；2—密封圈；3—O形密封圈；4—钢背轴承；5—塞；6—螺钉；7—导向套；8—衬套；9—缸筒体；10—活塞杆；11—调整套；12—活塞；13—钢丝挡圈；14—支承环；15—挡片；16—U形密封圈；17—销；18—隔套；19—螺栓

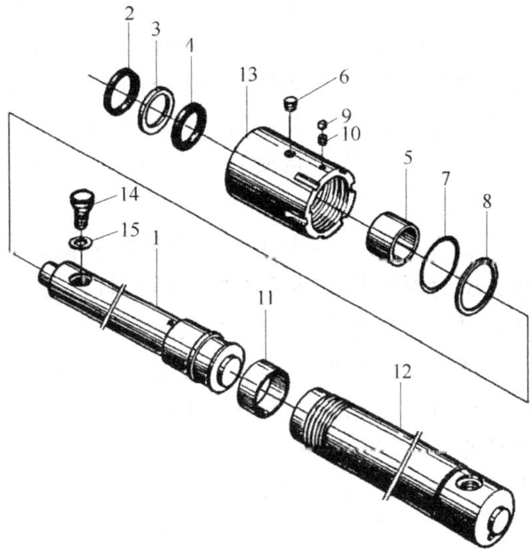

图5-38　柱塞式起升油缸分解示意图

1—柱塞杆总成；2—防尘圈；3—挡片；4—Yx型密封圈；5—复合衬套；6—螺塞；7—O形密封圈；8—挡圈；9—螺钉；10—塞子；11—支承环；12—缸体；13—缸盖；14—堵塞；15—组合密封圈

① 拧下起重链条上端的调整螺母，将起重链条从轮架上拿下。拔出起升油缸导向杆下端的开口销，卸下进、回油管，并用干净布堵住，从车上取下起升油缸。

② 用虎钳在起升油缸链条托架处固定，拿下防尘圈和密封圈，用钩形扳手卸下导向套，如图5-39所示，拿出钢背轴承、衬套、O形密封圈等，从缸体上拔出活塞杆，使活塞杆与

缸体脱离。

③ 拔出活塞杆端头的开口锁，拧下螺母，取出垫圈，把活塞从活塞杆上冲下。

④ 取出活塞上的U形密封圈和支承环，卸下缸盖等。

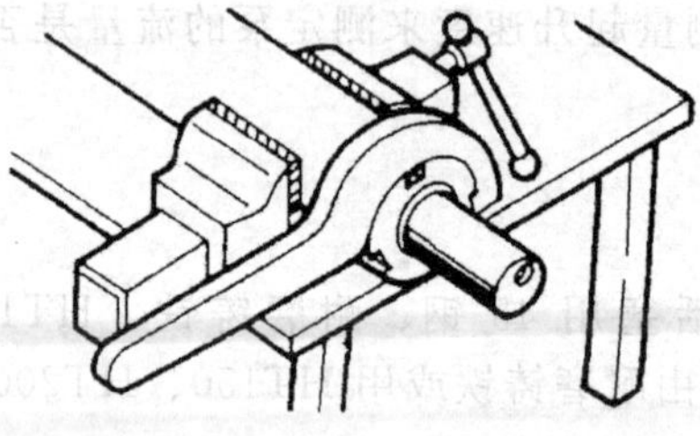

图 5-39 钩形扳手卸下导向套示意图

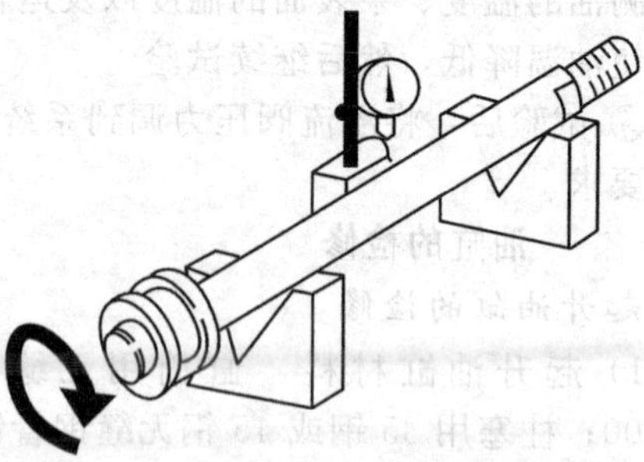

图 5-40 活塞杆全长或局部弯曲程度

3）起升油缸的清洁 将干净的汽油灌入缸体内，来回晃动缸体，直到将污垢清洗干净为止。再将缸体放在通风处，直到缸内汽油全部挥发掉，也可用压缩空气吹，以助挥发。

4）主要零件的检修

① 缸体 应主要检查缸体内壁有无划伤、纵向呈腰鼓形、截面呈椭圆形，以及锈蚀等。有测试手段时，可用光学仪器或加长的内径千分表来检查。无条件时，可用目测。其方法是：在缸底内置一手电筒，再将活塞伸入缸筒内，观察漏光缝隙大小、方位，以及纵向分布。做好记录，作为修复和更换的依据。对于纵向划伤、锈蚀不严重时，可用00号砂纸加润滑油进行打磨。如缸筒损坏严重时，应用珩磨方法修复。修复后，缸筒内壁粗糙度 Ra 0.4～0.2μm，筒内壁圆度和圆柱度不超过内直径公差一半，缸筒两端面对轴线的垂直度为0.04mm。

② 活塞杆 易发生纵向变形，表面凹坑、麻点或锈蚀，从而造成液压油过早变质、外漏、密封圈损坏、活塞失圆。活塞杆表面轻微凹坑、麻点或锈蚀，可用油石手工轻轻研磨。严重时，需要重新镀铬光磨或更换。

活塞杆全长或局部弯曲程度及方位，可在V形块上用千分表检查，如图5-40所示。然后在校直机上调直，也可用手压机人工调直。调直过程，切勿损坏杆外表面。修复后的活塞杆轴心线直线度，每500mm长度上不大于0.03mm，表面粗糙度 Ra0.4μm，圆度和圆柱度不大于本身直径公差的一半。

③ 所有密封圈 如发现过度磨损、老化、刮伤、唇边刮伤或断裂等情况，均应更换。

④ 活塞杆导套内表面 一般伤痕不影响使用。但如果单边磨损量达0.2～0.3mm，此时密封圈密封作用失效，应更换新品。

⑤ 活塞表面 一般伤痕不影响使用。如单边磨损量过大时，影响密封效果，应更换新活塞。此外，应检查活塞本身有无裂纹、密封沟槽是否受伤等。

⑥ 导向套与柱塞的配合间隙 见表5-5，当导向套磨损、划伤沟痕时，致使与柱塞配合间隙增大，如间隙大于0.45mm时，应更换导向套。

表 5-5 起升缸柱塞和导向套的标准尺寸、配合间隙 mm

配合件名称	尺寸		配合间隙	
	标准	极限	标准	极限
导向套 柱塞	$\phi70^{+0.03}_{0}$ $\phi70^{-0.03}_{-0.104}$	ϕ70.33 ϕ69.58	0.03～0.134	0.45

续表

配合件名称	尺寸		配合间隙	
	标准	极限	标准	极限
导向套 柱塞	$\phi80^{+0.02}_{0}$ $\phi80^{-0.030}_{-0.104}$	$\phi80.33$ $\phi79.58$	0.03～0.134	0.45
导向套 柱塞	$\phi90^{+0.02}_{0}$ $\phi90^{-0.030}_{-0.104}$	$\phi90.33$ $\phi89.58$	0.036～0.158	0.45
导向套 柱塞	$\phi120^{+0.02}_{0}$ $\phi120^{-0.030}_{-0.104}$	$\phi120.33$ $\phi119.58$	0.036～0.158	0.45

⑦ 柱塞 有划痕和磨损时，可镀铬修复。柱塞镀铬修复时，可按以下步骤进行。

a. 柱塞表面一般都有镀铬层，所以在镀铬修复前应磨去划痕和镀铬层，并使表面粗糙度 $Ra<0.8\mu m$。

b. 将柱塞表面抛光，应无磨纹。

c. 在镀铬槽中镀铬。

d. 进行磨削加工。磨削时，应使柱塞与导向套间的间隙在 0.04～0.15mm。表面粗糙度应为 $Ra<0.4\mu m$，所以在必要时应进行抛光加工。

5）起升油缸装配注意事项

① 装复前，将各零件清洗干净，并用压缩空气吹净，用布擦干。然后，将缸体内壁、活塞杆及密封圈上涂抹少量液压油。

② 装复按与分解相反的顺序进行。注意各密封圈的安装方向，对 Y 形、V 形密封圈，其唇边应对着高压的油腔。特别是对 Yx 型密封圈，更换时应分清轴用还是孔用，不得将密封圈挤出和扭曲。

③ 将活塞置于缸筒后，在全长上来回移动应灵活，不得有阻滞现象。

④ 经研磨等工艺修复后的液压缸，应在专用试验台上进行台架试验。装车后，应进行排气和运转试验，注意有无漏油、螺钉松动现象。也可装到叉车上，用 1.2 倍的额定载荷进行密封性实验，不允许有漏油现象。

（2）倾斜油缸的检修

1）倾斜油缸主要零件的材料和技术要求 倾斜油缸主要零件的材料和技术要求见表 5-6。

表 5-6 倾斜油缸主要零件的材料和技术要求

名称	材料	热处理	技术要求
缸体	无缝钢管		①圆度、圆柱度误差不大于 0.01～0.02mm ②内表面粗糙度 $Ra<0.4\sim0.2\mu m$ ③轴线直线度误差不大于 0.02/500mm ④端面对内孔的垂直度误差不大于 0.04/100mm
活塞	45 钢 耐磨铸铁 HT150 HT200		①活塞外圆与内孔的同轴度误差不大于外径公差的一半 ②外圆圆柱度和圆度误差不大于外径公差的一半 ③端面对中心的垂直度误差不大于 0.04/100mm
活塞杆	35 钢 45 钢	229～285HBS 45～55HRC	①与活塞内孔或导向套配合直径的圆度和圆柱度误差不大于 0.01～0.02mm ②轴线直线度 0.03/500mm ③与活塞端面相接触的端面与轴线的垂直度误差不大于 0.04/100mm ④表面粗糙度 $Ra<0.2\mu m$

活塞杆工作时，受到灰尘、土矿、雨水等影响，以及和导向套之间的摩擦，表面会生锈或有其他伤痕等，这都能引起漏油。为此活塞杆要镀硬铬，铬层的厚度一般为 0.02～0.03mm，必要时铬层可达 0.04～0.06mm。

2）倾斜油缸的分解　倾斜油缸的分解示意图如图 5-41 所示。

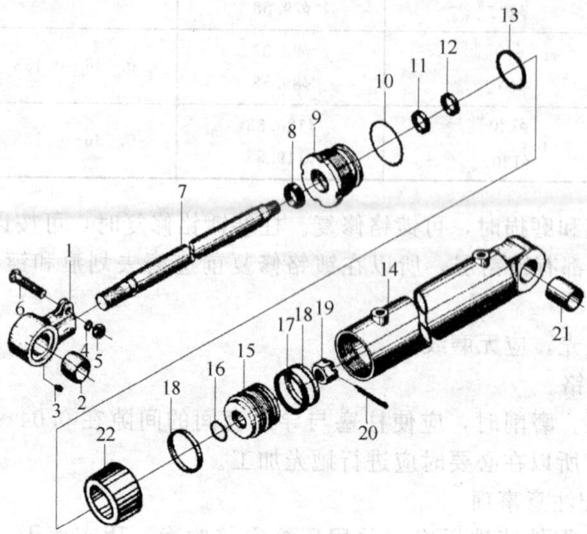

图 5-41　倾斜油缸分解示意图

1—耳环；2—球面轴承；3—油杯；4—垫圈；5,19—螺母；6—螺栓；7—活塞杆；8—防尘圈；9—导向套；10,13,16—O 形密封圈；11—U 形密封圈；12—斯特封；14—缸体；15—活塞；17—格莱圈；18—支承环；20—销；21—复合衬套；22—隔套

3）主要零件的检修

① 将倾斜油缸分解后，应将零件仔细清洗干净、烘干。

② 检查活塞与活塞杆同轴度：将活塞杆架在 V 形铁上，用千分表检查，若是由于活塞的精度不符合精度要求而超差，应予更换。

③ 检查活塞杆弯曲：用 V 形铁、千分表检查，当弯曲时应校正修复。

④ 缸筒内表面严重磨损或划痕时，可用珩磨修复。

⑤ 导向套内孔严重磨损或有划痕时，应予更换。

⑥ 如皮碗、密封圈磨损或断裂，应予更换。活塞上采用 O 形密封圈时，一般使用几年后失去原形，应予更换。

⑦ 修复后的缸筒内表面与活塞的配合间隙应为 0.04～0.13mm，但间隙不得大于 0.25mm。

⑧ 活塞杆与导向套的间隙为 0.04～0.15mm，如果间隙大于 0.45mm，应予更换导向套。

倾斜油缸主要零件的标准和极限尺寸及配合间隙见表 5-7。

表 5-7　倾斜油缸主要零件标准尺寸、配合间隙　mm

配合件名称	尺寸		配合间隙	
	标准	极限	标准	极限
导向套 活塞杆	$\phi45^{+0.039}_{0}$ $\phi45^{-0.025}_{-0.064}$	$\phi45.14$ $\phi44.84$	0.025～0.103	0.20

续表

配合件名称	尺寸		配合间隙	
	标准	极限	标准	极限
油缸 活塞	$\phi105^{+0.039}_{0}$ $\phi105^{-0.025}_{-0.064}$	ϕ105.18 ϕ104.82	0.036～0.141	0.30
导向套 活塞杆	$\phi40^{+0.039}_{0}$ $\phi40^{-0.025}_{-0.064}$	ϕ40.14 ϕ39.84	0.025～0.103	0.20
油缸 活塞	$\phi90^{+0.039}_{0}$ $\phi90^{-0.025}_{-0.064}$	ϕ90.18 ϕ89.82	0.036～0.141	0.30
导向套 活塞杆	$\phi35^{+0.039}_{0}$ $\phi35^{-0.025}_{-0.064}$	ϕ35.14 ϕ34.84	0.025～0.103	0.20
油缸 活塞	$\phi80^{+0.039}_{0}$ $\phi80^{-0.025}_{-0.064}$	ϕ80.15 ϕ79.90	0.03～0.12	0.25
导向套 活塞杆	$\phi25^{+0.039}_{0}$ $\phi25^{-0.025}_{-0.064}$	ϕ25.15 ϕ24.90	0.02～0.086	0.20
油缸 活塞	$\phi63^{+0.039}_{0}$ $\phi63^{-0.025}_{-0.064}$	ϕ63.15 ϕ62.90	0.03～0.12	0.25

换向阀的检修

(1) 多路换向阀型号及规格参数

1）ZS1 系列多路换向阀　多路换向阀型号规格参数见表 5-8。

表 5-8　多路换向阀

型号	公称通径		最大流量/(L/min)	工作压力/MPa	计算质量/kg	
	mm	in			2联	3联
ZS1-L10E-YT-AO	10	3/8	40	160	13.5	16.9
ZS1-L20E-YT-AO	20	3/4	100	160	20.5	26
ZS1-L25E-YT-AO	25	1	160	160	34.9	43.9

2）CDA 系列多路换向阀　CDA 系列多路换向阀型号及规格参数见表 5-9。

表 5-9　CDA 多路换向阀

型号	CDA4-F15	CDA-F20
额定流量/(L/min)	100	160
公称压力/MPa	20	
公称通径/mm	15	20
工作安全阀调压范围/MPa	8～20	
安全阀调压范围/MPa	5～12	6.3～12.5
流量可选范围/(L/min)	9～14	18～40
许用背压/MPa	1.5	
过载阀调压范围/MPa	8～20	

(2) 多路换向阀主要零件的材料和技术要求

多路换向阀主要零件的材料和技术要求见表 5-10。

表 5-10 换向阀主要零件的材料和技术要求

名称	材料	热处理	技术要求
阀体	HT300 HT200 HT150	时效处理	①滑阀与阀体孔进行研配，选择其间隙值在 0.007～0.025mm ②滑阀与阀体孔的圆度和圆柱度公差不大于 0.005mm，滑阀各凸肩同轴度误差不大于 0.0025mm
滑阀	40Cr 20Cr 12CrNi3 18CrMnTi	48HRC 渗碳层 1mm 56HRC	③滑阀凸肩宽度和间距及阀体加工孔的槽间距公差不大于 0.3mm，阀体铸造槽公差±0.5mm ④各配合面粗糙度 $Ra<0.2\mu m$ ⑤阀体应进行耐压试验

(3) 多路换向阀的分解（图 5-42）

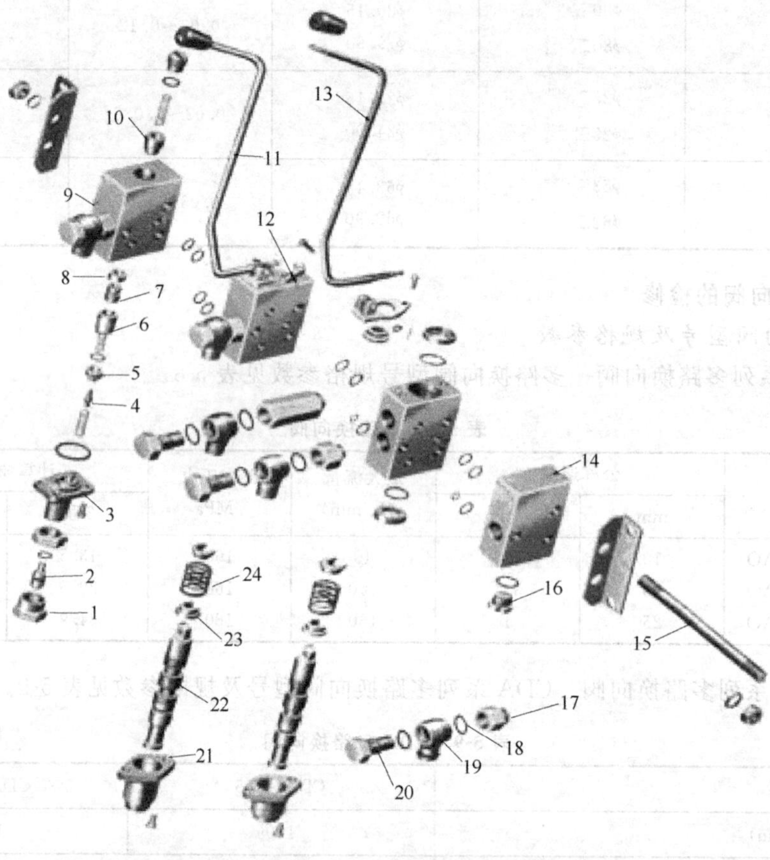

图 5-42 多路换向阀分解示意图

1—调压螺母；2—弹簧座；3—前盖；4—提动阀；5—提动阀座；6—溢流阀芯环；7—进油阀体；8—溢流阀芯；9—溢流阀体；10—单向阀；11—起升操纵杆；12—起升阀体；13—倾斜操纵杆；14—回油阀体；15—螺杆；16—丝堵；17—铰接头座；18—O 形密封圈；19—铰接头套；20—铰接头螺栓；21—端盖；22—阀杆；23—回位弹簧挡圈；24—回位弹簧

1）将换向阀从叉车上拆下，放在干净的工作台上。

2）拧下连接螺栓上的螺母，抽出连接螺栓。

3）拧下溢流阀体上的调压螺母，卸下前盖上的螺栓，拿下前盖，取出弹簧座、弹簧、提动阀、提动阀座、弹簧、溢流阀芯环、进油阀体和阀芯等。

4）旋出单向阀螺塞，取出O形密封圈、弹簧和单向阀。

5）卸下操纵杆，拿下手柄座、防尘圈及防尘圈碗。

6）拧下起升阀体的端盖螺栓，拿下端盖、阀杆、回位弹簧挡圈及回位弹簧。

7）拧下倾斜阀体（属具阀体）上的螺栓，拿下端盖、阀杆、挡圈、回位弹簧、O形圈挡环和O形密封圈。

8）拧下回油阀体上的堵，拿出O形圈。

（4）主要零件的修理

1）阀杆和阀体孔易产生拉沟、划伤、磨损超限等情况。当杆与孔的配合间隙超过表5-11的规定值或配合表面磨损严重时，应更换新品。有条件时，可进行镀铬、珩磨、铰削或抛光，然后阀杆和阀孔再对研。研磨剂可用氧化铝细研磨膏，加适量机油配制。精研时，用汽油掺煤油作研磨剂，达到表面粗糙度 $Ra<0.1\mu m$，其圆柱度公差：直径小于20mm，不大于0.003mm；直径大于20mm，不大于0.005mm。

表5-11 阀杆与阀孔的配合间隙 mm

公称直径	6	12	20	25	50
配合间隙	0.003～0.013	0.005～0.018	0.008～0.024	0.013～0.024	0.020～0.045

2）锥阀主要检验阀芯和阀座的密合情况，有无沟槽、偏磨等现象。如果磨损严重或密合不良，应更换新品。

3）密封圈损坏主要形式有皱裂、表面损坏、挤入间隙及扭曲、冲平和老化。

4）当弹簧折断、变形、自由长度减少1/2、压力降低1/5时，应报废或重新热处理。新弹簧应在额定载荷下保持12h，卸载后，变形量小于1%（安全阀）～2%（回位弹簧）。

5）检查各孔道是否堵塞，特别是要注意那些又细又短的小孔道，是否堵塞不通。这些小孔道主要有溢流阀主阀芯小孔、锥阀后泄油孔道等，必要时，需清洗后用压缩空气吹干净。

（5）多路换向阀的组装

1）装配前，对全部零件仔细清洗，吹干或用鹿皮擦干，不得有磨粒、切屑、棉纱，以及其他脏物粘贴在零件上，特别是各小孔。然后，涂上工作油液。

2）装复按与分解相反的顺序进行。阀芯在阀体内孔全长应移动灵活，不得有阻滞现象。

3）拧紧连接各联之间的螺栓时，应保证对称均匀地紧固。其紧固转矩为412N·m。

4）装配完毕后，扳动各操纵杆应灵活；观察阀芯复位情况，复位应灵活可靠，不得有阻滞。

5）换向阀修复后，进行压力试验。阀杆在各个相应位置时，性能应符合要求，操纵10次的过程中应轻便灵活，动作可靠，在额定压力下，测量阀杆处于不同位置时的内泄漏量不应超过20mL/min。

（6）换向阀检验

1）密封性能试验：用压力为0.2～0.4MPa的压缩空气与多路换向阀出口接通，换向阀的其余孔均用螺塞堵住。再将多路换向阀浸入油中，打开空气阀门，将换向阀杆置于两个极限位置（阀杆的换向应在油箱外进行）。多路换向阀表面不允许有漏气现象。如果发现有漏气，应在漏气的地方做上记号，然后进行返修。

2）功能试验：将多路换向阀通入公称压力和流量的压力油，在没有渗漏的情况下，检查操纵杠杆，应能接通任何一个极限位置，并能自动返回中立位置。

在功能试验时，应将所有单元的操纵杠杆向两个极限位置各接通四次。在第五次接通时，应在极限位置上停止3min，并且操纵杆应能自动返回中立位置。

3）外部密封性能检查：将各出口压力改为2.5～3MPa，将进口压力改为20MPa，把各单元阀杆在6～10s的时间内，接通极限位置15次，不允许外部有漏油现象。

4）装置在多路换向阀上的过载安全阀，其卸荷压力的调整是根据叉车正常工作时超载20%确定的，出厂时已调好，在修理时不得随意调整。在试验时，可用超载1.2倍的额定载荷。

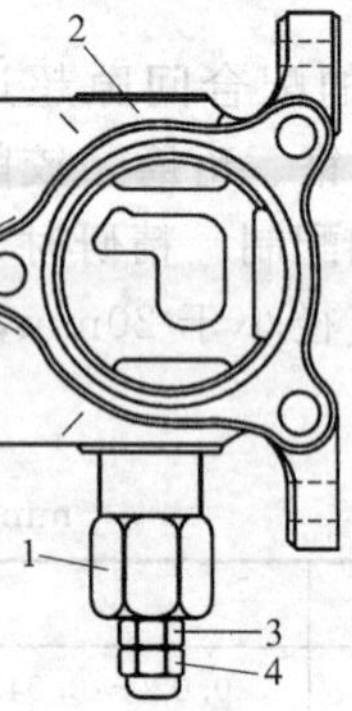

图5-43 安全阀压力调整

1—溢流阀；2—进油部；3—锁紧螺母；4—盖

(7) 安全阀压力调整

安全阀的压力不得随意调整，如果必须调整，如图5-43所示，按下列步骤进行：

1）拧下多路阀进口部的测量孔塞，装上能测到20MPa的油压表。

2）操作升降或倾斜手柄，测量油缸行程到底时的压力。

3）油压与规定值不一样时，松开溢流阀的锁紧螺母，左、右旋动调节螺钉调整至规定值。压力高时向左回转，压力低时向右回转。

4）调整好后拧紧螺母。

辅助元件的检修

(1) 油箱

1）油箱拆下后要洗净，油箱内外要去掉油迹。

2）检查油箱是否有裂纹、孔洞或锈蚀，如果有，必须焊接好，且应遵守安全操作规则。

箱壁如出现凸起或凹陷，应进行修整。如果损坏严重，应予更换。

3）检查油箱的密闭性，将油箱放入水池内通入压力0.5MPa的压缩空气2min，不允许水中出气泡。

4）检查油箱的注油口，不允许有裂纹现象。油口的滤网损坏时，应予更换。

(2) 液压油过滤器

液压油过滤器安装在低压油管上，用来过滤从油缸回来的油，分解后必须用汽油清洗滤网，吹干后再进行检查。

滤网上有小孔洞或焊料脱落时，应重焊修复。焊层厚度不应低于3mm，应无焊瘤。损坏的密封圈应予更换。

(3) 单向节流阀

1）阀芯表面及阀体工作表面不允许有划痕，阀芯与阀体之间的间隙应不大于0.15mm，否则应将阀芯镀铬修复。

2）弹簧不应有裂纹、锈蚀和变形，否则应予以更换。

3）将组装好的单向节流阀安装到起升油缸进油口上时，应特别注意不得将节流阀的方向装反。

(4) 连接管

叉车液压系统由油导管、螺纹接头、联管螺母和螺栓将相应的部分连通。油管分为橡胶软管和无缝钢管两种。油管最容易脱落或损坏的地方是油管接头和折弯的地方。

1）橡胶高压软管：橡胶管外层橡胶因龟裂和胀大而失效。损坏的和密封性不良的应予以更换。

2）橡胶软管爆裂，多数是由于弯折、扭转和终端固定不良。在修理时，可去掉软管的损坏部分，将合格部分用可拆或不可拆方法连接起来。修好的软管不应有渗漏油的现象。

3）压紧环和导管端部，应没有裂纹。

4）当钢管出现无法修复的损坏时，应予更换。如果有局部裂纹，可进行补焊，也可将损坏部分锯掉，再焊上一段新钢管。

5）联管接头之间应装有铝或铜的密封垫，密封垫应平整，不应有凹陷。

6）油管有以下缺陷时应更换：

① 管子弯曲部分内、外壁有锯齿形，曲线不规则，内壁扭坏或压坏及波纹凹凸不平。

② 管子表面凹入达管子直径的20%以上。

③ 管子弯曲部分的直径差与原直径比值大于10%。

④ 扁平弯曲部分的最小外径为原管外径的70%以下。

液压油的更换

（1）换油注意事项

① 换油时必须对系统进行清洗和冲洗，以除去油液劣化生成物、锈垢、防锈漆渣、非油容性杂质以及沉积于油箱的异物等。

② 换油时必须将管路和元件中的旧油彻底排除干净，否则残存的劣化油会使新油的使用寿命明显缩短。

③ 换油要在清洁无风的环境中进行，以免灰尘进入油液和元件之中。

（2）换油工艺

叉车液压系统更换液压油可按下述过程进行：首先在旧油放出之前，向油箱加入冲洗促进剂，发动车对液压系统进行内部冲洗；接着用轻质油对油箱进行刷洗；最后进行换油前的再冲洗。具体方法如下：

① 在旧油中加入冲洗促进剂，然后开动液压装置，使其在40～60℃的油温下，压力保持在1MPa左右，运转5～6h，目的在于清除液压系统内部的氧化生成物，机器运转几个小时后，在液压油尚保持一定温度时将系统内油液排出，液压系统内各处的油液尽量排除干净。

② 旧油排除后，用柴油、煤油等仔细刷洗油箱内部和其他有可能的部位，油箱和管路有锈的部位，要把锈垢清除干净，涂料脱落的部位应重新涂漆，螺钉松动的部位应重新拧紧。

③ 向油箱内加入冲洗油，然后开动机器，使液压系统内油温保持在60℃左右，连续运转5～6h，过程中轻轻敲打液压缸和管路，使液压缸和管路内的锈垢等异物杂质剥落，以便被冲洗油冲走。

④ 将液压系统内的冲洗油放掉，彻底放干净后，加入新的液压油，先在较低的工作压力下连续运转几小时，清洗一次滤油器，然后投入正常工作。

5.4 叉车液压系统故障诊断与排除

5.4.1 液压元器件常见故障诊断及排除

齿轮泵常见故障诊断及排除

齿轮泵常见故障诊断及排除方法见表5-12。

表 5-12 齿轮泵常见故障诊断及排除方法

故障现象	可能产生原因	排除方法
不能排油或输出压力达不到额定压力	①轴向间隙或径向间隙过大	通过尺寸检查,找出间隙过大的部位,并采取相应措施,保证间隙满足设计要求
	②齿轮端面与侧板滑动结合面拉伤	平磨齿轮端面及侧板,清除齿轮毛刺 严重拉伤只能更换
	③吸油端连接处有空气进入	紧固连接件,重装或更换有关密封件
	④吸油管或滤油器堵塞	清除脏物,排除堵塞 更换液压油
	⑤油液黏度过大或油温过高	采取措施保持油温在规定范围内 更换成黏度合适的液压油
	⑥液压泵转速过高,油液填充不及	降低转速至允许范围内
	⑦对 CB-F 等具有压力补偿轴向间隙的泵,其弓形密封圈破损	更换成新密封圈
	⑧侧板装错	侧板上的吸油口与压油口是固定的,应仔细检查
	⑨吸油位置太高	降低油泵高度
	⑩溢流阀失灵	检修液流阀
噪声过大且有震动	①连接泵与原动机的联轴器不同心或松动	重新安装调整联轴器,保持同轴度在 0.1mm 内
	②泵轴油封处有空气进入	更换油封 检查轴磨损情况,酌情更换
	③吸油管伸入油面以下太浅或吸油位置过高	吸油管伸入油面以下深度应为油深的 2/3,吸油高度不大于 500mm
	④滤油器堵塞	清洗滤油器
	⑤齿轮齿形精度不高或啮合接触不良	更换齿轮或研磨修整,也可采用齿形变位的方式来降低噪声
	⑥泵内零件损坏	更换损坏的零件,如轴承、轴颈等
	⑦轴向间隙过小	研磨侧板或齿轮端面,增大轴向间隙,但轴向间隙不得大于 0.11mm
	⑧齿轮内孔与端面不垂直或泵前后端盖上两孔不平行	更换不合格产品
	⑨溢流阀噪声误认为是泵噪声	参照有关内容予以检修
过热	①油液黏度过高或过低	更换成黏度合适的油液
	②侧板或轴套与齿轮端面严重摩擦	可检测泵体、齿轮,重配间隙。并保证前后端盖孔与端面的垂直度 更换侧板轴套
	③因径向力不平衡使齿轮轴变形,使齿轮摩擦泵体内壁	更换
	④油液变质,吸油阻力增大	检查换油
	⑤油箱容积太小或油量不足	检查,加满油至刻度处,或加大油箱
	⑥杂质污物吸入泵内,齿轮齿部毛刺卡住	清洗并倒毛刺
	⑦装配不良,齿轮旋转发卡	重新装配,边拧压紧螺钉、边用手旋转齿轮,直至螺钉拧紧,齿轮旋转自如

液压缸常见故障诊断及排除方法

液压缸常见故障诊断及排除方法见表5-13。

表5-13 液压缸常见故障诊断及排除方法

故障现象	可能产生原因	排除方法
推力不足或运动速度下降	①缸筒与活塞配合间隙太小或活塞上密封圈沟槽与活塞同心度不够，使活塞杆卡住，增加阻力	修正沟槽，提高与活塞的同心度 重新研磨活塞，将间隙控制到规定值
	②缸筒与活塞配合间隙太大	重新配制活塞
	③活塞上的密封圈老化、破损	更换新密封圈
	④活塞杆与活塞间的O形圈失效	更换新O形圈
	⑤缸筒全长上不均匀磨损，使缸筒直线度不够	研磨缸筒，重新配制活塞
	⑥活塞杆弯曲	校直活塞杆
运动中突然停止	液压缸筒在某处涨大或成楔形	研磨缸筒，重新配制活塞
爬行	①液压缸内有空气，或油中有气泡	对有排气装置的液压缸，可排气 对无排气装置液压缸，可以使缸在无负载情况下反复运动数次
	②活塞杆弯曲	校直活塞杆
	③缸筒轴线直线度不够	珩磨修复缸筒，再重配合活塞
向外漏油	①管接头松动或密封圈失效	检查拧紧，发现接头密封圈失效应及时更换
	②导套与缸筒、活塞杆与导套之间密封圈失效	检查更换
	③活塞杆表面碰伤或锈蚀，拉伤密封圈	轻者用油石研磨，重者须电镀磨光
	④活塞杆导套内表面单边磨损严重，致使密封圈失效	更换

换向阀常见故障诊断及排除方法

换向阀常见故障诊断及排除方法见表5-14。

表5-14 换向阀常见故障诊断及排除方法

故障现象	可能产生原因	排除方法
不换向或换向不良	①阀芯表面划伤、阀体内孔划伤，造成光洁度不够、摩擦力增加、阀芯弯曲	仔细清洗，珩磨修配阀体阀芯 校直或更换阀芯
	②阀芯和阀体孔配合间隙过大或过小，间隙过大，易造成液压卡紧，间隙过小，摩擦阻力增加	检查配合间隙，间隙太小，研磨阀芯；间隙太大，重配阀芯或电镀配磨 正常配合间隙：阀芯直径小于20mm时为0.008～0.015mm，阀芯直径大于20mm时为0.015～0.025mm
	③对弹簧复位的换向阀，其弹簧疲劳，弹性降低，弹簧太硬，阀芯推不到位	更换合适的弹簧
	④对液动阀，控制油压太低或回油不畅	提高控制油路压力
	⑤油液中杂质进入到阀芯和阀体孔之间的配合间隙或油液黏度过大	仔细清洗、酌情换油
	⑥油温太高，阀芯热变形卡住	找出油温过高原因，予以降温
	⑦对带阻尼器的液动换向阀，双向阻尼器失灵	检查节流口是否堵塞 单向阀是否失效
	⑧连接螺钉松紧不一致，使阀体变形。对板式连接阀，其安装基面平面度不够	松开全部压紧螺钉，重新对称交叉徐徐拧紧 对安装基面重磨，达到规定平面度

5.4.2 液压系统常见故障诊断与排除

内燃叉车液压系统故障诊断与排除与一般机械系统有很大不同。一般机械系统发生故障时，故障部位基本上是能确定的。而液压系统发生故障时，故障部位往往是不确定的，因此需要诊断，然后加以排除。

内燃叉车液压系统故障诊断与排除方法一般分为三种，即区域诊断法、综合分析法和故障穷举法。

区域诊断法一般采用液压系统故障检测仪进行故障诊断与排除。区域诊断的好处主要在于容易发现故障且便于找出发生故障的原因，对检测人员的液压知识、专业技能要求不高。但需要配备液压系统故障检测仪，并对检测人员进行必要的培训。

综合分析法是对系统作出全面分析，排除可能原因，找出一个或几个根本原因。液压系统发生故障时，大多数情况下不易立即找出故障部位。因为在液压系统中，某一故障现象的出现，其根源可能有好几种。因此，检测人员必须具有液压传动的基础知识，懂得液压系统的工作原理，熟悉各种液压元件的工作特性，掌握元件或系统的工作条件和环境要求，具备一定的实践经验和管理知识。

故障穷举法是针对某一液压系统故障所进行的高度概括，是初学者进行液压系统故障诊断与排除的有力工具。下面采用故障穷举法，对内燃叉车液压系统进行故障诊断与排除。

起升油缸工作正常而方向盘转动异常沉重

(1) 故障现象

起升油缸工作正常，而方向盘转动异常沉重。

(2) 故障诊断

① 单稳分流阀上的安全阀严重泄漏或卡死在打开位置或弹簧折断。

② 单稳分流阀阀芯卡死在右端或弹簧折断。

③ 单稳分流阀阀芯径向小孔堵死，使压力油无法进入转向回路。

(3) 排除方法

拆检单稳分流阀上的安全阀，疏通小孔，去除毛刺，注意清洁；更换调压弹簧。

方向盘转动时，车轮无法停留，转到极限位置

(1) 故障现象

方向盘转动时，车轮无法停留，转到极限位置。

(2) 故障诊断

① 全液压转向器上的转阀阀芯卡死在左（右）位。

② 全液压转向器上的转阀对中弹簧片折断。

(3) 排除方法

拆检全液压转向器，去除转阀阀芯上的毛刺、污物；更换对中弹簧片。

方向盘向右转动时，车体却向左转动

(1) 故障现象

方向盘向右转动时，车体却向左转动。

(2) 故障诊断

全液压转向器上的A、B口油管接反。

(3) 排除方法

将全液压转向器上的A、B口油管调换过来。

起升货物时发生颤动

(1) 故障现象

起升货物时时断时续并有颤动现象发生。

(2) 故障诊断

① 起升油缸内有空气（活塞缸下腔有气）。

② 起升油缸在运动过程中摩擦力变化大。

③ 油箱内油液不足。

④ 滤油器堵塞。

⑤ 温度过低，使油液黏度过大，造成泵吸空。

⑥ 油液中含有大量气泡。

(3) 排除方法

首先把货物放在地面上，如是柱塞起升缸，打开放气螺塞放出气体，直到放出油液为止，拧紧螺塞；如是活塞起升缸，则应起升货物后下降到底，再起升下降，经多次反复即可排除空气。检查起升油缸及其外部连接零件，看是否有别劲部位，补足油液，清洗滤油器，将叉车置于室内常温下一天以上。

货叉下降时发生跌落

(1) 故障现象

叉车叉起货物升高后下降时，货物快速下降，比规定速度快得多。

(2) 故障诊断

① 下降限速阀卡死在下端位置，使过流面积未减小。

② 起升缸活塞密封圈老化、磨损，发生严重泄漏。

(3) 排除方法

首先应拆检下降限速阀，清除脏物、毛刺等。观察起升缸上腔通气塑料管中是否有大量油液回油箱，若有，拆开起升缸，更换密封圈。

当货叉悬空放置时，门架发生自动前倾

(1) 故障现象

货叉起升一定高度后，倾斜阀手柄处于中位，门架自动前倾。在有货物时，前倾速度更快。

(2) 故障诊断

① 倾斜油缸密封圈损坏或老化。

② 多路阀的倾斜操纵阀内泄漏严重。

③ 多路阀的倾斜操纵阀回位弹簧失效。

(3) 排除方法

首先拆倾斜油缸，检查密封圈情况，如密封圈老化、损坏，应更换。分解多路阀，检查倾斜操纵阀磨损情况，应修复或更换换向阀。检查换向阀复位弹簧是否失效，如存在失效，应更换弹簧。

货叉起升速度太慢

(1) 故障现象

起升货物时速度远小于最大起升速度。

(2) 故障诊断

① 发动机转速过低。

② 液压泵磨损，内漏严重，容积效率过低。

③ 工作油箱油量不足或滤油器堵塞。

④ 温度过低，使油液黏度过大，造成泵吸空。

⑤ 单稳分流阀上的安全阀严重泄漏或卡死在打开位置或弹簧折断。

⑥ 单稳分流阀阀芯卡死在左端，使开口过小。

⑦ 单稳分流阀阀芯轴向小孔堵死，使阀芯无法右移，开口过小。

⑧ 多路阀上安全阀压力调得太低或发生严重泄漏，部分油液流回油箱。

⑨ 换向阀内漏严重。

(3) 排除方法

首先检查发动机转速是否过低。在泵的出口接故障检测仪测量泵的容积效率。检查油箱内油量是否充足，滤清器是否太脏、堵塞，如存在，应加足油量，清洗滤清器。将叉车置于室内常温下一天以上。拆检单稳分流阀。检查换向阀上安全阀压力调整是否适当，如不当，应以1.1倍额定载荷为标准调整安全阀的压力值，调好后一般情况下不许变动安全阀调整螺钉。检修或更换换向阀。

货叉起升力达不到额定值

(1) 故障现象

叉车起升少量货物还可工作，当叉起额定值货物时，叉架不能升起。

(2) 故障诊断

① 油箱缺油或叉车搁置时间过长，使液压系统充满气体。

② 吸油管路漏气，造成液压泵吸入大量空气。

③ 起升活塞缸内漏严重。

④ 液压泵磨损、内漏严重，造成出口压力低。

⑤ 多路阀上的安全阀因弹簧损坏或主阀芯小孔堵塞，使压力过低。

⑥ 安全阀调压不当，使压力过低。

⑦ 起升阀阀芯与阀孔因磨损间隙过大，使内漏严重。

⑧ 单稳分流阀阀芯卡死在左端，使开口过小，压力损失过大。

⑨ 单稳分流阀阀芯轴向小孔堵死，使阀芯无法右移。

(3) 排除方法

首先检查油箱是否缺油，如缺油，应加足；空载运行工作装置以排气；运行中利用塑料薄膜检查齿轮泵进油管、结合面是否漏气，如存在，应更换进油管和密封圈；检查起升油缸上腔通气管是否有大量油液流过，若有，则分解起升油缸，检查更换密封圈；用液压系统故障检测仪检查液压泵性能，如液压泵出口压力过低，应拆检液压泵，予以修复或更换；拆检多路阀上的先导式溢流阀，疏通小孔，去除毛刺，注意清洁；调整安全阀的安全压力，方法是：在货叉上放置额定重量的货物，启动发动机，将起升阀操纵杆置于上升位置，慢慢旋进调压螺母，当货物起升时，在旋转1/4圈即可；拆检起升阀，若阀芯与阀孔间隙过大，可考虑电镀阀芯或更换整片阀。

松开操作手柄时，换向阀不能自行回位

(1) 故障现象

松开操作手柄时，换向阀保持原位，不能自行回位。

(2) 故障诊断

① 换向阀阀芯卡滞。

② 换向阀对中弹簧折断或漏装。

③ 换向阀对中弹簧的端盖丢失。

(3) 排除方法

拆检多路阀上的换向阀，去除毛刺、油污；更换对中弹簧；装配对中弹簧端盖。

工作时液压系统油温升很快

(1) 故障现象

叉车液压系统工作1～2h后，油温上升到80℃。

(2) 故障诊断

① 叉车工作环境温度过高。

② 油液黏度过低，造成齿轮泵摩擦加剧，机械效率过低。

③ 多路阀上的溢流阀远控口堵塞或主阀芯卡死。

④ 全液压转向器上的转阀卡死在左（右）位或对中弹簧折断。

(3) 排除方法

如果工作环境温度过高（高于35℃），且处于阳光直射下，只需将叉车置于阴凉下数小时即可。若油液黏度过低，可考虑更换黏度适当的液压油；拆检多路阀上的先导式溢流阀，疏通小孔，去除毛刺，注意清洁；拆检全液压转向器，去除毛刺，更换对中弹簧。

叉起货物上升后，货叉自动下降

(1) 故障现象

货叉起升到位后，换向阀处于中位，货叉连同货物自动下降。

(2) 故障诊断

① 起升缸活塞密封圈老化、磨损，发生严重泄漏。

② 多路阀的起升阀磨损，发生严重泄漏。

③ 起升油缸内壁划痕，使活塞密封失效。

(3) 排除方法

首先检查起升油缸上腔通气管是否有大量油液流过，若有，则分解起升油缸，检查更换密封圈；检查缸体内壁磨损情况，根据情况予以修复或更换新件；分解检查多路阀的起升阀，根据情况修复或更换起升阀。

液压系统噪声较大，压力脉动较大

(1) 故障现象

液压系统在工作时噪声较大，且压力忽高忽低、不稳定。

(2) 故障诊断

① 齿轮泵进油口处密封不严、进气。

② 齿轮泵结合面密封不严、进气。

③ 油箱内油量不足或油液中含有大量气泡。

④ 滤油器堵塞或油液温度低黏度过高造成吸油不足，油液气化。

⑤ 换油后或更换液压系统件，使系统中有大量气体，使回油含有大量气泡，而未完全消失。

(3) 排除方法

运行中利用塑料薄膜检查齿轮泵进油管、结合面是否有漏气，如存在，应更换进油管和密封圈；检查油箱油量，应加油至油标线；观察油箱中油液颜色，若呈现乳白色，则含有大量气泡。静止一段时间，可使油箱油液中气体溢出；清洗或更换滤油器；如系统中有大量气体，可短期空载重复操纵起升、下降、前倾、后倾等动作，使系统中空气排到油箱。

第6章 电气设备及控制系统构造与维修

内燃叉车电气设备及控制系统的特点是：“低压、直流、单线制、负极搭铁”。内燃叉车的电气设备由电源系统、用电装置及电气控制与保护装置等组成。电源系统包括蓄电池、发电机、调节器和电源系统工作情况指示装置；用电装置包括启动装置、汽油机点火装置、内燃机电控系统、仪表与信号装置、照明装置等；电气控制与保护装置指各种控制开关、继电器、熔断器和电气线路等。

通常仪表及报警信号装置作为发动机和整车工作状态监测装置，有的还设有安全报警信号装置。

现代较先进的机械上多数还设置用于发动机控制的机电控制系统，用于控制内燃机燃油喷射、点火及排放等。

内燃叉车电气系统的电压等级有12V和24V两种，前者用于汽油机和部分装有小功率柴油机的内燃叉车上，后者一般用于装用大中功率柴油机的叉车上。12V和24V的电压为电气系统的标称电压，它是从每单格蓄电池按2V电压计算所得到的数值，并不是电气系统的额定工作电压，为了使内燃叉车工作时，车上的发电机能对蓄电池充电，内燃叉车电气系统的额定电压为14V和28V。事实上，内燃叉车电气系统中有两个电源，在发动机不工作或发电机不发电时，蓄电池作电源，工作电压为12V或24V，即启动机及其有关电气部件的额定电压是12V或24V。在发动机正常工作时，投入工作的电气系统各部件的工作电压是14V或28V。

由于发动机的机体和机械的车身通常用金属导体制成，内燃叉车电气设备中电源与用电设备之间仅需要一条电源线，构成电的回路的另一条导线由车身（机体）承担。所以内燃叉车电气设备的电路布线为单线制。电气设备与车身（机体）的连接点称为搭铁点。具有正负极的电气设备，统一规定为负极搭铁。

本章介绍内燃叉车的电气设备和蓄电池叉车的电控系统。其中内燃叉车的电气设备包括蓄电池、发电机及调节器、启动系统、点火系统、发动机电控系统、仪表及辅助电气装置等。蓄电池叉车的电控系统包括蓄电池、电动机、调速控制器等。

6.1 蓄电池的构造与维修

蓄电池是一种放电后可接受充电而被重复使用的直流电电源，也称为二次电池。按照蓄电池电解质的性质区分，有酸性和碱性蓄电池。在装卸搬运机械上广泛采用的蓄电池，是由铅及其氧化物和硫酸为主要原料制成的，称为铅酸蓄电池。目前，在内燃叉车和蓄电池叉车上使用的铅酸蓄电池，由于使用条件不同，对蓄电池提出了不同的要求。因此，使得蓄电池在种类、结构上有所不同，而蓄电池的使用与维护是一样的。

6.1.1 蓄电池的功用及组成

蓄电池功用

目前，在内燃叉车和蓄电池叉车上使用的铅酸蓄电池，由于其用途和要求不同，铅酸蓄电池又可分为启动型、动力型、固定型、防酸隔爆型以及车用、船用等。蓄电池叉车上使用的蓄电池向电动机提供电能，称为动力型（或牵引型）蓄电池。动力型蓄电池用于以电动机作动力的装卸搬运机械上，如蓄电池叉车、牵引车和拣选车等。通常蓄电池叉车使用单体（额定电压 2V）蓄电池，通过导线或焊接方式，串联组成额定电压的蓄电池组。图 6-1 为单体动力型蓄电池。

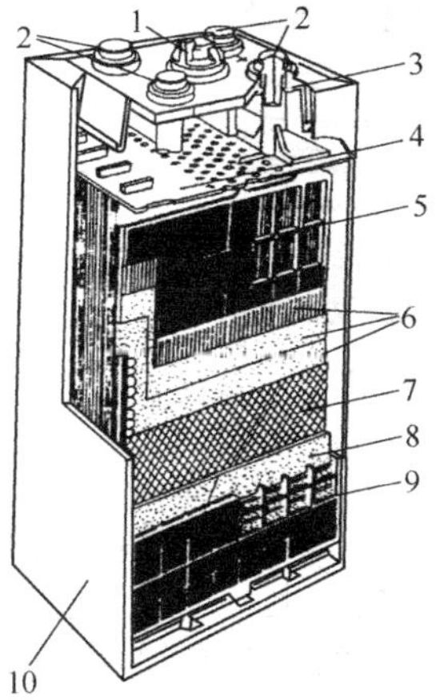

图 6-1 单体动力型蓄电池
1—加液孔塞；2—极柱；3—电池上盖；4—防护网；5,9—极板；6,7,8—隔板；10—外壳

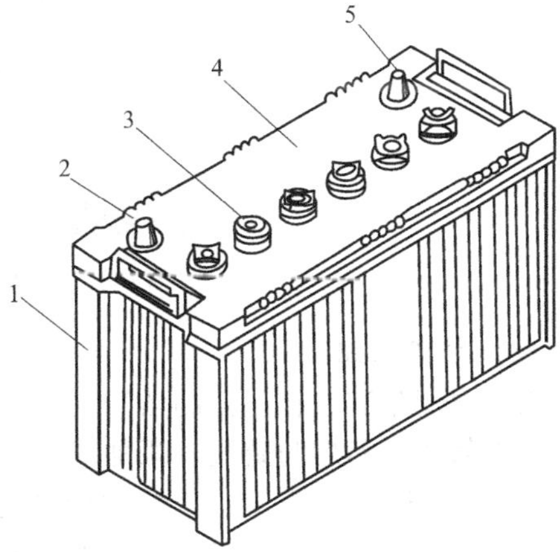

图 6-2 12V 启动型蓄电池
1—外壳；2—正极柱；3—加液孔塞；4—盖；5—负极柱

内燃叉车用蓄电池因向启动机供电、要提供很大的输出电流，其类型为启动型蓄电池，如图 6-2 所示。启动型蓄电池功用是向启动机提供强大电流，实现发动机的顺利启动，并在发电机不发电时，向用电设备（如汽油机点火系统、辅助电器等）供电。由于其主要功能是满足内燃机“启动”的需要，因此要求启动型蓄电池的容量大、内阻小，在较短时间（5～10s）内能提供 200～800A 的大电流。

蓄电池的结构

铅酸蓄电池由极板、隔板、电解液、外壳、极柱和连接板组成。每单格的端电压为 2V，六个完全相同单格互相串联得到标定电压为 12V 的蓄电池，如图 6-3 所示。

蓄电池叉车用蓄电池组如图 6-4 所示。

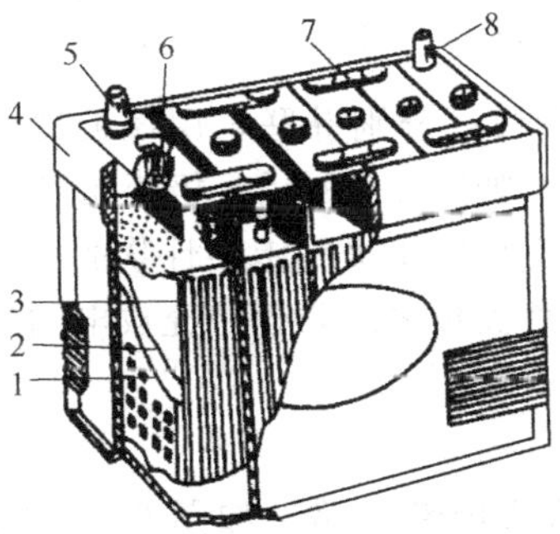

(a) 橡胶壳蓄电池

1—负极板；2—隔板；3—正极板；4—外壳；5,8—正负极柱；6—加液孔塞；7—连接条

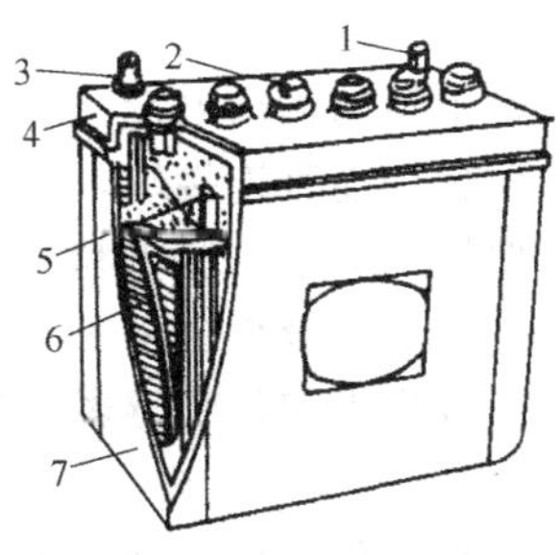

(b) 塑料壳蓄电池

1,3—正负极柱；2—加液孔塞；4—盖；5—连接条；6—极板组；7—外壳

图 6-3 蓄电池的构造

图 6-4 蓄电池叉车用动力型蓄电池组

(1) 极板和极板组

极板由栅架和涂在上面的活性物质组成。活性物质中的主要成分是铅，将铅块研磨成粉在空气中氧化，然后与硫酸、添加剂调和成膏状，涂在极板栅架上，干燥后放入一定密度的硫酸溶液中进行充电（生产中称为“化成”），使正极板上的活性物质转化成二氧化铅（PbO_2），呈棕色；负极板上的活性物质转化成海绵状铅（Pb），呈青灰色。

图 6-5 为启动型蓄电池的极板。在动力型蓄电池中，为了提高正极板的强度，延长蓄电池的使用寿命，通常将正极板做成管状电极，如图 6-6 所示。

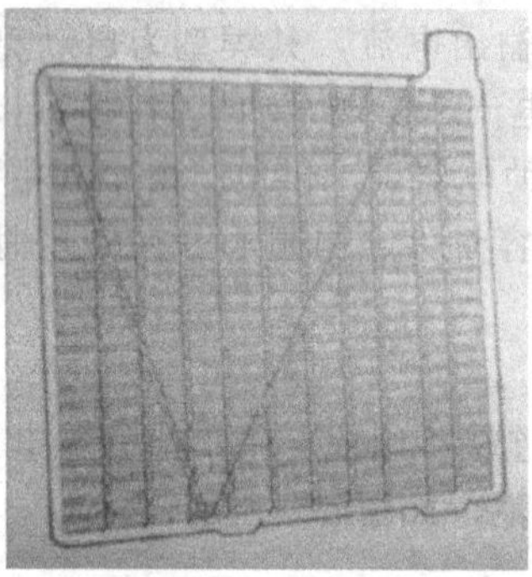

图 6-5 启动型蓄电池极板

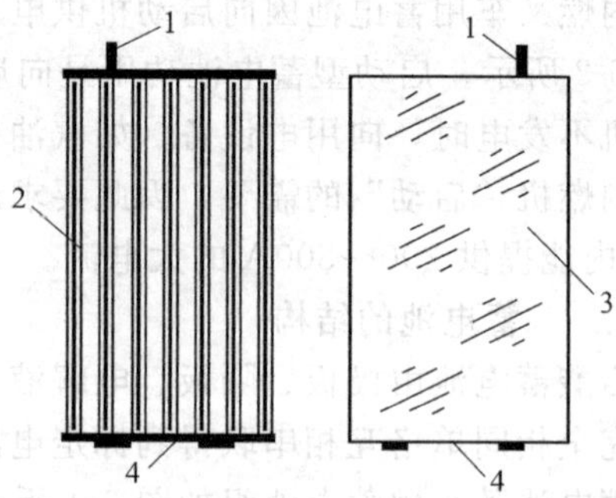

图 6-6 动力型蓄电池的极板

1—极柱；2—管状电极；3—板状电极；4—骨架

为增大蓄电池的输出电量（容量），将数片正或负极板分别并联，用横板焊接，组成正负极板组，横板上连有连接柱，用于各单格间的连接，如图 6-7 所示。极板组各片间有一定的间隙，以便插入对应的极板和隔板。为防止蓄电池工作中正极板上活性物的脱落，每个单格内负极板片数较正极板组多一片，确保正极板处于负极板之间，使之充放电均匀。在极板面积一定时，极板组的片数越多，蓄电池的容量越大。

(2) 隔板

隔板放置在正负极板之间，避免正负极板接触造成内部短路，如图 6-8 中的标号 3 所示。隔板材料应具有多孔性，以便电解液渗透。由于隔板浸泡在硫酸溶液中，要求隔板具有良好的耐酸性和抗氧化性。制造隔板的材料有木质、微孔橡胶、微孔塑料、玻璃纤维、纸袋式等，其中以微孔橡胶和微孔塑料用得最多。有的隔板一面带槽，安装时有槽一面应竖直放置并面向正极板。

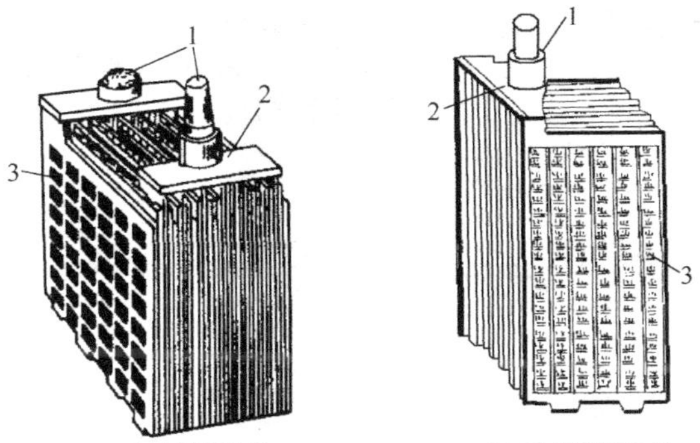

(a) 启动型蓄电池　　(b) 动力型蓄电池

图 6-7 蓄电池的极板组

1—极柱；2 横板，3—极板

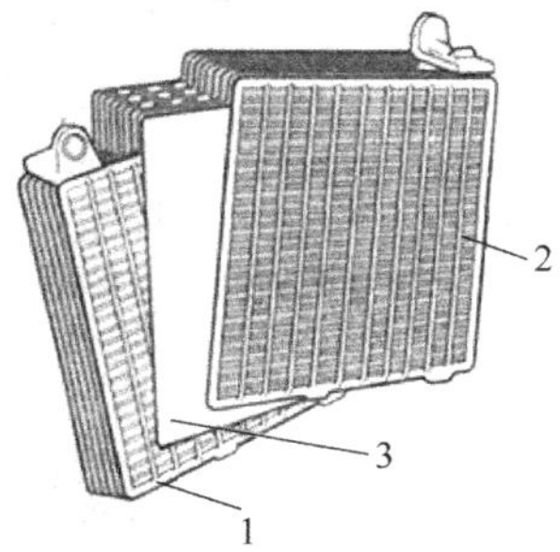

图 6-8 蓄电池极板与隔板

1—正极板组；2—负极板组；3—隔板

(3) 外壳

蓄电池外壳是用来盛放电解液和极板组的。要求其耐酸、耐热、耐震。制造外壳的材料有硬橡胶和工程塑料（图 6-9），后者因重量轻、美观透明已逐步取代前者。外壳为整体结构，内分六个互不相通的单格，底部有突起的支承条以放置极板组，支承条间的空隙形成沉淀池，用于积存脱落下来的活性物质。每个单格的盖子中间有加液孔（图 6-10），可用来检查液面高度和测量电解液密度。加液孔平时用螺塞拧紧。在螺塞顶部有一通气孔，应保持通畅，使蓄电池工作中的化学反应气体能随时逸出。在极板组上部通常装有一片耐酸塑料防护网（图 6-11），以防测量电解液密度、液面高度或加液时损坏极板。

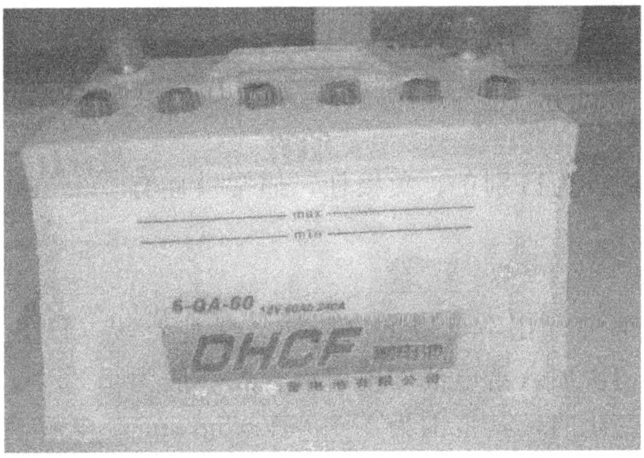

图 6-9 工程塑料外壳的蓄电池

硬橡胶外壳蓄电池有六个上盖，与外壳用沥青、机油及石棉等组成的封口剂封闭固定。橡胶壳的蓄电池由于各单格均有独立上盖，其各单格串联的连接板露出于蓄电池的上表面，便于对单个进行检测和更换。塑料壳电池上盖是一体的，用热封的方法将盖与壳连接在一起。其单格的连接置于上盖下方，上盖上只能看到整只蓄电池的正负极柱和加液孔旋塞。塑料壳的蓄电池，在其正面（或背面）常常标有“max、min”刻度线（图 6-9），用于检查、判定电解液面的高低。

(4) 连接板、极柱

连接板、极柱是实现蓄电池内外电路连接用的。硬橡胶壳的蓄电池连接板和极柱露在蓄电池的上表面；塑料壳的蓄电池连接板封在内部，只留出电池组的正负极柱。为减少蓄电池的内阻，希望连接板短而截面大。蓄电池的极柱外形有锥圆柱形和吊耳形（图 6-12），与外

图 6-10　蓄电池的上盖

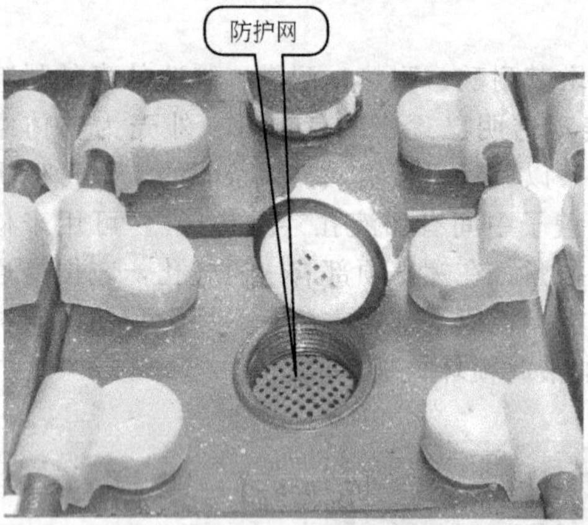

图 6-11　蓄电池极板上部防护网

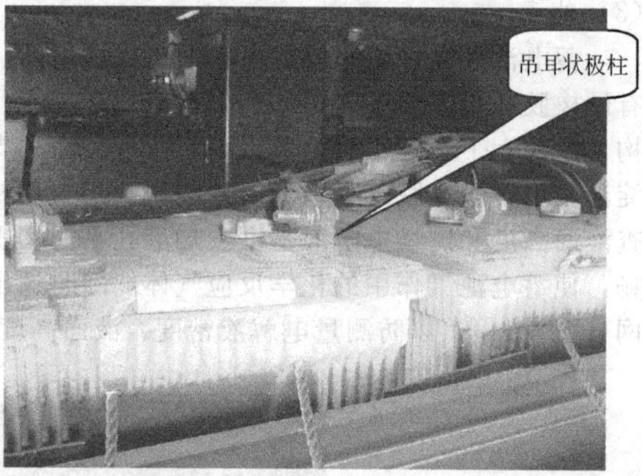

图 6-12　吊耳状蓄电池极柱

电路导线的连接有所不同。为区别正、负极柱，通常极柱有“+”、“−”标记，或将正极柱涂上红漆。

（5）电解液

电解液是蓄电池内部进行化学反应的电解质，是纯硫酸（H_2SO_4）和纯水（H_2O）按一定比例配制而成的。初次加入蓄电池的电解液密度一般为 1.26～1.28g/cm^3；使用过程中蓄电池的电解液密度是变化的，其范围为 1.10～1.28g/cm^3。电解液纯度是影响蓄电池电性能和使用寿命的重要因素，配制电解液一定要用专用的纯硫酸和纯水（蒸馏水、离子交换水等），并且储存电解液需用加盖的陶瓷、玻璃或耐酸塑料容器。

6.1.2　蓄电池检测

液面高度的检查

塑料壳电池，因外壳透明，上面标有最低、最高标志线（图 6-9），可直接看出是否在合适范围内。橡胶外壳的蓄电池或蓄电池叉车的蓄电池组，液面高度的检查可用玻璃管测量，电解液应高出极板 10～15mm。检测方法如图 6-13 所示，将玻璃管垂直放入蓄电池的加液孔中，直到与极板接触为止，然后用手指堵紧管口将玻璃管取出，管内所吸取的液面即为液面高度。当液面不足时，应补充蒸馏水。

电解液密度和放电程度的检查

用密度计（浮子式比重计）检查电解液密度如图 6-14 所示，首先将密度计气囊内空气排出，然后将吸管插入加液孔，吸入电解液，使浮子浮起，读出浮子上的刻度即为电解液密度值。因为电解液密度的大小与温度密切相关，所以还应测量电解液温度，并修正到25℃的标准密度，然后求得蓄电池的放电程度。

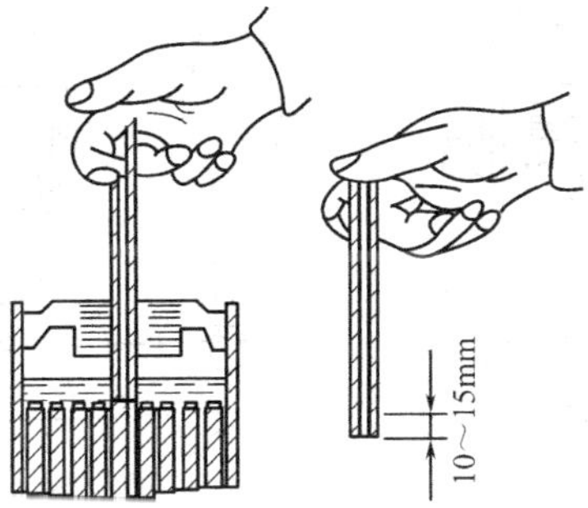

图 6-13 电解液液面的检查

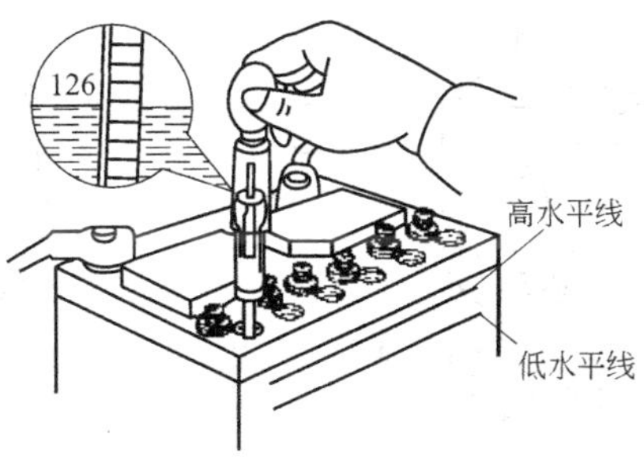

图 6-14 电解液密度的测量

实践证明：蓄电池从充足电到放电终了，其电解液的相对密度下降约为 0.16，因此可通过式(6-1) 换算

$$\rho_{25℃}=\rho_t+(t-25)\times0.0075 \tag{6-1}$$

式中 ρ_t——电解液温度为 t 时，所测得的电解液密度。

蓄电池的放电程度可用式(6-2) 求得：

$$放电程度(\%)=(\rho_{始}-\rho_{25℃})/0.16\times100\% \tag{6-2}$$

用检测仪进行测试

(1) 蓄电池测试仪

图 6-15 为某公司生产的 BSB-618 型蓄电池测试仪，该仪器通过导道线夹与蓄电池连接，可测试蓄电池的电压、充放电程度、蓄电池的容量、内阻等参数，判断蓄电池的技术状态。

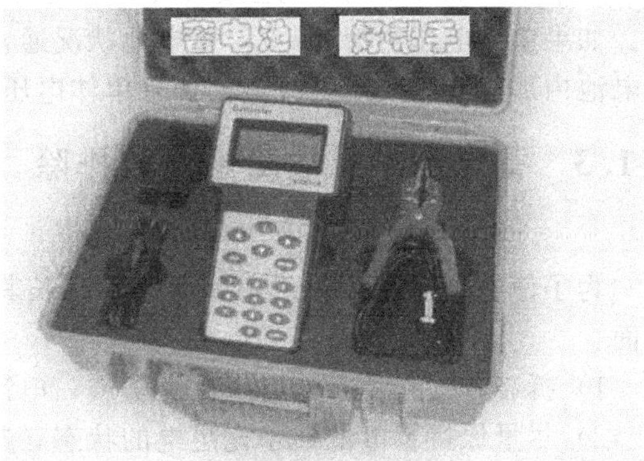

图 6-15 BSB-618 型蓄电池测试仪

(2) 高率放电计测试

对于橡胶外壳的启动型蓄电池，可用高率放电计模拟启动机负荷，测量蓄电池大电流放电时的端电压，判断其放电程度和技术状态。

高率放电计由一个 3V 电压表和一个定值负载电阻组成，如图 6-16 所示。测量时，将高率放电计两叉紧压在单格电池的正负极柱上，历时 5s 左右，观察在大负荷放电情况下蓄电池所能保持的端电压。不同厂牌的放电计，负载电阻值不同，放电电流和电压表读数也就不同，使用时应参照原厂说明书规定。通常技术状况良好的蓄电池，用高率放电计测量时，单格电压应在 1.5V 以上，并在 5s 内保持稳定；如果 5s 内电压迅速下降，或某一单格电池的电压比其他单格低 0.1V 以上时，表示该单格电池有故障。

目前额定电压 12V 的干荷电和免维护蓄电池广泛采用新型 12V 高率放电计，如图 6-17 所示，中部电压表的刻度盘上标示有 0～20V 电压值和红、黄、绿三段刻线。检测蓄电池状态时，表针指在红、黄、绿刻度线范围内分别表示蓄电池“有故障”、“存电不足”和技术状态“良好”。

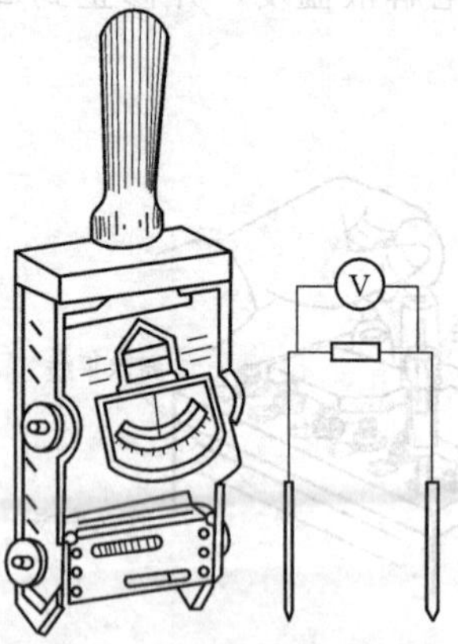

图 6-16 普通高率放电计

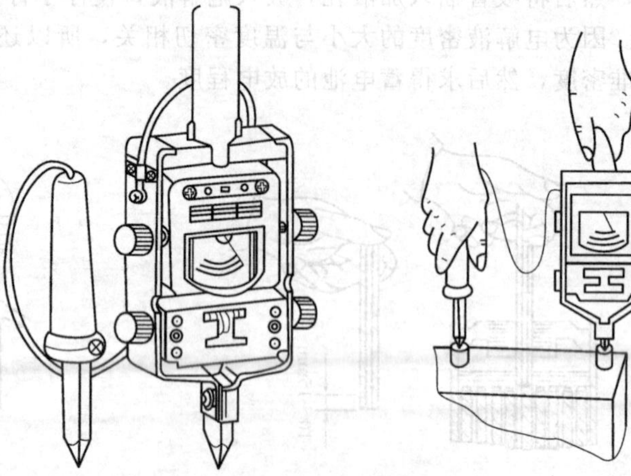

图 6-17 12V 高率放电计

蓄电池电压检测

用车上电压表或万用表就车检测蓄电池的电压可判断其技术状况。

对于内燃叉车用启动型蓄电池，首先接通点火开关，发动机尚未启动时，电压表指示蓄电池的端电压范围为：12V 电气系统的电压应为 11.4～12.6V，24V 电气系统为 22.8～25.2V。如果端电压过低，说明蓄电池严重亏电或内部短路。如果接通启动开关在启动发动机 3～5s 内，电压表指示的12V 电气系统蓄电池端电压读数应为 9～11V。若低于 9V，说明蓄电池有故障，需要维修或更换新的电池；若电压表读数高于 11V，说明蓄电池技术状态良好，可以继续使用，不需要补充充电。同理对于 24V 电气系统，电压表读数应为 18～22V。

对于蓄电池叉车用动力型蓄电池，因蓄电池组的电压不同，电压表指示的读数亦有所不同。如果单体电压约为 2.1V，蓄电池状况通常是良好并充足电的；如果单体电压为 0V，则蓄电池内部有断路或短路故障；如果单体电压低于 1.9V，说明蓄电池亏电或有故障。

6.1.3 蓄电池常见故障诊断与排除

蓄电池维护

为了使蓄电池经常处于完好状态，延长其使用寿命，在蓄电池使用中应注意以下几个方面：

1）拆装、搬运蓄电池时应注意防震，电池在车上应固定稳妥。

2）尽量保持蓄电池处于充足电的状态，避免过量放电。对于启动型蓄电池，每次使用启动机时间不超过 5s，两次使用时间不短于 15s，连续三次启动不成功，应查明原因，防止蓄电池过放电；对于动力型蓄电池，每次使用后，无论放电多少都要及时补充充电。

3）加注电解液应纯净，防止灰尘进入电池内部，经常擦除电池表面的灰尘、脏物，保持加液口塞通气孔畅通。若通气孔不畅通，蓄电池内部发生化学反应所产生的气体不能及时排除，可能使蓄电池胀裂。

4）检查并清洁蓄电池。经常清除蓄电池盖上的泥土、灰尘，擦去蓄电池盖上的电解液，清除导线接头及极柱上的腐蚀物（图 6-18），紧固接头，涂保护剂。

5）定期检查电解液液面高度和密度。蓄电池就车使用过程中，电解液液面高度应保持在蓄电池壳体所标注最高、最低刻度线之间。当液面过低时，应补充蒸馏水，除非确知液面降低是由于电解液溅出所致，一般不允许补充电解液。此外，蓄电池各单格间的密度差

图 6-18 蓄电池表面的氧化腐蚀物

应≤0.01g/cm^3。

6）定期补充充电。蓄电池在装车使用过程中，每使用两个月必须进行一次补充充电；如果蓄电池加注电解液后储存备用，因存放过程中会自行放电，所以每间隔一个月补充充电一次。

7）经常检查并判定蓄电池的放电程度，夏季放电超过50%、冬季超过25%时应及时进行补充充电。

蓄电池常见故障诊断与排除

铅酸蓄电池的常见故障主要有极板硫化、活性物质脱落、正极板栅架腐蚀、自行放电和蓄电池极性变反等。

(1) 极板硫化

蓄电池"硫化"是指蓄电池在充电时，极板上白色粗结晶的硫酸铅不能转化为原来正极板上的二氧化铅和负极板上的纯铅，致使蓄电池不能正常使用的现象。

1）故障现象　极板硫化的蓄电池内阻显著增大，在启动发动机时，电压急剧下降，不能持续供给启动电流；在充电时电解液温度上升得过快，电解液的密度却上升得很慢，甚至不变化，且在很短时间内就会产生大量气泡，而出现"沸腾"的现象。

2）故障原因　造成蓄电池极板硫化的主要原因有蓄电池长期亏电和电解液液面过低。当蓄电池充电不足（亏电）时，蓄电池正负极板上有硫酸铅存在，在电解液温度变化时，硫酸铅便有溶解和析出的化学过程出现。蓄电池充电不足的时间越长，温度上升和下降变化次数越多，形成的不可逆硫酸铅量就越多，蓄电池放电时输出的容量就越少，电池的硫化越严重。当蓄电池电解液液面不足时，露出电解液液面的极板上的工作物质，便会与空气中的氧发生化学反应生成氧化铅。在叉车运行中电解液的波动或补充纯水后，空气中氧化所形成的二氧化铅，极易与电解液中的硫酸反应生成不可逆硫酸铅。

3）故障预防与排除　防止蓄电池形成极板硫化故障的措施有：

① 蓄电池使用后亏电时及时进行补充充电。

② 经常注意检查蓄电池的电解液液面高度，液面不足时及时添加蒸馏水。

③ 蓄电池叉车停用时，定期检查蓄电池的放电程度，在电量损失时及时充电。

④ 叉车长时间不用时，将蓄电池集中保管，定期检查与维护。有条件时在蓄电池上设置保护器，对蓄电池进行防硫化保护。

极板硫化的蓄电池，轻者按过充电方法充电，重者按去硫化充电方法或小电流充电，以消除硫化。

(2) 正极板栅架腐蚀

1）故障现象　蓄电池栅架腐蚀后，会造成活性物质脱落，容量大大减小，蓄电池内阻增大。拆开蓄电池后会看到极板腐烂剥落，尤其常见于正极板。

2）故障原因　造成蓄电池正极板栅架腐蚀的主要原因是蓄电池长时间过充电和充电时电解液的温度过高。长时间过充电会使电解液中产生大量气体，在氧气从正极板上析出时，会造成极板氧化腐蚀。若充电时电解液的温度过高，会使极板氧化腐蚀加剧。在极板氧化腐蚀后，会使极板上的工作物质大量脱落，严重时造成极板短路，蓄电池输出电量减少甚至无法输出电量，从而造成蓄电池报废。

3）防止措施　防止蓄电池正极板栅架腐蚀的主要措施有：

① 避免蓄电池长时间过充电，对蓄电池充电时，若蓄电池确已充足，应及时断开充电电路。

② 充电时控制电解液的温度，当电解液温度超过45℃时，应对蓄电池进行冷却降温或暂时停充，待温度降低后再行充电。

③ 控制充电电流，如果时间允许，尽量采用较小电流充电。

(3) 活性物质脱落

1）故障现象　电解液中有沉淀物，充电时电解液混浊；蓄电池的输出容量显著减小。

2）故障原因　蓄电池活性物质脱落的主要原因是蓄电池长时间过充电和低温大电流放电。长时间过充电会使电解液中产生大量气体，在氧气从正极板上析出时，会造成极板氧化腐蚀。若大电流放电，极板易弯曲变形而导致活性物质脱落，严重时造成极板短路，蓄电池输出电量减少甚至无法输出电量，从而造成蓄电池报废。

3）故障预防与排除　防止蓄电池活性物质脱落的主要措施有：

① 避免蓄电池长时间过充电，对蓄电池充电时，若蓄电池确已充足，应及时断开充电电路；

② 控制放电电流，杜绝过量放电。

③ 稳固蓄电池，减小震动，切勿敲击电池极柱。

脱落的活性物质沉积少时，可清除后继续使用；沉积多时，需更换极板。

(4) 自行放电

1）故障现象　充足电的蓄电池在无负载状态下，电量自行减少的现象称为“自行放电”。电量自行减少是不可避免的，对于充足电的蓄电池，若一昼夜容量降低不超过0.7%，则属于正常自行放电；若每昼夜容量降低超过2%，则为故障性放电。

2）故障原因　蓄电池自行放电故障的主要原因是电解液不纯净，电池表面过脏，有短路故障。例如，电解液杂质含量过多，这些杂质在极板周围形成局部电池而产生自行放电；或电池盖上洒有电解液，也会造成自行放电。

3）故障预防与排除　防止蓄电池自行放电故障的措施有：

① 加入蓄电池中的电解液要用纯净的硫酸和水配制而成。

② 电解液液面不足时，添加的水要纯净，电解液的液面也不要超过最高限度。

③ 保持电池表面清洁，电池充电打开加液孔旋塞时，避免灰尘、污水和金属物进入。

④ 叉车停止工作时，及时关断电源开关或切断应急开关。

产生自放电故障后，应倒出电解液，取出极板组，抽出隔板，再用蒸馏水冲洗干净后重新组装，加入新的电解液即可使用。

(5) 极性变反

蓄电池极性变反有两种情况，一种是单体电池的极性变反，另一种是整个蓄电池组极性变反。

1）故障原因　单体蓄电池极性变反的原因是串联蓄电池组时某一电池的极性接错，该电池有故障或该电池的电解液密度过低，该电池的容量过小，在整个蓄电池组工作时，容量过小的蓄电池首先放电终结，然后在工作电流的作用下被反向充电，而造成极性变反。整个蓄电池组极性变反的原因是，电池放完电后对蓄电池充电时，蓄电池与充电机连接的极性接错。蓄电池的极性变反，会严重影响蓄电池的输出容量和输出电压。

2）故障预防 防止蓄电池极性变反的措施有：

① 检查每一只单体蓄电池的技术状况，充足电时检查调整单体蓄电池的电解液密度，各只电池的密度差不得大于 $0.01g/cm^3$。

② 避免新旧单体蓄电池混用。

③ 正确连接蓄电池组与充电机的电极，"+"与"+"、"−"与"−"对应连接，避免接错。

此外蓄电池使用过程中可能出现的故障还有极柱腐蚀、断裂和壳体破裂等。前者主要是电池保养维护不当造成的，后者是在低温条件下使用时电解液的密度过低、充电时未打开加液孔旋塞或壳体受到严重冲击造成的。

(6) 蓄电池组单体性能不一致

各类蓄电池叉车（如蓄电池叉车、牵引车及拣选车等）均使用铅酸蓄电池组作电源。蓄电池组由标称电压2V的单体蓄电池串联而成，蓄电池组的额定工作电压有24V、40V、48V、72V、80V等，其额定容量因驱动载荷而不同，一般多在250～500A·h。由于蓄电池组占据蓄电池叉车购置成本约五分之一，所以延长蓄电池组的使用寿命成为降低蓄电池叉车使用成本的有效途径之一。

1）单体蓄电池与蓄电池组性能 由于蓄电池组由单体蓄电池串联而成，所以蓄电池组的额定容量与单体蓄电池是一样的。蓄电池组的内电阻等于各只单体蓄电池的内阻与连接导体的电阻之和。单体蓄电池的内阻取决于电解液的密度和蓄电池的技术状态。由于单体蓄电池的电解液密度和技术状况不同，蓄电池组中各只单体蓄电池的容量是不同的，因此蓄电池组的实际输出容量决定于输出容量最小的单体电池。

2）单体蓄电池性能不一致的原因 单体蓄电池性能不一致，是指各单体蓄电池的端电压、内阻和输出容量的差异。造成单体蓄电池性能不一致的原因有：

① 生产制造的差异性。蓄电池组部件供应商通常按蓄电池叉车制造商的要求，从蓄电池制造厂家购置同一批次、制造日期相同、储存条件一致的单体蓄电池，通过焊接或导线连接组成蓄电池组，这样的蓄电池组单体蓄电池性能一致性较好。但是对于自行组装的蓄电池组，如果采用的不是同一批次生产，储存时间不同，甚至不是同一生产厂家的产品，组装后的蓄电池组单体性能就会有很大的差异。

② 使用与维护的影响。蓄电池组启用前一般是不加入电解液，干式密封储存的。启用时应加入规定密度和数量的电解液，接通充电机使蓄电池组充足电，有条件者可进行1～2次充放电循环，并调整各单体电池电解液密度和液面高度后才能投入使用。启用时如果首次加入各单体电池的电解液密度及数量不同，各只单体蓄电池的性能就会有所差异；充足电后的蓄电池组，没有调整各单体蓄电池电解液密度或未控制在密度差值 $0.01g/cm^3$ 以内，也会使单体蓄电池的性能不一致。

蓄电池使用中应对蓄电池组进行维护，如果清洁保养蓄电池时，污水或灰尘、金属异物进入单体蓄电池内，就会造成该单体电池电解液不纯净，致使单体电池自行放电，导致蓄电池的性能不一致；如果某只或某些单体蓄电池电解液液面高度不足，甚至电池极板露出电解液表面，蓄电池就会产生"硫化"故障，导致蓄电池的性能不一致；如果蓄电池组维护时，发现某些单体蓄电池电解液不足，加入了不纯净的水或密度过大的电解液，也会导致蓄电池的性能不一致。

蓄电池充电时，由于充电电流过大或过充电，使某些单体蓄电池活性物质脱落，或电解液损失过多，会导致单体蓄电池容量差异，导致蓄电池的性能不一致；充电时电池内电解液温度过高，致使蓄电池“栅架腐蚀”加剧，单体蓄电池容量降低，也会导致蓄电池的性能不一致。

蓄电池使用中，单体蓄电池壳体破裂，或其他原因造成电解液损失，会导致蓄电池的性能不一致；使用中由于机械振动，某些单体蓄电池内部“活性物质脱落”，使其容量下降，也会导致蓄电池的性能不一致。

某些单体蓄电池充电时未彻底充足，停使过程中产生“硫化”，使其容量下降，会导致蓄电池的性能不一致；某些单体蓄电池表面过脏或“内部短路”，停使过程中产生“自行放电”，使其容量下降，也会导致蓄电池的性能不一致。

3）性能不一致对蓄电池组使用寿命的影响　如果单体蓄电池的性能不一致，通常表现为个别或部分单体电池端电压偏低、内阻较大、容量过小，那么在蓄电池叉车使用中，蓄电池组对电控系统和电动机供电时，电控系统易出现“欠压保护”，电动机驱动力不足甚至产生过载发热，进而影响了蓄电池叉车的使用性能。

在蓄电池组对外供电过程中，内阻较大的单体蓄电池发热严重，进一步恶化了其性能；容量过小的单体蓄电池，首先放完电，而后放电电流通过该单体蓄电池时形成充电电流，这只蓄电池将被反充电，导致“极性变反”，不仅损失了其原来约2V的端电压，还附加了−2V的电压，使蓄电池组的电压大幅下降，造成蓄电池组无法继续使用。

对于内阻较大、容量过小的单体蓄电池，在充电过程将首先被充足电，继续向其他蓄电池充电时将造成过充，致使该单体电池电解液损耗加剧，技术性能进一步恶化；用自动充电机对蓄电池组充电时，会造成充电机的误判，其他正常的单体蓄电池无法充足电，久而久之形成硫化故障，也会缩短蓄电池组的使用寿命。

单体蓄电池性能不一致将会对整个蓄电池组性能带来严重影响，也直接决定了蓄电池组的使用寿命。正确使用蓄电池叉车的电源装置，做好蓄电池组的维护，加强对蓄电池技术状态的检测，对个别“落后”的单体蓄电池及时加以处理，或开发研制蓄电池组能量管理系统，使单体蓄电池的性能接近一致，将对延长蓄电池组的使用寿命有着重要意义。

6.1.4 蓄电池的充电

蓄电池叉车的动力型蓄电池在放电后要及时充电，否则不仅叉车不能继续使用，还会缩短蓄电池的使用寿命。内燃叉车的启动型蓄电池，虽然在发动机工作时能接受发电机的充电，但是当叉车充电系统出现故障或机械封存停用时，蓄电池就会亏电，启动型蓄电池的放电程度夏季超过50%、冬季超过25%时，需要补充充电，否则就会影响蓄电池的使用性能，缩短其使用寿命。蓄电池的充电需要在充电场所的充电机上进行。

电解液的配制

新蓄电池在启用时，应首先注入规定密度的电解液，配制电解液应用专用硫酸和蒸馏水。其密度应符合蓄电池制造厂的要求，不同密度时的硫酸与水的比例见表6-1。

表6-1　不同密度时硫酸与水的比例

电解液密度(25℃)/(g/cm³)	硫酸与水的体积比	硫酸与水的质量比	电解液密度(25℃)/(g/cm³)	硫酸与水的体积比	硫酸与水的质量比
1.240	1∶3.62	1∶2.13	1.270	1∶3.06	1∶1.81
1.250	1∶3.42	1∶2.03	1.280	1∶2.83	1∶1.67
1.260	1∶3.23	1∶1.91			

配制电解液时应注意：

① 配制电解液应用耐酸的玻璃、陶瓷、硬橡或铅质的容器；

② 配制时须先将水放入容器，然后将硫酸徐徐加入水中，并不断地用玻璃棒或塑料棒搅拌。绝对禁止将蒸馏水倒入浓硫酸中，以免发生爆溅，伤害人体和设备；

③ 配制电解液时，操作人员必须佩戴防护眼镜、橡皮手套、塑料围裙、高筒胶鞋，以防烧伤。

配制电解液时因硫酸稀释发热，使电解液温度升高，因此配制好的电解液需待冷却至35℃以下，才能注入蓄电池内。

蓄电池与充电机的连接

蓄电池充电应在充电机（直流电源）上进行。在连接时，必须保证蓄电池的正极接充电机的正极，蓄电池的负极接充电机的负极。通常充电机和蓄电池上均标有正负极（用"＋"、"－"号表示），或正极涂红色。若无把握，在打开充电机开关之前，可试接一下，如电压表正向摆动，则为正确。

蓄电池的标记模糊不清时，可参照下面方法区别：

① 观察极柱颜色，用过的蓄电池，正极呈深棕色，负极呈青灰色。

② 用直流电压表接电池极柱，指针正摆时，红表笔接的为正极；

③ 对电解液进行电解识别，从电池两极上引出两条导线相近地置于电解液中，导线周围产生气泡多的为负极。

充电规范

新蓄电池内注入合适密度和数量的电解液，放置3～6h至温度低于35℃，即可按充电机对应的充电方式进行充电。

充电临近完毕应测量电解液密度，不符合要求应进行调整，并适当充电，最后调好液面高度，拧上加液口，擦净蓄电池，即可投入使用。

蓄电池的充电方法有定电压充电、定电流充电和快速充电等。不同的充电方法有相应的充电工艺要求，具体实施时应重视，不然会损坏蓄电池。

(1) 定电压充电

定电压充电是保持蓄电池充电压一定的充电方法。其特点是充电速度较快，且随着充电的进行，充电电流会自动减小，电压设定适当时，充足电时会自动停充。但这种充电方法不能保证蓄电池彻底充足。铅酸蓄电池定电压充电时，一般按单格电压2.4V确定，如12V的蓄电池充电电压为14.4V；一组24V的铅酸蓄电池，定电压充电的电压为28.8V。如图6-19(a) 所示，保持充电机的输出电压 U 一定，充电电流 I、蓄电池内阻 R_i 和蓄电池电动势 E 之间的关系符合全电路欧姆定律，即

$$I=(U-E)/R_i$$

随着充电的进行，蓄电池的电动势逐渐增大，充电电流逐渐减小，直至趋近于零，如图6-19(b) 所示。

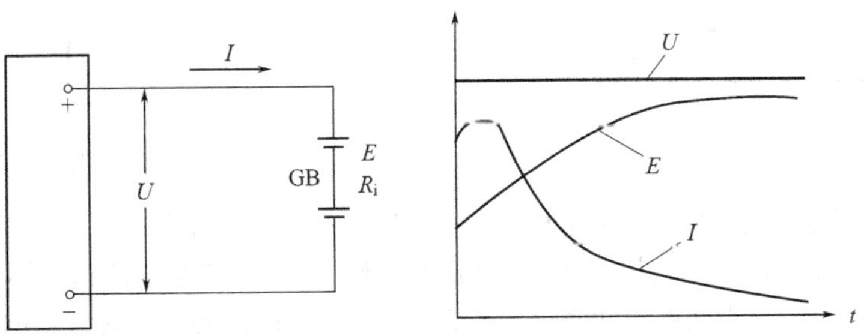

(a) 充电电路　　(b) 充电特性

图 6-19　定电压充电的电路和特性

(2) 定电流充电

定电流充电是保持蓄电池的充电电流不变的充电方法。在充电过程中，随着充电的进

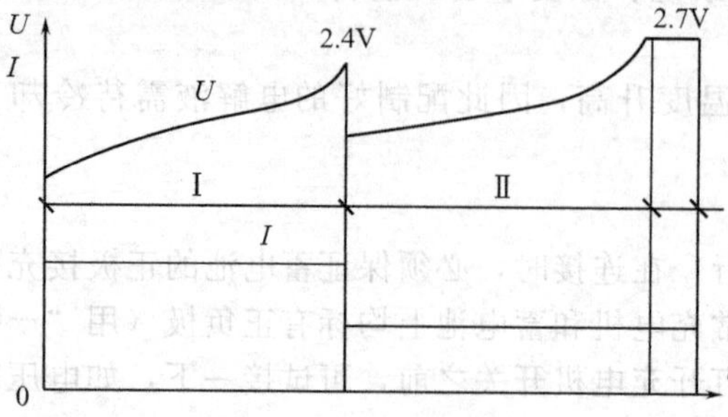

图 6-20　定电流充电的特性

行，蓄电池的电动势会逐渐增大，为保持充电电流一定，必须逐步提高加到蓄电池两端的电压。该电压的提高可通过人工调节，也可由充电机自动调节。定电流充电的方式通常分为两个阶段，第Ⅰ阶段的充电电流取额定容量的1/10（新启用的蓄电池充电电流取额定容量的1/15），第Ⅱ阶段的充电电流减小一半，即取额定容量的1/20。当蓄电池的单格电压上升到2.4V，电解液中有气泡冒出时，由第Ⅰ阶段转入第Ⅱ阶段，直至蓄电池充足电。

定电流充电分两阶段的目的是，既缩短充电时间，又减少蓄电池充电时的能量消耗和电解液中水的损失，保证蓄电池充足电。定电流充电的特点是可以保证蓄电池彻底充足电，减少蓄电池“硫化”故障产生的倾向，延长蓄电池的使用寿命。但其缺点是充电时间长。到目前为止，定电流两阶段充电方法仍是铅酸蓄电池充电中最成熟、最常用的方法。定电流充电时蓄电池的端电压、充电电流随时间的变化关系如图6-20所示。

(3) 快速充电

快速充电是一种快捷方便的充电方法，对铅酸蓄电池的充电可以缩短到2～3h。快速充电过程中遵循的一个原则是，在可能的条件下，向蓄电池施以尽量大的充电电流，又不使蓄电池的析气量过大，还要防止蓄电池过充电。铅酸蓄电池充电时有一条接受电流曲线，如图6-21所示。它是蓄电池的充电电流与其充电程度的关系，某一充电程度下，充电电流小于充电接受电流，会使充电时间延长；充电电流大于充电接受电流，则会使充电中水的电解倾向加剧，析气量增大。因此，严格按照充电接受电流曲线向蓄电池充电才会使充电时间最短，水的析出量最少。在蓄电池充电时，因充电电流流过电池的电极，产生极化过电压，使充电电流自行减小，充电时间延长，甚至充电难以继续进行。因此充电中必须适当间歇并施以去极化脉冲。蓄电池快速充电时的充电电流特性如图6-22所示。

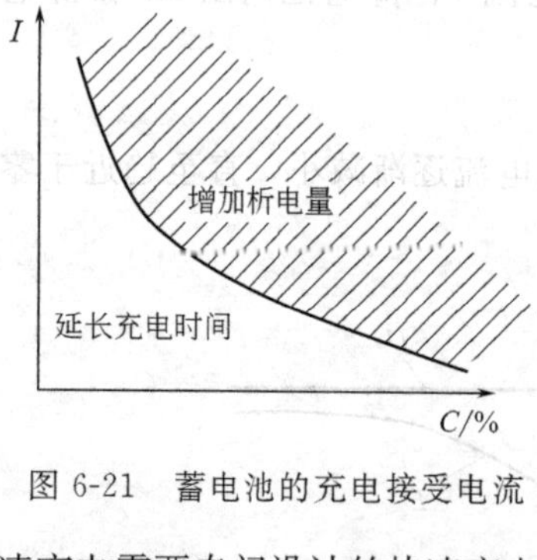

图 6-21　蓄电池的充电接受电流

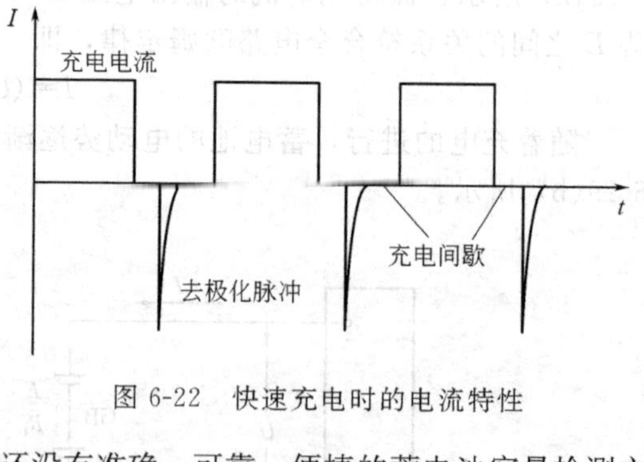

图 6-22　快速充电时的电流特性

快速充电需要专门设计的快速充电机，因目前还没有准确、可靠、便捷的蓄电池容量检测方法和手段，这成为制约快速充电技术实际应用的关键。此外，充电电流选择多大、充电时间多长、去极化脉冲多强、充电间歇时间多少均是需要研究试验的内容，尚有大量的工作要做。并非所谓快速充电机就能达到快速充电的目的，设计不当，反而会给蓄电池带来危害。

(4) 自动恒压恒流充电

图6-23为北京中机长峰电器厂生产的HGCZ03系列80A/72V自动恒压恒流充电机。该充电机具有恒流、恒压充电、开路/极性接反、过流保护和自动关机功能，充电过程自动

化程度高、操作简便、充电效率高。

HGCZ203 型自动恒压恒流充电机采用充电初期定电流充电，充电后期定电压充电的模式对蓄电池进行充电，蓄电池充足电后可自动关机。图 6-24 为该充电机的控制特性曲线。充电初期，蓄电池的接受能力较强（接受电流较大），用较大的电流对蓄电池进行恒流充电（取蓄电池额定容量 1/10～1/5），以缩短充电时间；当蓄电池基本充足电时，达到设定的电压值（按单格电压 2.4V 设定）时，采用恒压充电，根据蓄电池的电量变化自动减小充电电流，以充分恢复蓄电池的容量。恒压充电的时间可以在充电机内部控制电路设定（可视情况设置 0～12h），到蓄电池充足电时（达到设定时间），自动关闭充电机电源。

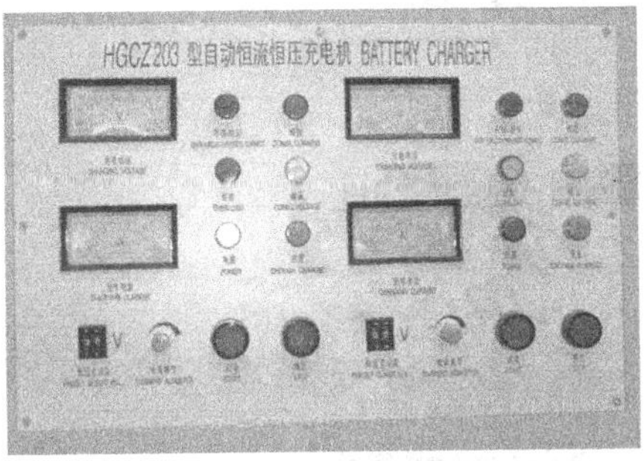

图 6-23 HGCZ03 系列 80A/72V 自动恒压恒流充电机控制面板

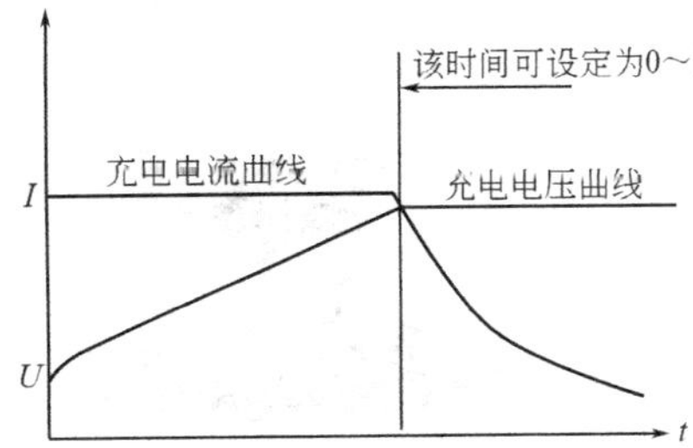

图 6-24 充电机的控制特性曲线

6.2 发电机与调节器的构造及维修

内燃叉车充电系统由发电机、调节器和电源系统工作情况指示装置等构成。

6.2.1 发电机和调节器的功用及组成

发电机的种类形式与型号

在内燃叉车上，发电机是发动机正常工作时的主要电源，它向用电设备供电，并向蓄电池充电。现在内燃叉车上使用的发电机是三相同步交流发电机，由于用电设备和向蓄电池充电要求是直流电，所以交流发电机上设置有整流装置。又由于整流装置用硅整流二极管制成，因此，交流发电机也称为硅整流发电机。按照发电机的结构不同，交流发电机有普通式（JF×××）、整体式（JFZ×××）、无刷式（JFW×××）和带泵式（JFB×××）等，如图 6-25 所示。

按照整流二极管数目分有六管、八管、九管和十一管。按照发电机磁场绕组搭铁方式的不同，又有内搭铁式和外搭铁式发电机之分。

整体式发电机是将调节器与发电机制成一体，简化了发电机与调节器之间的连线，提高了电源系统的工作可靠性，减少了电气系统故障的发生。无刷式发电机取消了发电机工作时的薄弱环节——电刷、滑环结构，提高了发电机工作的可靠性。带泵式发电机是在普通发电机的基础上，增设了一只由发电机轴驱动的真空泵，用于驱动装用柴油发动机作动力的机械上的真空助力装置。

内燃叉车的发电机型号意义为：

1	2	3	4	5

第一部分为产品代号，由字母表示，如 JF、JFZ、JFB、JFW 分别表示普通交流发电

JF 133 D 型交流发电机

JFZ 183 型交流发电机

JFZ 171 型交流发电机

JFB 151 型带泵交流发电机

图 6-25 几种形式的发电机

机、整体式交流发电机、带泵交流发电机和无刷交流发电机。

第二部分为电压等级代号，用一位阿拉伯数字表示，其中有：1—12V、2—24V。

第三部分为电流等级代号，用一位阿拉伯数字表示，各代号表示的电流等级：

电流等级代号	1	2	3	4	5	6	7	8	9
电流范围/A	~19	20~29	30~39	40~49	50~59	60~69	70~79	80~89	90~99

第四部分为发电机的结构代号，如发电机的安装挂脚形式、带轮的槽数等。

第五部分为设计序号，用一位阿拉伯数字表示产品的顺序。

发电机在车上的安装与调整

发电机安装在发动机的缸体上，如图 6-26 所示。发动机工作时，通过皮带带动发电机的转子旋转，皮带的松紧度可以通过调整杆调整，如图 6-27 所示。

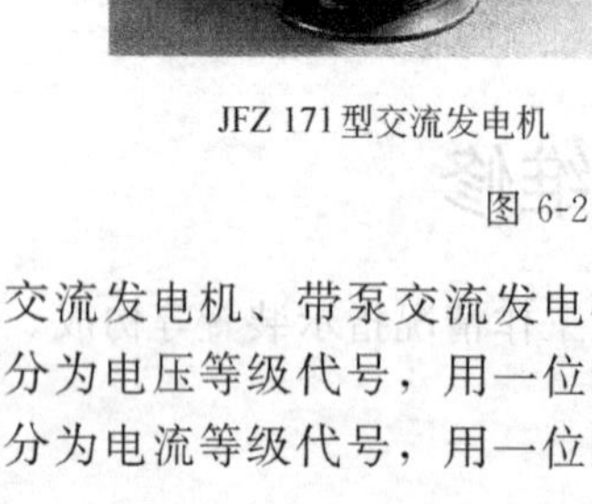

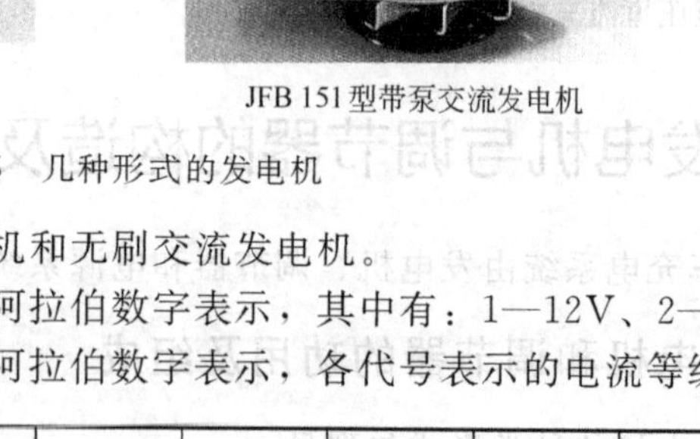

图 6-26 发电机在发动机上的安装

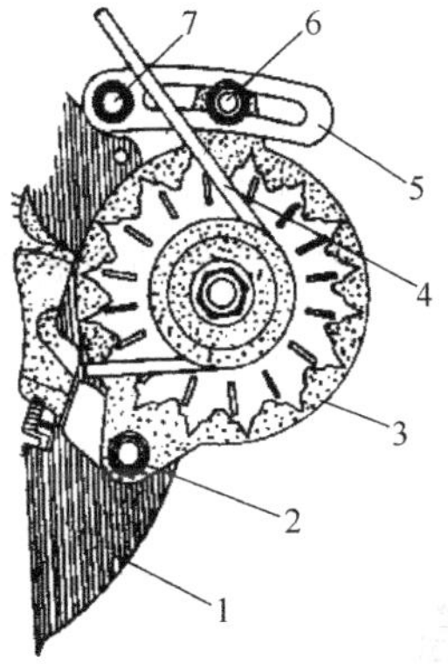

图 6-27 发电机皮带的调整

1—发动机缸体；2—安装螺栓；3—发电机；4—传动皮带；5—调整杆；6—调整螺栓；7—固定螺栓

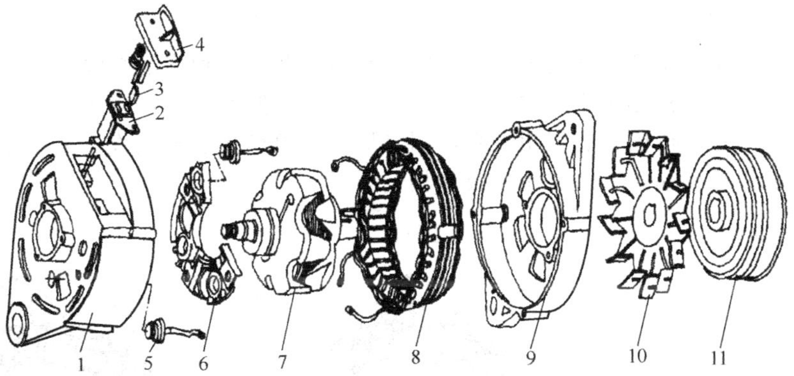

图 6-28 发电机结构组件

1—后端盖；2—电刷架；3—电刷及弹簧；4—盖板；5—整流二极管；6—元件板；7—转子；8—定子；9—前端盖；10—风扇；11—传动带轮

发电机与调节器的功用

交流发电机的功用是当发动机在怠速以上运行时，向除启动机以外的所有用电系统供电，同时还向蓄电池充电。调节器是一种电压调节装置，是在发电机转速变化时自动调节发电机的输出电压并使其保持稳定。

交流发电机的结构

图 6-28 为 JF13 型发电机的组件，它主要由转子、定子、整流器和前后端盖及传动散热装置等组成。

(1) 转子

转子是用来建立磁场的，转子的磁极单个形状像鸟嘴，称“鸟嘴形磁极”。整体磁极是由六个鸟嘴形磁极浇铸而成，像一个爪子，所以又叫爪极。共有两个相互交错的爪极，组成 N、S 相间的六对磁极（图 6-29），两个爪极中间放置磁场绕组。磁极做成鸟嘴形，可以保证定子绕组产生的交流电动势近似于正弦曲线（图 6-30）。

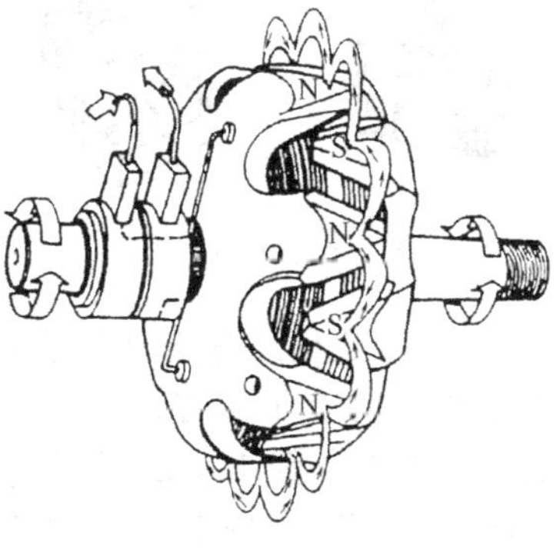

图 6-29 转子总成结构

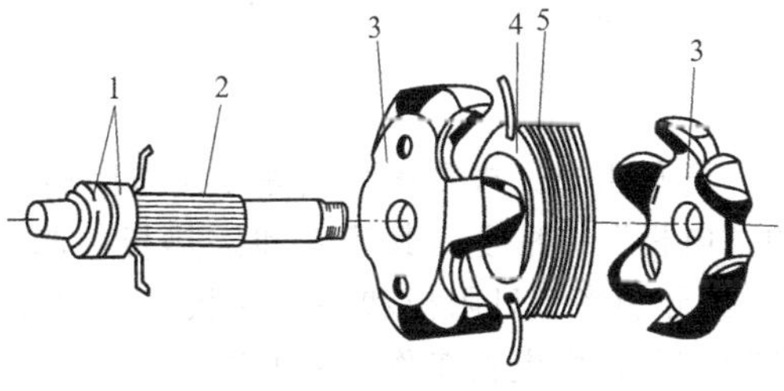

图 6-30 转子结构

1—滑环；2—转子轴；3—爪极；4—铁芯；5—磁场绕组

爪极和套有磁场绕组的磁轭（铁芯），都压装在滚有花纹的转子轴上，转子一端压装有滑环，滑环由两个彼此绝缘的铜环组成。磁场绕组两端引出导线，通过爪极的出线孔后，再焊到两个滑环上。滑环与电刷接触，然后引至磁场接线柱上。

(2) 定子

定子是产生和输出交流电的，它由铁芯和三相绕组组成。

定子铁芯由带槽的硅钢片叠成圆柱体，然后用铆钉铆接在一起。组装后固定在两端盖之间。定子槽内置有三相绕组，用星形或三角形接法连接在一起，端头 A、B、C 分别与装在散热板和端盖上的整流二极管相连（图 6-31）。

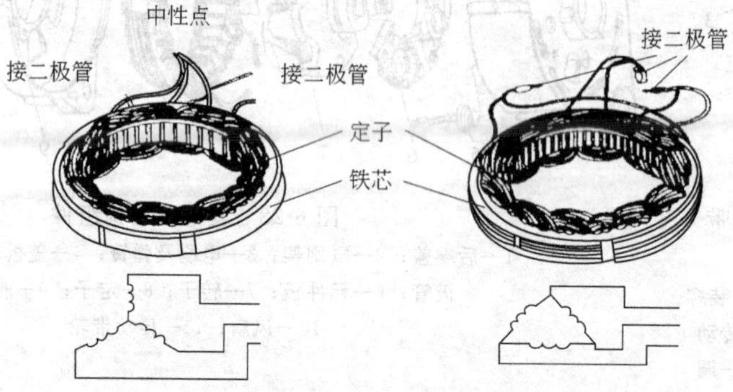

图 6-31　定子绕组

(3) 整流器

定子绕组中三相交流电是经整流器整流后转变成直流电的。整流器由六只硅二极管组成三相桥式整流电路。

二极管分为正极型二极管和负极型二极管。所谓正极型二极管，就是指中心引出线的电极为阳极，外壳为阴极，底部有红字标记；所谓负极型二极管，就是指中心引线的电极为阴极，外壳为阳极，底部有黑字标记（图 6-32、图 6-33）。

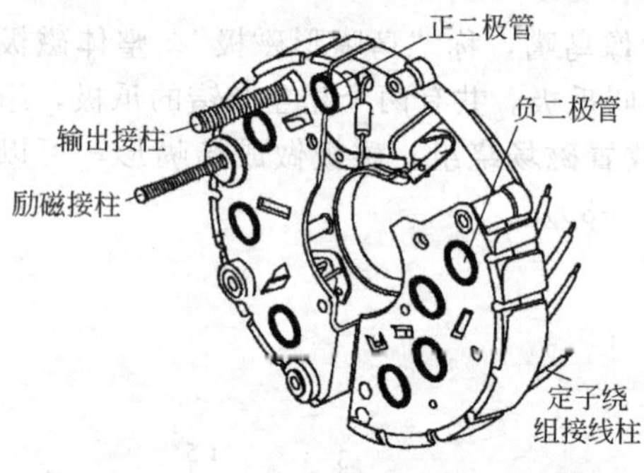

图 6-32　整流器总成

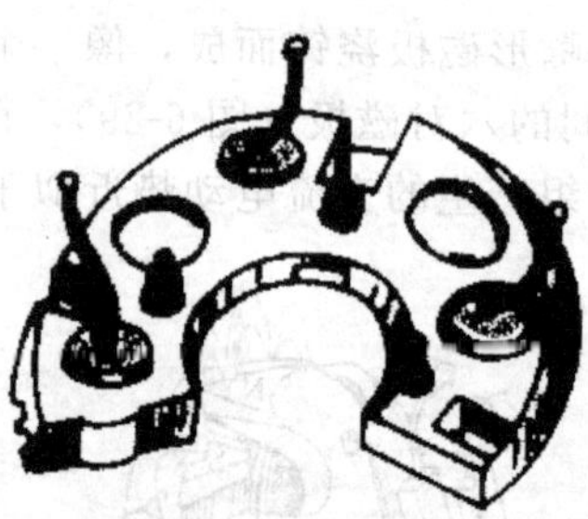

图 6-33　正元件板

三只正极二极管压装或焊接在与后端盖绝缘的散热板上，散热板经螺栓引至后端盖外部的“电枢”接柱上，其管壳和散热板一起成为发电机的正极（对管子而言，是二极管的阴极）。分别将一只阳极和一只阴极二极管引线相连，便形成两二极管串联的桥形整流电路（图 6-34）。发电机工作时，电流从“电枢”接柱（或“B+”、“B”、“BAT”）流出，经过外电路，从发电机端盖（负极，“E”或“⊥”）流入，这种发电机为负极接铁。另外三只负极型二极管压装在后端盖上，其管壳和发电机端盖一起成为发电机的负极（对管子而言，是二极管的阳极）。

散热板或称元件板由铝合金制成，以利散热。散热板固定在后端盖上并与之绝缘。其外

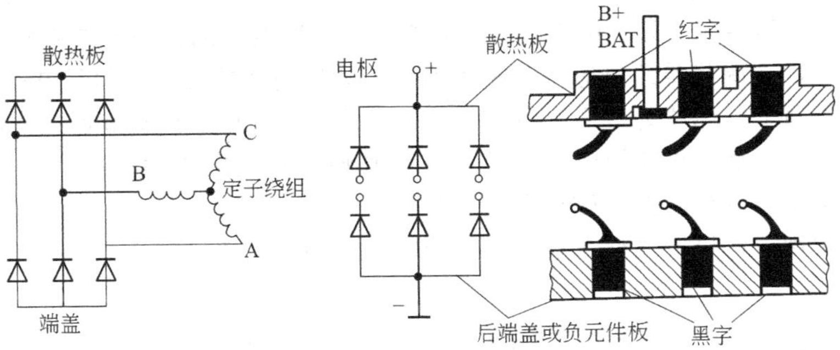

图 6-34 整流器安装示意图

形如图 6-34 所示，发电机的输出接线柱 B 由此经发电机的后端盖引出。

(4) 前后端盖、电刷及传动散热装置

前、后端盖均由铝合金压铸或用砂模铸造而成。铝合金为非导磁性材料，可减少漏磁并具有轻便、散热性能良好等优点。端盖还用于发电机在发动机上的安装固定和传动带张紧力的调整。

在后端盖上装有电刷组件，它由酚醛玻璃纤维塑料模压而成或用玻璃纤维增强尼龙制成。两个电刷装在电刷架的孔内，借弹簧弹力与滑环保持接触。目前国产交流发电机的电刷架有两种结构，一种电刷架可直接从电机的外部拆装，如图 6-35(a) 所示；另一种则不能直接在发电机外部进行拆装，如图 6-35(b) 所示，如需要更换电刷，必须将发电机拆除，由于拆装不便，因此很少采用，目前广泛采用的为外装式，如图 6-36 所示。

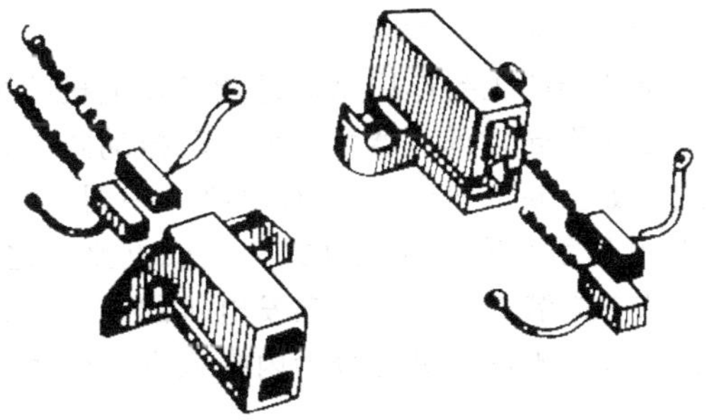
(a) 外装式　　(b) 内装式

图 6-35 发电机的电刷架及电刷

两个电刷的引线分别与后端盖上的磁场接线柱“F”（或“磁场”）、搭铁接线柱“—”（或“搭铁”）连接，如图 6-37 所示。如果是外搭铁的发电机，电刷的引线连接两磁场接线端子（F_1、F_2）。

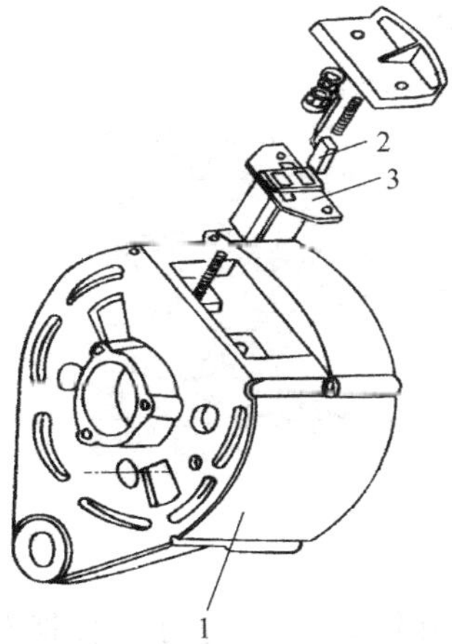

图 6-36 外装式交流发电机

1—后端盖；2—电刷；3—电刷架

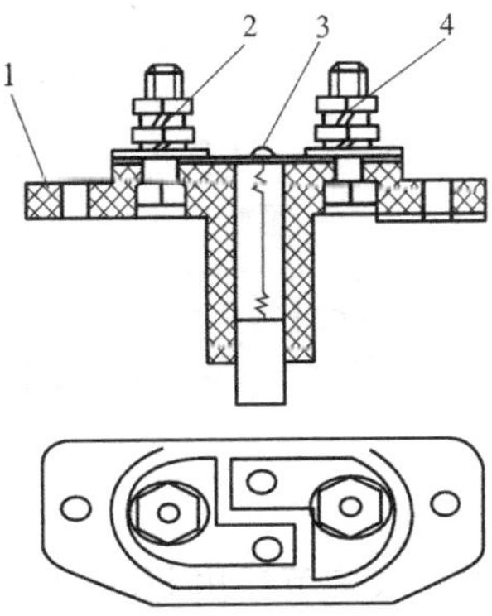

图 6-37 电刷组件

1—电刷架；2,4—磁场接柱；3—弹簧

接线端子“B+”（或“+”、“BAT”、“电枢”）为发电机的正极，与电流表“+”或蓄电池正极连接；接线端子“F”和“—”（或“E”）为发电机的两只电刷接线柱，通常称为磁场和搭铁接柱，与调节器的对应接线端相连。若为外搭铁的发电机两只电刷接线柱均不搭铁，不与外壳相通，常标注为“F_1”和“F_2”，分别与电源开关和调节器的磁场接线端子相连；接线端子“N”为发电机的中性点接线柱，其输出直流电压为发电机正极电压的1/2，可用于控制充电指示灯继电器、磁场继电器等。

内燃叉车常用发电机接线柱布置形式如图6-38所示。

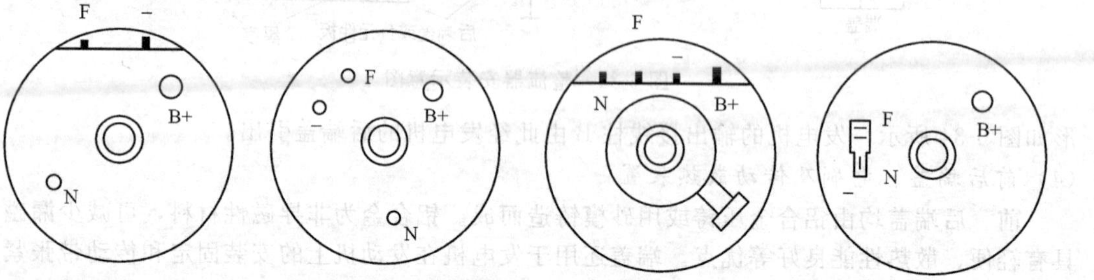

图6-38　发电机接线端子布置形式

调节器

(1) 调节器的种类形式

调节器的主要作用是通过调节发电机的励磁电流，保持发电机输出电压恒定。按照调节器的结构不同，调节器可分为电磁振动式（触点式）和电子式（无触点式）两大类。电磁振动式（如图6-39所示）又有单级（一对触点）式和双级（二对触点）式之分。电子式（如图6-40所示）有分立元件式和集成电路式之分。按照调节器的安装方式不同，有外装式和内装式。内装式调节器装在发电机的内部，其发电机称为整体式发电机。按照配用的发电机搭铁形式的不同，又可分为内搭铁发电机用和外搭铁发电机用。

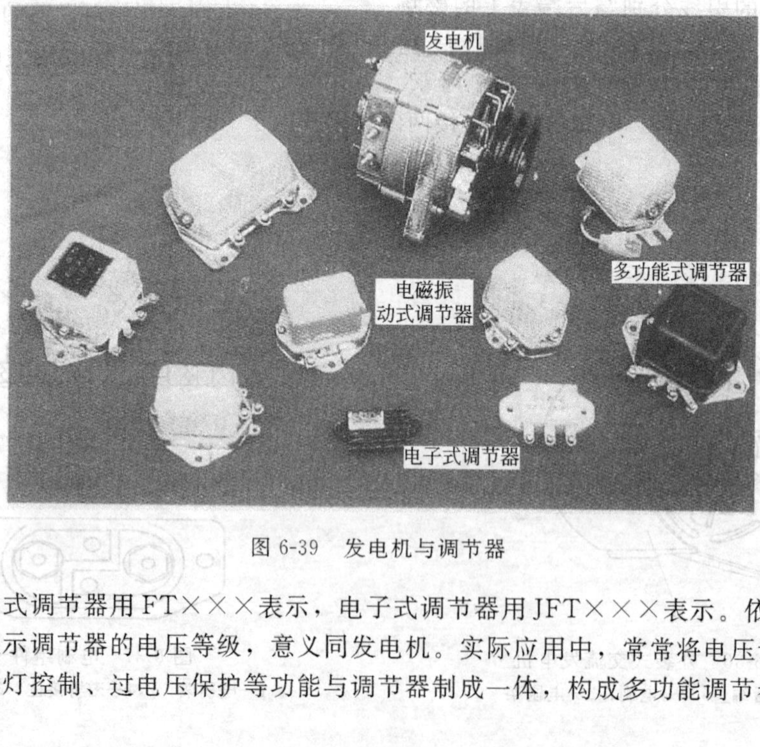

图6-39　发电机与调节器

电磁振动式调节器用FT×××表示，电子式调节器用JFT×××表示。依据专业标准，第一位数字表示调节器的电压等级，意义同发电机。实际应用中，常常将电压调节与磁场控制、充电指示灯控制、过电压保护等功能与调节器制成一体，构成多功能调节器。

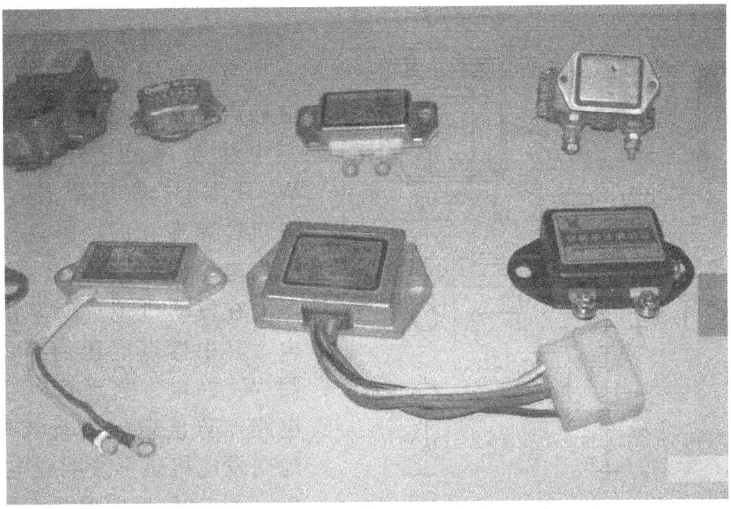

图 6-40 电子式调节器

(2) 电磁振动式电压调节器的结构

常用的电磁振动式电压调节器有单级触点式和双级触点式两种结构，均是通过触点的振动（开闭），控制发电机磁场电流，保持发电机输出电压的稳定。单级触点式电压调节器的典型应用实例是 FT111、FT211 型，双触点式电压调节器的典型应用实例是 FT61、FT70 型。

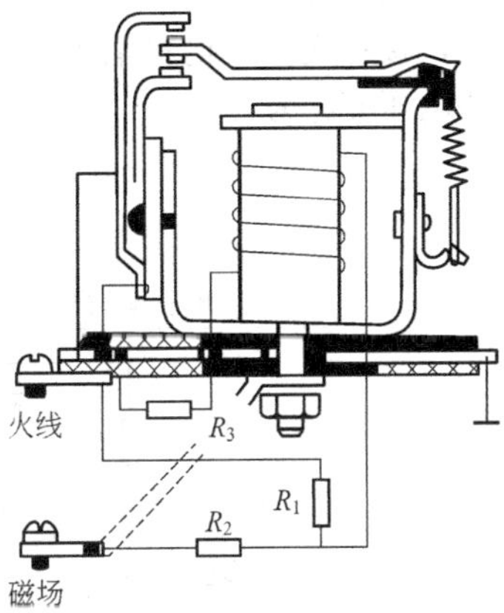

图 6-41 FT61 型调节器的结构

图 6-41 为 FT61 型双级触点电磁振动式电压调节器的结构。它由电磁振动机构、两对触点和三只电阻 R_1、R_2、R_3 组成。触点有两对，上下两个为静触点，其塑料支架绝缘固定在磁轭上。两触点之间的动触点铆接在衔铁的一端，衔铁的另一端用弹簧拉紧。当调节器不工作时，在弹簧拉力的作用下，上对触点处于闭合状态，下对触点处于闭合状态。一级触点的静触点支架经导线与调节器的点火接柱相连；二级触点的静触点支架经导线与调节器底座相连而搭铁。电阻 R_1、R_2 串联后跨接在调节器接柱"B"、"F"之间。磁化线圈一端接在 R_1 和 R_2之间，另一端接电阻 R_3 然后搭铁。其中 R_1 为加速电阻，R_2为调节电阻，R_3 为温度补偿电阻。

在调节器正面有"火线"和"磁场"两个接线柱，分别与点火开关和发电机磁场接线柱相连，其侧面有一搭铁螺钉，与发电机的搭铁接柱相连。

(3) 多功能式电磁振动式调节器

多功能调节器除具有电压调节的基本功能外，还具有其他辅助功能（如磁场电路控制、充电指示灯控制、过电压保护等）。这里我们介绍一种用于以柴油发动机为动力的内燃叉车上的具有磁场电路控制功能的调节器。多功能式电磁振动式调节器外形如图 6-40 中所示。

图 6-42 为某内燃叉车配用的 FT61A 型调节器与发电机的电路。其工作情况是：接通电源开关 SW 后，按下启动按钮 SB，蓄电池向磁场继电器线圈 W_1 供电，于是磁场继电器触点 K_3 闭合，发电机磁场电路接通，其电路回路为蓄电池+→电源开关 SW→调节器"B"接线柱→磁场继电器触点 K_3→磁场继电器支架→电压调节器支架→调节器一级触点 K_1→调节

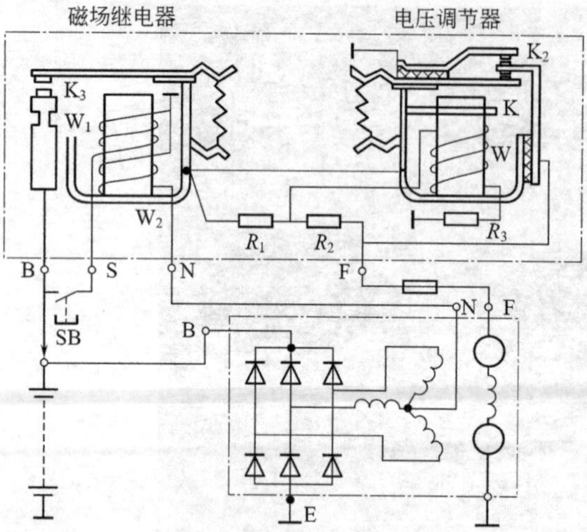

图 6-42 带有磁场继电器的调节器与发电机的连接电路

器磁场接柱 F→发电机磁场接柱 F→磁场线圈→发电机负极→蓄电池负极。

发动机启动后，发电机建立电压，放松启动按钮 SB，由于发电机发电后，其中性点 N 的电压加到磁场继电器的 W_2 线圈上，仍保持 K_3 闭合。此后在发电机转速变化时，靠调节器保持发电机输出电压稳定。

在发动机熄火时，由于发电机不发电，其中性点电压为零，磁场继电器线圈 W_2 断电，自动切断了发电机磁场的电路，防止忘记关断电源开关时，蓄电池向发电机磁场线圈放电。

(4) 电子式电压调节器

由于触点式调节器工作中产生触点火花，会引起对无线电设备的干扰，且需要维护，现逐渐被电子式调节器所取代。

图 6-43 为外搭铁型电子调节器，基本结构如图 6-43 所示，由三只电阻 R_1、R_2 和 R_3，两只三极管 VT_1、VT_2、一只稳压二极管和一只二极管 VD 组成。电阻 R_1、R_2 串联构成分压器，接在交流发电机输出端与搭铁端之间，直接检测发电机电压 U 的变化，分压电阻 R_1 两端电压 U_{R_1} 为

$$U_{R_1}=\frac{R_1}{R_1+R_2}U$$

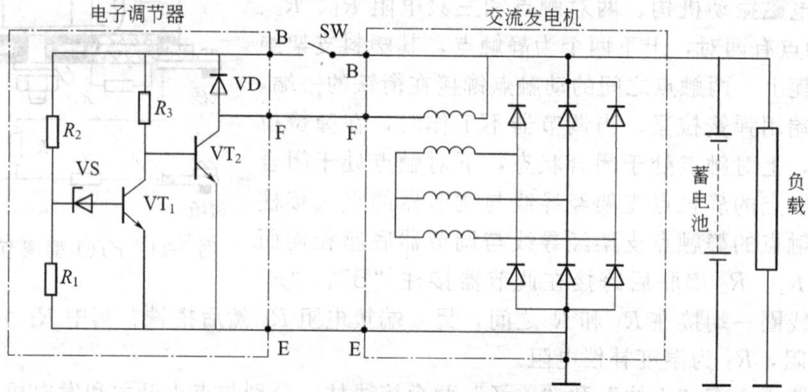

图 6-43 外搭铁电子式调节器基本电路

从式中可以看出，发电机电压越高，分压电阻 R_1 上的分压 U_{R_1} 也升高。电阻 R_3 既是三极管 VT_1 的负载电阻，又是三极管 VT_2 的偏流电阻。VT_1 为小功率三极管，接在大功率三极管 VT_2 的前一级，其功率放大作用。VT_2 为开关三极管，VT_2 的集电极与发电机磁场绕组相连，VT_2 导通时，磁场电流接通，VT_2 截止时，磁场电流切断。因此，通过控制 VT_2 导通与截止，就可改变磁场电流来调节发电机的输出电压。稳压管与电阻 R_1 和 R_2 组成电压检测电路来检测发电机电压的变化。

电子调节器通过开关三极管控制发电机的励磁电流，保持发电机输出电压的稳定。开关三极管的工作状态受到稳压管的控制，稳压管击穿导通时，开关三极管关断，磁场电流切断。稳压管的工作状态受发电机电压的控制，发电机电压升高，经分压器（R_1 和 R_2）分压

后加到稳压管上的电压升高，达到其击穿电压时稳压管导通。

如图 6-43 所示，配用外搭铁式发电机的电子调节器工作过程是：接通点火开关SW，当发电机电压低于蓄电池电动势时，调节器内开关三极管 VT_2 导通，由蓄电池向发电机磁场绕组供电，发电机电压迅速建立并随转速的升高而升高。当发电机电压高于蓄电池电动势时，便向用电设备供电并对蓄电池充电。发电机的输出电压加到调节器分压电阻（R_1 和 R_2）上，随着发电机电压升高，经分压器（R_1 和 R_2）分压后加到稳压管 VS 上的电压升高，当达到其击穿电压时稳压管导通，使得三极管 VT_1 导通，进一步使开关三极管 VT_2 截止，切断发电机的励磁电流。发电机磁场电路断路后，输出电压下降，经分压器（R_1 和 R_2）分压后加到稳压管上的电压下降，当低于其击穿电压时稳压管 VS 截止，使得三极管 VT_1 截止，开关三极管 VT_2 重新导通，接通了发电机的励磁电路，发电机的电压再次上升，然后重复上述过程。这样，通过开关三极管 VT_2 导通与截止，控制发电机的励磁电流的大小，使发电机输出电压稳定在设定的范围内。发电机输出电压值，即调节器的工作电压的高低，决定于分压电阻（R_1 和 R_2）的比值和稳压管的击穿电压。

图 6-44 是内搭铁电子调节器的基本电路，是用 NPN 型三极管组成的、与外搭铁式发电机配套使用的电子调节器，其工作原理读者自行分析，这里不再赘述。

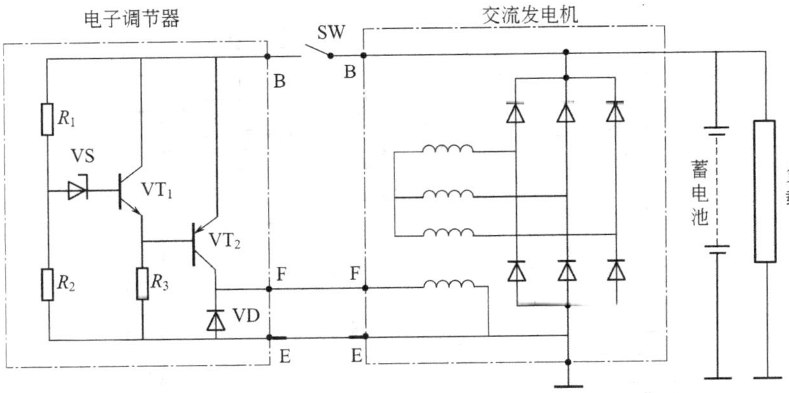

图 6-44　内搭铁电子式调节器基本电路

工作情况指示装置和电源系统的电路

(1) 工作情况指示装置

电源系统工作情况指示装置有电流表、充电指示灯和电压表三种方式。在内燃叉车上常用的是电流表或充电指示灯的方式，有的叉车将其中两种方式并用，如图 6-45 所示。

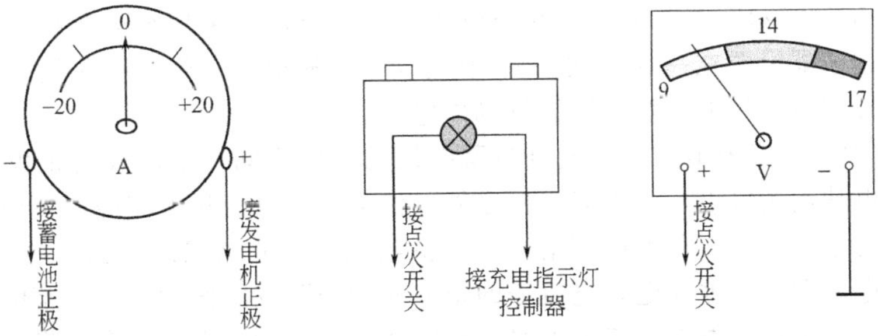

图 6-45　充电系统的工作情况指示装置

1) 电流表　通过其指针的摆向指示蓄电池的充放电状态或电源系统的工作情况。电流表串联在蓄电池正极与发电机正极之间，通常电流表正极与发电机正极相连。电流表的指针可以向正向（+）和反向（−）摆动，电流表指针正摆，表示发电机正常发电、蓄电池处于充电状态；电流表指针反摆，表示发电机不发电或供电电压过低或用电负荷过大，蓄电池处于放电状态。注意在发动机刚刚启动后的一段时间里，充电电流较大。如蓄电池电量很足，电流表指针指向靠近于零的位置属于正常现象。

2）充电指示灯　通过其亮灭变化指示电源系统的工作情况，接通电源开关（或点火开关）发电机未发电时，充电指示灯亮，蓄电池向用电设备供电。当发电机正常发电后，充电指示灯熄灭，表示电源系统工作正常，蓄电池接受发电机充电。如果在发动机正常运转时，充电指示灯亮起，表明发电机、调节器或电气线路出现故障，蓄电池处于放电状态。充电指示灯的控制有继电器和励磁二极管控制两种常用方式。

3）电压表　通过指针的摆动指示电源系统的电压。接通点火开关，发动机启动前指示蓄电池的电压，通常在黄色区域；发动机启动后指示发电机的工作电压，应在绿色区域内。如果发动机正运转时，电压表仍然指示黄色区，表明发电机不发电或调节器工作电压过低；如果电压表指示道红色区域，表明调节器工作电压过高。

(2) 电源系统的电路

内燃叉车电气设备中电源系统电路常见的有两种形式，如图 6-46 和图 6-47 所示。

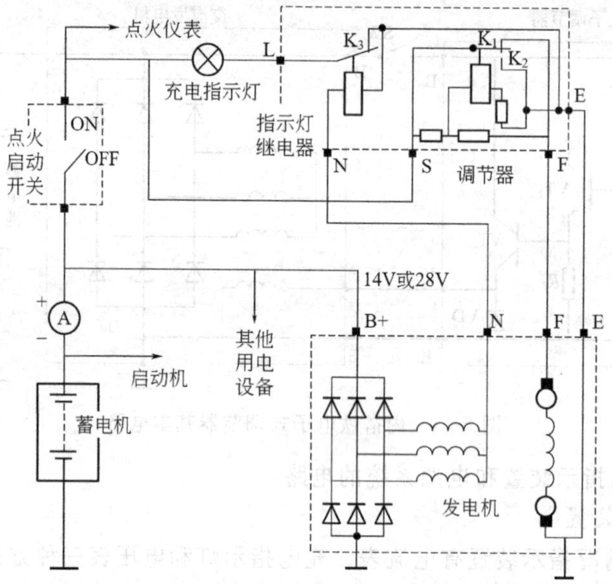

图 6-46　电源系统的电路（一）

图 6-46 中工作指示装置有电流表和充电指示灯，指示灯采用继电器控制，并将充电指示灯继电器与调节器设置在一起。图 6-46 中仅设置了充电指示灯，并采用励磁二极管控制充电指示灯，并向发电机的磁场线圈提供励磁电流。

在图 6-46 中，电流表串联在发电机与蓄电池的正极之间，电流表的正极与发电机的正极相连。当蓄电池向用电设备（除启动机之外）供电时，电流从电流表的负极进入，从正极流出，电流表的指针向“−”方向摆动，表示蓄电池处于放电状态。当发电机建立电压后，向用电设备供电并向蓄电池充电，电流表的指针向“+”方向摆动，表示蓄电池处于充电状态。在接通点火开关后，发电机未发电时，蓄电池向用电设备供电，充电指示灯因其继电器的触点闭合而亮起。当发电机发电时，其中性点“N”输出直流电压作用于充电指示灯继电器的线圈上，继电器触点断开，充电指示灯熄灭，从而指示了电源系统的工作情况。

图 6-47 是利用充电指示灯指示电源系统工作情况的另一种方式。接通点火开关后，蓄

电池经点火开关、充电指示灯、调节器向发电机的磁场线圈供电，因磁场电流通过了充电指示灯，指示灯亮起。当发电机发电时，发电机的励磁二极管整流得到直流电压，经发电机“D+”接线柱、调节器向磁场线圈自励供电。发电机向外供电时，由于其“B+”与“D+”两接线柱的电压相等，充电指示灯中无电流通过，指示灯自行熄灭，表示发电机处于正常工作状态。

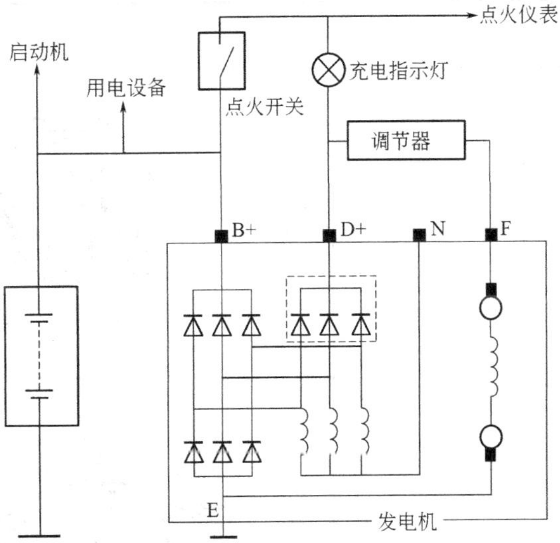

图 6-47 电源系统的电路（二）

6.2.2 发电机及调节器的检测

发电机的检测

交流发电机的检修主要是转子、定子的检修及整流器的检查。

(1) 转子的检修

当转子有短路、断路、搭铁或滑环污损等故障时，将造成不充电、充电电流过小、充电电流不稳定的故障，转子故障的检查见表 6-2。

(2) 定子的检查

当定子绕组有短路、断路、搭铁故障时，将造成不充电或充电电流过小的故障。定子绕组故障检查的方法见表 6-2。

(3) 整流器的检查

当整流器的硅二极管出现短路、断路或反向击穿的故障时，也会出现不充电或充电电流过小的故障。对整流器进行检查时，应区分正极二极管和负极二极管，即与发电机输出端 B+相连的元件板上的二极管为正极二极管，其引线为二极管的正极，元件板为二极管的负极。与发电机负极相连的元件板上的二极管为负极二极管，元件板为二极管的正极，引出线为二极管的负极，整流器的检查方法见表 6-2。

(4) 电刷与刷架的检查

当电刷磨损，电刷在刷架中卡住，电刷弹簧损坏等，也将造成不充电或充电电流过小的故障，电刷与刷架的检查见表 6-2。

(5) 装配

检修后的发电机应按与解体时相反的顺序进行装配，装配时还应检查轴承的配合情况，必要时予以更换。

表 6-2 发电机的故障检查

序号	名称	检查内容	示意图	检查方法及结果分析
1	发电机	不解体	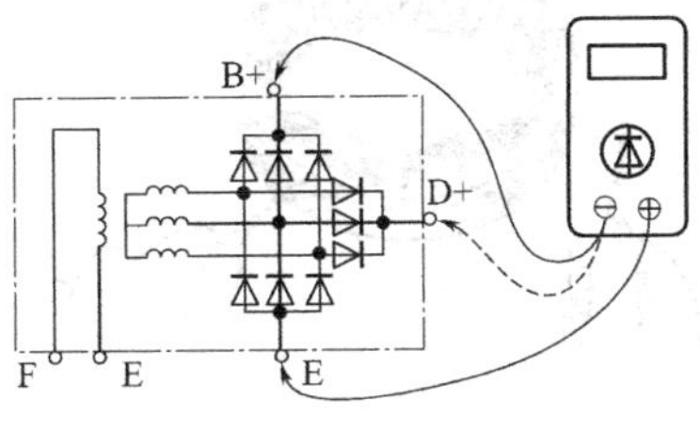	将万用表(数字式)置于二极管检查挡，正表笔接发电机负极，负表笔接 B+或 D+，读数应小于 1，读数为 0 或 ∞。整流器损坏，交换表笔，读数应为 ∞，否则整流器损坏

续表

序号	名称	检查内容	示意图	检查方法及结果分析
2	转子	磁场绕组：短路与断路	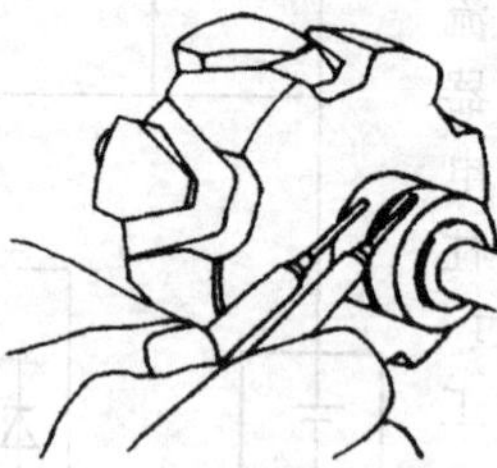	万用表置于欧姆挡，用两表笔测量两个滑环间的电阻，一般为 2.5～5Ω。电阻为零，磁场绕组短路，∞为断路
		磁场绕组：搭铁	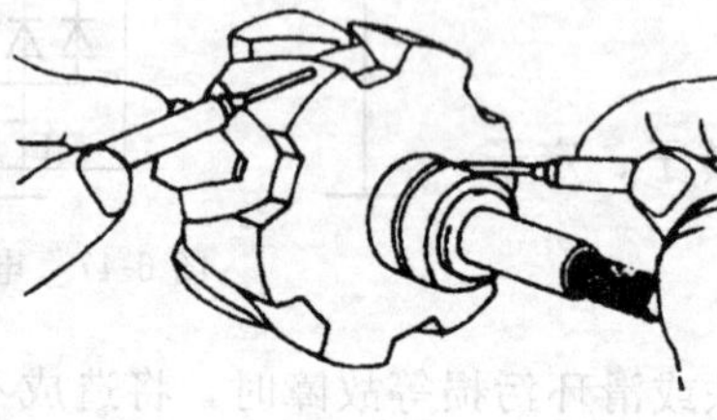	万用表置于 R×1k 或 R×10k 挡，两表笔分别接爪极或两滑环中的任意一个，阻值应为∞，否则为搭铁故障
		滑环的检查	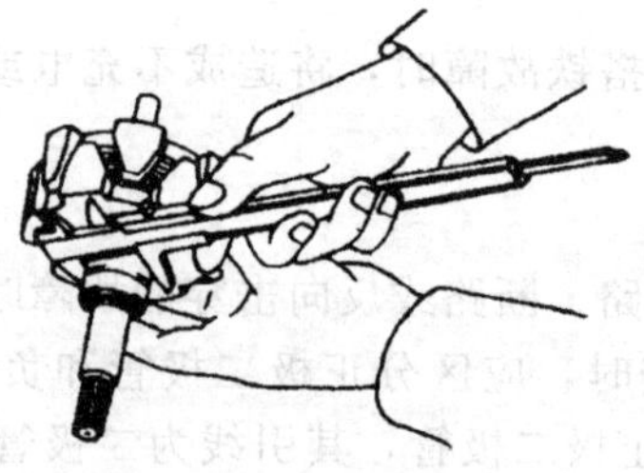	滑环表面应光洁、无烧损，两滑环间不得有污物，否则应用蘸有汽油的布擦拭干净，若有轻微烧蚀，应用 00 号砂布打磨；有较深刮痕或失圆应车光，用片尺检查滑环直径，不得小于规定值，否则应更换
3	定子	短路与断路的检查	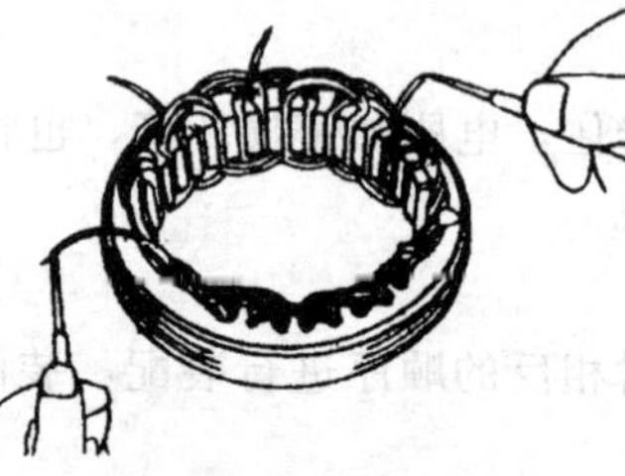	万用表置于欧姆挡，一表笔接三相绕组的中性点，另一表笔分别接三相绕组的首端，阻值一般不大于 1Ω，且三相绕组阻值相等，阻值为零，绕组短路，阻值∞，为断路，也可用测两相绕组间电阻的方法检查
		搭铁的检查	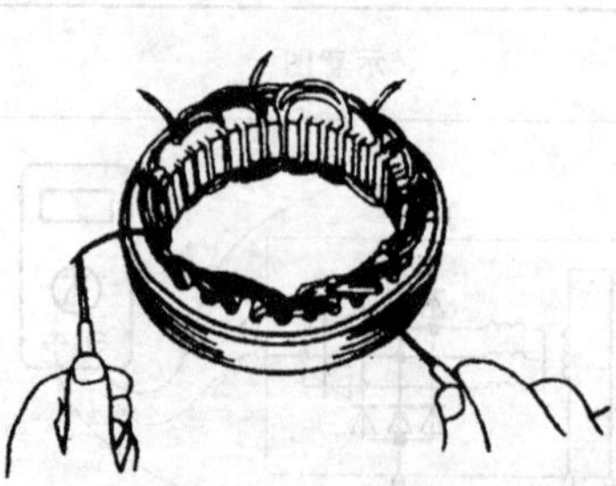	万用表置于 R×1k 或 R×10k 挡，两表笔分别接三相绕组的引线和铁芯，其阻值应为∞，否则具有搭铁故障

续表

序号	名　称	检查内容		示意图	检查方法及结果分析
4	整流器	正极二极管	正向电阻的检查	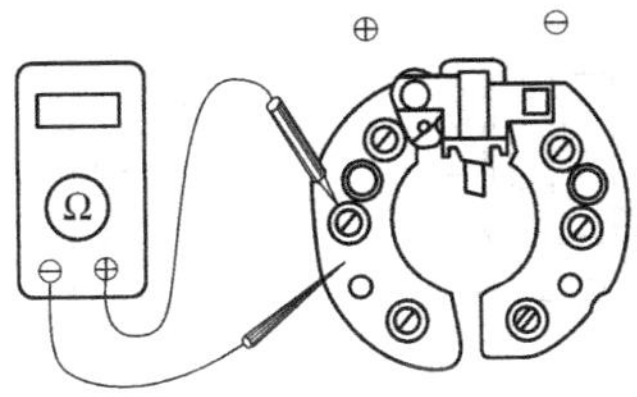	万用表置于R×1挡，正表笔接三个二极管的引出线，负表笔接元件板，正向电阻应为8～10Ω，电阻为0或∞，表明二极管损坏
			反向电阻的检查	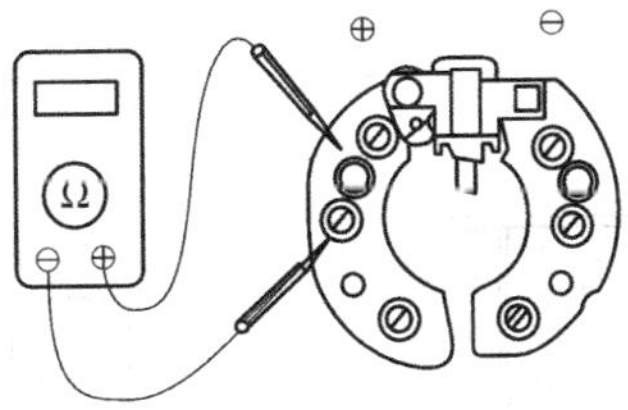	交换表笔再次测量电阻，应为10kΩ以上，若电阻为0或过小，表明二极管损坏
		负极二极管	正向电阻的检查	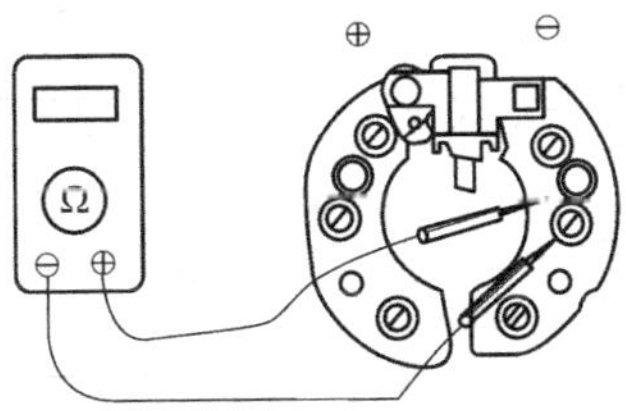	万用表置于R×1挡，正表笔接元件板(或端盖)，负表笔接各二极管的引线，正向电阻应为8～10Ω，电阻为0或∞，表明二极管损坏
			反向电阻的检查	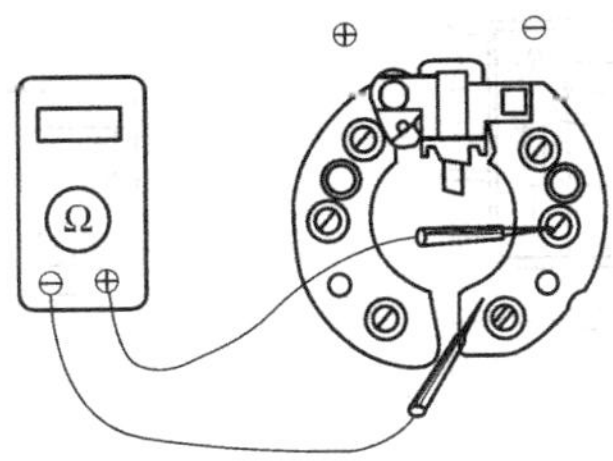	交换表笔再次测量，电阻应大于10kΩ，电阻为0或∞，表明二极管损坏
5	电刷与刷架	外观检查		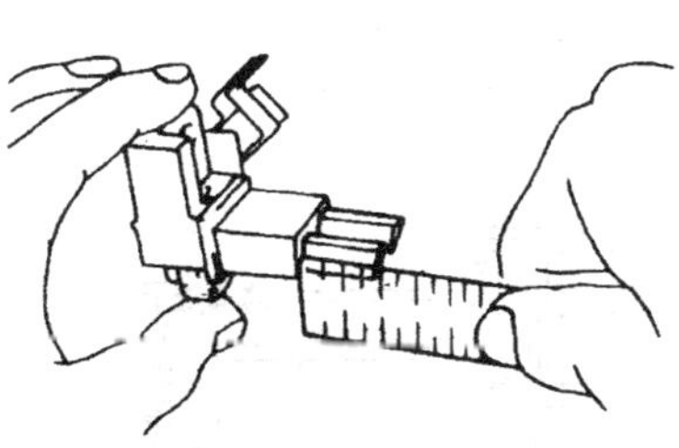	电刷表面不得有油污，否则用干布浸汽油擦拭干净，电刷在刷架中应能自由滑动，电刷架不得有裂痕或破损，电刷弹簧张力应符合出厂规定，一般为1.5～2N，电刷外露长度应符合出厂规定

调节器检测与维修

对于触点式调节器，应首先检查其触点是否氧化、烧蚀，必要时用细砂纸打磨；检查活动触点臂与铁芯间的间隙，高速触点的间隙，必要时进行调整；还应借助万用表检查磁化线圈电路有无短路、断路、搭铁的故障，检查各电阻值是否正常等。由于调节器的结构不同，检查和测量方法也有很大差异，一般调节器的检查方法可参照表6-3进行。

表 6-3 发电机调节器的检查

序号	调节器形式	检查项目	示意图	检查方法及结果分析
1	双级振动式电压调节器(FT61)	测"S"与"F"间电阻	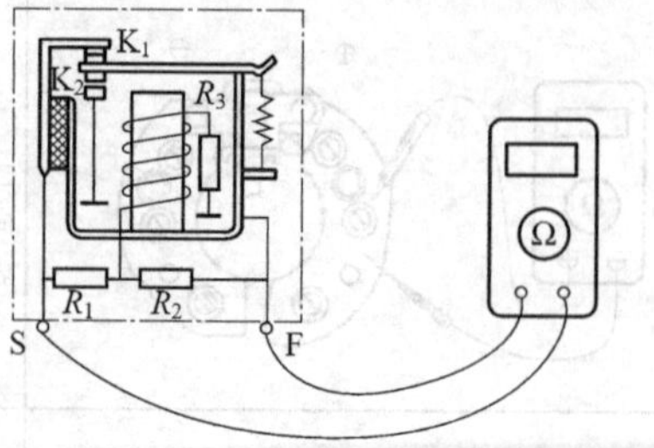$R=0\Omega$	万用表置于欧姆挡，测"S"与"F"接线柱间电阻，若电阻不为0，则低速触点烧蚀，应用细砂纸打磨，并清理干净
		使 K_1 分开，测 R_1、R_2 的电阻	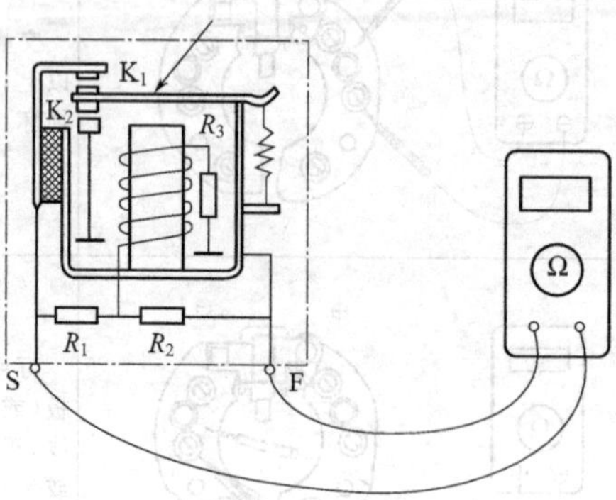$R\approx9.5\Omega$	用螺丝刀压下活动触点，使 K_1 分开，万用表置欧姆挡，测"S"、"F"间的电阻，阻值约为 9.5Ω，电阻过大或过小，表明 R_1 或 R_2 损坏
		使 K_2 闭合，测"S"、"F"间的电阻，和"F"对地的电阻	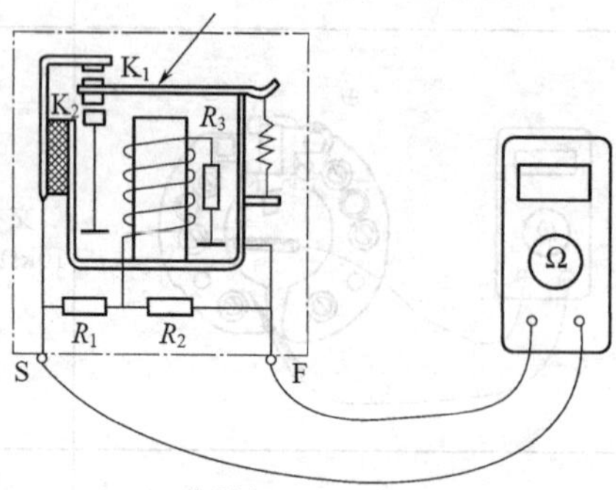分别为 7～8Ω 和 0Ω	用螺丝刀压下活动触点臂，使 K_2 闭合，测"S"与"F"间电阻，若仍为 9.5Ω，表明高速触点氧化，磁化线圈或 R_3 开路，"F"与地间电阻不为0，则 K_2 氧化
		检查活动触点臂与铁芯间的间隙	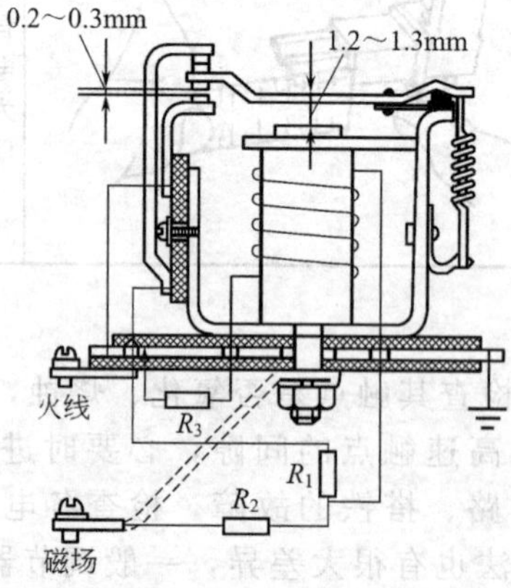	活动触点臂与铁芯间的间隙应符合出厂规定，否则应旋松固定螺钉，向上或向下移动固定触点，使间隙达到规定值，高速触点间隙应符合规定，否则弯曲固定触点支架，使之达到规定值

续表

序号	调节器形式	检查项目	示意图	检查方法及结果分析
2	晶体管电压调节器	测“+”与“F”间电阻	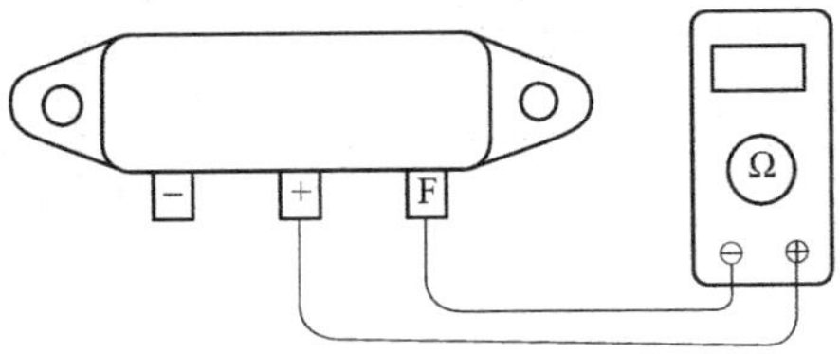 正向电阻 $R\approx500\sim750\Omega$ 反向电阻 $R\approx5\sim7.5\text{k}\Omega$	用万用表测量各接线柱间的电阻值，判断调节器是否出现故障，电阻值的大小因调节器的型号而不同，应符合出厂规定，或与技术状况良好的调节器进行对比，来判断调节器的技术状况
		测“+”与“−”间电阻	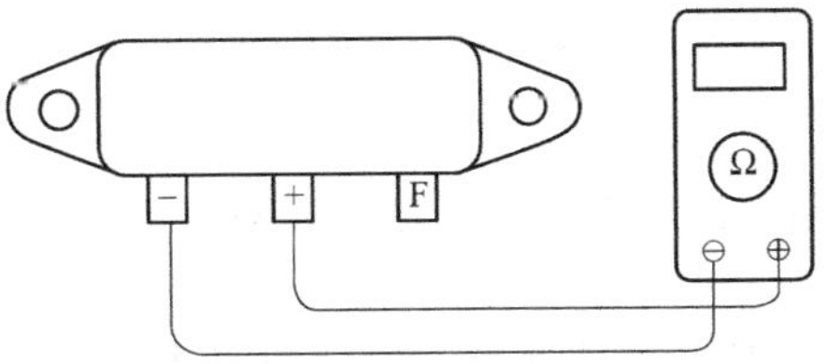 正向电阻 $R\approx1.6\sim1.8\text{k}\Omega$ 反向电阻 $R\approx3\sim4\text{k}\Omega$	
		测“F”与“−”间电阻	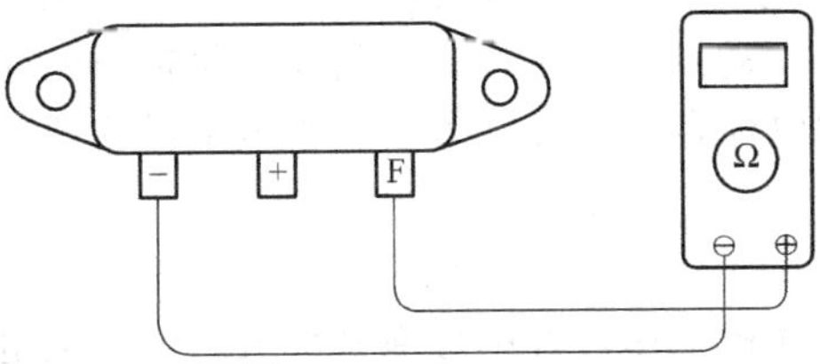 正向电阻 $R\approx550\sim600\Omega$ 反向电阻 $R\approx4\sim5\text{k}\Omega$	

6.2.3 发电机与调节器常见故障诊断与排除

电源系统的常见故障主要有不充电、充电电压过低、充电电压过高等。可以使用万用表的直流电压挡，通过测量蓄电池或发电机两端的电压值来判断。12V 电气系统的内燃叉车上，发电机启动前，测得的电压为蓄电池的电压，通常为 12～13V。发动机启动后，发电机的工作电压约为 14.4V（通常为 13.8～14.8V），24V 电气系统内燃叉车上发电机的工作电压约为 28.8V（通常为 27.5～29.5V）。

不充电

发动机正常工作时充电指示灯亮或电流表指示负值方向，表明发电机不发电，蓄电池不充电。其主要原因有发电机故障、调节器故障或电气线路故障等。拆下发电机磁场（F）接线端子连线，如图 6-48 所示。接通点火开关，用万用表（直流试灯）检查连线端头，若有电，表明发电机有故障。可进一步检查发电机电刷、滑环、转子、定子等部件或更换发电机；若无电，接着检查调节器磁场（F）接线端子，该端子有电，表明调节器到发电机的连线有断路；该端子无电，接着检查调节器火线（S 或＋）接线端子，该端子有电，表明调节器故障，可检查、更换调节器；检查调节器火线（S 或＋）接线端子，该端子无电，则为点火开关、点火开关至调节器的连线有断路，或励磁熔断器烧坏（少数车上设置）。

充电电压过低（充电不足）

发动机工作过程中，充电指示灯闪烁或电流表在零位左右摆动，启动机运转无力，甚至

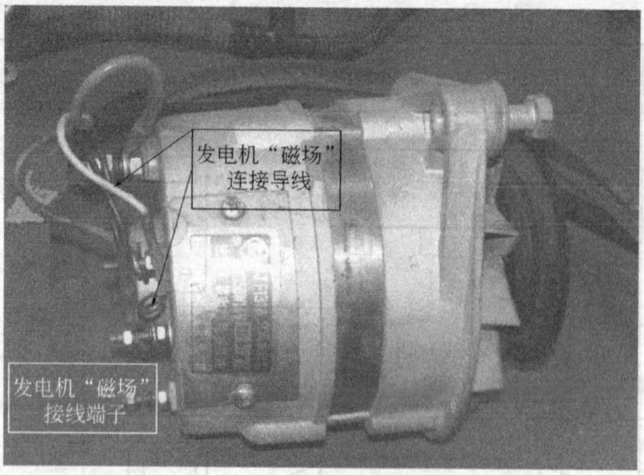

图 6-48 发电机及连线

不能带动发动机转动。可能原因有调节器工作电压失调或有故障、皮带过松、发电机内部故障或蓄电池故障。

首先使用万用表的直流电压挡，通过测量蓄电池或发电机两端的电压值，如低于标准值，表明充电电压过低。接着检查风扇皮带的张紧度是否过松打滑，若过松，则应按标准重新调整。若正常，接着检查发电机和蓄电池是否有故障，方法是：在发动机中速以上运行时，断开蓄电池搭铁线，如果发动机运转正常，表明发电机输出的功率能满足点火系统以及用电设备的要求，同时说明蓄电池存在故障。若断开蓄电池搭铁线后，发动机熄火，则表明蓄电池和发电机均有故障。

充电电压过高

如果发电机电压过高，发动机工作过程中灯泡易烧毁，蓄电池电解液中水消耗过快。可能原因有调节器工作电压失调或有故障。

启动发动机并使其中速运行，将万用表置于直流电压挡（25V），红表笔接发电机电枢接柱（“B”），黑表笔接发电机外壳，测量蓄电池或发电机两端的电压值，如高于标准值，表明充电电压过高。当充电电压过高时，应换用新的电子调节器。

6.3 启动系统的构造与维修

6.3.1 启动机的功用及组成

启动机的功用

启动系统的功用是实现发动机的顺利启动。它由启动机、启动继电器等组成。启动机的作用是将蓄电池的电能转化成机械能，并传至发动机的飞轮，带动发动机的曲轴转动。启动继电器的作用是控制启动机的工作，有的车型上将充电指示灯继电器与启动继电器布置成一体，称为组合继电器，同时可起到启动保护的作用。

为了满足低温条件下顺利启动发动机的要求，有些内燃叉车上设置了低温辅助启动装置(也称为启动预热装置)，通过预热装置加热进入汽缸的空气或可燃混合气，可大大提高发动机的低温启动性能。

启动机的组成

启动机由串励直流电动机、传动装置和操作控制装置三部分组成。图 6-49 为启动机的结构。

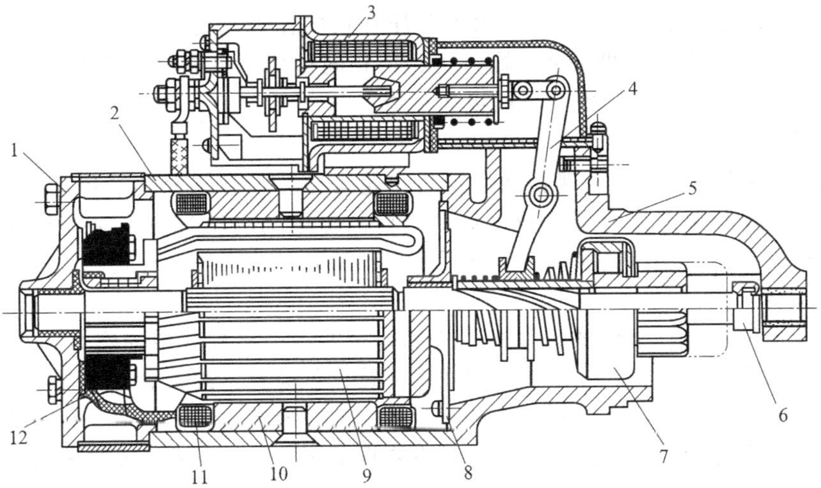

图 6-49 启动机的结构

1—电刷端盖；2—启动机外壳；3—电磁开关；4—拨叉；5—驱动端盖；6—限位环；7—单向离合器；8—中间支承板；9—电枢；10—磁极；11—磁场线圈；12—电刷

(1) 电动机

电动机的功用是产生转矩。启动用电动机的励磁方式为串励式。由于启动机工作电流大，转矩大、工作时间短，一般不超过 5～10s。电动机由磁场、电枢和电刷组件等组成。

1) 磁场 它由磁场绕组、磁极（铁芯）和电动机的外壳组成。绕有励磁线圈的四个磁极，N、S 极相间安装在外壳上（图 6-50）。磁场绕组由扁而粗的铜质导线绕成，每个绕组匝数较少。四个绕组中每两个串联一组然后两组并联，其一端接在外壳绝缘接柱上，另一端和电刷相连。

2) 电枢 它由电枢绕组、铁芯、电枢轴和换向器组成（图 6-51）。铁芯由硅钢片叠压而成，并固定在轴上。铁芯的槽内嵌有电枢绕组，硅钢片间用绝缘漆或氧化物进行绝缘。绕组采用粗大矩形截面裸铜线绕制成，为防止裸铜线短路，导体与铁芯、导体与导体之间，均用绝缘性能较好的绝缘纸隔开。为防止导体在离心力作用下甩出，在槽口两侧的铁芯上用轧压方式挤紧。

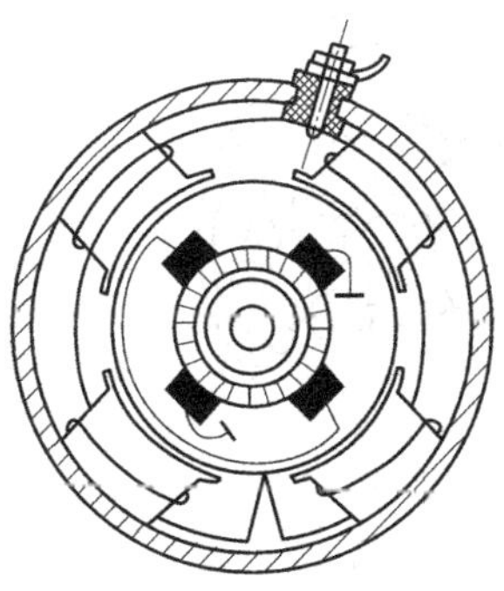

图 6-50 电动机的磁场

图 6-51 电动机的电枢

1—电枢；2—单向离合器

电枢绕组的各端头均焊于换向器上，通过换向器和电刷的接触，将蓄电池的电流引进电枢绕组。换向器是由铜片和云母片叠压而成的。

电枢轴上制有传动键槽，与单向离合器配合。电枢轴一般均由前、后端盖和中间支承板三点支承，使用石墨青铜滑动轴承。轴的尾端较细，肩部与后端盖之间装有止推垫圈。

3）电刷　安装在电刷架内，电刷由弹簧压在换向器上。为了减少电刷上的电流密度，一般电刷数与磁极数相等，即四个电刷，正、负相间排列。电刷材料由80%～90%的铜和石墨压制而成。电刷架固定在电动机的电刷端盖上。

（2）传动装置

1）组成　各种启动机中实现驱动齿轮与飞轮齿轮环啮合与分离的传动装置有所相同，它主要由驱动齿轮和单向离合器组成。传动机构的作用是启动时使驱动齿轮与飞轮齿环啮合，将启动机转矩传给发动机曲轴，启动后使启动机和飞轮齿环自行脱开，防止发动机带动启动机超速旋转。

单向离合器的结构有滚柱式、摩擦片式和弹簧式等。滚柱式单向离合器构造如图6-52所示。它主要由驱动齿轮、内外滚道、滚柱及弹簧、花键套、拨叉滑套及缓冲弹簧组成。内外滚道形成楔形室。其中装有滚柱及弹簧，为减少内外滚道之间的摩擦，在楔形室内加注有润滑脂，通过护套进行密封。保养启动机时不要将单向离合器放入汽油中清洗，以免润滑脂流失。

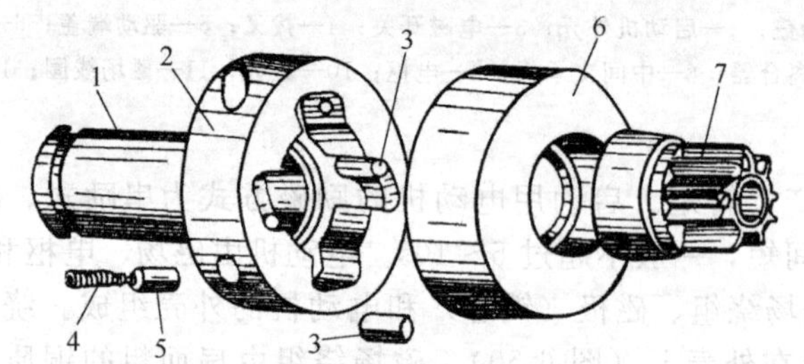

图6-52　单向离合器的构造

1—传动导管；2—外座圈；3—滚柱；4—弹簧；5—压帽；6—防护罩；7—驱动齿轮

2）工作原理　工作原理如图6-53所示，在启动机带动发动机曲轴运转时，电枢轴是主动的，飞轮是被动的，电枢轴经传动导管首先带动单向离合器外座圈（外滚道）顺时针方向旋转（从发动机的后端向前看），而与飞轮相啮合的驱动齿轮处于静止状态，在摩擦力和弹簧7的推动下，滚柱处在楔形室较窄的一边，使外座圈和驱动齿轮尾部之间被卡紧而结合成一体，于是驱动齿轮便随之一起转动并带动飞轮旋转，使发动机开始工作。

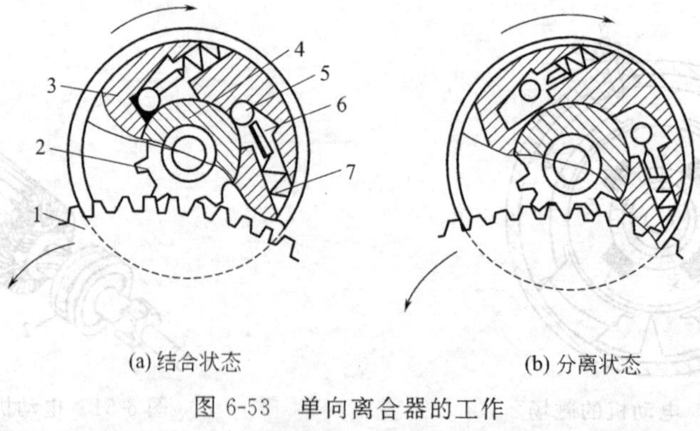

图6-53　单向离合器的工作

1—飞轮；2—驱动齿轮；3—外座圈；4—内座圈；5—滚柱；6—压帽；7—弹簧

在启动发动机后，飞轮带动驱动齿轮转动，因为飞轮将带动驱动齿轮高速转动，且比电枢的转速高得多，所以可以认为飞轮是主动的，电枢轴是被动的，即驱动齿轮是主动的，外座圈是被动的。在这种情况下，驱动齿轮尾部将带动滚柱克服弹簧力，使滚柱向楔形室较宽的一侧滚动，于是滚柱在驱动齿轮尾部与外座圈间发生滑动摩擦，仅驱动齿轮随飞轮旋转，发动机的动力并不能传给电枢轴，起到自动分离的作用。此时电枢轴只按自己的速度空转，避免了超速的危险。

图 6-54 为启动机上单向滚柱式离合器。

图 6-54 单向滚柱式离合器

(3) 操纵控制装置

操纵控制装置由电磁铁机构、电动机开关、拨叉机构等组成。电磁铁机构的作用是用电磁力来操纵单向离合器和控制电动机开关。操纵控制装置的结构如图 6-55 所示。

图 6-55 操纵控制装置的结构

1）电磁铁机构　构造示意图如图 6-56 所示。在铜套外绕有两个线圈，其中导线较粗、匝数较少的称为吸引线圈，导线较细、匝数较多的称为保持线圈。吸引线圈的两端分别接电磁开关接线柱和电动机开关上。保持线圈的一端接电磁开关接线柱，另一端搭铁。在铜套内装有固定铁芯和活动引铁，引铁尾部旋装连接杆并与拨叉上端连接，以便线圈通电时，引铁带动拨叉绕其轴摆动，将单向离合器推出，使之与飞轮齿圈啮合。

2）电动机开关　位于电磁铁机构的前方，其外壳与电磁铁机构的外壳连在一起。电动机开关的两个接柱分别与蓄电池和电动机的磁场线圈相连，接柱内端为电动机开关的固定触点。当电磁铁机构通电时，在动铁推动下，触盘将电动机开关接通，电动机通电运转。启动机不工作时，在回位弹簧的作用下，触盘与触点保持分开状态。

在以汽油机为动力的机械上，电动机开关处还设有点火线圈附加电阻（热变电阻）短路开关。在启动状态，短路点火系统的附加电阻，保证点火系统输出足够高的电压。

(4) 启动继电器与启动开关

启动继电器的作用是用来接通、切断启动机电磁开关中吸引线圈和保持线圈电路。启动继电器是一组单独的部件，有的车型将启动继电器与充电指示灯继电器设置在一起，

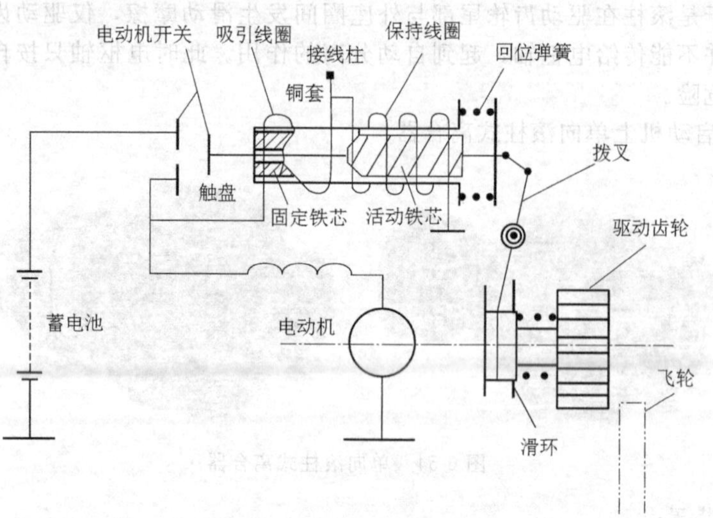

图 6-56 电磁铁机构构造示意图

构成组合继电器，同时实现启动保护作用。启动继电器的设置，减小了通过启动开关的电流，它主要由一个匝数较多、线径较细的线圈和一对触点组成。其触点串联在吸引、保持线圈的电路中，起到接通与切断电磁开关电路的作用。几种常见的启动继电器如图6-57 所示。

图 6-57 启动继电器

启动开关的作用是接通与切断继电器线圈的电路。启动开关与点火（电源）开关组合在一起，又被称为点火（电源）-启动开关。启动时先将点火开关接通，再继续顺时针转动一个角度，就可使启动开关接通。启动后，放松开关，则自动回转到点火位置，此时点火开关接通，启动开关断开。常见的点火（电源）-启动开关如图 6-58 所示。

6.3.2 启动机的检修

磁场绕组的检修

启动机磁场绕组的检修主要是检查磁场绕组有无短路、搭铁和断路故障。

图 6-58 点火（电源）-启动开关

(1) 磁场绕组断路

磁场绕组导线截面积比较大，线圈匝间一般不会出现断路故障。但如果通电时间过长，由于电流很大，线圈会过热，线圈连接处容易脱焊，造成断路。检测断路故障时，可用万用表测量。将两只表笔分别连接机壳上的接线柱（磁场绕组的端头）和绝缘电刷，如图 6-59 所示。若电阻值为零，说明无断路，如果电阻值为无穷大，说明磁场绕组断路。修理时先用钢丝钳夹紧连接部位，再用电烙铁焊牢。

(2) 磁场绕组搭铁

启动机磁场绕组搭铁用万用表测量。两只表笔分别连接磁场绕组引线端头和启动机壳体。如图 6-60 所示，应不导通（即电阻值为无穷大）。如万用表导通（电阻值约为 0），说明磁场线圈绝缘损坏而搭铁，需要更换磁场线圈或启动机。

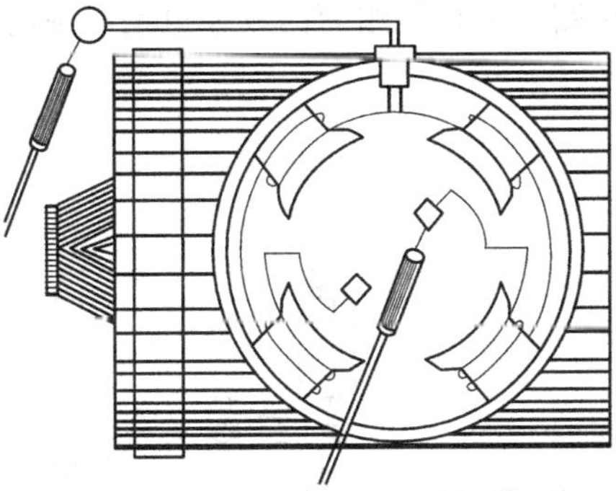

图 6-59 磁场绕组断路检测

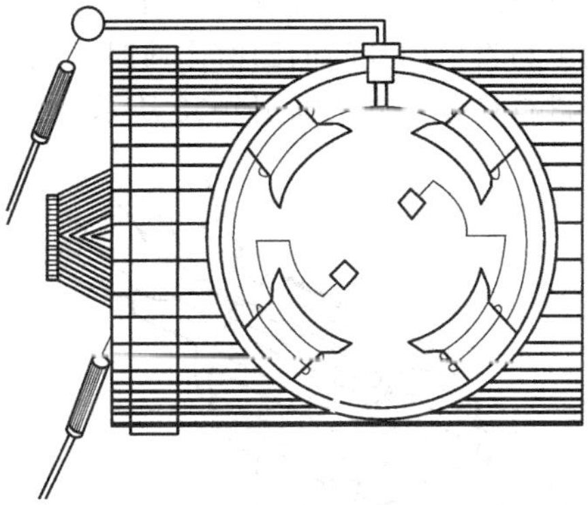

图 6-60 磁场绕组搭铁检测

(3) 磁场绕组短路

检查磁场绕组短路可用如图 6-61 所示方法进行。当开关接通时（通电时间不超过 5s），用旋具检查每个磁极的电磁吸力是否相同。如某一磁极吸力过小，说明该磁极上的磁场线圈匝间短路。磁场线圈一般不易发生短路，如有短路故障，则需重新绕制或更换启动机。

电枢的检修

启动机的电枢绕组容易发生断路、搭铁和短路故障，还应检查电枢轴是否弯曲。

(1) 电枢绕组断路

电枢绕组电路故障多发生在线圈端部和换向器的连接处，由于长时间大电流运转或电枢铁芯与磁极摩擦，电枢温度过高，焊接处出现甩锡现象，造成断路。甩锡严重时可通过外观观察到。个别虚焊断路应使用专用电枢检验仪检查。检查方法如下：将电枢放在检验仪铁芯的V形槽中，将检验仪附带的微安表的两试笔连接换向器的两个对称的换向片。接通电源后若微安表无读数，移动试笔至微安表指示某一电流值，固定试笔，然后慢慢转动电枢。转动一周后，若每两个对称换向片与试笔接触时，微安表的读数均相等，说明电枢绕组无断路故障，若某两个换向片与试笔连接时微安表无读数，说明与这两个换向片相连的线圈发生断路。

(2) 电枢绕组搭铁

电枢绕组搭铁故障可用万用表来测量。方法如图 6-62 所示，两只表笔分别连接电枢铁芯与换向片，万用表应不导通。如万用表导通（电阻为 0），说明电枢绕组搭铁，需要更换电枢总成。

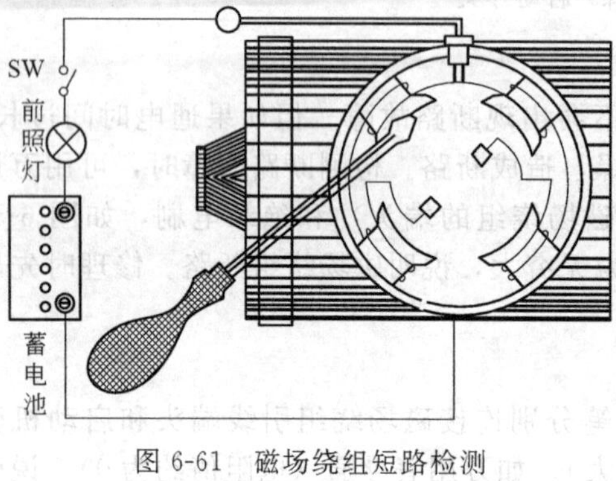

图 6-61 磁场绕组短路检测

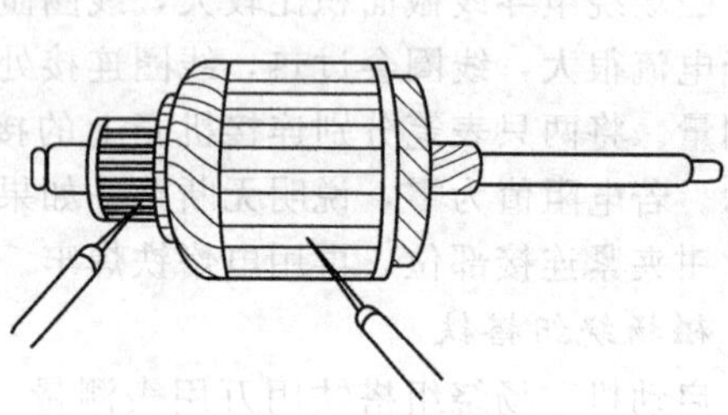
图 6-62 电枢绕组搭铁检测

(3) 电枢绕组短路的检修

电枢绕组流过电流较大，当绝缘纸烧坏时就会导致绕组匝间短路。除此之外，当电刷磨损的铜粉将换向片间的凹槽连通时，也会导致绕组短路。电枢绕组短路故障也是利用电枢检验仪进行检查，方法如图 6-63 所示。

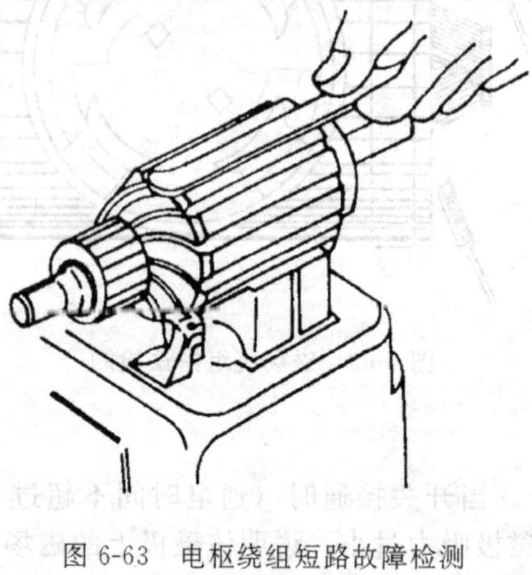
图 6-63 电枢绕组短路故障检测

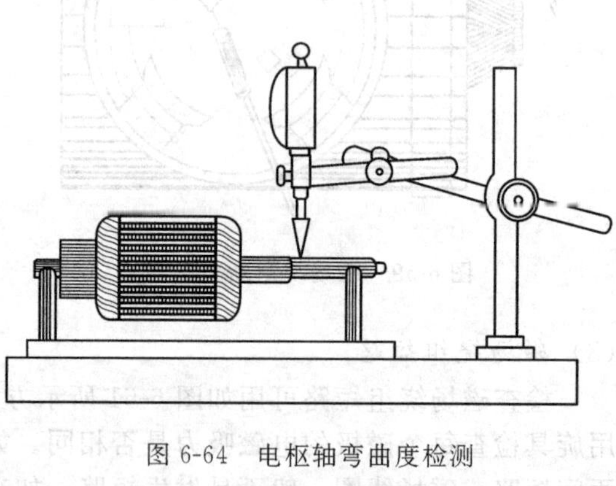
图 6-64 电枢轴弯曲度检测

先将电枢放在检验仪的V形铁芯上，并在电枢上部放一块钢片（如锯条），然后接通检验仪电源，再缓慢转动电枢一周，钢片应不跳动。如钢片跳动，说明电枢绕组有短路故障。由于绕制电枢绕组的导线截面积较大，因此绕线形式均采用波形绕法，所以当换向器有一处短路时，钢片将在四个槽上出现跳动现象。当同一个线槽内的上、下两层线圈短路时，钢片将在所有槽上出现跳动现象。

当短路发生在换向器片之间时，用钢丝刷清除换向片间的铜粉即可排除。当短路发生在电枢线圈之间时，只能更换电枢总成。

换向器和电枢轴的检查

换向器工作表面应平整、光滑，无烧蚀。换向片的厚度应不小于 2mm，换向片之间的云母应低于换向片 0.4～0.8mm，换向器外圆表面对轴线的径向跳动应不大于 0.05mm。

启动机的电枢轴较长，如果发生弯曲，电枢旋转时就会出现“扫膛”现象（即电枢与磁极发生摩擦现象）而影响启动机工作。因此在检修启动机时，应当使用百分表检查电枢轴的弯曲度，方法如图 6-64 所示，其摆差应不大于 0.15mm，否则应予矫直或更换电枢总成。

电刷的检修

电刷高度应不低于新电刷高度的 2/3，电刷与换向器的接触面积不应小于 75%，在电刷架内应无卡滞现象，电刷弹簧应有足够的弹力，如图 6-65 所示。电刷架应固定牢固，绝缘电刷架可通过测量绝缘电阻来检查其绝缘性能，如图 6-66 所示。

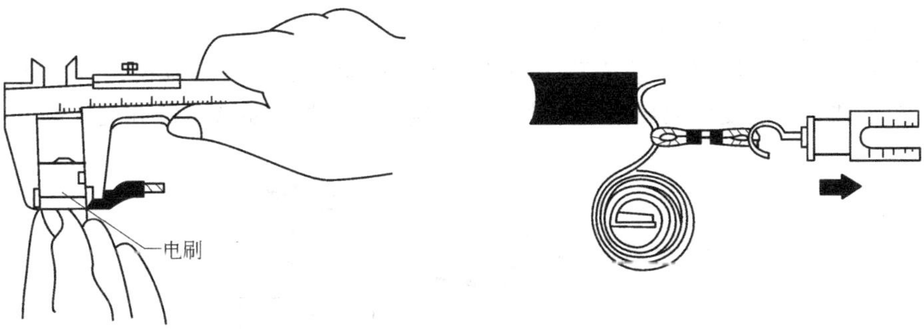

图 6-65　电刷长度和弹簧弹力的检查

传动装置的检修

传动装置的内花键不得有损伤，能在电枢轴上顺畅滑动。滑环两侧（和单侧）的弹簧不得有锈蚀或折断。小驱动齿轮不得有打齿和过度磨损。如图 6-67 所示，左手握住单向离合器，右手顺时针转动驱动齿轮应能卡住，逆时针转动驱动齿轮应能顺畅滑转。

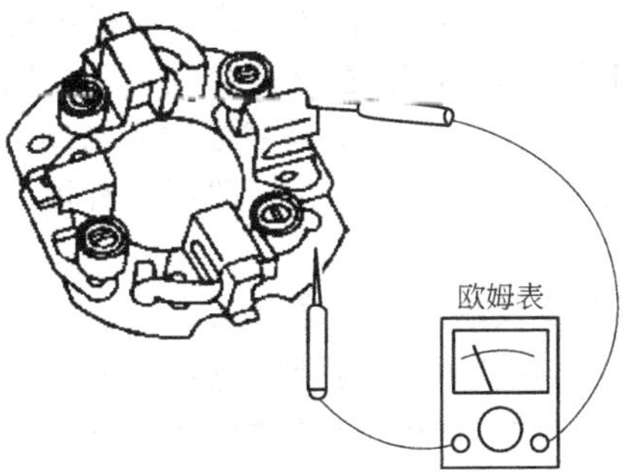

图 6-66　电刷架的检查

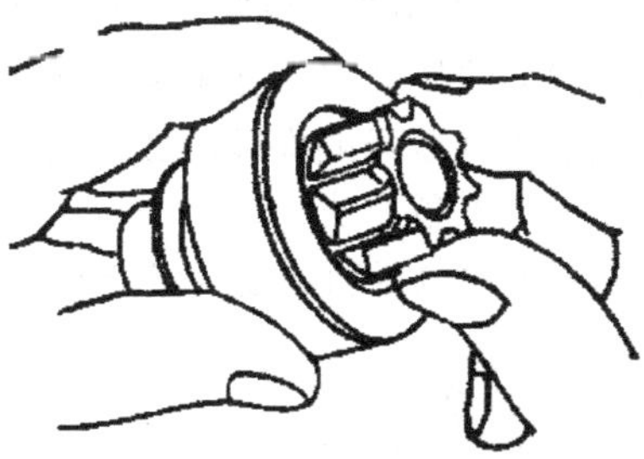

图 6-67　单向离合器的检查

电磁开关的检修

(1) 吸引线圈和保持线圈的检修

电磁开关的吸引线圈和保持线圈可用万用表测量线圈的电阻值进行检查。如图 6-68 所示，用指针式万用表 R×1 挡，检测吸引线圈时，两只表笔分别连接电磁开关和电动机开关，电阻值阻值为 0.5Ω；检测保持线圈时，两只表笔分别连接电磁开关和外壳，电阻值应为 1.0Ω 左右。如果阻值为无穷大，说明线圈断路；如电阻值过小，说明线圈匝间短路。断路一般是线圈端头与接线端子的焊点脱焊所致；线圈如短路，需重新绕制或更换电磁开关总成。

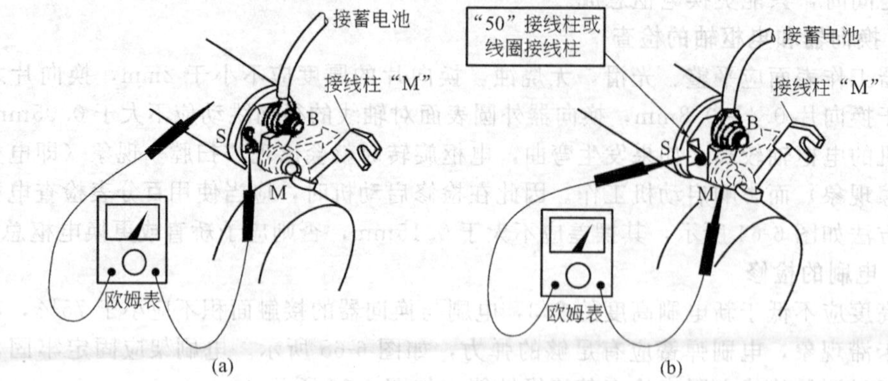

图 6-68 电磁开关的检查

(2) 回位弹簧或电动机开关的检查

如图 6-69 所示，用手先将挂钩及活动铁芯压入电磁开关，然后放松，活动铁芯应能迅速复位。如果铁芯不能复位或出现卡滞现象，则应更换复位弹簧或电磁开关总成。

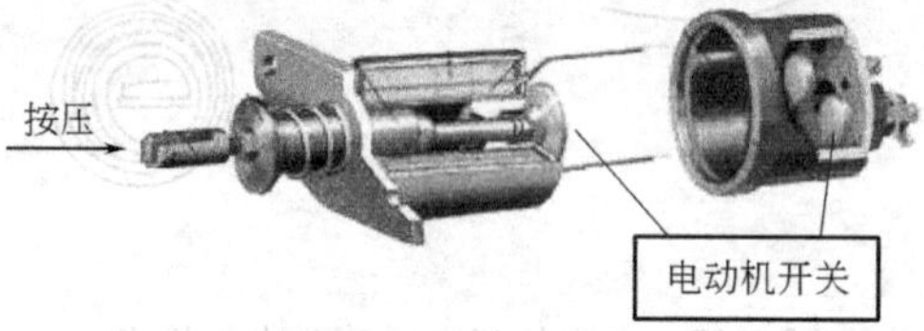

图 6-69 电磁开关回位弹簧和电动机开关的检查

电动机开关应检查触盘和接线螺栓端部有无烧蚀现象。如有轻微烧蚀，可用细砂纸磨平；如严重烧蚀，可将触盘翻面使用，接线螺栓可转动 180°使用。

启动继电器的检查

(1) 接线式启动继电器

检修接线式启动继电器时应将万用表置于 R×1 挡，两只表笔分别接启动机继电器的“点火锁”（或“SW”、“S”）端子与“搭铁”（或“E”）端子，阻值应符合规定。如阻值为无穷大，说明线圈断路；如阻值过小，说明线圈匝间短路。断路一般是线圈端头与继电器接线端子间的焊点脱焊或虚焊所致，可拆开继电器外壳用 50W 电烙铁焊好即可；有短路现象时，应更换继电器总成。

当将蓄电池电压加到接线式启动继电器线圈的两个接线端子上（通常为“S”与“E”接线端子），再用万用表测量继电器“电池”（或“B”）端子与“启动机”（或“M”）端子之间的电阻，应小于 0.5Ω。否则说明继电器触点接触不良，可用“00”号砂纸进行打磨或更换继电器。

图 6-70 带有启动保护的启动继电器

对于具有启动“误操作”保护的组合继电器如图 6-70 所示，当将蓄电池电压加到充电指示灯继电器线圈的两个接线端子上（通常为“N”与“E”接线端子）之前，用万用表测量继电器“指示灯”（或“L”）端子与“搭铁”（或“E”）端子之间的电阻，应小于 0.5Ω；施加蓄电池电压之后，“L”与“E”端子的电阻应为无穷大。

(2) 插接式启动继电器

插接式启动继电器“86”、“85”端子施加蓄电池电压之后，应能感受到继电器吸合时的振动。用万用表测量继电器“30”端子与“87”端子之间的电阻，应小于0.5Ω，否则应更换启动继电器。

启动系统的调试

(1) 启动机的调整

1) 驱动齿轮和限位环间隙的调整　启动机工作时，为了不使驱动齿轮和限位环接触过紧，又能与飞轮齿基本上全部啮合，要求电磁控制式启动机在引铁前移到极限位置时，驱动齿轮与限位环之间有一定的间隙。例如QD121型启动机，要求调整为4.5mm±1mm，调整时首先将引铁拨至前端极限位置，用厚薄规测量驱动齿轮端面和限位环之间的间隙，应符合规定。如果间隙不当，抽出销子，放松螺母，转动连杆进行调整，如图6-71所示。

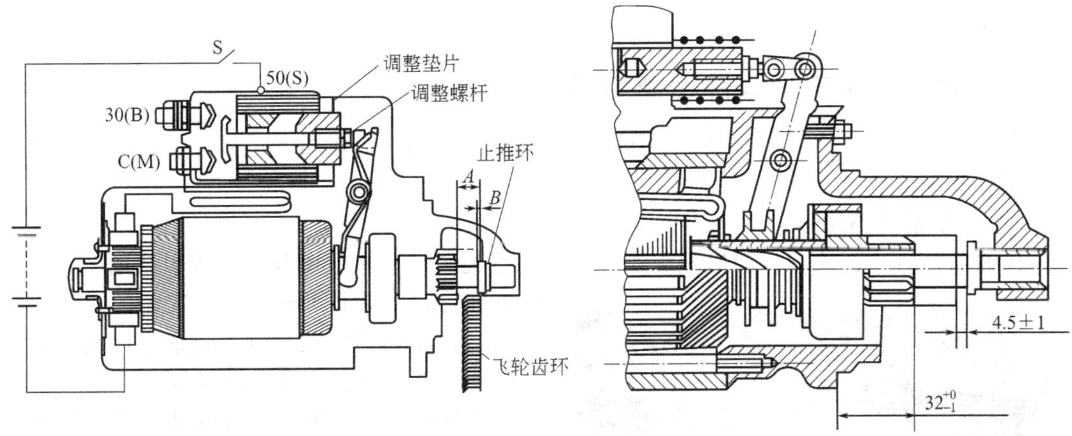

图6-71　启动机的调整方法

2) 驱动齿轮端面与端盖凸缘距离的调整　调整驱动齿轮端面与端盖凸缘距离时，一方面限制离合器传动导管和换向器不能任意前移，另一方面是启动机在自由状态时，驱动齿轮和飞轮不会相碰，例如QD121型启动机应在31～32mm，如有不当，可松开螺母，转动限位螺钉进行调整。

(2) 启动机的空转试验

如图6-72所示，将启动机接于额定电压相同的蓄电池上，从蓄电池正极取电，按图示箭头方向接触电磁开关吸引与保持线圈接线端子，电磁开关应吸合，驱动齿轮应推出，电动机应顺畅地快速转动。如果电磁开关不吸合，则为吸引线圈、保持线圈断路或活动铁芯卡死，需要更换电磁开关。如果齿轮推出位置不足或过量，则需要重新调整。如果电动机不转，则为电动机开关烧坏或电动机磁场、电枢、换向器与电刷电路有断路。如果启动机转动无力、电流表读数大，则为电动机装配过紧、电枢轴弯曲、电动机扫膛等故障。

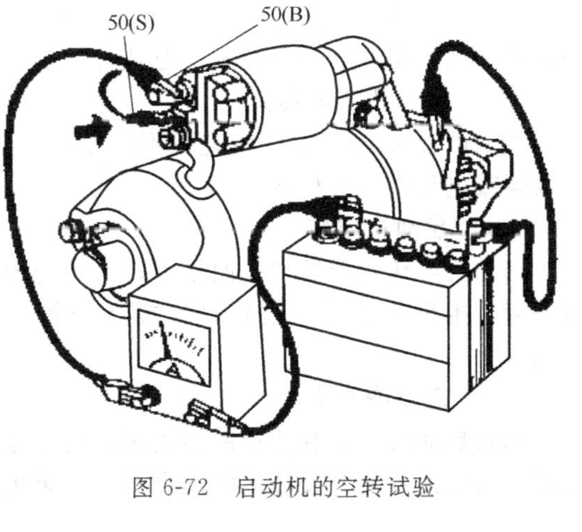

图6-72　启动机的空转试验

(3) 启动继电器的调整

启动继电器正常与否，主要取决于触点

闭合和张开的时机是否正确，而这又由闭合电压和张开电压来决定。所谓闭合电压，就是指触点由张开转为闭合时作用在继电器线圈两端的电压；张开电压是指触点由闭合转为断开作用在继电器线圈两端的电压，应符合表 6-4。

表 6-4 启动继电器调整数据 V

名　称	12V 系统	24V 系统
继电器闭合电压	6～7.6	12～15.2
继电器张开电压	3～5.5	6～11

若不符合规定数据，需调整闭合电压和张开电压。检验之前，将可变电阻值调到最大。检验时，缓慢调小可变电阻阻值，使作用在继电器线圈两端电压逐渐升高。当触点闭合时，电压表指示的电压值应符合表 6-4 中的数据。若闭合电压不符合，可弯曲调整钩子来改变触点臂与铁芯间的气隙。同理若张开电压不符合规定数据，则应改变固定触点支架的形状，从而改变触点间隙的调整。

6.3.3 启动系统常见故障诊断与排除

启动系统的常见故障启动机不工作、启动机动力不足、启动机不能停止、启动机空转和启动噪声大等。

启动机不工作

接通电源启动开关，启动机不工作，可在蓄电池与启动机电磁开关“吸引线圈”和“保持线圈”接线端子间连接一条较粗的导线，如图 6-73 所示，启动机转动，可能原因是启动继电器、启动开关不通或连接导线有断路；若启动机仍不转动，表明启动机内部故障。可能原因有启动机电磁开关中电磁线圈故障、电动机开关烧蚀接触不良，电动机电刷、换向器、电枢、磁场有断路故障。

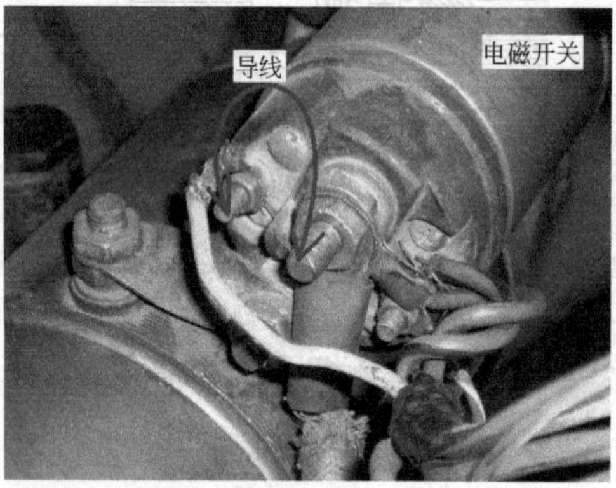

图 6-73 启动机不工作的检查

启动机动力不足

启动机虽然能带动发动机曲轴旋转，但运转速度过低，发动机不能顺利启动，表明负载能力降低，实际输出功率减小。可能原因有蓄电池亏电，蓄电池接线端子松动、氧化腐蚀而接触不良，电动机开关烧蚀，换向器烧蚀，电刷磨损过量或弹簧弹力不足，电动机电枢、磁场绕组局部短路；发动机装配过紧或环境温度低而导致启动阻力矩过大。

启动机不能停止

放松电源-启动开关，启动机不能停止工作，可能原因有电源-启动开关故障，启动继电器故障或电动机开关粘接。

启动机空转

启动机虽转，但发动机曲轴不转。可能原因有单向离合器打滑，拨叉机构失调或发卡，驱动齿轮推出量不足，齿轮打齿或磨损量过大，拨叉轴丢失等。更换离合器，故障即可排除。

启动噪声大

如果启动时产生有节奏的撞击声，可能原因有电磁开关中的保持线圈断路、启动继电器损坏、蓄电池亏电或极柱接触不良等；如果出现持续摩擦或啸叫声，可能是轴承磨损、电枢轴弯曲、转子失圆而造成电机扫膛，或换向器烧蚀与电刷接触不良等。

6.3.4 低温辅助启动系统

低温辅助启动系统的组成、功用与控制

内燃叉车的辅助低温启动装置有集中预热和分缸预热两大类型。集中预热是在进气道内设置预热器，加热进气道的空气或混合气，然后分配到各个汽缸。预热器的种类有电预热器、易燃燃料喷射装置、电热塞和燃料喷射共同组成火焰预热装置等，常用于汽油机和大功率柴油机上。图 6-74 为电热塞和燃料喷射共同组成的火焰预热装置。接通预热开关后，电热塞通电加热，电磁阀将经低压输油泵加压的燃油送入进油口，燃油蒸发后被炽热管点燃，1～1.5min 后，温度可达 1000℃，将进气加热。

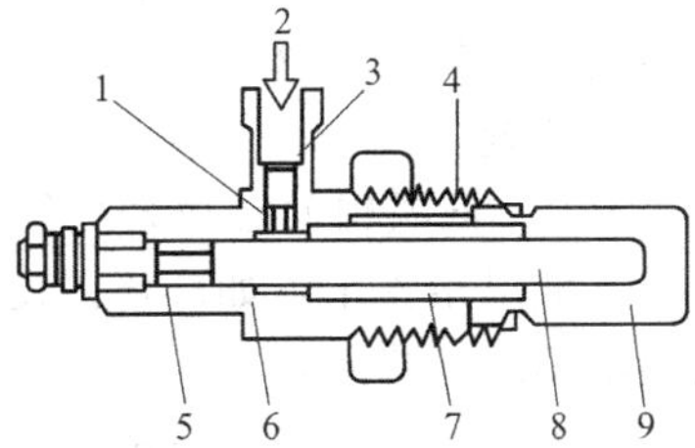

图 6-74 火焰预热装置

1—燃油计量口；2—进油口；3—滤网；4—安装螺纹；5—密封圈；6—壳体；7—蒸发管；8—炽热管；9—防护罩

分缸预热采用电热塞加热进入各个汽缸的空气，广泛地用于各型柴油机上。电热塞的结构如图 6-75 所示。

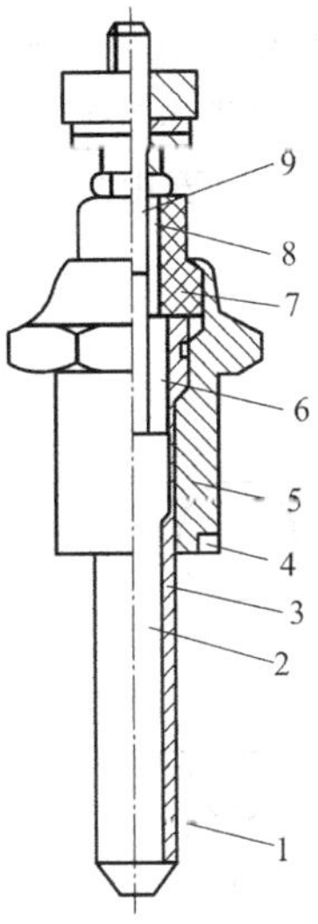

图 6-75 电热塞

1—钢套；2—电热丝；3—石英；4—密封圈；5—外壳；6—填充物；7—绝缘体；8—导电杆；9—固定螺母

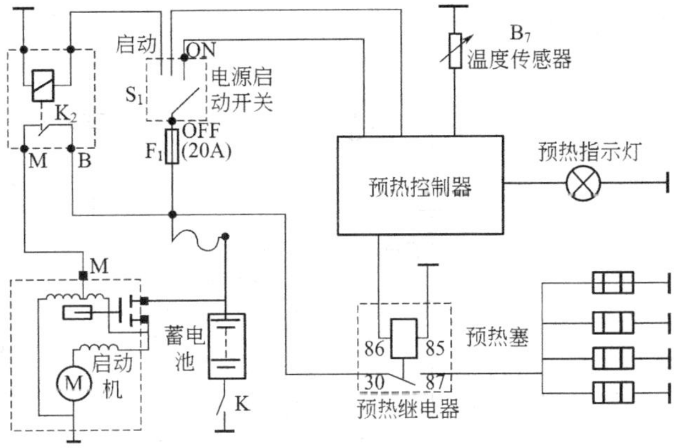

图 6-76 电子控制的低温启动预热装置电路

分缸预热的电热塞又称预热塞，其控制方式有电热控制和电子控制等。前者在预热塞电路串接一只电热元件作为预热指示装置，当接通预热电路（将预热开关接通）后，30s 左右内电热元件发红，预热塞达到额定工作温度，可将电源-启动开关打到“启动”位置，进行低温辅助启动。

电子控制的预热塞功能更加完善，电路如图 6-76 所示。接通电源-启动开关，当该开关打到“预热”位置时，预热控制器加电，如果环境温度低于一定数值（如 0～5℃）时，预热控制器接通预热继电器并进行定时控制，电热塞通电发热，经历一定时间后电热塞达到既定温度，预热指示灯点亮。此时，将电源-启动开关打到“启动”位置，启动继电器接通，启动机工作，发动机即可顺利实现低温辅助启动。

有的控制电路中未设置温度传感器，只要将电源-启动开关打到“预热”位置，电热塞就会通电发热。在这种情况下，应注意只有在低温时（环境温度0℃以下）才能使用低温辅助启动装置。

低温辅助启动系统的检查

在低温条件下，如环境温度低于5℃（或0℃）时，将电源启动开关打到“预热”位置，低温辅助启动指示灯在15～30s内应亮起，表示可以进行启动了。

火焰式集中预热装置的燃料储存罐内，在低温条件下应装满燃料。“预热”开关接通时，预热器、电磁阀等应工作正常。

在电热塞上施加与电气系统相同的蓄电池电压，开始时电流较大，15s左右温度达到180～220℃时，通电电流应减小。

6.4 仪表和辅助电器的构造与维修

6.4.1 仪表和信号装置的功用及组成

仪表电路

内燃叉车仪表板上布置的仪表主要有水温表、油压表、燃油表和电流表。水温表、油压表、燃油表属于用电设备，受点火开关的控制，即接通点火开关，仪表电路接通。仪表电路中通常设有保险。如图6-77所示为仪表电路，水温表、油压表、燃油表由传感器和指示表两部分组成。

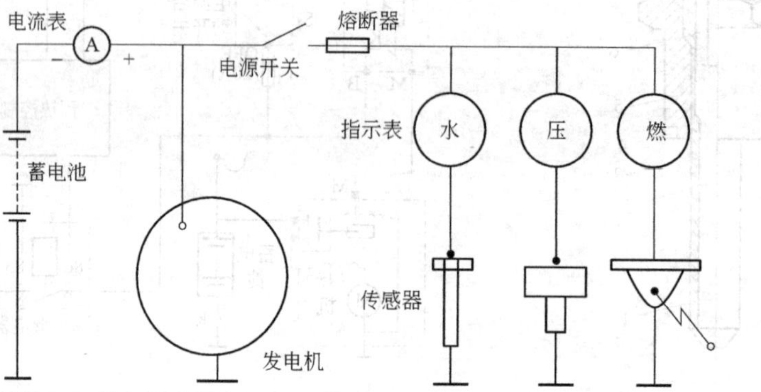

图6-77 仪表电路

(1) 水温表

作用是指示发动机冷却液（或水）的温度，发动机正常工作时，水温表指示为75～95℃。水温传感器安装在发动机冷却水道上。

(2) 油压表

作用是指示发动机润滑系统的机油压力，发动机正常工作时，油压表指示为148～450kPa，发动机怠速时应不低于50kPa。机油压力传感器安装在发动机润滑油道上。

(3) 燃油表

作用是指示叉车油箱中汽油或柴油油量的多少，指示“0”或“E”时，表示油箱中油量已很少；指示“1”或“F”时，表示油箱中油量满。燃油表传感器安装在油箱上部。

仪表的结构有电热式和电磁式之分。图6-78为电热式水温表的结构。指示表和传感器均采用电热式双金属片结构，其上绕有加热线圈，电流通过线圈产生热量，使双金属片弯曲变形，从而带动指针偏转。传感器为一密封套管，内有条形双金属片，其上绕有加热线圈，一端接于双金属片触点，另一端与指示表相连。双金属片有一定的初始压力，当水温升高时双金属片向离开固定触点方向弯曲，使触点间压力减弱，触点打开时间增长，通过加热线圈的电流平均值减小，水温表指针指向高温。水温低时，触点压力增大，平均电流增大，指示表的双金属片弯曲增大，指针指向低温。

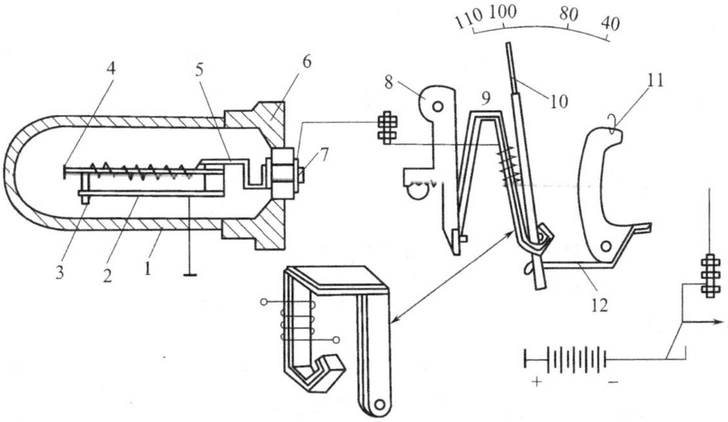

图 6-78 电热式水温表的结构与工作

1—外壳；2—固定触点架；3—固定触点；4—双金属片；5—导电片；6—螺母；7—接线柱；8、11—调整齿扇；9—双金属片；10—指针；12—弹簧片

电热式油压表表头与水温表相同，不同之处是传感器部分。传感器为圆盒形，中间有膜片，其下方的腔室经管接头与润滑系主油道相通，膜片上部顶住弯曲的弹簧片，当机油压力升高时，膜片拱曲，触点压力增大，双金属片需要较大电流所产生的更大的热量才能弯曲使触点断开，而断开后稍加冷却就会很快地闭合，因此触点断开时间短，通过指示表加热线圈的平均电流大，指针偏移增大，指向高压。

检测信号装置

检测信号装置用于检测指示发动机和整车或某一系统的工作状态，又叫做报警信号装置。报警信号装置因车型和生产厂商不同，可能会有所不同。但一般包括：发动机故障指示灯、充电指示灯、发动机油压指示灯、燃油不足指示灯、手制动指示灯、制动液不足/制动器失效指示灯等。一般情况下，指示灯安置在仪表板上，受检测系统中的开关控制。

图 6-79 为林德叉车的仪表检测系统。接通电源-启动开关，经熔断器 F6 将仪表检测系统电路接通。燃油表通过发光二极管指示燃油量，并记录机械运行时间。发动机工作时，如果机油压力不足（润滑系统故障）、燃油滤清器堵塞、手制动拉死、发动机故障、充电系统故障时，对应的指示灯亮起。

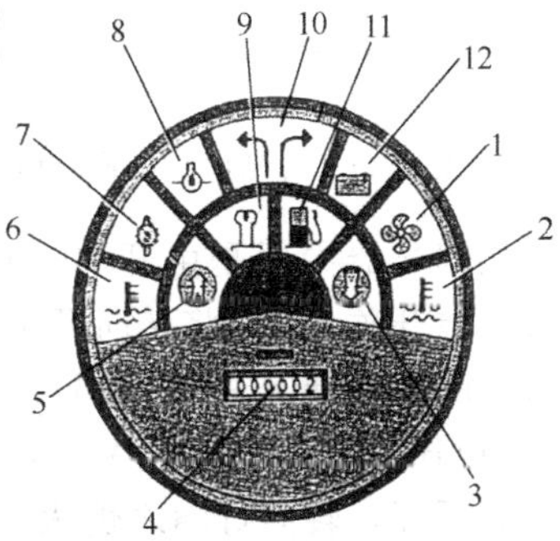

图 6-79 林德叉车的仪表检测装置

1—风扇指示灯；2—发动机温度报警灯；3—空气滤清器报警灯；4—计时器；5—炭罐报警灯（选装）；6—水温指示灯；7—液压油温报警灯；8—机油压力报警灯；9—预热指示灯；10—转向指示灯；11—燃油指示灯；12—充电指示灯

6.4.2 照明与信号装置

照明装置

内燃叉车的照明装置有前照灯、工作灯和倒车灯，其中前照灯和工作灯是光线较暗的环境中或夜间行车和工作时常用的照明灯具。

前照灯又叫前大灯。通常内燃叉车采用两只前照灯照明，汽车起重机上常采用四只前照灯，以满足机械夜间行驶和作业的需要。前照灯由灯丝、反光镜、配光镜和接头组成。灯丝作用是将电能转化光能，形成光源。反光镜的作用是将光源的散射光变成平行光束，增强光照度。配光镜的作用一是使平行光束在水平方向扩散，以获得较宽的照明区域；二是使平行光在竖直方向沿轴线向下倾斜，以避免灯光造成迎面车驾驶员的眩目。

前照灯为双灯丝，分为远光和近光。远光灯丝功率大（如50W、55W、75W等），位于反光镜的焦点，供正常行车时用，近光灯丝功率较小（40W、50W），位于光镜焦点的上方，且下面有配光屏，照射距离较近，无向上的散射光线，供公路行驶会车时使用。

倒车灯是为夜间倒车时照明而设置的，有的也作为后照灯和信号灯。

闪光信号装置

闪光信号装置是为机械（叉车）转弯时提供转向信号所设置的，由闪光继电器、转向开关和转向灯组成。闪光继电器简称闪光器，在接通转向开关时，向转向灯提供间断的电流，使转向灯闪光。

图6-80是闪光信号装置的电路。图6-81是常用的另一种电热翼片式闪光器。

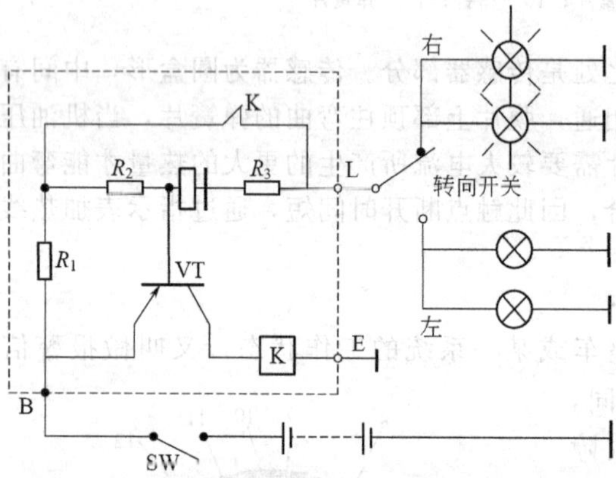

图6-80 闪光信号装置的电路

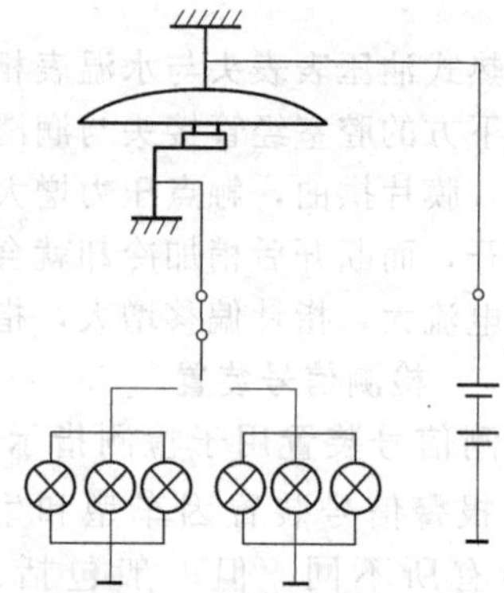

图6-81 电热翼片式闪光器

电子式闪光器主要是由开关三极管VT、继电器K、电阻R_1、R_2、R_3和电容C等组成。接通电源开关SW，将转向开关置于某一侧（如右侧），闪光器电路接通。刚刚开始接通电路时，因接触器K的触点闭合，右侧转向灯及仪表板上的转向指示灯亮起，同时因电阻R_1产生电压降，使三极管VT基极获得偏流而导通。三极管导通后，继电器K线圈通电，其触点断开，转向灯随之熄灭。与此同时，三极管的基极电流向电容器C充电，当电容器充满后，三极管截止，继电器线圈断电，其触点再次闭合，转向灯再次亮起。当继电器触点闭合时，电容器上充得的电荷经电阻放掉，为再次充电做好准备。如此反复通过三极管导通与截止的变化，使转向灯一亮一暗地闪烁，标示叉车的行驶方向。在闪光器工作时，由于继电器不断吸合与断开，发出“嗒嗒”的声响，可提醒驾驶员转弯后及时将转向开关复位。

电喇叭

电喇叭的结构如图6-82所示，电磁铁采用螺管式结构，铁芯9上绕有线圈2，上、下铁芯间的气隙在线圈2中间，上铁芯、膜片4和共鸣板5固装在中心轴上。当电路接通时，线圈2产生吸力，上铁芯及膜片被吸下，产生较低的基本频率，并激励与膜片一体的共鸣板5产生共鸣，从而发出比基本频率强得多，且分布又比较集中的声音。

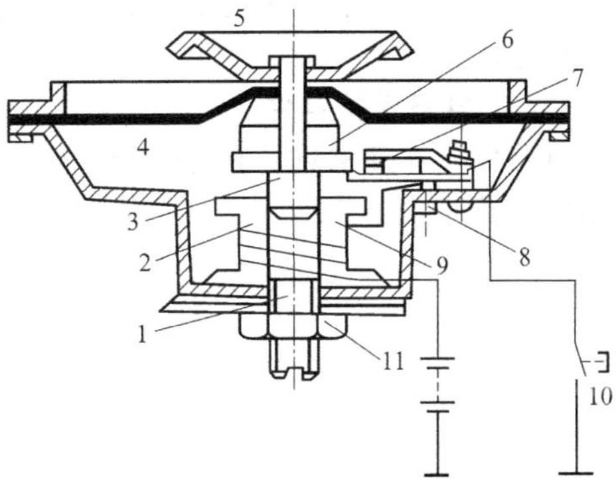

图6-82 电喇叭

1—底座；2—线圈；3—导向柱；4—膜片；5—共鸣板；6—活动铁芯；7—触点；8—调整螺钉；9—固定铁芯；10—喇叭按钮；11—锁紧螺母

为了得到更加悦耳的声音，在汽车起重机上常装有两个不同音调（高、低音）的喇叭。装用单只喇叭时，喇叭电流是通常接由按钮控制的，按钮大多装在转向盘的中心。当内燃叉车装用双喇叭时，因为消耗电流较大（15～20A），用按钮直接控制时，按钮容易烧坏。为了避免这个缺点，采用喇叭继电器控制。

减小衔铁与铁芯间的间隙，可以提高音调。电喇叭音量的大小与通过喇叭线圈中的电流大小有关。需增大音量时，使触点的压力增大，由于触点闭合的时间增长，通过线圈的电流增大，所以音量也相应增大；反之喇叭音量就减小。

6.4.3 辅助电气装置

辅助电气设备包括刮水器、喷水器、通风扇、暖风机、空调等设备。有时也包括收音机等音响设备。通常它们在发动机正常运转时由发电机供电或在发动机不工作时由蓄电池供电，受各自电路开关的控制，并一般有单独的熔断保护器（保险）。

6.5 内燃叉车电路

6.5.1 电路控制与保护器件

电源（点火）启动开关

电源（点火）-启动开关作为叉车电气系统的主要控制器件，控制着电源电路、启动电路、点火电路、辅助电器电路等，有的车型还控制低温辅助启动电路，叉车上常常将这些功

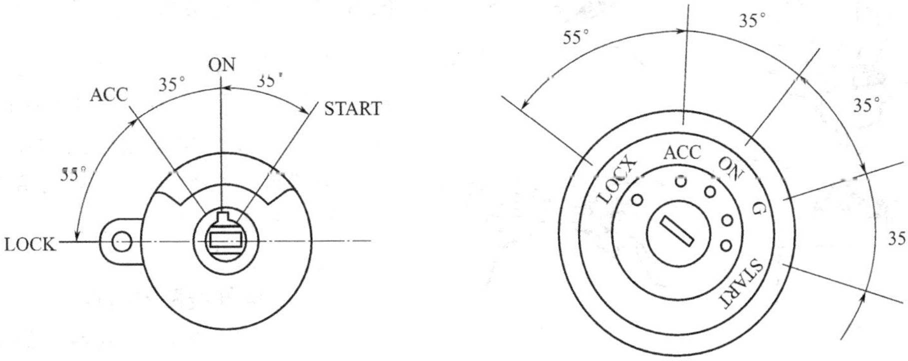

(a) 点火(电源)、启动、附件、方向锁　(b) 点火(电源)、启动、附件、方向锁、低温启动

图6-83 电源（点火）-启动开关的工作位置

能组合成一体，功能完善的通常设有方向盘锁止机构，图 6-83 为电源（点火）-启动开关的工作位置。

电路保护器件

电路保护器件常见的有易熔线、熔断器和电路断路器等，图 6-84 为电路保护器件在电路图中的符号，电路不工作（不能接通）时，首先检查电路保护器件。

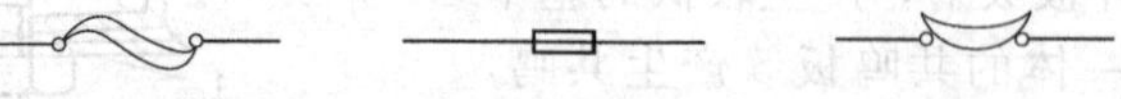

图 6-84 电路保护器件的符号

（1）易熔线

易熔线通常布置于蓄电池正极柱或启动机的电源接柱处，用于保护主电路（大电流回路），如图 6-85 所示。

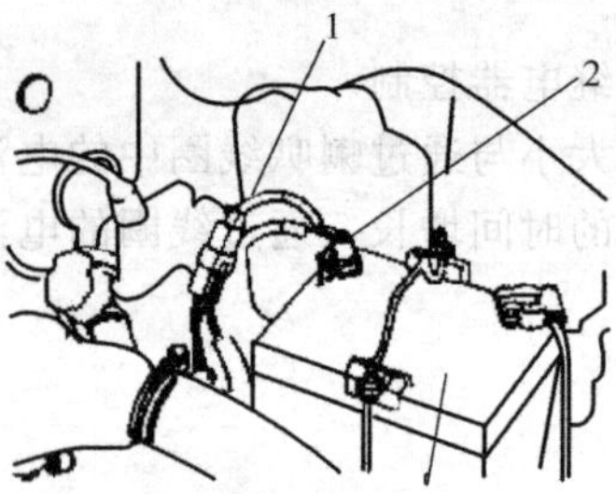

图 6-85 易熔线

1—易熔线；2—正极柱

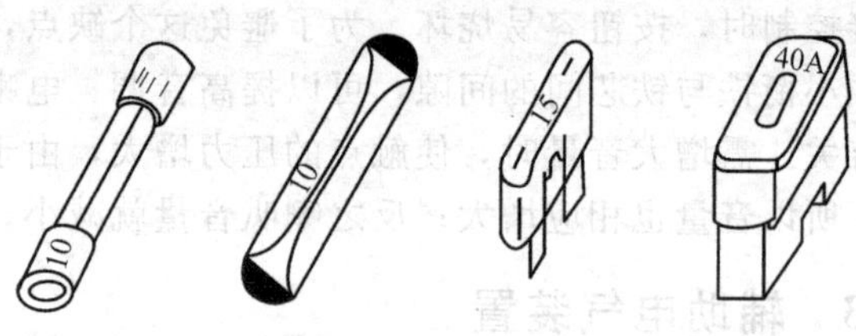

图 6-86 熔断器

（2）熔断器

熔断器通常布置于熔断器继电器安装盒内，用于保护各分电路，常见的有管状、片状、丝状等形式，如图 6-86 所示。

（3）电路断路器

电路断路器通常布置于大电流回路，起短路保护作用，电路断路器的特点是，电路出现短路时，器件断开电路；电路故障排除后，可以将电路断路器的保护功能恢复，即可以重复使用。图 6-87 为电路断路器。

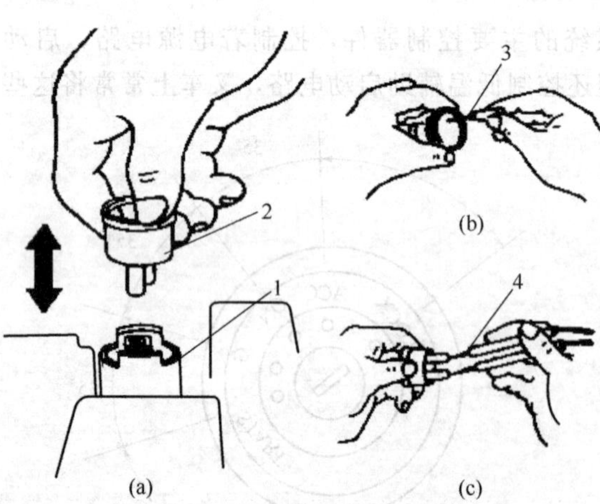

图 6-87 电路断路器

1—插座；2—电路断路器；3—恢复触针；4—检测笔

6.5.2 电气系统电路

将电气设备用图形符号和导线连接在一起的关系图称为全车电路图。为准确、迅速地查找和排除电路故障，需要对电路图进行分析识读，只有弄懂电路工作原理和连接关系，才能迅速地判断故障的发生部位。

电气线路的组成

任一机型，无论其电器线路如何复杂，均可将其分解成局部电路进行分析，然后在推广至全车线路。全车线路通常由以下几部分组成：

1）电源电路　也称充电电路。它由蓄电池、发电机、调节器及工作情况指示装置组成的电路，电能分配及电路保护器件也可归入此部分。

2）启动电路　即由启动机、启动继电器、启动开关及启动保护装置组成的电路，有的也将低温条件下启动预热装置及控制电路列入此部分。

3）点火电路　汽油发动机特有的电路，是由点火线圈、分电器、电子点火控制器、火花塞及点火开关组成的电路。

4）照明与灯光信号装置电路　是由前照灯、雾灯、示廓灯、转向灯、制动灯、倒车灯、内照灯及其控制继电器和开关组成的电路。

5）仪表电路　即由仪表指示器、传感器、各种报警指示灯及控制器组成的电路。

6）辅助装置电路　即为提高叉车安全性、舒适性等各种功能的电器装置组成的电路，因车型不同而有所差异，一般包括风窗刮水及清洗装置、风窗除霜（防雾）装置、空调装置、音响装置等。

电路图的识读

在部分电路原理图的连线端头，常常标有导线的截面积，颜色代号。如 1.5RW（或 1.5R/W）表示导线截面积为 $1.5mm^2$，红底带白色条纹的导线。结合电路原理图，可以很方便地在两个相连器件上找到这条导线，这对检查排除电路故障很有帮助。

尽管各种内燃叉车电气设备的组成、复杂程度不同，形式各异，安装位置不一，接线也有差异，但它们都有以下几个特点：

1）内燃叉车上多数电气设备采用单线制，分析电路原理时，从电气设备沿电路查至电路开关、保护器件等，到电源正极。为了构成电的回路，电气设备必须搭铁，查找故障时不要忽略电器本身搭铁不良造成的故障。

2）内燃叉车上有两个电源，即发电机和蓄电池是并联的，其间设有电流表或电路保护器（如易熔线）。

3）各用电设备电路是并联的，并受有关的开关控制。其控制方式分为控制电源线和控制搭铁线。

4）为防止因短路或搭铁造成线路或用电设备损坏，各电气线路中设有电路保护器件。

6.5.3　全车电路图

全车电路图的形式常见的有布线图、电路原理图和线束图三种。布线图是内燃叉车电路图中应用较广泛的一种，它较充分地反映了内燃叉车电气和电子设备的相对位置，从中可看出导线的走向、分支、接点（插接件连接）等情况，对查找电路故障较为方便。图 6-88 为某厂生产的 CPQ2K 型内燃叉车的电气布线图，图 6-89 为合力 h2000 系列 1～3.5t 内燃叉车（柴油机）的电气布线图。

电路原理图可简明清晰地反映电气系统各部件的连接关系和电路原理，便于分析电路工作原理和电路故障，如图 6-90 所示为杭叉工程机械公司 CPC10～18HW9、CPCD10～18HW9 等型内燃叉车（柴油机）的电路原理图。如图 6-91 所示为杭叉工程机械公司 CPQ20～30HB、CPQD20～30HB 等型内燃叉车（汽油机）的电路原理图。图 6-92 为 OYC30 型 3t 越野叉车的电路原理图。

线束图用于制作线束和连接电气设备较方便。图 6-93、图 6-94 所示为合力 h2000 系列 1～3.5t 内燃叉车的仪表线束和发动机室线束图。

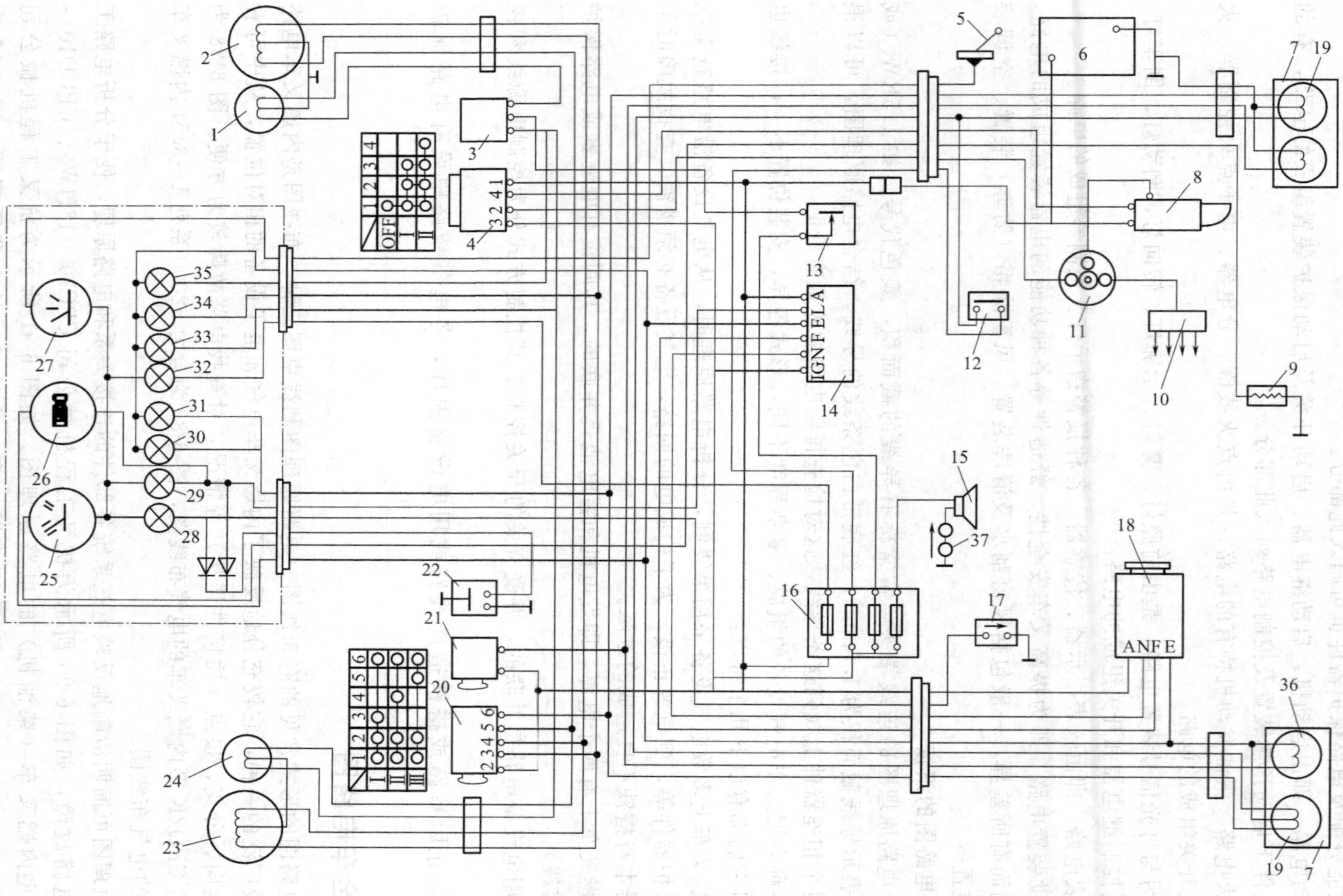

图6-88 CPQ2K型内燃叉车的电气布线图

1, 24—前小灯；2, 23—前大灯；3—转向开关；4—点火开关；5—燃油传感器；6—蓄电池；7—后组合灯；8—启动机；9—水温传感器；10—分电器；11—点火线圈；12—制动灯开关；13—闪光器；14—调节器；15—喇叭；16—保险丝盒；17—机油压力开关；18—发电机；19—制动灯/小灯；20—灯光开关；21—后照灯开关；22—报警灯检查开关；25—水温表；26—计时器；27—油量表；28—油压报警灯；29—充电指示灯；30, 31—仪表照明灯；32—备用灯；33—左转向指示灯；34—远光指示灯；35—右转向指示灯

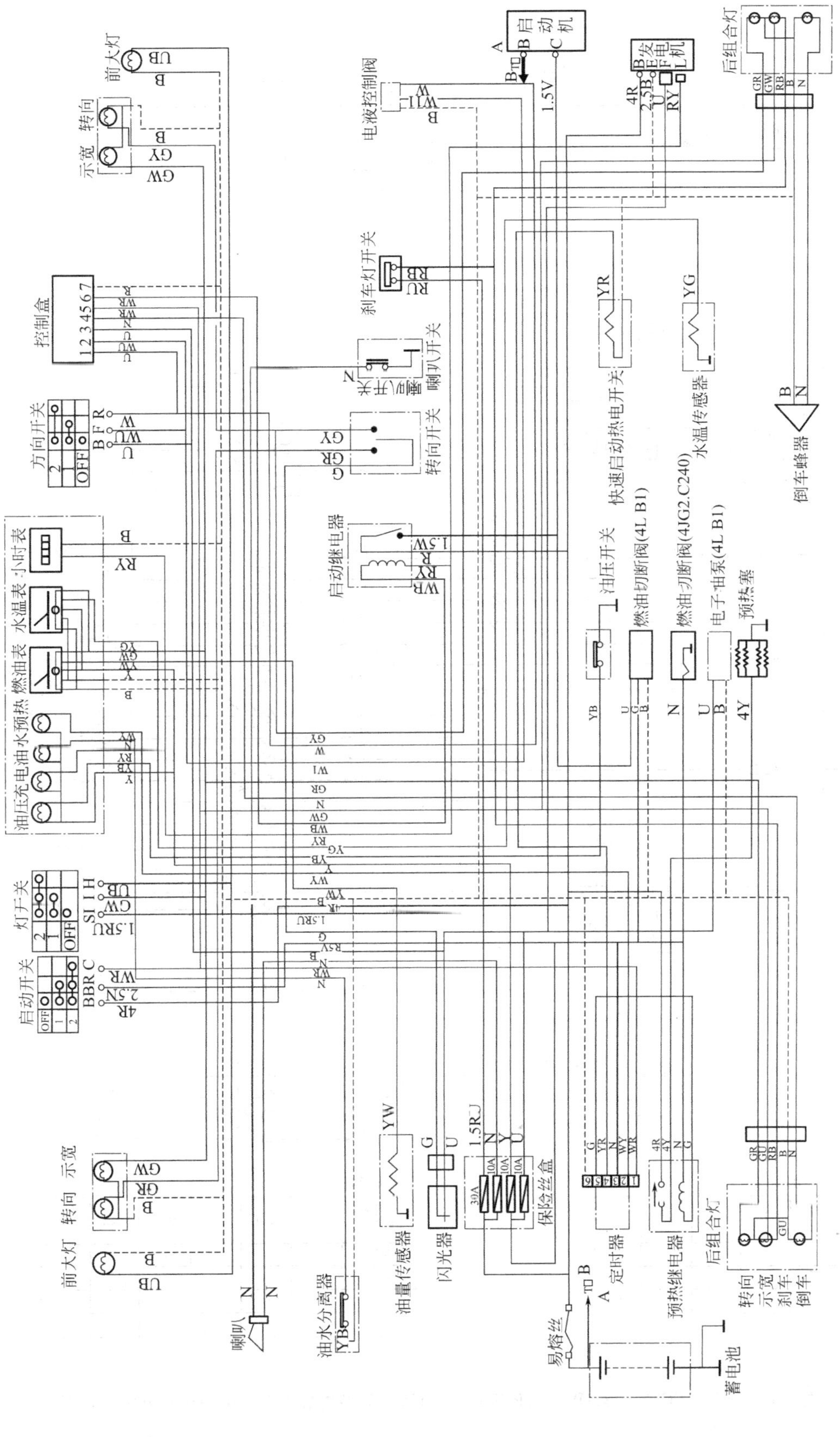

图6-89 合力h2000系列1～3.5t内燃叉车(柴油机)的电气布线图

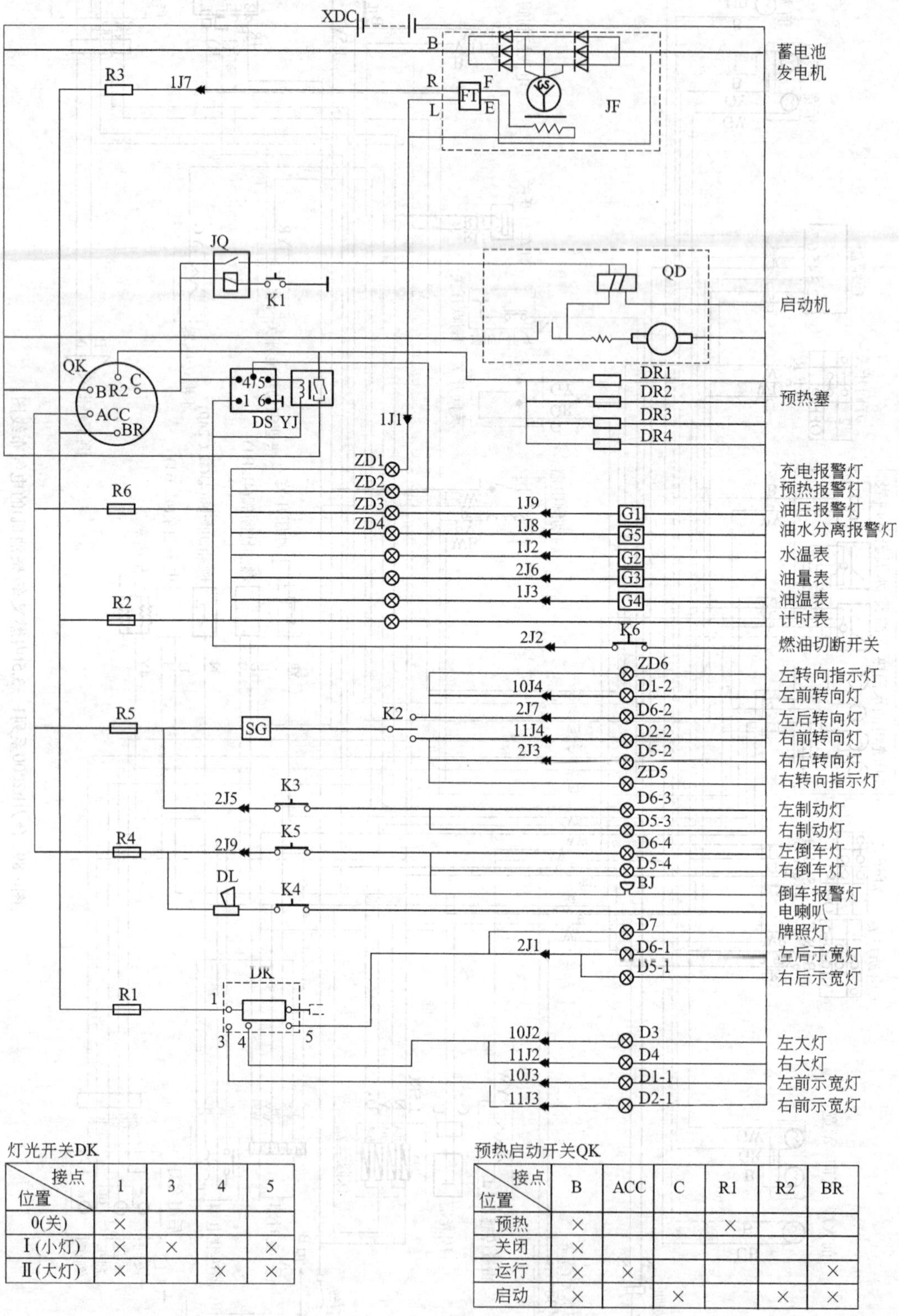

灯光开关DK

位置＼接点	1	3	4	5
0(关)	×			
Ⅰ(小灯)	×	×		×
Ⅱ(大灯)	×		×	×

预热启动开关QK

位置＼接点	B	ACC	C	R1	R2	BR
预热	×			×		
关闭	×					
运行	×	×				×
启动	×		×		×	×

图 6-90　杭叉 CPC10～18HW9、CPCD10～18HW9 等型内燃叉车（柴油机）电路原理图

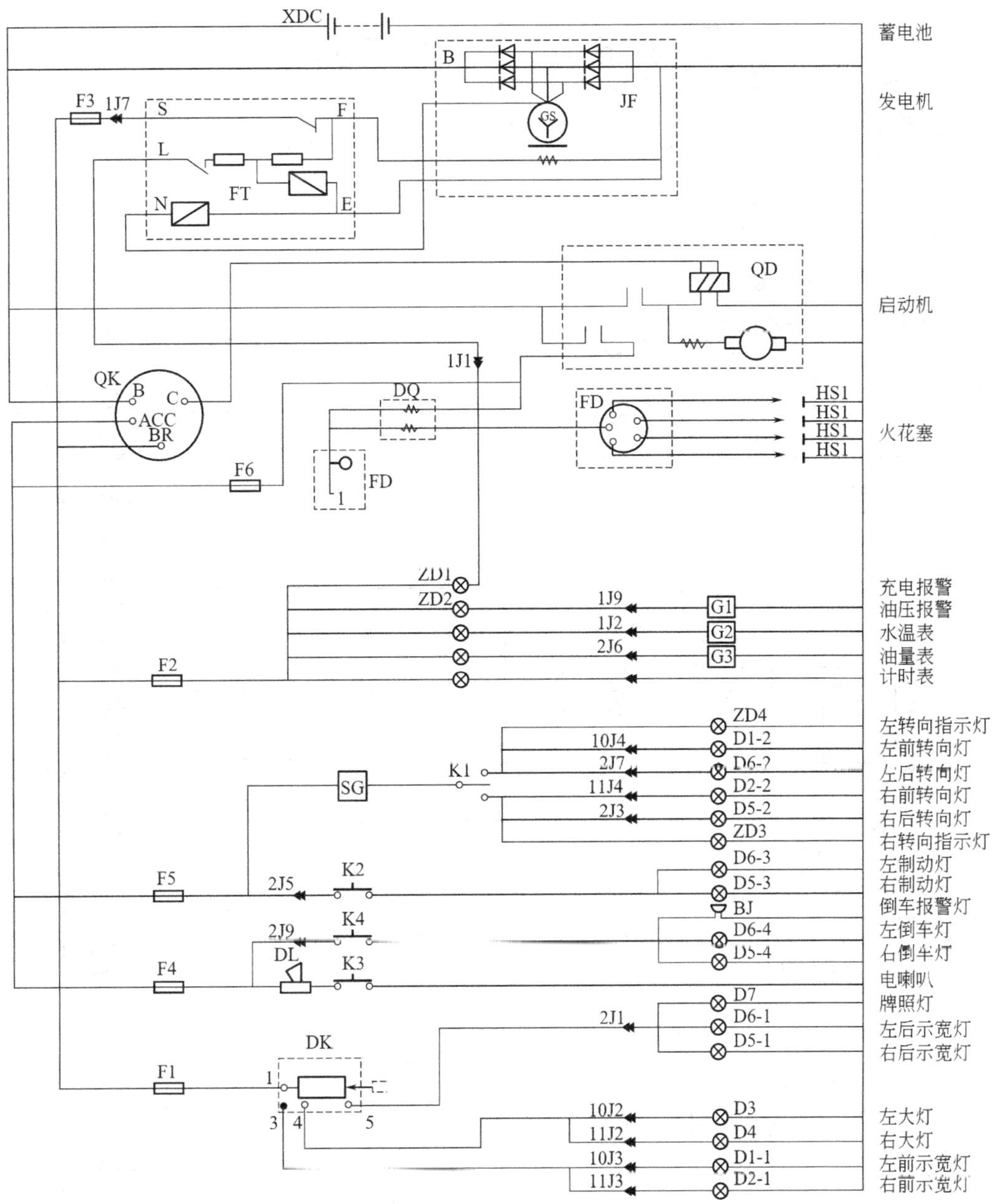

预热启动开关QK

接点 位置	B	ACC	C	R1	R2	BR
预热	×			×		×
关闭	×					
运行	×	×				×
启动	×		×		×	×

灯光开关DK

接点 位置	1	3	4	5
0(关)	×			
Ⅰ(小灯)	×	×		×
Ⅱ(大灯)	×		×	×

图 6-91　杭叉 CPQ20～30HB、CPQD20～30HB 等型内燃叉车（汽油机）的电路原理图

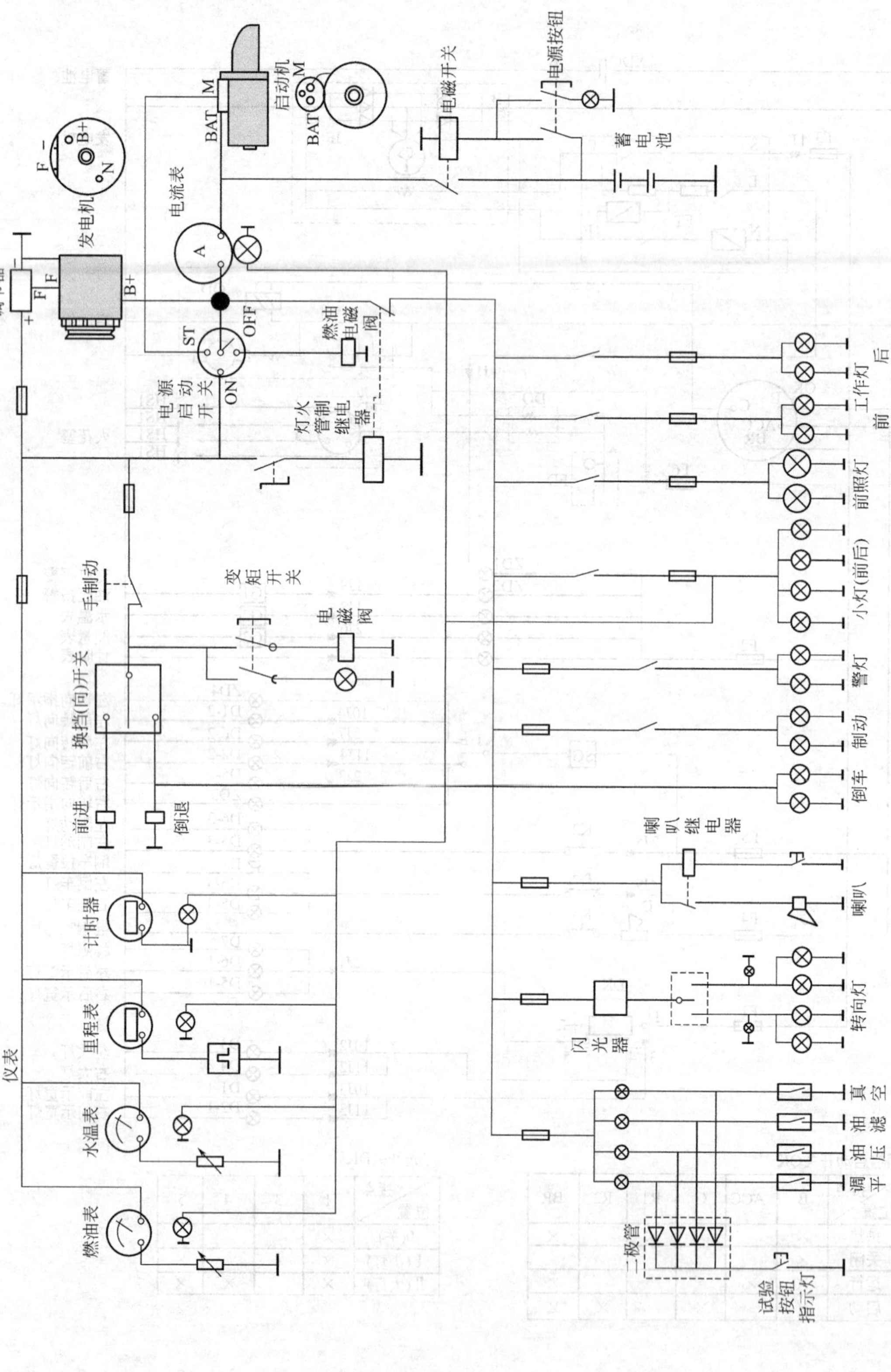

图6-92 OYC30型3t越野叉车的电路原理图

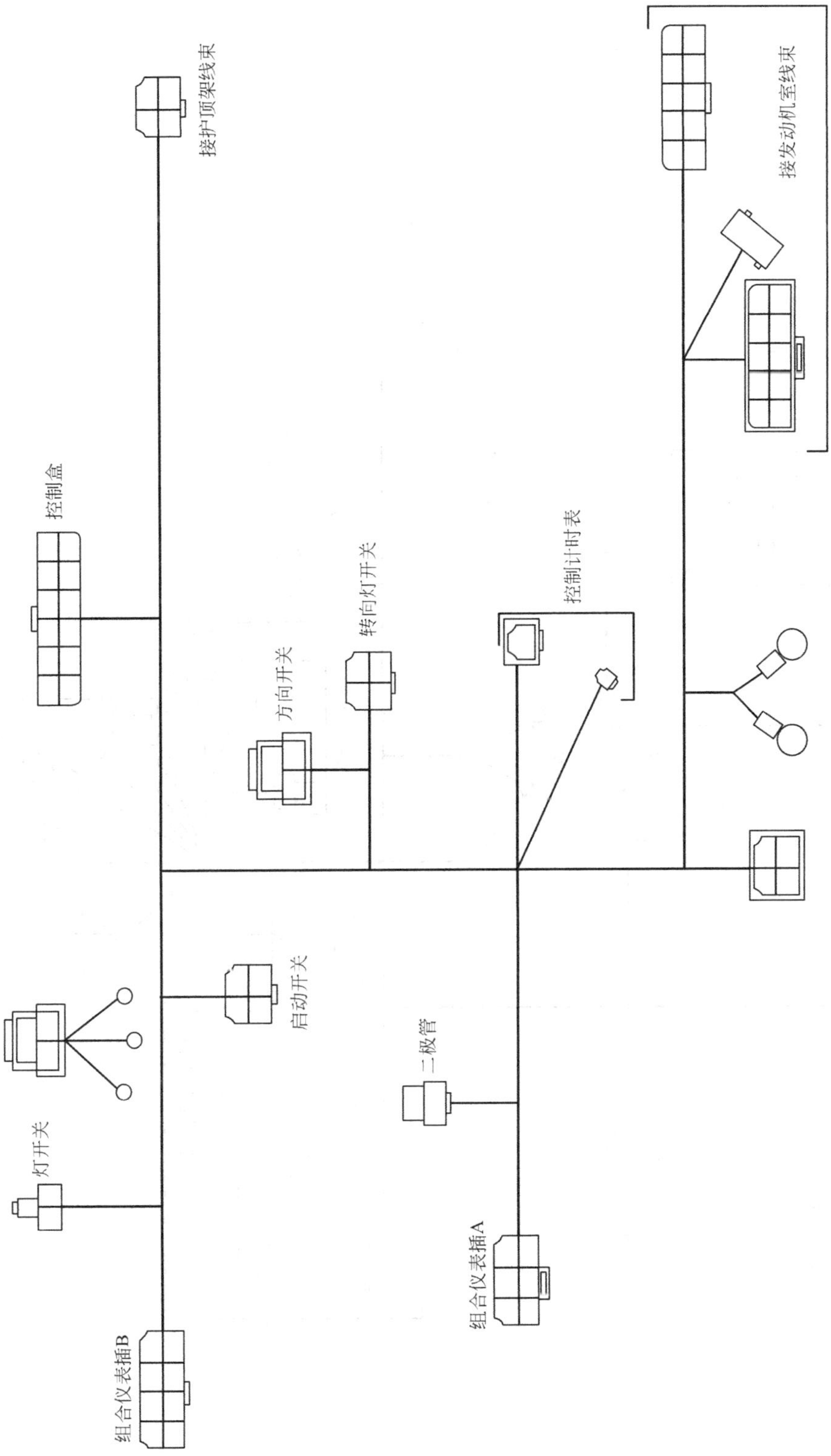

图6-93 合力h2000系列1～3.5t内燃叉车的仪表线束图

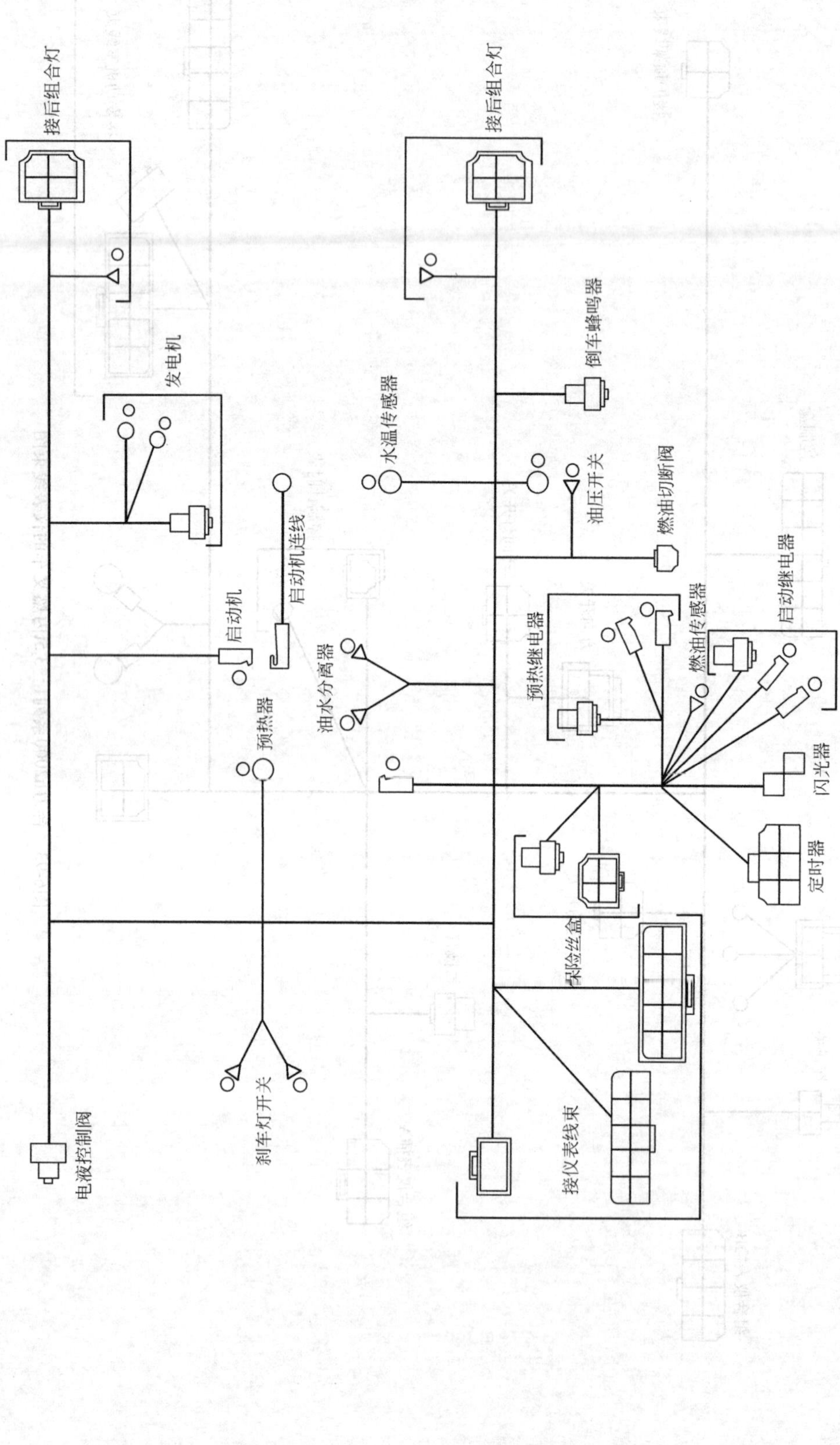

图6-94 合力h2000系列1~3.5t内燃叉车(柴油机)的仪表线束图

6.5.4 电气线路的故障诊断与排除

电气线路的常见故障主要有线路短路、断路、搭铁、接头接触不良、控制器件失效等。

电气线路状况的外观检查

驾驶员发现故障时，应对全车电气线路进行外观检查，主要包括如下内容：

1）固定状况　各电器部件及导线应固定可靠，外壳体应完好无损，零部件完整无缺。

2）接触及清洁状况　各插接件是否插紧，搭铁点是否紧固，各接触点有无锈蚀、油污与烧蚀，导线表面应无油迹、污垢与灰尘。

3）绝缘与屏蔽状况　导线绝缘层应无损伤、老化，导线裸露处应用胶布包好，导线的屏蔽层应无断裂和擦伤。

4）熔断器、继电器状况　各熔断器、继电器的安装应牢固，导线连接应当接触良好，选用的熔断器、继电器应当齐备，并符合电路的额定值要求。

5）各开关操作状况　各开关、按钮工作应动作轻便，无发卡失灵现象。

仪表检测

利用仪表或专用的检测仪对电气线路进行检查，可以准确地判断故障部位，进而加以排除。在电路中采用电子元器件时，不允许用刮火方法检查电路，但可用电压表、直流试灯等检查。

(1) 电压检测

通过测量有关部位的电压，可以判断启动和电源系统的技术状态，它作为内燃叉车定期保养的项目之一，对电气系统的正确使用、及时排除故障等有着重要意义。

① 测量蓄电池电压，接通前照明灯历时大约30s，除去蓄电池“表面浮电”，然后关闭前照灯，测量蓄电池正负极之间的电压，电压值应为12.2V（12V电气系统）或24.5V（24V电气系统）以上。

② 测量启动电压，判断蓄电池、启动机及连线状况，拆除点火线圈的高压线（汽油机），接通点火开关启动挡，使发动机转动，在15s内蓄电池两端电压应在9.6V以上（或19.5V以上），如低于此值，可能存在问题有：蓄电池连线接头腐蚀或接触不良；蓄电池过放电或有故障；启动机有故障。

③ 测量电压，判断发电机、调节器的状态，启动发动机，使其约以2000r/min的转速运转，测量发电机或蓄电池两端的电压应为13.5～14.8V（或27.5～29.5V）。此时也可根据车上的电压表判断，若电压高于启动前2V，即属正常；若读数超过15V（或30V），表明调节器有故障。为使结果准确，此时可以打开前照灯或辅助电器，如果读数低于13.5V（或27V），则可能是传动带松弛、导线接点腐蚀或接触不良、调节器有故障或发电机有故障。

(2) 测量线路电压降

电压降测试方法可用于对导线、蓄电池电缆及接头的检测。虽然用欧姆表可测量线路电阻，但因电压低、电流小，往往不能反映出实际情况，因此通过测量正常电流流过时的电压降来判断导线及接点的状况更为合理，选用量程0～3V、精度1.0级以上的电压表，将电路置于工作状态，一般电路的压降为0.1V，启动电路的电压降不大于1V。

(3) 蓄电池漏电测试

通过蓄电池漏电测试可判断有无搭铁、绝缘损坏等故障。关闭全部电器设备开关，测量电池负极与搭铁之间的电流，一般不超过30mA，装用电子控制系统的叉车不大于300mA，否则表明蓄电池漏电。可能原因有：电路开关或导线有漏电或绝缘不良；发电机二极管短路或漏电电流过大；调节器或电子控制装置有故障；车门、杂物和行李室未关严或开关故障。

(4) 线路断路与短路的检查

1) 断路检查　用试灯或专用工具检查断路，将试灯或专用工具接于电路接头与搭铁点之间，打开相应开关，若灯不亮，表明有断路。

2) 短路检查　电路发生短路时，会烧坏熔断器（保险丝），在更换熔断器之前，应查明原因，常用方法有：

① 用欧姆表　一表笔接搭铁点；另一表笔接熔断器接点，阻值为零或很小即为短路。依次断开该熔断器所控制的电器设备，当阻值增大时，该电器装置有短路故障。

② 用蜂鸣器　在熔断器两端接一蜂鸣器，电路有短路故障时，蜂鸣器会响。依次断开所控电气装置，蜂鸣器不响时，该电器有短路。

③ 用电路断续器和磁通量表（高斯表）检查　将电路断续器接至熔断器的两端，持高斯表沿线路检测导线周围的脉冲磁场，当表针不动时即为短路点。

6.6 蓄电池叉车电气控制系统构造

6.6.1 直流电动机的构造

直流电机是实现机械能与直流电能之间相互转换的一种旋转电动机。把机械能转换为直流电能的电动机称为直流发电机，而把直流电能转换为机械能的电机称为直流电动机。

直流电机既可作发电机运行，又可作电动机运行，就其结构而言，两者无本质的区别，它们之所以成为发电机或电动机，完成取决于外部条件。根据直流电动机在蓄电池叉车中的应用情况，这里只对直流电动机加以介绍。

直流电动机由定子（磁场）、转子（电枢）、电刷装置、端盖等组成，图 6-95 为直流电动机的结构。蓄电池叉车用直流电动机的组成部件如图 6-96 所示。

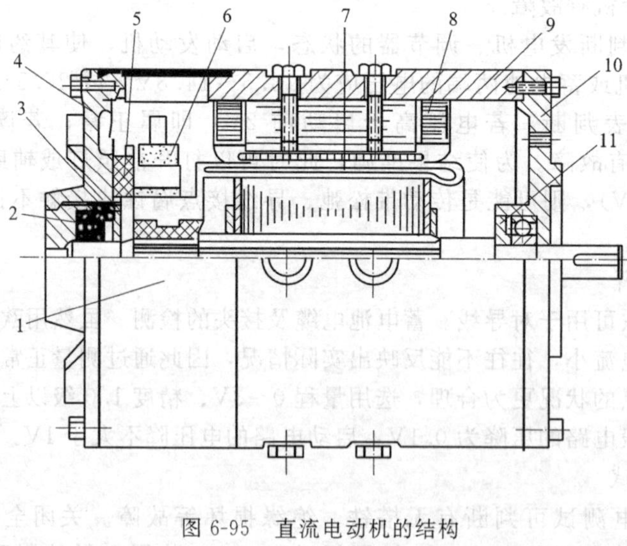

图 6-95　直流电动机的结构

1—防尘罩；2,11—轴承；3—挡油板；4—电刷端盖；5—电刷安装板；6—电刷及刷架；7—电枢；8—磁场；9—外壳；10—驱动端盖

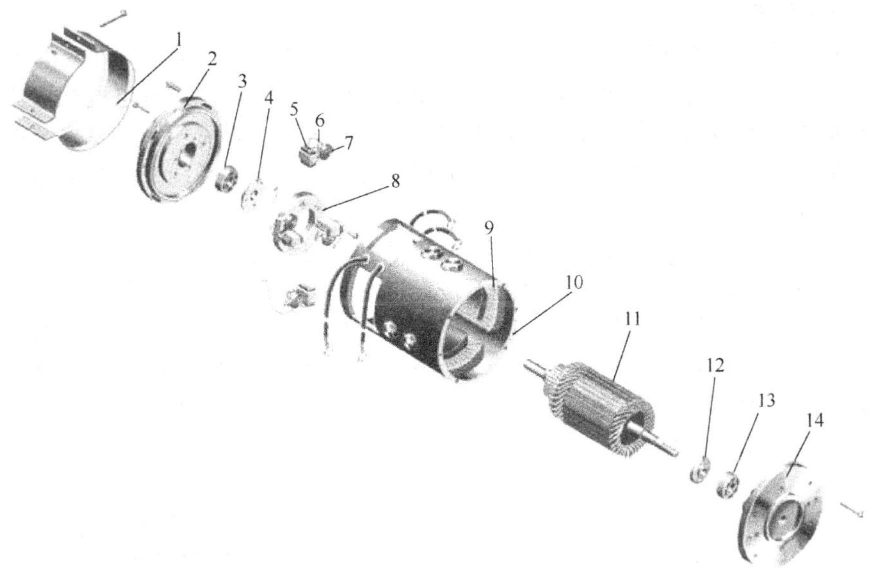

图 6-96 蓄电池叉车用直流电动机的组成部件

1—电刷罩；2—电刷端盖；3,13—轴承；4,12—垫片；5～7—电刷、刷架、弹簧；8—电刷安装板；9—磁极；10—外壳；11—电枢；14—驱动端盖

定子（磁场）

直流电动机的定子由产生磁场的磁极、外壳（机座）及前后端盖等组成。

磁极的作用是产生磁场。它由铁芯和套在铁芯上的励磁绕组两部分组成，铁芯用薄钢片叠成，用来导磁和支持励磁绕组。铁芯下面扩大的部分称为极靴，其作用是使磁通容易通过气隙，并挡住套在铁芯上的绕组。励磁绕组用以通电后产生磁通，它由导线绕成线圈，并套在铁芯上，铁芯用螺栓固定在机座的内壁上。

励磁线圈流入直流电流时，铁芯就成为固定极性的磁极。磁极的数目为 4 极，在连接励磁绕组时，要保证相邻磁极是异极性。铁芯与外壳一起构成电动机的磁路，如图 6-97(b) 所示。

转子（电枢）

直流电动机的转子如图 6-97 所示，包括电枢绕组、电枢铁芯、换向器和电枢轴等。电枢铁芯的作用是安放电枢绕组，并组成电动机的磁路。为了减小铁芯在磁场中旋转时产生的磁滞和涡流损耗，铁芯一般都用 0.5mm 厚的硅钢片叠成。铁芯冲片如图 6-98(a) 所示。铁芯外圆周上，均匀分布着槽，用以嵌放电枢绕组。电枢绕组的作用是通过电流。电枢绕组通常用漆包线或纱包线绕成，嵌入电枢铁芯的槽内，并按一定规则连接起来。电枢绕组的端部焊接在换向器上。

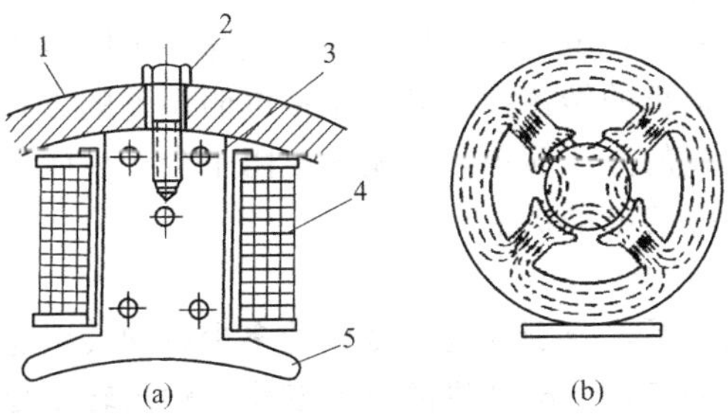

图 6-97 直流电动机的磁极结构

1—机座；2—螺栓；3—铁芯；4—励磁绕组；5—极靴

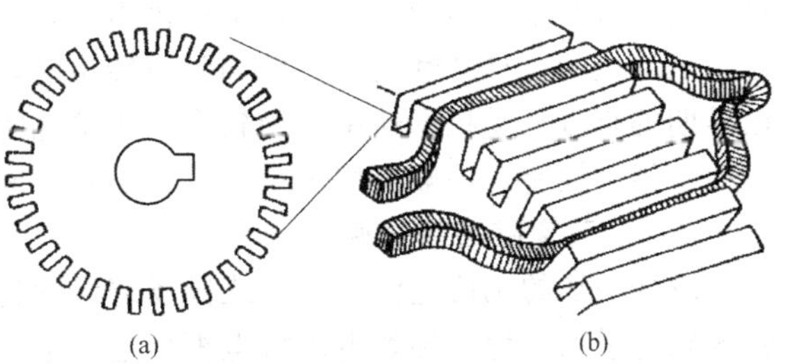

图 6-98 铁芯冲片和电枢绕组

电刷装置

电刷装置的结构如图 6-99 所示，它是电枢与外电路相联系的部分。对发电机来讲，它把电枢绕组所产生的电流输送到外电路。对电动机来讲，直流电源通过电刷把电流送入电枢绕组。电刷是由石墨和铜制成的导电块，把它放在刷架里，用弹簧压紧，使之与换向片很好地接触。刷架与支承座之间是绝缘的。电刷上按压有柔软的金属导线并与外电路接通。电刷架用螺钉固定在电刷端盖上。

换向器的作用是把外加直流电变换为电枢绕组中的交流电。也就是说，它和电刷一起对每个绕组中的电流起着换向的作用。换向器是直流电动机中的一个关键部件，也是最容易出故障部分。图 6-100 为换向器的结构，它是一个圆柱体，由许多带有燕尾形的铜片（就是换向片）叠成。相邻两换向片之间都垫有云母绝缘片，所有的换向片都嵌入金属套筒后压紧，换向片与套筒间也用云母绝缘。每个换向片尾端有一个凸起部分，上面有一个小槽，电枢绕组的首末端就焊接在这个小槽里。

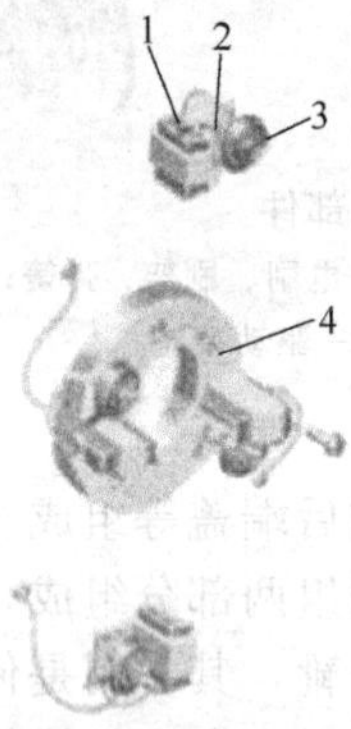

图 6-99 电刷装置

1—电刷；2—电刷架；3—电刷弹簧；4—安装架

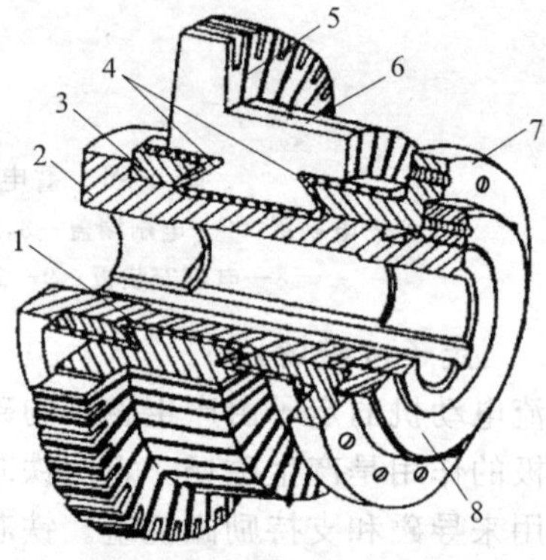

图 6-100 换向器的结构

1—绝缘套筒；2—钢套；3—V 形钢环；4—V 形云母环；5—云母片；6—换向片；7—压环；8—锁紧圈

6.6.2 直流电动机调速控制

由串励直流电动机的工作原理可知，直流电动机的转速与电动机两端所加的电源电压 U、电动机回路的电阻 R 及电动机磁场的磁通量 Φ 有关。当负载转矩 T_L 一定时，改变 U、R、Φ 均可改变电动机的转速。串励直流电动机调速控制方式有采用串接电阻、改变磁场强弱和调压变流调速。

串接电阻调速

将一只电阻或变阻器串入电动机的电路，电阻值变化时，流过电动机的电流随之变化，致使电动机产生的转矩变化，在电动机阻力转矩不变时，电动机的转速相应变化。电阻减小后，电动机的机械特性上升，相同阻力转矩时，电动机的转速将提高。串接电阻调速的方式在早期的直流电动机调速中应用较多。串接电阻调速的方法简单，但调速电阻上会产生能量消耗，经济性差。一般应用于小功率、不长时间运行的电动机上。

改变磁场强弱调速

改变磁场的励磁电流大小，或励场绕组的连接关系，或励场绕组匝数的多少，均会引起磁场磁通量的变化，导致电动机电枢反电磁电动势的变化。电动机的电流变化，输出转矩变化，同一阻力矩时，电动机的转速相应变化。

改变励场磁通的调速方式，调速过程中无附加的电能消耗，比较经济，在早期的直流电动机调速控制中应用较多。但是，励场绕组需要中间抽头，电动机须专门制造，结构较复杂。

调压变流调速

调压变流调速是靠改变加在电动机上的电压，使电动机的输出转矩变化，在同一阻力转矩时，电动机的转速相应变化，从而达到电动机调速的目的。

(1) 调压调速

图 6-101 是串励直流电动机变压调速控制的电路，当开关 SA 与触头 1 结合时，电动机两端的电压低，电动机的输出转矩较小。当开关 SA 与触头 2 结合时，电动机两端的电压高，电动机的输出转矩较大。相同阻力转矩时，电动机的电压高，则转速较高，如图 6-101(b)所示。

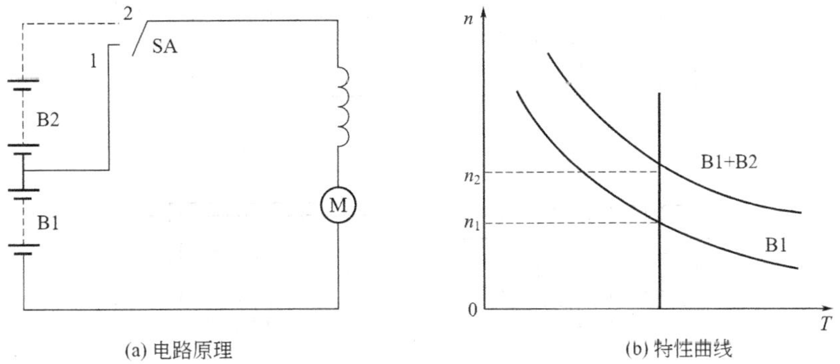

图 6-101 串励直流电动机的调压电路和调速原理

无论是串接电阻调速、改变磁场磁通强弱调速，还是改变电动机的电压调速，串励电动机的调速过程均是有级的，这样使电动叉车在变速过程中存在冲击，操作不方便。理想的方法是，均匀地改变施加到电动机上的电压，使电动机的电流均匀变化，其输出转矩相应变化，实现电动机的无级调速控制。

(2) 电力半导体器件变流调速

当前，串励直流电动机无级调速的控制方式是利用电力电子器件实现的，常用的电力电子器件有晶闸管和功率场效应晶体管或大功率晶体管。图 6-102 为电力电子器件对串励直流电动机进行调速控制的基本电路，通过控制电力电子器件的相对导通时间，改变了施加在电动机的平均工作电压和工作电流，实现电动机的调速控制。

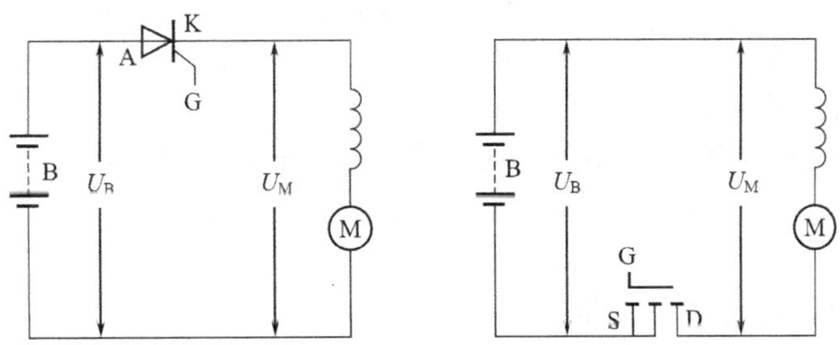

图 6-102 电力电子器件控制的串励电动机调速电路

由图 6-102 可以看出，在电力电子器件导通时，若忽略器件上的电压降，电动机上的电压 U_M 与电源的电压 U_B 相等；当电力电子器件关断时，电动机上的电压为零。设电力电子器件的导通与关断时间分别为 t_{on} 和 t_{off}，则电动机上的电压平均值为：

$$U_M=(U_Bt_{on}+0\cdot t_{off})/(t_{on}+t_{off})=U_Bt_{on}/T=\gamma U_B$$

式中 T——电力电子器件的工作周期，$T=t_{on}+t_{off}$；

γ——电力电子器件的导通比，$\gamma=t_{on}/T$。

可见，电子器件工作频率 $f(f=1/T)$ 一定时，导通时间越长，电动机的平均电压越高，电动机的输出转矩越大，运行转速越高。通常称这种调速方式为“定频调宽”。电子器件导通时间一定时，工作频率 $f(f=1/T)$ 越高，电动机的平均电压也越高，电动机的输出转矩越大，运行转速越高，通常称这种调速方式为“定宽调频”。当然，也可同时改变电力器件的导通时间和工作频率，其调速方式则称为“调频调宽”。图 6-103 是不同调速方式下电动机电压的平均值。

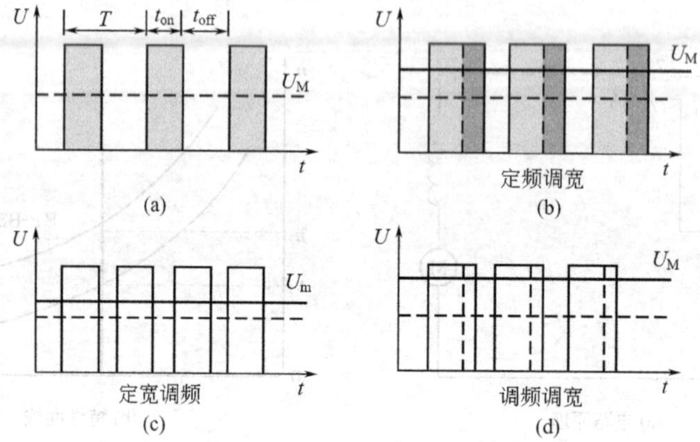

图 6-103 电动机在不同调速方式下电压的平均值

电力电子器件变流调速的方法具有节省电能、电源利用率高及能实现无级调速等优点，虽然其控制系统较复杂，仍然在串励直流电动机调速控制中获得广泛应用。

6.6.3 蓄电池叉车调速控制器

通用电气（ ）调速控制器

(1) 通用电气（GE）调速控制器概况

EV100 型电动叉车控制器是美国通用电气公司（GE）生产的，它适用于各种以直流电动机作动力电动叉车的调速控制器，常见的 1.0～1.5t 蓄电池叉车曾采用这种调速控制器。其电力电子器件亦为晶闸管，但晶闸管的触发信号和各种逻辑控制信号均由微处理器产生。GE 的 SX 系列（如 EVT100）调速控制器也采用了电力场效应晶体管（MOSFET）。EV100 型调速控制器是集晶闸管、晶闸管导通角控制电路和晶闸管保护器件于一体的，对直流电动机进行调压-变流控制的装置。

美国通用电气公司的 EV100 型电动叉车调速控制器是专门为直流电动机驱动的蓄电池叉车所设计的。在厂矿、车站、仓库、码头等场所广泛使用的蓄电池叉车上，很多采用了该型调速控制器。

(2) 蓄电池叉车的控制电路和工作

图 6-104 是采用 EV100 型调速控制器控制的蓄电池叉车的电路。蓄电池叉车的电路由驱动控制电路、提升电动机控制电路、转向泵电动机控制电路和辅助电器电路等组成。驱动控制电路指驱动电动机的主电路、操作电路、保护电路、再生制动控制电路等。

1）驱动电动机控制电路 驱动电动机的主电路如图 6-104 中的粗实线部分所示，由电动机的电枢、磁场线圈、换向接触器 F、R、晶闸管 T1、T2、T3 等组成，即电动机的调压变流控制电路。

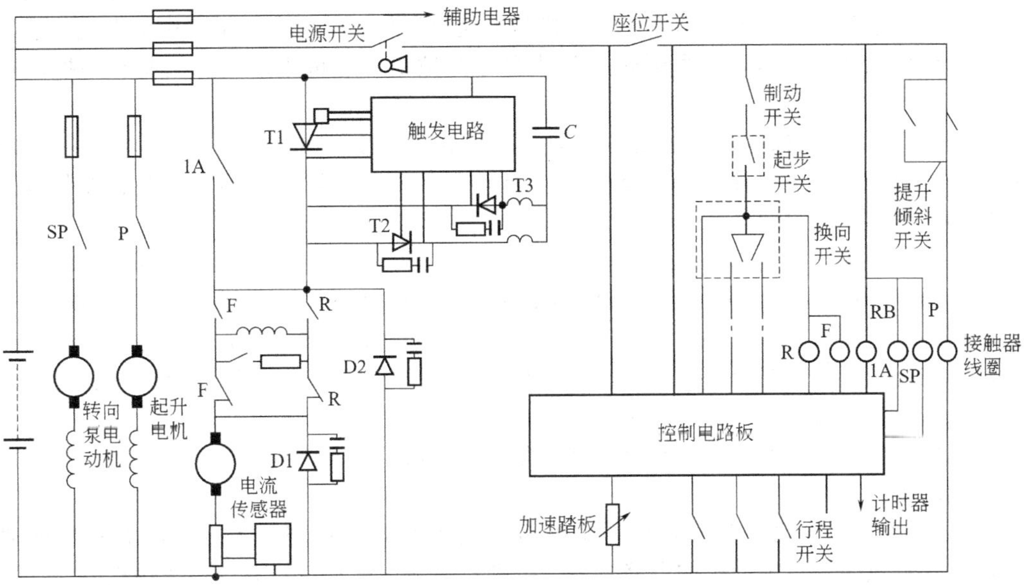

图 6-104 EV100 型调速控制器控制的蓄电池叉车的电路

电路中接触器 F、R 与磁场线圈配合，实现电动机的旋向变换，即当接触器 F 的线圈通电时，其常开触点闭合，电流经 F→磁场线圈→接触器 R 的常闭触点→电动机电枢→电流传感器→回到蓄电池的负极，此时电动机磁场中的电流是从左到右的。电动机正转，驱动叉车前进。而当接触器 R 的线圈通电时，其常开触点闭合，电流经 R→磁场线圈→接触器 F 的常闭触点→电动机电枢→电流传感器→回到蓄电池的负极，此时电动机磁场中的电流是从右到左的。电动机反转，驱动叉车后退。

在换向电路中，接触器的两对触点的状态是相反的。即常闭触点断开时常开触点闭合。这样连接电路既可避免磁场电路被短路，又可防止因故障造成两接触器线圈同时吸合时，致使电动机烧毁。

主电路中，晶闸管 VS1 改变蓄电池加到电动机上的电压，从而控制通过电动机的电流，调整其输出转矩实现调速。晶闸管 T1 的相对导通时间越长或频率越高，施加到电动机上的电压平均就越高，电动机的转速也越高。主晶闸管 VS1 的导通受触发电路的控制，T1 导通后，触发电路同时产生触发脉冲使续流晶闸管 T2 导通，向电容器 C 充电，其方向为上正下负。根据加速踏板的信号，触发电路适时地产生触发脉冲，使关断晶闸管 T3 导通，电容器 C 向晶闸管 VS1 的阴极放电，致使 T1 截止。可见，关断晶闸管 T3 的触发脉冲相对于主晶闸管 T1 触发脉冲出现得越晚，晶闸管 T1 的导通时间就越长，电动机上电流的平均值也越大。同样，晶闸管 T1 在单位时间内的开关次数越多，即频率越高，电动机上电流的平均值也越大。EV100 型电动叉车调速控制器就是根据加速踏板的指令信号，经其内微处理器的分析计算，确定晶闸管 T1 的导通时间和频率，实现车速控制的。

晶闸管 VS1 导通时，其阳极与阴极间有一定的电压降，在叉车全速运行时，控制电路将全速接触器 1A 的线圈接通，触头 1A 闭合，蓄电池的电压全部加到电动机上，电动机获得最大的输出转矩。

主晶闸管 T1 上设有一只温度传感器，如果调速控制器的温度过高，传感器将信号送入控制电路，自行断开电动机的电路，实现过热保护。

在主电路中还有两只续流二极管 D1、D2，用于晶闸管 T1 关断时，为电动机的磁场和电枢提供自感电动势的泄放回路，使电动机的电流波形趋于平滑。主电路中的电流传感器用于检测电动机上通过的电流，可通过电流表显示其数值，也可用于电路控制和保护的指令信号。

2）驱动电动机的操作控制电路 驱动电动机的操作控制电路如图 6-104 中的右半部分所示，由电源开关、座位开关（安全开关）、起步开关和加速踏板、换向开关、控制电路板和相应的接触器线圈等组成。

接通电源开关，控制电路及触发电路处于待命状态。将换向开关推到所需的位置，在座位开关接通（座椅复位）、制动踏板放松的条件下，稍微踏下加速踏板，调速器中起步开关接通，前进或后退接触器（R 或 F）的线圈通电，相应触头动作，接通了行走驱动电动机的主电路，继续踏压加速踏板，叉车即可平稳起步。叉车的起步时间可通过控制电路板预置。加速踏板踏压得越低，叉车的运行速度越高。

叉车使用中，如果座椅没有复位、制动踏板未放松，或开关因故障不能接通，均会造成叉车不能起步。

3）油泵电机的电路 起升电机的主电路受接触器 P 的控制，当接触器 P 的线圈通电后，其常开触点闭合，电动机的电路接通，电动机运转，驱动液压系统使货物提升。在操作电路中可以看出，当接通电源开关和座位开关后，操作液压系统多路换向阀的提升手柄，提升开关接通，接触器 P 线圈通电。操作液压系统多路换向阀的倾斜手柄，倾斜开关接通，接触器 P 线圈通电，倾斜油缸调整门架及货叉的倾斜角度。

在液压转向的叉车上，设有转向泵驱动电机的电路。转向泵电动机由接触器 SP 控制，接通电源开关和座位开关后，接触器 SP 的线圈即通电，液压转向系统工作。

4）再生制动电路 再生制动时电动机作发电机运行，可使车轮制动或减速时的能量转化成电能回馈到蓄电池（向蓄电池充电），叉车制动或减速时的能量有 40%～60%是可以回收的，其中有 10%～20%可转化成电能向蓄电池充电，达到节能的目的。

实现再生制动应满足两个条件，一是电动机应运行在发电状态，二是发电机产生的电能（由制动能量转换而来）应通过适当的电路反馈到蓄电池。串励直流电动机作发电机运行构成再生制动，使叉车的动能得以回收有两种情况：一是电动叉车下坡时，电动机的转子转速因阻力减小而升高，当超过最高允许转速时，应转入再生制动状态；另一种是叉车减速时，将叉车动能转换成电能，反馈到电源中去。

为了使电动机运行在发电状态，需要使转子电磁电动势加到磁场绕组上，产生的励磁电流使磁场加强，即与励磁电流的方向相同，实现自励。具有再生制动功能的 EV100 型电动叉车控制器的电路如图 6-105 所示。

再生制动的控制电路由接触器 RB、二极管 D3、再生制动传感器及二极管 D1、D2 等组成，在再生制动功能起作用时，接触器 RB 的线圈通电，其触点断开，电动机在外力拖动状态所产生的电动势经 D3 和再生制动传感器及 D1 向蓄电池 BAT 充电，并通过 D2 向磁场供电，此时，磁场绕组中电流产生的磁场与剩磁的方向相同（即磁场的方向没有改变），电枢产生足够的电动势向蓄电池充电。

再生制动时，过大的脉冲充电电流对蓄电池的充电是有害的，此时，可以通过控制电路依据再生制动传感器提供的信号进行设定。

(3) EVT100 型调速控制器

当今通用电气公司（GE）生产的 EVT100 型调速控制器的功率控制元件也已换成 MOSFET 或 IGBT。相应的控制硬件得到简化，电路控制板设置于控制器内部，控制器的体积减小，重量减轻。图 6-106 为 EVT100 型调速控制器的结构布置图。

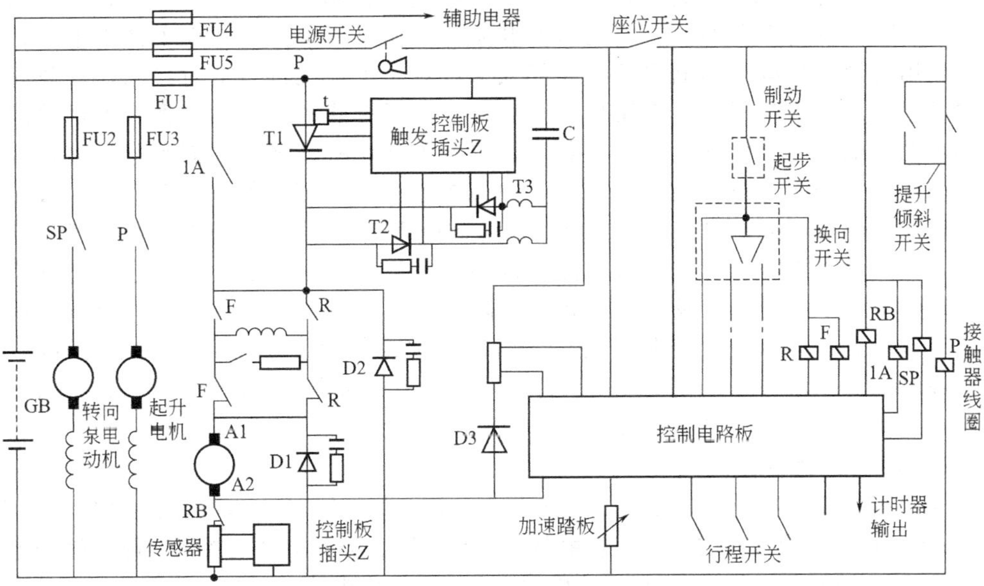

图 6-105 EV100 型调速控制器控制的具有再生制动功能的电动叉车电路

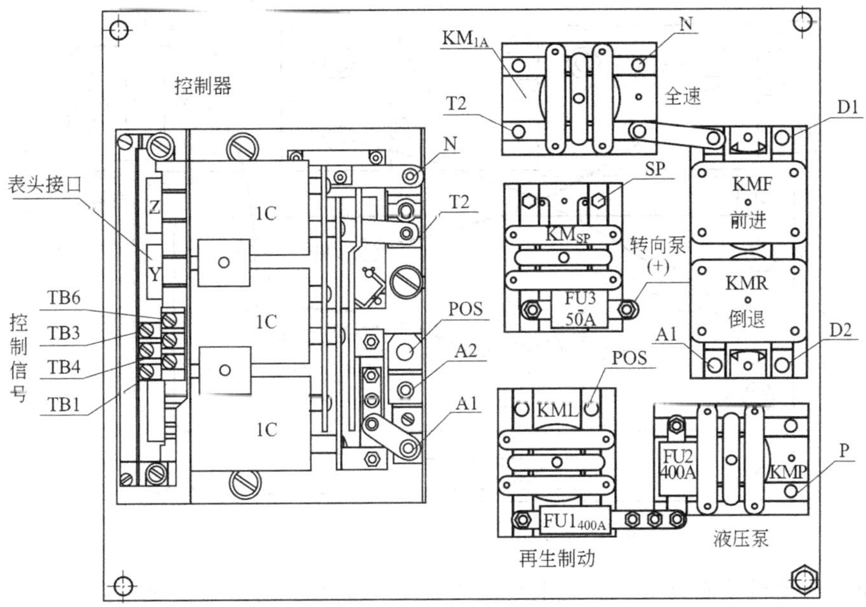

图 6-106 EVT100 型调速控制器的结构布置图

萨牌 H 系列调速控制器

(1) 萨牌（ZAPI）调速控制器概述

意大利萨牌 H 系列调速控制器是意大利萨牌（ZAPI）电气公司专门为电动叉车控制所设计的，是集 MOS-FET 场效应晶体管、场效管控制电路及其保护器件于一体的，对直流电动机进行调压-变流控制的装置。在蓄电池叉车上，H 系列调速控制器有 H0、H1 和 H2B 型。H0 型用于 2000-1 型 0.5t(0.4t) 蓄电池叉车上，H1 型用于 2002 年起生产的 0.5t (0.4t) 蓄电池叉车上，H2B 型调速控制器用于 1～3t 蓄电池叉车上。它们的差别主要在额定控制电流不同。

萨牌 H 系列电动叉车调速控制器与传统的晶闸管控制器相比具有如下特点：控制器件工作频率高，可达 18kHz，电动机和蓄电池的工作电流平稳，减少了冲击电流，延长电机的使用寿命。具有自诊断电路，功能强。可对整个系统进行适时检测，发现故障即时保护并通过发光管显示，系统工作安全可靠，判断查找故障更加方便。可根据需要设置控制器的功能类型、配置及系统参数。斩波器内部设有接触器线圈吸收电路，接触器触头可实现无弧分断。逻辑控制板与功率单元置于同一密闭空间，可避免水、酸、气和灰尘的侵蚀。检修更换控制器十分方便。采用 MOSFET 电力晶体管控制电动机电路，管压降小，可降低电压损失，控制器发热量也小。控制器中逻辑卡具有蓄电池电量监测功能，蓄电池电量不足时，能及时报警指示，防止电池过量放电造成寿命缩短。配置功能强大的手持单元。可以记录控制器的工作时间、记录最后出现的 5 个故障或错误动作、记录故障时的温度及时间；可设置控制的类型和参数；可实时显示电动机的电流、电压、蓄电池电压等参数及电路的连接状况。

(2) H0 型调速控制器

图 6-107 是 H0 型调速控制器的结构布置图，图 6-108 是 H0 型调速控制器控制的 2000-1 型 0.5(0.4)t 蓄电池叉车的电路。它由驱动控制电路、提升电动机控制电路和辅助电器电路等组成。驱动控制电路包括驱动电动机的主电路、操作电路、保护电路等。

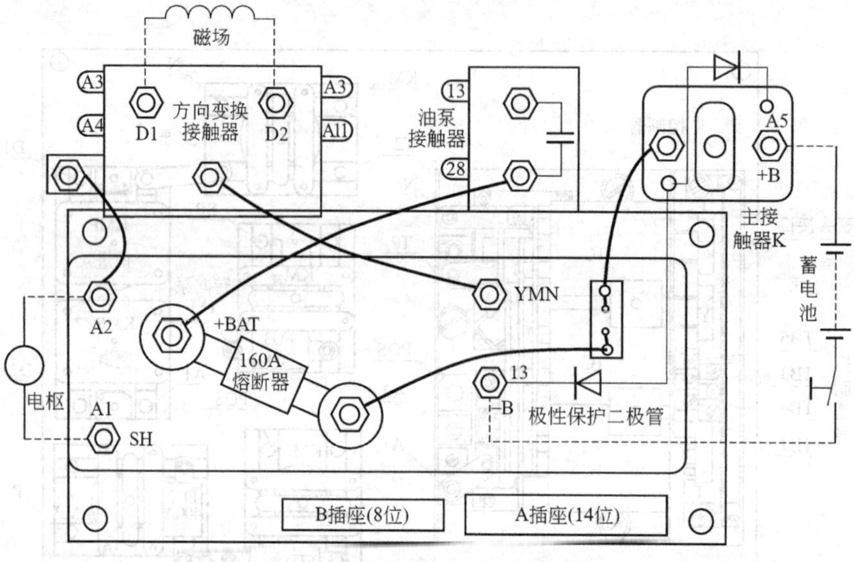

图 6-107 H0 型调速控制器的结构布置图

1) 驱动电动机控制电路 驱动电动机的控制电路由主电路和控制电路构成。主电路由电路接触器 K、电动机的电枢、磁场线圈、换向接触器 F、R 和功率开关管 MOSFET 等组成，是电动机的调压变流控制电路。

电路中接触器 F、R 与磁场线圈配合，实现电动机的旋向变换，即当接触器 F 的线圈通电时，其常开触点闭合，电流经 F→电流传感器 SH→电动机电枢→接触器 R 的常闭触点→磁场线圈→MOSFET→回到蓄电池的负极，此时电动机磁场中的电流是从左到右的。电动机正转，驱动叉车前进。而当接触器 R 的线圈通电时，其常开触点闭合，电流经 R→磁场线圈→接触器 F 的常闭触点→MOSFET→回到蓄电池的负极，此时电动机磁场中的电流是从右到左的。电动机反转，驱动叉车后退。

在换向电路中，接触器的两对触点的状态是相反的。即常闭触点断开时常开触点闭合。这样连接电路，既可避免磁场电路被短路，又可防止因故障造成两接触器线圈同时吸合时，

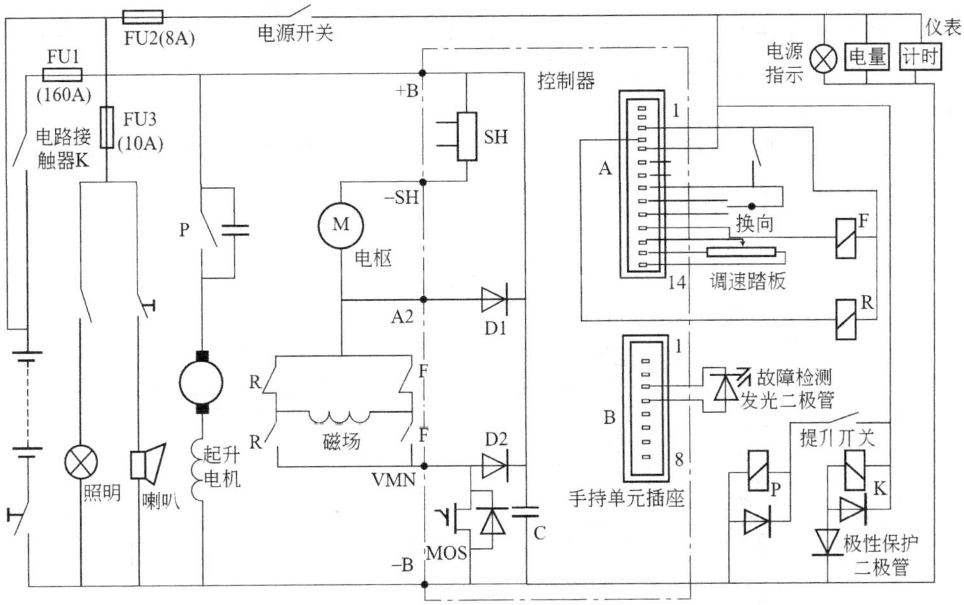

图 6-108 H0 型调速控制器控制的 0.4t 蓄电池叉车的电路

致使电动机烧毁。

在主电路中，MOSFET 改变蓄电池加到电动机上的电压，从而控制通过电动机的电流，调整其输出转矩实现调速。MOSFET 的导通时间越长，施加到电动机上的电压的平均值就越高，电动机的转速也越高。MOSFET 的导通时间受微处理器电路的控制。根据加速踏板的信号，微处理器电路适时地产生电压脉冲信号，送至 MOSFET 的栅极使其导通与关断，从而控制蓄电池加到电动机上的电压。可见，MOSFET 的相对导通时间越长，电动机上电流的平均值也越大。H0 型电动叉车调速控制器就是根据加速踏板的指令信号，经其内微处理器的分析计算，确定 MOSFET 的导通时间，进而在保持蓄电池组电压不变时，控制电动机上的电压，实现车速控制的。

在主电路中还有两只续流二极管 D1、D2，用于 MOSFET 关断时，为电动机的磁场和电枢提供自感电动势的泄放回路，使电动机的电流波形趋于平滑。主电路中的电流传感器 SH 用于检测电动机上通过的电流，可通过电流表显示其数值，也可用于电路控制和保护的指令信号。

2）驱动电动机的操作控制电路　电动机的操作控制电路如图 6-108 中的右侧所示，由电源开关、电路接触器 K、加速踏板和换（方）向开关、控制电路板及相应的接触器线圈等组成。由于在主电路中设置了电路接触器 K，并在其线圈电路中串联了一只二极管（极性保护二极管），这样即使蓄电池极性接反，电源开关闭合时，电路接触器线圈不能通电，线路接触器触点不能闭合，电路不能接通，起到了极性保护作用。

接通电源开关，电路接触器 K 线圈通电，其触头闭合，驱动电动机的主电路电源接通，同时通过线路插座 A5 将蓄电池的电压送入微处理器。踏下方向控制踏板，控制电路使换向接触器 F 或 R 的线圈通电，相应触头动作，继续踏压加速踏板，调速电位器输入速度信号，叉车即可平稳起步。叉车的起步时间可通过控制电路板预置。加速踏板踏压得越低，叉车的运行速度越高。

3）油泵电机的电路　油泵电机的电路受接触器 P 的控制，当接触器 P 的线圈通电后，其常开触点闭合，电动机的电路接通，电动机运转，驱动液压系统使货物提升。在操作电路中可以看出，当接通电源开关后，操作液压系统多路换向阀的提升手柄，提升开关接通，接触器 P 线圈通电。操作液压系统多路换向阀的倾斜手柄，倾斜开关接通，接触器 P 线圈通电，倾斜油缸调整门架及货叉的倾斜角度。

(3) H1 型调速控制器

图 6-109 是 H1 型调速控制器的结构布置图，图 6-110 是 H1 型调速控制器控制的 0.5 (0.4)t 蓄电池叉车的电路。

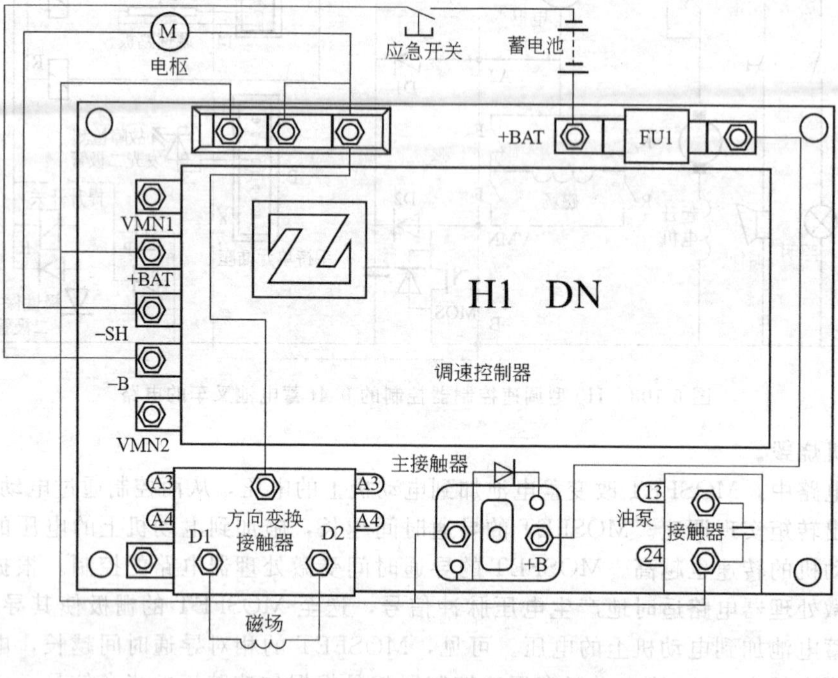

图 6-109 H1 型调速控制器的结构布置图

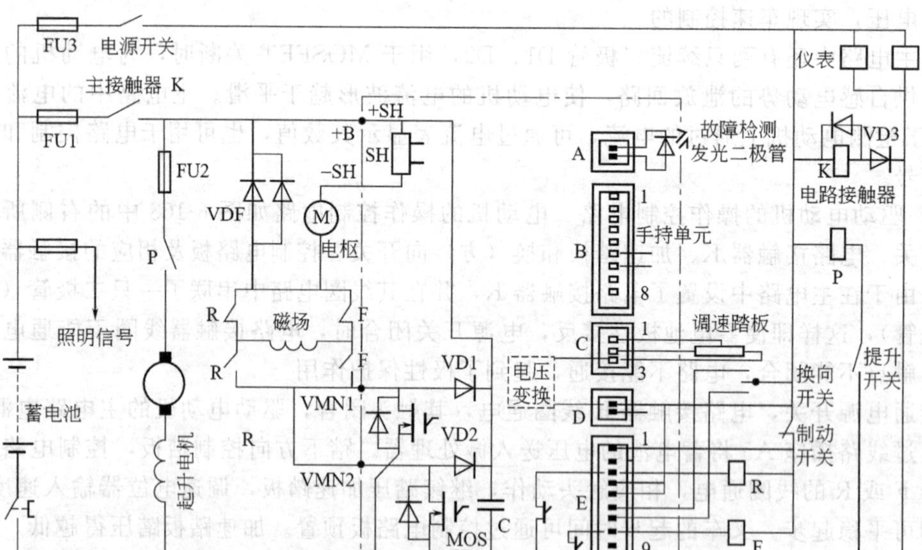

图 6-110 H1 型调速控制器控制的蓄电池叉车的电路

H1 型调速控制器控制的蓄电池叉车的电路由行走驱动控制电路、提升电动机控制电路和辅助电器电路等组成。驱动控制电路包括驱动电动机的主电路、操作电路、保护电路等。

1）驱动电动机控制电路　主电路由电路接触器 K、电动机的电枢、磁场线圈、换向接触器 F、R、MOSFET 晶体管、电流传感器 SH 及续流二极管 VD1、VD2、VDF 等组成，即电动机的斩波调速电路。

电路中接触器 F、R 与磁场线圈配合，实现电动机的旋向变换，即当接触器 F 的线圈通电时，其常开触头闭合，电流经线路接触器 K 的触头→电流传感器 SH→电动机电枢→接触器 R 的常闭触头→磁场线圈→F 的常开触头（已闭合）→功率晶体管 MOSFET→回到蓄电池的负极，此时电动机磁场中的电流是从左到右的。电动机正转，驱动叉车前进。而当接触器 R 的线圈通电时，其常开触头闭合，电流经线路接触器 K 的触头→电流传感器 SH→电动机电枢→接触器 F 的常闭触头→磁场线圈→R 的常开触头（已闭合）→功率晶体管 MOSFET→回到蓄电池的负极，此时电动机磁场中的电流是从右到左的。电动机反转，驱动叉车后退。

在主电路中，MOSFET 管通过改变蓄电池加到电动机上的电压，从而控制通过电动机的电流，调整其输出转矩实现调速。MOSFET 管的导通时间越长，施加到电动机上的电压的平均值就越高，电动机的转速也越高。MOSFET 管的导通时间受微处理器电路的控制。根据加速踏板的信号，微处理器电路适时地产生电压脉冲信号，送至 MOSFET 管的栅极使其导通与关断，从而控制蓄电池加到电动机上的电压。可见，MOSFET 管的相对导通时间越长或工作频率越高，电动机上电流的平均值也越大。H1 型调速控制器就是根据加速踏板的指令信号，经其内微处理器的分析计算，确定 MOSFET 管的导通时间和导通频率，实现叉车调速控制的。

2）驱动电动机的操作控制电路　驱动电动机的操作控制和保护电路如图 6-110 中的右侧所示，由电源开关、电路接触器 K、调速踏板和换（方）向开关、控制电路板及相应的接触器线圈等组成。与 H0 型调速控制器相比较，H1 型调速控制器控制的蓄电池叉车的电路主要表现为控制器与电路连接的接插件布置不同。H0 型调速控制器与电路的连接采用 A、B 两个接插件，A 插接件用于与控制电路的连接，B 插接件上平时连接有故障检测二极管，需要时，连接手持单元，进行故障诊断或参数设置。H1 型调速控制器与电路的连接采用 A、B、C、D、E 五个接插件，A 连接故障检测二极管；B 平时空置，需要时拔下故障检测二极管，连接手持单元；C 连接调速电位器（调速踏板）；D 为电源输入；E 连接制动开关和方向接触器线圈。

接通电源开关，电路接触器 K 线圈通电，其触头闭合，驱动电动机的主电路电源接通，同时通过线路接插件 D1 将蓄电池的电压送入控制器，控制器内检测到电源接通信号。放松制动开关，接插件 E1 送入制动器松开、制动开关良好等信号。踏下方向控制踏板，控制电路使换向接触器 F 或 R 的线圈通电，相应触头动作，行走驱动电动机的主电路接通。继续踏压加速踏板，调速电位器输入速度信号，叉车即可平稳起步。加速踏板踏压得越低，叉车的运行速度越高。叉车的起步时间可通过控制电路板预置。

3）油泵电机的电路　油泵电机的电路受接触器 P 的控制，操纵液压系统多路换向阀的提升/门架倾斜/货叉平移手柄，油泵电机控制开关接通。当接触器 P 的线圈通电后，其常开触头闭合，电动机的电路接通，电动机运转，驱动液压系统使货物提升，或完成调整门架及货叉的倾斜角度、货叉平移等动作。

(4) H2B 型调速控制器

图 6-111 是用于 1.5t 蓄电池叉车的 H2B 型调速控制器结构布置图。图 6-112 是采用 H2B 型调速控制器控制的蓄电池叉车的电路，在应用于蓄电池牵引车控制时，去掉电路中有关叉车的起升电动机及其控制电路即可。

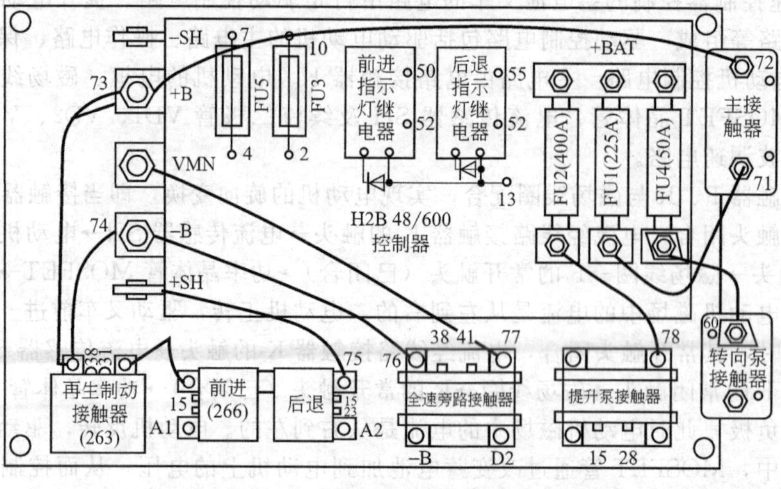

图 6-111　H2B 型调速控制器的结构布置图

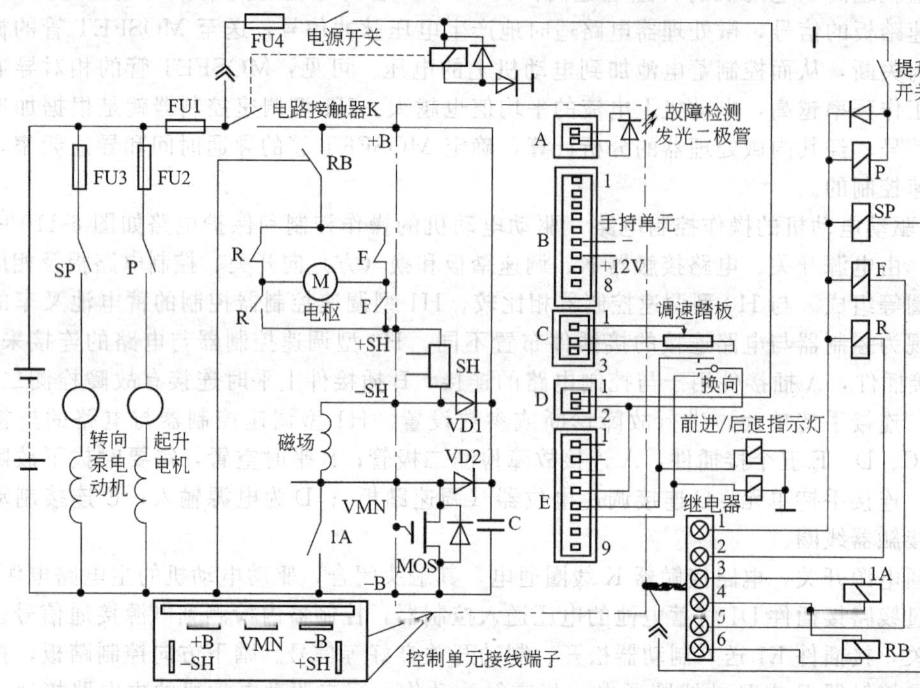

图 6-112　H2B 型调速控制器控制的蓄电池叉车的电路

H2B 型调速控制器控制的蓄电池叉车的电路由驱动控制电路、提升电动机控制电路、转向泵电动机控制电路和辅助电器电路等组成。驱动控制电路由驱动电动机的主电路、操作电路、保护电路、再生制动控制电路等组成。

1）驱动电动机的控制电路　主电路由电路接触器 K、再生制动接触器 RB、电动机的电枢、磁场线圈、换向接触器 F、R、MOSFET（场效应晶体管）及全速接触器 1A 等组成，即电动机的调压变流控制电路。

电路中接触器 F、R 与磁场线圈配合，实现电动机的旋向变换，即当接触器 F 的线圈通电时，其常开触点闭合，电流经 F→磁场线圈→接触器 R 的常闭触点→电动机电枢→电流传感器→回到蓄电池的负极，此时电动机磁场中的电流是从左到右的。电动机正转，驱动叉车前进。而当接触器 R 的线圈通电时，其常开触点闭合，电流经 R→磁场线圈→接触器 F 的常闭触点→电动机电枢→电流传感器→回到蓄电池的负极，此时电动机磁场中的电流是从右到左的。电动机反转，驱动叉车后退。

在主电路中，MOSFET 改变蓄电池加到电动机上的电压，从而控制通过电动机的电流，调整其输出转矩实现调速。MOSFET 的导通时间越长，施加到电动机上的电压的平均值就越高，电动机的转速也越高。MOSFET 的导通时间受微处理器电路的控制。根据加速踏板的信号，微处理器电路适时地产生电压脉冲信号，送至 MOSFET 的栅极使其导通与关断，从而控制蓄电池加到电动机上的电压。可见，MOSFET 的相对导通时间越长或开关频率越高，电动机上电流的平均值也越大。H2B 型电动叉车调速控制器就是根据加速踏板的指令信号，经其内微处理器的分析计算，确定 MOSFET 的导通时间和开关频率，实现车速控制的。

MOSFET 导通时，其源极（−B）与漏极（VMN）间有一定的电压降，在叉车全速运行时，控制电路将全速接触器 1A 的线圈接通，触头 1A 闭合，蓄电池的电压全部加到电动机上，电动机获得最大的输出转矩。

在主电路中还有两只续流二极管 VD1、VD2，用于 MOSFET 关断时，为电动机的磁场和电枢提供自感电动势的泄放回路，使电动机的电流波形趋于平滑。主电路中的电流传感器 SH 用于检测电动机上通过的电流，可通过电流表显示其值，也可用于电路控制和保护的指令信号。

2）驱动电动机的操作控制电路　驱动电动机的操作控制电路如图 6-112 中的右半部分所示，由电源开关、电路接触器 K、加速踏板和换（方）向开关、控制电路板及相应的接触器线圈等组成。

接通电源开关，电路接触器 K 线圈通电，其触头闭合，驱动电动机的主电路接通，同时通过线路插座 D 将蓄电池的电压送入微处理器。控制电路使再生制动控制接触器线圈通电，其触头状态变化，驱动电动机主电路接通，并处于待命状态。稍微踏下前进或后退加速踏板，换向接触器 F 或 R 的线圈通电，相应触头动作，继续踏压加速踏板，叉车即可平稳起步。叉车的起步时间可通过控制电路板预置。加速踏板踏压得越低，叉车的运行速度越高。在踏板踏到底时，全速接触器 1A 的线圈通电，触头闭合，MOSFET 短路，叉车获得最高运行速度。

3）再生制动电路　再生制动功能起作用时，接触器 RB 线圈断电，触头变成图 6-112 所示的状态。电动机电枢产生的电动势经方向接触器 FR、电流传感器 SH、二极管 D1、电路接触器 K、蓄电池组、再生制动接触器 RB 常闭触头，向蓄电池充电，实现能量的回收利用。并经方向接触器 F 和 R、电流传感器 SH、磁场绕组、全速接触器 1A、再生制动接触器 RB 常闭触头，向磁场线圈励磁。

4）油泵电机的电路　起升/倾斜电机的主电路受接触器 P 的控制，当接触器 P 的线圈通电后，其常开触点闭合，电动机的电路接通，电动机运转，驱动液压系统使货物提升。在操作电路中可以看出，当接通电源开关后，操作液压系统多路换向阀的提升手柄，提升开关接通，接触器 P 线圈通电。操作液压系统多路换向阀的倾斜手柄，倾斜开关接通，接触器 P 线圈通电，倾斜油缸调整门架及货叉的倾斜角度。

在液压转向的叉车上，设有转向泵驱动电机的电路。转向泵电动机由接触器 SP 控制，接通电源开关后，接触器 SP 的线圈即通电，液压转向系统工作。

柯蒂斯　　系列调速控制器

（1）柯蒂斯 PMC 调速控制器概述

美国柯蒂斯（CURTIS）公司的 PMC 系列电动叉车调速控制器，以 MOSFET 作为功率控制器件用于工业与商用电动叉车、电动康复及休闲电动叉车的调速控制。

柯蒂斯公司的电动叉车控制器电压控制范围为24～144V，控制电流为30～700A。用于串励直流电动机的控制有1204/05/07/09/14/15/21/31-××等型号，其主要参数见表6-5。

表6-5　几种柯蒂斯电动叉车调速控制器的主要参数

型号	电压范围/V	限流范围/A	1h工作电流/A	5min额定电流/A	备注
1204-××××	12～48	175～275	75～125	130～200	
1204×-××××	12～48	275～400	135	200	
1202-××××	12～48	400	175	250～285	
1205×-××××	12～48	350～500	185	275	
1207-××××	24～36	250	100	150～170	
1207A-××××	24	250～300	100～110	150～170	
1214-8×××	24～48	350～400		350(2min)	具有温度过高和欠压保护
1215-8×××	24～48	500		500(2min)	
1219-8×××	24～48	500		600(2min)	
1209-××××	24～120	175～500	75～225	125～350	
1209B-××××	24～120	275～500	100～225		
1221-××××	24～120	400～600	150～250	250～425	
1221C-74××	72～120	400	150		
1231-××××	72～144	500～550	225	275	

(2) 柯蒂斯PMC1205型控制器的电路及工作

图6-113是PMC1205型柯蒂斯控制器的布置及与电路的连接图。图6-114是柯蒂斯PMC1205型控制器控制的蓄电池牵引车的电路。

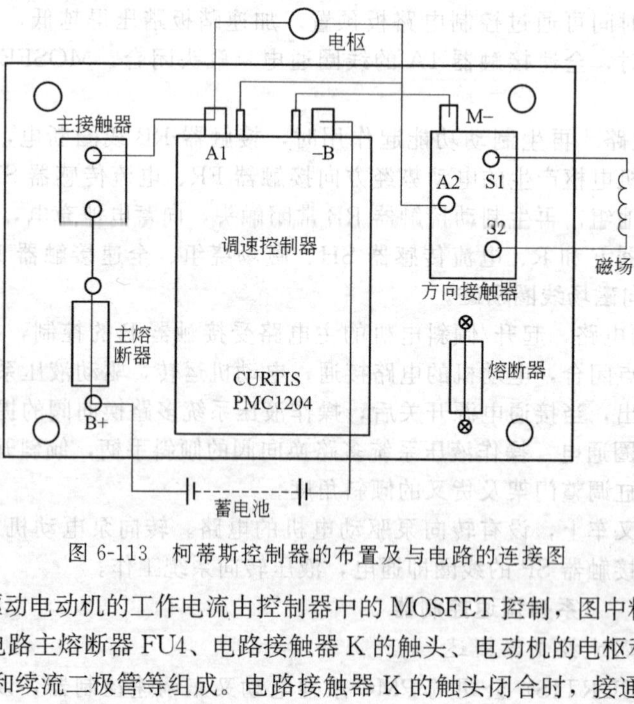

图6-113　柯蒂斯控制器的布置及与电路的连接图

在图6-113中驱动电动机的工作电流由控制器中的MOSFET控制，图中粗实线是电动机的主电路，由蓄电池、电路主熔断器FU4、电路接触器K的触头、电动机的电枢和磁场、方向接触器的触头、MOSFET和续流二极管等组成。电路接触器K的触头闭合时，接通方向接触器F的常

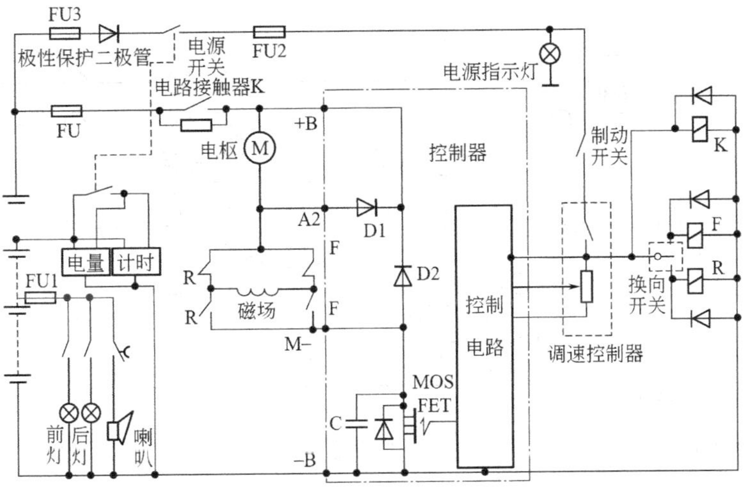

图 6-114 柯蒂斯控制器控制的蓄电池牵引车的电路

开触头（同时其常闭触头断开），电动机将通电正转，叉车向前行驶。叉车的运行速度取决于MOSFET 的导通时间或相对导通率，MOSFET 的导通时间越长，加到电动机上的电压越高，电动机的工作电流越大，电动机的输出转矩和转速越高，从而叉车的运行速度越高。

电动机的旋向和转速由控制电路控制。接通电源开关，电源指示灯亮。放松制动踏板，制动开关接通。接通方向开关（确定叉车运行方向），踏下调速器的踏板，其内起步开关接通，电路接触器 K 线圈通电，主触头 K 闭合，接通了电动机的主电路。同时，方向接触器 F 或 R 的线圈通电，相应的触头（F 或 R）动作，确定了电动机的旋向即叉车的运行方向。继续下踏调速器踏板，调速器中的变阻器阻值变化，改变了输入控制电路的信号值，控制电路时 MOSFET 的导通时间或相对导通率加大，叉车运行速度提高。

叉车工作中若踏压制动踏板，制动开关断开，叉车电路随即断电。如果在叉车运行中，将方向开关打到了相反的位置，叉车不能立即变换方向，将首先停止运行（踏制动踏板），待叉车速度减为零时，抬起调速踏板并重新踏下时，叉车才可运行。

与萨牌 H 系列调速控制器的操作电路不同，极性保护二极管直接串联于操作电路中，同样在蓄电池极性接反时起到保护作用，但是该二极管的容量要求要大。

蓄电池叉车全车电路

图 6-115 为 QE20 型 2t 蓄电池叉车的电气控制线路图，蓄电池组（电源）电压为 48V，由 24 只 2V 的单体蓄电池焊接而成。

电动机的电枢与磁场绕组通过导线直接与调速控制器的 A1、A2、D1、D2 相连，调速控制器的 C、D、E 插座经线束与加速器、仪表板上的控制开关相连。

接通应急开关（紧急断电开关），蓄电池正极与调速控制器总成上的 B+接线螺栓传至熔断器 FU 和主电路接触器 TG 的触头。同时经 2 号线到线束插接件再到电源开关（钥匙开关），接通电源开关后，电压传至 3 号线，分成如下三条电路：

① →手制动开关→手制动和脚制动用继电器常闭触点→线束插接件 E1，并到前进、后退（方向接触器）接触器线圈→调速控制器插座 E3（后退）、E8（前进）。

② →线束插接件 D1→调速控制器 D1、E5，并到加速器 D1→起步开关→线束插接件 A5→方向开关→18 号线→插接件 E7→调速控制器 E7 接点（前进方向），调速控制器内部将 E8 置为低电平；如果方向开关打到后退方向，则 6 号线得电→插接件 E6→调速控制器 E6 接点（倒退方向），调速控制器内部将 E3 置为低电平，并将倒车继电器线圈接通，倒车蜂鸣器鸣叫、倒车灯亮。

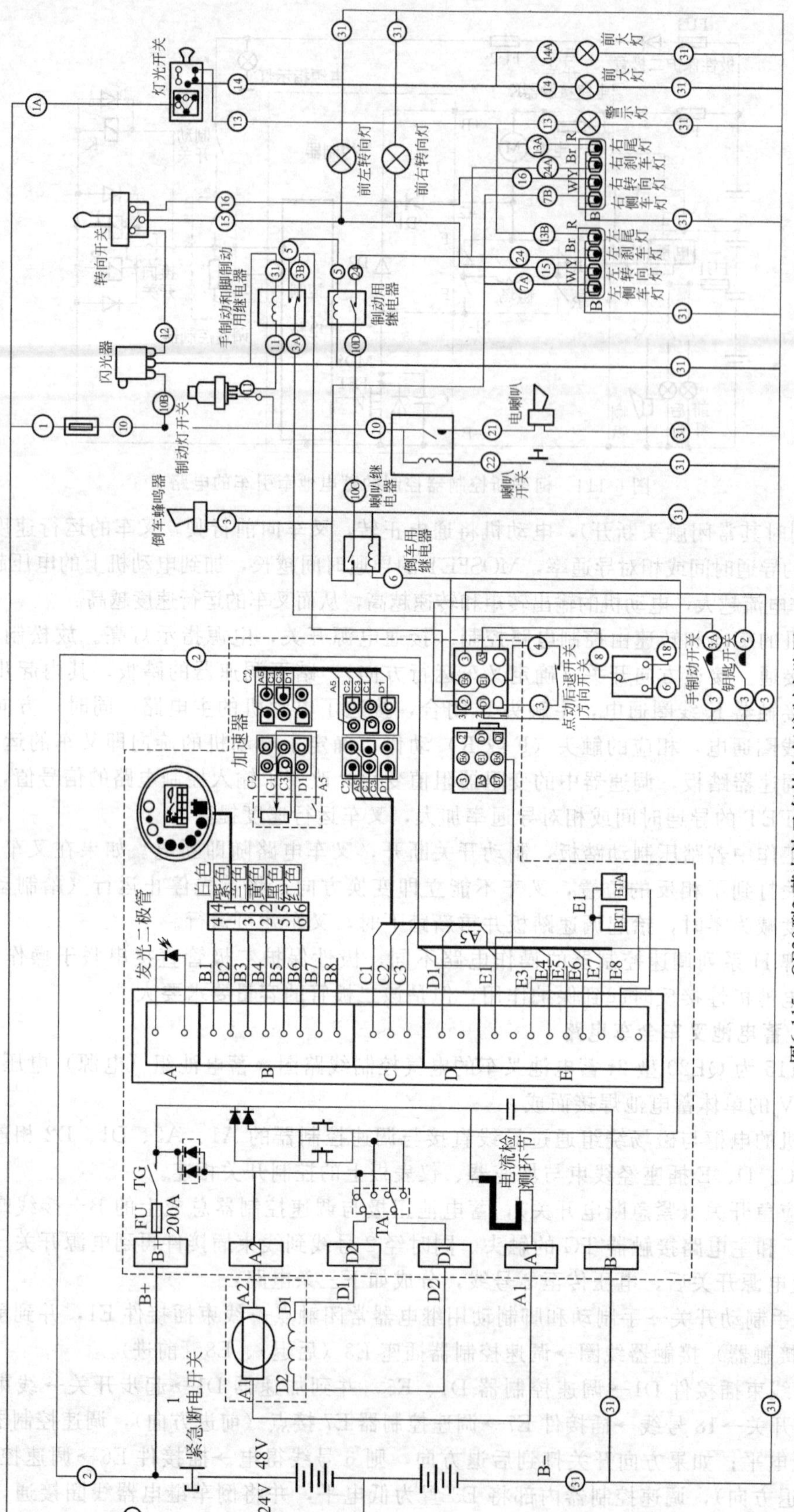

图6-115 QE20型2t蓄电池叉车的电气控制电路图

③ →点动后退开关，若按压此按钮，开关接通→4 号线→插接件 E4→调速控制器 E4，调速控制器内部也会将 E3 置为低电平，倒退方向接触器线圈接通。

照明与信号系统采用 24V 电压，电源蓄电池组中间抽出，经 1 号线和 15A 的熔断器送至闪光器、倒车蜂鸣器、电喇叭等电路。

6.6.4 蓄电池叉车电气控制系统常见故障诊断与排除

直流电动机检修及故障诊断排除

电动机作为蓄电池叉车的动力输出装置，其性能的好坏直接影响整车的性能。电动机的维护应注意直流电动机电刷组件、电枢上的换向器及电动机轴承的润滑等。电动机的表面应保持清洁，以保证其工作时的散热。如有散热风扇或油冷装置，应保证其工作正常。

(1) 电动机的拆解

首先切断叉车的电源，拆开蓄电池的极柱连线，将电动机自车上或驱动桥上拆下，如图 6-116～图 6-118 所示。

图 6-116 横向布置的电动机

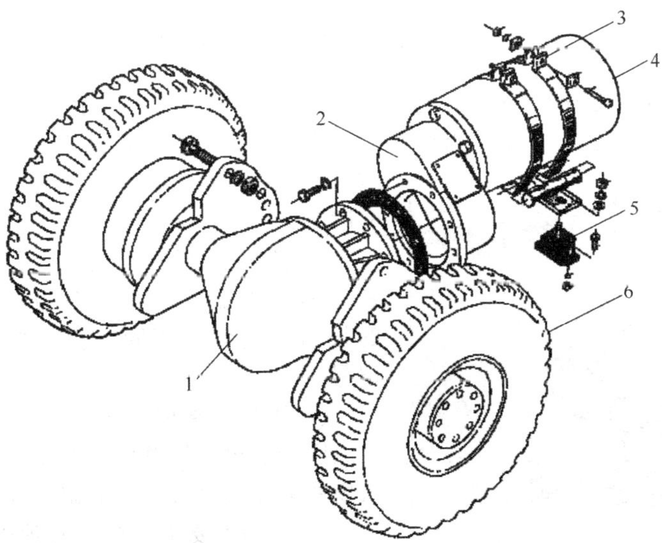

图 6-117 纵向布置的电动机

1—驱动桥；2—减速器；3—电动机固定带；4—电动机；5—减震垫；6—轮胎

图 6-118 将电动机自车上拆下

图 6-119 拆下电刷罩的直流电动机

然后对电动机的外表面进行清洁，将电动机置于工作台上或地面上，即可对其进行分解。拆下电刷罩，如图 6-119 为某型蓄电池叉车用直流电动机。

① 如图 6-120 所示，用铁丝钩勾起电刷弹簧取下电刷及电刷的连接导线（对于密闭的无电刷罩的电动机，直接进入下一步）。

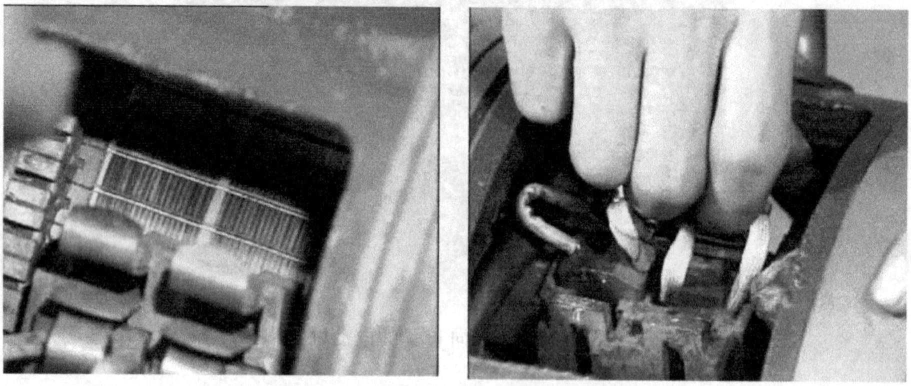

图 6-120 拆下电刷弹簧，取出电刷

② 在电刷端盖与电动机外壳上划一条直线，如图 6-121 所示，作为装复时的记号。拆下端盖安装螺栓，选择两只适当的螺钉，旋入拆卸端盖用的顶出孔内，慢慢顶起电刷端盖，交替扭紧两只螺钉直至取下端盖（图 6-122）。

图 6-121 在驱动端盖与外壳之间划线

③ 按照同样的方法，拆下驱动端盖。注意，驱动端盖上的安装孔为圆孔，与电刷端盖的长圆形安装孔不同，拆卸驱动端盖时无需做记号。

④ 从驱动端取出电枢总成。或拆下风扇后，从电刷端取出电枢总成，如图 6-123 所示。无散热风扇的电动机可直接从电刷端取出电枢。

⑤ 根据需要再行拆下其他部件，电动机的电刷端盖和电动机定子（磁场）如图 6-124、图 6-125所示。

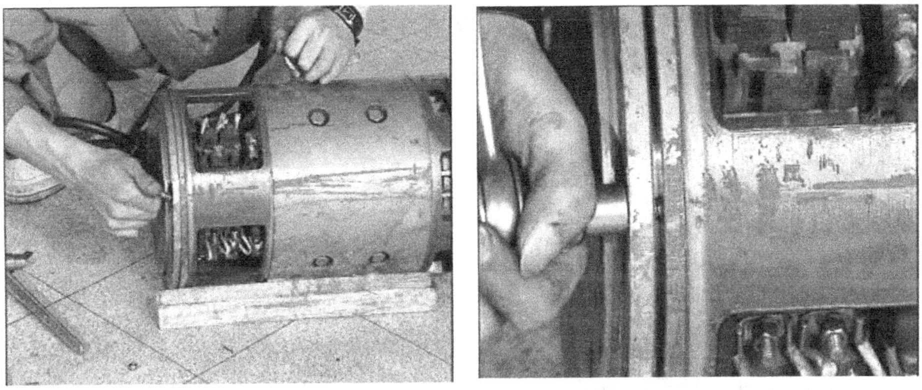

图 6-122 电刷端盖的拆卸

图 6-123 电动机的电枢总成

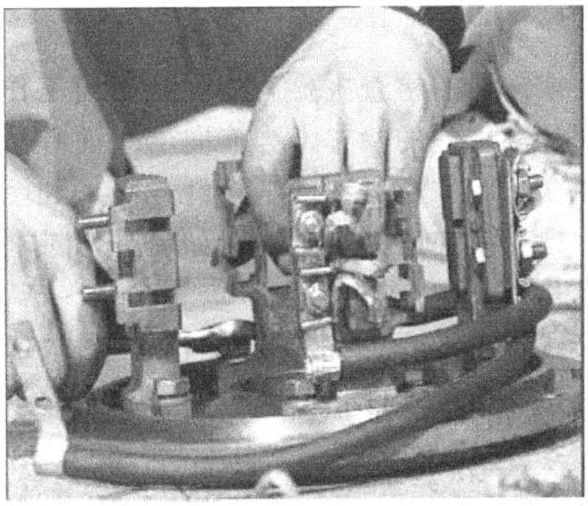

图 6-124 电动机的电刷端盖

(2) 电动机的各组成部的检查与维护

1) 电刷和换向器的检查与维护 电刷和换向器作为直流电动机的一个薄弱环节，对电动机的性能和寿命有很大的影响，所以应充分重视对其的维护。电刷安装在刷架内，它与旋转的电枢上的换向器相接触，靠刷架内弹簧的弹力使其压紧于换向器的圆柱面上。工作中因强大电流流过电刷和换向器，电刷产生热量传至弹簧会造成弹力减弱，电刷的磨损也会使弹簧压力减弱。电刷的压力减弱后，与换向器的接触电阻增大，一方面使电动机的输出功率下降，另一方面使接触部位的发热量增大。

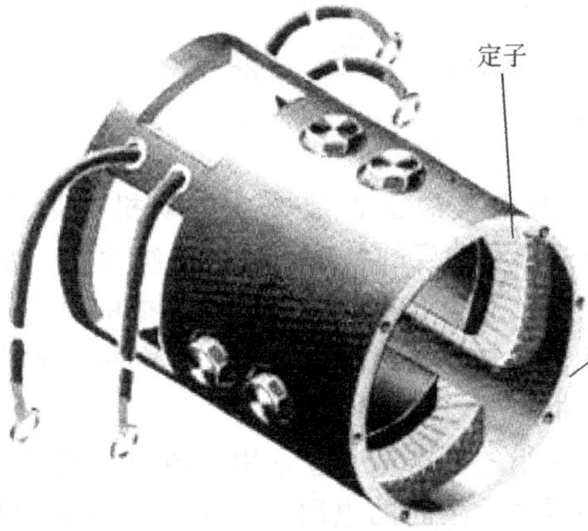

图 6-125 电动机的定子

电刷组件的检查主要包括电刷架是否完好的检查、电刷弹簧的检查、电刷在刷架内移动情况的检查、电刷长度及与换向器接触面的检查。电刷架应无破裂和变形，如图 6-126 所示，刷架与底架之间的连接应可靠、无松动，电刷弹簧应无锈蚀，压力应正常。电刷的长度应不小于新品长度的 1/2，如图 6-127 所示。电刷的接触面与换向器表面的接触面积应不小于总面积的 75%，电刷过短时应予以更换，换用新电刷时应将电刷在换向器表面上研磨，使其接触面积符合要求。

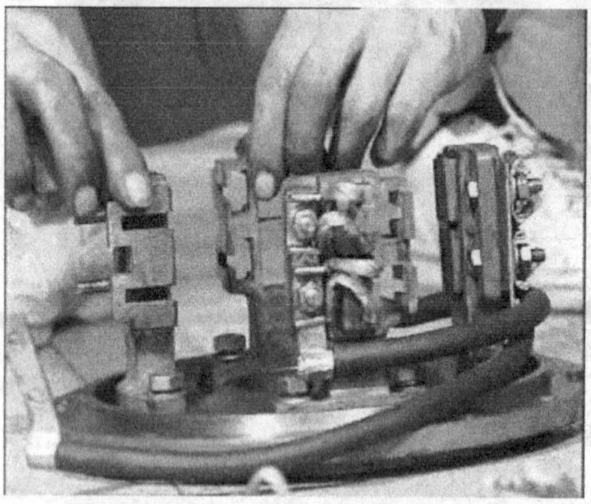

图 6-126 电刷架的检查

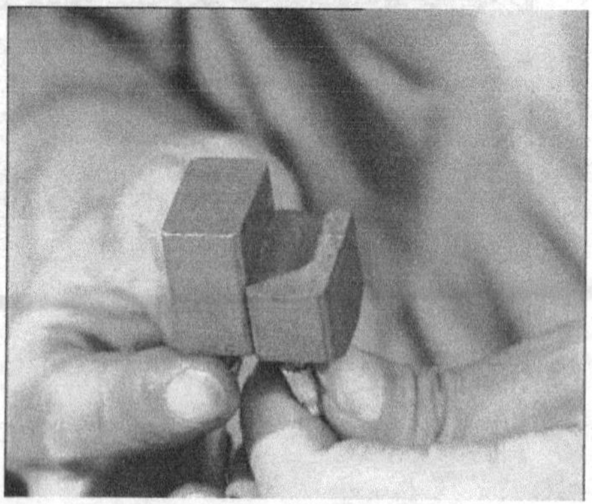

图 6-127 电刷的检查

换向器的检查主要有外圆柱表面工作情况的检查、失圆度的检查和换向器中云母片与导电铜片高度差的检查。当换向器表面有油污时，应用汽油清洗，并用空气吹干。换向器表面烧蚀变色时，应用细砂纸打磨光亮，如图 6-128 所示。表面磨出沟痕时，应在车床上精车加工。检查换向器的失圆度，如有变形或径向尺寸变动量大于 0.5mm，也应精车加工；检查云母片与导电铜片高度差应为 0.5～1.0mm，否则应用钢锯片对云母片进行切割，如图 6-129所示。当云母片高出导电铜片时，会造成电刷与换向器表面接触不良，或根本无法接触，换向器易烧蚀、电动机的输出功率下降。

图 6-128 换向器表面的打磨

图 6-129 云母片高度的检查与加工

2）电动机电枢的检查维护　电动机电枢的检查项目有电枢的铁芯表面的检查（图 6-130）、电枢轴弯曲度的检查和电枢绕组短路、断路及搭铁的检查。

如果电枢铁芯表面有与磁场内径摩擦的痕迹，应检查电动机电枢有无变形，电枢轴是否弯曲，电动机的轴承是否过度磨损，电动机的磁极是否松动。电枢铁芯变形或轴弯曲时，一般应更换电枢总成。

对电枢绕组的检查可通过万用表或电枢检验仪进行。用万用表的电阻（R×1）挡检查任意两换向器铜片之间的电阻，应为零，否则表明电枢绕组有断路故障；用万用表的电阻（R×1k）挡检查任意换向器铜片与电枢轴之间的电阻，应为无穷大（∞），否则表明电枢绕组有搭铁故障；使用电枢检验仪检查电枢绕组间的短路情况，如图 6-131 所示，接通电枢检验仪的电源，将电枢放在 V 形槽上，上面放置一薄钢片，转动电枢，若薄钢片跳动，表明钢片下放槽内的绕组有短路故障。电枢绕组有短路、断路和搭铁故障时，应进行修理或更换电枢总成。

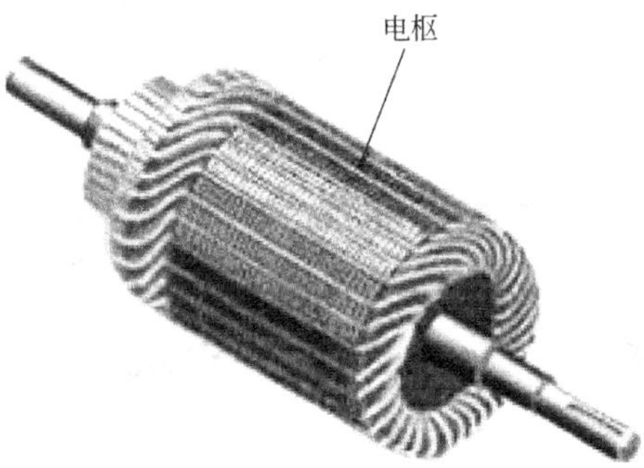

图 6-130 电动机的电枢检查

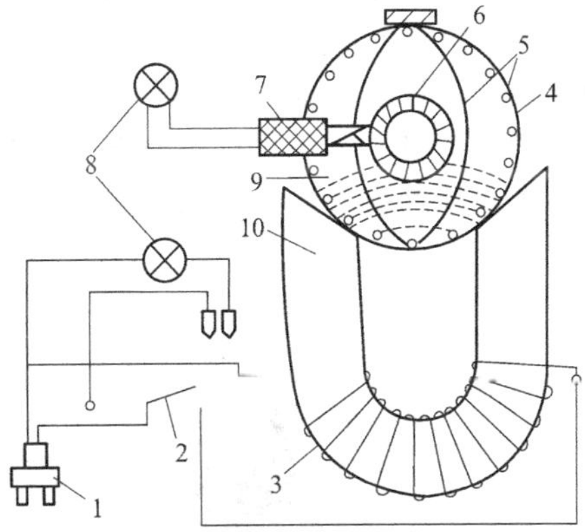

图 6-131 电枢检验仪对绕组短路的检查

1—电源插座；2—开关；3—线圈；4—电枢；5—绕组；6—换向器；7—绝缘护套；8—试灯；9—磁路；10—U 形铁

3）电动机磁场的检查维护　电动机磁场的检查项目有磁场线圈的固定情况检查和磁场线圈短路、断路及搭铁的检查。

检查电动机磁场磁极是否松动，如图 6-132 所示。有松动时注意扭紧磁场铁芯的固定螺栓。目视检查电动机磁场的线圈有无烧焦、变色现象，绝缘层有无损坏。如发现异常，进一步对磁场进行短路、断路及搭铁的检查。用万用表的电阻（R×1）挡检查两磁场端头之间的电阻，应为零，否则表明磁场线圈有断路故障；用万用表的电阻（R×1k）挡检查任意一磁场端头与电动机外壳之间的电阻，应为无穷大（∞），否则表明磁场线圈有搭铁故障；在磁场两端头之间施加 2V 的单体蓄电池的电压，用旋具检查各个磁极的吸力，应大致相等，吸力过小的，表明该磁场线圈有短路故障。

4）电动机轴承的检查维护　转动轴承应平滑、无卡滞现象，用手沿轴向拉动轴承应无松旷感觉，如图 6-133 所示，否则应更换轴承。更换轴承时使用拉器，将轴承拆下，然后将同型号的轴承装入，并加注约 3/4 的规定型号的润滑脂。

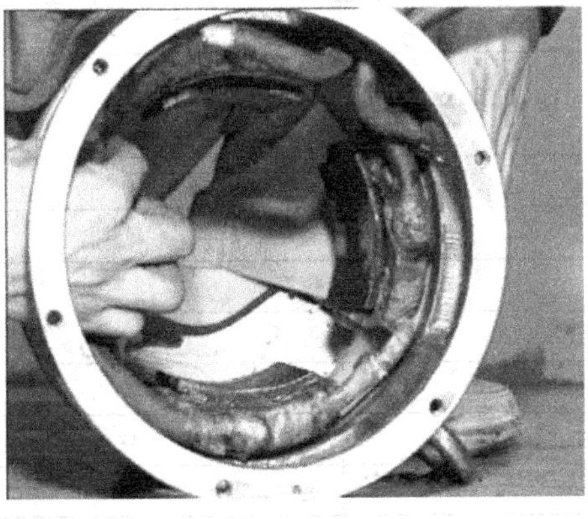

图 6-132 磁场的检查

图 6-133 轴承的检查

5）电动机其他部件的检查　若端盖变形，应予以校正或更换。电动机驱动端的齿轮或键槽损坏应更换电枢总成。电动机的油封每拆解一次均应换新品。电动机的散热风扇变形、破损时均应更换。

(3）电动机的装复与测试

电动机装复时按照与拆卸相反的步骤进行。注意无电刷罩的电动机应先将电刷及其刷架装在电枢的换向器上，然后再与电刷端盖连接。电动机的轴承应加注规定数量和型号的润滑脂。电刷端盖安装时应与拆卸时所划的记号对正，电动机端盖的安装螺栓应按规定的力矩扭紧。

电动机的基本测试可以用兆欧表进行，如图 6-134 所示，将兆欧表的两个线卡分别接于任一磁场引线与电动机外壳之间，其绝缘电阻应在 500kΩ 以上。

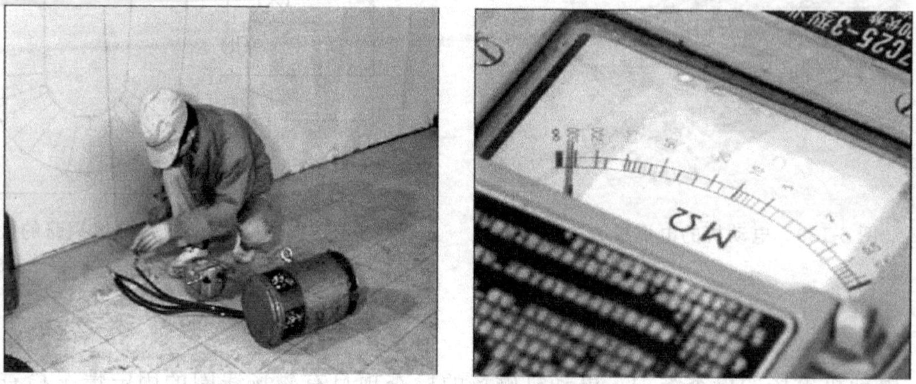

图 6-134　电动机绕组绝缘性能的检查

电动机的测试应在专门的试验台上进行。装复后的电动机通电后应能平稳地运转，检测其空载转速、空载电流、制动转矩、最大功率等参数应符合技术要求。在额定电流下，调整电刷端盖的位置，使电刷与换向器之间的火花最小，电刷端盖与电动机壳体之间的安装孔为长圆形孔，电刷端盖与电动机壳体的相对位置是可以调整的。

(4）电动机的常见故障与排除

电动机常见故障及排除方法见表 6-6。

表 6-6　电动机常见故障及排除方法

序号	常见故障	可能原因	排除方法
1	电动机不转动	电源无电或电控器故障	检查相应部件加以排除
		电枢或磁场断路	更换部件
		换向器脏污和严重烧蚀	清洁、磨光，割低云母片
		电刷过短或卡死	更换电刷、修理刷架
		电枢轴弯曲	校直或更换
		轴承发卡或缺油	注油润滑或更换
		装配不当	重新装配
2	电动机运转无力	换向器烧蚀	打磨
		电刷磨损过多	更换
		电刷弹簧弹力不足	更换
		电刷接线端子松动或腐蚀	清洁、紧固
		磁场或电枢有匝间短路	更换
		装配过紧	重新装配

续表

序号	常见故障	可能原因	排除方法
3	电动机换向火花大	端盖位置失调	调整
		电刷弹簧弹力不足	更换
		换向器云母片突出	割低云母片
4	电动运行噪声大	磁极松动	紧定
		换向器烧蚀	打磨
		轴承松旷或磨蚀	更换轴承

蓄电池叉车调速控制器故障诊断排除

(1) 调速控制器的维护

调速控制器的正确维护，是确保其长时间正常工作的基本条件。调速控制器利用电力电子器件控制电动机的电流，在其开关状态变化时会产生热量。当温度过高时，控制器件的性能会改变，甚至不能正常工作，控制调速控制器的工作温度，防止其过热，是控制器设计和使用维护时应充分考虑的问题。控制器的维护主要是对其表面进行清洁，对电路连接的接线端子进行紧固和防腐蚀处理，清除其表面的灰尘和掩盖物，确保其通风和散热。

调速控制器的一般维护要求是，调速控制器的安装固定要牢固，控制器自身的底板和散热板不能涂油漆，选择 个平整的、未涂油漆的、远离酸液和酸雾侵蚀的车体部位，在控制器安装底板与车体之间涂一层导热脂，利用底板上的安装孔将控制器紧固在车体上，以确保达到良好的散热效果。

控制器与电路导线之间的连接要牢固，安装螺栓一定要扭紧。插接件要推插到位，确保电路连接可靠。蓄电池、电动机与控制器之间主电路连接导线应选择 35～50mm^2 的电缆线，走线布置要平行且应尽量短。非主电路的控制器件连接导线可选择 0.5mm^2 的导线。如图 6-135 所示为蓄电池叉车用调速控制器在车上的安装情况。

图 6-135　蓄电池叉车上的调速控制器

定期清除调速控制器表面的灰尘和油污，防止水、酸等侵入控制器。在保证调速控制器散热的条件下，调速控制器表面设置防护罩，防止金属物品掉入调速器内造成短路。

(2) 接触器及继电器的维护

常用接触器如图 6-136、图 6-137 所示，接触器的结构如图 6-138、图 6-139 所示。

图 6-136 接触器的外形

图 6-137 接触器的外形（早期）

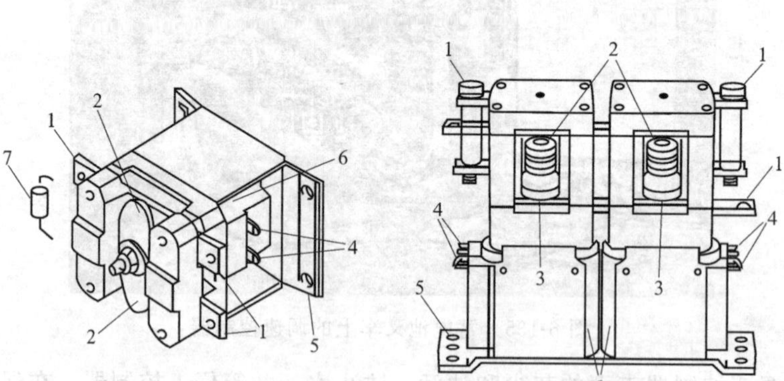

图 6-138 常用接触器的结构

1—接线端子；2—触桥；3—触头；4—电磁线圈接线端子；5—底座；6—外壳；7—消弧电阻

对接触器及继电器的维护主要是其触点的保养、线圈的检测和线圈续流二极管的检测。当接触器线圈未通电时，用万用表的电阻挡（如图6-140所示）测量其常闭触点（动断触点）的电阻，应小于0.5Ω，否则应拆开接触器或继电器，用细砂纸打磨触点，如图6-141所示。测量其常开触点（动合触点），电阻应为无穷大，否则说明触点烧结粘连，应进行修理或更换。当接触器线圈施加额定电压时，应能听到接触器吸合的声音，或用手接触接触器或继电器外壳，应感到震动，否则表明接触器、继电器线圈断路，或续流二极管短路，或接触器铁芯卡滞。线圈通电时，用万用表的电阻挡测量触点间的电阻，动合触点的电阻为零，动断触点的电阻为无穷大。在线圈没有通电，且电路断开时，用万用表电阻挡测量线圈的电阻，正向时较其标称电阻略小，反向时电阻为零。如正反两个方向的电阻均为零，表明续流二极管击穿短路；如正方向的电阻为无穷大，表明线圈短路。断开续流二极管的电路，如线圈的电阻小于其标称电阻，表明线圈有匝间短路故障。如果接触器、继电器线圈损坏，一般应更换。若续流二极管损坏，只需更换相同型号的二极管即可，但在连接时注意切勿将续流二极管的极性接反。

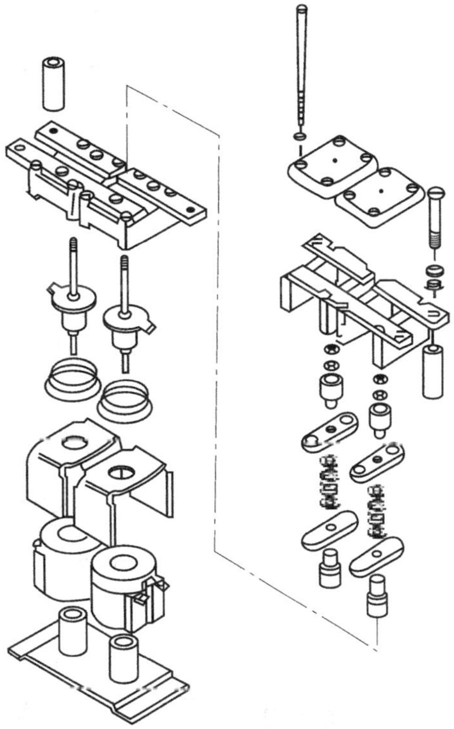

图 6-139 接触器的组成部件

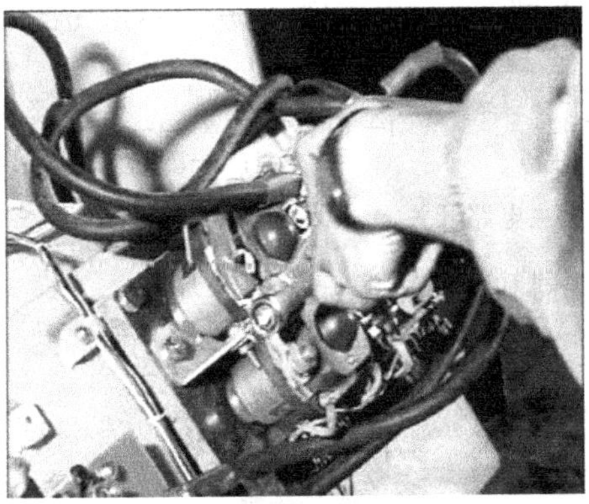

图 6-140 接触器的检查

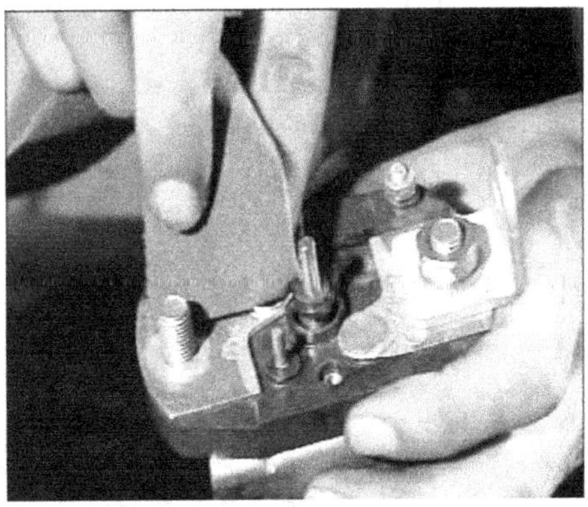

图 6-141 接触器触点的打磨

(3) 电路接线端子的维护

电路接线端子的维护主要是检查端子连接螺母有无松动，发现松动时及时扭紧螺母。检查端子与导线的压接或焊接点有无导线断丝、松脱及腐蚀现象，发现异常时及时修复，如图6-142所示。保持接线端子表面清洁，防止水、酸雾对端子的侵蚀。经验表明，压接往往较焊接更为可靠，且防腐性更好，只是应注意压接力要足够大。

(4) 电路控制开关

在电路中主电路开关的连接状况常常是影响电路通断的关键因素，主电路开关松动、触头氧化腐蚀，均会造成电路不能接通。图6-143是蓄电池叉车上常见的主电路开关的结构示意图，在叉车失控或电路出现短路时，该开关也作为应急开关使用。

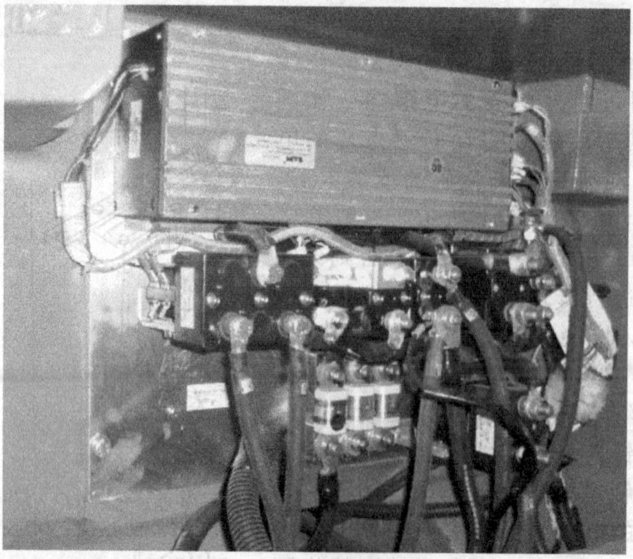

图 6-142 调速控制器与电路的连接

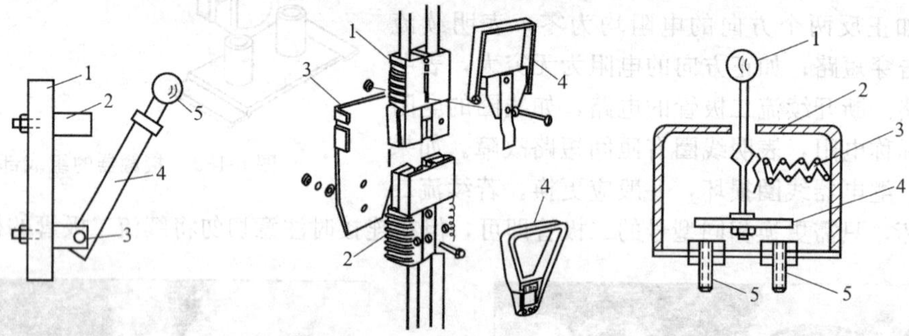

(a) 闸刀式
1—支架；2—触头；3—支点；
4—导电片；5—手柄

(b) 叉接连接式
1—插头；2—插座；
3—安装板；4—手柄

(c) 推拉式
1—手柄；2—外壳；3—弹簧；
4—触盘；5—接线柱

图 6-143 蓄电池叉车常用主电路开关

图 6-144 和图 6-145 为蓄电池叉车上的电源连接器和应急电源开关。

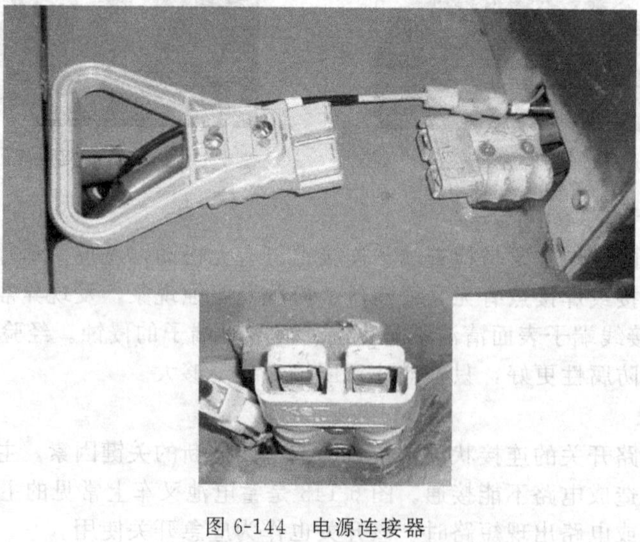

图 6-144 电源连接器

故障诊断仪及应用

图 6-145 应急电源开关

为了检测与诊断蓄电池叉车调速控制器、电动机、蓄电池等电路故障，对调速控制器功能、运行模式、参数的设置与修改，意大利萨牌（ZAPI）、美国通用电气（GE）和柯蒂斯（CURTIS）等厂商生产的蓄电池叉车的调速控制器上设置了一个通信端口。借助于外接的手持单元或具有诊断功能的智能化仪表，可以调用调速控制器内存储单元储存电压、电流、温度、开关状态等参数，用于对机械电路状态的故障诊断。由于现代的调速控制器均由微处理控制，其运行程序可被修改、调用，所以，借助于通信端口和手持单元，可以对调速控制器功能、运行模式、参数的设置与修改。这里我们以萨牌的手持单元为例加以介绍。

(1) 手持检测单元的结构

手持单元通常是以 8 位插头与控制器上的插座相连接，其外形如图 6-146 所示。

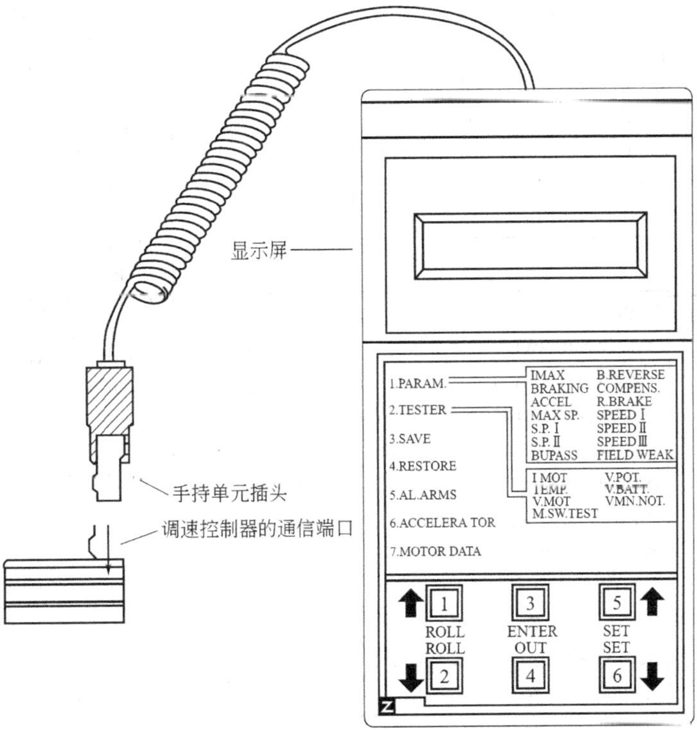

图 6-146 萨牌调速控制器手持单元外形

连接手持单元时应注意：

① 手持单元插头插入调速器 B 插头时要特别注意方向，只有一个方向能插入，否则会损坏手持单元接口。

② 只有在电源开关断开后才能将手持单元插头插入或拔出调速器。

③ 调速器可以在运行时用手持单元调整（即在线调整），修改过的参数必须在拔出手持单元前存储。

④ 运行模式和功能选择设置只有在断开电源开关并重新启动后才能起作用，存入控制

器，手持单元才能重新显示。

（2）手持单元功能方框图及键盘

手持单元功能及键盘如图 6-147 所示。

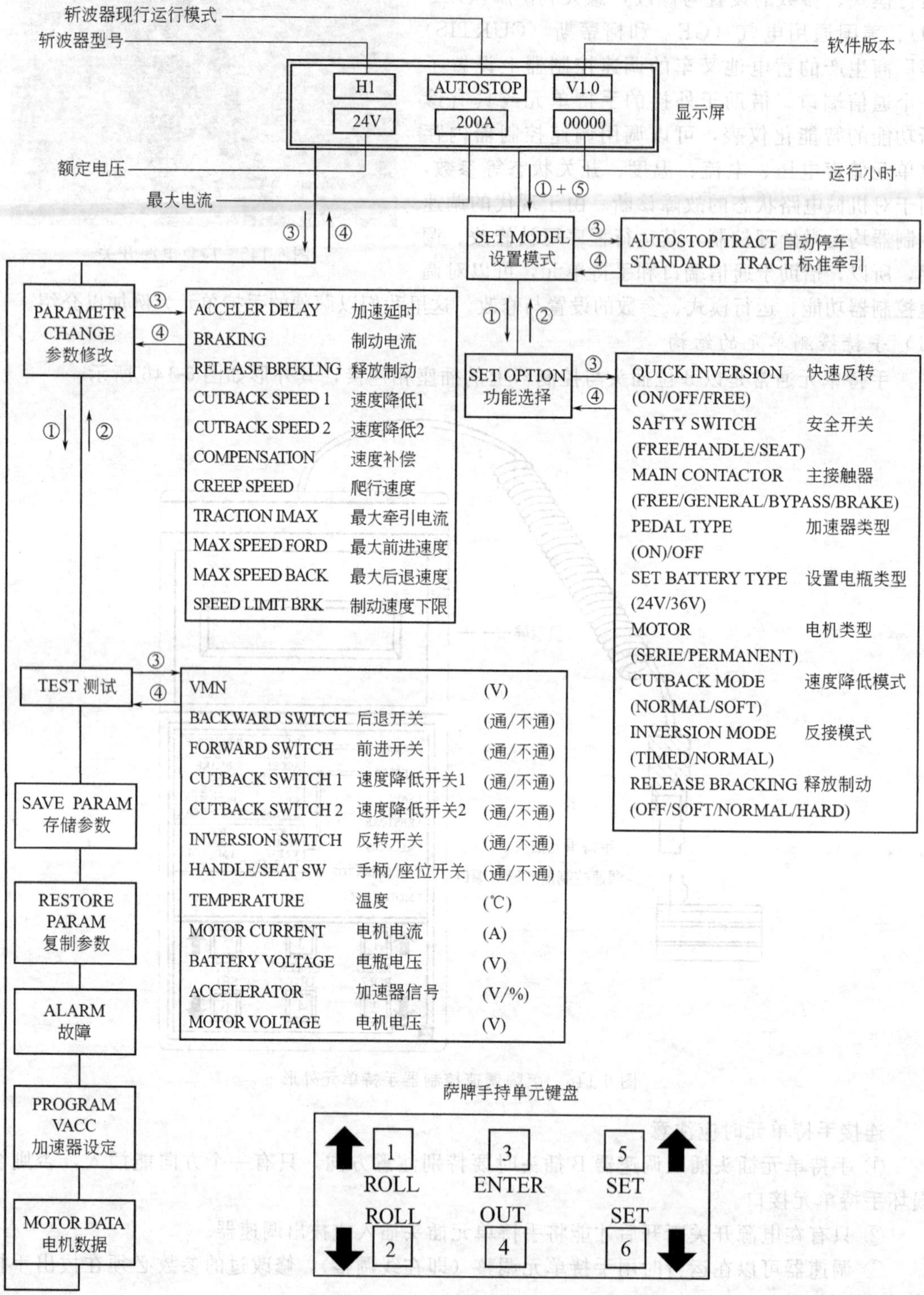

图 6-147 萨牌手持单元功能及键盘

键盘中，“1”键和“4”键为菜单选择键，通过这两个键可以选择所需要的菜单；“3”键为确认键，“4”键为退出键，通过这两个键可以进入或退出菜单或进行操作确认或退出；“3”键和“6”键为参数修改滚动键，通过这两键可以对参数或功能进行修改。

在接通电源开关时，调速控制器进行的启动测试包括看门狗测试、电流传感器测试、MOSFET漏极测试、接触器功能测试、运行请求信号测试、加速器工作状况的测试等。在运行过程中的测试还包括MOSFET全导通测试、接触器的开闭状态测试以及控制器温度、蓄电池电压的检查测试等，并存储于其储存单元内，以备连接手持单元时进行信息交换。

(3) 萨牌手持单元的使用

将手持单元接头与调速控制器的通信端口相连，接通机械的电源开关，手持单元的显示屏显示调速控制器的型号、运行模式、软件版本，电源电压、最大电流设定和机械（或调速控制器）的工作时间。按压键盘的功能键，按照图6-147的提示（①②③④⑤对应图中的键号），进行参数、模式设定和故障诊断。运行模式、功能、参数等设置存储后，必须断开电源开关，再重新闭合电源开关。这样，新设置的斩波器模式才能存入调速器，手持单元才能更新显示。

1）用手持单元设置H1调速器

① 调速器运行模式设置（SELECT MODEL） 按手持单元功能框图，进入运行模式设置菜单（SETMODEL），可将H1调速器设置成四种运行模式，即“标准牵引”、“牵引＋再生”、“标准提升”和“标准提升＋电磁比例阀控制转向”，以满足不同控制类型的需要。

② 功能选择（CONFIG I/O） 按手持单元功能框图，进入功能选择菜单（CONFIGI/O），对控制电路端子（接头）的功能设置见表6-7。

表6-7 手持单元对H1调速器的功能设置

控制端子	手持单元选择内容
E5	RV1＝设置为速度降低1，FREE＝不设置功能
E4	RV2＝设置为速度降低2，FREE＝不设置功能，BACK＝设置为后退点动
D2	INVERS＝设置为快速反向，FREE＝不设置功能
E1	SEAT＝设置为座位开关，HANDEL＝设置为手柄开关，FREE＝不设置功能

③ 参数设置（PARAMETER CHANGE） 按手持单元功能框图，进入参数设置菜单（PARAMETER），可对下列参数进行设置。

a. ACCELER DELAY 加速延时，即电机电压从0变化到最大值时的最短时间。

b. BRAKENG 反接制动时的制动电流。

c. CUTBACK SPEED1 第一速度降低（RV1），功能请求通过控制端子E5输入调速器，使加速信号减弱，以提高叉车行驶安全性。

d. CUTBACK SPEED2 如果E4设置为第二速度降低（RV2），作用使加速信号减弱，以提高叉车行驶安全性；如果E4设置为后退点动（BACK），此参数改变后退点动速度。

e. COMPENSATION 速度降低被启动后的速度补偿。

f. CREEPSPEED 爬行速度。运行请求被启动时加在电机上的最小电压。

g. IMAX 叉车在前进和后退时调速器能达到的最大电流，所有与电流有关的设定值均被定义为这个数值的一个百分数，这个数值本身可以从50%（水平0）调到100%（水平9）。

h. MAXSPEED FOR 前进方向最大速度。

i. MAXSPEED BACK 后退方向最大速度。

j. RELEASE BRAKING 释放制动电流。

以上每一个参数都有 a～j 十种选择，可根据实际的工作情况进行相应的选择；H1 斩波器在运行或备用状态都可进行参数修改。在运行状态修改时，应关闭电源开关，即斩波器断电之前返回到备用状态，只有这样，修改过的参数才能及时存到存储器中。

④ 检测菜单（TESTER） 用手持单元可以对一些重要的参数和信号进行实时检测，检测内容见表 6-8。

表 6-8 手持单元对 H1 调速器参数的检测

参数/信号	含 义	参数/信号	含 义
VMN	VMN 端子对蓄电池负极的电压	ACCELER MVOLT	加速器信号
FORWARD SWITCH E7	方向开关 E7 状态	CURRENT	电机电流
BACKWARD SWITCH E6	方向开关 E6 状态	TEMPERATURE	斩波器 MOSFET 温度
CUTBACK E4/E5	速度降低请求开关 E4/E5 状态	BATTERY VOLTAGE	蓄电池电压
HANDEL/SEAT	手柄/座位开关状态	MOTOR VOLTAGE	电机电压

⑤ 存储菜单（SAVE） 存储功能可以将调速器运行模式功能设定和参数设定值等设置、存储在手持单元中；手持单元可存储 10 组不同的数据。存储在手持单元中的数据，可以通过复制菜单（RESTORE）存储到另一个斩波器中去，步骤见手持单元功能框图。

⑥ 复制菜单（RESTOREO） 通过复制菜单，可将手持单元内存储的一组数据复制到其他调速器中去。用复制菜单可复制的数据有：斩波器运行模式、功能、参数设定值。

⑦ 故障菜单（ALARM） 调速器能将最后 5 种误操作或故障及其发生的次数、当时的时间和温度存储在内部存储器中，并通过故障菜单调出这些数据。利用这个功能可以获得许多故障信息，进行更深刻、准确的故障原因分析。

在蓄电池叉车上，与手持检测单元相连的端口或仪表板上常常设置故障诊断二极管，萨牌 H1 型调速控制器的常见故障及可能原因见表 6-9。

表 6-9 萨牌 H1 型调速控制器的常见故障及可能原因

序号	手持电源显示	发光二极管显示	可能原因	排除方法
1	CHOPPER NO CONFIG	闪烁 1 次	逻辑单元未进行设置	设置，可以用手持单元复制程序来诊断是否是软件故障。若是硬件故障，修理或更换
2	VMN FORW LOW 或 VMN BACK LOW	闪烁 3 次	电动机或调速控制器故障	测 VMN 与 B 之间的电阻，应为 1.7kΩ 左右，相差不大于 300Ω 为电动机故障，否则为斩波器故障
3	NO FULL CONDUCT	闪烁 3 次	控制器内逻辑卡故障	更换
4	CONT. DON'T CLOSE	闪烁 8 次	主接触器或方向接触器故障；电动机线路断开；斩波器功率器件损坏；主电路熔断器烧断或蓄电池主电路有松动	检查更换
5	I=0 EVER	闪烁 5 次	电动机接线错误或电流传感器损坏	电动机电枢接于 SH 与 VMN 之间或更换电流传感器所在的功率单元
6	I HIGH AT STANT	闪烁 5 次	SH 与其他负载相连；电流传感器或控制单元损坏	调整、更换
7	WATCH-DOG	闪烁 1 次	"看门狗"软件程序测试	非故障
8	FORW-BACK	常亮	接线错误；微动开关粘连或前进与后退两种信号同时出现	调整导线连接；更换微动开关或注意正确操作

续表

序号	手持电源显示	发光二极管显示	可能原因	排除方法
9	INCORRECT START	闪烁2次	误操作（操作顺序不对）；起步开关或方向开关触点不能断开；控制单元损坏或软件错误	若无操作错误则应检查运行微动开关是否有短路；若外部电路无故障，则用手持单元复制程序判断是否存在软件故障
10	VACC NOT OK	闪烁4次	调速电位器故障或接线松动；蓄电池组欠压亏电	紧固导线端子或更换调速电位器
11	CONTACTOR DRIVER	闪烁6次	方向接触器线圈或驱动开关管故障	更换接触器或控制器
12	EEPROM DATA KO	闪烁1次	信息存储器损坏或数据有误	关断电源开关重新打开，故障依然则更换控制单元
13	EEPROM PAR. KO		参数设定存储器故障	
14	EEPROM CONFIG. KO		斩波器配置存储器故障	
15	EEPROM KO		存储芯片损坏	更换控制单元
16	THERMAL PROTECTON	闪烁7次	温度传感器损坏或断线；逻辑卡故障	检查更换
17	BATTERY	持续闪烁	蓄电池组过度放电	充电

⑧ 加速器信号范围修正菜单（PROGRAMVACC） 当机械原因引起加速器信号起始值和最大值发生偏移时，用手持单元进入加速器信号范围修正菜单，可对存储在调速器中的信号数值进行修正。修正后，调速器默认偏移后的信号为新的起始值和最大值。

具体操作如下，首先进入加速器信号范围修正菜单，手持单元屏幕显示调速器现有的前进和后退方向的最大值和最小值；再按ENTER键进入PROGRAM VACC菜单修正状态，斩波器已准备好记录电位器新的最大和最小信号值。缓慢踩加速器踏板，手持单元屏幕上显示前进和后退两个方向新的最大值和最小值；按ENTER键，手持单元屏幕显示要求确认是否需将新值存入斩波器。按退出键OUT，再按确认键ENTER，即可完成修正。

2）用手持单元设置H2B调速器

① 调速器运行模式设置（SELECT MODEL） 按手持单元功能框图，进入运行模式设置菜单（SET MODEL），可将H2B调速器设置成下列4种运行模式：

a. 再生牵引模式 RECENER TR。

b. 标准牵引模式 STANDARD TR。

c. 标准提升模式 STANDARD PUMP。

d. 提升＋转向模式 PUMP＋HYDRO。

在进行工作模式设定时，应根据实际的调速器连接线路进行选择对应的工作模式，否则，若工作模式与调速器的连接线路不匹配，调速器将不工作。

② 功能选择（SELECT OPTIONS） 按手持单元功能框图，进入功能选择菜单（SET OPTIONS）。下面以标准牵引模式进行功能选择为例，见表6 10。

③ 参数设置（PARAMETER CHANGE） 按手持单元功能框图，进入参数设置菜单（OARAMETER CHANGE），在再生牵引和标准牵引模式下工作的调速器，可对下列参数进行设置，下面仍以标准牵引模式的参数设置为例说明，见表6-11。

以上每一个参数都有0～9几种选择，可根据实际的工作情况进行相应的选择。H2B斩波器在运行或备用状态都可进行参数修改。在运行状态修改时应关闭电源开关，即斩波器断电之前返回到备用状态。只有这样，修改过的参数才能有效地存到存储器中。

表 6-10 标准牵引模式下进行功能选择

端子或功能	功 能	功能介绍
G3	BYPASS 旁路	和端子 G3 相连的接触器被看作为旁路接触器；启动电流≤弱磁水平设定值乘 80% I_{max} 释放电流≥弱磁水平设定值乘 90% I_{max}，启动延时＝800ms
	WEAK 弱磁	和端子 G3 相连的接触器被看作弱磁接触器。启动电流＝设置的 WEAK DROP OUT 的 50%，启动延时＝800ms
SPEED	ON 有速度检测	启动速度检测功能，在 B8 输入端施加 1～5V 的参考电压，在 B7 输入一个与速度成比例的模拟信号。当 B7 输入端信号超出 B8 上的参考电位时，斩波器开始降低电机电压或者进入制动状态，这种制动状态一直持续到 B7 上的信号电压低于 B8 上的参考电压。每 60ms 采样一次
	OFF 无速度检测	无速度检测功能
BATTERY	ON 有电瓶电量检测	启动电量检查，当电瓶电量低于 10%时，最大电流降半，且发光二极管闪烁 32 次
	OFF 无电瓶电量检测	不启动电量检测，电瓶电量低也不报警
ARB	ON 有坡道启动防下滑功能	启动坡道启动防止下滑功能
	OFF 无坡道启动防下滑功能	不启动坡道启动防止下滑功能
RELEASE	ON 有释放制动	踏板释放时立即启动再生制动，可借助制动开关增加制动电流；
	OFF 无释放制动	加速踏板释放时不进行再生制动
HOURS	RUNNING 运行时间计	时间计在运行时才被启动
	KEY ON 电锁时间计	时间计在电源开关打开后被启动
PIN E1	CUTBACK SP3 第三速度降低	E1 被定义为第三速度降低请求信号输入
	QUICK I 快速反转	E1 被定义为快速反转输入且有下列特性：用 1.2 倍 I_{max} 反接制动，在前进方向用 0.5 倍 I_{max} 重新启动并缓慢加速，如果安全开关 E1 断开，并有前进或后退请求，叉车会被制动；如果有反向运行请求，同时司机断开安全开关 E1，快速反转功能就被启动
PIN E4	SEAT 座位	控制端子 E4 被定义为座位微动开关输入，只有 E4 输入高电平，踩加速器后叉车才能运行，这就是叉车的启动顺序保护。要求顺序是：先闭合座位微动开关再运行，座位开关信号输入有 2s 延时
	HANDLE 手柄	同 SEAT，不过没有 2s 延时
PIN E2	CUTBACK SP2 第二速度降低	E2 被定义为第二速度降低请求信号输入
	BACKING 反向点动	E2 被定义为反向点动请求信号，允许在没有座位微动开关情况下执行点动。反向点动请求必须与前进或后退请求同时作用，才能执行反向点动功能，这时加速踏板不起作用。在执行反向点动时系统有一个固定的速度，这个速度由反向点动速度和第二速度降低的设定值来定义，它可以通过调整反向点动时间改变反向运行时间

表 6-11 标准牵引模式下进行参数设置

参数/信号	参数设置内容
ACCELER DELAY	加速延时，即电机电压从 0 变化到最大值时的最短时间
BRAKENG	反接制动时的制动电流
CUTBACK SP1	第一速度降低，功能请求通过控制端子 E3 输入调速器，作用是使速度减小，以提高叉车行驶安全性
CUTBACK SP2	第二速度降低，功能请求通过控制端子 E2 输入调速器，作用是使速度减小，以提高叉车行驶安全性。如果 E2 输入在功能选择菜单中被设置为反向点动，此参数将决定反向点动速度，可参照参数设定表中的参数 BACKINGSPEED(反向点动速度)，通过设定 CUTBACK SP2 水平来设置反向点动速度

续表

参数/信号	参数设置内容
CUTBACK SP3	第三速度降低，功能请求通过控制端子 E1 输入调速器，作用是使速度减小，以提高叉车行驶安全性
AUXILIARY TIME	转向接触器延时，运行请求消失后，调速器控制端子 G7 输出信号还持续一段时间
COMPENSATION	速度降低被启动后的速度补偿
BRAKING MODULATION	加速器踏板制动强度，这个参数决定了在反接制动时且加速器被踩下时的最大电流，反接制动时踩下加速器，随着该参数增大，制动变得更强
MAXIMUM CURRENT	叉车在前进和后退时调速器能达到的最大电流，所有与电流 I 有关的设定值均被定义为这个数值的一个百分数，这个数值本身可以从 50%（水平 0）调到 100%（水平 9）
MAX SPEED FORW	前进方向最大速度。在速度降低被启动时，可通过调整速度补偿来提高速度
MAX SPEED BACK	后退方向最大速度。在速度降低被启动时，可通过调整速度补偿来提高速度
CREEP SPEED	爬行速度。运行请求被启动时加在电机上的最小电压
WEAK DROPOUT	打开弱磁接触器时的临界电流，前提是将功能设置在弱磁而不是设在旁路
CURVE BRAKING	弯道制动电流，如果 PWM 大于 80%，电机电流小于 40% I_{max}，则第一速度降低请求启动该功能
CURVE TIME	弯道制动时间，这一参数与第一速度降低请求有关。如果这个参数设定为 0，则不执行制动
BACKING TIME	点动时间

④ 蓄电池电压选择（SEL BATTERY） 按手持单元功能框图，进入蓄电池电压选择菜单（SEL BATTERY），可对蓄电池的额定电压进行选择，还可以对手持检测电压进行校准，从而使蓄电池电量检测更加准确。

⑤ 辅助功能（AUXILIARY FUNCTION） 按手持单元功能框图，进入辅助功能选择菜单（AUXILIARY FUNCTION），这一菜单下有 3 种选择：标准（CURRENT GAIN）；液压转向助力（HYDRO CONTACTOR）；双电机驱动（BLMOTOR CONTACT）。

通过选择 HYDRO CONTACTOR 菜单，可以用于驱动转向电机；调速器控制端子 G7 的输出，是用于驱动转向接触器工作的。

⑥ 检测菜单（TESTER） 手持单元对 H2B 调速器一些重要参数和信号的检测见表 6-12。

表 6-12 手持单元对 H2B 调速器参数的检测

参数/信号	含　义	参数/信号	含　义
VMN	MOS 管漏极 VMN 对 B 的电压	CUTBACK E1/E2/E3	速度降低请求开关 E1/E2/E3 是否输入调速器
DIRECTION E7/E6	方向开关 E7/E6 信号是否输入调速器	BRAKE E5	制动开关 E5 是否输入调速器
ACCELERATOR	加速器信号	SEAT/HANDEL	座位/手柄开关是否输入调速器
CURRENT	电机电流	BATTERY	蓄电池电压
TEMPERATURE	MOS 功率管温度	MOTOR VOLTAGE	电机电压

⑦ 故障菜单（ALARM） 装用 H2B 型调速控制器的蓄电池叉车，有的装有 MDI 多功能仪表，也具有故障诊断功能，通过手持单元、故障诊断发光二极管和多功能式仪表进行常见故障诊断的可能原因与排除方法见表 6-13。

表 6-13 萨牌 H2B 型调速控制器的常见故障及可能原因

序号	手持电源显示	发光二极管显示	MDI 仪表显示	可能原因	排除方法
1	EEPROM DATA KO	闪烁 1 次	AL10	信息存储器损坏或数据有误	断开电源开关重新接通，如仍显示此故障，则更换逻辑控制单元
2	EEPROM PAR. KO		AL11	参数设定存储器故障	
3	EEPROM CONF. KO		AL12	斩波器配置存储器故障	
4	EEPROM OFF LINE		AL14	故障发生在存储器中用以存储运行时间、故障记录和参数位置的区域	
5	CHOPPER NO CONF		AL15	逻辑单元未进行设置	设置，可以用手持单元复制程序来诊断是否是软件故障。若是硬件故障，修理或更换
6	WATCH-DOG		AL16	"看门狗"软件程序测试	非故障
7	INCORRECT START	闪烁 2 次	AL79	误操作(操作顺序不对)；起步开关或方向开关触点不能断开；控制单元损坏或软件错误	若无操作错误则应检查运行微动开关是否有短路；若外部电路无故障，则用手持单元复制程序判断是否存在软件故障
8	VMN LOW	闪烁 3 次	AL30	电动机或调速控制器故障	测 VMN 与 B 之间的电阻，应为 1.7kΩ 左右，相差不大于 300Ω 为电动机故障，否则为斩波器故障
9	NO FULL CONDUCT	闪烁 3 次	AL33	控制器内逻辑卡故障	更换
10	VACC NOT OK	闪烁 4 次	AL78	调速电位器故障或接线松动；蓄电池组欠压亏电	紧固导线端子或更换调速电位器
11	I HIGH AT STANT	闪烁 5 次	AL53	SH 与其他负载相连；电流传感器或控制单元损坏	调整、更换
12	I=0 EVER		AL49	电动机接线错误或电流传感器损坏	电动机电枢接于 SH 与 VMN 之间或更换电流传感器所在的功率单元
13	SHORTED COIL	闪烁 6 次	AL76	主接触器线圈短路或过载；续流二极管短路或接错	检查更换
14	DRIVER SHORTED		AL74	主接触器线圈驱动开关管故障；逻辑控制卡故障	检查更换
15	THERMAL PROTECTON	闪烁 7 次	AL62	温度传感器损坏或断线；逻辑卡故障	检查更换温度传感器或控制单元
16	VMN HIGH	闪烁 8 次	AL31	主接触器触点粘连；蓄电池正极与 VMN 端子之间短路；续流二极管击穿短路；控制单元损坏	检查更换
17	BRAKER CON. OPEN		AL40	再生制动接触器常开触点不能闭合；控制单元故障	检查更换
18	DIR. CON. OPEN		AL42	前进或后退方向接触器常开触点不能闭合；控制单元故障	检查更换
19	BRAKER CON. CLOSED	闪烁 9 次	AL39	再生制动接触器常闭触点不能打开；控制单元故障	检查更换
20	DIR. CON. CLOSED		AL41	前进或后退方向接触器常闭触点不能打开；控制单元故障	检查更换
21	BATTERY	持续闪烁	AL66	蓄电池组过度放电	充电
22	FORW-BACK	常亮	AL80	接线错误；微动开关粘连或前进与后退两种信号同时出现	调整导线连接；更换微动开关或注意正确操作

第7章 叉车使用与管理

7.1 叉车训练

7.1.1 叉车驾驶员岗位职责

叉车驾驶员应具备的素质

统计资料表明，叉车事故的70%～80%是由驾驶造成的。因此，保证人身和货物安全的关键在于驾驶员的素质。

驾驶员的素质，是指驾驶员本身应具有的影响人身和机械安全的各种内在因素，包括思想素质、心理素质和驾驶技术等。

(1) 思想素质

思想素质是指驾驶员的思想觉悟、道德品质和驾驶作风。作为一名合格的驾驶员应具备以下几点要求：

1) 要有强烈的事业心　叉车驾驶员必须热爱本职工作，忠于职守，好学上进，对技术精益求精，对国家财产、人民生命安全高度负责。

2) 要有严谨的驾驶作风　叉车驾驶员应文明装卸、安全作业，认真自觉地遵守交通法规，道路好不开“英雄车”；技术精不开“麻痹车”；视线不良，不开“冒险车”；车有故障隐患，不开“凑合车”；任务紧急繁重，不开“急躁车”；盲目指挥不开“违章车”；酒后不开车，不把车交给非驾驶员操作。

3) 要有良好的职业道德　驾驶员在操作机械时应能安全礼让，热忱服务，尽力提供方便，对不同货物能采取不同的装卸方式，不乱扔乱摔货物，不刁难领导和任何人员。

4) 具有法制观念　国家的法律、法令、交通规则等是交通安全的根本保证，作为一名驾驶员，必须认真学习，严格遵守，以高度负责的精神，安全、及时、圆满地完成各项任务。

(2) 心理素质

1) 具有稳定的情绪　情绪是人对客观事物的态度体验，是指人受到生活环境中的刺激时，生物性需要是否获得满足而产生的暂时性的较剧烈的态度，表现出来有满意、喜悦、愤怒、恐惧、厌恶、紧张等不同形态。

对驾驶员来说，当他产生喜悦、满意、舒畅等情绪时，他的反应速度较快，思维敏捷，注意力集中，判断准确，操作失误少。反之，当他产生烦恼、郁闷、厌恶等情绪时，会无精打采，看什么，什么都不顺眼，反应迟缓，注意力不集中，操作失误多。因此，要求驾驶员要及时调控好情绪，保持身心健康。

2) 具有坚强的意志　意志是人自觉地确定目的，并且根据既定的目标来支配和调节自己的行为，克服种种困难，进而实现目的的心理过程，体现在自觉性、果断性、自制性和坚持性上，这些对驾驶员遵守各种规章制度，自觉搞好行驶和作业安全，遇到紧急情况采取适当措施，当机立断进行处理，善于控制自己的情绪，约束自己的言行，不屈不挠，坚持到底，极为有利，也是一名合格驾驶员必备的条件之一。

3）具有优良的性格　性格是人的态度和行为方面比较稳定的心理特征，不同性格的人处理问题的方式和效果不一样，要求从事驾驶工作的人必须对社会、集体、他人热情，关心体贴；对工作认真负责，有创造精神，有沉着、冷静、果断的品质，能正确认识自己的长处和弱点，这些对安全行驶和作业十分有利。

(3) 驾驶技术

良好的驾驶技术，是衡量驾驶员素质水平的重要标志，一名优秀的驾驶员不但要有良好的心理、生理和思想基础，还应有过硬的驾驶技能，只有这样方能确保安全作业。

1）扎实的基本功　基本功是指驾驶员熟练、准确地检查、发动、起步、制动、换挡、转向、拆垛、叉货、搬运、码垛卸货、停车的操作能力，基本功愈扎实，对安全行驶和作业愈有利。

扎实的基本功应做到：心到动作到，遇险不惊、遇急不乱。

2）准确的判断力　道路和货物的情况千变万化，为保证行驶安全和货物完好，主要靠驾驶员的判断能力。要求驾驶员能根据行人的身高、衣着、行驶速度、神态、姿势、表情来判断行人的年龄、性别和动向，能判断相遇车型的技术性能和行驶速度，能根据路基质量、道路宽度来控制车速，能根据货物的包装和体积判断货物的重量和重心等。

3）良好的感觉　感觉表现在多方面，对驾驶员而言，是指对所驾机械的和所运货物的宽度、长度、高度和重量的意识感。感觉强的驾驶员，能正确判断机械和货物所占据的空间，前方通道是否能安全通过，对会车和超车有无影响等。

4）较强的应变力　叉车在行驶和作业过程中，情况随时都在变化；这就要求驾驶员必须具备很强的应变能力。能适应行车和作业的环境，能迅速控制局面，保证人、车和货物的安全。

叉车驾驶员上岗标准

1）根据有关规定，必须选择热爱本职工作，政治思想好，有初中以上文化水平，责任心强，身体健康，适宜操作机械的人员作为内燃叉车驾驶员。应经过专门训练并至少经三个月以上实习，按有关规定考试合格发给驾驶员操作证后，方准独立作业。

2）内燃叉车驾驶员参加作业时，必须随时携带驾驶员操作证，无证者不得参加作业。

3）对内燃叉车驾驶员，每年进行一次体检，有下列禁忌症之一者，不得从事此项工作：

① 双眼矫正视力均在 0.7 以下，色盲。

② 听力 20dB 以上。

③ 中枢神经系统器质性疾病（包括癫痫）。

④ 明显的神经官能症或植物神经功能紊乱。

⑤ 低血压、高血压（低压在 90mmHg、高压在 130mmHg 以上者）、贫血（血色素在 8g 以下者）。

⑥ 器质性心脏病。

叉车驾驶员岗位基本要求

叉车驾驶员对自己驾驶的叉车，要做到“三好”、“四会”，“三好”即管理好、使用好、养修好；“四会”即会使用、会养修、会检查、会排除故障。

(1) 管理好

1) 对机械负有保管责任，不经领导批准，不准他人动用。

2) 机械及附件、仪表、安全防护装置等保持完整无损。

3) 机械启动后不得擅自离岗，有事离开必须停机并按规定放好。

4) 发生故障或事故，立即停车，保护现场，及时报告领导有关技术人员，及时处理。

(2) 使用好

1) 严格执行操作规程，禁止超负荷等违章作业。

2) 不带病运转。

3) 严格遵守定机、定人制度，未经批准，不把机械交给它人操作。

(3) 养修好

1) 机械外观及各个部分经常保持良好的技术状态。

2) 经常保持机械性能良好，做好养修工作。

3) 按规定要求做好日常维护。

(4) 会使用

1) 应严格遵守叉车操作规程及上级颁布的各种安全规定。

2) 要熟悉叉车、汽车起重机的构造、性能、传动原理、作业方法和范围。

(5) 会养修

1) 经常保持机械内外清洁，做到作业前润滑，作业后擦拭检查。

2) 保持机械滑动面无油垢，无碰伤、无锈蚀、无泄漏。

3) 按润滑图表按时加油，做到定点、定质、定量、定时，保证油路畅通。

(6) 会检查

1) 启动前应检查燃料、机油、冷却水是否充足，风扇皮带松紧度，轮胎充气量，各部紧固情况。

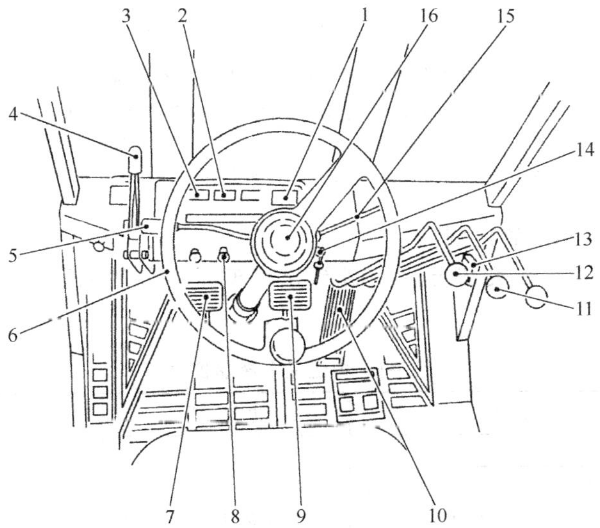

图 7-1 液力传动内燃叉车操纵装置基本组成示意图

1—计时表；2—水温表；3—燃油表；4—停车制动手柄；5—前进-后退手柄；6—方向盘；7—微动踏板；8—灯光开关；9—制动踏板；10—加速踏板；11—倾斜手柄；12—升降手柄；13—保险丝盒；14—预热启动开关；15—转向信号手柄；16—喇叭按钮

2）启动试车检查转向、制动及各工作机构运行情况，发现异状立即查明原因，判断故障部位。

（7）会排除故障

1）会排除常见的故障。

2）会调整各部间隙及工作状态。

7.1.2 基础训练

正确驾驶叉车首先需充分了解叉车的有关机构、装置的作用、原理和使用方法，液力传动内燃叉车操纵装置基本组成如图 7-1 所示，机械传动内燃叉车操纵装置基本组成如图 7-2 所示。只有在各种运行条件下通过不断实践，才能正确而熟练地使用叉车，充分发挥叉车的效能，延长叉车的使用寿命，从而安全、优质、低耗地完成装卸搬运任务。

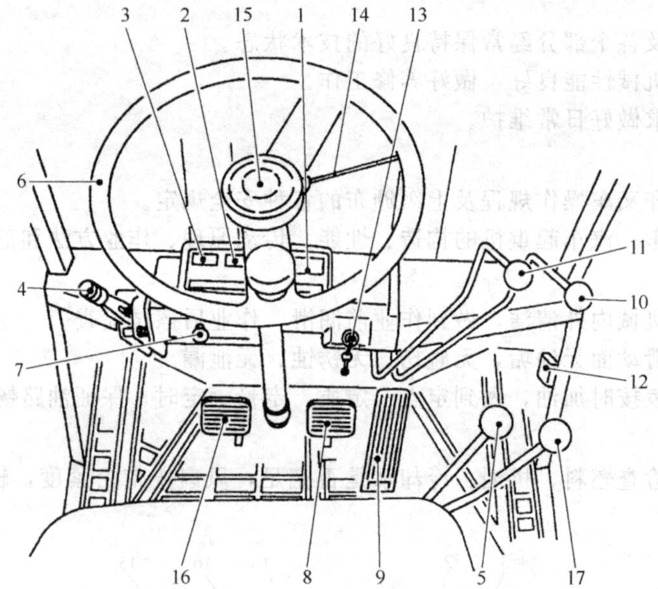

图 7-2 机械传动内燃叉车操纵装置基本组成示意图

1—计时表；2—水温表；3—燃油表；4—停车制动手柄；5—前进-后退手柄；6—方向盘；7—灯光开关；8—制动踏板；9—加速踏板；10—倾斜手柄；11—升降手柄；12—保险丝盒；13—预热启动开关；14—转向信号手柄；15—喇叭按钮；16—离合踏板；17—变速手柄

内燃叉车操纵装置识别

内燃叉车液晶仪表、开关部分、控制部分和车体部分的名称、示意图、功能等见表 7-1～表 7-4。

表 7-1 内燃叉车液晶仪表

序号	名称	示意图	功 能	备 注
1	计时表	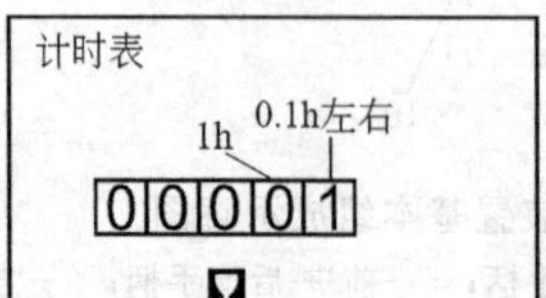	用来计量叉车的工作时间，根据该表来安排润滑和维修时间	

续表

序号	名称	示意图	功　能	备　注
2	充电灯光显示	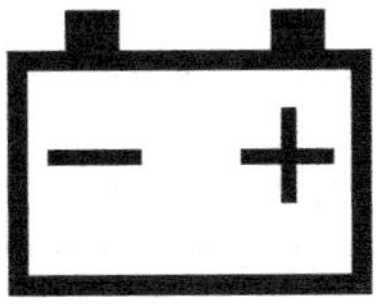	用来表示电池的充电情况	当预热启动开关拨到“ON”的位置时灯亮，但当发动机启动，加速踏板被踩下时，灯就灭了。操作过程中灯继续亮着或闪烁，表明充电电路有故障，应立即检查
3	油压报警显示	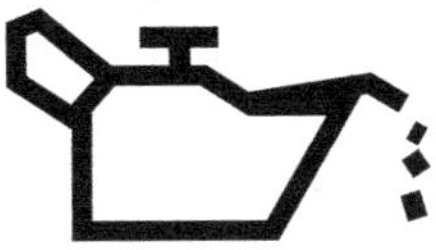	用来表示发动机润滑油的压力情况	当启动开关拨到“ON”的位置时灯是亮的，但是一旦发动机启动，加速踏板被踩下时，灯就灭了，如果在操作过程中灯继续亮着或闪烁，表明油压不足，应立即检查
4	油水分离显示		发动机运行过程中，当油水分离器中的水达到一定高度时，此灯就亮	通常情况下，一旦启动开关拨到“ON”的位置，该灯就亮，发动机启动后，灯就灭 如果发动机运行过程中，灯继续亮或闪烁，立即关闭发动机并放出油水分离器中的水。如果灯亮时叉车在进行操作，有可能使注油泵受到损坏
5	发动机预热显示		钥匙转到“ON”的位置，显示器的灯亮一段时间，灯灭后，即可把钥匙转到“START”的位置	柴油叉车冷启动时有一套完整的“QUICK-ON-START”即“快速启动”系统，启动开关没有“预热”位置
6	发动机冷却液温度表	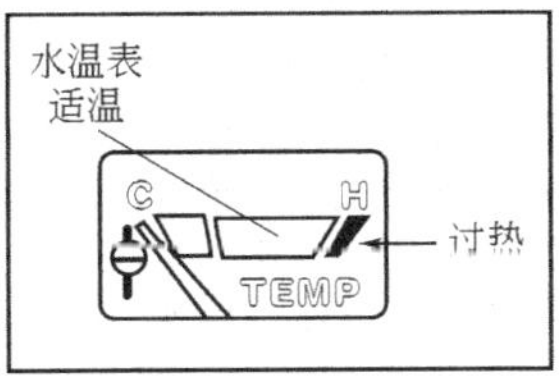	用来表示发动机冷却液的温度	通常情况下，指针应在正常区域内(75～110℃)。如果指针处在报警区域内(110～145℃)，使发动机空转直到指针回到正常区域。如果指针进入报警区域，立即停止操作，减慢发动机的速度使冷却液变冷，一直等到指针回到正常区域
7	燃油表	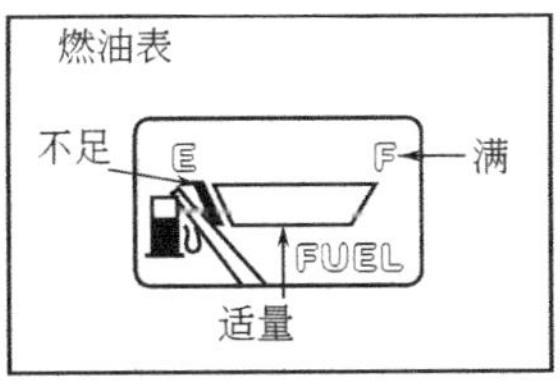	当预热启动开关拨到“ON”的位置，此表告诉操作者燃油箱中还有多少燃料。“E”代表“空”，“F”代表“满”。当燃料的高度降到时1/8时，指针进入报警区域	每个工作日后都要把油箱加满。这样做会减少油箱内水分的冷凝
8	空气滤清器显示		用来表示发动机空气滤清器的工作情况	

表 7-2 内燃叉车开关部分

<table>
<tr><th>序号</th><th>名称</th><th>示意图</th><th>功 能</th><th>备 注</th></tr>
<tr><td>1</td><td>预热启动开关</td><td>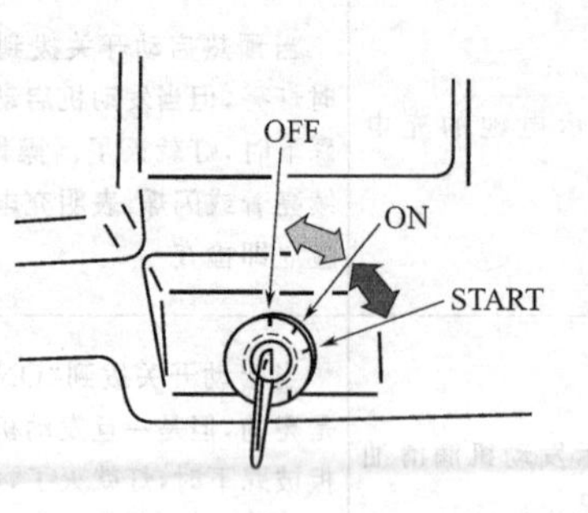
</td><td>OFF—钥匙插入或拨出的位置，在此位置汽油发动机和柴油发动机都停止运行
ON—启动开关位于“ON”的位置时，电路闭合。发动机启动后，钥匙就处于该位
START—钥匙拨到“START”位置时，启动马达啮合。当手离开钥匙时，它依靠弹力的作用自动回到“ON”的位置</td><td>发动机关闭时，不要让启动开关停留在“ON”的位置，这会引起电池漏电
发动机运行时，不要把启动开关转向“START”的位置，以免启动马达受到损坏
每次不要使发动机啮合的时间超过 15s，再次启动之前要等候约 20s</td></tr>
<tr><td>2</td><td>灯光开关</td><td>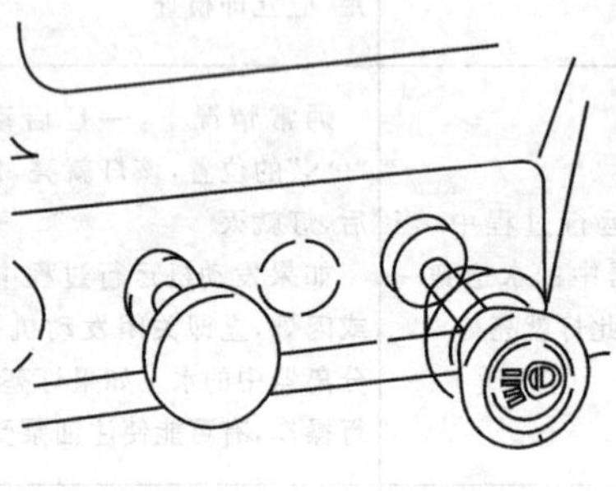</td><td>灯光开关能拉出来两挡
<table>
<tr><th>挡 / 灯</th><th>0 (OFF)</th><th>1 挡</th><th>2 挡</th></tr>
<tr><td>示宽灯及停车灯</td><td>OFF</td><td>ON</td><td>ON</td></tr>
<tr><td>尾灯</td><td>OFF</td><td>ON</td><td>ON</td></tr>
<tr><td>仪表盘照明灯</td><td>OFF</td><td>ON</td><td>ON</td></tr>
<tr><td>前大灯</td><td>OFF</td><td>OFF</td><td>ON</td></tr>
</table></td><td>各灯由灯光开关控制开和关，与启动开关的位置无关</td></tr>
</table>

表 7-3 内燃叉车控制部分

<table>
<tr><th>序号</th><th>名称</th><th>示意图</th><th>功 能</th><th>备 注</th></tr>
<tr><td>1</td><td>方向盘</td><td></td><td>方向盘以通常的方式操作，即方向盘向右边旋转的时候，叉车向右转；方向盘向左边旋转的时候，叉车向左转。转向轮安装在叉车的后部，这就使得转向时叉车的后部能向外摆动</td><td>叉车以发动机为动力提供了液压转向装置，当发动机熄火时转向就很困难。要再次液压转向，必须重新启动发动机</td></tr>
<tr><td>2</td><td>喇叭按钮</td><td>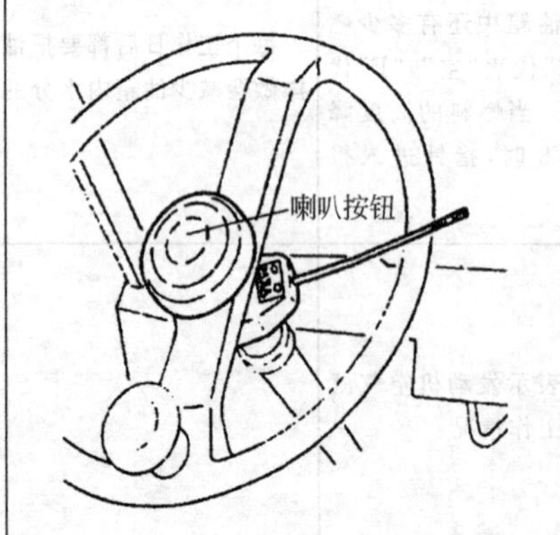
</td><td>按下方向盘中央的橡皮盖发出蜂鸣声</td><td>在启动开关关闭的时候，喇叭也能发出声音</td></tr>
</table>

续表

<table>
<tr><th>序号</th><th>名称</th><th>示意图</th><th>功　能</th><th>备　注</th></tr>
<tr><td>3</td><td>转向信号手柄</td><td>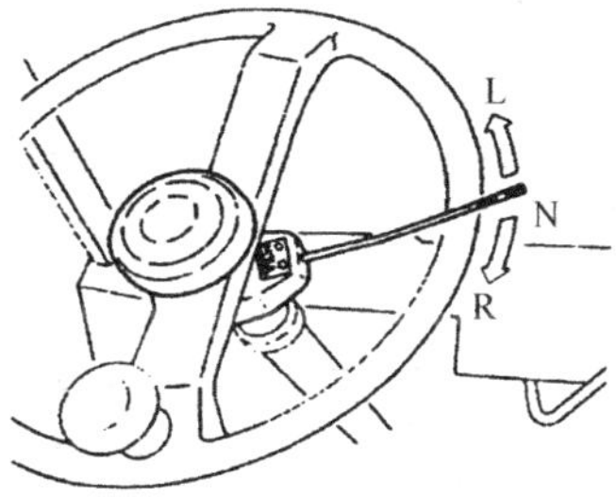</td><td>表示叉车的转弯方向,当手柄处于转弯位置时,转向信号灯闪动<table><tr><td>R</td><td>右转向灯</td></tr><tr><td>N</td><td>中位</td></tr><tr><td>L</td><td>左转向灯</td></tr></table></td><td>转向信号手柄不像普通的叉车那样能自动回到中位,用手动使它复位</td></tr>
<tr><td>4</td><td>起升手柄</td><td>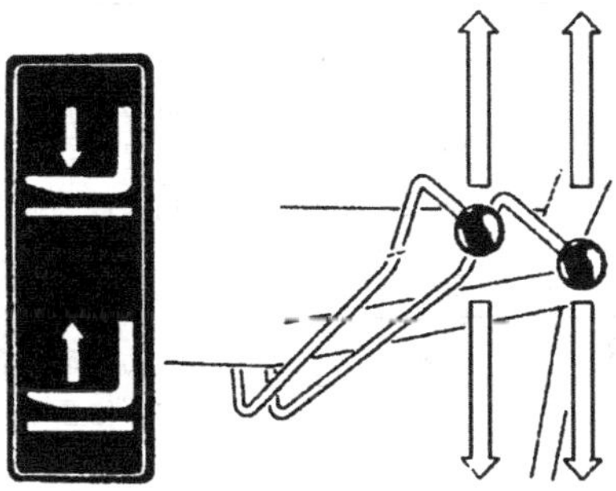</td><td>此手柄后拉或前推可使货叉上升或下降</td><td>起升速度由手柄的倾斜角度和加速踏板力控制,下降速度可由手柄的倾斜角度控制,角度越大,速度越大。发动机速度或加速踏板与货叉的下降速度无关</td></tr>
<tr><td>5</td><td>倾斜手柄</td><td>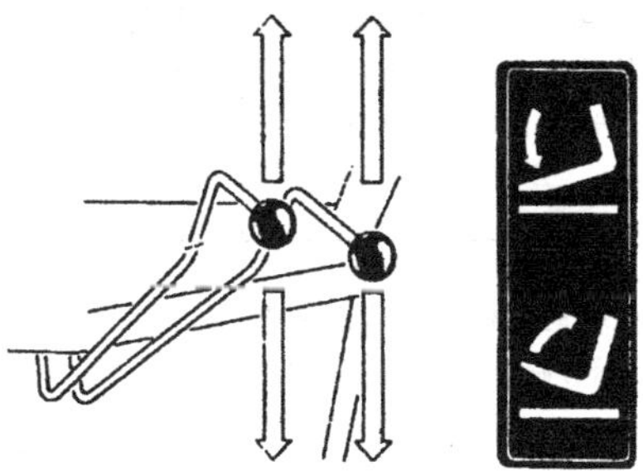</td><td>门架可通过操作此倾斜手柄实现倾斜,向后拉这个手柄将使门架后倾,向前推这个手柄将使门架前倾</td><td>倾斜速度可由手柄的倾斜角度和加速踏板力控制,角度越大,速度越大,发动机熄火时,即使向前推动倾斜手柄,多路阀中的倾斜锁紧装置使门架在自锁状态</td></tr>
<tr><td>6</td><td>停车制动手柄</td><td>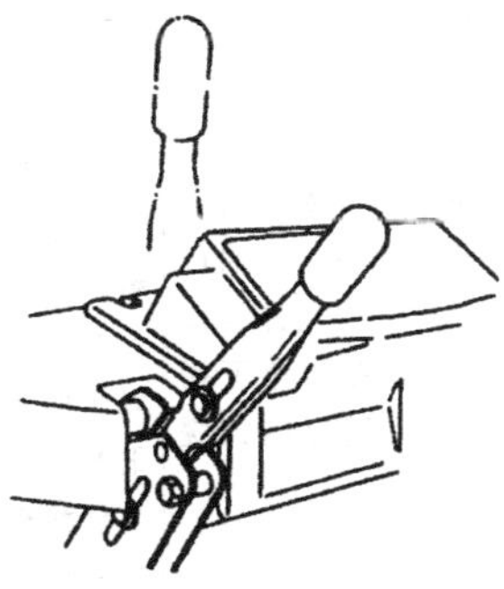</td><td>停车制动时通过拉动这个手柄作用在两个前轮上,使制动器工作</td><td>要断开停车制动,可向前推此手柄,如果不得已在陡坡上停车时,一定要用楔块垫住车轮</td></tr>
</table>

续表

<table>
<tr><th>序号</th><th colspan="2">名称</th><th>示意图</th><th>功能</th><th>备注</th></tr>
<tr><td rowspan="2">7</td><td rowspan="2">换挡手柄</td><td>机械传动叉车</td><td>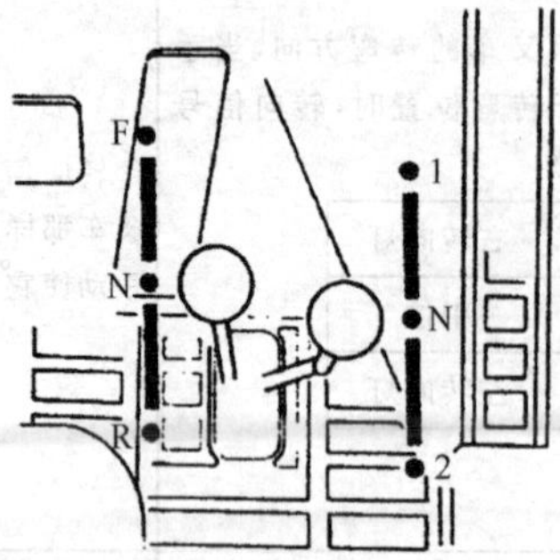</td><td>前进-后退手柄
<table><tr><td>F</td><td>前进</td></tr><tr><td>N</td><td>空挡</td></tr><tr><td>R</td><td>后退</td></tr></table>变速手柄
<table><tr><td>1</td><td>低速</td></tr><tr><td>N</td><td>空挡</td></tr><tr><td>2</td><td>高速</td></tr></table></td><td>传动控制是底板固定式装置，并且前进、后退各有两挡速度。换挡前一定要完全踩下离合踏板。变换运行方向前必须要完全制动。移动手柄倒车时，倒车灯亮</td></tr>
<tr><td>液力传动叉车</td><td>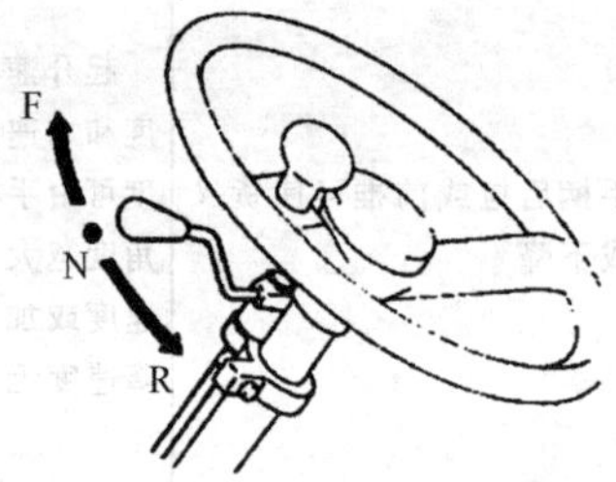</td><td>前进-后退手柄
<table><tr><td>F</td><td>前进</td></tr><tr><td>N</td><td>空挡</td></tr><tr><td>R</td><td>后退</td></tr></table></td><td>传动控制是方向管柱固定式装置，并且前进、后退各有一挡速度。换向前一定要完全停车，移动手柄倒车时，倒车灯亮
启动发动机前把此手柄拨到空挡位置</td></tr>
<tr><td rowspan="4">8</td><td>离合踏板或微动踏板（左）</td><td rowspan="3">机械传动叉车</td><td rowspan="3">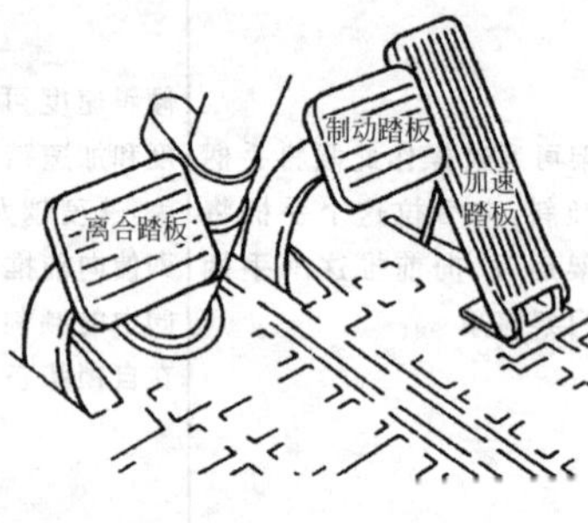</td><td>允许操作者接合或分离发动机和变速箱
踩下离合踏板，发动机和变速箱传动分离，松开离合踏板，动力通过离合器从发动机传到变速箱</td><td>不允许在半离半合的情况下运行叉车</td></tr>
<tr><td>制动踏板（中）</td><td>踩下制动踏板使叉车减速或停下，同时制动灯亮</td><td></td></tr>
<tr><td>加速踏板（右）</td><td>踩下加速踏板可提高发动机的速度，松开此踏板，发动机就怠速运转</td><td></td></tr>
<tr><td>微动踏板</td><td>液力传动叉车</td><td>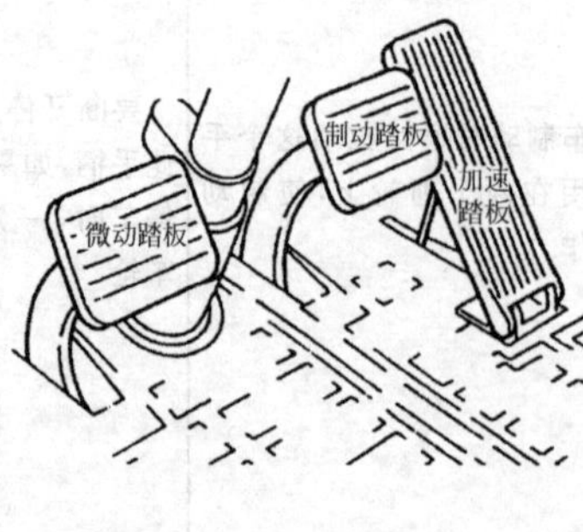</td><td>踩下微动踏板时，液力离合器中的油压相应地下降（油压表的指针摆向左边），允许操作者实现微动操作，在高速下操纵起重系统时，可用此踏板缓慢地移动叉车</td><td>踏板被完全踩下时，也可充当制动踏板，但下坡或在坡道上起步时，不准使用微动踏板。下坡时如使用微动踏板，发动机没有制动作用，叉车会以惯性下行，叉车的制动效果很差。在坡道上起步如使用微动踏板，叉车会惯性下滑，非常危险</td></tr>
</table>

表 7-4 内燃叉车车体部分

序号	名称	示意图	功 能	备 注
1	座椅	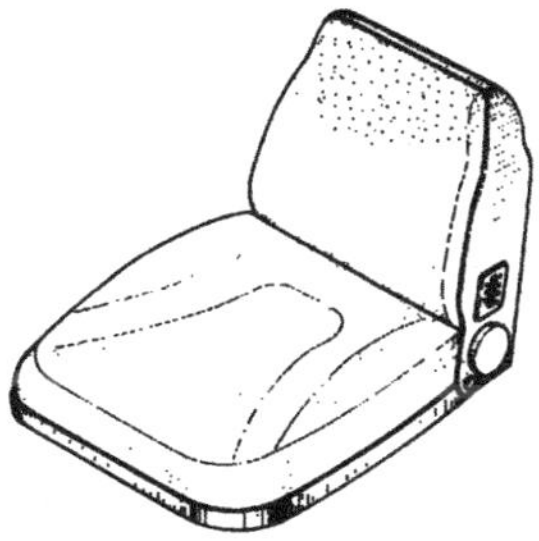	适合于操作者的座椅安装在车上	如果装带有安全带的座椅，要系好安全带，万一翻车时，要手握方向盘，身体向另一侧倾斜，不允许跳车
2	座椅调节手柄	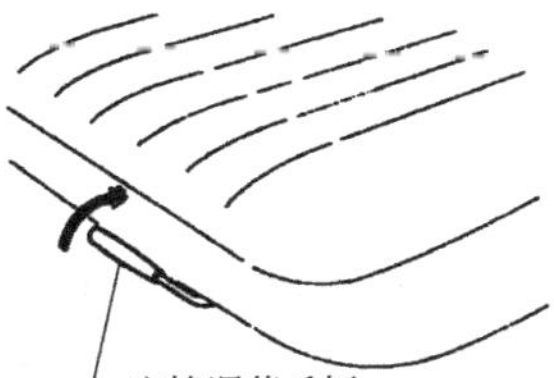	通过调节座椅调节手柄，可使座椅的位置调到与操作者体形相适合，使叉车的冲击、振动被吸收，并且能很容易地接触到所有的手控制和脚控制	把调节手柄向右移，座椅就解锁了。工作之前要调节好座椅并且确保座椅已可靠锁紧
3	护顶架	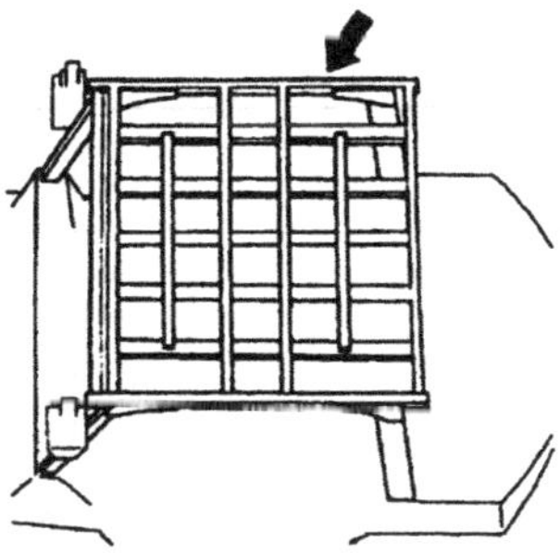		护顶架是防止上部物落下，保护操作者安全的重要零件。安装松动，拆下或改造后使用非常危险，会导致重大事故
4	挡货架	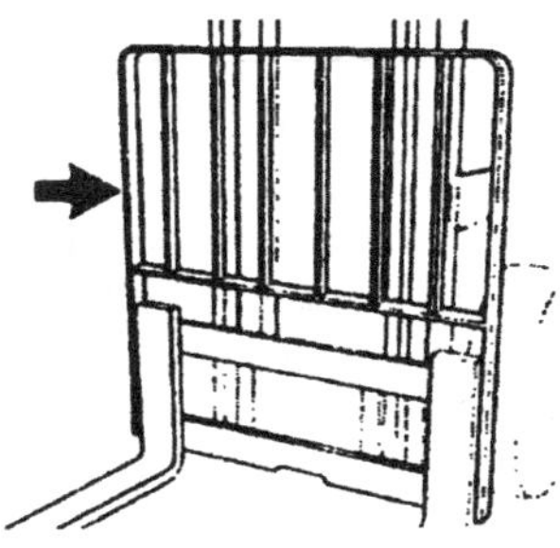		挡货架是防止货叉上装载的货物滑落向操作者的重要安全部件。安装松动、拆下后使用、改造后使用很危险
5	内燃机罩	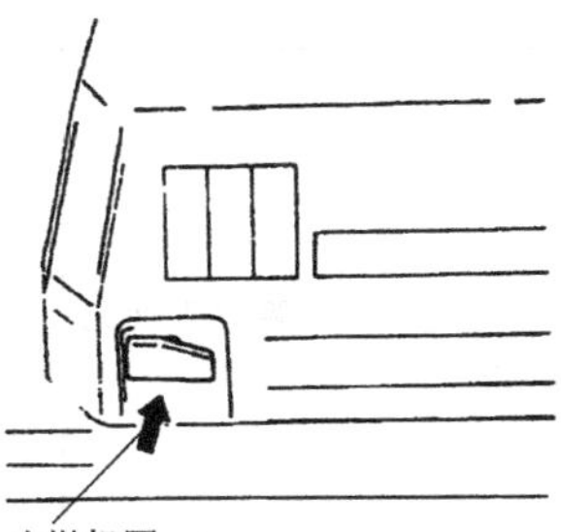	打开内燃机罩时，向上提起标有箭头的内燃机罩锁紧手柄，在内燃机罩气弹簧的帮助下，可用很小的力把内燃机罩打开。关闭内燃机罩时，把内燃机罩的前部向下压直到锁紧为止	关闭内燃机罩时，注意不要把手指卡在里面

续表

序号	名称	示意图	功能	备注
5	内燃机罩			
6	货叉定位销	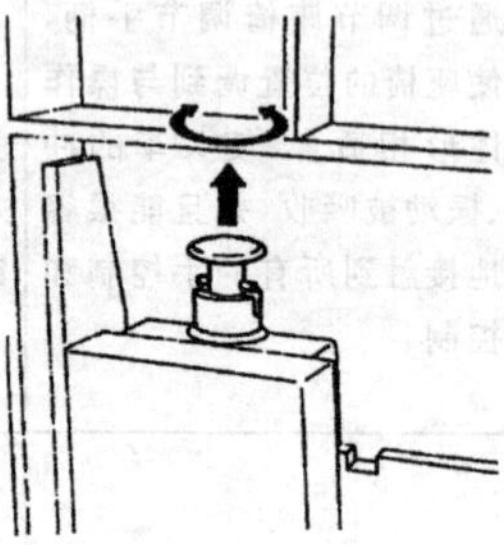	货叉定位销将货叉锁紧在一定的位置	调节货叉间距时，将货叉定位销向上拔起，转 1/4 圈，把货叉调整到所需位置。货叉间距的调整应依据所要装卸的货物而定，货叉对称于叉车的中心线放置后，锁紧货叉定位销
7	牵引销	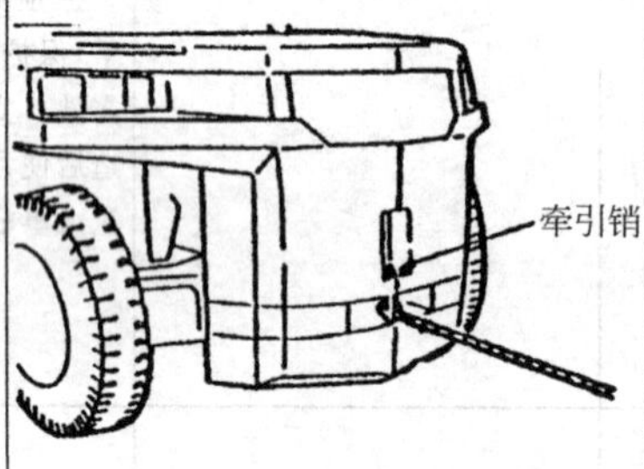		牵引销用于不能行驶时的脱困(如轮胎陷入侧沟等) 叉车运输而要装上货车或从货车上卸下来时绝对不要用于牵引或被牵引作业
8	安全踏脚和安全把手	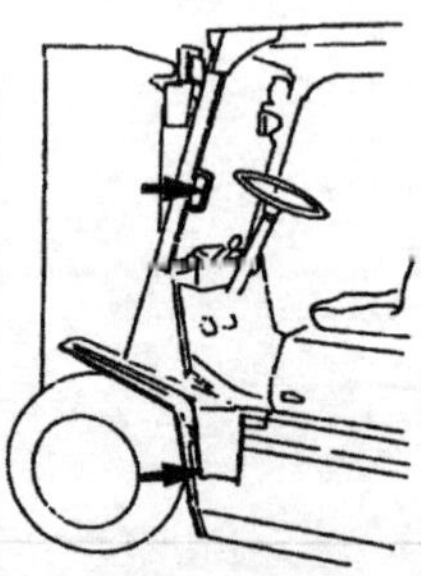	车身的两侧都棍件了安全踏脚，安全把手位于护顶架的左前支承杆上	上、下叉车的时候要使用安全踏脚和安全把手
9	保险丝盒	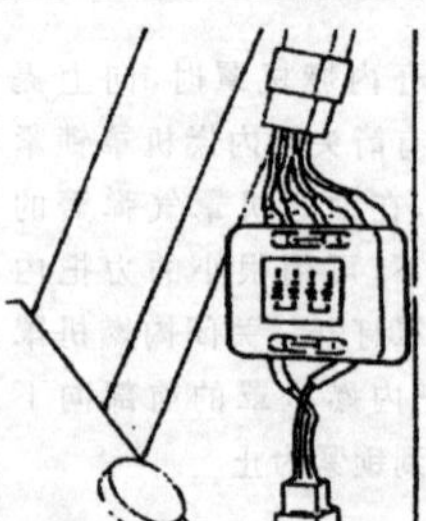	安装在仪表架内表面的右侧	

续表

序号	名称	示意图	功　　能	备　　注
10	制动液罐	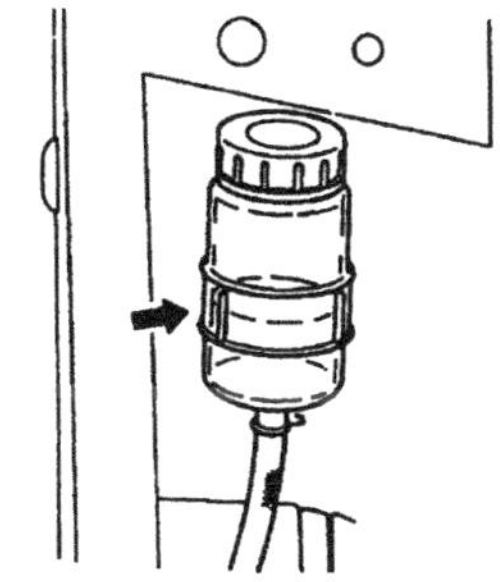		半透明的罐子使得我们从外面就能检查到制动液的液位
11	液压油箱盖	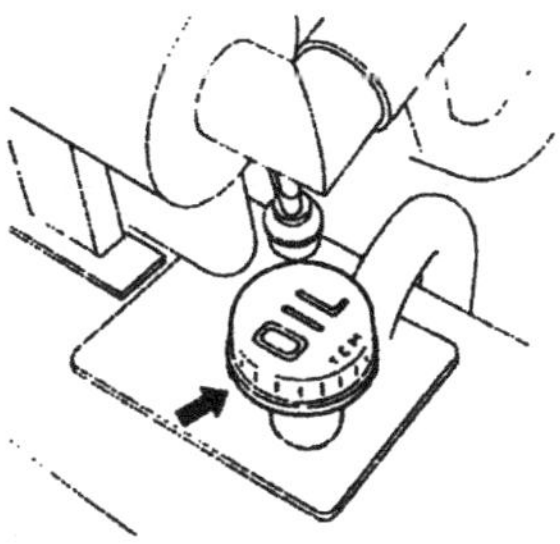	安装在内燃机罩的右内侧，液压油从此注油孔注入。盖子上装有量油尺	
12	燃油箱盖	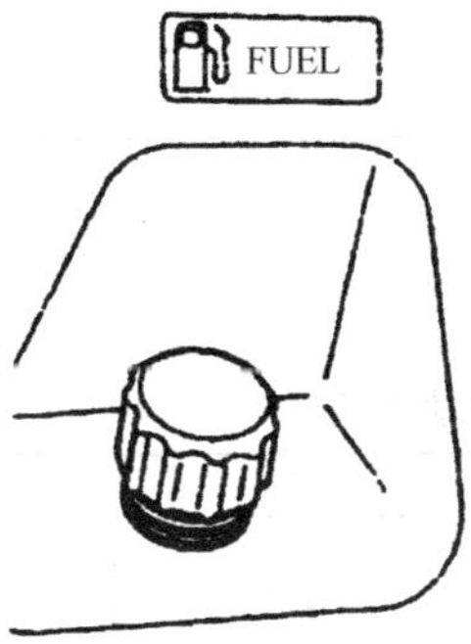	位于车体的左后侧，逆时针旋转就可打开 盖内有通气孔，使空气能进入油箱。如果通气孔被堵塞了，燃油系统就会有麻烦。每次加油时要检查通气孔是否状态良好	加燃油：停车，关闭发动机并拉上停车制动手柄。确保附近没有明火，不要抽烟，燃油加完后盖紧盖子 启动发动机前，确保燃油箱盖已盖紧，且车周围没有溢出的燃油，切记不可明火检查
13	水箱盖	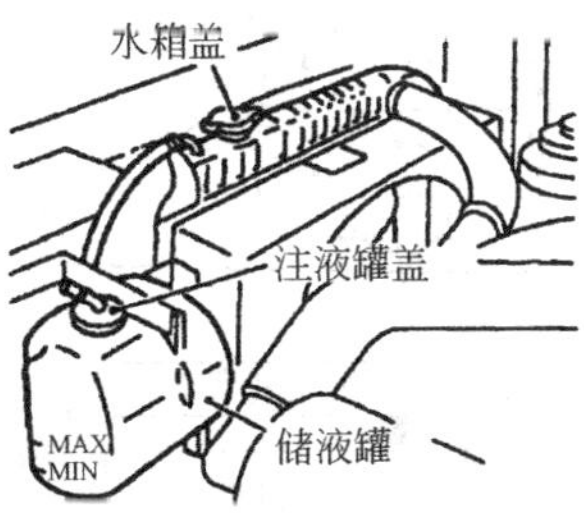	水箱盖位于内燃机罩后部盖板的下方	
14	水箱	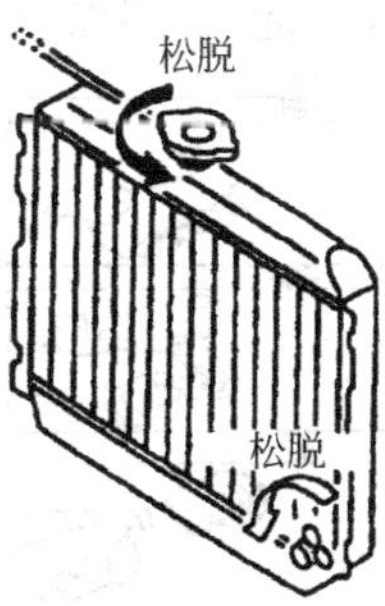		发动机温度较高时，不要突然打开水箱盖，把盖子稍稍左旋以降低水箱中的压力，然后再打开盖子

续表

序号	名称	示意图	功 能	备 注
15	灯类	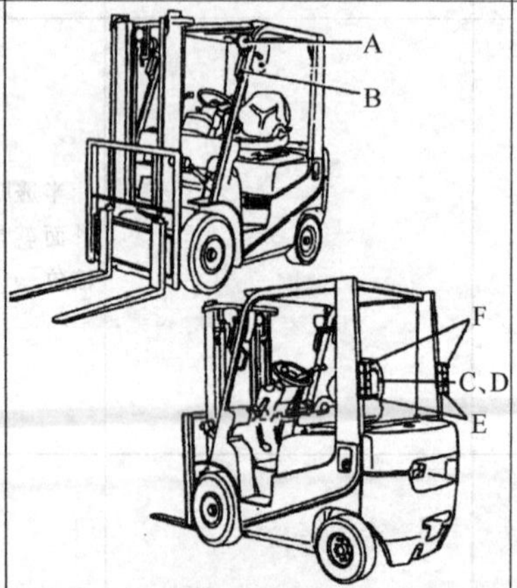		确认灯类工作状况，如果灯泡烧坏，灯罩损伤或不干净，应更换或修理 叉车前侧安装有两只大灯A和前组合灯B(转向信号灯和示宽灯) 叉车后侧安装有后组合灯，包含有转向信号灯F、尾灯C、刹车灯D、倒车灯E和闪光器
16	后视镜			后视镜面应保持清洁 将后视镜面调整到能够良好地看到后方的位置

内燃叉车启动与运行

内燃叉车启动与运行的内容及要求见表7-5。

表7-5 内燃叉车启动与运行

序号	内容		方 法	示意图	备 注
1	启动发动机前	启动汽油机	冷机：踩加速踏板2～3次以后放开，脚离开踏板，启动开关旋至“START”位置时启动发动机，启动后放松钥匙 热机：加速踏板踩下一半并保持，启动开关旋至“START”位置时启动发动机，启动后放松钥匙	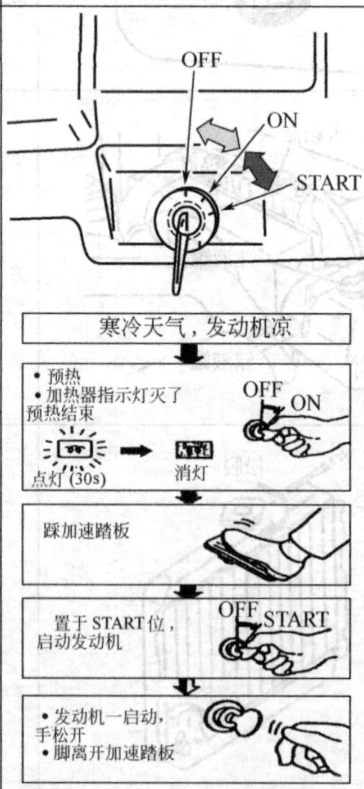	叉车运行前，检查所有的控制装置和警告装置运行是否正常，如有任何损坏或失灵，未修正前禁止启动叉车 检查叉车周围的安全状况 若有油脂或油粘在底板、踏板、操纵手柄或操作者手上，清洁干净 确认换挡手柄和多路阀手柄位于空挡，且停车制动手柄完全啮合 热机启动时，不要把加速踏板踩到底，这样操作可能会使启动困难，踏板踩几次也会引起启动困难
		启动柴油机	把预热启动开关旋至“ON”，直至预热显示指示灯熄灭，然后将预热启动开关旋至“START”位置。如果发动机启动困难，检查燃油油位是否偏低，燃油系统中空气混合情况或预热丝是否断掉		

续表

<table>
<tr><th>序号</th><th>内容</th><th colspan="2">方　法</th><th>示意图</th><th>备　注</th></tr>
<tr><td>2</td><td>发动机启动后</td><td colspan="2">预热发动机(约 5min)
检查发动机旋转(声音或齿轮)</td><td>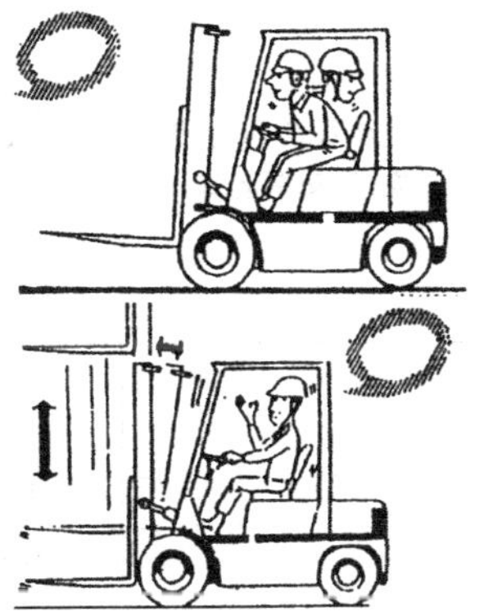</td><td>检查点火(或不发火)的声音
检查排气状况
确认所有指示灯已熄灭
发动机完全预热后,全程操作多路阀操纵手柄 2～3 次,检查其工作状况</td></tr>
<tr><td>3</td><td>操作者的姿势</td><td colspan="2">用左手握着方向盘的握手,右手轻轻搭在方向盘上并作好装卸操作的准备</td><td>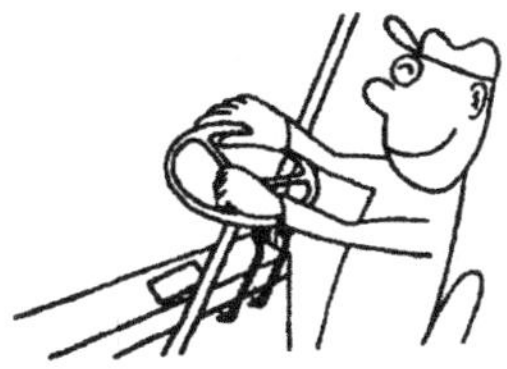</td><td></td></tr>
<tr><td>4</td><td>运行的基本状态</td><td colspan="2">货叉底面离地 150～200mm,门架后倾到位</td><td>
</td><td></td></tr>
<tr><td>5</td><td>启动叉车前发出信号</td><td colspan="2"></td><td></td><td>环视叉车周围,检查安全性</td></tr>
<tr><td rowspan="2">6</td><td rowspan="2">起步</td><td rowspan="2">机械传动叉车</td><td>踩下离合踏板,操作换挡手柄</td><td>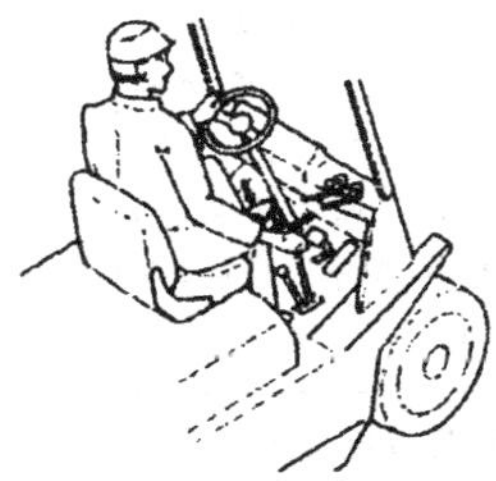</td><td></td></tr>
<tr><td>松开停车制动手柄</td><td>
</td><td></td></tr>
</table>

续表

序号	内容	方法		示意图	备注
6	起步	机械传动叉车	踩下加速踏板的同时慢慢松开离合踏板，叉车运行	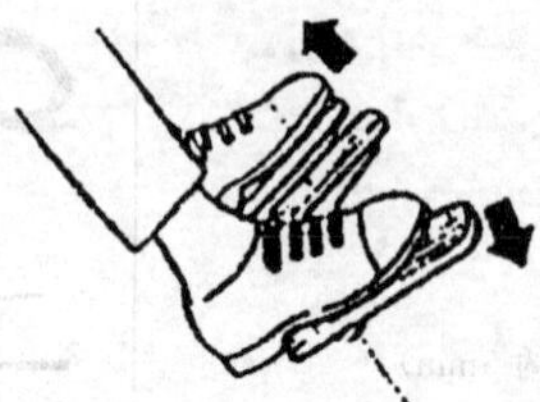	运行中不要把脚踩在离合踏板上
		液力传动叉车	踩下制动踏板，操作前-后换挡手柄，松开停车制动手柄	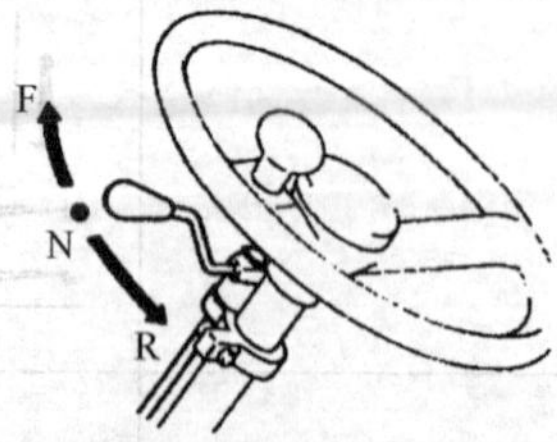	
			松开制动踏板，踩下加速踏板，叉车运行	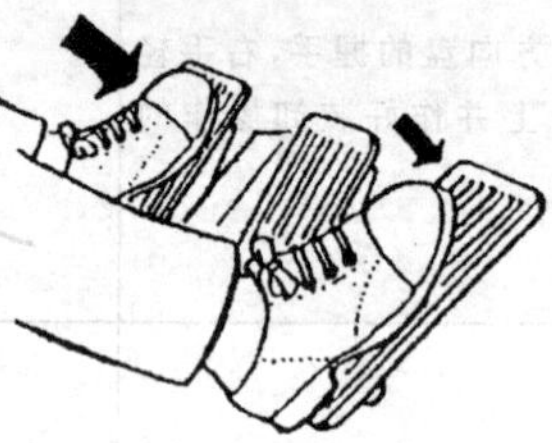	
7	换挡	机械传动叉车	1)变换行驶方向前应让叉车停下来 2)高速挡换到低速挡或低速挡换到高速挡时，让发动机加速后松开加速踏板，同时，踩下离合踏板，把换挡手柄换到所需的挡位，然后松开离合踏板，踩下加速踏板		无负载时，可在高速挡上启动叉车，然而在负载状况下，需在低速挡启动叉车
		液力传动叉车	变换行驶方向前应让叉车停下来		
8	减速	机械传动叉车	叉车使用了同步变速装置，不需要进行二次离合操作，松开加速踏板，将离合踏板踩到底，将变速手柄置于Ⅰ挡位置，松开离合踏板后，踩下加速踏板		在交叉路口必须减速 拥挤的地方必须减速 粗糙的地面或其他凹凸不平表面必须减速 接近货物或障碍物必须减速
		液力传动叉车	将加速踏板略微松开，需要时踩下制动踏板		
9	转向	叉车的转向轮装在后部，这使得转向时后部向外旋转，减慢车速，向要转的一侧转向，方向盘要比前轮转向的叉车略提前一点旋转		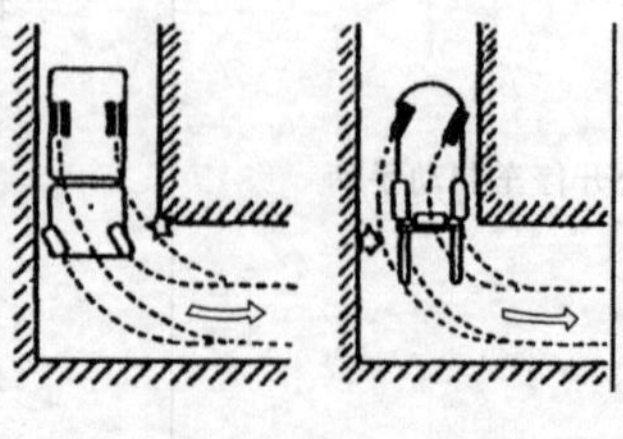	

续表

序号	内容	方　法	示意图	备　注
10	工作装置操作	叉取货物起升时，右手向后拉动起升操作手柄，同时右脚平稳地踏下油门踏板，货叉带动货物上升，升至要求高度时，右脚松开油门踏板的同时，右手将起升操纵杆恢复中间位置。货物下降时，右手向前推动起升操作手柄（靠其重力下降），货物在货叉带动下降落。同样，货叉前、后倾时，也是在踏下油门踏板的同时，右手向前推动或向后拉动倾斜操纵手柄，实现前、后倾工况的要求。操作起升或前倾后仰的手柄时应先动手柄再加油，停止时应先收起油门再停止手柄的操作		叉取货物起升或降落时，动作要平稳，不能忽快忽慢，特别是叉取较重的货物降落时，要平稳缓慢下降，一次降到底，不能时降时停，以免损坏有关机件。禁止升降或前后倾到达顶点时，仍然继续向同方向扳动操作手柄

7.1.3 操作训练

操作手的培训，首先要进行安全技术教育和基础理论教育，使其对叉车的基本构造、原理、作用、操作方法、安全操作规程有了一定的了解以后，再进行实际操作训练。训练时，必须严格按照作业程序、规章规定以及操作注意事项等内容，从基础入手，逐步进行。

一般操作训练内容有以下几项：直线行驶、定位制动、坡道起步、码盘、越障碍、模拟装卸车、实际装卸车等。

直线行驶

直线行驶主要包括发动机的启动、行驶、离合器、加速踏板、制动踏板的使用以及换挡、货叉的升降、发动机停车熄火等内容；除各步骤、机构的操作方法及有关技术要求外，还应注意：

1）驾驶时要身体坐直，双手握住方向盘，精力集中地目视叉车行进的前方。

2）开始练习时，由于各种操作动作不熟练，绝对禁止开快车。

3）行驶中，除有时一手必须操作其他装置（如门架的升降、前后倾等）外，不得将两手集中一点掌握方向盘。

绕 字训练

（1）场地设置

通过绕 8 字训练可以进一步练习转向，训练叉车操作手对转向盘的使用和行驶方向的控制能力，如图 7-3 所示。

内燃叉车路宽＝车宽＋80cm；蓄电池叉车路宽＝车宽＋60cm。

大圆直径＝2.5 倍车长。

小圆直径＝大圆直径－路宽。

（2）操作要求

1）车速不宜过快，操作时用同一挡位行驶全程。待操作熟练后，再适当加速。

2）叉车行进时，内、外侧不能刮碰或压线。

3）中途不能熄火、停车。

（3）操作要领

1）叉车从 8 字形场地顶端驶入，运用加速踏板要平稳，并保持匀速行驶，防止叉车动力不足。

2）叉车稍靠近内圈行驶，前内轮尽量靠近内圆线，随内圆变换方向，避免外侧刮碰或压线。

3）通过交叉点时，在叉车与待驶入的通道对正时，及时回正方向，同时改变目标，并向另一侧转向继续行驶。转向要快而适当，修正要及时少量。

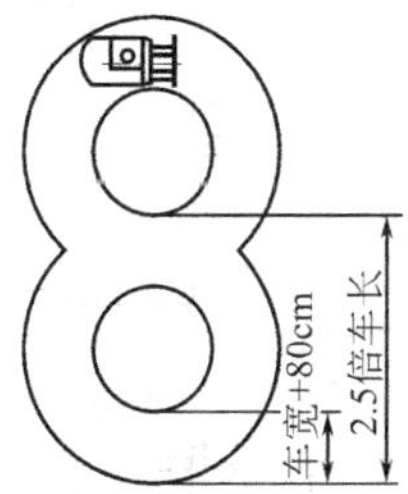

图 7-3　绕 8 字场地设置示意图

4）叉车后倒时，后外轮应靠近外圈，随外圈变换方向，如同转大弯一样，随时修正方向。

定位制动

在距叉车起点线 20m 处，放置一个定点物，叉车制动后，要求货叉能够触到定点物，但不能将其撞倒。

操作要求：

1）叉车从起点线起步后，换入高速挡，并以高速挡行驶全程；换挡时不能发出响声。

2）制动后发动机不能熄火。

3）叉尖轻轻接触定点物，但不能将其撞倒。

坡道起步

在 10%坡道上行驶至坡中停车，发动机不熄火，挂入空挡，靠制动及油门保持动平衡，车不下滑，随即挂入前进 1 挡，起步上坡前进。

操作要求：

1）坡道上起步时，起步平稳，发动机不得熄火。

2）叉车不能下滑，车轮不能空转。

3）换挡时不能发出声响。

越障碍

方法及要求（图 7-4）：

1）门架垂直，货叉在最大宽度位置。

2）在规定的时间内叉车由起点驶入障碍区，在圆角处绕过一周后，倒退返回原地。

3）起步、进出障碍区要鸣笛。

4）行驶中不擦碰障碍物（按图线要求每 490mm 摆放一标杆作为障碍物）。

5）发动机在行驶中不能熄火。

6）驶出障碍区返回原地后，叉车按规定停放。

模拟装卸车

模拟装卸车示意图如图 7-5 所示。

（1）训练器材

1）1t 集装箱一个。

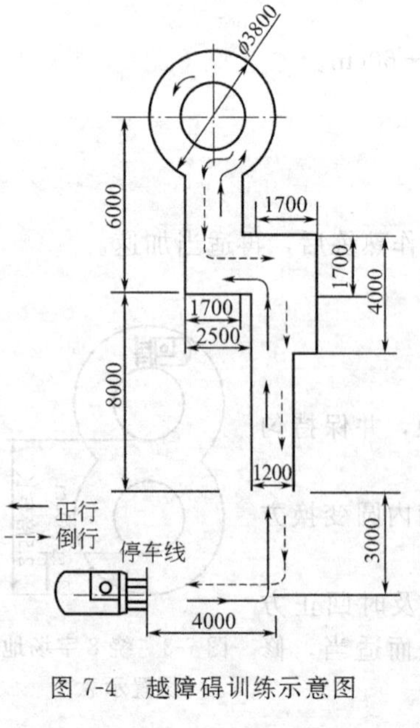

图 7-4 越障碍训练示意图

2）长大货件（可用角钢及钢板焊作，也可用木板制作），尺寸为 2000mm×1000mm×30mm。

3）两个托盘，每个托盘上平码三层砖。

（2）操作要求

1）在规定的时间内，依次将货件逐渐装入车内，叉车返回原位，再依次将货件搬回原处。搬取顺序、进出车门方向自定。

2）叉车运行时，货叉不能探出货叉标志界线，要求每 400mm 摆放一根标杆。

3）行驶、模拟作业时，不能碰撞货物及标杆，放货不能超出界线。

4）运行中不能用手调整货件在货叉上的位置，但可以落地，重新叉取。

5）碰倒门杆或门杆位移超过 100mm，叉车应退出 0.3m，待他人将其扶正后重做。

6）货件及砖不能从货叉及托盘上掉下，托盘上下对齐。

7）装卸作业完了，叉车返回原位，按规定停车。

载托盘曲线穿、拆、堆垛训练

图 7-6 为载托盘曲线穿、拆、堆垛训练示意图。

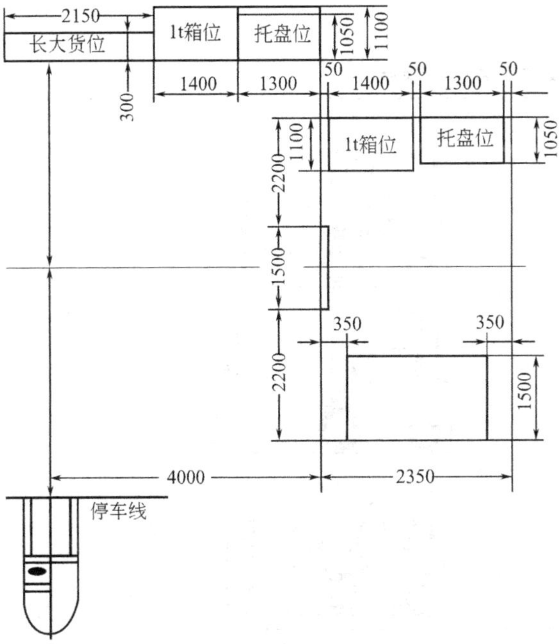

图 7-5 模拟装卸车训练示意图

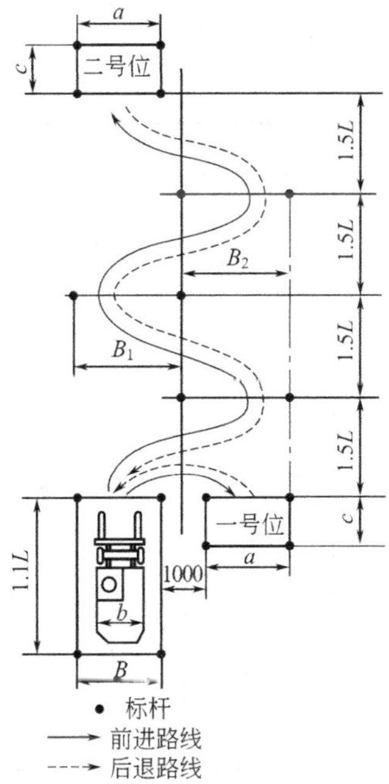

图 7-6 载托盘曲线穿、拆、堆垛训练示意图
L—叉车最大长度，b—叉车最大宽度；B—两标杆中心线距离，B=b+200

（1）训练器材

1）普通托盘 2 个。

2）平衡木 5 个（高 150mm，直径 10mm）。

3）铁标杆 18 个（高 1500mm，直径 8mm，底座为边长 150mm、厚度为 8mm 的等边三角形）。

（2）操作要求

1）按图画线立标杆，将 5 根平衡木置于托盘的四角与中心的位置上，向后将另一托盘放在平衡木上边，上、下托盘对齐，并将此托盘组放在一号位内，叉车放置在车库里。

2）接指挥信号后，叉车鸣喇叭起步进一号位，叉取放在平衡木上边的托盘倒回车库，托盘离地 200～300mm 顺进穿桩，放托盘于二号位，空车倒回车库，然后再进一号位，叉取放有平衡木的托盘，按第一次的路线，将托盘整齐地码放在二号位的另一个托盘上（一次放齐，不能再整理），然后将车倒回车库，按规定停放。在规定的时间内完成上述动作。

3）行驶中发动机不能熄火。

4）行驶中托盘及平衡木不能脱落、翻倒。

5）不能原地死打方向盘。

6）不能擦碰及碰倒标杆。

7）车轮不能压图线。

8）两托盘必须对齐，各边相差不能超过 50mm 且托盘不能出线。

叉卸货训练

叉车作业，不论是装货，还是卸货，都必须重复完成叉货和卸货两个基本动作，叉卸货训练时应按照叉货作业程序（表 7-6）及卸货作业程序（表 7-7）反复进行，由慢到快，循序渐进，同时还应特别处理好负载与稳定性的关系，处理好载荷中心与负荷曲线的关系，特别注意叉车的稳定性。

表 7-6　叉车叉货作业程序

作业步骤	作业名称	作业特点	作业示意图	说　明
1	驶近货垛	叉车起步后，操纵叉车行驶至货垛前面，进入工作位置		①通过操纵杆，操纵门架动作或调整叉高，要求动作连续，一次到位成功。不允许反复多次调整，以提高作业效率 ②进叉取货过程中，可以通过离合器控制进叉速度（但不能停车），避免碰撞货垛。取货要到位，即货物一侧应贴上叉架（或货叉垂直段），同时，方向要正，不能偏斜，以防货物散落 ③进叉取货时，叉高要适当，禁止刮碰 ④叉货行驶时，门货物架一般应在后倾位置。在叉取某些特殊货物，门架后倾反而不利时，也应使门架处于垂直位置。任何情况下，都禁止重载叉车在门架前倾状态下行驶
2	垂直门架	操纵门架倾斜操纵杆，使门架处于垂直（或货叉水平）位置		
3	调整叉高	操纵货叉升降操纵杆，调整货叉高度，使货叉与货物底部空隙同高		
4	进叉取货	操纵叉车缓慢向前，使货叉完全进入货物底下		
5	微提货叉	操纵货叉升降操纵杆，使货物向上起升而使货物离开货垛		
6	后倾门架	操纵门架倾斜操纵杆，使门架后倾，防止叉车在行驶中货物散落		
7	退出货垛	操纵叉车倒车而离开货位		
8	调整叉高	操纵货叉升降操纵杆，调整货叉的高度，使其距地面一定高度（20～30cm）		

表 7-7　叉车卸货作业程序

作业步骤	作业名称	作业特点	作业示意图	说　明
1	驶近货位	叉车叉取货物后行驶到卸货位置，准备卸货		①通过操纵杆，操纵门架动作或调整叉高，动作要柔和，速度要慢，以防货物散落。同时动作要连续，一次到位成功，不允许反复多次调整，以提高作业效率 ②对准货位时速度要慢（可用微动控制），但不能停车，左、右位置不偏车。前后不能完全对齐，要留出适当距离，以防垂直门架时货叉前移而不能对正货堆 ③垂直门架一定要在对准货位以后进行，保证叉车在
2	调整叉高	操纵货叉升降操纵杆，使货叉起升（或下降），而超过货垛（或货位）高度	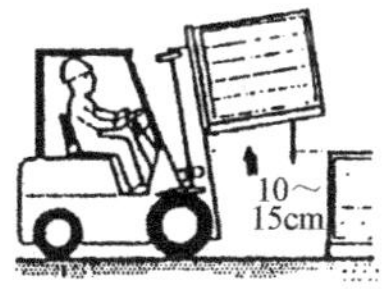	
3	进车对位	操纵叉车继续向前，使货物位于货垛（或货位）的上方，并与之对正		
4	垂直门架	操纵门架操纵杆，使门架向前处于垂直位置		
5	落叉卸货	操纵货叉升降操纵杆，使货叉慢慢下降，将所叉货物放于货垛上，并使货叉离开货物底部		
6	退车抽叉	叉车起步后倒，慢慢离开货垛		
7	后倾门架	操纵门架向后倾斜		
8	调整叉高	操纵货叉起升或下降至正常高度，驶离货堆		

7.1.4 叉车训练考核

任何一次训练，无论时间长短，都应当进行必要的考核。考核可以采用理论书面测试与实作相结合的方式。题目应结合工作实际，也可以根据学员的不同程度适当增加难度。各项考试均可以采用百分制评分。

考核内容

内容可设理论测试和实际操作，各部分占总分的比例为：40％、60％。

(1) 理论测试

理论测试应不拘形式，力求简单灵活，以简明的文字，检验学员学习掌握基本知识的情况。

题目可以是选择题、判断题、是非题、填空题和简答题。

题目可以根据培训中所讲的内容和学员情况，酌情处理其深度、难度。

(2) 叉车驾驶

按照叉车驾驶的综合场地样式，并按厂家提供的叉车数据进行换算，画出标准场地进行考核。

实作考核的组织

(1) 叉车驾驶考核场地设置

按照叉车驾驶的综合场地样式，并按厂家提供的叉车数据进行换算，画出标准场地，如图 7-7 所示（按 1t 内燃叉车设计，其他吨位可以按比例适当加宽通道）。

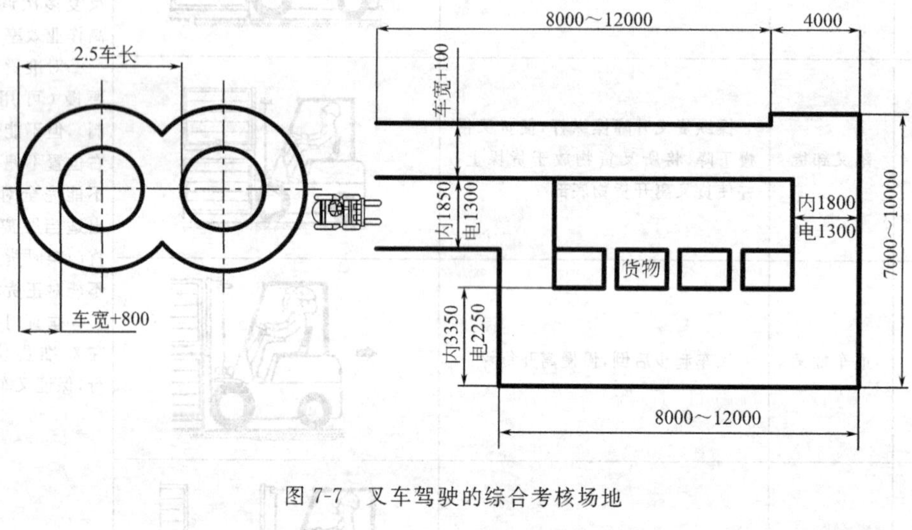

图 7-7 叉车驾驶的综合考核场地

顺序和内容是：叉车从考场外起步后，进入通道，经右拐直角弯，左拐直角弯后，左拐直角取货，并载货左拐退出货位停车。然后有起步前进，经两次左拐直角弯，载货正行进入窄通道，经过窄通道后，绕"8"字转 1 圈后又进入通道，经右拐直角弯、左拐直角弯后，左拐直角卸货，起步后倒出货位，倒车经左拐直角弯、右拐直角弯后回到初始位置，停车，整个过程完毕。

(2) 评分标准

1）考核时间　从起步算起考核时间为 4min，准备时间不计在考核时间内。超时按照考核评分说明扣除相应分数。

2）驾驶考核扣分标准　详见叉车驾驶考核评分见表 7-8。

表 7-8　叉车驾驶考核评分表

主考　　　　　　监考　　　　　　　　　　　　年　　月　　日

考核内容	基本分	扣分项目	扣分标准	姓　名
上车发动起步(1)	4 分	上车动作不正确 顺序不正确 起步不升货叉 起步不松手制动 起步不平稳 起步不鸣喇叭	1 1 1 1 1 1	
空车右转弯(2)	5 分	压碰内侧一次 后侧刮压一次 前碰一次 调整一次	1～3 1～3 2 3	
空车左转弯(3)	4 分	后侧刮压一次 前碰一次 调整一次	1～3 2 3	
直角取货(4)	12 分	后侧刮压一次 货叉调整不当 撞货一次 取货不到位 刮碰两侧货垛一次 后倒时后碰一次 取货时程序错一步 调整一次	2～3 2 5 1～3 1～2 2～4 2 4	
重车左转弯(5)	6 分	前碰一次 内侧刮碰一次	3 1～3	
重车左转弯(6)	10 分	内侧刮压一次 后侧刮压一次 前碰一次 调整一次	2～4 1～3 2～4 4	
过窄通道(7)	8 分	刮碰一次 调整一次	1～3 4	
绕“8”字(8)	7 分	内侧刮压一次 外侧刮压下次 调整一次	2～4 2～4 3	
重车右转弯(9)	6 分	内侧刮压一次 后侧刮碰一次 前碰一次 调整一次	1～3 1～3 2～4 3	
空车左转弯(10)	5 分	后侧刮碰　次 前碰一次 调整一次	1～3 2～4 3	
直角取货(11)	14 分	后侧刮压一次 货叉调整不当 撞货一次 卸货不到位 卸货偏斜 刮碰两侧货垛一次 后倒时后碰一次 卸货时程序错一步 调整一次	2～3 2 5 1～2 1～3 1～2 2～4 2 4	

续表

考核内容	基本分	扣分项目	扣分标准	姓 名
倒车左转弯(12)	5分	压碰内侧一次 后侧刮压一次 调整一次	1～3 1～3 3	
倒车右转弯(13)	8分	压碰内侧一次 后侧刮压一次 调整一次	1～3 1～3 3	
停车熄火下车(14)	6分	车位不正 不摘挡 不拉手制动 不放货叉 熄火顺序不对 下车动作不正确	2 1 1 1 1 1	
在总分中扣除		熄火一次 随意停车一次 打死轮一次 长时间使用半联动 方向盘操作不当 窄通道过不去 碰撞货垛后果严重	2 1 2 5 5 41 41	
总分		100	实得分	

(3) 评分说明

每小项扣分可到负分，但总分不得为负，超时10s扣0.5分，节时不加分。

7.2 叉车维护

叉车在使用中，由于受各种因素的影响，其零部件必然会产生不同程度的松动、磨损、叉车损伤和锈蚀。为保证叉车在使用中运行正常可靠，发挥其潜在能力，并保持良好的技术状况和较长的使用寿命，必须采取经常性的维修、养护措施，建立计划修理和预防养护制度，以保持叉车外观整洁，降低零部件磨损速度，防止不应有的损坏、及时查明故障隐患并予以消除。一般把对叉车各总成和部件采取的各种技术措施统称为技术维护工作。通常把为保持叉车技术状态良好而进行的清洁、检查、润滑、调整等各项作业制度，称为叉车维护制度。

7.2.1 叉车维护的目的及主要工作

维护的目的

叉车在使用过程中，随着运行的间隔时间增长，由于机件磨损、自然腐蚀和老化等原因，各部机件必然产生锈蚀、松动、损坏，致使动力性、经济性、可靠性逐渐下降，叉车的技术性能将逐渐变坏。因此，必须及时进行维护和修理。

叉车维护的目的：根据叉车的设计要求和不同的使用情况，以及各种零件的磨损规律，把磨损程度相接近的项目集中起来，在正常磨损阶段进行相应的清洁、检查、润滑、紧固、调整和校验等工作，从而改善各零件的工作条件，减轻零件磨损，消除隐患，防止事故，保证作业安全。避免早期损伤，延长使用寿命，使各种零件和总成保持良好的技术状况。在运行中，降低燃料等的消耗和零件、部件的磨损损坏；最大限度地延长整车或各总成的大修间隔里程，并减小叉车的噪声和对环境的污染。

维护的主要工作

叉车的种类很多，每一种叉车需要维护的项目也有许多。按其作业性质区分，主要工作有清洁、检查、紧定、调整和润滑等。

(1) 清洁

清洁工作是提高维护质量，减轻机件磨损和降低油料、材料消耗的基础，并为检查、紧定、调整和润滑做好准备。

清洁工作总的要求是：叉车外观整洁，发动机及各总成部件和随车工具无油污，各滤清器工作正常，液压油、机油无污染，各管路畅通无阻。

(2) 检查

检查是通过检视、测量、试验和其他方法，来确定各总成、部件技术性能是否正常，工作是否可靠，机件有无变异和损坏，为正确使用、保管和维修提供可靠的依据。

检查工作总的要求是：发动机和各总成、部件状态正常，机件齐全可靠，各连接、紧固件完好。

(3) 紧定

由于叉车在工作中的颠簸、震动、机件热胀冷缩等原因，各紧固件的紧固程度会发生变化，甚至松动、脱落、损坏和丢失。

紧定工作总的要求是：发动机和各总成、部件状态正常，机件齐全可靠，各连接、紧固件完好，确保作业安全、可靠。

(4) 调整

调整工作是恢复叉车良好技术性能和确保零部件间正常配合间隙的重要工作，调整工作的好坏，直接影响叉车的动力性、经济性和可靠性。所以，调整工作必须根据实际情况及时进行。

调整工作总的要求是：熟悉各部的调整技术要求，按照正确的调整方法、步骤，认真、细致地进行调整。

(5) 润滑

润滑工作是保证叉车正常可靠工作、延长使用寿命的重要工作。对润滑工作总的要求是：按不同地区和季节，正确选用润滑剂品种，加注的油品和工具应清洁，加油口和油嘴应擦拭干净，加注量应符合要求。

7.2.2 叉车维护的分类及组织实施

叉车维护的分类

叉车维护制度是实施叉车维护的法规和依据，它规定了执行技术维护各级作业的类别、要求、内容及周期等，叉车的维护必须坚持“预防为主、强制维护、视情修理”的原则。保持外观整洁，及时发现和消除故障隐患，防止早期损坏。

维护分为：初驶维护、日常维护、换季维护和定期维护四种。

针对不同的叉车，其维护项目和内容有所区别：

内燃叉车的维护制度为：初驶维护、日常维护、换季维护和定期维护等。

蓄电池叉车的维护制度为：日常维护、换季维护和定期维护等。

初驶维护：为减轻零件的初期磨损，防止机件松动，对新出厂的或大修后的叉车在使用初期必须进行初驶维护。其维护内容主要是加强检查、紧定和润滑等。

日常维护：以清洁、外部检查为主要内容的维护。包括出车前检查、途中检查和回场后检查。

定期维护：叉车在使用一定时间后所进行的一种维护，分为一级维护和二级维护。一级维护以外观检查及外部调整间隙、润滑为主。二级维护以部件内部调整，排除不良状态及局部修理、更换零部件为主。

换季维护：为使叉车适应季节的变化，保证可靠地工作，凡全年最低温度在−5℃以下的地区，在入夏和入冬前必须进行以包括清洗燃料系、更换润滑油、调节电解液密度为主要内容的换季维护。

叉车维护的组织实施

叉车维护工作通常由所属单位组织实施，做到人员和时间落实，并做好油、材料的保障工作。保证在任何条件下，都能保质保量地完成维护工作。

日常维护和一级维护，由叉车操作手完成。初驶维护、换季维护和二级维护，在修理工协助下，由操作手完成。

叉车的维护要严格遵守维护技术规范，积极采用必要的检测手段，努力提高维护质量。对维护竣工的叉车，应检查验收，不合格的应重新进行维护。

凡列入维护计划的小修项目及维护过程中发现的小修项目，均应结合维护进行修复。

(1) *初驶维护*

新车和发动机经过大修的叉车，在规定的作业时间内的使用磨合，称为叉车初驶。叉车初驶期工作的特点是：零件工作表面比较粗糙，润滑效能不良，磨损加剧，紧固件易松动。因此，必须按照初驶的规定进行使用和维护。

叉车的初驶期：开始使用50h为初驶期。

1）初驶规定

① 减载：初驶期内，叉车起重量不允许超过额定起重量的60%，起升高度一般不超过2.5m。

② 减速：发动机不得高速运转，限速装置不得任意调整或拆除，叉车应经常保持在12km/h以下。

③ 按规定正确选用燃油和润滑剂。

④ 正确操作。正确启动，发动机预热到40℃以上才能起步，起步要平稳，待温度正常后再换高速挡；适时换挡，避免猛烈撞击；选择良好的路面形式；尽量避免紧急制动；使用过程中密切注意变速器、驱动桥、车轮轮毂、制动毂的温度，在装卸作业时，严格遵守操作规程。

2）初驶维护项目

① 初驶前维护项目

- 清洁叉车。
- 检查、紧定全车各总成外部的螺栓、螺母、管路接头、卡箍及安全锁止装置。
- 检查全车油、水、气有无渗漏现象。
- 检查机油、齿轮油、液压油、冷却液液面高度。
- 润滑全车各润滑点。
- 检查轮胎气压和轮毂轴承松紧度。
- 检查转向轮前束、转向角和转向系各机件的连接情况。
- 检查、调整离合器踏板自由行程和手制动器操纵杆行程，检查制动装置的制动效能。
- 检查、调整风扇皮带松紧度。
- 检查蓄电池电解液液面高度、密度和负荷电压。
- 检查各仪表、照明、信号、开关按钮及随车附属设备工作情况。

• 检查液压系统分配阀操纵杆行程及各工作油缸行程。
• 检查、调整起重链条的松紧度。
• 检查门架、货叉的工作情况。

② 初驶中维护项目　初驶中维护一般在工作25h后进行，其维护项目是：
• 检查、紧定发动机汽缸盖和进、排气歧管螺栓、螺母。
• 检查、调整气门间隙。
• 润滑全车各润滑点。
• 更换发动机润滑油。
• 检查升降油缸、倾斜油缸、转向油缸、横移油缸、分配阀的密封、渗漏情况。

③ 初驶后的维护项目　初驶后维护一般在工作50h后进行，其维护项目是：
• 清洁全车。
• 拆除汽油发动机限速装置。
• 清洗发动机润滑系，更换发动机机油和机油滤清器滤芯。清洗全车各通气器。
• 清洗变速器、变矩器、驱动桥、转向系、工作装置液压系统，更换润滑油、液压油和液力油。清洗各油箱滤网。
• 清洁各空气滤清器。
• 清洗燃油滤清器和汽液压泵沉淀杯及滤网。放出燃油箱沉淀物。
• 检查轮毂轴承松紧度和润滑情况。
• 检查、紧定全车各总成外部的螺栓、螺母及安全锁止装置。
• 检查制动效能。
• 检查、调整风扇皮带松紧度。
• 检查蓄电池电解液液面高度、密度和负荷电压。
• 检查工作装置的工作性能。
• 润滑全车各润滑点。

(2) 日常维护

日常维护以清洁和外部检查为重点。它包括出车前检查、工作中检查和回场（库）后维护。

1) 出车前检查项目

① 检查燃油、润滑油、液压油和冷却液是否加足。

② 检查全车油、水有无渗漏现象。

③ 检查各仪表、信号、照明、开关、按钮及其他附属设备工作情况。

④ 检查发动机有无异响，工作是否正常。

⑤ 检查转向、制动、轮胎和牵引装置的技术状况及紧定情况。

⑥ 检查起升机构、门架倾斜机构、货叉横移机构、叉架和液压传动系统的技术状况及紧定情况。

⑦ 检查随车工具及附件是否齐全。

2) 工作中检查项目

工作中检查通常在工作2h左右进行，其检查项目是：

① 检查发动机、底盘、工作装置、液压系统、仪表及信号装置的工作情况。

② 检查轮毂、制动鼓、变速器、变矩器、齿轮泵和驱动桥温度是否正常。

③ 检查轮胎、转向和制动装置的状态及紧定情况。

④ 检查机油、冷却液、液压油的液面高度和温度以及全车油、水有无渗漏现象。

3) 回场（库）后维护项目

① 清洁叉车。

② 加添燃油，检查润滑油、冷却液、液压油、液力油，北方冬季，若未加防冻液或没有暖库应放净冷却水。

③ 检查风扇皮带的完好情况和松紧度。

④ 检查轮胎气压。

⑤ 检查叉架、起重链拉紧螺栓的紧固情况。

⑥ 检查升降油缸、倾斜油缸、转向油缸和各管接头的渗漏情况。

⑦ 排除工作中发现的故障。

⑧ 检查、整理随车工具及附件。

⑨ 每工作 40～50h 应增加下列项目：

• 清洗各空气滤清器。

• 清洁蓄电池外部，检查电解液液面高度和电极柱、连接线的清洁、紧固情况。

• 检查分电器触点，润滑分电器轴和凸轮。

• 检查、紧定全车各总成外部易松动的螺栓。

• 对水泵轴承、转向节主销、横、直拉杆球头销、倾斜油缸横销、三联板中心销、叉架滚轮等易缺油的部位加注润滑脂、润滑油。

• 对起重链条进行润滑和调整。

4）工艺流程　日常维护工艺流程如图 7-8 所示。

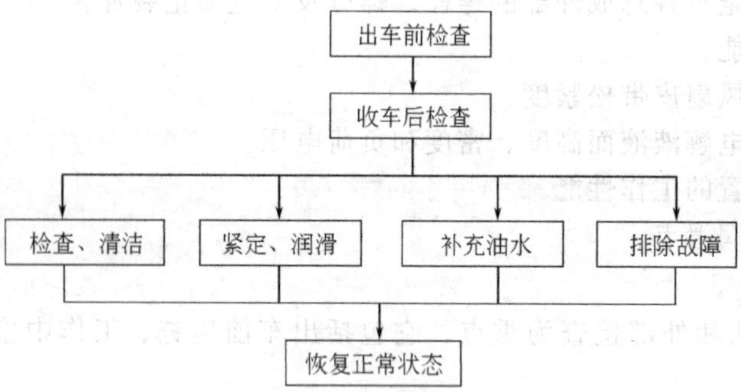

图 7-8　叉车日常维护工艺流程

(3) 换季维护

换季维护项目是：

1）清洗燃油箱，检查防冻液状况。

2）按地区、季节要求更换润滑油、燃油、液压油和液力油。

3）清洁蓄电池，调整电解液密度并进行充电。

4）检查放水开关的完好情况。

5）检查发动机冷启动装置。

(4) 定期维护

1）定期维护时间间隔及检查项目和内容　定期维护包括月、季度、半年和全年等，检查项目和内容参见表 7-9～表 7-17。该时间表是以标准的工作时间和作业条件设定的，叉车在恶劣条件下工作，则应提前进行维护（●表示更换；○表示维护）。

2）定期维护工艺流程

① 每月维护工艺流程　由操作手负责执行。其作业中心内容除日常维护作业外，以清洁、润滑、紧固为主，并检查有关制动、操纵等安全部件。坚持“三检”，即出车前、行车

中、收车后检视叉车的安全机构及各部机件连接的紧固情况，保持“四清”，即保持润滑油、空气、燃油滤清器和蓄电池的清洁，防止“四漏”，即防止漏水、漏油、漏气、漏电等。通常根据车型要求实施维护。其工艺流程如图 7-9 所示。

② 3 个月以上时间的维护工艺流程　其作业中心内容除一级维护作业外，以检查、调整工作装置、转向节、转向摇臂、制动蹄片、悬架等，经过一定时间的使用容易磨损或变形的安全部件为主，并拆检轮胎，进行轮胎换位等。通常依据各地条件、依据维修规范及叉车生产厂家的要求组织实施。其维护作业工艺流程如图 7-10 所示。

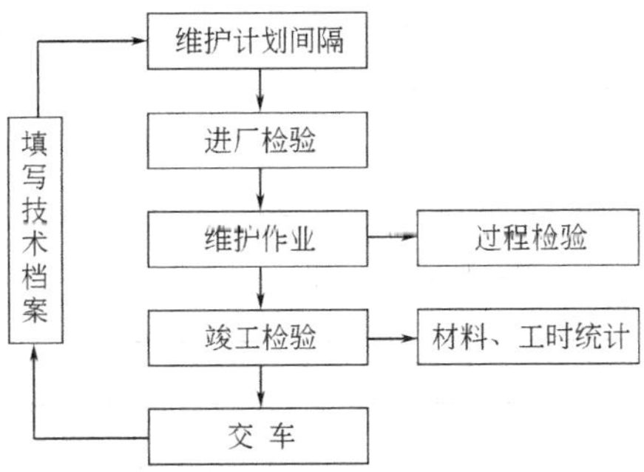

图 7-9　每月维护工艺流程

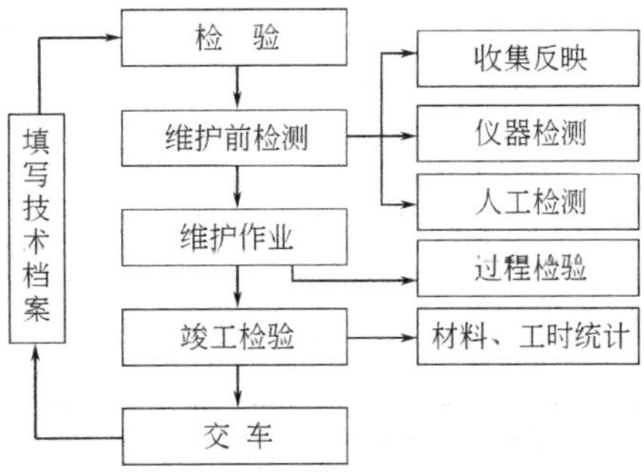

图 7-10　3 个月以上时间的维护工艺流程

表 7-9　内燃叉车定期维护时间（发动机）

检查项目	检查内容	工具	每天(8h)	每月(200h)	3 个月(600h)	6 个月(1200h)	每年(2400h)
发动机	目视检查发动机运转状态		○	○	○	○	○
	发动机声音		○	○	○	○	○
	排气颜色		○	○	○	○	○
	清洁或更换空滤器滤芯			○	○	●	●
	检查曲轴箱清除污垢				○	○	○
	检查调整气门间隙	厚薄规				○	○
	检查汽缸压缩压力	压力计					○
曲轴通风装置	检查阀和管堵塞或损坏情况					○	○
调速器	检查空载最大转速	转速表					○
	发动机是否漏油		○	○	○	○	○
润滑系统	检查油量、清洁度		○	○	○	○	○
	更换发动机油			● 初次 50h	●	●	●
	更换发动机机油滤芯			● 初次 200h	●	●	●
	目视检查油管、油泵、油箱是否漏油		○	○	○	○	○
	检查燃油滤清器是否堵塞				○	○	○
	清洁燃油滤清器(汽油机)				○	○	●
	更换燃油滤清器(柴油机)				●	●	●

续表

检查项目	检查内容	工具	每天(8h)	每月(200h)	3个月(600h)	6个月(1200h)	每年(2400h)
燃油系统	检查喷嘴、调整压力、状态(柴油机)	喷射试验机				○	○
	检查汽化器连接机构松动情况及清洁度(汽油机)				○	○	○
	点火时刻(汽油机)	计时器			○	○	○
	喷射时刻(柴油机)						○
	燃油箱排水				○	○	○
	清洗燃油箱					○	○
	检查燃油量		○	○	○	○	○
	冷却液量		○	○	○	○	○
	渗漏情况		○	○	○	○	○
	胶管老化情况				○	○	○
冷却系统	水箱盖的性能和安装情况			○	○	○	○
	清理、更换冷却液				●	●	●
	检查风扇皮带张紧力及损坏情况		○	○	○	○	○

表 7-10 内燃叉车定期维护时间（动力传动）

检查项目	检查内容	工具	每天(8h)	每月(200h)	3个月(600h)	6个月(1200h)	每年(2400h)
离合器	检查离合踏板自由行程和离合器脱开时踏板面与底板间隙	刻度尺	○	○	○	○	○
	声音和操作情况		○	○	○	○	○
	滑动和接合情况		○	○	○	○	○
机械变速箱	变速杆操作情况和是否松动			○	○	○	○
	检查渗漏		○	○	○	○	○
	换油					●	●
	渗漏情况		○	○	○	○	○
	检查油量或换油			○	○	●	●
	变速杆的操作及松动情况			○	○	○	○
液力变速箱	控制阀和液力离合器性能		○	○	○	○	○
	微动阀性能		○	○	○	○	○
	微动踏板自由行程和运动情况		○	○	○	○	○
	更换吸油滤芯			○ (初次 200h)		●	●
	渗漏检查		○	○	○	○	○
前桥	换油					●	●
	安装螺栓松动情况	检测锤		○	○	○	○

表 7-11 内燃叉车定期维护时间（车轮）

检查项目	检查内容	工具	每天(8h)	每月(200h)	3个月(600h)	6个月(1200h)	每年(2400h)
轮胎	充气压力	气压表	○	○	○	○	○
	裂缝或损伤		○	○	○	○	○
	着地面磨损情况	深度计		○	○	○	○
	异常磨损情况		○	○	○	○	○
	轮胎上是否有钉子、石头或其他异物			○	○	○	○
轮胎安装	检查螺栓是否松动	检测锤	○	○	○	○	○
	检查损伤情况		○	○	○	○	○
轮辋轮辐	轮辋、辋辐、盘轮损伤情况		○	○	○	○	○
桥轴承	检查松动和噪声			○	○	○	○
	擦净并重加润滑油					●	●
桥	检查桥体变形、裂缝或损伤情况			○	○	○	○

表 7-12 内燃叉车定期维护时间（转向系统）

检查项目	检查内容	工具	每天(8h)	每月(200h)	3个月(600h)	6个月(1200h)	每年(2400h)
方向盘	检查间隙		○	○	○	○	○
	检查轴向松动		○	○	○	○	○
	检查径向松动		○	○	○	○	○
	检查操作状况		○	○	○	○	○
转向器	检查安装螺栓是否松动			○	○	○	○
后桥转向节	检查主销是否松动或损伤			○	○	○	○
	检查弯曲、变形、裂缝或损伤情况			○	○	○	○
	检查安装情况	检测锤		○	○	○	○
	检查操作情况		○	○	○	○	○
转向缸	检查是否渗漏		○	○	○	○	○
	检查安装时和铰接时是否松动			○	○	○	○

表 7-13 内燃叉车定期维护时间（制动系统）

检查项目	检查内容	工具	每天(8h)	每月(200h)	3个月(600h)	6个月(1200h)	每年(2400h)
制动踏板	自由行程		○	○	○	○	○
	踏板行程	刻度尺	○	○	○	○	○
	操作情况		○	○	○	○	○
	制动管路是否有空气		○	○	○	○	○

续表

检查项目	检查内容	工具	每天(8h)	每月(200h)	3个月(600h)	6个月(1200h)	每年(2400h)
停车制动操纵杆、拉索等	制动是否安全可靠并有足够行程		○	○	○	○	○
	操纵性能		○	○	○	○	○
	操纵性能			○	○	○	○
	连接是否松动			○	○	○	○
管路	损伤、渗漏、破裂			○	○	○	○
	连接、夹紧部位、松动情况			○	○	○	○
	渗漏情况			○	○	○	○
制动总泵、分泵	总泵、分泵动作情况						○
	总泵、分泵渗漏、损伤情况						○
	总泵、活塞皮碗、单向阀磨损损伤情况,更换						●
制动鼓及制动蹄	制动鼓安装零件是否松动	检测锤		○	○	○	○
	摩擦片磨损情况	游标卡尺					○
	制动蹄动作情况						○
	固定销是否锈蚀						○
	回位弹簧损坏情况	刻度尺					○
	检查自调装置操作时间隙是否适当						○
	制动鼓磨损、损伤情况						○
制动器底板	底板是否变形						○
	是否开裂	探伤检测					○
	安装时是否松动	检测锤					○

表 7-14 内燃叉车定期维护时间(起升系统)

检查项目	检查内容	工具	每天(8h)	每月(200h)	3个月(600h)	6个月(1200h)	每年(2400h)
货叉	货叉损伤、变形、磨损情况		○	○	○	○	○
	定位销的损伤、磨损情况				○	○	○
	货叉根部挂钩焊接部开裂及磨损情况			○	○	○	○
门架货叉架	内门架、外门架上横梁焊接处是否开裂、损伤			○	○	○	○
	倾斜缸支架与门架焊接处是否焊接不良、开裂、损伤			○	○	○	○
	内、外门架是否焊接不良、开裂或损伤			○	○	○	○
	货叉架是否焊接不良、开裂或损伤			○	○	○	○

续表

检查项目	检查内容	工具	每天(8h)	每月(200h)	3个月(600h)	6个月(1200h)	每年(2400h)
门架货叉架	滚轮是否松动			○	○	○	○
	门架支承轴瓦磨损、损伤情况						○
	门架支承盖螺栓是否松动	检测锤		○(仅第一次)		○	○
	起升油缸缸底螺栓、活塞杆头部螺栓、U形螺栓、活动梁导向轨螺栓是否松动	检测锤		○(仅第一次)		○	○
	滚轮、滚轮轴及焊接部开裂、损伤情况			○	○	○	○
	检查链条张紧状态，是否变形、损伤锈蚀		○	○	○	○	○
链条、链轮	链条加油			○	○	○	○
	铆接销及松动情况			○	○	○	○
	链轮变形、损伤情况			○	○	○	○
	链轮轴承是否松动			○	○	○	○
属具	检查状态是否正常			○	○	○	○
起升缸	活塞杆、活塞杆螺纹及连接是否松动、变形、损伤情况	检测锤	○	○	○	○	○
	操作情况		○	○	○	○	○
	渗漏情况		○	○	○	○	○
	销和油缸钢背轴承磨损、损伤情况			○	○	○	○
液压泵	液压泵是否漏油或有杂音		○	○	○	○	○
	液压泵主动齿轮磨损情况			○	○	○	○

表 7-15 内燃叉车定期维护时间（液压系统）

检查项目	检查内容	工具	每天(8h)	每月(200h)	3个月(600h)	6个月(1200h)	每年(2400h)
液压油箱	油量检查、换油		○	○	○	○	○
	清理吸油滤芯					○	○
	排除异物					○	○
回油滤油器	更换回油滤油器					●	●
控制阀杆	连接是否松动		○	○	○	○	○
	操作情况		○	○	○	○	○
多路阀	漏油		○	○	○	○	○
	安全阀和倾斜自锁阀操作情况			○	○	○	○
	测量安全阀压力	油压表				○	○
管路接头	渗漏、松动、破裂、变形、损伤情况		○	○	○	○	○
	更换管子						● 1~2年

表 7-16 内燃叉车定期维护时间（电气系统）

检查项目	检查内容	工具	每天(8h)	每月(200h)	3个月(600h)	6个月(1200h)	每年(2400h)
点火装置	分电器盖是否开裂				○	○	○
	火花塞是否烧蚀						○
	调整火花塞间隙	塞规			○	○	○
	清理火花塞				○	○	○
	盖和高压线安装情况						○
	分电器是否烧蚀						○
	分电器中心部分磨损、损伤情况						○
	转轴加注润滑油				○	○	○
	高压线破损情况	试验计					○
启动机	小齿轮啮合情况				○	○	○
蓄电池	电解液液量、清洗			○	○	○	○
	检查电解液密度	密度计			○	○	○
电线	线束损伤、固定松动情况			○	○	○	○
	电路连接情况				○	○	○

表 7-17 内燃叉车定期维护时间（安全装置及附件）

检查项目	检查内容	工具	每天(8h)	每月(200h)	3个月(600h)	6个月(1200h)	每年(2400h)
护顶架及挡货架	安装是否牢固	检测锤	○	○	○	○	○
	检查变形、开裂、损伤情况		○	○	○	○	○
转向指示灯	工作及安装情况		○	○	○	○	○
喇叭	工作及安装情况		○	○	○	○	○
灯和灯泡	工作及安装情况		○	○	○	○	○
倒车蜂鸣器	工作及安装情况		○	○	○	○	○
后视镜	污垢、损伤情况		○	○	○	○	○
	后视野情况		○	○	○	○	○
仪表	仪表工作情况		○	○	○	○	○
座椅	检查螺栓是否损伤或松动					○	○
车体	车架及横梁是否损伤、开裂						○
	铆钉、螺栓是否松动	检测锤					○
	若需要，检查曾修理过的部位		○	○	○	○	○
	全面检查						○
加润滑脂或换油	清洗后检查底盘润滑情况	黄油枪		○	○	○	○
	检查油箱中油液						○

7.2.3 内燃叉车维护竣工验收及润滑

叉车技术鉴定

为保证维护和检修质量，凡经定期维护和大、中、临修的叉车，应由检修单位和使用单位共同组成技术鉴定小组，进行鉴定和验收，并将验收结果记录在履历书内。

由于叉车的构造和用途不同，因而技术鉴定和验收的具体要求也不可能一样，但就其鉴定验收的步骤和方法来说，大体可分为：技术检查和操作试验（包括空载、静载和走行试验）。

(1) 技术检查

在操作试验之前，先按有关技术文件和图纸，复核各零、部件，原动机、传动件、紧固件和走行部分，并检查卷筒槽面和滑轮槽面、吊钩挂架、各种电器设备、金属构架部分等是否符合规定要求。根据安全技术规则的规定，检查各种安全防护装置（如防护罩或防护栏杆、信号、照明设备以及防风、防火设施等）是否完善；此外，叉车外表应除锈涂漆，门窗完整，标志正确、清晰。

(2) 空载试验

此试验在无载荷情况下操作。

进行空载试验时，应反复观察原动机和传动机的工作状况，应保证起重性能良好，运转均匀、平稳，声音正常，温升在允许范围内；各种仪表显示准确；操作系统动作灵活、可靠。

叉车的空载试验：油缸上下动作灵活，前后倾斜自如，转向轻便，走行正常，无漏油、漏水、漏气或漏电现象。

(3) 静载试验

空载试验合格后，即可作静载试验。

叉车的静载试验，是用重量超过其额定重量25%的试件，放在货叉上，起升至一定高度，在静止状态下保持10min，此时试件下降量不大于5mm，并且不允许有自行前倾的现象。

(4) 动载试验

前项试验结果良好，再进行动载试验。

动载试验是用超过额定起重量10%的试件，反复动作各机构，检验其工作性能。

叉车的动载试验，是将试件进行升降和前后倾斜，其动作灵活正常。货叉起升至最高位置时，关闭多路换向阀、停止原动机15min，测量货叉自然下滑及门架自然倾斜，不应超过规定标准。爬坡、转向半径等均需符合图纸要求。

(5) 走行试验

对于汽车起重机除上述各项试验外，还需进行走行试验。即以规定的行驶速度，在平直干燥路面上，试车半小时以上。检查制动鼓、差速器及传动轴轴承外壳是否发热，各部分有无漏水、漏油痕迹；制动器动作是否灵敏可靠，当以最高速度在平直干燥路面上行驶时，使用脚制动，其制动距离应小于4000～5000mm，若在20%的坡道上，使用脚制动（或手制动），车轮不加任何阻挡工具，应具有较长时间的停车能力。

凡是大、中修和临修交工的叉车，以及新制造、新安装的叉车，只有在验收全部合格后，才能正式交付使用。

内燃叉车二级维护竣工验收的项目

经过维护的内燃叉车，要按照维护竣工验收项目组织验收。不合格的项目要重新进行维护。

1）发动机启动容易，各种转速下运转均匀，改变转速时过渡圆滑，工作良好。发动机温度正常，机油压力、汽缸压力符合要求。

2）离合器应结合平稳，分离彻底，无打滑、发抖现象，踏板自由行程符合要求。

3）液力变矩器工作可靠、平稳，无过热、发抖现象。

4）变速器换挡时应轻便灵活，无乱挡、跳挡现象。

5）动力换挡变速器换挡时应轻便、准确，无跳挡和分离不彻底现象，制动时能迅速切断动力。

6）轮胎安装正确，气压符合要求。

7）转向机操纵轻便灵活，各部螺栓紧定、锁止可靠。转向轮外倾、转向角和方向盘游动间隙符合要求。

8）制动踏板自由行程、手制动器操纵杆行程和手制动、脚制动的制动效能符合要求。

9）轮毂轴承、制动蹄片间隙等各部调整适当，工作温度正常。

10）蓄电池外部清洁，电解液液面高度和密度应符合要求。

11）发电机工作性能良好，皮带张力符合要求。

12）发电机调节器工作性能符合要求。

13）启动机工作性能良好，调整适当，防尘箍完好。

14）各仪表、灯光、信号、开关工作正常，全车线路齐全完好，固定可靠。

15）液压系统各部件安装正确、工作可靠，分配阀操纵杆操纵灵活、准确。

16）门架和叉架运动灵活，链条长度松紧度适当。

17）各总成内润滑油数、质量符合要求，各润滑点及各活动关节按要求加注润滑剂。

18）液力油、液压油数、质量应符合要求。

19）全车各部无漏油、水现象，所有连接螺栓紧固，锁止可靠。

20）车容整洁，车体、发动机罩、平衡重、护顶架、门架、货叉等应无明显缺陷。

21）随车工具及附件应齐全，无丢失、损坏和锈蚀情况。

22）对环境的污染，应不超过国家环境保护标准。

叉车的润滑

定期（维修后）正确地润滑，对叉车正常使用和延长寿命，具有重要意义，因此，在润滑作业中，应注意以下事项。

(1) 选用符合规定的润滑油品种

叉车各部件使用的润滑油，必须根据工作条件、所在地区、气候季节等因素来确定，不能随意替代，详细情况参见说明书。

(2) 用量要适当

叉车各总成加注的润滑油，其加注量都有一定的要求。若加注量过少，则不能保证正常润滑，会加速机件的磨损，若加注量过多，则将会增加运转阻力，消耗功率，甚至造成漏油。

(3) 添加要及时

叉车在运行中，各总成、部件的润滑油或润滑脂。由于局部渗漏、蒸发、消耗等，长时间使用会变质。因此，要适时添加或更换，在加注润滑油或润滑脂前，应先清除油盖、油塞、油嘴等零部件上的污垢、灰尘，加注后，必须将溢出零件外的油液擦净。

如图 7-11 所示为内燃叉车整车润滑图和加油种类及润滑点。

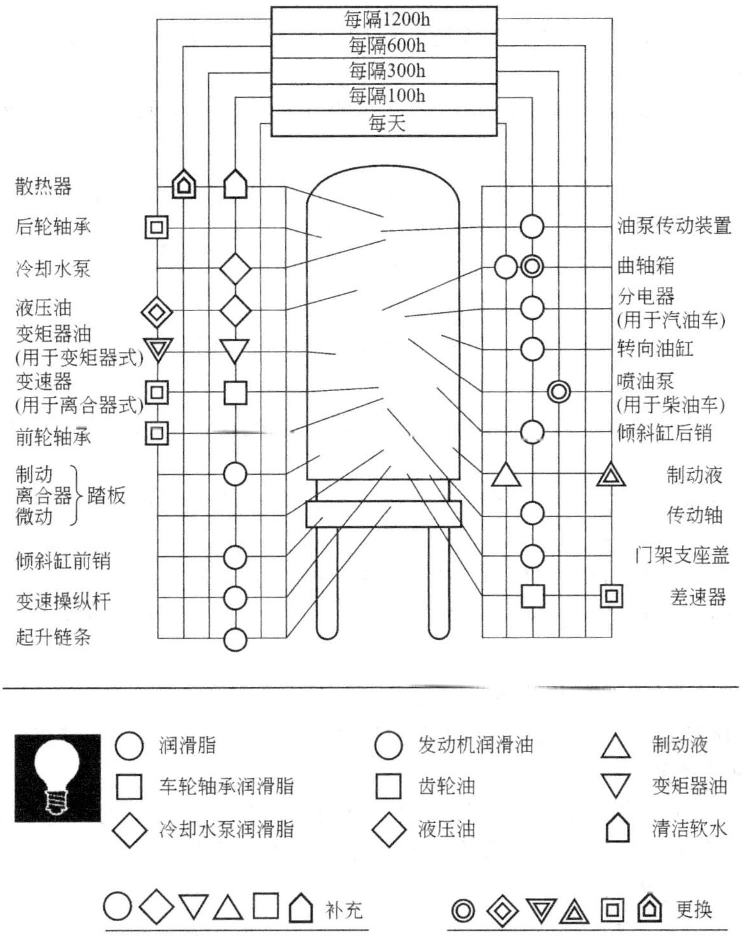

图 7-11 内燃叉车整车润滑图和加油种类及润滑点

7.3 叉车管理

叉车管理是叉车运用中的一项重要工作，对于确保安全，延长叉车使用寿命是必不可少的。要使各种管理行之有效，必须制定确实可行的规章制度；必须有及时而良好的维护；必须有完善而合适的附属设施。

7.3.1 叉车使用制度

叉车使用制度包括：岗位责任制度、登记统计制度、安全操作制度、训练考核制度、交接班制度、检查评比制度、维护修理制度等。

岗位责任制

岗位责任制，是按照各级不同的岗位确定的责任制度。管理的基本原则——一定的人对所管的一定的工作完全负责。叉车管理责任制，规定了从主管领导到操作手的各级工作职责，这种职责是组织性、纪律性的体现，是衡量每个岗位上的人员工作好坏的标准，对维护工作秩序、提高工作效率和质量必然起到促进和规范的作用。

岗位责任制的内容因工作性质和条件不同而有区别，因此，实行岗位责任制，是实现后勤目标管理的基础。

(1) 装卸队长职责

1) 熟练掌握叉车设备的性能、构造、使用、管理和配套作业程序，会操作、会检查、会维护、会维修。

2) 负责组织实施物资收发、倒垛中的叉车作业，进行安全检查，防止事故，按时完成工作任务。

3) 编制检修计划，组织检查维护、修理作业，随时掌握叉车及附属设施的品种、数量、质量情况，发现问题及时上报，并根据上级指示进行处理。

4) 掌握全队人员的思想状况，做好思想工作，抓好安全教育。

5) 领导全队人员认真执行有关规章制度，建立良好的工作秩序。

6) 组织全队人员的业务训练，负责对全队人员的各项考核评选工作。

(2) 驾驶员职责

1) 熟悉掌握叉车性能、构造和工作原理，做到会操作、会检查、会维护、会排除常见故障。

2) 严守各项规章制度、操作规程和劳动纪律，禁止擅自操作叉车，安全、及时地完成工作任务，节约油料、器材。

3) 管好所用叉车和随机工具，做到无锈蚀、无损坏、无丢失、无差错。

4) 作业完毕，认真检查、维护叉车设备，发现问题及时上报和处理，并认真填写作业登记。

5) 协助修理工完成叉车的等级维护任务。

6) 坚持交接班制度，在多班轮换作业或工作变动时，认真做好交接工作。

登记统计制度

实行登记、统计制度是叉车管理的一项重要内容，是掌握叉车工作基本情况所需各种数据的主要来源。登记、统计工作由操作手和叉车管理人员实施。

(1) 登记统计的主要内容

1) 叉车的数量、质量情况统计。

2) 使用、修理、安全的统计。

3) 配件、油料、材料等消耗统计。

4) 叉车调入、调出、封存、出勤登记。

(2) 登记统计的基本要求

1) 各种登记统计应及时填写，填写的数据必须准确，字迹必须清晰，并妥善保管，修好保密工作。

2) 凡上报的各种统计表，应按统一格式认真填写，按规定加盖公章与主管人员印章，并写明制表人的姓名。

(3) 叉车技术档案

1) 叉车性能参数和技术规格。根据叉车使用说明书的有关内容加以填写，以备必要时查询。

2) 叉车作业情况。记录叉车作业的时间、地点、作业性质和作业量。

3) 叉车维修情况。记录叉车小修、中修、大修、定期维护等的时间、项目和更换的零部件等，以便制定叉车运用计划和维修计划时参考。

4) 叉车事故记录。记录叉车发生事故的时间、地点、原因，事故造成的损失、处理过程等，以便吸取教训。

安全操作制度

1) 非叉车操作手和维修技术人员，不得操作和拆卸叉车。

2）叉车操作手应保持良好的体质，如身体不适或患病未愈，应及时报告，不得勉强操作。

3）开展文明作业。叉车手应严格按规定着装，禁止穿拖鞋、高跟鞋或赤脚上机工作。严禁酒后操作叉车，严禁无关人员乘坐叉车。

4）叉车操作前，应检查制动、灯光、喇叭、转向、各种仪表是否完好，叉车有无漏电、漏油、漏水现象，一切正常方能出车。

5）操作时应精力集中。不准吃食物、吸烟、看书、打瞌睡。叉车在悬吊或提升货物时，严禁人员从下面通过或站立。

6）作业结束后，叉车应按指定的位置停放，及时关闭电锁，拉好手制动，操纵杆放在空挡位置。冬季作业后要将发动机和水箱的水放尽，防止冻坏发动机。

交接班制度

对连续运转和多班工作的叉车，应认真做好交接工作。各单位要根据实际情况的需要，制定简明的交接程序和标准，填写一定的记录表格。

1）交清叉车技术状况和维护情况。

2）交清叉车作业任务。

3）交清工具、属具等器材。

4）交清注意事项。

训练考核制度

各种叉车的操作人员必须了解所使用叉车的构造性能、使用操作方法和一定的维修方法，并经考核合格后，方能单独操纵叉车。

叉车操作人员，每年也应进行一次技术考核和身体检查，对不适宜操作叉车的人员要及时调整。

7.3.2 叉车安全管理

叉车在使用中的安全是管理工作的重要内容。既要做到高效率，又要保证安全可靠，防止发生人身、物资和叉车的损伤事故。为此，应建立、健全必要的规章制度（如安全操作规程、安全责任制、检查制度等），同时采取有效的技术措施，参见表7-18。

表7-18 内燃叉车安全运行事项

内容		要求	示意图	备注
叉车的使用场所和工作环境	地面状况	叉车的使用场所应是平坦而坚固的路面或地面，且通风条件良好 叉车的性能取决于地面状况，运行速度应调整适当，在斜道或粗糙路面上行驶时要特别小心		绕开石块和树桩，不可避免时，减速慢行。注意不要损坏叉车底盘 在冰雪路面运行时，使用防滑链，避免急加速、急停车、急转弯，应通过加速踏板力来控制行驶速度

续表

内容		要求	示意图	备注
叉车的使用场所和工作环境	气候条件	在风力很大的情况下，尽量避免门架作高起升动作，以免货物坠落，对驾驶员造成意外伤害		
	工作环境	具有盐蚀危险的港湾或海滨地区 叉车可能受酸液或其他化学药品影响的化学工厂 因粉尘或具有爆炸性气体等而可能有起爆危险的环境 寒冷、炎热地区或高海拔地区 具有排出一定量有害物质的环境 不要在雷雨交加或强风等恶劣气候条件下勉强操作使用叉车，又如在浓雾发生时，也应等雾消散到能见度良好之后才可运转使用叉车 在室内使用叉车时，排气(一氧化碳)可造成危险。当必须在室内操作使用时，一定请打开窗户，获得适当的换气	  	
使用前的安全事项	获得操作资格	只有经过培训并且得到认可的操作人员才能允许操作叉车 具有相同技术参数的每台叉车的制动、加速器和液压操纵手柄的特性可能都不尽相同。认真阅读本手册和叉车上的标牌，熟悉各项操作后，再驾驶		
	驾驶叉车时的穿戴	驾驶叉车时请穿上工作服、劳保鞋并戴上安全帽 为了安全，请不要穿宽松的衣服，以免被挂住而导致不可预料的危险		

续表

内容		要　求	示意图	备注
使用前的安全事项	严禁酒后驾驶	当感到疲倦、思想不集中，用过麻醉剂或喝过酒后，请勿驾驶叉车		
	工作场所的安全	开始操作使用叉车以前，须先排除路面的水、油、沙、冰或雪等引起滑溜的条件 不要让叉车行驶在路面凹凸不平或有车辙坑沟，或有尖突物的路面上，因为任何这样的路面都可能损伤叉车或造成叉车倾翻危险。必须让叉车行驶在平整的路面上以免发生危险 工作环境如果噪声太大，将困扰驾驶员并容易疲劳。行人也将因没法注意到叉车警示声而发生危险。因此，在有噪声的环境使用叉车时，驾驶员必须加倍注意周围安全 工作场所必须有充足的光源 在平台或码头跳板上操作时，叉车有倾翻的危险，请采用垫块或其他防护措施以防止倾翻	  	
	保持驾驶室清洁	驾驶室应始终保持清洁 当手湿滑或有油污时，请不要操作叉车 驾驶室里不要放工具或其他金属物体，这些东西会妨碍操纵杆或踏板的动作	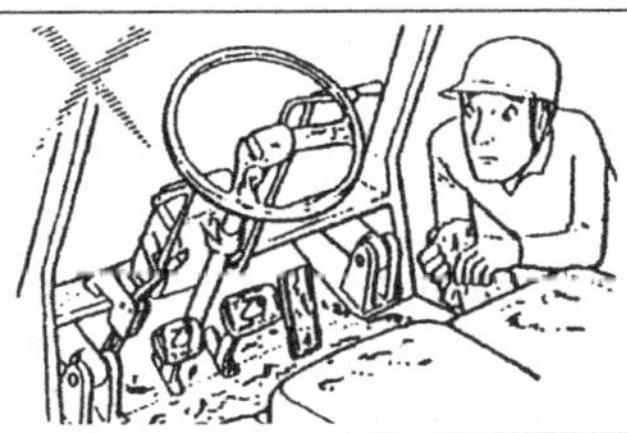	
	叉车的完整性	叉车出厂时应装备护顶架和挡货架		护顶架用于防护小件物体、箱体等的坠落冲击，但并不能阻挡额定载荷的坠落冲击。应对坠落物采取预先防护措施
	定期检修	进行每天检修和定期检修		当发现叉车有损坏或故障时，停止操作叉车并及时将叉车的状况通知维修人员。在彻底检修前，不能操作叉车

续表

内容		要求	示意图	备注
使用前的安全事项	避免火灾	为了防止火灾，事故或其他不可预测事态的发生，设置好灭火器，并应按灭火器使用要求操作	 	
使用前的安全事项	禁止超载	不要超载，遵循叉车的许可载荷和载荷曲线，并使货物重心位于载荷中心处		
使用前的安全事项	使用适当的托盘	使用尺寸和强度均合适的托盘来承载货物 确保货物固定在托盘上，并且有合适的形状 禁止无托盘搬运货物		
使用和操作中的安全事项	开始启动时的注意事项	拉上手制动 换挡操纵手柄置于空挡 踩下离合器踏板或制动踏板 调整座椅以便手、脚操纵 确保叉车上、下、前、后无人		

续表

<table>
<tr><th colspan="2">内容</th><th>要　求</th><th>示意图</th><th>备注</th></tr>
<tr><td rowspan="2">使用和操作中的安全事项</td><td>叉车周围的安全状况</td><td>当运载庞大货物，视线不好时，请倒车行驶或由他人引导
倒车行驶时，要将脸朝后方，在对后方直接进行确认后行驶。后视镜和倒车蜂鸣器是辅助装置
在狭小通道中驾驶叉车时，应有人引导
驾驶员应在十字路口或其他视线受阻的地方停车，确信叉车左右无人时再开车
确保叉车与路边或平台边缘有足够的安全距离，以防止叉车跌落
叉车与汽车不同，它是后轮转向。接近转向处时，降低行驶速度，然后转动方向盘使叉车后部转动</td><td>

</td><td></td></tr>
<tr><td>禁止野蛮驾驶</td><td>不要在踩下加速踏板的情况下，打开钥匙开关
不要突然地启动、制动或转向。突然的启动或制动会使货物坠落，突然的转弯会使叉车倾翻并导致严重的事故
无论在满载或空载状态下，都要慢速操纵液压控制手柄。货叉处于高位时，如果突然操纵手柄，会造成货物坠落或叉车倾翻的危险
不要碾过散落在路面上的挡板或障碍物
当行驶经过其他叉车时，降低行驶速度并鸣喇叭
不要驶入软地面</td><td>

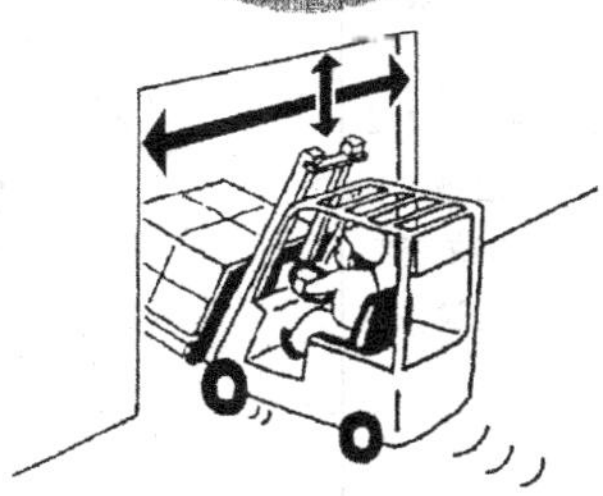</td><td>在潮湿、滑溜、不平或倾斜等路面上行驶时，请降低行驶速度
确保门架与屋顶以及出入口之间具有一定的间隙</td></tr>
</table>

续表

内容		要求	示意图	备注
使用和操作中的安全事项	禁止货叉升高行驶	货叉升起时，不要驾驶叉车，否则有可能造成不稳定的状况并可能造成叉车的倾翻		
	禁止用货叉尖工作	不要用货叉尖挤推货物或提升货物，当用货叉尖提升货物时，可能造成叉车或货物的抖动	 	
	禁止推拉操作	不可用叉车推拉货物，否则货物有可能会损坏或坠落		
	坡道上行驶	有载：上坡时前进行驶，下坡时后退行驶 无载：上坡时后退行驶，下坡时前进行驶 叉车下坡时要带刹行驶并谨慎驾驶，保证货叉不和地面相碰 不要在坡道上进行转向或装卸作业，否则叉车有倾翻的危险	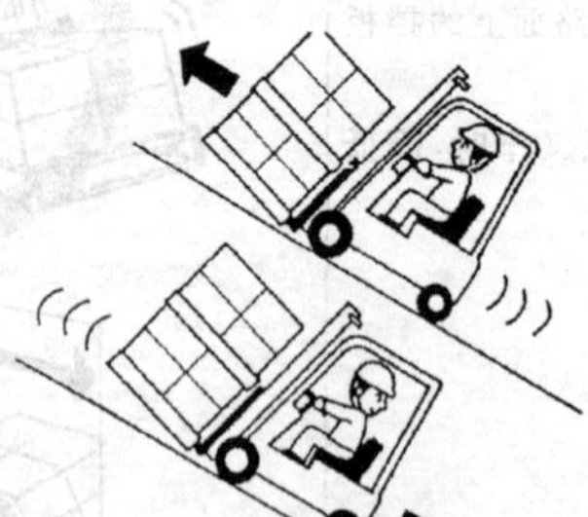	

续表

内容		要求	示意图	备注
使用和操作中的安全事项	禁止偏载堆垛	叉车堆垛时，必须确保货物排放得安全和稳固，货叉要准确地插入托盘，同时使货物重心与叉车中心保持一致 搬运偏载货物时，易引起货物坠落、叉车倾翻	  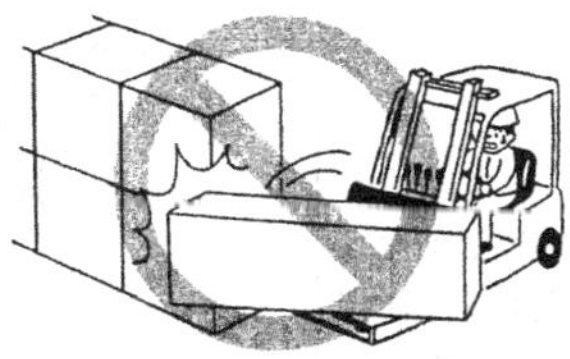	
	禁止叉车上、下有人	严禁货叉、托盘上带人 不允许除司机以外的人乘车 不要用人来替代平衡重 禁止站在货物上以及从货叉下穿越	  	

续表

内容		要 求	示意图	备注
使用和操作中的安全事项	禁止进入门架机构	请将身体置于护顶架之下，不允许将身体任何部位伸出车体之外		禁止身体任何部位进入门架机构或门架和车身之间
	门架前倾时，货叉禁止上升	门架前倾时，不可起升货物和开动叉车，当起升货物或开动叉车前，应将门架后倾到位，以稳定货物。行驶时（有载或无载），货叉和地面的距离应保持在150～200mm 叉货状态下，门架不可前倾 升降货物时，应先停车 叉车处于倾斜状态时，不要装卸货物	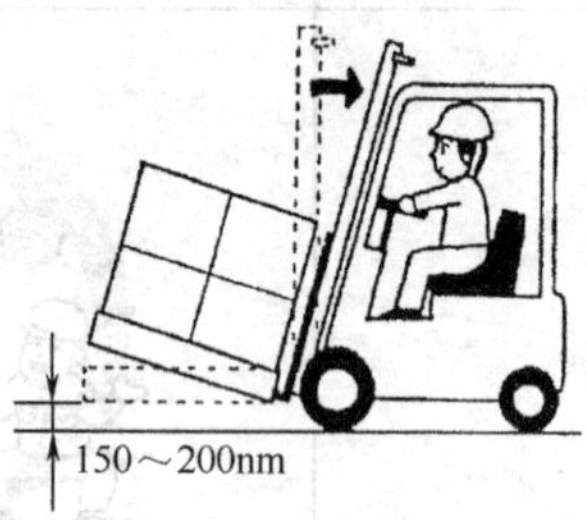	
	进箱作业	叉车只能在拖车已被固定好的货台上进行装卸作业 在开始作业前，固定好过桥板并检查其强度 在进出车厢时要减速，并注意过桥板的安全		
	上、下叉车	禁止跳上、跳下叉车 上下叉车时，手抓住把手，脚踩在踏板上 上下叉车时，不能抓方向盘或操纵杆		

续表

内容		要　求	示意图	备注
使用和操作中的安全事项	禁止货物超高	货物应靠着挡货架。货物的高度不能超过挡货架，否则易引起货物向操作人员方向滑落，驾驶员可能会被货物砸伤 重叠堆放的货物为了防止倒塌，用绳子固定好后再搬运		
	链条防松	当链条松弛时，不要从托盘内抽出货叉，否则会引起货物落下或叉车倾翻	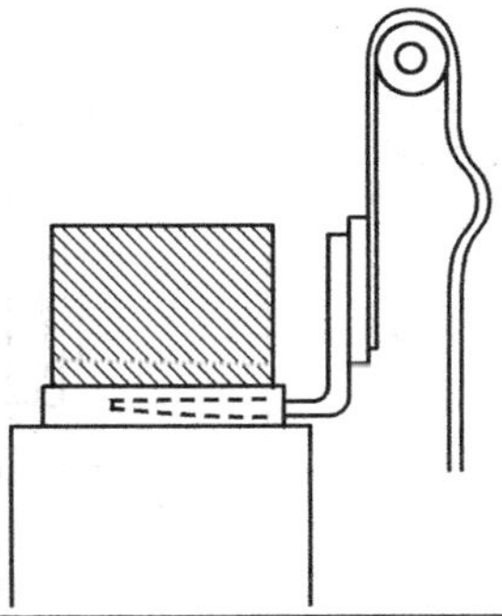	链条松弛时，向上拉动一点起升手柄，使货叉上升，以纠正链条的松弛状态，然后可从托盘中抽出货叉
	货叉调节	根据装载货物托盘的大小，将货叉的间距调整到最合适的位置。调整时，注意不要压到手 货叉间距调整完后，用货叉固定销将货叉固定。如果不固定，在行驶过程中货叉易移动，货物就有可能落下，也可能挤碎货物	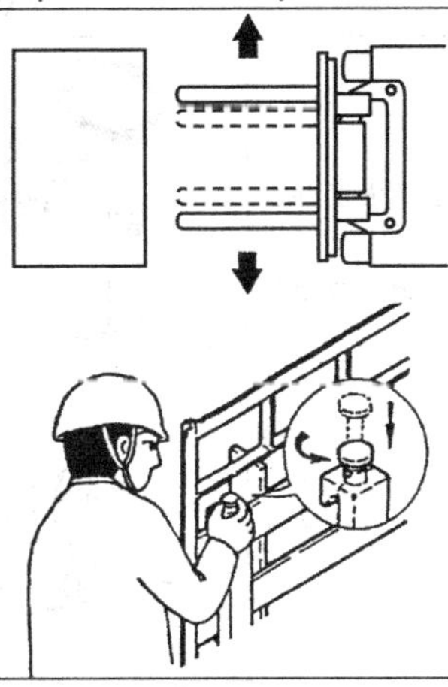	
	超宽货物的搬运	搬运超长、超宽货物时，驾驶要特别小心 转向和升降货物时都要慢速，以免货物移动，同时要注意四周安全 搬运超宽货物时，叉车需配备适当的加宽货叉架和加长货叉。加宽货叉架的承载能力在规定载荷中心以内，它的承载能力同标准货叉架，但货物的中心应尽可能与叉车中心重合，偏移量距控制在规定之内	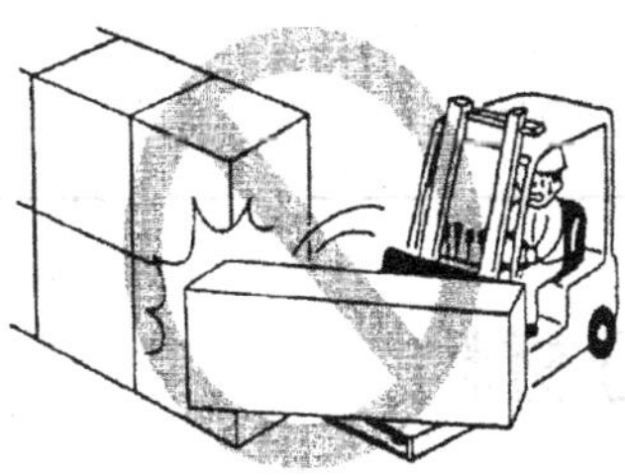	1～3.5t 叉车控制在100mm以内；5～10t 叉车控制在150mm以内。加长货叉的承载能力应严格按负荷曲线要求工作，在规定的载荷中心以内，它的承载能力同标准货叉，载荷中心一旦前移时一定要降载

续表

内容		要求	示意图	备注
使用和操作中的安全事项	故障车的停放	如叉车停在路边，应在车上作警示或“发生故障”的标记，拔下钥匙 当货叉因为故障不能降下来时，应在此处作一个比较明显的记号，以防止和别的叉车及行人相撞		
	工作结束后	门架稍前倾，货叉自然放下，否则有绊倒和伤害身体的危险 方向手柄放在空挡位置 拉上停车制动手柄 关闭钥匙开关并取下钥匙	 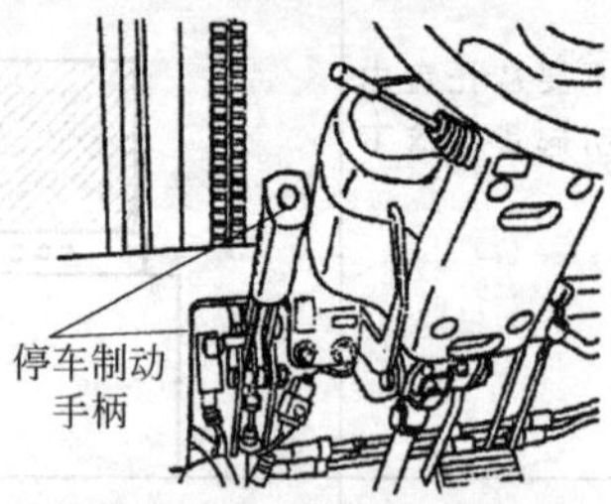	
	停车	在指定的地方停车 停车处必须有足够的强度并且不妨碍交通安全 禁止在有易燃物的地方或附近停车 禁止在斜坡上停车，因叉车会发生难以预测的移动。如万不得已必须在坡道上停车，除了执行通常的停车程序，还要在轮胎处加上止动块以防止叉车移动	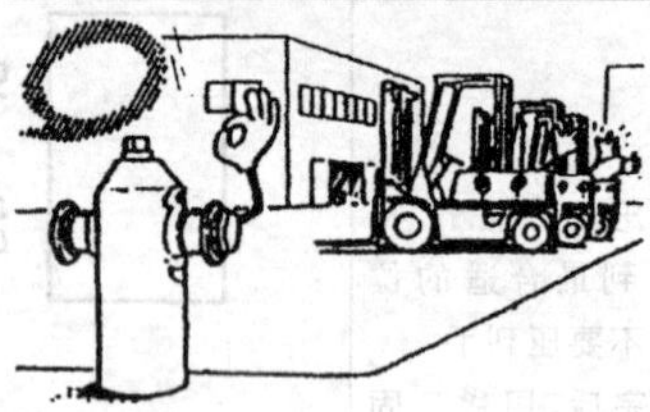 	
	噪声	叉车的车外最大噪声值不得大于 89dB(A)，测量方法按 JB/T 3300 标准执行。在驾驶员位置上以声压级计量，在周围以声功率级计量		工作路面粗糙或高低不平，轮胎变形大，都将使噪声增大

7.4 叉车运行材料

叉车大部分以内燃机为动力，而内燃机均以石油产品为燃料，即使是以电源为动力的叉车，也需要各种不同的润滑油、润滑脂。尤其在液压机构应用十分广泛的情况下，对液压油的使用必不可少。在很多情况下，叉车故障、事故或早期损坏，并非由于不懂叉车，往往是由于油料的选择或使用不当而引起的。

油料是液体燃料、润滑油、润滑脂、液压油、制动液、冷却液等的总称。油料为叉车提供动力来源，同时对叉车具有润滑、冷却、传动、保护、清洁等作用。因此，了解一些有关石油产品的知识，学会正确选择、使用、管理叉车的燃料、润滑剂和液压油是十分必要的。

7.4.1 车用汽油

车用汽油是指用在点燃式发动机（汽油机）中的燃料，它主要应用在装有汽油发动机的各种叉车上。根据汽油发动机的工作原理和工作条件，为了保证发动机能够迅速启动、正常运转、延长发动机的使用寿命，要求车用汽油应具有适当的蒸发性、良好的抗爆性、良好的抗氧化安定性、无腐蚀性及良好的洁净性。

汽油的品种、牌号

目前，我国汽油发动机的燃料分为汽油、车用汽油和无铅汽油三类。车用汽油是点燃式发动机的燃料，国产汽油的牌号是按照辛烷值的高低来划分的。

汽油的牌号是按马达法（MON）辛烷值来划分的，有 66 号和 70 号两种。车用汽油的牌号是根据研究法（RON）辛烷值来划分的，有 90 号、93 号和 97 号三个牌号；无铅汽油的牌号也是按研究法（RON）辛烷值来划分的，只不过是在无铅汽油中加入的是无铅抗爆剂，而车用汽油则加入的是四乙基铅抗爆剂，它分为 90 号、93 号和 95 号三个品牌。

汽油的抗爆性

(1) 汽油的爆燃和影响爆燃的因素

抗爆性是表示汽油燃烧性能的指标，用以判断汽油在发动机中燃烧是是否易于发生爆燃现象。爆燃是发动机工作时一种不正常燃烧现象。

混合气的燃烧可分为两个时期。第一时期是着火延迟期，自火花塞点火时刻开始至燃烧生热使汽缸压力开始迅速上升为止。在着火延迟期内压力增高的速率与燃烧前压缩行程中的压力增高的速率一样。

爆震原因：混合气被点燃后，在传播过程中，未燃混合气受已燃混合气体的压缩和热辐射，产生大量极不稳定的过氧化物，积累到一定程度自行着火，产生爆炸性燃烧。

爆震危害：损坏叉车，油耗增加，功率下降。

正常燃烧：速度 20～30m/s 均匀传播。爆震时：速度 1500～2500m/s，压力增大 2～4 倍。

影响爆燃的因素很多，如汽油的质量及混合比、驾驶操作、气候、运行条件、点火时刻、转速和负荷。所选用燃料的品质对爆燃的发生具有决定性的影响。发动机压缩比越大，越易发生爆震。发动机转速越高、点火提前角越大，越易发生爆震。汽油的牌号越低，越易发生爆震。

(2) 表示抗爆性的指标

汽油的抗爆性是指汽油在燃烧室内燃烧时，抵抗爆燃的能力。汽油抗爆性指标由辛烷值表示，汽油的牌号是根据辛烷值来确定的。

所谓辛烷值是指两种抗爆性悬殊的烷烃作为基准，一种是异辛烷，抗爆性最好，取其辛烷值为 100；另一种是正庚烷，抗爆性最差，取其辛烷值为 0。把这两种烷烃按不同比例掺和，就可以得到辛烷值从 0～100 的标准燃料。如 80 号汽油，异辛烷占 80%，正庚烷占 20%，就得到辛烷值为 80 的标准燃料。

辛烷值的测定有马达法和研究法两种。我国、俄罗斯等大多数国家使用马达法，英国、美国等国家采用研究法。

(3) 提高汽油抗爆性的方法

影响汽油发动机爆燃的主要因素是发动机压缩比和所选用的燃料的品质。

目前提高汽油辛烷值的方法是采用能生产出含有高辛烷值烃类成分的汽油的炼制工艺。现在，无铅汽油大量上市，过去的含铅汽油已被取消，无铅汽油就是高辛烷值汽油。

汽油的选用

选用汽油的牌号，主要是依据发动机的压缩比 ε。压缩比大选用高牌号的汽油；压缩比小选用低牌号的汽油。如果压缩比高的发动机选用低牌号的汽油，易使发动机产生爆震燃烧，使发动机的功率下降，油耗增加，如压缩比低的发动机选用高牌号的汽油会造成浪费。

1）根据发动机压缩比和工作条件进行，一般压缩比大的发动机应选牌号较高的汽油。

$\varepsilon<7.0$ 选用 66 号、70 号；

$7.0<\varepsilon<8.0$ 选用 90 号、93 号；

$\varepsilon>8.0$ 选用 93 号、95 号、97 号。

(2) 特殊情况下的选用

① 用稍高牌号代用时，应增大点火提前角，并适当降低浮子室油面，调小主量孔，以充分发挥发动机功率，降低油耗。

② 用稍低牌号代用时，应减小点火提前角，并适当升高浮子室油面，调大主量孔，以免爆震。

③ 高原地区因空气稀薄，大气压力小，吸入汽缸的空气量减少，压力也随之降低，不易爆震，应使用较低辛烷值汽油。海拔高度每升高 1000m，点火角可提前 2°左右。

3）启动燃料使用：严寒地区，发动机启动困难时应使用启动燃料，并配合使用严寒区稠化机油。

使用方法：先用摇把转 10～20 圈，从进气管加入 10～25mL 启动汽油，关闭阻风门一半左右，即可启动。

使用注意事项

原用低牌号的汽油改用高牌号时，应将点火提前角适当提前些，浮子室油面也应适当降低，反之，原用高牌号汽油改用低牌号汽油，应将点火提前角适当推迟。浮子室油面也应适当提高，以免发生爆燃。

高原地区空气稀薄，发动机冲气量下降，压缩压力也降压，汽车选用较低牌号的汽油不易发生爆燃。

维修发动机时，要彻底清除进、排气门燃烧室中的积炭，使其表面光滑，没有残留的胶质或污物，以防结胶。

防火防爆：在接触和使用汽油时，必须严格遵守防火规定。油库、车库内及油罐、储油桶附近，不准放置沾有油料的棉布、棉纱等易燃物；汽油储存区或加油站附近，严禁使用明火或检修叉车；不准用铁器件敲击汽油桶或穿带铁掌的鞋在油桶上跑动，以防铁器摩擦产生火花。储存汽油的库房内要通风，并尽量降低储油温度，安装防爆灯；用油桶或其他储油容器储存汽油时，不能超过安全容量，以防容器内气压太高而发生爆炸。

防毒：汽油具有一定的毒性，尤其是含铅汽油（有深颜色标记）毒性更大，使用中应避免用嘴吮吸或溅入眼内，也不要用汽油洗手、洗衣服等，以免引起中毒，作业站上风口，不用汽油洗衣、洗手。

防静电：减少静电积累，防止静电释放时产生强烈火花。不准用塑料桶存放汽油，因塑料易在摩擦时产生静电；装运汽油时，要严守有关规定，油罐车要经常检查安全链是否接地。

7.4.2 车用柴油

柴油是用于压燃式发动机中的燃料，根据所用场合不同，它可分为轻柴油、重柴油和农用柴油三种。由于汽车用柴油机属于高速柴油机，所以车用柴油属于轻柴油。根据柴油机的构造和工作原理，要求柴油具有良好的低温流动性、良好的燃烧性、良好的储存安定性、较高的闪点、无腐蚀性及良好的洁净性等性能。

柴油的品种、牌号

车用发动机所用的柴油是轻柴油，分为优级品、一级品和合格品三个质量等级。每个等级根据柴油的凝点不同分为 10 号、0 号、－10 号、－20 号、－35 号和－50 号。每种牌号柴油的凝点不应高于其牌号的数值。如－10 号的柴油，它的凝点不能高于－10℃。

柴油的低温流动性

1）低温流动性　指低温下能顺利通过燃油滤清器，并可靠地向汽缸供油的性能。

2）评价指标

① 凝点　在试验条件下，冷却失去流动性时的温度。

② 冷滤点　在规定条件下，当试油通过过滤器的量小于 20mL/min 时的最高温度。

柴油的正确选用

使用最低气温应高于柴油的冷滤点，见表 7-19。

表 7-19　轻柴油牌号选择

牌号		10 号	0 号	－10 号	－20 号	－35 号	－50 号
凝点/℃	≤	10	0	－10	－20	－35	－50
冷滤点/℃	≤	12	4	－5	－14	－29	－44
适用最低气温/℃	≥	12	4	－5	－14	－29	－44

使用注意事项

1）同一等级中的各牌号柴油，除凝点（包括浊点、冷滤点）不同以外，其余各质量指标相同或相近。所以不能“以好代次”，要按季节选用相应牌号的柴油，以达到正确选用与节能目的，防止加错油，更不能掺入汽油。

2）储存和运输中应严防叉车杂质和水分混入柴油。使用前应沉淀过滤，确保柴油的洁净，严防叉车杂质进入。

3）在用叉车，可根据气温变化适时加添需要的牌号，不同牌号的柴油可以掺和使用。

4）封存车应加入冬用柴油。

7.4.3 车用机油

车用润滑油是指发动机润滑油和车用齿轮油。在高温、高压和高速的条件下，车用润滑油能够是叉车机件的运动表面，降低摩擦、磨损，延长使用寿命。

机油的品种牌号

(1) 按性能和使用场合

汽油机油：QB、QC、QD、QE、QF。

柴油机油：CA、CB、CC、CD。

(2) 按 100℃时的运动黏度和规定温度下的低温动力黏度划分 11 个黏度等级

冬用：0W、5W、10W、15W、20W、25W。

夏用：20 号、30 号、40 号、50 号、60 号。

单级油：一个等级构成一个牌号。

多级油：由一个冬用等级和一个夏用等级构成一个牌号，冬夏通用。

既在高温条件下有足够的黏度，保证润滑；又在低温条件下有较好的流动性，保证冷车启动。

(3) 常用机油的品种牌号

① 汽油机油。

QB 级：10 号、8 号稠化汽油机油。

QC 级：30、5W/20、10W/30、14 号高级轿车专用机油。

QD 级：30 号。

QE 级：30 号。

② 柴油机油。

CA 级：11 号、14 号稠化柴油机油。

CC 级：30 号、5W/20、10W/30。

CD 级：30 号。

③ 通用油。

QE/CC 级：15W/40 汽油机和柴油机通用。

机油黏度及低温流动性

(1) 黏度

液体在外力的作用下流动时，分子间就产生内摩擦，这个物理量叫做黏度系数、内摩擦系数、动力黏度或简称黏度。

在使用中要求润滑油要有适宜的黏度，黏度过大、过小都不好。现将润滑油黏度过大、过小的危害阐述如下。

(2) 黏度过大的缺点

油的黏度太大，在发动机启动时上油慢，油压随高，但机液压泵的出油量少，此时运动机件间最容易出现短暂的干摩擦或半干摩擦，造成发动机启动阻力增加；机油黏度过大，在发动机低温启动中，造成启动阻力矩大，转速低，使发动机启动困难，机油的黏度太大，机件表面间的摩擦力大。不但增加了机件磨损，而且燃料燃烧后发出的热能有一大部分转化为摩擦功，因而降低了发动机的有效功率。

同时黏度大的机油，循环速度慢，其冷却散热作用的效果也就差，易使发动机过热。而且通过机油滤清器的次数就少，不能及时将磨损下来的粉末、炭粒、尘土等从摩擦表面上洗掉，其洗涤作用差。

(3) 黏度过小的缺点

黏度过小，油膜容易破坏。在高温摩擦面上，不易形成足够厚度的油膜，机体得不到正常润滑，会增大磨损。同时易使汽缸漏气，降低功率，还易使废气窜入曲轴箱，使机油受到稀释和污染。

另一方面，黏度小的机油密封性不好，蒸发性又大，这样就容易使汽缸壁上的机油窜入燃烧室，造成少机油，不但增大了机油的耗量，还造成燃烧不完全，排气冒黑烟，功率下降。

一般要求气温比凝点高 6～10℃。

机油的选用

根据叉车负荷和使用条件选择质量等级，根据气温等选择牌号。

(1) 汽油机油质量等级选择

1) 没有附加装置，选用普通机油或 QB 级油。

2) 装有曲轴箱通风装置，应选用 QC 或 QD 级。

3) 装有废气循环装置，应选用 QE 级。

4) 装有催化转化器装置，应选用 QF 级。

(2) 柴油机油质量等级选择

1) 按强化系数（$K\phi$）选择。

$K\phi<30$，则选用 CA、CB。

$K\phi$ 在 30～50，则选用 CC。

$K\phi>50$，则选用 CD。

2) 按使用条件选择。

满足下列情况之一，质量应提高一个等级：

① 时开时停，启动频繁。

② 长时间以低温、低速行驶。

③ 长时间高温、高速下工作，尤其是满载长距离行驶。

④ 经常在灰尘大的场所工作。

(3) 牌号（黏度）选择

1) 一般原则

① 根据负荷转速：大负荷、低转速发动机——选用黏度大些；小负荷、高转速发动机——选用黏度小些。

② 根据磨损情况：磨损大、旧车——选用黏度大些；磨损小、新车——选用黏度小些。

③ 根据使用温度：南方、夏季——选用黏度大些；北方、冬季——选用黏度小些。

2) 牌号与使用温度的关系　见表 7-20。

表 7-20　汽油机油牌号与使用温度的关系

牌号	使用温度/℃	牌号	使用温度/℃
0W	−55～−10	15W/40	−15～40
5W/20	−30～20	20W/40	−10～40
5W/30	−30～30	20W/20	−10～20
10W	−20～10	20	−10～20
10W/20	−20～20	30	0～30
10W/30	−20～30	40	10～40
15W/30	−15～30		

使用注意事项

1) 必须选用正确的质量等级，在使用中要勤加少添，认真做好滤清工作。做好发动机预热，控制好发动机温度。保持曲轴箱通风良好。质量等级和黏度等级要适当，必要时可以代用。

柴油机油可以代替汽油机油，汽油机油不能代替柴油机油。

2) 多级油使用时注意：冬季和夏季可以通用；换用多级油时应按换油方法进行；油压稍低属正常现象；使用不长时间变黑是添加剂作用，可继续使用；不同多级油可以混用，但不能混存。

3) 换油方法：趁热将旧油放出，加入清洗液，让发动机怠速运转数分钟进行清洗，放出清洗液，然后按规定加入新机油。

7.4.4 车用齿轮油

车用齿轮油用于叉车变速箱、传动机构和转向机构中齿轮的润滑，减少摩擦、磨损，降低传动效率的损失，冷却和清洁齿轮间的污物，防腐蚀、缓和齿轮震动和减轻齿轮间冲击。

齿轮油的品种牌号

按100℃时的运动黏度和低温动力黏度达150000mPa·s时的最高温度划分为6个等级：

冬用：75W、80W、85W。

夏用：90、140、250。

按使用条件和性能分为3个等级：

普通叉车齿轮油CLC。

中负荷叉车齿轮油CLD。

重负荷叉车齿轮油CLE。

常用品种牌号

CLC：80W/90、5W/90、90。

CLE：85W/90、18号双曲线、合成18号双曲线、7号严寒区双曲线。

齿轮油选用

(1) 选质量

1) 中等速度，负荷比较苛刻的齿轮或螺旋伞齿轮——选CLC。

2) 低速高转矩、高速低转矩下操作的齿轮；使用条件不太苛刻的双曲线齿轮——选CLD。

3) 高速冲击负荷、低速高转矩和高速低转矩下操作的齿轮使用条件缓和至苛刻的双曲线齿轮——选CLE。

(2) 选黏度牌号（表7-21）

表7-21 齿轮油的牌号与使用温度的关系

牌号	使用温度/℃	牌号	使用温度/℃
75W	>−40	140	>30
75W/90	−40～30	18号双	>−12
80W/90	−25～30	合成18号	>−26
85W/90	−20～30	7号双	>−35
90	0～30		

(3) 不同地区叉车使用齿轮油（表7-22）

表7-22 不同地区使用的齿轮油

地　区	普通齿轮油	双曲线齿轮油
严寒区	13号	75W,7号
寒　区	80W/90	80W/90,合成18号
北　方	85W/90,8号	5W/90,18号
南　方	90号	90号,18号

使用注意事项

1) 加入量要适当。油量过多，会增加搅拌阻力，造成功率损失、温度升高，还易引起泄漏；油量过少，会使润滑不良，加速齿轮磨损。

2）在使用、储存中防止混入杂质、水分。

3）各种牌号的齿轮油不得混用，也不得与其他润滑油相混。

4）更换齿轮油时，应在热车时放出旧油，经彻底清洗后，再加入新油。

7.4.5 液压油

液压油的品种牌号

以 40℃时的运动黏度（mm^2/s）为依据划分为 18 个黏度等级，常用的有 15、22、32、45、68。

按应用场合分类，按组成和特性分 17 组。

HH：无抗氧剂的精制矿油。

HL：精制矿油，并改善其防锈和抗氧性。

HM：HL 油并改善其抗磨性。

HR：HL 油并改善其黏温性。

HV：HM 油并改善其黏温性。

HG：HM 油并改善其黏滑性。

常用液压油牌号见表 7-23。

表 7-23 常用液压油牌号和主要应用

产品符号	组成、特性和主要应用介绍
L-HH 15 22 32 46 68 100	本产品为无(或含有少量)抗氧剂的精制矿油。适用于对润滑油无特殊要求的一般循环润滑系统，如低压液压系统；也可适用于其他轻负荷传动叉车、滑动轴承和滚动轴承等油浴式非循环润滑系统。本产品质量水平比叉车油(即 L-AN 油)高。无本产品时可选用 L-HL 油
L-HL 15 22 32 46 68 100	本产品为精制矿油，并改善其防锈和抗氧性的润滑油。常用于低压液压系统；也可适用于要求换油期较长的轻负荷叉车的油浴式非循环润滑系统。无本产品时可用 L-HM 油或用其他抗氧防锈型润滑油
L-HM 15 22 32 46 68 100	本产品为在 L-HL 油基础上改善其抗磨性的润滑油。适用于低、中、高压液压系统；也可用于其他中等负荷叉车润滑部位。对油有低温性能要求或无本产品时，可选用 L-HV 和 L-HS 油
L-HV 15 22 32 46 68 100	本产品为在 L-HM 油基础上改善其黏温性的润滑油。适用于环境温度变化较大和工作条件恶劣的(指野外工程和远洋船舶等)低、中、高压液压系统和其他中等负荷的叉车润滑部位。对油有更好的低温性能要求或无本产品时，可选用 L-HS 油
L-HR 15 32 46	本产品为在 L-HL 油基础上改善其黏温性的润滑油。适用于环境温度变化较大和工作条件恶劣的(野外工程和远洋船舶等)低压液压系统和其他轻负荷叉车的润滑部位。对于有银部件的液压系统，在北方可选用 L-HR 油，而在南方可选用对青铜或银部件无腐蚀的另一种 HM 油或 HL 油

液压油选用

（1）考虑因素

1）液压系统工作环境：主要是环境温度等。

2）液压系统工作条件：泵型、系统压力等。

3）液压油性能：抗磨性、低温性等。

（2）选质量等级

1）低压、中压及部分中高压系统——普通液压油。

2）中高压、高压系统——抗磨、低温液压油。

叉车系统压力：中压、中高压。

常见叉车液压系统的工作压力等级见表 7-24。

表 7-24 液压系统工作压力等级

压力等级	低压	中压	中高压	高压	超高压
压力范围/(kgf/cm^2)	<25	25～80	80～160	160～320	>320

注：$1kgf/cm^2=0.0981MPa$。

（3）选黏度牌号

黏度过大：液压泵吸油阻力增加，产生空穴；油的内摩擦增加，泵功率损失增大，叉车效率降低；压力损失增大，温度升高，系统发热；控制阀、油缸等元件灵敏度降低。

黏度过小：泵、阀、缸的内漏增加；润滑性降低，增大摩擦、增加磨损。

主要考虑系统的压力和使用温度：

系统压力较高，选用黏度较高的液压油；系统压力较低，选用黏度较低的液压油。

环境温度较高，选用黏度较高的液压油；环境温度较低，选用黏度较低的液压油。

为确保低温流动性，液压油的凝点要比最低环境温度低 10℃以上。

对于叉车，使用环境温度一般≤40℃，因此，所选用的液压油在 40℃的运动黏度≤$70mm^2/s$，且温度、压力越高，应靠近上限，反之，则应靠近下限。

代用液压油的选用

常用的代用液压油：

8 号寒区、严寒区稠化汽油机油。

14 号寒区、严寒区稠化柴油机油。

5W/20、10W/30 多级机油。

液力油的使用

叉车使用的液力油有 6 号液力油；还可以使用 20 号、30 号汽轮机油。在使用中要保证正常的油温，应经常检查油平面。

液力油的更换和过滤器（或滤网）的清洗要按叉车使用说明书的规定来进行，在进行更换和清洗时，要同时拆洗自动变速器油底，并更换其密封垫。通常每行驶 10000km 应检查油面，每行驶 30000km 应更换液力油。

使用注意事项

① 保证液压油品种、牌号和质量符合要求。

② 不同品种、不同牌号液压油不得混用。

③ 严格把关，防止水分和杂质混入。

④ 油温控制在 65℃以下。

⑤ 正常情况下使用时间：叉车油半年左右；汽轮机油、多级油一年左右；专用液压油一年以上。

7.4.6 润滑脂

润滑脂是介于液体和固体之间的油膏状润滑材料。在常温下和静止状态下，润滑脂是塑性体，能附着在摩擦表面，不流动，主要由液体润滑剂和稠化剂等组成。牌号越小，润滑脂就越软。主要使用在轴承、轴销和各活动连接部位。

常用润滑脂品种牌号

(1) 钙基脂

特性：耐水性好，耐温性差。

牌号：1号、2号、3号、4号。

用途：适用于使用温度10～65℃的潮湿或易与水接触的摩擦部位，如水泵轴承、轴销、活动连接部位、平原地区叉车的轮毂轴承等。

石墨钙基脂：在钙基中加进鳞片石墨等，提高其耐压性，适用于压力大、表面粗糙的工作表面，如钢板弹簧等。

(2) 钠基脂

特性：耐温性好，耐水性差。

牌号：2号、3号、4号。

用途：多用于高温、干燥、密封条件较好的场所，如山区叉车的轮毂轴承。

(3) 钙钠基脂

特性：性能介于钙基和钠基脂之间。

牌号：1号、2号、3号、4号。

用途：适用于工作温度在100℃以下，而又不太潮湿的滚动轴承，如水泵轴承、轮毂轴承、离合器轴承等。

(4) 锂基脂

锂基脂是一种多效能润滑脂，性能最好（耐水性、耐温性、低温性、使用周期等），可在－60～120℃范围内使用。

汽车通用锂基脂：适用于－30～120℃。

寒区多效锂基脂：具有良好的高、低温性，极压润滑性，防锈性，抗氧化性等，适用于－45～120℃。

(5) 工业凡士林

具有良好的耐水性和胶体安定性、保护性能，工作温度不高于45℃，主要用于蓄电池极柱的防护。

使用注意事项

1）轮毂轴承的润滑，不要涂满，只需涂装1/2～2/3就可以，要提倡“空毂”润滑，即只要在轮毂轴承内涂上适量的润滑脂，在轮毂内腔表面则薄薄抹上一层，如果以防生锈。绝不能采用在轮毂内装满脂的“满毂”润滑，否则，不仅浪费，而且会造成轮毂轴承散热不良，润滑脂外溢，甚至影响制动性能。

2）用油枪加注时，要使新油将旧油挤出时为止。

3）在使用和保存润滑油脂时，应注意清洁，防止灰尘、水分及其他杂质混入。更换润滑脂时，一定要将废脂清除干净，并将润滑部位清洗干净，并待晾干后再装入新脂。

7.4.7 制动液

制动液又称刹车油，是叉车液压制动系统的工作介质，驾驶员踩制动踏板的力，通过制动液传到制动器上，阻止车轮转动。制动液类型主要有：醇型制动液、矿油型制动液、合成型制动液。

制动液的种类

(1) 醇型制动液（浅绿或浅黄透明）

醇型制动液是由蓖麻油加酒精或丁醇配制而成。其沸点低，工作温度范围窄，低温性差，高温下易发生气阻。按 GB 2518—1981 标准分为 101 号（蓖麻油＋酒精，可在气候炎热地区使用）和 103 号（蓖麻油＋丁醇，用于一般地区）两个品牌。

特点：价格低；低温性能较差，在－25℃以下出现结晶体；沸点也较低，在 70℃时汽化易产生气阻。

(2) 矿油型制动液（红色透明）

矿物油型制动液是以柴油馏分经深度脱脂后的基础油，加入添加剂、抗氧化剂、防腐剂和染色剂调合成的红色透明液体。分为 N10 号（北方或－40℃左右地区使用）和 N15 号（南方或－25℃以上地区使用）两个牌号。

优点：低温流动性好，－40℃时黏度为 540mm²/s，仍制动灵活；沸点高，在 210℃以上。能保证在－50～150℃范围内制动灵活，冬夏通用。

缺点：会使天然橡胶制品膨胀、软化。

要求：制动系统的皮腕、软管等更换成耐油橡胶制品。

(3) 合成型制动液（浅黄至琥珀色透明）

合成型制动液由溶剂、润滑油和添加剂组成。这类制动液的特点是沸点高、工作温度范围宽、黏温性好、对橡胶的溶胀率小、对金属的腐蚀性小，可用在高速轿车及大功率、重负荷、制动频繁的汽车上，且全年通用。常用的有 201 号、202 号。

优点：性能稳定，可在－53～190℃范围内使用。

缺点：易吸水、且吸水后沸点下降，低温性也下降，防锈性变坏。建议使用 1～2 年后更换。

制动液的使用

使用制动液时，必须考虑地区的环境温度和液压制动系统的材料。

201 号汽车制动液，适用于国内外各型叉车的液压制动系统；101 号、103 号醇型制动液不能用于北方寒冷季节；而矿油型制动液对天然橡胶有侵蚀作用，其液压制动系统必须改用丁腈耐油橡胶皮碗、软管和密封零件。合成刹车油性能较好，可以在各类叉车的液压制动系统中使用。

7.4.8 冷却液

冷却液是发动机冷却系统的工作介质，它在冷却系统内循环流动导出热量，保证发动机的温度在一定范围内的工作介质。主要用于液冷式发动机中。

叉车上最常用的冷却液有水冷却液和防冻液两种。

水冷却液

水是使用最广泛的一种冷却液，其优点是来源广、无毒、黏度小、不燃烧、热容量特别大、导热性能好等。但是水的冰点高，当气温在 0℃以下时，水结冰体积增加而使发动机冷却系冻裂；而且其沸点接近于发动机的正常工作温度，尤其在高温地区使用时容易“开锅”；水中含有 $CaSO_4$ 等的金属的盐类，受热后会在散热器壁上生成水垢，降低冷却效果。因此，纯水型冷却液将逐渐被淘汰。

防冻液

防冻液是解决水冷却液结冰膨胀，防止冷却系统被冻坏而研究生产的，它的最大特点是冰点低（最低冰点－68℃），防冻液在冬季防冻，在夏季防沸和防止水箱结垢，又称为长效冷却液。主要由基础液、抗泡沫剂、染料和防腐添加剂组成。

防冻液有三种类型：酒精-水型、甘油-水型和乙二醇-水型。

酒精-水型和甘油-水型防冻液在安全性、经济性上都有明显的缺陷，很少使用。

(1) 乙醇（酒精）-水型

特点：酒精与水按任意比例混合，酒精含量越多，则冰点越低。

优点：流动性好，散热快，酒精来源广。

缺点：酒精沸点低（73.8℃），易挥发、着火，冰点随挥发量的增多而升高。

(2) 乙二醇-水型（红色）

特点：乙二醇含量在68%时，冰点最低，达－69℃。

优点：冰点低，沸点高，挥发的是水。

缺点：热膨胀率大（加注：总容量的95%），易溢流，有毒。

(3) 丙三醇（甘油）-水型

特点：冰点随甘油增多而降低。

优点：沸点高，不易蒸发，不易着火，无毒。

缺点：用量大，不经济；黏度大，流动性差。

军用长效防冻液（荧光绿）属乙二醇-水型。普通型，对冷却系统有腐蚀。长效型，全年使用不发生腐蚀。严寒地区，用冰点为－45℃。其他地区，用冰点为－35℃。更换期两年，每年入冬前检查冰点有毒，避免与皮肤直接接触。

冷却液的选用

冷却液的选用可根据冷却液的性能、叉车使用条件和客观条件进行。

1）乙二醇-水冷却液，冰点低，沸点高，使用中损失的主要是水，应定期加水。对金属有一定的氧化腐蚀作用，一般只能使用一个冬季。对人体有毒，因此常加有红色染料。

2）酒精-水冷却液，可按任意比例配制，方法简单；酒精含量达40%～50%（质量分数）时，酒精蒸汽就有着火的危险；沸点低、蒸发损失大，而且损失的主要是酒精，所以在高原使用和经常爬山的叉车不宜使用。

3）甘油-水冷却液，不易蒸发和着火对金属腐蚀性较小，但甘油用量大，经济性差。因此这种冷却液用得较少。

使用注意事项

1）冷却液使用一段时间后，就要进行调整。尤其是入冬前，应及时测试冷却液的冰点。

2）乙二醇有毒，防止误入口内。

3）用酒精配制的冷却液中，酒精含量不得超过40%（质量分数）。

4）配制冷却液时，水质以蒸馏水、去离子水为好，以防结垢。

5）乙二醇-水型冷却液中乙二醇含量不得超过68%，因为超过此含量时，冰点反而升高。

6）加注冷却液时，一般不要超过冷却系总容量的95%，以免因温度升高而使冷却液受热体积膨胀而造成外溢。

第8章 特种叉车

8.1 越野叉车

8.1.1 越野叉车功用及特点

越野叉车的功用

越野叉车是指在未经平整的地面上进行装卸搬运作业的专用叉车。它具有较强的越野能力，机动性能较好。适用于野外条件下，进行物资的装卸、拆码垛和短途搬运作业。

越野叉车的特点

越野叉车外形如图 8-1 所示，与普通叉车相比，具有如下特点：

1）采用先进的静压传动行走系统和双 DA 控制模式，使越野叉车的动力与外阻力始终处于最佳匹配状态，具有良好的经济性和较高的生产效率。

图 8-1 越野叉车示意图

2）具有良好的通过性和越野性能。采用轮边减速，低压宽基越野花纹大轮胎，地面附着力大，越野性能好；可根据路况选择单桥两轮驱动或双桥四轮驱动方式，最小离地间隙大于 300mm；离去角达 30°以上，接近性好。

3）车体采用铰接式车架、全液压折腰转向，车架摆角一般达±(32°～40°)，转向系统简单，生产成本较低，且可实现较小的转向半径。操纵轻便灵活、转弯半径小、结构紧凑、维修方便。

4）制动系统采用气顶油钳盘式制动系统。系统布置紧凑，管路长度缩短，反应迅速，制动力大，拆装方便，安全可靠。全轮制动。采用钳盘式制动器，制动性能好，使用寿命长，且便于维修保养。驻车制动则为独立手刹系统。

5）轮距较宽，轴距较大，具有良好的整机稳定性。

6）具有优良的机动性能。车速一般为 30～40km/h，最大车速可达 80km/h 以上，动力因数达 0.65 以上，行驶加速性能好，且具有较大的爬坡能力，一般为 25°～30°。

7）独特的工作装置，除具备货叉起升、前后倾斜、左右侧移的功能外，还特别设计了前车架旋转调平装置，使门架始终处于竖直状态，驾驶室处于水平状态，以确保越野叉车在倾斜路况下作业时的货物安全和驾驶员的舒适。

8.1.2 越野叉车构造及原理

越野叉车一般由发动机、底盘、工作装置和电气设备四大部分组成。

发动机

发动机是一部由许多机构和系统组成的复杂机器。内燃叉车采用的发动机有汽油机、柴油机和液态石油气机之分。越野叉车使用柴油机作为动力“源”。它将燃油产生的热能转变为机械动力，通过越野叉车底盘的传动系统和行驶系统驱动越野叉车行驶，通过转向系统和制动系统实现越野叉车转向和制动，并通过液压系统驱动工作装置，完成货物的装卸和搬运。发动机是将自然界某些能量直接转换为机械能并拖动某些机械进行工作的机器。将热能转化为机械能的发动机，称为热力发动机。能量的释放与转化过程是在汽缸内部进行的热力发动机，称为内燃机。越野叉车采用 LR4105G 型柴油机。

底盘

(1) 传动系统

动力装置和驱动轮之间的传动部件总称为传动系统。它是将动力装置输出的功率传给驱动轮，使动力装置功率输出特性尽可能满足越野叉车行驶机构的使用要求。

越野叉车传动系统采用静液压传动结构。主要由变量泵、变量马达、电磁阀、油散热器、旋转微调阀、单向阀、吸油滤清器、液压油箱及变速器、传动轴和驱动桥等组成，如图 8-2 所示。变量泵驱动的变量马达通过离合器和变速器分别驱动前后桥。变量马达与变速器用螺栓连成一体，其连接关系如图 8-3 所示。弹性板与变量泵用螺栓及花键相连，其连接关系如图 8-4 所示。

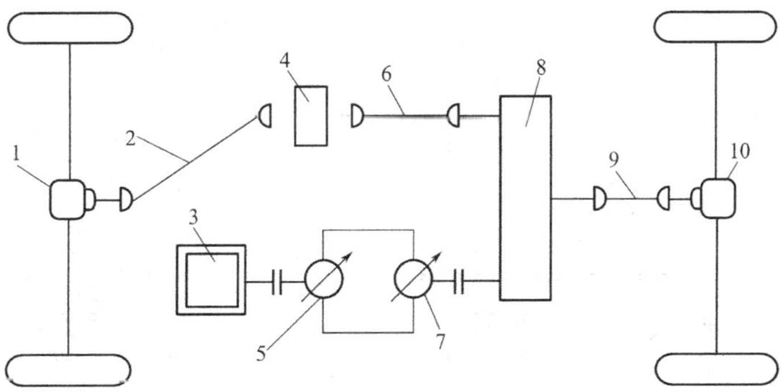

图 8-2 越野叉车传动系统示意图

1—前驱动桥；2—前传动轴；3—柴油机；4—传动轴支架；5—A4VG90 变量泵；6—中间传动轴；7—A6VM107 变量马达；8—变速器；9—传动轴；10—后驱动桥

1）传动系统特点

① 静液压传动效率高，工况高效区范围广，可节约资源，并简化了散热、降温等辅助设施的结构。

② 利用变量泵和变量马达组合形式的闭式回路，实现了自动无级调节，且柴油机功率保持相对恒定，功率利用率最高，整机运转经济性好。

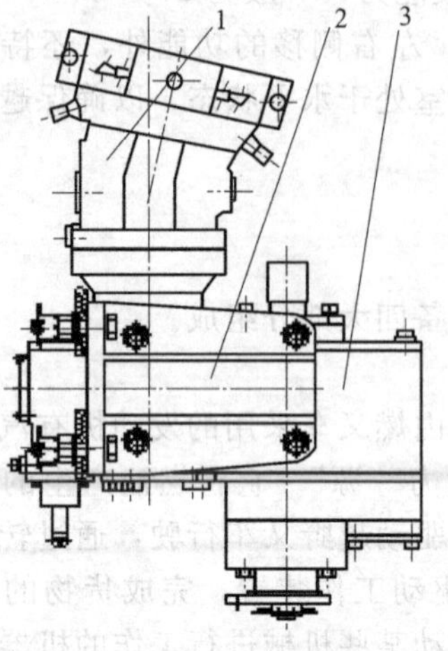

图 8-3 变量马达、变速器连接图

1—变量马达；2—变速器支承板；3—变速器

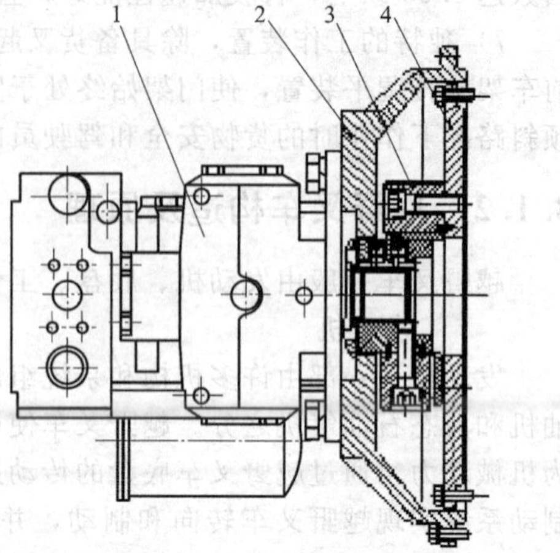

图 8-4 弹性联轴器、变量泵连接图

1—变量泵；2—外连接盘；3—弹性联轴器；4—法兰轮毂

③ 利用双 DA 控制变量系统，在复合作业工况下，柴油机转速降低，但液压系统压力始终保持不变，从而使牵引力不下降。

④ 在最大程度上实现了整机总体参数优化，使其能提供最大生产率和最高经济效益。

2）传动系统原理 传动系统原理如图 8-5 所示。由辅助泵 2 输出的压力油经过 DA 控制阀 3 和三位四通电磁换向阀 4，通过变量缸 5 无级调整变量泵 6 的斜盘倾角进而调整其排量。DA 控制阀 3 的作用是输出与转速有关的调整压力，在结构上相当于一个二位三通液控伺服阀，阀芯在多个液压力及弹簧力的综合作用下移动，对压力进行控制。当发动机转速升高时，定量泵流量增加，阀 3 输入流量增加，使其左右控制压力的压差增加，导致阀芯左

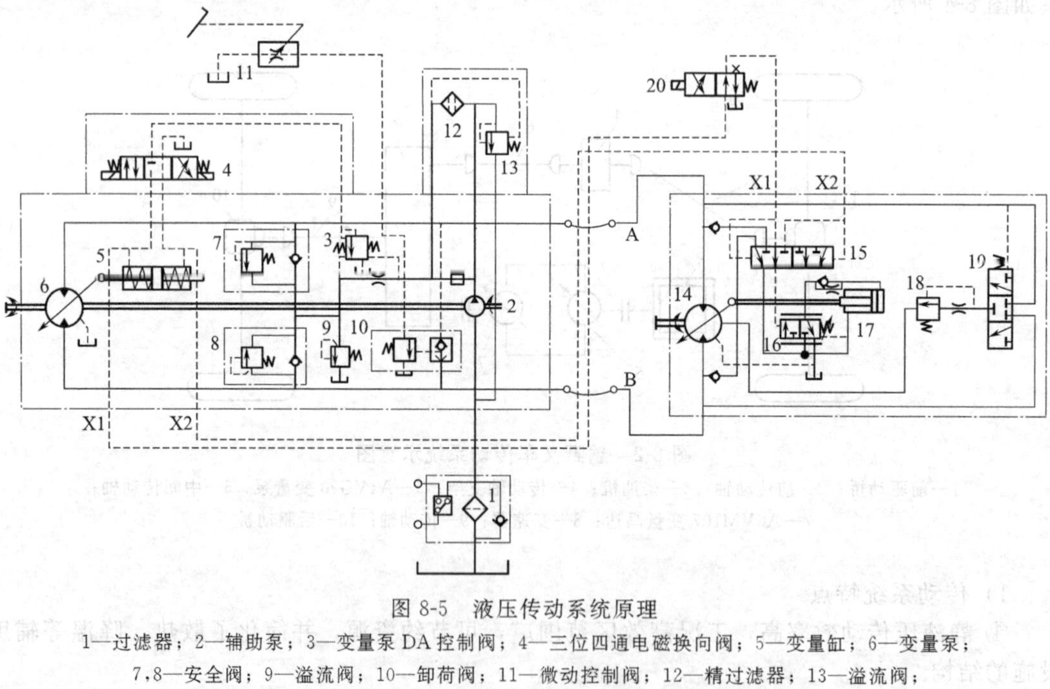

图 8-5 液压传动系统原理

1—过滤器；2—辅助泵；3—变量泵 DA 控制阀；4—三位四通电磁换向阀；5—变量缸；6—变量泵；7,8—安全阀；9—溢流阀；10—卸荷阀；11—微动控制阀；12—精过滤器；13—溢流阀；14—变量马达；15—二位六通液动换向阀；16—变量马达 DA 控制阀；17—变量马达变量缸；18—溢流阀；19—三位三通液动换向阀；20—二位四通电磁换向阀

移，输出点压力增加，作用在变量油缸上使变量泵排量增加。反之，当发动机转速降低时变量泵排量减少。

安全阀 7、8 的作用是限制系统的最高压力，它们右侧的单向阀的作用是使辅助泵定向向低压腔补油。三位四通电磁换向阀 4 的作用是控制变量油缸向左、向右或居中，使变量泵正向、反向供油或不供油。卸荷阀 10 的作用是当从右侧梭阀引来的高压油的压力达到调定压力时，使变量泵的排量为零，达到压力切断的目的。其调整压力比安全阀低 20～30bar。微动控制阀 11 的作用是通过踏板改变节流阀口面积，间接改变变量泵控制压力，以改变变量泵的排量，实现叉车的微动。完全踏下微动踏板，节流阀全开，辅助泵流量全部回流油箱，变量泵排量为零，车轮停止行驶。稍微放松踏板，叉车缓慢行驶。完全松开踏板，节流阀关闭，叉车正常行驶。先导式溢流阀 13 的作用是当精过滤器 12 堵塞时，流过精滤油器的油液从溢流阀流回辅助泵吸油口。

变量泵输出的压力油从 A 或 B 两个方向驱动变量马达 14 旋转，使叉车前进或后退。三位四通电磁换向阀 4 输出的控制压力 X1 和 X2 以及变量泵输出的压力油 A 和 B，经过二位六通液动换向阀 15 的切换后，经过变量马达 DA 控制阀 16 进入变量缸 17 调节变量马达的排量。变量马达高压腔压力油接 DA 控制阀 16 的右液控口和变量缸左腔，控制压力 X1 或 X2（由二位六通液动换向阀 15 控制，大者接入）接 DA 控制阀 16 的左液控口。DA 控制阀 16 的阀芯左边受到控制压力的作用，右边受到高压工作腔压力和弹簧力的双重作用。当马达输出转矩较小时，高压工作腔压力较低，DA 控制元件阀芯右移，压力油进入马达变量缸右腔，使马达排量减小，转速升高。反之，当马达输出转矩较大时，高压工作腔压力较高，DA 控制元件阀芯左移，马达变量缸右腔接回油，使马达排量增大，转速降低。

3）变量泵

① 变量泵的结构及特性　越野叉车采用变量泵，其形式为通轴型斜盘式轴向柱塞变量泵，其外形如图 8-6 所示，结构如图 8-7 所示。结构特点：斜盘柱塞式、球面配流、采用碟形弹簧压紧缸体并使柱塞回程。变量斜盘支承在两个只有半圈的滚子轴承上，变量缸垂直于泵传动轴布置，结构较紧凑。特性：流量与驱动转速及排量成正比并可无级变量，流量随斜盘摆角从零增加到其最大值，使斜盘摆过中位即可平稳改变液流流动方向，该泵在高压油侧配备两个溢流阀；保护静液压传动系统免于超载；高压溢流阀同时具有补油阀功能，内置辅助泵用作补油泵和控制泵，最高补油压力由内置补油溢流阀限定。

图 8-6　变量泵外形

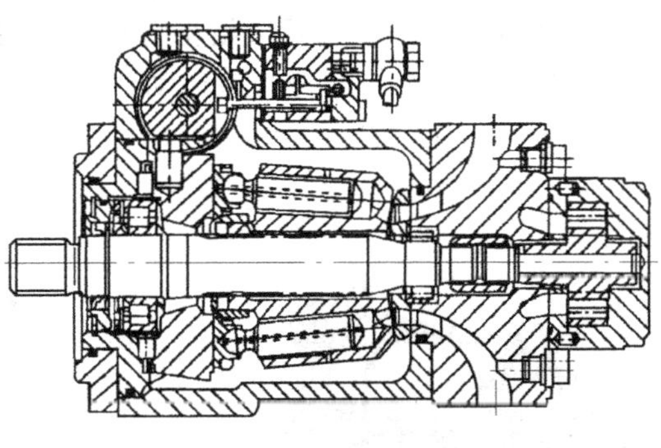

图 8-7　A4VG 通轴式轴向柱塞泵

与驱动转速有关的控制压力，由 DA 控制阀通过一个三位四通方向阀作用在油泵的变量油缸上，由此斜盘与泵的排量可无级调节。流动方向由开关电磁铁确定。变量泵的转速、排量与工作压力及控制压力之间的关系一般为：

变量泵驱动转速升高→辅助泵控制压力增大；

辅助控制压力升高→变量泵的排量增大。

工作压力升高使斜盘朝较小的排量摆动，即工作压力升高→油泵的排量减少。

② 变量泵的工作原理 如图 8-8 所示，轴向柱塞泵主要由缸体、柱塞、斜盘和配油盘等组成。柱塞 4 装在缸体 5 中，沿轴向圆周均匀分布，并靠回程盘始终压紧在斜盘 2 上。配油盘 8 和斜盘 2 都固定不动，当主轴 1 带动缸体旋转时，柱塞就在缸体内作往复直线运动。

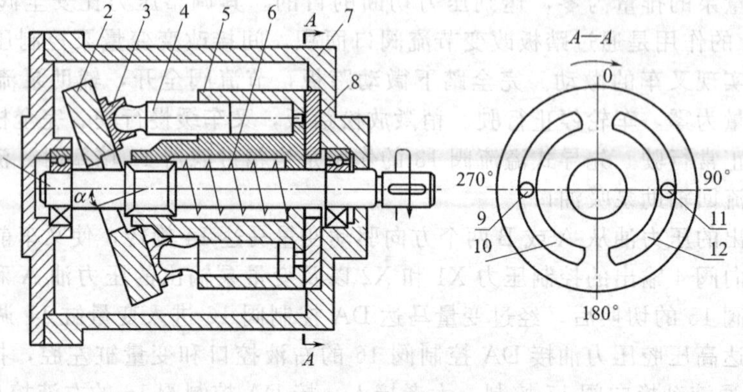

图 8-8 斜盘式轴向柱塞泵的工作原理

1—主轴；2—斜盘；3—滑靴；4—柱塞；5—缸体；6—压紧弹簧；7—壳体；8—配油盘；9—吸油孔；10—吸油窗口；11—排油孔；12—排油窗口

a. 吸油过程：柱塞左半周逐渐向外伸出，内腔容积增大，形成局部真空，油液经配油盘上的吸油窗口 10 吸进来。

b. 排油过程：柱塞在右半周内又逐渐向里推入，内腔容积不断减小，将油液从排油窗口 12 挤压出去。

这样，缸体每转一周，每个柱塞往复运动一次，完成一次吸油和排油过程。随着主轴带动缸体连续旋转，泵不断地进行吸油和排油。

由柱塞泵的工作原理可知，只要改变斜盘的倾斜角度，柱塞行程就会跟着变化，便可改变油泵的排量。如果改变斜盘倾斜角度的方向，油泵的吸油和压油方向也随之改变。

4）变量马达

① 变量马达的结构及特性 越野叉车变量马达采用斜轴式轴向柱塞马达。外形如图 8-9 所示，结构如图 8-10 所示。结构特点：采用大压力角向心推力串联轴承组，主缸与缸体间通过连杆柱塞副中的连杆传递运动；采用双金属缸体，中心轴和球面配油盘使缸体自行定

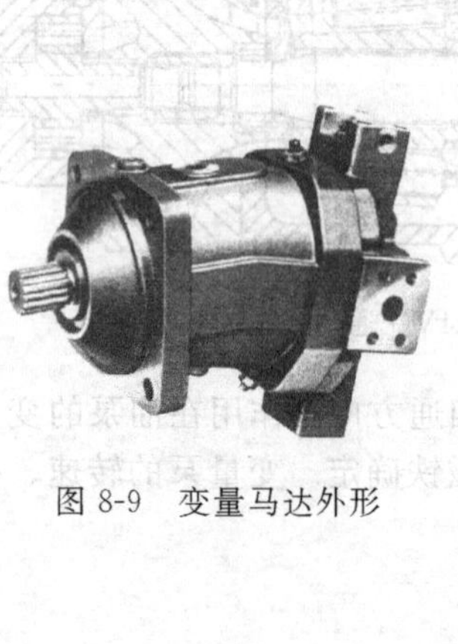

图 8-9 变量马达外形

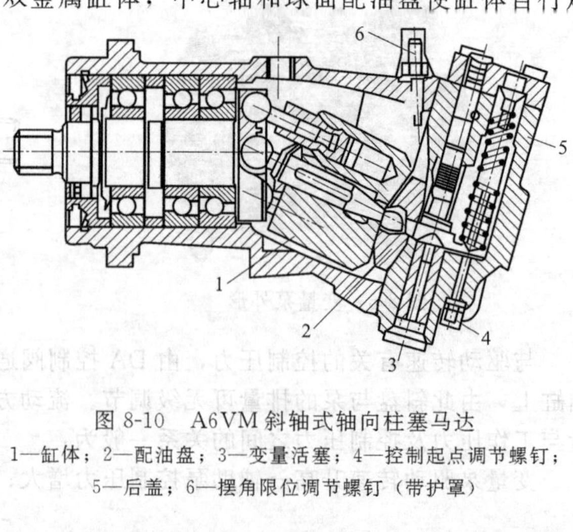

图 8-10 A6VM 斜轴式轴向柱塞马达

1—缸体；2—配油盘；3—变量活塞；4—控制起点调节螺钉；5—后盖；6—摆角限位调节螺钉（带护罩）

心，拔销带动配油盘在后盖弧形轨道上滑动改变缸体摆角实现变量。它与斜盘式轴向柱塞泵相比，具有柱塞侧向力小，缸体摆角较大、配油盘分布圆直径小、转速高、自吸能力强、耐冲击性能好、效率高、易于实现多种变量形式等优点。特性：输出转速与流量成正比；与排量成反比，排量可从 $V_{g\,max}$到 $V_{g\,min}=0$ 无级可调，输出转矩随马达上高低压侧压降的增加及马达排量变大而增加，有较宽的调节范围，能满足高转速和大转矩的要求。

变量马达采用 DA 液压控制且与带 DA 控制的 A4VG90 变量泵一起组成闭式回路静压驱动。在闭式回路的静压系统中，由 A4VG90 变量泵的驱动转速确定控制压力和工作压力，并控制液压马达的摆角。泵的驱动转速升高，控制压力也升高，同时也使工作压力升高，使马达向排量减小的方向转变（转矩减小，转速增高）。

② 变量马达的工作原理　如图 8-11 所示，轴向柱塞马达主要由缸体、柱塞、摇架和配油盘等组成。柱塞 5 装在缸体 7 中，沿轴向圆周均匀分布，其球头与主轴铰接。配油盘 8 相对于摇架固定不动，当柱塞在缸体内作直线往复运动时，推动主轴旋转，向外输出转矩和转速。

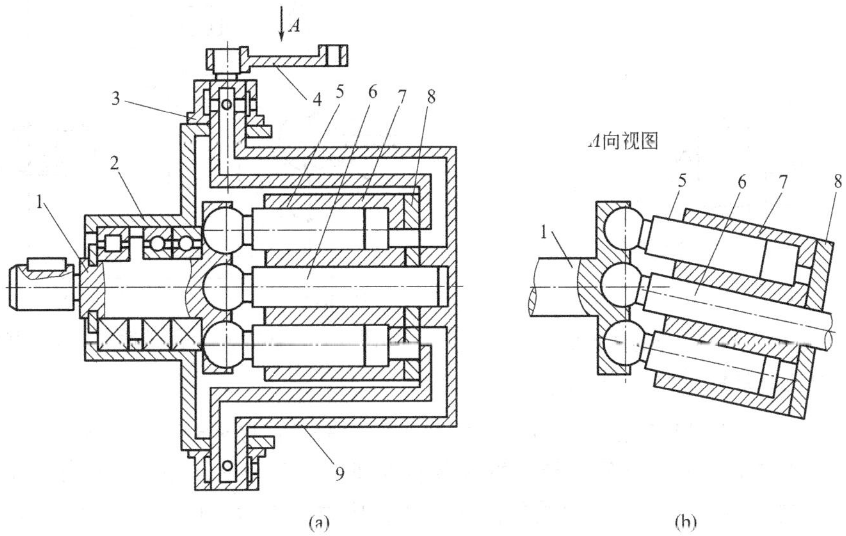

图 8-11　斜轴式轴向柱塞马达的工作原理

1—主轴；2—马达壳；3—旋转接头；4—控制杆；5—工作柱塞；6—支承柱塞；7—缸体；8—配油盘；9—摇架

当将压力油通过配油盘的配油窗口输入到缸体上的柱塞孔中去时，压力油把孔中的柱塞顶出，通过球铰作用在主轴上的力，其轴向分量，由主轴上的球轴承承担，其球铰分布圆切线方向分量对主轴产生一个力矩。各柱塞对马达主轴产生力矩的总和，用来克服外负载转动。在主轴球铰盘的作用下，处于回油窗口的柱塞缩回柱塞孔而排油。

5）双 DA 控制元件

① 双 DA 控制元件的作用　所谓双 DA 控制元件，是指 A4VG 变量泵中的 DA 控制阀和 A6VM 变量马达中的 DA1 控制阀这两个控制元件。

DA 控制的作用是借助于 DA 控制阀，输出与转速有关的调整压力，经过一个三位四通电磁换向阀和泵上的变量油缸，无级调整变量泵斜盘倾角进而调整排量。

a. 通过 DA 控制阀可实现：提高驱动转速→较高的液控压力→较大的排量。

b. 变量泵工作压力提高的作用是使排量减小到与泵曲线对应的排量。提高工作压力→较小的排量。

c. 通过调整 DA 控制阀，可使液控压力按需要降低，实现微动控制。较低的控制压力→较小的排量。

d. 双 DA 控制元件在结构上相当于一个二位三通液控伺服阀，阀芯在多个液压力及弹簧力的综合作用下移动，对压力进行控制。

② 双 DA 控制元件工作原理

a. 图 8-12 为 A4VG 变量泵的 DA 控制元件符号。a 接与变量泵通轴的定量泵的来油，b 接变量油缸，c 接补油溢流阀。因此 c 点的压力是固定的，当发动机转速升高时，定量泵流量增加，a 点输入流量增加，使 a 点、c 点的压差增加，导致 a 点压力增加，阀芯左移，b 点压力增加，作用在变量油缸上使变量泵排量增加，反之，当发动机转速降低时变量泵排量减少。

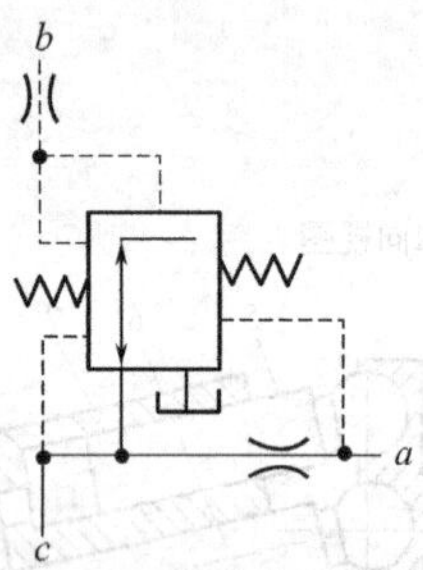

图 8-12 A4VG 变量泵变量马达的 DA 控制元件符号

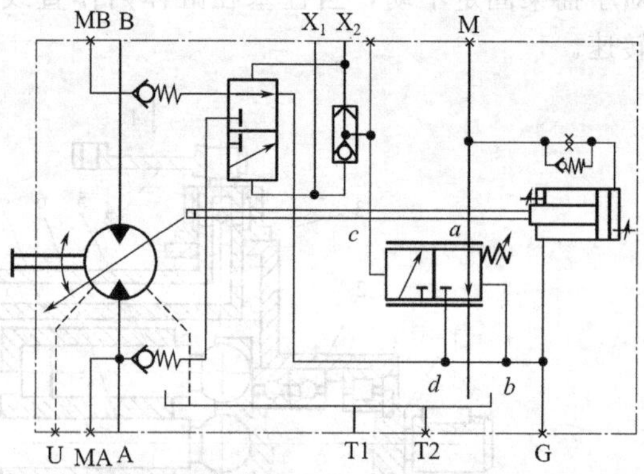

图 8-13 A6VM 变量马达的 DA 控制元件符号

b. 图 8-13 为 A6VM 变量马达的 DA 控制元件符号。a 接变量马达变量缸右腔，b 接变量马达变量缸左腔，c 接变量泵变量油缸来的控制油，d 接高压腔压力油。DA 控制元件阀芯左边受到控制压力的作用，右边受到高压工作腔压力和弹簧力的双重作用。当马达输出转矩较小时，高压工作腔压力较低，DA 控制元件阀芯右移，压力油从 d 到 b 进入马达变量缸左腔，使马达排量减少、转速升高。反之，当马达排量增大，转速降低。

6）变速器

① 变速器功用 越野叉车采用平行轴常啮合机械换挡变速箱。当转换高低速开关位置时，变速拨叉产生位移，由传动系统的马达输出的动力带动输入轴转动，经过滑移齿轮的滑移，实现高低速转换。当操纵摘挡手柄时，由摘挡拨叉带动摘挡滑套左右滑动，实现两轮或四轮驱动。

② 变速器组成 变速箱的基本结构是一个齿轮传动系统，它是一个两挡变速箱。其结构如图 8-14 所示。其主要由箱体、换挡轴、换挡拨叉、输入轴、滑移齿轮、中间轴、摘挡箱体、后输出轴、摘挡滑套、前输出轴、摘挡拨叉等组成。

③ 变速器工作原理 油泵动力由轴 1 输入，输出轴有两根，即通往后驱动桥轴 15 和通往前驱动桥的轴 11。

越野叉车在坏路或无路情况下行驶时，为使叉车有足够的牵引力，需要前桥参加驱动，而在好路上行驶时，则前桥应作为从动桥，以免增加功率消耗和机件磨损。故分动器中通往前桥的输出轴 11 上装有啮合套 10。只有将啮合套右移，使轴 11 与轴 15 刚性连接时，前桥

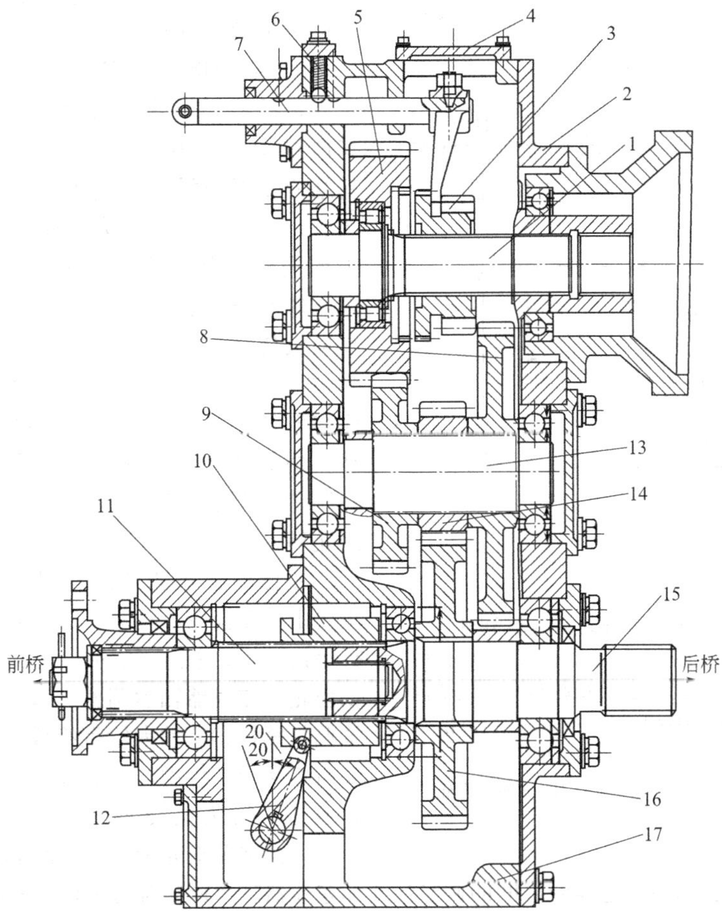

图 8-14 越野叉车变速器结构示意图

1—输入轴；2—侧盖；3，5—Ⅰ挡齿轮；4—加油口；6—自锁（定位）装置；
7—高低挡换挡叉轴；8—中间轴Ⅰ挡齿轮；9—中间轴Ⅱ挡齿轮；10—啮合套；
11—前桥输出轴；12—前桥换挡叉；13—中间轴；14—中间轴输出齿轮；
15—后桥输出轴；16—输出齿轮；17—箱体

方参加驱动。各挡位的实现可如图 8-15 所示，图中表示变速箱空挡位置，将结合套齿轮 3 右移，与中间轴 13 上齿轮 14 接合后，从输入轴 1 传来的动力经齿轮 3、8 和齿轮 14、16 传给输出轴 15，经传动轴传给后驱动桥，此时为低速挡（Ⅰ挡）。

将带啮合套齿轮 3 左移与齿轮 5 结合，从输入轴来的动力经齿轮 3、5、9 和齿轮 14、16 传给输出轴 15，此时为高速挡（Ⅱ挡）。

变速器的挡位操纵是通过换挡操纵杆及其拨叉来完成。而前桥操纵杆是操纵在必要时使前桥参加驱动，其动力传递是：当前桥换挡叉向右移，啮合套 10 与后输出轴通过花键结合，使前、后输出轴为一体，使动力同时输出动力。

7）传动油路系统　传动油路系统由变量泵、变量马达、液压油箱、油散热器等共同组成一个循环闭式回路。其工作由电磁阀来控制。当外阻力发生变化时，变量泵、变量马达通过自身斜盘的变化使排量发生变化，输出转矩发生变化，使动力与外阻力始终处于最佳匹配状态。

8）传动轴　从变速器输出轴传出的动力，经过前后可伸缩传动轴传到前后驱动桥，驱

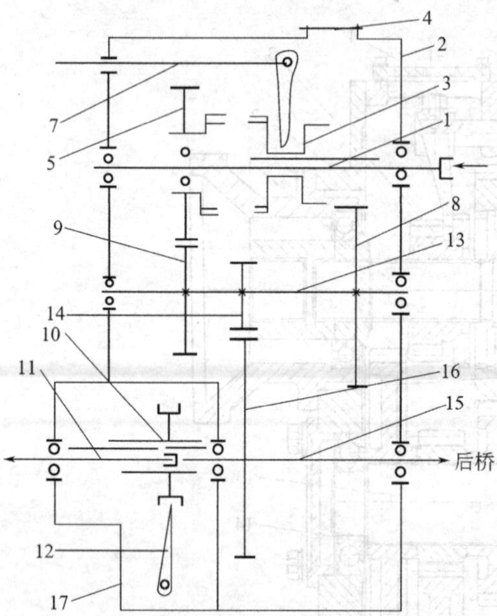

图 8-15 越野叉车分动器传动原理

1—输入轴；2—侧盖；3,5—Ⅰ挡齿轮；4—加油口；6—自锁（定位）装置（图中未画出）；7—高低挡换挡叉轴；8—中间轴Ⅰ挡齿轮；9—中间轴Ⅱ挡齿轮；10—啮合套；11—前桥输出轴；12—前桥换挡叉；13—中间轴；14—中间轴输出齿轮；15—后桥输出轴；16—输出齿轮；17—箱体

动车轮。传动轴的主要零件采用汽车传动轴通用件及解放 9t 传动轴通用件。

9）驱动桥　越野叉车为四轮驱动或两轮驱动，前后桥除主、被动锥齿轮旋向相反外，其他结构完全相同，其结构如图 8-16 所示。其结构主要由桥壳、主传动及差速器组件、齿圈、行星架、半轴、太阳轮、行星轮、轮毂和钳盘式制动器组成。由齿圈、行星架、半轴、太阳轮和行星轮组成行星轮边减速器，以进一步加大传动比。半轴的一端插入差速器组件的半轴齿轮，另一端插入太阳轮。制动盘通过螺栓与轮毂连接，制动器用螺栓与桥壳连接，制动器两侧装有酚醛树脂制成的制动片，制动片在制动总泵的油压作用下夹紧制动盘，车轮即停止转动。

主传动及差速器组件结构如图 8-17 所示，主要由主动齿轮、轴承套、主减速器壳、差速器行星齿轮轴、差速器右壳、差速器行星齿轮、半轴齿轮、差速器轴承调整螺母、差速器左壳、止推调整螺柱和从动齿轮等组成。有主动齿轮与从动齿轮组成主传动，在装配后需要调整齿面的啮合痕迹，沿齿高方向为 50%，沿齿长方向为 60%。在空载时应接近于小端，但不准跑出小端，可利用轴承套与主减速器壳之间的调整垫片和差速器轴承调整螺母来调整其啮合痕迹。

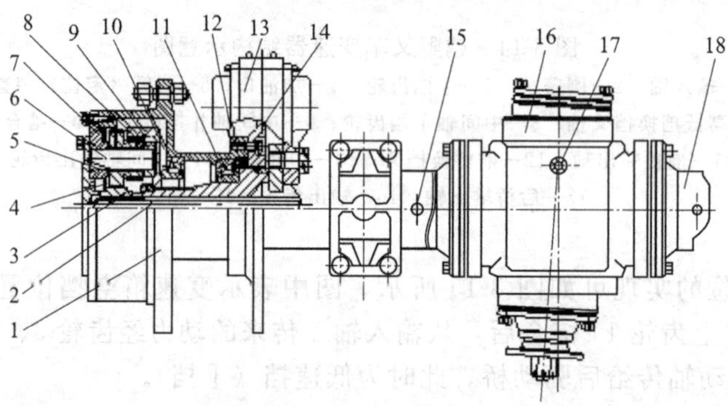

图 8-16 驱动桥的构造

1—轮毂；2—半轴；3—太阳轮；4—行星轮；5—滚针轴承；6—行星轮轴；7—O 形密封圈；8—行星架；9—内齿圈；10—轮毂外轴承；11—轮毂内轴承；12—油封；13—钳盘式制动器；14—制动盘；15—排气嘴；16—后齿箱；17—螺塞；18—桥轴管

(2) 行驶系统

越野叉车车架为铰接式车架，其结构形式如图 8-18 所示。

主要由前车架、操纵台、前挡泥板、上铰接轴、回转支承、蓄电池箱、后挡泥板、后配重、后车架、中间连接架、下铰接轴、摆动架等组成。

前车架与中间连接架通过上、下铰接轴连成一体，并能左右摆动 40°。中间连接架与回转支承及后车架用螺栓连成一体，并能使前车架上下旋转15°。摆动架通过销轴与前车架连成一体，并能上下摆动15°。前车架主要承受工作装置和前桥的作用力；后车架主要用于安装发动机、变量泵、变量马达、变速器、油箱、散热器等部件；中间连接架主要用于安装回转支承；摆动架主要用于安装前桥。前、后车架均为板焊框架结构，具有较高的强度和刚性，能适应各种不同的路面和载荷。

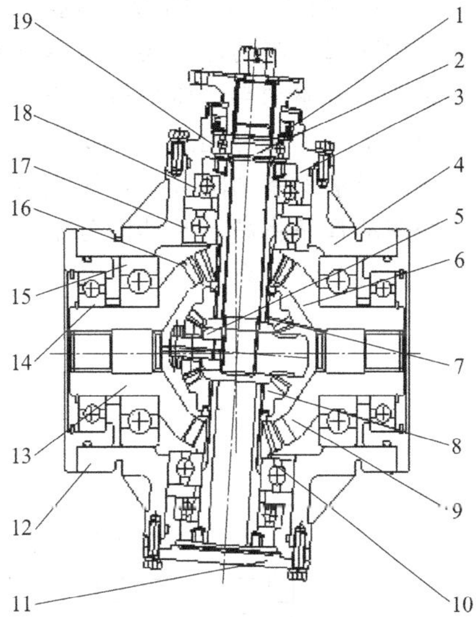

图 8-17 主传动及差速器组件的构造

1—骨架油封；2—主动齿轮；3—轴承套；4—主减速器壳；5—差速器行星齿轮轴；6—差速器右壳；7—差速器行星齿轮垫；8—差速器行星齿轮；9—半轴齿轮；10—半轴齿轮垫；11—差速器轴承盖；12—差速器轴承调整螺母；13—差速器左壳；14— 轴承；15—内轴承；16—从动齿轮；17—中心轴承；18—轴承；19—外轴承

(3) 转向系统

越野叉车采用全液压负荷传感转向系统，它能够按照转向油路要求，优先向其分配流量，无论负载压力大小、方向盘转速高低，均能保证供油充足，因此，转向动作平稳可靠。齿轮泵输出的流量，除向转向油路分配使其维持正常工作所必需的流量外，剩余部分可全部供给工作装置液压系统使用，从而消除了由于转向油路供油过多而造成的功率损失，提高了系统效率。主要由全液压负荷传感转向器、优先阀、齿轮泵和转向油缸等组成。

全液压负荷传感转向器和优先阀的构造及工作原理请详见有关章节。

(4) 制动系统

1) 制动系统的功用　越野叉车的制动系统用于行驶时的降速或停止，以及在平地或坡道上较长时间停车。其分为两部分，一部分是行车制动，另一部分是停车制动。行车制动用于经常性的一般行驶中速度控制及停车，也叫脚制动。停车制动用于停车后的制动，或者在行车制动失效时的应急制动，也叫手制动。

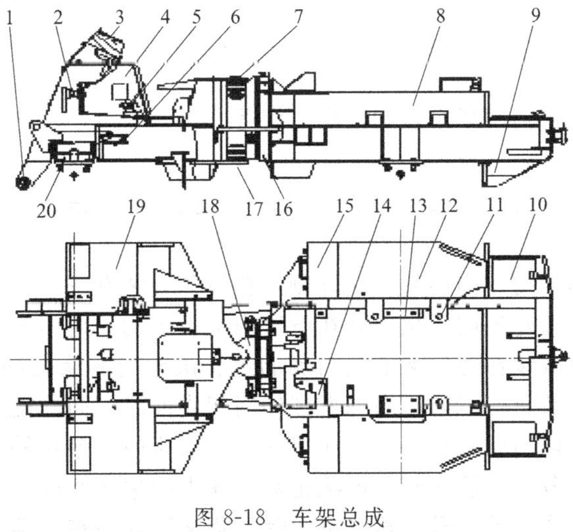

图 8-18 车架总成

1—门架销轴；2—调平油缸销轴；3—操纵台；4—前车架；5—倾斜油缸销轴；6—转向油缸销轴；7—上铰接轴；8—后车架；9—配重；10—工具箱；11—发动机支承板；12—后挡泥板；13—后桥支承板；14—变速器支承板；15—蓄电池箱；16—回转支承；17—下铰接轴；18—中间连接架；19—前挡泥板；20—摆动架

2）行车制动系统的组成　越野叉车行车制动系统由空气压缩机、自动排水调压器、储气罐、制动阀、制动加力器、钳盘式制动器等组成气顶油四轮制动，原理如图 8-19 所示。工作时发动机驱动空气压缩机，空气被空气压缩机压缩后，经自动排水调压器过滤进入储气筒。当系统气体压力超过 0.8MPa 时，自动排水调压器或储气筒安全阀开启，将多余压缩空气排出。当踏下制动踏板时，压缩空气通过制动器进入加力器，使加力器内的制动液产生高压，经制动管路将高压制动液分别送入前、后驱动桥夹钳分泵，使分泵活塞向外运动，夹紧制动盘。行车制动系统的构造及工作原理请详见有关论述。

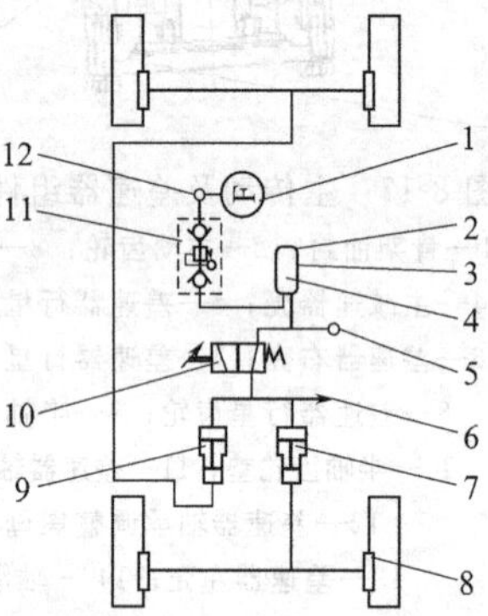

图 8-19　行车制动工作原理

1—发动机；2—安全阀；3—排水阀；4—储气罐；5—压力表；6—制动指示灯；7—前桥制动加力器；8—钳盘式制动器；9—后桥制动加力器；10—制动脚踏板阀；11—自动排水调压器；12—气泵

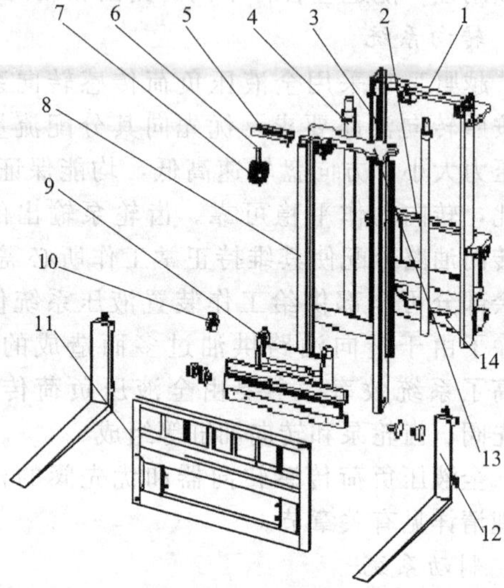

图 8-20　门架示意图

1—外门架上横梁；2—外门架中横梁；3—外门架；4—举升油缸；5—滑轮组连接板；6—滑轮组支架；7—滑轮；8—内门架；9—滑架；10—滑架组合滚轮；11—挡货架、货叉架；12—货叉；13—内门架盖板；14—外门架下横梁

工作装置

越野叉车工作装置包括门架系统和液压系统等。

（1）门架系统

门架系统由内、外门架和滑架、货叉架、货叉、挡货架、链条总成、起升油缸、滑轮组等组成，如图 8-20 所示。

内门架套装在外门架内。内门架下端外侧，左右各安装有一个滚轮，该滚轮套装在外门架槽钢滑道内。工作时滚轮随内门架一起在滑道内上下滚动。内门架外侧，左右均有一条自上而下的滑轨，该滑轨嵌装在外门架上端内侧的组合滚轮与翼缘之间，工作时上、下滑动。依靠内门架的内滚轮及滑轨，可限止内门架在外门架内前后方向的摆动。外门架内的组合滚轮的小滚轮，其外沿与内门架腹板外侧接触滚动，可限止内门架在外门架内的左、右晃动。

滑架左右两侧上下各有一组滚轮，该滚轮套装在内门架槽钢内。链条的一端连接在滑架上，滑架在链条的拉力作用下起升，靠自重下降。货叉架安装在滑架上，货叉安装在货叉架上，其安装形式均为滑道与滑轨的配合。侧移油缸用螺栓紧固在滑架上，其左、右缸杆头顶在货叉架上。在侧移油缸的作用下，货叉架连同货叉一起可作左右移动。

起升油缸下端安装在外门架上，上端缸杆头与内门架连接。滑轮组安装在内门架上，链条的一端连接在外门架上，滑条绕过链轮组，另一端连接在滑架上。这样就形成一个动滑轮组。当起升油缸起升时，内门架连同滑轮组一同起升，作用力经滑轮组、链条传递到滑架，使滑架连同货叉架、货叉一同起升。内门架、滑架、货叉架、货叉依靠自重下降。

(2) 液压系统

越野叉车液压系统（图 8-21）由工作机构液压油箱、齿轮泵、多路换向阀、油缸及高、低压管路组成。

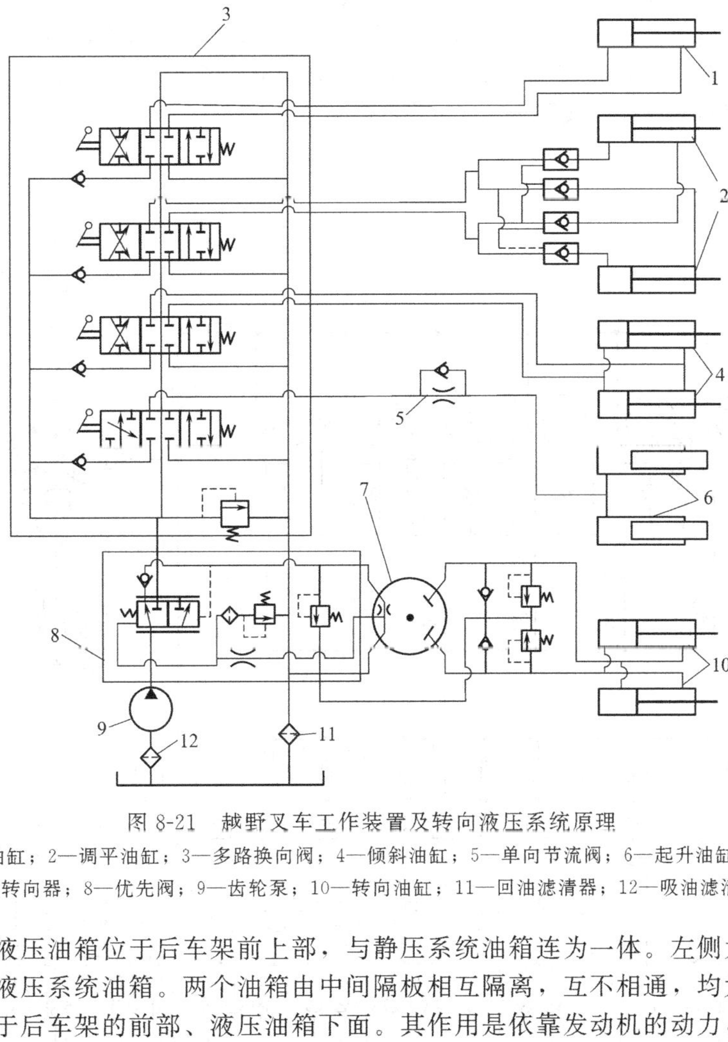

图 8-21 越野叉车工作装置及转向液压系统原理

1—侧移油缸；2—调平油缸；3—多路换向阀；4—倾斜油缸；5—单向节流阀；6—起升油缸；7—全液压转向器；8—优先阀；9—齿轮泵；10—转向油缸；11—回油滤清器；12—吸油滤清器

越野叉车液压油箱位于后车架前上部，与静压系统油箱连为一体。左侧为工作机构液压油箱，右侧为液压系统油箱。两个油箱由中间隔板相互隔离，互不相通，均为独立的腔体。

齿轮泵位于后车架的前部、液压油箱下面。其作用是依靠发动机的动力，向液压油路提供高压液压油。齿轮泵与液压系统 A4V 泵相连。外壳用螺栓连接，齿轮泵输入轴外花键与 A4V 泵输出端内花键相连。

多路换向阀位于操纵台的右边。其作用是控制油流方向、压力与流量大小，以实现工作机构的各项功能。多路换向阀的右侧安装有一个溢流阀，可调节液压系统的压力。该溢流阀的作用是过载保护，在叉车出厂前厂家已调试好，用户不宜轻易调动。

工作油缸包括起升油缸、倾斜油缸、调平油缸和侧移油缸。起升油缸上端与内门架上盖板相连，下端安装在与外门架相连接的油缸座上。起升油缸的作用是为起升系统提供起升力。倾斜油缸的前端与外门架中横梁上的连接挂耳相连，后端与前车架挡泥板外侧的挂耳相连。其作用是为门架的前后倾提供动力。调平油缸的缸杆端与摆动架相连，后端与前车架相连。通过左右两个调平缸一个拉伸、一个收缩的作用，实现前车架的调平。侧移油缸缸筒固定在滑架上，缸杆左右两端分别顶在焊接于货叉架上的挡块上，通过油缸的左右伸缩，实现货叉架连同货叉的左右侧移。

液压系统管路由高压管路和低压管路组成。从齿轮泵出油口到工作油缸进油口的供油管路为高压管路。从液压油箱出油口到齿轮泵吸油口的吸油管路及从多路阀回油口到液压油箱回油口的回油管路为低压管路。

电气设备

越野叉车电气设备（图 8-22）由电源系统、用电装置及电气控制与保护装置等组成。电源系统包括蓄电池、发电机、调节器和电源系统工作情况指示（充电指示）装置等；用电装置包括启动装置、仪表和信号装置、照明装置等；电气控制与保护装置是指各种控制开关、继电器、熔断器和电气线路等。

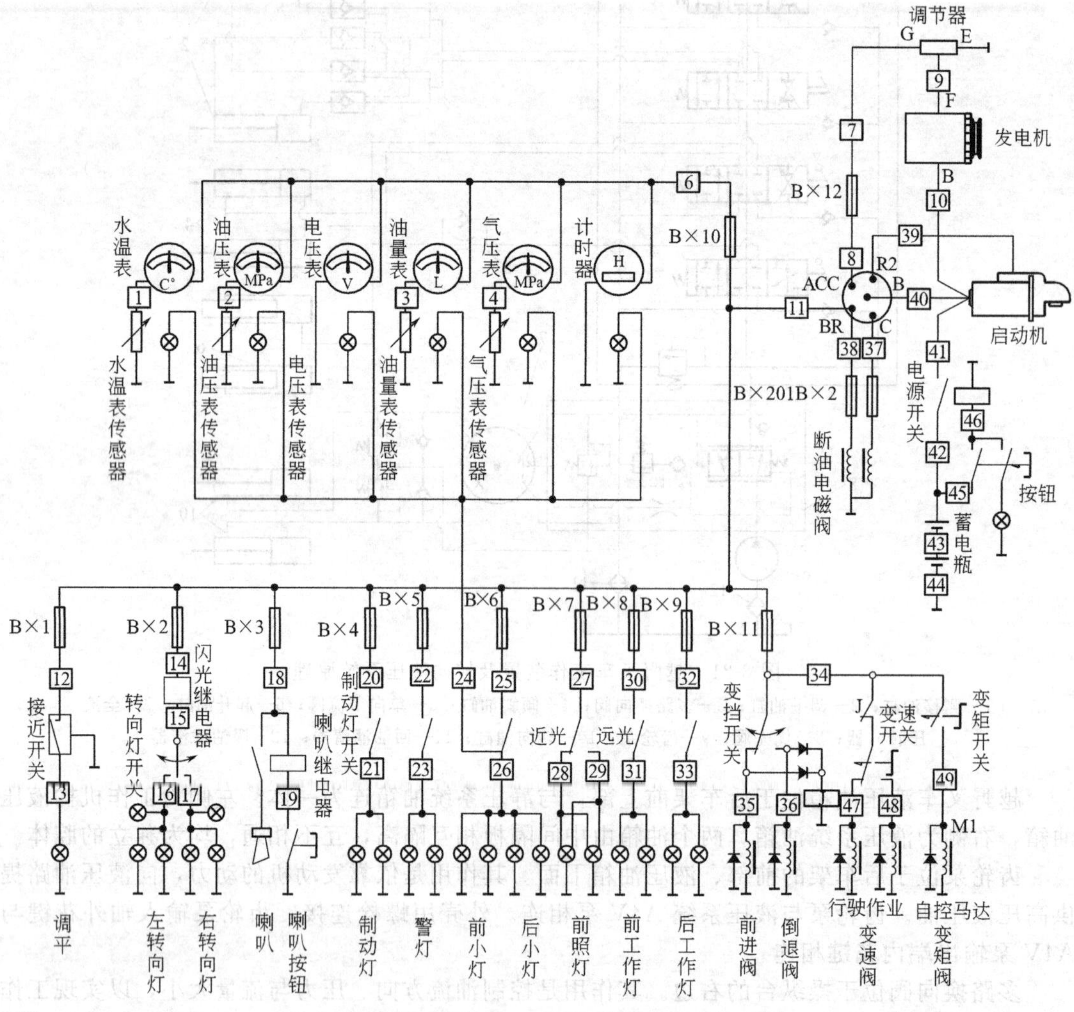

图 8-22 越野叉车电气设备原理

8.1.3 越野叉车使用维护

越野叉车使用操作

(1) 越野叉车操纵装置及仪表

越野叉车操纵装置及仪表如图 8-23 所示。

(2) 越野叉车操作

1) 出车前的检查与准备

① 启动前的检查

a. 检查水箱内冷却水是否加足，气温低于0℃时，应改用乙二醇防冻液。

b. 检查发动机机油是否足够。

c. 向燃油箱加满燃油。

d. 检查液压油箱和制动液是否足够。

e. 检查蓄电池的电压和电解液密度是否正常。

f. 检查轮胎气压是否符合要求，轮辋螺栓是否松动。

g. 按润滑表要求向润滑点加注润滑脂。

② 启动发动机

a. 接通电源总开关。

b. 松开停车制动器。

c. 将钥匙插入电门开关，从零位置顺时针方向转动到工作位置，仪表盘电路接通。

d. 踩下加速踏板一半，再顺时针转动启动开关至工作位置，启动电动机被接通，发动机被启动。

③ 启动后（各操纵杆放在空挡位置）的检查

a. 各仪表指示是否正常。

b. 在低速和高速运转中，倾听发动机工作声音是否正常。

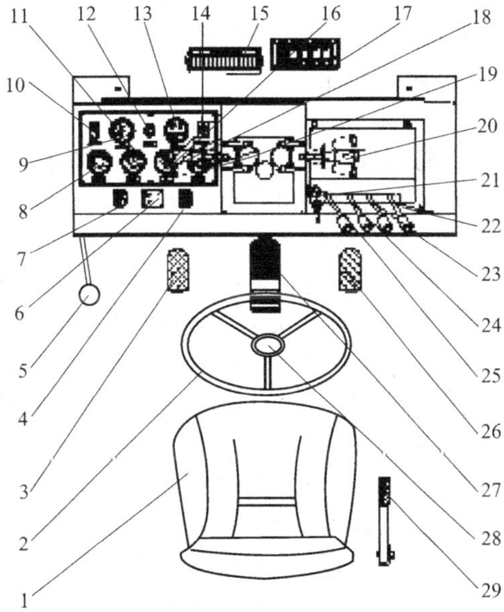

图 8-23 操纵装置和仪表

1—座椅；2—方向盘；3—微动踏板；4—电源总开关，5—前桥摘断手柄；6—警示标志；7—行走作业开关；8—油量表；9—气压表；10—左转向指示灯；11—水温表；12—调平指示灯；13—计时器；14—右转向指示灯；15—保险丝盒；16—油压表；17—组合开关；18—换向操纵手柄；19—电压表；20—转向灯开关；21—钥匙开关；22—侧移操纵杆；23—调平操纵杆；24—倾斜操纵杆；25—升降操纵杆；26—油门踏板；27—制动踏板；28—喇叭按钮；29—停车制动器

c. 检查转向指示灯、制动灯、喇叭等电气系统是否正常。

d. 检查制动系统是否可靠，转向系统是否灵活。

e. 检查工作装置是否工作正常。

f. 观察各系统有无漏油、漏水现象。

2) 空车行驶 在完成出车前的检查和准备后，应按以下方法驾驶。

① 行驶

a. 启动后，空车运转 5min，检查各仪表读数是否正常。

b. 将货叉提升至运输位置（距地面约 300mm）。

c. 根据道路和作业情况，选择合适的挡位及驱动形式（两轮或四轮驱动）。

d. 根据需要，将方向控制手柄置于前进或后退位置，踩下油门踏板，叉车即可行驶。

② 停车与熄火

a. 松开油门踏板，并踏下制动踏板，即可停车。

b. 将方向控制手柄置于空挡位置。

c. 拉紧停车制动（手制动）操纵杆，松开制动踏板。

d. 停车后，使发动机怠速运转 2～3min，然后拉出熄火栓（该熄火栓位于后车架右前方斜盖板上），待发动机熄火后，将熄火栓推回原位。

e. 将电门钥匙逆时针拧至零位，关掉电门开关，拔出钥匙，再关掉电源总开关。

f. 冬季存放叉车，气温低于0℃时，除应及时放掉冷却系统全部积水（如水中加有防冻液则不必放出）外，还应拆下蓄电池、搬入暖房。

3）现场作业

① 叉装

a. 将门架调整到垂直状态，货叉正对货物托盘叉孔高度方向中间位置，并使左右两货叉与货物纵向中心面等距。叉车慢慢向前行驶，货叉尽量深入货物并使货物紧靠货叉垂直段前端面，再操纵起升手柄使货物离地约300mm，最后操纵倾斜手柄使门架与货物最大后倾，叉车则可进入行驶状态；卸载与叉装过程相反。

b. 在不平地面叉装货物时，先操纵前车架调平手柄，使货叉所在平面与货物叉孔所在平面处于同一平面内，再进叉。货叉插入后，先提升约200mm，再调平，然后将货叉提升、后倾到运输位置；不平地面卸载与叉装过程相反。

② 吊装

a. 卸下挡货架、货叉，换装3t吊臂。

b. 使门架处于竖直位置，吊臂升至与所吊物资钢丝绳扣环相适应的高度。

c. 叉车低速向物资推进，将吊臂插入钢丝绳扣环，缓慢起升至运输位置。

③ 向汽车或其他运输叉车装卸物资

a. 向汽车或其他运输叉车上装物资时，踏下微动踏板，以低速边行驶边提升门架向车厢接近。当物资及货叉（或吊臂）均高过车厢板并进入卸货点时，踩下制动踏板，将方向控制手柄置于空挡位，降下货叉（或吊臂）待物资落到车底板时，这时货叉仍需再下降一些距离，使其处于货物叉孔高度的中间位置。方向控制手柄置于倒退位置，轻踩油门，缓慢退出，准备下一循环作业。

b. 从运输叉车上卸下物资时，作业过程与装物资相反。

越野叉车维护

（1）越野叉车的润滑

越野叉车常用油液见表8-1。越野叉车油、水及润滑脂注入口、排放口示意图如图8-24所示。油脂添加周期见表8-2。

表8-1 油液一览表

序号	使用部位	气温	种类及代号
1	发动机冷却系统	0℃以上	软水
		0℃以下	防冻液
2	发动机燃油箱	10℃以上	0号轻柴油
		−10℃以上	10号轻柴油
		−30℃以上	35号轻柴油
3	发动机润滑油	5℃以上	CC级30号柴油机机油
		−10℃以上	CC级20/20W柴油机机油
		−20℃以上	CC级10号柴油机机油
		−30℃以上	CC级5W/20柴油机机油
4	静传动系统	20℃以上	YB-N68抗磨液压油
		−5℃以上	YB-N46抗磨液压油
		−15℃以上	YB-N32抗磨液压油
		−30℃以上	YC-N32低温液压油

续表

序号	使用部位	气温	种类及代号
5	驱动桥	0℃以上	双曲线齿轮油 HL-28(SY 1102—77)可用齿轮油 HL-30(SY 1103—77)代用
		-15℃以上	双曲线齿轮油 HL-22(SY 1102—77)可用齿轮油 HL-20(SY 1103—77)代用
		-30℃以上	双曲线齿轮油 HL-18(SY 1102—77)可用寒区齿轮油 HL-17(SY 1103—77)代用
6	液压系统工作油箱	20℃以上	YB-N68 抗磨液压油,可用 YA-N68 普通液压油代用
		-10℃以上	YB-N46 抗磨液压油,可用 YA-N46 普通液压油代用
		-30℃以上	YC-N32 低温液压油
7	制动总泵储油杯	-30℃以上	使用合成制动液,推荐 4603-1 号
8	各销轴处	20℃以上	锂基润滑脂
		-30℃以上	无水钙基润滑脂

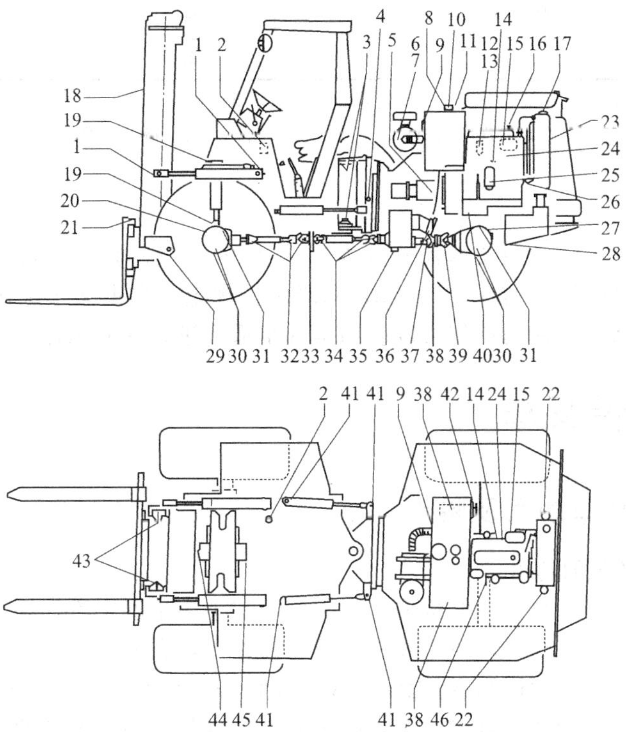

图 8-24 越野叉车油、水及润滑脂注入口、排放口示意图

1—倾斜缸油杯；2—制动液油罐；3—中间铰销油杯；4—中间旋转支承油杯；5—变量泵；6—主空滤器；7—辅空滤器；8—静压系统油箱加油口；9—油标尺；10—工作机构液压系统回油滤器；11—工作机构液压油箱加油口；12—排油螺钉；13—燃油滤器；14—手油泵；15—喷油泵；16—机油加油口；17—水箱盖；18—链条；19—调平缸油杯；20—前桥；21—侧移滑轨油杯；22—燃油加油口；23—散热器；24—发动机；25—机油滤器；26—冷却系排水口；27—后桥；28—燃油排放口；29—门架铰销油杯；30—齿轮油排放口；31—加油口；32—前传动轴油杯；33—前传动轴支承架油杯；34—中传动轴油杯；35—变速箱排油口；36—马达排油口；37—后传动轴油杯；38—液压油排油口；39—后传动轴油杯；40—油底壳放油孔；41—转向缸油杯；42—静压系统滤油器；43—门架内滑道；44—桥调平旋转轴销前油杯；45—桥调平旋转轴销后油杯；46—发动机油标尺

表 8-2 油脂添加周期

使用部位		油脂种类	添加周期			
			每 50h	每 200h	每 600h	每 1200h
发动机	曲轴箱	柴油机油	△	○	●	◎
	调速器					●
	风扇轴承	润滑脂		▲		
变速器		双曲线齿轮油	△	○	●	
驱动桥		齿轮油	△	○		◎
制动总泵		制动液	○		●	
液压系统工作油箱		液压油	△	○		◎
工作装置各销轴		润滑脂	▲			
车架各销轴		润滑脂	▲			
传动轴花键		润滑脂		▲		
转向操纵装置		润滑脂		▲		
各操纵杆铰接点		润滑脂		▲		

注：1. 此表是根据标准工作时间、作业条件而给定的，但是如果作业条件过于恶劣时，应及早进行检查。

2. 各类符号说明：△—新车跑合后首次换油；○—检查油位和补充油；●—更换新油；◎—季节性换油；▲—加润滑脂。

(2) 定期维护

在一般作业条件下，定期技术保养分为每日（10h）、每周（50h）、每月（200h）、每季（600h）、每半年（1200h）、每年（2400h）六级维护规定。根据叉车工作量以及具体作业情况和机器实际技术状况，使用单位可以参照本规定适当进行保养工作。

8.2 伸缩臂叉车

8.2.1 伸缩臂叉车功用及特点

伸缩臂叉车的功用

传统意义上的叉车，由于其结构形式的限制，在很多情况下不能满足货物装卸、堆垛等工序的要求。叉车必须靠近物资对象才能进行装卸作业，在遇有障碍或者其他情况不能接近货物时（如前面有河流、障碍），将无法完成作业任务；而且对集装箱内、汽车车厢内的物资，叉车根本无法接近箱底的货物。叉车的装卸高度也是其不可忽视的缺点。因此，扩大传统叉车的作业范围，设计出能适应以上各种作业场所的新型叉车，对提高作业性能和装卸效率，改变包装、堆垛、运输方式，将产生重大影响。

伸缩臂叉车是将汽车起重机的伸缩臂结构与传统叉车的装卸功能有机结合，可以通过不断地改变其伸缩臂的长度，来达到要求的作业高度和距离。伸缩臂叉车同其他工程机械一样，也是一机多用，可以配属多种快换装置，实现叉装、装载、举升等作业。

伸缩臂叉车的特点

(1) 有效作业距离大，作业高度高

伸缩臂叉车通过伸缩臂结构可以达到较远距离，通过臂的变幅可以达到较高的作业高度，是传统叉车不能比拟的。因此，可以在底盘不动的情况下，对离前轮较远的物资进行作业，如集装箱内货物的装卸、从卡车后部将物资一次装卸到集装箱底部等，从而拓展了伸缩臂叉车的适应范围。

(2) 能越过部分障碍直接装卸货物

伸缩臂叉车可以跨越小沟、台阶、门窗孔进行装卸作业，由于具有负的变幅角度，如图 8-26 所示，也可以对低于轮胎平面的货物进行作业，因而更加适合在越野条件下使用。

(3) 具有宽广的视野

伸缩臂叉车没有门架结构，且驾驶室侧向布置，大大改善了司机的前方视野，为货物搬运提供了安全良好的作业条件，减轻了疲劳，提高了作业效率。

(4) 具有较好的作业安全性能

伸缩臂叉车具有负载伸缩功能，在不平路面进行堆高作业时，可在远离堆垛点的位置停车，打开稳定支腿，运用伸臂、变幅动作完成对货物的装卸作业。图 8-25 为伸缩臂叉车作业示意图。

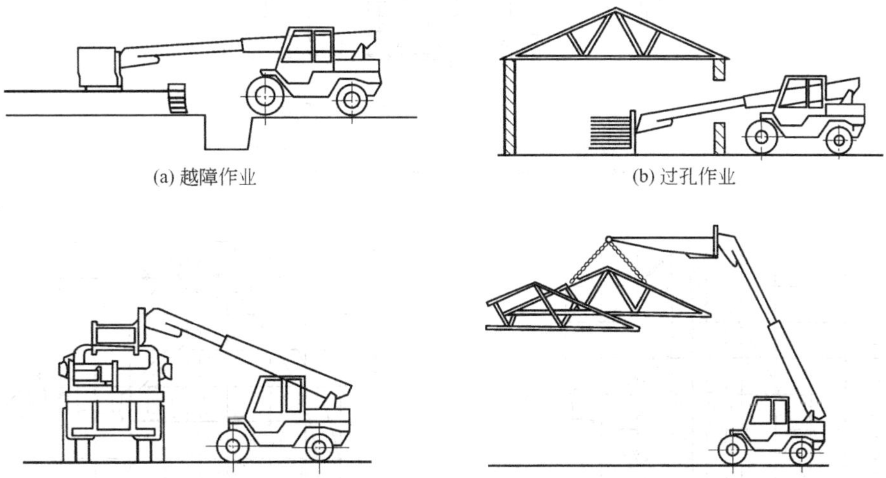

(a) 越障作业　(b) 过孔作业

(c) 多排堆垛作业　(d) 起吊长大物件作业

图 8-25　伸缩臂叉车作业示意图

(5) 易更换多种属具增加作业范围

伸缩臂叉车的工作装置在伸缩臂的前端，可方便地对工作属具进行更换。增加伸缩臂叉车对各种作业对象的适应性，如可以作为起吊设备、高空车等使用。

8.2.2 伸缩臂叉车构造及原理

伸缩臂叉车一般由发动机、底盘、工作装置和电气设备等组成，如图 8-26 所示；起重特性曲线如图 8-27 所示。

发动机

伸缩臂叉车发动机一般采用直列六缸，四冲程，水冷增压柴油发动机，全程调速，增压形式为废气涡轮增压。

底盘

(1) 液力变矩器

液力变矩器加变速箱，前、后动力输出，3 个前进挡，3 个倒退挡，电子换挡液压控制系统。

(2) 驱动桥

前、后桥均为转向驱动桥，双级减速。第一级为螺旋锥齿轮副，第二级为行星齿轮式轮

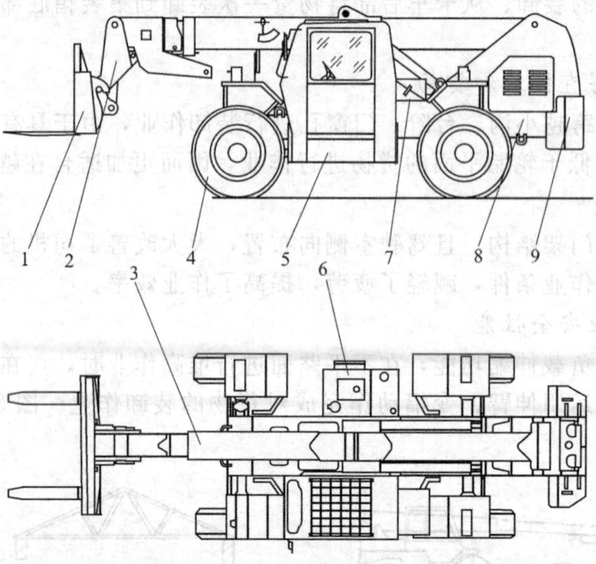

图 8-26 伸缩臂叉车外形示意图

1—货叉架；2—折臂；3—伸缩臂总成；4—轮胎及驱动桥；5—操纵室；6—燃油箱及液压油箱；7—蓄电池；8—底盘；9—配重

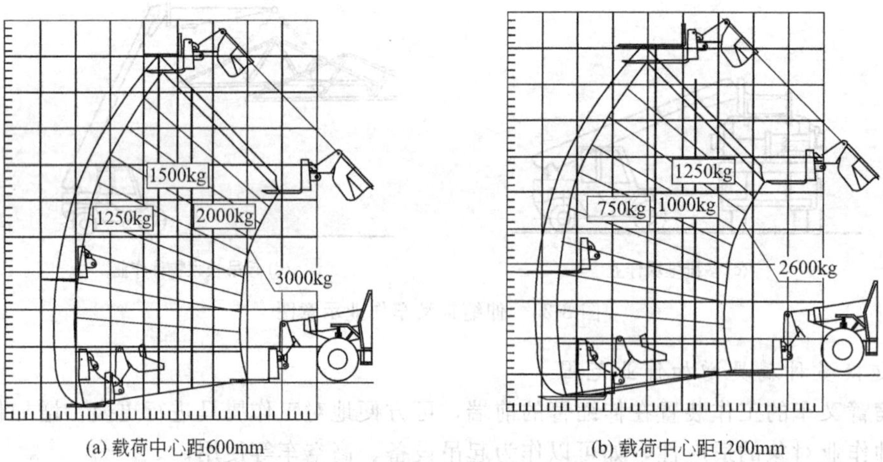

(a) 载荷中心距600mm　　(b) 载荷中心距1200mm

图 8-27 伸缩臂叉车起重特性曲线

边减速器，总减速比 11.75，制动器为钳盘式制动器，桥壳为焊接式整体壳体。

(3) 转向系统

伸缩臂叉车转向系统为全液压动力转向系统，具有两轮转向、四轮转向、蟹行三种转向方式。转向油路与整机液压油路串联在一起。在转向油路中配置优先阀，主流量优先保证转向回路，以确保行车安全；转向器为负荷传感转向器，对负载变化具有良好的压力补偿，从而保证转向轻便、可靠，同时，该转向器含有人力转向单向阀，可实现熄火情况下应急转向。

(4) 制动系统

伸缩臂叉车采用钳盘式制动器和气、液混合式单回路制动系统（图 8-28），具有主制动和停车制动两种功能，主制动为脚制动，通过控制脚制动阀，压缩空气进入空气加力泵，对加力泵内的工作油增压，然后分别输入到前、后桥制动器油缸，推动活塞，刹住制动盘，从而实现刹车制动动作，停车制动为手制动，通过控制手操纵阀，使作用在变速器输出端制动器上的弹簧式制动气室排气，依靠气室内的弹簧力刹住鼓式制动器，从而实现停车制动。

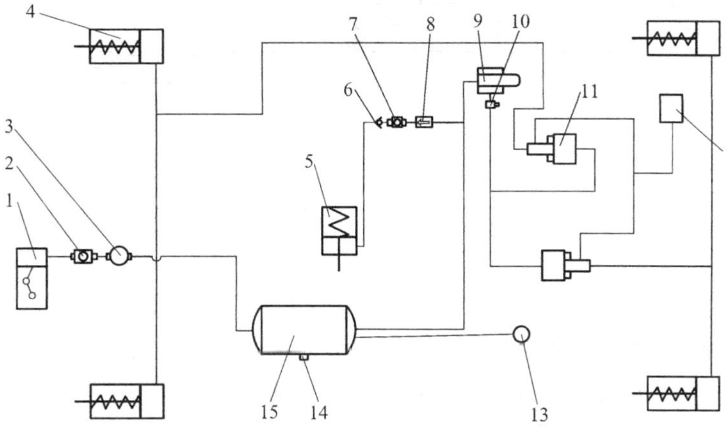

图 8-28 制动系统原理

1—空压机；2—调压阀；3—防冻阀；4,5—弹簧式制动气室；6—警报灯开关；7—手动操纵阀；8—单向阀；9—气制动阀；10—制动灯开关；11—空气加力泵；12—制动油杯；13—双针气压表；14—放水阀；15—储气筒

(5) 车架

车架是各部件的安装主体，传动系统、转向系统、制动系统等均安装于车架之上。车架为箱形结构（图 8-29），其外形和受力均经过计算机优化设计，使得各部件具有较大的安装空间和维修空间。在车架后端，设有可拆卸式横支承梁，拆下该支承梁，可从后部取出发动机，进行发动机大修。结构形式为两块厚 25mm 的纵置大钢板焊接而成，前端为箱形结构，经过优化设计的吊臂后铰点和起升油缸下铰点均布置在车架上。

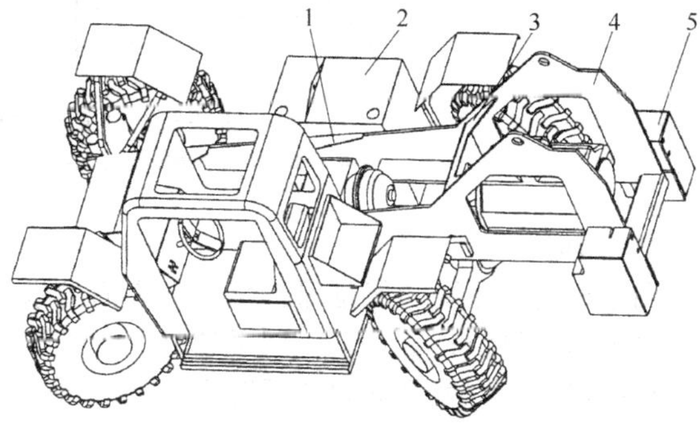

图 8-29 车架结构示意图

1—盖板；2—油箱；3—筋板；4—立板；5—配重

工作装置

(1) 举升机构

伸缩臂仰角（幅度）的改变，通过举升油缸对伸缩臂的顶升与下落来实现伸缩臂的变角度。先导油路通过手柄控制分配阀的油路，改变供给举升油缸的流量和供油方向，使举升油缸伸出或缩回，进而带动伸缩臂上下运动。

(2) 伸缩臂机构

伸缩臂伸缩机构为同步伸缩机构。由伸缩臂内的油缸推动第三节臂，通过安装于伸缩臂内的伸臂链条和缩臂链条及其配套的滑轮装置，带动第二节臂实现同步伸缩。伸臂油缸为倒置状态，在缸底处装有大滚轮，置于伸缩臂内的 10 根油管全部固定在拖链内，拖链在臂内可绕滚轮作纯滚动，实现油管与臂的同步运动。臂内的 10 根油管为调平油缸、折臂油缸、货叉横移油缸供油。通过操纵手柄控制先导油路，进而控制主油路分配阀的开合及方向，控制调平缸、折臂缸、横移缸的动作，如图 8-30 所示。

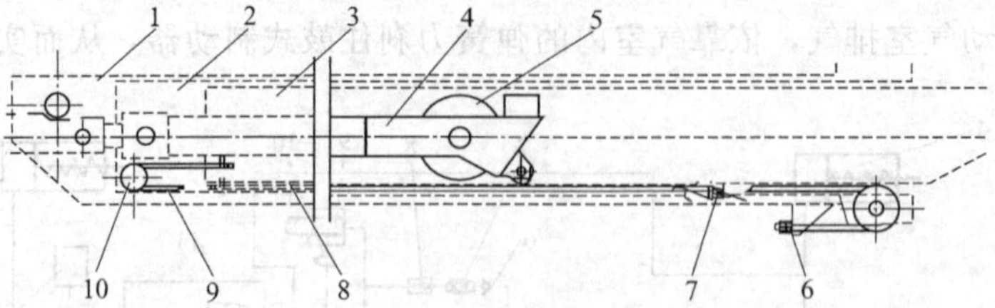

图 8-30 伸缩臂机构工作示意图

1—一节臂；2—二节臂；3—三节臂；4—伸缩臂油缸；5—伸缩臂滑轮；6—伸臂链条调节螺钉；7—缩臂链条调节螺钉；8—伸臂链条；9—缩臂链条；10—缩臂滑轮

(3) 油管输送机构

油管输送机构，可保证调平缸、折臂缸、横移缸的油管与伸缩臂进行同步伸缩，减小磨损，保护油管，提高使用寿命。油管输送机构主要由油管、拖链、滚轮、托轮等组成，所有油管安装夹紧于拖链内，油管两端分别固定于基本臂尾端下部和三节臂尾端上部，在三节臂、二节臂尾端下部均安装有托轮，以减少伸缩臂时臂的尾部对拖链的磨损。通过伸臂油缸底部的滚轮推动，拖链在伸缩臂时可作纯滚动，如图 8-31 所示。

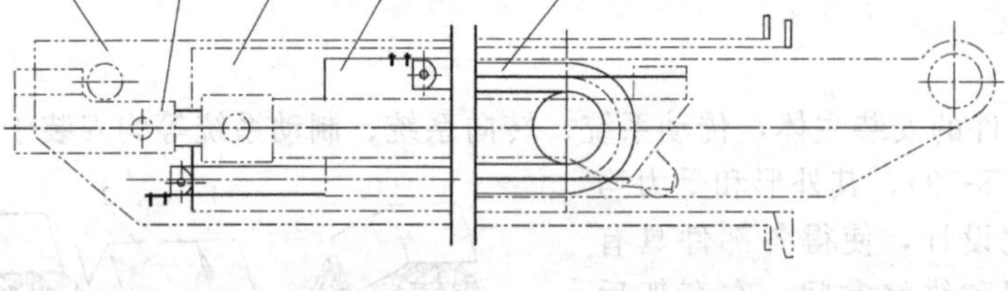

图 8-31 油管输送机构示意图

1—一节臂；2—伸臂油缸；3—二节臂；4—三节臂；5—拖链

(4) 调平机构

调平机构的主要功能是保持货叉上表面的水平状态，由拐臂、调平油缸组成，拐臂安装于折臂下部并可绕折臂转动，调平油缸安装于三节臂的头部并可绕三节臂转动。通过控制调平油缸的伸出行程就可达到使拐臂底面处于水平状态，因为拐臂与货叉架是刚性固定，控制拐臂水平也就使货叉表面达到水平。在拐臂内安装有水平传感器，在开启状态下，随时检测拐臂的水平状态，当拐臂的平面与水平面夹角大于设定的角度时，发出电信号，启动电磁阀给调平油缸供油，使拐臂重新回到水平状态。调平缸也具有手动控制功能，关闭自动调平开关后，可通过手动控制调平缸行程，任意调整拐臂底面与水平面的夹角，如图 8-32 所示。

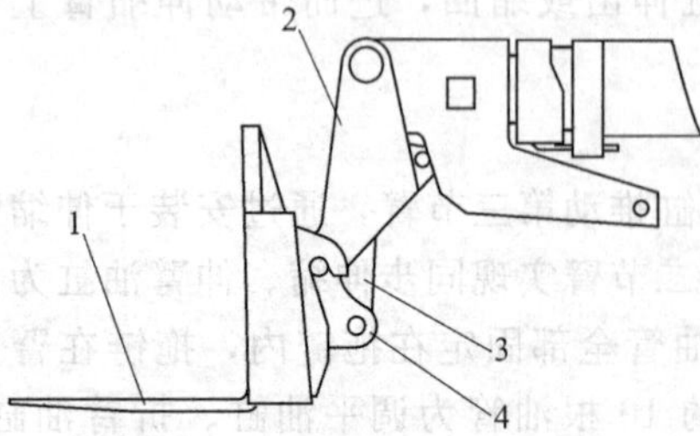

图 8-32 调平机构示意图

1—货叉；2—折臂；3—调平油缸；4—拐臂

(5) 折臂机构

折臂机构的作用主要为满足伸缩臂叉车进箱作业而设计，由折臂、折臂油缸组成，折臂固定于三节臂头部位置，可绕三节臂转动，折臂油缸固定于三节臂下部的刚性结构上，可推动折臂绕三节臂头部转动。增加折臂油缸行程，可使折臂与三节臂夹角增大，从而减小三节臂头部工作机构的垂直尺寸，满足进箱作业的尺寸限制要求。

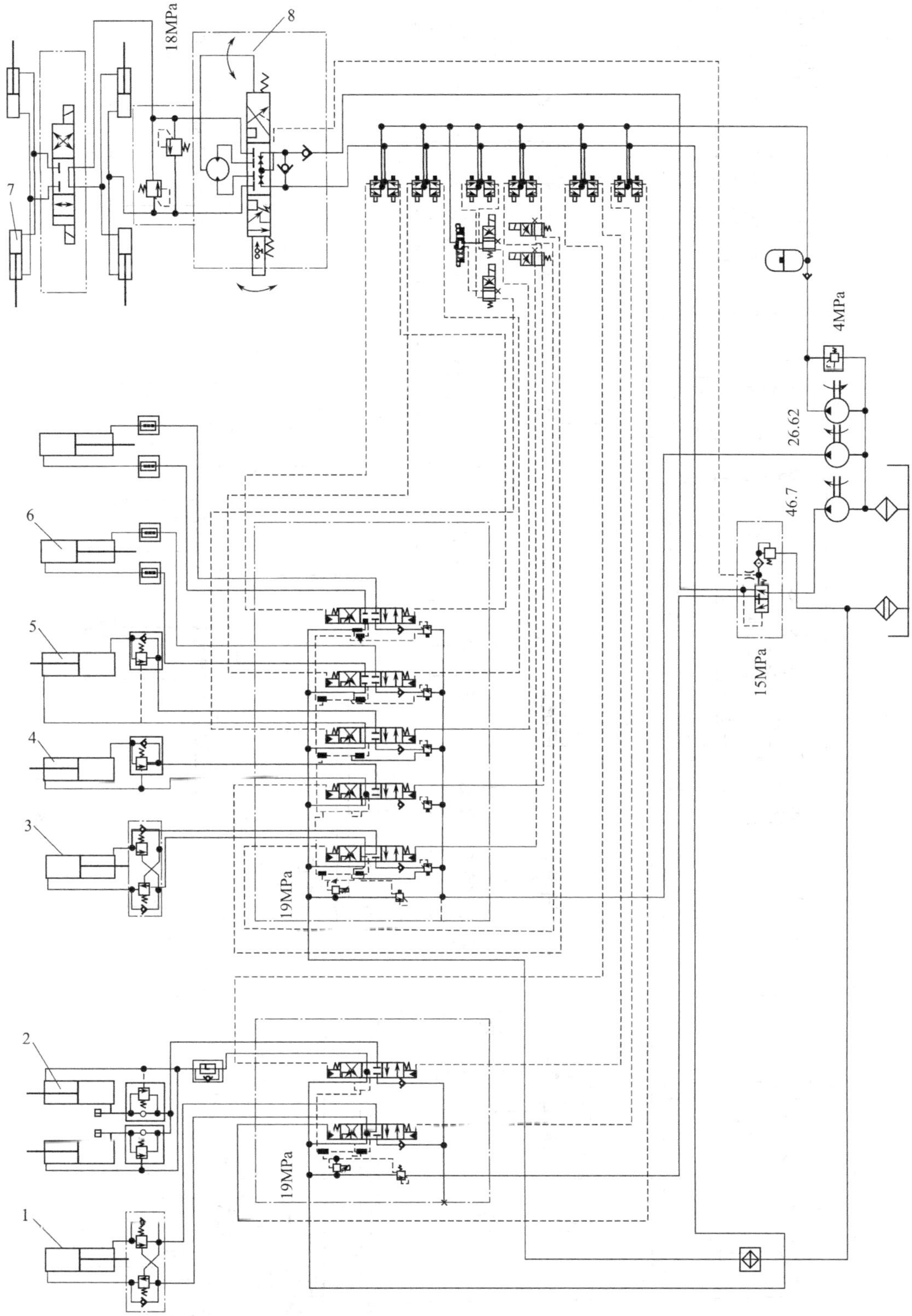

图 8-33 工作机构油路和控制油路示意图

1—伸缩油缸；2—举升油缸；3—车体调平油缸；4—折臂油缸；5—货叉调平油缸；6—货叉侧移油缸；7—转向油缸；8—转向器

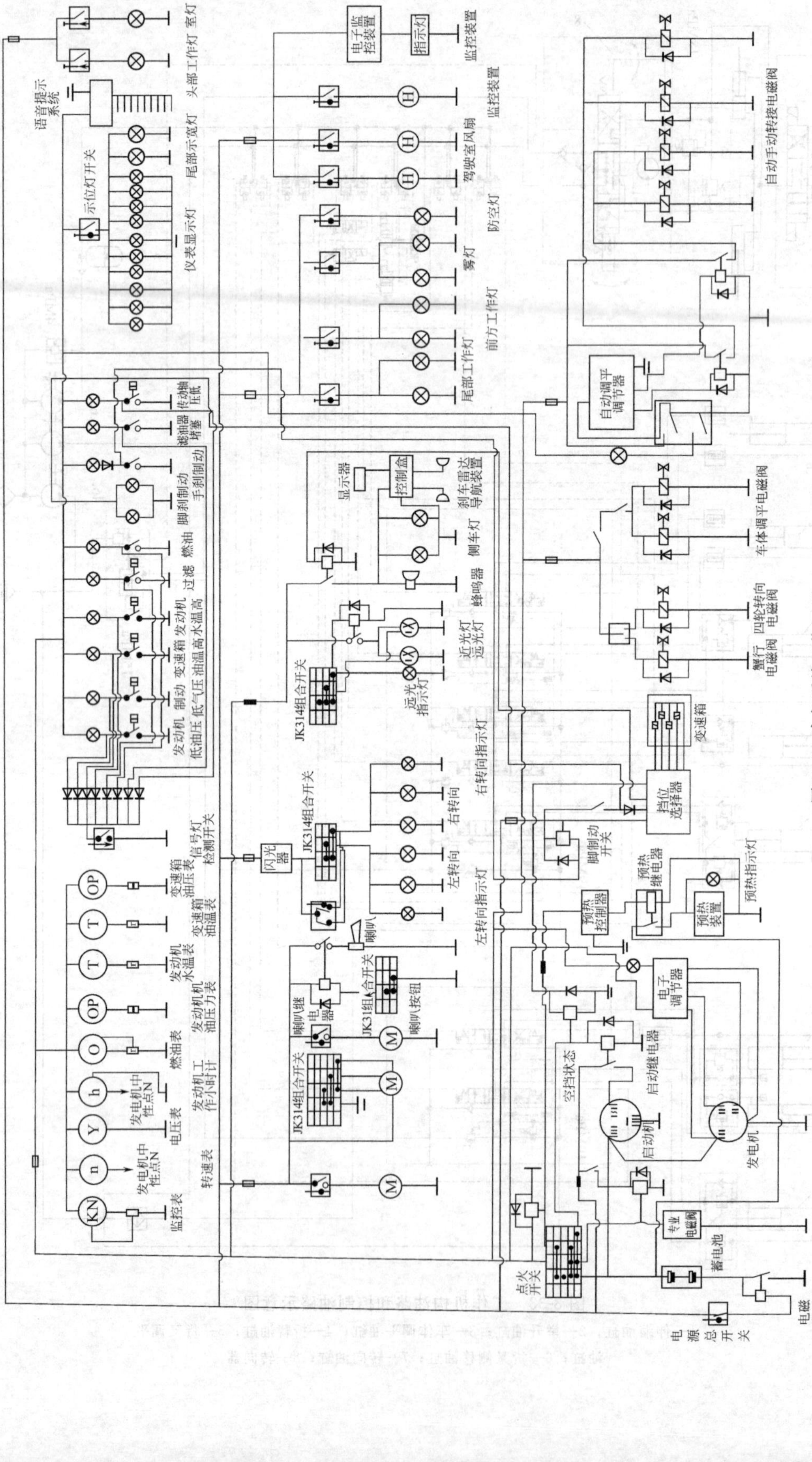

图8-34 电气系统工作原理

(6) 驾驶室

伸缩臂叉车的驾驶室左置，为单边驾驶室，驾驶室内各操纵系统布置合理，结构紧凑，便于操作，驾驶室内有风扇和取暖装置，在驾驶员座椅后面设有一小型工具箱。

(7) 液压系统

伸缩臂叉车液压系统一般为开式定量系统。采用操纵手柄控制，动力元件为一个双联齿轮泵、一个单联齿轮泵。其排量分别为48mL/r、22.5mL/r、11mL/r，动力分配为，11mL/r 排量的泵输出的压力油供给转向油缸，48mL/r、22.5mL/r 排量的泵输出的压力油供给伸缩臂机构、举升机构、调平油缸、折臂油缸、车体调平油缸、货叉移动油缸。

各工作机构油路和控制油路的连接如图 8-33 所示。

电气系统

伸缩臂叉车电气系统一般由六部分组成，一是启动电路和整车供电电路，二是液压系统电气控制电路，三是仪表电路，四是灯光照明电路，五是信号指示报警电路，六是其他电路。其主要工作原理如图 8-34 所示。

8.2.3 伸缩臂叉车使用维护

操纵室布置及操作手柄功能

操纵室布置如图 8-35 所示。操作手柄功能示意图如图 8-36 所示。

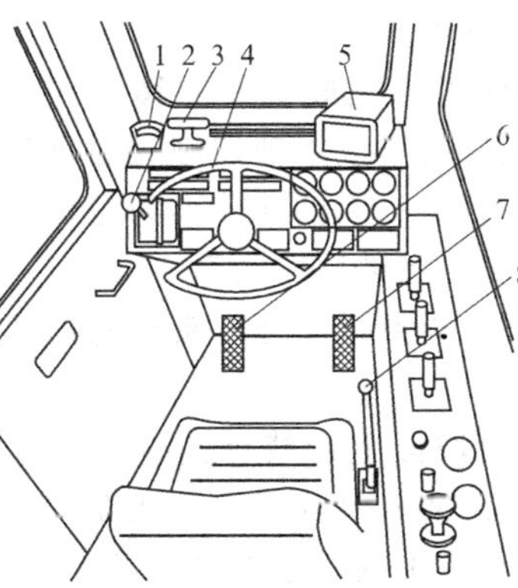

图 8-35 操纵室布置示意图

1—水平仪；2—挡位操纵杆；3—倒车雷达显示器；4—转向盘；5—电子监控显示器；6—制动踏板；7—加速踏板；8—脱桥操纵杆

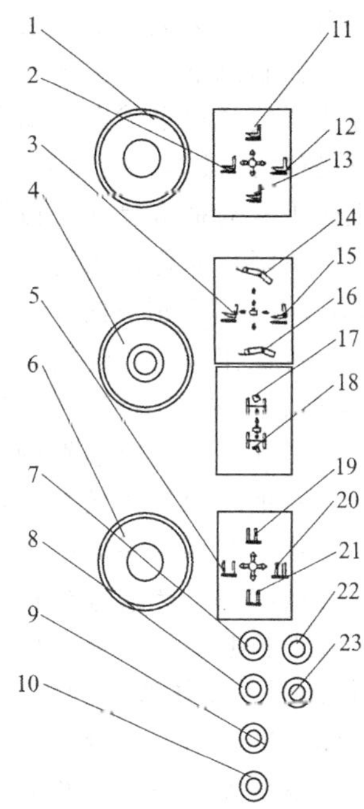

图 8-36 操纵手柄功能示意图

1,4,6—操纵手柄；2—举升向上；3—向上调平；5—左叉左移；7—发动机熄火开关；8—车体调平开关；9—手制动开关；10—取暖开关；11—吊臂伸出；12—举升向下；13—吊臂缩回；14—向上折臂；15—向下调平；16—向下折臂；17—车体左倾；18—车体右倾；19—右叉右移；20—左叉右移；21—右叉右移；22—电压表；23—发动机工作小时计

伸缩臂叉车作业操纵

伸缩臂叉车各工作机构的操作均在驾驶室内进行，操作者应按操作台示意图上各工作机构操纵手柄的标牌所示进行操作。伸缩臂叉车在装卸作业时，油泵的最大工作转速调定为2600r/min。可通过两个方法改变调节工作机构速度，一是改变操纵手柄的摆角大小，二是改变油门踏板行程大小调整油泵的转速。

(1) 工作机构操纵

1) 伸缩臂举升与下降　伸缩臂的举升、下降操作是伸缩臂叉车最频繁的操作。通过操作驾驶室内1号手柄操作实现，将操作手柄向左扳动伸缩臂上升，向右扳动伸缩臂下降。

注意：伸缩臂叉车吊载时，伸缩臂下降运动应平缓，以避免造成载荷冲击。使用不同臂长装卸作业时，必须严格按伸缩臂叉车载荷曲线图、表中的规定进行作业。避免在底盘倾斜状态下带载进行升降作业。

2) 伸缩臂的伸臂与缩臂　通过伸缩臂的伸缩动作可以完成伸缩臂叉车在不接近货物的状态下作业。伸缩动作通过驾驶室内1号手柄实现。前推操作手柄伸缩臂前伸，后拉操作手柄伸缩臂后缩。

注意：避免在底盘倾斜状态下带载进行伸缩动作。避免在伸臂状态下驾驶伸缩臂叉车，尽可能在停车后进行伸臂作业，在行驶前将臂置于全缩状态。

3) 货叉调平　货叉调平有两个方法：一是自动调平，将驾驶室仪表盘上的自动调平开关拨到开位置，伸缩臂叉车处自动调平状态；二是手动调平，当自动调平开关关闭时，可通过操作手动调平手柄调整货叉水平角度。其操作手柄在驾驶室2号手柄。向左扳动为叉尖向上运动，各右扳动为叉尖向下运动。

注意：行驶状态下必须关闭货叉自动调平开关。手动调平状态下，操作应平稳，带载举升下降时应注意货叉水平状态，避免货物滑落。

4) 折臂机构的操作　折臂机构主要为伸缩臂叉车进箱作业而设计，通过将折臂前伸，减小工作机构头部的垂直尺寸，以满足叉取集装箱上层货物的要求。在一般条件下，当通过伸缩臂举升、下降，伸臂、缩臂动作可满足要求时，折臂动作可不使用。

折臂操作手柄位于驾驶室内2号操作手柄，手柄前推使用折臂向前伸，手柄后拉使折臂后缩。

注意：折臂操作应动作轻缓，避免折臂动作过快使货叉失去水平状态。

5) 货叉横移　货叉横移使操作手不用离开驾驶室就可以完成货叉的移位，以适应货物叉孔位置。货叉横移手柄位于驾驶室内3号手柄。每根货叉可以单独控制，并可实现货叉的联动。手柄向左扳动为左货叉左移，向右扳动为左货叉右移；手柄向前推为右货叉左移，手柄向后拉为右货叉右移。手柄由45°方向推动可实现相应货叉的联合移动。

注意：带载状态下严禁进行货叉横移动作，否则可能导致横移油缸头部的损坏。避免货叉在偏心位置下长期工作，影响机构受力状态。

6) 车体调平　车体调平的作用主要有：一是在倾斜坡面上带载行驶时，为保持载荷稳定，通过车体调平，尽量保持货物水平稳定状态。二是在叉取放置于不平地面的货物时，通过车体调平调整货叉的进叉斜度，顺利完成进叉动作。车体调平手柄位于驾驶室内2号手柄。操作时必须将手柄顶部的按钮按下，以切换到调平工作状态。手柄向左扳动车体左倾，手柄向右扳动车体右倾。

注意：车体调平状态下，伸缩臂叉车的驾驶与操作应更加小心、轻缓，随时注意底盘的倾斜状态。避免在底盘倾斜状态下长时间作业，否则可能导致工作机构受力状态恶化，从而损坏机械。

(2) 集装箱掏装箱作业

1) 驾驶伸缩臂叉车接近集装箱尾部，中轴线与集装箱保持平行。

2）将货叉自动调平功能打开，伸缩进入集装箱。

3）变幅和货叉平移，可通过电视监控系统辅助货叉对位，使货叉对准托盘插孔。

4）移动叉车或伸臂使货叉插入托盘。

5）变幅将托盘缓慢起升。

6）全缩臂并将托盘货物放低（约离地600mm）。

7）关闭货叉自动调平功能。

8）将伸缩臂叉车开到卸载区域。

9）打开货叉自动调平功能，操作伸缩变幅手柄和折臂手柄将货物放下。

10）关闭货叉自动调平功能，操作伸缩变幅手柄和折臂手柄使货叉离开托盘底面。缓慢移动叉车抽出货叉。

集装箱掏装箱作业示意图如图8-37所示。

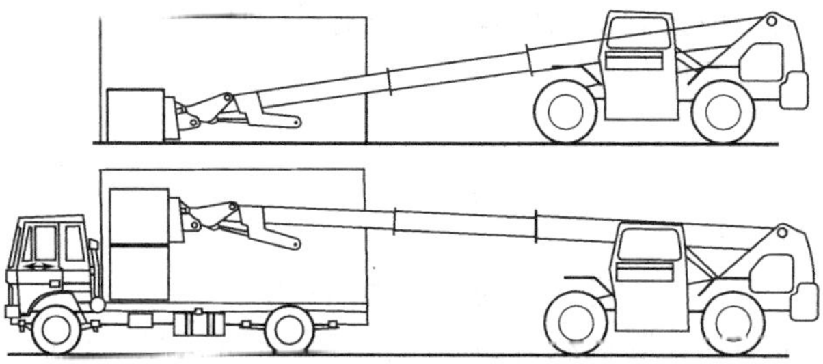

图8-37 集装箱掏装箱作业示意图

伸缩臂叉车操作

（1）伸缩臂叉车行驶前的检查

1）检查发动机机油的数量　将伸缩臂叉车停放在水平路面上，在发动机熄火时间超过15min后，检查发动机的油标尺，看机油油位是否在最高标记“H”与最低标记“L”之间，若机油不足则补加上，过多则放出。

2）检查发动机冷却系水箱的水位　水位不足时应加注量。

3）检查燃油箱内的燃油量　燃油箱一般不应在油箱空了后才加燃油，否则脏物、空气会进入燃油供应系统并影响发动机的正常工作。

4）检查液力变速器的机油数量　由于停车状态下变矩器、油散热器和油管内的机油均会回到油箱，因此必须使发动机处于怠速工况，且变速箱达到规定温度时来检查并控制其油面高度，此时油标尺检查油面应在上标记与下标记之间，若不足则加上，过多则放出。

5）检查各运动副之间的润滑情况　对缺润滑剂之处加注锂基润滑脂。

6）检查轮胎　检查各轮胎有无损伤，各轮胎气压为0.39MPa。

7）检查紧固件　检查轮胎螺栓、传动轴螺栓、转向驱动桥转向节臂螺栓等重要部位是否已紧固，对于松动处必须进行重新紧固。

8）检查液压油箱　液压油箱加注的液压油牌号及加注量，液压油的油位应在油标尺的上标尺与下标尺之间。

9）检查制动系统油杯的油量　制动液的牌号及加注量应符合原车规定。

（2）伸缩臂叉车的操作程序

发动机的启动：

① 接通电源总开关，松开停车制动器。

② 将钥匙插入电门开关，顺时针方向转动至工作位置，接通仪表盘电路。

③ 轻踏加速踏板，继续顺时针转动钥匙，发动机启动。

注意：

① 每天首次启动要检查冷却液面、机油标尺，并对油水分离器放水。

② 启动机启动时间不得超过 30s，再次启动要间隔 2min。

③ 启动后 15s 内，注意机油压力的变化。

④ 每日首次启动后，应中低速暖机 5min 才能起步。气温低于 0℃时必须这么做。

⑤ 冬季启动困难时，将钥匙逆时针转动进行预热 20s 后再启动。预热时，必须将预热装置上的操作杆向外拉动，使空气在预热器内循环，充分加热。

⑥ 发动机怠速不要超过 10min，否则会导致燃烧室温度下降，引起燃烧不良。

(3) 伸缩臂叉车的行驶

① 发动机启动后，检查各仪表功能是否正常。

② 将举升油缸将货叉架调整到离地 600mm 位置。

③ 将换挡手柄由空挡前推到Ⅰ挡位置，F 为前进，R 为后退。

④ 踏加速踏板，叉车开始行驶。

注意：

① 免急转弯和急停车。

② 所有操作尽可能平稳。

③ 保持车架水平。行驶前将货叉自动调平功能关闭。

④ 载行驶应将臂全缩回并降低载荷高度。但要保证货叉最小离地高度不小于 600mm。

⑤ 带载上下坡时货叉应始终保持在高处。最大爬坡度不超过 24°。空载上下坡时货叉应始终保持在低处。

(4) 伸缩臂叉车的转向

伸缩臂叉车设有前轮转向、四轮转向和蟹行三种转向方式（图 8-38），可根据场地、路

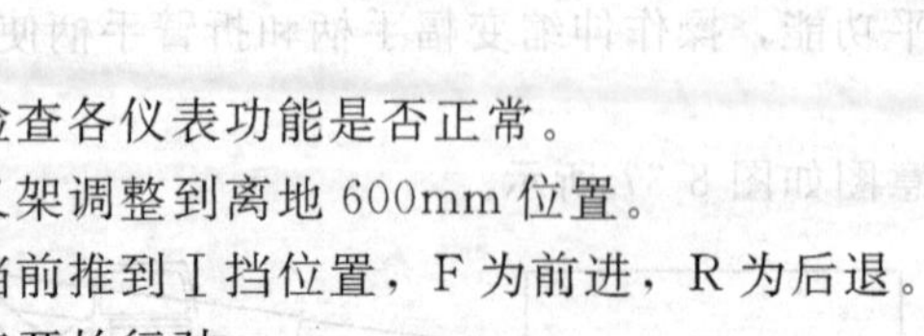

(a) 两轮转向示意图

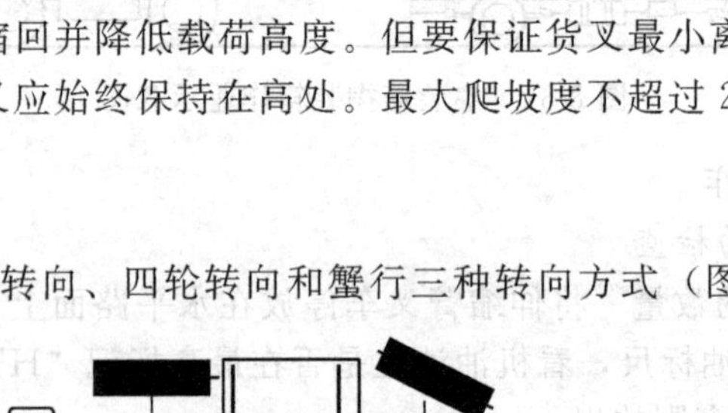

(b) 四轮转向示意图

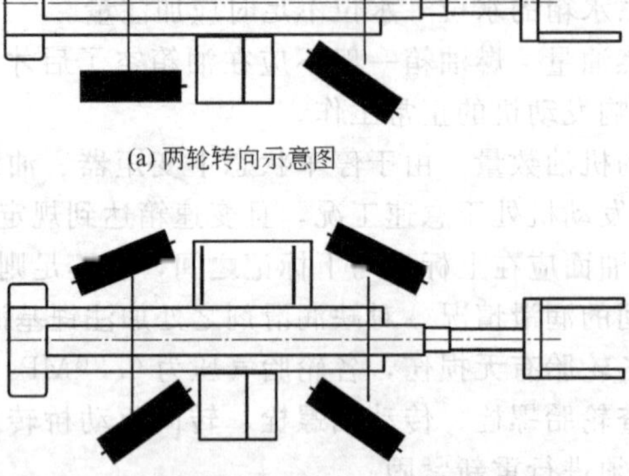

(c) 蟹行示意图

图 8-38 伸缩臂叉车的转向方式

况情况进行选择。

1）四轮转向：将转向选择开关拨到四轮转向位置，则转动方向盘时前后轮朝相反方向转向。该方式转弯半径最小，同时在泥地或沙地转向时能使后轮沿前轮轨迹运行，以减少阻力。

2）前轮转向：将转向选择开关拨到前轮转向位置，则转动方向盘时前轮转向，转向时后轮保持不动。适用于高速行驶或路况好的条件。

3）蟹行转向：将转向选择开关拨到蟹行转向位置，则转动方向盘时前后轮朝相同方向转向，叉车沿斜向行驶。该方式允许叉车侧向接近货物，有助于狭窄空间完成作业。

（5）停车与熄火

1）踩制动踏板减速直至停车。

2）将换挡手柄推到空挡位置。

3）操作伸缩变幅手柄将臂全缩并将货叉放到地面。

4）开启驻车制动。

5）关闭所有车灯。

6）使发动机空转 3min。

参考文献

[1] 张育益．国产内燃叉车结构与使用维修［M］．北京：金盾出版社，1997．
[2] 刘士通．装卸搬运机械［M］．北京：解放军出版社，2007．
[3] 陈家瑞．汽车构造：上、下册．北京：机械工业出版社，2010．
[4] 苏欣平，刘士通．工程机械液压与液力传动［M］．北京：中国电力出版社，2010．
[5] 马庆丰．叉车维修图解手册［M］．南京：江苏科学技术出版社，2009．
[6] 马建民．叉车使用维修一书通［M］．广州：广东科技出版社，2008．
[7] 王风喜等．工程机械维修问答．北京：机械工业出版社，2006．

欢迎订阅工程机械类图书

书号	书　　名	定价
11157	起重机械钢结构设计	49.00 元
10700	起重机构造与使用维修手册	98.00 元
10757	装载机构造与维修手册	58.00 元
09049	液压挖掘机构造与维修手册	68.00 元
10583	卡特挖掘机构造原理及拆装维修	58.00 元
07673	神钢挖掘机构造原理及拆装维修	68.00 元
06929	沃尔沃挖掘机构造原理及拆装维修	68.00 元
06163	小松挖掘机构造原理及拆装维修	68.00 元
04947	现代挖掘机构造原理及拆装维修	56.00 元
07985	零起点就业直通车-叉车驾驶作业	16.00 元
07503	零起点就业直通车-装载机驾驶作业	16.00 元
07504	零起点就业直通车-挖掘机驾驶作业	16.00 元
04404	工程机械液压、液力系统故障诊断与维修	58.00 元
04039	挖掘机液压原理与拆装维修	59.00 元
03888	最新挖掘机液压和电路图册	68.00 元
06336	工程机械概论	39.00 元
05093	工程机械结构与设计	48.00 元
03214	工程起重机结构与设计	49.00 元
03465	起重机操作工培训教程	29.00 元
03215	叉车操作工培训教程	26.00 元
02683	挖掘机操作工培训教程	26.00 元
03216	装载机操作工培训教程	24.00 元
02234	液压挖掘机维修速查手册	68.00 元
7491	工程机械设计与维修丛书——电器、电子控制与安全系统	32.00 元
7551	工程机械设计与维修丛书——轮式装载机	48.00 元
7858	工程机械设计与维修丛书——金属结构	42.00 元
8536	工程机械设计与维修丛书——振动压路机	29.00 元
8949	工程机械设计与维修丛书——现代设计技术	32.00 元
9147	工程机械设计与维修丛书——钻井与非开挖机械	40.00 元
9339	工程机械设计与维修丛书——推土机与平地机	24.00 元